"十四五"国家重点出版物
出版规划项目

环境工程技术手册

Handbook on Waste Gas Treatment Engineering Technology

废气处理
工程技术手册

2 THE SECOND EDITION
第二版

（上册）

王海涛　张殿印　主　编

朱晓华　张紫薇　副主编

化学工业出版社
·北京·

内 容 简 介

本书是一本环境科学与工程领域的技术工具书。全书共分四篇二十章，第一篇污染源篇，介绍废气的分类、来源、危害以及各行业废气的产生量和排放量；第二篇废气治理篇，介绍废气治理的对象、方法，颗粒污染物的分类、性质与除尘技术，气态污染物的性质与控制技术以及主要行业废气治理技术；第三篇工程设计篇，介绍除尘装置设计，吸收、吸附、换热装置设计及净化系统设计；第四篇综合防治篇，介绍大气污染综合治理的原则与方法、大气污染物理与大气污染化学、清洁生产和循环经济。

本书具有较强的实用性和可操作性，利用本书可进行废气处理的技术开发、工程设计、设备选型、设备设计、维护管理，并能利用本书判断、解决工程和生产中遇到的各种技术与设备问题，可供从事大气污染治理及管控等的科研人员、设计人员和管理人员参考，也可供高等学校环境科学与工程及相关专业师生参阅。

图书在版编目（CIP）数据

废气处理工程技术手册/王海涛，张殿印主编；朱晓华，张紫薇副主编．—2版．—北京：化学工业出版社，2024.2

（环境工程技术手册）

ISBN 978-7-122-43675-7

Ⅰ.①废… Ⅱ.①王… ②张… ③朱…④张… Ⅲ.①废气治理-环境工程-技术手册 Ⅳ.①X701-62

中国国家版本馆 CIP 数据核字（2023）第 111414 号

责任编辑：刘兴春　左晨燕　卢萌萌　刘婧　　　　文字编辑：汲永臻　向　东
责任校对：边　涛　　　　　　　　　　　　　　　装帧设计：王晓宇

出版发行：化学工业出版社（北京市东城区青年湖南街 13 号　邮政编码 100011）
印　　装：北京建宏印刷有限公司
787mm×1092mm　1/16　印张 95¼　字数 2498 千字　2025 年 2 月北京第 2 版第 1 次印刷

购书咨询：010-64518888　　　　　　　　　　售后服务：010-64518899
网　　址：http://www.cip.com.cn
凡购买本书，如有缺损质量问题，本社销售中心负责调换。

定　　价：598.00 元（全 2 册）

　　《废气处理工程技术手册》自 2013 年出版以来已多次重印，是一本很受广大读者欢迎、实用性较强的环保工具书。近 10 年来，原手册中所引用的标准、规范、技术经济指标发生很大变化，所用设备有的已经技术改进，有的已有新一代产品。为更好地满足读者实际需要，本手册有必要修订再版。

　　此次修订在内容上仍然遵守侧重工业、侧重实用、侧重治理的原则，能够反映近些年围绕低碳经济在废气处理技术领域呈现的新观念、新技术、新标准、新动向。修订时，删减了一些过时技术标准和文字，补充了一些更需要的最新技术、设备和文字内容。

　　本书是一本环境科学与工程领域的技术工具书。全书共分四篇二十章，第一篇污染源篇，介绍废气的污染、来源、危害和各行业废气的产生量、排放量；第二篇废气治理篇，介绍废气治理的对象、方法，颗粒污染物的性质与除尘技术，气态污染物的性质与控制技术以及主要行业废气治理的方法和技术；第三篇工程设计篇，介绍除尘设备设计，吸收、吸附、冷却装置设计及除尘和净化系统的总体设计；第四篇综合防治篇，介绍大气污染综合治理的理论、方法，清洁生产和循环经济。

　　本书特点是：（1）内容全面，对废气的来源、污染、危害、治理技术、设备和系统设计等内容均有较全面阐述；（2）联系实际，书中内容都从实际需要和适用技术出发进行介绍，有些列举了工程实例；（3）技术新颖，如垃圾焚烧烟气净化、电袋复合除尘技术、二噁英治理方法、细颗粒物治理和新型过滤材料等；（4）突出重点，突出各行业的废气治理技术和设备设计环节，便于实际运用。本书编写力求特点突出、层次分明、深入浅出、内容翔实，并充分注意手册的完整性和系统性。为了直观、清晰、查找方便、加深理解，书中适当增加了插图和表格。另外，书中物理量的单位如未加特殊说明均为标准状况下的单位。读者通过本书可以对废气治理技术有全面的了解和掌握，对废气治理工程技术的开发、设计、管理均有切实的裨益和帮助。

　　在本书的编写过程中得到了中冶建筑研究总院有限公司、中冶节能环保研究所、中国京冶工程技术有限公司、工业环境保护国家工程研究中心、中国环境科学学会环境工程分会、中国金属学会冶金环境保护专业委员会等单位的大力支持和帮助。书中引用了这些单位的部分科技成果、论文、专著中的有关内容，在此表示衷心感谢。

　　安登飞教授、彭犇教授对全书进行了总审核。王纯教授、杨景玲教授为本书编写提供了宝贵的技术文献资料，在此一并深致谢忱。本书在编写中参考和引用了刘天齐主编，黄小林、邢连壁、耿其博副主编，黄炜孟、石学军、王海燕、奚振声、马民涛、孟繁坚、张小青、叶惠芝、纪树兰、陈业勤参编的《三废处理工程技术手册》（废气卷）和其他一些科研、设计、教学和生产工作同行撰写的著作、论文、手册、教材和学术会议文集等，在此对所有作者表示衷心感谢。

　　限于编者水平和编写时间，书中疏漏和不当之处在所难免，殷切希望读者朋友不吝指正。

编者

2023 年 6 月于北京

第一版前言

随着社会的发展和人类的进步，人们对生活质量和自身健康愈来愈重视，对生态环境和空气质量也愈来愈关注。然而人类在生产和生活活动中，通过种种途径成年累月地向大气排放各类废气污染物质，使地球环境遭到污染和破坏，气候渐渐变暖、臭氧层出现空洞、物种正在减少，有些地域和城市大气环境质量不断下降，甚至直接影响人类基本生存条件。在大气污染物直接威胁人体的健康、造成城市能见度降低、工厂设备磨损和环境动植物受害的时候，防治废气污染、保护大气环境成为刻不容缓的重要任务。落实科学发展观，建设生态文明社会，改善大气环境质量，尚需全社会共同努力。编写本书的目的在于为环保技术人员提供一本实用阅读书，为保护大气环境助一臂之力。

本书是一本环境科学与工程领域的技术工具书。本书共分四篇二十章，第一篇污染源篇，介绍废气的分类、来源、危害以及各行业废气的产生量和排放量。第二篇废气治理篇，介绍废气治理的对象、方法，颗粒污染物的分类、性质与除尘技术，气态污染物的性质与控制技术以及主要行业废气治理技术。第三篇设备设计篇，介绍除尘设备设计，吸收、吸附、换热装置设计及除尘和净化系统设计。第四篇大气污染综合防治篇，介绍大气污染综合治理的原则、方法，清洁生产和循环经济。

本书特点是：(1) 内容全面，对废气的来源、污染、危害、治理技术、设备和系统设计等内容均有较全面阐述；(2) 联系实际，书中内容都从实际需要和适用技术出发进行介绍，有些列举了工程实例；(3) 技术新颖，如垃圾焚烧烟气净化，电袋复合除尘技术，二噁英治理方法，新型过滤材料等；(4) 突出重点，突出各行业的废气治理技术和设备环节，便于实际运用。编写力求特点突出、层次分明、深入浅出、内容翔实，并充分注意手册的完整性和系统性。为了直观、清晰、查找方便、加深理解，书中适当增加了插图和表格。读者通过本书可以对废气治理技术有全面的了解和掌握。对废气治理工程技术的开发、设计、管理均有切实的裨益和帮助。

在本书的编撰过程中得到中冶建筑研究总院环境保护研究设计院、中国京冶工程技术有限公司、工业环境保护国家工程研究中心、中国环境科学学会环境工程分会、中国金属学会冶金环保专业委员会等单位的大力支持和帮助。书中引用了这些单位的部分科技成果、论文、专著中的有关内容，在此表示衷心感谢。

参加本书编撰的作者，都分别在科学研究、工程设计、技术管理、高校教学等领域工作，积累了较多基础理论知识和丰富的工程实践经验，并有大量论文、著作问世，这些都为编撰好本书提供了有利条件并能满足不同读者的需求。

杨景玲教授、邹元龙教授对全书进行了总审核，钱雷教授、许宏庆教授为本书编写提供了宝贵的技术文献资料，在此一并深致谢忱。本书在编写中参考和引用了刘天齐主编，黄小林、邢连壁、耿其博副主编，黄炜孟、石学军、王海燕、奚振声、马民涛、孟繁坚、张小青、叶惠芝、纪树兰、陈业勤参编的《三废处理工程技术手册》（废气卷）和其他一些科研、设计、教学和生产工作同行撰写的著作、论文、手册、教材和学术会议文集等，在此对所有作者表示衷心感谢。

由于作者学识和水平有限，书中疏漏和不当之处在所难免，殷切希望读者朋友不吝指正。

编者

2012 年 6 月于北京

第一篇　污染源篇

第三篇　工程设计篇

第四篇　综合防治篇

污染源篇

废气处理工程技术手册（第二版）

第一章
污染源概述

第一节　大气和大气污染

一、纯净的大气

大气层，是指环绕在地球表层上的空气所构成的整个空间，它的厚度有 $1000\sim$ $1400km$。

大气，是指占据大气层的部分或全部气体空间，或者说，是构成大气层整体或局部的气体空间。它是一个地球物理空间或地理空间的概念。地球大气的总质量约为 $5.3\times$ $10^{15}t$，占地球总质量的百万分之一左右，其质量的 50% 集中在离地球表面 5km 以下的空间，75% 集中在 10km 以下的空间，99% 分布在 30km 以下的空间，且离地球表面越近密度越大。

空气，则纯属一个物质名词，指的是构成大气或大气层的化学物质，它没有地理空间的含义。从这个意义上讲，大气是由空气和它所占有的地理空间构成的。

由此可见，纯净的大气只能由纯净的空气所组成。纯净的空气是指自然形成的空气，主要由氮、氧组成。此外，还有氩、二氧化碳与极少量其他种类的气体。其具体组成列于表 1-1。

表 1-1　纯净空气的组成

气体种类	体积分数/%	气体种类	体积分数/%
氮(N_2)	78.09	氦(He)	0.0005
氧(O_2)	20.95	氪(Kr)	0.0001
氩(Ar)	0.93	氢(H_2)	0.00005
二氧化碳(CO_2)	0.03	氙(Xe)	0.000008
臭氧(O_3)	0.000001	水蒸气(H_2O)	0~4
氖(Ne)	0.0018	杂质	微量

纯净的空气是人类和一切生物赖以生存的重要环境因素之一。由纯净空气构成的大气层，具有各种重要功能。它不仅为人类和其他生物的呼吸过程提供氧源，为绿色植物的光合作用提供碳源，而且，为整个生物界同无机环境之间的物质和能量交流与平衡提供必要的条件。此外，大气层还为地球的整个生物圈提供多种保护，如使之免受太阳辐射和宇宙辐射的致命性辐照，使之具有适宜生存的温度、湿度和其他气候条件等。纯净的空气对人类和一切生物至关重要。氧气不足会导致呼吸困难，对中枢神经造成损害，重者还会出现生命危险。没有空气人和其他生物就不能生存，一旦纯净的空气遭到破坏，人类和整个生物界的生存就要受到威胁。

二、大气污染

什么是大气污染？根据国际标准化组织（ISO）所下的定义，大气污染系指由于人类的活动或自然过程引起某些物质进入大气中，呈现出足够的浓度，持续存在足够的时间，达到了危害人体的舒适、健康、福利及危害了环境的程度。

所谓危害人体的舒适、健康，是指对人体正常生理状态与机能的不良影响，即造成不舒适感、急性病、慢性病以至死亡等。所谓福利，则是指与人类协调共存的生物、自然资源以及人类社会财富。

大气污染，按其来源可分为两大类：一是人类活动引起的污染，二是自然过程引起的污染；后者包括火山爆发、山林火灾、风灾、雷电等造成的大气污染。自然过程对大气的污染，目前人类还不能完全控制，但这些自然过程多具有偶然性、地区性，而两次同样过程发生的时间往往较长。由于环境有一定的容量和自净能力，自然过程造成的大气污染，经过一段时间后常会自然消失，对整个人类的发展尚无根本性危害。

当今，最令人担忧的是人类的生活和生产对大气的污染。由于人类的生活及生产活动从不间断，这种污染也从未停止过。21世纪以来，工业和交通运输业的迅速发展，城市的不断扩大，以及人口的高度集中，使得大气污染日趋严重。目前，全世界每年排入大气的有害气体在6亿吨以上，煤粉尘及其他粉尘在1亿吨以上，严重污染了大气，对人类健康构成了威胁。这种大气污染既然由人类活动所引起，也就可以通过人类的活动而加以控制。

三、大气污染的影响

（一）全球性的不良影响

氟利昂即氯氟烃（CFCs）和二氧化碳（CO_2）排放不断增加所造成的全球性的不良影响主要是臭氧层损耗加剧和全球气候变暖。

1. 臭氧层损耗加剧

世界气象组织（WMO）和联合国环境规划署（UNEP）发起的研究工作，已经确认臭氧层损耗的主要原因是含氯和溴的化合物，如广泛用于电冰箱及空调机的CFCs等，CFCs大量用作制冷剂、喷雾剂、发泡剂、洗净剂等，排向大气到达大气层的平流层经光解产生氯原子，破坏臭氧层。CFCs在大气中的寿命为50~100年，即使完全停止生产和使用氟里昂和淘汰对臭氧层有破坏作用的其他化学品，还要经过几十年甚至上百年平流层的臭氧层才能恢复。

据科学家预测，如果地球平流层臭氧减少1%，则太阳紫外线的辐射量约增加2%，皮肤癌发病率将增加3%~5%，白内障患者将增加0.2%~1.6%。此外，紫外线辐射量增加还引起海洋浮游生物及虾、蟹幼体和贝类的大量死亡，使一些动物失明，甚至可能造成某些生物灭绝，并可能使主要农作物小麦、水稻等减产。有的科学家认为，臭氧层减少到现在的1/5时将是地球存亡的临界点。当然这一论点尚未得到科学界研究证实，但却充分说明了臭氧层耗损的严重危害和拯救臭氧层的紧迫性。

2. 全球气候变暖

根据世界各地气象部门的统计数字看，地球的气候确实在变暖，20世纪70~80年代以来气温增加了0.7℃左右。科学家们较为一致的意见认为继续释放温室气体（CO_2、CFCs等）将导致全球气候变暖。

在地球上，CO_2是产生大气保温效应的最重要的温室气体，已引起人们的重视。但是，它在人类活动造成的气候变暖潜能中大约仅占1/2。根据20世纪80年代中期大气中主要温室气体的浓度及其相对的热吸收潜能，对它们的贡献率估计如下：二氧化碳（CO_2）50％、氯氟烃（CFCs）20％、甲烷（CH_4）16％、对流层臭氧（O_3）8％、一氧化二氮（N_2O）6％。前三种温室气体贡献率为86％，前两种的贡献率为70％，且主要是人为因素。所以，控制二氧化碳及氯氟烃（氟里昂）的排放量是当前紧迫而重要的任务。氯氟烃排放量虽远小于二氧化碳，但CFCs新增分子的吸热量是CO_2新增分子吸热量的2万倍。

CO_2不仅能透过太阳辐射光，还能吸收地面反射的红外线。CO_2的这种性质叫作温室效应，即大气层对地面的保温作用。CO_2也是影响气候变化的重要因素。全球因气候变暖造成的自然灾害损失每年达数千亿美元。近100年来地球气温升高了0.8℃。今后100年地球平均气温将升高1.4～5.8℃。地球升温导致喜马拉雅山和天山67％的冰川消融速度加快，阿尔卑斯山高山植被每10年向上缩小1～4m，非洲沙漠化加快，澳大利亚和新西兰沼泽地逐渐干涸，20世纪50～70年代初北极圈冰雪消融了10％～15％，南极圈向南退缩了2.8°。全球气候变暖的另一个不良后果是海平面升高。据统计，近百年来随着全球气候增暖，全球海平面上升了10～15cm。由于海平面升高，沿海低洼地区被淹没、海滩和海岸遭受侵蚀、海水倒灌破坏淡水资源并可能使洪水加剧，以及破坏港口设备和海岸建筑物、影响航运及沿海水产养殖业，这些环境灾难将对世界造成巨大经济损失，应及时研究战略对策。

（二）区域性的不良影响

区域性的大气污染指对省及省以上广大区域的环境造成不良影响和损害的一种大气污染类型。区域性大气污染主要有：酸沉降（酸雨）；地面臭氧（欧洲、北美）。这是从全世界的角度来分析问题，从中国的实际出发，地面臭氧只是地区性或局地性的污染。下面分别加以阐述。

1. 酸沉降（酸雨）

湿沉降（酸雨、雪、雾和雹）和干沉降（酸性颗粒物和气溶胶）都是在化石燃料燃烧和金属冶炼中释放出大量SO_2和NO_x时形成的。酸雨是受到世界各国普遍关注和最具代表性的区域性酸沉降。

酸雨通常定义为"pH值小于5.6的雨"。瑞典土壤学家S.奥丹博士首先查明该项污染的起因，并对酸雨分布区进行了大规模的调查。奥丹博士在1967年发表了可以称为酸雨里程碑的学术论文。论文中警告说："酸雨今后将严重危及水质、土壤、森林及建筑物，对于人类来说这也许是一个化学战场"。我国许多科学工作者做了大量研究工作，对我国酸雨的形成、分布及危害等方面的研究已取得显著成果。

被国外称为"空中死神"的酸雨严重危害了区域环境。主要影响有如下几方面。

（1）对水体及水生生物的影响　最早显现受害现象的是湖泊和河流。溶于雨雪中的酸性物质流进湖泊，当酸性物质蓄积到一定程度时开始出现酸化，对pH很敏感的浮游生物和水生植物首先受到影响，食物链因此被切断，当pH值低于5时，鱼类便急剧减少。pH值到4.5以下，鱼卵就难以孵化，成鱼也受到损害，能够继续生存的鱼类仅限于极少的一部分品种。

（2）对森林的危害　酸雨对树木的伤害主要有直接伤害和间接伤害两个方面。直接伤害是酸雨侵入树叶的气孔，妨碍植物的呼吸；间接伤害是指由于土壤性质发生变化而使树木间接受到伤害。大规模的森林衰退是大气污染对陆生生态系统影响最令人吃惊的区域性表现，

20 世纪 70 年代以来欧洲森林的迅速衰退是到目前为止最引人注目的例证。在北美森林的衰退也很明显，但尚未达到欧洲森林衰退的程度。最近的研究指出，酸雨是使遍布于阿巴拉契亚山脉高海拔的红云杉严重顶枯的主要原因。这种大规模的森林衰退带来重大的经济损失，包括木材产量的减少及有关木材加工业的损失，以及娱乐和其他"非木材业"社会收益的减少。

（3）对建筑物及材料的损害　酸雨对生态系统造成的伤害，不是人们唯一担心的问题。酸雨对石头和金属材料及纪念碑的侵蚀，也已经成为严重问题。特别是露天艺术品、古建筑群等文物古迹，宝贵的人类文化遗产正在酸雨的侵蚀下缓缓地被腐蚀，这将会造成不可估量的损失。

（4）对人体健康的损害　大气中 SO_2 和 NO_x 化学转化的酸性气溶胶对健康的影响日益引起人们的注意。越来越多的证据表明，酸性气溶胶危害人体健康，引发呼吸系统疾病，如气管炎和哮喘。在美国一些科学家已建议，酸性气溶胶应是大气环境质量标准中规定限制的下一个污染物。

2. 地面臭氧

地面臭氧的区域性影响和酸沉降一样深刻而广泛。在欧洲和北美夏季有时连续多日出现高水平的地面臭氧，而且不仅限于城市地区。有证据表明，在北美和欧洲，由于臭氧前体氮氧化物（NO_x）和挥发性有机物（VOCs）的排放水平日渐增加，臭氧在环境中的含量水平正在增高。数据表明现在欧洲大陆的地面臭氧水平比 20 世纪初翻了一番。地面臭氧的前体 NO_x、VOCs 分布面广，不仅包括机动车、电站、硝酸及氮肥厂、炼油厂以及各种各样的小工业排放，还有房屋涂料和其他溶剂的排放，很难控制。

地面臭氧能伤害多种树木和作物叶片中的细胞，干扰光合作用，造成营养物浸出，最终导致植物生长减慢和直接的叶片伤害。受臭氧伤害的植物更容易受昆虫侵袭，根系也容易腐烂。接触臭氧，加上酸雨和其他不利条件，是造成欧洲和北美等大面积森林衰退的主要原因；臭氧对农业生产能力造成的损失，在欧洲和北美都很常见。据估计美国当前的臭氧水平造成作物产量损失 5%～10%。

接触臭氧对人类和动物健康的影响也很严重，尤其是夏季逆温天气，大面积连续几天高浓度接触时对健康的损害更为明显。减少城市和区域臭氧水平，使之不再造成广泛的生态和健康负面效应，是一项紧迫而艰巨的任务。

（三）地区（或城市）和局地的不良影响

以一个地区或一个城市为对象的中尺度大气污染称为地区污染或城市污染，这是中国当前环境保护工作的重点。以单个烟囱或污染源为对象的小尺度污染称为局地污染，如火力发电厂、有色金属冶炼厂、钢铁厂、聚氯乙烯厂、染料厂、造纸厂等造成的局地性大气污染。

1. 大气污染对城市（或地区）环境的不良影响

这种影响主要是使城市环境的物理特征、化学特征及生物特征发生了不良变化。

（1）物理特征的不良变化　主要表现为雾霾日增多、能见度低，以及城市的热岛效应。从各类污染源排入大气的颗粒物对太阳光具有一定的吸收和散射作用，颗粒物又可作为成雾的凝结核，因此它可以减少太阳直接辐射到地表的辐射强度。当污染严重时，太阳辐射到地表的能量可减少 40% 以上。又常因雾霾的存在，使大气变得非常浑浊，能见度有时只有几米。

城市的热岛效应实际上就是城市大气的热污染。城市化改变了下垫面的组成和性质，由砖瓦、水泥、玻璃、石材及金属等人工构筑表面代替了土壤、草地、森林等自然表面，改变了反射和辐射的性质，改变了近地面层的热交换和地面粗糙度，从而影响了大气的物理性质。城市气温高于四邻，往往形成城市热岛。城市中心区暖流上升并从高层向四周扩散，市郊较冷的空气则从低层吹向市区，构成局部环流，这样虽然加强了市区与郊区的空气对流，但也在一定程度上使污染物囿于此局部环流之中，而不易向更大范围扩散，在城市上空常常形成一个污染物幕罩。

（2）化学特征的不良变化 大气化学组成和化学物质含量水平的变化可引起化学特征的不良变化。工业、生活、交通运输等各类排放源所排放的污染物如烟尘、粉尘、SO_2、NO_x、苯并[a]芘等排入大气，使大气环境中污染物的含量水平增大，特别是污染物地面浓度增大，必然会造成城市大气污染，使化学特征发生不良变化。因而危害人体健康，导致癌症、呼吸系统疾病、心脑血管病等发病率呈不断上升趋势，并可使建筑物、桥梁、文物古迹、艺术品和暴露在空气中的金属制品及皮革、纺织等物品发生质的不良变化，造成直接和间接经济损失。此外，对城市的绿化植物也有不良影响。

（3）生物特征的不良变化 大气环境生物特征的不良变化主要是指城市大气生物污染。当前有些城市已把$1m^3$空气中的细菌总数列为监测和控制指标。

2. 工业污染源造成的局地污染

工业区、大中型污染严重的工业企业所排废气引起的污染都属于局地污染。例如，某些小型电解铝厂以及一些磷肥厂引起的氟污染；聚氯乙烯厂排放的氯乙烯造成厂区周围畸胎率明显增大；电解食盐厂等造成的氯及氯化氢污染；各类工业排放源引起的硫化氢、恶臭、有机废气等大气污染。虽然是局地污染，但在全国形成相当多的重污染区，而且污染事故时有发生，也已成为一项亟须解决的环境问题。

四、大气污染管理

强化环境管理是我国三大环境政策之一。环境管理是污染治理的指导和支持、保证，管与治要相结合，大气污染管理是废气治理的支持和保证，对废气治理实用技术的筛选、治理方案的优化起指导作用。

（一）大气污染管理的主要内容

大气污染管理是指为了控制大气污染（化学污染、物理污染和生物污染），改善大气环境质量而进行的种种管理工作。当前进行的主要是大气化学污染管理，其主要内容如下。

1. 制定和实施大气环境标准

环境标准是环境管理的准绳和中心环节，抓不住这个环节强化环境管理就是一句空话。

（1）我国的环境标准体系 我国的环境标准分为环境质量标准、污染物排放标准、基础标准、方法标准、标准样品标准以及环境保护行业标准。其中，环境质量标准和污染物排放标准是环境标准的主体，分为国家标准和地方标准两级。国家环境质量标准和国家污染物排放标准是在全国范围内统一使用的标准；地方环境标准是本地区范围内使用的标准，由（省）市、自治区人民政府批准。《中华人民共和国环境保护法》规定省、自治区、直辖市人民政府对国家环境质量标准中未做规定的项目，可以制定地方环境质量标准，并报国务院环境保护行政主管部门备案；省、自治区、直辖市人民政府对国家污染物排放标准中未做规定的项目，可以制定地方污染物排放标准，对国家污染物排放标准中已做规定的项目，可以制定严于国家污染物排放标准的地方污染物排放标准。地方污染物排放标准须报国务院环境保护行政主管部门备案；凡是向已有地方污染物排放标准的区域排放污染物的，应当执行地方污染物排放标准。

（2）中国大气环境标准　主要有以下几项。

① 《环境空气质量标准》（GB 3095—2012）。这是我国规定的各类地区大气中主要污染物的含量在一定时间内不许超过的限值，是评价和控制管理大气污染的准绳。《环境空气质量标准》主要作用是：a. 评价环境质量及污染状况；b. 作为制定污染物排放标准的依据；c. 分级、分区、分期管理大气环境的水准，即各地区根据当地具体条件在不同时期执行不同级别的标准；d. 便于因地制宜制定大气污染物综合防治规划。

② 大气污染物排放标准。1996 年制定的《大气污染物综合排放标准》（GB 16297—1996），其中废气部分规定了二氧化硫、二氧化碳、硫化氢、氟化物、氮氧化物、氯化氢、一氧化碳、硫酸（雾）、铅、汞、铍化物、烟尘及生产性粉尘等 33 种大气污染物的排放限值；之后发布修订《锅炉大气污染物排放标准》和《燃煤电厂大气污染物排放标准》；随后陆续发布的有《工业窑炉大气污染物排放标准》以及水泥、钢铁、焦化等行业大气污染物的排放标准。

③ 大气环境基础标准、方法标准、标准样品标准。如《空气质量 词汇》（HJ 492—2009），《制定地方大气污染物排放标准的技术方法》（GB/T 3840—91）等。中国从 20 世纪 80 年代初开始对环境标准样品进行研究，现已研究出包括大气、煤气灰、标准粉尘等几十种标准样品。

④ 环境保护行业标准。为适应环境管理的需要，1992 年经国家技术监督局批准，国家在环境标准中建立环境保护行业标准。其管理范围为：城市环境质量综合考核指标、环境影响评价与"三同时"验收技术规定、大气污染物排放总量控制技术规定、环境监测技术规范、环保专用取样器、环境信息分类与编码等。

2. 大气环境质量评价

当前进行的大气环境质量评价，实际上就是以污染程度轻重来划分环境质量级别的环境污染评价。在大气污染管理工作中，为了描述大气环境质量现状，定期向上级机关或居民报告环境质量状况，预测分析环境质量变化趋势，都需要进行大气环境质量评价。

（1）评价标准、范围及内容　大气环境质量评价主要是以国家（或地方）的大气环境质量标准为依据，一般选用国家二级标准。大气环境质量评价的范围，主要是在人口众多、大气污染显著的城市（或地区）进行。大气环境质量评价的内容主要是污染评价，通过评价确定大气污染程度及分布。

（2）大气环境质量评价的程序　主要有下列 4 项，依次进行。

① 选定评价目标和范围。人类向大气排放的污染物种类繁多，但带有普遍性的主要污染物只有 5~6 种，即总悬浮颗粒物（TSP）、细颗粒物（$PM_{2.5}$）、SO_2、NO_x、CO、光化学氧化剂（O_3）等。在进行大气环境质量评价时首先要根据本城市（地区）的实际情况（环境特征），选择对本城市（地区）的大气环境有重要影响的污染物作为评价参数。我国城市大气污染普遍是煤烟型污染，一般选 TSP、SO_2、NO_x；如果在大城市或特大城市机动车较多，燃煤低空排放的污染源较多，则考虑 TSP、SO_2、NO_x、CO、O_3 或 TSP、SO_2、NO_x、CO、苯并[a]芘（或 Pb）。总之要因地制宜，从实际出发。

② 获取代表环境质量的监测数据。根据选定的评价参数、污染源分布、地形及气象条

件等，确定恰当的布点采样方法，设计监测网络系统，以获取能代表大气环境质量的数据及同步的气象数据。

③ 选择评价方法。通常选用环境质量指数（EQI）法或分级评分法。

④ 根据选定的方法进行评价，并画出污染分布图。

3. 大气污染源管理

污染源管理是运用环境保护法规、政策及环境管理制度，对污染源进行的规范化监督管理，是环境管理的基础。下面分别阐述其原则与内容。

(1) 污染源管理的原则　污染源管理的基本原则是预防为主，防治结合；污染者承担治理责任，开发者承担补偿责任，不断强化监督管理，以管促治。

进入 20 世纪 90 年代，污染源管理开始了 3 个大的转变，即：由污染源的末端治理转向全过程控制和末端治理相结合；由排放污染物浓度控制转向以总量控制为基础，总量控制与浓度控制相结合；由污染物的点源治理转向集中控制（或综合治理）与点源治理相结合。

(2) 污染源管理的内容

① 污染源调查评价。污染源调查评价是污染源管理的基础工作，经过调查要获得下列数据资料：a. 各类污染物的排污量；b. 污染物的排污系数（万元产值排污量或吨产品排污量）；c. 污染源分布（画出分布图）；d. 各个污染源的排污分担率；e. 经标化评价确定主要污染物及主要污染源；f. 主要污染源的污染分担率（或污染贡献率）。

② 污染源排放量控制。一是按排放标准控制，要求各污染源在规定的期限内达到国家或地方规定的种类排放标准，如污染物浓度排放标准，单位设备排污控制指标，单位产量（或产值）排污控制指标，单位产量（或产值）用水量指标、燃料消耗指标、有毒有害原材料消耗指标等。二是排放地点控制，为了保证某些敏感地区或重点保护区的环境质量，不准在盛行风向的上风向、居民稠密区、风景区、疗养区等建设能耗高、废气排放严重污染环境的企业，有些敏感地区不准建设工业企业。

③ 按功能区实行总量控制。把功能区作为一个控制单元，对排入控制单元的污染物实行总量控制。按功能区实行污染物排放总量控制又可分为目标总量控制和容量总量控制。目标总量控制是根据城市（或地区）制定环境规划时所确定的规划期环境目标（总量控制目标），对控制单元进行总量控制，并分解到源，对各污染源进行总量控制。

容量总量控制是指根据功能区环境容量（最大纳污量）所能承受的污染物总量进行控制。要对城市（或地区）的各功能进行环境容量分析，确定各功能区的最大允许排污量，作为总量控制的依据。容量总量控制是把保证功能区环境质量（排污不超出环境容量）与对污染源的污染物排放总量控制直接联系起来，比目标总量控制更科学合理。

④ 建立大气污染源监控系统。加强环境监测及环境监控，建立污染源监控系统，防止突发性污染事故，见图 1-1。

4. 大气污染预测、预报

大气污染预报分为大气污染潜势预报和城市大气污染浓度预报，是大气环境污染管理和防止大气污染事故的一项重要措施。

(1) 大气污染潜势预报　主要是预报在未来气象条件下大气的扩散稀释能力，从而判断是否会产生污染，甚至污染事故。

(2) 城市大气污染浓度预报　主要是预报城市大气环境质量，即大气中主要污染物的含量水平（事先确定控制点）。浓度预报大致分为统计预报和模型预报两大类。统计预报需要

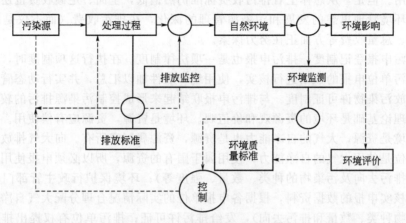

图 1-1 大气污染监控系统

较长时间的大气污染浓度监测数据及同步的气象数据，建立起排放总量、气象条件与大气污染浓度的统计关系，用于进行预报。模型预报常用箱模型、烟流模型或两者结合起来进行预报；近来有些城市用多元扩散模型进行预测、预报，效果较好。

（二）环境管理制度

环境管理从以行政管理为主走向法律化、制度化、程序化是发展的必然趋势。在环境保护实践中不断总结行之有效的管理措施和办法，逐步形成环境管理制度，再经过实践验证、不断完善，上升为法律、法规，即是环境法律制度。下面对我国行之有效的环境管理制度（在法律、法规中已有明确规定）分别进行阐述。

1. 控制新污染源的环境管理制度

主要有：环境规划、环境影响评价、"三同时"三项。三者结合起来，以环境规划为先导，形成控制新污染源、贯彻"三同步"方针的三个重要环节。

"三同步"方针即"经济建设、城乡建设与环境建设同步规划、同步实施、同步发展"。首先是经济和社会发展规划、城市建设总体规划与环境规划同步制定、综合平衡。控制开发强度不超过环境承载力，划定环境功能区，控制工业合理布局，使经济发展目标与环境目标统一起来。其次是在环境规划指导下，对新的开发区、开发建设项目、扩建改建项目进行环境影响评价，预测分析可能造成的环境问题并提出对策。最后是通过环境保护措施（污染防治工程等）与主体工程同时设计、同时施工、同时验收运转（即"三同时"），落实环境影响评价报告书所提出的环境对策。严格执行环境影响评价和"三同时"制度，就是贯彻了"三同步"方针中的同步实施。环境规划、环境影响评价、"三同时"，三个环节紧密相连，即可保证经济建设、城乡建设与环境建设同步协调发展，在快速发展经济的同时保护好生态环境。

2. 控制大气污染，以管促治的制度

（1）排污收费制度及限期治理制度 《中华人民共和国大气污染防治法》等规定向大气排放污染物的，其污染排放浓度不得超过国家和地方规定的排放标准；国家实行按照向大气排放污染物的种类和数量征收排污费的制度。

排污收费是一项老的环境管理法律制度，实施 30 多年来对于老污染源的管理起到了十

分积极的作用。但是，从总体上看排污收费标准仍然偏低，全面、足额收费也还存在一定的差距。随着环境管理思想的发展和污染源管理的深化，在排污收费（而不仅是超标收费）、多因子收费、总量收费等方面正在努力探索。

（2）排污申报登记制度　排污申报也是一项法律制度。在执行这项制度时，环境保护部门应当对排污单位申报的数据进行核实，使用统一软件加以汇总，并实行动态管理。

（3）排放污染物许可证制度　与排污申报联结起来形成控制污染源排污的较为完整的管理体系。其理论基础是环境的资源观和价值观。环境是资源，资源应有偿使用。

大气环境是资源，大气的自净能力也是资源，资源属国家所有。向大气排放污染物的企业、事业单位是使用大气的自净能力，使用属于国有的资源，所以必须申报使用数量、时间和地点（即排污去向及污染物的种类、数量、强度等）；环境保护行政主管部门受政府委托接受申报并核实申报的数据资料，根据各申报单位的实际情况合理分配大气自净能力（允许排放的污染物种类、数量和排污去向），发给排污许可证；排污单位有权提出排污申请，但有义务必须遵照排污许可证的规定排放污染物；环境保护部门有义务合理分配排污指标，但有权对排污单位的排污过程进行监督检查。依据上述理论分析，经过环境立法将权利与义务用法律条文做出明确规定，即形成完整的环境法律制度。

3. 城市环境综合整治定量考核

为控制大气污染和改善城市环境质量，在点源治理的同时还必须进行综合治理，把大气污染综合治理作为城市环境综合整治的重要组成部分。城市环境综合整治定量考核指标，增加了重点污染物总量削减率、环保投入、机构建设、排污收费状况等指标。

第二节　污染源的分类及调查评价

污染源是指导致环境污染的各种污染因子或污染物的发生源。例如，向环境排出污染物或释放有害因子的工厂、场所或设备。

一、污染源分类

污染源可分为两大类，即天然污染源和人为污染源。对于环境科学来说主要研究和控制的对象是人为污染源。

（一）天然污染源

天然污染源是指因自然界的运动而形成的各种污染物的发生源。例如火山爆发可以向大气喷发出大量的尘埃（火山灰）、烟雾及二氧化硫、硫化氢等化学污染物；森林火灾给大气带来大量一氧化碳、二氧化碳及不完全燃烧的有机烟雾；海浪运动可以将大量含盐水滴抛向空中，水分蒸发又形成盐粒；大风可将荒漠地区的沙土带入空中，甚至带到几千公里以外又重新沉积下来；植物花粉对人类也是一种变应原。有些天然污染源排出的污染物是巨量的，对人类环境造成大范围的不良影响。例如，1991年6月菲律宾皮纳图博火山大规模爆发，喷发出大量火山灰和 SO_2 到平流层中。皮纳图博火山一次就向平流层喷发了大约1800万吨 SO_2。火山喷发的这些气体到达平流层后就围绕着赤道从东到西飘流最终覆盖全球。SO_2 气体转变为极小的硫酸液滴，生成反射和散射太阳光的雾，专家认为这种雾在3~4年间会使地球平均温度降低0.3℃以上。一些科学家也认为，火山微粒可能起到类似南极上空冰晶的作用，引起化学反应，破坏人口密集的中纬度地区的臭氧层。天然污染源可能引起的环境灾害已引起人们的关注，但当前人类尚难以控制。

（二）人为污染源

由于人类生产和生活活动造成环境污染的发生源即人为污染源。下面分类做概括介绍。

（1）按人类活动的性质分类 分为工业污染源（金属冶炼、发电、炼油、采矿、石油化工、电镀等工矿企业）、农业污染源（使用农药、化肥等）、交通运输污染源（现代交通工具，例如飞机、汽车、轮船等排出的"废气"）以及生活污染源（取暖、做饭等生活用煤）。

（2）按被污染对象的性质分类 分为大气污染源、土壤污染源和水体污染源等。

（3）按污染因子的空间分布形态分类 分为点污染源（呈点状分布的，如工矿企业、城镇、医院、科研机构等排出的"三废"）、面污染源（又称非点污染源）、线污染源（呈线状分布的污染源，例如主要交通干线上汽车、火车等交通运输工具所排出的废气，也包括交通工具的噪声）。点污染源及面污染源是固定污染源，而线污染源是移动污染源。

（4）按污染因子的物化性质分类 分为有机污染源、无机污染源、混合污染源（同时排放出多种污染物的污染源）、热污染源、噪声污染源、放射性污染源、病原体污染源等。

（5）按污染物的形态分类 分为废气、废水、固体废物、噪声、放射性物质等。

（6）按污染源排放方式分类 分为有组织排放源和无组织排放源。一般来说，有组织排放源是指点源，即大气污染物通过各种类型的装置（如烟囱、集气筒等）以有组织的形式排放到环境中。而无组织排放源包括面源、线源、体源和低矮点源。工程分析中，通常将有排气筒且其高度高于 15m（含 15m）的排放视为有组织排放，将没有特定排气筒（烟囱、集气筒等）的或虽有排气筒但其高度低于 15m 的排放视为无组织排放。但两者并没有十分清晰的分界，低矮排气筒的排放虽属有组织排放，但在一定条件下也可造成与无组织排放相同的后果；由于有效排放高度较低、大气污染物水平和垂直的扩散空间较小，两者对厂界区域和近距离环境空气敏感区的浓度贡献均可能出现相对较大的情形。

本章主要阐述大气的人为污染源。重点是燃料燃烧和工业生产过程形成的人为污染源，以及交通运输污染源中的汽车形成的废气排放源。

二、污染源调查

污染源调查是废气、废水等污染治理、污染源控制与管理，以及制定环境污染综合防治规划的基础。搞清造成环境污染的根源，确定哪些污染物是主要污染物，哪些污染源是主要污染源，从而确定污染治理工作的方向和任务。下面对污染源调查的原则和方法做简要介绍。

1. 污染源调查的原则

工业污染源调查、乡镇企业污染源调查，国家生态环境部等行政主管部门都下达技术指导性文件。这里介绍的只是一般性的原则。

（1）目的要求要明确 污染源调查的目的要求不同，其方法步骤也不同，所以进行的污染源调查首先要明确目的要求。例如：为了查明某种污染物（造成环境污染）的主要来源，通常运用工艺分析、物料衡算、污染追踪调查；为了解决一个城市（或地区）的电镀厂（或车间）的分布点及确定电镀废水处理技术重点、服务对象所进行的调查，重点是弄清污染源的分布、规模、排放量，以及评价其对环境的影响；如果为了制定城市（或地区）的环境污染综合防治规划而进行污染源调查，则工作量大而复杂，不但要画出各类污染源的分布图，弄清各个污染源的排放量、排放强度、排放方式，以及排污分担率和污染分担率，还要计算出排污系数及调查其变化规律。通过污染源评价确定主要污染物和主要污染源。

（2）要把污染源、环境和人群健康作为一个系统来考虑　在污染源的调查、评价过程中，不应只注意污染物的排放量，也要重视污染物的物理、化学及生物特征，进入环境的途径以及对人群健康的影响等因素。

（3）要重视污染源所处的位置及同步的气象和水文数据　污染源所在的功能区不同，所在地的污染源密度不同，气象条件和水文条件不同，同样性质同等排污量的污染物，其对环境和人群健康造成的影响也不相同。所以，在污染源调查时要弄清污染源所处的位置和同步的气象、水文数据。

2. 污染源调查的程序与方法

下面以工业污染源调查为例做概括介绍。图 1-2 是一个污染源调查程序框图。实际调查时按程序逐步进行。下面仅对污染源调查过程中的几个问题做一些阐述。

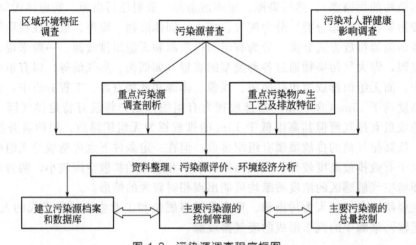

图 1-2　污染源调查程序框图

（1）统一内容、统一方法　不论是全国性还是区域性的污染源调查都应该对调查的内容做出统一规定。对环境监测方法、样本采集方法、排放量估算及数据处理方法等都应有统一的技术规范，使获得的数据、资料能够汇总对比分析，得出正确结论。

（2）重点污染源调查剖析　在普查的基础上对重点污染源要深入调查和剖析。主要是对污染物的物理、化学和生物特征进行分析；核算流失总量并剖析流失的原因，分清管理因子、设备因子、技术因子等不同因子所造成的流失量，以及在总流失量中所占的比例等。

（3）重点污染物产生工艺及排放特征　包括工业生产工艺分析、重点污染物追踪分析，以及重点污染物产生机制及排放规律。

工业生产工艺分析，主要是对污染型行业的重点污染源现行的生产工艺进行环境经济综合评价，与国内外的先进生产工艺进行对比分析，以确定其革新的方向及淘汰更新的期限。

重点污染物追踪分析，即对代表重点污染源特征的主要污染物要进行追踪分析，如重有色金属冶炼厂的代表性污染物为 SO_2 及流失的重有色金属镉（Cd）、铅（Pb）、铜（Cu）、汞（Hg）等。追踪分析就是要弄清其在生产过程中流失的原因及主要发生源排污点。

此外，对重点污染物还要对其排放特征进行分析，包括排放方式及排放强度等。

（4）污染源的产污量、排污量计算或估算问题　污染源调查中的重要数据之一是污染物产生量和排放量（其中排污量数据更为重要）。

① 凡有条件直接测定的可用下式计算污染物排放量：

$$m_i = c_i Q_i \times 10^{-6} \text{（废水）} \tag{1-1}$$

$$m_i = c_i Q_i \times 10^{-9} \text{（废气）} \tag{1-2}$$

式中，m_i 为 i 污染物的天或年排放量，t/d 或 t/a；c_i 为 i 污染物实测浓度，mg/L（废水）、mg/m^3（废气）；Q_i 为废水或废气排放量，m^3/d 或 m^3/a（$1m^3$ 废水按 1t 计算）。

使用上式计算 i 污染物排放量时应注意两点：一是要选用适当的流量计（或简易而科学的方法）计算废水或废气的排放量；二是式中的 10^{-6} 和 10^{-9} 是单位转换系数，排放量以"t"为单位，而 c_i 的单位废水是"mg/L"，单位转换系数是 10^{-6}，废气是"mg/m^3"，单位转换系数是 10^{-9}，两者不可混淆。

② 没有条件直接测定者，可以利用产污系数及排污系数或经验公式、数据等进行估算。但要注意下列问题。

a. 在城市（或地区）污染源调查中估算污染物排放量，有两种不同的方法：一是各污染源分别估算，这就需要对不同类型的锅炉，各类行业不同的生产工艺如何选取排污系数和利用手册中的数据应有统一的技术规定；二是以城市（或地区）作为一个整体统一估算，如估算某市市区因燃烧排放的 SO_2、NO_x、烟尘等的总量，一般是分别统计出工业耗煤量和生活耗煤量，计算出市区总煤耗，然后利用综合平均排污系数估算排污量，这种排污系数有些是上一级环保主管部门下达的，也有的是从本城市市区调查中获得的。

b. 对手册给出的或上级下达的排污系数一定要认真分析、正确利用。如某省环保主管部门向各市下达的燃煤综合排污系数 K_{SO_2} 为 0.024，即每烧 1t 煤平均排放 0.024t SO_2。这是由于考虑到该省所用原煤含硫量（平均）约为 1.5%，可燃硫按 80% 计算：

$$K_{SO_2} = 2 \times 0.8 \times 0.015 = 0.024$$

其中某市用的是低硫煤，一般含硫量为 0.8%，则不应完全照搬 0.024 来估算。

c. 对重点污染源的排污量，最好能用物料衡算法或环保投入产出表，以生产运转记录为依据进行核算。

三、污染源评价

污染源评价的目的不同方法也不相同，现分别介绍如下。

1. 污染源排放质量的分析评价

主要是对各污染源排污现状进行分析评价，一般有两种方法。

（1）以浓度控制为基础的评价方法　可以达标率或超标率作为指标进行分析评价。以达标率为例说明。

$$\text{达标率}(N_d) = \frac{\text{各评价参数的总监测次数} - \text{超标次数}}{\text{总监测次数}} \times 100\% \tag{1-3}$$

实例：设某城市工业污染源控制确定主要污染物有 6 种，即烟尘、SO_2、COD、Cr(Ⅵ)、NH_3-N、NO_x，监测制度为每周监测 1 次，每月监测 4 次，按月评价总监测次数为 $4 \times 6 = 24$ 次，烟尘超标 1 次，SO_2 超标 3 次，COD 超标 2 次，Cr(Ⅵ) 超标 2 次，NH_3-N 超标 3

次，NO_x 不超标。6 种污染物的超标次数之和为 11 次。

$$达标率(N_d) = \frac{24-11}{24} \times 100\% = 54\%$$

同一污染源逐月评价可做比较，不同的污染源之间也可以相互比较分析。

（2）以总量控制为基础的评价方法　主要方法是计算或估算出各主要污染物的排放总量，与确定的总量控制指标分析比较进行评价。

2. 标化评价确定主要污染源与主要污染物

主要用于制定环境污染综合防治规划。本书第十八章将对等标污染负荷与综合防治规划做详细介绍。标化评价法首先要正确选定标化系数。

3. 污染源的环境经济评价

主要目的是评价工业企业（工业污染源）的环境经济综合效益，为调整工业结构提供依据。

$$环境经济综合效益 = 万元投入净收益 - 万元投入污染损失$$

万元投入净收益为正贡献，万元投入污染损失为负贡献。工业污染控制与管理就是通过技术改造，调整工业结构，推行清洁生产，使工业企业的正贡献大于负贡献，环境经济综合效益不断增大。

第三节　废气的分类

一、废气的分类方法

废气指人类在生产和生活过程中所排出的没有用的气体。废气的种类繁多，对其分类如下。

1. 按废气发生源的性质分类

人类工业生产活动产生的废气称为工业废气（包括燃料燃烧废气和生产工艺废气）；人类生活活动产生的废气称为生活废气；人类交通运输活动产生的废气称为交通废气，包括汽车尾气（汽车废气）、高空航空器废气、火车及船舶废气等；人类农业活动产生的废气称为农业废气。

2. 按废气所含的污染物分类

按所含污染物的物理形态分类，可以分为含颗粒物废气、含气态污染物废气等；还可具体分为含烟尘废气、含工业粉尘废气、含煤尘废气、含硫化合物废气、含氮化合物废气、含碳的氧化物废气、含卤素化合物废气、含烃类化合物废气等。这种分类方法在废气治理中经常应用。为了阐述废气的分类首先要弄清大气污染物的种类。

3. 按废气形成过程分类

大气污染物种类如此之多，很难做出严格分类。按其形成过程可以分为以下两类。

（1）一次污染物　直接由污染源排放的污染物叫一次污染物，其物理、化学性质尚未发生变化。

（2）二次污染物　在大气中一次污染物之间或与大气的正常成分之间发生化学作用的生成物叫二次污染物。它常比一次污染物对环境和人体的危害更严重。

目前受到普遍重视的一次污染物主要有颗粒物、含硫化合物、含氮化合物、含碳化合物

（烃类化合物）等，二次污染物主要是硫酸烟雾、光化学烟雾等。

4. 按废气发生源形式分类

人为污染发生源按其形式还可以分为固定发生源和移动发生源两大类。

① 固定发生源就是发生污染的固定装置或设施。工厂等的烟囱就是典型的固定发生源。污染物质从固定地点发生，通过大气扩散变成空气中的悬浮粒状物质及其他污染物。固定发生源的装置和设施种类繁多，仅排烟设施就有锅炉、焙烧炉、转炉、平炉、金属熔化炉、金属加热炉、石油加热炉、窑炉、反应炉、干燥炉、炼钢电炉、焚烧炉、氯化铁熔化炉、化学制品氯化设施、磷酸肥料设施、氢氟酸设施、铅二次精炼和铅原料设施等。

② 移动发生源就是汽车、飞机、船舶、铁路等交通运输工具。

图1-3所示为对大气污染源分类的典型模式。

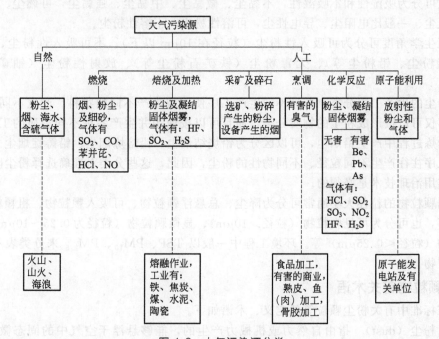

图1-3 大气污染源分类

二、含颗粒污染物废气

1. 粒状物质的生成和发生源

粒状物质是由固体、液体的破碎、蒸发、燃烧、凝聚产生的，而粒状物质的性质则主要取决于生成过程中的物理作用和化学作用。

通常经过物理粉碎形成的粒子，形状不规则；而燃烧或其他化学作用形成的粒子大多数呈球状或结晶状。粒子越小，粒子间的凝聚力越大。粒子处于高浓度时形成链状凝聚体。至于液态粒子，显然都是球状粒子。

分析大气中悬浮粒状物质的粒径分布可以发现，粒径在$4\mu m$左右和在$1\mu m$以下的位置上各出现一个峰值，构成这两个峰值的粒子来自不同的发生源，据推测，以机械物理方式产

生的粒子分布在 $4\mu m$ 左右的峰值区，而燃烧和焙烧等化学方式产生的粒子分布在 $1\mu m$ 以下的峰值内。

物理方式产生粒子的发生源有破碎、研磨、混合、搬运、堆积、喷雾以及粉末加工作业、城市生活、交通运输等。化学方式产生粒子的发生源有住宅、事务所、饭店、商店、娱乐场所等的采暖以及厨房设备、生产工厂、火力发电厂、垃圾处理厂等的燃烧过程。

2. 颗粒物的分类

按颗粒污染物进入大气环境的来源途径可分为自然性颗粒物、生活性颗粒物、生产性颗粒物三大类，其中生产性颗粒物通常称为粉尘或烟尘。

按颗粒物的成分可分为无机颗粒物、有机颗粒物、混合型颗粒物三类。按其燃烧和爆炸性质可分为易燃易爆粉尘（煤粉尘、硫黄粉尘等）、非易燃易爆粉尘（石灰石粉尘等）。按其物理性质可分为吸湿性和不吸湿性，不黏尘、微黏尘、中黏尘、强黏尘，可燃尘、不燃尘，高比电阻尘、一般比电阻尘、导电性尘，可溶性粉尘、不溶性粉尘。

从卫生学角度可分为可吸入性粉尘（粒径在 $10\mu m$ 以下）、不可吸入性粉尘、有毒粉尘（如锰粉尘、铅粉尘等）、无毒粉尘（铁矿石粉尘等）、放射性粉尘（铀矿石粉尘等）等。

按粉尘的生产工序分类：各种不同生产工序使用或生产不同的物料，产生不同的粉尘，因此，不仅可以按形成粉尘的物质分类，而且可以按使用并生产各种不同物质的工序分类。例如铅冶炼过程中产生铅烟尘，可以区分为铅烧结烟尘、铅熔炼烟尘、铅铸锭烟尘。由于不同生产工序往往产生不同粒径、不同物性的粉尘，因此，这些分类对准确选择粉尘防治措施和最佳实用治理技术是必须的。

根据颗粒物的粒径大小通常可分为降尘、总悬浮颗粒物、可吸入颗粒物、粗颗粒物、细颗粒物等，也可分为可见颗粒物（粒径$>10\mu m$）、显微颗粒物（粒径为 $0.25\sim10\mu m$）、超显微颗粒物（粒径$<0.25\mu m$）等。环境工程中一般以 TSP、PM_{10}、$PM_{2.5}$ 来分类表示不同粒径的颗粒物。

3. 颗粒物有关术语

国家标准中有关粉尘颗粒等的定义、术语如下。

（1）粉尘（dust）　指由自然力或机械力产生的，能够悬浮于空气中的固态微小颗粒。国际上将粒径$<75\mu m$ 的固体悬浮物定义为粉尘。在通风除尘技术中，一般将 $1\sim200\mu m$ 乃至更大粒径的固体悬浮物均视为粉尘。

（2）气溶胶（aerosol）　指悬浮于气体介质中的粒径范围一般为 $0.001\sim1000\mu m$ 的固体、液体微小粒子形成的胶溶状态分散体系。

（3）总粉尘（total dust）　简称"总尘"，指用直径为 40mm 的滤膜，按标准粉尘测定方法采样所得到的粉尘。

（4）呼吸性粉尘（respirable dust）　简称"呼尘"，指按呼吸性粉尘标准测定方法所采集的可进入肺泡的粉尘粒子。其空气动力学直径均在 $7.07\mu m$ 以下，空气动力学直径为 $5\mu m$ 的粉尘粒子的采样效率为 50%。

（5）大气尘（airborne particles；particulates；atmospheric dust）　指悬浮于大气中的固体或液体颗粒状物质，也称悬浮颗粒物。

（6）烟（尘）（smoke）　指高温分解或燃烧时所产生的、粒径范围一般为 $0.01\sim1\mu m$ 的可见气溶胶。

(7) 纤维性粉尘（fibrous dust） 指天然或人工合成纤维的微细丝状粉尘。

(8) 亲水性粉尘（hydrophilic dust；lyophilic dust） 指易于被水润湿的粉尘。例如，石英、黄铁矿、方铅矿粉尘等。

(9) 疏水性粉尘（hydrophobic dust；lyophobic dust） 指难以被水润湿的粉尘。例如，石蜡粉、炭黑、煤粉等。

(10) 生产性粉尘（industrial dust） 在生产过程中形成的粉尘。按粉尘的性质分为：无机粉尘（含矿物性粉尘、金属性粉尘、人工合成的无机粉尘）；有机粉尘（含动物性粉尘、植物性粉尘、人工合成的有机粉尘）；混合性粉尘（混合存在的各类粉尘）。

(11) 颗粒物（particulates） 燃料和其他物质在燃烧、合成、分解以及各种物料在机械处理中所产生的悬浮于排放气体或大气中的固体和液体颗粒状物质。

(12) 颗粒物（particulate matter） 常包括可吸入颗粒物（PM_{10}）和细颗粒物（$PM_{2.5}$）。PM_{10} 指环境空气中空气动力学当量直径 $\leqslant 10\mu m$ 的颗粒物。$PM_{2.5}$ 指环境空气中空气动力学当量直径 $\leqslant 2.5\mu m$ 的颗粒物。

(13) 总悬浮颗粒物（TSP） 指能悬浮在空气中，空气动力学当量直径 $\leqslant 100\mu m$ 的颗粒物。

(14) 霾（haze） 指空气中因悬浮着大量的烟、尘等微粒而形成的浑浊现象，也称灰霾。

(15) 烟（雾）（fume） 指由燃烧或熔融物质挥发的蒸气冷凝后形成的，粒径范围一般为 $0.001\sim 1\mu m$ 的固体悬浮粒子。

(16) 废气（exhaust gas；waste gas） 指工业生产或生活过程中所排出的没有用的气体。

(17) 烟气（fumes） 指在化学工艺过程中生成的通常带有异味的气态物质。

(18) 液滴（droplet） 指在静止条件下能沉降，在湍流条件下能悬浮于气体中的微小液体粒子。

(19) 霭（mist） 指在空气中悬浮有微小液滴粒子的分散系。

(20) 雾（mist） 指悬浮于气体中的微小液滴。如水雾、漆雾、硫酸雾等。

(21) 粒子（particle；particulate） 特指分散的固体或液体的微小粒状物质，也称微粒。

(22) 飘尘（floating dust） 指粒径 $< 10\mu m$，在空气中可长期飘浮的固体粒子。

(23) 降尘（dustfall） 指粒径 $> 10\mu m$，在空气中容易沉降的尘埃粒子。

(24) 扬尘（dust emission） 由于地面上的尘土在风力、人为带动及其他带动飞扬而进入大气的开放性污染源，是环境空气中总悬浮颗粒物的重要组成部分。

(25) 飞灰（fiyingst；tiy ashes） 由燃料（主要是煤）燃烧过程中排出的微小灰粒。其粒径一般在 $1\sim 100\mu m$ 之间。飞灰又称粉煤灰或烟灰。

颗粒物可以是固体颗粒或液滴，气态物质可以在大气中转化为颗粒物。据估算，全世界由于人类活动每年排入大气的颗粒物（指粒径 $< 20\mu m$ 者）有 1.85 亿～4.20 亿吨，其中直接排放的仅占 5%～21%，其余均为气态污染物在大气中转化而成的。

三、含气态污染物废气

气态污染物种类很多，主要有以 SO_2 为主的含硫化合物、以 NO 和 NO_2 为主的含氮化合物、碳的氧化物、含卤素化合物及烃类化合物五大类。

1. 含硫化合物

大气污染物中的含硫化合物包括硫化氢（H_2S）、二氧化硫（SO_2）、三氧化硫（SO_3）、硫酸（H_2SO_4）、亚硫酸盐（SO_3^{2-}）、硫酸盐（SO_4^{2-}）和有机硫气溶胶。其中最主要的污染物为 SO_2、H_2S、H_2SO_4 和硫酸盐，SO_2 和 SO_3 总称为硫的氧化物，以 SO_x 表示。

SO_2 的主要天然源是微生物活动产生的 H_2S，进入大气的 H_2S 都会迅速转变为 SO_2，反应式为

$$H_2S + \frac{3}{2}O_2 \longrightarrow SO_2 + H_2O \tag{1-4}$$

含硫化合物的其他天然源有：火山爆发，排出物主要是 SO_2 和 H_2S，也有少量的 SO_3 和 SO_4^{2-}；海水的浪花把海水中 SO_4^{2-} 带入大气，估计约有 90% 又返回海洋，10% 落在陆地；沼泽地、土壤和沉积物中的微生物作用产生的 H_2S。

SO_2 的人为源主要是含硫的煤、石油等燃料燃烧及金属矿冶炼过程中产生的。煤、石油燃烧时硫的反应为

$$S + O_2 \longrightarrow SO_2 \tag{1-5}$$
$$2SO_2 + O_2 \longrightarrow 2SO_3 \tag{1-6}$$

燃烧产物主要是 SO_2，约占 98%，SO_3 只占 2% 左右。

2. 含氮化合物

大气中以气态存在的含氮化合物主要有氨（NH_3）及氮的氧化物，包括氧化亚氮（N_2O）、一氧化氮（NO）、二氧化氮（NO_2）、四氧化二氮（N_2O_4）、三氧化二氮（N_2O_3）及五氧化二氮（N_2O_5）等。其中对环境有影响的污染物主要是 NO 和 NO_2，通常统称为氮氧化物（NO_x）。

NO 和 NO_2 是对流层中危害最大的两种氮的氧化物。NO 的天然来源有闪电、森林或草原火灾、大气中氨的氧化及土壤中微生物的硝化作用等。NO 的人为源主要来自化石燃料的燃烧（如汽车、飞机及内燃机的燃烧过程），也来自硝酸生产及使用过程，氮肥厂、有机中间体厂、炸药厂、有色及黑色金属冶炼厂的某些生产过程等。

氨在大气中不是重要的污染气体，主要来自天然源，它是有机废物中的氨基酸被细菌分解的产物。氨的人为源主要是煤的燃烧和化工生产，在大气中的停留时间为 1~2 周。在许多气体污染物的反应和转化中，氨起着重要的作用。它可以和硫酸、硝酸及盐酸作用生成铵盐，在大气气溶胶中占有一定比例。

3. 碳的氧化物

一氧化碳（CO）是低层大气中最重要的污染物之一。CO 的来源有天然源和人为源。理论上，来自天然源的 CO 排放量约为人为源的 25 倍。CO 可能天然源有：火山爆发、天然气、森林火灾、森林中放出的萜烯的氧化物、海洋生物的作用、叶绿素的分解、上层大气中甲烷（CH_4）的光化学氧化和 CO_2 的光解等。CO 的主要人为源是化石燃料的燃烧以及炼铁厂、石灰窑、砖瓦厂、化肥厂的生产过程。在城市地区人为排放的 CO 大大超过天然源，而汽车尾气则是其主要来源。大气中 CO 的浓度直接和汽车的密度有关，在大城市工作日的早晨和傍晚交通最繁忙，CO 的峰值也在此时出现。汽车排放 CO 的数量还取决于车速，车速越高，CO 排放量越低，因此，在车辆繁忙的十字路口 CO 浓度常常更高。CO 在大气中的滞留时间平均为 2~3 年，它可以扩散到平流层。

二氧化碳（CO_2）是动植物生命循环的基本要素，通常它不被看作是大气的污染物。在

自然界它主要来自海洋的释放、动物的呼吸、植物体的燃烧和生物体腐烂分解过程等。大气中的 CO_2 受两个因素制约：一是植物的光合作用，每年春夏两季光合作用强烈，大气中的 CO_2 浓度下降，秋冬两季作物收获，光合作用减弱，同时植物枯死腐败数量增加，大气中 CO_2 浓度增加，如此循环；二是 CO_2 溶于海水，以碳酸氢盐或碳酸盐的形式贮存于海洋中，实际上海洋对大气中的 CO_2 起调节作用，保持大气中 CO_2 的平衡。CO_2 性质稳定，在大气中的滞留时间 $5\sim10$ 年。就整个大气而言，长期以来 CO_2 浓度是保持平衡的。但近几十年来，由于人类使用矿物燃料的数量激增、自然森林遭到大量破坏，全球 CO_2 浓度平均每年增加 0.2%，已超出自然界能"消化"的限度。CO_2 无毒，虽然 CO_2 增加对人没有明显的危害，因此一般不被看作大气污染物，但其对人类生存环境的影响，尤其对气候的影响是不容低估的，最主要的即"温室效应"。

大气中 CO_2 和水蒸气能允许太阳辐射（近紫外和可见光区）通过而被地球吸收，但是它们却能强烈吸收从地面向大气再辐射的红外线能量，使能量不能向太空逸散，而保持地球表面空气有较高的温度，造成"温室效应"。温室效应的结果，使南北两极的冰加快融化，海平面升高，风、云层、降雨、海洋潮流的混合形式都可能发生变化，这一切将带来严重环境问题。现已知除 CO_2 外，N_2O、CH_4、CFCs 等 $15\sim30$ 种气体都具有温室效应的性质。

4. 含卤素化合物

存在大气中的含卤素化合物很多，在废气治理中接触较多的主要有氟化氢（HF）、氯化氢（HCl）等。

5. 烃类化合物（HC）

烃类化合物（即碳氢化合物）统称烃类，是指由碳和氢两种原子组成的各种化合物。为便于讨论，把含有 O、N 等原子的烃类衍生物也包括在内。烃类化合物主要来自天然源。其中量最大的为甲烷（CH_4），其次是植物排出的萜烯类化合物，这些物质排放量虽大，但分散在广阔的大自然中，对环境并未构成直接危害。不过随大气中 CH_4 浓度增加会强化温室效应。烃类化合物的人为源主要来自燃料不完全燃烧和溶剂的蒸发等过程，其中汽车尾气是产生烃类化合物的主要污染源，浓度为 $2.5\sim1200mL/m^3$。

在汽车发动时，未完全燃烧的汽油在高温高压下经化学反应会产生百余种烃类化合物。典型的汽车尾气成分主要有烷烃（甲烷为主）、烯烃（乙烯为主）、芳香烃（甲苯为主）和醛类（甲醛为主）。

在大气污染中较重要的烃类化合物有：烷烃、烯烃、芳香烃、含氧烃四类。

（1）烷烃 又称饱和烃，通式 C_nH_{2n+2}。烃类中 CH_4 所占数量最大，但它化学活性小，故讨论烃类污染物时提到的城市地区总烃类化合物浓度，是指扣除 CH_4 的浓度或称非甲烷烃类的浓度。其他重要的烷烃有乙烷、丙烷和丁烷。

（2）烯烃 是不饱和烃，通式为 C_nH_{2n}。因为分子中含有双键，故烯烃比烷烃活泼得多，容易发生加成反应，其中最重要的是乙烯、丙烯和丁烯。乙烯对植物有害，并能通过光化学反应生成乙醛，刺激眼睛。烯烃是形成光化学烟雾的主要成分之一。

（3）芳香烃 分子中含有苯环的一类烃。最简单的芳烃是苯及其同系物甲苯、乙苯等。两个或两个以上苯环共有两个相邻的碳原子者，称为多环芳烃（简称 PAHs），如苯并[a]芘。芳香烃的取代反应和其他反应介于烷烃和烯烃之间。在城市的大气中已鉴定出对动物有致癌性的多环芳烃，如苯并[a]芘、苯并[b]荧蒽和苯并[j]荧蒽等。

（4）含氧烃 主要是醛、酮两类，汽车尾气中的含氧烃约占尾气中烃类化合物（HC）的 1.5%。大气中含氧烃的最重要来源可能是大气中烃的氧化分解。环境中的醛主要是甲醛。

表面上在城市中烃类对人类健康未造成明显的直接危害，但在大气污染物中它们是形成危害人类健康的光化学烟雾的主要成分。在含 NO、CO 的污染大气中，受太阳辐射作用，可能引起 NO 的氧化，并生成臭氧（O_3）。当体系中存在一些 HC 时能加速氧化过程。HC（主要是烷烃、烯烃、芳香烃和醛等）和氧化剂（主要是 HO、O 和 O_3）反应，除生成一系列有机产物如烷烃、烯烃、醛、酮、醇、酸等外，还生成了重要的中间产物——各自的自由基，如烷基 R、酰基 RCO、烷氧基 RO、过氧烷基 ROO（包括 H_2O）、过氧酰基 RC—OO 和羧基 RC 等的自由基，这些自由基和大气中的 O_2、NO 和 NO_2 反应并相互作用，促使 NO 转化为 NO_2，进而形成二次污染物 O_3、醛类和过氧乙酰硝酸酯（ CH_3C—O—O—NO_2，PAN）等。这些是形成光化学烟雾的主要成分。

6. 二噁英

二噁英是多氯代二苯并二噁英（PCDD）和多氯代二苯并呋喃（PCDF）的总称，通常用"PCDD/Fs"表示。由于氯原子取代的位置和数量的不同，PCDD/Fs 共有 210 种异构体（75 种 PCDD 和 135 种 PCDF）。二噁英是一种无色针状晶体，是非常稳定的化合物，没有极性，极难溶于水和酸碱，可溶于大部分有机溶剂，具有高熔点和高沸点，分解温度大于 700℃，高速降解温度大于 1300℃；具有脂溶性和高亲脂性。

二噁英的生成机理相当复杂，已有研究认为主要有 3 种途径：

① 由前驱体化合物（氯源）通过氯化、缩合、氧化等有机化合反应生成；

② 碳、氢、氧和氮等元素通过基元反应生成二噁英，称为"从头合成"；

③ 由热分解反应合成（即"高温合成"），含有苯环结构的高分子化合物经加热分解可大量生成二噁英。

无论二噁英以哪种方式生成，必须具备 4 个基本条件：

① 必须有含苯环结构的化合物（二噁英母体）存在；

② 必须有氯源；

③ 必须有合适的生成温度（350℃左右为最佳生成温度）；

④ 必须有催化剂（如铜、铁等金属元素）存在。

7. 污染大气的放射性物质

自 20 世纪 40 年代开始，放射性尘埃引起的大气污染日益为人们所关注。这主要是核武器试验和核电站事故所造成的。核爆炸（尤其是大气层里的核爆炸）后，形成高温（上百万摄氏度）火球，使其中存在的裂变产物、弹体物质以及卷进火球的尘土等变为蒸气。随着火球膨胀和上升，因与空气混合和热辐射损失，温度逐渐降低，蒸气便凝结成微粒附着在其他尘粒上形成所谓放射性沉降物（尘埃），主要放射性同位素为裂变产物，其次是核爆炸时放出的中子所造成的灰尘放射性物质。

核爆炸后进入大气层的放射性物质，沿大气环流运行，并受重力和风的合力影响，以合力的方向运行直至沉降到地面。于爆炸后数小时至数十小时首先沉降于爆炸点附近地区，这种局部沉降物可占裂变产物总量的 50%～80%，若遇降水则还会增加。存在于对流层空气中直径<5μm 的粒子储留期则要几天到几个月，平均储留期约为 30d，沉降影响的范围可波

及本半球的大部分地区，在核爆炸的纬度内从西向东绕地球运行，直到这些细小粒子由于相互凝聚（凝结在雾滴上）、静电作用、直接冲撞作用、扩散作用和风力等以惰性方式沉降到地面，或被降水携带至地面，这种所谓对流层沉降物中裂变产物约占总裂变产物的 25%（与爆炸高度有关）。一些更细小的微粒能进入到平流层，并随高空的大气环流流动，然后再慢慢沉降到地球表面，即所谓全球性沉降。

在这些沉降物中，人们最关心的是产额高、半衰期长、摄取量大和能长期存留于人体内的放射性同位素，主要有锶 89、锶 90、铯 137、碘 131、碳 14、钚 239、钡 140 和铈 140 等。

第四节　废气及所含污染物的来源

造成大气污染的废气及污染物主要来自工业污染源，其次是交通运输和生活垃圾污染源，包括燃料燃烧（主要是燃煤）废气、工业生产废气、机动车尾气和垃圾焚烧废气以及这些废气中所含的污染物。

一、燃料燃烧废气

作为一次能源的化石燃料的燃烧，是可燃混合物的快速氧化过程，此过程伴随能量的释放，同时燃料的组成元素转化为相应的氧化物。化石燃料的燃烧（特别是不完全燃烧）将导致烟尘、硫氧化物、氮氧化物、碳氧化物的产生，引起大气污染问题，以燃煤引起的大气污染问题最为严重。我国使用的能源燃料中以固体燃料煤占的比例最大。

（一）燃煤废气及其所含主要污染物的发生机制

燃煤与燃油相比，所造成的环境污染负荷要大得多。单位重量的燃料煤的发热量比油低，灰分含量高出 100~300 倍，含硫量虽可能煤比重油低，但为获得同等发热时耗煤量大，产生的硫氧化物可能更多。煤的含氮率比重油约高 5 倍，因而 NO_x 的生成量也高于重油。所以煤燃烧是烟尘、硫氧化物、氮氧化物（NO_x）、一氧化碳（CO）等主要污染物的来源。下面概括阐述这些污染物的发生机制。

1. 烟尘的产生

所谓烟尘是指烟雾和尘埃，它是伴随燃料燃烧和冶炼所产生的尘。其中含有烟黑、飞灰等粒状浮游物。目前对烟黑等粒状浮游物的发生机制还不太清楚，但基本可以认为是燃料中的可燃性烃类化合物在高温下，经氧化、分解、脱氢、环化和缩合等一系列复杂反应而形成的。烟黑类似于石墨结构，是多环芳烃高分子化合物。

2. 硫氧化物的发生机制

硫氧化物主要是指二氧化硫（SO_2）和三氧化硫（SO_3）。大气中的硫化氢（H_2S）是不稳定的硫氢化合物，在有颗粒物存在的条件下可迅速地被氧化为 SO_2。通常 1t 煤中含有 5~50kg 硫（0.5%~5%），其组成成分如图 1-4 所示。

元素硫、硫化物硫、有机硫为可燃性硫（占 80%~90%），硫酸盐硫是不参与燃烧反应的，多残存于灰烬中，称为非可燃性硫。可燃性硫在燃烧时主要生成 SO_2，只有 1%~5% 氧化成 SO_3。其主要化学反应是：

单体硫燃烧 $$S + O_2 \longrightarrow SO_2 \tag{1-7}$$

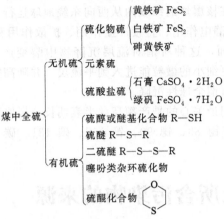

图 1-4 煤中硫的分类

$$SO_2 + \frac{1}{2}O_2 \longrightarrow SO_3 \qquad (1\text{-}8)$$

硫铁矿的燃烧

$$4FeS_2 + 11O_2 \longrightarrow 2Fe_2O_3 + 8SO_2 \qquad (1\text{-}9)$$

$$SO_2 + \frac{1}{2}O_2 \longrightarrow SO_3 \qquad (1\text{-}10)$$

硫醚等有机硫的燃烧

$$\begin{array}{c} CH_3CH_2 \\ \diagdown \\ S \longrightarrow H_2S + 2H_2 + 2C + C_2H_4 \qquad (1\text{-}11) \\ \diagup \\ CH_3CH_2 \end{array}$$

燃煤锅炉污染物发生量见表 1-2。

表 1-2 典型燃煤锅炉的污染物发生量

炉料	容量 /(GJ/h)	炉型	污染物发生量/(g/kg 煤)					
			颗粒物	硫氧化物 （以 SO_2 计）	氮氧化物 （以 NO_2 计）	烃类化合物 （以 CH_4 计）	一氧化碳	醛
大型锅炉	100	煤粉炉	$8W_A$	$19W_S$	9	0.15	0.5	0.0025
		旋风炉	$1W_A$	$19W_S$	27.5	0.15	0.5	0.0025
工业或商业用锅炉	10~100	下饲炉	$2.5W_A$	$19W_S$	7.5	0.5	1	0.0025
		链条炉	$6.5W_A$	$19W_S$	7.5	0.5	1	
		抛煤炉						
小型民用锅炉	<10	抛煤炉	$1W_A$	$19W_S$	3.0	5	5	0.0025
		手烧炉	$20W_A$	$19W_S$	1.5	45	45	0.0025

注：表中 W_A 为煤中灰分的质量分数；W_S 为煤中硫分的质量分数。

从以上的论述中可以明确以下 3 点：

① 只有可燃性硫才参与燃烧过程，被氧化为 SO_2（少量 SO_3）；

② 1t 煤中含硫 5~50kg（含硫量 0.5%~5%）是指单体加含硫化合物折纯计算量之和（即全部折算为 S）；

③ 可燃性硫占硫分的 80%~90%，所以燃煤中硫转化为 SO_2 的转化率为 1%，其 SO_2 的产生是 16~17kg/t。

3. 氮氧化物（NO_x）的发生机制

造成大气污染的氮氧化物主要是 NO 和 NO_2，它们大部分来源于化石燃料的燃烧过程，也来自硝酸的生产和使用过程。由煤的燃烧过程生成的 NO_x 有两类：一类是在高温燃烧时助燃空气中的 N_2 和 O_2 生成 NO_x，称为热力型 NO_x；另一类是燃料中的含氮化合物（吡啶等）经高温分解成 N_2 与 O_2，再反应生成 NO_x，由此生成的 NO_x 称为燃料型 NO_x。燃料燃烧生成的 NO_x 主要是 NO，在一般锅炉烟道气中只有不到 10% 的 NO 氧化成 NO_2。

在高温燃烧气相反应系统中，生成热力型 NO_x 的机制如下：

$$O_2 \longrightarrow 2O \tag{1-12}$$

$$N_2+O \longrightarrow NO+N \tag{1-13}$$

$$N+O_2 \longrightarrow NO+O \tag{1-14}$$

热力型 NO_x 与燃烧温度、燃烧气体中氧的浓度，以及气体在高温区停留的时间密切相关。已有的实验数据证明，在燃烧气体氧浓度相同的条件下，NO 的生成速度随燃烧温度升高而加快。燃烧温度在 300℃ 以下时 NO 生成量很少，燃烧温度高于 1500℃ 时 NO 生成量显著增加。为了减少热致 NO_x 的生成，应设法降低燃烧温度，减少过剩空气（降低氧的浓度）和缩短气体在高温区停留的时间。

燃料中的氮化合物经燃烧有 20%~70% 转化成燃料 NO。燃料 NO 的发生机制到目前为止尚不清楚。一般认为，燃料中氮氧化物在燃烧时，首先是发生热分解形成中间产物，然后再经过氧化生成 NO。

4. 一氧化碳的发生机制

CO 是主要大气污染物中量大面广的一种。主要的 CO 人为源是化石燃料的不完全燃烧。由于燃煤锅炉等固定燃烧装置的结构和燃烧技术不断改进，所以由固定燃烧装置排放的 CO 是较少的，当 CO 排放浓度 <1% 时可以认为不会对大气造成污染。CO 并未作为燃煤锅炉的污染控制指标。

汽车、拖拉机、飞机、船舶等移动污染源是 CO 的主要排放源，移动污染源的 CO 排放量估计每年约为 2.5 亿吨（全世界），占人为源 CO 每年排放总量 3.59 亿吨的 70%；其中汽车尾气排放的 CO 是主要的，占人为源排放总量的 55%。

（二）燃油、燃气设备废气排放源

化石燃料燃烧废气中所含的污染物及发生机制大体相同，但也有不同之处。

1. 燃油废气

由燃料油燃烧而产生的污染物排放量取决于燃料油的等级和组成、锅炉的类型和大小、使用的燃烧方法和实际的负载，以及装置的维护水平。

颗粒物的排放量绝大部分取决于燃料的等级。如较轻的馏出油燃烧产生的颗粒物量比重的渣油明显少。

在燃油锅炉中，锅炉负载也影响颗粒物的排放量。在低负载情况下，发电业锅炉产生的颗粒物排放量可降低 30%~40%，小型工业和商业锅炉产生的颗粒物可降低 60%。但在燃烧任何较轻级油的锅炉中，在低负载时，颗粒物并没有明显减少。在太低负载条件下，不能维持适当的燃烧条件，颗粒物排放量还可能急剧增加。因此应注意，任何阻止锅炉适当运行的条件都能导致过多的颗粒物产生。

总硫氧化物排放量取决于燃料的含硫量，而不受锅炉规格大小、燃烧器的设计或燃烧的燃料等级的影响。一般情况下，95% 以上的燃料硫以 SO_2 形式排放，1%~5% 为 SO_3，1%~3% 为颗粒硫酸盐。SO_3 易与水蒸气（在空气和烟中的）生成硫酸雾。

锅炉燃烧产生氮氧化物的两种机制为燃料中结合氮的氧化和燃烧空气中氮的热固定。燃烧产生的 NO_x 与燃料含氮量及可得氧量有关（一般情况下，约 45% 的燃料氮被转化为 NO_x，但可在 20%～70% 之间变动）。另一方面，热固定的 NO_x 主要与峰值火焰温度和可得氧量（这些因素取决于锅炉大小、燃烧结构和实际操作）有关。在燃烧渣油锅炉中，燃料氮的转化是 NO_x 形成的主要机制；在燃烧馏出油的锅炉中，热固定是 NO_x 形成的主要机制。以这两种机制生成的 NO_x，其数量受许多因素的影响。一个重要因素是燃烧结构，燃烧方法也是重要的。限制过量空气燃烧、烟气再循环、分级燃烧，或这些方法的联合使用，可使 NO_x 减少 5%～60%。锅炉负载减少同样能减少 NO_x 的产生。以满负载运行作起点，负载每减少 1%，可减少 NO_x 排放量 0.5%～1%。应注意：大部分因素（除过量空气外）只对大型燃油锅炉的 NO_x 排放量有影响。

燃料油燃烧排放的挥发性有机物（VOCs）和 CO 为数很少，排放 VOCs 的速率取决于燃烧效率。在锅炉的烟气气流中存在的有机物包括脂肪烃和芳香烃、酯、醚、醇、羰基化合物、羟酸，还包括所有具有两个或更多个苯环的有机物。

燃料油燃烧排放的痕量元素排放量与油中痕量元素的浓度、燃烧温度、燃料饲入方法有关。燃烧温度决定了燃料中所含特种化合物的挥发程度，燃料饲入方法影响排放的颗粒物以炉底灰渣的形式或烟囱飞灰的排出形式。

如果锅炉运行或维护不当，CO 和 VOCs 的浓度可增加几个数量级。

燃油锅炉有害物质排放量见表 1-3。

表 1-3　燃油锅炉有害物质排放量　　　　　单位：kg/m^3

有害物质名称	锅炉油型[①]			
	电厂油渣	工业与民用		家用精制油
		渣油	精制油	
颗粒物	[②]	[②]	0.25	0.31
二氧化硫[③]	19S	19S	17S	17S
三氧化硫[③]	0.25S	0.25S	0.25S	0.25S
一氧化碳[④]	0.63	0.63	0.63	0.63
烃类化合物[⑤]（以 CH_4 计）	0.12	0.12	0.12	0.12
氮氧化物（以 NO_2 计）	12.6(6.25)[⑥]	7.5[⑦]	2.8	2.3

① 锅炉按产热量分类：

电厂（公用事业）$>264 \times 10^6 kJ/h$；工业锅炉 $(15.5～264) \times 10^6 kJ/h$；民用锅炉 $(0.55～15.5) \times 10^6 kJ/h$；家用锅炉 $<0.55 \times 10^6 kJ/h$。

② 燃烧渣油，颗粒物平均排放量取决于油的等级及含硫量，可按下式计算：

6 号油：$(1.25S + 0.38)$ kg/m^3（S 是油中硫的质量分数）；

5 号油：$1.25 kg/m^3$；

4 号油：$0.88 kg/m^3$。

③ S 是油中硫的质量分数。

④ 如运转维护不好，CO 值可增加 10～100 倍。

⑤ 通常烃类化合物的排放量是极少的，只是在运转、维护不正常时其量才会大量增加。

⑥ 当满负荷、过剩空气量正常（$>15\%$）时，切向燃烧锅炉为 $6.25 kg/m^3$，其他锅炉 $12.6 kg/m^3$。锅炉负荷每降低 1%，氮氧化物排放量相应降低 0.5%～1%。使用如下燃烧方法可降低氮氧化物排放量：a. 限制燃烧时的过剩空气，可减少氮氧化物 5%～30%；b. 分段燃烧可减少氮氧化物 20%～45%；c. 烟气再循环可减少氮氧化物 10%～45%。在有些锅炉上改进燃烧方式，氮氧化物排放量可降低 60%。

⑦ 工业与民用锅炉燃烧油渣时，氮氧化物排放量（以 NO_2 计）取决于燃料中的含氮量，可用下列经验公式计算：

$$Q(kg/m^3) = 2.75 + 50N^2$$

式中，N 是油中氮的质量分数。

当渣油含氮量高于 0.5% 时氮氧化物排放量可按 $15 kg/m^3$ NO_2 计算。

注：本表摘自美国环境保护局《大气污染物排放因子汇编》。

2. 燃烧天然气排放的废气

天然气的主要成分是甲烷，也含有数量不定的乙烷和少量的氮、氦和二氧化碳。一般要求天然气加工厂回收可液化的组分并在去除 H_2S 后产生电能、工业加工的蒸汽和热量，供家用和商业的房屋供暖。

天然气是一种相对清洁的燃料，它的燃烧简单，并能精确控制。一般过量空气率范围为 $10\%\sim15\%$，但是一些大型锅炉却在较低的过量空气率下运行以增加燃烧效率和减少氮氧化物排放量。同时，在工厂加工时，为使人易于觉察，把含硫的硫醇加到天然气中，因此在燃烧过程中也会产生少量硫氧化物。

氮氧化物是燃烧天然气排放的主要污染物，其排放量与燃烧室温度和燃烧产物冷却速率有关。其排放水平随锅炉的类型和大小以及操作条件而有很大变动。

用天然气作燃料的设备有害物质的排放量见表 1-4。

表 1-4　用天然气作燃料的设备有害物质的排放量　　　　　单位：$kg/10^6 m^3$

有害物质名称	设备类型		
	电厂	工业锅炉	民用取暖设备
颗粒物	$80\sim240$	$80\sim240$	$80\sim240$
硫氧化物①	9.6	9.6	9.6
一氧化碳	272	272	320
烃类化合物（以 CH_4 计）	16	48	128
氮氧化物（以 NO_2 计）	11200②	$1920\sim3680$③	$1280\sim1290$

① 天然气平均含硫量以 $4.6kg/10^6 m^3$ 计。

② 对切向燃烧设备用 $4800kg/10^6 m^3$。当锅炉负荷降低时要乘负荷降低系数，其值见图 1-5。

③ 指一般工业锅炉氮氧化物排放量，对于大型工业锅炉，其产热量大于 $104.67\times10^6 kJ/h$（$25\times10^6 kcal/h$），氮氧化物的排放量用电厂的排放值。

注：本表摘自美国环境保护局《大气污染物排放因子汇编》。

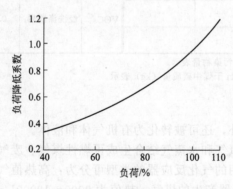

图 1-5　锅炉负荷降低时氮氧化物的负荷降低系数

二、工业生产废气

（一）煤炭工业

煤炭工业包括采选和加工。煤炭加工主要有洗煤、炼焦（见钢铁工业部分）及煤的转化等，在这些加工过程中均不同程度地向大气排放各种有害物质，主要是颗粒物、二氧化硫、一氧化碳、氮氧化物及挥发性有机物及无机物。

1. 洗煤

洗煤是将煤中的硫、灰分和矸石等杂质除去，以提高煤的质量的工艺过程。目前主要使用物理洗煤工艺，即利用煤与杂质密度的不同加以机械分离。洗煤的工艺流程可分为：初期准备、粉煤加工、粗煤加工和最后处理四个阶段。

初期准备包括原煤的卸载、贮存、破碎及筛分为粗煤和粉煤等。

粉煤加工和粗煤加工这两个阶段的操作和使用的设备十分相似，主要区别在于操作参数的严格程度。大多数洗煤工艺用一种流体（例如水）向上流动或脉动，使破碎的煤和杂质流化，较轻的煤粒浮起，从层顶部取出；较重的杂质由底部去除。

最后处理加工是除去煤的水分，减轻板结，减轻质量，增加热值。处理分两步：一是脱水，即用筛子、沉降槽和旋风分离器除去大部分水分；二是热力干燥，可使用沸腾床式、快速式和多级百叶窗式三种类型干燥器中的任何一种来完成。

在洗煤初期准备阶段产生的排放物主要为逸散颗粒物，排放源来自路面、原料堆、残渣堆放区、装煤车、皮带输送机、破碎机和分选机的煤粉。在煤粉和粗煤加工阶段主要排放源是空气分离过程中的空气排气。干式洗煤工艺排放源是在空气脉冲使煤分层的地方。湿式洗煤工艺产生的颗粒物潜在排放量非常低。最后处理阶段产生排放物的主要排放源是热力干燥器的排气。

洗煤工艺中有害物质的排放量见表 1-5。

表 1-5　洗煤工艺中有害物质的排放量[①]　　　　　　　单位：kg/t

污染物		沸腾床式	快速式	多级百叶窗式	污染物		沸腾床式	快速式	多级百叶窗式
颗粒物	旋风除尘器前	10	8	13	NO_x	经洗涤器后	0.07	—	—
	旋风除尘器后	6	5	4					
	经洗涤器后	0.05	0.2	0.05					
SO_2	旋风除尘器后	0.22	—	—	$VOCs$[②]	经洗涤器后	0.05		
	经洗涤器后	0.13	—	—					

① 排放量以每单位干煤量所排污染物量表示。
② 挥发性有机物（VOCs）以 1t 干煤中碳质量（kg）表示。

2. 煤的气化

煤除了直接用作燃料外，还可被转化为有机气体和液体。

（1）煤的气化　煤与氧气和水蒸气结合生成可燃性煤气、废气、炭和灰分。煤气化系统按其产生的煤气热值及所用的气化反应器的类型可分为：高热值气化器产生的煤气，其热值 > 33000J/m³；中热值气化器产生的煤气，热值为 9000~19000J/m³；低热值气化器产生的煤气，热值 < 9000J/m³。

多数煤气化系统由煤的预处理、煤的气化、粗煤气清洗和煤气优化处理四步操作构成。预处理包括煤的破碎、筛分和煤粉制团（供固定床气化器）或煤的粉碎（供沸腾床或夹带床气化器）。煤的湿度高时可能需要干煤。一些黏结煤可能需要部分氧化以简化气化器的操作。

经预处理的煤送入气化反应器，与氧气和水蒸气反应生成可燃性的煤气。制造低热值煤气用空气作为氧气源；制造中、高热值煤气用纯氧。

从气化器出来的煤气含有各种浓度的 CO、CO_2、H_2、CH_4、其他有机物、H_2S、其他酸性气体、N_2（如果用空气作氧源）、颗粒物和水。为制备供燃烧或进一步处理的煤气需进行煤气净化过程。

① 清除颗粒物。以除去粗产品煤气中的煤粉尘、灰分和焦油气溶胶。

② 清除焦油和油、煤气骤冷和冷却。在此过程中，焦油和油冷凝下来，其他杂质如氨气则被含水的或有机的洗气液从粗产品煤气中洗脱。

③ 去除酸性气体。如 H_2S、COS、CS_2、硫醇和 CO 等酸性气体可被溶剂吸收，然后从溶剂中解吸出来，形成带一些烃类化合物的近于纯酸的废气流。粗煤气被分为低热值或中热值的煤气。

煤气优化处理是通过变换转化和甲烷化提高中热值煤气的热值。在变换转化过程中，H_2O 和部分 CO 经催化反应生成 CO_2 和 H_2，通过吸收器除去 CO_2 后，产品煤气中留下的 CO 和 H_2 在甲烷反应器中生成 CH_4 和 H_2O。

煤气化工艺过程中，主要的排放物见表 1-6。

表 1-6　煤气化工艺过程中的主要排放物

排放源		排放物及排放特征
煤的预处理	贮存、处理和破碎/筛分—粉尘排放物	主要为粉尘，这些排放物在不同部位各不相同，随风速、煤堆的大小及水分含量而定
	干燥、部分气化和制团—排放气体煤	包括煤粉尘和燃烧气体，以及自煤挥发的各种有机化合物（种类尚未确定）
煤的气化	进料—排放气体	包括气化器引出的粗成品煤气中含有的有害物质，例如 H_2S，COS，CS_2、SO_2、CO、NH_3、CH_4、HCN、焦油和油、颗粒物以及微量有机物和无机物，其含量和成分随气化器的类型而定，例如从沸腾床气化器排放的焦油和油比固定床气化器少得多
	清灰—排放气体	排放物随气化器的类型而定。所有非排渣式或炉灰烧结式气化器都会排放灰粉尘，若用污染的水急冷灰渣，冷却液可能放出挥发性有机物和无机物
	开始工作—排放气体	最初排放的气体，其成分与煤燃烧气体类似，当煤气操作温度增高时，开始工作的气体初期可与粗成品煤气的成分类似
	逸散排放	其中主要有粗产品煤气中发现的有害物质，例如 H_2S、COS、CS_2、CO、HCN、CH_4 和其他
粗煤气清洗/优化处理	逸散排放	含有在各种气流中发现的有害物质种类，其他排放物是由泵密封垫圈、阀门、法兰盘和副产品贮罐泄漏的
	清除酸性气体—尾气	这股气流的组成取决于使用清除酸性气体的方法。以单级的直接清除和转化含硫化合物为特点的工艺产生的尾气含少量的 NH_3 和其他气体。吸收并随即解吸浓缩的酸性气体流的工艺需要硫回收工序，以免排放大量的 H_2S
辅助操作	硫回收	克劳斯硫回收装置的尾气中有害物质包括 SO_2、H_2S、COS、CS_2、CO 和挥发性有机物，若不使用控制措施，则尾气被焚烧，排放物大部分为 SO_2 和少量 CO
	发电及产生蒸汽	参见本节"一、燃料燃烧废气"部分
	废水处理—蒸发气体	包括急冷及冷却液中解吸出来的挥发性有机物和无机物，其中可能包含成品煤气中发现的所有有害物质
	冷却塔—废气	排出物通常较少，但是如果用污染的水作冷却补给水，则污染的水会放出挥发性有机物与无机物

（2）煤的液化　是用煤生产合成有机液体的一种转化工艺。此工艺可以降低杂质含量，并将煤的碳氢比增大到变成液体的程度。煤的液化工艺有间接液化、热解、溶剂萃取和催化液化四类。

典型的溶剂萃取或催化液化工艺包括煤的预处理、溶解和液化、产品分离和提纯、残余物气化四步基本操作。

① 煤的预处理包括煤的粉化和干燥。用于干燥煤的加热器一般是烧煤的，也可烧低热值的产品煤气或利用其他废热。

② 煤的溶解和液化操作在一系列加压器中进行。把煤与氢气和循环溶剂混合，加热至高温，溶解并加氢。这种操作顺序，在各液化工艺之间有所变化。在催化液化情况下，包括与催化剂的接触，这些工艺中的压力最高达 14000Pa，温度最高达 480℃。在溶解和液化过程中，煤被氢化，产生液体和某些气体；煤中的氧和硫则氢化为水和 H_2S。

③ 氢化后，通过一系列闪蒸分离器、冷凝器和蒸馏装置，将液化产品分离为气流（进一步可分离为产品煤气流和酸性气体流）、各种液体产品、循环溶剂和无机渣。炭的无机渣、不溶的煤和灰分在传统的气化工厂用来生产氢气。

④ 残余物在氧气和水蒸气存在下气化产生 CO、H_2、H_2O、其他废气和颗粒物。经处理除去废气和颗粒物后，CO 和 H_2O 进入变换转化反应器以产生 CO_2 和更多的 H_2。由残余物气化器得到的富 H_2 产品气，随后用于煤的氢化。

煤液化设备的每个主要操作都有可能产生大量污染物。这些污染物包含煤的粉尘、燃烧产物、逸散有机物和逸散气体，逸散有机物和气体可包含致癌多环芳烃和有毒气体，例如金属羰基化合物、硫化氢、氨、含硫气体及氰化物。

煤液化工艺中主要的排放物见表 1-7。

表 1-7　煤液化工艺中的主要排放物

排放源		排放物及排放特征
煤的处理	贮存、处理和破碎/筛分	包括产生于运转点及暴露于风侵蚀地点的逸散煤粉尘，是一个潜在的重大污染源
	干燥	包括煤的粉尘、来自加热器的燃烧产物，以及来自煤的挥发性有机化合物，是一个潜在的重大颗粒物源
煤的溶解和液化	工艺加热器（烧低热值燃料气）	包括燃烧产物（颗粒物、CO、SO_2、NO_x 和 HC）
	浆状物混料箱	由于箱中低压（大气压），溶解的气体（HC、酸性气体、有机物）自循环溶剂中脱出。某些污染物甚至少量即可引起中毒
	产品分离和液化-硫回收工厂	尾气含有 H_2S、SO_2、COS、CS_2、NH_3 及颗粒硫
	残余物氢化	与煤的气化器排出物相似
辅助工艺	发电及产生蒸汽	参见本节"一、燃料燃烧废气"部分
	废水系统	包括来自各种废水收集和处理系统的挥发性有机物、酸性气体、氨和氰化物
	冷却塔	设备中任何化学品都能由泄漏的热交换器泄漏至冷却塔系统，并能在冷却塔里解吸至大气
	逸散排放	工厂里全部有机物和气态化合物都能从阀门、法兰盘、垫圈和采样孔泄漏，这可能是有害有机物的最大来源

（二）石油和天然气工业

1. 石油炼制

石油原油是以烷烃、环烷烃、芳烃等有机化合物为主的成分复杂的混合物。除烃类外，还含有多种硫化物、氮化合物等。石油炼制即从原油中分离出多种馏分的燃料油和润滑油的过程。此外，还可将石油产品转化制成几十种重要的有机化工原料。

石油炼制的方法按所要求的产品而不同，主要分为燃料型、燃料-润滑油型、燃料-化工型和化工型。从合理利用资源考虑，燃料-化工型炼厂最好，这种炼厂的生产工艺流程如图1-6所示。

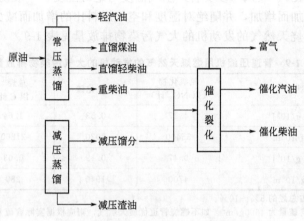

图1-6 燃料-化工型炼厂生产工艺流程

(1) 常减压蒸馏　是将常压蒸馏与减压蒸馏组合，在常压蒸馏中把沸点在柴油以下的组分分离出来，然后将高沸点组分在减压条件下分离出减压馏分及减压渣油。

(2) 催化裂化　催化裂化是将柴油以上重质油在催化剂硅酸盐（$SiO_2 + Al_2O_3$）的作用下，在$450 \sim 480℃$温度下使大分子烃断裂成C_3以上的小分子烃的过程。催化裂化反应的产物可分为高辛烷值的汽油、柴油等馏分。

处理$1m^3$原油废气中的污染物的量见表1-8。

表1-8　处理$1m^3$原油废气中污染物的量

生产过程	排放量/kg				
	粉尘	二氧化硫	烃类	一氧化碳	二氧化氮
催化裂化	0.23[①]	1.90	0.83	52.06	0.24
燃烧（油燃料）	3.04	0.24S[②]	0.43	0.01	11.02

① 有静电除尘装置。

② S为燃料油中硫的含量（质量分数）。

2. 天然气的处理过程

从高压油井来的天然气通常经过井边的油气分离器去除凝结物和水。天然气中常含有天然汽油、丁烷和丙烷，因此要经天然气处理装置回收这些可液化的成分。如果天然气所含H_2S量大于$0.057kg/m^3$，则被认为是酸臭气，天然气必须除去H_2S（"脱臭"）方能使用。H_2S常用胺溶液吸收以脱除。

天然气处理工业中主要的排放源是来自空压机发动机和脱酸气装置的排放物。

(1) 来自空压机发动机的排放物　在天然气工业中发动机主要为管道输送、现场收集（从油井收集气体）、地下贮存和气体加工设备的压缩机提供动力。往复式内燃机和燃气轮机都有使用，但趋向于使用大型燃气轮机，因为它比往复式发动机排放的污染物少。

在燃烧天然气的发动机（压缩机用）中存在的高温、高压和过剩空气的环境下很容易生成NO_x。CO和烃类排放较少，但燃烧1单位天然气，压缩机用发动机（特别是往复式发动机）明显地比燃烧锅炉排放更多的CO和烃类。SO_x的排放量与燃料含硫量成正比，由于大多数管道天然气的含硫量可忽略不计，故 SO_x 的排放量通常是相当低的。

对压缩机用发动机的 NO_x 排放量有影响的主要变量包括空气燃料比、发动机负载（运行功率与额定功率之比）、吸入（多支管）空气温度与绝对湿度。一般说，NO_x 排放量随负载和吸入空气温度增加而增加，并随绝对湿度和空气燃料比的增加而减少。

管道压缩机用燃烧天然气的发动机的大气污染物排放量见表 1-9。

表 1-9　管道压缩机用燃烧天然气的发动机的大气污染物排放量

发动机类型		氮氧化物（以 NO_2 计）	一氧化碳	总烃[①]（以 C 计）	二氧化硫[②]
往复式发动机	$g/10^6 J$	4.17	0.53	1.64	0.001
	$kg/10^6 m^3$[③]	55400	7020	21800	9.2
气体透平机	$g/10^6 J$	0.47	0.19	0.03	0.001
	$kg/10^6 m^3$[④]	4700	1940	280	9.2

① 估计非甲烷烃平均占总烃的 5%～10%。

② 根据假定管道气的含硫量为 $4600g/m^3$。如不燃烧管道优质天然气，则应根据实际含硫量进行一项物料平衡计算，以确定 SO_2 的排放量。

③ 对往复式发动机，假设天然气的热值为 $39.1×10^6 J/m^3$，平均燃料消耗为 $702.78kcal/10^6 J$，用上面因素计算出污染物排放量。

④ 对燃气轮机，假设天然气值为 $39.1×10^6 J/m^3$，平均燃料消耗为 $938.9kcal/10^6 J$，用上面因素计算出污染物排放量。

注：$1kcal=4.18kJ$。

（2）来自脱酸气装置的排放物　最广泛用来去除 H_2S 或脱除酸气的方法是胺法（又称 Girdler 法），各种胺溶液都可用来吸收 H_2S，反应式归纳如下：

$$2RNH_2 + H_2S \longrightarrow (RNH_3)_2S \tag{1-15}$$

式中，R 为一、二或三乙醇基。

回收的硫化氢气流可以排放，在废气闪烧或现代的无烟火炬中闪烧，焚烧或用来生产元素硫或其他商品。若回收的 H_2S 不被用作商业产品的原料，则这种气体通常通入尾气焚烧炉，在此炉中 H_2S 被氧化成 SO_2，然后经过烟囱排入大气。

如果胺处理过程的酸废气被闪烧或焚烧掉，则仅有脱酸气装置造成的排放。通常是废酸气用作邻近硫回收工厂或硫酸工厂的原料。

进行闪烧或焚烧时，主要污染物是 SO_2。大部分装置采用高架的无烟火炬尾气焚烧炉，以保证全部废气的充分燃烧，即将 H_2S 几乎百分之百地转变为 SO_2。这些装置产生的颗粒物、烟或烃为数极少，并因气体温度通常不超过 650℃，而未形成值得注意的 NO_x。用无烟火炬或焚烧炉处置的脱酸气装置的污染物排放量见表 1-10。

表 1-10　脱除酸气装置的大气污染物的排放量

处理过程[①]	颗粒物	硫氧化物[②]（SO_2）/($kg/10^3 m^3$ 处理气体)	一氧化碳	烃	氮氧化物
胺法	忽略不计	26.98S[③]	忽略不计	忽略不计	忽略不计

① 这些代表无烟燃烧火炬（带有燃料气和蒸汽喷射）或尾气焚烧炉出口的排放量。

② 这些排放量是假定在闪烧或焚烧过程中酸废气的 H_2S 是 100%转变成 SO_2，并在脱酸气过程中几乎 100%去除了原料含的 H_2S。

③ S 是进入脱酸气装置的酸气所含的 H_2S 量，以摩尔分数计。如果 H_2S 含量为 2%，则排放量为 $26.98×2kg/10^3 m^3$ 处理气体。

（三）钢铁工业

钢铁工业主要由采矿、选矿、烧结、炼铁、轧钢、焦化以及其他辅助工序（例如废料的处理和运输等）所组成。各生产工序不同程度地排放污染物。生产1t钢要消耗原材料4～7t，包括铁矿石、煤炭、石灰石、锰矿等，其中约80％变成各种废物或有害物排入环境。排入大气的污染物主要有粉尘、烟尘、SO_2、CO、NO_x、氟化物和氯化物等。

钢铁工业生产主要工艺流程及污染物排放如图1-7所示。

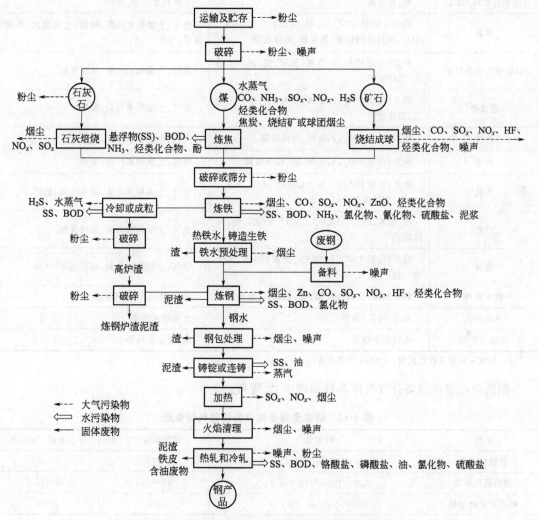

图1-7 典型钢铁联合企业主要工艺及其污染物排放

钢铁工业污染物排放及潜在的环境影响见表1-11。

表1-11 钢铁工业污染物排放及潜在的环境影响

工艺阶段	污染物排放	潜在的环境影响
原料处理	粉尘	局部沉积
烧结/球团生产	烟尘（包括 $PM_{2.5}$）、CO、CO_2、SO_2、NO_x、VOCs、CH_4、二噁英、金属、放射性同位素、HCl/HF、固体废物	空气和土壤污染、地面臭氧、酸雨、全球变暖、噪声

续表

工艺阶段	污染物排放	潜在的环境影响
炼焦生产	烟尘（包括 $PM_{2.5}$）、PAHs、C_6H_6、NO_x、VOCs、CH_4、二噁英、金属、放射性同位素、HCl/HF、固体废物	空气、土壤和水污染,酸雨,地面臭氧,全球变暖,气味
废钢铁贮存/加工	油、重金属	土壤和水污染、噪声
高炉	烟尘（包括 $PM_{2.5}$）、H_2S、CO、CO_2、SO_2、NO_x、放射性同位素、氰化物、固体废物	空气、土壤和水污染,酸雨,地面臭氧,全球变暖,气味
碱性氧气顶吹转炉	烟尘（包括 $PM_{2.5}$）、金属（如锌、铅、汞）、二噁英、固体废物	空气、土壤和水污染,地面臭氧
电弧炉	烟尘（包括 $PM_{2.5}$）、金属（如锌、铅、汞）、二噁英、固体废物	空气、土壤和水污染、噪声
二次精炼	烟尘（包括 $PM_{2.5}$）、金属、固体废物	空气、土壤和水污染、噪声
铸造	烟尘（包括 $PM_{2.5}$）、金属、油、固体废物	空气、土壤和水污染、噪声
热轧	粉尘（包括 $PM_{2.5}$）、油、CO、CO_2、SO_2、NO_x、VOCs、固体废物	空气、土壤和水污染,地面臭氧,酸雨
冷轧	油、油雾、CO、CO_2、SO_2、NO_x、VOCs、酸、固体废物	空气、土壤和水污染,地面臭氧
涂镀	粉尘（包括 $PM_{2.5}$）、VOCs、金属（如锌、六价铬）、油	空气、土壤和水污染,地面臭氧,气味
废水处理	悬浮固体、金属、pH 值、油、氨、固体废物	水/地下水和沉积污染
气体净化	粉尘/污泥、金属	土壤和水污染
化学品贮存	不同化学物质	水/地下水污染

注：VOCs 为挥发性有机物；PAHs 为多环芳烃。

钢铁企业冶炼设备排放气体参数如表 1-12 所列。

表 1-12　钢铁企业冶炼设备排放气体参数

炉型	排烟量	烟气温度/℃	含尘浓度/(g/m³)
烧结机机头	$4000\sim6000m^3/(h\cdot m^2)$	250	2~6
烧结机机尾罩	$600\sim100m^3/(h\cdot m^2)$	40~250	5~15
球团带式烧结机	$1940\sim2400m^3/(h\cdot t)$	250	2~6
炼铁高炉炉顶	$350\sim500m^3/min$	150~300	2~8
高炉出铁场出铁口	$1330\sim3400m^3/min$	135~200	3~10
高炉煤气	$1500\sim1800m^3/t$	150~360	30
化铁炉	$750\sim800m^3/t$	300~700	13~16
炼钢转炉（一次）	$250\sim470m^3/t$	1400~1500	80~150
炼钢转炉（二次）	$150000\sim600000m^3/h$	100~200	2~5
电弧炉（炉内）	$600\sim800m^3/(h\cdot t)$	1200~1600	20~30
轧钢（火焰清理机）	$100000\sim200000m^3/h$	常温	3~6
矿热电炉（封闭）	$700\sim200m^3/h$	500~700	
矿热电炉（半封闭）	$3\sim8m^3/(kW\cdot h)$	500~900	

炉型	排烟量	烟气温度/℃	含尘浓度/(g/m³)
钨铁电炉	20～40m³/(h·kV·A)	250	1.8～3.6
钼铁电炉	3000～5000m³/(h·t)	200	20～30
硅铁电炉	15000～50000m³/t	500～700	90～175
刚玉冶炼炉	7～12.3m³/(kV·A)	60～250	5～12

钢铁工业常见粉尘物理特性（见表1-13）。

表1-13 钢铁工业常见粉尘物理特性

序号	项目	井下铁矿	露天铁矿	选矿破碎	烧结机	高炉	顶吹氧气炼钢转炉	炼钢电炉	铁合金电炉
1	密度/(t/m³) 真密度 堆密度	3.12 1.60	2.85 1.60	2.91 1.20	3.85 1.60	3.72 1.66	4.99 1.04	3.78 1.60	2.96 1.50
2	质量粒度分布/% >30μm 30～10μm 10～1μm <1μm	91.5 2.7 1.3 4.5	71.9 23.3 3.6 1.4	38.1 44.7 4.4 12.8	69.2 17.9 10.0 2.9	68.0 19.9 8.2 3.9	84.5 10.9 3.0 1.6	16.2 64.3 5.5 14.0	59.6 19.9 4.6 15.9
3	安息角/(°)	42	41	40	40	42	44	42	50
4	比电阻/(Ω·cm)	$3.9×10^{10}$ (24℃)	$8.5×10^{10}$ (24℃)	$1.0×10^{9}$ (24℃)	$8.0×10^{10}$ (24℃)	$9.1×10^{8}$ (100℃)	$2.2×10^{11}$ (150℃)	$5.4×10^{10}$ (100℃)	$1.5×10^{10}$ (100℃)
5	粉尘量 质量浓度/(g/m³) 产品指标/(kg/t)	1～10 3～8	1～10 5～10	1～15 5～15	1～17 10～15	16～30 10	65～120 1～2	0.3～1.3 2.2～10	1～3 10～20
6	游离 SiO_2 的质量分数/%	4～90	12～30	12～40	9～12	4～12	2～5	2～10	2～5

序号	项目	热轧轧钢机	耐火材料（黏土）	煤粉	焦炉	活性白灰回转窑	煤粉锅炉	水泥窑
1	密度/(t/m³) 真密度 堆密度	4.41 2.24	2.52 1.02	1.69 0.48	2.20 0.53	2.59 0.72	1.72 0.70	2.82 0.90
2	质量粒度分布/% >30μm 30～10μm 10～1μm <1μm	57.2 27.8 3.0 12.0	36.5 32.4 24.0 7.1	53.2 24.2 14.2 8.4	78.8 3.6 4.3 13.3	25.2 69.7 4.9 0.2	41.5 38.2 13.9 6.4	50.5 30.4 14.9 4.2
3	安息角/(°)	40	50	45	50	40	45	45
4	比电阻/(Ω·cm)	$3×10^{11}$ (100℃)	$6.9×10^{8}$ (23℃)	$5.3×10^{8}$ (25℃)	$2.5×10^{6}$ (150℃)	$6.1×10^{11}$ (100℃)	$8×10^{9}$ (149℃)	$2.4×10^{10}$ (150℃)
5	粉尘量 质量浓度/(g/m³) 产品指标/(kg/t)	1～5 5～10	2～10 2～5	5～15 10～20	2～3 5～10	5～20 4～8	20～30 3～11	15～35 110～185
6	游离 SiO_2 的质量分数/%	1～10	20～40	1～2	2～4	7～10	5～10	5～15

各工序的主要污染物排放情况如下。

1. 原料厂

钢铁生产的主要原料有铁矿石、煤、石灰石、硅石、铁合金等，常设有原料厂。在加工、堆放、装卸、运输过程中产生不少粉尘，主要是氧化铁、碳酸钙、二氧化硅及煤焦等颗粒。生产 1t 钢产生粉尘 5～15kg。由于露天堆放，因原料含湿量及风速不同，原料粉末以尘埃形态被风吹到周围地区的量也不同。某原料厂统计，每年被风刮走的粒径在 $30\mu m$ 以下的原料尘达数千吨。

2. 炼焦

炼焦的过程是以烟煤为原料，用高温干馏的方法生产焦炭，并副产焦炉煤气及煤焦油。1t 干煤产生焦炉气 $300\sim320m^2$，其中除煤气外还含有焦油蒸气、粗苯、氨、硫化氢等，需分别回收处理。

炼焦生产流程如图 1-8 所示。

图 1-8　炼焦生产流程

煤在炼焦炉内受热，于1000℃左右形成焦炭并放出焦炉气。一个炼焦周期需十几个小时。炼焦后经熄焦，再筛分成不同等级块度的成品焦炭。

产生 1t 焦炭废气中污染物含量见表 1-14。

表 1-14　产生 1t 焦炭废气中污染物含量

污染物	排放量/kg	污染物	排放量/kg
煤尘	0.5～5.0	芳香烃	0.16～2.0
CO	0.33～0.8	氰化物	0.07～0.6
H_2S	0.10～0.8	NO_x	0.37～2.5
SO_2	0.02～5.0		

硫化物的排放量可根据炼焦煤的含硫率估计：将煤的含硫量定为100%，则分布在焦炭、煤气和化学副产品中硫的含量分别为62.5%、33%和4.5%。焦炉煤气应经过脱硫、脱氰处理以减少硫化物和氰化物的排放。

3. 烧结和球团

在钢铁工业中，为提高铁的回收率，贫矿及富矿矿石均需破碎、磨细及选矿处理，选得的精矿粉经烧结或球团工序制成烧结矿或球团矿，然后送入高炉冶炼。富矿破碎时产生的富矿粉及钢铁回收的含铁尘泥也需烧结后入高炉。

（1）烧结　我国烧结机单机面积一般在 $100m^2$ 以上，$1m^2$ 烧结机可年产烧结矿 10000t。烧结过程中产生的粉尘率为8%，1t 产品产生废气 $4000\sim6000m^3$。烧结排气温度在200℃以上。料层下风箱排尘浓度为 $4.6\sim9.2g/m^3$，烧结矿在冷却、破碎、筛分时排尘浓度为 $9.2\sim14g/m^3$，现代化烧结机大多采用铺底料措施，排尘浓度可降到 $1\sim5g/m^3$，卸矿端排尘浓度也可相应减少。粉尘粒径为 $0.1\sim100\mu m$，其中粒径 $<5\mu m$ 的占 5% 左右，粉尘的比

电阻为 $10^{11}\sim10^{13}\Omega\cdot cm$。原料中的硫 90％ 转化为 SO_2，随烧结烟气排入大气。1t 烧结矿产生 NO_x 约 0.5kg。

（2）球团 细精矿粉、含铁的细颗粒物用烧结法很难使其成盐，常采用球团法生产。球团设备分竖炉、焙烧机和链箅机-回转窑三种，我国主要采用竖炉球团。竖炉 1t 球团矿耗空气量 $800\sim850m^3$，粉尘中含 Fe_2O_3 91.5％、Fe_3O_4 6.2％，粉尘的中位径为 $75\sim100\mu m$，未经净化时其排尘量见表1-15。

表 1-15 球团净化前排尘量

车间	污染源	排尘量/(kg/t)	含尘浓度/(g/m³)	车间	污染源	排尘量/(kg/t)	含尘浓度/(g/m³)
竖炉	运输过程	16.00	9.13	焙烧机	运输过程	16.00	13.25
	生产过程	0.53	0.27		生产过程	0.58	0.41
	小计	16.53	3.00（平均）		小计	16.58	3.75（平均）

SO_2 排放量取决于原料、燃料、黏结剂的含硫量，1t 球团矿产生 SO_2 为 $0.8\sim2.8kg$，其浓度为 $0.3\sim0.6g/m^3$。

4. 炼铁

炼铁用的高炉正趋于大型化，全国钢铁厂高炉容积＞$4000m^3$ 的有多座，我国高炉容积＞$2000m^3$ 的已有不少，高炉容积＜$300m^3$ 的属于淘汰之列。

一般 3t 原料炼 1t 铁，炼铁的原料为铁矿石（烧结矿、球团矿）、燃料（焦炭、重油或煤粉）及造渣剂（石灰石等）。炼 1t 铁消耗焦炭 $400\sim900kg$，1t 焦炭产生热值为 $3560\sim4400kJ/m^3$ 的高炉煤气 $2500\sim4000m^3$，通常经过三级净化后可作工业混合煤气用。

高炉煤气的典型组成见表1-16。

表 1-16 高炉煤气组成

名称	气体组成/%					含尘浓度/(g/m³)	
	CO	CO₂	N₂	H₂	其他	范围	平均
含量	20～30	9～12	55～60	1.5～3.0	少量	10～50	25

上料系统排尘浓度为 $5\sim8g/m^3$。出铁场的主沟、铁沟、渣沟和摆动流嘴等处的煤尘特性见表1-17。

表 1-17 出铁场一次烟尘特性

除尘器前平均温度/℃	烟尘浓度/(g/m³)	粒径＜10μm的尘粒含量/%	烟尘化学组分/%		
			氧化铁	二氧化硅	石墨炭
95	0.35～2.0	50～60	47.8～69.4	14.13～19.97	15.49～35.39

二次烟尘主要包括开、堵出铁口时冲出的大量烟尘。

5. 炼钢

炼钢通常分转炉、电炉、平炉三种。我国氧气转炉生产的钢占总产量的 60％ 以上；电炉主要用于生产特殊钢；平炉已被淘汰。

（1）氧气转炉炼钢 是以铁水、废钢为原料加以铁合金、石灰石等用高纯氧吹炼成钢。吹氧的方式有顶吹、侧吹、底吹、复合吹等几种。由于侧吹比顶吹每吨钢多耗生铁 $50\sim100kg$，多排尘约 $40kg$，因此被淘汰。

氧气顶吹转炉 1t 钢产生热值为 $8374kJ/m^3$（$2000kcal/m^3$）的转炉煤气 $60m^3$ 和含铁量为 $60\%\sim80\%$ 的金属烟尘 $16\sim30kg$，转炉煤气的特性和烟尘的近似成分以及尘的粒径分布见表 1-18～表 1-20。

表 1-18 氧气顶吹转炉煤气组成

成分	CO	CO_2	N_2	O_2	H_2	CH_4	其他
组成/%	73.8	14.0	11.0	0.1	1.2	0.3	少量

注：CO 含量有时可达 $80\%\sim90\%$。

表 1-19 氧气顶吹转炉 OG 法烟尘近似成分

成分	全铁	金属铁	氧化亚铁	氧化钙	二氧化硅	五氧化二磷	氧化锰	碳	硫
组成/%	75	10	8	6	1	0.3	2	0.2	0.5

注：组成为干基。

表 1-20 氧气顶吹转炉烟气经两级文氏管净化后水中尘的粒径分布

粒径范围/μm	<5	5～10	10～15	15～20	20～30	30～40	>40
质量分数/%	2.0	4.0	11.0	10.0	29.2	12.7	31.6

在转炉出钢、兑铁水及加料时有大量烟气散发到车间内，每吨钢散发的烟尘量为 $0.3\sim0.6kg$。

（2）电炉炼钢 电弧炉炼钢是常用的一种电炉炼钢工艺。电炉炼钢分为熔化期、氧化期、还原期。生产 1t 钢产生烟尘 $3.2\sim12kg$，主要成分为氧化铁及其他原料、熔剂或金属添加剂成分的氧化物。烟气中主要有害气体为 CO、氟化物和 NO_x。炼碳素钢产生氟化物 $0.1kg/t$，炼合金钢产生氟化物 $0.3kg/t$。NO_x 产生量与电炉的大小有关，每个炉子每小时产生的 NO_x 为 $0.32\sim1.86kg$。烟尘特性见表 1-21。

表 1-21 电炉炼钢烟尘特性

名称	熔化期	氧化期	还原期
烟气温度/℃	600～800	1250～1400	1000～1200
烟尘浓度/(g/m^3)	5	15～20	
粒径分布	<$10\mu m$ 的>80%	<$1\mu m$ 的 90%	

（四）有色金属工业

有色金属通常指除铁（有时也除铬和锰）和铁基合金以外的所有金属。有色金属可分为：重金属（铜、铅、锌、镍、锡、锑、汞、铬、钴、镉等）、轻金属（铝、镁、钛等）、贵金属（金、银、铂等）和稀有金属（钨、钼、钽、铌、铀、钍、铍、铟、锗和稀土等）四类。重有色金属在火法冶炼中产生的有害物以重金属烟尘和 SO_2 为主，也伴有汞、镉、铅、砷等极毒物质。生产轻金属铝时，污染物以氟化物和沥青烟为主；生产镁和钛、锆、铪时，排放的污染物以氯气和金属氯化物为主。

此外，重金属在火法冶炼时精矿粉中的砷易氧化成 As_2O_3（砒霜）随烟气排出，一般铜、锌、铅精矿的含砷率分别为 $0.01\%\sim2\%$、$0.12\%\sim0.54\%$ 和 $0.02\%\sim2.93\%$，可在除尘中除去。

重有色金属冶炼设备排烟量见表 1-22。

表 1-22　重有色金属冶炼设备排烟量

项目	发生源	规格	烟气量/(m³/h)	温度/℃	含尘量/(g/m³)	备注
铜冶炼	圆筒干燥机	φ2.2m×13.5m	20142	176	36.61	-100~-80Pa
	焙烧炉	2.02m²	600~800	700	102	
	电炉	30000kV·A	18000~22000	600~800	70~85	-100~50Pa
	反射炉	271m²	90000	1250	15~18	
	密闭鼓风机	2m²	5800~6200	400~600	25~58	
		10m²	20000~22000	500~600	14~20	
	转炉	100t,φ4000mm×10000mm	24200	1150	20~75	
铅锌冶炼	铅烧结机	60m²	58000	300	12	
	铅锌烧结机	110m²	88600	250~300	17	
	炼铅鼓风机	6m²	30000	300	12	
	烟化炉	5.1m²	31500	1150	40	
	浮渣反射炉	9.6m²	3000	900	3~10	
锌冶炼	圆筒干燥机	φ1.5m×12m	7744	120~150	24	
	焙烧炉	18m²	7040	900	217	SO₂9.9%
		26.5m²	12500	880~930	200	
		42m²	41000	520	295	-500~-380Pa
	渣回转窑	φ2.4m×44m	20000	650~750	50	20~50Pa
	渣干燥窑	φ2.4m×23m	6600~8000	700	30	-15Pa
锑冶炼	精矿焙烧炉	14.6m²	8000	650~700	17	
	精炼反射炉	12.5m²	2000	600~700	20	
	锑鼓风机	3m²	11000	850	42	
锡冶炼	反射炉	50m²	12700	700~800	27	
	保温炉	30m²	8000	1000	4~5	-100Pa
	焙烧炉	5m²×2	4500×2	750~800	165	
	炼锡电炉	1000kV·A(2台)	3000	600~800	25~30	
	渣烟化炉	2.4m²	9000	900~1000	50	

有色冶金炉的烟气含尘量随冶炼过程的强化而大幅度增加，有的含尘量大于 $100g/m^3$，甚至达 $900g/m^3$。各种有色冶金炉出口烟气含尘量见表 1-23。

表 1-23　有色冶金炉出口烟气含尘量

金属名称	冶金炉名称	含尘量/(g/m³)	烟尘率/%	金属名称	冶金炉名称	含尘量/(g/m³)	烟尘率/%
通用	精矿干燥窑	20～80	1～3	锌	流态化氧化焙烧炉	100～150	18～25
	载流干燥	800～1000	100		流态化酸化焙烧炉	150～250	40～50
铜	流态化酸化焙烧炉	100～200	30～40		浸出渣挥发窑	40～100	25
	熔炼反射炉	30～40	3～7		密闭鼓风炉	20～25	5～6
	熔炼电炉	20～80	2～7	镍	精矿熔烧回转窑	30～40	
	密闭鼓风炉	15～40	2～6		浸态化半氧化焙烧炉	250～300	
	闪速熔炼炉	50～1000	5～10		熔炼电炉	40	
	连续吹炼炉	5	≤1		闪速熔炼炉	100～150	
	吹炼转炉	3～15	1～5		吹炼转炉	15～20	
	顶吹旋转转炉	10～45			贫化电炉	5～15	
	杂铜反射炉	60～80			熔铸反射炉	5～10	
	白银炼铜炉	35～40		锡	流态化焙烧炉	100	
铅	鼓风烧结机	25～40	2～3		熔炼反射炉	20	
	烧结矿鼓风炉				熔炼电炉	190～220	
	高料柱作业	8～15	0.5～2		炉渣烟化炉	70～100	
	低料柱作业	20～30	3～5		精炼炉	26～30	
	氧化矿化矿鼓风炉	20～25	5～6		熔析炉	1	
	炉渣烟化炉	50～100	13～17	钴	流态化酸化焙烧炉	100	
	浮渣反射炉	5～10	1	金	流态化酸化焙烧炉	200～250	
	氧化底吹炼铅反应器	150～250		铝	电解槽	5～15	
	还原电炉	20～35					

　　有色冶金炉烟气成分主要是指 SO_2、SO_3、CO、水蒸气和氟、砷、汞（砷、汞在高温下为气态）等。复杂的组分给治理带来困难。各类冶金炉含硫烟气中 SO_2、SO_3 的含量见表 1-24。

表 1-24　有色冶金炉出口烟气中二氧化硫、三氧化硫含量　　　　　　　　单位:%

金属名称	冶金炉名称	SO₂	SO₃	金属名称	冶金炉名称	SO₂	SO₃
通用	硫化精矿干燥窑	<0.1		锌	流态化氧化焙烧炉	>10	0.1
	流态化氧化焙烧炉	10～12	0.1		流态化酸化焙烧炉	8.5～9.5	0.3～0.5
	流态化酸化焙烧炉	4～6	1～2		浸出渣挥发窑	<1	
铜	熔炼反射炉	1～2			密闭鼓风炉		CO 17～25
	熔炼电炉	1～5			熔烧回转窑	4～4.5	
	密闭鼓风炉	3～5		镍	流态化半氧化焙烧炉	10～11	0.5
	闪速熔炼炉	10～13			熔炼电炉	1～2	
	白银炼铜炉	8～9	<0.1		闪速熔炼炉	11～12	
	连续吹炼炉	8～14	0.2～0.3		吹炼转炉	5～7	0.35
	吹炼转炉	7～8	0.3～0.5		熔铸反射炉	0.4～0.5	
	顶吹旋转转炉	3～14			流态化焙烧炉	1.89	
铅	鼓风烧结机	3～5		锡	熔炼反射炉	0.06	CO 1.49
	烧结矿鼓风炉	<0.5			熔炼电炉		CO 16～18
	浮渣反射炉	<1			烟化炉	2.45	
	氧化底吹炼铅反应器	8～9			熔析炉	0.01	
	顶吹氧气炉	1～8.5			精炼炉	0.01	
				金	流态化酸化焙烧炉	8.5～9	0.75

　　主要有色金属冶炼过程中的排放情况如下。

1. 铜冶炼

铜冶炼是将硫化铜矿在鼓风炉、反射炉或电炉中熔炼成冰铜，然后在转炉中吹成粗铜。当精矿含硫量高时，要预先焙烧以脱除部分硫。流程通常分三工序流程（沸腾炉、反射炉、转炉，或者是烧结机、鼓风炉、转炉）和二工序流程（反射炉、转炉，或者是密闭鼓风炉、转炉）。各工序都产生重金属烟尘和 SO_2。但烧结机、反射炉和敞开式鼓风炉由于 SO_2 浓度低无法直接制酸，年产 $30000 \sim 40000t$ 炼铜的反射炉，烟气量可达 $2.5 \times 10^5 m^3/h$。由于气量大、SO_2 浓度低，对烟气治理困难，直接排放又污染大气，如果用液态炉代替反射炉，或将鼓风炉由敞开式改为密闭式，都可提高 SO_2 浓度，以便提高硫的回收率，减少排入大气的量。

各种炼铜设备产生的 SO_2 浓度见表 1-25。

表 1-25　各种炼铜设备产生的 SO_2 浓度

设备	SO_2 浓度/%	设备	SO_2 浓度/%
烧结机（抽风）	1~2	转炉（造铜期）	6.6
烧结机（鼓风返烟）	5.25	液态炉（白银式）	5~7
沸腾炉	4.3~15.3	闪速炉（氧气）	75~80
反射炉	0.5~1.5	闪速炉（空气）	10~15
反射炉（密闭富氧）	2.5~6.5	连续炼铜设备（三菱）	10
鼓风炉（敞开）	1~2	连续炼铜设备（奥克拉）	8~12
鼓风炉（密闭）	4~4.5	连续炼铜设备（诺兰达）	16~20
转炉（造渣期）	6.9		

各工序产生的粉尘量见表 1-26。

表 1-26　炼铜厂各工序产生的平均粉尘量

粉尘量（常规炼铜流程）/(kg/t)				粉尘量（贵溪引进炼铜流程）/(kg/t)	
物料处理	焙烧炉	反射炉	转炉	闪速炉①	转炉②
4.54	76.2	93.4	152	100	45

① 指新炉料设计粉尘率。
② 指冰铜设计粉尘率。

2. 锌冶炼

锌的冶炼有火法和湿法两类，湿法发展很快。一般将锌精矿先在 $1000 \sim 1100℃$ 的温度下沸腾焙烧，所得焙砂进行浸出电解或进平罐炼锌或进竖罐蒸馏。平罐炼锌工艺落后，烟尘污染严重，在国外已被鼓风炉所代替。原料中 $93\% \sim 97\%$ 的硫在冶炼过程最初工艺中脱掉，可回收 SO_2。各种锌冶炼设备产生的 SO_2 浓度及炼锌厂各工序产生的粉尘量见表 1-27 和表 1-28。

表 1-27　各种锌冶炼设备产生的 SO_2 浓度

冶炼设备	沸腾炉		烧结机		
	氧化焙烧	硫酸化焙烧	吹风操作	吸风返烟	鼓风返烟①
SO_2 浓度/%	10~12	8~9	0.2~2	6	4~6.5

① 为铅锌混合矿烧结机数据。

表 1-28 炼锌厂各工序产生的平均粉尘量

工序名称	物料处理	沸腾焙烧	多膛焙烧炉	烧结
粉尘量/(kg/t)	3.18	907.2	151	81.65

3. 铅冶炼

铅冶炼以火法冶炼为主。先将铅精矿在烧结机中烧结成烧结矿，然后进鼓风炉吹炼成金属铅，原料中 85% 以上的硫在烧结过程中转化成 SO_2。鼓风炉烟气 SO_2 浓度为 0.01%～0.25%。铅冶炼过程各工序产生的平均粉尘量见表 1-29。

表 1-29 铅冶炼厂各工序产生的平均粉尘量

工序名称	物料处理	沸腾焙烧	鼓风炉	浮渣反射炉
粉尘量/(kg/t)	2.27	235.9	113.4	9.1

4. 铝电解

铝的产量在金属中仅次于钢铁。铝工业对大气污染较严重，生产 1t 原铝产生大气污染物 0.387t。铝电解槽的排烟量见表 1-30。铝电解厂单位产品所产生的有害物质见表 1-31。

表 1-30 铝电解槽的排烟量

槽型	槽吨铝排烟量/m³	厂房吨铝排烟量/m³
上插自焙槽	15000～20000	$1.8×10^6$～$2×10^6$
侧插自焙槽	200000～350000	$2×10^6$～$2.6×10^6$
边部加工预焙槽	150000～200000	$1×10^6$～$2×10^6$
中心加工预焙槽	100000～150000	$0.8×10^6$～$1.5×10^6$

表 1-31 铝电解厂各工序产生的有害物质　　　　　　单位：kg/t

工序名称	粉尘(包括氟尘)	气态氟	固态氟	焦油	SO_2
铝矿破碎研磨	3				
氢氧化铝焙烧	100				
阳极焙烧炉	1.2～1.5	0.5～0.7		0.6	5
阳极				0.7	0.8
预焙电解槽	20～60	8～20	8～10.2		25
侧插自焙槽	20～60	13～26	4～7.8	70	13
上插自焙槽	20～60	15～26	2～5.3	70	13

生产金属铝的基本原料是铝矾土矿石，它是一种包含 30%～70% 氧化铝（Al_2O_3）和少量铁、硅和钛的水合氧化物。先将矿石干燥、磨细，并和氢氧化钠混合以生产氯化铝。氧化铁、氧化硅及其他杂质用沉降、稀释过滤除去。氢氧化铝用冷却法沉降出来，经煅烧产生纯氧化铝。然后把氧化铝熔化在以冰晶石（Na_3AlF_6，既作为电解质又作为氧化铝的溶剂）及各种盐添加剂配成的熔盐浴中进行电解，主要反应如下：

$$2Al(OH)_3 \xrightarrow{\triangle} 3H_2O + Al_2O_3 \tag{1-16}$$

$$2Al_2O_3 \longrightarrow 4Al + 3O_2 \tag{1-17}$$

在电解过程中除产生粉尘、氟化物等外，还产生一氧化碳。一氧化碳和沥青烟在排入大气前点燃燃烧。

5. 冶炼有色金属时的氯气污染

许多有色金属如镁、钛、锆、铪等元素常以氧化物形态存在于矿石原料中，因此，在提炼这些金属时，必须在一定温度下先在氯化炉中用氯气将原料变成氯化镁、四氯化钛等氯化物。氯化炉排气除经冷凝产生中间产品金属氯化物固体外，还排放过剩的氯气。在电解氯化镁工序中，除得到金属镁外，阳极析出的高浓度氯气可返回氯化炉循环使用，阴极析出的氯需治理。在钛、锆、铪等的四氯化物用金属镁还原后，生成的氯化镁仍需电解，将镁与氯分开，氯气再循环使用。

生产 1t 金属镁，氯化炉尾气排出氯及氯离子 227.96kg，电解阴极析出氯气 58.44kg，无组织排放氯气 0.03kg。生产 1t 钛，氯化炉尾气排出氯及氯离子 143.83kg。氯化镁电解损失氯气 68.74kg，其他损失 73.94kg。铝合金生产也产生氯气。稀土及其合金生产采用氯化稀土熔盐电解工艺，产生的氯气浓度为 0.1%～0.2%。一些重有色金属如镍、钴、锡生产中的某些工序也产生氯及氯化物。

综合上述情况，有色金属工业是大气污染的重要来源。有色金属工业是废气治理的重点之一。

（五）建材工业

建筑材料种类繁多，其中用量最大最普遍的当属砂石、石灰、水泥、沥青混凝土、砖和玻璃等。它们的主要排放物为粉尘。

1. 砂石加工

砂和石子即由岩石和石头的自然风化而形成的坚硬的粒状物。砂石经各种运输工具运送到加工厂，为专门的需要进行加工，包括用洗涤机洗涤、用筛子和分类机分离大小颗粒、用粉碎机减少颗粒过大的物料、贮存等。据估算，一个工厂 1t 产品使用粉碎机的颗粒物排放量为 0.05kg。

2. 石料的开采和加工

岩石开采主要在露天矿进行，采用气动钻孔、爆破以及挖方和运输，产生大量粉尘。进一步加工，包括破碎、再次研磨、除去细颗粒的过程中也都产生粉尘排放物。影响粉尘排放量的因素有：岩石加工量，运输方式，原料的水分含量，运输、加工和贮存的密闭程度，在加工过程中所采用的控制设备的控制程度等。岩石处理过程中颗粒物的排放量见表1-32。

表 1-32 岩石处理过程中颗粒物的排放量

加工类型	无控制的总量/(kg/t)	降落于厂内/%	悬浮物排放/(kg/t)
干破碎操作①			
初级破碎	0.25	80	0.05
二级破碎和过筛	0.75	60	0.3
三级破碎和过筛（如使用）	3	40	1.8
再次破碎和过筛	2.5	50	1.25
细研磨	3	25	2.25
其他操作②			
过筛、输送和处理贮存堆料损失③	1		

① 全部值是根据进入初级破碎机的原料算出，除了重新粉碎和过筛的那些原料之外，后者则为根据该操作过程的通过量算出。
② 根据库存产品单位量表示。
③ 与集料的体积、贮存时间、含水量及集料中细微粒子所占的比例有关。

3. 制砖

砖的生产要经过采矿（浅层黏土和泥板岩）、破碎和存放、研磨、筛选、成型和切割、抛光、干燥、砖窑存放和运输等工艺。最常用的烧砖窑有隧道窑和间歇窑。在正常情况下，用煤气或渣油加热，也可用煤加热。焙烧普通的砖最高温度约1090℃。

制砖的主要排放物是颗粒物。粉尘主要来源于原料处理过程，包括干燥、研磨、筛选及存放原材料。燃烧生成物是由于固化、干燥及燃烧等过程中燃料的消耗而产生的。呈气体状态的氟化物在制砖过程中也有排放。在温度达到1300℃时，可排放出SO_2。制砖过程中有害物质的排放量见表1-33。

表 1-33　制砖过程中无控制条件下有害物质的排放量[①]　　　　单位：kg/Mt

加工类型	颗粒物	硫氧化合物（SO_x）	一氧化碳（CO）	烃类化合物（HC）	氮氧化物（NO_x）	氟化物（HF）
原料处理						
干燥器、研磨机等	48	—	—	—	—	—
贮存	17	—	—	—	—	—
固化和燃烧						
隧道窑						
燃烧气体	0.02	忽略不计	0.02	0.01	0.08	0.5
燃烧石油	0.3	2.0S[②]	忽略不计	0.05	0.55	0.5
燃烧煤	0.5A[③]	3.6S	0.95	0.3	0.45	0.5
间歇窑						
燃烧气体	0.05	忽略不计	0.05	0.02	0.21	0.5
燃烧石油	0.45	2.95S	忽略不计	0.05	0.85	0.5
燃烧煤	0.8A	6.0S	1.6	0.45	0.70	0.5

① 1块砖约重2.95kg，排放量以生产每单位质量砖排放若干单位数表示。
② S为燃烧中含硫量。
③ A为煤中灰分含量。

4. 石灰的生产

石灰是高温煅烧石灰石的产物，主要用于建筑、耐火材料、碱的生产、炼钢除渣及农业方面。石灰有高钙石灰（CaO）和镁石灰（CaO·MgO）两种。石灰可在各种窑炉中按下列反应生成：

$$CaCO_3 \xrightarrow{\triangle} CO_2 + CaO（高钙石灰） \tag{1-18}$$

$$CaCO_3 \cdot MgO \xrightarrow{\triangle} CO_2 + CaO \cdot MgO（镁石灰） \tag{1-19}$$

有些石灰工厂将得到的石灰石和水反应（熟化），以生成熟石灰。

生产石灰的基本工序为开采原料石灰石、破碎和筛分、煅烧石灰石、生石灰进一步水化处理（不是在所有工厂进行）、运输和贮存。生产石灰的关键设备是窑炉，最普通的有：转窑和竖式（垂直式）窑炉两种类型。其他类型窑炉还有旋转火床和沸腾床窑炉。将石灰转化为熟石灰的水合器有常压和加压两种。

在生产石灰的大多数操作中，颗粒物是主要的污染物，但也有气体污染物如 NO_x、CO 和 SO_2 从窑炉内排出，其中 SO_2 是唯一排放量显著的气体污染物。窑炉材料中的硫并非全部以 SO_2 排放，因为有一部分硫与窑内物质起反应。生产石灰过程中有害物质的排放量见表 1-34。

表 1-34   生产石灰过程中有害物质的排放量[①]　　　　　　　单位：kg/t

污染源	颗粒物	SO_2	NO_x	CO
破碎机、筛子				
输送机、贮料堆、未铺砌的通路	0.25~3	忽略不计	忽略不计	忽略不计
转窑				
无控制	170	②	1.5	
沉降室或大直径旋风除尘器后	100	②	1.5	
多级旋风除尘器后	45	②	1.5	
二级除尘后	0.5	③	1.5	
竖窑				
无控制	4	NA④	NA	NA
煅烧窑炉				
无控制⑤	25	NA	0.1	NA
多级旋风除尘器后	3	NA	0.1	NA
二级除尘后	NA	NA	0.1	NA
沸腾床窑炉	NA	NA	NA	NA
产品冷却器				
无控制	20	忽略不计	忽略不计	忽略不计
水合器	0.05⑥	忽略不计	忽略不计	忽略不计

① 窑炉和冷却器的所有排放量按每单位石灰产量的排放污染物量表示，除以 2 就得出供给窑炉的每单位石灰石排放量。水合器的排放量为每单位熟石灰产量排放的污染物量，乘以 1.25 就得出供给水合器的每单位石灰石的排放量。

② 当使用低硫（<1%，按质量计）燃料时，燃料中的硫大约只有 10% 以 SO_2 排放。当使用高硫燃料时，其中的硫接近 50% 以 SO_2 排放。

③ 当使用洗涤器时，即使用高硫煤，燃料中的硫以 SO_2 排放的不足 5%。当使用其他二级除尘装置时，用高硫燃料，其中的硫约 20% 会以 SO_2 排放；用低硫燃料，则将<10%。

④ 无可用的数据。

⑤ 煅烧窑炉一般使用石料预热器。所有的排放量表示窑炉废气通过预热器之后的排放量。

⑥ 这是常压水合器排放，经水喷淋或湿式洗涤之后的典型颗粒物负荷。有限的数据提示，加压水合器排出的颗粒物排放量经湿式除尘器后，可能产生的水合物接近 1kg/t。

5. 水泥的生产

水泥生产是排放工业粉尘的主要污染源，粉尘排放量大，严重污染大气。

普通硅酸盐水泥的生产过程分为三个阶段：第一阶段为生料制备，由矿山等原料产地运进水泥厂的石灰石、砂岩、页岩和铁粉经配料、均化、烘干磨细，完成生料制备；第二阶段是熟料烧成，生料经过预热分解，送入回转窑燃烧成熟料；第三阶段完成水泥成品的生产，熟料经破碎、配料、磨细制成水泥。

图 1-9 是水泥生产工艺流程和污染物的产生。

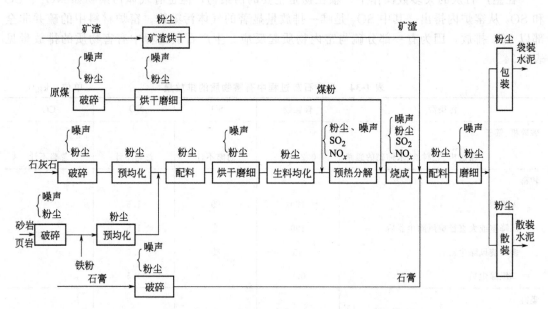

图 1-9 水泥生产工艺流程和污染物的产生

水泥生产各设备含尘气体量和含尘气体性质分别见表 1-35 和表 1-36。

表 1-35 水泥生产各设备含尘气体量

设备名称		排风量/(m³/h)	备注
湿法长窑		(2800～4500)G	
立波尔窑		(3000～5000)G	
干法长窑		(2500～3000)G	
悬浮预热器窑		(2000～2800)G	G 为窑台时产量,t
带过滤预热湿法窑		(3300～4500)G	
立窑		(2000～3500)G	
窑外分解窑		(1400～2500)G	
熟料篦式冷却机		(1200～2500)G	G 为篦式冷却机台时产量,t
回转烘干机		(1000～4000)G	G 为烘干机台时产量,t
生料磨	中卸烘干磨	(3500～5000)D²	D 为磨机内径,m
	风扫磨	(2000～3000)G	
	立式磨	(2000～3000)G	G 为磨机台时产量,t
O-Sepa 选粉机		(900～1500)G	
水泥磨	机械排风磨	(1500～3000)D²	D 为磨机内径,m
	辊压机	(100～200)G	
煤磨	钢球磨(风扫)	(2000～3000)G	G 为磨机台时产量,t
	立式磨	(2000～3000)G	

设备名称		排风量/(m³/h)	备注
破碎机	颚式	$Q=7200S+2000$	S 为破碎机颚口面积，m²
	锤式 反击式	$Q=(16.8\sim21)DLn$	D 为转子直径，m； L 为转子长度，m； n 为转子速度，r/min
	立轴	$Q=5d^2n$	d 为锤头旋转半径，m； n 为转子速度，r/min
包装机		300G	G 为包装机台时产量，t
散装机		(20～25)G	G 为散装机台时产量，t
提升运输设备	空气斜槽	$Q=(0.13\sim0.15)BL$	B 为斜槽宽度，mm； L 为斜槽长度，m
	斗式提升机	$Q=1800vS$	v 为料斗运行速度，m/s； S 为机壳截面积，m²
	胶带输送机	$Q=700B(v+h)$	B 为胶带宽度，m； v 为胶带速度，m/s； h 为物料落差，m
	螺旋输送机	$Q=D+400$	D 为螺旋直径，mm

表 1-36　水泥生产各设备含尘气体性质

设备名称		含尘浓度 /(g/m³)	气体温度 /℃	水分 (体积)/%	露点 /℃	<20μm 粉尘 占比/%	比电阻 /(Ω·cm)
干法长窑		10～60	150～250	35～60	60～75	80	$10^{10}\sim10^{11}$
立波尔窑		10～30	100～200	15～25	45～60	60	$10^{10}\sim10^{11}$
干法长窑		10～80	400～500	6～8	35～40	70	$10^{10}\sim10^{11}$
悬浮预热器窑		30～80	350～400	6～8	35～40	95	$>10^{12}$
带过滤预热湿法窑		10～30	120～190	15～25	50～60	30	
立窑		5～15	50～190	8～20	40～55	60	$10^{10}\sim10^{11}$
窑外分解窑		30～80	300～350	6～8	40～50	95	$>10^{12}$
熟料篦式冷却机		2～30	150～300			1	$10^{11}\sim10^{13}$
回转烘干机	黏土	40～150	70～130	20～25	50～65	25	
	矿渣	10～70					
	煤	10～50				60	
生料磨	中卸烘干磨	50～150	70～110	10	45		
	风扫磨	300～500				50	
	立式磨	300～800					
O-Sepa 选粉机		800～1200	70～100				

续表

设备名称		含尘浓度 /(g/m³)	气体温度 /℃	水分 (体积)/%	露点 /℃	<20μm 粉尘占比/%	比电阻 /(Ω·cm)
水泥磨	机械排风磨	20~120	90~120			50	
煤磨	钢球磨（风扫）	250~500	60~90	8~15	40~50		
	立式磨						
破碎机	颚式	10~15					
	锤式	30~120					
	反击式	40~100					
包装机		20~30					
散装机		50~150	常温				
提升运输设备		20~50	常温				

（六）化学工业

化学工业又称化学加工工业，其中产量大、应用广的主要化学工业有无机酸、无机碱、化肥等工业。

1. 无机酸的生产

无机酸中最主要的有硝酸、硫酸、盐酸，这些都是工业中不可缺少的原材料。

（1）硝酸　硝酸主要是用氨氧化法制得，其生产流程如图 1-10 所示。

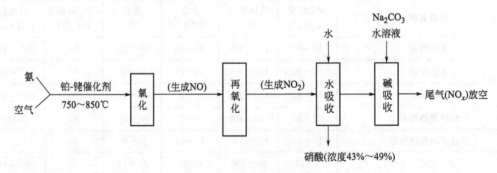

图 1-10　硝酸生产流程

生产 1t 硝酸产生 NO_x（以 NO_2 计）20~25kg。用常压氧化加压吸收的方法，规模为年产 40000t 硝酸的工厂，尾气排放量约为 20000m³/h，尾气 NO_x 浓度为 0.2%~0.4%。

（2）硫酸　硫铁矿（FeS_2）、硫黄、含 SO_2 的有色金属冶炼烟气、含 H_2S 的石油气、天然气及其他一些工业废气都是生产硫酸的原料。我国大量的硫酸是用硫铁矿作原料生产的，其生产流程如图 1-11 所示。

焙烧炉产生的高温炉气中除 SO_2 外，还有大量烟尘及少量砷、硒、锌、铅、氟等催化剂毒物，必须除去。精制后的 SO_2 气体在催化剂作用下氧化成 SO_3。用浓度为 98.3% 的 H_2SO_4 吸收 SO_3，当 H_2SO_4 浓度升高时，为维持吸收酸的浓度不变，可加入水或稀 H_2SO_4。经吸收后的酸即为成品。

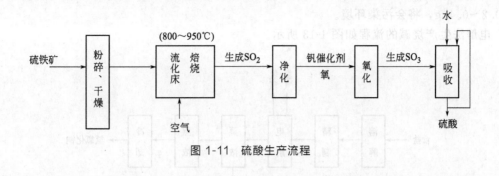

图 1-11　硫酸生产流程

生产 1t H_2SO_4，废气中的污染物产生量为：SO_2 9～18kg，硫酸雾 0.377kg。

（3）盐酸　工业生产盐酸大多是用氯碱生产中电解水溶液产生的氯气及氢气经冷却、脱水后，按一定比例进入合成炉，在其中燃烧生成高温的氯化氢气体，经冷却降温，用水吸收即成盐酸。多种有机化学工业也副产氯化氢。在有机化学工业发达的国家，副产盐酸已占主导地位。

生产 1t 成品盐酸，废气中污染物的产生量为：氯化氢 1.4kg，氯气 0.9kg。

2. 无机碱的生产

主要的无机碱有纯碱和烧碱。

（1）纯碱（碳酸钠）　联合制碱法是我国首创生产纯碱的方法，是以食盐作主要原料，与合成氨生产联合，即在生产纯碱的同时生产氯化铵，其生产流程如图 1-12 所示。

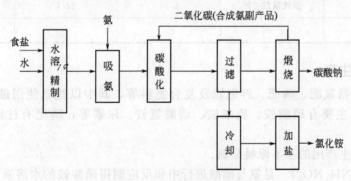

图 1-12　联合制碱法流程

联合制碱法流程中，经碳酸化反应生成碳酸氢钠和氯化铵，碳酸氢钠在水中溶解度很小，故成结晶析出，氯化铵则留在母液中。经真空过滤分离出碳酸氢钠结晶，再用煤或焦炭作燃料进行煅烧，即成碳酸钠。母液经冷却加盐后，析出氯化铵，分离后即得成品，可作肥料。煅烧时放出的气体主要是 CO_2，经处理后返回至碳酸化循环使用。

生产 1t 纯碱，随废气排放的氨约 3.5kg。

（2）烧碱　生产烧碱有苛化法及电解法两种。苛化法是将纯碱水溶液与石灰乳反应制成烧碱；电解法又有水银电解与隔膜电解之分。电解食盐水溶液，在生产烧碱的同时还生产氯气和氢气，故又称氯碱法。由于氯气是生产盐酸、农药、漂白剂及含氯有机化合物的原料，对其需求量的增长，促使电解法烧碱产量的增长大大超过苛化法。隔膜电解法所得的

NaOH 溶液浓度低（10％～11％），需浓缩，故消耗能量较多；水银电解法生产 1t 烧碱消耗汞 0.2～0.4kg，将会污染环境。

电解法生产烧碱的流程如图 1-13 所示。

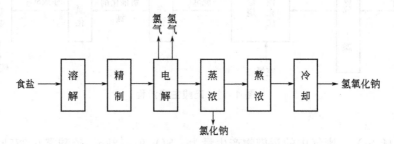

图 1-13　电解法生产烧碱流程

食盐经溶解、精制后送入隔膜电解槽。电解槽以金属钛作阳极，铁丝网作阴极，在阴极与盐水之间用碱性石棉制成的隔膜分开。通入电流后，阳极放出氯气，阴极放出氢气，留在电解槽中的即为氢氧化钠及食盐的水溶液，将此混合液放出，蒸浓，分出结晶的食盐，澄清的溶液熬浓，冷却，即得固体烧碱。

用电解法生产 1t 烧碱排出的废气中污染物的量见表 1-37。

表 1-37　用电解法生产 1t 烧碱排出的废气中污染物的量　　　　　单位：kg

生产方法	汞	氢氧化钠雾	一氧化碳	氯气
水银电解	汞耗量的 8％	4.54	22.7	22.7
隔膜电解	—	—	—	9～45

3. 化肥的生产

化学肥料包括氮肥、磷肥、钾肥以及复合肥料等，其中以氮肥使用最广、产量最高，磷肥次之。氮肥主要有硝酸铵、硫酸铵、碳酸氢铵、尿素等；磷肥有过磷酸钙、钙镁磷肥等。

（1）氮肥　生产用的基本原料是氨。

（2）硝铵（NH_4NO_3）　是氨与硝酸进行中和反应制得硝酸铵的水溶液，经蒸发浓缩去掉水分，成熔融状态的硝铵，在造粒塔内经喷雾、冷却，即得白色颗粒状硝铵成品。生产 1t 硝铵排放的废气中有硝酸雾 2.3kg、氨 22.7kg、硝铵粉尘 27.2kg。

（3）硫铵 [$(NH_4)_2SO_4$]　是用氨中和硫酸而得。生产 1t 硫铵排放的废气中有 CO 45.4～90kg、甲烷 45.4kg、氨 3.2～68.1kg、H_2S 8～25kg。

（4）磷肥　磷肥的生产有酸法和热法两类。酸法磷肥是由硫酸、磷酸和盐酸分解磷矿 [主要成分为 $3Ca_3(PO_4)_2 \cdot CaF_2$] 而制成，主要有普通过磷酸钙 [$Ca(H_2PO_4)_2 \cdot H_2O$ 和 $CaSO_4$]、重过磷酸钙 [$Ca(H_2PO_4)_2 \cdot CaHPO_4$] 等。热法磷肥是在 1000℃ 以上高温分解磷矿而制成，主要有钙镁磷肥（P_2O_5、CaO、MgO、SiO_2）和钢渣磷肥（CaO、P_2O_5、SiO_2）等。

普通过磷酸钙是用 H_2SO_4 分解磷矿制成。磷矿石经粉碎、选矿后，在干矿粉中加入稀 H_2SO_4 反应生成硫酸钙、磷酸和氟化氢，生成的磷酸再与氟磷酸钙 [$Ca_5F(PO_4)_3$] 反应，

生成磷酸一钙 $[Ca(H_2PO_4)_2]$ 与氟化氢，经固化、造粒即为成品。生产1t普通过磷酸钙产生废气 $250\sim300m^3$，其中主要污染物是氟及少量粉尘，氟含量为 $15\sim25g/m^3$。

钙镁磷肥主要成分是 P_2O_5、CaO、MgO、SiO_2 及微量锰和铜等，它是用高炉法生产的。以磷矿石及助熔剂（蛇纹石 $3MgO\cdot2SiO_2\cdot2H_2O$，橄榄石 $Mg_2SiO_4+Fe_2SiO_4$、白云石 $CaCO_3+MgCO_3$ 等含镁、硅的矿物）为原料，焦炭或煤作燃料，在高炉内燃烧，于 $1350\sim1500℃$ 的高温下熔融，熔融物从高炉流出后用水骤冷，即凝固并碎裂成小颗粒，经干燥、粉碎，即得产品。高炉法生产钙镁磷肥产生的废气量较大，生产1t产品，废气量为 $1000\sim1500m^3$，粉尘 $60kg$，废气中的氟含量视所用的助熔剂而不同，见表1-38。

表 1-38　高炉法生产钙镁磷肥每吨产品排放废气中的含氟量

助熔剂	废气中氟含量/(g/m^3)	逸出率[1]/%
蛇纹石	$1\sim3$	$30\sim60$
白云石	$0.2\sim0.5$	<10

[1] 逸出率 = $\dfrac{逸出氟的量}{原料中含氟量}\times100\%$。

（七）石油化工

石油的化学加工是通过裂解-分离与重整-萃取的方法，获得乙烯、丙烯、丁烯（"三烯"）与苯、甲苯、二甲苯（"三苯"）的过程，基本流程见图1-14。

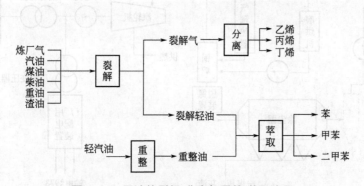

图 1-14　石油的裂解-分离与重整-萃取流程

"三烯"和"三苯"都是重要的有机化工原料。

（1）裂解与深冷分离　裂解是使石油烃类在 $800\sim900℃$ 的高温下发生碳链断裂及脱氢反应，生成低级烯烃的过程。裂解产物包括裂解气和裂解汽油。裂解气是多组分的混合物，主要有氢、甲烷、乙烯、乙烷、丙烯、丙烷、丁烯、丁烷、戊烯、戊烷等。各组分的分离是用深度冷冻（$-100℃$）的方法使烃类气体液化，然后精馏分为各组分。

（2）重整与萃取分离　重整是在铂催化剂的作用下，使环烷烃和烷烃进行脱氢芳构化而形成芳烃的复杂化学反应过程。重整油中含芳烃 $30\%\sim60\%$，此外是少量烷烃和环烷烃。利用萃取剂的选择性溶解，将芳烃从重整油中溶出，再蒸馏萃取液，将混合芳烃与萃取剂分离，再用三个精馏塔将混合芳烃分为苯、甲苯、二甲苯及重质芳烃。$1m^3$ 油在裂解过程中排放的污染物见表1-39。

表 1-39　1m³ 油在裂解过程中污染物的排放量　　　　　　单位：kg

生产过程	粉尘	SO₂	CO	烃类	NO₂	醛类	氨
液体接触裂解							
无控制排放	0.695	1.413	39.2	0.63	0.204	0.054	0.155
静电除尘和 CO 引入锅炉	0.128	1.413	—	0.63	0.204	0.054	0.155
流化床裂解	0.049	0.171	10.8	0.25	0.014	0.034	0.017

（八）电力工业

燃煤发电厂的生产过程是：经过磨制的煤粉送到锅炉中燃烧放出热量，加热锅炉中的给水，产生具有一定温度和压力的蒸汽。这个过程是把燃料的化学能转换成蒸汽的热能。再将具有一定压力和温度的蒸汽送入汽轮机内，冲动汽轮机转子旋转；这个过程是把蒸汽的热能转变成汽轮机轴的机械能。汽轮机带动发电机旋转而发电的过程是把机械能转换成电能。

根据上述火力发电厂的生产过程，其生产系统主要包括燃烧系统、汽水系统和电气系统，详见图 1-15。

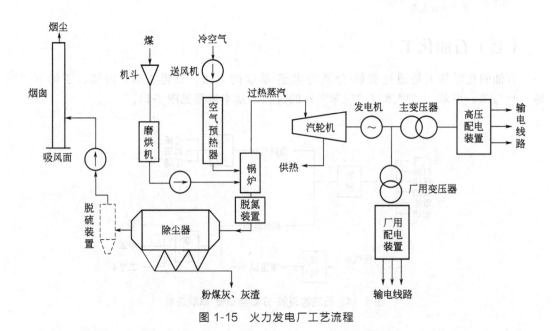

图 1-15　火力发电厂工艺流程

① 燃烧系统包括锅炉的燃烧设备和除尘设备等，燃烧系统的作用是供锅炉燃烧所需用的燃料及空气进行完好的燃烧，产生具有一定压力和温度的蒸汽，并排出燃烧后的产物——粉煤灰和灰渣。

② 汽水系统由锅炉、汽轮机、凝汽器和给水泵等组成，它包括汽水循环系统、水处理系统、冷却系统等。

③ 电气系统由发电机、主变压器、高压配电装置、厂用变压器、厂用配电装置组成。

火力发电厂的电能生产过程是由发电厂的三大主要设备（锅炉、汽轮机、发电机）和一些辅助设备来实现的，即：一是在锅炉中，将燃料的化学能转换为蒸汽的热能；二是在汽轮机中，将蒸汽的热能转换为汽轮机轴的旋转机械能；三是在发电机中，将机械能转换为电能。

火力发电厂排放的废气主要是指燃料燃烧产生的烟气。烟气中主要污染物包括颗粒状的细灰又称粉煤灰或飞灰，气体状的 SO_x、NO_x、CO、CO_2、烃类等。

燃煤电厂常规燃煤机组对应烟气量见表 1-40。

表 1-40　常规燃煤机组的烟气量

机组容量/MW	锅炉型式	最大连续蒸发量/(t/h)	最大耗煤量/(t/h)	除尘器入口过量空气系数	烟气量/(10^4 m³/h)	烟气温度/℃
1000	超超临界燃煤锅炉，采用四角切向燃烧方式，单炉膛平衡通风，固态排渣	3100	300～360	1.2～1.4	450～550	120～150
600	亚临界参数汽包燃煤锅炉，采用四角切向燃烧方式，单炉膛平衡通风，固态排渣	2025	200～250	1.2～1.4	300～350	120～150
300	亚临界自然循环汽包锅炉，平衡通风，固态排渣	1025	130～160	1.2～1.4	180～220	120～150
200	超高压自然循环汽包燃煤锅炉，平衡通风，固态排渣	670	90～130	1.2～1.4	140～165	140～160
135	超高压自然循环汽包燃煤锅炉，平衡通风，固态排渣	440	60～80	1.2～1.4	85～95	140～150
135	循环流化床	440	60～80	1.2～1.4	80～90	130～150
125	超高压自然循环汽包燃煤锅炉，平衡通风，固态排渣	420	55～75	1.2～1.4	80～90	140～150
125	循环流化床	420	55～75	1.2～1.4	75～85	130～150
50	煤粉炉	220	30～40	1.2～1.4	40～50	140～160
50	循环流化床	220	30～40	1.2～1.4	35～45	130～150
25	中温中压煤粉炉	130	25～35	1.2～1.4	28～32	150～160
25	循环流化床	130	25～35	1.2～1.4	26～30	130～150
12	中温中压煤粉炉	75	8～10	1.2～1.4	16～19	150～160
12	循环流化床	75	8～10	1.2～1.4	15～18	130～150
6	煤粉炉	35	5～7	1.2～1.4	7～9	150～160
6	循环流化床	35	5～7	1.2～1.4	7～9	130～150

(1) 燃煤锅炉烟气性质

① 烟气温度。燃煤锅炉烟气温度 140～160℃；高峰值 160～180℃。

② 烟气浓度。煤粉炉 3.5g/m³ 左右；层燃炉 10g/m³ 左右；循环流化床 25～30g/m³。

③ 烟气成分见表 1-41。

表 1-41　燃煤锅炉烟气成分

项目	煤粉炉	层燃炉	循环流化床
O_2(体积分数)/%	8～14	6～17	3～6
SO_2/(mg/m³)	约 1600	约 1600	≤500
NO_x/(mg/m³)	600～1300	约 1300	200～600
H_2O(体积分数)/%		9～16	

（2）燃煤锅炉烟气特点

① 集中固定源。燃煤锅炉生产地点固定，生产过程集中，生产节奏较强，便于烟气处理和操作。

② 烟尘排放量大。燃煤锅炉生产过程中产生大量的有害烟气。

③ 连续排放。燃煤锅炉 24h 不间断生产。

④ 粉尘粒度为 $0.3 \sim 200 \mu m$，其中粒度 $< 5 \mu m$ 的占粉煤灰总量的 20%。

⑤ 烟气中含有一定量的 SO_2，需要进行脱硫处理。

（3）粉煤灰化学组成　粉煤灰的化学成分与黏土相似，其中以二氧化硅（SiO_2）及三氧化二铝（Al_2O_3）为主，其余为少量三氧化二铁（Fe_2O_3）、氧化钙（CaO）、氧化镁（MgO）、氧化钠（Na_2O）、氧化钾（K_2O）及三氧化硫（SO_3）等。粉煤灰的化学成分及其波动范围如下：二氧化硅 40%～60%，三氧化二铝 20%～30%，三氧化二铁 4%～10%（高者 15%～20%），氧化钙 2.5%～7%（高者 15%～20%），氧化镁 0.5%～2.5%（高者 5% 以上），氧化钠和氧化钾 0.5%～2.5%，三氧化硫 0.1%～1.5%（高者 4%～6%），烧失量 3.0%～30%。此外，粉煤灰中尚含有一些有害元素和微量元素，如铜、银、镓、铟、镭、钪、铌、钇、镱、镧族元素等。一般有害物质的质量分数低于允许值。

粉煤灰的矿物成分主要有莫来石、钙长石、石英矿物质和玻璃物质，还有少量未燃炭。玻璃物质是由偏高岭土（$Al_2O_3 \cdot 2SiO_2$）、游离酸性二氧化硅和三氧化二铝组成，多呈微珠状态存在。这些玻璃体约占粉煤灰的 50%～80%，它是粉煤灰的主要活性成分。粉煤灰的矿物组成主要取决于原煤的无机杂质成分（无机杂质成分主要指含铁高的黏土物质、石英、褐铁矿、黄铁矿、方解石、长石、硫等）与含量以及煤的燃烧状况。

（4）粉煤灰物理性质　中国电厂粉煤灰物理性质见表 1-42。

表 1-42　中国电厂粉煤灰物理性质

项目	堆积密度 /(g/cm³)	真密度 /(g/cm³)	80μm 筛余量 /%	45μm 筛余量 /%	透气法比表面积 /(cm²/g)
范围	0.5～1.3	1.8～2.4	0.6～77.8	2.7～86.6	1176～6531
均值	0.75	2.1	22.7	40.6	3255

三、机动车尾气

过去的 20 多年间，许多国家交通运输工具急剧增加，其排放的污染物已构成公害，引起了世人的关注。目前中国正处于经济高速发展时期，交通运输工具社会保有量增加迅速。《中国环境保护 21 世纪议程》为此制定了"流动源（移动源）大气污染控制"行动方案，主要控制对象是汽油车、摩托车、车用汽油机，以及柴油车、车用柴油机排放的尾气。城市环境综合整治定量考核指标中列入了汽车尾气达标率指标。

1. 汽车尾气达标率指标

汽车尾气达标率是指市区汽车年检尾气达标率与汽车路（抽）检达标率的平均值。

$$汽车尾气达标率(\%) = \left(\frac{年检尾气达标的汽车数}{城市汽车在用数} + \frac{路（抽）检尾气达标数}{路（抽）检汽车总数} \right) \times \frac{1}{2} \times 100\%$$

(1-20)

2. 汽车尾气中的主要污染物

我国要求控制的汽车尾气及城市汽车交通运输所产生的主要污染物包括颗粒物、CO、

HC、NO_x 以及 O_3。

（1）颗粒物　柴油车尾气烟雾是颗粒物的来源之一。汽车尾气达标率的监测项目包含了柴油车的烟度。交通运输造成的道路扬尘是城市颗粒物污染的重要来源。

（2）一氧化碳（CO）　CO 是含碳燃料不完全燃烧产生的，它虽有各种各样的人为污染源，但很多城市地区，机动车尾气 CO 排放量几乎占 CO 排放总量的绝大部分，甚至全部。因此，成功削减 CO 排放量的战略主要依赖于对汽车尾气的控制。近年来，大多数发展中国家（包括中国）随着机动车数量上升和交通拥挤加剧，CO 的污染水平呈上升趋势。汽车尾气排放的 CO 量与运行工况有关系，怠速时排放的 CO 浓度最大，为 4.9%。

（3）烃类化合物（HC）　机动车、加油站、石油炼制等都是挥发性有机化合物的污染来源。机动车尾气排放的挥发性有机化合物主要是 HC，它们在太阳光下与 NO_x 反应产生光化学烟雾。

（4）氮氧化物（NO_x）　大气中的氧和氮，以及汽油、柴油所含的氮化物，在高温燃烧的条件下产生 NO_x，汽车尾气排放的 NO_x 在工业化国家与固定源排放的 NO_x 大致相等。在城市环境中汽车尾气排放的 NO_x 是主要的。我国城市环境保护工作把控制汽车尾气的 NO_x 作为重点任务。

（5）光化学氧化剂　以 NO_x 与 HC 为前体，在日光照射下反应而产生的氧化性化合物，以臭氧（O_3）为主体包括多种氧化性化合物。我国《环境空气质量标准》（GB 3095—2012）规定了臭氧的浓度限值（1 小时平均），一级、二级分别为 $0.16mg/m^3$、$0.2mg/m^3$。

四、垃圾焚烧废气

我国城市人均垃圾年产生量为 300～500kg。城市垃圾处理有填埋法、焚烧法和海洋投弃法等，焚烧处理是垃圾处理的一个趋势。

由于城市生活垃圾成分的复杂性、性质的多样性和不均匀性，焚烧过程中发生了许多不同的化学反应。垃圾焚烧产生的烟气中除过量的空气和二氧化碳外，还含有许多其他污染物。这些物质的化学、物理性质及对人体或环境的危害程度各不相同，数量的差异也较大。根据生活垃圾焚烧污染物性质的不同，可将其分为颗粒物、酸性气体、重金属和有机污染物四大类。典型的不同类别污染物见表 1-43。

表 1-43　生活垃圾焚烧烟气中污染物的种类

序号	类别	污染物名称	表示符号
1	颗粒物	颗粒物	
2	酸性气体	氯化氢	HCl
		硫氧化物	SO_x
		氮氧化物	NO_x
		氟化氢	HF
		一氧化碳	CO
3	重金属	汞及其化合物	Hg 和 Hg^{2+}
		铅及其化合物	Pb 和 Pb^{2+}
		镉及其化合物	Cd 和 Cd^{2+}
		其他重金属及其化合物	

续表

序号	类别	污染物名称	表示符号
4	有机污染物	多氯代二苯并二噁英	PCDD
		多氯代二苯并呋喃	PCDF
		其他有机物	

城市生活垃圾焚烧烟气中的粉尘是焚烧过程中产生的微小无机颗粒状物质。主要是：a. 被燃烧空气和烟气吹起的小颗粒灰分；b. 未充分燃烧的炭等可燃物；c. 因高温而挥发的盐类和重金属等在烟气冷却净化处理过程中又凝缩或发生化学反应而产生的物质。前两者可以认为是物理原因产生的，第三者则是热化学原因产生的。表1-44列出了城市生活垃圾燃烧烟气中粉尘产生的机理。

表1-44　城市生活垃圾烟气粉尘产生机理

粉尘种类	焚烧炉膛	燃烧室	余热锅炉、烟道	除尘器	烟囱
无机粉尘	(1)由供给的空气卷起的不燃物、可燃物燃烧后的灰分； (2)由于高温而挥发的易挥发物； (3)卷起的微小添加剂及其反应生成物	气-固、气-气反应引起的粉尘	(1)烟气冷却引入的盐分； (2)喷入的石灰等药剂及其反应生成物		微小灰尘、碱性盐分
有机粉尘	(1)卷起的纸屑等； (2)不完全燃烧引起的未燃炭分等	不完全燃烧引起的纸灰		再度飞散的飞粉尘	
灰尘浓度 /(g/m³)		1～6	1～4		0.01～0.04(使用除尘时)

显然，粉尘的产生量及粉尘的组合与城市生活垃圾的性质和燃烧方法、燃烧设备有直接关系，机械炉排生活垃圾焚烧炉炉膛出口处粉尘含量一般为1～6g/m³，换算成垃圾燃烧量，一般1t干垃圾燃烧量为10～45kg，而液化床生活垃圾焚烧炉的炉膛出口处粉尘含量远比机械炉排生活垃圾焚烧要高得多。

五、餐饮业油烟废气

餐饮业（饮食业）油烟指食物在烹饪、加工过程中挥发的油脂、有机质及其加热分解或裂解产物。更为全面的定义为食用油及油脂在高温状态下产生的挥发物及冷凝水汽和室内含尘气体，灶具燃烧器产生的废气和高温气体、炭黑等多种成分的混合体。

随着经济的快速发展，人民生活水平的不断提高，现代生活节奏的加快，我国餐饮业也得到迅速的发展，然而餐饮业油烟排放并没有得到有效控制，大量未经过处理的油烟直接排放到大气中，对周边居民和环境造成了极大的危害，严重影响了居民的正常工作和生活，成为仅次于工业污染源和交通污染源的第三大污染源。油烟的污染已越来越受到人们的重视，并逐步成为居民对环境污染投诉的热点。

1. 餐饮油烟的来源和生成

餐饮油烟主要来源于烹调食物时所用的食用油。食物在烹调过程中，食用油和食物在高温下发生一系列复杂的物理、化学变化，蒸发出大量的热氧化分解物以及食用油蒸气、水蒸气。热氧化物的一部分发生分解，以油雾形式散发到空气中形成油烟气混合物，当温度达到食用油的发烟点（170℃）时出现初期的蓝青烟雾，随着温度继续上升，分解及挥发速度随之加快；当温度达250℃左右时，出现大量烟气，并伴有刺鼻性的气味，大部分各种沸点的有害物质开始产生；如果长时间持续在300℃以上，则食用油完全分解为有害物。上述各阶段所形成的混合气体在离开锅灶上升的过程中与环境中的空气分子碰撞，温度迅速下降至60℃以下并冷凝成露，这就是人们常说的油烟。它是一种含有多种有害物的气溶胶，是粒度在0.001～10μm之间的可吸入颗粒，它可以在空气中停留很长时间。

2. 餐饮油烟的成分和形态

（1）成分　烹调油烟是一组混合性污染物，有200余种成分，包括食物加热过程中产生的各种产物和燃料燃烧后的尾气。油烟的成分与菜品的品种、加工精制技术、变质程度、加热温度、加热容器的材料和清洁程度、加热所用燃料种类、烹调物种类和质量以及厨师烹饪习惯等因素有关。到目前为止已发现的主要化学成分见表1-45。

表 1-45　油烟的主要化学成分

化合物名称	分子式	沸点/℃
二甲基丁醇	$C_6H_{14}O$	119～144
环戊酮	C_5H_8O	130
乙二醇醚	$C_4H_{10}O_3$	246
苯甲醇	C_7H_8O	205
甲酚	C_7H_8O	202～191
苯并噻唑	C_7H_5NS	231
壬酸	$C_9H_{18}O_2$	253
2,6-二甲基喹啉	$C_{11}H_{11}N$	267
甲基环癸烷	$C_{11}H_{22}^3$	
2,6-双(1,1-二甲基乙基)苯酚	$C_{15}H_{24}O$	265
甲氧基琥珀酰亚胺	C_5H_7OON	81
环十四烷	$C_{14}H_{28}$	227
乙氧基十二醇	$C_{14}H_{30}O_2$	
菲	$C_{14}H_{10}$	336
癸酸	$C_{10}H_{20}O_2$	277
邻苯二甲酸二丁酸	$C_{16}H_{22}O_4$	340
十八酸	$C_{18}H_{36}O_2$	360
己二酸二乙酯	$C_{10}H_{18}O_4$	251
十二醛	$C_{12}H_{22}O$	

（2）形态　就油烟中污染物微观来说，具有气态、液态、固态三种形式，气态污染物（如VOCs）与空气形成混合气体；大颗粒的液态、固态污染物分布在空气中形成可自然沉降悬浮物；小颗粒的液态、固态污染物分布在空气中形成相对稳定的气溶胶，从厨房未经处

理直接排出的油烟废气同时含有上述 3 种形态的污染物。

3. 餐饮油烟的特性

（1）物理特性 油烟的温度通常在比环境温度高几摄氏度至数十摄氏度，一般不会超过80℃。污染物粒径分布从亚毫米直至气态分子直径，粒径分布随油烟温度降低向大粒径方向偏移。在大气中扩散的油烟，其中粒径＞$10\mu m$ 的污染物基本上可以在 24h 内完成自然沉降，粒径在 $10\mu m$ 以下的污染物可长时间以气溶胶形式在大气中飘浮。

（2）时间特性 烹饪油烟浓度和温度均随时间变化，油烟温度基本呈平滑变化，油烟浓度呈现动态范围较大的脉动特征。

第五节　废气中污染物特征及危害

根据我国《环境空气质量标准》的规定，废气中的主要污染物为颗粒物、二氧化硫（SO_2）、氮氧化物（NO_x）、一氧化碳（CO）、铅（Pb）、氟化物、苯并[a]芘及臭氧（O_3）。

一、主要污染物的特性

（一）颗粒污染物（大气气溶胶）

大气气溶胶是一个极为复杂的体系，它们对环境和人类影响很大，其影响不仅取决于颗粒物的大小，也和颗粒物的浓度和化学组成密切相关。

1. 大气气溶胶的粒径

大气气溶胶的粒径一般在 $0.1 \sim 100\mu m$ 之间，粒径的分布一般符合对数正态分布。大气气溶胶粒径的不同主要和来源有关：a. 粒径＜$0.05\mu m$ 的，主要是来源于燃烧过程产生的一次气溶胶和气体分子通过化学反应转化形成的二次气溶胶；b. 粒径在 $0.05 \sim 2\mu m$ 之间的，主要是来源于燃烧过程产生的蒸气冷凝凝聚，以及各种气体通过化学转化形成的二次气溶胶，例如烟雾和大部分硫酸盐；c. 粒径＞$2\mu m$ 的，主要是来源于机械过程产生的一次粒子、海水溅沫、风沙和火山灰等。

空气中飘浮的污染物质粒径可参见图 1-16。

2. 大气气溶胶的结构

大气气溶胶表面常有一层液膜，中心有一个不溶于水的核，许多过渡金属的化合物可能存在于核的表面。核的四周被水溶液包围，其中溶解物有可溶性无机物和有机物。在水溶液表面上又常有一层有机物的膜，有机物的极性一端向着中心核方向。气溶胶可以通过吸附、吸收、溶解等过程包容大量杂质，并在其中进行复杂的化学反应。气体污染物和颗粒物之间相互作用是形成气溶胶的重要环节，大气中的各种污染物都是在此界面上进行反应形成各种形态的气溶胶。

3. 大气气溶胶的种类

气溶胶的组成十分复杂，有的含有四五十种元素，主要是硫酸盐、硝酸盐等（占 $50\% \sim 80\%$），还有有机化合物及多种微量元素的氧化物和盐类，按其主要成分可做如下分类。

（1）硫酸盐气溶胶 主要来自 SO_2 的化学转化。SO_2 在大气中通过均相和非均相反应形成 SO_3，SO_3 与水蒸气反应生成 H_2SO_4。硫酸的蒸气比非常低，特别在有水的条件下更是如此。在气相中 H_2SO_4 的饱和浓度为 $4\mu g/m^3$，因此在所有大气条件下都会凝结生成硫

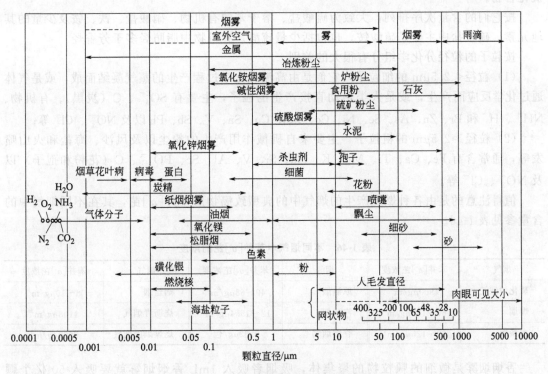

图 1-16 空气中飘浮污染物质的粒径

酸或硫酸盐气溶胶。大气中的无机污染物最终大部分都将转化为硫酸盐气溶胶，在平流层中最大的气溶胶就是硫酸盐气溶胶。硫酸盐气溶胶形成的途径主要有光化学氧化、自由基氧化、液相氧化或吸附氧化等。

（2）硝酸盐气溶胶　硝酸在气相中的饱和浓度可达 $1.2 \times 10^8 \mu g/m^3$，因此凝结态硝酸在大气中几乎不存在，其气溶胶常以 $NaNO_3$、NH_4NO_3 或 NO_x 吸附在颗粒物上的形式存在。硝酸盐气溶胶形成途径主要有：NO_x 氧化为 NO_2、N_2O_3、N_2O_5 等；高价氮氧化物与水蒸气作用形成 HNO_3 和 HNO_2 一类挥发性酸而存在于气相中；在气相中反应形成硝酸盐气溶胶，烃类化合物的存在对硝酸盐气溶胶的形成有较大的作用。

（3）有机物气溶胶　其形成途径尚不太清楚，一般认为有 O_3-烯烃、O_3-环烯烃和 HO^- 自由基各类反应体系。由燃烧进入大气的烃类化合物在大气中常参与光化学反应和自由基反应，被光化学氧化剂直接氧化，或颗粒物吸附后再氧化，最后形成凝聚态过氧化物或聚合物，其中含氧的有醛、醇、有机酸等，含硫的有硫醚、硫醇类化合物，含氮的有 PAN、PPN（过氧丙酰硝酸酯）、PBN（过氧苯甲酰基硝酸酯）等气溶胶。

（4）微量元素　已发现的大气气溶胶中存在的微量元素有几十种，其中金属元素的含量相当可观。颗粒物中金属元素的含量与其来源有关。存在于飞灰中的金属元素浓度比气溶胶颗粒中的浓度大得多，而城市气溶胶中微量元素的浓度一般又比非城市的约大一个数量级。

4. 大气气溶胶的化学组成

大气气溶胶的化学组成十分复杂，不仅与其来源有关，也与粒径大小密切相关。其中含有几十种金属元素，如存在于粗粒子中的有 Si、Fe、Al、Sc、Na、Ca、Mg、Cl、V、Ti 等，存在于细粒子中的有 Br、Zn、Se、Ni、Cd、Cu、Pb 等。此外，还含有多种无机及有机化合物。

按它们的含量次序排列，大致为硫酸盐、溶于苯的有机物、硝酸盐、铁、铵及少量的其他元素。硫酸盐中主要是硫酸铵，也包括少量硫酸。有机物中脂肪烃多于芳香烃。

按粒子的粒径分化学组分有很大的差别。

(1) 粒径<2.5μm 的细粒子　它们是由高温或化学过程产生的蒸气凝结而成，或是气体通过化学反应而产生，或是人类活动直接产生的粒子，主要有 SO_4^{2-}、C（炭黑）、有机物、NH_4^+、H^+ 和 Br、Zn、As、Se、Ni、Cd、Mn、Cu、Sn、V、Sb、Pb 以及 NO_3^-、Cl^- 等；

(2) 粒径>2.5μm 的粗粒子　主要来自机械作用产生的粉尘以及风沙、海盐和火山喷发等，通常含有 Fe、Ca、Ti、Mg、K、Na、Si、V、Al、Sc、PO_4^{3-}、C（花粉和孢子）以及 NO_3^-、Cl^- 等。

值得注意的是由各种燃烧产生的烟气中的典型致癌物质苯并[a]芘，其在不同烟气中的含量参见表 1-46。

表 1-46　不同烟气中苯并[a]芘的浓度

烟气	苯并[a]芘浓度	烟气	苯并[a]芘浓度	烟气	苯并[a]芘浓度
焚化炉烟气	$4900\mu g/m^3$	原油烟	$40\sim68\mu g/m^3$	烟丝烟	$8\sim10\mu g/m^3$
煤烟	$67\sim136\mu g/m^3$	汽油烟	$12\sim15.4\mu g/m^3$	烧沥青烟气	$1108\mu g/m^3$
木柴烟	$62\sim125\mu g/m^3$	香烟烟气	$0.32\mu g/包$	烧煤烟卤烟气	$6829\mu g/m^3$

香烟烟雾是微细的颗粒物的聚集体，吸烟者吸入 1mL 香烟烟雾就要吸入 50 亿个颗粒物。

（二）二氧化硫（SO_2）

SO_2 是含硫大气污染物中最重要的一种。SO_2 是无色、有刺激性臭味的有毒气体，不可燃，易液化，气体密度 $2.927kg/m^3$，沸点 $-10℃$，熔点 $-72.7℃$，蒸气压 155.4kPa（1165.4mmHg，0℃），溶于水，水中溶解度为 11.5g/L，一部分与水化合成亚硫酸。

SO_2 进入大气后第一步氧化成 SO_3，然后 SO_3 溶于水滴中形成硫酸，当大气中存在 NH_4^+ 或金属离子 M^{2+} 时则转化为 $(NH_4)_2SO_4$ 或 MSO_4 气溶胶。这些转化中关键的一步是 SO_2 转化为 SO_3。大气中 SO_2 的化学反应很复杂，受许多因素的影响，包括温度、湿度、光强度、大气传输和颗粒物表面特征等。SO_2 转化为 SO_3 的途径归纳起来有催化氧化和光化学氧化两种。

1. 催化氧化

在清洁的空气中 SO_2 氧化转化为 SO_3 的速度非常缓慢：

$$2SO_2+O_2 \longrightarrow 2SO_3 \tag{1-21}$$

但若在大气中存在某些过渡金属离子，则 SO_2 的氧化速度为在清洁空气中的 10～100 倍，其反应与有催化剂时 SO_2 在水溶液中的氧化相类似：

$$2SO_2+2H_2O+O_2 \xrightarrow{催化剂} 2H_2SO_4 \tag{1-22}$$

反应中，起催化剂作用的过渡金属离子（如 Fe^{3+}、Mn^{2+}、Cu^{2+} 和 Co^{2+} 等）以微粒形式悬浮于空气中，当浓度很高时这些微粒成为凝聚核或水合成液滴，SO_2 和 O_2 被这些液态气溶胶吸收，并在液相中发生反应。

影响 SO_2 催化氧化的主要因素如下。

(1) 催化剂的种类　不同催化剂的催化效率次序为：

$$MnSO_4 > MnCl_2 > CuSO_4 > NaCl \qquad (1-23)$$

几种氯化物的催化效率次序为：

$$MnCl_2 > CuCl_2 > FeCl_2 > CaCl_2 \qquad (1-24)$$

结果表明，锰盐催化效率最高，而硫酸盐比氯化物好。

(2) 液滴酸度　当液滴的酸度较高时，能降低 SO_2 的溶解度，SO_2 的氧化显著变慢。然而大气中存在 NH_3 时则能大大加快 SO_2 的氧化过程。

(3) 相对湿度　相对湿度提高能增加转化率。

2. 光化学氧化

(1) 直接光氧化　在低层大气中，SO_2 经光化学过程生成激发态 SO_2 分子。在波长 290nm 以上，SO_2 有两个吸收谱带，第一个是最大值在 384nm 的弱吸收，此吸收使 SO_2 转变为第一激发态（三重态，用 $^3SO_2$ 表示）：

$$SO_2 + h\nu \Longleftrightarrow {}^3SO_2 \quad (340 \sim 400nm) \qquad (1-25)$$

第二个是最大值在 294nm 的强吸收，此吸收使 SO_2 转变为第二激发态（单重态，用 $^1SO_2$ 表示）：

$$SO_2 + h\nu \Longleftrightarrow {}^1SO_2 \quad (290 \sim 340nm) \qquad (1-26)$$

单重态能量较高，进一步将衰变到能量较低的三重态，反应如下：

$$^1SO_2 + M \longrightarrow SO_2 + M \longrightarrow {}^3SO_2 + M \qquad (1-27)$$

式中，M 可以是体系中的 N_2、O_2、CO 和 CH_4 等其他分子。

大气中 SO_2 光氧化机制，主要基于两个激发态（$^1SO_2$ 和 $^3SO_2$）与体系中其他分子 M 反应，首先是 $^3SO_2$ 被其他大分子猝灭而返回到基态 SO_2：

$$^3SO_2 + M \longrightarrow SO_2 + M \qquad (1-28)$$

若 M 为 O_2 时，反应为：

$$^3SO_2 + O_2 \longrightarrow SO_3 + O \qquad (1-29)$$

这步反应可能是 SO_2 光氧化为 SO_3 的最重要的一步。

在清洁空气中，SO_2 的光化学氧化转化速率每小时约为 0.1%。相对湿度增加，可加快转化。在存在 HC 和 NO_x 的污染空气中，SO_2 的光化学氧化速率显著提高。

(2) 间接光氧化　其氧化机制为：在日光作用下，HC-NO_2 反应体系产生的自由基如 OH、HO_2 和 RO_2 等，或者产生的强氧化剂 O_3 和 H_2O_2 等，能将 SO_2 迅速氧化成 SO_3，进而形成硫酸和硫酸盐。自由基的氧化反应为：

$$SO_2 + OH + M \longrightarrow HOSO_2 + M \qquad (1-30)$$

$$SO_2 + HO_2 \longrightarrow SO_3 + OH \text{ 或 } SO_2HO_2 \qquad (1-31)$$

$$SO_2 + RO_2 \longrightarrow SO_3 + RO \text{ 或 } SO_2RO_2 \qquad (1-32)$$

$HOSO_2$ 自由基能进一步反应：

$$HOSO_2 + OH \longrightarrow H_2SO_4 \qquad (1-33)$$

强氧化剂 O_3 和 H_2O_2 能较快地被云雾或雨滴吸收，它的存在，使 SO_2 氧化速度明显加快。SO_2 的间接光氧化的转化速率比直接光氧化快得多，每小时可高达 5% ～ 10%。

大气中 SO_2 氧化转为 SO_3，SO_3 遇水立即形成 H_2SO_4，硫酸与水结合成为硫酸雾，如果存在氨或其他金属离子，最终将转化为硫酸盐，在大气中即生成硫酸盐气溶胶。

世界上的多次烟雾事件，如英国伦敦、比利时马斯河谷等地光化学烟雾事件都和 SO_2

有关，主要是当时的气象条件——逆温和雾，使空气中的 SO_2 经久不散，浓度增大，以致患病及死亡人数急剧增加。

SO_2 是大气中数量最大的有害成分，也是造成全球大范围酸雨的主要原因。

（三）氮氧化物（ NO_x ）

氮氧化物中，NO 和 NO_2 是两种最重要的大气污染物。NO 为无色气体、淡蓝色液体或蓝白色固体，熔点 $-163.6℃$ ，沸点 $-151.8℃$ ，密度 $1.3402kg/m^3$ ，在空气中容易被 O_3 和光化学作用氧化成 NO_2 。 NO_2 为黄色液体或棕红色气体，熔点 $-11.2℃$ ，沸点 $21.2℃$ ，相对密度 1.4494 （液体，20℃），能溶于水生成硝酸和亚硝酸，具有腐蚀性。

由石化燃料燃烧和汽车尾气排出的 NO_x 、烃类和太阳紫外线是形成光化学烟雾的三个要素。在强烈的阳光照射下，引发了存于大气中的烯烃类化合物和氮氧化物之间的光化学反应。地势低洼、逆温条件都容易促使光化学烟雾形成。形成光化学烟雾可能的反应如下：

$$2NO + O_2 \longrightarrow 2NO_2 \qquad (1\text{-}34)$$

$$NO_2 + h\nu \longrightarrow NO + O \qquad (1\text{-}35)$$

$$O + O_2 \longrightarrow O_3 \qquad (1\text{-}36)$$

$$CH_3CH{=}CH_2 + O_2 \longrightarrow CH_3CHO + HCHO \qquad (1\text{-}37)$$

$$CH_2O_2 \longrightarrow CO + H_2O \qquad (1\text{-}39)$$

$$CH_3CHO_2 + O_2 \longrightarrow CH_3CHO + O_3 \qquad (1\text{-}40)$$

$$HCHO + h\nu \begin{cases} \longrightarrow H_2 + CO \\ \longrightarrow H\cdot + HCO \end{cases} \qquad (1\text{-}41)$$

$$HCO + O_2 \longrightarrow CO + HO_2\cdot \qquad (1\text{-}42)$$

$$H\cdot + O_2 \longrightarrow HO_2\cdot \qquad (1\text{-}43)$$

$$HO_2\cdot + NO \longrightarrow NO_2 + HO\cdot \qquad (1\text{-}44)$$

$$CH_3CHO + HO\cdot \longrightarrow CH_3CO + H_2O \qquad (1\text{-}45)$$

当 NO_2 和 O_3 的浓度比较大时，还可能发生下列反应：

$$NO_2 + O_3 \longrightarrow NO_3\cdot + O_2 \qquad (1\text{-}48)$$

$$CH_3CHO + NO_3\cdot \longrightarrow CH_3CO + HNO_3 \qquad (1\text{-}49)$$

$$NO_2 + NO_3\cdot \longrightarrow N_2O_5 \qquad (1\text{-}50)$$

$$N_2O_5 + H_2O \longrightarrow 2HNO_3 \qquad (1\text{-}51)$$

实际的光化学过程很复杂，可能会产生烷基、酰基、烷氧基、过氧烷基、过氧酰基自由基及其他物质。

NO$_x$ 形成光化学烟雾的大气主要特征是有二次污染物——光化学氧化剂的生成。主要的氧化剂是臭氧（O$_3$），还包含过氧化氢（H$_2$O$_2$）、有机过氧化合物（ROOR'）、有机氢过氧化合物（ROOH）和过氧乙酰硝酸酯（PAN）、过氧丙酰硝酸酯（PPN）、过氧丁酰硝酸酯（PBN）、过氧苯甲酰硝酸酯（PBZN）等。此外还有醛类和甲醛、丙烯醛等。

由 NO$_x$ 和烃类产生的光化学烟雾（通常称洛杉矶型烟雾）和主要由 SO$_2$ 及烟尘引起的烟雾（通常称伦敦型烟雾）的主要区别见表1-47。

表 1-47　伦敦型烟雾和洛杉矶型烟雾的比较

项目		伦敦型烟雾	洛杉矶型烟雾
发生情况		较早，出现多次，同时出现烟雾	较晚，新的烟雾现象，发生光化学反应
污染物		悬浮颗粒物、SO$_2$、硫酸雾、硫酸盐	烃类化合物、NO$_x$、O$_2$、PAN、醛、酮等
燃料		煤、燃料油	汽油、煤气、石油
气象条件	季节	冬	夏、秋
	气温	低（＜4℃）	高（＞24℃）
	湿度	高	低
	日光	暗	明亮
	O$_3$ 浓度	低	高
出现时间		昼夜连续	白天
视野		非常近（几米）	稍近（0.8km）
毒性		对呼吸道有刺激作用，严重时可致死亡	对眼和呼吸道有刺激作用，O$_3$ 等氧化剂氧化性很强，严重者可导致死亡

（四）一氧化碳（CO）

一氧化碳为无色无臭气体，极毒，不易液化和固化，微溶于水，20℃时溶解度为 0.04g/L。熔点 -199℃，沸点 -191.5℃，蒸气压 308.636kPa（-180℃）、2.185MPa（-150℃）；相对密度 0.96716（空气＝1）。CO易燃，在空气中呈蓝色火焰。CO是煤气的主要成分。

CO在室温时较稳定，400～700℃或稍低温度时，在催化剂作用下发生歧化反应，生成 C 和 CO$_2$。在高温下为极好的还原剂，可将金属氧化物还原为金属，如炼铁。CO能与许多金属或非金属反应，如与氯气反应生成极毒的光气（COCl$_2$）。

CO的人为源是焦化厂、煤气发生站、炼铁厂、石灰窑、砖瓦厂、化肥厂的生产过程及汽车尾气。

CO也是由人类活动引入大气的污染物之一，CO的问题出现在局部高浓度情况下。例如由汽车内燃机排出的CO，其浓度最高水平往往在拥挤的市区，尤其是早晚上下班汽车高峰时出现，此时大气中CO的含量可高达 50～100mL/m^3。市区CO含量与行驶车辆的密度呈正相关，与风速呈负相关关系。在偏远地区CO的平均浓度要低得多。汽车排气中的CO主要是由于混合气中的 O$_2$ 不足，汽油中的 C 不能与足够的氧化合而产生的。因此，排气中的CO浓度主要取决于混合气的空气和燃料之比，即空燃比。

燃煤时生成CO和CO$_2$的主要反应有：

$$2C + O_2 \longrightarrow 2CO \tag{1-52}$$

$$C + O_2 \longrightarrow CO_2 \tag{1-53}$$

$$C+CO_2 \longrightarrow 2CO \tag{1-54}$$

$$2CO+O_2 \longrightarrow 2CO_2 \tag{1-55}$$

燃烧过程还可能发生下列反应：

$$C+2H_2O \longrightarrow CO_2+2H_2 \tag{1-56}$$

$$C+H_2O \longrightarrow CO+H_2 \tag{1-57}$$

$$3C+4H_2O \longrightarrow 4H_2+2CO+CO_2 \tag{1-58}$$

$$C+2H_2 \longrightarrow CH_4 \tag{1-59}$$

哪种反应为主，取决于燃烧时的温度、压力、气体成分和燃料种类等条件。

（五）含氟化合物

大气中常遇到的含氟化合物主要有氟化氢、氟里昂、含氟农药和除莠剂等，它们在工农业生产中使用较多。当含氟化合物在大气中的残留浓度超过允许浓度时，对植物和动物生命，以致气候都会产生显著影响。

1. 无机氟化物

无机氟化物在空气中普遍存在，一般浓度很低，但在污染源附近常有较高的浓度，可能会造成局部污染。排入大气的气态氟化物有 F_2、HF、SiF_4 和氟硅酸（H_2SiF_6），主要来自制铝厂、磷肥厂、冰晶石厂、过磷酸盐厂、玻璃厂等的生产过程。当生产所用的原料中含有氟的矿物质如萤石（CaF_2）和冰晶石（$3NaF \cdot AlF_3$）时，在高温下会产生一种或多种挥发性含氟的化合物排放到大气中。若存在硅酸盐化合物，则会形成 SiF_4 排放大气，SiF_4 进一步水解，生成氟化氢（HF），HF 可进一步反应生成 CaF_2：

$$2CaF_2+3SiO_2 \xrightarrow{\text{加热}} SiF_4+2CaSiO_3 \tag{1-60}$$

$$SiF_4+2H_2O \xrightarrow{\text{水解}} SiO_2+4HF \tag{1-61}$$

$$2HF+CaO(CaCO_3) \longrightarrow CaF_2+H_2O(+CO_2) \tag{1-62}$$

磷酸盐生产过程中，常常产生的 HF、SiF_4、H_2SiF_6 等排入大气。

（1）氟化氢（HF）　为无色气体，在 19.54℃ 以下为无色液体，极易挥发，在空气中发烟，有毒、刺激眼睛，腐蚀皮肤；熔点 -83.1℃，沸点 19.54℃，蒸气压 47.86kPa（0℃）、103.01kPa（20℃）。无水氟化氢为酸性物质。

（2）四氟化硅　无色非燃烧气体，剧毒，有类似氯化氢的窒息气味，熔点 -90.2℃，沸点 -86℃，在潮湿空气中水解生成硅酸和氢氟酸，同时生成浓烟。

2. 有机氟化物

含氟空气污染物中对大气损害最大的是氟里昂系列（氯氟烃，CFCs），最常见的有氟里昂-11（CFC-11）和氟里昂-12（CFC-12），它们均为无色、无毒、不燃的气体，无腐蚀性。氯氟烃的物理常数见表 1-48，它们主要用作制冷剂、气溶胶推进剂和发泡剂。

表 1-48　氯氟烃的物理常数

名称	分子式	熔点/℃	沸点/℃	相对密度	蒸气压
氟里昂-11(CFC-11)	CCl_3F	-111	23.8	$d_4^{17.2}$ 1.494	302.42mmHg(0℃)
氟里昂-12(CFC-12)	CCl_2F_2	-158	-29.8	d_4^{30} 1.486	666.04mmHg(20℃)
氟里昂-13(CFC-13)	$CClF_3$	-182	-82		
氟里昂-14(CFC-14)	CF_4	-184	-128	$d_{液}^{-183}$ 1.86	3.027atm(0℃)

续表

名称	分子式	熔点/℃	沸点/℃	相对密度	蒸气压
氟里昂-22(CFC-22)	$CHClF_2$	-160	-40.8		
氟里昂-113(CFC-113)	CCl_2FCClF_2	35	47.57		
氟里昂-114(CFC-114)	$CClF_2CClF_2$	-94	4.1	$d_{液}^0$ 1.5312	5.543atm(20℃)

注：1mmHg=133.3224Pa，1atm=101325Pa。

氯氟烃的化学性质稳定，它们通过不同途径释放进入大气层，并且完全能扩散进入平流层，在紫外线照射下进行光分解，释放出氯原子：

$$CF_2Cl_2 + h\nu \longrightarrow CF_2Cl + Cl \tag{1-63}$$
$$CFCl_2 + h\nu \longrightarrow CFCl + Cl \tag{1-64}$$

所形成的 CF_2Cl、$CFCl$ 可进一步分解，释放出氯原子。氯原子具有极高的活性，很快成为破坏 O_3 的"杀手"，其反应为：

$$Cl + O_3 \longrightarrow ClO + O_2 \tag{1-65}$$
$$ClO + O \longrightarrow Cl + O_2 \tag{1-66}$$
$$O + O_3 \longrightarrow 2O_2 \tag{1-67}$$

氯原子和 O_3 反应生成氯氧化物和氧分子，这种氯氧化物又能与氧原子反应生成活泼氯原子。因此，一旦产生出氯原子即可降解大量 O_3。

（六）铅

铅是银灰色的软金属，在自然界中以硫化铅、碳酸铅、硫酸铅等形式存在。在空气中铅及其化合物以气溶胶即铅尘和铅烟形式存在。铅不溶于水，溶于硝酸和热的浓硫酸，熔点327.5℃，沸点1740℃，相对密度11.3437。四乙基铅 $[(C_2H_5)_4Pb]$ 为无色油状液体，有香味，溶于苯、乙醇、乙醚和石油醚，不溶于水，凝固点-136.8℃，沸点200℃（分解），闪点93.33℃。铅污染主要来自印刷厂、蓄电池厂、有色金属冶炼厂、塑料助剂厂的生产过程。

二、主要污染物对人体的危害

世界经合组织2012年3月15日发布公告说，如果不采取有效措施保护环境，到2050年城市空气污染将超过污水和卫生设施缺乏两项，成为全球人口死亡的头号环境杀手，由空气污染导致的呼吸衰竭每年将置360万人于死地。

空气污染物侵入人体主要有呼吸道吸入、消化道吞入（随水和食物）、皮肤接触3条途径，其中以呼吸道吸入途径最重要、最危险。空气污染物对人体健康的影响见表1-49。

表1-49　一些常见空气污染物对人体健康的危害

污染物	形态、色、嗅觉	进入人体方式	对人体的危害和症状
飘尘	固体粒子	吸入	刺激呼吸道，造成气管炎、支气管哮喘、肺气肿和肺癌等病症；降低空气可见度，减弱太阳紫外线辐射，引起儿童佝偻病；刺激眼睛，使眼结膜炎等眼病患病率增加；恶化生活卫生条件
二氧化硫	无色、刺激性气体	吸入	对眼、鼻、喉和肺有刺激作用。在低浓度下造成呼吸道管腔缩小，黏液量增加，使呼吸受阻。在较高浓度下，喉头感觉异常，出现咳嗽、喷嚏、声哑、胸痛、呼吸困难、呼吸道红肿等症状，造成支气管炎、哮喘病、肺气肿，甚至死亡。与雾、飘尘等发生化学反应，形成硫酸烟雾后，引起的生理反应比二氧化硫大4~20倍

污染物	形态、色、嗅觉	进入人体方式	对人体的危害和症状
硫化氢	无色、有臭鸡蛋味气体	吸入	低浓度时,刺激眼结膜及上呼吸道黏膜。高浓度时,发生头晕、心悸不安、抽搐、昏迷,最后呼吸麻痹死亡。极高浓度时可发生"电击"式中毒死亡
硫酸	无色、无臭油状液体	吸入蒸气,皮肤接触	能刺激并腐蚀所有黏膜,引起上呼吸道灼伤及可能的肺部损害,侵蚀牙齿的釉质,对皮肤的腐蚀特别厉害。毒性类似二氧化硫
一氧化碳	无色、无臭气体	吸入	与血红蛋白的结合力约比氧大 210 倍,羰络血红蛋白一经形成,离解很慢,导致组织缺氧。轻度急性中毒有头痛、头晕、心慌、恶心、呕吐、腹痛、全身无力等症状。严重时,昏迷、呼吸麻痹而死亡。慢性影响有倦怠、头痛、头晕,记忆力减退,易怒,消化不良等
二氧化氮	棕色、有刺激臭气体,在低温下为黄色液体(N_2O_4)	吸入	低浓度时引起呼吸道黏膜刺激症状,如咳嗽等。高浓度时,引起头痛、强烈咳嗽、胸闷等。严重者出现肺气肿等。氮氧化物与烃类化合物等发生光化学反应,形成光化学烟雾,刺激眼睛,引起红眼病;使空气可见度降低
硝酸	无色、发烟、有刺激臭、腐蚀性液体	吸入蒸气、皮肤接触	放出棕色烟雾。严重腐蚀皮肤和黏膜。毒性类似二氧化氮
氨	无色、有刺激臭气体	气体经呼吸道,液体由皮肤接触	低浓度有刺激作用,眼、鼻有辛辣感,流泪、流涕、咳嗽等。高浓度可引起肺充血、肺气肿。皮肤沾染时可引起化学烧伤
氯	黄绿色、有刺激臭气体	吸入	低浓度对眼、鼻、呼吸道有刺激作用。高浓度可引起支气管炎、支气管肺炎,甚至肺气肿等。对皮肤灼伤成溃疡、痤疮等,对牙齿酸蚀
氯化氢	无色、刺激	吸入	对皮肤、黏膜有刺激作用,可引起呼吸道炎症
氟化氢	无色、有刺激臭气体,发烟	吸入,皮肤接触	直接接触时刺激、灼伤皮肤、黏膜。吸入时刺激鼻、喉,引起炎症,肺有增殖性病变。食入含氟的食品和水,引起斑牙病和氟骨症
二硫化碳	无色、有恶臭液体	吸入蒸气,皮肤接触	慢性中毒引起神经衰弱,末梢神经感觉障碍,对心血管系统也有一定影响,对皮肤黏膜有明显刺激作用。高浓度时引起急性中毒,头痛、头晕。重者出现昏迷、痉挛性震颤
臭氧	无色或带蓝色、有特臭气体	吸入	刺激眼、鼻、肺,为所有黏膜的刺激剂。可能引起肺气肿,严重时死亡
砷化氢	无色、有蒜味气体	吸入	为溶血性毒物。中毒时表现为头痛、恶心、呕吐、颤抖、黄疸、尿血等
氰化氢	无色、有特殊臭味气体	吸入,皮肤接触	易挥发,剧毒,吸入中毒表现为喉痒、头痛、头晕、恶心、呕吐。严重中毒时心神不安,呼吸困难,抽搐甚至停止呼吸
甲醛	无色、强刺激臭气体	吸入	刺激皮肤、黏膜,引起皮肤干燥、开裂、皮炎及过敏性湿疹,眼部灼热感、流泪、结膜炎、咽喉炎、支气管炎等
甲醇	无色、有刺激臭气体	吸入	轻度中毒时,头痛、头晕、无力、睡觉障碍等。短时吸入高浓度,出现昏迷、痉挛、瞳孔散大等。长期接触可引起视力减退,甚至失明
苯	无色、挥发性、有芳香味液体	吸入蒸气	高浓度时可引起急性中毒。轻度中毒有头痛、头昏、全身无力、恶心、呕吐等。严重时有昏迷以致失去知觉,停止呼吸。慢性中毒出现头痛、失眠、手指麻木,以及血液系统的一些病变
酚	白色、有臭味液体	吸入蒸气,皮肤接触	有腐蚀,皮肤接触可引起皮疹。吸入后引起头晕、头痛、失眠、恶心、呕吐、食欲缺乏等,严重者可合并肝肾损害

续表

污染物	形态、色、嗅觉	进入人体方式	对人体的危害和症状
丙酮	无色、有臭味液体	吸入蒸气	易与水、醇混溶。对皮肤、眼和上呼吸道有刺激，吸入后可引起头痛、头晕等神经衰弱症状
硝基苯	液体	吸入蒸气，皮肤接触	毒性较大，能影响神经系统，引起疲乏、头晕、呕吐、呼吸和体温变化，还能影响到血液、肝和脾。如大面积接触液体，可立即致死
三氯乙烯	无色液体	吸入蒸气	中毒症状为头痛、头晕、嗜睡、疲倦、胃周围神经炎。高浓度时引起急性中毒，恶心、呕吐、心肌和肝损害
光气	气体	吸入	咽喉有干燥或灼烧感，麻木，胸部疼痛，呕吐，支气管炎和可能呼吸困难。能引起严重的或致死的肺部损害
苯并[a]芘	固体	吸入，皮肤接触	强致癌物质，可致皮肤癌、肺癌、胃癌等
铅	蓝白色金属	以烟或粉尘的形式经呼吸道和消化道	可引起头痛、头晕、无力、记忆力减退、睡眠障碍、食欲缺乏，腹胀、腹痛等。少数可有贫血、神经炎等。牙龈上显"铅线"，尿中有铅
汞	银白色液态金属	蒸气和粉尘经呼吸道，液态经皮肤	主要表现为皮炎、口腔炎、肾炎。慢性中毒表现为头痛、头晕、记忆力减退、失眠或嗜睡、多梦、噩梦、急躁易怒。手指、眼睑、舌震颤。部分有齿龈炎、口腔炎等
锰	铜灰色金属	烟或粉尘经呼吸道	症状为头痛、头晕、衰弱无力、嗜睡、记忆力减退。严重时两腿发沉，易于跌倒，说话不利落等，神经系统损害
铍	灰黑色金属	烟或粉尘经呼吸道	表现为四肢无力、气短、咳嗽；长期接触可造成铍肺。后期表现为体重减轻，呼吸困难，伴有肺心病等。接触时还可引起皮疹、溃疡等
镉	白色带蓝金属	烟或粉尘经呼吸道	表现为咽喉发干、咳嗽、胸部发紧、头痛、呕吐。急性中毒引起肺损害。慢性中毒损害肾，肺及骨骼
铬	钢灰色金属	吸入铬酸雾或铬酸盐粉尘，通过皮肤进入	刺激鼻和皮肤，可引起皮炎、溃疡和癌症

1. 颗粒污染物（大气气溶胶）的危害

大气颗粒污染物来源广泛，成分复杂，含有许多有害的无机物和有机物。它还能吸收病原微生物，传播多种疾病。总悬浮颗粒物（TSP）中粒径$<5\mu m$（特别是$PM_{2.5}$）的可进入呼吸道深处和肺部，危害人体呼吸道，引发支气管炎、肺炎、肺气肿、肺癌等。侵入肺组织或淋巴结，可引起尘肺。尘肺因所积的粉尘种类不同，有煤肺、硅尘肺、石棉肺等。TSP还能减少太阳紫外线，严重污染地区的幼儿易患软骨病。

大气颗粒物对健康的影响和以下多种因素有关。

（1）粒径大小　不同粒径的气溶胶粒子在呼吸系统不同位置沉积的百分率不同：a. 粒径$>10\mu m$的颗粒物质，约90%可被鼻腔和咽喉所捕集，但不进入肺。b. 粒径$10\sim0.1\mu m$的颗粒物质，约有90%沉积于呼吸道和肺泡上。c. 粒径$10\sim2\mu m$的颗粒物质，大部分留在呼吸道，小部分可进入肺部。d. 粒径$<2\mu m$的颗粒物质，大部分可通过呼吸道直达肺部沉积；$0.4\mu m$的颗粒物质在呼吸道和肺泡膜的沉积率最低，可以自由进出肺部；$<0.4\mu m$时，在呼吸道内的沉积又逐渐增加。

粒尘对人体健康的影响见表1-50。

表 1-50　粉尘对人体健康的影响

主要因素	对人体健康的影响
粒径大小	粉尘越细,在空气中停留时间越长,人吸入体内的机会就越多,对肺组织致纤维化作用也越明显。同时,粒径不同,粉尘在呼吸系统各部位的沉积率不同(如图 1-17 所示)。引起的病症包括鼻炎、喉炎、慢性气管炎、肺泡炎等 图 1-17　不同粒径粉尘在呼吸系统各部位的沉积率
化学成分	粉尘中含有较多的化学成分,对人体健康有不同程度的危害。如因吸入游离二氧化硅所引起的硅肺,吸入棉花、软大麻、亚麻等植物性粉尘所导致的棉尘症
含尘浓度	含尘浓度高,人体吸入粉尘的机会就增多,长期在这种条件下工作,随着粉尘在肺内沉积逐渐增多,就会在肺部产生进行性弥漫性的纤维组织增生,导致呼吸系统和其他系统疾病的发生
粉尘的形状和硬度	粉尘越接近球形,在空气中沉降就越快,对人体危害就越小;尘粒越坚硬,对呼吸道的损伤也越大

（2）颗粒物的表面积　小粒径气溶胶危害更大的原因与其表面积有关。若颗粒状物质的量一定,颗粒的直径越小,其总表面积越大,吸附的气体和液体的量也越多。

（3）TSP（总悬浮颗粒物）浓度　参见表 1-51。

表 1-51　TSP 浓度及其影响

TSP 浓度/($\mu g/m^3$)	影响
<25	自然本底浓度
25～100	多数人能耐受的浓度
150(24h 平均)	病患者、体弱者、老年人死亡率增加
200 以上(24h 平均)	患病率、死亡率增加,交通事故增多
100(年平均)	慢性支气管疾病患者增加,儿童患气喘病者增加
80～100(年几何平均)	50 岁以上的人死亡率增加

空气中有害颗粒污染物（以 B[a]P 为例）的浓度与健康的关系见表 1-52。

表 1-52　B[a]P 浓度与肺癌死亡率的关系

空气中 B[a]P 浓度/($\mu g/m^3$)	肺癌死亡率/(1/10 万)	空气中 B[a]P 浓度/($\mu g/m^3$)	肺癌死亡率/(1/10 万)
1.5	3.5	10～12.5	25
3.0	5.0	17～19	35～38
4.2	6.0		

由表 1-52 可见，空气中 B[a]P 的浓度与肺癌发病率呈正相关。

（4）协同作用（协生效应）　TSP 与 SO_2 有协同作用，从而加重危害。TSP 和 SO_2 协同作用对健康的影响及它们的浓度与死亡率的关系见表 1-53 和表 1-54。

表 1-53　TSP 与 SO_2 协同作用对健康的影响

TSP/(mg/m³)	二氧化硫/(mg/L)	影响
150(24h 平均值)	0.2(24h 平均值)	哮喘病人发作次数增多
230(24h 值)	0.2～0.3(24h 平均值)	成人肺功能测定可见到影响
300 以上(24h 平均值)	0.22(24h 平均值)	慢性呼吸道疾病患者病情恶化
750 以上(24h 平均值)	0.262(24h 平均值)	患病率和死亡率显著增加
100～130(年平均)	0.042(年平均)	儿童呼吸道疾病增加
160(年平均)	0.04(年平均)	呼吸道疾病死亡率开始增加

表 1-54　TSP 与 SO_2 浓度与死亡率间的关系

TSP/(mg/m³)	SO_2/(mg/m³)	死亡情况	TSP/(mg/m³)	SO_2/(mg/m³)	死亡情况
>0.75	>0.715	死亡人数少量上升	>2.00	>1.50	死亡人数较正常多 20%
>1.20	>1.00	死亡人数明显上升			

2. 二氧化硫（SO_2）的危害

大气中 SO_2 能刺激眼睛和呼吸系统，增加呼吸道阻力，还刺激黏液分泌。低浓度 SO_2 长期作用于呼吸道和肺部，使呼吸系统生理功能减退，肺泡弹性减弱，肺功能降低，可引起气管炎、支气管哮喘、肺气肿等。高浓度的 SO_2 对呼吸衰弱的人特别敏感。SO_2 进入血液，可引起全身毒性发作，破坏酶的活性，影响酶与蛋白质代谢。SO_2 浓度对人体健康的影响见表 1-55。

表 1-55　SO_2 浓度对人体健康的影响

SO_2 浓度/(mL/m³)	影响	SO_2 浓度/(mL/m³)	影响
0.04(24h 平均值)	开始产生危害,支气管炎患者病情加重	0.30(24h 平均值)	有严重危害、心脏病、呼吸道疾病住院人数增加
0.08(24h 平均值)	敏感性强的小学生肺功能下降	1.0(24h 平均值)	是严重危害人体健康的浓度
0.11～0.19(24h 平均值)	呼吸道疾病老年患者住院率增加	0.05(年平均值)	慢性支气管炎发病率比未污染区高 2 倍

注：SO_2 的阈限值：时间加权平均值为 $2mL/m^3$；短时间接触限值为 $5mL/m^3$。

在干燥空气中 SO_2 可存在 7～14d。在大气中 SO_2 遇到水蒸气很容易形成硫酸雾，后者可长期停留在大气中，其毒性比 SO_2 大 10 倍左右。当 SO_2 与飘尘共存时，联合危害比 SO_2 单独危害大（参见颗粒污染物）。例如，钢铁企业排放的废气中含有 Fe_2O_3，这种物质在空气中形成凝聚核，能吸收 SO_2，并催化使之生成硫酸雾，被人吸入肺部能刺激支气管使之痉挛，重者窒息而死，还能加速心肺疾病者的症状恶化或死亡。

当 SO_2 在大气中的浓度为 $0.05～1.0mL/m^3$ 时，SO_2 浓度和接触时间同死亡率和患病率开始增加的关系可由以下近似关系式估算出：

$$c_{SO_2}t^{0.32}=0.5 \quad 患病率增加 \tag{1-68}$$

$$c_{SO_2}t^{0.38}=2.0 \qquad 死亡率增加 \tag{1-69}$$

式中，c_{SO_2} 为 SO_2 的浓度，mL/m^3；t 为接触时间，h。

3. 氮氧化物（NO_x）的危害

新的研究表明 NO 比 NO_2 毒性更大。NO 对人体的危害主要是能和血红蛋白（Hb）结合。生成 HbNO，使血液输氧能力下降。NO 对血红蛋白的亲和性约为 CO 的 1400 倍，相当于 O_2 的 30 万倍。

NO_2 是刺激性气体，毒性很强。NO_2 对呼吸器官有强力的刺激作用，进入人体支气管和肺部，可生成腐蚀性很强的硝酸及亚硝酸或硝酸盐，从而引起气管炎、肺炎甚至肺气肿。亚硝酸盐还可与人体血液中的血红蛋白结合，形成正铁血红蛋白，引起组织缺氧。NO_2 的浓度及其对人体的影响见表 1-56。

表 1-56　NO_2 浓度及其对人体的影响

NO_2 浓度/(mL/m^3)	影　　　响
0.063～0.083	长期(2～3年)接触，婴幼儿和学龄儿童气管炎患病率增加
0.06～0.109	长期(2～3年)接触，成人呼吸道患病率增加
0.15～0.5	患呼吸道疾病的人增加，并有轻度的肺功能障碍
0.5	接触4h，肺泡受影响，接触一个月可发生气管炎、肺气肿
5	接触5min，呼吸道阻力增加
25	可致肺炎和支气管炎
39	为长期耐受限度
500	可致迟发性急性肺水肿而死亡

大气中的 NO_x 和烃类在太阳辐射下反应，可形成多种光化学反应产物，即二次污染物，主要是光化学氧化剂，如 O_3、H_2O_2、PAN、醛类等。光化学烟雾能刺激人的眼睛，出现红肿流泪现象，还会使人恶心、头痛、呼吸困难和疲倦等。氧化剂的浓度对健康的影响见表 1-57。

表 1-57　氧化剂的浓度对健康的影响

氧化剂浓度/(mL/m^3)	影　　　响
0.1～0.15	对鼻、眼、呼吸道有刺激作用，对儿童呼吸道疾病患者的肺功能有影响
0.25	对敏感健康人肺功能有影响，气喘病患者的发病率增加
0.37	对一般健康人肺功能有影响，并刺激眼睛
0.7	慢性呼吸道疾病患者症状恶化
0.5～1.0	暴露1～2h，就可以观察到呼吸道阻力增加
1.0 以上	可引起头痛、肺气肿和肺水肿

光化学反应产物均属刺激性气体或液体，但对人体健康的影响不尽相同，现分述如下。

（1）臭氧（O_3）　光化学烟雾中 O_3 含量很高，危害也以 O_3 为最重。O_3 主要是刺激和破坏深部呼吸道黏膜和组织，并能刺激眼睛，引起红眼病。O_3 的浓度对健康的影响见表 1-58。

表 1-58 O_3 浓度对健康的影响

O_3 浓度/(mL/m³)	影 响
0.02	95％的人在 5min 内察觉
0.03～0.3	运动员接触 1h,竞技水平下降
0.1	臭味,刺激鼻、眼
0.13	喘息患者症状恶化
0.10	能引起正在运动的人群发生一系列症状;呼吸困难、胸痛、头晕、四肢麻木、全身倦怠等,严重时会发生突然晕倒、出现意识障碍
0.50	刺激上呼吸道
1～2	头痛、胸痛
5～10	脉快、肺水肿
50	接触 1h,生命危险

注: O_3 的阈限值:时间加权平均值为 $100\mu L/m^3$;短时间接触限值为 $300\mu L/m^3$。

(2) 过氧乙酰硝酸酯 (PAN) 0.5～1mg/L 对眼睛有刺激作用。

(3) 过氧苯甲酰硝酸酯 (PBN) 在大气中已被发现,它是眼睛的强烈刺激物和催泪剂。

(4) 甲醛 (HCHO) 无色有刺激性气体,对黏膜有强烈的刺激作用,吸入高浓度甲醛可发生喉痉挛。甲醛还是可疑致癌物,可致鼻咽癌。

4. 一氧化碳(CO)的危害

CO 是在环境中普遍存在的,在空气中比较稳定、积累性很强的大气污染物。CO 毒性较大,主要对血液和神经有害。人体吸入 CO 后,通过肺泡进入血液循环,它与血红蛋白的结合力比氧与血红蛋白的结合力大 200～300 倍。CO 与人体血液中的血红蛋白 (Hb) 结合后,生成碳氧血红蛋白 (COHb),影响氧的输送,引起缺氧症状。CO 中毒最初可见的影响是失去意识,连续更多的接触会引起中枢神经系统功能损伤、心肺功能变异、恍惚昏迷、呼吸衰竭和死亡。CO 浓度和接触时间对健康的影响见表 1-59。

表 1-59 CO 浓度和接触时间对健康的影响

CO 浓度/(mL/m³)	影 响
10(24h)	开始慢性中毒、贫血、心脏病、呼吸道疾病患者病情加重
15(8h)	血液中 COHb 可达 2.5％,可观察到对健康不利的影响
23(8h)	血液中 COHb 可达 2.8％,冠心病患者对运动的耐力减弱
30(4～6h)	出现头痛、头晕等慢性中毒症状
35(8h)	血液中 COHb 可达 4.1％,交通警察中有头痛、疲劳等症状的人增加
58(8h)	血液中 COHb 可达 7.5％,心肌可能受损,视觉减退,手操作能力下降
115(8h)	血液中 COHb 可达 11.3％,出现头痛、恶心等中等症状,手协调运动能力下降
600(10h)	人将死亡

5. 铅(Pb)的危害

铅不是人体必需元素,它的毒性很隐蔽而且作用缓慢。铅能通过消化道、呼吸道或皮肤进入人体，对人的毒害是积累性的。铅被吸收后在血液中循环，除在肝、脾、肾、脑和红细胞中存留外，大部分（90%）还以稳定的不溶性磷酸盐存在于骨骼中。骨痛病患者体内组织中，除镉含量极高外，铅的含量也常常超过正常人的数倍或数十倍。铅还对全身器官产生危害，尤其是造血系统、神经系统、消化系统和循环系统。人体内血铅和尿铅的含量能反映出体内吸收铅的情况。当血铅和尿铅大于 $80\mu g/100mL$ 即认为人体铅吸收过量。通常血液中铅含量达 $0.66\sim0.8\mu g/g$ 时就会出现中毒症状，如头痛、头晕、疲乏、记忆力减退、失眠、便秘、腹痛等，严重时表现为中毒性多发神经炎，还可造成神经损伤。有证据表明，即使低浓度的铅，对儿童智力的发展也会有影响。铅是对人类有潜在致癌性的化学物质，靶器官是肺、肾、肝、皮肤、肠。

铅的化合物中毒性最大的是有机铅，如汽车废气中的四乙基铅，比无机铅的毒性大 100 倍，而且致癌。四乙基铅的慢性中毒症状为贫血、铅绞痛和铅中毒性肝炎。在神经系统方面的症状是易受刺激、失眠等神经衰弱和多发性神经炎。急性中毒往往可以由于神经麻痹而死亡，四乙基铅的毒性作用是因为它在肝脏中转化为三乙基铅，然后抑制了葡萄糖的氧化过程，由于代谢功能受到影响，导致脑组织缺氧，引起脑血管能力改变等病变。

铅的阈值：时间加权平均值为 $150\mu g/m^3$；短时间接触限值为 $4.50\mu g/m^3$。

6. 含氟化合物的危害

（1）氟化氢　有强烈的刺激和腐蚀作用，可通过呼吸道黏膜、皮肤和肠道吸收对人体全身产生毒性作用。氟能与人体骨骼和血液中的钙结合，从而导致氟骨病。长期暴露在低浓度的氢氟酸蒸气中，可引起牙齿酸蚀症，使牙齿粗糙无光泽，易患牙龈炎。空气中 HF 浓度为 $0.03\sim0.06mg/m^3$ 时，儿童牙斑釉患病率明显增高。HF 的慢性中毒可造成鼻黏膜溃疡、鼻中隔穿孔等，还可引起肺纤维化。高浓度的 HF 能引起支气管炎和肺炎。

HF 的阈限值：时间加权平均值为 $3mL/m^3$，短时间接触限值为 $6mL/m^3$。

（2）四氟化硅　密度为空气密度 3.6 倍的气体，同样刺激呼吸道黏膜。

7. 二噁英的危害

二噁英是一种无色无味，毒性严重的脂溶性物质，二噁英实际上是一个统称，它指的是结构和性质都很相似的包含众多同类物或异构体的两大类有机化合物，全称分别叫多氯二苯并-对-二噁英（polychlorinated dibenzo-p-dioxins，PCDD）和多氯二苯并呋喃（polychlorinated dibenzofurans，PCDF），我国的环境标准中把它们统称为二噁英。

二噁英包括 210 种化合物，均为固体，熔点较高，没有极性，难溶于水，但可以溶于大部分有机溶剂，是无色无味的脂溶性物质，所以非常容易在生物体内积累。二噁英化学稳定性强，在环境中能长时间存在。随着氯化程度的增加，PCDD/Fs 的溶解度和挥发性减小。自然界的微生物和水解作用对二噁英的分子结构影响较小，因此，环境中的二噁英很难自然降解消除，它的毒性是氰化物的 130 倍、砒霜的 900 倍，有"世纪之毒"之称。国际癌症研究中心已将其列为人类一级致癌物。

8. 油烟污染的危害

我国人民的饮食习惯多以煎、炸、烧、烤为主，使用的燃料多为煤气、天然气、液化石油气、蜂窝煤、柴炭等，用高温食用油炒菜，除餐饮业之外，普通居民家中亦都采用高温煎炒，油锅温度一般都在 270℃ 以上，因为食用油在高温催化下会释放出含丁二烯的烟雾，油烟飘尘粒径大多分布在 $3\mu m$ 以下，它们易进入支气管和肺部，约有 80% 沉积下来，人的一生有 70% 在室内度过，可见大部分时光都在呼吸着这些严重污染的空气，尤其是对婴儿、孕妇、老年人及心血管系统、呼吸道系统、皮肤过敏疾病患者危害更大，油烟是仅次于"深度吸烟"烟雾达到呼吸道深部的危险因素，如果消除吸烟和烹调油烟的危害，可使肺癌减少85％。油烟气被人体吸入后使呼吸道黏膜损伤，并降低人体免疫功能，吸入者出现咳嗽、胸闷气短等症状。油烟刺激人们的眼睛，诱发心血管疾病，长期大量吸入这种物质会损害人的免疫功能，易致肺癌。据调查，经常处在油烟腾腾的厨房中的人们患肺癌的危险性比不受或少受油烟熏者高60％，儿童急性呼吸道感染与烹调油烟也有关。

三、对生物、水、土资源及器物的影响

1. 颗粒污染物（大气气溶胶）

（1）对能见度的影响　当大气的湿度比较低时，由于大气气溶胶对光的散射，使能见度降低。当飘尘在大气中的浓度为 $0.17 mg/m^3$ 时能见度即会显著降低。造成气溶胶光散射的主要粒子是 SO_4^{2-}，其次是 NO_3^-。

（2）对气候的影响　大气中的颗粒物还能散射太阳的入射能，使它们到达地球表面之前，就被反射回宇宙空间，从而使地表温度降低，影响区域性或全球性气候。据测定，当飘尘浓度达到 $100\mu g/100m^3$ 时，到达地面的紫外线要减少 7.5％；飘尘浓度达到 $600\mu g/100m^3$ 时，减少 42.7％；飘尘浓度达到 $1000\mu g/100m^3$ 时，可减少60％以上。这将导致与温室效应相反的结果，每次巨大的火山爆发后数年，地球的气候一般要变冷些，这就是火山喷发的颗粒物（尘）作用的结果。

（3）对植物的危害　粉尘落在植物的叶子上，不仅堵塞叶片的气孔，阻抑植物的呼吸作用，并能减少光合作用所需的阳光，影响有机质的合成，抑制植物生长。若粉尘沉降到植物花的柱头上，能阻止花粉萌发，直接危及其繁育。可食用的叶片若沾上大量灰尘，将影响甚至失去食用的价值。

（4）对动物的影响　动物吸入粉尘烟气后，可在肺、淋巴结、支气管中沉积，使动物体弱多病。家禽在粉尘污染严重的环境中也难以生长肥大。

2. 二氧化硫

（1）SO_2 对植物的危害　环境污染对植物的危害可分为三级。

① 急性危害。污染物浓度大大超过植物忍受浓度时，在短时间内（几小时到几天）出现明显的受害症状，植物细胞破坏，发生坏死现象。

② 慢性危害。植物长期接触低浓度污染物时，逐渐产生受害症状，或随污染物在植物体内富集而生长不良。

③ 不可见危害。植物长期接触低浓度污染物时，只造成植物生理上的障碍，但外表上看不出受害症状。

植物对高含量 SO_2 的急性暴露，叶组织坏死，叶边和介于叶脉间的部分损害尤为严重。植物对于 SO_2 的慢性暴露会引起树叶褪绿病，树叶脱色或变黄。SO_2 对植物的危害程度取决于 SO_2 的浓度和接触时间，同时，大气温度和湿度也有影响。温度高、湿度大，对植物的危害会更严重些。当 SO_2 的浓度在 $0.002 \sim 0.5 mL/m^3$ 范围内时，植物开始损伤，其相关性大致为：

$$c_{SO_2} t^{0.39} = 1 \tag{1-70}$$

式中，c_{SO_2} 为 SO_2 的浓度，mL/m^3；t 为植物暴露在大气中的时间，h。

大气中不同浓度的 SO_2 对植物的危害见表1-60。

表 1-60　SO₂ 浓度对植物的影响

SO₂ 浓度/(mL/m³)	影　响
0.15	连续暴露72h,硬质小麦和大麦产量分别比对照减少42%和44%;在相同条件下春小麦产量无影响
0.2～0.3	短时间暴露一般植物无影响,但持续暴露150h,则苜蓿、菠菜、萝卜等将死亡;针叶树长期在此浓度下将减慢生长速度10%～20%;0.3mL/m³,经3h,果树可出现受害症状
0.4	敏感性植物如苜蓿、荞麦等在数小时内出现受害症状,地衣苔藓几个小时内完全枯死
0.5	一般植物可能发生危害,番茄6h内受害,树木在100h以上受害
0.8～1	菠菜在3h内受害,树木在数十小时内受害,特别是针叶树,出现明显症状
3～5	许多植物在5～15h出现急性危害症状
6～7	某些抗性强的植物在2h内受害
10	许多植物可能出现急性危害
20	许多农作物、蔬菜发生严重急性危害,明显减产,树木大量落叶
30～50	接触15～30min可使各种树木严重受害,农作物、蔬菜等卷叶枯死
50～70	部分植物因受害特别严重,无法恢复生长,逐渐死亡
100 以上	各种植物在几小时内死亡

树木对 SO₂ 的抗性不同,抗性强的有侧柏、白皮松、云杉、香柏、臭椿、榆树等,抗性中等的有华山松、北京杨、枫杨、桑等,抗性弱的有合欢、黄金树、五角枫等。

SO₂ 对比较敏感的植物的伤害阈值:8h 为 0.25mL/m³;4h 为 0.35mL/m³;2h 为 0.55mL/m³;1h 为 0.95mL/m³。大气污染物还能对植物产生复合的危害,如 SO₂ 与 O₃、HF、NO$_x$ 之间的协同作用比单一气体危害严重。

(2) SO₂ 对材料和物品的影响　由于 SO₂ 在大气中被氧化和吸收后可变成硫酸雾,硫酸雾和吸附在金属物体表面的 SO₂ 具有很强的腐蚀性,其对金属的腐蚀性程度的顺序为碳素钢＞锌＞铜＞铝＞不锈钢。污染严重的工业区和城市,金属腐蚀速度比清洁的农村快1.5～5 倍。城市空气中的 SO₂ 可使架空输电线的金属器件和导线的寿命缩短1/3 左右。低碳钢板暴露于 0.12mL/m³ 的 SO₂ 中一年,由于腐蚀耗损,质量约减少 16%。SO₂ 对金属腐蚀的耗损率,可按下式推算:

$$年质量损失率(\%)=(5.41c_{SO_2}+9.5)\times100\% \tag{1-71}$$

式中,c_{SO_2} 为空气中的 SO₂ 的年浓度平均值,mL/m³。

SO₂ 和硫酸雾可使建筑材料的碳酸钙变成硫酸钙,从而损害其使用寿命。大气中的 SO₂ 能使石灰石、大理石、方解石、石棉瓦、水泥制品等建筑材料及雕像、石刻佛像及花纹图案等工艺品受到溶蚀而损坏,许多古建筑及文化遗迹正逐渐被剥蚀。

SO₂ 还能使染色纤维变色,强度降低,使纸张变脆,使涂料光泽降低 10%～80% 并变色。

3. 氮氧化物 (NO$_x$)

(1) 对植物的影响　NO$_x$ 和光化学氧化剂对植物的危害见表 1-61。

表 1-61 NO$_x$ 和光化学氧化剂对植物的危害

污染物	浓度/(mL/m³)	受害症状
NO$_2$	3	经 4~8h 可发现作物受害,呈褐色斑点,植物组织损坏
	10	植物光合作用速率减小
光化学氧化剂(O$_3$ 等)	0.01	经 5h 可发现烟草等作物受害,落花、落叶、叶子上有斑点
O$_3$	0.3	经 4h 叶面出现密集细小斑点,白斑、变白、生长抑制、针叶树的叶尖变成棕色或坏死
PAN	0.01	经 6h 叶背面发亮,呈银白色或古铜色

（2）对材料的影响 NO$_2$ 能使各种织物颜色褪色,损坏棉织品及尼龙织物,还能腐蚀电线。

光化学氧化剂对有机材料损害明显,能使橡胶老化变脆、强度降低,建筑物和衣物的染料褪色,纤维强度降低,电镀层的腐蚀加快,对电线等的绝缘物有一定损害。

（3）对气候的影响 NO$_x$ 最主要的危害在于引起酸雨和引发光化学烟雾。NO$_2$ 还能使大气中 SO$_2$ 催化氧化成 SO$_3$,和大气中其他污染物共存时,常有明显的协同作用。

万米以上高空飞行的超音速飞机排出的 NO$_x$ 对 O$_3$ 的"杀灭"作用不容忽视。核爆炸是向高层大气排送 NO$_x$ 的主要途径,每一个万吨级的核爆炸就能制造约 10^{32} 个 NO$_x$ 分子,这些 NO$_x$ 分子释放到平流层。在北半球核爆炸多的年份,气温比平均值低,可能与核爆炸的作用有关。

4. 铅（Pb）

在铅烟环境下植物叶中的含铅量（每千克叶中的含铅量）可见表 1-62。表中这些植物达到所列含铅量后均未出现受害症状,但吸铅后果树的果实不宜食用。

表 1-62 不同植物叶中的含铅量

植物种类	含铅量/(ng/kg)	植物种类	含铅量/(ng/kg)
大叶黄杨	42.6	石榴、枸树	34.7
女贞、榆树	36.1	刺槐	35.6

5. 含氟化合物

氟化氢是对植物危害较大的气体之一,其特点主要是累积性中毒。中毒症状是叶子褪绿病,叶子边缘及末梢被毁,严重者坏死。氟化氢危害植物的浓度见表 1-63。

表 1-63 氟化氢危害植物的浓度

氟化氢浓度/(mL/m³)	接触时间	受害植物	氟化氢浓度/(mL/m³)	接触时间	受害植物
1	10d	唐菖蒲	100	10h	番茄
10	20h	唐菖蒲	1	100h	某些针叶树
1	20~60d	杏、葡萄、樱桃、李	10	15h	某些针叶树
5	7~9d	杏、葡萄、樱桃、李	40	3h	玉米
1	1d	柑橘	50	3h	桃
10	6d	番茄	500	6~9h	棉花

植物吸收氟化氢净化大气的作用是很明显的。不同植物的最大吸氟量有时相差数倍,不同树种树木的吸氟量见表 1-64。

表 1-64 氟化氢危害植物的浓度

树种	吸氟量/(kg/ha)	树种	吸氟量/(kg/ha)	树种	吸氟量/(kg/ha)
白皮松	40	拐枣	9.7	杨树	4.2
华山松	20	油茶	7.9	垂柳	3.5～3.9
银桦	11.8	臭椿	6.8	刺槐	3.3～3.4
侧柏	11	蓝桉	5.9	泡桐	4
滇杨	10	桑树	4.3～5.1	女贞	2.4

由于树叶、蔬菜、花草植物都能吸收大量的氟，人食用了含氟量高的粮食、蔬菜就会引起中毒。牲畜食用含氟量高的饲料，由于能在体内蓄积，即使浓度很低也会造成危害。牛吃了含氟量为 0.002% 的干草，在牙齿上就会出现斑点，干草中含氟量为 0.025% 时就会引起明显的中毒，除牙齿外还表现出牙龈萎缩，牙齿松动，严重时骨质软化出现跛脚。牛羊吃了含氟草可出现长牙病，因此不便食草，消瘦而亡。蚕吃了含氟量高的桑叶也会中毒，食欲减退，生长迟缓，甚至死亡。因此，在氟化物污染严重的地区不宜种植食用植物，而适宜种植非食用树木、花草等植物。

四、$PM_{2.5}$ 的来源和危害

PM 是英语 particulate matter 的缩写，中文的意思是微细颗粒物，也叫悬浮物质。$PM_{2.5}$ 是指大气中空气动力学直径≤$2.5\mu m$ 的颗粒物，也称为细颗粒物，它的直径还不到人的头发丝粗细的 1/30～1/20。

这些颗粒如此细小，肉眼是看不到的，它们可以在空气中飘浮数天。

1. $PM_{2.5}$ 的来源

(1) 背景浓度 即使没有人为污染，空气中也有一定浓度的 $PM_{2.5}$，这个浓度被称为背景浓度。在美国和西欧，$PM_{2.5}$ 背景浓度为 $3\sim5\mu g/m^3$，澳大利亚的背景浓度也在 $5\mu g/m^3$ 左右。中国 $PM_{2.5}$ 背景浓度有多高，目前尚无公开的数据，但应该不会和其他国家相差太大。

(2) $PM_{2.5}$ 的来源 虽然自然过程也会产生 $PM_{2.5}$，但其主要来源还是人为排放。人类既直接排放 $PM_{2.5}$，也排放某些气体污染物，在空气中转变成 $PM_{2.5}$。直接排放主要来自燃烧过程，比如化石燃料（煤、汽油、柴油）的燃烧、生物质（秸秆、木柴）的燃烧、垃圾焚烧。在空气中转化成 $PM_{2.5}$ 的气体污染物主要有二氧化硫、氮氧化物、氨气、挥发性有机物。其他的人为来源包括道路扬尘、建筑施工扬尘、工业粉尘、厨房烟气。自然来源则包括风扬尘土、火山灰、森林火灾、飘浮的海盐、花粉、真菌孢子、细菌。

$PM_{2.5}$ 的来源复杂，成分自然也很复杂，主要成分是含碳颗粒、有机碳化合物、硫酸盐、硝酸盐、铵盐。其他常见的成分包括各种金属，既有钠、镁、钙、铝、铁等地壳中含量丰富的金属，也有铅、锌、砷、镉、铜等主要源自人类污染的重金属。

2000 年有研究人员测定了北京市的 $PM_{2.5}$ 来源：尘土占 20%；由气态污染物转化而来的硫酸盐、硝酸盐、铵盐各占 17%、10%、6%；烧煤产生 7%；使用柴油、汽油而排放的废气贡献 7%；农作物等生物质贡献 6%；植物碎屑贡献 1%。有趣的是，吸烟也贡献了 1%，不过这只是个粗略的科学估算，并不一定准确。该研究中也测定了北京市 $PM_{2.5}$ 的成分：含碳的颗粒物、硫酸根、硝酸根、铵根加在一起占了重量的 69%。类似地，1999 年测定上海市的 $PM_{2.5}$ 中有 41.6% 是硫酸铵、硝酸铵，41.4% 是含碳的物质。

总之，PM$_{2.5}$来源广泛，既来源于一次污染也有来源于二次污染。一次污染即污染源的直接排放，例如来自工业生产的排放、电厂的排放、机动车尾气的排放、道路和建筑工地施工排放、生物质露天焚烧排放等，以及来自于海洋、土壤和生物圈等自然环境的释放；二次污染则由空气中的污染物如挥发性有机物、二氧化硫、氮氧化物等经过复杂的大气化学反应过程生成。

2. PM$_{2.5}$的危害

（1）PM$_{2.5}$对人体健康的危害　PM$_{2.5}$主要对呼吸系统和心血管系统造成伤害，包括呼吸道受刺激、咳嗽、呼吸困难、降低肺功能、加重哮喘、导致慢性支气管炎、心律失常、非致命性的心脏病、心肺病患者的过早死亡。老人、小孩以及心肺疾病患者是PM$_{2.5}$污染的敏感人群。

如果空气中PM$_{2.5}$的浓度长期高于$10\mu g/m^3$，死亡风险就开始上升。浓度每增加$10\mu g/m^3$，总的死亡风险就上升4%，得心肺疾病的死亡风险上升6%，得肺癌的死亡风险上升8%。这意味着多大的风险呢？我们可以拿吸烟做个比较。吸烟可使男性得肺癌死亡的风险上升21倍，女性的风险上升11倍；使中年人得心脏病死亡的风险上升2倍。和吸烟相比，PM$_{2.5}$的危害就显得非常小了。如果吸烟都没有让你感到恐惧，那你就不用担心眼下PM$_{2.5}$超标对健康的影响了。

但是，从全社会的角度出发，降低这些看似不大的风险，收益却是很大的。美国环保局在2003年做了一个估算："如果PM$_{2.5}$达标，全美国每年可以避免数万人早死、数万人上医院就诊、上百万次的误工、上百万儿童得呼吸系统疾病"。

（2）PM$_{2.5}$引起灰霾天　虽然肉眼看不见空气中的颗粒物，但是颗粒物却能降低空气的能见度，使蓝天消失，天空变成灰蒙蒙的一片，这种天气就是灰霾天。根据《2010年灰霾试点监测报告》，在灰霾天，PM$_{2.5}$的浓度明显比平时高，PM$_{2.5}$的浓度越高，能见度就越低。

虽然空气中不同大小的颗粒物均能降低能见度，不过相比于粗颗粒物，更为细小的PM$_{2.5}$降低能见度的能力更强。能见度的降低其本质上是可见光的传播受到阻碍。当颗粒物的直径和可见光的波长接近的时候，颗粒对光的散射消光能力最强。可见光的波长在$0.4\sim0.7\mu m$之间，而粒径在这个尺寸附近的颗粒物正是PM$_{2.5}$的主要组成部分。理论计算的数据也清楚地表明这一点：粗颗粒的消光系数约为$0.6m^2/g$，而PM$_{2.5}$的消光系数则要大得多，在$1.25\sim10m^2/g$之间，其中PM$_{2.5}$的主要成分硫酸铵、硝酸铵和有机颗粒物的消光系数都在3左右，是粗颗粒的5倍。所以，PM$_{2.5}$是灰霾天能见度降低的主要原因。

值得一提的是，灰霾天是颗粒物污染导致的，而雾天则是自然的天气现象，和人为污染没有必然联系。两者的主要区别在于空气相对湿度，通常在相对湿度大于90%时称为雾，而相对湿度小于80%时称为霾，相对湿度在80%～90%之间则为雾霾的混合体。

参 考 文 献

[1] 李家瑞. 工业企业环境保护. 北京：冶金工业出版社，1992.
[2] 张殿印. 环保知识400问. 3版. 北京：冶金工业出版社，2004.
[3] 刘天齐. 三废处理工程技术手册·废气卷. 北京：化学工业出版社，1999.
[4] 马广大. 大气污染控制技术手册. 北京：化学工业出版社，2010.
[5] 杨丽芬，李友琥. 环保工作者实用手册. 2版. 北京：冶金工业出版社，2002.
[6] 张殿印，张学义. 除尘技术手册. 北京：冶金工业出版社，2002.
[7] 守田荣. 公害工学入门. 东京：オーム社，昭和54年.

[8]　张殿印，王冠，肖春，等．除尘工程师手册．北京：化学工业出版社，2020.

[9]　王海涛，等．钢铁工业烟尘减排和回收利用技术指南．北京：冶金工业出版社，2012.

[10]　王永忠，宋七棣．电炉炼钢除尘．北京：冶金工业出版社，2003.

[11]　王永忠，张殿印，王彦宁．现代钢铁企业除尘技术发展趋势．世界钢铁，2007（3）：1-5.

[12]　唐平，等．冶金过程废气污染控制与资源化．北京：冶金工业出版社，2008.

[13]　宁平，等．有色金属工业大气污染控制．北京：中国环境科学出版社，2007.

[14]　刘后启，等．水泥厂大气污染物排放控制技术．北京：中国建材工业出版社，2007.

[15]　威廉 L 休曼．工业气体污染控制系统．华译网翻译公司，译．北京：化学工业出版社，2007.

[16]　国家环境保护局．化学工业废气治理．北京：中国环境科学出版社，1992.

[17]　郭俊，马果骏，阎冬．论燃煤烟气多污染物协同治理新模式．电力科技与环保，2012，28（3）：13-16.

[18]　彭犇，高华东，张殿印．工业烟气协同减排技术．北京：化学工业出版社，2023.

[19]　廖雷，钱公望．烹调油烟的危害及其污染防治．桂林工学院学报，2003，10：463-467.

[20]　王晶，宇振东．工厂消烟除尘手册．北京：科学普及出版社，1992.

[21]　杨丽芬，李友璐．环保工作者实用手册．北京：冶金工业出版社，2001.

[22]　岳清瑞，张殿印，王纯，等．钢铁工业"三废"综合利用技术．北京：化学工业出版社，2015.

[23]　王玉彬．大气环境工程师实用手册．北京：中国环境科学出版社，2003.

第二章

废气污染物产生量和排放量

废气污染物的产生量和排放量（简称产污量和排污量）是指某一大气污染源在一定时间内，生产一定数量产品所产生的和向大气环境中所排放的污染物的量。由于大气污染源的生产工艺、生产规模、设备技术水平、运行排放特征以及其他特征的多样性，实际上污染物的产生量和排放量是以上众多因子共同决定的。通常所称的产生量和排放量是指在某些特征条件下的平均估算值。

第一节　估算的一般方法

一、有组织排放的估算方法

（一）实测法

实测法是在废气排放的现场实地进行废气样品的采集和废气流量的测定，以此确定废气污染物的产生量和排放量的一种客观方法。

废气样品的采集和废气流量的测定一般均在排气筒或烟道内进行。

在排气筒或烟囱内部，废气中某种污染物的浓度分布和废气排放速度的分布是不均匀的。为准确测定废气中某种污染物的浓度和废气流量的大小，必须多点采样和测量，以取得平均浓度和平均流量值。

样品经分析测定即可得到每个采样点的浓度值，若干个浓度值的平均值为废气排放平均浓度。每个测量点均可测出废气的排放速度，若干个排放速度的平均值为废气的平均排放速度。平均排放速度与废气通过的截面积相乘，为废气的流量。

这样废气污染物产生量或排放量可由实测的平均浓度和实测的平均流量相乘而得，计算式如下：

$$Q=qM \tag{2-1}$$

式中，Q 为单位时间内某种污染物的产生量（或排放量）；q 为该种污染物的实测平均浓度；M 为废气（介质）的实测平均流量。

由于这种估算方法所需数据来自现场的实测，只要测点密度较大，测量次数足够多，测量质量较高，用这种方法估算的污染物产生量或排放量是比较逼近实际情况的，估算结果比较准确，这是这种方法的优点。缺点是这种方法带有很大局限性，显然只能用于已建成运行的污染源，不能用于未建成的污染源。另外，这种方法所需人力、物力较多，费用较大。

（二）物料衡算法

物料衡算法的基础是物质守恒定律。它根据生产部门的原料、燃料、产品、生产工艺及副产品等方面的物料平衡关系来推求污染物的产生量或排放量。因此，用这种方法来估算时要对生产工艺过程及管理等方面的情况有比较深入的了解。

进行物料衡算的前提是要掌握必要的基础数据，它主要包括：a. 产品的生产工艺过程；b. 产品生成的化学反应式和反应条件；c. 污染物在产品、副产品、回收物品、原料及中间体中的当量关系；d. 产品产量、纯度及原材料消耗量；e. 杂质含量，回收物数量及纯度、产品率、转化率；f. 污染物的去除效率等。

废气污染物产生量和排放量的估算模式是：

$$产生量 = B - (a+b+c) \tag{2-2}$$

$$排放量 = B - (a+b+c+d) \tag{2-3}$$

式中，B 为生产过程中使用或生成的某种污染物的总量；a 为进入主产品结构中的该污染物的量；b 为进入副产品、回收品中的该污染物的量；c 为在生产过程中分解、转化掉的该污染物的量；d 为采取净化措施处理掉的污染物的量。

物料衡算法是一种理论估算方法，它特别适用于很难进行现场实测以及所排污染物种类较多的污染源的估算。一些化工企业常用此方法估算。只要对生产工艺过程和生产管理各环节有比较深入的了解，这种方法估算的结果是比较准确的。因为这是一种理论估算方法，它不仅适用于建成企业，也可用于预测新建企业的估算。这种估算方法所需人力、物力少，费用低；缺点是这种方法成功与否关键取决于对生产工艺过程和生产管理各环节了解、认识得是否正确、全面，若出现偏差，将直接影响估算的准确程度。

（三）系数法

系数法有时也称经验估算法，这种方法是根据生产单位产品（或单位产值）所产生或排出的污染物数量来估算污染物总的产生量或排放量。所谓生产单位产品（或单位产值）所产生的或排出的污染物数量即为产污系数或排污系数，它是根据大量的实测调查结果确定的，该产污系数或排污系数根据经验确定后，他人即可引用于估算污染物的总产生量或排放量。具体估算模式如下：

$$Q = GM \tag{2-4}$$

式中，Q 为某一段时间内，某种污染物的产生总量或排放总量；G 为生产单位产品（或单位产值）所产生的或排放的该种污染物量，即产污系数或排污系数；M 为在同一时间内，所生产的该种产品数量。

由此可见，用系数法估算的正确与否，关键是能否正确确定产污系数和排污系数，而产污系数和排污系数与原材料、生产工艺、生产设备、生产规模以及设备运行状况等许多因素有关。所以，文献资料中所提供的产污系数和排污系数都带有很大局限性，实用中必须根据具体情况选用最适用的系数，否则估算结果的偏差较大。

（四）类比法

类比法是一种非常简单且又可行的估算方法。欲估算某一企业污染物产生量或排放量，可先寻找与其类同的已建成运行的企业，通过调查这个企业的污染物产生量或排放量来间接估算出欲估算的量。这种方法成功的关键是寻找到类同的企业，两个企业越相似，估算结果越准确。若两个企业在某个方面有差异，如生产规模、设备类型、运行条件以及局部工艺过程等，可根据具体差异程度进行分析，对类同企业的估算量进行修正，修正后的估算量为该企业的污染物产生量或排放量。

二、无组织排放的估算方法

（一）物料衡算法

这种方法的理论基础是物质守恒定律。具体做法如前所述。

（二）通量法

通量法又称实测法，即污染物自源排入大气后，通常可以假设污染物的质量是守恒的，根据连续条件，通过下风向离源任意距离的铅直截面的污染物通量是常量。这样，可以在源的下风向近距离处通过实测资料求其无组织排放量，具体做法如下。

在无组织排放源的下风方向烟云活动范围内，位于离源近距离处，设置一垂直于平均风向的铅直测定断面。在测定断面上均匀分割成若干块小面积测定断面，每块小面积测定断面的中点为测定点。测量时同步测定每个测点的平均风速和平均浓度，据此可估算出无组织排放源的污染物的产生量或排放量，具体估算模式如下：

$$Q = \sum_{i=1}^{n} Q_i = \sum_{i=1}^{n} u_i c_i S_i \tag{2-5}$$

式中，Q 为单位时间内某源无组织排放的某种污染物的产生量或排放量；Q_i 为第 i 块小截面上某种污染物的产生量或排放量；u_i 为第 i 块小截面上测点的平均风速；c_i 为第 i 块小截面上测点的某种污染物平均浓度；S_i 为第 i 块小截面的面积。

测定断面的高度和宽度范围，按该范围能通过该源所排放的绝大部分污染物这一原则来确定。经验上认为断面边缘处的浓度降至为中心最大浓度（轴浓度）的 1/10 时，即可满足上述原则。当测定断面离源充分远，以至可将无组织排放源看成是点源时，测定断面的宽度 L_y 和高度 L_z 分别为：

$$L_y = 4.3\sigma_y \tag{2-6}$$
$$L_z = 4.3\sigma_z \tag{2-7}$$

式中，σ_y 和 σ_z 分别是该距离处水平扩散参数和垂直扩散参数。

只要知道离源距离，由帕斯奎尔扩散曲线或用其他方法来确定不同大气稳定度条件下的扩散参数值。知道了水平方向和垂直方向扩散参数值，即可由上式估算出截面的宽度和高度。

这种方法实际上是一种实测方法，通过野外实测来确定无组织排放的排放量，显然这种方法的估算值是比较准确的，这是这种方法的优点。这种方法的缺点是野外工作量较大，对天气条件有一定的要求，铅直向截面的取样存在一定难度，所需人力、物力较多，这些缺点制约了该方法的广泛应用。

（三）浓度反推法

浓度反推法是利用污染物在大气中输送扩散模式，由野外实测的浓度值反推出污染物的产生量或排放量的一种方法。通常采用的方法有以下两种。

1. 地面轴浓度公式法

正态烟云地面轴浓度为：

$$q = \frac{Q}{\pi u \sigma_y \sigma_z} \exp\left(-\frac{H^2}{2\sigma_z^2}\right) \tag{2-8}$$

即

$$Q = q\pi u\sigma_y\sigma_z \exp\left(\frac{H^2}{2\sigma_z^2}\right) \tag{2-9}$$

式中，Q 为源强，即污染物的产生量或排放量，mg/s；q 为地面轴浓度，mg/m³；u 为地面平均风速，m/s；σ_y 为水平扩散参数，m；σ_z 为垂直扩散参数，m；H 为烟云有效源高，m。

估算源强时，式(2-9) 右边各量均可实测或查算出。如，q、u、H 可野外实地测出，对应不同大气稳定度和离源不同距离的 σ_y 和 σ_z 可查算出。这样利用式(2-9)，即可估算出源强。

2. 侧风向积分浓度公式法

侧风向积分浓度是指下风向离源某一距离处，地面上沿侧风向各处浓度的总和；即：

$$q_{CWI} = \int_{-\infty}^{+\infty} q\,dy \tag{2-10}$$

由正态烟云模式，式(2-10) 为：

$$q_{CWI} = \int_{-\infty}^{+\infty} \frac{Q}{\pi u\sigma_y\sigma_z} \exp\left(-\frac{y^2}{2\sigma_y^2} - \frac{H^2}{2\sigma_z^2}\right)dy = \sqrt{\frac{2}{\pi}} \times \frac{Q}{u\sigma_z} \exp\left(-\frac{H^2}{2\sigma_z^2}\right) \tag{2-11}$$

由式(2-11) 得到：

$$Q = \sqrt{\frac{\pi}{2}}\, q_{CWI} u\sigma_z \exp\left(\frac{H^2}{2\sigma_z^2}\right) \tag{2-12}$$

式中，Q 为源强，即污染物的产生量或排放量，mg/s；q_{CWI} 为侧风向积分浓度，mg/m³；u 为地面平均风速，m/s；σ_z 为垂直扩散参数，m；H 为烟云有效源高，m。

式(2-12) 中的 u、σ_z 和 H 3 参量可野外实测和查算确定，关键是确定 q_{CWI}。如果 q_{CWI} 可确定，则可由式(2-12) 估算源强。

q_{CWI} 可这样测定：在污染源的下风向某一距离处，沿着侧风向布置若干个地面采样点，并测定各采样点的 y 向坐标。在某一天气条件下，各采样点同步采集样品，经分析可得到各采样点的浓度值。用求和替代积分，即

$$\int_{-\infty}^{+\infty} q\,dy = \sum_{i=1}^{n} q_i \Delta y_i \tag{2-13}$$

这样就可以近似测出 q_{CWI} 值，从而可由式(2-12) 估算出源强。

三、燃煤电厂污染物排放计算

（一）燃煤电厂烟气排放量的计算

① 有实测数据时，标准状态下的干烟气排放量应采用实测值。标准状态下的干烟气排放量用下式计算。

$$V_g = V_s\left(1 - \frac{X_{H_2O}}{100}\right) \tag{2-14}$$

式中，V_g 为每台锅炉干烟气排放量，m³/s；V_s 为每台锅炉湿烟气排放量，m³/s；X_{H_2O} 为烟气含湿量，%。

② 对于固体燃料或液体燃料，有元素成分分析时理论空气量用式(2-15) 计算，没有元素成分分析时用式(2-16) 近似计算。

$$V_0 = 0.0889(C_{ar} + 0.375S_{ar}) + 0.265H_{ar} - 0.0333O_{ar} \tag{2-15}$$

$$V_0 = 2.63 \times \frac{Q_{net,ar}}{10000} \tag{2-16}$$

式中，V_0 为理论空气量，m^3/kg；C_{ar} 为收到基碳的质量分数，%；S_{ar} 为收到基硫的质量分数，%；H_{ar} 为收到基氢的质量分数，%；O_{ar} 为收到基氧的质量分数，%；$Q_{ner,ar}$ 为收到基低位发热量，kJ/kg。

③ 对于气体燃料，理论空气量可按其气体组成用下式计算。

$$V_0 = 0.0476 \times \left[0.5\varphi(CO) + 0.5\varphi(H_2) + 1.5\varphi(H_2S) + \sum \left(m + \frac{n}{4} \right) \times \varphi(C_m H_n) - \varphi(O_2) \right] \tag{2-17}$$

式中，V_0 为理论空气量，m^3/m^3；$\varphi(CO)$ 为一氧化碳体积分数，%；$\varphi(H_2)$ 为氢体积分数，%；$\varphi(H_2S)$ 为硫化氢体积分数，%；$\varphi(C_m H_n)$ 为烃类体积分数，%，m 为碳原子数；n 为氢原子数；$\varphi(O_2)$ 为氧体积分数，%。

④ 锅炉中实际燃烧过程是在过量空气系数 $\alpha > 1$ 的条件下进行的，1kg 固体或液体燃料产生的烟气排放量可用下式计算：

$$V_{RO_2} = V_{CO_2} + V_{SO_2} = 1.866 \times \frac{C_{ar} + 0.375S_{ar}}{100}$$

$$V_{N_2} = 0.79V_0 + 0.8 \times \frac{N_{ar}}{100} \tag{2-18}$$

$$V_g = V_{RO_2} + V_{N_2} + (\alpha - 1)V_0$$

$$V_{H_2O} = 0.111H_{ar} + 0.0124M_{ar} + 0.0161V_0 + 1.24G_{wh}$$

$$V_s = V_g + V_{H_2O} + 0.0161(\alpha - 1) \times V_0$$

式中，V_{RO_2} 为烟气中二氧化碳容积（V_{CO_2}）和二氧化硫容积（V_{SO_2}）之和，m^3/kg；C_{ar} 为收到基碳的质量分数，%；S_{ar} 为收到基硫的质量分数，%；V_{N_2} 为烟气中氮气量，m^3/kg；N_{ar} 为收到基氮的质量分数，%；V_0 为理论空气量，m^3/kg；V_g 为干烟气排放量，m^3/kg；α 为过量空气系数，燃料燃烧时实际空气供给量与理论空气需要量之比值，燃煤锅炉、燃油锅炉及燃气锅炉、燃气轮机组的规定 α 分别为 1.4、1.2、3.5，对应基准氧含量分别为 6%、3%、15%；V_{H_2O} 为烟气中水蒸气量，m^3/kg；H_{ar} 为收到基氢的质量分数，%；M_{ar} 为收到基水分的质量分数，%；G_{wh} 为雾化燃油时消耗的蒸汽量，kg/kg；V_s 为湿烟气排放量，m^3/kg。

⑤ 对于 $1m^3$ 气体燃料，烟气排放量仍用式（2-18）计算，但 V_{RO_2}、V_{N_2}、V_{H_2O} 按气体燃料组成按下式计算：

$$V_{RO_2} = 0.01 \times \left[\varphi(CO_2) + \varphi(CO) + \varphi(H_2S) + \sum m\varphi(C_m H_n) \right]$$

$$V_{N_2} = 0.79V_0 + \frac{\varphi(N_2)}{100} \tag{2-19}$$

$$V_{H_2O} = 0.01 \times \left[\varphi(H_2S) + \varphi(H_2) + \sum \frac{n}{2} \varphi(C_m H_n) + 0.124d \right] + 0.0161V_0$$

式中，V_{RO_2} 为烟气中二氧化碳和二氧化硫容积之和，m^3/m^3；$\varphi(CO_2)$ 为二氧化碳体积分数，%；$\varphi(CO)$ 为一氧化碳体积分数，%；$\varphi(H_2S)$ 为硫化氢体积分数，%；$\varphi(C_m H_n)$ 为烃类体积分数，%，m 为碳原子数；n 为氢原子数；V_{N_2} 为烟气中氮气量，m^3/m^3；V_0 为理论空气量，m^3/m^3；$\varphi(N_2)$ 为氮体积分数，%；V_{H_2O} 为烟气中水蒸气量，m^3/m^3；$\varphi(H_2)$

为氢体积分数，%；d 为气体燃料中含有的水分，g/kg（干空气），一般取 10g/kg（干空气）。

⑥ 燃煤电厂烟气排放量可用下式近似计算：

$$V_s = \frac{B_g \times \left(1 - \frac{q_4}{100}\right) \times \left[\frac{Q_{net,ar}}{4026} + 0.77 + 1.0161(\alpha - 1) \times V_0\right]}{3.6} \tag{2-20}$$

$$V_{H_2O} = \frac{B_g \times [0.111H_{ar} + 0.0124M_{ar} + 0.0161(\alpha - 1) \times V_0]}{3.6}$$

$$V_g = V_s - V_{H_2O}$$

式中，V_s 为湿烟气排放量，m^3/s；B_g 为锅炉燃料耗量，t/h；q_4 为锅炉机械不完全燃烧的热损失，%；$Q_{net,ar}$ 为收到基低位发热量，kJ/kg；α 为过量空气系数；V_0 为理论空气量，m^3/kg；V_{H_2O} 为锅炉排放湿烟气中水蒸气量，m^3/s；H_{ar} 为收到基氢的质量分数，%；M_{ar} 为收到基水分的质量分数，%；V_g 为干烟气排放量，m^3/s。

循环流化床锅炉炉内脱硫喷入的 $CaCO_3$ 会分解产生 CO_2，当钙硫摩尔比为 1.2～2.5 时增加的烟气排放量占比一般 <0.3%，计算时可忽略。此外，石灰石煅烧分解吸热和脱硫反应放热之和比燃料收到基低位发热量一般要小 2 个数量级以上，计算时可忽略。

⑦ 考虑到大型锅炉或燃气轮机燃烧过程的复杂性，可采用锅炉生产商基于热力平衡参数给出的烟气排放量。

⑧ 理论空气量和实际烟气量的经验计算公式。在缺乏燃料元素分析资料的情况下，可以根据燃料收到基的低位发热量 $Q_{net,ar}$，按经验公式计算燃料完全燃烧所需理论空气量 V_0 和实际烟气量 V_y，见表 2-1。各种燃料类型的收到基的低位发热量 $Q_{net,ar}$ 见表 2-2。

表 2-1 理论空气量和实际烟气量的经验计算公式

燃料名称		低位发热量 $Q_{net,ar}$	理论空气量 V_0 /(m^3/kg 或 m^3/m^3)	实际烟气量 V_y /(m^3/kg 或 m^3/m^3)
固体燃料	烟煤	$V_{daf} > 15\%$	$\frac{1.05Q_{net,ar}}{4180} + 0.278$	$\frac{1.04Q_{net,ar}}{4180} + 0.77 + (\alpha-1)V_0$
	贫煤 无烟煤	$V_{daf} < 15\%$	$\frac{Q_{net,ar} + 2508}{4180}$	
	劣质煤	<12540kJ/kg	$\frac{Q_{net,ar} + 1881}{4180}$	$\frac{1.04Q_{net,ar}}{4180} + 0.54 + (\alpha-1)V_0$
液体燃料		37681～41868kJ/kg	$\frac{0.85Q_{net,ar}}{4187} + 2.0$	$\frac{1.11Q_{net,ar}}{4187} + (\alpha-1)V_0$
气体燃料	高炉煤气	3768～4187kJ/m^3	$\frac{0.8Q_{net,ar}}{4187}$	$\alpha V_0 + 0.97 - \frac{0.13Q_{net,ar}}{4187}$
	混合煤气	<16748kJ/m^3	$\frac{1.075Q_{net,ar}}{4187}$	$\alpha V_0 + 0.68 - \frac{0.10(Q_{net,ar} - 16748)}{4187}$
	焦炉煤气	14654～17585kJ/m^3	$\frac{1.075Q_{net,ar}}{4187} - 0.25$	$\alpha V_0 + 0.68 - \frac{0.06(Q_{net,ar} - 16748)}{4187}$
	天然气	34541～41868kJ/m^3	$\frac{1.105Q_{net,ar}}{4187} + 0.02$	$\alpha V_0 + 0.38 - \frac{0.075Q_{net,ar}}{4187}$
	水煤气		$\frac{0.876Q_{net,ar}}{4187}$	$\frac{1.08Q_{net,ar}}{4187} + (\alpha-1)V_0$

表 2-2　各种燃料类型的收到基低位发热量 $Q_{net,ar}$

燃料类型	$Q_{net,ar}/(MJ/kg)$	燃料类型	$Q_{net,ar}/(MJ/kg)$
石煤和矸石	8.374	褐煤	11.514
无烟煤	22.051	贫煤	18.841
烟煤	17.585	焦炭	28.435
型煤	16.720	柴油	46.057
重油	41.870	一氧化碳	12.636
煤气	16.748	液化石油气	50.179
天然气	35.590	氢气	10.798
大豆秆	15.890	稻秆	12.545
玉米秆	15.472	柴薪	16.726

注：引自《城市区域大气环境容量总量控制技术指南》。

（二）废气污染物排放量计算

1. 物料衡算法

物料衡算法是根据物质质量守恒定律对生产过程中使用的物料变化情况进行定量分析。

（1）烟尘排放量按下式计算：

$$M_A = B_g \times \left(1 - \frac{\eta_c}{100}\right) \times \left(\frac{A_{ar}}{100} + \frac{q_4 Q_{net,ar}}{100 \times 33870}\right) \times \alpha_{fh} \tag{2-21}$$

式中，M_A 为核算时段内烟尘排放量，t；B_g 为核算时段内锅炉燃料耗量，t；η_c 为除尘效率，%，当除尘器下游设有湿法脱硫、湿式电除尘等设备时应考虑其除尘效果；A_{ar} 为收到基灰分的质量分数，%；q_4 为锅炉机械不完全燃烧热损失（取值见表 2-3），%；$Q_{net,ar}$ 为收到基低位发热量，kJ/kg；α_{fh} 为锅炉烟气带出的飞灰份额（取值见表 2-4）。

表 2-3　燃煤锅炉机械不完全燃烧热损失 q_4 的一般取值

锅炉型式	煤种	$q_4/\%$
	无烟煤	4
	贫煤	2
	烟煤($V_{daf} \leqslant 25\%$)	2
固态排渣煤粉炉	烟煤($V_{daf} > 25\%$)	1.5
	褐煤	0.5
	洗煤($V_{daf} \leqslant 25\%$)	3
	洗煤($V_{daf} > 25\%$)	2.5
	无烟煤	2~3
液态排渣煤粉炉	烟煤	1~1.5
	褐煤	0.5
循环流化床锅炉	烟煤	2~2.5
	无烟煤	2.5~3.5

注：燃油、燃气 q_4 取值为 0。

表 2-4　锅炉灰分平衡的推荐值

锅炉类型		飞灰 α_{fh}	炉渣 α_{lz}
固态排渣煤粉炉		$0.85\sim0.95$	$0.05\sim0.15$
液态排渣煤粉炉	无烟煤	0.85	0.15
	贫煤	0.80	0.20
	烟煤	0.80	0.20
	褐煤	$0.70\sim0.80$	$0.20\sim0.30$
循环流化床锅炉		$0.4\sim0.6$	$0.4\sim0.6$

当循环流化床锅炉添加石灰石等脱硫剂时，入炉物料的灰分可用折算灰分表示，将下式折算灰分 A_{zs} 代入式(2-21)：

$$A_{zs}=A_{ar}+3.125S_{ar}\times\left[m\times\left(\frac{100}{K_{CaCO_3}}-0.44\right)+\frac{0.8\eta_s}{100}\right]\tag{2-22}$$

式中，A_{zs} 为折算灰分的质量分数，%；A_{ar} 为收到基灰分的质量分数，%；S_{ar} 为收到基硫的质量分数，%；m 为 Ca/S 摩尔比，按实际情况取值，炉内添加石灰石脱硫时一般为 $1.5\sim2.5$；K_{CaCO_3} 为石灰石纯度，碳酸钙在石灰石中的质量分数，%；η_s 为炉内脱硫效率，%。

（2）二氧化硫排放量按下式计算：

$$M_{SO_2}=2B_g\times\left(1-\frac{\eta_{S1}}{100}\right)\times\left(1-\frac{q_4}{100}\right)\times\left(1-\frac{\eta_{S2}}{100}\right)\times\frac{S_{ar}}{100}\times K\tag{2-23}$$

式中，M_{SO_2} 为核算时段内二氧化硫排放量，t；B_g 为核算时段内锅炉燃料耗量，t；η_{S1} 为除尘器的脱硫效率，%，电除尘器、袋式除尘器、电袋复合除尘器取 0；η_{S2} 为脱硫系统的脱硫效率，%；q_4 为锅炉机械不完全燃烧热损失（见表 2-3），%；S_{ar} 为收到基硫的质量分数，%；K 为燃料中的硫燃烧后氧化成二氧化硫的份额（见表 2-5）。

表 2-5　燃料中硫分生成二氧化硫份额参考值

锅炉型式	循环流化床锅炉	煤粉炉	燃油（气）炉
K	0.85	0.90	1.00

（3）氮氧化物排放量采用锅炉生产商提供的氮氧化物控制保证浓度值或类比同类锅炉氮氧化物浓度值按下式计算：

$$M_{NO_x}=\frac{\rho_{NO_x}\times V_g}{10^9}\left(1-\frac{\eta_{NO_x}}{100}\right)\tag{2-24}$$

式中，M_{NO_x} 为核算时段内氮氧化物排放量，t；ρ_{NO_x} 为锅炉炉膛出口氮氧化物排放质量浓度，mg/m^3；V_g 为核算时段内标态干烟气排放量，m^3；η_{NO_x} 为脱硝效率，%。

（4）汞及其化合物排放量按式(2-25)计算：

$$M_{Hg}=B_g\times m_{Hg,ar}\times\left(1-\frac{\eta_{Hg}}{100}\right)\times10^{-6}\tag{2-25}$$

式中，M_{Hg} 为核算时段内汞及其化合物排放量（以汞计），t；B_g 为核算时段内锅炉燃料耗量，t；$m_{Hg,ar}$ 为收到基汞的含量，$\mu g/g$；η_{Hg} 为汞的协同脱除效率，%。

火电厂烟气脱硝、除尘和脱硫等环保设施对汞及其化合物有明显的协同脱除效果，平均脱除效率一般可达 70%。当燃料汞含量偏高导致汞排放超标，或对汞排放有特殊控制要求时，可以采用煤基添加剂、改性汞氧化催化剂、吸附剂喷射等单项脱汞技术，烟气汞脱除效率可提高至 90% 以上。

2. 实测法

(1) 实测法是通过实际测量废气排放量及所含污染物的质量浓度计算该污染物的排放量，凡安装污染物自动监测系统并与环境保护部门联网的火电厂，应使用有效的自动监测数据按下式核算。

$$D = \sum_{i=1}^{S_t} (\rho_i \times L_i) \times 10^{-9} \tag{2-26}$$

式中，D 为核算时段内某污染物排放量，t，核算时段可为年、季、月、日、小时等；S_t 为核算时段内运行时长，h；ρ_i 为第 i 小时标态干烟气污染物的小时排放质量浓度，mg/m³；L_i 为第 i 小时标态干烟气排放量，m³/h。

(2) 污染物自动监测系统未监测的污染物，采用执法监测、自行监测等手工监测数据按式(2-27)进行核算。除执法监测外，其他手工监测时段的生产负荷应不低于本次监测与上一次监测周期内的平均生产负荷，并给出生产负荷对比结果。

$$D = \frac{\sum_{i=1}^{n} (\rho_i \times L_i)}{n} \times S_t \times 10^{-9} \tag{2-27}$$

式中，D 为核算时段内某污染物排放量，t；ρ_i 为第 i 次监测标态干烟气污染物的小时排放质量浓度，mg/m³；L_i 为第 i 次监测标态干烟气排放量，m³/h；n 为核算时段内有效监测数据数量；S_t 为核算时段内运行时长，h。

3. 排污系数法

排污系数法是根据现有同类污染源调查获取的反映典型工况和污染治理条件下行业污染物排放规律的排污系数来估算污染物的排放量，可按下式计算。

$$G = B_g \times \beta_e \tag{2-28}$$

式中，G 为核算时段内污染物的排放量，t；B_g 为核算时段内燃料消耗量，t；β_e 为排污系数。

第二节　燃煤污染物产生量和排放量

燃煤设备指工业锅炉、茶浴炉和食堂大灶。工业锅炉指产生蒸汽或热水，用于工业生产的锅炉。近些年经环保改造，大部分燃煤锅炉、炉灶改烧天然气。

工业锅炉是我国重要的热能动力设备。它包括压力 ≤2.45MPa、容量 ≤65t/h 的工业用蒸汽锅炉、采暖热水锅炉、民用生活锅炉、热电联产锅炉、特种用途锅炉和余热锅炉。

我国现有工业锅炉主要特征是低空排放污染重，布局分散不便管控，燃料煤质差，变化大。除几个大城市外，我国工业锅炉的燃料结构以燃煤为主，基本上是燃用未经洗选加工的原煤。按煤炭部门统计，在这些原煤中平均灰分为 20.26%，但用户实测灰分为 26%～28%，甚至高达 30% 以上。原煤中的平均硫分为 1.1%～1.2%。原煤粒度 ≤3mm 的含量高达 45%～65%，粒度 ≥13mm 的含量仅占 10%～20%，严重影响了工业锅炉运行热效率的提高和锅炉烟气中污染物排放量的降低。工业锅炉配用的燃烧设备以层式链条炉排为主，其次为往复炉排，再次为固定炉排。鼓泡床锅炉维持少量生产，循环流化床锅炉正在发展之中。近些年部分城市改烧燃气，污染大幅度减少，大气环境明显改善。

本节所用的估算方法为系数法。

一、燃烧工艺描述

（一）煤的燃烧

煤是一种复杂的由有机物和无机物组合成的混合物。根据其热值、固定碳、挥发分、灰分、硫分和水分等量的不同，可将煤分成无烟煤、烟煤、次烟煤和褐煤几种。

煤的主要燃烧技术有，悬浮燃烧和层式燃烧两种。煤粉炉和沸腾炉采用悬浮燃烧方式，链条炉排、往复炉排和固定炉排的工业锅炉、茶浴炉和大灶采用层式燃烧方法。抛煤机炉则兼有两种燃烧方式。

煤粉炉和沸腾炉是将一定粒度的煤粒，采用不同的方式置入燃烧室中呈悬浮燃烧，炉渣由炉底排出。抛煤机炉是用机械方法将煤抛入炉内并散在移动的炉排上，部分煤粒在炉膛内呈悬浮燃烧，另一部分煤粒在炉排上呈层式燃烧。炉排上的灰渣排入炉排末端的灰渣坑。炉排炉是通过机械或人工的办法将煤加入炉排上的燃烧区，灰渣随着炉排的移动排入炉排末端的灰渣坑。

无论是煤粉炉、沸腾炉，还是抛煤机炉或炉排炉，煤在炉内燃烧后产生的主要污染物是烟尘、硫氧化物、氮氧化物、碳氧化物和一些未燃烧的气态可燃物及其他物质，经烟道、烟囱排入大气中。

（二）污染物排放和控制

影响煤在燃烧过程中产生的、在烟气中携带的污染物种类和量的多少的因素是多方面的。

烟尘的排放量主要受燃烧方式、锅炉运行情况和煤的性质等因素的影响。煤粉炉中的燃烧几乎是完全的，排放的烟尘里，几乎全是灰粉。抛煤机炉内的燃烧因煤的粒度均匀性差，产生的烟尘中含碳量比较高。炉排炉上的煤是在相对静止的炉排上进行燃烧，烟尘的产生量远低于煤粉炉和抛煤机炉。锅炉负荷增加或负荷突然改变时，烟尘的排放量常常随之增加，燃煤的灰分含量和粒度状况也影响锅炉的烟尘排放量。燃煤中灰分含量和粉末煤量增加，烟尘排放量就会增加。

控制烟尘排放的装置有单筒旋风除尘器、多管旋风除尘器、湿式除尘器或脱硫除尘器和袋式除尘器。后两种除尘器是目前我国控制燃煤工业锅炉烟尘排放的主要控制设备。

硫氧化物是煤在燃烧过程中产生的一种有害气态物质，它与煤质、锅炉的燃烧方式和炉膛温度等因素有关，煤中含有的有机硫量越大、悬浮燃烧炉膛温度越高，煤中硫转化成二氧化硫量的比例就越大。茶浴炉、大灶层燃炉炉膛温度低，煤中硫的转化率就低，二氧化硫排放量就小。

烟气脱硫的工艺很多，根据脱硫介质分为湿法、半干法和干法。应用最多的是在原有湿式除尘的基础上，充分利用锅炉自身排放的碱性物质作为脱硫剂的简易脱硫技术。

氮氧化物是煤燃烧中产生的一种产物，主要是一氧化氮和少量的二氧化氮。氮氧化物大部分是由空气中的氮在燃烧的火焰中热固定形成的，少量的是由煤中含有的氮转化而来的。改变燃烧方法可以减少煤燃烧时氮氧化物的生成，使用最广泛的控制措施是降低过量空气的燃烧。

烃类化合物和一氧化碳是未燃烧的气态可燃物，通常排放量很小，一般除了维持合适的燃烧条件使其充分燃烧外可不采取其他控制措施。

二、产污量和排污量的估算方法

1. 估算方法

燃煤设备的产污量和排污量估算方法如下：

燃煤设备的产污量＝燃煤设备的产污系数×耗煤量

燃煤设备的排污量＝燃煤设备的排污系数×耗煤量

2. 产污系数和排污系数的物理意义

产污系数和排污系数的物理意义是指单元活动所产生和排放的污染物量。单元活动的含义是广泛的，此处所指的单元活动为燃煤工业锅炉、茶浴炉和大灶每耗用1t煤炭的生产性活动。该类设备中，排污系数的物理意义是：每耗用1t煤产生和排放污染物的量。如果在单元活动中产生的部分污染物通过某种方式被捕集或利用了，则排污量就等于产污量减去捕集量。产污系数和排污系数（单位为 kg/t）可用下式来表示：

$$燃煤设备的产污系数＝\frac{产生污染物量}{单位耗煤量} \tag{2-29}$$

$$燃煤设备的排污系数＝\frac{产生污染物量－捕集或利用污染物量}{单位耗煤量} \tag{2-30}$$

三、工业锅炉产污和排污系数

（一）烟尘产污和排污系数

燃煤锅炉烟尘产污系数与燃煤中灰分含量、燃烧方式、锅炉负荷等有关；排污系数除与上述因素有关外，还与锅炉配用的各种不同类型的除尘器有关。燃煤工业锅炉烟尘的产污和排污系数可用计算公式表示。

烟尘产污系数：

$$G_{烟尘}=1000A^y \alpha_{fh} \frac{1}{(1-C_{fh})K} \tag{2-31}$$

式中，$G_{烟尘}$ 为烟尘产污系数，kg/t；A^y 为煤中含灰量；α_{fh} 为烟尘中飞灰占灰分总量的份额；C_{fh} 为烟尘中的含碳量；K 为锅炉出力影响系数。

烟尘排污系数：

$$G'_{烟尘}=G_{烟尘}(1-\eta_{尘}) \tag{2-32}$$

式中，$G'_{烟尘}$ 为烟尘的排污系数，kg/t；$\eta_{尘}$ 为除尘器的除尘效率。

上述公式中各项参数，按调查资料和实测数据确定，详见表2-6和表2-7。

表 2-6 不同燃烧方式 α_{fh}、C_{fh}、A^y 及不同类型除尘器 η 范围

燃烧方式	α_{fh}/%	C_{fh}/%	A^y/%	η/%			
				除尘器类型	1	2	3
层燃炉	5～15 平均值10	20～40 平均值30	10～35	单筒旋风 多管旋风 湿法除尘	85 92 95	75 80 90	65 70 85

续表

燃烧方式	α_{fh}/%	C_{fh}/%	A^y/%	η/%			
				除尘器类型	1	2	3
抛煤机炉	20~30 平均值25	40~50 平均值45	15~45	多管旋风 湿法除尘	94 97	88 92	84 87
沸腾炉	50~60 平均值55	0~5 平均值3	25~50	多管加湿法除尘 电除尘	99 99.5	98 99.2	97 99

注：根据设备类型及管理水平，除尘效率分为三档。

表 2-7 锅炉出力影响系数

锅炉实测出力占锅炉设计出力的百分比/%	70~75	75~80	80~85	85~90	90~95	≥95
锅炉运行 3 年内的出力影响系数(K)	1.6	1.4	1.2	1.1	1.05	1
锅炉运行 3 年以上的出力影响系数(K)	1.3	1.2	1.1	1	1	1

对层燃炉、抛煤机炉、沸腾炉，当锅炉出力影响系数 $K=1$，α_{fh} 和 C_{fh} 取平均值时，不同燃煤方式燃用不同灰分煤时的烟尘产污系数见表 2-8。采用不同除尘措施的排污系数见表 2-9~表 2-11。

表 2-8 不同燃煤方式燃用不同灰分煤时的烟尘产污系数　　　　单位：kg/t

燃烧方式	A^y/%								
	10	15	20	25	30	35	40	45	50
层燃炉	14.29	21.43	28.57	35.72	42.86	50.00			
抛煤机炉		68.18	90.91	113.64	136.37	159.09	181.82	204.55	
沸腾炉				141.75	170.10	198.45	226.80	255.15	283.50

表 2-9 $\alpha_{fh}=10\%$、$C_{fh}=30\%$ 时层燃炉烟尘排污系数　　　　单位：kg/t

燃烧方式	A^y/%	10	15	20	25	30	35
	除尘器类型及 η/%	$G'_{烟尘}=142.86A^y(1-\eta)$					
层燃炉	单筒旋风 $\eta=65$	5.00	7.50	10.00	12.50	15.00	17.50
	单筒旋风 $\eta=75$	3.57	5.36	7.14	8.93	10.71	12.50
	单筒旋风 $\eta=85$	2.14	3.21	4.29	5.36	6.43	7.50
	多管旋风 $\eta=70$	4.29	6.43	8.57	10.71	12.86	15.00
	多管旋风 $\eta=80$	2.86	4.29	5.71	7.14	8.57	10.00
	多管旋风 $\eta=92$	1.14	1.71	2.29	2.86	3.43	4.00
	湿法除尘 $\eta=85$	2.14	3.21	4.29	5.36	6.43	7.50
	湿法除尘 $\eta=90$	1.43	2.14	2.86	3.57	4.29	5.00
	湿法除尘 $\eta=95$	0.71	1.07	1.43	1.79	2.14	2.50

表 2-10 $\alpha_{fh}=25\%$、$C_{fh}=45\%$ 时抛煤机炉烟尘排污系数　　　　单位：kg/t

燃烧方式	A^y/%	15	20	25	30	35	40	45
	除尘器类型及 η/%	$G'_{烟尘}=454.55A^y(1-\eta)$						
抛煤机炉	多管旋风 $\eta=84$	10.91	14.55	18.18	21.82	25.45	29.09	32.73
	多管旋风 $\eta=88$	8.18	10.91	13.64	16.36	19.09	21.82	24.55
	多管旋风 $\eta=94$	4.09	5.45	6.82	8.18	9.55	10.91	12.27

续表

燃烧方式		$A^y/\%$	15	20	25	30	35	40	45
	除尘器类型及 $\eta/\%$		$G'_{烟尘}=454.55A^y(1-\eta)$						
抛煤机炉	湿法除尘	$\eta=87$	8.86	11.82	14.77	17.73	20.68	23.64	26.59
		$\eta=92$	5.45	7.27	9.09	10.91	12.73	14.55	16.36
		$\eta=97$	2.05	2.73	3.41	4.09	4.77	5.45	6.14

表 2-11　$\alpha_{fh}=55\%$、$C_{fh}=3\%$ 时沸腾炉烟尘排污系数　　　　单位：kg/t

燃烧方式		$A^y/\%$	25	30	35	40	45	50
	除尘器类型及 $\eta/\%$		$G'_{尘}=567A^y(1-\eta)$					
沸腾炉	多管加湿法除尘	$\eta=97$	4.25	5.10	5.95	6.80	7.65	8.51
		$\eta=98$	2.84	3.40	3.97	4.54	5.10	5.67
		$\eta=99$	1.42	1.71	1.98	2.27	2.55	2.84
	静电除尘	$\eta=99$	1.42	1.71	1.98	2.27	2.55	2.84
		$\eta=99.2$	1.13	1.36	1.59	1.81	2.04	2.27
		$\eta=99.5$	0.71	0.85	0.99	1.13	1.28	1.42

（二）SO_2 产污和排污系数

SO_2 的产污系数主要取决于煤的含硫量、锅炉燃烧方式、煤在燃烧中硫的转化率。SO_2 的排放系数与采用的脱硫措施的脱硫效率有关。

SO_2 产污系数：

$$G_{SO_2}=2\times1000S^yP \tag{2-33}$$

式中，G_{SO_2} 为 SO_2 产污系数，kg/t；S^y 为燃煤中含硫量；P 为燃煤中硫的转化率。

SO_2 排污系数：

$$G'_{SO_2}=G_{SO_2}(1-\eta_{SO_2}) \tag{2-34}$$

式中，G'_{SO_2} 为 SO_2 的排放系数，kg/t；G_{SO_2} 为 SO_2 的产污系数，kg/t；η_{SO_2} 为脱硫措施的脱硫效率。

上述公式中的燃煤含硫量随地域和煤炭产地的不同差异较大，一般来说，北方地区燃煤中的含硫量较低，南方地区燃煤中的含硫量较高。煤燃烧中硫的转化率经实测统计为 $80\%\sim85\%$。对于脱硫措施的脱硫效率，鉴于我国对脱硫措施的开发尚处于提高完善和建立示范工程阶段，逐步形成可行的实用技术。6t/h 及其以上锅炉广泛使用的麻石水膜除尘器等湿式除尘系统中，充分利用锅炉自身排放的碱性物质（锅炉排污水和灰渣中的碱性物质），具有一定的脱硫效率，一般为 $20\%\sim30\%$，添加其他某些碱性脱硫物质后脱硫效率还会进一步提高，以满足日益严格的环保要求。

燃煤工业锅炉用不同硫分时二氧化硫的产污和排污系数分别见表 2-12 和表 2-13。

表 2-12　燃煤工业锅炉 SO_2 产污系数　　　　单位：kg/t

硫的转化率（P）/%	燃煤含硫量（S^y）/%						
	0.5	1.0	1.5	2.0	2.5	3.0	3.5
80	8.0	16.0	24.0	32.0	40.0	48.0	56.0

硫的转化率(P)/%	燃煤含硫量(S^y)/%						
	0.5	1.0	1.5	2.0	2.5	3.0	3.5
85	8.5	17.0	25.5	34.0	42.5	51.0	59.5

注：$G_{SO_2} = 2 \times 1000 S^y P$。

表 2-13　硫的转化率为 80% 及 85% 时燃煤工业锅炉 SO₂ 排污系数　　　单位：kg/t

脱硫效率(η_{SO_2})/%	硫的转化率(P)/%	燃煤含硫量(S^y)/%						
		0.5	1.0	1.5	2.0	2.5	3.0	3.5
10	80	7.20	14.40	21.60	28.80	36.00	43.20	50.40
	85	7.65	15.30	22.95	30.60	38.25	45.90	53.55
20	80	6.40	12.80	19.20	25.60	32.00	38.40	4.80
	85	6.80	13.60	20.40	27.20	34.00	40.80	47.60
30	80	5.60	11.20	16.80	22.40	28.00	33.60	39.20
	85	5.95	11.90	17.85	23.80	29.75	35.70	41.65
40	80	4.80	9.60	14.40	19.20	24.00	28.80	33.60
	85	5.10	10.20	15.30	20.40	25.50	30.60	35.70
50	80	4.00	8.00	12.00	16.00	20.00	24.00	28.00
	85	4.25	8.50	12.75	17.00	21.25	25.50	29.75

注：$G'_{SO_2} = G_{SO_2}(1 - \eta_{SO_2})$。

（三）NO$_x$、CO、HC 化合物产污和排污系数

工业锅炉燃煤产生的 NO$_x$、CO、HC 化合物等产污和排污系数主要依据实测数据经统计计算而定，其计算公式如下：

$$G_{污染物} = \frac{\overline{C}_{污染物} Q_N}{B} \times 10^{-3} \tag{2-35}$$

式中，$G_{污染物}$ 为污染物的产污系数，kg/t；$\overline{C}_{污染物}$ 为污染物实测浓度，mg/m³；Q_N 为锅炉出口标态烟气量，m³/h；B 为燃煤量，kg/h。

燃煤工业锅炉 NO$_x$、CO、HC 等污染物的产污和排污系数详见表 2-14。由于目前还没有专门设置 NO$_x$ 等污染物的控制设备，因此其产污、排污系数相等。

表 2-14　燃煤工业锅炉 NO$_x$、CO、HC 产污和排污系数　　　单位：kg/t

炉型	产污和排污系数			
	CO	CO₂	HC	NO$_x$
≤6t/h 层燃	2.63	2130	0.18	4.81
≥10t/h 层燃	0.78	2400	0.13	8.53
抛煤机炉	1.13	2000	0.09	5.58
循环流化床	2.07	2080	0.08	5.77
煤粉炉	1.13	2200	0.10	4.05

第三节 工业污染物产生量和排放量

一、产污量和排污量的估算方法

1. 估算方法

不同工业部门产污量和排污量估算方法如下：

$$产污量 = 产污系数 \times 产品总量 \tag{2-36}$$

$$排污量 = 排污系数 \times 产品总量 \tag{2-37}$$

2. 产污系数和排污系数的物理意义

（1）产污系数和排污系数 产污系数是指在正常技术经济和管理等条件下，生产单位产品或产生污染活动的单位强度所产生的原始污染物量；排污系数是指上述条件下，经污染控制措施削减后或未经削减直接排放到环境中的污染物量。显然，产污和排污系数与产品生产工艺、原材料、规模、设备技术水平以及污染控制措施有关。

（2）过程产污系数和终端产污系数 过程产污系数是指在生产线上独立生产工序（或工段）生产单位中间产品或最终产品产生的污染物量，不包括其前工序产生的污染物量。终端产污系数是指包括整个工艺生产线上生产单位最终产品产生的污染物量。终端产污系数是整个生产工艺线相应过程产污系数经折算后相加之和。

（3）过程排污系数和终端排污系数 过程排污系数是指在生产线上独立生产工序（或工段），有污染治理设施时，生产单位产品所排放的污染物量，该系数与相应过程产污系数之差值即为该治理设施的单位产品污染物削减量。终端排污系数是整个生产工艺线相应过程排污系数之和。整个生产工艺的单位产品污染物削减量即为终端产污系数与终端排污系数之差。

（4）个体产污系数和综合产污系数 个体产污系数是指特定产品在特定工艺（包括原料路线）、特定规模、特定设备技术水平以及正常管理水平条件下求得的产品产污系数；综合产污系数是指按规定的计算方法对个体产污系数进行汇总求取的一种产污系数平均值。显然，综合产污系数由于汇总的层次和计算方法不同而显著不同。在编制主要行业和产品产污和排污系数时，规定根据个体系数进行一次（从技术水平到特定规模）、二次（从规模到特定工艺）和三次（从生产工艺到产品）汇总计算所得的产污系数分别称为一次产污系数、二次产污系数和三次产污系数。

二、主要工业部门产污和排污系数

（一）有色金属工业

有色金属工业主要包括铜、铅、锌、铝、镍五种金属工业，这五种金属的产量约占有色金属总产量的95%，五种金属生产废气排放量占有色金属工业总排放量的91%。

1. 铜行业

见表2-15、表2-16，以1t粗铜计。

表 2-15　粗铜冶炼 SO_2 个体和综合产污与排污系数　　　　单位：kg/t

生产工艺	生产规模	技术水平	污染物	个体系数		一次系数		二次系数		三次系数	
				产污	排污	产污	排污	产污	排污	产污	排污
闪速炉	大	高	SO_2	3240	38.6	2916.0	34.74	2916.0	34.74		
电炉	大	中		1469.0	260.6	1175.0	208.5	1175.0	208.5		
反射炉	大	低		1132.08	362.22	826.4	264.42	826.4	264.42		
白银炉	中	低		2027.46	386.66	1480.04	282.26	1480.04	282.22	1630.18	387.47
鼓风炉	大	中		2728.0	678.35	2182.4					
	中	中		3287.4	3287.4	2046.4	1618.4	2446.8	1155.84		
	中	中		2612.9	758.4						

表 2-16　粗铜冶炼烟尘个体和综合产污与排污系数　　　　单位：kg/t

生产工艺	生产规模	技术水平	污染物	个体系数		一次系数		二次系数		三次系数	
				产污	排污	产污	排污	产污	排污	产污	排污
闪速炉	大	高	烟尘	857.7	1.302	717.96	1.1718	717.96	1.1718		
电炉	大	中		268.3	30.506	214.7	24.405	214.7	24.405		
反射炉	大	低		336.07	10.62	245.33	7.753	245.33	7.753		
白银炉	中	低		49.52	49.52	44.57	36.15	44.57	36.15	321.79	13.24
鼓风炉	大	中		556.0	5.38	444.8	4.304				
	中	中		208.0	5.82	166.37	4.656	288.14	4.504		
	中	中									

2. 铅、锌行业

见表 2-17～表 2-19，分别以 1t 粗铅或粗锌计。

表 2-17　铅冶炼污染物的个体和综合产污与排污系数　　　　单位：kg/t

生产工艺	污染物	生产规模	技术水平	个体系数		一次系数		二次系数		三次系数	
				产污	排污	产污	排污	产污	排污	产污	排污
密闭鼓风炉	粉尘	大	高	236.80	3.165	236.80	3.165	247.89	6.6075	349.60	7.6081
		中	中	268.49	13.0	268.49	13.0				
	SO_2	大	高	1416.35	42.58	1416.35	42.58	1408.53	79.05	952.53	199.45
		中	中	1394.01	146.79	1394.01	146.79				
鼓风炉	粉尘	大	高	450.94	11.42	450.94	11.42	451.31	9.9434	349.60	7.6081
		中	中	451.74	8.21	451.74	8.21				
	SO_2	大	高	402.43	402.43	402.43	402.43	496.53	480.39	952.53	199.45
		中	中	607	571.90	607	571.90				

表 2-18 锌工业个体和综合产污系数 单位：kg/t

生产工艺	规模	技术水平	污染物	个体产污系数	一次产污系数	二次产污系数	三次产污系数
湿法炼锌	大	高	粉尘	243.28	243.28	209.82	253.33
	中	中		135.34	135.34		
密闭鼓风炉	大	高		236.80	236.80	247.89	
	中	中		268.49	268.49		
竖罐炼锌	大	高		291.04	291.04	510.45	
	中	中		368.69	368.69		
湿法炼锌	大	高	SO₂	1063.70	1063.70	733.95	1254.32
	中	中		0	0		
密闭鼓风炉	大	高		1416.35	1416.35	1408.53	
	中	中		1394.01	1394.01		
竖罐炼锌	大	高		1879.27	1879.27	1681.49	
	中	中		1088.16	1088.16		

表 2-19 锌工业生产个体和综合排污系数 单位：kg/t

生产工艺	规模	技术水平	污染物	个体排污系数	一次排污系数	二次排污系数	三次排污系数
湿法炼锌	大	高	粉尘	10.72	10.72	8.4818	13.2104
	中	中		3.50	3.50		
密闭鼓风炉	大	高		3.165	3.165	6.6073	
	中	中		13.0	13.0		
竖罐炼锌	大	高		28.54	28.54	26.7430	
	中	中		22.55	22.55		
湿法炼锌	大	高	SO₂	1063.7	1063.7	733.95	277.21
	中	中		0.0	0.0		
密闭鼓风炉	大	高		42.58	42.58	79.05	
	中	中		146.79	146.79		
竖罐炼锌	大	高		46.46	46.46	84.96	
	中	中		174.80	174.80		

3. 铝行业

见表 2-20～表 2-30。

表 2-20 氧化铝熟料窑废气产污和排污系数 单位：m³/t

生产工艺	规模	技术水平	个体系数		一次系数		二次系数		三次系数	
			产污	排污	产污	排污	产污	排污	产污	排污
烧结法	大	高	11545.5	1461.0	15591.9	18134.0	15591.9	18134.0	9883.5	12247.7
	大	中	20253.5	22831.6						
联合法	大	高	6303.8	8081.0	5524.1	7752.6	5524.1	7752.6		
	大	中	4571.1	7351.2						

注：排污系数大于产污系数是由于炉子的排气系统不密封，空气稀释之故。

表 2-21 氧化铝焙烧窑（炉）废气产污和排污系数　　　　　单位：m³/t

生产工艺	规模	技术水平	个体系数		一次系数		二次系数		三次系数	
			产污	排污	产污	排污	产污	排污	产污	排污
烧结法	大	高	1940.4	2483.7	2255.7	2586.2	2255.7	2586.2	2180.5	2725.3
	大	中	2621.2	2708.9						
联合法	大	高	2487.9	3311.2	2123.1	2831.5	2123.1	2831.5		
	大	中	1677.2	2245.2						

注：排污系数大于产污系数是由于炉子的排气系统不密封，空气稀释之故。

表 2-22 氧化铝工厂废气产污和排污系数　　　　　单位：m³/t

生产工艺	规模	技术水平	个体系数		一次系数		二次系数		三次系数	
			产污	排污	产污	排污	产污	排污	产污	排污
烧结法	大	高	13485.9	16544.7	17847.6	20720.2	17847.6	20720.2	12063.97	14973.0
	大	中	22874.7	25540.5						
联合法	大	高	8791.7	11392.2	7647.2	10584.1	7647.2	10584.1		
	大	中	6248.3	9596.4						

注：排污系数大于产污系数是由于炉子的排气系统不密封，空气稀释之故。

表 2-23 氧化铝熟料烧成粉尘产污和排污系数　　　　　单位：kg/t

生产工艺	规模	技术水平	个体系数		一次系数		二次系数		三次系数	
			产污	排污	产污	排污	产污	排污	产污	排污
烧结法	大	高	1826.3	1.91	1914.6	10.43	1914.6	10.43	1348.2	6.32
	大	中	2020.0	20.2						
联合法	大	高	1232.8	1.46	915.6	3.18	915.6	3.18		
	大	中	528	5.28						

表 2-24 氧化铝焙烧窑（炉）粉尘产污和排污系数　　　　　单位：kg/t

生产工艺	规模	技术水平	个体系数		一次系数		二次系数		三次系数	
			产污	排污	产污	排污	产污	排污	产污	排污
烧结法	大	高	337.3	0.70	265.6	0.49	265.6	0.49	302.5	0.76
	大	中	184.1	0.25						
联合法	大	高	473.0	1.37	330.7	0.965	330.7	0.965	302.5	0.76
	大	中	156.7	0.47						

表 2-25 氧化铝工厂粉尘产污和排污系数　　　　　单位：kg/t

生产工艺	规模	技术水平	个体系数		一次系数		二次系数		三次系数	
			产污	排污	产污	排污	产污	排污	产污	排污
烧结法	大	高	2163.6	2.61	2180.3	10.92	2180.3	10.92	1650.7	7.08
	大	中	2204.1	20.45						
联合法	大	高	1705.8	2.83	1246.3	4.14	1246.3	4.14		
	大	中	684.7	5.75						

表 2-26　电解铝含氟废气产污和排污系数（个体系数和综合系数）（以 1t Al 计）

单位：$10^4 m^3/t$

生产工艺	规模	技术水平	个体系数		一次系数		二次系数		三次系数	
			产污	排污	产污	排污	产污	排污	产污	排污
Al-工艺Ⅰ	大	中	19.47	21.56	28.55	29.66	38.86	39.30	23.25	23.25
		低	38.99	38.99						
	中	中	32.16	32.16	32.16	32.16				
	小	中	103.28	103.28	64.72	64.72				
		低	34.42	34.42						
Al-工艺Ⅱ	中	低	2.0	2.0	2.0	2.0	2.31	2.31		
	小	低	2.69	2.69	2.69	2.69				
Al-工艺Ⅲ	中	中	17.95	17.95	17.95	17.95	17.95	17.95		
Al-工艺Ⅳ	大	高	10.62	10.62	10.62	10.62	10.62	10.62		

表 2-27　电解铝氟化物（折 F）产污和排污系数（个体系数和综合系数）（以 1t Al 计）

单位：kg/t

生产工艺	规模	技术水平	个体系数		一次系数		二次系数		三次系数	
			产污	排污	产污	排污	产污	排污	产污	排污
Al-工艺Ⅰ	大	中	17.0	1.90	16.92	8.89	19.38	8.02	21.02	8.43
		低	16.87	16.87						
	中	中	26.46	7.92	26.46	7.92				
	小	中	15.58	1.75	15.00	6.77				
		低	14.55	10.71						
Al-工艺Ⅱ	中	低	17.54	17.54	17.54	17.54	22.38	12.95		
	小	低	28.89	7.34	28.89	7.34				
Al-工艺Ⅲ	中	中	15.70	15.70	15.70	15.70	15.70	15.70		
Al-工艺Ⅳ	大	高	26.06	1.52	26.06	1.52	26.06	1.52		

表 2-28　电解铝粉尘产污和排污系数（个体系数和综合系数）（以 1t Al 计）　单位：kg/t

生产工艺	规模	技术水平	个体系数		一次系数		二次系数		三次系数	
			产污	排污	产污	排污	产污	排污	产污	排污
Al-工艺Ⅰ	大	中	60.00	0.96	58.62	27.15	56.36	20.17	45.71	17.95
		低	57.17	57.17						
	中	中	54.12	9.72	54.12	9.72				
	小	中	69.81	9.28	55.86	23.64				
		低	44.89	34.92						
Al-工艺Ⅱ	中	低	30.00	30.00	30.00	30.00	28.02	24.21		
	小	低	26.01	17.13	26.01	17.13				
Al-工艺Ⅲ	中	中	32.10	32.10	32.10	32.10	32.10	32.10		
Al-工艺Ⅳ	大	高	45.88	0.45	45.88	0.45	45.88	0.45		

表 2-29　电解铝沥青烟产污和排污系数（以 1t Al 计）　　　　　单位：kg/t

生产工艺	规模	技术水平	个体系数		一次系数		二次系数		三次系数	
			产污	排污	产污	排污	产污	排污	产污	排污
Al-工艺Ⅰ	大	中	108.2	11.14	64.50	12.77	73.38	28.28	37.02	12.77
		低	14.66	14.66						
	中	中	58.50	14.33	58.50	14.33				
	小	中	—	27.1	108.4	72.63				
		低	108.4	67.7						
Al-工艺Ⅱ	中	低	—	—	—	—	—	—		
	小	低								
Al-工艺Ⅲ	中	中	0.25	0.25	0.25	0.25	0.25	0.25		
Al-工艺Ⅳ	大	高	—	—	—	—	—	—		

表 2-30　铝加工各生产线废气中粉尘的个体和综合产污与排污系数（以 1t Al 计）

单位：m³/t

生产工艺		污染物	生产规模	技术水平	个体系数		一次系数		二次系数		三次系数	
					产污	排污	产污	排污	产污	排污	产污	排污
铝锭生产线	天然气熔炉	废气中粉尘	大	高	0.409	0.409	0.382	0.382	0.386	0.257	0.386	0.257
				中	0.350	0.350						
	煤气熔炉		大	高	0.648		0.391	0.104				
				中	0.078	0.104						
厚板生产线			大	高	0.390	0.316	0.390	0.316	0.390	0.316	0.390	0.316
薄板生产线			大	高	0.7335	0.316	0.7335	0.316	0.7335	0.316	0.390	0.316
铝箔生产线			大	高	0.390	0.316	0.390	0.316	0.390	0.316	0.390	0.316
锻造生产线			大	高	0.485	0.411	0.485	0.411	0.485	0.411	0.485	0.411
型材生产线			大	高	32.187	2.852	32.187	2.852	32.187	2.852	32.187	2.852

　　表 2-26～表 2-29 中，生产 Al 工艺Ⅰ～Ⅳ分别为侧插自焙槽、上插自焙槽、边部加工预焙槽和中间加工预焙槽。

4. 镍行业

　　见表 2-31、表 2-32，以 1t 粗镍计。

表 2-31　镍生产个体产污系数和综合产污系数　　　　　单位：kg/t

生产工艺	污染物	生产规模	技术水平	个体产污系数	一次产污系数	二次产污系数
矿热电炉熔炼硫化镍隔膜电解法	SO_2	大	中	5516.19	5516.19	4882.70
		中	中	3706.23	3706.23	
	烟尘	大	中	2388.24	2388.24	1973.68
		中	中	1203.76	1203.76	

表 2-32 镍生产个体排污系数和综合排污系数 单位：kg/t

生产工艺	污染物	生产规模	技术水平	个体排污系数	一次排污系数	二次排污系数
矿热电炉熔炼硫化镍隔膜电解法	SO_2	大	中	4120.76	4120.76	2926.78
		中	中	709.40	709.40	
	烟尘	大	中	96.40	96.40	103.61
		中	中	117.01	117.01	

（二）电力工业

目前我国电力生产以火电为主，火电发电量占全国发电量的 80% 左右。而火电中煤电又占 95%，用于发电的煤炭占全国煤炭总产量的 25% 以上。在燃煤电厂的锅炉中，90% 以上为固态排渣煤粉炉，所以电力工业污染物产生量和排放量的估算对象以此为主，具体数据见表 2-33～表 2-35。

表 2-33 燃煤发电个体和综合产污系数 单位：[kg/ (10^4 kW·h)]

污染物	规模水平	原料/%	个体产污系数	一次产污系数	二次产污系数
烟尘	中低压机组	$A_{zs}<1$	1139.32	1969.87	1537.18
		$1{\leqslant}A_{zs}<1.5$	1656.68		
		$1.5{\leqslant}A_{zs}<2$	2079.02		
		$A_{zs}{\geqslant}2$	3392.25		
	高压机组	$A_{zs}<1$	918.18	1555.15	
		$1{\leqslant}A_{zs}<1.5$	1320.13		
		$1.5{\leqslant}A_{zs}<2$	1616.71		
		$A_{zs}{\geqslant}2$	2674.05		
	超高压机组	$A_{zs}<1$	804.42	1357.64	
		$1{\leqslant}A_{zs}<1.5$	1082.52		
		$1.5{\leqslant}A_{zs}<2$	1508.01		
		$A_{zs}{\geqslant}2$	2333.50*		
	亚临界、超临界压力机组	$A_{zs}<1$	721.79	1140.92	
		$1{\leqslant}A_{zs}<1.5$	931.12		
		$1.5{\leqslant}A_{zs}<2$	1430.71		
		$A_{zs}{\geqslant}2$	1553.82*		
SO_2	中低压机组	$S_{zs}<0.05$	75.67	146.58	111.60
		$0.05{\leqslant}S_{zs}<0.1$	150.01		
		$S_{zs}{\geqslant}0.1$	437.77		
	高压机组	$S_{zs}<0.05$	60.33	115.26	
		$0.05{\leqslant}S_{zs}<0.1$	124.55		
		$S_{zs}{\geqslant}0.1$	319.07		
	超高压机组	$S_{zs}<0.05$	53.37	97.35	
		$0.05{\leqslant}S_{zs}<0.1$	115.87		
		$S_{zs}{\geqslant}0.1$	224.10*		
	亚临界、超临界压力机组	$S_{zs}<0.05$	51.04	74.84	
		$0.05{\leqslant}S_{zs}<0.1$	105.76*		
		$S_{zs}{\geqslant}0.1$			

续表

污染物	规模水平		原料/%	个体产污系数	一次产污系数	二次产污系数
粉煤灰	中低压机组				1847.99	1468.21
	高压机组				14686.55	
	超高压机组				1304.34	
	亚临界、超临界压力机组				1128.96	
炉渣	中低压机组				218.87	170.80
	高压机组				172.79	
	超高压机组				150.85	
	亚临界、超临界压力机组				126.77	
冲灰渣水	中低压机组	稀浆			36.27	稀浆:28.76 浓浆:8.20
		浓浆			10.33	
	高压机组	稀浆			29.12	
		浓浆			8.30	
	超高压机组	稀浆			25.54	
		浓浆			7.28	
	亚临界、超临界压力机组	稀浆			22.04	
		浓浆			6.28	

注：1. 标有 * 符号的系数等级为 C 级，其余均为 A 级。
2. A_{zs} 为燃煤灰分，S_{zs} 为燃煤硫分。

表 2-34　燃煤发电个体和综合排污系数 (一)　　　单位：kg/(10^4 kW·h)

污染物	规模水平	治理设备	个体排污系数	一次排污系数	二次排污系数
烟尘	中低压机组	电除尘器	—	30.05	82.10
	高压机组		34.89		
	超高压机组		34.21		
	亚临界、超临界压力机组		11.96		
	中低压机组	文丘里、斜棒栅除尘器	98.96	78.68	
	高压机组		73.06		
	超高压机组		67.30		
	亚临界、超临界压力机组				
	中低压机组	水膜除尘器		197.04	
	高压机组			105.41 *	
	超高压机组				
	亚临界、超临界压力机组		—		
	中低压机组	多管、旋风除尘器		267.88	
	高压机组			253.29 *	
	超高压机组				
	亚临界、超临界压力机组				

表 2-35　燃煤发电个体和综合排污系数（二）　　　单位：kg/$(10^4 kW \cdot h)$

污染物	规模水平	原料/%	个体排污系数	一次排污系数	二次排污系数
SO$_2$	中低压机组	$S_{zs}<0.05$	68.96	131.86	104.05
		$0.05 \leqslant S_{zs}<0.1$	129.94		
		$S_{zs} \geqslant 0.1$	406.39		
	高压机组	$S_{zs}<0.05$	54.01	108.19	
		$0.05 \leqslant S_{zs}<0.1$	119.53		
		$S_{zs} \geqslant 0.1$	302.05		
	超高压机组	$S_{zs}<0.05$	49.05	91.94	
		$0.05 \leqslant S_{zs}<0.1$	107.40		
		$S_{zs} \geqslant 0.1$	224.10		
	亚临界、超临界压力机组	$S_{zs}<0.05$	49.83	74.15	
		$0.05 \leqslant S_{zs}<0.1$	105.76		
		$S_{zs} \geqslant 0.1$			

注：1. 标有 * 符号的系数等级为 C 级，其余均为 A 级。

2. 近些年除尘和净化设备有了长足进步，排污系数明显降低。

（三）化学工业

根据化工产品的覆盖率、污染排放强度和生产能力等特点，化学工业的产污和排污系数选择了氮肥、磷铵、硫酸和硝酸四类产品。

1. 氮肥

见表 2-36～表 2-39，以 1t 氨计。

表 2-36　合成氨生产产污和排污系数　　　单位：kg/t

污染物	规模	技术水平	产污系数			排污系数		
			个体	一次	二次	个体	一次	二次
CO	中	高	4.18	173.92	212.39	6.01	150.08	142.27
		中	163.22			176.70		
		低	375.81			230.60		
	小	高	89.45	237.00		71.08	149.67	
		中	178.89			140.38		
		低	617			242.20		
氨	中	高	4.51	29.07	30.56	0.00	8.48	21.14
		中	15.43			0.095		
		低	59.07			33.80		
	小	高	5.55	32.99		3.59	25.93	
		中	31.79			24.29		
		低	65.25			43.92		

表 2-37　油头合成氨生产产污和排污系数　　　　　单位：kg/t

污染物	规模	技术水平	产污系数			排污系数		
			个体	一次	二次	个体	一次	二次
氨	大	高	0.012	3.51	17.75	0.0052	0.0068	0.64
		中	0.56			0.01		
		低	6.74					
	中	高	11.77	50.96		0.00		
		中	36.66					
		低	143.62					

表 2-38　气头合成氨生产产污和排污系数　　　　　单位：kg/t

污染物	规模	技术水平	产污系数			排污系数		
			个体	一次	二次	个体	一次	二次
氨	大	高	2.03	3.09	6.73	0.00	0.073	0.037
		中	6.26			0.29		
		低						
	中	高	14.60	25.91		0.00	0.00	
		中	23					
		低	40.13					

表 2-39　尿素生产一次和二次产污与排污系数（以 1t 尿素计）　　　　　单位：kg/t

系数类型	污染物	一次系数				二次系数
		CO_2 汽提法	水溶液全循环法	氨汽提法	双汽提法	
产污系数	氨	6.28	2.80	0.16	0.92	3.15
	尿素粉尘	1.18	4.59	0.065	0.97	2.36
排污系数	氨	2.68	2.80	0.16	0.72	2.06
	尿素粉尘	1.10	4.59	0.065	0.68	2.33

2. 磷酸、磷铵

见表 2-40、表 2-41。

表 2-40　磷酸工业生产产污和排污系数（以 1t P_2O_5 计）　　　　　单位：kg/t

污染物	生产工艺	生产规模	技术水平	产污系数				排污系数			
				个体	一次	二次	三次	个体	一次	二次	三次
氟（废气）	半水法	小	低	8.17	8.17	8.17	2.95	0.817	0.817	0.817	0.29
	二水法稀磷酸	小	高	2.12	4.11	4.11		0.212	0.41	0.41	
			中	4.77				0.477			
			低	8.40				0.84			
	二水法浓缩磷酸	大	高	0.10	0.10	1.78		0.01	0.01	0.17	
		中	高	1.31	3.10			0.131	0.29		
			中	4.90				0.44			
		小	中	4.29	4.29			0.43	0.43		

表 2-41 磷铵工业生产（NH₃）产污和排污系数（以 1t 磷铵计）　　　单位：kg/t

污染物	生产工艺	生产规模	技术水平	产污系数				排污系数			
				个体	一次	二次	三次	个体	一次	二次	三次
NH₃（废气）	喷浆造粒干燥	中	低	27.6	27.6			2.76	2.76		
		小	高	7.6		19.6		0.96		19.6	
			中	21.0	16.1			1.54	1.62		
			低	36.8			13.2	3.68			1.34
	预中和氨化造粒	大	高	2.4	2.4	5.38		0.024	0.024	0.56	
		小	中	11.3	32.2			0.564	5.49		
			低	63.3				12.7			
	加压氨化喷洒自然干燥	小	高	0.13	0.54	0.54		0.011	0.47	0.47	
			中	1.16				1.16			

3. 硫酸

见表 2-42，以 1t 硫酸计。

表 2-42 硫酸生产尾气二氧化硫和硫酸雾产污与排污系数　　　单位：kg/t

污染物	生产工艺	生产规模	技术管理水平	产污系数				排污系数			
				个体	一次	二次	三次	个体	一次	二次	三次
SO₂	一转一吸	小	高	18.87	26.07	26.07		18.88	26.07	26.07	
			中	26.68				26.68			
			低	43.11				43.11			
	一转一吸加尾气治理	大	高	26.49	31.37			2.649	3.28		
			中	31.99				3.798			
			低	42.63				4.10			
		中	高	25.74	27.69	30.58		2.574	3.12	3.23	
			中	29.12				3.368			
			低	30.14				4.12			
		小	高	24.89	30.79		16.69	2.489	3.07		13.46
			中	35.14				3.27			
			低	39.00				4.20			
	两转两吸	大	高	2.93	3.39			2.925	3.39		
			中	3.40				3.40			
			低	3.57				3.57			
		中	高	2.40	3.44	3.42		2.40	3.44	3.42	
			中	3.52				3.159			
			低	3.80				3.80			
		小	高	3.26	4.48			3.258	4.48		
			中	3.83				3.834			
			低	5.37				5.367			
	冶炼气制酸	大	高	25.17	45.13	45.13		25.17	45.09	45.09	
			中	45.93				45.76			
			低	64.30				64.33			

污染物	生产工艺	生产规模	技术管理水平	产污系数				排污系数			
				个体	一次	二次	三次	个体	一次	二次	三次
硫酸雾	一转一吸	小	高	0.37	0.587	0.587		0.37	0.587	0.587	
			中	0.52				0.52			
			低	1.24				1.23			
	一转一吸加尾气治理	大	高	0.631	0.688			0.0216	0.061		
			中	0.703				0.1			
			低	0.81				0.103			
		中	高	0.40	0.630	0.676		0.04	0.077	0.058	
			中	0.50				0.10			
			低	1.40				0.134			
		小	高	0.30	0.372		0.377	0.10	0.116		0.312
			中	0.40				0.125			
			低	0.51				0.140			
	两转两吸	大	高	0.91	0.047			0.01	0.047		
			中	0.05				0.05			
			低	0.06				0.06			
		中	高	0.045	0.077	0.101		0.045	0.077	0.101	
			中	0.06				0.06			
			低	0.10				0.10			
		小	高	0.096	0.156			0.096	0.156		
			中	0.126				0.126			
			低	0.197				0.147			
	冶炼气制酸	大	高	0.78	1.94	1.94		0.78	1.93	1.93	
			中	2.44				2.44			
			低	2.59				2.58			

4. 硝酸

见表 2-43。

表 2-43 硝酸生产（氮氧化物）一次和综合产污与排污系数

单位：$kg\ NO_x/t$ 硝酸

污染物	生产工艺	生产规模	技术水平	产污系数				排污系数			
				个体	一次	二次	三次	个体	一次	二次	三次
NO_x	常压法	大	高	83.10	114.44			7.39	15.28		
			中	110.81				13.96			
			低	123.15				24.63			
		中	高	105.53	125.16	93.27	22.26	1.95	25.59	19.89	7.14
			中	133.04				29.70			
			低	143.55				40.26			
		小	高	38.52	65.56			6.57	22.19		
			中	72.72				16.92			
			低	97.2				36.96			

续表

污染物	生产工艺	生产规模	技术水平	产污系数				排污系数			
				个体	一次	二次	三次	个体	一次	二次	三次
NO$_x$	综合法	小	高	21.57	23.92	17.52	22.26	4.6	7.46	6.24	7.14
			中	25.17				6.90			
			低	28.76				23.37			
		大	高	3.6	3.6			3.6	3.60		
	全中压法		高	11.25	20.7	20.7		2.10	3.89	3.89	
			中	21.34				3.30			
			低	29.76				4.43			
	双加压法			1.38	1.38	1.38		1.38	1.38	1.38	

（四）钢铁工业

钢铁工业中，焦化、烧结、炼铁和炼钢等几种工艺产生的污染物占本行业总排放大气污染物的 90%，控制钢铁工业的上述工艺和产品的污染物产生量和排放量，基本上就控制了钢铁工业对大气环境的污染。

1. 焦化

见表 2-44。

表 2-44　炼焦生产个体和综合产污与排污系数　　　　单位：kg/t

污染物	生产工艺	产污系数		污染控制措施，效率	排污系数	
		个体系数或区间	一次系数或区间		个体系数或区间	一次系数或区间
煤气 H$_2$S	煤气全脱硫	1.36～2.1	$\dfrac{1.4\sim3.0}{2.1}$	塔-希法脱硫,95%	0.07～0.63	有治理时：$\dfrac{0.1\sim0.6}{0.4}$ 无治理时：$\dfrac{1.4\sim3.0}{2.5}$
	硫铵	1.35～3.12		无措施	1.35～3.12	
	硫铵＋黄血盐	1.95		无措施	1.95	
	浓氨水	2.91		无措施	2.91	

注：括号内分子为确定的产污和排污系数区间，分母为确定的相应系数中位数。

2. 烧结

见表 2-45。

表 2-45　烧结生产产污和排污系数　　　　单位：kg/t

污染物	产污系数	排污系数
烟尘	$\dfrac{25\sim60}{46.5}$	电除尘 $\dfrac{0.1\sim1}{0.8}$　多管除尘 $\dfrac{3\sim5}{0.8}$
SO$_2$	$\dfrac{2\sim15}{3.3}$	$\dfrac{2\sim15}{3.3}$

注：分子为确定的产污和排污系数区间，分母为确定的相应系数中位数。

3. 炼铁

见表 2-46。

表 2-46 炼铁工艺产污和排污系数（以 1t 铁计） 单位：kg/t

污染物	产污系数	排污系数
烟尘	$\dfrac{46\sim60}{52}$	$\dfrac{0.08\sim0.11}{0.099}$

注：分子为确定的产污和排污系数区间，分母为确定的相应系数中位数。

4. 炼钢

见表 2-47。

表 2-47 炼钢产污和排污系数（以 1t 钢计）

污染物	生产工艺	产污系数	排污系数
烟尘	转炉炼钢	$\dfrac{35\sim57}{39}$	$\dfrac{0.1\sim0.5}{0.18}$
	平炉炼钢	$\dfrac{20\sim30}{23}$	$\dfrac{2.0\sim5.0}{4.3}$
	电炉炼钢	$\dfrac{10\sim17}{14}$	$\dfrac{2.0\sim5.0}{3.0}$

注：分子为确定的产污和排污系数区间，分母为确定的相应系数中位数。

（五）建材工业

水泥和平板玻璃是建材工业两大主要产品，同时也是耗能和污染大户。水泥和平板玻璃的产值分别占建材行业总产值的 33.3％和 5.8％左右，其能耗分别占建材行业总能耗的 50％～55％和 2％～8％。水泥粉尘排放量占建材行业粉尘总排放量的 80％～85％。控制住这两大产品对大气环境的污染也就控制了建材行业对大气污染的主要部分。

1. 水泥

见表 2-48。

表 2-48 水泥工业个体和综合产污与排污系数（以 1t 水泥计）

污染物	生产工艺及规模		产污系数			排污系数		
			个体	一次	二次	个体	一次	二次
废气 /(m³/t)	窑外分解窑	≥2000t/d	6327	6403	5605	6327	6403	5605
		<2000t/d	6609			6609		
	预热器窑		7116	7116		7116	7116	
	干法中空带余热发电窑		9971	9971		9971	9971	
	立波尔窑		7689	7689		7689	7689	
	湿法窑		5069	5069		5069	5069	
	立窑		5169	5169		5169	5169	

污染物	生产工艺及规模		产污系数			排污系数		
			个体	一次	二次	个体	一次	二次
粉尘 /(kg/t)	窑外分解窑	≥2000t/d	323.01	317.87	130.86	3.95	3.86	23.20
		<2000t/d	303.96			3.61		
	预热器窑		330.03	330.03		7.82	7.82	
	干法中空带余热发电窑		204.41	204.41		15.00	15.00	
	立波尔窑		167.63	167.63		7.52	7.52	
	湿法窑		242.12	242.12		10.64	10.64	
	机立窑		7.50	7.50		7.50	7.50	
	普立窑+土窑		91.22	91.22		91.22	91.22	
SO_2 (以熟料计) /(kg/t)	窑外分解窑	≥2000t/d	0.284	0.311	0.982	0.284	0.311	0.982
		<2000t/d	0.383			0.383		
	预热器窑		0.514	0.514		0.514	0.514	
	干法中空带余热发电窑		3.449	3.449		3.449	3.449	
	立波尔窑		0.379	0.379		0.379	0.379	
	湿法窑		2.638	2.638		2.638	2.638	
	立窑		0.635	0.635		0.635	0.635	

2. 平板玻璃

见表 2-49。

表 2-49　平板玻璃工业个体和综合产污与排污系数

污染物	生产工艺	生产规模	产污系数			排污系数		
			个体	一次	二次	个体	一次	二次
粉尘 /(kg/质量箱)	浮法	>300t/d	0.425	0.435	0.531	0.084	0.106	0.132
		<300t/d	0.466			0.171		
	引上	九机	0.370	0.587		0.105	0.147	
		六机以下	0.656			0.161		
SO_2 /(kg/质量箱)	浮法	>300t/d				0.228	0.225	0.185
		<300t/d				0.216		
	引上	九机				0.188	0.161	
		六机以下				0.153		
废气(标态) /(m³/质量箱)	浮法	>300t/d				515.28	475.21	536.00
		<300t/d				355.00		
	引上	九机				440.87	571.71	
		六机以下				613.03		

注：1 质量箱=50kg 玻璃。

参 考 文 献

[1]　刘天齐. 三废处理工程技术手册·废气卷. 北京：化学工业出版社，1999.

[2]　国家环境保护局科技标准司. 工业污染物产生和排放系数手册. 北京：中国环境科学出版社，1995.

[3]　杨丽芬，李友琥. 环保工作者实用手册. 2版. 北京：冶金工业出版社，2001.

[4]　中国石油化工集团公司安全环保局. 石油石化环境保护技术. 北京：中国石化出版社，2006.

[5]　王栋成，林国栋，徐宗波. 大气环境影响评价实用技术. 北京：中国标准出版社，2010.

[6]　叶文虎. 环境管理学. 北京：高等教育出版社，2003.

[7]　岳清瑞，张殿印，王纯，等. 钢铁工业"三废"综合利用技术. 北京：化学工业出版社，2015.

[8]　王玉彬. 大气环境工程师实用手册. 北京：中国环境科学出版社，2003.

第二篇

废气治理篇

第三章
废气治理概述

第一节　废气治理的对象与要求

一、废气治理对象

　　由于人类活动和自然过程导致了污染物排入到洁净大气中，形成大气污染，而人类活动，特别是人类的生产活动又是造成大气污染的主要原因。这些污染物包括生产装置、运输装置中的物料经化学、物理变化，以及生物化学变化等过程后排放的废气，也包括了与这些过程有关的燃料燃烧、物料贮存、装卸等过程排放的废气，种类繁多。在我国，各种燃料的燃烧，特别是煤的燃烧所造成的污染，占各种污染来源的比例最大。因此就污染类型来说，我国属煤烟型污染，颗粒物与 SO_2、NO_x 成为最主要的污染特征指标。

　　我国自改革开放以来，虽然在经济上取得了高速发展，但并未摆脱传统的以消耗资源粗放经营为特征的经济增长模式，因此能源利用率低，原材料消耗高，排污量大、产出少，导致了污染状况恶化。经济转型会改善环境状况，同时为了改变这种状况，对大气污染物必须进行治理，以改善环境质量。为此必须采用综合治理手段，而控制污染源的污染物排放量是其中的重要手段之一。这是保证环境质量的基础，同时也为有效实施综合治理提供了前提。

　　本篇主要阐述人为污染源的废气治理技术，以工业废气（包括燃料燃烧及工艺生产过程）治理为重点，并对汽车尾气治理给以应有的重视。由于废气所含污染物种类繁多，特别是工业污染源因所用原材料和工艺路线不同，产品类别不同，所排放的污染物特征（物理、化学及生物特征）也不相同，治理技术涉及面广。因此，本篇着重介绍量大、面广、危害大的主要污染物的治理技术。

　　在介绍治理方法时，既介绍比较通用的治理方法（或治理技术的单元过程），也介绍针对某种污染物的特殊治理方法。

　　（1）比较通用的方法　对一些主要的大气污染物如颗粒污染物、SO_2、NO_x、有机污染物等，所用治理方法无论从方法的适用性、有效性还是所需原材料等均具有通用的意义。

　　（2）适于某个行业污染物的治理　一些生产行业所产生的大气污染物具有一定的相似之处，因此其治理手段也具有共性，但对其他行业则不一定适用。

　　（3）针对某种特殊污染物的治理　有些产品的生产工艺、产品用途或所用原材料具有自身的独特之处，因而对其所产生污染物的治理方法、技术路线等也就具有了特殊性。这些方法虽然不具有普遍应用意义，但在解决这类生产的污染问题时却有着很大的实用意义。

二、废气治理一般规定

　　① 治理工程建设应按国家相关的基本建设程序或技术改造审批程序进行，总体设计应

满足《建设项目环境保护设计规定》和《建设项目环境保护管理条例》的规定。

② 治理工程应遵循综合治理、循环利用、达标排放、总量控制的原则。治理工艺设计应本着成熟可靠、技术先进、经济适用的原则，并考虑节能、安全和操作简便。

③ 治理工程应与生产工艺水平相适应。生产企业应把治理设备作为生产系统的一部分进行管理，治理设备应与产生废气的相应生产设备同步运转。

④ 经过治理后的污染物排放应符合国家或地方相关大气污染物排放标准的规定。

⑤ 治理工程在建设、运行过程中产生的废气、废水、废渣及其他污染物的治理与排放，应执行国家或地方环境保护法规和标准的相关规定，防止二次污染。

⑥ 治理工程应按照国家相关法律法规、大气污染物排放标准和地方环境保护部门的要求设置在线连续监测设备。

三、废气治理的要求

废气污染源治理的目的是为改善大气环境质量，保证人群健康，维护生态平衡，促进良性循环。为达此目的要实现下列几点要求。

① 满足环保排放要求。

② 对主要污染物实施排放总量控制。区域大气环境质量主要取决于进入区域大气环境的污染物总量，而不是每个污染源的排放浓度。所以，废气治理必须达到尽可能多地削减主要污染物排放总量的要求。

③ 在经济活动过程中减少污染物产生量。通过改进产品设计，尽量不使用有毒有害原料，降低能耗及原材料消耗，使进入市场的产品符合绿色产品的要求。对采取上述措施后仍需排放的污染物再选择有效的治理技术进行治理。

④ 筛选废气治理技术，尽可能采用最佳实用技术。在进行废气治理时，一定要根据地区和企业的实际，参照国家生态环境部公布的最佳实用技术和可行实用技术目录，因时因地制宜，对废气治理技术通过环境经济综合评价进行筛选，从经济效益、环境效益（治污的效果）、可行性及先进性等方面综合考虑，尽可能采用最佳实用技术。

第二节 废气治理方法

废气治理方法有各种分类办法。按废气来源分类可分为燃料燃烧废气治理方法、工艺生产尾气治理方法、汽车尾气治理方法等；按废气中污染物的物理形态可分为颗粒污染物治理（除尘）方法以及气态污染物治理方法。

一、废气治理方法分类

生产工艺过程中排出的废气含有某些污染物，所采用的净化技术基本上可以分为分离法和转化法两大类：分离法是利用外力等物理方法将污染物从废气中分离出来；转化法是使废气中污染物发生某些化学反应，然后分离或转化为其他物质，再用其他方法进行净化。

常见的废气净化方法见表 3-1。

表 3-1 废气的净化方法

净化方法			可净化污染物	备注
分离法	气固分离	机械力除尘 湿式除尘 过滤除尘 电除尘	10μm 以上的烟尘 5μm 左右的烟尘 0.1μm 以上的烟尘 0.1μm 以上的烟尘	锅炉烟尘等 转炉烟气、高炉煤气等 石英粉尘、高炉粉尘等 发电锅炉、烧结机粉尘等
	气液分离	机械力除雾 电除雾	10μm 以上的雾滴 0.1μm 以上的雾滴	硫酸雾、铬酸雾等 硫酸雾、沥青烟气除尘等
	气气分离	冷凝法 吸收法 吸附法	蒸气状污染物 气态污染物 气态污染物	汞蒸气、萘蒸气等 HCl、HF、铅烟等 苯、甲苯、HF 等
转化法	气气反应	直接燃烧法 其他气相反应	可燃烧的气态污染物 气态污染物	苯、沥青烟气等 NO_x 等
	气液反应	吸收氧化法 吸收还原法 其他化学吸收法	气态污染物 气态污染物 气态污染物	H_2S 等 NO_x 等 铅烟等
	气固反应	催化燃烧法 催化氧化法	气态污染物	$CO、SO_2$、苯等
		催化还原法 非催化气固反应法	气态污染物 气态污染物	NO_x 等 Cl_2 等

二、颗粒物分离机理和方法

1. 分离条件

含尘气体进入分离区，在某一种力或几种力的作用下，粉尘颗粒偏离气流，经过足够的时间移到分离界面上，就附着在上面，并不断除去，以便为新的颗粒继续附着在上面创造条件。

由此可见，要从气体中将粉尘颗粒分离出来，必须具备的基本条件包括以下几点。

① 有分离界面可以让颗粒附着在上面，如器壁、固体表面、粉尘大颗粒表面、织物与纤维表面、液膜或液滴等。

② 有使粉尘颗粒运动轨迹和气体流线不同的作用力，常见的有重力、离心力、惯性力、扩散、静电力、直接拦截等，此外还有热聚力、声波和光压等。

③ 有足够的时间使颗粒移到分离界面上，这就要求分离设备有一定的空间，并要控制气体流速等。

④ 能使已附在界面上的颗粒不断被除去，而不会重新返混入气体内，这就是清灰和排灰过程；清灰有在线式和离线式两种。

2. 粉尘分离机理

图 3-1 所示为从气体介质中分离悬浮粒子的物理学机理示意。其中，部分示意图表示粉尘分离的主要机理；而另一部分则表示次要机理。次要机理只能提高主要机理作用效果。

(1) 粉尘重力分离机理 是以粉尘在缓慢运动的气流中自然沉降为基础的，从气流中分离粒子的一种最简单，也是效果最差的机理。因为在重力除尘器中，气体介质处于湍流状态，即使粒子在除尘器中逗留时间很长，也不能有效地分离含尘气体介质中的细微粒度粉尘。

对较粗粒度粉尘的捕集效果要好得多，但这些粒子也不完全服从以静止介质中粒子沉降速度为基础的简单设计计算。

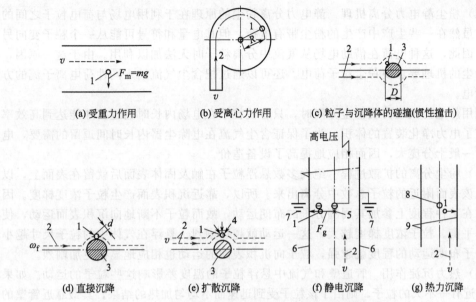

图 3-1　从气体介质中分离粉尘粒子的物理学机理示意

1—粉尘粒子；2—气流方向；3—沉降体；4—扩散力；5—负极性电晕电极；
6—积尘电极；7—大地；8—受热体；9—冷表面

粉尘的重力分离机理主要适用于直径>100～500μm 的粉尘粒子。

（2）粉尘离心分离机理　由于气体介质快速旋转，气体中悬浮粒子达到极大的径向迁移速度，从而使粒子有效地得到分离。离心除尘方法是在旋风除尘器内实现的，但除尘器构造必须使粒子在除尘器内的逗留时间短。相应地，这种除尘器的直径一般要小，否则很多粒子在旋风除尘器中短暂的逗留时间内不能到达器壁。在直径 1～2m 的旋风除尘器内，可以十分有效地捕集粒径在 10μm 以上大小的粉尘粒子。对某些需要分离微细粒子的场合通常用更小直径的旋风除尘器。

增加气流在旋风除尘器壳体内的旋转圈数，可以达到延长粒子逗留时间的目的。但这样往往会增大被净化气体的压力损失，而在除尘器内达到极高的压力。当旋风除尘器内气体圆周速度增大到超过 18～20m/s 时，其效率一般不会有明显改善。其原因是，气体湍流强度增大以及往往不予考虑的因受科里奥利力的作用而产生对粒子的阻滞作用。此外，由于压力损失增大以及可能造成旋风除尘器装置磨损加剧，无限增大气流速度是不适宜的。在气体流量足够大的情况下可能保证旋风除尘器装置实现高效率的一种途径是并联配置很多小型旋风除尘器，如多管旋风除尘器。

（3）粉尘惯性分离机理　粉尘惯性分离机理在于当气流绕过某种形式的障碍物时，可以使粉尘粒子从气流中分离出来。障碍物的横断面尺寸越大，气流绕过障碍物时流动线路严重偏离直线方向就开始得越早，相应地，悬浮在气流中的粉尘粒子开始偏离直线方向也就越早。反之，如果障碍物尺寸小，则粒子运动方向在靠近障碍物处开始偏移（由其承载气流的流线发生曲折而引起）。在气体流速相等的条件下，就可发现第二种情况的惯性力较大。所以，障碍物的横断面尺寸越小，顺障碍物方向运动的粒子达到其表面的概率就越大，而不与绕行气流一道绕过障碍物。由此可见，利用气流横断面方向上的小尺寸沉降体，就能有效地实现粉尘的惯性分离。利用惯性机理分离粉尘，势必给气流带来巨大的压力损失。然而，它能达到很高的捕集效率，从而使这一缺点得以补偿。

（4）粉尘静电力分离机理　静电力分离粉尘的原理在于利用电场与荷电粒子之间的相互作用。虽然在一些生产中产生的粉尘带有电荷，但其电量和符号可能从一个粒子变向另一个粒子，因此，这种电荷在借助电场从气流中分离粒子时无法加以利用。由于这一原因，电力分离粉尘的机理要求使粉尘粒子荷电。还可以通过把含尘气流纳入同性荷电离子流的方法使粒子荷电。

利用静电力机理实现粉尘分离时，只有使粒子在电场内长时间逗留才能达到高效率。这就决定了电力净化装置的体积，为了保证含尘气流在电除尘器内长时间逗留的需要，电除尘器尺寸一般十分庞大，因而相应地提高了设备造价。

（5）粉尘分离的扩散过程　绝大多数悬浮粒子在触及固体表面后就留在表面上，以此种方式从该表面附近的粒子总数中分离出来。所以，靠近沉积表面产生粒子浓度梯度。因为粉尘微粒在某种程度上参加其周围分子的布朗运动，故而粒子不断地向沉积表面运动，使浓度差趋向平衡。粒子浓度梯度越大，这一运动就越加剧烈。悬浮在气体中的粒子尺寸越小，则参加分子布朗运动的程度就越强，粒子向沉积表面的运动也相应地显得更加剧烈。

（6）热力沉淀作用　管道壁和气流中悬浮粒子的温度差影响这些粒子的运动。如果在热管壁附近有一不大的粒子，则由于该粒子受到迅速而不均匀加热的结果，其最靠近管壁的一侧就显得比较热，而另一侧则比较冷。靠近较热侧的分子在与粒子碰撞后，以大于靠近冷侧分子的速度飞离粒子，朝着背离受热管壁的方向运动，从而引起粒子沉降效应，即所谓热力沉淀。

当除尘器内的积尘表面用人工方法冷却时热力沉淀的效应特别明显。

（7）凝聚作用　凝聚是气体介质中的悬浮粒子在互相接触过程中发生黏结的现象。之所以会发生这种现象，也许是粒子在布朗运动中发生碰撞的结果，也可能是由于这些粒子的运动速度存在差异所致。粒子周围介质的速度发生局部变化，以及粒子受到外力的作用，均可能导致粒子运动速度产生差异。

当介质速度局部变化时，所发生的凝聚作用在湍流脉动中显得特别明显，因为粒子被介质吹散后，由于本身的惯性，跟不上气体单元体积运动轨迹的迅速变化，结果粒子互相碰撞。

如果是多分散性粉尘，细微粒子与粗大粒子凝聚，而且细微粒子越多，其尺寸与粗大粒子的尺寸差别越大，凝聚作用进行越快。粒子的凝聚作用为一切除尘设备提供良好的捕尘条件，但在工业条件下很难控制凝聚作用。

从废气中将颗粒物分离出来并加以捕集、回收的过程称为除尘，实现上述过程的设备装置称为除尘器。

常用的颗粒物治理方法有如下几种。

（一）重力除尘法

1. 除尘基本原理

利用粉尘与气体的密度不同，使粉尘靠自身的重力从气流中自然沉降下来，达到分离或捕集含尘气流中粒子的目的。

为使粉尘从气流中自然沉降，采用的一般方法是在输送气体的管道中置入一扩大部分，在此扩大部分气体流动速度降低，一定粒径的粒子即可从气流中沉降下来。

2. 重力除尘器的形式

重力除尘器的形式如图 3-2 和图 3-3 所示。

重力除尘器结构简单、阻力小、投资省，可处理高温气体；但除尘效率低，只对粒径在 $50\mu m$ 以上的尘粒具有较好的捕集作用，占地面积大，因此只能作为初级除尘手段。

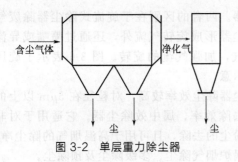

图 3-2　单层重力除尘器

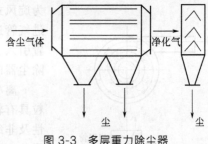

图 3-3　多层重力除尘器

（二）惯性力除尘法

1. 除尘基本原理

利用粉尘与气体在运动中的惯性力不同，使粉尘从气流中分离出来。在实际应用中实现惯性分离的一般方法是使含尘气流冲击在挡板上，使气流方向发生急剧改变，气流中的尘粒惯性较大，不能随气流急剧转弯，便从气流中分离出来。在惯性除尘方法中，除利用了粒子在运动中的惯性较大外，还利用了粒子的重力和离心力。

2. 常用设备及主要性能

惯性除尘器结构形式多样，主要有反转式和碰撞式，图 3-4 和图 3-5 表示的即为反转式和碰撞式惯性除尘器的结构示意。

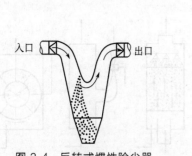

图 3-4　反转式惯性除尘器

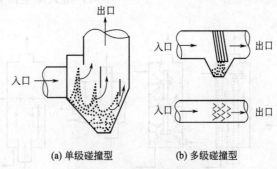

(a) 单级碰撞型　　　(b) 多级碰撞型

图 3-5　碰撞式惯性除尘器

惯性除尘器适用于非黏性、非纤维性粉尘的去除。设备结构简单，阻力较小；但分离效率较低，只能捕集粒径在 $10\sim20\mu m$ 以上的粗尘粒，故只能用于多级除尘中的第一级除尘。

（三）离心力除尘法

1. 除尘基本原理

利用含尘气体的流动速度，使气流在除尘装置内沿某一方向做连续的旋转运动，粒子在随气流的旋转中获得离心力，导致粒子从气流中分离出来。

2. 常用设备及主要性能

利用离心力进行除尘的设备有旋风式除尘器和旋流式除尘器两大类，其中最常用的设备

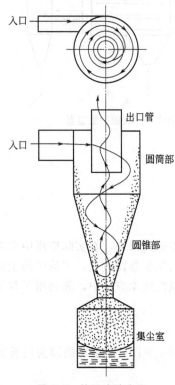

图 3-6 旋风式除尘器

为旋风式除尘器。两者的区别在于旋流式除尘器除废气由进气管进入除尘器形成旋转气流外，还通过喷嘴或导流装置引入二次空气，加强气流的旋转。图 3-6 表示了旋风式除尘器的结构示意。

离心式除尘器除尘效率较高，对粒径在 $5\mu m$ 以上的颗粒具有较好的去除效率，属中效除尘器。它适用于对非黏性及非纤维性粉尘的去除，且可用于高温烟气的除尘净化，因此广泛用于锅炉烟气除尘、多级除尘及预除尘。

（四）湿式除尘法

湿式除尘也称为洗涤除尘。

1. 除尘基本原理

该种除尘方法是用液体（一般为水）洗涤含尘气体，利用形成的液膜、液滴或气泡捕获气体中的尘粒，尘粒随液体排出，气体得到净化。液膜、液滴或气泡主要是通过惯性碰撞、细小尘粒的扩散作用，液滴、液膜使尘粒增湿后的凝聚作用及对尘粒的黏附作用，达到捕获废气中尘粒的目的。

2. 常用设备及方法的主要特点

湿式除尘器结构类型种类繁多，不同设备的除尘机制不同，能耗不同，适用的场合也不相同。按其除尘机制的不同，湿式除尘器有七种不同的结构类型，如图 3-7 所示。

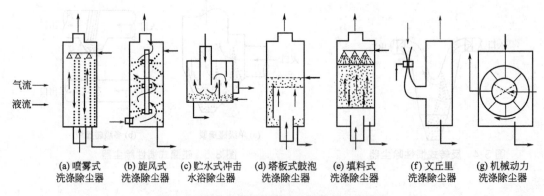

气流→
液流→

(a) 喷雾式　　(b) 旋风式　　(c) 贮水式冲击　　(d) 塔板式鼓泡　　(e) 填料式　　(f) 文丘里　　(g) 机械动力
洗涤除尘器　洗涤除尘器　水浴除尘器　　洗涤除尘器　洗涤除尘器　洗涤除尘器　洗涤除尘器

图 3-7 常见七种类型湿式除尘器的工作示意

湿式除尘器除尘效率高，特别是高能量的湿式洗涤除尘器，在清除 $0.1\mu m$ 以下的粉尘粒子时仍能保持很高的除尘效率。湿式洗涤除尘器对净化高温、高湿、易燃、易爆的气体具有很高的效率和很好的安全性。湿式除尘器在去除废气中粉尘粒子的同时，还能通过液体的吸收作用同时将废气中有毒有害的气态污染物去除，这是其他除尘方法无法做到的。

湿式除尘器在应用中也存在一些明显的缺点。首先是湿式除尘器用水量大，且废气中的污染物在被从气相中清除后，全部转移到了水相中，因此对洗涤后的液体必须进行处理。对沉渣要进行适当的处置，澄清水则应尽量回用，否则不仅会造成二次污染，而且也会造成水资源的浪费。另外，在对含有腐蚀性气态污染物的废气进行除尘时洗涤后液体将具有一定程度的腐蚀性，对除尘设备及管路提出了更高的要求。

（五）过滤除尘法

1. 除尘基本原理

过滤式除尘是使含尘气体通过多孔滤料，把气体中的尘粒截留下来，使气体得到净化。滤料对含尘气体的过滤，按滤尘方式有内部过滤与外部过滤之分。内部过滤是把松散多孔的滤料填充在设备的框架内作为过滤层，尘粒在滤层内部被捕集；外部过滤则是用纤维织物、滤纸等作为滤料，废气穿过织物等时尘粒在滤料的表面被捕集。

过滤式除尘器的滤料是通过滤料孔隙对粒子的筛分作用，粒子随气流运动中的惯性碰撞作用，细小粒子的扩散作用，以及静电引力和重力沉降等机制的综合作用结果，达到除尘的目的。

2. 常用设备及方法特点

目前我国采用最广泛的过滤集尘装置是袋式除尘器，其基本结构是在除尘器的集尘室内悬挂若干个圆形或椭圆形的滤袋，当含尘气流穿过这些滤袋的袋壁时，尘粒被袋壁截留，在袋的内壁或外壁聚集而被捕集。图 3-8 为袋式除尘器的示意。

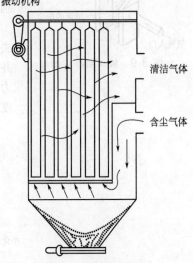

图 3-8 袋式除尘器

袋式除尘器一般是按其清灰方式的不同而分类，主要有：

（1）机械振打袋式除尘器 利用机械装置的运动，周期性地振打布袋使积灰脱落。

（2）气流反吹袋式除尘器 利用与含尘气流流动方向相反的气流穿过袋壁，使集附于袋壁上的灰尘脱落。

（3）气环反吹袋式除尘器 对于含尘气体进入滤袋内部，尘粒被阻留在滤袋内表面的内滤式除尘器，在滤袋外部设置一可上下移动的气环箱，不断向袋内吹出反向气流，构成气环反吹的袋式除尘器，可在不间断滤尘的情况下，进行清灰。

（4）脉冲喷吹袋式除尘器 这是一种周期性地向滤袋内喷吹压缩空气以清除滤袋积尘的袋式除尘器。

气环反吹式与脉冲喷吹式属于最新发展的高效率除尘设备，其中尤以脉冲喷吹式具有处理气量大、效率高、对滤袋损伤少等优点，在大、中型除尘工程中被广泛采用。

袋式除尘器属于高效除尘器，对细粉具有很强的捕集效果，被广泛应用于各种工业废气的除尘中，但它不适于处理含油、含水及黏结性粉尘，同时也不适于处理高温含尘气体。

（六）电除尘法

1. 除尘基本原理

电除尘是利用高压电场产生的静电力（库仑力）的作用实现固体粒子或液体粒子与气流

分离。这种电场应是高压直流不均匀电场，构成电场的放电极是表面曲率很大的线状电极，集尘极则是面积较大的板状电极或管状电极。

在放电极与集尘极之间施以很高的直流电压时，两极间所形成的不均匀电场使放电极附近电场强度很大，当电压加到一定值时，放电极产生电晕放电，生成的大量电子及阴离子在电场力作用下，向集尘极迁移。在迁移过程中中性气体分子很容易捕获这些电子或阴离子形成负离子。当这些带负电荷的粒子与气流中的尘粒相撞并附着其上时，就使尘粒带上了负电荷。荷电粉尘在电场中受库仑力的作用被驱往集尘极，在集尘极表面尘粒放出电荷后沉积其上，当粉尘沉积到一定厚度时用机械振打等方法将其清除。

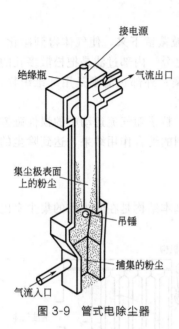

图 3-9　管式电除尘器

2. 常用设备及方法特点

电除尘中常用设备为电除尘器。工业上广泛应用的电除尘器是管式电除尘器和板式电除尘器。前者的集尘极是圆筒状的，后者的集尘极是平板状的。电晕电极（放电极）均使用的是线状电极，电晕电极上一般加的均是负电压，即产生的是负电晕，只有在用于空气调节的小型电除尘器上时采用正电晕放电，即在电晕极上加上正电压。图 3-9 和图 3-10 分别是管式电除尘器和板式电除尘器的结构示意。

电除尘器是一种高效除尘器，除尘效率可达 99% 以上，去除细微粉尘捕集性能优异，捕集最小粒径可达 $0.05\mu m$，并可按要求获得从低效到高效的任意除尘效率。电除尘器阻力小，能耗低，可允许的操作温度高，在 $250\sim500℃$ 的温度范围内均可操作。

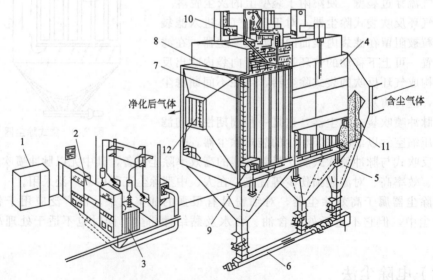

图 3-10　板式电除尘器示意

1—低压电源控制柜；2—高压电源控制柜；3—电源变压器；4—电除尘器本体；5—下灰斗；6—螺旋除灰机；
7—放电极；8—集尘极；9—集尘极振打清灰装置；10—放电极振打清灰装置；
11—进气气流分布板；12—出气气流分布板

电除尘器设备庞大，占地面积大，尤其是设备投资高，因此只有在处理大流量烟气时才能在经济上、技术上显示其优越性。

三、气态污染物治理方法

气态污染物种类繁多，特性各异，因此相应采用的治理方法也各不相同，常用的有吸收法、吸附法、催化净化法、燃烧法、冷凝法、生物法、膜分离法等。

（一）吸收法

吸收法是分离、净化气体混合物最重要的方法之一，在气态污染物治理工程中，被广泛用于治理 SO_2、NO_x、氟化物、氯化氢等废气中。

1. 吸收基本原理

当采用某种液体处理气体混合物时，在气-液相的接触过程中，气体混合物中的不同组分在同一种液体中的溶解度不同，气体中的一种或数种溶解度大的组分将进入到液相中，从而使气相中各组分相对浓度发生了改变，即混合气体得到分离净化，这个过程称为吸收。用吸收法治理气态污染物即是用适当的液体作为吸收剂，使含有有害组分的废气与其接触，使这些有害组分溶于吸收剂中，气体得到净化。

在用吸收法治理气态污染物的过程中，依据吸收质（被吸收的组分）与吸收剂是否发生化学反应，而将其分为物理吸收与化学吸收。前者在吸收过程中进行的是纯物理溶解过程，如用水吸收 CO_2 或 SO_2 等；而后者在吸收中常伴有明显的化学反应发生，如用碱溶液吸收 CO_2，用酸溶液吸收氨等。化学反应的存在增大了吸收的传质系数和吸收推动力，加大了吸收速率，因而在处理以气量大、有害组分浓度低为特点的各种废气时，化学吸收的效果要比物理吸收效果好得多，因此在用吸收法治理气态污染物时多采用化学吸收法。

2. 吸收流程

（1）吸收工艺　根据吸收剂与废气在吸收设备内的流动方向，可将吸收工艺分为：

① 逆流操作。即在吸收设备中，被吸收气体由下向上流动，而吸收剂则由上向下流动，在气、液逆向流动的接触中完成传质过程。

② 并流操作。被吸收气体与吸收剂同时由吸收设备的上部向下部同向流动。

③ 错流操作。被吸收气体与吸收剂呈交叉方向流动。

在实际的吸收工艺中，一般均采用逆流操作。

（2）吸收流程　吸收流程布置可分为非循环过程与循环过程两种。

① 非循环过程。流程布置的主要特点是对吸收剂不予再生，即没有吸收质的解吸过程，具体流程如图 3-11 所示。图 3-11 中右侧所示流程中虽有部分吸收剂进行循环，但循环部分与非循环部分均无吸收剂的再生步骤。

② 循环过程。流程的主要特点是吸收剂的封闭循环，在吸收剂的循环中对其进行再生，具体流程如图 3-12 所示。

待净化气体进入吸收塔进行吸收，塔底排出的吸收液进入解吸塔或再生塔，用适当的方法使吸收质从吸收液中释出，再生后的吸收剂入吸收塔重新使用。

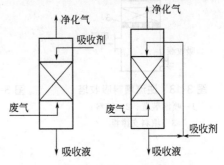

图 3-11　非循环过程气体吸收流程

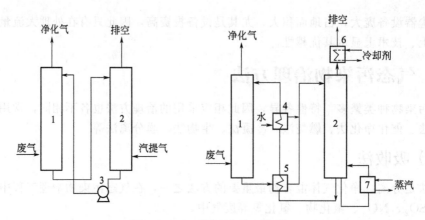

图 3-12　循环过程气体吸收流程

1—吸收塔；2—解吸塔；3—泵；4—冷却器；5—换热器；6—冷凝器；7—再沸器

3. 常用吸收设备

吸收设备种类很多，每一种类型的吸收设备都有着各自的长处与不足，选择一个适宜的吸收设备，应考虑如下因素：a. 对废气处理能力大；b. 对有害组分吸收净化效率高；c. 设备结构简单，操作稳定；d. 气体通过阻力小；e. 操作弹性大，能适应较大的负荷波动；f. 投资省等。

目前工业上常用的吸收设备主要有三大类。

（1）表面吸收器　凡能使气液两相在固定接触表面上进行吸收操作的设备均称为表面吸收器。属于这种类型的设备有水平表面吸收器、液膜吸收器以及填料塔等。在气态污染物治理中应用最普遍的是填料塔，特别是逆流填料塔。由于在这种类型的塔中，废气在沿塔上升的同时，污染物浓度逐渐下降，而塔顶喷淋的总是较为新鲜的吸收液，因而吸收传质的平均推动力最大，吸收效果好。典型逆流填料吸收塔如图 3-13 所示。

（2）鼓泡式吸收器　在这类吸收器内都有液相连续的鼓泡层，分散的气泡在穿过鼓泡层时有害组分被吸收。属于这一类型的设备有鼓泡塔和各种板式吸收塔。在气态污染物治理中应用较多的是鼓泡塔和筛板塔，图 3-14 和图 3-15 分别是连续鼓泡吸收塔和筛板吸收塔的示意。

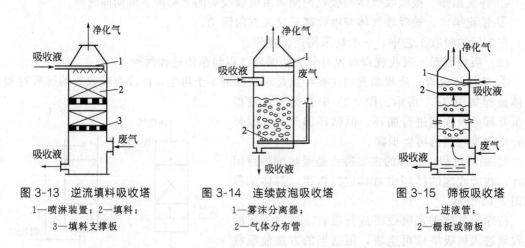

图 3-13　逆流填料吸收塔

1—喷淋装置；2—填料；
3—填料支撑板

图 3-14　连续鼓泡吸收塔

1—雾沫分离器；
2—气体分布管

图 3-15　筛板吸收塔

1—进液管；
2—栅板或筛板

（3）喷洒式吸收器　这类吸收器是用喷嘴将液体喷射成为许多细小的液滴，或用高速气流的挟带将液体分散为细小的液滴，以增大气-液相的接触面积，完成物质的传递。比较典型的设备是空心喷淋吸收器和文丘里吸收器。

① 空心喷淋吸收塔（见图 3-16）设备结构简单，造价低廉，气体通过的阻力降很小，并可吸收含有黏污物及颗粒物的气体，但其吸收效率很低，因此应用受到极大限制。

② 文丘里吸收器（见图 3-17）结构简单，处理废气量大，净化效率高，但其阻力大，动力消耗大，因此对一般气态污染物治理时应用受限制，比较适于处理含尘气体。

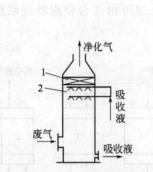

图 3-16　空心喷淋吸收塔
1—除雾器；2—吸收液喷淋器

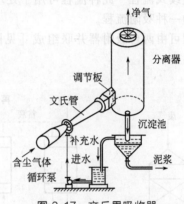

图 3-17　文丘里吸收器

4. 吸收法特点

采用吸收法治理气态污染物具有工艺成熟、设备简单、一次性投资低等特点，而且只要选择到适宜的吸收剂，对所需净化组分可以具有很高的捕集效率。此外，对于含尘、含湿、含黏污物的废气也可同时处理，因而应用范围广泛。但由于吸收是将气体中的有害物质转移到了液体中，这些物质中有些还具有回收价值，因此对吸收液必须进行处理，否则将导致资源的浪费或引起二次污染。

（二）吸附法

1. 吸附基本原理

由于固体表面上存在着未平衡和未饱和的分子引力或化学键力，因此当固体表面与气体接触时，就能吸引气体分子，使其富集并保留在固体表面，这种现象称为吸附。用吸附法治理气态污染物就是利用固体表面的这种性质，使废气与其表面的多孔性固体物质相接触，废气中的污染物被吸附在固体表面上，使其与气体混合物分离，达到净化目的。

吸附过程是可逆过程，在吸附组分被吸附的同时，部分已被吸附的吸附组分可因分子热运动而脱离固体表面回到气相中去，这种现象称为脱附。当吸附速度与脱附速度相等时，达到吸附平衡。吸附平衡时，吸附的表观过程停止，吸附剂丧失了继续吸附的能力。在吸附过程接近或达到平衡时，为了恢复吸附剂的吸附能力，需采用一定的方法使吸附组分从吸附剂上解脱下来，谓之吸附剂的再生。吸附法治理气态污染物应包括吸附及吸附剂再生的全部过程。

根据气体分子与固体表面分子作用力的不同，吸附可分为物理吸附与化学吸附。前者是分子间力作用的结果，后者则是分子间形成化学键的结果，当前的吸附治理大多应用的是物理吸附。

2. 吸附流程

实用的吸附流程有多种形式，可依据生产过程的需要进行选择。

（1）间歇式流程　一般均由单个吸附器组成，如图 3-18 所示。只应用于废气间歇排放，且排气量较小、污染物浓度较低的情况。吸附饱和后的吸附剂需要再生。当间歇排气的间隔时间大于吸附剂再生所用时间时，可在原吸附器内进行吸附剂的再生；当排气间歇时间小于再生所用时间时，可将器内吸附剂更换，失效吸附剂集中再生。

（2）半连续式流程　此种流程可用于处理间歇排气，也可用于处理连续排气的场合。是应用最普遍的一种吸附流程。

吸附流程可由两台吸附器并联组成［见图 3-19（a）］，也可由 3 台吸附器并联组成［见图 3-19（b）］。

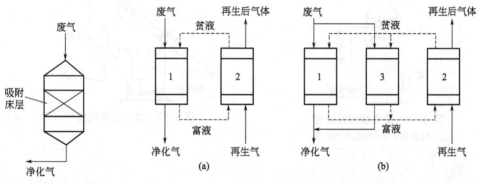

图 3-18　间歇式吸附流程

图 3-19　半连续式吸附流程

1—吸附器；2—再生器；3—冷却器（吸附或备用）

在用 2 台吸附器并联时，其中 1 台吸附器进行吸附操作，另 1 台吸附器则进行再生操作，一般是在再生周期小于吸附周期时应用。

当再生周期大于吸附周期时，则需用 3 台吸附器并联组成流程，其中 1 台进行吸附，1 台进行再生，而第 3 台则进行冷却或其他操作，以备投入吸附操作中。

（3）连续式流程　应用于连续排出废气的场合，流程一般均由连续操作的流化床吸附器、移动床吸附器等组成。流程特点是在吸附操作进行的同时，不断有吸附剂移出床外进行再生，并不断有新鲜吸附剂或再生后吸附剂补充到床内，即吸附与吸附剂的再生是不间断地同时进行。

3. 常用吸附设备

在采用吸附法治理气态污染物时最常用的设备是固定床吸附器。

其他的吸附器形式还有流化床吸附器、移动床吸附器和旋转式吸附器。由于这些设备结构复杂、操作要求高或由于工艺不够成熟，目前在废气治理中应用较少。

吸附设备的具体结构见第十五章。

4. 吸附法特点

① 吸附净化法的净化效率高，特别是对低浓度气体仍具有很强的净化能力，若单纯就净化程度而言，只要吸附剂有足够的用量，那么可以达到任何要求的净化程度。因此，吸附法特别适用于排放标准要求严格或有害物浓度低，用其他方法达不到净化要求的气体的净化，常作为深度净化手段或最终控制手段。

② 吸附剂在使用一段时间后，吸附能力会明显下降乃至丧失，因此要不断地对失效吸

附剂进行再生。通过再生，可以使吸附剂重复使用，降低吸附费用；还可以回收有用物质。但再生需要有专门的设备和系统供应蒸汽、热空气等再生介质，使设备费用和操作费用大幅度增加，并且使整个吸附操作繁杂，因此这是限制吸附法更广泛使用的一个主要原因。为了不使吸附剂再生过程过于频繁，对高浓度废气的净化不宜采用吸附法。

（三）催化净化法

1. 催化净化法基本原理

催化法净化气态污染物是利用催化剂的催化作用，使废气中的有害组分发生化学反应并转化为无害物或易于去除物质的一种方法。

（1）催化剂　在进行化学反应时，向反应系统中加入数量很少的某些物质可使反应进行的速率明显加快，而在反应终了时这些物质的量及性质几乎不发生变化，加入的这些物质被称为催化剂。

催化剂一般是由多种物质组成的复杂体系，按各物质所起作用的不同主要分为：a. 活性组分，是催化剂能加速反应的关键组分；b. 载体，是分散、负载活性组分的支撑物；c. 助催化剂，是改善催化剂活性及热稳定等性能的添加物。

催化剂在使用中除具有加快反应速率的作用（催化活性）外，还对反应具有特殊的选择性，即一种催化剂只对某一特定反应具有明显的加速作用。催化剂的活性与选择性是衡量催化剂性能好坏的最主要的指标。

催化剂必须在适宜的操作条件下使用。特别是反应温度的变化对催化剂的使用寿命有着明显的影响，各种催化剂都有各自的使用温度范围（活性温度范围），在此温度范围内，催化剂对反应具有明显的加速作用；温度过高，会使催化剂烧毁而导致活性的丧失。此外，使用时间的延长、操作条件控制不当、某些对催化剂具有毒害作用的物质的存在，都会导致催化剂活性的降低乃至使活性完全丧失。

（2）催化作用　催化剂对化学反应的影响叫作催化作用，催化剂对化学反应的活性和选择性都是催化作用的表现。

2. 催化反应流程

目前在气态污染物治理中，应用较多的催化反应类型有以下几种。

（1）催化氧化反应　此法是在催化剂的作用下，利用氧化剂（如空气中的氧）将废气中的有害物氧化为易回收、易去除的物质。如用催化氧化法将废气中的 SO_2 氧化为 SO_3，进而制成硫酸。

（2）催化还原反应　该法是在催化剂的作用下，利用还原剂将废气中的有害物还原为无害物或易去除物质。如用催化还原法将废气中的 NO_x 还原为 N_2 和水。

（3）催化燃烧反应　在化学反应过程中，利用催化剂降低燃烧温度，加速有毒有害气体完全氧化的方法，叫作催化燃烧法。由于催化剂的载体是由多孔材料制作的，具有较大的比表面积和合适的孔径，当加热到 $300\sim450℃$ 的有机气体通过催化层时，氧和有机气体被吸附在多孔材料表层的催化剂上，增加了氧和有机气体接触碰撞的机会，提高了活性，使有机气体与氧产生剧烈的化学反应而生成 CO_2 和 H_2O，同时产生热量，从而使得有机气体变成无毒无害气体。

由于每种催化剂都有各自的活性温度范围，因此必须要使被处理废气达到一定的温度才能进行正常的反应；由于上述反应一般均为放热反应，对反应后的高温气体应该进行热量回收；又由于催化剂本身对灰尘和毒物敏感，故对进气要求有预处理。因此，在催化反应流程中一般应包括有预处理、预热、反应、热回收等部分，但可根据不同的条件和要求，进行不同的配置。催化燃烧流程如图 3-20 所示。图 3-20（a）为无热量回收的一般形式，应用于处理气量较小的情况；图 3-20（b）为有回收热量预热反应进气的流程形式，应用较为普遍；图 3-20（c）和（d）为进一步将热量回收利用的流程形式，应用于处理气量大或放热量多的场合。

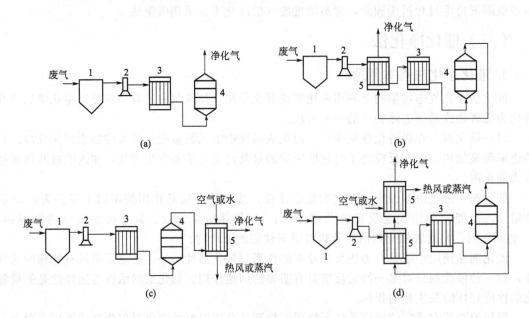

图 3-20　催化燃烧流程示意

1—预处理；2—鼓风机；3—预热器；4—反应器；5—换热器

3. 催化反应设备

在催化净化工程中，最常用的设备为固定床催化反应器，按其结构形式分基本上有以下 3 类。

（1）管式固定床反应器　该种反应器结构示意如图 3-21 所示，有多管式与列管式之分。在多管式反应器中，催化剂装填在管内，换热流体在管间流动；列管式的催化剂装在管间，换热流体则在管内流动。列管式反应器由于催化剂装卸不便而很少应用。

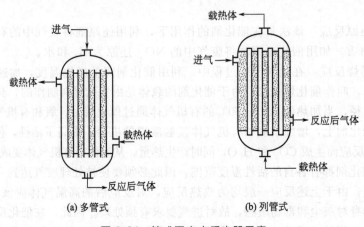

图 3-21　管式固定床反应器示意

（2）搁板式固定床反应器　搁板式反应器的结构示意如图 3-22 所示。搁板式反应器属于绝热式反应器，反应床层与外界环境基本上无热量交换。多段式反应器就是在催化剂层之间设置换热装置，以利于反应热的移出。

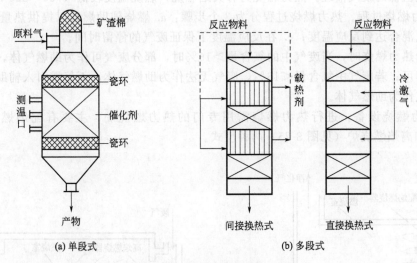

图 3-22　搁板式固定床反应器

（3）径向固定床反应器　前面两种类型的反应器，反应气流均沿设备轴向流动。而在径向反应器中，反应气流是沿设备的径向流动，气流流程短，因而阻力降小，动力消耗少，且可采用较细的催化剂颗粒，但它也属于绝热反应器，对热效应大的反应不适用。径向固定床反应器结构如图 3-23 所示。

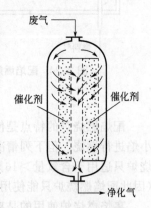

图 3-23　径向固定床
反应器示意

4. 催化净化法特点

催化方法净化效率较高，净化效率受废气中污染物浓度影响较小；在治理废气过程中，无需将污染物与主气流分离，可直接将主气流中的有害物转化为无害物，避免了二次污染。但所需催化剂一般价格较贵，需专门制备。催化剂本身易被污染，因此对进气品质要求高；此外，废气中的有害物质很难作为有用物质进行回收；不适于间歇排气的治理过程等也限制了它的应用。

（四）燃烧法

1. 燃烧法基本原理

燃烧是伴随有光和热的激烈化学反应过程，在有氧存在的条件下，当混合气体中可燃组分浓度在燃烧极限浓度范围内时，一经明火点燃，可燃组分即可进行燃烧。燃烧净化法即是对含有可燃有害组分的混合气体进行氧化燃烧或高温分解，从而使这些有害组分转化为无害物质的方法。因此燃烧法主要应用于烃类化合物、一氧化碳、恶臭、沥青烟、黑烟等有害物质的净化治理。

2. 燃烧法分类及工艺过程

（1）直接燃烧　该法是把废气中的可燃有害组分当作燃料直接烧掉，因此只适用于净化含可燃组分浓度高或有害组分燃烧时热值较高的废气。直接燃烧是有火焰燃烧，燃烧温度高

（>1100℃），一般的窑、炉均可作直接燃烧的设备。火炬燃烧也属于直接燃烧的一种形式。

（2）热力燃烧　热力燃烧是利用辅助燃料燃烧放出的热量将混合气体加热到一定温度，使可燃的有害物质进行高温分解变为无害物质。热力燃烧一般用于可燃有机物含量较低的废气或燃烧热值低的废气治理。热力燃烧为有火焰燃烧，燃烧温度较低（760~820℃）。

① 热力燃烧过程。热力燃烧过程分为 3 个步骤：a. 燃烧辅助燃料以提供热量；b. 废气与高温燃气混合达到反应温度；c. 在反应温度下保证废气的停留时间。

在进行热力燃烧时，当废气中的氧含量>16％时，部分废气可作为助燃气体，只需引入辅助燃料即可；若废气中氧含量<16％，废气无法作为助燃气体，不仅需引入辅助燃料，还需引入空气作为助燃气体。

② 热力燃烧设备。进行热力燃烧需用专门的热力燃烧炉，主要有配焰燃烧炉（见图 3-24）和离焰燃烧炉（见图 3-25）两种型式。

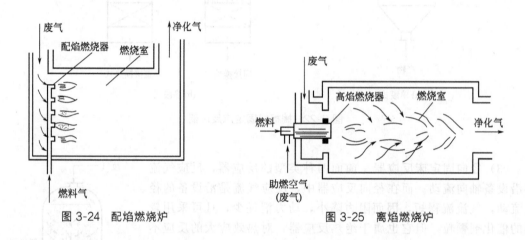

图 3-24　配焰燃烧炉　　　　　　　　图 3-25　离焰燃烧炉

配焰燃烧炉的特点是使用了配焰燃烧器，通过燃烧器在燃烧炉断面上将燃气配布成许多小焰进行燃烧。但下列情况不宜使用配焰燃烧炉：a. 废气缺氧，需补充空气（因此配焰燃烧炉只适用于含氧量>16％的废气治理）；b. 废气中含有焦油及颗粒物；c. 以燃油作燃料（因此配焰燃烧炉只能使用气体燃料）。

离焰燃烧炉使用的是离焰燃烧器，通过燃烧器在燃烧炉断面上只配布 1~4 个较大的火焰。此类燃烧炉可燃气，亦可燃油；可用废气助燃，亦可引入空气助燃，因此对废气中的含氧量没有限制。

（五）冷凝法

1. 冷凝法基本原理

在气液两相共存的体系中，存在着组分的蒸气态物质由于凝结变为液态物质的过程，同时也存在着该组分液态物质由于蒸发变为蒸气态物质的过程。当凝结与蒸发的量相等时称达到相平衡。相平衡时液面上的蒸气压力即为该温度下与该组分相对应的饱和蒸气压。若气相中组分的蒸气压力小于其饱和蒸气压，液相组分将挥发至气相；若气相中组分蒸气压力大于其饱和蒸气压，蒸气就将凝结为液体。

同一物质饱和蒸气压的大小与温度有关。温度越低，饱和蒸气压值越低。对含有一定浓度的有机蒸气的废气，在将其降温时废气中有机物蒸气浓度不变，但与其相应的饱和蒸气压值却随温度的降低而降低。当将废气降到某一温度，与其相应的饱和蒸气压值已低于废气组分分压时，该组分就要凝结为液体，废气中组分分压值即可降低，即实现了气体分离的目的。在一定压力下，一定组成的蒸气被冷却时，开始出现液滴的温度称为露点温度。对含易凝缩的有害气体或蒸气态物质进行冷却，当温度降到露点温度以下时才能将蒸气部分冷凝下来，凝结出来的液体量即是有害气体组分被净化的量，凝结净化的程度以该冷却温度下的组分饱和蒸气压为极限，冷却温度越低，净化程度越高。图 3-26 为某些有机溶剂在常压下的饱和蒸气压与温度的关系曲线。

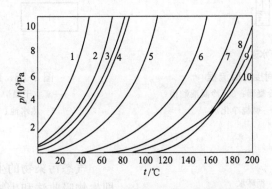

图 3-26　某些有机溶剂的饱和蒸气压与温度的关系曲线

1—二硫化碳；2—丙酮；3—四氯化碳；4—苯；5—甲苯；6—松节油；

7—苯胺；8—苯甲酚；9—硝基苯；10—硝基甲苯

使气体中的蒸气冷凝为液体，可以采用冷却的方法，也可以采用压缩的方法，或将两者结合使用。

2. 冷凝流程与设备

冷凝法所用设备主要分为两大类。

（1）表面冷凝器　是使用一间壁将冷却介质与废气隔开，使其不互相接触，通过间壁将废气中的热量移除，使其冷却。列管式冷凝器、喷洒式蛇管冷凝器等均属于这类设备。使用这类设备可回收被冷凝组分，但冷却效率较差。

（2）接触冷凝器　将冷却介质（通常采用冷水）与废气直接接触进行换热的设备。冷却介质不仅可以降低废气温度，而且可以溶解有害组分。喷淋塔、填料塔、板式塔、喷射塔等均属于这类设备。使用这类设备冷却效果好，但冷凝物质不易回收，且对排水要进行适当处理。

根据所用设备的不同，冷凝流程也分为直接冷凝流程与间接冷凝流程两种。图 3-27 为间接冷凝流程；图 3-28 为直接冷凝流程。

（六）生物法

气态污染物的生物处理是利用微生物的生命活动过程把废气中的污染物转化为低害甚至无害物质的处理方法，生物处理过程适用范围广，处理设备简单，处理费用低，因而在废气治理中得到了广泛应用，特别适用有机废气的净化过程。生物净化法的缺点是不能回收污染物质，也不适于高浓度气态污染物的处理。

根据处理过程中微生物的种类不同，生物净化法可分为需氧生物氧化和厌氧生物氧化两大类，它们的处理原理与废水的生化处理法相同。

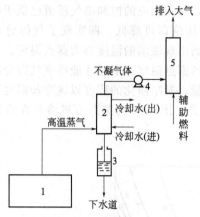

图 3-27 间接冷凝流程
1—真空干燥炉；2—冷凝器；3—冷凝液贮槽；
4—风机；5—燃烧净化炉

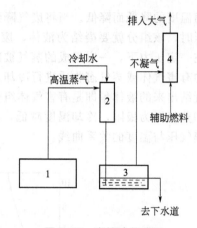

图 3-28 直接冷凝流程
1—真空干燥炉；2—接触冷凝器；
3—热水池；4—燃烧净化炉

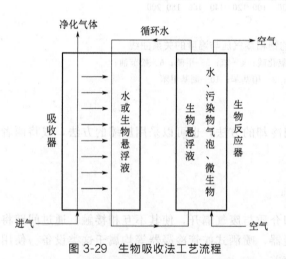

图 3-29 生物吸收法工艺流程

气态污染物的生物净化法主要有两种，即生物吸收法和生物过滤法。

1. 生物吸收法基本原理

生物吸收法是先把气态污染物用吸收剂吸收，使之从气相转移到液相，然后再对吸收液进行生物化学处理的办法。

生物吸收法的工艺流程如图 3-29 所示。待处理废气从吸收器底部通入，与水逆流接触，气态污染物被水（或生物悬浮液）吸收，净化后的气体从顶部排出。含污染物的吸收液从吸收器的底部流出，送入生物反应器经微生物的生物化学作用使之得以再生，然后循环使用。

2. 生物过滤法基本原理

生物过滤法是利用附着在固体过滤材料表面的微生物的作用来处理污染物的方法，它常用于有臭味废气的处理。

采用生物过滤法处理废气必须满足以下几个条件：

① 废气中所含污染物必须能被过滤材料所吸附；

② 被吸附的污染物可被微生物所降解，使之转化为低毒或无毒物质；

③ 生物转化的产物不会影响主要的物质转化过程。

生物过滤法所用的过滤装置如图 3-30 所示，池的下部铺一层砾石，内设气体分配管，砾石层上堆放过滤材料，通常是可供微生物生长的培养基，如纤维状泥炭、固体废物和

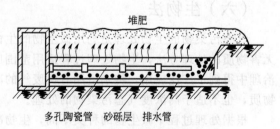

图 3-30 生物过滤装置示意

堆肥。池底设有排水管，以排除多余的水。

（七）膜分离法

将气体混合物在一定的压力梯度作用下通过特定的薄膜，对于不同气体具有不同的透过速度，从而使混合物中的不同组分得以分离。选择不同结构的膜就可分离不同的气态污染物，这就是气态污染物的膜分离法。

1. 基本原理

气体通过膜的渗透情况较为复杂，对于不同的膜，渗透情况不同，机理也各异，总的来说可分为两大类：第一类是通过多孔型膜的流动，这种膜是微孔膜，孔径大小为 $5\sim30\mu m$。该膜具有活泼的毛细管体系，对气体组分具有吸附力而造成流动，故也称"吸附型"膜，其渗透属微孔扩散机理；第二类是通过非多孔型膜的渗透，非多孔膜实际上也有小孔，但孔径很小，亦称"扩散型"膜，气体通过非多孔膜时可用溶解机理来解释。首先是气体与膜接触，接着是气体向膜表面溶解。由于气体溶解产生浓度梯度，致使气体在膜中向另一侧扩散迁移，最后到达另一侧而脱溶出来。气体在膜中的流动是扩散溶解流动。

不同种类的气体分子通过膜时的渗透速率不等，因而得以分离，一般来说，混合气体分子量差别越大，分离效果越好。

2. 气体分离膜

用于气态污染物分离的气体分离膜应满足下述要求：

① 具有较高的气体渗透通量；

② 具有较高的选择性；

③ 能在高压下工作（$13\sim20MPa$），膜上下游压差 $>13MPa$；

④ 能在各种杂质影响下保持其特性和功能；

⑤ 使用中能维持高效，在操作弹性大的情况下仍稳定有用。

气体分离膜有固体膜和液体膜两种。液膜技术是近期发展起来的，它可以分离废气中 SO_2、NO_2、H_2S、CO_2 等，但还没进入工业规模的运行阶段。目前在工业部门应用的主要还是固体膜。

固体膜的种类很多，按膜孔隙大小差别可分为多孔膜（如烧结玻璃、醋酸纤维膜）、非多孔膜（如均质醋酸纤维、硅氧烷橡胶、聚碳酸酯）；按膜的结构可分为均质膜和复合膜，复合膜是由多孔质体与非多孔质体组成的多层复合体；按膜的制作材料可分为无机膜和高分子膜；按膜的形状可分为平板式、管式、中空纤维式等。

用于分离气态污染物的膜多为高分子材料制成，例如日本手冢育志等研制的亚砜（如二甲基亚砜）化或砜（如环丁砜）化改性聚乙二醇对 SO_2 的分离有很好的效果。而对于高温、高压、强腐蚀性环境中的气体分离则常使用无机膜。

3. 膜分离设备

常用的膜分离设备有两类，即中空纤维气体分离器和平板型膜气体分离器。

图 3-31 所示的是 Monsanto 公司的 Prism 中空纤

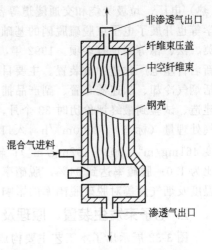

非渗透气出口

纤维束压盖

中空纤维束

钢壳

混合气进料

渗透气出口

图 3-31　中空纤维气体分离器

维气体分离器，它的结构基本上模仿热交换器，主要由外壳、中空纤维、纤维两头的管板和防止漏气的垫圈组成。这种装置可用于合成氨尾气的氢气回收。应用时，原料气送入外壳，易渗透组分经过纤维膜壁透入中心而流出，难渗透组分则从外壳流出（入口：35MPa，出口：15MPa）。分离器直立安装，处理效果良好，据1982年报道，回收氢气纯度可达到98％。

平板型膜分离器是用醋酸纤维非对称膜卷成直径为100～200cm，形式与废水处理中所介绍的螺旋卷式反渗透处理器相似。这种分离器使用范围广，可用于分离H_2、CO_2、H_2S、烃类化合物、O_2等。

第三节　工业废气治理新技术

一、电子束辐照法

电子束（electron beam ammonia，EBA）法是一种物理与化学相结合的脱硫脱硝的高新技术，是利用电子加速器产生的等离子体氧化烟气中SO_2及NO_x并与加入的NH_3反应，以实现其脱硫脱硝的目的。电子束法实质上是干式氨法，脱硫剂是液氨。用电子束辐照烟气就是利用高能电子的激发作用将烟气中O_2、N_2、H_2O等成分电离生成氧化性很强的活性基团，加速SO_2和NO_x的氧化转化，进而与添加的NH_3发生化学反应，最终产物是硫铵和硝铵。这个过程实际上是高能物理和辐照化学相结合的工艺，是烟气脱硫（flue gas desulfurization，FGD）领域的高新技术。从总体上评价该工艺，前景看好，不能断言是最佳工艺，但可以预计在21世纪将成为有竞争力的一项新技术。

1. 电子束辐照法沿革

早在1970年日本荏原制作所开始研发电子束处理烟气的技术。为探索电子束法脱硫的可行性，他们用电子束间歇照射燃油烟气。对温度100℃、SO_2浓度为2860mg/m³的烟气，用剂量为2.8Mrad的电子束照射后，SO_2几乎全部被除去。说明该技术用于燃油烟气脱硫是可行的。

1981年，美国能源部（DOE）组织了两个研究组，开展对电子束法的技术、经济评价研究。结论是，该工艺的综合经济性优于常规技术，建议建造一座规模更大的处理燃煤烟气中试厂。

到20世纪90年代初，国外（不包括俄罗斯）共建造了电子束脱硫中试装置14套，研究内容由工艺、机理到工程，规模由小到大，燃料包括重油、天然气和煤炭，处理对象遍及（热）电厂、垃圾焚烧和交通隧道等各种废气。日本东京大学、东京工业大学、东京农业大学等也开展了电子束脱硫脱硝的基础研究。有关该技术的发明专利，日本约有50项，在美、英、法、德等国也有多项。1992年，日本原子力研究所、中部电力公司和荏原共同决定在新名古屋电厂建造中试装置。主要目的是试验低硫煤烟气的处理效果，并进行工程试验（包括烟气冷却、加速器布置、副产品捕集、烟气再热等），为大型工程设计获取数据。从设计、建造、试验到最终评价历时33个月，其中试验15个月。主要技术参数及试验结果如下：烟气处理量（标态）12000m³/h，入口SO_2浓度2288mg/m³（715～5720mg/m³）；NO_x浓度461mg/m³（308～492mg/m³）；辐照剂量0～1.3Mrad，反应温度65℃，加氨化学计量比为1.0；脱硫率达到94％；脱硝率80％。在工艺方面，主要考查了辐照剂量、入口浓度、温度及烟气量等对脱硫脱硝率的影响。

2. 电子束发生装置、原理及反应器

图3-32展示出了本工艺主要构成部分的电子束发生装置及反应器的关系。电子束发生装置由直流高电压发生装置及电子束加速部构成，两者用高电压电缆连接。电子束的发生原

理，与用电场或磁场折曲产生的电子束角度并撞击荧光屏，发生辉点而映现画面的电视显像管原理类似。直流高电压发生装置是将输入的几百伏交流电压，升压至几百千瓦至几千千瓦直流电压的装置，与电集尘器等使用的构造相同。电子束加速部是在高真空状态中，由加速管端部的白热丝发热而生成小能量热电子后，再用直流高电压发生装置的直流电压加速的部位。被加速的高速电子束，又经扫描线圈向 X 方向及 Y 方向扫描，并通过照射窗射入反应器内。

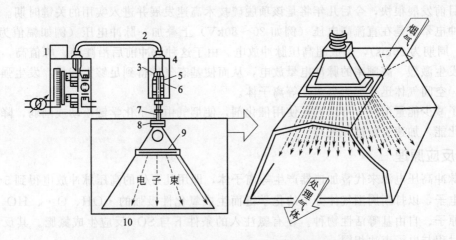

图 3-32　电子束加速器原理及安装在反应器后的外观

1—高压电源发生装置；2—高压电缆；3—白热丝；4—电子束加速器；5—加速管；
6—加速电极；7—X 扫描线圈；8—Y 扫描线圈；9—照射窗；10—反应器

如图 3-32 所示，反应器置于与电子束发生装置的照射窗直接相连的部位，又采用考虑电子束照射烟气的射程等因素的形状。因此，能使烟气高效率地吸收来自电子束发生装置的电子束。

3. EBA 法的技术特点

EBA 法之所以发展迅速，主要是因为它具有独特的优点，尽管在进入市场之初，还有许多不尽人意的地方，但行家们看到它的应用前景，高新技术应用于环保，一定会在应用实践中不断改进和完善，就像 20 世纪 70 年代的湿式石灰石法一样，也是不断优化、日臻完善的。

① 高效率，同时脱硫脱硝，脱除率一般分别在 90% 和 80% 以上，这是目前其他 FGD 方法难以达到的。现已确认可适用于高浓度 SO_2 8008mg/m³，NO_x 882mg/m³ 的烟气处理。

② 干式操作运行，不产生废水废渣，完全消除二次污染。

③ 副产品硫硝铵是优质农用氮肥，与其他 FGD 工艺的副产品比较，不仅有持久销路，而且附加值较高。

④ 流程简单，运行可靠，操作方便，维修容易，无腐蚀、堵塞等常规脱硫工艺最令人困扰的问题，能稳定地适应锅炉负荷的波动。

⑤ 处理后的烟气可直接排放，无需再加热，省去昂贵的烟气换热器和运行费。

⑥ 占地面积小，不到常规湿式脱硫的 1/2。

⑦ 一次投资费用目前与传统湿式脱硫相当，完全有条件低于传统湿式脱硫。关键在于电子束发生装置造价高，要仰赖引进，只要组织攻关，加速国产化，就不难降低投资费用和能耗。必须说明，传统湿式脱硫纯属"单脱"而 EBA 是"双脱"。它们的计算基础不同。综合考虑，投资成本是低的。

二、脉冲电晕等离子体法

脉冲电晕等离子体（pulse induce plasma chemical process，PPCP）法是在电子束法的基础上发展起来的，用脉冲高压电源代替加速器产生的等离子体方法。由于它省去了昂贵的电子束加速器，避免了电子枪寿命短及 X 射线屏蔽等问题，因此脉冲电晕等离子体脱硫脱硝技术目前发展很快，今后几年将是该项脱硫技术高速发展并进入实用的关键时期。

脉冲电晕法是在直流高电压（例如 20～80kV）上叠加一脉冲电压（例如幅值为 200～250kV，周期为 20ms），形成超高压脉冲放电。由于这种脉冲前后沿陡峭、峰值高，使电晕极附近发生激烈、高频率的脉冲电晕放电，从而使基态气体得到足够大能量，发生强烈的辉光放电，空间气体迅速成为高浓度等离子体。

为了减少能量消耗，可以选择使用催化剂，使烟气中分子化学键松动或削弱，降低气体分子活化能，加速裂解过程进行。

1. 反应原理

用脉冲高压电源来代替加速器产生等离子体，即用几万伏的高压脉冲放电得到 5～20eV 的高能电子，以打断周围气体分子的化学键而生成氧化性极强的·OH、O·、HO_2·、O_3 等自由原子、自由基等活性物种。在有氨注入的条件下与 SO_2 反应生成氮肥。其反应方程及反应过程与电子束法相同。

2. 电晕放电装置

图 3-33 是一种静电吸附器的电晕放电装置。电晕放电装置具有多块互相平行等间隔的正极板，它采用铝合金材料制成。正极板的两端分别固连在两块相对的框板上，框板采用环氧树脂板。各正极板互相电连接在一起。在每相邻的两块正极板之间的中心面上至少有一根负极丝（图中有 3 根），负极丝采用钼丝，也可采用钨丝。负极丝的两端通过由陶瓷材料制成的穿心螺柱和螺母组成的两个连接件分别固定在相对的框板上，所有负极丝互相电连接在一起。为减少钼丝的挠度，钼丝两端需要有一个张紧力，在钼丝每一端处的连接件与框板之间，也就是在螺母与框板之间夹有一个弹性元件，该弹性元件采用鞍形弹性垫圈，也可采用锥形开花垫圈或波形弹性垫圈或压簧。

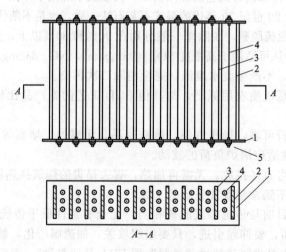

图 3-33　电晕放电装置
1—板框；2—正极板；3—相邻正极板；4—负极丝；5—板框

电晕放电装置在70～80℃的热环境工作时，正极板和负极丝受热膨胀，正极板的铝合金材料热胀系数比负极板的钼丝的热胀系数大，由于铝合金板和钼丝的两端均固定在一对框板上，当距离相等时工作区的温度也相等。由于热胀系数不同、铝合金的伸长量比钼丝的伸长量要大一点，这时钼丝将受到拉力而变形，但由于钼丝一端处的螺母和框板之间有一个弹性元件，弹性元件受力变形，使钼丝受的拉力得到缓冲而降低，缩径量很小，确保了钼丝放电性能稳定和延长了使用寿命。

3. 半干式电晕放电烟气净化装置

多年来，燃烧产生的SO_2、NO_x等造成了严重的大气污染，人们一直在不断探索更先进、更经济的脱除方法。20世纪80年代，人们提出了脉冲电晕放电低温等离子体烟气净化技术。而半干式电晕放电烟气净化方法及装置解决了一些干法脉冲放电烟气脱硫技术中存在的问题。图3-34为半干式电晕放电烟气净化装置流程图。含有SO_2、NO_x的高温烟气从顶部入口进入增湿降温喷雾干燥塔，采用压力雾化方式喷入雾化液滴，使烟气温度降至60～80℃，相对湿度增加至10%左右。然后烟气进入电晕放电烟气净化器，净化器有4个电场，采用线板式结构，同极间距300mm。在净化器入口，由加氨喷嘴按NH_3与SO_2化学计量比略低于1∶1加入NH_3，净化器前两个电场施加纳秒级100～125kV脉冲高电压，后两个电场施加器加上50～70kV直流电压，发生脉冲电晕放电，将SO_2和NO_x转化为铵盐颗粒，并捕集下来，净化后的洁净烟气经烟囱排入大气。在电晕放电净化下面设置贮液槽，供液泵将其中的水经管道抽到设在净化器上部的布水器中，布水器的喷嘴向极板喷雾，在极板上形成水膜，水膜向下流动，产物溶解到水膜中，随水膜流入贮液槽，清洗液用供液泵再打到电晕放电净化器上，循环使用。干燥塔供液泵从贮液槽抽取部分产物清洗液送到增湿降温喷雾干燥塔，雾化蒸发干燥形成较大的铵盐产物颗粒，从干燥塔底部取出，用作化肥。

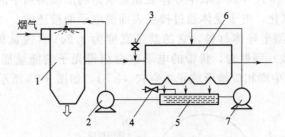

图3-34　半干式电晕放电烟气净化装置
1—增湿降温喷雾干燥塔；2—喷雾干燥塔供液泵；3—加氨喷嘴；4—补水管路；5—贮液槽；
6—电晕放电烟气净化器；7—净化器供液泵

三、光催化氧化技术

光催化能降低化学反应所需要的能量，缩短反应时间而本身却不发生变化。在化学中，这种由催化剂参与的反应一般需要有较高的温度，催化剂大多为贵稀金属。

1972年，日本Fujishima发现了光催化现象。1999年由于纳米技术得到了突破性进展，光催化终于正式登上了国际研究舞台。经过多年的研究和积累，光催化产品的技术与应用等已相当成熟。

1. 光催化和催化剂

（1）光催化定义　光催化指在特定波长光源（例如：紫外线）作用下能在常温下参与催化反应的物质。二氧化钛（TiO_2）即为一种典型的光催化物质。在特定波长光源（例如紫外线）作用下，光源的能量激发 TiO_2 周围的分子产生活性极强的自由基。这些氧化能力极强的自由基几乎可以分解绝大部分有机物质与部分无机物质，形成对人体无害的 CO_2 与 H_2O。

光催化技术本身不是一种分离技术，它实际上是一种分解技术。目前，从纳米光催化技术在空气净化器中的大量研究与应用报道中看来，纳米光催化技术主要体现在将已经截获或固定的有机物或细菌进行连续地分解，直至成为无二次污染的小分子物质或二氧化碳和水。因此，可以认为：光催化剂分解空气中各种有害有机物，解决了许多传统空气净化方法存在的二次污染问题。

（2）光催化剂　光催化剂作为 21 世纪的新材料，已引起了各方面的重视。目前，先进国家已将光催化技术用于去除高速公路上的氮氧化物、地下水中的致癌物，用于下水道、港湾的废油处理，也有用于居室空间的表面材料处理。这些处理方法是应用了光催化材料对有害物质具有长期的、缓慢的净化效应的性能。

常见的光催化剂多为金属氧化物和硫化物，如 TiO_2、ZnO、CdS、WO_3 等，其中 TiO_2 的综合性能最好，应用最广。

2. 光催化技术原理

半导体的能带结构通常是由一个充满电子的低价带（VB）和一个高空的高能导带（CB）构成，价带和导带之间的区域称为禁带，域的大小称为禁带宽度。半导体的禁带宽度一般为 $0.2 \sim 3.0eV$，是一个不连续区域。半导体的光催化特性就是由它的特殊能带结构所决定的。当用能量等于或大于半导体带隙能的光波辐射半导体时，处于价带上的电子就会被激发到导带上并在电场作用下迁移到离子表面，于是在价带上形成了空穴，从而产生了具有高活性的空穴电子对。空穴可以夺取半导体表面被吸附物质或溶剂中的电子，使原本不吸收光的物质被激活并被氧化，电子受体通过接受表面的电子而被还原。

TiO_2 属于一种 n 型半导体材料，它的禁带宽度为 $3.2eV$（锐钛矿），当它受到波长 $\leqslant 387.5nm$ 的光（紫外线）照射时，价带的电子就会获得光子的能量而跃迁至导带，形成光生电子（e^-）；而价带中则相应地形成光生空穴（h^+），如图 3-35 所示。

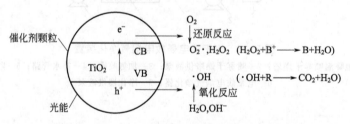

图 3-35　纳米 TiO_2 光催化降解污染物的反应示意

光催化是利用 TiO_2 作为催化剂的光催化过程，光催化是利用紫外光波照射 TiO_2，在有水分的情况下产生羟基自由基（$\cdot OH$）和活性氧物质（$O_2^- \cdot$、$HO_2^- \cdot$），其中 $\cdot OH$ 是光催化反应中一种主要的活性物质，对光催化氧化起决定作用。$\cdot OH$ 具有很高的反应能（$120kJ/mol$），高于有机物中的各类化学键能，如 $C-C$（$83kJ/mol$）、$C-H$（$99kJ/mol$）、$C-N$（$73kJ/mol$）、$C-O$（$84kJ/mol$）、$H-O$（$111kJ/mol$）、$N-H$（$93kJ/mol$），因而能迅

速有效地分解挥发性有机物和构成细菌的有机物，再加上其他活性氧物质（$O_2^-\cdot$、$HO_2^{\cdot}$）的协同作用，其氧化更加迅速。能氧化绝大部分的有机物及无机污染物（如染料，dye），将其矿化为无机小分子、CO_2 和 H_2O 等无害物质。反应过程如下：

$$TiO_2 + h\nu \longrightarrow h^+ + e^-$$

$$h^+ + e^- \longrightarrow 热能$$

$$h^+ + OH^- \longrightarrow \cdot OH$$

$$h^+ + H_2O \longrightarrow \cdot OH + H^+$$

$$e^- + O_2 \longrightarrow O_2^- \cdot$$

$$O_2 + H^+ \longrightarrow HO_2^{\cdot}$$

$$2HO_2^{\cdot} \longrightarrow O_2 + H_2O_2$$

$$H_2O_2 + O_2^- \cdot \longrightarrow \cdot OH + OH^- + O_2$$

$$\cdot OH + dye \longrightarrow \cdots \longrightarrow CO_2 + H_2O$$

$$H^+ + dye \longrightarrow \cdots \longrightarrow CO_2 + H_2O$$

由机理反应可知，TiO_2 光催化降解有机物实质上是一种自由基反应。

光催化技术是在设备中添加纳米级活性材料，在紫外线的作用下，产生更为强烈的催化降解功能。纳米活性材料光生空穴的氧化电位（以标准氢电位计）为 3.0V，比 O_3 的 2.07V 和 Cl_2 的 1.36V 高许多，具有很强的氧化性。在光照射下，活性材料能吸收相当于带隙能量以下的光能，使其表面发生激励而产生电子（e^-）和空穴（h^+），这些电子和空穴具有极强的还原和氧化能力，能与水或容存的氧反应，迅速产生氧化能力极强的羟基自由基（·OH）和超氧阴离子（$O_2^- \cdot$）。·OH 具有很高的氧化电位，是一种强氧化基团，它能够氧化大多数有机污染物，使原本不吸收光的物质直接氧化分解。

3. 光催化氧化工艺过程

光催化氧化用作废气除臭的治理从工艺过程上分为光催化、氧化两个单元。

（1）光催化单元的作用

① 对废气分子的活化。采用能量极高的强紫外线真空波作为驱动光源照射在废气分子上，让废气分子具备催化氧化的活性。

② 对催化剂的电子激发。紫外线真空波对催化剂的有效照射可激发催化剂产生电子-空穴对，可将空气中的水分和氧气进行电离生成负价的氢离子和氧离子，由于氢离子和氧离子极不稳定，在瞬间结合成氧化性极强的氢氧自由基（氢氧自由基的氧化电位为 2.80V）和超氧离子自由基（超氧离子自由基的氧化电位为 2.42V），由以上两点作用达到废气处理时必要光催化的效果。

（2）氧化单元的作用

① 超级氧化的氢氧自由基。氢氧自由基在瞬间产生，由于结构不稳定、氧化性极强，其持续的时间比较短，将近1s，但这1s的氧化完全可以称为"超级氧化"，因为氢氧自由基的氧化对象几乎没有选择性，可以跟任何物质发生反应，在瞬间将结构稳定的多元多重分子降解为单元分子。

② 后续清洁的超氧离子自由基。超氧离子自由基的氧化作用是对氢氧自由基未完全来得及反应降解的单元分子进行后续的氧化降解，直至氧化还原为水和二氧化碳为止，超氧离子自由基对氧化反应的辅助作用在氧化单元中堪称完美。以上可以看出光催化氧化在处理废气过程中有效的氧化剂是氢氧自由基和超氧离子自由基，二者相辅相成，缺一不可。

4. 光催化氧化的特点

① 光催化氧化能够在常温下将废臭气体完全氧化成无毒无害的物质，适合处理低浓度、气量大、稳定性强的挥发性有机物。

② 有效彻底净化：通过光催化氧化可直接将空气中的挥发性有机物完全氧化成无毒无害的物质。

③ 绿色能源：光催化氧化利用人工紫外线灯管产生的紫外线作为能源来活化光催化剂，驱动氧化-还原反应，而且光催化剂在反应过程中并不消耗。利用空气中的氧作为氧化剂，有效地降解有毒有害废臭气体成为光催化节约能源的最大特点。

④ 氧化性强：半导体光催化具有氧化性强的特点，其氧化性高于常见的臭氧、过氧化氢、高锰酸钾、次氯酸等，对臭氧难以氧化的某些有机物如三氯甲烷、四氯化碳、六氯苯都能有效地加以分解，所以对难以降解的有机物具有特别意义。

⑤ 广谱性：光催化氧化对从烃到羧酸的种类众多有机物都有效，如卤代烃、染料、含氮有机物、有机磷杀虫剂等，只要经过一定时间的反应就可达到完全净化。

⑥ 寿命长：在理论上，光催化剂的寿命是无限长的，无需更换。

光催化氧化主要适用于化工厂、印染厂、制药厂、酒精厂、饲料厂、污水处理厂、垃圾处理站、垃圾发电厂等产生多成分挥发性有机物的协同治理。

四、光解技术

光解主要是利用波长为 185nm 的光波，使 O_2 结合产生臭氧，对污染物进行分解。

1. 光解技术的原理

光解是利用 UV（紫外线）的能量使空气中的氧分子变成游离氧，游离氧再与氧分子结合，生成氧化能力更强的臭氧，进而破坏工业有机废气中的有机或无机高分子化合物分子链，使之变成低分子化合物，如 CO_2、H_2O 等。

由于 UV 的能量远远高于一般有机化合物的结合能，因此采用紫外线照射有机物，可以将它们降解为小分子物质。

主要有机化合物分子结合能见表 3-2。

表 3-2　主要有机化合物分子结合能

分子键	结合能/(kJ/mol)	分子键	结合能/(kJ/mol)
H—H	432.6	C—H	413.6
C—C	347.6	C—O	326
C=C	607.0	C=O	728

由表 3-2 可知，大多数化学物质的分子结合能比高效紫外线的光子能低，能被有效分解。以苯分子的光解机理为例，苯（C_6H_6）是最简单的芳香烃，常温下为一种无色、有甜味的透明液体，并具有强烈的芳香气味。苯难溶于水，易溶于有机溶剂，也可用作有机溶剂。苯分子键结合能 150kJ/mol。用高能紫外线 647kJ/mol 的分解力去裂解苯分子键结合能，苯环将被轻易打开，形成离子状态的 C—C$^+$ 和 H—H$^+$ 并极易分别与臭氧发生氧化反应，将苯分子最终裂解氧化生成 CO_2 和 H_2O。因此，可以经过紫外线的照射，将污染物转化成简单的 CO_2 和 H_2O（表 3-3）。

表 3-3　常见的废气污染物化学性质及物质光解氧化转换表

序号	名称	分子式	分子量	主要化学键	对应的化学键能/(kJ/mol)	光化学反应产物
1	苯	C_6H_6	78	C=C,C—H	611,414	CO_2,H_2O
2	甲苯	C_7H_8	92	C=C,C—H,C—C	611,414,332	CO_2,H_2O
3	二甲苯	$C_6H_4(CH_3)_2$	106	C=C,C—H,C—C	611,414,332	CO_2,H_2O
4	苯乙烯	C_8H_8	104	C=C,C—H,C—C	611,414,332	CO_2,H_2O
5	乙酸乙酯	$C_2H_8O_2$	88	C—H,C=O,C—O,C—C	414,728,326,332	
6	甲醇	CH_3OH	32	C—H,C—O,H—O	414,326,464	CO_2,H_2O
7	乙醛	C_2H_4O	44	C=O,C—O,C—H	611,326,414	CO_2,H_2O
8	丙烯醛	C_3H_4O	56	C=C,C—O,C—H	611,326,414	CO_2,H_2O

2. 光解工艺流程

（1）水洗系统　设置水洗系统的目的主要是为了对废气进行预处理，其中包括除去粉尘和酸性气体，并进行降温处理等。

水洗装置主要分为雾化区、洗涤区、脱水除雾区。雾化区布有多组雾化喷头，喷射面覆盖整个过滤截面，喷射液滴较小，和杂质的接触性能好，起预过滤作用，去除杂质的同时对后续的洗涤区也起了补充布水的作用；酸性气体等易溶于水的气体，在洗涤区于多次通过液膜的过程中被去除，起到高效过滤的作用；而后有机废气再经水洗装置的脱水除雾区去除体积较大的液滴或水雾，再进入后续的净化装置。

对废气降温的目的，主要是预先除去一部分高沸点的 VOCs，这一点在采用光解法处理餐厨油烟时作用特别显著。

除此之外，在排气浓度和气量不稳定的场合，还需设置废气缓冲装置，以获得稳定的废气流量和浓度，便于光解装置的正常工作。

（2）净化系统　光解净化系统的设计比较简单，一般情况下，当废气的种类和浓度确定之后，主要任务是选择合适的紫外光能，一般情况下，对于大部分 VOCs 来说，当其浓度在 $200\mu L/L$ 左右时选择 7kW 左右的紫外光能基本可以满足要求。

3. 光解技术的联合应用

光解是通过紫外线冷燃烧的原理来处理废气，即 $UV+O_3$，通过强紫外线短波 185nm 波长对废气分子进行裂解，打断分子链，同时产生大量的臭氧对废气进行氧化处理，因为其主要的氧化剂是臭氧（臭氧的氧化电位为 2.07V），所以对一般有机废气成分处理有效果，但对结构稳定的有机物如卤化物不产生反应。

在实际应用中，为了达到更好的处理效果，往往会采用光解技术与光催化技术联合应用的方法，称作光解催化氧化技术。这就是人们往往会把光解与光催化相混淆的原因。实际上，光催化反应只是在光解技术中加入了催化剂，从而更加增强了对 VOCs 的氧化能力。

有时候，光解技术还与其他技术（如吸附等）联合应用，使它们能够处理较高浓度的 VOCs。

五、污染物协同控制技术

1. 协同理论

协同理论（synergetics）亦称"协同学"或"协和学"，是 20 世纪 70 年代以来在多学科研究基础上逐渐形成和发展起来的一门新兴学科，是系统科学的重要分支理论。其创立者是联邦德国斯图加特大学教授、著名物理学家哈肯（Hermann Haken）。1971年他提出协同的概念，1976年系统地论述了协同理论。

概括地说，协同控制理论就是1+1＞2的理论，协同理论提出后在许多领域得到了应用。

2. 污染物协同控制

我国在"十二五"规划纲要中正式提出协同减排的概念，但并未明确原则，也缺乏实践指导，只能探索前行。

多污染物协同控制指同时控制两种或者两种以上的有害污染物的控制措施。多污染物协同控制的效益高于单一污染物控制，且一种污染物的控制可能导致另一种污染物环境浓度的关联变化，一个综合涉及所有关联污染物的控制措施和控制体系能够有效降低污染减排成本，提高环境效益。例如，对燃煤火电厂的二氧化硫、氮氧化物、烟粉尘及汞等开展多种污染物一体化协同脱除。对一种污染物采用多种协同净化技术措施，以获得更优化、更节能的净化效果的控制也称为协同控制。

从工程必要性考虑，协同控制可采用$1+X$或$1+nX$的加成方式，而从综合节能与提效的可行性考虑，则更应采用协同净化方式。

3. 污染物协同控制分类

按控制方法不同，污染物协同控制可以分为3类。

① 用一种技术、方法或设备净化两种或两种以上污染物。例如，对烧结烟气可用活性炭吸附法协同处理二氧化硫、氮氧化物、二噁英等多种气态污染物。

② 用两种或两种以上的技术、方法或设备净化两种或两种以上污染物。例如，燃煤电厂通过除尘、脱硫、脱硝等协同技术措施，脱除尘、硫、氮、汞等污染物。

③ 用两种或两种以上的协同技术、方法或设备净化一种污染物，以便达到更严格的标准或更优异的效果。例如，用多级净化材料处理焊接烟尘一种污染物的技术。

4. 污染物协同控制的应用

工业烟气除了含有烟尘外，还含有NO_x、SO_2、HF、二噁英（PCDD/Fs）、VOCs等多种有害污染物。针对我国严峻的大气污染形势，要求工业烟气今后必须同时进行粉尘、SO_x、NO_x和二噁英等多种污染物的脱除。

我国以前一直在实施单一污染物控制的策略，以阶段性重点污染物控制为主要特征，建立了总量控制与浓度控制相结合的大气污染物管理制度，已经先后开发了一系列较成熟的单独的除尘、脱硫的技术。但是，国内普遍采用的针对单项污染物的分级治理模式，使得工业烟气净化设备随着污染物控制种类的不断增加而增多。这不仅使得设备投资和运行费用增加，而且使整个末端污染物治理系统庞大复杂，治污设备占地大、能耗高、运行风险大，副产物二次污染问题突出。烟气污染物单独脱除技术没有考虑到烟气中多种大气污染物之间相互关联、相互影响的因素。

单项治理有很多弊病。例如：SCR（选择性催化还原法）使SO_2/SO_3的转化率从1%提高到3%，NH_3逃逸（$\geqslant 3\times10^{-6}$）生成黏性硫酸氢铵（ABS），影响脱硫除尘效果；因ESP（静电除尘器）除尘效率不稳定等问题，引起WFGD喷嘴、塔壁及除雾器积垢堵塞，影响脱硫效应和石膏副产品的品质，产生$PM_{2.5}$二次尘，烟囱排放"石膏雨"或蓝烟；业主多次重复立项投资，场地拥挤，建设费、运行能耗、维护检修费大幅度增加等。协同控制可以有效克服这些弊端，提高技术经济性价比，获取良好的环境、经济综合效益。

各种单独脱除技术除了能够有效脱除主要的对象污染物之外，还具备脱除其他类型污染物的潜力。单独脱除技术发展模式当中各项控制技术从设计、现场安装到运行均是分开实施，设备之间的不利因素没有得到克服；有利因素没有得到充分利用，技术经济性无法得到最大程度的优化。如何从整体系统的角度考虑烟气所带来的运行和环境问题，掌握工业烟气中各种污染物之间相互影响、相互关联的物理和化学过程，通过一项技术或多项技术组合，以及单元环节或单元环保设备链接、匹配耦合，达到对工业烟气多种污染物综合控制的目标，从而有效降低环境污染治理成本，是非常重要的问题。从国际技术发展来看，开发高效、经济的多种污染物协同控制技术已成为一个热点。

多污染协同控制是个大课题，不同行业工艺过程相异，排放源成分不同，应采用不同的组合方式；地区经济、能源条件不同也需要采用不一样的主流技术。近年来，我国已在烧结炉、水泥窑、垃圾焚烧炉、燃煤锅炉等多个领域开展了多污染物协同控制，并取得一定成绩，逐步形成多种流派的协同控制技术。

我国创新发展的新思路推动大气污染治理模式从单项治理向协同控制转变，必将为烟气治理工作开创新局面。

六、废气的回收利用技术

1. 工业废气余热利用

从广义上说，工业系统中凡是具有高出环境温度的排气、排液以及高温待冷却的物料所含有可使用的热能，统称余热、余能资源，包括燃料燃烧产物经利用后的排气显热，高温产品、中间产品或半成品的显热，高温废渣的显热，冷却水和废液带走的显热等。评价余热、余能资源不仅要看它的数量多少，还要看它的品质高低。按温度划分，常分为高品位、中品位和低品位三类。

2. 可燃气体回收利用

(1) 焦炉煤气 工业中的焦化生产是用经过洗选、含水约10%并粉碎至一定细度的炼焦煤，通过炉顶装入炭化室，高温干馏后而得到焦炭。红焦从炭化室机械推出，卸于特定焦车上，利用水淋熄或在密闭槽内由循环惰性气体冷却。焦化生产是钢铁联合企业中最大废气发生源之一，其来源有以下几类：煤炉加热燃烧产生的废气；工艺过程中排放的烟尘（含扬尘）和废气；各工艺设备的逸散物，其中有烟尘、有害气体和成品的挥发物等。焦炉煤气是焦化产业主要的副产品之一，每炼1t焦炭会产生430m^3左右的焦炉气。

(2) 高炉煤气 铁是炼钢的主要原料。炼铁工艺是利用铁矿石（烧结矿等）、燃料（焦炭，有时辅以喷吹重油、煤粉、天然气等）及其他辅助原料在高炉炉体中，经过炉料的加热、分解、还原造渣、脱硫等反应生产出成品铁水和炉渣、煤气两种副产品。高炉煤气的主要成分为CO、CO_2、N_2、H_2、CH_4等，其中可燃成分CO、H_2、CH_4的含量很少，约占25%。CO_2和N_2的含量分别为15%以及55%。高炉煤气的热值仅为3500kJ/m^3左右，气体中的可燃成分以来自燃料中烃类化合物的分解、氧化、还原反应后的H_2、CO为主，可以看成是焦炭、煤粉等燃料转化成的气体燃料。焦炭、煤粉等燃料的用量增加可提高高炉煤气的产量。高炉煤气能量的转化率约为68%。

(3) 转炉煤气 转炉吹炼过程中会产生大量高温烟气，由于转炉生产的不连续性，使得冶炼过程中各元素反应也是不均匀进行的，即在一炉钢冶炼的不同时期，烟气的成分、温度和烟气量是不断变化的，特别是在碳氧反应期会产生大量CO浓度较高的转炉煤气，其主要成分为：CO_2 15%~20%，O_2≤2.0%，CO 60%~70%，N_2 10%~20%，H_2≤1.5%。转炉煤气中含有较高浓度的CO，且载能也较高，平均高达8000J/m^3，因此，转炉煤气是钢铁企业重要的二次能源，对转炉煤气的回收利用将有利于降低钢铁企业的能源消耗。

3. 废气净化副产品回收利用

工业企业烟气净化副产品如除尘灰、尘泥、脱硫副产品、油泥等都可以回收利用。

4. 废气中的粉尘回收利用

废气中的粉尘回收利用有 3 个途径：

① 回到原生产工艺系统；

② 回收粉尘另行利用，如电厂的粉煤灰；

③ 回收有价元素。

参 考 文 献

[1] 张殿印，王纯. 除尘器手册. 2 版. 北京：化学工业出版社，2015.

[2] 王纯，张殿印. 除尘设备手册. 北京：化学工业出版社，2009.

[3] 周迟骏. 环境工程设备设计手册. 北京：化学工业出版社，2009.

[4] 熊振湖. 大气污染防治技术及工程应用. 北京：机械工业出版社，2003.

[5] 大野长太郎. 除尘、收尘理论与实践. 单文昌，译. 北京：科学技术文献出版社，1982.

[6] 刘天齐. 三废处理工程技术手册·废气卷. 北京：化学工业出版社，1999.

[7] 李家瑞. 工业企业环境保护. 北京：冶金工业出版社，1992.

[8] 张殿印，陈康. 环境工程入门. 2 版. 北京：冶金工业出版社，1999.

[9] 刘景良. 大气污染控制工程. 北京：中国轻工业出版社，2002.

[10] 彭犇，高华东，张殿印. 工业烟气协同减排技术. 北京：化学工业出版社，2023.

[11] 李守信. 挥发性有机物污染控制工程. 北京：化学工业出版社，2017.

[12] 王栋成，林国栋，徐宗波. 大气环境影响评价实用技术. 北京：中国标准出版社，2010.

[13] 威廉 L 休曼. 工业气体污染控制系统. 华译网翻译公司，译. 北京：化学工业出版社，2007.

[14] 杨丽芬，李友琛. 环保工作者实用手册. 2 版. 北京：冶金工业出版社，2001.

[15] 岳清瑞，张殿印，王纯，等. 钢铁工业"三废"综合利用技术. 北京：化学工业出版社，2015.

[16] 粉体工学会. 気相中の粒子分散·分級·分離操作. 東京：日刊工業新聞社，2006.

第四章

颗粒污染物的分类及性质

第一节 颗粒污染物的分类

在人类赖以生存的大气环境中，悬浮着各种各样的颗粒物质，这些颗粒物质以液态、固态或黏附在其他悬浮颗粒上等形式进入大气环境，其中大多数悬浮颗粒物会危害人体健康。通常可从不同的角度对这些颗粒污染物进行分类。

一、根据颗粒污染物来源分类

根据颗粒污染物进入大气环境的途径，可将其分为自然性颗粒污染物、生活性颗粒污染物及生产性颗粒污染物。

（1）自然性颗粒污染物　自然性颗粒污染物即自然环境中依自然界的力量进入大气环境中的颗粒污染物质。例如风力扬尘，火山喷发，森林、矿石、煤层自燃，植物的花粉等。人类应对自然性颗粒污染物对环境造成的危害具有足够的思想准备。防止自然性颗粒污染物对人类造成的危害，必须依靠社会的总体筹划，应建立对自然性颗粒污染物的监控体系及控制方案，增加统筹规划力度。

（2）生活性颗粒污染物　生活性颗粒污染物即人类在日常生活过程中因具体活动而释放入大气环境的颗粒污染物。例如打扫卫生、制作食品、燃烧取暖、焚烧垃圾及使用喷雾剂等。对不同性质的人类活动，可采取相应的预防措施，例如对汽车尾气、燃煤、焚烧垃圾等建立必要的、系统的控制规划及标准。

（3）生产性颗粒污染物　生产性颗粒污染物是人类在生产过程中释放入大气环境的颗粒污染物，一般称为粉尘。除尘这一概念最早是针对控制生产性颗粒污染物提出的，现在这一概念普遍适用于所有颗粒污染物的控制。控制生产性颗粒污染物（即粉尘）对环境造成的污染是本章论述的重点。人类在控制生产性颗粒污染物的实践活动中获得了对大多数生产性颗粒污染物的认识，建立了一套比较完善的科学防治体系。

许多工业部门在生产过程中，释放出大量的生产性颗粒污染物，其中以电站锅炉、工业与民用锅炉、冶金工业、建材工业等最为严重。

各种工业生产排放出的颗粒污染物的特性取决于生产工艺本身。表4-1列出了工业生产污染源排出的颗粒污染物的性质。这些数据对于除尘系统的设计、设备的选择是重要的原始数据，可供参考。

表 4-1　工业生产污染源排出颗粒污染物的特性①

名称		粉尘			气体		可供选用的控制设备⑦
		粒度②	设备出口含尘量/(g/m³)	化学成分③	气流量④	化学成分⑤	
电站锅炉	燃煤（粉煤炉）	81<40μm 65<20μm 42<10μm 25<5μm （随设备型式而异）	0.45～12.8 （取决于设备型式）	飞灰：SiO₂ 17～64 Fe₂O₃ 2～36 Al₂O₃ 9～58 CaO 0.1～22 MgO 0.1～5 Na₂O 0.2～4	(1)1.25～15.8； (2)9.94～18.21	CO₂,O₂,N₂, SO₂,SO₃ 及 NOₓ	
	燃油	90<1μm	0.023～0.045	飞灰：NiO,V₂O₃, Al₂O₃、硫及微量元素	(1)1.33～351.2; (2)9.86～22.1	CO₂,O₂,N₂, SO₂,SO₃ 及 NOₓ	
工业窑	水泥 回转窑	中位径 8.5μm σ=4.1	干法:2.3～39⑥ 湿法:2.3～32.2⑥	CaO 39～50 SiO₂ 9～19 Fe₂O₃ 2～11 Al₂O₃ 2～8 K₂O+Na₂O 0.9～8 MgO 1.3～2.5	干法: (1)0.96～8.5⑥； (2)2.7～17.4⑥ 湿法: (1)2.0～12.6⑥； (2)4.7～16.1⑥	典型分析: CO₂ 17～25 O₂ 1～4 CO₂ 0～2 N₂ 75～80	MC,EP MC,EP
	水泥 竖窑		1.84		2.08⑥		MC,EP
	石灰 回转窑	中位径 44μm σ=13.7	4.6～512.9	CaCO₃ 23～61 CaO 6～66 Na₂CO₃ 1～4 MgCO₃ 1～19 Fe₂O₃ 3 Al₂O₃ 3	1.6～5.8⑥	CO₂,O₂, N₂,H₂O, SO₂	MC,EP, FF,WS
	石灰 竖窑	10<10μm 50<30μm	0.69～2.3		0.95⑥ （一座窑）		
	铝矾土（回转窑）	25～40 <10μm	5.06⑥	Al₂O₃<99	0.84⑥ （一座窑）	CO₂,O₂,N₂ H₂O,SO₂	MC,EP
	镁砂（回转窑）	50<10μm		SiO₂ 0.005～0.015 Fe₂O₃ 0.005～0.02 Na₂O 0.04～0.80			MC,EP
	锌矿（回转窑）		13.11～39.79⑥		0.13～0.21⑥		MC,EP
	镍矿（回转窑）		27.6		0.75⑥		MC,EP
干燥窑	水泥	40～70	29.9～91.5		0.74～1.8⑥		EP,MC,FF
	回转窑 磷酸盐	<10μm	17.55	典型成分 P₂O₅ 32.5 SiO₂ 11.0 Al₂O₃ 2.0 MgO 0.7 CaO 45.5 Fe₂O₃ 0.8		CO₂,O₂, N₂,H₂O, SO₂	WS
	二氧化钛	0.5～1μm	2.3～11.44				WS

名称		粉尘			气体		可供选用的控制设备⑦
		粒度②	设备出口含尘量/(g/m³)	化学成分③	气流量④	化学成分⑤	
干燥窑	硝酸铵	粗而不稳定的聚合物					WS
	肥料（过磷酸盐）	中位径 8.5μm σ=6.3	1.60～9.15	氟化物，Ca，Mg，P，Fe 及 Al 的成分	0.47（一座窑）	氟化物，NH₃，SO₂，CO₂，N₂，O₂	WS
回转窑	沥青石（铺路热混合料）	中位径 17.8μm σ=5.1	45.76～160	石尘，飞灰，烟炱，未燃烧的油	(1)0.22～1.3；(2)0.11～0.69	CO₂，NOₓ，N₂，O₂，CO，SO₂	
	铝矾土		45.76～91.5		0.31～4.25⑥		EP，MC
	硅藻土		4.35		0.5⑥		EP
	石灰	中位径 7μm σ=9.7	9.84～25.2		0.42⑥		MC，WS
	白云石		14～68.56		1.02～1.22⑥		MC，WS
	黏土				0.67		MC
	煤			煤尘，飞灰	0.57～3.82	CO₂，N₂，O₂，CO，SO₂	MC
	喷雾干燥去污粉	50<40μm	6.86				MC
烧结机	铁矿	中位径 100μm σ=5.4	0.46～11.44	Fe₂O₃ 45～50，SiO₂ 3～15，CaO 7～25，MgO 1～10，Al₂O₃ 2～8，C 0.5～5，S 0～2.5，氟	(1)0.85～13.03；(2)4.19～6.51⑥	O₂ 10～20，CO₂ 4～10，CO 0.6，SO₂ 0～0.4，N₂ 64～86	MC，EP
	铅矿		1.99～15.1	Pb 40～65 Zn 10～20 S 8～12	(1)3.96；(2)3.68（一座窑）	O₂，N₂，CO₂，CO，H₂O，SO₂	WS，MC
	锌矿	100<10μm	1～11.44	Zn 5～18，Pb 45～55，Cd 2～8，S 8～13	3.96	O₂，N₂，CO₂，CO，H₂O，SO₂	
	铜矿		15.1	Cu 9，S 10，Fe 26	(1)0.13；(2)1.34	O₂，N₂，CO₂，SO₂	MC，EP，WS
焙烧炉	Ropp 炉				0.7～0.85	O₂，N₂，CO₂，SO₂，H₂O	MC
锌矿	多膛炉				0.14～0.17	O₂，N₂，CO₂，SO₂，H₂O	MC
	悬浮法				0.28～0.42	O₂，N₂，CO₂，SO₂，H₂O	MC

名称			粉尘			气体		可供选用的控制设备⑦
			粒度②	设备出口含尘量/(g/m³)	化学成分③	气流量④	化学成分⑤	
焙烧炉	锌矿	流化床				0.17～0.28	O_2,N_2,CO_2,SO_2,H_2O	MC
		黄铁矿		1.14～2.29⑥		0.18～0.22⑥		
冶金炉	高炉	铁矿	15～90<74μm	9.15～68.6	Fe 36～50 FeO 12～47 SiO_2 8～30 Al_2O_3 2～15 MgO 0.2～5 C 3.5～15 CaO 3.8～28 Mn 0.5～1.0 P 0.03～0.2 S 0.2～0.4	(1)1.13～3.96; (2)1.7～3.9	CO 21～42 (平均26), CO_2 7～19, (平均18), H_2 1.7～5.7 (平均3.1), CH_4 0.2～ 2.3, N_2 50～60	MC,WS,EP
		铅	0.03～0.3μm	4.6～15.1	PbO,ZnO,CdO,Pb_3O_4,焦炭尘	(1)0.17～5.38; (2)5.1	典型分析: CO_2 4.7, O_2 15, CO 1.3, SO_2 0.14,N_2 其余部分	
		铜		15.1	Cu 4.4,Zn 12.5 S 7.3	(1)0.6; (2)2.17		
		二次铅		4.6～27.46		0.06	CO_2,O_2,CO N_2,SO_2	MC,WS
		锰铁	80<1μm	10.3～38.9	Mn 15～25 Fe 0.3～0.5 Na_2O+K_2O 8～15 SiO_2 9～19 Al_2O_3 3～11 CaO 8～15 MgO 4～6 S 5～7 C 1～2	1.7～3.8	CO,CO_2,N_2, H_2,SO_2	EP,SA,WS
		锡矿		4.83～6.86⑥		(1)0.06～0.16⑥; (2)0.10⑥		MC,EP
		锑矿		3.66⑥				MC,EP
	平炉	炼钢（不吹氧）	50<1μm	0.23～8.08	Fe_2O_3 85～90,以及 SiO_2、Al_2O_3、CaO、MnO、S	0.71～2.83	CO_2 8～9, O_2 8～9, N_2其余部分 少量SO_2、 SO_3及NO_x	WS,EP
		炼钢（吹氧）	69<10μm	0.46～16.01		(1)1.27～5.66; (2)0.99～7.08⑥		WS,EP
		氧气转炉（炼钢）	85～95<1μm	4.58～22.88	Fe_2O_3 90,FeO 1.5,以及 SiO_2,Al_2O_3,MgO		CO_2,CO,N_2,O_2	WS,EP

名称		粉尘			气体		可供选用的控制设备⑦
		粒度②	设备出口含尘量/(g/m³)	化学成分③	气流量④	化学成分⑤	
电炉	炼钢(不吹氧)	84<10μm	0.23~5.03	Fe₂O₃ 19~44 FeO 4~10 Cr₂O₃ 0~12 SiO₂ 2~9 Al₂O₃ 1~13	0.28~2.83	CO₂,CO,O₂,N₂	WS,EP,FF
	炼钢(吹氧)		2.3~22.88	CaO 5~22 MgO 2~15 ZnO 0~44 MnO 3~12,以及少量 CuO、NiO、PbO、C 等			
	铁合金	0.01~4μm	0.46~68.6	SiO₂,FeO,MgO, CaO,MnO,Al₂O₃ 及 K₂O	0.312~1.7	CO₂,CO,H₂,N₂,CH₄	WS,FF,EP
冶金炉	铜		2.3~11.4	Cu,Zn 及 S	(1)0.71~1.7; (2)2.01	O₂ 5~6, CO₂ 10~17, N₂ 72~76, CO 0~0.2, SO₂ 1~2	MC
	铅		0.322~10.06		(1)0.03~0.08; (2)0.1~0.5		MC
反射炉	黄铜	0.05~0.5μm	2.3~18.3		(1)0.16~0.5; (2)0.09		WS,FF
	二次炼铅	0.07~0.4μm	2.3~13.73	PbO,SnO 和 ZnO			WS,FF
	二次炼锌		0.46~2.3	ZnCl₂,ZnO,NH₄Cl, Al₂O₃ 及 Mg、Sn、Ni、 Si、Ca、Na 的氧化物	(1)0.2~0.23; (2)11.3~22.66	典型: CO₂ 2.4, H₂O 4.5, N₂ 76.6, O₂ 15.8	
	二次炼铝	31<10μm	0.27~1.37		(1)0.03~0.25; (2)0.003	典型: CO₂ 6.8, O₂ 8.6, CO 0.02, N₂ 77.3, H₂O 7.3, SO₂痕量	FF
破碎和磨碎	破碎铁矿	0.5~100μm	11.44~57.2			空气	WS
	水泥磨		51.29		0.4	空气	EP
	石灰石		2.52~2.97	石灰石	0.52	空气	

① 均指未控制的排出物。

② 用中位径及标准偏差 σ 表示；或用小于或大于某一粒径的质量分数（%）表示，如 $x<y$，或 $x>y$，其中 x 为质量分数（%），y 为粒径（μm）。

③ 化学成分用质量分数（%）表示。

④ 气流量用两种形式表示：(a) $10^3 m^3/min$；(b) $10^3 m^3/t$（产品）。

⑤ 化学成分用体积分数（%）表示。

⑥ 工况气体的体积。

⑦ MC—机械除尘器；EP—电除尘器；FF—袋式除尘器；WS—湿式除尘器；SA—声波凝聚器。

二、根据颗粒污染物形态分类

在环境工程领域，颗粒物分为粉尘、凝结固体烟雾、烟、雾、霭五种物质。众所周知，颗粒状物质与我们日常生活和生产的关系极为密切。不同领域内颗粒状物质有不同的名称，在各行业的叫法也不完全统一。颗粒状物质的分类方法已有很多，而且新的分类方法还在不断出现。最典型的分类方法是按粒径的大小及粒子的各种生成过程进行分类。但是这些分类方法在理论上都无明确定义，主要是为了使用方便。

粉状体在工程学领域内的分类法如表 4-2 所列。在大气污染方面常根据颗粒物的形态进行分类。表 4-3 是德林卡和哈奇粒状污染物质的分类表。

表 4-2　粉状体的分类

分类	名称	内容
按生成过程分类	自然粉状体	自然存在和产生的,如火山灰、海盐粒、花粉等粉状体及地面扬尘
	人工粉状体	燃料燃烧、汽车尾气排出等,范围广泛,种类繁多
	工业粉尘	在粉碎、包装、烧结、干燥粉状体等操作过程中产生的有用和无用的粉尘
按粒径大小分类	碎粒	大约 1mm 以上的粒子,如皮壳碎粒、大砂粒等
	粗粉	从 1mm 以下到标准筛 44μm 以上的粒子,如细河砂、调味料的结晶体等
	微粉	标准筛 44μm 以下到光学显微镜观察极限 0.5μm 以上的粒子
	超微粉	从 1μm 以下的粒子群到电子显微镜能够观察这个范围内的粒子,如金属氧化物、炭黑等

表 4-3　粒状污染物质的分类

分类	名称	粒径/μm	生成过程	发生源
固体粒子	粉尘	100~1	固体物质的破碎	参照表 4-4
	凝结固体烟雾	1~0.1	燃烧、升华、蒸发或化学反应产生的蒸气的凝结	各种金属的熔化炉、非金属的精炼、铝电炉等
	烟	0.5~0.001	燃料的燃烧过程	锅炉、焚烧炉等
液体粒子	霭	100~1	蒸气的凝结、化学反应、液体喷雾	硫酸工厂的硫酸雾等
	雾	50~5	水蒸气的凝结	气象现象等

(1) 粉尘　粉尘是由于物体粉碎而产生和分散到空气中的微粒。其粒径小至在高倍显微镜下才能观察，大到肉眼可见，分布极为广泛。但粒径从 1μm 到数十微米的粒子占多数，粒子的形状和大小也很不均匀，但其组成成分与生成前的物质相同。这些粉尘是研磨、破碎、钻岩等人为产生的粉尘和自然崩溃、风化生成的矿物性粉尘及刮风引起的扬尘，我们身边到处是产生粉尘的尘源。表 4-4 是粉尘来源的分类表。

表 4-4　粉尘来源的分类

种类	粉尘来源
自然现象	火山爆发、大风飞沙、沙尘暴、地震、土沙崩溃、由于温度或混合率的变化而引起的气体爆炸、腐烂、花粉、微生物代谢产物、森林火灾
日常活动	烹调、采暖、冷气、衣服、清扫、吸烟、农业、渔业、医疗、娱乐、教育、体育比赛

种类	粉尘来源
商业活动	采暖、制冷、烹调、包装、输送、陈列、集会、展会等活动
工业	燃烧、冶炼、粉碎、破碎、混合、分离、干燥、研磨、输送、包装、爆炸、凝聚等操作以及轧制、切割、采矿、爆破、装卸等工艺
交通运输	河海运输,汽车、火车运输,航空航天
军事	军事转移,军队作战,炮击、爆炸,训练、演习

自然现象、日常活动、交通、商业活动产生的粉尘主要是以土砂、碳素微粒、植物纤维为主。交通运输中产生的粉尘主要是铁粉、铜粉、橡胶粉及铅化合物粒子。

工业产生的粉尘化学成分非常复杂,而且粉体加工厂粉尘的发生率极高。粉体加工厂有粉末冶金方式的机械零件制造、高熔点金属（钨、钼等）的制造、磁性材料铁氧体的制造、原子能材料二氧化铀的制造,以及陶瓷材料、颜料、填充剂、造纸用粉状材料、粉状食品、化妆品、药品、粉剂农药的制造等。例如橡胶厂粉尘源有混料用滚轧机和抛光机两种。这些粉尘源产生的粉尘有抛光粉（合成橡胶粉尘）、石墨粉、白铅粉、硫黄粉、滑石粉等。

（2）凝结固体烟雾　凝结固体烟雾是在燃烧、升华、蒸发、凝聚等过程中形成的。其粒径分布为 $0.1\sim1\mu m$。凝结固体烟雾与粉尘不同,它的凝聚力很大。

金属在熔化过程中,熔化物质的蒸气压力大到一定程度时就形成气体。这种气体在空气中冷却,凝结变成固体烟雾。例如,金属熔融、焊接和切割等过程产生的粒子,大部分生成金属氧化物的凝结固体烟雾,常见的有铅烟雾、锌烟雾、铁烟雾、镉烟雾、镁烟雾、锰烟雾等。

（3）烟　烟是木材、纸、布、油、煤、香烟等燃烧的产物,其粒径大约在 $0.5\mu m$ 以下。有机物完全燃烧时生成二氧化碳和水,但不完全燃烧时没有燃烧的炭粒子散发到空气中。通常烟是未燃烧的炭和水处于共存状态,悬浮在空气中。有些物质在燃烧的过程中还同时产生焦油状态的物质以及亚硫酸气、氮氧化物、一氧化碳、氨等气态物质。

烟是造成大气污染的主要原因之一,也是不可忽视的室内污染源。

（4）霭　霭是液体破碎或蒸汽凝结形成的微小液滴。液体破碎就是海水浪花飞溅以及液面上水泡破碎时所见到的物理现象。霭的生成过程不同,其粒径的大小亦不同,但粒子形状总是保持球形。

（5）雾　雾是大气中的水蒸气凝结生成的液体粒子。尤其是在城市和工厂周围那些多烟的地区最容易产生浓雾,这样的浓雾被称为烟雾。烟雾就是烟和雾的混合物。

三、粉尘颗粒物的分类

粉尘颗粒物的分类及其特点见表 4-5。

表 4-5　粉尘颗粒物的分类及其特点

分类方法	粉尘名称	特点
按来源划分	自然飘尘	室外大气含尘多少,主要由不同地区空气污染程度而定,另外也与气象条件、风速、风向、气温、湿度、气压等状况有关,受季节、时间、地形、地理条件等因素影响,也有很大差别
	工业粉尘	在工业生产过程中散发出来的粉尘

续表

分类方法	粉尘名称	特点
按特点划分	一次性粉尘	在纤维材料的开松梳理过程中,绝大多数尘杂被分离出来,同时有部分纤维被打断或梳断,这些尘杂和短纤维的一部分会从机器缝隙泄漏出来,造成局部场地空气的污染
	二次性粉尘	在退解或引导半成品时,由于联系力不够或摩擦振动等原因,引起部分纤维散发出来,造成整个室内空气的污染
按理化性质划分	无机粉尘	包括矿物性粉尘(纤维中夹杂的泥沙等)、金属性粉尘(纤维中含有的铁杂等)、人工无机物粉尘(水泥)
	有机粉尘	包括植物性粉尘(棉麻纤维、棉叶、草刺等)、动物性粉尘(毛纤维、骨质等)、人工有机物粉尘(有机染料、浆料等)
	混合粉尘	无机与有机粉尘同时存在。大气中的粉尘一般是混合性粉尘,纺织厂的粉尘也属于此类
按颗粒大小划分	可见粉尘	用肉眼可以分辨的粉尘,粒径>10μm,也叫尘埃
	显微粉尘	用普通显微镜可以分辨的粉尘,粒径一般为0.25~10μm,也叫尘雾。纺织厂可吸入性粉尘属此类
	超显微粉尘	用高倍显微镜或电镜可以分辨的粉尘,粒径在0.25μm以下,也叫尘云
按形状分类	三向等长粉尘	即长、宽、高的尺寸相同或接近的粒子,如正多边形及其他与之相接近的不规则形状的细粒子
	片形粉尘	即两方向的长度比第三方向长得多,如薄片状、鳞片状粒子
	纤维形粉尘	即在一个方向上长得多的粒子,如柱状、针状、纤维状粒子
	球形粉尘	外形呈圆形或椭圆形

　　另外,也可按物理化学特性分类,如按粉尘的湿润性、黏性、燃烧爆炸性、导电性、流动性可以区分不同属性的粉尘。如按粉尘的湿润性分为湿润角小于90°的亲水性粉尘和湿润角大于90°的疏水性粉尘;按粉尘的黏性分为拉断力小于60Pa的不黏尘,60~300Pa的微黏尘,300~600Pa的中黏尘,大于600Pa的强黏尘;按粉尘的燃烧爆炸性分为易燃易爆粉尘和一般粉尘;按粉尘的流动性可分为安息角小于30°的流动性好的粉尘,安息角为30°~45°的流动性中等的粉尘及安息角大于45°的流动性差的粉尘;按粉尘的导电性和静电除尘的难易分为大于$10^{11}\Omega \cdot cm$的高比电阻粉尘,$10^4 \sim 10^{11}\Omega \cdot cm$的中比电阻粉尘,小于$10^4\Omega \cdot cm$的低比电阻粉尘。

第二节　颗粒污染物的性质

　　除尘系统的设计和运行操作,在很大程度上取决于粉尘的理化性质和气体的基本参数是否选取得恰到好处。粉尘的许多物理性质都与除尘过程有着密切关系,重要的是要充分利用对除尘过程有利的粉尘物理性质,或采取某些措施改变对除尘过程不利的粉尘物理性质,由此可以大大提高通风除尘的效果，保证设备可靠运行。充分了解颗粒污染物的性质是研究除尘器除尘机制和特性，正确设计、选择和使用除尘器的重要基础。为了研究颗粒污染物的控制方法，首先应了解掌握颗粒污染物的一般物理性质。这里仅就主要的生产性颗粒污染物（粉尘）的性质做扼要介绍。

一、粉尘密度

单位体积粉尘的质量称为粉尘的密度，单位为 g/cm^3 或 t/m^3。粉尘的密度分真密度和堆积密度。若定义中所指的单位体积不包括粉尘颗粒之间的空隙和粉尘颗粒体内部的空隙，则称为真密度，通常以符号 ρ_p 表示；若定义中所指的单位体积包括颗粒内部空隙和颗粒之间的空隙，则称为堆积密度，以符号 ρ_b 表示。堆积密度与真密度之间可用下式换算：

$$\rho_b = (1-\varepsilon)\rho_p \tag{4-1}$$

式中，ε 称为空隙率，是指粉尘粒子间的空隙体积与堆积粉尘的总体积之比。

粉尘的真密度在除尘工程中有广泛用途。许多除尘设备的选择不仅要考虑粉尘的粒度大小，而且要考虑粉尘的真密度。例如，对于颗粒粗、真密度大的粉尘可以选用沉降室或旋风除尘器，而对于真密度小的粉尘，即使颗粒粗也不宜采用这种类型的除尘设备。粉尘的堆积密度应用在灰斗的容积确定等方面。

二、粉尘粒径和粒径分布

（一）粉尘粒径

粒径一般指粒子的大小。有时也笼统地包括与粒径有关的性质和形状，就是说，包括粒子的性质、形状在内的粒度通称分散度，亦叫粒度。

以气溶胶状态存在的粒子，其粒径一般在 $100\mu m$ 以下，当粒径大于 $100\mu m$ 时粒子沉降速度较快，在空气中悬浮是暂时的，时间很短。

在悬浮粒状污染物质中，通常把 $10\mu m$ 以下的粒子作为研究对象。其主要原因是悬浮粒子从呼吸道侵入肺泡并沉积在肺泡内的粒径以 $1\mu m$ 左右的粒子沉积率最高，粒径$>10\mu m$ 的粒子在空气中的悬浮时间非常短。

大气中的悬浮粒状物质在 $4\mu m$ 粒径附近和 $1\mu m$ 粒径以下出现浓度峰值，实际上 $1\mu m$ 以下的粒子占绝大多数。因为 $1\mu m$ 以下的微粒除了粒子间相互碰撞和凝聚而生成比原粒径大的粒子，在重力作用下沉降以外，其余的粒子在空气中仍随气流悬浮。

粒子的形状有球形、片状、块状、针状、链状等，但除了研究气溶胶的凝聚之外，都将其看作球形。但实际上，除霾一类微小液滴以外，很难见到球形粒子。固体气溶胶粒子的形状几乎都是不规则的。测定这种不规则的固体粒子，一般是用适当的方法测定该粒子的代表性尺寸，并作为粒径来表示粒子的大小。测定方法有下面几种。

1. 统计粒径

统计粒径也叫作显微镜粒径，是用显微镜测定粒径时常用的方法。粒径大小是根据对应规律测量出粒子的投影后，用一维投影值或当量直径表示。图 4-1 是测定粒径的方法的实例。图 4-1(a) 为定向等分直径（马丁直径），是沿一定方向将粒子投影面积二等分的线段长度。图 4-1(b) 为定向直径（格林直径），是在两平行线间的粒子投影宽度。表 4-6 列出各种统计粒径。

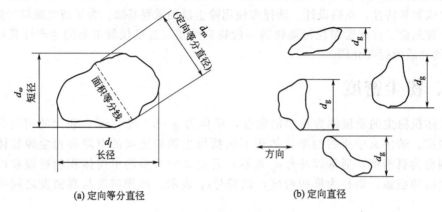

(a) 定向等分直径　　　　　　　　　　　　(b) 定向直径

图 4-1　统计粒径表示法

表 4-6　统计粒径

名称	符号	计算式	名称	符号	计算式
长径	d_l	l	体积平均直径	d_V	$3l\omega h(l\omega+\omega h+hl)^{-1}$
短径	d_ω	ω	外切矩形当量直径	$d_{l\omega}$	$(l\omega)^{\frac{1}{2}}$
定向直径	d_g	$l-\omega$	正方形当量直径	d_f	$f^{\frac{1}{2}}$
定向等分直径	d_m	$l-\omega$	圆形当量直径	d_c	$(4f/\pi)^{\frac{1}{2}}$
二轴平均直径	$d_{l+\omega}$	$(l+\omega)/2$	长方形当量直径	$d_{l\omega h}$	$(l\omega h)^{\frac{1}{3}}$
三轴平均直径	$d_{l+\omega+h}$	$(l+\omega+h)/3$	圆柱形当量直径	d_{ft}	$(ft)^{\frac{1}{3}}$
当量平均直径	d_h	$3[(1/l)+(1/\omega)+(1/h)]^{-1}$	立方体当量直径	d_V	$V^{\frac{1}{3}}$
表面积平均直径	d_o	$[(2l\omega+2\omega h+2hl)/6]^{\frac{1}{2}}$	球体当量直径	d_b	$(6V/\pi)^{\frac{1}{3}}$

注：l 为长轴长度；ω 为短轴长度；h 为高度长度；t 为厚度长度；f 为投影面积长度；V 为体积。

2. 平均粒径

平均粒径是根据粒径的频数分布计算得到的，如表 4-7 所列。图 4-2 给出平均粒径的几何关系。

表 4-7　各种平均粒径

序号	名称	公式	记号	序号	名称	公式	记号
1	算术平均直径	$\sum(nd)/n$	d_1d_o	7	平均面积直径	$[\sum(nd^2)/n]^{1/2}$	d_5d_s
2	几何平均直径	$(d_1^{n_1}d_2^{n_2}\cdots d_n^{n_n})^{1/n}$	d_g	8	平均体积直径	$[\sum(nd^3)/n]^{1/3}$	d_6d_v
3	当量平均直径	$\sum n/(n/d)$	d_h	9	众数直径	最频值	d_{mod}
4	长度平均直径	$\sum(nd^2)/(nd)$	d_2d_p	10	中位数直径	累计中心值	d_{med}
5	体面积平均直径	$\sum(nd^3)/(nd^2)$	d_3d_r	11	比表面积直径	$k/(\rho s_w)$	d_{s_p}
6	重量平均直径	$\sum(nd^4)/(nd^3)$	d_4d_w				

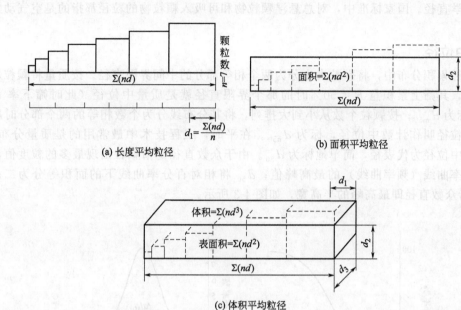

(a) 长度平均粒径

(b) 面积平均粒径

(c) 体积平均粒径

图 4-2 平均粒径的几何关系（n＝ 7 的情况）

3. 沉降粒径

沉降粒径也叫斯托克斯直径，是测定粒子沉降速度 v 之后按下式求出的：

$$d_{\mathrm{p}}=\sqrt{\frac{18\mu v}{(\rho_{\mathrm{p}}-\rho)q}} \qquad (4-2)$$

式中，ρ_{p} 为粒子的密度；ρ 为空气的密度；μ 为空气的黏滞系数。

表 4-8 列出若干种粉尘和烟雾的粒径。

表 4-8 各种粉尘和烟雾粒径实例

类别	种类	粒径/μm	类别	种类	粒径/μm
粉尘	型砂	2000～200	凝结固体烟雾	金属精炼烟雾	100～0.1
	肥料用石灰	800～30		NH_4Cl 烟雾	2～0.1
	浮选尾矿	400～20		碱烟雾	2～0.1
	粉煤	400～10		氧化锌烟雾	0.3～0.03
	浮选用粉碎硫化矿	200～4	烟	油烟	1.0～0.03
	铸造厂悬浮粉尘	200～1		树脂烟	1.0～0.01
	水泥粉	150～1		香烟烟	0.15～0.01
	烟灰	80～3		炭烟	0.2～0.01
	面粉厂尘埃	20～15	霭	硫酸霭	10～1
	谷物提升机内尘埃	15		SO_3 霭	3～0.5
	滑石粉	10	雾	雾	40～1
	石墨矿粉尘	10			
	水泥工厂窑炉排气粉尘	10			
	颜料粉	8～1	露		500～40
	静止大气中的尘埃	1.0～0.01	雨滴		5000～0.01

4. 空气动力学直径

在静止或层流空气中，与颗粒有相同沉降速度，且密度为 $10\mathrm{kg/m^3}$ 的圆球体直径称为空气动力学直径。国家标准中，对总悬浮颗粒物和可吸入颗粒物的粒径都指的是空气动力学直径。

5. 中位径

在粒径累积分布中，将颗粒大小分为两个相等部分的中间界限直径。按质量将颗粒从大至小排列，其筛上累积量 $R = 50\%$ 时的那个界限直径就是质量中位径（此时筛下率 $D = 50\%$），标为 d_{m50}；按颗粒个数从小到大排列，将其分布线分为个数相等的两个部分时所对应的中界粒径叫作计数中位径，标为 d_{n50}。在平时，工程技术中最常用的是质量分布线，并以质量中位径为代表径，简单地标为 d_{50}。由于众数直径是指颗粒出现最多的粒度值，即相对百分率曲线（频率曲线）的最高峰值；d_{50} 将相对百分率曲线下的面积等分为二；则 Δd_{50} 是指众数直径即最高峰的半高宽，如图 4-3 所示。

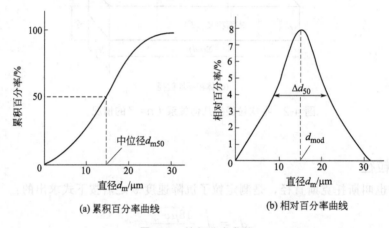

(a) 累积百分率曲线　　　　(b) 相对百分率曲线

图 4-3　粒径分布曲线

6. 最高频率径

出现频率最高的粒径，标为 d_{mod}，是在频度分布曲线上出现的峰值（见图 4-3）。

（二）粒径分布

在除尘技术和气溶胶力学中将粉尘颗粒的粒径分布称分散度。在粉体材料工程中用分散度表示颗粒物的粉碎程度，也叫粒度。这里的颗粒是指通常操作和分散条件下，颗粒物质不可再分的最基本单元。实际中遇到的粉尘和粉料大多是包含大小不同粒径的多分散性颗粒系统。在不同粒径区间内，粉尘所含个数（或质量）的百分率就是该粉尘的计数（或计重）粒径分布。粒径分布在数值上又分微分型和积分型两种，前者称频率分布，后者称累积分布。

粒径分布的表示方法有列表法、图示法和函数法等。函数法通常用正态分布函数式、对数正态分布函数式和罗辛-拉姆勒分布式三种。在实际应用中列表法最常见，一般是按粒径区间测量出粉尘数量分布关系，然后作图寻求粉尘粒径分布，或通过统计计算整理出粉尘的粒径分布函数式。

1. 列表、图示方法

（1）频数分布 ΔR　粒径 $d \sim d + \Delta d$ 之间的粉尘质量（或个数）占粉尘试样总质量（或总个数）的百分数 ΔR（%），称为粉尘的频数分布。粒径频度和筛上累积率分布等如图 4-4 所示。

（2）频率密度（简称频度分布）f　指粉尘中粒径间隔宽度（$\Delta d = 1\mu m$）的粒子质量（或个数）占其试样总质量（或个数）的百分数 f（%/μm）

$$f = \frac{\Delta R}{\Delta d} \qquad (4-3)$$

（3）筛上累积（率）分布 R　指大于某一粒径 d 的所有粒子质量（或个数）占粉尘试样总质量（或个数）的百分数，即

$$R = \sum_{d}^{d_{\max}} \left| \frac{\Delta R}{\Delta d} \right| \Delta d \qquad (4-4)$$

或者 $R = \int_{d}^{d_{\max}} f \mathrm{d}d = \int_{x}^{\infty} f \mathrm{d}d \qquad (4-5)$

反之，将小于某一粒径 d 的所有粒子质量或个数占粉尘试样总质量（或个数）的百分数称为筛下累积分布，因而有

$$D = 100 - R \qquad (4-6)$$

图 4-4 中有关数据由表 4-9 展示。

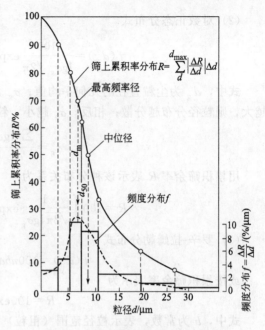

图 4-4　粒径频度和筛上累积率分布

表 4-9　粒径分布列表举例

粒径范围/μm	0	3.5	5.5	7.5	10.8	19.0	27.0	43.0
粒径幅度 Δd/μm	3.5	2	2	3.3	8.2	8	16
频数分布 ΔR（实测值）/%	10	9	20	28	19	8	6
频度分布 $f = \dfrac{\Delta R}{\Delta d}$/(%/$\mu m$)	2.86	4.5	10	8.5	2.3	1	0.38
筛下累积率 D/%	0	10	19	39	67	86	94	100
筛上累积率 R/%	100	90	81	61	33	14	6	
平均粒径 d/μm	1.75	4.50	6.50	9.15	14.9	23	35	

2. 函数表示法

（1）正态分布式

$$f(d_p) = \frac{100}{\sigma \sqrt{2\pi}} \exp\left[-\frac{1}{2} \frac{(d_p - \overline{d}_p)^2}{\sigma^2} \right] \qquad (4-7)$$

$$R = \frac{100}{\sigma \sqrt{2\pi}} \int_{d_p}^{d_p^{\max}} \exp\left[-\frac{(d_p - \overline{d}_p)^2}{2\sigma^2} \right] \mathrm{d}(d_p) \qquad (4-8)$$

式中，$\overline{d}_p$ 为尘粒直径的算术平均值；σ 为标准偏差，定义为：

$$\sigma^2 = \frac{\sum (d_p - \overline{d}_p)^2}{N-1} \qquad (4-9)$$

式中，N 为尘粒个数。

这是最简单的一种粒径分布形式，特点是对称于粒径的算术平均直径，其与中位径、最高频率径相吻合。但实测结果表明，通风除尘技术所遇到的粉尘，是细粒成分多，并不完全符合正态分布式，而是更适合对数正态分布或罗氏分布。

（2）对数正态分布式

$$f(d_p) = \frac{100}{\lg\sigma_g\sqrt{2\pi}}\exp\left[-\frac{1}{2}\left(\frac{\lg d_p - \lg\overline{d}_g}{\lg\sigma_g}\right)^2\right] \tag{4-10}$$

式中，$\overline{d}_g$ 为尘粒直径的几何平均值；σ_g 为几何标准偏差，它表示分布曲线的形状。σ_g 越大，则粒径分布越分散；相反，σ_g 越小，粒径分布越集中。

$$\sigma_g^2 = \frac{\sum(\lg d_p - \lg\overline{d}_p)^2}{N-1} \tag{4-11}$$

用累积筛余率 R 表示该种分布关系为

$$R = 100\int\frac{1}{\sqrt{2\pi}\lg\sigma_g}\exp\frac{(\lg d - \lg d_{50})^2}{2(\lg\sigma_g)^2}\mathrm{d}(\lg d) \tag{4-12}$$

（3）罗辛-拉姆勒分布式

$$f(d_p) = 100nbd_p^{n-1}\exp(-bd_p^n) \tag{4-13}$$

或按累积筛余率表示为

$$R = 100\exp(-bd_p^n) \tag{4-14}$$

式中，b 为常数，表示粒径范围（粗粒）相关值，值越大，颗粒越细；n 为常数，亦叫分布指数，值越大，分布域越窄。

该分布式主要针对机械研磨过程中产生的粉尘而用，自 1933 年德国的罗辛等归纳提出后至今，应用相继扩大，尤其在德国和日本等国应用较普遍。

为了方便，以上 3 种分布式都可在与各自分布函数相对应的特制概率值（即正态概率值、对数正态概率值和 R-R 坐标值）上表示。如果粉尘的粒径分布服从这种分布方式，其筛上累积率 R 或筛下累积率 D 在坐标值上即呈直线。

粉尘的粒径及分散度的区别见表 4-10。

表 4-10　粉尘的粒径及分散度

量度指标	内涵	表示方法
粒径	反映单个粉尘粒子的几何大小，通常是指微粒内部的某一个长度量纲，并不含有规则几何形状的意义，其单位为微米	定向径，筛分径，平均粒径，沉降粒径
分散度	反映一群微粒中不同粒径的微粒量各占总量的百分数。分散度高的粉尘，颗粒小，重量轻，难降落。因此，了解粉尘粒径分布特征，对测尘防尘除尘净化是不可少的基本条件	数量分散度，质量分散度，粒径分布曲线，粒径分布函数

3. 工业粉尘粒径分布实例

表 4-11 是几种工业粉尘的粒径分布实例。

由几个特征值即可知其粒径粗细和分布集中程度。

表 4-11　几种工业粉尘粒径分布特性

粉尘发生源		中位径 $d_{50}/\mu m$	粒径为 $10\mu m$ 时筛下累积率 $D_{10}/\%$	粒径分布指数 n
炼钢电炉	吹氧期	0.11	100	0.50
	熔化期	2.00	88	0.7~3.0
重油燃烧烟尘		12.5	63~32	1.86
粉煤燃烧烟尘		13~40	40~5	1~2

续表

粉尘发生源	中位径 $d_{50}/\mu m$	粒径为 $10\mu m$ 时筛下累积率 $D_{10}/\%$	粒径分布指数 n
化铁炉（铸造厂）	17	25	1.75
研磨粉尘（铸造厂）	40	11	7.25

（三）粒径的测定

粒径是表征粉尘颗粒状态的重要参数。一个光滑圆球的直径能被精确地测定，而对通常碰到的非球形颗粒，精确地测定它的粒径则是困难的。事实上，粒径是测量方向与测量方法的函数。为表征颗粒大小，通常采用当量粒径。所谓当量粒径是指颗粒在某方面与同质的球体有相同特性的球体直径。相同颗粒在不同条件下用不同方法测量，其粒径的结果是不同的，如图 4-5 所示。表 4-12 是颗粒粒径测定的一般方法。由这些方法制定的粒径分析仪器有数百种。用显微镜法测出的粒径如图 4-6 所示。不同的测定方法其结果会有差异，如图 4-7 所示。

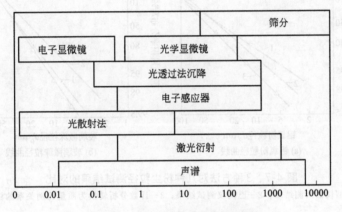

图 4-5　不同测试技术的测试范围

表 4-12　粒径分布测定法一览表

分类	测定方法		测定范围/μm	分布基准
筛分	筛分法		＞40	计重
显微镜	光学显微镜		0.8～150	计数
	电子显微镜		0.001～0.5	计数
沉降	增量法	移液管法	0.5～60	计重
		光透过法	0.1～800	面积
		X 射线法	0.1～100	面积
	累积法	沉降天平	0.5～60	计重
		沉降柱	＜50	计重
流体分级	离心力法		5～100	计重
	串级冲击法		0.3～20	计重
光电	电感应法		0.6～800	体积
	激光测速法		0.5～15	计重、计数
	激光衍射法		0.5～1800	计重、计数

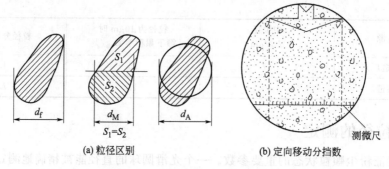

(a) 粒径区别   (b) 定向移动分挡数

图 4-6　显微镜法测量粉尘粒径

d_i—定向径；d_M—面积等分径；

d_A—投影历程径；S_1、S_2—截面积

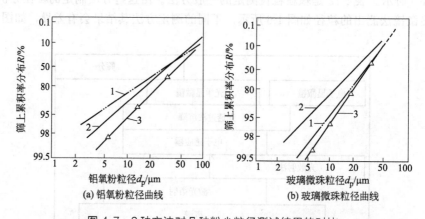

(a) 铝氧粉粒径曲线   (b) 玻璃微珠粒径曲线

图 4-7　3 种方法对几种粉尘粒径测试结果的对比

1—RS-1000 型仪器所测结果；2—巴柯仪测试结果；3—计数分析转换为质量比例关系的粒径测试结果

三、粉尘的物理性质

（一）粉尘的比表面积

粉尘的比表面积表示粒子群总体的细度，特别是微细粒子存在程度的一种粒度特性值，它往往与粉尘的润湿性和黏附性有关。

大部分工业烟尘的比表面积，粗粉尘为 $1000 cm^2/g$，细烟尘一般为 $10000 cm^2/g$。

表 4-13 给出了几种粉尘的比表面积，它们的范围是比较宽的。

表 4-13　几种粉尘的比表面积

粒子	刚生成的烟草灰	细飞灰	粗飞灰	水泥窑粉尘	细炭黑	细砂
中粒径 $d_{50}/\mu m$	0.6	5.0	25	13	0.03	500
比表面积 $a_{比}/(cm^2/g)$	100000	6000	1700	2400	1100000	50

（二）粉尘的浸润性

粉尘的浸润，是由于原来的固气界面被新的固液界面所代替而形成的。液体对固体表面

的浸润程度取决于液体分子对固体表面作用力的大小，而对同一粉尘尘粒来说，液体分子对尘粒表面的作用力又与液体的力学性质即表面张力的大小有关，表面张力越小的液体，它对粉尘粒子就越容易浸润。例如，酒精、煤油的表面张力小，对粉尘的浸润就比水好。各种不同粉尘对同一液体的亲和程度是不相同的，这种不同的亲和程度，称为粉尘的浸润性。例如，水对锅炉飞灰的浸润性要比对滑石粉大得多。

粉尘的浸润性还与粉尘的形状和大小有关。球形粒子的浸润性比不规则粒子要小，粉尘越细，亲水能力越差。例如，石英的亲水性好，但粉碎成粉末后亲水能力大为降低。

由于粉尘的浸润性不同，当其沉入水中时会出现两种不同的情况（见图 4-8）。粉尘湿润的周长（虚线）为水（l）、气（g）、固（s）三相相互作用的交界线。在此有三种力的作用：气与固的交界面的表面张力为 $\sigma_{g,s}$，气与水的交界面的表面张力为 $\sigma_{l,g}$，水与固的交界面的表面张力为 $\sigma_{l,s}$。这里 $\sigma_{l,s}$ 及 $\sigma_{g,s}$ 作用于尘粒的表面的平面内，而 $\sigma_{l,g}$ 作用于接触点的切线上，切线与尘粒表面的夹角 θ 称为湿润角或边界角。

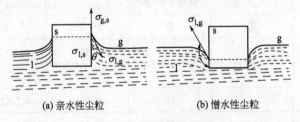

(a) 亲水性尘粒　　　　　　(b) 憎水性尘粒

图 4-8　粉尘的浸润性

若忽略力及水的浮力作用，在形成平衡角时，上述三种力应处于平衡状态。平衡的条件为：

$$\sigma_{g,s} = \sigma_{l,s} + \sigma_{l,g}\cos\theta \tag{4-15}$$

由此可得：

$$\cos\theta = \frac{\sigma_{g,s} - \sigma_{l,s}}{\sigma_{l,g}} \tag{4-16}$$

$\cos\theta$ 的变化为 $1 \sim -1$，θ 角的变化为 $0° \sim 180°$。这样，可以用湿润角 θ 来作为评定粉尘湿润性的指标。

(1) 浸润性好的粉尘（亲水性粉尘）　$\theta \leqslant 60°$，如玻璃、石英及方解石的湿润角 θ 为 $0°$，黄铁矿粉 $\theta = 30°$，方铅矿粉 $\theta = 45°$，石墨 $\theta = 60°$，以及石灰石粉、磨细石英粉等。

(2) 浸润性差的粉尘　$60° < \theta < 85°$，如滑石粉 $\theta = 70°$，硫粉 $\theta = 80°$，以及焦炭粉、经热处理无烟煤粉等。

(3) 不浸润的粉尘（憎水性粉尘）　$\theta > 90°$，如石蜡粉 $\theta = 105°$，以及炭黑、煤粉等。

粉体的浸润性还可以用液体对试管中粉尘的浸润速度来表征。通常取浸润时间为 20min（分），测出此时的浸润高度 L_{20}（mm），于是浸润速度 v_{20}（mm/min）为：

$$v_{20} = \frac{L_{20}}{20} \tag{4-17}$$

按 v_{20} 作为评定粉尘浸润性的指标，可将粉尘分为 4 类，见表 4-14。

表 4-14　粉尘对水的浸润性

粉尘类型	I	II	III	IV
浸润性	绝对憎水	憎水	中等亲水	强亲水
v_{20}/(mm/min)	<0.5	0.5~2.5	2.5~8.0	>8.0
粉尘举例	石蜡、聚四氟乙烯、沥青	石墨、煤、硫	玻璃微球、石英	锅炉飞灰、钙

在除尘技术中，粉尘的浸润性是选用除尘设备的主要依据之一。对于浸润性好的亲水性粉尘（中等亲水、强亲水）可选用湿式除尘器。对于某些浸润性差（即浸润速度过慢）的憎水性粉尘，在采用湿式除尘器时，为了加速液体（水）对粉尘的浸润，往往要加入某些浸润剂（如皂角素等），以减少固液之间的表面张力，增加粉尘的亲水性。

（三）粉尘的荷电性及导电性

1. 粉尘的荷电性

粉尘在其产生和运动过程中，由于相互碰撞、摩擦和放射性照射，电晕放电及接触带电体等原因，总是带有一定电荷，如表 4-15 所列。粉尘荷电后，将改变粉尘的某些物理性质，如凝聚性、附着性以及在气体中的稳定性，对人的危害也同时增加。

表 4-15　某些气溶胶天然荷电情况

气溶胶	电荷分布/%			比电荷/(C/g)	
	正	负	中性	正	负
飞灰	31	26	43	6.3×10^{-6}	7.0×10^{-6}
石膏尘	41	50	9	5.3×10^{-10}	5.3×10^{-10}
熔铜炉尘	40	50	10	6.7×10^{-11}	1.3×10^{-10}
铅烟	25	25	50	1.0×10^{-12}	1.0×10^{-12}
实验室油烟	0	0	100	0	0

自然界中的粉尘可以带有电性（正电性或负电性），也可以是中性的。使粉尘带电的原因很多，诸如天然辐射、外界离子或电子附着于上、粉尘之间的摩擦等。此外，粉尘在生成过程中就可能已经带有电性，表 4-16 为几种粉尘生成后荷电的情况。由表 4-16 中可以看出，粉尘由于各种原因所荷的电，有的具有负电性，有的具有正电性，还有一部分是中性的，它取决于材料的化学成分和与其接触物质的性质。通常在干燥空气中，粉尘表面的最大荷电量约为 $2.7 \times 10^{-9} C/cm^2$ 或 1.6×10^{-10} 电子/cm^2，而粉尘由于自然产生的电量却仅为最大荷电量的很小一部分。

表 4-16　粉尘生成后的荷电情况

粉尘类别	生成方式	粒径/μm	尘粒极性所占百分数/%			尘粒荷电电子数	占最大荷电量的百分数/%
			正	负	中性		
烟草烟	燃烧	0.1~0.25	40	34	26	1~2	4.0
氧化镁	燃烧	0.8~1.5	44	42	14	8~12	3.7
硬脂酸	冷凝	0.2	2	2	96	20~40	19.8
氯化铵	冷凝	0.2	2	2	96	1	1.0
氯化铵	由酒精溶液喷雾分散	0.8~1.5	40	39	21	12~15	0.05

粉尘的电性对除尘有着很重要的影响，电除尘器就是专门利用粉尘的电性而除尘的。目前在其他除尘器（袋式除尘器、湿式除尘器）中也越来越多地利用粉尘的电性来提高对粉尘的捕集性能。然而粉尘的自然荷电由于具有两种极性，同时荷电量也很少，不能满足除尘的

需要。因此为了达到捕集粉尘的目的，往往要利用外加的条件使粉尘荷电，其中最常用的是电晕放电。

2. 粉尘的比电阻

粉尘的导电性以比电阻表示，单位是 $\Omega \cdot cm$。粉尘的导电包括容积导电和表面导电。对比电阻高的粉尘，在较低温度下主要是表面导电，在较高温度下容积导电占主导地位。粉尘的电阻仅是一种可以互相比较的表观电阻，称比电阻。它是粉尘的重要特性之一，对电除尘器性能有重要影响。

粉尘的导电性通常用比电阻（ρ）来表示：

$$\rho = \frac{V}{j\delta} \tag{4-18}$$

式中，ρ 为比电阻，$\Omega \cdot cm$；V 为通过粉尘层的电压，V；j 为通过粉尘层的电流密度，A/cm^2；δ 为粉尘层的厚度，cm。

当温度高时（约 $>250℃$），在粉尘层内电流的传导主要受粉尘化学成分的影响，而与周围气体的性质无关，这种传导称为体积导电。在这种情况下粉尘的体积比电阻随温度的上升而降低。

$$\rho = a\exp\left(-\frac{E}{k_B}T\right) \tag{4-19}$$

式中，T 为绝对温度，K；E 为活化能，V；a 为由试验决定的常数；k_B 为玻尔兹曼常数。

温度低时，粉尘的导电主要取决于周围环境（气体的温度、湿度、成分等），称为表面导电，这时的表面比电阻随温度上升而增加。处于温度中间范围内时两种导电的机理均起作用，如图 4-9 所示。

粉尘的比电阻对电除尘器的工作有着很大影响，最有利于捕集的范围为 $10^4 \sim 2 \times 10^{10} \Omega \cdot cm$。当粉尘的比电阻不利于电除尘器捕尘时，需要采取措施来调节粉尘的比电阻，使其处于适合于电捕集的范围。

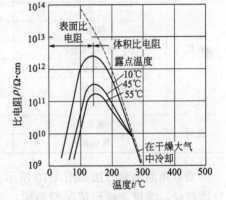

图 4-9 粉尘比电阻与温度的关系

（四）安息角与滑动角

粉尘自漏斗连续落到水平板上，堆积成圆锥体。圆锥体的母线同水平面的夹角称为粉尘的安息角，也叫休止角、堆积角等。

滑动角系指光滑平面倾斜时粉尘开始滑动的倾斜角。安息角与滑动角表达同样的性质。粉尘的安息角及滑动角是评价粉尘流动特性的一个重要指标。安息角小的粉尘，其流动性好；安息角大的粉尘，其流动性差。

粉尘的安息角和滑动角是设计除尘器灰斗（或粉料仓）锥度、除尘管路或输灰管路倾斜度的重要依据。

影响粉尘安息角和滑动角的因素有粉尘粒径、含水率、粒子形状、粒子表面光滑程度、粉尘黏性等。粉尘粒径越小，其接触表面增大，相互吸附力增大，安息角就大；粉尘含水率增加，安息角增大；球形粒子和球性系数接近于 1 的粒子比其他粒子的安息角小；表面光滑的粒子比表面粗糙的粒子安息角小；黏性大的粉尘安息角大等。表 4-17 为几种工业粉尘的安息角。

表 4-17　工业粉尘颗粒的安息角

种类	粉尘颗粒	安息角/(°)	种类	粉尘颗粒	安息角/(°)
金属矿山岩石	石灰石(粗粒)	25	化学	铝矾土	35
	石灰石(粉碎物)	47		硫铵	45
	沥青煤(干燥)	29		生石灰	43
	沥青煤(湿)	40		石墨(粉碎)	21
	沥青煤(含水多)	33		水泥	33～39
	无烟煤(粉碎)	22		黏土	35～45
	硅石(粉碎)	32		焦炭	28～34
	页岩	39		木炭	35
	土(室内干燥)、河砂	35		硫酸铜	31
	砂子(粗粒)	30		石膏	45
	砂子(微粒)	32～37		氧化铁	40
	砂粒(球状)	30		氧化锰	39
	砂粒(破碎)	40		高岭土	35～45
	铁矿石	40		氧化锌	45
	铁粉	40～42		白云石	41
	云母	36		玻璃	26～32
	钢球	33～37		岩盐	25
	锌矿石	38		炉屑(粉碎)	25
有机	棉花种子	29		石板	28～35
	米	20		碱灰	22～37
	废橡胶	35		硫酸铅	45
	锯屑(木粉)	45		磷酸钙	30
	大豆	27		磷酸钠	26
	肥皂	30		硫酸钠	31
	小麦	23		硫	32～45
化学	氧化铝	22～34		离子交换树脂	29
	氢氧化铝	34			

安息角的测量方法如图 4-10 所示。测定装置的尺寸越小，角值越大，即使同样的粉尘也因粒径、湿度、堆积情况而不同，安息角值也不同。测量安息角往往不易重现原来的数值，即重复性较差。

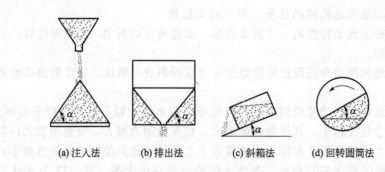

(a) 注入法　　　(b) 排出法　　　(c) 斜箱法　　　(d) 回转圆筒法

图 4-10　粉尘安息角的测量方法示意

安息角是粉尘的动力特性之一，它与粉尘的种类、粒径、形状和含水率等因素有关。

以 α 为指标，粉尘的流动性分为三级：a. $\alpha<30°$ 的粉尘，其流动性好；b. $\alpha=30°\sim45°$ 的粉尘，其流动性中等；c. $\alpha>45°$ 的粉尘，流动性差。

粉尘的安息角大小对设计除尘器灰斗的角度具有重要意义。通常都把灰斗的角度设计为比粉尘的安息角小 $3°\sim5°$。

（五）磨损性

粉尘的磨损性是指粉尘在流动过程中对器壁或管壁的磨损性能。当气流速度、含尘浓度相同时，粉尘的磨损性用材料磨损的程度来表示。

粉尘的磨损性除了与其硬度有关外，还与粉尘的形状、大小、密度等因素有关。表面具有尖棱形状的粉尘（如烧结尘）比表面光滑的粉尘的磨损性大。微细粉尘比粗粉尘的磨损性小。一般认为粒径 $<5\sim10\mu m$ 的粉尘的磨损性是不严重的，然而随着粉尘颗粒增大，磨损性增强，但增加到某一最大值后便开始下降。

粉尘的磨损性与气流速度的 $2\sim3$ 次方成正比。在高气流速度下，粉尘对管壁的磨损显得更为严重。气流中粉尘浓度增加，磨损性也增加。但当粉尘浓度达到某一程度时，由于粉尘粒子之间的碰撞而减轻了与管壁的碰撞摩擦。

（六）光学特性

粉尘的光学特性包括粉尘对光的反射、吸收和透光程度等。在通风除尘中可以利用粉尘的光学特性来测定粉尘的浓度和分散度，还可用由烟囱排出烟尘的透明度作为排放标准（林格曼图）。

能见度即正常视力的人在当时天气条件下能够识别目标物的最大水平距离，是以目力测定用以判定大气透明度的一个气象要素。

当光线通过含尘介质时，由于尘粒对光的吸收、散射等作用，光强会减弱，出现能见度降低的情况。在一些污染严重的城市、工业地区以及一些粉尘作业场所能明显地察觉到能见度的降低。

光线通过含尘介质，光强减弱。初始光强为 $I_0(\mathrm{cd})$ 的光束经过距离 $x(\mathrm{m})$ 后，光强衰减为 I，则

$$I=I_0\exp(-\mu x) \tag{4-20}$$

式中，μ 为消光系数，它是波长的函数，m^{-1}。

含尘气流对光强的减弱还取决于浓度的大小，当质量浓度为 $0.115\mathrm{g/m^3}$ 时，含尘气流是透明的，可通过 90% 的光线；随着浓度的增加，透明度会大大减弱。

能见度可以根据下面经验公式计算：

$$S\approx\frac{A\times10^{-3}}{c} \tag{4-21}$$

式中，S 为等效能见度，m；c 为粒子质量浓度，$\mathrm{kg/m^3}$；A 为比例系数，$\mathrm{kg/m^2}$。

（七）黏附性

粉尘的黏附性是一种常见的现象。如果粉尘粒子没有黏附性，降落到地面的粉尘就会连续地被气流带回到气体中，在大气中达到很高的浓度。就气体除尘而言，许多除尘器的捕集机制都是依赖于在施加捕集力以后粉尘粒子表面间的黏附。但是，在含尘气流管道和净化设备中又要防止粒子在管壁上的黏附，以免造成管道和设备的堵塞。

黏附性是粉尘之间或粉尘与物体表面之间的力的表现。由于黏性力的存在，粉尘的相互碰撞会导致尘粒的凝并，这种作用在各种除尘器中都有助于粉尘的捕集。在电除尘器中及袋式除尘器中，黏性力的影响更为突出，因为除尘效率在很大程度上取决于从收尘极或滤料上清除粉尘（清灰）的能力。粉尘的黏附性对除尘管道及除尘器的运行维护也有很大的影响。

尘粒之间的各种黏附力归根结底与电性能有关，但从微观上看可将黏附力分为三种（不包括化学黏合力）：分子力（Van der Waals force）、毛细黏附力及静电力（Coulomb force）。

1. 分子力

分子力是在分子与原子之间作用的力。在圆球及平面之间的分子力 $F_V(\mathrm{N})$ 为：

$$F_V = \frac{h_w}{16\pi S_0^2} d \tag{4-22}$$

式中，d 为圆球体直径，当为非理想圆球时取其接触点上的粗糙半径 r；S_0 为两黏附体之间的距离，可取为 $4\mathring{A}$（$1\mathring{A} = 10^{-4}\mu m$）；$h_w$ 为 Van der Waals 常数，对于塑料 $h_w \approx 0.6\mathrm{eV}$，对于金属和半导体 $h_w \approx 2 \sim 11\mathrm{eV}$。

当两物体系由不同的材料组成时，可采用下列近似公式计算 Van der Waals 常数 h_w：

$$h_w \approx \sqrt{h_{w11} h_{w12}} \tag{4-23}$$

式中，h_{w11} 为第一种材料物体的 Van der Waals 常数；h_{w12} 为第二种材料物体的 Van der Waals 常数。

于是 $10\mu m$ 的石英尘及石灰尘对塑料纤维的黏性力为：

$$r = 0.5\mu m, F_V = (3 \sim 4) \times 10^{-8}\mathrm{N} \tag{4-24}$$

$$r = 0.1\mu m, F_V = (0.6 \sim 0.8) \times 10^{-8}\mathrm{N} \tag{4-25}$$

由于分子力的作用，尘粒要从周围环境中吸附分子。在烟尘中，这一层为水分子层。吸附的量取决于压力、温度及其相对湿度。由于各种原因这一层分子能够使黏性力增加，例如缩小尘粒间的距离和增加接触面积。当 S_0 增加时，分子力急剧降低，在 $S_0 > 100\mathring{A}$ 时该力可以忽略不计。

2. 毛细黏附力

潮湿环境中，水分可在两黏附体之间架桥，产生毛细黏附力，它与单位自由能及表面张力有关。根据 Б. В. Церягин 的理论，在直径相同的两圆球体之间作用的毛细黏附力 $F_k(\mathrm{N})$ 为：

$$F_k = 2\pi\sigma d \tag{4-26}$$

式中，σ 为表面张力。该式适用于完全湿润而吸收水量不多的情况。

当考虑粗糙度时，由上式所得的数据与测定结果非常符合。在这种情况下，需要代入粗糙半径 r。粒径增加，粗糙度的影响降低，当 $d > 100\mu m$ 时粗糙度通常可以忽略。当未完全湿润时，例如在很多塑料上，按上式计算得到的毛细黏附力比测试结果要小。图 4-11 所示为相对湿度对毛细黏附力的影响。

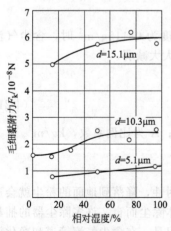

图 4-11 相对湿度对毛细
黏附力的影响

3. 静电力

由于各种原因粉尘会带上不同的电荷。在荷电尘粒之间会产生静电力，例如在两个荷电量为 q_1 及 q_2 的两点电荷之间，其距离为 S_0 时的静电力 $F_c(\mathrm{N})$ 为：

$$F_c = \frac{q_1 q_2}{4\pi\varepsilon_0\varepsilon_r S_0^2} \tag{4-27}$$

式中，ε_0 为真空介电常数，$8.85\times10^{-12}\mathrm{C/(V\cdot m)}$；$\varepsilon_r$ 为尘粒介电常数，$\mathrm{C/(V\cdot m)}$。

电荷极性相同时为排斥力，相异时为吸引力。荷电粉尘对单一平板的静电力为：

$$F_c = \frac{q^2}{8\pi\varepsilon_0 d_p\delta}\times\frac{\ln\left(1+\dfrac{\delta}{S_0}\right)}{\left(\gamma+\dfrac{1}{2}\ln\dfrac{d_p}{S_0}\right)\left(\gamma+\dfrac{1}{2}\ln\dfrac{d_p}{S_0+\delta}\right)} \tag{4-28}$$

式中，δ 为电荷的穿透深度；γ 为 Euler 数，等于 0.5772。

当每一尘粒上的元电荷为 1000 个，$d_p=10\mu m$ 时，$\delta=5\sim10\text{Å}$，$F_c\approx(5\sim6)\times10^{-10}\mathrm{N}$。由此可见静电力比分子力要小很多，但尘粒在电除尘器中受到强烈的电场作用时例外。

综合以上三种力的作用形成尘粒之间或尘粒与物体表面之间的黏性力。因此可以以粉尘层的断裂强度作为评定粉尘黏性的指标。苏联根据用垂直拉法测出的断裂强度将粉尘分为四类，见表 4-18。

表 4-18　粉尘黏性强度的分类

分类	粉尘性质	黏性强度/Pa	分类	粉尘性质	黏性强度/Pa
Ⅰ	不黏性	0~60	Ⅲ	中等黏性	300~600
Ⅱ	微黏性	60~300	Ⅳ	强黏性	>600

属于各类的粉尘举例如下。

第Ⅰ类（不黏性）：干矿渣粉、石英粉（干砂）、干黏土。

第Ⅱ类（微黏性）：含有许多未燃烧完全产物的飞灰、焦粉、干镁粉、页岩灰、干滑石粉、高炉灰、炉料粉。

第Ⅲ类（中等黏性）：完全燃尽的飞灰、泥煤粉、泥煤灰、湿镁粉、金属粉、黄铁矿粉、氧化铅、氧化锌、氧化锡、干水泥、炭黑、干牛奶粉、面粉、锯末。

第Ⅳ类（强黏性）：潮湿空气中的水泥、石膏粉、雪花石膏粉、熟料灰、纤维尘（石棉、棉纤维、毛纤维）。

以上的分类是有条件的，粉尘的受潮或干燥，都将影响粉尘间各种力的变化，从而使其黏性也发生很大变化。此外粉尘的形状、分散度等其他物性对黏性也有影响，例如粉尘中含有 60%~70% 粒径小于 $10\mu m$ 的粉尘时其黏性会大大增加。

四、粉尘的化学性质

（一）粉尘的成分

粉尘的成分十分复杂，各种粉尘均不相同。所谓粉尘的成分主要是指化学成分，有时指形态。表 4-19 和表 4-20 是煤粉锅炉和重油锅炉粉尘的成分。一般说来，化学成分常影响到燃烧、爆炸、腐蚀、露点等，而形态成分常影响到除尘效果等。

表 4-19　煤粉锅炉粉尘成分　　　　　　　　单位:%

煤种	SiO$_2$	Al$_2$O$_3$	Fe$_2$O$_3$	CaO	MgO	H$_2$O	SO$_2$	灼烧减量
劣质煤	62.07	25.47	3.53	5.65	1.13	0.21	0.68	0.5
优质煤	54.3	26.3	5.3	5.9	1.5	0.3	0.6	2.4

表 4-20　重油锅炉粉尘成分　　　　　　　　单位:%

取样位置	固定碳	灰分	挥发分	H$_2$O	SO$_2$
除尘器 1 中	63.7	12.6	18.8	3.9	14.4
除尘器 2 中	34.6~28.7	24.1~20.6	24.1~20.6	14.5~9.5	26.3~32.3

（二）粉尘的水解性

一些粉尘有易吸收烟气中水分而水解的性质,如硫酸盐、氯化物、氧化锌、氢氧化钙、碳酸钠等,从而增加了烟尘的黏结性,对除尘设备正常工作十分不利。

粉尘的水解本质上是粉尘的化学反应,之后形态变黏、变硬,许多除尘器因粉尘水解工作不正常,形成袋式除尘器的糊袋现象,情况严重时会使袋式除尘器失效。

（三）粉尘的放射性

一定量的放射性核素在单位时间内的核衰变数,称为放射性活度,单位为贝可（Bq）。单位质量物体中的放射性活度简称比放射性。单位体积物体中的放射性活度称为放射性浓度。粉尘的放射性可能增加非放射性粉尘对机体的危害。粉尘的放射性有粉尘材料自身含有的放射性核素和非放射性粉尘吸附的放射性核素两个来源。

空气中的天然放射性核素主要是氡及其子体;而所含人工放射性核素的粉尘来源于核试验产生的全球性沉降的放射性落灰,其中主要是有 ^{90}Sr（锶 90）、^{137}Cs（铯 137）、^{131}I（碘 131）等多种放射性核素。核能工业企业排放的放射性废物,除放射性气体可扩散至较大范围外,其余只造成较小范围内的局部污染。在正常的运行条件下,环境内的放射性粉尘质量浓度能够控制在相关规定的数值以下。

（四）自燃性和爆炸性

当物料被研磨成粉料时总表面积增加,系统的自由表面能也增加,从而提高了粉尘的化学活性,特别是提高了氧化产热的能力,这种情况在一定的条件下会转化为燃烧状态。粉尘的自燃是由于当放热反应散热的速度提高到超过系统的排热速度,使氧化反应自动加速造成的。

各种粉尘的自燃温度相差很大。根据不同的自燃温度可将可燃性粉尘分为两类:第一类粉尘的自燃温度高于周围环境的温度,因而只能在加热时才能引起燃烧;第二类粉尘的自燃温度低于周围环境的温度,甚至在不发生质变时都可能引起自燃,这种粉尘造成的火灾危险性最大。

悬浮于空气中的粉尘的自燃温度比堆积的粉尘的自燃温度要高很多。

在封闭空间内可燃性悬浮粉尘的燃烧会导致化学爆炸,但只是在一定浓度范围内才能发生爆炸,这一浓度称为爆炸的浓度极限。能发生爆炸的粉尘最低浓度和最高浓度称为爆炸的下限和上限。处于上下限浓度之间的粉尘都属于有爆炸危险的粉尘。在封闭容器内低于爆炸浓度下限或高于爆炸浓度上限的粉尘都属于安全的。

在有些情况下粉尘的爆炸下限非常高，以至于只是在生产设备、风道以及除尘器内才能达到。在气力输送中粉尘浓度可能达到其爆炸上限。

根据粉尘爆炸性及火灾危险性可以分成以下四类。

Ⅰ——爆炸危险性最大的粉尘，爆炸的下限浓度$<15g/m^3$，这类粉尘有砂糖、泥煤、胶木粉、硫黄及松香等。

Ⅱ——有爆炸危险的粉尘，爆炸下限浓度为$16\sim65g/m^3$，属于这一类的有铝粉、亚麻粉、页岩、面粉、淀粉等。

Ⅲ——火灾危险性最大的粉尘，自燃温度低于250℃，属于这一类的有烟草粉（205℃）等。

Ⅳ——有火灾危险的粉尘，自燃温度高于250℃，属于这一类的有锯末（275℃）等。

第Ⅲ及第Ⅳ类粉尘燃烧爆炸的下限浓度$>65g/m^3$。

粉尘的分散对爆炸性有很大影响，大颗粒粉尘不可能爆炸。对煤粉的爆炸性的研究表明，爆炸地点的压力与粉尘比表面积之间几乎为一直线关系。分散度高时，燃烧爆炸温度降低。

粉尘的爆炸性还取决于在其中是否具有惰性尘粒（不燃尘粒）、湿度以及是否有挥发性可燃气体排出。

惰性尘粒会降低粉尘的爆炸性，因为部分生成热消耗在这种尘粒的加热上，因此粉尘的温度降低。此外，惰性尘粒使热辐射隔断，阻碍火焰的蔓延。

湿度同样对粉尘的爆炸性有影响，水分比惰性尘粒要多吸收4倍的热量，此外湿度大会促进微细粉尘的凝并，因而减小了粉尘的总表面积。

挥发性可燃气体的散发会提高粉尘的爆炸性。例如，挥发性气体含量$<10\%$的煤尘没有爆炸危险，因此无烟煤和木炭不会产生爆炸。

对于有爆炸和火灾危险的粉尘，在进行通风除尘设计时必须要给予充分注意，采取必要的措施。

第三节　含尘气体的性质

一、气体状态和换算

在除尘工程中不管是设计管道还是选用设备，必须深刻了解气体在设备和管道中的变化情况，也就是了解气体三大定律和状态方程及状态换算。

（一）气体三大定律

1. 玻意耳-马略特定律

玻意耳-马略特定律指出气体等温变化所遵循的规律。一定质量的气体在温度不变时，其压力 p 和体积 V 成反比，即 $pV=$ 常数。常数的大小由气体的温度和物质的量决定。从微观角度看，气体质量一定，即气体的总分子数不变。又因温度为定值，气体的平均动能不变。气体的体积减小到原来的几分之一，分子的密度就增大为原来的几倍，从而在单位时间内气体分子对气壁单位面积的碰撞次数就增加几倍，即压力增大到几倍。因此，在一个充满气体的系统中，当气体通过系统时气体是从高压区流向低压区的。假设温度恒定，则通常在系统的终端得到气体的确切体积比起始端的体积大。充满气体的系统中，随着气体进入系统

的下游，压力减小，体积增大。玻意耳定律可以写作

$$p_1V_1=p_2V_2=\cdots=常数 \tag{4-29}$$

式中，V_1 为始态压力 p_1 下的气体体积，m^3；V_2 为终态压力 p_2 下的气体体积，m^3；p_1 为始态压力（压力单位是绝对值），Pa；p_2 为终态压力（压力单位是绝对值），Pa。

2. 查理定律

查理定律揭示了气体等容变化所遵循的规律。一定质量的气体在体积不变时，其压力 p 和绝对温度 T 成正比，即 $\frac{p}{T}=常数$。常数的大小由气体的体积和物质的量决定。从微观角度看，一定质量的气体，体积保持不变，当气体温度升高时分子平均速度增大，因而气体压力增大，所以气体的压力和温度成正比。这一定律对理想气体才严格成立，它只能近似反映实际气体的性质，压力越大，温度越低，与实际情况的偏差就越显著。

当气体体积保持不变时，遵从查理定律，即

$$\frac{p_1}{T_1}=\frac{p_2}{T_2}=\cdots=常数 \tag{4-30}$$

式中，p_1 为始态压力，Pa；p_2 为终态压力，Pa；T_1 为始态温度（温度单位为绝对值），K；T_2 为终态温度（温度单位为绝对值），K。

3. 盖·吕萨克定律

盖·吕萨克定律阐述的是压力恒定的情况下气体体积和温度的关系。定律表明：气体体积和气体的绝对温度的变化成正比。换句话说，压力恒定的情况下，随着温度的升高，体积增大；反之则减小。定律可以写作：

$$\frac{V_1}{V_2}=\frac{T_1}{T_2}=\cdots=常数 \tag{4-31}$$

式中，V_1 为始态温度 T_1 下的气体体积，m^3；V_2 为终态温度 T_2 下的气体体积，m^3；T_1 为始态温度（温度单位为绝对值），K；T_2 为终态温度（温度单位为绝对值），K。

（二）气体状态方程

一定质量 m 的任何物质（气体）所占有的体积 V，取决于该物质所受压力 p 和它的温度 T。对纯物质来说，这些量之间存在着一定的关系，称作该物质的状态方程。

$$f(m,V,p,T)=0 \tag{4-32}$$

对理想气体，可写成如下方程：

$$pV=nRT \tag{4-33}$$

式中，p 为气体压力，Pa；V 为气体体积，m^3；n 为物质的量，$n=m/M$；m 为气体总质量，g；R 为气体常数，J/(mol·K)；T 为绝对温度，K。

在标准状态下，即温度为 0℃(273.16K)、压力为 1.013×10^5Pa，1mol 的理想气体的体积为：

$$V=\frac{nRT}{p}=\frac{1\times8.314\times273.16}{1.013\times10^5}$$
$$=0.0224(m^3)=22.4(L)$$

工业上污染控制中的大多数气体都可以适当地用理想气体状态方程来表示。理想气体的一个非常实用的性质就是：在相同的温度和压力下，1mol 的任何气体所占的体积和其他任何理想气体 1mol 的体积是一样的。阿伏伽德罗定律对此性质给出了明确的定义，此定律为：相同体积的任何气体中包含的分子数相等。

在国际单位制中：1mol 任何理想气体＝22.4L（升）＝$6.02×10^{23}$ 个分子，从这个固定关系式可以得出：如果已知气体的体积，可以推算气体的物质的量。

但是没有一种气体的性质是和理想气体一样的，所以没有任何一种气体是完全的理想气体。在污染控制方面，理想气体状态方程适用于空气、水蒸气、氮气、氧气、二氧化碳和其他的普通气体以及它们的混合物。气体接近液态的通常表现是混合气体中的水蒸气或者酸性气体接近露点。在这些情况下，由于压缩蒸汽只是气体混合物的一小部分，所以理想气体状态方程还是比较准确的。如果压力过高，大多数气体接近于液态，此时需要有一个更为准确的计算方程，这里不予描述。

（三）标准状态和工作状态的换算

1. 状态概念

（1）标准状态　干气体在绝对温度 $T_0＝273.16K$（或温度 $t_0＝0$）和压力 $p_0＝101300Pa$ 下的状态称为标准状态，简称标况。

（2）工作状态　干气体在工作状态（某一具体温度和压力）下的状态称为工作状态，简称工况。

（3）标况干气体的体积 V_0　干气体在标准状态下的体积称为标准体积，单位为 m^3。

（4）工况干气体的体积 V　干气体在工作状态下的体积称为工况体积，单位为 m^3。

（5）标况湿气体的体积 V_{0s}　湿气体在标准状态下的体积称为湿标况体积，单位为 m^3。

（6）工况湿气体的体积 V_s　湿气体在工作状态下的体积称为湿工况体积，单位为 m^3。

2. 状态换算

（1）工况湿气体体积流量 Q_s 换算成标况干气体体积流量 Q_0（m^3/h）

$$Q_0＝273.16Q_s p_t/[101.3(273.16＋t)(1＋d/804)] \tag{4-34}$$

或

$$Q_0＝273.16Q_s(p－p_s)/[101.3(273.16＋t)] \tag{4-35}$$

（2）标况干气体体积流量 Q_0 换算成标况湿体积流量 Q_{0s}（m^3/h）

$$Q_{0s}＝Q_0(1＋d/804) \tag{4-36}$$

或

$$Q_{0s}＝Q_0 p/(p－p_s) \tag{4-37}$$

（3）工况湿气体体积流量 Q_s 换算成标况湿气体体积流量 Q_{0s}（m^3/h）

$$Q_{0s}＝273.16Q_s p/[101.3(273.16＋t)] \tag{4-38}$$

或

$$Q_{0s}＝Q_s \rho_s/\rho_{0s} \tag{4-39}$$

（4）标况干气体体积流量 Q_0 换算成工况干气体体积流量 Q（m^3/h）

$$Q＝101.3(273.16＋t)Q_0/(273.16p) \tag{4-40}$$

式中，p 为工况下气体的绝对压力，$p＝B＋p_t$，kPa；B 为标准大气压，$B＝101.3kPa$；p_t 为工况下气体的工作压力，kPa；t 为工况下气体的温度，℃；d 为气体的含湿量，g 水蒸气/kg 干气体；p_s 为水蒸气分压，kPa；804 为标况下水蒸气的密度，g/m^3。

二、气体的主要参数和换算

（一）气体的温度

气体温度是表示其冷热程度的物理量。温度的升高或降低标志着气体内部分子热运动平均动能的增加或减少。平均动能是大量分子的统计平均值，某个具体分子做热运动的动能可能大于或小于平均值。温度是大量分子热运动的集体表现。在国际单位制中，温度的单位是开尔文，用符号 K 表示。常用单位为摄氏度，用符号℃表示。

为了保证各种温度计测出的温度彼此一致，必须要有一个统一的温度尺度，这个温度尺度在技术上叫作"温标"。国际上常用的温标有两种，即相对温标和绝对温标。

1. 相对温标

相对温标是建立在固定的、容易复现的水的三相平衡点基础上的，即在沸点（在 101.3kPa 下液态水和水蒸气处于平衡状态）与冰点（在 101.3kPa 下冰和水处于平衡状态）之间画了很多彼此距离相等的分度，称为"度"。

常用的摄氏温标在此两点间划分了 100 度，称为摄氏度，符号为℃；不常用的华氏温标在这两点间划分了 180 度，称为华氏度，符号为℉。在摄氏温标中冰点的温度值是 0℃，而在华氏温标中，冰点的温度值是 32℉。两者之间的换算关系是

$$t(℃)=\frac{5}{9}[t'(℉)-32]或\ t'(℉)=\frac{9}{5}t(℃)+32 \tag{4-41}$$

2. 绝对温标

绝对温标也称"热力学温标"，是国际单位制中的基本温标，它建立在热力学第二定律基础上，以气体分子停止运动时的最低极限温度为起点，单位为 K（开尔文），用符号 T 表示。绝对温标的温度间隔与摄氏温标相同，它与摄氏温标之间的关系是

$$T(K)=t(℃)+273.16 \tag{4-42}$$

3. 温度的影响因素

气体的温度直接与气体的密度、体积和黏性等有关，并对设计除尘器和选用何种滤布材质起着决定性的作用。滤布材质的耐温程度是有一定限度的，所以，有时根据温度选择滤布，有时则要根据滤布材质的耐温情况而定气体的温度。一般金属纤维耐温为 400℃，玻璃纤维耐温为 250℃，涤纶耐温为 120℃，如果在极短时间内超过一些还是可以的。

温度的测定，一般是使用水银温度计、电阻温度计和热电偶温度计，但在工业上应用时，由于要附加保护套管等原因，以致产生 1～3min 以上的滞后时间。处理高温气体时，有时需要采取冷却措施，主要冷却方法如下。

（1）掺混冷空气　把周围环境的冷空气吸入一定量，使之与高温烟气混合以降低温度。在利用吸气罩捕集高温烟尘时，同时吸入环境空气或者在除尘器加冷风管吸入环境空气。这种方法设备简单，但是处理气体量增加。

（2）自然冷却　加长输送气体管道的长度，借管道与周围空气的自然对流与辐射散热作用而使气体冷却，这一方法简单，但冷却能力较弱，占用空间较大。

（3）用水冷却　有两种方式：一是直接冷却，即直接向高温烟气喷水冷却，一般需设专门的冷却器；二是间接冷却，即在烟气管道中装设冷却水管来进行冷却，这一方法能避免水雾进入收尘器及腐蚀问题。该方法冷却能力强，占用空间较小。

（二）气体的压力

1. 气体压力

气体压力是气体分子在无规则热运动中对容器壁频繁撞击和气体自身重量作用而产生对容器壁的作用力。通常所说的压力指垂直作用在单位面积 A 上的力的大小，物理学上又称为压强，即：

$$p=\frac{F}{A} \tag{4-43}$$

在国际计量单位中，压强单位为 Pa（帕），$1Pa=1N/m^2$。由于 Pa 的单位太小，工程上常采用 kPa（千帕）、MPa（兆帕）作为压强单位，它们之间关系为

$$1MPa=10^3kPa=10^6Pa$$

2. 绝对压力、表压力和真空度

在工程上按所取标准不同，压力有两种表示方法：一种是绝对压力，用 p 表示，它是以绝对真空为起点计算的压力；另一种是表压力，又称相对压力，用 p_g 表示，它是以现场大气压力 p_a 为起点计算压力，即是绝对压力与现场大气压力之差值，用公式表示为：

$$p_g=p-p_a \quad 或 \quad p=p_g+p_a \tag{4-44}$$

为简便起见，在没有特别说明时按 $p_a=0.1MPa$ 作为计算基准值，即：

$$p=p_g+0.1$$

由于表压力 p_g 是除尘工程中最常用到的单位之一，除非特别注明，本书在以后叙述中将 p_g 简写成 p。

负的表压力通常称为真空度，能够读取负压的压力表称为真空表。图 4-12 表示了绝对压力、表压力和真空度之间的相互关系。

3. 静压、动压和全压

常用的压力有静压力 p_j（垂直作用于单位面积上的力）、动压力 p_d（流体流动时，在该速度下所具有的动能，以压力单位表示）和全压 p_q（静压力和动压力之和）三种。这三种压力之间关系见图 4-13。通过测得的动压，便可求出流体的流速和流量。

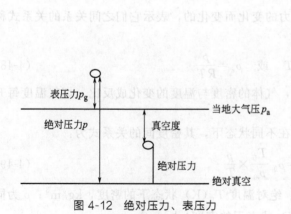

图 4-12 绝对压力、表压力
和真空度的关系

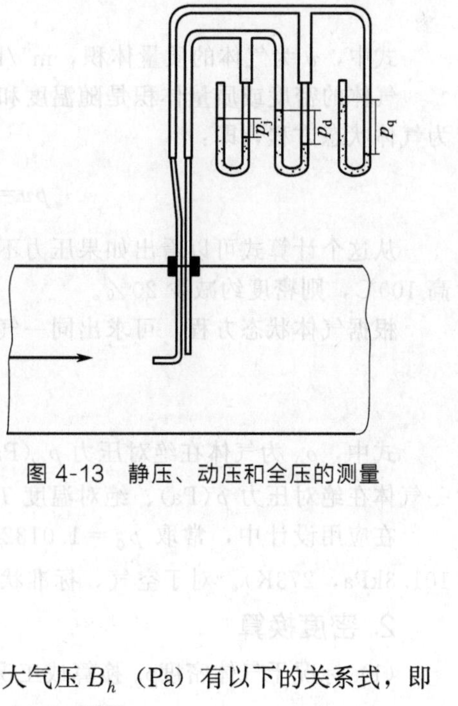

图 4-13 静压、动压和全压的测量

4. 大气压与海拔高度的关系式

海拔越高，大气压 B 越低，海拔高度 H(m) 处的大气压 B_h（Pa）有以下的关系式，即

$$B_h=101325(1-0.00002257H)^{5.256} \tag{4-45}$$

海平面上的大气压力，一般在 $9.6\times10^4\sim1.067\times10^5Pa$ 之间，平均约为 $1.01325\times$

$10^5 Pa$，这一压力就是通常所称的标准大气压力，大气压与海拔高度的对应值见表 4-21。

表 4-21　大气压 B 与海拔高度 H 的对应值

H/m	B/Pa	H/m	B/Pa	H/m	B/Pa
0	101325	500	95458	2000	79494
100	100129	600	94318	3000	70097
200	98944	800	92071	4000	61622
300	97770	1000	89870	5000	63999
400	96608	1500	84555	6000	47159

5. 压力与除尘的关系

在除尘工程中压力无处不在。压力损失决定除尘工程的能耗和运行状况，所以有经验的设计师和环保管理者总是把除尘设备和系统的压力控制在合理范围之内。

（三）气体的密度与换算

1. 气体的密度

气体的密度是指单位体积气体的质量：

$$\rho_a = \frac{m}{V} \tag{4-46}$$

式中，ρ_a 为气体的密度，kg/m^3；m 为气体的质量，kg；V 为气体的体积，m^3。

单位质量气体的体积称为质量体积，质量体积与密度互为倒数，即

$$v = \frac{V}{m} = \frac{1}{\rho_a} \tag{4-47}$$

式中，v 为气体的质量体积，m^3/kg。

气体的密度或质量体积是随温度和压力的变化而变化的，表示它们之间关系的关系式称为气体状态方程，即：

$$pv = RT \quad 或 \quad \rho_a = \frac{p}{RT} \tag{4-48}$$

从这个计算式可以看出如果压力不变，气体的密度与温度的变化成反比。烟气温度每升高 100℃，则密度约减少 20%。

根据气体状态方程，可求出同一气体在不同状态下，其密度间的关系式为：

$$\rho = \rho_0 \frac{T_0}{p_0} \times \frac{p}{T} \tag{4-49}$$

式中，ρ_0 为气体在绝对压力 p_0(Pa)、绝对温度 T_0(K) 状态下的密度，kg/m^3；ρ 为同一气体在绝对压力 p(Pa)、绝对温度 T(K) 状态下的密度，kg/m^3。

在应用设计中，常取 $p_0 = 1.01325 \times 10^5 Pa$，$T_0 = 273.16K$ 为"标准状态"（简化为 101.3kPa，273K）。对于空气，标准状态下干空气的密度 $\rho_0 = 1.293 kg/m^3 \approx 1.29 kg/m^3$。

2. 密度换算

（1）标况干气体密度 ρ_0 换算成工况密度 ρ_t

$$\rho_t = 273 p \rho_0 / [101.3(273+t)] \tag{4-50}$$

式中，ρ_t 为干气体在工况状态下的密度称为工况密度，kg/m^3；ρ_0 为干气体在标准状

态下的密度称为标况密度，kg/m³；p 为气体绝对压力，Pa；t 为气体的温度，℃。

（2）标况湿气体密度 ρ_{0s}

$$\rho_{0s}=\rho_0(1+\psi)+0.804\psi \tag{4-51}$$

或

$$\rho_{0s}=(1+d)/[(1/\rho_0)+(d/0.804)] \tag{4-52}$$

式中，ρ_{0s} 为湿气体在标准状态下的密度即标况湿气体密度，kg/m³；ψ 为水蒸气在气体中所占的百分数，%；0.804 为标准状态下水蒸气密度，kg/m³；d 为气体中含湿量，kg 水蒸气/kg 干空气。

（3）标况湿气体密度 ρ_{0s} 换算成工况湿气体密度 ρ_{st}

$$\rho_{st}=273p\rho_{0s}/[101.3(273+t)] \tag{4-53}$$

式中，ρ_{st} 为湿气体在工作状态下的密度即工况湿气体密度，kg/m³；其余符号意义同前。

3. 烟气密度

由固体燃料煤燃烧生成的烟气的密度 ρ_y（kg/m³），除按烟气成分组成计算外，还可按煤的灰分计算，即：

$$\rho_y=[(1-A_h)+Q_{0k}\rho_{0k}]/Q_{0y} \tag{4-54}$$

式中，A_h 为煤的灰分，kg/kg 煤；Q_{0k} 为煤燃烧的实际空气量，m³/kg 煤；Q_{0y} 为燃烧产物的烟气量，m³/kg 煤；ρ_{0k} 为标况下的空气密度，$\rho_{0k}=1.293$kg/m³。

4. 干含尘气体的密度

干含尘气体的密度由气体密度和气体的含尘浓度组成，标况下干含尘气体的密度（g/m³）为：

$$\rho_{0q}=\rho_0+c_{01} \tag{4-55}$$

工况下干含尘气体的密度（g/m³）：

$$\rho_{qt}=273\rho_{0q}p/[101.3(273+t)] \tag{4-56}$$

式中，ρ_{0q} 为标况下干含尘气体的密度，g/m³；ρ_0 为标况下气体密度，g/m³；c_{01} 为标况下未净化气体的含尘浓度（干基），g/m³；ρ_{qt} 为工况下干含尘气体的密度，g/m³。

（四）气体的黏度

流体在流动时能产生内摩擦力，这种性质称为流体的黏性。黏度表示了流体黏性大小，是流体阻力产生的依据。流体流动时必须克服内摩擦力而做功，将一部分机械能量转变为热能而损失掉。黏度（或称黏滞系数）的定义是切应力与切应变的变化率之比，是用来度量流体黏性的大小，其值由流体的性质而定。根据牛顿内摩擦定律，切应力用下式表示：

$$\tau=\mu\frac{dv}{dy} \tag{4-57}$$

式中，τ 为单位表面上的摩擦力或切应力，Pa；$\frac{dv}{dy}$ 为速度梯度，s⁻¹；μ 为动力黏度，简称为黏度，Pa·s。

因 μ 具有动力学量纲，故称为动力黏度。在流体力学中，常遇到动力黏度 μ 与流体密度 ρ 的比值，即：

$$\nu=\frac{\mu}{\rho} \tag{4-58}$$

式中，ν 为运动黏度，m²/s。气体的黏度随温度的增高而增大（液体的黏度是随温度的增高而减小），与压力几乎没有关系。空气的黏度 μ 可用下式来表示：

$$\mu = 1.702 \times 10^8 (1 + 0.00329t + 0.000007t^2) \tag{4-59}$$

式中，t 为气体的温度。

（五）气体的湿度与露点

1. 湿度

气体的湿度是表示气体中含有水蒸气的多少，即含湿程度，一般有两种表示方法。

（1）绝对湿度　是指单位质量或单位体积湿气体中所含水蒸气的质量。当湿气体中水蒸气的含量达到该温度下所能容纳的最大量时的气体状态，称为饱和状态。绝对湿度单位用 kg/kg 或 kg/m^3 表示。

（2）相对湿度　是指单位体积气体中所含水蒸气的密度与在同温同压下饱和状态时水蒸气的密度之比值。由于在温度相同时，水蒸气的密度与水蒸气的压强成正比，所以相对湿度也等于实际水蒸气的压强和同温度下饱和水蒸气的压强的百分比值。相对湿度用百分数（%）表示。

相对湿度在 30%～80% 之间为一般状态，超过 80% 时即称为高湿度。在高湿度情况下，尘粒表面有可能生成水膜而增大附着性，这虽有利于粉尘的捕集，但将使除尘器清灰出现困难。另外，相对湿度在 30% 以下为异常干燥状态，容易产生静电，和高湿度一样，粉尘容易附着而难以清灰。相对湿度为 40%～70%、温度 16～24℃ 时人们生活的舒适度最好。

一般多用相对湿度表示气体的含湿程度，并常用干、湿球温度计测出干、湿温度及其差值，然后查表即可得出相对湿度。

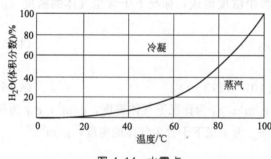

图 4-14　水露点

2. 露点

气体中含有一定数量的水分和其他成分，通称烟气。当烟气温度下降至一定值时，就会有一部分水蒸气冷凝成水滴形成结露现象。结露时的温度称作露点，水露点如图 4-14 所示。高温烟气除含水分外，往往含有三氧化硫，这就使得露点显著提高，有时可提高到 100℃ 以上。因含有酸性气体而形成的露点称为酸露点。酸露点的出现，给高温干法除尘带来困难，它不仅降低除尘效果，还会腐蚀结构材料，必须予以充分注意。酸露点可实测求得，也可以由下式近似计算：

$$t_s = 186 + 20\lg\varphi_{H_2O} + 261\lg\varphi_{SO_3} \tag{4-60}$$

式中，t_s 为酸露点，℃；φ_{H_2O} 和 φ_{SO_3} 分别为高温烟气中水和三氧化硫的体积分数。

烟气中含有硫酸、亚硫酸、盐酸、氯化氢和氟化氢以及最后会变成冷凝水的水蒸气。在所有这些成分中，硫酸的露点最高，以至于通常只要提到酸的露点时，总认为是硫酸的露点，烟气（温度＞350℃）冷却时，硫酸总是最先冷凝结露。

燃烧无烟煤时，典型的硫酸分压为 10^{-7}～10^{-6}MPa，水蒸气分压为 0.002～0.05MPa，实际测得露点为 100～150℃，最高为 180℃。

由于水的沸点（100℃）和硫酸的沸点（338℃）相差很大，这两种成分在沸腾时和冷凝时都会发生分离。这就意味着，到达露点冷凝时，尽管烟气中硫酸浓度极低，但结露中硫酸的浓度仍会很高。

（六）气体的成分

正常的空气成分为氧气、氮气、二氧化碳及少量的水蒸气。在除尘工程中，所处理的气体中经常含有腐蚀性气体（如 SO_2）、有毒有害气体（如 CO、NO_x）、爆炸性气体（如 CO、H_2）及一定数量的水蒸气。

空气中含有的粉尘，一般情况下对气体性质和除尘装置没有明显的影响。但是，在捕集可燃气体和烟气中的粉尘时，除了高温和火星可能对滤袋造成损伤外，因为在气体中含有多种有害气体成分，也具有危害性。如含有腐蚀性的气体（如 SO_3 等），当其溶解于气体中的水分时可能对除尘装置、滤袋等造成严重的损伤。如含有有毒气体（如 CO、SO_2 等），将对人体有害。在进行维护、检查、修理时，要充分注意并采用预防措施，要保持装置的严密性，出现漏气是危险的。如处理气体中含有爆炸性气体时，在设计和运转管理中要制定好预防爆炸和耐压的措施。在处理燃烧或冶炼气体时，应对气体成分进行分析、测定，以确定其成分与性质，以便采取必要的措施。对于排放气体中有害气体的浓度，应符合排放标准；如不符合亦需采取消除的措施。

（七）气体的含尘浓度

气体的含尘浓度是指单位气体体积中所含的粉尘量，常用符号 c 表示，单位为 g/m^3 或 mg/m^3。气体的含尘浓度不仅是除尘器选型的主要技术参数，也是计算除尘器效率的重要数据。如测出除尘器的进口（未净化的气体）的含尘浓度 c_1 和除尘器出口（净化的气体）的含尘浓度 c_2，就可计算出除尘器的效率。除尘器效率的计算将在第五章第一节详细介绍。

① 标况下含尘浓度 c_0（g/m^3）的表达式为：

$$c_0 = w_f/Q_0 \tag{4-61}$$

式中，w_f 为测定含尘气体中的粉尘总量，g；Q_0 为测定含尘气体标况干气体流量，m^3。

② 工况下含尘浓度 c（g/m^3）的表达式为：

$$c = 273c_0/(273+t) = 273w_f/[Q_0(273+t)] \tag{4-62}$$

式中，t 为工况下气体的温度，℃。

③ 粉尘排放量 L_f（kg/h）的表达式为：

$$L_f = c_0Q_0/1000 \tag{4-63}$$

参 考 文 献

[1] 化学工程编委会. 化学工程手册：气态非均一系分离. 北京：化学工业出版社，1991.
[2] 刘爱芳. 粉尘分离与过滤. 北京：冶金工业出版社，1998.
[3] 申丽，张殿印. 工业粉尘的性质. 金属世界，1998（2）：31-32.
[4] 威廉 L 休曼. 工业气体污染控制系统. 华译网翻译公司，译. 北京：化学工业出版社，2007.
[5] 方荣生，方德寿. 科技人员常用公式与数表手册. 北京：机械工业出版社，1997.
[6] 张殿印，王纯，俞非漉. 袋式除尘技术. 北京：冶金工业出版社，2008.
[7] 张殿印，王纯. 除尘工程设计手册. 3 版. 北京：化学工业出版社，2021.
[8] 张殿印，王纯. 脉冲袋式除尘器手册. 北京：化学工业出版社，2011.
[9] 王晶，李振东. 工厂消烟除尘手册. 北京：科学普及出版社，1992.
[10] 刘后启，窦立功，张晓梅，等. 水泥厂大气污染物排放控制技术. 北京：中国建材工业出版社，2007.
[11] 李凤生，等. 超细粉体技术. 北京：国防工业出版社，2001.
[12] 竹涛，徐东耀，于妍. 大气颗粒物控制. 北京：化学工业出版社，2013.
[13] 王栋成，林国栋，徐宗波. 大气环境影响评价实用技术. 北京：中国标准出版社. 2010.

[14]　刘瑾，张殿印. 袋式除尘器工艺优化设计. 北京：化学工业出版社，2020.

[15]　刘瑾，张殿印. 袋式除尘器配件选用手册. 北京：化学工业出版社，2016.

[16]　丁启圣，王维一. 新型实用过滤技术. 北京：冶金工业出版社，2017.

[17]　薛勇. 滤筒除尘器. 北京：科学出版社，2014.

[18]　顾海根，张殿印. 滤筒式除尘器工作原理与工程实践. 环境科学与技术，2001（3）：47-49.

[19]　郭丰年，徐天平. 实用袋滤除尘技术. 北京：冶金工业出版社，2015.

[20]　张殿印，王冠，肖春，等. 除尘工程师手册. 北京：化学工业出版社，2020.

[21]　福建龙净环保股份有限公司. 电袋复合除尘器. 北京：中国电力出版社，2015.

[22]　王纯，张殿印，王海涛，等. 除尘工程技术手册. 北京：化学工业出版社，2017.

[23]　中央労働災害防止協会. 局所排気装置，プッシュプル型換気装置及び除じん装置の定期自主検査指針の解説. 7版. 東京：中央労働災害防止協会，令和4年.

[24]　粉体工学会. 気相中の粒子分散・分級・分離操作. 東京：日刊工業新聞社，2006.

第五章

颗粒污染物的控制技术与装置

颗粒污染物控制技术是我国大气污染控制的重点也是工业废气治理的重点。在国标《环境空气质量标准》（GB 3095）中，明确规定了总悬浮颗粒物（TSP）、可吸入颗粒物（PM_{10}）的浓度限值。

大气颗粒污染物的控制，实际上是个固气相混合物分离问题，即是气溶胶非均相混合物的分离，从气溶胶中除去有害无用的固体或液体颗粒物的技术称为除尘（或分离）技术。有时也把从气相中收集或回收生产工艺过程中所得到的颗粒状产品（如水泥）和副产品的技术称为集尘。本章为了叙述方便，通称为除尘。

第一节　粉尘常用控制技术

粉尘的控制方法主要有湿法防尘、尘源密闭、除尘系统除尘、净化气体排放和粉尘回收利用等。

一、湿法防尘技术

湿法防尘是一种简单、有效和经济的粉尘控制方法，在工艺允许的前提下应优先采用。湿法防尘主要有物料加湿和清水喷雾（或称厂房水冲洗）两种方式。

（一）物料加湿

物料加湿主要是在扬尘点借洒水或利用喷嘴将水喷成水雾使物料加湿，以减少或消除粉尘的产生并捕集和抑制已扬起的粉尘。物料加湿宜在物料的破碎筛分、运输和贮存点设置，目前一般用于露天的物料堆场中。在破碎筛分和运输过程中，在工艺允许的条件下，物料的加湿可以显著地抑制粉尘的飞扬。在耐火砖的生产过程中，将硅石略加湿润，工作地点的粉尘浓度即可降低到原来的 1/10 左右。

物料加湿的加水量 W 按下式计算：

$$W = G(\Phi_2 - \Phi_1)K \tag{5-1}$$

式中，G 为处理物料量，kg/h；K 为考虑蒸发和加水不均匀的附加系数，$K = 1.3 \sim 1.5$；Φ_2 为物料允许的含水量，kg/kg；Φ_1 为物料初始的含水量，kg/kg。

式（5-1）求得的加水量为整个生产过程中的总加水量。一般将这些加水量加在制成物料以前的某些生产工序。加水地点应当在物料翻动加湿后容易混合均匀的地方，例如卸料点、转运点、破碎机前后的地方。

喷嘴的喷雾方向通常与物料的运动方向一致或成一定的角度配置。

在原料堆和贮料槽进行加湿可采用鸭嘴形喷水管，这是一种更简单的喷水管，把管子的一端砸扁（稍留缝隙）即成。

对扬尘面积较大的地点（翻车机等处）抑制粉尘时，则应采用能喷出较细的雾珠的喷嘴。

（二）清水喷雾防尘技术

1. 厂房水冲洗防尘技术

厂房的扬尘点无法密闭或不能妥善密闭，可适当设置喷嘴装置向厂房喷雾，有助于浮游粉尘的沉降，抑制二次扬尘。用水冲洗厂房内部各积尘表面（主要是各平台），目的在于彻底清除表面的积尘，防止粉尘的二次飞扬。

为实现厂房水冲洗，建筑物外围结构的内表面应光滑平整，用防水砂浆抹面。各层平面均应做成防水地坪及防水楼板，并应有不小于1%的坡度，坡向排水槽或水箅子，对禁忌水湿的设备应设置外罩，所有的金属构件应刷防锈漆，北方地区应有采暖，保持建筑物外围结构内表面温度在0℃以上。

（1）厂房冲洗用水　每平方米冲洗面积耗水6L，每个喷嘴的用水量一般为1.5L/s（水压不小于200kPa），每个喷水点的作用半径以10~15m为合适，最大作用半径不超过20m。

（2）冲洗周期　冲洗周期应根据厂房内积尘情况来确定。

2. 原料堆场洒水抑尘技术

对于原料场的扬尘，采用洒水抑尘技术，喷洒的水为浓度3%的聚丙乙烯水溶液，使料场洒水后表面结成一层硬壳，有效地防止刮风时产生二次扬尘。对于胶带机、堆取料机和汽车受料槽等产生的扬尘，采取扁平喷嘴洒水抑尘技术，有效地防止扬尘。

洒水抑尘要设洒水泵（$Q=576~918m^3/h$，$H=86~70m$）、户外型电动机和 18000mm×18000mm×4500mm 的洒水储水池。

原料堆场的洒水抑尘技术有效地防止了刮风扬尘，同时配合原料场的绿化工程有效地阻挡扬尘的扩散。

原料场洒水抑尘工艺流程如图5-1所示。

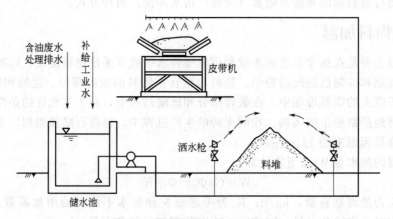

图 5-1　原料场洒水抑尘工艺流程

3. 汽车冲洗防尘技术

为了防止汽车驶出料场后，黏附在轮胎上的物料污染周围环境，应在料场四周汽车出入处设置汽车冲洗场，在汽车出场之时就将黏附在轮胎上的物料冲洗干净。

汽车冲洗设计为循环水系统。要有冲洗水泵，每组2台（1用1备），$Q=30~58m^3/h$，$H=22~17m$。配 Y160M-4W 型电动机2台（1用1备），$N=11kW$。沉淀池，每座的大小为 5000mm×2400mm×3500mm。汽车冲洗后的废水流入沉淀池，经自然沉淀后循环使用，污泥用真空泵槽车抽运至渣场。该系统的废水量为 25m³/h，补充水量约 20m³/h，补充水由原料场洒水储水池供给。

汽车冲洗防尘工艺流程如图 5-2 所示。

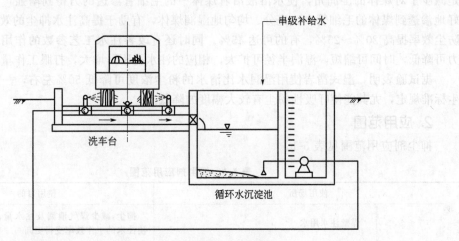

图 5-2　汽车冲洗防尘工艺流程

（三）湿润水喷淋防尘技术

用普通清水喷洒除尘虽是最简便最经济的防尘措施，但是由于粉尘具有一定的疏水性，水的表面张力又较大，因此很多粉尘不易被水迅速、完全地湿润和捕捉，致使以普通清水为除尘液的防尘措施的除尘效率受到一定的影响，尤其是对飘浮在空气中的微尘捕捉率更低。据一些矿山的测定，水雾对 $5\mu m$ 以下的矿尘捕捉率一般不超过 30%；对 $2\mu m$ 以下者更低。向清水中添加湿润剂是一种提高微尘捕捉率的有效途径。湿润剂又称抑尘剂，用途不同种类很多。

用于作业场所除尘的湿润剂，必须考虑以下因素：

① 能有效地降低水的表面张力，对粉尘具有较强的湿润能力；

② 无毒、无特殊气味、不燃烧、不污染环境，而且安全性好；

③ pH 值约等于 7，在电解液或硬水中稳定性好；

④ 降解率高；

⑤ 价格便宜。

1. 湿润水的除尘机理

在普通清水中添加一定量的湿润剂后，便形成湿润剂水溶液，简称为湿润水。

湿润剂是由亲水基和疏水基两种不同性质的基团组成的化合物。当湿润剂溶于水中时，其分子完全被水所包围。亲水基一端被水吸引，疏水基一端被水排斥，于是湿润剂分子在水中不停地运动，寻找适当的位置使自身保持平衡，一旦它们来到水面，便把疏水基一端伸向空气，亲水基一端朝向水里，这才处于安定状态。当溶液中游离的湿润剂分子达到一定数目时，溶液的表面层将被湿润剂分子充满，形成紧密排列的定向排列层，即界面吸附层。由于界面吸附层的存在，使水的表层分子与空气的接触状态发生变化，导致水溶液表面张力的降低，同时朝向空气的疏水基与空气中的尘粒之间有吸附作用，所以当尘粒与湿润水接触时，即形成疏水基朝向尘粒、亲水基朝向水溶液的围绕尘粒的包裹团，而把尘粒带入水中得到充分的湿润。

在喷雾降尘中使用湿润水，一方面由于溶液表面张力的降低，使水溶液能更好地雾化到所需要的程度；另一方面是湿润水水雾比清水水雾湿润性更强，因而一般都能使喷雾降尘效率提高 30%～60%。

当把湿润剂用于煤层注水时，使水溶液能更好地沿着煤体的裂隙渗透，湿润煤体。尤其是减少了对煤体的湿润角，使水溶液沿着煤体中的毛细管渗透的力得到增强，水溶液就能更好地渗透到煤体的毛细管中，充分、均匀地湿润煤体，有助于提高注水抑尘的效果，一般能使防尘效率提高 20%～25%，有的可达 45%。同时还有改善注水工艺参数的作用，例如注水压力可降低，时间可缩短，湿润半径可扩大，相应的注水孔距可增大，打眼工作量可减少等。

据试验表明，湿式凿岩使用湿润水比清水的粉尘浓度可降低 50%左右，一般都能低于卫生标准规定，尤其能使呼吸性粉尘有较大幅度的降低。

2. 应用范围

抑尘剂应用范围见表 5-1。

表 5-1　抑尘剂应用范围

	使用场所	使用目的
煤矿、各种矿山	煤壁注水用水	抑尘，减少煤气泄漏及注水量，缩短注水时间，使注水的工作效率变得更高
	机械化采矿洒水，喷雾用水	通过持续工作提高了生产率，达到抑尘的预计效果，预防尘肺病等疾病灾害
	坑道内外搬运系统洒水，喷雾用水	抑尘，预防尘肺病等疾病灾害
	选煤场、粉碎机、混合机、选别机等集尘装置的洒水，喷雾用水	抑尘，防止公害、尘肺病等灾害
金属矿山、土木建筑现场、石灰山、采石场及道路施工现场	湿式割岩机用于道路施工	抑尘，预防以硅肺为主的尘肺病，用于消解使用水过多导致的作业困难
	采矿、采石中的洒水，喷雾用水	抑尘，预防尘肺病，防止自然灾害和公害
	爆破中或者前后的洒水，喷雾用水	抑尘，防臭，预防尘肺病，防止自燃起火，防止公害，缩短下次作业开始时间
	坑道内外搬运系统洒水，喷雾用水	抑尘，预防尘肺病，防止自然灾害
	选煤场、粉碎机、混合机、选别机等集尘装置的洒水，喷雾用水	抑尘，预防尘肺病，防止公害
制铁、制钢、铸造工厂等其他会产生烟尘的工厂	集尘装置等洒水，喷雾用水	因为集尘使工作效能变高，防止公害，预防尘肺病
	堆积粉尘，固态粉置场的洒水，喷雾用水	由于表面固化作用防止抑尘等再飞散，防止公害
	运动场、道路等洒水，喷雾用水	防止公害，改善环境

3. 应用实例

道路抑尘剂随着环卫作业车喷洒到路面后，可有效吸附、固定车辆排放物及周边大气污染物，最后附着的颗粒再被统一收集处理。具体见图 5-3。

道路抑尘剂的水溶液通过环卫作业车辆喷洒到路面后，具有吸水保水的效果，对大气中的 PM_{10}、$PM_{2.5}$、TC（总碳）、NO_x 均有一定的吸附作用。产品还有成膜结壳的特性，把微小颗粒结成大的颗粒，不易再扬尘，可以将道路环境的 PM_{10} 降低 20%以上，$PM_{2.5}$ 降低 5%以上，NO_x 降低 10%以上。视天气情况，产品可以维持 3～16d 的使用效果。

道路抑尘剂按比例配制成水溶液后，用环卫作业车辆喷雾的方法均匀喷洒到道路表面。

| (a) 喷洒抑尘剂 | (b) 吸附固定污染物 | (c) 污染物清除 |

图 5-3 抑尘剂工作原理

喷洒量和频次依道路洁净度、车辆密度、季节、天气的不同而不同。

（四）覆盖液喷洒防尘技术

一些散状物料的露天堆场（如矿石场、堆煤场等）是污染地面环境及矿井入风风源的主要污染源之一。对于这种大面积、堆得厚的露天堆场单纯用清水喷洒，一则不易洒透，二则极易蒸发，很难达到防止粉尘飞扬的目的。近年来国内外开展了覆盖剂防尘技术的研究。据试验，向露天料堆喷洒一定量的覆盖剂乳液，能使料堆表面形成一层固体覆盖膜，可使物料数十天保持完整无损，无粉尘飞扬。

1. 覆盖剂的组成和性能

防尘用的覆盖剂，其基本要求是：a. 能使料堆表面形成一层硬壳，在一定时间内不为风吹、雨淋、日晒所破坏；b. 用量少，原料充足，价格低廉；c. 无毒、无臭以及不会造成二次污染等。据报道，近几年鞍钢安全处安全技术研究所等单位共同研制了多种覆盖剂，如 AG_1、AG_4、AG_5 3 种性能较好。AG_1 主要原料是焦油、工业助剂、水等。AG_4、AG_5 主要原料是聚乙酸乙烯、添加剂、水等。AG_1 是高浓度覆盖剂，喷洒时按 10％稀释；AG_4、AG_5 可直接喷洒。

以上 3 种覆盖剂性能见表 5-2。

表 5-2 3 种覆盖剂性能

品种项目	颜色	气味	水溶性	相对密度	pH 值	安全性
AG_1	褐色	焦油味				
AG_4	乳白色	清香味	稍分层	1.001	7	对物料无影响 对环境无污染
AG_5	乳白色	清香味				

2. 覆盖剂乳液成膜机理

覆盖剂乳液是几种液体的均匀混合物（乳化液），当喷洒在物料表面上就凝固成有一定厚度及强度的固体膜。靠此膜能防止风吹雨淋和日晒的破坏，保护物料不损失不飞扬。其成膜机理分述如下。

（1）机械结合 覆盖剂乳液是以水为载体的，当喷洒到料堆（如煤堆）表面上时，逐渐渗透到煤粉颗粒之间去，然后水分慢慢蒸发掉，使乳液的浓度不断增大，最后由于表面张力的降低，使覆盖剂的胶体颗粒与煤粉颗粒发生凝聚而构成固体膜。

（2）吸附结合 覆盖剂与煤粉的原子、分子之间都存在着相互作用力。此力可分为强作用力即主价力和弱作用力即次价力或范德华力。煤粉的固体表面由于范德华力的作用能够吸附覆盖剂的液珠，称为物理吸附。当覆盖剂乳液喷洒到煤堆上时，煤粉便对覆盖剂乳液产生物理吸附而形成固体膜。

（3）扩散结合　覆盖剂乳液是由具有链状结构的聚合分子所组成的。在一定条件下，由于分子的布朗运动，覆盖剂与煤粉接触后分子间相互渗透扩散，使界面自由能降低，加速膜的形成并使膜固化。

（4）化学键结合　覆盖剂与煤粉颗粒的结构都是由C—C或C—O键组成的。覆盖剂与煤粉之间因内聚能的作用而形成化学键。因形成化学键的作用力很大，远远超过范德华力，所以使覆盖剂乳液与煤粉能紧密地结合成一体。

就是这些作用使覆盖剂乳液与煤粉之间产生了黏附力，使料堆表面形成一层固体膜。

3. 覆盖剂的防尘效果及其影响因素

（1）覆盖剂的浓度　浓度越大，成膜厚度与膜的硬度越大，喷洒周期越长，即防尘效果越好。但浓度越大，成本越高，对周转期短的料场不适宜。对一般料场喷洒浓度以8％～10％为宜。实际工作中应根据覆盖剂的性能，物料的性质及贮存期限等具体情况，选择效果好成本低的合适浓度。

（2）喷洒剂量　剂量大，浸润的深度大，成膜厚度和硬度也大，喷洒周期长，成本高。所以喷洒剂量也要根据实际情况具体确定。据国内外资料，一般情况下以 $2kg/m^2$ 为宜。

（3）物料的粒度　物料粒度<4mm成膜性能好，喷洒周期长；物料粒度>10mm，成膜性能较差，喷洒周期短。

（4）风力和雨水的冲刷　风力大，雨水冲刷力强，喷洒周期短；反之，喷洒周期长。

4. 工程实例

某钢厂使用覆盖剂的场所为原料堆场。为了防止原料堆场的扬尘，采用了喷嘴直径22mm的喷水枪进行洒水，喷洒的水为含有3％浓度的聚丙乙烯水溶液覆盖剂，使料堆洒水后表面能结成一层硬壳薄膜，以防刮风时产生二次扬尘。

覆盖剂的成膜机理依品种不同而不同，但基本上是化学键结合、吸附结合、机械结合和扩散结合中的一种或几种。

二、含尘气体的收集控制技术

1. 含尘气体的收集控制要点

① 对产生逸散粉尘或有害气体的设备，宜采取密闭、隔离和负压操作措施。在确定密闭罩的吸气口位置、结构和风速时，应使罩口呈微负压状态，罩内负压均匀，防止粉尘或有害气体外逸，并避免物料被抽走。

② 污染气体应尽可能利用生产设备本身的集气系统进行收集，逸散的污染气体采用集气（尘）罩收集。配置的集气（尘）罩应与生产工艺协调一致，尽量不影响工艺操作。在保证功能的前提下，集气（尘）罩应力求结构简单、造价低廉，便于安装和维护管理。

集气（尘）罩的分类和特点见表5-3。

表5-3　集气（尘）罩分类和特点

分类			特点	备注
密闭罩	将有害物源密闭在罩内的排风罩	局部密闭罩	只将工艺设备放散有害物的部分加以密闭的排风罩	图5-4
		整体密闭罩	将放散有害物的设备大部分或全部密闭的排风罩	图5-5
		大容积密闭罩	在较大范围内将放散有害物的设备或有关工艺过程全部密闭起来的排风罩	图5-6
		排风柜	三面围挡一面敞开或装有操作拉门工作孔的柜式排风罩	图5-7

续表

分类	特点			备注
外部罩	设置在有害物源近旁,依靠罩口的抽吸作用,在控制点处形成一定的风速排除有害物的排风罩	上吸罩(顶吸罩)	设置在有害物源上部的外部罩	图 5-8
		下吸罩(底吸罩)	设置在有害物源下部的外部罩	图 5-9
		侧吸罩或槽边罩	设置在有害物源侧面的外部罩,如设置在散发有害物的工业槽(电镀槽、酸洗槽等)边的外部罩	图 5-10 图 5-11
接受罩	被动地接受生产过程(如热过程、机械运动过程等)产生或诱导的有害气流的排风罩,如砂轮机的吸尘罩、高温热源上部的伞形罩等			图 5-12
吹吸罩	利用吹风口吹出的射流和吸风口前汇流的联合作用捕集有害物的排风罩			图 5-13
气幕隔离罩	利用气幕将含有害物的气流与洁净空气隔离的排风罩			图 5-14
补风罩	利用补风装置将室外空气直接送到排风口处的排风罩,如补风型排风柜等			图 5-15

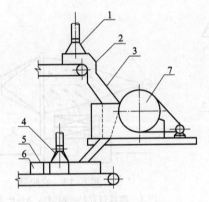

图 5-4 局部密闭罩

1—排风口;2—罩体;3—观察口;4—排风口;
5—遮尘帘;6—罩体;7—产尘设备

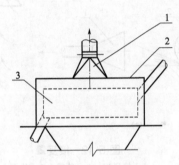

图 5-5 整体密闭罩

1—排风口;2—罩体;3—产尘设备

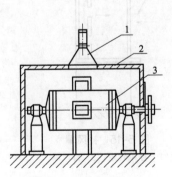

图 5-6 大容积密闭罩

1—排风口;2—密闭室;3—产尘设备

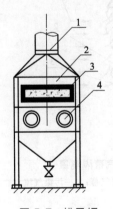

图 5-7 排风柜

1—排风口;2—罩体;
3—观察窗;4—工作孔

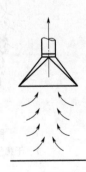

图 5-8 上吸罩(顶吸罩)

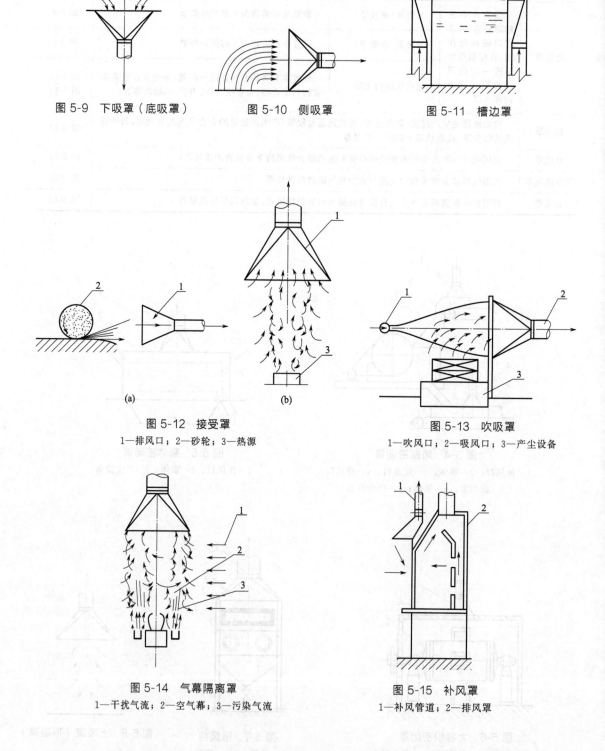

图 5-9 下吸罩（底吸罩）　　　图 5-10 侧吸罩　　　图 5-11 槽边罩

(a)　　　　　　　　(b)

图 5-12 接受罩
1—排风口；2—砂轮；3—热源

图 5-13 吹吸罩
1—吹风口；2—吸风口；3—产尘设备

图 5-14 气幕隔离罩
1—干扰气流；2—空气幕；3—污染气流

图 5-15 补风罩
1—补风管道；2—排风罩

③ 当不能或不便采用密闭罩时，可根据工艺操作要求和技术经济条件选择适宜的其他敞开式集气（尘）罩。集气（尘）罩应尽可能包围或靠近污染源，将污染物限制在较小空间

内，减少吸气范围，便于捕集和控制污染物。

④ 集气（尘）罩的吸气方向应尽可能与污染气流运动方向一致，利用污染气流的动能，避免或减弱集气（尘）罩周围紊流、横向气流等对抽吸气气流的干扰与影响。

⑤ 吸气点的排风量应按防止粉尘或有害气体扩散到周围环境空间为原则确定。

2. 污染气体的输送

① 集气（尘）罩收集的污染气体应通过管道输送至净化装置。管道布置应结合生产工艺，力求简单、紧凑、管线短、占地空间少。

② 管道布置宜明装，并沿墙或柱集中成行或列，平行敷设。管道与梁、柱、墙、设备及管道之间应按相关规范设计间隔距离，满足施工、运行、检修和热胀冷缩的要求。

③ 管道宜垂直或倾斜敷设。倾斜敷设时，与水平面的倾角应大于 45°，管道敷设应便于放气、放水、疏水和防止积灰。

④ 管道材料应根据输送介质的温度和性质确定，所选材料的类型和规格应符合相关设计规范和产品技术要求。

⑤ 管道系统宜设计成负压，如必须正压时其正压段不宜穿过房间室内，必须穿过房间时应采取措施防止介质泄漏事故发生。

⑥ 含尘气体管道的气流应有足够的流速防止积尘，其流速应符合国家标准的规定。对易产生积尘的管道，应设置清灰孔或采取清灰措施。

⑦ 输送含尘浓度高、粉尘磨琢性强的含尘气体时，除尘管道中易受冲刷部位应采取防磨措施，可加厚管壁或采用碳化硅、陶瓷复合管等等管材。

⑧ 输送含湿度较大、易结露的污染气体时，管道必须采取保温措施，必要时宜增设加热装置。

⑨ 输送高温气体的管道应采取热补偿措施。

⑩ 输送易燃易爆污染气体的管道，应采取防止静电的接地措施，且相邻管道法兰间应跨接接地导线。

⑪ 管道的漏风量应根据管道长短及其气密程度，按系统风量的百分率计算。一般送、排风系统管道漏风率宜采用 3%～8%，除尘系统的漏风率宜采用 5%～10%。

⑫ 通风、除尘管网应进行阻力平衡计算。一般系统并联管路压力损失的差额不应超过 15%，除尘系统的节点压力差额不应超过 10%，否则应调整管径或安装压力调节装置。

⑬ 输送污染气体的管道应设置测试孔和必要的操作平台。

三、含尘气体净化控制

对颗粒物的净化去除或回收利用措施，主要是从技术（需要达到的除尘效率、粉尘与气体性质）、经济、排放标准等方面考虑确定适合的除尘器。

对各种生产过程中产生的颗粒物经集气设施收集后，常采用的除尘器按净化机理可分为机械除尘器、湿式除尘器、袋式除尘器、电除尘器。

（1）机械除尘器　主要包括重力除尘器、惯性除尘器、旋风除尘器等。

重力沉除尘器用于捕集粒径$>50\mu m$ 的尘粒，在多级除尘系统中宜作为高效除尘器的预除尘。重力除尘器有干式和湿式之分，干式除尘效率 40%～60%，湿式除尘效率 60%～80%。惯性除尘器适用于捕集粒径在 $10\mu m$ 以上的尘粒，除尘效率 40%～70%。旋风除尘器适用于捕集粒径在 $5\mu m$ 以上的尘粒，除尘效率 80%～90%。

（2）湿式除尘器　主要包括喷淋塔、填料塔、筛板塔（又称泡沫洗涤器）、湿式水膜除尘器、自激式湿式除尘器、文氏管除尘器等。

湿式除尘器适用于捕集粒径 $1\mu m$ 以上的尘粒，除尘效率达 90% 以上；进入文丘里、喷淋塔等洗涤式除尘器的含尘浓度宜控制在 $10g/m^3$ 以下；高湿烟气和润湿性好的亲水性粉尘的净化，宜选择湿式除尘器；需同时除尘和净化有害气体时，可采用湿式除尘器；粉尘净化遇水后，能产生可燃或有爆炸危险的混合物时，不得采用湿法除尘器。

（3）袋式除尘器 主要包括机械振动袋式除尘器、逆气流反吹袋式除尘器、脉冲喷吹袋式除尘器等。

袋式除尘器适用于清除粒径在 $0.1\mu m$ 以上的尘粒，除尘效率达 99%。袋式除尘器的处理风量应按生产设备需处理气体量的 1.1 倍计算，若气体量波动较大时，应取气体量的最大值。烟气进入袋式除尘器时，应将烟气温度降至滤料可承受的长期使用温度范围内，且高于气体露点温度 $10℃$ 以上；滤袋的过滤风速应根据粉尘性质、滤料种类、清灰方式等因素确定。

（4）电除尘器 主要包括板式电除尘器和管式电除尘器等。

电除尘器适用于捕集比电阻在 $10^4 \sim 5\times10^{10}\Omega\cdot cm$ 范围内的粉尘；适用于去除粒径为 $0.05\sim50\mu m$ 的尘粒，除尘效率 $90\%\sim99.9\%$；进入电除尘器的含尘浓度宜控制在 $60g/m^3$ 以下。电除尘器的电场风速及比集尘面积，应根据烟气和粉尘性质、要求达到的除尘效率确定。

（5）协同式除尘 对烟尘排放量较大但除尘效率要求较高、排放标准要求较严或位于环境敏感地区的，可采用协同式除尘方式。主要包括机械除尘＋湿式除尘（或袋式除尘，或电除尘）等。

四、污染气体的排放

① 污染气体通过净化设备处理达标后由排气筒排入大气。

② 排气筒的高度应按 GB 16297 和行业、地方排放标准的规定计算出的排放速率确定，排气筒的最低高度应同时符合环境影响报告批复文件要求。

③ 应根据使用条件、功能要求、排气筒高度、材料供应及施工条件等因素，确定采用砖排气筒、钢筋混凝土排气筒或钢排气筒。

④ 排气筒的出口直径应根据出口流速确定，流速宜取 $15m/s$ 左右。当采用钢管烟囱且高度较高时或烟气量较大时，可适当提高出口流速至 $20\sim25m/s$。

⑤ 应当根据批准的环境影响评价文件的要求在排气筒上建设、安装自动监控设备及其配套设施或预留连续监测装置安装位置。排气筒或烟道应设置永久性采样孔，必要时设置测试平台。

⑥ 排放有腐蚀性的气体时，排气筒应采用防腐设计。

⑦ 大型除尘系统排气筒底部应设置比烟道底部低 $0.5\sim1.0m$ 的积灰坑，并应设置清灰孔，多雨地区大型除尘系统排气筒应考虑排水设施。

五、收集粉尘的回收利用

1. 粉尘的处理设备

处理除尘器排出的粉尘基本原则是：防止粉尘二次飞扬；设法加以综合利用。

除尘器收集可能来源于各种电弧炉、冶炼炉、焚烧炉、烧结机、粉碎机、破碎机、筛分机、输送机、焊接机、切割机等产生的粉尘。一般情况下，这些粉尘比较微细，易于飞散，且难以按原状利用，因此对粉尘的处理是相当必要的。

粉尘排出后，最普遍的处理方法是往粉尘中加水，并搅拌均匀，加大粉尘的假密度，防止粉尘再次飞扬，以便加以利用或者抛弃。

粉尘加水的方法通常是用专门开发的粉尘加湿机。加湿机分为连续式加湿机、间歇式加湿机、单轴式加湿机、双轴式加湿机等可供选用。

2. 粉尘的造粒设备

粉尘产出量较大的工厂，通常是把收集的粉尘做成球粒，然后经过干燥或烧结加以固化。粉尘制成球粒的全过程是一个加湿、混合、干燥或烧结的过程，这就需要有正规的制造球粒的设备。实用的制球造粒机种类繁多，应用于此种目的的设备主要有成球盘、成球筒、压球机等。成球盘、成球筒做成的球粒为3～20mm。压球机做成的球粒比较均匀，大小易控。

3. 粉尘的回收利用

粉尘的回收利用有如下途径。

（1）直接返回生产系统 除尘器收集的粉尘，其成分和形态与生产工艺流程产生粉尘的成分和形态基本相同，因此再返回生产系统应当没有问题。在物料输送系统，如皮带输送系统中除尘器收集的粉尘多数可直接返回生产线加以利用。水泥厂窑尾、磨机、煤磨等的除尘器收集的粉尘都应当再返回生产工艺利用。贵金属金、银、铂等打磨过程收集的粉尘是贵重材料，必须回收利用。

（2）加工处理后返回生产系统 许多除尘器收集的粉尘其成分与生产系统相同，但颗粒均为粉状，不能直接返回生产工序，需要加工处理后再加入生产系统。例如，钢铁厂烧结、炼铁、炼钢、轧钢工序除尘器收集的粉尘均含有较高的铁元素，往往需要加工处理后再返回烧结系统加以利用。

（3）从粉尘中提取有价元素 粉尘的成分中有的含有有价值的元素，应当采取有效手段把有价值的元素提取出来加以回收利用。有色金属矿山，多数是各种元素的共生矿。金属冶炼中，排放的烟尘中往往含有多种有价元素，均可设法回收。例如，从重金属冶炼烟尘中回收砷、从镉生产烟尘中提取铊、从锌冶炼厂粉尘中回收镉、从铅冶炼烟尘中回收锗等。

（4）开辟粉尘利用新用途 各种粉尘均有其特点，可以针对粉尘性质、特点寻求新途径加以利用。例如，燃煤电厂的大宗粉尘是粉煤灰，粉煤灰对电厂来说是废物，但可以把粉煤灰制成粉煤灰水泥用作建筑材料，可以从粉煤灰中分选出漂珠和微珠制成绝热板、保温砖、防火涂料等新产品。

第二节　无组织排放尘源控制

颗粒物属于常规污染物，是第一大分布广泛和种类繁多的大气污染物，无组织排放颗粒物产生来源较多，各类行业生产企业及自然因素均有可能产生，其中工业无组织排放源包括冶金（如钢铁）、建材（如水泥）、化工（如炼油厂）、电力（如储煤场、灰渣场）等，自然扬尘无组织排放源包括交通扬尘、施工（如道路、管道、建筑施工）扬尘、堆料（如矿渣、煤、灰渣、垃圾堆等）扬尘、裸露面扬尘等。以下仅介绍一些较为典型的粉尘无组织排放源产生与控制措施。

一、物料堆场起尘防治措施

1. 煤炭堆场起尘量的计算

（1）日本三菱重工煤堆起尘量计算公式

$$Q_P = \beta \left(\frac{W}{4}\right)^{-6} \times U \times A_P \tag{5-2}$$

式中，Q_P 为煤堆起尘量，mg/s；β 为经验系数，大同煤 $\beta = 6.13 \times 10^{-5}$，淮北煤 $\beta = 1.55 \times 10^{-4}$；$W$ 为煤堆表面含水率，%；U 为煤场平均风速，m/s，还应给出风洞试验的起尘风速（一般大于 4.4m/s）；A_P 为煤堆的面积，m^2。

（2）秦皇岛码头煤堆起尘量计算公式

$$Q_P = 2.1K \times (U - U_0)^3 \times e^{-1.023W} \times P \tag{5-3}$$

式中，Q_P 为煤堆起尘量，kg/(t·a)；K 为经验系数，是煤含水率的函数，取值见表 5-4；U 为煤场平均风速，m/s；U_0 为起尘风速，m/s；W 为煤堆表面含水率，%；P 为煤场年累计堆煤量，t/a。

表 5-4　不同含水率下的 K 值

含水率/%	1	2	3	4	5	6	7	8	9
K	1.019	1.010	1.002	0.995	0.986	0.979	0.971	0.963	0.96

2. 干粉煤灰堆场起尘量的计算

（1）西安建筑科技大学（干煤堆放含水率 $W \leqslant 2.8\%$）计算干灰起尘量公式

$$Q_P = 4.23 \times 10^{-4} \times U^{4.9} \times A_P \tag{5-4}$$

适用于干灰场、不碾压情况，起尘风速一般大于或等于 4m/s。

（2）灰场起尘量 Q_P(kg/h) 也可按下式计算

$$Q_P = 0.52(U - U_0)^3 \times A_P$$
$$U_0 = 1.93W + 3.02 \tag{5-5}$$

式中，Q_P 为起尘量，g/s；U 为风速，m/s；其他符号意义同前。

3. 影响扬尘的因素

由煤尘计算公式可见，煤炭堆场起尘量主要与煤的性质（煤的粒度、表面含水率）、煤的堆积状态（堆积方法、堆积形状与面积、贮煤量、贮煤期限）、环境因素（风向、风速、降水）等有关。

4. 防治堆场扬尘的措施

（1）密闭存储　对于煤炭、煤矸石、矿石、建筑材料、水泥白灰、生产原料、泥土、粉煤灰等料堆，应利用仓库、储藏罐、封闭或半封闭堆场等形式，避免作业起尘和风蚀起尘。

（2）密闭作业　对于装卸作业频繁的原料堆，应在密闭车间中进行。对于少量的搅拌、粉碎、筛分等作业活动，应在密闭条件下进行。

（3）喷淋　堆场露天装卸作业时，视情况可采取洒水或喷淋稳定剂等抑尘措施。

（4）覆盖　对易产生扬尘的物料堆、渣土堆、废渣、建材等，应采用防尘网和防尘布覆盖，必要时进行喷淋、固化处理。

（5）防风围挡　临时性废弃物堆、物料堆、散货堆场，应设置高于废弃物堆的围挡、防风网、挡风屏等；长期存在的废弃物堆，可构筑围墙或挖坑填埋。

（6）硬化稳定　对于露天堆场的坡面、场坪、路面、码头及货运堆场、采石采矿场所等，可采取铺装、硬化、定期喷洒抑尘剂或稳定剂等措施。

（7）绿化　对于长期堆放的废弃物（电厂灰、工业粉尘、废渣、矿渣等），可在堆场表面及四周种植植物，通过植物生长来固定废弃物堆，减少风蚀起尘。

（8）开展废物综合利用　根据节约资源、推进循环经济的原则，积极开发新工艺，将电厂灰、工业粉尘、炉渣、矿渣等用于肥料、建筑材料、筑路等用途，减少堆放量。

二、物料装卸扬尘防治措施

1. 物料装卸起尘量的计算

（1）物料装车时机械落差的起尘量估算　物料装车机械落差的起尘量经验公式：

$$Q=\frac{1}{t}\times 0.03u^{1.6}\times H^{1.23}\times e^{-0.28W} \tag{5-6}$$

式中，Q 为物料装车时机械落差起尘量，kg/s；u 为平均风速，m/s；H 为物料落差，m；W 为物料含水率，%；t 为物料装车所用时间，t/s。

（2）自卸汽车卸料起尘量估算　自卸汽车的卸料起尘量经验公式：

$$Q=e^{0.61W}\times \frac{M}{13.5} \tag{5-7}$$

式中，Q 为自卸汽车卸料起尘量，g/次；M 为汽车卸料量，t。

2. 物料装卸扬尘影响因素和防治措施

由各种物料的装卸起尘量计算公式可见，装卸起尘量主要与物料的性质（粒度、含水率）、物料装车时机械落差、环境因素（风向、风速、降水）等有关。防治装卸起尘的措施可根据不同物料的性质分别考虑：

① 配备干式除尘器除尘；
② 配备洒水防尘装置；
③ 设置挡风板或挡风墙；
④ 局部设置密封罩、防尘帘等；
⑤ 对扬尘区采取水力冲洗设施或真空吸尘设备；
⑥ 配备移动式防风抑尘网；
⑦ 半密闭、全密闭结构等。

煤炭和石灰等物料贮存与装卸的最佳可行控制技术见表 5-5。

表 5-5　煤炭和石灰等物料贮存与装卸的最佳可行控制技术

物料来源	最佳可行技术	技术适用性
煤炭卸货、贮存和处理过程	煤炭洗选	适用于高灰分煤，且需长距离运输
	降低高度与喷雾	煤炭装卸，尽量减少煤炭在空中停留时间
	封闭与袋式除尘	输煤栈桥、输煤转运站及碎煤机室
	露天煤场设喷洒装置＋干煤棚＋周边绿化	适用于南方多雨、潮湿、风速较低的地区，且煤场周围 200m 范围内无环境保护目标
	露天煤场设喷洒装置＋周边绿化	适用于北方风速较低的地区，且煤场 1000m 内无环境保护目标
	贮煤筒仓	适用于贮煤量较小、配煤要求高的电厂，可有效防止煤尘
	喷洒装置＋防风抑尘网	风速较大或环境较敏感的地区，如沿海、沿江或城市附近
	喷洒装置＋封闭式煤仓	风速大或环境敏感的地区，如沿海或城市附近

物料来源	最佳可行技术	技术适用性
石灰或石灰石粉卸货、贮存和处理过程	密闭罐车	适用于石灰石粉或石灰粉的运输
	筒仓	适用于石灰或石灰石粉的贮存
	强劲的抽取与过滤设备的输送机	适用于石灰或石灰石粉的卸载
	袋式除尘器	适用于石灰石的运输和卸料

三、道路车辆扬尘防治措施

（1）汽车在有散状物料的道路上行驶的扬尘量经验公式：

$$Q=0.123\times\frac{V}{5}\times\left(\frac{W}{6.8}\right)^{0.85}\times\frac{P}{0.5}\times0.72L \tag{5-8}$$

式中，Q 为汽车行驶的起尘量，kg/辆；V 为汽车行驶速度，km/h；W 为汽车载重量，t；P 为道路表面粉尘量，kg/m^2；L 为道路长度，km。

（2）汽车道路扬尘量可按如下经验公式估算

$$Q=\sum_{i=1}^{n}Q_i \tag{5-9}$$

$$Q_i=0.0079V\times W^{0.85}\times P^{0.72} \tag{5-10}$$

式中，Q_i 为每辆汽车行驶扬尘量，kg/(km·辆)；Q 为汽车运输总扬尘量；V 为汽车行驶速度，km/h；W 为汽车载重量，t；P 为道路表面粉尘量，kg/m^2。

由上述经验公式可见，控制道路扬尘的根本措施是减少道路表面的粉尘量，扬尘防治措施主要包括道路绿化、道路硬化、减少路面破损、减少路面施工、密闭运输、道路清洁和冲洗、道路积尘负荷监测等。

四、施工场地扬尘防治措施

1. 施工场地起尘量计算

（1）施工场地车辆道路扬尘的估算　施工场地起尘的原因可分为风力起尘和动力起尘，据有关文献资料介绍，车辆行驶产生的扬尘占总扬尘的 60% 以上。车辆行驶产生的扬尘，在完全干燥情况下，可按下列经验公式计算：

$$Q=0.123\times\frac{V}{5}\times\left(\frac{W}{6.8}\right)^{0.85}\times\left(\frac{P}{0.5}\right)^{0.75} \tag{5-11}$$

式中，Q 为汽车行驶的扬尘量，kg/(km·辆)；V 为汽车行驶速度，km/h；W 为汽车载重量，t；P 为道路表面粉尘量，kg/m^2。

（2）建设工地车辆起尘量也可按下式计算：

$$E=p\times0.81\times s\times\frac{V}{30}\times\frac{365-w}{365}\times\frac{T}{4} \tag{5-12}$$

式中，E 为单辆车引起的工地起尘量散发因子，kg/km；p 为可扬起尘粒（直径 $<30\mu m$）比例数，石子路面为 0.62，泥土路面为 0.32；s 为表面粉矿成分百分比；V 为车辆驶过工地的平均车速，km/h；w 为一年中降水量大于 0.254mm 的天数；T 为每辆车的

平均轮胎数，一般取 6。

（3）施工场地物料堆场、土方堆场、杂物堆场等可以参考煤堆场估算。

2. 工地扬尘影响因素

施工场地的起尘量与排放，受施工作业的活动程度、特定操作、场地干燥程度及颗粒粒度、季节、气象风速与风向等影响很大。施工扬尘的排放与施工场地的面积和施工活动频率成正比，与土壤的泥沙颗粒含量和干燥程度成正比，同时与当地气象条件如风速、湿度、日照等有关。

3. 施工场地扬尘防治措施

① 设置不低于规定高度的围挡、围栏及防溢座。

② 洒水压尘、缩短土方作业起尘操作时间。四级或四级以上大风天气应停止土方作业，同时作业处覆以防尘网。

③ 建筑材料的防尘措施包括密闭存储、设置围挡或堆砌围墙、采用防尘苫布遮盖等。

④ 建筑垃圾的防尘管理措施包括覆盖防尘布或防尘网、定期喷洒抑尘剂、定期喷水压尘等。

⑤ 施工车辆与道路防尘管理措施包括：设置洗车平台，完善排水设施，防止泥土粘带；采用密闭车斗或苫布遮盖等；道路铺设钢板、水泥混凝土、沥青混凝土、焦砟细石或其他功能相当的材料等，施以洒水、喷洒抑尘剂等措施。采用吸尘或水冲洗的方法清洁施工工地道路积尘。

⑥ 施工工地内部裸地防尘措施：覆盖防尘布或防尘网，铺设焦砟细石或其他功能相当的材料，植被绿化，晴天视情况每周等时间隔洒水 2～7 次，扬尘严重时应加大洒水频率，定期喷洒抑尘剂等。

⑦ 在工地建筑结构脚手架外侧设置有效抑尘的密目防尘网（不低于 2000 目/100cm²）或防尘布；使用预拌商品混凝土或者进行密闭搅拌并配备防尘除尘装置；从电梯孔道、建筑内部管道或密闭输送管道输送物料垃圾等，或者打包装筐搬运，不得凌空抛撒。

⑧ 扬尘是由于地面上的尘土在风力、人为带动及其他带动飞扬而进入大气的开放性污染源，是环境空气中总悬浮颗粒物的重要组成部分。建设工地和市政工程扬尘治理要 6 个100%：a. 施工现场围挡 100%；b. 物料堆放覆盖 100%；c. 土方开挖湿法作业 100%；d. 路面硬化 100%；e. 出入车辆清洗 100%；f. 渣土车辆密闭运输 100%。

五、工矿企业无组织扬尘控制措施

1. 生产设备和管道泄漏量估算

采用北京化工研究所推导出的经验公式进行估算：

$$G_S = KCV\frac{\sqrt{M}}{\sqrt{T}} \tag{5-13}$$

式中，G_S 为设备和管道不严的泄漏量，kg/h；K 为安全系数，1～2，一般取 1；C 为设备内压系数，见表 5-6，或用公式 $C=0.106+0.0362\ln P$ 计算；P 为绝对压力，atm；V 为设备和管道的体积，m³；M 为内装物质的摩尔质量，g/mol；T 为内装物质的绝对温度，K。

表 5-6 设备内压系数

绝对压力 P/atm	2	3	7	17	41	161	401	1001
设备内压系数 C	0.121	0.166	0.182	0.189	0.25	0.29	0.31	0.37

注：1atm=1.01325×10⁵Pa。

2. 水泥工业粉尘无组织排放的控制措施

大连市环境保护局甘井子分局监测站和大连理工大学在"水泥行业无组织排放粉尘核算方法""矿山开采行业无组织排放粉尘核算方法"中给的生产车间、厂区内露天料堆、矿山开采粉尘的无组织排放量核算公式如下：

① 生产车间的无组织粉尘排放总量核算公式：

$$W = A \times k \tag{5-14}$$

式中，W 为粉尘排放总量，t/a；A 为水泥年产量，$10^4 t/a$；k 为排放系数，$k = 0.2027 t/10^4 t$。

② 厂区内露天料堆的无组织粉尘排放总量核算公式：

$$W = B \times k \times 10^{-3} \tag{5-15}$$

式中，W 为粉尘排放总量，t/a；B 为料堆储量，t/a；k 为排放系数，$k = 0.8322 t/10^4 t$。

③ 矿山开采粉尘排放总量的经验公式：

$$W = M \times k \tag{5-16}$$

式中，W 为矿山开采粉尘排放总量，t/a；M 为矿山开采总量，$10^4 t/a$；k 为矿山开采粉尘排放系数，$k = 1.8 t/10^4 t$（矿山开采方式为平面式），$k = 2.4 t/10^4 t$（矿山开采方式为立式）。

以上经验公式仅适用于该地区夏季，风速≤1.5m/s时。

水泥工业无组织排放粉尘的种类主要包括原料粉尘、生料粉尘、燃料粉尘、熟料粉尘和水泥粉尘等。粉尘无组织排放的产生量主要取决于环保设施、生产工艺、管理水平等因素。现有生产线对干粉料的处理、输送、装卸、贮存应当封闭；露天贮料场应当采取防起尘、防雨水冲刷流失的措施，应减少物料露天堆放，干物料应封闭贮存；车船装卸料时，应采取有效措施防止扬尘；取消生产中间过程的各种车辆运输；对各无组织源采用封闭措施；通过洒水等措施，抑制道路扬尘。

3. 钢铁行业的无组织排放粉尘及控制措施

对钢铁工业无组织排放粉尘量的确定，很难用物料衡算法核算，一般采用监测类比或分环节类比采用前面所论述的经验公式估算，也有采用钢铁工业大气污染物排放系数估算的。

对钢铁工业无组织排放粉尘，必须根据工程具体的无组织排放环节分析和污染源调查情况，制定并落实相应的无组织排放控制措施。例如原料场的无组织排放可采取洒水降尘、喷洒抑尘剂、加装防风抑尘网、封闭室内料场等措施。原料场取料机露天作业、扬尘点无法密闭、不能采用机械除尘装置时，可采用湿法水力除尘，即在产尘点喷水雾以捕集部分颗粒物和使物料增湿而抑制颗粒物的飞扬。

六、其他行业无组织排放尘源控制措施

① 所有物料均不得露天堆放，露天堆放必须采取其他有效抑尘措施。

② 消除生产中物料的跑、冒、漏、撒。

③ 车船装卸料过程中，物料卸出或转运应降低落差，出料倾角应适当，减少物料扬起，在落料点周围设置风罩抽风除尘。对粉尘的无组织排放进行控制。

④ 对库底、配料、转运、包装等多发生无组织排放的地方，应把无组织排放转化成有组织排放进行治理。

⑤ 参照水泥行业等的措施进行控制。

第三节　除尘装置的分类和性能

一、除尘器的分类

按除尘器的不同分类方法可以分成许多类型，用于不同粉尘和不同条件。

（1）按除尘作用力原理情况分类　详见表5-7。

表5-7　常用除尘器的类型与性能

型式	除尘作用力	除尘设备种类		适用范围				不同粒径效率/%		
				粉尘粒径/μm	粉尘浓度/(g/m³)	温度/℃	阻力/Pa	50μm	5μm	1μm
干式	重力	重力除尘器		>15	>10	<400	50~200	96	16	3
	惯性力	惯性除尘器		>20	<100	<400	300~800	95	20	5
	离心力	旋风除尘器		>5	<100	<400	400~1000	94	27	8
	静电力	电除尘器		>0.05	<30	<300	200~300	>99	99	86
	惯性力、扩散力与筛分	袋式除尘器	振打清灰	>0.1	3~10	<300	800~2000	>99	>99	99
			脉冲清灰				600~1500	100	>99	99
			反吹清灰				800~2000	100	>99	99
湿式	惯性力、扩散力与凝集力	自激式除尘器		100~0.05	<100	<400	1000~1600	100	93	40
		喷淋除尘器			<10	<400	800~1000	100	96	75
		文氏管除尘器			<100	<800	5000~10000	100	>99	93
	静电力	湿式电除尘器		>0.05	<100	<400	300~400	>99	99	98

（2）按捕集烟尘的干湿情况分类　详见表5-8。

表5-8　除尘器的干湿类型

除尘类别	烟尘状态	除尘设备
干式除尘	干尘	重力除尘器、惯性除尘器、干式电除尘器、袋式除尘器、旋风除尘器
湿式除尘	泥浆状	水膜除尘器、泡沫除尘器、冲激式除尘器、文氏管除尘器、湿式电除尘器

（3）按除尘效率分类　详见表5-9。

表5-9　除尘器除尘效率类型

除尘类别	除尘效率/%	除尘器名称
低效除尘	<60	惯性除尘器、重力除尘器、水浴除尘器
中效除尘	60~95	旋风除尘器、水膜除尘器、自激式除尘器、喷淋除尘器
高效除尘	>95	电除尘器、袋式除尘器、文氏管除尘器、空气过滤器

（4）按工作状态分类　按除尘器在除尘系统的工作状态，除尘器还可以分为正压除尘器和负压除尘器两类。按工作温度的高低除尘器分为常温除尘器和高温除尘器两类。按除尘器大小还可以分为小型除尘器、中型除尘器、大型除尘器和超大型除尘器等。

　　(5) 按除尘设备除尘机理与功能分类　根据《环境保护设备分类与命名》(HJ/T 11—1996) 的方法将除尘器分为以下 7 种类型。

　　① 重力与惯性除尘装置，包括重力除尘器、挡板式除尘器。

　　② 旋风除尘装置，包括单筒旋风除尘器、多筒旋风除尘器。

　　③ 湿式除尘装置，包括喷淋式除尘器、冲激式除尘器、水膜除尘器、泡沫除尘器、斜栅式除尘器、文氏管除尘器。

　　④ 过滤层除尘器，包括颗粒层除尘器、多孔材料除尘器、纸质过滤器、纤维填充过滤器。

　　⑤ 袋式除尘装置，包括机械振动式除尘器、电振动式除尘器、分室反吹式除尘器、喷嘴反吹式除尘器、振动式除尘器、脉冲喷吹式除尘器。

　　⑥ 静电除尘装置，包括板式静电除尘器、管式静电除尘器、湿式静电除尘器。

　　⑦ 组合式除尘器，包括为提高除尘效率，往往"在前级设粗颗粒除尘装置，后级设细颗粒除尘装置"的各类串联组合式除尘装置。

　　此外，随着大气污染控制法规的日趋严格，在烟气除尘装置中有时增加烟气脱硫功能，派生出烟气除尘脱硫装置。

二、除尘装置的性能

　　除尘装置的性能及评价指标为：

　　① 除尘装置的处理气体量；

　　② 除尘装置的效率及通过率（排放浓度）；

　　③ 除尘装置的压力损失；

　　④ 装置的基建投资与运行管理费用；

　　⑤ 装置的使用寿命；

　　⑥ 装置的占地面积或占用空间体积的大小。

　　以上 6 项性能指标，前 3 项属于技术性能指标，后 3 项属于经济性能指标。这些性能都是互相关联、互相制约的。

(一) 处理气体量

　　除尘装置的处理气体量是根据除尘对象的状况、吸尘罩或密闭的结构情况以及对捕集粉尘的基本要求等确定的，它是除尘器应完成的基本任务之一。选取的除尘器必须满足设计风量的要求。

　　处理气体量是含尘气体通过除尘器的流量，表示除尘器处理能力的大小，是确定除尘器规格的主要参数。一般用体积流量表示，其单位为 m^3/h、m^3/s；也可用质量流量表示，单位为 kg/h 或 kg/s。

　　负荷适应性良好的除尘器，当处理气体量或含尘浓度在较大范围内波动时，应仍能保持稳定的除尘效率、合适的压力损失和足够高的运转率。

(二) 除尘装置的效率及影响因素

　　除尘装置的效率是代表装置捕集颗粒物效果的重要技术指标。除尘效率有以下几种表示方法。

　　(1) 除尘装置的总效率 (η)　系指在同一时间内由除尘装置捕集的粉尘量占进入除尘

装置的含尘气体中所含粉尘量的百分比。

（2）除尘装置的分级效率（η_d）　系指除尘装置对除去某一特定粒径范围的粉尘的去除效果。

下面分别进行阐述并对其影响因素做概括介绍。

1. 除尘装置总效率的表达式

除尘装置的捕尘工作如图 5-16 所示，设进入除尘装置的含尘气体量为 Q_i（m³/s），粉尘流量为 S_i（g/s），含尘浓度为 c_i（g/m³）；经除尘装置净化后的气体流量为 Q_o（m³/s），在出口处随净化气体排出的粉尘量为 S_o（g/s），净化后的气体中含尘浓度为 c_o（g/m³）；S_c 为由除尘装置捕集的粉尘量。

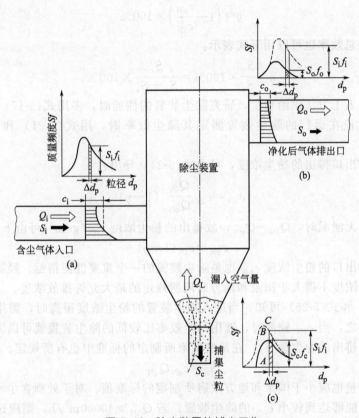

图 5-16　除尘装置的捕尘工作

根据除尘装置效率的定义，除尘总效率可用下式表示：

$$\eta = \frac{S_c}{S_i} \times 100\% \tag{5-17}$$

如除尘装置无泄漏，则

$$S_c = S_i - S_o \tag{5-18}$$

将式（5-18）代入式（5-17）中，可得到：

$$\eta = \left(1 - \frac{S_o}{S_i}\right) \times 100\% \tag{5-19}$$

如用含尘浓度和含尘气体流量表示，则由于 $S_o = c_o Q_o$，$S_i = c_i Q_i$，因此

$$\eta = \left(1 - \frac{c_\text{o} Q_\text{o}}{c_\text{i} Q_\text{i}}\right) \times 100\%$$ (5-20)

由于 Q_i、Q_o、c_i 和 c_o 与除尘装置工作状态的温度、压力和湿度等参数有关，在工作压力不高、温度不太低时，为方便除尘装置设计和计算，以及对除尘装置进行评价，需将工作状态下的含尘气体流量及含尘浓度换算成标准状况下的含尘气体流量及含尘浓度，即 Q_iN、Q_oN、c_iN 和 c_oN。因此，除尘装置的总效率计算式（5-20）可改写为：

$$\eta = \left(1 - \frac{c_\text{oN} Q_\text{oN}}{c_\text{iN} Q_\text{iN}}\right) \times 100\%$$ (5-21)

当气体中含尘浓度不高时，可取 $Q_\text{iN} \approx Q_\text{oN}$，则

$$\eta = \left(1 - \frac{c_\text{oN}}{c_\text{iN}}\right) \times 100\%$$ (5-22)

除尘装置的总效率也可以用下式表示：

$$\eta = \frac{S_\text{c}}{S_\text{i}} \times 100\% = \frac{S_\text{c}}{S_\text{o} + S_\text{c}} \times 100\%$$ (5-23)

在实验室以人工方法供给粉尘，研究除尘装置的性能时，多用式（5-17）和式（5-23）计算总效率，而对正在运行的除尘装置测定其除尘效率时，用式（5-21）和式（5-22）较为方便。

除尘装置排出口排出的粉尘浓度，可由式（5-21）导出：

$$c_\text{oN} = c_\text{iN} \frac{Q_\text{iN}}{Q_\text{oN}} (1 - \eta)$$ (5-24)

当除尘装置无泄漏时，$Q_\text{iN} = Q_\text{oN}$，故排出的粉尘浓度 $c_\text{oN}(\text{g/m}^3)$ 可由下式计算：

$$c_\text{oN} = c_\text{iN}(1 - \eta)$$ (5-25)

除尘装置排出口的粉尘浓度 c_oN 也是除尘装置的一个重要性能指标。经除尘装置净化后的气体，其含尘浓度不得大于国家和地方政府所规定的最大允许排放浓度。

由式（5-24）和式（5-25）可知，当进入除尘装置的粉尘浓度很高时，需用除尘效率很高的除尘装置；反之，当 c_oN 较低时，选用除尘效率比较低的除尘装置就可以满足要求。

随净化气体排出的粉尘量 S_o，在某些国家所制定的标准中也有所规定。

$$S_\text{o} = c_\text{oN} Q_\text{oN}$$ (5-26)

排出的粉尘量也应小于国家和地方政府所制定的标准值。对于处理含尘气体流量较大的发生源，应使用能够达到较小 c_oN 的除尘装置；若 $Q_\text{oN} > 40000\text{m}^3/\text{h}$，则应选用经除尘净化后气体中 $c_\text{oN} \leq 0.1\text{g/m}^3$ 的除尘装置；若 $Q_\text{oN} < 40000\text{m}^3/\text{h}$ 时，则应选用 $c_\text{oN} \leq 0.2\text{g/m}^3$ 的除尘装置。

2. 除尘装置的分级效率

前述的除尘效率只表示除尘装置的总效率（η），它并不能说明除尘装置对除去某一特定粒径范围粉尘的除尘效率。因为从含尘气体中除去大尘粒比除去小尘粒容易得多，因而用同一除尘器除去大尘粒比除去小尘粒的效率高得多。为了表示除尘装置对不同粒径范围粉尘的去除效率，而引用了分级除尘效率概念。

分级除尘效率（分级效率）系指除尘装置对某一粒径或某一粒径范围 d_p 至 $d_\text{p} + \Delta d_\text{p}$ 粉尘的去除效率。亦即某一粒径 d_p 或某一粒径 d_p 至 $d_\text{p} + \Delta d_\text{p}$ 范围的粉尘，由除尘装置收下时的质量流量（ΔS_c）与该粒径的粉尘随含尘气体进入除尘装置时的质量流量 ΔS_i 之比，并以 η_d 表示，其数学表达式为：

$$\eta_d = \frac{\Delta S_c}{\Delta S_i} \times 100\% \tag{5-27}$$

应用式(5-27)计算正在运转中的除尘器的分级效率较为困难，因为 ΔS_c 和 ΔS_i 不易测量，为此需对式(5-27)加以变换。

根据频数分布的概念可知：

$$\Delta S_c = S_c \times \Delta R_c \tag{5-28}$$
$$\Delta S_i = S_i \times \Delta R_i \tag{5-29}$$

将式(5-28)和式(5-29)代入式(5-27)中，则得：

$$\eta_d = \frac{S_c \times \Delta R_c}{S_i \times \Delta R_i} \times 100\% \tag{5-30}$$

由于

$$\frac{S_c}{S_i} \times 100\% = \eta \tag{5-31}$$

则

$$\eta_d = \eta \frac{\Delta R_c}{\Delta R_i} \tag{5-32}$$

式(5-32)是分级效率与总效率及进入和收下粉尘相对频数之间的关系式。除尘器的总效率可通过实测获得，进入和收下粉尘的相对频数 ΔR_i 和 ΔR_c 可由粉尘分散度实验测试获得。显然，应用式(5-32)计算除尘器的分级效率较为方便。

若将式(5-30)的分子分母同除以相同粒径范围 Δd_p，则得：

$$\eta_d = \frac{S_c \dfrac{\Delta R_c}{\Delta d_p}}{S_i \dfrac{\Delta R_i}{\Delta d_p}} \times 100\% = \frac{S_c f_c}{S_i f_i} \times 100\% \tag{5-33}$$

上式也可写成：

$$\eta_d = \eta \frac{f_c}{f_i} \tag{5-34}$$

式(5-33)中的 $S_c f_c$ 为收下粉尘在 Δd_p 粒径范围的质量频度，而 $S_i f_i$ 为进入除尘器含尘气体中的相同 Δd_p 粒径范围粉尘的质量频度。用式(5-33)和图5-16(c)所示的质量频度分布曲线图计算除尘器的分级效率就更为简便。除尘装置的分级效率即为图5-16(c)中 $\overline{AB}$ 与 $\overline{AC}$ 线段之比。

此外，除尘器的分级效率还可根据除尘器排出口排出粉尘的质量频度 $f_o S_o$ 或频度分布 f_o 与进入除尘器气体中粉尘的质量频度 $S_i f_i$ 或频度分布 f_i 来计算。

如图5-16所示，对某一粒径 d_p 至 $d_p+\Delta d_p$ 之间的粉尘做物料衡算，可知：

$$S_o f_o = (S_i - S_c) f_o = S_i f_i - S_c f_c \tag{5-35}$$

等式两边同除以 S_i，则得：

$$\left(1 - \frac{S_c}{S_i}\right) f_o = f_i - \frac{S_c}{S_i} f_c$$

因为

$$\frac{S_c}{S_i} = \eta$$

故

$$(1-\eta) f_o = f_i - \eta f_c \tag{5-36}$$

将式(5-34)代入式(5-36)中，可得：

$$\eta_d = 1 - (1-\eta)\frac{f_o}{f_i} \tag{5-37}$$

由前面所推导的计算式可知，在已知 η 和 f_i、f_o、f_c 中的任意两值时可分别按式(5-34)和式(5-37) 计算出分级效率（η_d）。

一般说来，粉尘越细其分离效率及分离速度就越小。除尘器的分级效率与除尘装置的种类、结构、气流流动状况以及粉尘的密度和粒径等因素有关。对于旋风除尘器和湿式洗涤式除尘器分级效率与粒径的关系，可用下述指数函数表示：

$$\eta_d = 1 - \exp(-\alpha d_p^m) \tag{5-38}$$

式中，右边的第一项是相应于粒径为 d_p 的粉尘流入量，第二项是该粉尘的散失比，粒径 d_p 的系数 α 与幂指数 m 是由粉尘粒径、气体的性质、除尘器的类型和运行状态所决定的实验常数。α 值越大，粉尘散逸量越少，除尘装置分级效率就越高。对于旋风除尘器，$m = 0.65 \sim 2.30$；对于湿式洗涤式除尘器，$m = 1.5 \sim 4.0$。m 值越大，说明粒径 d_p 对 η_d 的影响越大。

在研究旋风除尘器和洗涤式除尘器的性能时，将分级效率为 50% 时的粒径称为分离临界粒径，并用 d_c 表示。由式(5-38) 可知：

$$0.5 = 1 - \exp(-\alpha d_c^m) \tag{5-39}$$

移项整理

$$0.5 = \exp(-\alpha d_c^m) \qquad \alpha = \frac{\ln 2}{d_c^m} = \frac{0.693}{d_c^m} \tag{5-40}$$

将式(5-40) 代入式(5-38) 中，则得到分级效率与分离临界粒径的关系：

$$\eta_d = 1 - \exp\left[-\ln 2 \left(\frac{d_p}{d_c}\right)^m\right] = 1 - \exp\left[-0.693\left(\frac{d_p}{d_c}\right)^m\right] \tag{5-41}$$

3. 实验处理气体量和除尘效率的关系

若除尘装置实际处理的气体量（Q）与额定的气体量（Q_n）不同时，除尘装置实际工作效率（η）与原设计额定除尘效率（η_n）就有所误差。这个误差与除尘器的形式、粉尘的性质有关。图 5-17 示出实际处理气体量偏离额定气体量时，各种除尘器的除尘效率的变化情况。由图中曲线可知，离心式除尘器和洗涤式除尘器的效率（η）随处理气体量（Q）的值增加而增加，而袋式除尘器和电除尘器的效率（η）随处理气体量（Q）的增加而减少。

应当指出，利用图 5-17 对不同除尘装置的结构及所处理粉尘的性质不一样，所以无法进行相互比较。利用这个图只能说明，不同除尘装置的实际处理气体量偏离原设计的额定处理气体量时其除尘效率的变化。

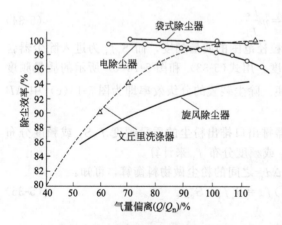

图 5-17　实际处理气体量偏离额定气体量时除尘效率的变化

4. 粉尘浓度与除尘效率的关系

对于袋式除尘器，如果增大所处理含尘气体的含尘浓度，除尘器的工作压力将随时间的延长而成比率地增大。但是，在这类除尘器中，由于滤材表面上有事先黏附好、比较坚固的初过滤层，所以粉尘浓度的变化对效率的影响不大。

在电除尘器中，增大含尘浓度会使集尘极上粉尘层的形成加快，促使清灰次数增加。而每次清灰时，已收集在集尘极上的粉尘会有部分再次飞扬到气体中（又称二次飞扬），降低除尘器的收尘量，因而相应地降低了电除尘器的除尘效率。此外，还由于粉尘浓度增加，在电场强度保持恒定的情况下，各种粉尘的荷电量减少，从而也会降低除尘器的效率。

对于旋风除尘器，粉尘浓度增大到一定限度时，除尘器的效率随粉尘浓度的增加而增大，但当粉尘浓度增大到一定程度之后除尘效率随浓度增加而逐渐减少。

图 5-18 是用小型旋风除尘器和电除尘器去除烟气中氧化铁（Fe_2O_3）粉尘的实验数据而绘制的。由该图可知，进入除尘器的氧化铁粉尘浓度（c_i）在 500mg/m³ 以下时，电除尘器的除尘效率随粉尘浓度（c_i）值增大而降低。小型旋风除尘器的除尘效率，随粉尘浓度（c_i）值的增大先增高而后降低。

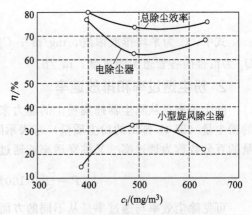

图 5-18　电除尘器和小型旋风除尘器的除尘效率与含尘浓度的关系

5. 除尘器串联运行时的总除尘效率

当使用一级除尘装置达不到除尘要求时，通常用两个或两个以上的除尘装置串联起来，形成多级除尘装置，其总除尘效率用 $\eta_{总}$ 表示，则：

$$\eta_{总} = 1 - (1 - \eta_1)(1 - \eta_2) \cdots (1 - \eta_n) \tag{5-42}$$

式中，η_1，η_2，…，η_n 分别为第 1，2，…，n 级除尘装置的单级效率。

（三）除尘器的阻力（压力损失）

阻力与流量的乘积直接和风机的功率成正比，所以这是与运转费亦即风机电能消耗有直接关系的一项重要性能。

除尘器的压力损失（阻力）为除尘器进口、出口处气流的全压绝对值之差，表示气体流经收尘器所消耗的机械能，在现场可用压力表直接测出。压力损失越小，功率消耗也就越小，运行费用也就越低。除尘器的压力损失，一般以除尘器的动压（速度头）的倍数来表示，除尘器压力损失与动压之比，称为除尘器的阻力系数。如已知除尘器的阻力系数，就可用下式计算：

$$\Delta P = \zeta \frac{\rho_q v^2}{2} \tag{5-43}$$

式中，ΔP 为除尘器的压力损失，Pa；ρ_q 为气体工况下的密度，kg/m³；ζ 为除尘器的阻力系数，无量纲；v 为气体通过除尘器的流速，m/s。

（四）除尘器排放浓度

1. 排放浓度

对于除尘装置来说，除尘总效率或者除尘分级效率是重要的性能指标；但是，从实用上考虑，只有出口浓度低，才算达到了目的。对各种粉尘的出口含尘浓度，国家规定有最高容许浓度的要求。出口含尘浓度可由实测得出，也可根据入口含尘浓度及除尘器在该条件下的除尘效率来计算。当排放口前为单一管道时，取排气筒实测排放浓度为排放浓度；当排放口前为多支管道时，排放浓度按下式计算：

$$C = \frac{\sum\limits_{i=1}^{n}(C_i Q_i)}{\sum\limits_{i=1}^{n} Q_i} \tag{5-44}$$

式中，C 为平均排放浓度，mg/m^3；C_i 为汇合前各管道实测粉（烟）尘浓度，mg/m^3；Q_i 为汇合前各管道实测风量，m^3/h。

2. 粉尘透过率和排放速率

除尘效率是从除尘器捕集粉尘的能力来评定除尘器性能的，在相关国标中是用未被捕集的粉尘量（即 1h 排出的粉尘质量）来表示除尘效率。未被捕集的粉尘量占进入除尘器粉尘量的百分数称为透过率（又称穿透率或通过率），用 P 表示，显然

$$P = \frac{S_o}{S_i} \times 100\% = (1-\eta) \times 100\% \tag{5-45}$$

可见除尘效率与透过率是从不同的方面说明同一个问题，但是在有些情况下，特别是对高效除尘器，采用透过率可以得到更明确的概念。例如有两台在相同条件下使用的除尘器，第一台除尘效率为 99.9%，第二台除尘效率为 99.0%，从除尘效率比较，第一台比第二台只高 0.9%；但从透过率来比较，第一台为 0.1%，第二台为 1%，相差达 10 倍，说明从第二台排放到大气中的粉尘量是第一台的 10 倍。因此，从环境保护的角度来看，用透过率来评价除尘器的性能更为直观，用排放速率表示除尘效果更实用。

（五）除尘器漏风率

漏风率是评价除尘器结构严密性的指标，它是指设备运行条件下的漏风量与入口风量之百分比。应指出，漏风率因除尘器内负压程度不同而各异，国内大多数厂家给出的漏风率是在任意条件下测出的数据，因此缺乏可比性，为此必须规定出标定漏风率的条件。除尘器标准规定：以净气箱静压保持在 −2000Pa 时测定的漏风率为准。

漏风率按除尘器进出口实测风量值计算确定。

$$\varphi = \frac{Q_o - Q_i}{Q_i} \times 100\% \tag{5-46}$$

式中，φ 为漏风率，%；Q_i 为除尘器入口实测风量，m^3/h；Q_o 为除尘器出口实测风量，m^3/h。

漏风系数 α 按下式计算确定：

$$\alpha = \frac{Q_o}{Q_i} \tag{5-47}$$

（六）除尘器的其他性能指标

1. 耐压强度

耐压强度作为指标在国外产品样本并不罕见。由于除尘器多在负压下运行，往往由于壳体刚度不足而产生壁板内陷情况，在泄压回弹时则砰然作响。这种情况凭肉眼是可以觉察的，故袋式除尘器标准规定耐压强度即为操作状况下发生任何可见变形时滤尘箱体所指示的静压值，规定了监察方法。

除尘器耐压强度应大于风机的全压值。这是因为除尘器工作压力虽然没有风机全压值大，但是考虑到除尘管道堵塞等非正常工作状态，所以设计和制造除尘器时应有足够的耐压

强度。如果除尘器中粉尘、气体有燃烧、爆炸的可能，则耐压强度还要更大。

2. 除尘器的能耗

烟气进出口的全压差即为除尘设备的阻力，设备的阻力与能耗成比例，通常根据烟气量和设备阻力求得除尘设备消耗的功率。

$$P = \frac{Q\Delta p}{9.8 \times 10^2 \times 3600\eta} \tag{5-48}$$

式中，P 为所需功率，kW；Q 为处理烟气量，m^3/h；Δp 为除尘设备的阻力，Pa；η 为风机和电动机传动效率。

在计算除尘器能耗中还应包括除尘器清灰装置、排灰装置、加热装置以及振打装置（振动电机、空气炮）等的能耗。

3. 液气比

在湿式除尘器中，液气比与基本流速同样会给除尘性能带来很大的影响。不能根据湿式除尘器形式求出液气比值时，可用下式计算。

$$L = \frac{q_w}{Q_i} \tag{5-49}$$

式中，L 为液气比，L/m^3；q_w 为洗涤液量，L/h；Q_i 为除尘器入口的湿气流量，m^3/h。

洗涤液原则是为了发挥除尘器的作用而直接使用的液体，不论是新供给的还是循环使用的，都是对除尘过程有作用的液体。它不包括诸如气体冷却、蒸发、补充水、液面保持用水、排放液的输送等使用上的与除尘无直接关系的液体。

三、除尘器的选用

（一）除尘器选用原则

1. 达标排放原则

选用的除尘器必须满足排放标准规定的排放浓度。对于运行状况不稳定的系统，要注意烟气处理量变化对除尘效率和压力损失的影响。例如，旋风除尘器除尘效率和压力损失，随处理烟气量增加而增加，但大多数除尘器（如电除尘器）的效率却随处理烟气量的增加而下降。

排放标准包括以浓度控制为基础规定的排放标准，以及总量控制标准。排放标准有时空限制，锅炉或生产装置安装建立的时间不同，排放标准不同；所在的功能区不同，排放标准的要求也不同。当除尘器排放口在车间时，排放浓度应不高于车间容许浓度。

2. 无二次污染原则

除尘过程并不能消除颗粒污染物，只是把废气中的污染物转移为固体废物（如干法除尘）和水污染物（如湿法除尘造成的水污染），所以，在选择除尘器时必须同时考虑捕集粉尘的处理问题。有些工厂工艺本身设有泥浆废水处理系统，或采用水力输灰方式，在这种情况下可以考虑采用湿法除尘，把除尘系统的泥浆和废水归入工艺系统。

3. 经济性原则

在污染物排放达到环境标准的前提下要考虑到经济因素，即选择环境效果相同而费用最低的除尘器。

在选择除尘器时还必须考虑设备的位置、可利用的空间、环境因素等，设备的一次投资

（设备、安装和工程等费用）以及操作和维修费用等经济因素也必须考虑。此外，还要考虑到设备操作简便，便于维护、管理。

4. 适应性原则

含尘气体的性质，随工况条件的变化会有所不同，这对除尘器的性能会有一定的影响。

负荷适应性良好的除尘器，当处理风量或含尘浓度在较大范围内波动时应仍能保持稳定的除尘效率、合适的压力损失和足够高的运转率。

另外，除尘器安装处所的环境条件，对除尘器性能有所改善还是恶化也难以预料。因此，在确定除尘器的能力时应留有一定的富余量以预留以后可能增设除尘器的空间。

（二）除尘器的选择程序

除尘器的选择要综合考虑处理粉尘的性质、除尘效率、处理能力、动力消耗与经济性等多方面因素。其选择方法和步骤如图 5-19 所示。

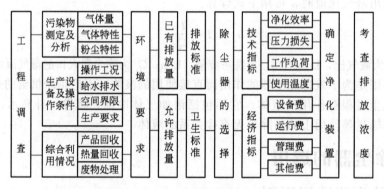

图 5-19　除尘器选择方法与步骤

在诸多因素中，应当按下列顺序考虑各项因素：

① 除尘器的除尘效率和烟尘排放浓度达到国家标准、地方标准或生产工艺上的要求。

② 设备的运行条件，包括含尘气体的性质，如温度、压力、黏度、湿度等；灰尘的性质，如粒度分布、毒性、黏性、收湿性、电性、可燃性，还有供水和污水处理有无问题等。

③ 经济性，包括设备费、安装费、运行和维修费以及回收粉尘的价值等。

④ 占用的空间大小。

⑤ 维护因素，包括是否容易维护，要不要停止设备运行进行维护或更换部件等。

⑥ 其他因素，包括处理有毒物质、易爆物质是否安全等。

第四节　机械式除尘器

机械式除尘器是指依靠机械力（重力、惯性力和离心力）进行除尘的设备。机械式除尘器包括重力除尘器、惯性除尘器和旋风除尘器三类。

一、重力除尘器

重力除尘设备是粉尘颗粒在重力作用下而沉降被分离的除尘设备。利用重力除尘是一种最古老最简易的除尘方法。重力沉降除尘装置称为重力除尘器，其主要优点是：

① 结构简单，维护容易；

② 阻力低，一般为 50～150Pa，主要是气体入口和出口的压力损失；

③ 维护费用低，经久耐用；

④ 可靠性优良，很少有故障。

重力除尘器的缺点是：

① 除尘效率低，一般只有 40%～50%，适于捕集粒径＞50μm 的粉尘粒子。

② 设备较庞大，适合处理中等气量的常温或高温气体，多作为多级除尘的预除尘使用。由于它的独特优点，所以在许多场合都有应用。当尘量很大或粒度很粗时，对串联使用的下一级除尘器会产生有害作用时，先用重力除尘器预先净化是特别有利的。

重力除尘设备种类很多而且形式差异较大，所以构造性能也有许多不同，是一种依靠重力作用使含尘气体中颗粒物自然沉降达到除尘目的的设备。

（一）重力除尘器的分类

依据气流方向，内部的挡板、隔板不同分为以下几类。

1. 按气流方向不同分类

重力除尘器依据气流方向不同分成以下两类。

（1）水平气流重力除尘器　水平气流重力除尘器又称沉降室，如图 5-20 所示。当含尘气体从管道进入后，由于截面的扩大，气体的流速减慢，在流速减慢的一段时间内，尘粒从气流中沉降下来并进入灰斗，净化后的气体就从除尘器另一端排出。

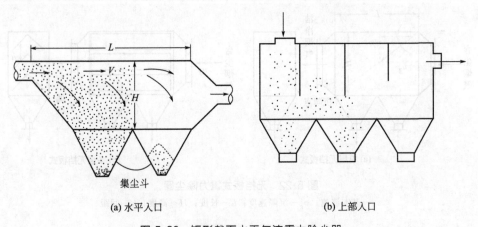

(a) 水平入口　　　　　(b) 上部入口

图 5-20　矩形截面水平气流重力除尘器

（2）垂直气流重力除尘器　工作时，当含尘气体从管道进入除尘器后，由于截面扩大降低了气流速度，沉降速度大于气流速度的尘粒就沉降下来。垂直气流重力除尘器按进气位置又分为上升气流式和下降气流式，如图 5-21（a）和（b）所示。

2. 按内部有无挡板分类

重力除尘器内部构造可以分为有挡板式重力除尘器和无挡板式重力除尘器两类，有挡板式还可分为直平挡板和人字形挡板两种。

（1）无挡板式重力除尘器　如图 5-22 所示，在除尘器内部不设挡板的重力除尘器构造简

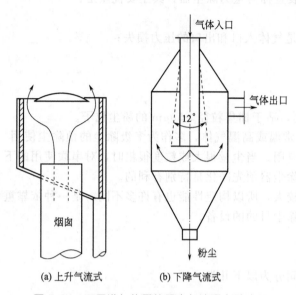

(a) 上升气流式　　(b) 下降气流式

图 5-21　不同进气位置的垂直气流重力除尘器

单，便于维护管理，但体积偏大，除尘效率略低。

（2）有挡板式重力除尘器　如图 5-23 所示，有挡板的重力除尘器有两种挡板：一种是垂直挡板，垂直挡板的数量为 1～4 个；另一种是人字形挡板，一般只设 1 个。由于挡板的作用，可以提高除尘效率，但阻力相应增大。

3. 按有无隔板分类

按重力除尘器内部有无隔板可分为有隔板重力除尘器和无隔板重力除尘器，有隔板重力除尘器又分为水平隔板重力除尘器和斜隔板重力除尘器。

（1）无隔板重力除尘器　如图 5-20 所示。

（2）隔板式多层重力除尘器　图 5-24 是水平隔板式多层重力除尘器，即霍华德（Howard）多层沉尘室。图 5-25 是斜隔板多层重力除尘器。斜隔板有利于烟尘排出。

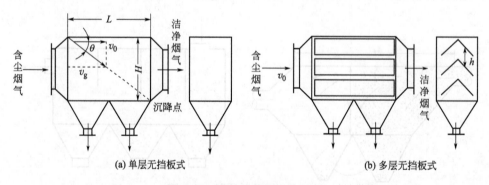

(a) 单层无挡板式　　　　　　　　　　　　(b) 多层无挡板式

图 5-22　无挡板式重力除尘器

v_0—基本流速；v_g—沉降速度；L—长度；H—高度；h—间距

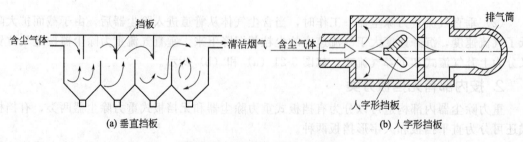

(a) 垂直挡板　　　　　　　　　　　　(b) 人字形挡板

图 5-23　有挡板式重力除尘器

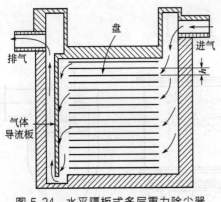

图 5-24　水平隔板式多层重力除尘器

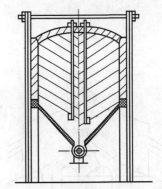

图 5-25　斜隔板多层重力除尘器

（二）重力除尘器的构造

1. 水平气流重力除尘器

如图 5-22 和图 5-23 所示，水平气流重力除尘器其主要由室体、进气口、出气口和灰斗组成。含尘气体在室体内缓慢流动，尘粒借助自身重力作用被分离而捕集起来。

为了提高除尘效率，有的在除尘器中加装一些垂直挡板（见图 5-23）。其目的，一方面是为了改变气流运动方向，这是由于粉尘颗粒惯性较大，不能随同气体一起改变方向，撞到挡板上，失去继续飞扬的动能，沉降到下面的集灰斗中；另一方面是为了延长粉尘的通行路程使它在重力作用下逐渐沉降下来。有的采用百叶窗形式代替挡板，效果更好。有的还将垂直挡板改为人字形挡板，如图 5-23（b）所示，其目的是使气体产生一些小股涡旋，使尘粒受到离心作用，与气体分开，并碰到室壁上和挡板上，使之沉降下来。对装有挡板的重力除尘器，气流速度可以提高到 6～8m/s。多段除尘器设有多个室段，这样相对地降低了尘粒的沉降高度。

2. 垂直气流重力除尘器

垂直气流重力除尘器有两种结构形式：一种是入口含尘气流流动方向与粉尘粒子重力沉降方向相反，如图 5-26（a）和（b）所示；另一种是入口含尘气流流动方向与粉尘粒子重力沉降方向相同，如图 5-26（c）所示，由于粒子沉降与气流方向相同，所以这种重力除尘器粉尘沉降过程快，分离容易。

垂直气流重力除尘器实质上是一种风力分选器，可以除去沉降速度大于气流上升速度的粒子。气流进入除尘器后，气流因转变方向，大粒子沉降在斜底的周围，顺顶管落下。

在一般情况下，这类除尘器在气体流速为 0.5～2m/s 时可以除去粒径为 200～400μm 的尘粒。

图 5-26（a）是一种有多个入口的简单除尘器，尘粒扩散沉降在入口的周围，应定期停止排尘设备运转，以清除积尘。

图 5-26（b）是一种常用的气流方向与粉尘沉降方向不同的重力除尘器。这种重力除尘器与惯性除尘器的区别在于前者不设气流叶片，除尘作用力主要是重力。

3. 结构改进

针对工业上重力除尘器存在结构单一、进口位置不够合理、粉尘颗粒不能有效地沉降等问题，根据除尘机理，对重力除尘器进行了改进，提出了把垂直气流重力除尘器由传统中心进气变为锥顶进气、加旋流板、加挡板的方法。

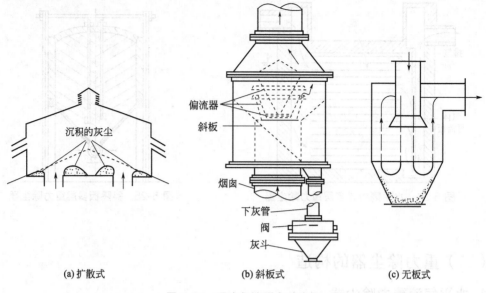

(a) 扩散式　　　　　(b) 斜板式　　　　　(c) 无板式

图 5-26　垂直气流重力除尘器

（1）由传统的中心进气变为锥顶进气　图 5-27 为改造后的锥顶进气重力除尘器。此除尘器多了两个"牛角"管，进气口设在两个"牛角"管的胶合处，而出气口设在除尘器的中心。由于进气方式的改变，含尘气体在除尘器内部产生旋流，很好地利用了旋风除尘器的除尘方法，使除尘率提高。

（2）加旋流板　在图 5-27 的锥顶进气重力除尘器两个进气口末端分别加两个具有一定角度的旋流板，使气流刚刚进入除尘器主体就紧贴着除尘器器壁旋转下滑，直至运动到除尘器底部。这种气流流动方式更好地应用了旋风除尘器的除尘方法。粉尘颗粒紧贴除尘器外壁做旋转下滑运动，增加了其与除尘器器壁的接触距离，有效地降低了尘粒所具有的能量，低能量的尘粒被捕集的机会大大提高。

（3）加挡板　在各种除尘器底部加 45°倒圆台形挡板，如图 5-28 所示。挡板的加入改变了含尘气体在除尘器底部的流动状态，有效阻止了已经沉积下来的尘粒被气流卷出除尘器，降低了沉降尘卷起率，从而增加了除尘器的除尘效率。

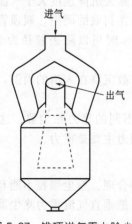

图 5-27　锥顶进气重力除尘器

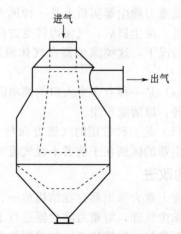

图 5-28　中心进气加挡板的重力除尘器

（三）重力除尘器的工作原理

重力沉降是最简单的分离颗粒物的方式。颗粒物的粒径和密度越大，越容易沉降分离。

1. 粉尘的重力沉降

当气体由进风管进入重力除尘器时，由于气体流动通道断面积突然增大，气体流速迅速下降，粉尘便借本身重力作用，逐渐沉落，最后落入下面的集灰斗中，经输送机械送出。

图 5-29 为含尘气体在水平流动时，直径为 d_p 的粒子的理想重力沉降过程示意。

由重力而产生的粒子沉降力 F_g 可用下式表示。

$$F_g = \frac{\pi}{6} d_p^3 (\rho_p - \rho_a) g \qquad (5\text{-}50)$$

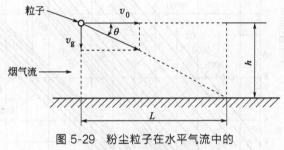

图 5-29　粉尘粒子在水平气流中的理想重力沉降过程示意

式中，F_g 为粒子沉降力，N；d_p 为粒子直径，mm；ρ_p 为粒子密度，kg/m^3；ρ_a 为气体密度，kg/m^3；g 为重力加速度，m/s^2。

假设粒子为球形，粒径为 $3 \sim 100 \mu m$，且在斯托克斯定律的范围内，则粒子从气体中分离时受到的气体黏性阻力 F 为：

$$F = 3\pi\mu d_p v_g \qquad (5\text{-}51)$$

式中，F 为气体阻力，N；μ 为气体黏度，$Pa \cdot s$；d_p 为粒子直径，mm；v_g 为粒子分离速度，mm/s。

含尘气体中的粒子能否被分离取决于粒子的沉降力和气体阻力的关系，即 $F_g = F$，由此得出粒子分离速度 v_g 为：

$$v_g = \frac{d_p^2 (\rho_p - \rho_a) g}{18\mu} \qquad (5\text{-}52)$$

当尘粒在空气中沉降时，因 $\rho_p \gg \rho_a$，上式可简化为：

$$v_g = \frac{g \rho_p d_p^2}{18\mu} \qquad (5\text{-}53)$$

此式称斯托克斯公式。由式 (5-52) 可以看出，粉尘粒子的沉降速度与粒子直径、尘粒体积质量及气体介质的性质有关。当某一种尘粒在某一种气体中，处在重力作用下，尘粒的沉降速度 v_g 与尘粒直径的平方成正比。所以粒径越大，沉降速度越快，越容易分离；反之，尘粒越小，沉降速度变得很慢，以致没有分离的可能。层流空气中球形尘粒的重力自然沉降速度如图 5-30 所示。利用图 5-30 能简便地查到球形尘粒的沉降速度，可满足工程计算的精度要求。例如确定直径为 $10\mu m$、密度为 $5000kg/m^3$ 的球形尘粒在 100℃ 的空气中沉降速度。利用图 5-30 从相应 $d_p = 10\mu m$ 的点引一水平线与 $\rho_p = 5000kg/m^3$ 的线相交，从交点做垂直线与 $t = 100$℃ 的线相交，又从这个交点引水平线至速度坐标上，即可求得沉降速度 $v_g = 0.0125m/s$。图 5-30 中粗实线箭头所示为已知空气温度、尘粒密度和沉降速度求尘粒直径的过程。

在图 5-29 中，设烟气的水平流速为 v_0，尘粒从 h 开始沉降，那么尘粒落到水平距离 L

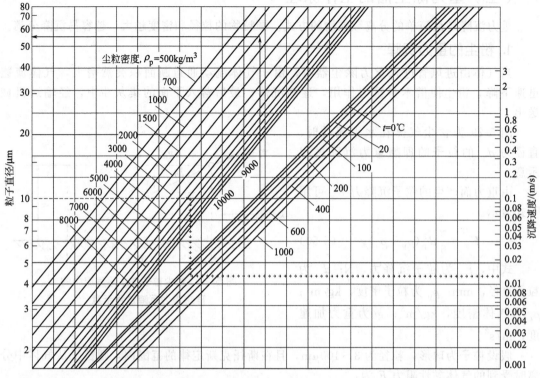

图 5-30　层流空气中球形尘粒重力自然沉降速度（适用于 $d_p < 100\mu m$ 的尘粒）

的位置时，其 $\dfrac{v_g}{v_0}$ 关系式为：

$$\tan\theta = \frac{v_g}{v_0} = \frac{d_p^2(\rho_p - \rho_a)g}{18\mu v_0} = \frac{h}{L} \tag{5-54}$$

由式(5-54)看出，当除尘器内被处理的气体速度越低，除尘器的纵向深度越大，沉降高度越低，就越容易捕集细小的粉尘。

2. 影响重力沉降的因素

粉尘颗粒物的自由沉降主要取决于粒子的密度。如果粒子密度比周围气体介质大，气体介质中的粒子在重力作用下便沉降；反之粒子则上升。此外，影响粒子沉降的因素还有：

① 颗粒物的粒径，粒径越大越容易沉降；

② 粒子形状，圆形粒子最容易沉降；

③ 粒子运动的方向性；

④ 介质黏度，气体黏度大时不容易沉降；

⑤ 与重力无关的影响因素，如粒子变形、在高浓度下粒子的互相干扰、对流以及除尘器密封状况等。

(1) 颗粒物密度的影响　在任何情况下，悬浮状态的粒子都受重力以及介质浮力的影响。如前所述，斯托克斯假设连续介质和层流的粒子在运动的条件下，仅受黏性阻力的作用。因此，其方程式只适用于雷诺数 $Re = \dfrac{d_p v\rho}{\mu} < 0.10$ 的流动情况。在上述假设条件下，阻

力系数 C_D 为 $\dfrac{24}{Re}$，而阻力可用下式表示。

$$F=\frac{\pi d_p^2 \rho v_r^2 C_D}{8}$$ (5-55)

式中，v_r 为相对于介质运动的恒速。

（2）颗粒物粒径的影响 对极小的粒子而言，其大小相当于周围气体分子，并且在这些分子和粒子之间可能发生滑动，因此必须应用对斯托克斯式进行修正的坎宁哈姆修正系数，实际上已不存在连续的介质，而且对亚微细粒也不能做这样假设。为此，需按下列公式对沉降速度进行修正。

$$v_{ct}=v_t\left(1+\frac{2A\lambda}{d_p}\right)$$ (5-56)

式中，v_{ct} 为修正后的沉降速度；v_t 为粒子的自由沉降速度；A 为常数，在一个大气压、温度为 20℃时 $A=0.9$；λ 为分子自由程，m；d_p 为粒子直径，m。

密度为 $1\sim3\mathrm{g/cm^3}$ 的颗粒物粒径与沉降速度的关系可以由图 5-31 查得。

（3）颗粒形状的影响 虽然斯托克斯式在理论上适用于任何粒子，但实际上是适用于小的固体球形粒子，并不一定适用于其他形状的粒子。

因粒子形状不同，阻力计算式应考虑形状系数 S。

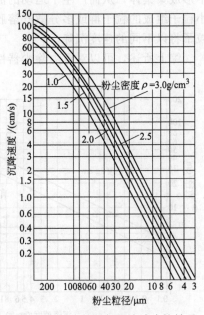

图 5-31 粉尘粒径与沉降速度的关系

$$C_D=\frac{24}{SRe_p}$$ (5-57)

S 等于任何形状粒子的自由沉降速度 v_t 与球形粒子的自由沉降速度 v_{st} 之比，即：

$$S=\frac{v_t}{v_{st}}$$ (5-58)

单个粒子趋于形成粒子聚集体，并最终因重量不断增加而沉降。但粒子聚集体在所有情况下总是比单个粒子沉降得快，这是因为作用力不仅是重力。如果不知道粒子的密度和形状的话，可以根据聚集体的大小和聚集速度来确定聚集体的沉降速度，即聚集体成长得越大，沉降得也越快。

（4）除尘器壁面的影响 斯托克斯式忽视了器壁对粒子沉降的影响。粒子紧贴器壁，干扰粒子的正常流型，从而使沉降速度降低。球形速度降低的表达式为：

$$\frac{v_t}{v_t^\infty}=\left[1-\left(\frac{d_p}{D}\right)^2\right]\left[1-\frac{1}{2}\left(\frac{d_p}{D}\right)^2\right]^{\frac{1}{2}}$$ (5-59)

式中，v_t 为粒子的沉降速度，m/s；v_t^∞ 为在无限降落时的粒子沉降速度，m/s；d_p 为粒子直径，m；D 为容器直径，m。

上述表明，在圆筒体内降落的球体的速度下降。此外，如边界层形成和容器形状改变等因素也能引起粒子运动的变化。但容器的这种影响一般可以忽略不计。

（5）粒子相互作用的影响 粒子在沉降时受到各种作用，它的运动大大受到相邻粒子存在的影响。气体中粒子浓度高则将大大影响单个粒子间的作用。一个粒子对周围介质产生阻力，因而也对介质中的其他粒子产生阻力。当在介质中均匀分布的粒子通过由气体分子组成的介质沉降时，介质的分子必须绕过每个粒子。当粒子间距很小时，如在高浓度的情况下，每个粒子沉降时将克服一个附加的向上的力，此力使粒子沉降速度降低，而降低的程度取决于粒子的浓度。此外，沉降过程还受高粒子浓度的影响，其表现形式是粒子相互碰撞及聚集速度可能增加，使沉降速度偏离斯托克斯式。在极高的粒子浓度下，粒子可以互相接触，但不形成聚集体，从而产生了运动的流动性。因此，要考虑粒子的相互作用。此外，由不同大小粒子组成的粒子群或多分散气溶胶的沉降速度较单分散气溶胶更为复杂。在多分散系中，粒子将以不同的速度沉降。

综上所述，可以对重力除尘器性能做如下判断。

重力除尘器内气体速度越小，越能捕集微细尘粒。一般只能除去粒径>40μm 的尘粒。重力除尘器高度越小，长度越大，除尘效率越高。除尘器中多层隔板重力除尘器的采用，使其应用范围有所扩大，甚至可以除去10μm 的尘粒，但隔板间积灰难以清除，从而造成维护上的困难。

图 5-32 所示为借助于球形尘粒的重力自然沉降速度。

如能减小处理含尘气体的速度，就能捕集微细的尘粒，但由于不经济，实际上重力除尘装置用来捕集100μm 以上的粗尘粒是相当容易的。其压力损失为50~100Pa。从阻力上看，重力除尘器是最节能的除尘设备。

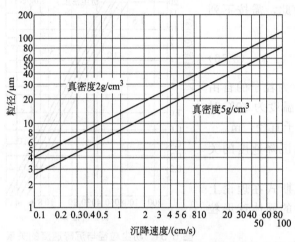

图 5-32　球形尘粒的重力自然沉降速度

二、惯性除尘器

惯性除尘器是在挡板或叶片作用下使气流改变方向，粉尘由于惯性而从含尘气流中分离出来的除尘设备。惯性除尘器又称作挡板式除尘器或惰性除尘器。

在惯性除尘器内，主要是使气流急速转向，或冲击在挡板或叶片上再急速转向，其中颗粒由于惯性效应，其运动轨迹就与气流轨迹不一样，从而使两者获得分离。气流速度高，这种惯性效应就大，所以这类除尘器的体积可以大大减小，占地面积也小，没有活动部件，可用于高温高浓度粉尘场合，对细颗粒的分离效率比重力除尘器大为提高，可捕集到粒径为10μm 的颗粒。挡板式除尘器的阻力在600~1200Pa 之间。惯性除尘器的主要缺点是磨损严重，从而影响其性能。

（一）惯性除尘器的分类

根据构造和工作原理，惯性除尘器有两种形式，即碰撞式和回流式。

1. 碰撞式除尘器

碰撞式除尘器的结构形式如图 5-33 所示。这类除尘器的特点是用一个或几个挡板阻挡气流的前进，使气流中的尘粒分离出来。这种形式的挡板式除尘器阻力较低，效率不高。

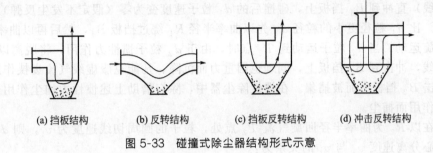

(a) 挡板结构　　(b) 反转结构　　(c) 挡板反转结构　　(d) 冲击反转结构

图 5-33　碰撞式除尘器结构形式示意

2. 回流式除尘器

回流式除尘器特点是把进气流用挡板或叶片分割为小股气流，为使任意一股气流都有同样的较小回转半径及较大回转角，可以采用各种挡板或叶片结构，最典型的便是如图 5-34 所示的百叶挡板。

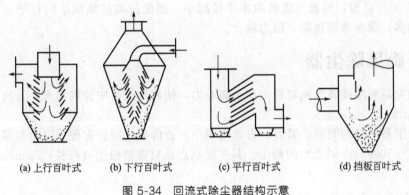

(a) 上行百叶式　　(b) 下行百叶式　　(c) 平行百叶式　　(d) 挡板百叶式

图 5-34　回流式除尘器结构示意

百叶挡板能提高气流急剧转折前的速度，可以有效地提高分离效率；但速度过快，会引起已捕集颗粒的二次飞扬，所以一般都选用 12～15m/s。百叶挡板的尺寸对分离效率也有一定影响，一般采用挡板的长度为 20mm 左右，挡板与挡板之间的距离为 3～6mm，挡板安装的斜角（与铅垂线间夹角）在 30°左右，使气流回转角有 150°左右。

（二）惯性除尘器的工作原理

惯性除尘器是使含尘烟气冲击在挡板上，让气流进行急剧的方向转变，借尘粒本身惯性力作用而将其分离的装置。

图 5-35 所示是使含尘烟气冲击在两块挡板上时，尘粒分离的机理。

含尘气流以 v_1 的速度与挡板 B_1 成垂直方向进入装置，在 T_1 点处较大粒径（d_1）的粒子由于惯性力作用离开以 R_1 为曲率半径的气流

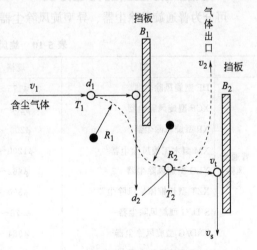

图 5-35　惯性除尘器分离机理示意

207

流线（虚线）直冲到 B_1 挡板上，碰撞后的 d_1 粒子速度变为零（假定不发生反弹），遂因重力而沉降。比 d_1 粒径更小的粒径 d_2 先以曲率半径 R_1 绕过挡板 B_1，然后再以曲率半径 R_2 随气流回旋运动。当 d_2 粒子运动到 T_2 点时，由于 d_2 粒子惯性力作用，将脱离以 v_2 速度流动的曲线，冲击到 B_2 挡板上，同理也因重力而沉降。凡能克服虚线气流裹挟作用的粒子均能在撞击 B_2 挡板后而被捕集。在惯性除尘器中，除有借助上述惯性力捕尘作用外，还借助离心力作用而捕尘。

若设在以 R_2 为曲率半径回旋气流 T_2 点处，粒子的圆周切线速度为 v_t，则 d_2 粒子所受到的离心分离速度 v_s 与 v_t 的关系为：

$$v_s \propto K \frac{d_2^2 v_t^2}{R_2} \tag{5-60}$$

写成等式：

$$v_s = K \frac{d_2^2 v_t^2}{R_2}$$

式中，K 为常数，$K = \dfrac{\rho_p}{18\mu g}$（粒子的雷诺数 $Re_p \leqslant 2$）。

由式（5-60）可知，回旋气流的曲率半径越小，越能分离捕集细小的粒子。同时，气流转变次数越多，除尘效率越高，阻力越大。

三、旋风除尘器

旋风除尘器利用旋转气流对粉尘产生离心力，使其从气流中分离出来，分离的最小粒径可到 $5\sim10\mu m$。

旋风除尘器的结构简单、紧凑、占地面积小、造价低、维护方便、可耐高温高压，可用于特高浓度（$500g/m^3$ 以上）的粉尘。其主要缺点是对微细粉尘（粒径＜$5\mu m$）的去除效率不高。

（一）旋风除尘器的分类

旋风除尘器经历了上百年的发展历程，由于不断改进和为了适应各种应用场合出现了很多类型，因而可以根据不同特点和要求来进行分类。

1. 按旋风除尘器的构造分类

可分为普通旋风除尘器、异型旋风除尘器、双旋风除尘器和组合式旋风除尘器，见表5-10。

表5-10　旋风除尘器分类及性能

分类	型号	规格/mm	风量/(m³/h)	阻力/Pa	备注
普通旋风除尘器	DF 型旋风除尘器	$\phi175\sim585$	1000~17250		
	XCF 型旋风除尘器	$\phi200\sim1300$	150~9840	550~1670	
	XP 型旋风除尘器	$\phi200\sim1000$	370~14630	880~2160	
	XM 型木工旋风除尘器[①]	$\phi1200\sim3820$	1915~27710	160~350	
	XLG 型旋风除尘器	$\phi662\sim900$	1600~6250	350~550	一般预除尘用
	XZT 型长锥体旋风除尘器	$\phi390\sim900$	790~5700	750~1470	
	SJD/G 型旋风除尘器	$\phi578\sim1100$	3300~12000	640~700	
	SND/G 型旋风除尘器	$\phi384\sim960$	1850~1100	790	
	CLT 型旋风除尘器	$\phi552\sim1890$	1000~17200	440~1110	

分类	型号	规格/mm	风量/(m³/h)	阻力/Pa	备注
异型旋风除尘器	SLP/A、B 型旋风除尘器	$\phi 300 \sim 3000$	$750 \sim 104980$		预除尘用，配锅炉用
	XLK 型扩散式旋风除尘器	$\phi 100 \sim 700$	$94 \sim 9200$	1000	
	SG 型旋风除尘器	$\phi 670 \sim 1296$	$2000 \sim 12000$		
	XZY 型消烟除尘器	$0.05 \sim 1.0t$	$189 \sim 3750$	$40.4 \sim 190$	
	XNX 型旋风除尘器	$\phi 400 \sim 1200$	$600 \sim 8380$	$550 \sim 1670$	
	HF 型脱硫除尘器[②]	$\phi 720 \sim 3680$	$6000 \sim 170000$	$600 \sim 1200$	
	XZS 型旋风除尘器	$\phi 376 \sim 756$	$600 \sim 3000$	25.8	
双旋风除尘器	XSW 型卧式双级涡旋除尘器	$2 \sim 20t$[③]	$600 \sim 60000$	$500 \sim 600$	多配锅炉用
	ZW 型直流旋风除尘器	$0.2 \sim 1t$	$800 \sim 3300$	$270 \sim 1200$	
	CR 型双级涡旋除尘器	$0.05 \sim 10t$	$2200 \sim 30000$	$550 \sim 950$	
	XPX 型下排烟式旋风除尘器	$1 \sim 5t$	$3000 \sim 15000$		
	XS 型双旋风除尘器	$1 \sim 20t$	$3000 \sim 58000$	$600 \sim 650$	
组合式旋风除尘器	SLG 型多管除尘器	$9 \sim 16t$	$1910 \sim 9980$		单独除尘用
	XZZ 型旋风除尘器	$\phi 350 \sim 1200$	$900 \sim 60000$	$430 \sim 870$	
	XLT/A 型旋风除尘器	$\phi 300 \sim 800$	$935 \sim 6775$	1000	
	XWD 型卧式多管除尘器	$4 \sim 20t$	$9100 \sim 68250$	$800 \sim 920$	
	XD 型多管除尘器	$0.5 \sim 35t$	$1500 \sim 105000$	$900 \sim 1000$	
	FOS 型复合多管除尘器	$2500 \times 2100 \times 4800$ $\sim 8600 \times 8400 \times 15100$	$6000 \sim 170000$		
	XCZ 型组合旋风除尘器	$\phi 1800 \sim 2400$	$28000 \sim 78000$	$780 \sim 980$	
	XCY 型组合旋风除尘器	$\phi 690 \sim 980$	$18000 \sim 90000$	$780 \sim 10000$	
	XGG 型多管除尘器	$1916 \times 1100 \times 3160 \sim$ $2116 \times 2430 \times 5886$	$6000 \sim 52500$	$700 \sim 1000$	
	DX 型多管斜插除尘器	$1478 \times 1528 \times 2350$ $\sim 3150 \times 1706 \times 4420$	$4000 \sim 60000$	$800 \sim 900$	

① 为木工专用。

② 为脱硫除尘用。

③ t 指锅炉的蒸发量。

2. 按旋风除尘器的效率不同分类

可分为通用旋风除尘器（包括普通旋风除尘器和大流量旋风除尘器）和高效旋风除尘器两类。其除尘效率范围如表 5-11 所列。高效除尘器一般制成小直径筒体，因而消耗钢材较多、造价也高，如内燃机进气用旋风除尘器。大流量旋风除尘器，其筒体较大，单个除尘器所处理的风量较大，因而处理同样风量所消耗的钢材量较少，如木屑用旋风除尘器。

表 5-11　旋风除尘器的分类及其除尘效率范围

粒径/μm	除尘效率范围/%	
	通用旋风除尘器	高效旋风除尘器
<5	<5	$50 \sim 80$
$5 \sim 20$	$50 \sim 80$	$80 \sim 95$

续表

粒径/μm	除尘效率范围/%	
	通用旋风除尘器	高效旋风除尘器
20～40	80～95	95～99
>40	95～99	95～99

3. 按清灰方式分类

可分为干式和湿式两种。在旋风除尘器中，粉尘被分离到除尘器筒体内壁上后直接依靠重力而落于灰斗中，称为干式清灰。如果通过喷淋水或喷蒸汽的方法使内壁上的粉尘落到灰斗中，则称为湿式清灰。属于湿式清灰的旋风除尘器有水膜旋风除尘器和中心喷水旋风除尘器等。由于采用湿式清灰，消除了反弹、冲刷等二次扬尘，因而除尘效率可显著提高，但同时也增加了尘泥处理工序。本书把这种湿式清灰的除尘器列为湿式除尘器。

4. 按进气方式和排灰方式分类

旋风除尘器可分为以下4类（见图5-36）。

① 切向进气，轴向排灰［见图5-36(a)］。采用切向进气获得较大的离心力，清除下来的粉尘由下部排出。这种除尘器是应用最多的旋风除尘器。

② 切向进气，周边排灰［见图5-36(b)］。采用切向进气周边排灰，需要抽出少量气体另行净化。但这部分气量通常小于总气流量的10%。这种旋风除尘器的特点是允许入口含尘浓度高，净化较为容易，总除尘效率高。

③ 轴向进气，轴向排灰［见图5-36(c)］。这种形式的离心力较切向进气要小，但多个除尘器并联时（多管除尘器）布置方便，因而多用于处理风量大的场合。

④ 轴向进气，周边排灰［见图5-36(d)］。这种除尘器有采用轴向进气便于除尘器关联，以及周边抽气排灰可提高除尘效率这两方面的优点，常用于卧式多管除尘器中。

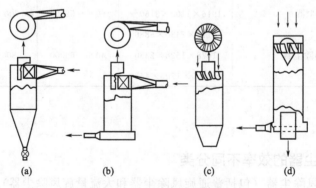

(a)　　　　(b)　　　　(c)　　　　(d)

图 5-36 旋风除尘器的分类

国内外常用的旋风除尘器种类很多，新型旋风除尘器还在不断出现。国外的旋风除尘器有的是用研究者的姓名命名，也有用生产厂家的产品型号来命名。国内的旋风除尘器通常用英文字母或根据结构特点用汉语拼音字母来命名。根据除尘器在除尘系统安装位置不同分为吸入式（即除尘器安装在通风机之前），用汉语拼音字母 X 表示；压入式（除尘器安装在通风机之后），用字母 Y 表示。为了安装方便，S 型的进气按顺时针方向旋转，N 型进气是按逆时针方向旋转（旋转方向按俯视位置判断）。

（二）旋风除尘器构造

图 5-37 为旋风除尘器的一般形式。含尘气流由进气管以较高速度（一般为 15～25m/s）沿切线方向进入除尘器，在圆筒体与排气管之间的圆环内做旋转运动。这股气流受到随后进入气流的挤压，继续向下旋转（实线所示），由圆筒体而达圆锥体，一直延伸到圆锥体的底部（排灰口处）。当气流再不能向下旋转时就折转向上，在排气管下面旋转上升（虚线所示），然后由排气管排出。

1. 进气口

旋风除尘器有多种进气口形式，图 5-38 为旋风除尘器的几种进气口形式。

切向进口是旋风除尘器最常见的形式，采用普通切向进口 [图 5-38（a）] 时，气流进入除尘器后会产生上下双重旋涡。上部旋涡将粉尘带至顶盖附近，由于粉尘不断地累积，形成"上灰环"，于是粉尘极易直接流入到排气管排出（短路逸出），降低除尘效果。为了减少气流之间的相互干扰，多采用了蜗壳切向进口 [见图 5-38（d）]，即采用渐开线进口。这种方式加大了进口气体和排气管的距离，可以减少未净化气体的短路逸出，以及减弱进入气流对筒内气流的撞击和干扰，从而可以降低除尘器阻力，提高除尘效率，并增加处理风量。渐开线的角度可以是 45°、120°、180°、270° 等，通常采用 180° 时效率最高。采用多个渐开线进口 [如双入口蜗壳进口见图 5-38（b）]，对提高除尘器效率更有利，但结构复杂，实际应用不多。

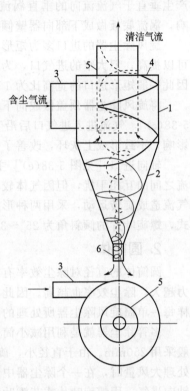

图 5-37　旋风除尘器

1—圆筒体；2—圆锥体；3—进气管；
4—顶盖；5—排气管；6—排灰口

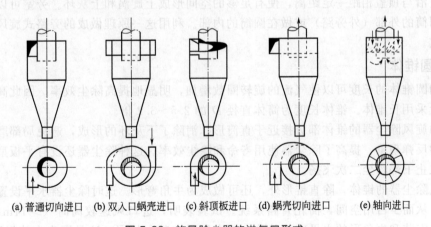

(a) 普通切向进口　　(b) 双入口蜗壳进口　　(c) 斜顶板进口　　(d) 蜗壳切向进口　　(e) 轴向进口

图 5-38　旋风除尘器的进气口形式

进气口采用向下倾斜的蜗壳底板，能明显减弱上灰环的影响。

气流通过进气口进入蜗壳内，由于气流距除尘器轴心的距离不同而流速也不同，因而会产生垂直于气流流向的垂直涡流,从而降低除尘效率。为了消除或减轻这种垂直涡流的影响,涡流底板做成下部向器壁倾斜的锥形底板,旋转180°进入除尘器内。

旋风除尘器的进口多为矩形,通常高而且窄的进气管与器壁有更大的接触面,除尘效率可以提高,但太窄的进气口,为了保持一定的气体旋转圈数,必须加高整个除尘器的高度,因此一般矩形进口的宽高比为1∶(2～4)。

将旋风除尘器顶盖做成向下倾斜(与水平成10°～15°)的螺旋形[即斜顶板进口,见图5-38(c)],气流进入进气口后沿下倾斜的顶盖向下做旋转流动,这样可以消除上涡流的不利影响,不致形成上灰环,改善了除尘器的性能。

轴向进口[见图5-38(e)]主要用于多管除尘器中,它可以大大削弱进入气流与旋转气流之间的互相干扰,但因气体较均匀地分布于进口截面,靠近中心处的分离效果较差。为使气流造成旋转运动,采用两种形式的导流叶片:花瓣式,通常由八片花瓣形叶片组成;螺旋式,螺旋叶片的倾斜角为25°～30°。

2. 圆筒体

圆筒体的直径对除尘效率有很大影响。在进口速度一定的情况下,筒体直径越小,离心力越大,除尘效率也越高。因此在通常的旋风除尘器中,筒体直径一般不大于900mm。这样每一单筒旋风除尘器所处理的风量就有限,当处理大风量时可以并联若干个旋风除尘器。

多管除尘器就是利用减小筒体直径以提高除尘效率的特点,为了防止堵塞,筒体直径一般采用250mm。由于直径小,旋转速度大,磨损比较严重,通常采用铸铁作小旋风子。在处理大风量时,在一个除尘器中可以设置数十个甚至数百个小旋风子。每个小旋风子均采用轴向进气,用螺旋叶片或花瓣叶片导流。圆筒体太长,旋转速度下降,因此一般取为筒体直径的两倍。

消除上旋涡造成上灰环不利影响的另一种方式,是在圆筒体上加装旁路灰尘分离室(旁室),其入口设在顶板下面的上灰环处(有的还设有中部入口),出口设在下部圆锥体部分,形成旁路式旋风除尘器。在圆锥体部分负压的作用下,上旋涡的部分气流携同上灰环中的灰尘进入旁室,沿旁路流至除尘器下部锥体,粉尘沿锥体内壁流入灰斗中。旁路式旋风除尘器进气管上沿与顶盖相距一定距离,使有足够的空间形成上旋涡和上灰环。旁室可以做在旋风除尘器圆筒的外部(外旁路)或做在圆筒的内部。利用这一原理做成的旁路式旋风除尘器有多种形式。

3. 圆锥体

增加圆锥体的长度可以使气流的旋转圈数增加,明显地提高除尘效率。因此高效旋风除尘器一般采用长锥体。锥体长度为筒体直径D的2.5～3.2倍。

有的旋风除尘器的锥体部分接近于直筒形,消除了下灰环的形成,避免局部磨损和粗颗粒粉尘的反弹现象,提高了除尘器使用寿命和除尘效率。这种除尘器还设有平板型反射屏装置,以阻止下部粉尘二次飞扬。

旋风除尘器的锥体,除直锥形外,还可做成为牛角弯形。这时除尘器水平设置降低了安装高度,从而少占用空间,简化管路系统。试验表明,进口风速较高时(＞14m/s),直锥形的直立安装和牛角形的水平安装其除尘效率和阻力基本相同。这是因为在旋风除尘器中,粉尘的分离主要是依靠离心力的作用,而重力的作用可以忽略。

旋风除尘器的圆锥体也可以倒置,扩散式除尘器即为其中一例。在倒圆锥体的下部装有倒漏斗形反射屏(挡灰盘)。含尘气流进入除尘器后,旋转向下流动,在到达锥体下部时,由于反射屏的作用大部分气流折转向上由排气管排出。紧靠筒壁的少量气流随同浓聚的粉尘沿圆锥下沿与反射屏之间的环缝进入灰斗，将粉尘分离后，由反射屏中心的"透气孔"向上排出，与上升的内旋流混合后由排气管排出。由于粉尘不沉降在反射屏上部，主气流折转向上时，很少将粉尘带出（减少二次扬尘），有利于提高除尘效率。这种除尘器的阻力较大，其阻力系数 $\xi=6.7\sim10.8$。

4. 排气管

排气管通常都插入到除尘器内，与圆筒体内壁形成环形通道，因此通道的大小及深度对除尘效率和阻力都有影响。环形通道越大，排气管直径 D_e 与圆筒体直径 D 之比越小，除尘效率增加，阻力也增加。在一般高效旋风除尘器中取 D_e/D 值＝0.5，而当效率要求不高时（通用型旋风除尘器）可取 D_e/D 值＝0.65，阻力也相应降低。

排气管的插入深度越小，阻力越小。通常认为排气管的插入深度要稍低于进气口的底部，以防止气流短路，由进气口直接窜入排气管，而降低除尘效率。但不应接近圆锥部分的上沿。不同旋风除尘器的合理插入深度不完全相同。

由于内旋流进入排气管时仍然处于旋转状态，使阻力增加。为了回收排气管中多消耗的能量和压力，可采用不同的措施。最常见的是在排气管的入口处加装整流叶片（减阻器），气流通过该叶片使旋转气流变为直线流动，阻力明显降低，但除尘效率略有下降。

在排气管出口装设渐开蜗壳，阻力可降低 5%～10%，而对除尘效率影响很小。

5. 排灰口

旋风除尘器分离下来的粉尘，通过设于锥体下面的排灰口排出，因此排灰口大小及结构对除尘效率有直接影响。通常排灰口直径 D_c 采用排气管直径 D_e 的 0.5～0.7 倍，但有加大的趋势，例如取 $D_c=D_e$，甚至 $D_c=1.2D_e$。

由于排灰口处于负压较大的部位，排灰口的漏风会使已沉降下来的粉尘重新扬起，造成二次扬尘，严重降低除尘效率。因此保证排灰口的严密性是非常重要的。为此可以采用各种卸灰阀，卸灰阀除了要使排灰流畅外，还要使排灰口严密，不漏气，因而也称为锁气器。常用的有：重力作用闪动卸灰阀（单翻板式、双翻板式和圆锥式）、机械传动回转卸灰阀、螺旋卸灰机等。

现将旋风除尘器各部分结构尺寸增加对除尘效率、阻力及造价的影响列入表 5-12 中。

表 5-12 旋风除尘器结构尺寸增加对性能的影响

参数增加	阻力	除尘效率	造价
除尘器直径 D	降低	降低	增加
进口面积(风量不变)H_c,B_c(大)	降低	降低	—
进口面积(风量不变)H_c,B_c(小)	增加	增加	—
圆筒长度 L_c	略降	增加	增加
圆锥体长度 Z_c	略降	增加	增加
圆锥体开口 D_c	略降	增加或降低	—
排气管插入长度 S	增加	增加或降低	增加
排气管直径 D_e	降低	降低	增加
相似尺寸比例	几乎无影响	降低	—
圆锥角，$2\tan^{-1}\dfrac{D-D_e}{H-L_c}$	降低	20°～30°为宜	增加

（三）旋风除尘器工作原理

1. 旋风除尘器的工作

旋风除尘器由筒体、锥体、进气管、出口管和收尘室等组成，如图 5-39 所示。旋风除尘器的工作过程是当含尘气体由切向进气管进入旋风分离器时气流将由直线运动变为圆周运动。旋转气流的绝大部分沿器壁自圆筒体呈螺旋形向下、朝锥体流动，通常称此为外旋气流。含尘气体在旋转过程中产生离心力，将相对密度大于气体的尘粒甩向器壁。尘粒一旦与器壁接触，便失去径向惯性力而靠向下的动量和向下的重力沿壁面落下，进入排灰管。旋转下降的外旋气体到达锥体时，因圆锥形的收缩而向除尘器中心靠拢。根据"旋转矩"不变原理，其切向速度不断提高，尘粒所受离心力也不断加强。当气流到达锥体下端某一位置时，即以同样的旋转方向从旋风分离器中部，由下反转向上，继续做螺旋性流动，即内旋气流。最后净化气体经排气管排出管外，一部分未被捕集的尘粒也由此排出。

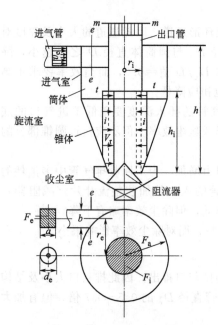

图 5-39 旋风除尘器的组成和各种速度

自进气管流入的另一小部分气体则向旋风分离器顶盖流动，然后沿排气管外侧向下流动；当到达排气管下端时即反转向上，随上升的中心气流一同从排气管排出。分散在这一部分的气流中的尘粒也随同被带走。

关于旋风除尘器的分离理论有筛分理论、转圈理论、边界层理论，下面仅对除尘器流体和尘粒运动做一分析。

2. 流体和尘粒的运动

旋风除尘器有各种各样的进口设计，其中主要的如图 5-40 所示的切向进口、螺旋形进口和轴向进口。图中在进口截面中气体平均速度为 v_e；净化气体排出旋风除尘器，通过出口管时的平均轴向速度为 v_i；入口截面积为 F_e，出口截面积为 F_i。

在图 5-41 中给出了在旋风除尘器内部流体的速度特性，从入口到出口间微粒的运动轨迹和轴向流动分量的流线。在旋风除尘器内部是一个三维的流场，其特点是旋转运动叠加了一个从外部环形空间朝向粉尘收集室轴向的运动和一个从旋风除尘器内部空间朝向出口管道的轴向运动。在分离室的内部和外部空间轴向运动相反，这一相反的运动与朝向旋风除尘器轴线的径向运动结合在一起。

含尘气体通过切线方向引入旋风除尘器，因此气流被强制地围绕出气管进行旋转运动。图 5-41 中的切线速度 u 是通过径向坐标定量描述的。不考虑旋风除尘器内壁的非润滑条件，在 $r=r_a$ 处的切向速度由 u_a 给出。在旋风除尘器的轴线方向上，当 $r=r_i$ 时速度 u 从 u_a 增加到最大值 u_i。随半径的进一步减少，切向速度也降低；在 $r=0$ 时 $u=0$，在 $r=r_i$ 的出气管道表面的切向速度近似为零。

在柱状部件内表面 $i—i$ 处，切向速度 u_i 几乎不变。应指出在收尘室附近 u_i 是完全可以被忽略的。还有，在超圆柱面 $i—i$ 的高度上径向流速 v_r 可以被假定为常数。而通过观测只是在出气管道的入口 $t—t$ 处和收尘室附近，这个常数值稍有偏差。

微粒被气流送进旋风除尘器后，将受到三维流场中典型的离心力、摩擦力以及其他力的

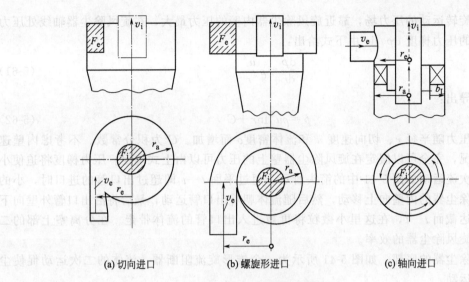

|(a) 切向进口|(b) 螺旋形进口|(c) 轴向进口|

图 5-40 旋风除尘器进口

作用。离心力是由于流体的旋转运动产生，而摩擦力是由于流体朝旋风除尘器轴线的运动产生。加速度 u^2/r 是由于离心力引起的，在很多情况下离心力比地球引力产生的加速度高 100 倍甚至 10000 倍。

在离心力和摩擦力综合作用的影响下，所有的微粒都按螺旋状的轨迹运动，如图 5-42 所示。大的微粒按照螺旋向外运动，小的微粒按照螺旋向里运动。向外运动的大微粒从气体中被分离出来，将与旋风除尘器的内壁碰撞并向粉尘收集室运动。向内运动的小微粒不但没有从气流中分离出来，而且被气流带走，通过出口管道排出旋风除尘器。

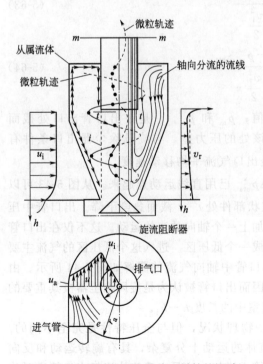

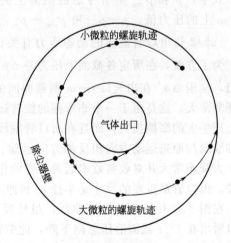

图 5-41 旋风除尘器中流体和微粒的运动　　图 5-42 旋风除尘器水平截面上大小微粒的轨迹

流体的旋转运动的压力场，靠近旋风除尘器内壁的压力最大，在旋风除尘器轴线处压力最小。径向的压力梯度 $\mathrm{d}p/\mathrm{d}r$ 由下式给出：

$$\frac{\mathrm{d}p}{\mathrm{d}r} = \rho \frac{u^2}{r} \tag{5-61}$$

积分后导出：

$$p = \rho u^2 \ln r + C \tag{5-62}$$

可看出压力随半径 r、切向速度 u 和流体密度 ρ 而增加。C 为积分常数。不考虑内壁速度为零的情况，完全可以假定在旋风除尘器壁上的压力可以由上式确定。压力梯度将迫使小的微粒随二次流运动如图 5-41 中的箭头所示。超过平面 $t—t$ 即超过出口管的进口时，小的微粒沿旋风除尘器的内壁向上移动，然后随流体朝着出口管运动，最后将沿出口管外壁向下降落，并到达截面 $t—t$，在这里小微粒将再被进入出口管的流体带走。在分离室上部的二次流将降低旋风除尘器的效率。

在旋风除尘器的底部，如图 5-41 所示为一个锥形旋流阻断器，流体的二次运动促使尘粒朝收尘室运动。

此外，二次运动使得旋风除尘器入口附近形成尘粒沉积，而且它们沿着旋风除尘器的壁按螺旋状路径向下运动。尤其对于未净化气体的高浓度粉尘更可以观察到形成的沉积。

在旋风除尘器中流体流动的一些重要特性可以从图 5-43 中推论出，在图中根据现有的实验给出了在旋风除尘器内不同截面的压力。根据图 5-39 可以找出截面 $e—e$ 是旋风除尘器的入口处，在分离室出口管下面是截面 $i—i$，截面 $t—t$ 是出口管的进口处，截面 $m—m$ 是在出口管的出口处。关于旋风除尘器压力的无量纲描述中，对流体给出的最大值为全压差用 Δp^* 表示，静压差用 $\Delta p^*_{\mathrm{stat}}$ 表示，这两个量的定义如下：

$$\Delta p^* = \frac{p - p_{\mathrm{m}}}{\dfrac{v_{\mathrm{i}}^2}{2}} \tag{5-63}$$

$$\Delta p^*_{\mathrm{stat}} = \frac{p_{\mathrm{stat}} - p_{\mathrm{m \cdot stat}}}{\dfrac{v_{\mathrm{i}}^2}{2}} \tag{5-64}$$

式中，p 和 p_{stat} 是所考虑的截面上的压力值；p_{m} 和 $p_{\mathrm{m \cdot stat}}$ 是在出口管出口处截面 $m—m$ 上的压力值，$p - p_{\mathrm{m}}$ 和 $p_{\mathrm{stat}} - p_{\mathrm{m \cdot stat}}$ 是该处的压力差，与旋风除尘器出口条件有关；$v_{\mathrm{i}}^2/2$ 与出口管流体的动态压力有关；v_{i} 是出口气流平均移动速度。

为了方便，在所定各截面上压力差 Δp^* 和 $\Delta p^*_{\mathrm{stat}}$ 已用直线运动连起来。从图 5-43 可以看出，全压 Δp^* 在出气口 $t—m$ 两截面间的圆柱状部件处 $t—t$ 截面急剧下降。出口管中压力降非常大，这是由于一个非常强的旋转运动叠加上一个轴向的流体运动。这不仅在出口管壁上产生大的摩擦损失，而且在出口管轴线上形成一个低压区。进入这个低压区的气流主要沿轴线向与原来运动方向相反的方向运动。在出口管中轴向气流的图解如图 5-44 所示。由于压力降非常大并对收集效率起着重要的作用，因而出口管被认为是旋风除尘器极其重要的部件。出口管最重要的尺寸是半径 r_{i} 和伸入分离室中的长度 $h—h_{\mathrm{i}}$。

在图 5-43 中给出的静压曲线，虽然反映同一物理状况，但与全压特性是完全不同的。可以看出在 $i—t$ 截面静压急剧下降，此截面间流体的运动十分复杂，具有旋转运动和反向的轴向运动。显然可以看出静压将意外地沿出口管道增加，这是由于流体流经出口管道时旋转运动下降。

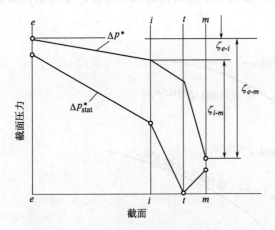

图 5-43　旋风除尘器内各不同截面上的压力

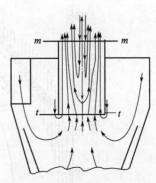

图 5-44　旋风除尘器出口管道中气流的流动情况

（四）旋风除尘器性能

旋风除尘器能够分离捕集到的最小尘粒直径称为这种旋风除尘器的临界粒径或极限粒径，用 d_c 表示。对于大于某一粒径的尘粒，旋风除尘器可以完全分离捕集下来，这种粒径称为100%临界粒径，用 d_{c100} 表示。某一粒径的尘粒，有50%的可能性被分离捕集，这种粒径称为50%临界粒径，用 d_{c50} 表示，d_{c50} 和 d_{c100} 均称临界粒径，但两者的含义和概念完全不同。应用中多采用 d_{c50} 来判别和设计计算旋风除尘器。

1. 旋风除尘器能够分离的最小粒径 d_c

一般可由下式计算：

$$d_c = K \sqrt{\frac{\pi g \mu}{\rho_s v_Q}} \times \frac{D_2^2}{\sqrt{A_0 H_b}} \tag{5-65}$$

式中，K 为系数，小型旋风除尘器 $K = \frac{1}{2}$，大型旋风除尘器 $K = \frac{1}{4}$；g 为重力加速度，$\mathrm{m/s^2}$；μ 为气体黏度，$\mathrm{Pa \cdot s}$；ρ_s 为尘粒的真密度，$\mathrm{g/cm^3}$；v_Q 为气流圆周分速度，$\mathrm{m/s}$；D_2 为除尘器内圆筒直径，m；A_0 为进口宽度，m；H_b 为外筒高度，m。

相似型的旋风除尘器中，假设 $A \propto D_2^2$ 及 $H_b \propto D_2$，并且，只着眼于旋风除尘器的大小，则内圆筒直径 D_2 与极限粒径 d_c 之间，有如下的关系：

$$d_c \propto \sqrt{D_2} \tag{5-66}$$

图 5-45 是证实这种关系的实验结果。

2. 旋风除尘器的除尘效率

旋风除尘器分级除尘效率是按尘粒粒径不同分别表示的除尘效率。分级除尘效率能够更好地反映

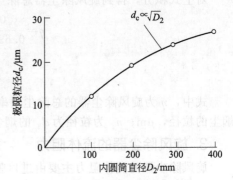

图 5-45　旋风除尘器的内圆筒
直径与极限粒径的关系

（真密度 $2.0\mathrm{g/cm^3}$，堆积密度 $0.7\mathrm{g/cm^3}$ 左右）

除尘器对某种粒径尘粒的分离捕集性能。

图 5-46 表示旋风除尘器的分级除尘效率。实线表示老式的旋风除尘器，虚线表示新式的旋风除尘装置。

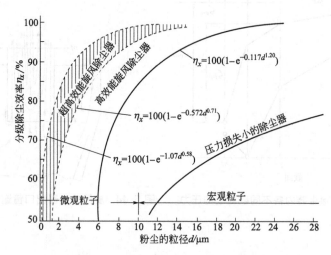

图 5-46　旋风除尘器的分级除尘效率

图 5-46 中为各曲线的 η_x 和 d 关系的方程式，均以下面的指数函数表示：

$$\eta_x = 1 - e^{-ad^m}\tag{5-67}$$

上式右边第 2 项表示逸散粉尘的比例，粒径 d 的系数 a 值越大，逸散量越少，因此，这意味着装置的分级除尘效率增大。这些例子中，在 $m = 0.33 \sim 1.20$ 范围内，d 的指数 m 值越大，d 对 η_x 的影响也越大。

旋风除尘器的分级除尘效率还可以按下式估算：

$$\eta_p = 1 - e^{-0.6932\frac{d_p}{d_{c50}}}\tag{5-68}$$

式中，η_p 为粒径为 d_p 的尘粒的除尘效率，%；d_p 为尘粒直径，μm；d_{c50} 为旋风除尘器的 50% 临界粒径，μm。

旋风除尘器的总除尘效率可根据其分级除尘效率及粉尘的粒径分布计算。

对上式积分，得到旋风除尘器总除尘效率的计算式如下：

$$\eta = \frac{0.6932d_t}{0.6932d_t + d_{c50}} \times 100\%\tag{5-69}$$

$$d_t = \frac{\sum n_i d_i^4}{\sum n_i d_i^3}\tag{5-70}$$

式中，η 为旋风除尘器的总除尘效率，%；d_t 为烟尘的平均粒径，μm；d_i 为某种粒级烟尘的粒径，μm；n_i 为粒径为 d_i 的烟尘所占的质量分数，%。

3. 旋风除尘器的流体阻力

旋风除尘器的流体阻力主要由进口阻力、旋涡流场阻力和排气管阻力三部分组成。流体阻力通常按下式计算：

$$\Delta P = \xi \frac{\rho_2 v^2}{2}\tag{5-71}$$

式中，ΔP 为旋风除尘器的流体阻力，Pa；ξ 为旋风除尘器的流体阻力系数，无量纲；v 为旋风除尘器的流体速度，m/s；ρ_2 为烟气密度，kg/m^3。

旋风除尘器的流体阻力系数随着结构形式不同差别较大，而规格大小变化对其影响较小，同一结构形式的旋风除尘器可以视为具有相同的流体阻力系数。

目前，旋风除尘器的流体阻力系数是通过实测确定的。表 5-13 是旋风除尘器的流体阻力系数。

表 5-13　旋风除尘器流体阻力系数值

型号	进口气速 u_i/(m/s)	流体阻力 ΔP/Pa	流体阻力系数 ξ	型号	进口气速 u_i/(m/s)	流体阻力 ΔP/Pa	流体阻力系数 ξ
XCX	26	1450	3.6	XDF	18	790	4.1
XNX	26	1460	3.6	双级涡旋	20	950	4.0
XZD	21	1400	5.3	XSW	32	1530	2.5
CLK	18	2100	10.8	SPW	27.6	1300	2.8
XND	21	1470	5.6	CLT/A	16	1030	6.5
XP	18	1450	7.5	XLT	16	810	5.1
XXD	22	1470	5.1	涡旋型	16	1700	10.7
CLP/A	16	1240	8.0	CZT	15.23	1250	8.0
CLP/B	16	880	5.7	新 CZT	14.3	1130	9.2

注：旋风除尘器在 20 世纪 70 年代以前，C 为旋风除尘器型号第一字母，取自 cyclone。后来改成 X 为旋风除尘器型号第一字母，取自 xuan。在行业标准 JB/T 9054—2015 中恢复使用 C。

切向流反转旋风除尘器流体阻力系数可按下式估算：

$$\xi = \frac{KF_i\sqrt{D_0}}{D_e^2\sqrt{h+h_1}} \tag{5-72}$$

式中，ξ 为对应于进口流速的流体阻力系数，无量纲；K 为系数，20～40，一般取 $K=30$；F_i 为旋风除尘器进口面积，m^2；D_0 为旋风除尘器圆筒体内径，m；D_e 为旋风除尘器出口管内径，m；h 为旋风除尘器圆筒体长度，m；h_1 为旋风除尘器圆锥体长度，m。

（五）影响旋风除尘器性能的主要因素

1. 旋风除尘器几何尺寸的影响

在旋风除尘器的几何尺寸中，以旋风除尘器的直径、气体进口以及排气管形状与大小为最重要影响因素。

（1）筒体直径　一般旋风除尘器的筒体直径越小，粉尘颗粒所受的离心力越大，旋风除尘器分离的粉尘可以越小（见图 5-47），除尘效率也就越高。但过小的筒体直径会造成较大直径颗粒有可能反弹至中心气流而被带走，使除尘效率降低。另外，筒体太小对于黏性物料容易引起堵塞。因此，一般筒体直径不宜小于 75mm；大型化后，已出现筒径大于 2000mm 的大型旋风除尘器。

（2）筒体长度　较高除尘效率的旋风除尘器，都有合适的长度比例；合适的筒体长度不但使进入筒体的尘粒停留时间延长，有利于分离，且能使尚未到达排气管的颗粒有更多的机会从旋流核心中分离出来，减少二次夹带，以提高除尘效率。足够长的筒体，还可避免旋转气流对灰斗顶部的磨损，但是过长会占据圈套的空间。因此，旋风除尘器从排气管下端至旋

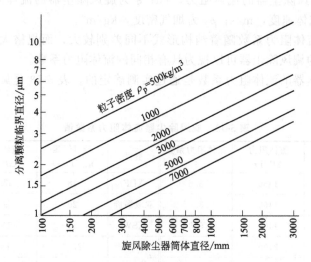

图 5-47　旋风除尘器筒体直径与分离颗粒临界直径关系

风除尘器自然旋转顶端的距离一般用下式确定。

$$l = 2.3 D_e \left(\frac{D_0^2}{bh} \right)^{1/3} \tag{5-73}$$

式中，l 为旋风除尘器筒体长度，m；D_0 为旋风除尘器圆筒体直径，m；b 为除尘器入口宽度，m；h 为除尘器入口高度，m；D_e 为除尘器出口高度，m。

一般常取旋风除尘器的圆筒段高度 $H = (1.5 \sim 2.0) D_0$。旋风除尘器的圆锥体可以在较短的轴向距离内将外旋流转变为内旋流，因而节约了空间和材料。除尘器圆锥体的作用是将已分离出来的粉尘微粒集中于旋风除尘器中心，以便将其排入贮灰斗中。当锥体高度一定而锥体角度较大时，由于气流旋流半径很快变小，很容易造成核心气流与器壁撞击，使沿锥壁旋转而下的尘粒被内旋流所带走，影响除尘效率。所以半锥角 α 不宜过大，设计时常取 $\alpha = 13° \sim 15°$。

（3）进口形式　旋风除尘器的进口有两种主要的进口型式——轴向进口和切向进口。切向进口为最普通的一种进口形式，制造简单，用得比较多。这种进口形式的旋风除尘器外形尺寸紧凑。在切向进口中螺旋面进口为气流通过螺旋而进口，这种进口有利于气流向下做倾斜的螺旋运动，同时也可以避免相邻两螺旋圈的气流互相干扰。

渐开线（蜗壳形）进口进入筒体的气流宽度逐渐变窄，可以减少气流对筒体内气流的撞击和干扰，使颗粒向器壁移动的距离减小，而且加大了进口气体和排气管的距离，减少了气流的短路机会，因而提高了除尘效率。这种进口处理气量大，压力损失小，是比较理想的一种进口形式。

轴向进口是最好的进口形式，它可以最大限度地避免进入气体与旋转气流之间的干扰，以提高效率。但因气体均匀分布的关键是叶片形状和数量，否则靠近中心处分离效果很差。轴向进口常用于多管式旋风除尘器和平置式旋风除尘器。

进口管可以制成矩形和圆形两种形式。由于圆形进口管与旋风除尘器器壁只有一点相切，而矩形进口管整个高度均匀与内壁相切，故一般多采用后者。矩形进口管的宽度和高度的比例要适当，因为宽度越小，临界粒径越小，除尘效率越高；但过长而窄的进口也是不利的，一般矩形进口管高与宽之比为 2~4。

（4）排气管　常用的排气管有两种形式：一种是下端收缩式；另一种是直筒式。在设计分离较细粉尘的旋风除尘器时，可考虑设计为排气管下端收缩式。排气管直径越小，则旋风除尘器的除尘效率越高，压力损失也越大；反之，除尘器的效率越低，压力损失也越小。排气管直径对除尘效率和阻力系数的影响如图 5-48 所示。

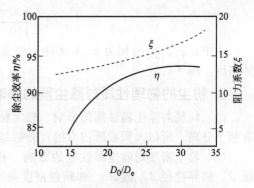

图 5-48　排气管直径对除尘效率与阻力系数的影响

在旋风除尘器设计时，需控制排气管与筒径之比在一定的范围内。由于气体在排气管内剧烈地旋转，将排气管末端制成蜗壳形状可以减少能量损耗，这在设计中已被采用。

（5）灰斗　灰斗是旋风除尘器设计中不容忽略的部分。因为在除尘器的锥度处气流处于湍流状态，而粉尘也由此排出，容易出现二次夹带的机会，如果设计不当造成灰斗漏气，就会使粉尘的二次飞扬加剧，影响除尘效率。

2. 气体参数对除尘器性能的影响

气体运行参数对除尘器性能的影响有以下几方面。

（1）气体流量的影响　气体流量或者说除尘器入口气体流速对除尘器的压力损失、除尘效率都有很大影响。从理论上说，旋风除尘器的压力损失与气体流量的平方成正比，因而也和入口风速的平方成正比（与实际有一定偏差）。

入口流速增加，能增加尘粒在运动中的离心力，尘粒易于分离，除尘效率提高。除尘效率随入口流速平方根而变化，但是当入口流速超过临界值时，紊流的影响就比分离作用增加得更快，以至除尘效率随入口风速增加的指数小于 1；若流速进一步增加，除尘效率反而降低。因此，旋风除尘器的入口风速宜选取 18～23m/s。

（2）气体含尘浓度的影响　气体的含尘浓度对旋风除尘器的除尘效率和压力损失都有影响。试验结果表明，压力损失随含尘负荷增加而减少，这是因为径向运动的大量尘粒拖曳了大量空气；粉尘从速度较高的气流向外运动到速度较低的气流中时，把能量传递给涡旋气流的外层，减少其需要的压力，从而降低压力降。

由于含尘浓度的提高，粉尘的凝聚与团聚性能提高，因而除尘效率有明显提高，但是提高的速度比含尘浓度增加的速度要慢得多，因此，排出气体的含尘浓度总是随着入口处的粉尘浓度的增加而增加。

（3）气体含湿量的影响　气体的含湿量对旋风除尘器的工况有较大的影响。例如，分散度很高而黏着性很小的粉尘（粒径<10μm 的颗粒含量为 30%～40%，含湿量为 1%）气体在旋风除尘器中净化不好；若细颗粒量不变，含湿量增至 5%～10% 时，那么颗粒在旋风除尘器内相互黏结成比较大的颗粒，这些大颗粒被猛烈冲击在器壁上，气体净化将大有改善。

（4）气体的密度、黏度、压力、温度对旋风除尘器性能的影响　气体的密度越大，除尘效率越低，但是气体的密度和固体的密度相比几乎可以忽略。所以，其对除尘效率的影响较之固体密度来说，也可以忽略不计。通常温度越高，旋风除尘器压力损失越小；气体黏度的影响在考虑除尘器压力损失时常忽略不算。但从临界粒径的计算公式中知道，临界粒径与黏度的平方根成正比。所以除尘效率随气体黏度的增加而降低。由于温度升高，气体黏度增加，当进口气速等条件保持不变时除尘效率略有降低。

气体流量为常数时，黏度对除尘效率的影响可按下式进行近似计算：

$$\frac{100-\eta_{a}}{100-\eta_{b}}=\sqrt{\frac{\mu_{a}}{\mu_{b}}} \tag{5-74}$$

式中，η_{a}、η_{b}分别为 a、b 条件下的总除尘效率，%；μ_{a}、μ_{b}分别为 a、b 条件下的气体黏度，Pa·s。

3. 粉尘的物理性质对除尘器的影响

（1）粒径对除尘器性能的影响　较大粒径的颗粒在旋风除尘器中会产生较大的离心力，有利于分离。所以大颗粒所占有的百分数越大，总除尘效率越高。

（2）粉尘密度对除尘器性能的影响　粉尘密度对除尘效率有着重要的影响，如图 5-49 所示。临界粒径 d_{50} 或 d_{100} 和颗粒密度的平方根成反比，密度越大，d_{50} 或 d_{100} 越小，除尘效率也就越高。但粉尘密度对压力损失影响很小，设计计算中可以忽略不计。

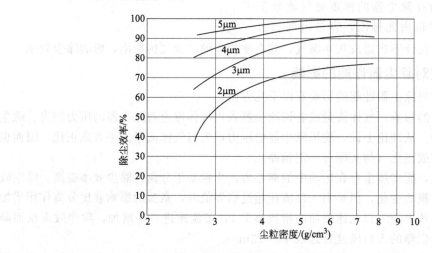

图 5-49　尘粒密度和除尘效率的关系

4. 除尘器内壁粗糙度的影响

增加除尘器壁面粗糙度，压力损失会降低。这是因为压力损失的一部分是由涡旋气流产生的，壁面粗糙减弱了涡流的强度，所以压力损失下降。由于减弱了涡旋的作用，除尘效率也受影响，而且严重的壁面粗糙会引起局部大涡流，它们带着灰尘离开壁面，其中一部分进入流往排气管的上升气流中，成为降低除尘效率的原因。在搭头接缝、未磨光对接焊缝、配合得不好的法兰接头以及内表面不平的孔口盖板等处，可能形成这样的壁面粗糙情况。因此，要保证除尘效率，应当消除这些缺陷。所以，在旋风除尘器的设计中应避免有没有打光的焊缝、粗糙的法兰连接点等。

旋风除尘器性能与各影响因素的关系如表 5-14 所列。

表 5-14　旋风除尘器性能与各影响因素的关系

变化因素		性能趋向		投资趋向
		流体阻力	除尘效率	
烟尘性质	烟尘密度增大	几乎不变	提高	（磨损）增加
	烟气含尘浓度增加	几乎不变	略提高	（磨损）增加
	烟尘温度增高	减小	提高	增加

变化因素		性能趋向		投资趋向
		流体阻力	除尘效率	
除尘器 结构尺寸	圆筒体直径增大	降低	降低	增加
	圆筒体加长	稍降低	提高	增加
	圆锥体加长	降低	提高	增加
	入口面积增大（流量不变）	降低	降低	
	排气管直径增加	降低	降低	
	排气管插入长度增加	增大	提高（降低）	增加
运行状况	入口气流速度增大	增大	提高	
	灰斗气密性降低	稍增大	大大降低	减少
	内壁粗糙度增加（或有障碍物）	增大	降低	

（六）常用旋风除尘器的结构和性能

1. XLT（CLT）系列旋风除尘器

XLT（CLT）型旋风除尘器是应用最早的旋风除尘器，各种类型的旋风除尘器都是由它改进而来的。它结构简单，制造容易，压力损失小，处理气量大，有一定的除尘效率，适用于捕集重度和颗粒较大的、干燥的非纤维性粉尘。

（1）XLT（CLT）型旋风除尘器　XLT（CLT）型除尘器是普通的旋风除尘器，其结构如图 5-50 所示。这种除尘器制造方便，阻力较小，但分离效率低，对 $10\mu m$ 左右的尘粒的分离效率一般低于 $60\%\sim70\%$，故虽曾有过广泛应用，但目前已被其他高效旋风除尘器所代替。

（2）XLT/A（CLT/A）型旋风除尘器　XLT/A（CLT/A）型旋风除尘器是 XLT（CLT）型的改进型。其结构如图 5-51 所示。其特征是气流进口管与水平面呈 $15°$ 角，并带有螺旋形导向顶盖，以避免向上气流碰到顶盖时形成上部涡旋，其筒体和锥体较长，除尘效率较 XLT 型高，但阻力也大一些。

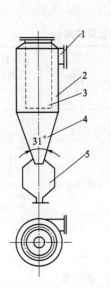

图 5-50　XLT（CLT）型旋风除尘器

1—进口；2—筒体；3—排气管；4—锥体；5—灰斗

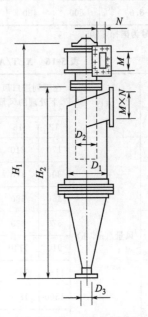

图 5-51　XLT/A（CLT/A）型旋风除尘器

实验证明，含尘气体入口流速＞10m/s，但不能超过 18m/s，否则除尘效率降低，压力损失为 500～700Pa，除尘效率为 80%～90%。

XLT/A（CLT/A）型旋风除尘器尺寸、质量和处理常温空气时的主要技术性能列于表 5-15 和表 5-16 中。

表 5-15　XLT/A（CLT/A）型旋风除尘器（单筒）尺寸及质量

序号	型号	尺寸/mm							质量/kg	
		D_1	D_2	D_3	H_1	H_2	M	N	X 型	Y 型
1	CLT/A-1.5	150	90	45	910	734	99	39	12	9
2	CLT/A-2.0	200	120	60	1171	962	132	52	19	15
3	CLT/A-2.5	250	150	75	1352	1190	165	65	27	21
4	CLT/A-3.0	300	180	90	1713	1418	198	78	37	29
5	CLT/A-3.5	350	210	105	1974	1646	231	91	53	43
6	CLT/A-4.0	400	240	120	2275	1874	264	104	61	48
7	CLT/A-4.5	450	270	135	2539	2102	297	117	102	81
8	CLT/A-5.0	500	300	150	2800	2330	330	130	126	98
9	CLT/A-5.5	550	330	165	3061	2558	363	143	152	120
10	CLT/A-6.0	600	360	180	3322	2786	396	156	176	139
11	CLT/A-6.5	650	390	195	3583	3014	429	169	201	159
12	CLT/A-7.0	700	420	210	3844	3242	462	182	241	189
13	CLT/A-7.5	750	450	225	4105	3470	495	195	267	209
14	CLT/A-8.0	800	480	240	4366	3698	528	208	315	250

注：制造图号为国标 T505。

表 5-16　XLT/A（CLT/A）型旋风除尘器主要性能

型号	项目	在下列进口风速(m/s)下处理的风量和阻力			型号	项目	在下列进口风速(m/s)下处理的风量和阻力		
		12	15	18			12	15	18
CLT/A-1.5	风量/(m³/h)	170	210	250	CLT/A-5.5	风量/(m³/h)	2240	2800	3360
CLT/A-2.0		300	370	440	CLT/A-6.0		2670	3340	4000
CLT/A-2.5		460	580	690	CLT/A-6.5		3130	3920	4700
CLT/A-3.0		670	830	1000	CLT/A-7.0		3630	4540	5440
CLT/A-3.5		910	1140	1360	CLT/A-7.5		4170	5210	6250
CLT/A-4.0		1180	1480	1780	CLT/A-8.0		4750	5940	7130
CLT/A-4.5		1500	1870	2250	CLT/A-Y	阻力/Pa	755	1186	1705
CLT/A-5.0		1860	2320	2780	CLT/A-X		843	1323	1911

为适应处理气量较大而除尘效率不致过分降低，XLT/A 型旋风除尘器可根据处理气量的不同采用单筒或双筒、三筒、四筒及六筒组合使用。各种组合形式的除尘器结构及支架等详见国家标准。

2. XLP 型旋风除尘器

XLP（CLP）型旋风除尘器的结构特点是带有旁路分离室，这种除尘器分为 XLP/A（呈半螺旋形）和 XLP/B（呈全螺旋形）两种不同构造。XLP/A 型旋风除尘器如图 5-52 所示，XLP/B 型旋风除尘器如图 5-53 所示。

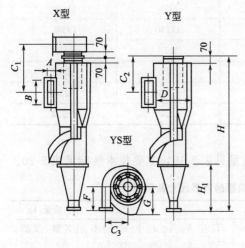

图 5-52 XLP/A 型旋风除尘器

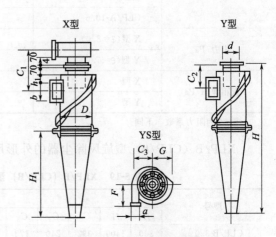

图 5-53 XLP/B 型旋风除尘器

XLP 型旋风除尘器可除掉 $5\mu m$ 以上的粉尘。旋风除尘器入口进气速度选用范围为 $12\sim17m/s$。XLP 型旋风除尘器压力损失为 $500\sim900Pa$。

XLP/A（CLP/A）型旋风除尘器的外形尺寸及质量见表 5-17，主要技术性能见表 5-18。

表 5-17 XLP/A（CLP/A）型旋风除尘器的外形尺寸及质量

型号	尺寸/mm										质量/kg		制造图号
	D	H	C_1	C_2	C_3	A	B	H_1	G	F	X 型	Y 型	
CLP/A-3.0	300	1310	492	340	193	80	240	350	203	190	53	43	国标 T 504—1
CLP/A-4.2	420	1760	622	445	268	110	330	470	283	260	97	79	
CLP/A-5.4	540	2240	742	540	343	140	400	640	363	350	155	126	
CLP/A-7.0	700	2960	943	690	443	180	540	900	473	440	268	214	
CLP/A-8.2	820	3380	1013	795	518	210	630	990	553	500	362	289	
CLP/A-9.4	940	3915	1210.5	9075	595.5	245	735	1180	633	590	465	372	
CLP/A-10.6	1060	4425	1340.5	1012.5	670.5	275	825	1360	713	670	593	476	

表 5-18　XLP/A（CLP/A）型旋风除尘器主要性能

项目	型号	进口风速/（m/s）		
		12	15	17
风量/（m³/h）	CLP/A-3.0	830	1040	1180
	CLP/A-4.2	1570	1960	2200
	CLP/A-5.4	2420	3030	3430
	CLP/A-7.0	4200	5250	5950
	CLP/A-8.2	5720	7150	8100
	CLP/A-9.4	7780	9720	11000
	CLP/A-10.6	9800	12250	13900
阻力/Pa	X 型（$\xi=8.0$）	686	1078	1372
	Y 型（$\xi=7.0$）	588	921	1235
灰箱静压/Pa	X 型	−911	−1440	−1862
	Y 型	−167	−265	−333

注：ξ 为阻力系数。下同。

XLP/B（CLP/B）型旋风除尘器的外形尺寸及质量见表 5-19，主要技术性能见表 5-20。

表 5-19　XLP/B（CLP/B）型旋风除尘器的外形尺寸及质量

型号	尺寸/mm												质量/kg	
	D	H	C_1	C_2	C_3	a	b	H_1	h_1	d	F	G	X 型	Y 型
CLP/B-3.0	300	1400	392	240	173	90	180	783	80	180	200	195	50	40
CLP/B-4.2	420	1930	482	305	240	125	250	1113	110	250	280	271	91	73
CLP/B-5.4	540	2500	572	370	307	160	320	1463	140	320	360	346	149	120
CLP/B-7.0	700	3250	733	480	397	210	420	1923	200	420	470	447	253	199
CLP/B-8.2	820	3720	823	545	464	245	490	2203	230	490	550	522	343	270
CLP/B-9.4	940	4270	913	610	531	280	560	2553	260	560	630	597	441	348
CLP/B-10.6	1060	4820	1003	675	597	315	630	2903	290	630	710	673	552	435

表 5-20　XLP/B（CLP/B）型旋风除尘器主要性能

项目	型号	进口风速/（m/s）		
		12	16	20
风量/（m³/h）	CLP/B-3.0	700	930	1160
	CLP/B-4.2	1350	1800	2250
	CLP/B-5.4	2200	2950	3700
	CLP/B-7.0	3800	5100	6350
	CLP/B-8.2	5200	6900	8650
	CLP/B-9.4	6800	9000	11300
	CLP/B-10.6	8550	11400	14300
阻力/Pa	X 型（$\xi=5.8$）	490	872	1421
	Y 型（$\xi=4.8$）	412	686	1127
灰箱静压/Pa	X 型	−872	−1646	−2695
	Y 型	−274	−460	−745

3. CLK 型旋风除尘器

CLK 型旋风除尘器也称扩散式除尘器，如图 5-54 所示，其结构特点是 180°蜗壳入口，锥体为倒置的，锥体下部有一圆锥反射屏。在一般的旋风除尘器中，有一部分气体进入灰斗，在气流自下而上流向排出管时，由于内旋涡的吸引作用，使已分离的尘粒被上旋气流重新卷起，并随内旋涡排出；在 CLK 型旋风除尘器中，由于倒锥的扩散和反射屏的阻挡作用，防止了返回气流重新卷起粉尘，从而提高了除尘效率。

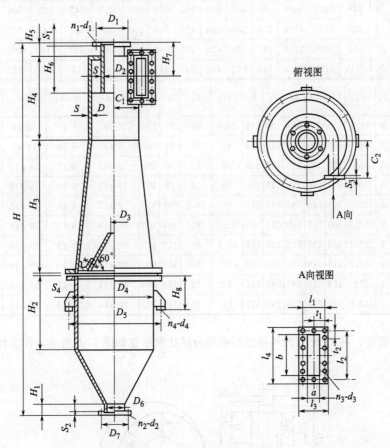

图 5-54　CLK 型旋风除尘器

CLK 型旋风除尘器，直径 150～700mm，共有 10 种规格。进口气速选择范围以 10～16m/s 为宜。单个处理含尘气量为 210～9200m³/h，其除尘效率随着筒体直径的增大而下降。钢板厚度采用 3～5mm，当用于磨损较大的场合或腐蚀性介质时，钢板应适当加厚。排料装置多采用翻板式排料阀。CLK 型旋风除尘器的结构尺寸及质量见表 5-21。

表 5-21　CLK 型旋风除尘器结构尺寸及质量　　　　　单位：mm

公称直径 D	H	H₁	H₂	H₃	H₄	H₅	H₆	H₇	H₈	D₁	D₂	D₃	D₄	D₅	D₆	D₇	S	S₁
150	1210	50	250	450	300	30	168	108	180	113	75	7.5	250	346	106	146	3	6
200	1619	50	330	600	400	40	223	143	180	138	100	10	330	426	106	146	3	6

公称直径 D	H	H_1	H_2	H_3	H_4	H_5	H_6	H_7	H_8	D_1	D_2	D_3	D_4	D_5	D_6	D_7	S	S_1
250	2039	50	415	750	500	50	278	178	180	163	125	12.5	415	511	106	146	3	6
300	2447	50	495	900	600	60	333	213	180	188	150	15	495	591	106	146	3	6
350	2866	50	580	1050	700	70	388	248	180	213	175	17.5	580	676	106	146	3	6
400	3277	50	660	1200	800	80	444	284	200	260	200	20	662	768	106	146	4	8
450	3695	50	745	1350	900	90	499	319	200	285	225	22.5	747	853	106	146	4	8
500	4106	50	825	1500	1000	100	554	354	220	310	250	25	827	943	106	146	4	8
600	4934	50	990	1800	1200	120	665	425	220	363	300	30	992	1110	106	146	5	8
700	5716	50	1155	2100	1400	140	775	490	240	413	350	35	1157	1285	150	191	5	8

公称直径 D	S_2	S_3	S_4	C_1	C_2	l_1	l_2	l_3	l_4	t_1	t_2	a	b	n_1-d_1	n_2-d_2	n_3-d_3	n_4-d_4	质量/kg
150	6	6	3	94.5	113	77	184	107	218	38.5	46	39	150	6-ϕ9	6-ϕ9	12-ϕ9	4-ϕ14	31
200	6	6	3	125.5	150	90	235	119	268	45	47	51	200	6-ϕ9	6-ϕ9	14-ϕ9	4-ϕ14	49
250	6	6	3	158	188	104	285	134	318	52	57	66	250	10-ϕ12	6-ϕ9	14-ϕ12	4-ϕ14	71
300	6	6	3	189	255	116	336	146	368	58	56	78	300	12-ϕ12	6-ϕ9	16-ϕ12	4-ϕ14	98
350	6	6	3	220	263	128	387	158	418	64	64.5	90	350	12-ϕ12	6-ϕ9	16-ϕ12	4-ϕ14	136
400	6	8	3	252.5	300	165	460	215	510	82.5	92	104	400	10-ϕ14	6-ϕ9	14-ϕ14	4-ϕ14	214
450	6	8	3	283.5	338	177	510	227	560	88.5	85	117	450	12-ϕ14	6-ϕ9	16-ϕ14	4-ϕ14	266
500	6	8	3	314.5	375	189	560	239	610	63	80	129	500	12-ϕ14	6-ϕ9	20-ϕ14	4-ϕ18	330
600	6	8	4	378	450	216	657	268	712	72	73	156	600	16-ϕ14	6-ϕ9	24-ϕ14	4-ϕ18	583
700	6	8	4	441.5	525	243	756	295	812	81	84	183	700	16-ϕ14	6-ϕ9	24-ϕ14	4-ϕ23	780

为了设计需要，将 CLK 型旋风除尘器各部分的比例示意如图 5-55 所示，作为设计时的依据。

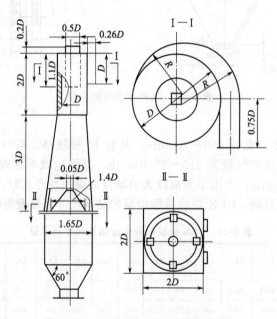

图 5-55　CLK 型旋风除尘器比例示意

CLK 型旋风除尘器选型见表 5-22。一般常用下列两式进行计算后选型。

$$Q = v_i F_i \times 3600 \qquad (5\text{-}75)$$

式中，Q 为单个除尘器的处理气体量，m^3/h；v_i 为进口气速，m/s；F_i 为进口截面积，m^2。

$$\Delta p = \xi(\rho_a v_i^2 / 2g) \qquad (5\text{-}76)$$

式中，Δp 为压力损失，Pa；ξ 为阻力系数，$\xi = 88$；ρ_a 为空气密度，kg/m^3；g 为重力加速度，$g = 9.81 m/s^2$。

表 5-22　CLK 型旋风除尘器选型

项目	公称直径/mm	进口气速/(m/s)					
		10	12	14	16	18	20
处理气量/(m³/h)	150	210	250	295	335	380	420
	200	370	445	525	590	660	735
	250	595	715	835	955	1070	1190
	300	840	1000	1180	1350	1510	1680
	350	1130	1360	1590	1810	2040	2270
	400	1500	1800	2100	2400	2700	3000
	450	1900	2280	2660	3040	3420	3800
	500	2320	2780	3250	3710	4180	4650
	600	3370	4050	4720	5400	6060	6750
	700	4600	5520	6450	7350	8300	9200

注：进口气速一般推荐采用 14～18m/s。

4. XZT 型旋风除尘器

XZT（CZT）型旋风除尘器系列规格有直径在 390～800mm 范围内共 6 种，处理气量 790～5700m³/h。XZT（CZT）型旋风除尘器选型见表 5-23，其主要尺寸及质量见图 5-56 和表 5-24。

表 5-23　XZT（CZT）型旋风除尘器选型

项目	型号	进口气速/(m/s)		
		11	13	15
处理气量/(m³/h)	CZT-3.9	790	935	1080
	CZT-5.1	1340	1580	1820
	CZT-5.9	1800	2120	2450
	CZT-6.7	2320	2750	3170
	CZT-7.8	3170	3740	4320
	CZT-9.0	4200	4950	5700
压力损失/Pa		735	1078	1440

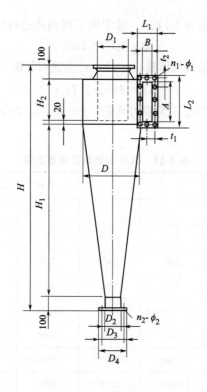

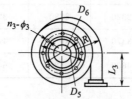

图 5-56 XZT（CZT）型旋风除尘器

表 5-24 XZT（CZT）型旋风除尘器主要尺寸及质量

型号	尺寸/mm												
	D	D_1	D_2	D_3	D_4	D_5	D_6	H	H_1	H_2	A	B	L_1
CZT-3.9	390	195	118	161	185	238	262	1590	1110	280	274	73	140
CZT-5.1	510	255	154	197	221	298	322	2012	1450	362	356	95	162
CZT-5.9	590	295	178	221	245	338	362	2299	1680	419	413	110	177
CZT-6.7	670	335	202	245	269	378	402	2584	1910	474	468	125	192
CZT-7.8	780	390	236	279	303	433	457	2974	2220	554	548	146	213
CZT-9.0	900	450	272	315	339	493	517	3396	2560	636	630	168	235

型号	尺寸/mm								质量/kg
	L_2	L_3	t_1	t_2	R	$n_1-\phi_1$	$n_2-\phi_2$	$n_3-\phi_3$	
CZT-3.9	341	195	58	105.6	234.5	10-ϕ8	8-ϕ8	8-ϕ8	47
CZT-5.1	423	255	69	133	305.5	10-ϕ8	8-ϕ8	8-ϕ8	77
CZT-5.9	480	295	76.5	114	353	12-ϕ8	8-ϕ8	8-ϕ8	102
CZT-6.7	535	335	84	127.7	400.5	12-ϕ8	8-ϕ8	8-ϕ8	131
CZT-7.8	615	390	94.5	147.7	466	12-ϕ8	8-ϕ8	8-ϕ8	176
CZT-9.0	697	450	105.5	168.2	537	12-ϕ8	8-ϕ8	8-ϕ8	228

5. XCX 型旋风除尘器

XCX 型旋风除尘器由湖北省工业建筑设计院设计，其结构示意如图 5-57 所示。XCX 型旋风除尘器除了有长锥体结构以外，主要在排气管内设有弧形减阻器，目的是降低除尘器的阻力系数。XCX 型旋风除尘器系列共有 14 个规格，直径 $\phi 200 \sim 1500 \text{mm}$，每级间距为 100mm，单管处理气量为 $150 \sim 5700 \text{m}^3/\text{h}$。其组合型式有 $\phi 800 \text{mm}$ 四管、$\phi 1000 \text{mm}$ 四管和 $\phi 1300 \text{mm}$ 四管 3 种规格。使用时可根据需要不设减阻器。

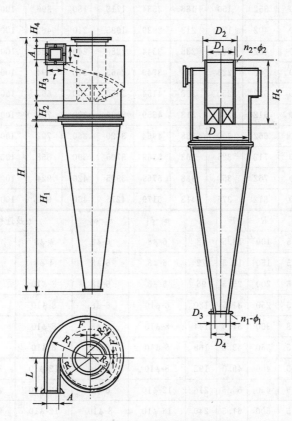

图 5-57 XCX 型单管旋风除尘器

XCX 型旋风除尘器选型见表 5-25，主要尺寸及质量见图 5-57 和表 5-26。

表 5-25 XCX 型旋风除尘器选型 $(1.013 \times 10^5 \text{Pa}, 20℃)$

项目		进口气速/(m/s)			
		18	20	22	24
$\phi 800 \text{mm}$ 四管	气量/(m³/h)	9600	10640	11720	12800
	压力损失/Pa	588	715	872	1039
$\phi 1000 \text{mm}$ 四管	气量/(m³/h)	14960	16600	18320	20000
	压力损失/Pa	588	715	872	1039
$\phi 1300 \text{mm}$ 四管	气量/(m³/h)	25300	28100	30900	33700
	压力损失/Pa	588	715	872	1039

表 5-26　XCX 型旋风除尘器尺寸及质量　　　　　单位：mm

型号	D	D_1	D_2	D_3	D_4	H	H_1	H_2	H_3	H_4	H_5	L	R_1
XCX-ϕ200	200	100	142	50	88	884	570	60	132	70	250	120	140.5
XCX-ϕ300	300	150	192	75	113	1289	855	90	198	70	340	180	208.5
XCX-ϕ400	400	200	242	100	138	1694	1140	120	264	70	430	240	276.5
XCX-ϕ500	500	250	302	125	163	2129	1425	150	330	100	550	300	344.5
XCX-ϕ600	600	300	352	150	188	2534	1710	180	396	100	640	360	412.5
XCX-ϕ700	700	350	402	175	213	2939	1995	210	462	100	730	420	480.5
XCX-ϕ800	800	400	452	200	238	3344	2280	240	528	100	820	480	548.5
XCX-ϕ900	900	450	502	225	266	3749	2565	270	594	100	910	540	616.5
XCX-ϕ1000	1000	500	552	250	288	4154	2850	300	660	100	1000	600	684.5
XCX-ϕ1100	1100	550	612	275	313	4559	3135	330	726	100	1090	660	752.5
XCX-ϕ1200	1200	600	662	300	338	4964	3420	360	792	100	1180	740	820.5
XCX-ϕ1300	1300	650	712	325	363	5369	3705	390	858	100	1270	780	888.5
XCX-ϕ1400	1400	700	762	350	388	5769	3985	420	924	100	1360	840	956.5
XCX-ϕ1500	1500	750	812	375	413	6179	4275	450	990	100	1450	900	1024.5

型号	R_2	R_3	R	F	A	n_1-ϕ_1	n_2-ϕ_2	t 及连接尺寸		质量/kg
XCX-ϕ200	127	113.5	100	13.5	48	6-ϕ8	6-ϕ8	4-ϕ8	90	17
XCX-ϕ300	189	169.5	150	19.5	72	6-ϕ8	6-ϕ8	4-ϕ8	114	36
XCX-ϕ400	251	225.5	200	25.5	96	6-ϕ8	6-ϕ8	8-ϕ10	69×2＝138	61
XCX-ϕ500	313	281.5	250	31.5	120	8-ϕ10	6-ϕ8	8-ϕ10	86×2＝172	95
XCX-ϕ600	375	337.8	300	37.5	144	8-ϕ10	6-ϕ8	8-ϕ10	98×2＝196	133
XCX-ϕ700	437	393.5	350	43.5	168	8-ϕ10	6-ϕ8	8-ϕ10	110×2＝220	177
XCX-ϕ800	499	449.5	400	49.5	192	8-ϕ10	6-ϕ10	12-ϕ10	81.3×3＝244	240
XCX-ϕ900	561	505.5	450	55.5	216	12-ϕ10	6-ϕ8	12-ϕ10	89.3×3＝268	289
XCX-ϕ1000	623	561.5	500	61.5	240	16-ϕ10	8-ϕ10	12-ϕ10	97.3×3＝292	352
XCX-ϕ1100	685	617.5	550	67.5	264	16-ϕ10	8-ϕ10	12-ϕ10	108.6×3＝326	431
XCX-ϕ1200	747	673.5	600	73.5	288	16-ϕ12	8-ϕ10	16-ϕ12	87.5×4＝350	511
XCX-ϕ1300	809	729.5	650	79.5	312	16-ϕ12	8-ϕ10	16-ϕ12	93.5×4＝374	608
XCX-ϕ1400	871	785.5	700	85.5	336	16-ϕ12	8-ϕ10	16-ϕ12	99.5×4＝398	686
XCX-ϕ1500	933	841.5	750	91.5	360	16-ϕ12	8-ϕ10	16-ϕ12	105.5×4＝422	784

四、旋风除尘器的选型

根据工艺提供或收集到的资料选择除尘器，一般有计算法和经验法两种。

1. 计算法

用计算法选择除尘器的大致步骤如下。

（1）由初始含尘浓度 c_i 和要求的出口浓度 c_o（按排放标准计），按下式计算出要求达到的除尘效率 η：

$$\eta = [1 - c_o Q_o / (c_i Q_i)] \times 100\% \tag{5-77}$$

式中，Q_i 为除尘器入口的气体流量，m^3/s；Q_o 为除尘器出口的气体流量，m^3/s。

（2）选择确定旋风除尘器结构形式，并根据选定除尘器的分级效率 η_i 和净化粉尘的粒径分布，按下式计算出能达到的除尘总效率 $\eta_{总}$：

$$\eta_{总} = \sum_{i=d_{min}}^{d_{max}} \Delta D_i \eta_i \tag{5-78}$$

式中，ΔD_i 为净化粉尘的粒径分布。

通过计算，若 $\eta_{总} > \eta$，则说明选定型式能满足设计要求，反之要重新选定（选高性能的或改变除尘器的运行参数）。

（3）确定除尘器规格后，如果选定的规格大于实验除尘器的规格，则需计算出相似放大后的除尘效率 η'，若能满足 $\eta' > \eta$，则说明所选除尘器形式和规格皆符合污染物净化要求。否则需进行二次计算重新确定。

（4）根据查得的压损系数（阻力系数）ξ 和确定的入口速度 v_i，按下式计算运行条件下的压力损失 Δp（Pa）：

$$\Delta p = \xi (\rho v_i^2 / 2) \tag{5-79}$$

式中，v_i 为进口气流速，m/s；ξ 为旋风除尘器的压损系数；ρ 为气体密度，kg/m^3。

压损系数 ξ 为无量纲数，一般根据实验确定，其对于一定结构形式的除尘器为一常数值。许多人试图根据理论分析和实验结果，能找出 ξ 值的通用公式，但由于除尘器结构形式繁多，影响因素又很复杂，所以难以求得准确的通用计算公式。

2. 经验法

由于旋风除尘器内气流运动的规律还有待于进一步认识，实际上由于分级效率 η_i 和粉尘粒径分布数据非常缺乏，相似放大计算方法还不成熟，所以对环保工作者来说应以生产中掌握的数据为依据采用经验法来选择除尘器的型式、规格，其基本步骤如下。

（1）选定型式　根据粉尘的性质、分离要求、阻力和制造条件等因素进行全面分析，合理选择旋风除尘器的型式。从各类除尘器的结构特性来看，一般粗短型除尘器，应用于阻力小、处理风量大、净化要求低的场合；细长型除尘器，其除尘效率较高，阻力大，操作费用也较高，所以适用于净化要求较高的场合。表 5-27 列出了几种除尘器在阻力大致相等条件下的除尘效率、阻力系数、金属材料消耗量等综合比较，供除尘器选型时参考。

表 5-27　几种旋风除尘器工艺参数比较

项目	型式			
	XLT	XLT/A	XLP/A	XLP/B
设备阻力/Pa	1088	1078	1078	1146
进口气速/(m/s)	19.0	20.8	15.4	18.5
处理风量/(m³/h)	3110	3130	3110	3400
平均除尘效率/%	79.2	83.2	84.8	84.6
阻力系数 ξ	52	64	78	57
金属消耗量(按 1000m³/h 计)/kg	42.0	25.1	27	33
外形尺寸(筒径×全高)/mm	$\phi760 \times 2360$	$\phi550 \times 2521$	$\phi540 \times 2390$	$\phi540 \times 2460$

（2）确定进口气速 v_i　根据使用时允许的压降确定进口气速 v_i。因 $\Delta p = \xi(\rho v_i^2/2)$，故

$$v_i = (2\Delta p/\xi\rho)^{1/2} \tag{5-80}$$

式中，Δp 为含尘气体压力损失，Pa。

无允许压降数据时一般取进口气速为 $12 \sim 25 m/s$。

（3）确定旋风除尘器的进口截面积 A　对于矩形进口管，其截面积

$$A = bh = Q/(3600v_i) \tag{5-81}$$

式中，Q 为处理气体量，m^3/h；b 为入口宽度，m；h 为入口高度，m。

（4）确定各部分几何尺寸　由进口截面积 A、入口宽度 b 和高度 h，确定出除尘器其他部分的尺寸，见表5-28。

表 5-28　几种旋风除尘器的主要尺寸比例

尺寸内容	XLP/A	XLP/B	XLT/A	XLT
入口宽度 b	$(A/3)^{\frac{1}{2}}$	$(A/2)^{\frac{1}{2}}$	$(A/2.5)^{\frac{1}{2}}$	$(A/1.75)^{\frac{1}{2}}$
入口高度 h	$(3A)^{\frac{1}{2}}$	$(2A)^{\frac{1}{2}}$	$(2.5A)^{\frac{1}{2}}$	$(1.75A)^{\frac{1}{2}}$
筒体直径 D	上 $3.85b$ 下 $(0.7D)$	$3.33b$ $(b=0.30)$	$3.856b$	$4.96b$
排出管直径 d_{pp}	$0.6D$	$0.6D$	$0.6D$	$0.58D$
筒体长度 L	上 $1.36D$ 下 $1.00D$	$1.7D$	$2.26D$	$1.6D$
锥体长度 H	上 $0.5D$ 下 $1.0D$	$2.3D$	$2.0D$	$1.3D$
排灰口直径 d_1	$0.296D$	$0.43D$	$0.3D$	$0.145D$

第五节　湿式除尘器

湿式除尘器是用洗涤水或其他液体与含尘气体相互接触实现分离捕集粉尘粒子的装置。与其他除尘器相比它具有如下优点：

① 在耗用相同能耗的情况下，湿式除尘器的除尘效率比干式除尘器的除尘效率高。高能量湿式洗涤除尘器（如文丘里管）清洗 $0.1\mu m$ 以下的粉尘粒子，除尘效率仍很高。

② 湿式除尘器的除尘效率不仅能与袋式除尘器和电除尘器相媲美，而且还可适用这些除尘器所不能胜任的除尘条件。湿式除尘器对净化高温、高湿、高比阻、易燃、易爆的含尘气体具有较高的除尘效率。

③ 湿式除尘器在去除含尘气体中粉尘粒子的同时，还可去除气体中的水蒸气及某些有毒有害的气态污染物。因此，湿式除尘器既可以用于除尘，又可以对气体起到冷却、净化的作用。湿式除尘器有时又称作湿式气体洗涤器。

湿式除尘器的缺点如下：

① 湿式除尘器排出的沉渣需要处理，澄清的洗涤水应重复回用，否则不仅会造成二次污染，而且也浪费水资源。

② 净化含有腐蚀性的气态污染物时，洗涤水（或液体）会具有一定程度的腐蚀性。因此，除尘系统的设备均应采取防腐措施。

③ 湿式除尘器不适用于净化含有憎水性和水硬性粉尘的气体。

④ 在寒冷地区应用湿式除尘器容易结冻，因此要采取防冻措施。

目前，对湿式除尘器尚无公认的分类方法，常用的分类方法有如下 3 种。

1. 按不同能耗分类

湿式除尘器分为低能耗、中能耗和高能耗三类。压力损失不超过 1.5kPa 的除尘器属于低能耗湿式除尘器，这类除尘器有重力喷雾塔洗涤除尘器、湿式离心（旋风）洗涤除尘器；压力损失为 1.5～3.0kPa 的除尘器属于中能耗湿式除尘器，这类除尘器有动力除尘器和冲激式水浴除尘器；压力损失大于 3.0kPa 的除尘器属于高能耗湿式除尘器，这类除尘器主要是文丘里洗涤除尘器和喷射洗涤除尘器。

2. 按不同除尘机制分类

根据湿式除尘器中除尘机制的不同可分为多种类型。

3. 按不同结构形式分类

根据湿式除尘器的结构形式不同，分为压水式洗涤除尘器、淋水式填料塔洗涤除尘器、贮水式（冲激式水浴）洗涤除尘器和机械回转式洗涤除尘器。表 5-29 列出某些洗涤除尘器的特性。

表 5-29　某些洗涤除尘器的特性

分类	洗涤除尘器的型式	可能捕集的粒径 /μm	含尘气体流速 /(m/s)	液气比 /(L/m³)	50%分离临界粒径 /μm	水泵压力	压力损失 /Pa	除尘器的除尘效率 /%
压水式洗涤除尘器	重力喷雾洗涤除尘器	5.0～100	1～2	2～3	3.0	中	100～500	70($d_p=10\mu m$)
	旋风式洗涤除尘器	1～100	1～2	0.5～1.5	1.0	中	500～1500	80～90
	喷射式洗涤除尘器	0.2～100	10～20	10～50	0.2	大	0～1000	90～99
	文丘里洗涤除尘器	0.1～100	60～90	0.3～1.5	0.1	小	3000～10000	90～99
淋水式填料塔洗涤除尘器	填料塔洗涤除尘器	≥0.5	0.5～2	1.3～3	1.0	小	1000～2500	90($d_p\geqslant2\mu m$)
	湍球塔洗涤除尘器	0.5～100	5～6	0.5～0.7	0.5	小	7500～12500	97($d_p=2\mu m$)
贮水式（冲激式水浴）洗涤除尘器	Roto-Clone 型自激式洗涤除尘器　贮水式洗涤除尘器	＞0.2	分离室中气流上升速度≤2.7	单位气体的水量为2.67；消耗水量为0.134	0.2	小	400～3000	93($d_p=5\mu m$)
机械回转式洗涤除尘器	泰生式、离心式洗涤除尘器	＞0.1	转速:300～750r/min	0.7～2	0.2	小	0～1500	75～99

一、气液接触表面及捕尘体的形式

在湿式除尘器中，气体中的粉尘粒子是在气液两相接触过程中被捕集的。接触表面的形式及大小对除尘效率有着重大影响。气液接触表面的形式及大小取决于一相进入另一相的方法。含尘气体向液体中分散时，如在板式塔洗涤除尘器中，将形成气体射流和气泡形状的气液接触表面，气泡和气体射流即为捕尘体，粉尘粒子在气泡和气体射流捕尘体上沉降。当洗涤液体向含尘气体中分散时，例如在重力喷雾塔洗涤器中将形成液滴气液接触表面，气体中粉尘粒子在液滴捕尘体表面上沉降。

有些湿式除尘器是以气泡、气体射流或液滴为两相接触表面的，但也有些湿式除尘器，如填料塔洗涤除尘器和湿式离心洗涤除尘器，气液两相接触表面为液膜，液膜是这类除尘器的主要捕尘体，粉尘粒子在液膜上得到沉降。

表 5-30 列出几种常见湿式除尘器的主要接触表面及捕尘体的形式。

表 5-30　几种常见湿式除尘器的接触表面及捕尘体的形式

除尘器的名称	气液两相接触表面形式	捕尘体形式
重力喷雾洗涤除尘器	液滴外表面	液滴
离心式洗涤除尘器	液滴与液膜表面	液滴与液膜
贮水式冲激水浴除尘器	液滴与液膜表面	液滴与液膜
动力除尘器	液滴与液膜表面	液滴与液膜
文丘里洗涤除尘器	液滴与液膜表面	液滴与液膜
填料塔洗涤除尘器	液膜表面	液膜
板式塔洗涤除尘器	气体射流与气泡表面	气体射流及气泡
活动填料(湍球)塔洗涤除尘器	气体射流、气泡和液膜表面	气体射流、气泡和液膜

应当指出，表 5-30 列出的接触表面和捕尘体的形式是这种湿式除尘器最有特征的接触表面和捕尘体的形式，对许多类型的湿式除尘器来说，气体和洗涤液体的接触表面不只是一种类型接触表面和捕尘体，而是有两种或两种以上的接触表面形式。

二、湿式除尘器效率计算

从前面对湿式除尘器捕尘体机理的简要分析可知，湿式除尘器的总除尘效率与气液两相的接触方式、形成捕尘体的类型、捕尘体流体力学的状态以及粉尘粒子的粒径分布等多种因素有关。各种因素对除尘效率的影响较为复杂，因此到目前为止不能用数学分析方法来计算湿式除尘器的除尘效率，多采用实验或经验公式进行计算。

如已知某湿式除尘器的分级效率曲线（见图 5-58），即可按下式计算出湿式除尘器的总除尘效率：

$$\eta = \sum_{d_{\mathrm{p,min}}}^{d_{\mathrm{p,max}}} \frac{\eta_{di} \Delta R_i}{100} = \frac{\eta_{d1} \Delta R_1}{100} + \frac{\eta_{d2} \Delta R_2}{100} + \cdots + \frac{\eta_{dn} \Delta R_n}{100} \tag{5-82}$$

式中，$d_{\mathrm{p,min}}$ 为被净化气体中最小粉尘粒子的粒径；$d_{\mathrm{p,max}}$ 为被净化气体中最大粉尘粒子的粒径；η_{di} 为该湿式除尘器对粒径分布为 $d_{\mathrm{p,min}} \sim d_{\mathrm{p,max}}$ 的粉尘粒子分割成 n 个粒径组间隔中的第 i 个粒径组间隔的分级效率；ΔR_i 为该湿式除尘器对粒径分布为 $d_{\mathrm{p,min}} \sim d_{\mathrm{p,max}}$ 的粉尘粒子分隔成 n 个粒径组间隔中的第 i 个粒径组间隔粉尘粒子的相对频数（或称频度密度）。

表 5-31 列出了图 5-58 所示各粒径组间隔的粒径分布和分级效率的数据，并以 8 个组间隔的 ΔR_i 和 η_{di} 计算出了该湿式除尘器的总效率。

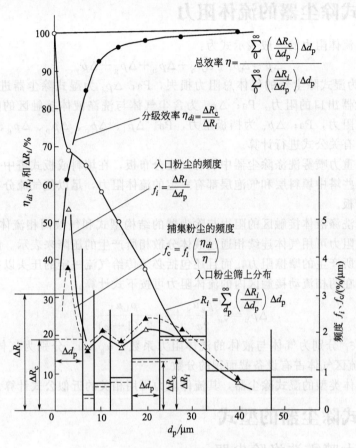

图 5-58　粉尘粒径与分级效率的关系曲线

表 5-31　根据粒径分布和分级效率计算总除尘效率

组间隔数	粉尘的粒径		进入除尘器粉尘的参数			分级除尘效率 η_{di} /%	被捕集粉尘的参数		
	粒径范围（组限）d_p/μm	粒径密度 Δd_p/μm	筛上分布 R_i /%	相对频数 ΔR_i /%	频度 $f_i=\dfrac{\Delta R_i}{\Delta d_p}$ /(%/μm)		相对频数 $\Delta R_c=\Delta R_i\eta_{di}$ /%	频度 $f_c=f_i\left(\dfrac{\eta_{di}}{\eta}\right)$ /(%/μm)	理论值 $f_c\Delta d_p$ /%
1	0～5.8	5.8	69	3.1	0.54	61	1.89	0.38	22.00
2	5.8～8.2	2.4	65	4	1.67	85	3.4	1.65	3.96
3	8.2～11.7	3.5	58	7	2.00	93	6.5	2.16	7.56
4	11.7～16.5	4.8	50	8	1.67	96	7.7	1.86	8.93
5	16.5～22.6	6.1	37	13	2.13	98	12.7	2.43	14.82
6	22.6～33	10.4	18	19	1.83	99	18.8	2.11	21.84
7	33～47	14	8	10	0.71	100	10.0	0.83	11.62
8	＞47	—	0	8	—	100	8.0	—	—
						100%（$=S_i$）	$\eta=\Sigma R_c$ =86.0%（$=S_o$）		100%

三、湿式除尘器的流体阻力

湿式除尘器流体阻力的一般表示式为：

$$\Delta p \approx \Delta p_i + \Delta p_o + \Delta p_p + \Delta p_g + \Delta p_y \tag{5-83}$$

式中，Δp 为湿式除尘器的气体总阻力损失，Pa；Δp_i 为湿式除尘器进口的阻力，Pa；Δp_o 为湿式除尘器出口的阻力，Pa；Δp_p 为含尘气体与洗涤液体接触区的阻力，Pa；Δp_g 为气体分布板的阻力，Pa；Δp_y 为挡板阻力，Pa。Δp_i、Δp_o、Δp_p、Δp_g、Δp_y 可按相关化学工程手册中有关公式进行计算。

只有在空心重力喷雾洗涤除尘器中装有气流分布板，在填料或板式塔中一般不装气体分布板。因为在这些塔中填料层和气泡层都有一定的流体阻力，足以使气流分布均匀，因而不需设置气流分布板。

含尘气体与洗涤液体接触区的阻力与除尘器的结构型式和气液两相流体流动状态有关。两相流体的流动阻力可用气体连续相通过液体分散相所产生的压降来表示。此压力降不仅包括用于气相运动所产生的摩擦阻力，而且还包括必须传给气流一定的压头以补偿液流摩擦而产生的压力降。在两相流动接触区内的流体阻力可按下式计算：

$$\Delta p_p = \xi_g \frac{\rho_g u_g}{2\varphi^2} + \xi_L \frac{\rho_L u_L}{2(1-\varphi)^2} \tag{5-84}$$

式中，ξ_g、ξ_L 分别为气体与液体的流体阻力系数；u_g、u_L 分别为气体和液体的线速度，m/s；φ 为流区气体占有设备截面积的分数。

对某一种具体类型的湿式除尘器，其流体阻力可用相关的近似公式计算。

四、湿式除尘器的型式

（一）重力喷雾洗涤除尘器

重力喷雾洗涤除尘器（简称喷雾塔或洗涤塔，该塔为空心塔、喷淋湿式除尘器）是湿式除尘器中结构最为简单的一种。在空心塔中装有一排或数排雾化洗涤液的喷雾器，气体中的粉尘粒子被雾化后下降的液滴捕尘器所捕集。重力喷雾洗涤除尘器广泛用于净化粒径＞50μm 的粉尘粒子，对于粒径＜10μm 的粉尘粒子的净化效率较低，很少用于脱除气态污染物，而常与高效洗涤器联用，起预净化降温和加湿等作用。这类洗涤除尘器按其内截面形状，可分为圆形和椭圆形两种；根据除尘器中含尘气体与捕集粉尘粒子的洗涤液运动方向的不同可分为错流、并流和逆流三种不同类型的重力喷雾洗涤除尘器。在实际应用中多用气液逆流型重力喷雾洗涤除尘器，很少用错流型洗涤器。并流型重力喷雾洗涤器主要用于使气体降温和加湿等过程。

图 5-59 为圆筒形空心重力喷雾洗涤除尘器的结构示意。含尘气体从塔体下部进入，经气流分配罩（板）沿塔截面均匀上升，随气流上升的粉尘粒子与雾化后下降的液滴发生惯性碰撞、拦截和凝集作用而被捕集。由于雾化的液滴粒径远大于粉尘的粒径，含尘气流在塔内的速度为

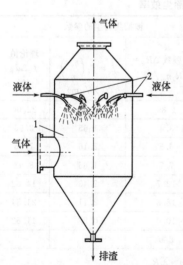

图 5-59 圆筒形空心重力喷雾洗涤除尘器的结构示意

1—外壳；2—喷雾器

$0.6\sim1.2\mathrm{m/s}$，净化后的气流不会夹带液滴逸出塔外。当空塔速度过高时，应在塔的上部装一层防雾挡水板。塔内的雾化喷雾器安装的位置应保证雾化液滴与粉尘粒子接触的概率最大、捕集效率最高。喷雾器多分别装在几排上，甚至可达 16 排，有时也装在洗涤除尘器的轴心处。喷雾器喷出的液束（液滴）可由上向下，也可与水平面成一定的角度。分几层（排）布置时，可采用让一部分流束为气流方向，另一部分为气流的反方向。

重力喷雾洗涤器的压力损失一般为 $250\sim500\mathrm{Pa}$，如不计洗涤器中挡水板及气流分布板的压力损失，则其压力损失大约为 $250\mathrm{Pa}$，因而这种除尘器耗能低。这种洗涤除尘器可净化含尘浓度较高的气体，净化 $d_\mathrm{p}\geqslant10\mu\mathrm{m}$ 的粉尘粒子的效率达 70% 以上，而净化小于 $5\mu\mathrm{m}$ 的粉尘粒子效率很低。耗用洗涤水量用水汽比来衡量。当水压为 $(1.4\sim7.3)\times10^5\mathrm{Pa}$ 时，水汽比通常为 $0.4\sim2.7\mathrm{L/m^3}$。耗水量多少取决于净化气体中的原始含尘浓度及净化后要求的净化深度。图 5-60 为空心喷雾洗涤除尘器净化炉烟气耗水量与进出口气体中含尘浓度的关系图。对一定入口浓度的含尘气体，净化程度越深耗水量就越大。

重力喷雾洗涤器中的空塔气流速度一般取 $0.6\sim1.2\mathrm{m/s}$。

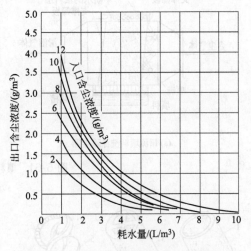

图 5-60　空心喷雾洗涤除尘器净化炉烟气
耗水量与进出口气体中含尘浓度的关系

（二）填料洗涤除尘器

填料洗涤除尘器是在除尘器中填充不同型式的填料，并将洗涤水喷洒在填料表面上，以覆盖在填料表面上的液膜捕尘体捕集气体中的粉尘粒子。这种洗涤器只用于净化容易清除、流动性较好的粉尘粒子，特别宜用于伴有气体冷却和吸收气体中某些有毒有害气体组分的除尘过程。

根据洗涤水与含尘气流相交的方式不同可分为错流填料洗涤除尘器、顺流填料洗涤除尘器和逆流填料洗涤除尘器，如图 5-61 所示。在实际应用中多用气液逆流填料洗涤除尘器，该种除尘器气流的空塔速度取 $1.0\sim2.0\mathrm{m/s}$，耗用水量为 $1.3\sim3.6\mathrm{L/m^3}$，每米厚的填料阻力为 $400\sim800\mathrm{Pa}$。在顺流填料洗涤除尘器中，耗水量一般为 $1\sim2\mathrm{L/m^3}$，每米厚的填料阻力为 $800\sim1600\mathrm{Pa}$。

错流填料洗涤除尘器 [见图 5-61(a)] 中，含尘气体由左侧进入，通过两层筛网所夹持的填料层，填料层厚一般小于 $0.6\mathrm{m}$，最大为 $1.8\mathrm{m}$。填料层上部设喷嘴以清洗粘有粉尘的填料，在净化含尘气流时，气流入口处还装有喷嘴。为了保证填料能充分被洗涤水所润湿形成液膜，填料层斜度大于 $10°$。这种型式的填料洗涤器的耗水量较少，一般为 $0.15\sim0.5\mathrm{L/m^3}$，阻力也较低，每米厚的填料阻力为 $160\sim400\mathrm{Pa}$。入口含尘浓度为 $10\sim12\mathrm{g/m^3}$，捕集 $d_\mathrm{p}\geqslant2\mu\mathrm{m}$ 粉尘的去除效率可达 99%。

在填料洗涤除尘器中，所使用的填料主要有如图 5-62 所示的几类。

填料的主要技术参数有比表面积、自由空间的体积和当量直径等。从增大气液两相接触表面有利于捕尘效率来看，填料的比表面越大越好，自由空间体积越小越好。

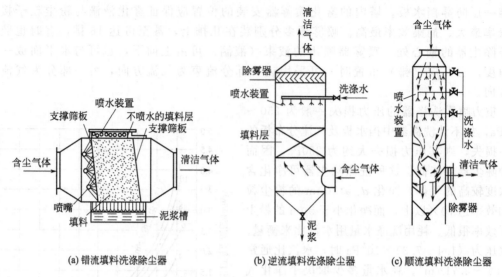

(a) 错流填料洗涤除尘器　　(b) 逆流填料洗涤除尘器　　(c) 顺流填料洗涤除尘器

图 5-61　填料洗涤除尘器的类型

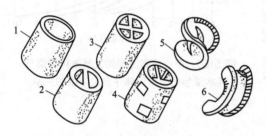

图 5-62　填料的型式

1—拉西环；2—有横隔板圆环；3—有十字交叉板圆环；

4—帕尔环；5—贝尔鞍；6—伊塔罗克斯鞍

填料的比表面积是 $1m^3$ 内含有填料的几何面积，用符号 a 表示，单位为 m^2/m^3（空间）；而自由空间体积是 $1m^3$ 体积中填料的空隙所占的体积，用符号 S_o 表示，单位为 m^3/m^3。填料的当量直径（d_{eq}）可用下式确定：

$$d_{eq} = \frac{4S_o}{a} \tag{5-85}$$

常用的某些填料的技术性能参数列于表 5-32 中。

表 5-32　几种填料的技术参数

填料	比表面积 /(m²/m³)	自由空间体积 /(m³/m³)	当量直径/m	1m³ 体积中的个数	1m³ 的质量 /kg
陶瓷拉西环					
10mm×10mm×1.5mm	440	0.7	0.006	700000	700
15mm×15mm×2mm	330	0.7	0.009	220000	690
25mm×25mm×3mm	200	0.74	0.015	50000	530
35mm×35mm×4mm	140	0.78	0.022	18000	530
50mm×50mm×5mm	90	0.785	0.035	6000	530
钢拉西环					
10mm×10mm×0.5mm	500	0.88	0.007	770000	960
15mm×15mm×0.5mm	350	0.92	0.012	240000	660

填料	比表面积/(m²/m³)	自由空间体积/(m³/m³)	当量直径/m	1m³ 体积中的个数	1m³ 的质量/kg
钢拉西环					
25mm×25mm×0.8mm	220	0.92	0.017	55000	640
50mm×50mm×1mm	110	0.95	0.035	7000	430
陶瓷帕尔环					
25mm×25mm×3mm	220	0.74	0.014	46000	610
35mm×35mm×4mm	165	0.76	0.018	18500	540
50mm×50mm×5mm	120	0.78	0.026	5800	520
60mm×60mm×6mm	96	0.79	0.033	3350	520
钢帕尔环					
15mm×15mm×0.4mm	380	0.9	0.01	230000	525
25mm×25mm×0.6mm	235	0.9	0.015	52000	490
35mm×35mm×0.8mm	170	0.9	0.021	18200	455
50mm×50mm×1mm	108	0.9	0.033	6400	415
陶瓷贝尔鞍					
12.5mm	460	0.68	0.006	570000	720
25mm	260	0.69	0.011	78000	670
38mm	165	0.7	0.017	30500	670
陶瓷伊塔罗克斯鞍					
12.5mm	625	0.78	0.005	730000	545
19mm	335	0.77	0.009	229000	560
25mm	255	0.775	0.012	84000	545
38mm	195	0.81	0.017	25000	480
50mm	118	0.79	0.027	9350	530

（三）可浮动填料层气体净化器

可浮动填料层气体净化器，又称湍球塔气体净化器，如图 5-63 所示。

这种净化器是一种气体净化除尘设备。用它既能进行除尘又可同时净化有毒有害气体。塔内装有聚乙烯、聚丙烯、发泡聚苯乙烯或多孔橡胶制成的轻质空心（或实心）小球作为填料，小球的密度（ρ_B）应小于洗涤液体（通常为水）的密度。在一定的气流速度作用下，塔内的小球不断地进行湍流运动，粉尘粒子在湍流运动的泡沫层中，被气体射流捕尘体所捕获。

湍球塔净化器用于除尘时，空塔气流极限速度取 5～6m/s，液气比为 0.5～0.7L/m³；当条缝宽为 4～6mm 时，支撑板的自由截面积分数（开孔率）为 0.4m²/m²。如用湍球塔净化器净化含有树脂及易于清除的粉尘粒子时，可以采用开孔率较大的条缝式栅板，开孔率可达 0.5～0.6m²/m²。

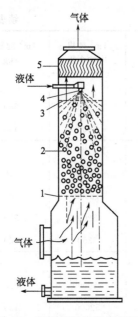

图 5-63　湍球塔气体净化器示意
1—支撑栅板；2—球形填料；
3—上限位栅板；4—润湿器；
5—聚沫器

选用填料小球的直径应满足下列关系式：

$$d_B \leqslant \frac{D}{10} \tag{5-86}$$

式中，D 为湍球塔的直径，m；d_B 为小球的直径，m。

根据实验得出，用直径为 $20\sim40$mm，密度为 $200\sim300$kg/m³ 的填料小球净化含尘气体，其效率最佳。

填料小球静止床层（非流化状态）高度 H_{st} 为球形填料直径的 $5\sim8$ 倍，最大的静止床层高度 $H_{st(max)}$ 应遵从 $H_{st}/D\leqslant1$ 的关系式。湍球塔为多层时，上一层支撑栅板到下一层支撑栅板间的距离为 $1\sim1.5$m，限位栅板与支撑栅板间的距离为 $0.8\sim0.9$m。

（四）贮水式洗涤除尘器

贮水式洗涤除尘器又称冲激式水浴除尘器。在这类除尘器中，无论哪一种结构的贮水式洗涤器，捕尘室内都存在一定液层高度的洗涤水。含尘气体在一定液面深度以较大的气速冲击洗涤水，使其分散成大量的液滴和气泡。含尘气体中的粉尘粒子被这些分散的液滴和气泡所捕获，并共同沉降于捕尘室的底部。

结构最简单的贮水式洗涤除尘器的工作原理如图 5-64 所示。在这种洗涤除尘器中，含尘气体以一定的气速经喷头冲入水中，然后折转 $180°$ 向上离开水面。气体中较大的粉尘粒子因受惯性力的作用被捕尘室的贮水直接捕获，而另一些细小的粉尘粒子，被气流冲击水面所分散的液滴和气泡所捕集。

贮水式洗涤除尘器的效率与阻力取决于气流的冲击速度和喷头的插入深度。除尘效率与阻力随气流的冲击速度和插入深度的增加而增大，但气流冲击速度和喷头插入深度达到一定值后再继续增加，除尘效率不再增大，而阻力却急剧增加。表 5-33 列出了对不同性质的粉尘粒应采用最适宜的插入深度和气流冲击速度。

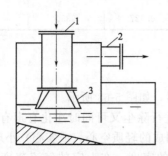

图 5-64　简易冲激式水浴洗涤除尘器
1—含尘气体进口；2—清洁气体出口；3—喷头

表 5-33　净化不同性质粉尘最适宜的插入深度与气流冲击速度

粉尘性质	喷头插入深度/mm	气流冲击速度/(m/s)
密度大，颗粒粗	$0\sim+50$	$10\sim40$
	$-30\sim0$	$10\sim14$
密度小，颗粒细	$-30\sim-50$	$8\sim10$
	$-50\sim-100$	$5\sim8$

注："+"表示离水面上的高度；"−"表示插入水层的深度。

这种简单结构的贮水式洗涤除尘器可因地制宜地用砖或混凝土砌筑，耗水量少（液气比为 $0.1\sim0.3$L/m³），但除细小粉尘粒子效率不高，清理沉渣较困难。

图 5-65 为另一种贮水式洗涤除尘器，又称 Roto-Clone 型冲激式洗涤除尘器，简称 N 型除尘器。其特点是含尘气流由中部进气口进入后，分两侧通过 S 形通道，随含尘气体被分散的水量约为 $2.67L/m^3$，水在洗涤器内循环，净化后的气体撞击到挡水板脱水后由排气口排出。

这种冲激式洗涤除尘器的分级效率如图 5-66 所示。由图 5-66 可见，对于 $5\mu m$ 的粉尘其除尘效率达 93%，其阻力一般为 500～4000Pa。洗涤水耗用量少，约为 $0.134L/m^3$。

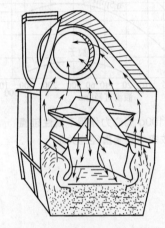

图 5-65　Roto-Clone 型（N 型）
冲激式洗涤除尘器

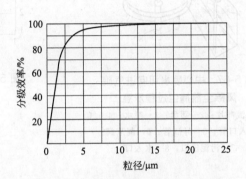

图 5-66　冲激式洗涤除尘器的分级效率

（五）湿式离心除尘器

将干式旋风除尘器的离心力原理应用于具有喷淋或在器壁上形成液膜的湿式除尘器中，即构成了湿式离心除尘器。湿式离心除尘器大体可分为两类：一类是借助离心力加强液滴捕尘体与粉尘粒子碰撞作用，达到高效捕尘的目的，属于这一类的湿式离心除尘器有中心喷水切向进气旋风除尘器、用导向机构使气流旋转的除尘器以及周边喷水旋风除尘器等；另一类是使含尘气体中的粉尘粒子借助气流做旋转运动所产生的离心力冲击于被水湿润的壁面上而被捕获的离心除尘器，属于这类湿式除尘器的有立式旋风水膜除尘器及卧式旋风水膜除尘器。下面重点介绍几种应用比较广泛的湿式离心除尘器的结构、性能和特点。

1. 中心喷水切向进气旋风除尘器

图 5-67 示出中心喷水切向进气旋风除尘器捕尘过程的示意图。这种结构的除尘器可以很好地实现借助离心力加强液滴与粉尘粒子的惯性碰撞捕尘作用。据计算，当气体在半径为 0.3m 处以 17m/s 的切线速度旋转时，粉尘粒子受到的离心力远比其受到的重力大（100 倍以上）。图 5-68 示出粉尘粒子在 $100g$ 的离心力作用下，各不同粒径的粉尘粒子因受惯性力碰撞的捕尘效率。图中曲线表明，液滴尺寸在 $40～200\mu m$ 的范围内捕尘效果比较好，$100\mu m$ 时效果最佳。从图 5-68 还可以看到，这种在除尘器下部中心装有若干个喷嘴雾化器向旋转含尘气流中喷射液滴的中心喷水旋风除尘器，对 $5\mu m$ 的粉尘粒子捕集效率仍然很高，当液滴粒径为 $100\mu m$ 时其单个液滴的捕尘效率几乎可达 100%。

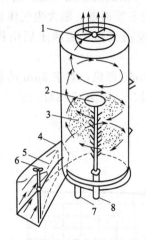

图 5-67　中心喷水切向进气旋
风除尘器捕尘过程示意

1—整流叶片；2—圆盘；3—喷水；4—气
流入口管；5—导流管；6—调节阀；
7—污泥出口；8—水入口

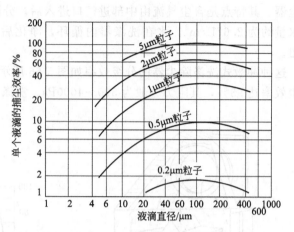

图 5-68　在 100g 离心力作用下惯性碰撞
捕尘效率与液滴直径的关系

中心喷水切向进气旋风除尘器的入口风速通常为 15～45m/s，最高进气速度可达 60m/s，除尘器断面气速为 1.2～2.4m/s。这种除尘器气体压力降为 500～1500Pa，用于净化气体的耗水量为 0.4～1.3L/m³。为防止雾滴被气体带出，在中心喷雾器的顶部装有挡水圆盘，在除尘器的顶部装有整流叶片以降低除尘器的压力损失。

这种除尘器（常用作文丘里除尘器的脱水器）净化烟气时的性能如表 5-34 所列。

表 5-34　中心喷水切向进气旋风除尘器的主要性能

粉尘来源	粒径/μm	气体中粉尘浓度/(g/m³)		除尘效率/%
		进气口	排气口	
锅炉飞灰	>2.5	1.12～5.9	0.046～0.106	88.0～98.8
铁矿石、焦炭尘	0.5～20	6.9～55.0	0.069～0.184	99
石灰窑尘	1～25	17.7	0.576	97
生石灰尘	2～40	21.2	0.184	99
铝反射炉尘	0.5～2	1.15～4.6	0.053～0.092	95.0～98.0

2. 立式旋风水膜除尘器

立式旋风水膜除尘器是应用比较广泛的一种湿式除尘器，国内所用的型号为 CLS 型。该类型设备的喷嘴设在筒体的上部，由切向将水雾喷向器壁，在筒体内壁表面始终保持一层连续不断地均匀往下流动的水膜。含尘气体由筒体下部切向进入除尘器并以旋转气流上升，气流中的粉尘粒子被离心力甩向器壁，并为下降流动的水膜捕尘体所捕获。粉尘粒子随沉渣水由除尘器底部排渣口排出，净化后的气体由筒体上部排出。

这种除尘器的入口最大允许浓度为 $2g/m^3$，处理大于此浓度的含尘气体时应在其前设一预除尘器，以降低进气含尘浓度。

3. 侧壁喷雾湿式除尘器

图 5-69 是沿筒壁侧面装有多排喷雾器的湿式除尘器。这种除尘器的供水量为 $0.7L/m^3$，供水压力为 $0.7\sim3MPa$，约有 40％雾化液滴落到除尘器气流引入区域，除尘器的压力降为 $300\sim600Pa$。

4. 卧式旋风水膜除尘器

卧式旋风水膜除尘器由内筒、外筒、螺旋导流叶片、集尘水箱及排水设施组成，其工作原理如图 5-70 所示。内筒和外筒之间装螺旋导流叶片。螺旋导流叶片使内外筒的间隙呈一螺旋通道。含尘烟气由进口切向进入，经螺旋导流叶片的导流，在通道内做旋转运动。当烟气气流冲击到水箱内的水表面时，有部分较大粒径的粉尘粒子与水接触而沉降。与此同时，具有一定流速的烟气气流冲击水面以后，夹带部分水滴继续沿通道做旋转运动，致使外筒内壁和内筒外壁形成一层 $3\sim5mm$ 厚的水膜，随气流做旋转运动的粉尘粒子受离心力的作用，转向外筒内壁的水膜上面被捕获。由于气流沿螺旋导流叶片旋转数圈，烟气中的大部分粉尘粒子均可被除掉。由上述分析可知，在卧式旋风水膜除尘器中，既有冲激式水浴除尘器的捕尘作用，又有离心水膜除尘器的捕尘作用。综合运用了几种捕尘机理，因而具有较高的除尘效率。

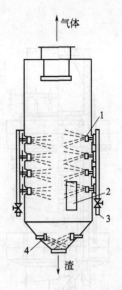

图 5-69　侧壁喷雾湿式除尘器
1—喷雾器；2—气体导入装置；
3—集水管；4—润湿积
尘器壁面的喷雾器

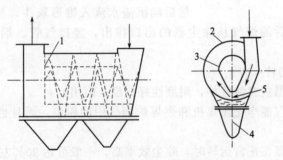

图 5-70　卧式旋风水膜除尘器
1—螺旋导流叶片；2—外筒；3—内筒；4—集尘水箱；5—通道

卧式旋风水膜除尘器的除尘效率与其结构尺寸有关，特别是与螺旋导流叶片的螺距、螺旋直径有关。导流叶片的螺旋直径和螺距越小，除尘效率越高，但其阻力损失也越大。实际运行表明，这种卧式水膜除尘器的除尘效率可达 85％～92％。

在这种湿式除尘器中，形成水膜的质量对除尘效率也有很大影响。水膜的质量主要取决于在螺旋通道内的烟气流速和水槽中的水位，在某一水位时对应于一个最佳的烟气流速。烟气流速过低，形成的水膜可能太薄或不能形成水膜；烟气流速太高，形成的水膜太厚，致使出口烟气带水现象加剧。因此，水膜形成的质量可以通过调整烟气流速或筒体内贮水水位来

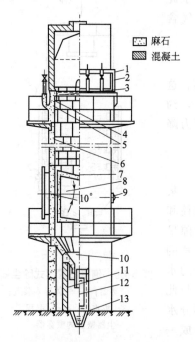

图 5-71 麻石水膜除尘器结构示意
1—环形集水管；2—扩散管；3—挡水檐；
4—水溢入区；5—溢水槽；6—筒体内壁；
7—烟道进口；8—挡水槽；9—通灰孔；
10—锥形灰斗；11—水封池；
12—插板门；13—灰沟

图例：麻石、混凝土

决定，当提高水位时应适当增加烟气流速。根据国内使用经验表明，水位高度（指筒底水位之高）在 80～150mm 之间，螺旋通道内断面烟气流速以 8～18m/s 为宜。这种除尘器的压力损失为 300～1000Pa。

5. 麻石水膜除尘器

在某些工业含尘气体中不仅含有粉尘粒子，而且还含有有毒、有害气体，如锅炉燃烧含硫煤时，燃烧烟气中除含有粉尘粒子之外，还含有 SO_2、SO_3、H_2S、NO_x 等有毒有害气体。这类有害气体即使在干燥状态，特别是高温干燥状态下，也能与制造除尘器的金属材料发生不同程度的化学反应。而在湿式除尘时，则要考虑烟气中上述有害气体对金属材料的腐蚀。为了解决钢制湿式除尘器的化学腐蚀问题，常常采用在钢制湿式除尘器内涂装衬里，但在施工安装时较为麻烦。而麻石水膜除尘器从根本上解决了除尘防腐的问题。

图 5-71 为麻石水膜除尘器的结构示意。麻石水膜除尘器是立式水膜除尘器之一，它由外筒体〔用耐腐麻石（花岗石）砌筑〕、环形喷嘴（或溢水槽）、水封池、沉淀池等组成。含尘气体由下部进气管以 16～23m/s 的速度切向进入筒体，形成急剧上升的旋转气流，粉尘粒子在离心力的作用下被推向外筒体的内壁，并被筒壁自上而下流动的水膜而捕获。然后随沉渣水流入锥形灰斗，经水封池和排灰（水）沟冲至沉淀池。净化后的烟气从除尘器的出口排出，经排气管、烟道、吸风机后再由烟囱排入大气。

麻石水膜除尘器的特点有：

① 麻石水膜除尘器抗腐蚀性好，耐磨性好，经久耐用；

② 这种除尘器不仅能净化抛煤机和燃煤炉烟气中的粉尘，而且也能净化煤粉炉和沸腾炉含尘浓度高的烟气；

③ 麻石水膜除尘器在正常运转时，除尘效率高，一般可达 90％左右；

④ 由于麻石水膜除尘器的主体材料为花岗石，钢材用量少，对麻石产区建麻石水膜除尘器就能就地取材，因而造价便宜。

麻石水膜除尘器存在的问题：

① 采用安装环形喷嘴形成筒壁水膜，喷嘴易被烟尘堵塞，采用内水槽溢流供水，在器壁上形成的水膜将受供水量的多少而不稳定，所以一般采用外水槽供水，因外水槽供水是以除尘器内外液面差控制供水量，因此形成的水膜较为稳定；

② 耗水量大，废水含有的酸需处理后才能排放；

③ 麻石水膜除尘器不适宜耐急冷急热变化的除尘过程，处理烟气温度不超过 100℃ 为宜。

表 5-35 和表 5-36 列出了我国已在使用的麻石水膜除尘器的主要性能参数及实测结果。

表 5-35 麻石水膜除尘器的性能参数

型号	性能	进口烟气速度/(m/s)				质量/t
		15	18	20	22	
MCLS-1.30	烟气量/(m³/h)	23200	27800	30900	34000	3.33
MCLS-1.60		27200	32600	36300	39500	41.50
MCLS-1.75		29500	34500	39400	43400	
MCLS-1.85		37800	45300	50400	55600	47.30
MCLS-2.50		75600	91000	10100	11100	
MCLS-3.10		104000	125000	138700		
MCLS-4.00		108000	126000	144000	158000	243.7
阻力/Pa(mmH₂O)		579 (59)	844 (86)	1030 (105)	1246 (127)	—

表 5-36 几个单位使用麻石水膜除尘器性能的实测结果

序号	项目	单位	使用单位			
			上海某印染厂	广州某厂	浙江某电厂	湖北某纸厂
1	锅炉蒸发量	t/h	10	40	—	—
2	燃烧方式		机抛	煤粉喷燃	—	—
3	处理烟气量	m³/h	22000	75000	30000	55400
4	筒体材料		麻石	麻石	麻石	麻石
5	筒体外径	m	1.8	2.29	1.8	2.35
6	筒体内径	m	1.6	1.55	1.3	1.85
7	筒体高度	m	2.67	8.5	8.4	
8	装置总高	m	4.25	12.00	10.00	13.9
9	有效截面积	m²	1.44		1.33	2.02
10	进口烟道截面积	m²	0.32		0.44	0.70
11	进口烟气速度	m/s	约20	24	18.3	22
12	筒体内烟气上升速度	m/s	5.12		约5	5.72
13	进口烟气温度	℃ (K)	180 (453)	180 (453)	—	—
14	出口烟气温度	℃ (K)	150 (423)	103 (376)	—	—
15	耗水量	t/h	1.5~1.7	15	3.6	
16	进口烟气含尘浓度	mg/m³	1400	30289		
17	出口烟气含尘浓度	mg/m³	330	1246		
18	除尘效率	%	79.5	95.8	约90	约90
19	烟气阻力	Pa (mmH₂O)	785 (80)	765 (78)	约481 (约49)	—

注：筒体内径的确定以使气流上升速度保持 4.5～5m/s 为宜。

（六）文丘里洗涤除尘器

文丘里洗涤除尘器是一种高除尘效率的湿式除尘器，它既可用于高温烟气降温，也可净

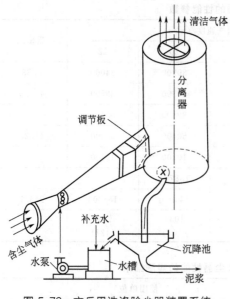

图 5-72 文丘里洗涤除尘器装置系统

化含有微米和亚微米级粉尘粒子及易于被洗涤液体吸收的有毒有害气体。由于这种除尘器基于流体在收缩-扩张管内运动所产生的由意大利物理学家文丘里发现的物理效应的基本原理而设计，故依此而命名为文丘里洗涤除尘器。实际应用的文丘里洗涤除尘器由文丘里洗涤凝聚器（简称文丘里洗涤器）、除雾器（气液分离器）、沉降池和加压循环水泵等多种装置组成。其装置系统如图 5-72 所示。

文丘里洗涤器在该装置系统中起到捕集粉尘粒子的作用。净化气体与沉降粉尘粒子的雾滴捕尘体的分离都是在除雾器中完成的。通常，除雾多选用惯性力除尘器或旋风水膜除尘器。关于惯性力和旋风水膜除尘器的工作原理以及其结构特点前已述及，此处不再叙述。下面主要介绍文丘里管洗涤器的类型、工作原理、设计计算及其性能特点。

1. 文丘里洗涤器的除尘过程及捕尘机理

文丘里洗涤器就其断面形状来看有圆形和矩形两种，无论哪一种形式的文丘里洗涤器都是由收缩管、喉管和扩张管以及在喉管处注入高压洗涤水的喷雾器组成。当含尘气体由气体管道进入收缩管后，气流速度随着截面积的减小而增大，气流的压力能逐渐转为动能，在喉管处气流的速度（动能）为最大，静压降到最低值。含尘气体经过喉管速度很高，一般可达 40～120m/s，甚至可到 180m/s。喷雾器喷出的水滴被含尘气流冲击使其进一步雾化成更细的水滴，此过程即为文丘里管中的雾化过程。在喉管中气液两相能够得到充分混合，粉尘粒子与水滴碰撞沉降的效率较高，并在扩张管中凝聚成更大含尘水滴，有利于喷雾器中气液的分离。在文丘里洗涤器的扩张管中发生的凝聚过程对粉尘粒子的捕集、气液分离起着至关重要的作用。气体离开喉管进入扩张管之后，气流速度逐渐降低，静压力逐渐增高。

经过文丘里洗涤除尘器预处理后的气体进入除雾器中实现气液分离，达到除尘的目的。净化后的气体从除雾器顶部排出，含尘废水由除雾器锥形底部排至沉淀池。

文丘里管中的捕尘是惯性碰撞捕尘机理起着主要作用，对粒径 $<0.1\mu m$ 或更小一些的粉尘粒子的沉降扩散力捕尘机理才有明显的作用。

2. 文丘里洗涤器的结构及其类型

文丘里洗涤器的结构有多种型式，前面已述，根据洗涤器的断面形状可分为圆形和矩形两种；根据喉管处气流流过的面积是否可调而分为定径文丘里管和调径文丘里管。定径文丘里管的喉管直径是固定不可调的，而调径文丘里管是在喉管处装有调节喉管截面积大小的装置。调径文丘里洗涤器多用于需要严格保证净化效率的除尘系统。圆形文丘里管的调径多采用重铊和推杆两种调径的结构，如图 5-73(a)、(b) 所示。对于矩形文丘里管则习惯采用两侧翻转的折叶板（翻板式）和能左右移动的滑块式的调径机构，如图 5-73(c)、(d) 所示。

根据注入高压洗涤水喷雾位置的不同，可分为内喷雾和外喷雾两种文丘里洗涤除尘器。内

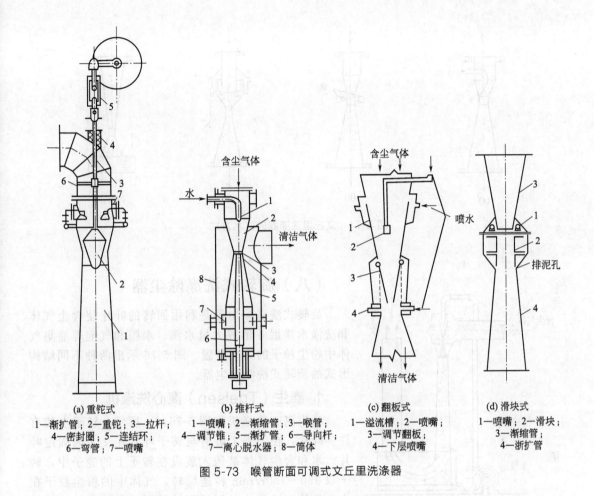

(a) 重铊式	(b) 推杆式	(c) 翻板式	(d) 滑块式
1—渐扩管；2—重铊；3—拉杆； 4—密封圈；5—连结环； 6—弯管；7—喷嘴	1—喷嘴；2—渐缩管；3—喉管； 4—调节锥；5—渐扩管；6—导向杆； 7—离心脱水器；8—筒体	1—溢流槽；2—喷嘴； 3—调节翻板； 4—下层喷嘴	1—喷嘴；2—滑块； 3—渐缩管； 4—渐扩管

图 5-73 喉管断面可调式文丘里洗涤器

喷雾是雾化高压水的喷嘴安装在收缩管中心，雾化的水滴是由中心向四周分散 [如图 5-74（a）所示]；外喷雾是雾化高压水的喷嘴安装在收缩管（靠喉管较近）四周，雾化的水滴由四周射向中心 [如图 5-74（b）所示]。对于矩形文丘里洗涤器，雾化高压水的喷嘴设在两长边上。内喷雾喷嘴的喷雾点，可设在收缩管内，其最佳位置应以雾滴布满整个喉管为原则。除上述两种方式注入雾化高压水以外，还可采用如图 5-74（c）所示的膜式供水和如图 5-74（d）所示的借助外气流冲击液面的供水。

（七）喷射式洗涤除尘器

图 5-75 是喷射式洗涤除尘器除尘过程的示意图。喷射式洗涤除尘器是一种气体增压器，其构造与蒸汽和水引射器相同。洗涤水从带有螺旋叶片的喷雾嘴高速地以旋转状态喷出，吸引周围的含尘气体，含尘气体和洗涤水射流在喉管处加速，并在扩张管中进行液气混合。气体中的粉尘粒子与洗涤水的液滴发生惯性碰撞而被捕集。

喷射式洗涤除尘器洗涤用水量大，其液气比为 $10\sim50L/m^3$，是一般洗涤除尘器的 $10\sim20$ 倍。这种洗涤除尘器的运行费用较高，分离临界粒径大约是 $0.2\mu m$，几乎与文丘里洗涤器的除尘效能相同。由于这种洗涤除尘器有升压作用，系统不需装设风机，因而多用于不能在净化系统中装设风机的工艺过程或用于被净化气量较小的除尘系统。

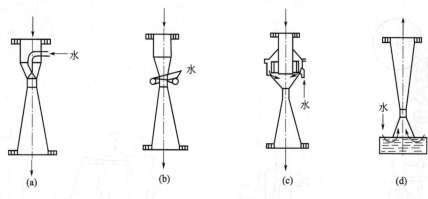

图 5-74 文丘里洗涤器的注水方式

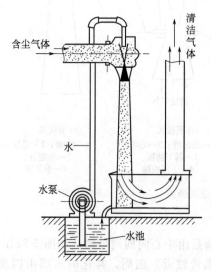

图 5-75 喷射式洗涤除尘器工作简图

（八）旋转式洗涤除尘器

旋转式洗涤除尘器是利用回转的叶片使含尘气体和洗涤水掺混并形成大量水滴、水膜和气泡等捕集气体中粉尘粒子的除尘装置。图 5-76 示出两种不同结构形式的旋转式洗涤除尘器。

1. 泰生（Tgeisen）离心洗涤机

泰生离心洗涤机如图 5-76(a) 所示。转子上装有许多叶片，在外壳上装有与转子叶片相交叉的固定叶片。水和含尘气体被送入装设在转子上的笼子中，转子以 $350\sim750r/min$ 转速旋转，气体中的粉尘粒子在含尘气体与洗涤水共同被搅拌掺混时所捕集。这种洗涤机用于除尘时，液气比为 $0.7\sim2L/m^3$。气体压力在机内可得到一定的提高，其提高值为 $500\sim1500Pa$。泰生离心洗涤机的除尘性能与喷射式洗涤除尘器差不多，分离临界粒径约为 $0.2\mu m$。

2. 旋转冲激式洗涤除尘器

旋转冲激式洗涤除尘器的构造如图 5-76(b) 所示。通过装在转子上的喷雾圆板使洗涤水形成水滴。含尘气体由上部进气口进入后，即被风机增压而加速，加速后的粉尘粒子与水滴、液膜和气泡发生碰撞而被捕集。这种洗涤除尘器的除尘性能比泰生离心洗涤机稍差一些。液气比为 $0.3L/m^3$，消耗功率约为 $0.1kW/m^3$，其优点是运转费用低。

五、常用湿式除尘器

湿式除尘器类型很多，现将常用的几种介绍如下。

（一）喷淋除尘器

喷淋除尘器（俗称洗涤塔）是一种原始的湿式净化设备。它的优点是结构简单、阻力小且不易堵塞，对处理湿、热的含尘气体较为合适；但缺点是体积庞大、效率低、耗水量大且

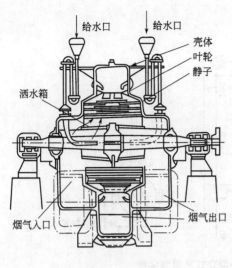

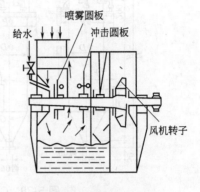

(a) 泰生离心洗涤机　　　(b) 旋转冲激式洗涤除尘器

图 5-76　旋转式洗涤除尘器

下水处理困难。因此目前在一般除尘系统中很少应用。只有在特殊情况下，如高温含湿气体，采用这种净化设备，可以不用风机而利用自然热压克服设备阻力，也能获得一定的除尘效率。使用时除尘器高度可以根据排气阻力要求确定。

图 5-77 是用于烧结厂的一种喷淋式除尘器。它是把数个螺旋形喷嘴垂直布置，含尘气体从下部进入除尘器，与喷嘴喷出的水滴相接触，尘粒被水滴捕获后同污水经下部排出，净化后的气体从上部排出。

（二）水膜除尘器

目前常用的水膜除尘器有 CLS 型和 CLS/A 型及干湿一体型除尘器等。它们的出口方式有带有蜗壳形出口 X 型和不带蜗壳形出口 Y 型两种。根据气体进入除尘器内的气流旋转方向（从顶视判断），又可分为逆时针 N 型和顺时针 S 型两种。依此共有 XN 型、XS 型、YN 型和 YS 型四种组合型式，设计中可任意选用。

1. CLS 型和 CLS/A 型立式水膜除尘器

CLS 型和 CLS/A 型立式水膜除尘器应用范围基本相同，仅是各部分尺寸比例不同及喷嘴不一样。另外，CLS/A 型带有挡水圈，以减少除尘器的带水现象。

立式水膜除尘器筒体内壁上应形成连续不断的均匀水膜，尽量避免气体或喷嘴溅起水滴而被气流带走。因此应选择适当的进口气速，而且水压也要保持恒定，一般水压在 $30 \sim 50 kPa$ 之间。立式水膜除尘器进口的最高允许含尘量为 $2g/m^3$，否则应在其前增加一级除尘器，以降低进口含尘浓度。

CLS 型立式水膜除尘器结构见图 5-78，其主要尺寸及性能见表 5-37 和表 5-38。

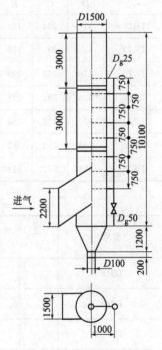

图 5-77　喷淋式除尘器

251

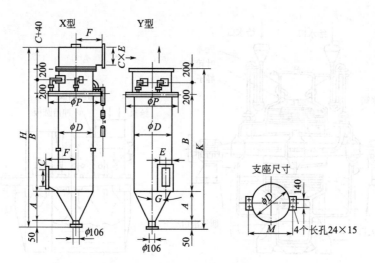

图 5-78　CLS 型立式水膜除尘器

表 5-37　CLS 型立式水膜除尘器尺寸

型号	尺寸/mm											质量/kg	
	D	C	E	F	A	B	G	H	K	P	M	X 型	Y 型
D315	315	204	122	260	224	1075	96.5	1993	1749	512	441	83	70
D443	443	295	165	370	314	1585	140	2684	2349	604	569	110	90
D570	570	352	202	450	405	2080	184	3327	2935	702	696	190	158
D634	634	392	228	490	450	2340	203	3627	3240	754	760	227	192
D730	730	452	258	610	520	2725	236	4187	3695	840	856	288	245
D793	793	492	282	670	560	3080	255.5	4622	4090	894	919	337	296
D888	888	552	318	742	630	3335	285	5007	4415	980	1014	398	337

表 5-38　CLS 型立式水膜除尘器主要性能

型号	进口气速 /(m/s)	处理气量 /(m³/h)	用水量/(L/s)	喷嘴个数	压力损失/Pa	
					X 型	Y 型
D315	18	1600	0.14	3	540	490
	21	1900			745	670
D443	18	3200	0.20	4	540	490
	21	3700			745	670
D570	18	4500	0.24	5	540	490
	21	5250			745	670
D634	18	5800	0.27	5	540	490
	21	6800			745	670
D730	18	7500	0.30	6	540	490
	21	8750			745	670
D793	18	9000	0.33	6	540	490
	21	10400			745	670
D888	18	11300	0.36	6	540	490
	21	13200			745	670

CLS/A 型立式水膜除尘器结构见图 5-79，其主要尺寸及性能见表 5-39 和表 5-40。

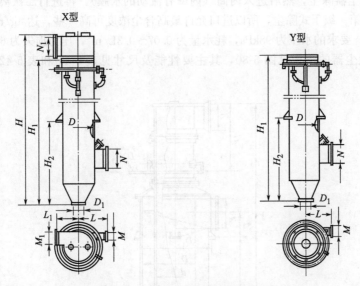

图 5-79　CLS/A 型立式水膜除尘器

表 5-39　CLS/A 型立式水膜除尘器尺寸

型号	尺寸/mm											质量/kg	
	D	D_1	H	H_1	H_2	L	L_1	M	N	M_1	N_1	X 型	Y 型
CLS/A-3	300	114	2242	1938	1260	375	250	75	240	135	230	82	70
CLS/A-4	400	114	2888	2514	1640	500	300	100	320	175	300	128	111
CLS/A-5	500	114	3545	3091	2010	625	350	125	400	210	380	249	227
CLS/A-6	600	114	4197	3668	2380	750	400	150	480	260	450	358	328
CLS/A-7	700	114	4880	4244	2760	875	450	175	560	300	550	467	429
CLS/A-8	800	114	5517	4821	3130	1000	500	200	640	350	600	683	635
CLS/A-9	900	114	6194	5398	3500	1125	550	225	720	380	700	804	745
CLS/A-10	1000	114	6820	5974	3900	1250	600	250	800	430	750	1123	1053

表 5-40　CLS/A 型立式水膜除尘器主要性能

项目	型号							
	CLS/A-3	CLS/A-4	CLS/A-5	CLS/A-6	CLS/A-7	CLS/A-8	CLS/A-9	CLS/A-10
处理气量/(m³/h)	1250	2250	3500	5100	7000	9000	11500	14000
压力损失/Pa	570	570	570	590	590	570	570	570
喷嘴个数	3	3	4	4	5	5	6	7
用水量/(L/s)	0.15	0.17	0.20	0.22	0.28	0.33	0.39	0.45

2. 干湿一体除尘器

干湿一体除尘器是将旋风除尘器内筒作为水膜除尘器的筒体，使旋风和水膜两种除尘作用有效地结合在一起，使含尘气体在一个除尘装置中得到二次净化，以提高除尘效率。其除尘效率一般为 95％左右，对疏水性粉尘，如石墨、炭黑等为 93％。含尘气体从入口进入装置内，先经一级旋风除尘器除尘，然后进入内筒（内壁有流动的水膜），再进行二次离心水膜除尘。

由于增加了第一级干式除尘，所以进口允许最高含尘浓度可高一些，达 $4g/m^3$。进口速度以 $18\sim20m/s$ 为好，要求的水压为 98kPa，耗水量为 $0.07\sim0.3L/m^3$，压力损失为 $640\sim930Pa$。

干湿一体除尘器的结构见图 5-80，其主要性能及尺寸见表 5-41 和表 5-42。

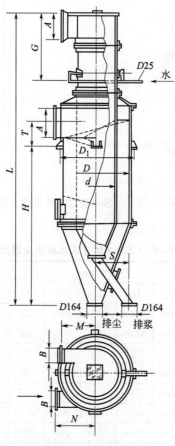

图 5-80　干湿一体除尘器

表 5-41　干湿一体除尘器主要性能

型号	进口气速 /(m/s)	处理气量 /(m³/h)	喷嘴个数	用水量 /(L/m³)	压力损失/Pa
D558	18	1500	3	0.20～0.30	637
	20	1650			764
	22	1850			902
D805	18	3300	4	0.15～0.22	637
	20	3330			764
	22	3670			902
D985	18	4500	5	0.12	637
	20	5000		—	764
	22	5500		0.18	902

续表

型号	进口气速 /(m/s)	处理气量 /(m³/h)	喷嘴个数	用水量 /(L/m³)	压力损失/Pa
D1130	18	6000	5	0.10	637
	20	6675		—	764
	22	7350		0.15	902
D1270	18	7500	6	0.10	637
	20	8350		—	764
	22	9175		0.14	902
D1345	18	8500	6	0.09	637
	20	9450		—	764
	22	10400		0.13	902

表 5-42 干湿一体除尘器尺寸

型号	尺寸/mm												质量/kg
	D	d	L	A	B	S	G	M	N	H	D_1	T	
D558	558	322	2403	200	115	490	510	255	320	1300	648	250	145
D805	805	465	3457	288	164	500	688	368	460	1900	895	346	275
D985	985	568	4238	350	200	533	820	450	564	2400	1085	350	412
D1130	1130	625	4868	406	234	560	932	518	650	2800	1230	367	519
D1270	1270	730	5440	453	261	600	1026	578	725	3150	1380	393	638
D1345	1345	776	5783	480	275	770	1074	615	770	3323	1461	440	687

3. 卧式旋风水膜除尘器

卧式旋风水膜除尘器结构如图 5-81 所示。这种除尘器具有构造简单、制造方便、操作稳定、磨损小、效率高，风量在 20% 的范围内变化除尘效率几乎不变等优点。但它也存在体积大、占地面积大、消耗金属量多等缺点，特别是当出口速度大于 3m/s 时有严重带水现象。

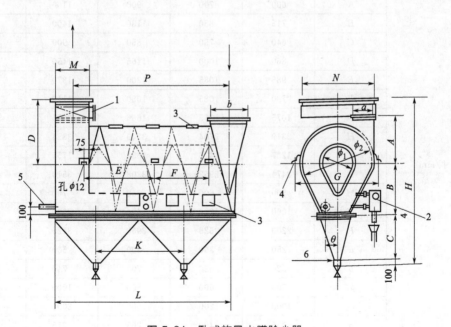

图 5-81 卧式旋风水膜除尘器

1—挡水板；2—自动补水箱；3—观察孔；4—托座（∟60mm×5mm；l=150mm）；5—D_g25 排浆阀；6—D_g70 排浆阀

卧式旋风水膜除尘器具有横置筒形和横断面为倒梨形的内芯，在外壳和内芯之间有螺旋导流片，筒体的下部接灰浆斗。含尘气体由一端沿切线方向进入除尘器，并在外壳、内芯间沿螺旋导流片做螺旋状流动前进，最后从另一端排出。每当含尘气体经一个螺旋圈下适宜的水面时，沿着气流反向把水推向外壳外壁上，使该螺旋圈形成水膜。当含尘气体经各螺旋圈后，除尘器各螺旋圈也就形成了连续的水膜。

卧式旋风水膜除尘器不仅能除去 $10\mu m$ 以上的尘粒，而且能捕集更细小的尘粒，因而具有较高的除尘效率。

卧式旋风水膜除尘器的主要性能和尺寸见表 5-43 和表 5-44。

表 5-43　卧式旋风水膜除尘器主要性能

型号	入口风速 /(m/s)	风量 /(m³/h)	阻力/Pa	水量		高浓度连续排水	净化效率/%
				低浓度定期放水			
				一次水量 /(m³/h)	每班用水量/m³		
1	15	7000		5.7	1.0n	$W=1.3(10g_1+\Delta d+0.01)L$ 式中 g_1——入口气体含尘浓度，kg/kg； Δd——气体出入口绝对含湿量差，kg/kg； L——气体量，kg/h	93～98
2	15	10000		10.7	2.0n		93～98
3	15	15000	980～1180	19.3	3.0n		93～98
4	15	20000		28.9	5.0n		93～98
5	15	25000		37.9	7.0n		93～98

注：1. n 为每班冲洗次数，根据粉尘性质及粉尘量决定，一般取 $n=1～3$。
2. 风量允许波动±20%。

表 5-44　卧式旋风水膜除尘器尺寸

型号		1	2	3	4	5
风量/(m³/h)		7000	10000	15000	20000	25000
尺寸/mm	A	600	700	900	1100	1100
	B	715	850	1130	1400	1400
	C	640	750	850	900	1000
	D	860	1000	1165	1450	1450
	E	985	1085	1300	1370	1685
	F	780	1085	1050	1110	1380
	G	1075	1265	1666	2076	2076
	H	2319	2704	3249	3854	3954
	K	1237	1476	1654	1755	2145
	L	2474	2952	3308	3510	4290
	M	500	600	650	700	800
	N	1000	1200	1600	2000	2000
	P	2200	2625	2950	3125	3850
	a	250	300	400	500	500
	b	520	620	700	740	920
	ϕ_1	500	600	800	1000	1000
	ϕ_2	1000	1200	1600	2000	2000
	θ	155	190	265	275	275
质量/kg		560	730	1090	1645	1880

（三）洗浴式除尘器

洗浴式除尘器包括水浴除尘器、泡沫除尘器、冲激式除尘器等多种型式。它们的工作原理基本相同，都是使含尘气体强力通过一定水层，将水冲起水花（或叫泡沫），使含尘气体与水充分接触，粉尘被水吸收（凝聚）后，随污水排走，被洗净的气体经除雾器（或称挡水板）除掉水滴后排出。

1. 水浴除尘器

水浴除尘器是一种结构简单、造价低、可用砖石砌筑或钢板制作、便于现场制作的净化设备，其结构尺寸如图 5-82 所示。

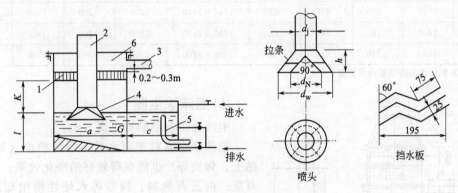

图 5-82　水浴除尘器
1—挡水板；2—进气管；3—出风管；4—喷头；5—溢水管；6—盖板

含尘气体流经进气管后，在喷头处以 8～12m/s 的较高速度喷出，冲击淹没喷口深度为20～30mm 的水面，形成激烈的扰动的泡沫和水花，使气水两相在此充分接触，粉尘被水捕集。气体通过水层后，以 2～3m/s 的缓慢速度上升，激起的水滴便沉降到水池中，气体上升后经挡水板除掉水滴后排出器外。

这种除尘器的净化效率一般在 90% 以上，如果管理得好效率还可提高。它的阻力不大，一般为 390～690Pa。用水量可以根据粉尘性质、粉尘量的大小及排水方式确定。污水可以采用定期排放或连续排放。

水浴除尘器的性能和结构尺寸见表 5-45 和表 5-46。

表 5-45　水浴除尘器的性能

喷口速度/(m/s)	型号										阻力/Pa
	1	2	3	4	5	6	7	8	9	10	
	净化空气量/(m³/h)										
8	1000	2000	3000	4000	5000	6400	8000	10000	12800	16000	392～490
10	1200	2500	3700	5000	6200	8000	10000	12500	16000	20000	470～568
12	1500	3000	4500	6000	7500	9600	12000	15000	19200	24000	588～686

表 5-46　水浴除尘器的结构尺寸

型号	喷头尺寸/mm				池子尺寸/mm				
	d_w	d_N	h	d_j	$a \times b$	c	l	K	G
1	270	170	85	170	430×430	800	800	1000	300
2	490	390	195	270	680×680	800	800	1000	300
3	720	620	310	340	900×900	800	800	1000	300
4	730	590	295	400	980×980	800	800	1000	300
5	860	720	360	440	1130×1130	800	1000	1000	300
6	900	730	365	480	1300×1300	1000	1000	1500	300
7	1070	890	445	540	1410×1410	1200	1000	1500	300
8	1120	900	450	620	1540×1540	1200	1200	1500	400
9	1400	1180	590	720	1790×1790	1200	1200	1500	400
10	1490	1230	615	780	2100×2100	1200	1200	1500	400

注：表中 b 表示除尘器内室宽度。

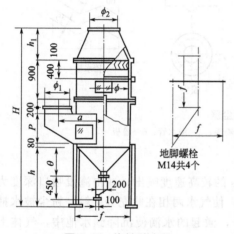

图 5-83　泡沫除尘器

2. 泡沫除尘器

泡沫除尘器的结构见图 5-83。

泡沫除尘器对于亲水性不强的粉尘（如硅石、黏土、焦炭等）也能获得较好的净化效果；但对于石灰、白云石熟料、镁砂等水硬性粉尘却不能使用，否则容易堵塞筛孔。

这种除尘器结构简单、投资少，净化效率达 97%～98%，维护简单，但耗水量大。

泡沫除尘器的最大允许含尘浓度为 $5g/m^3$，筒体断面平均风速一般取 1.5～2.5m/s，以 2.3m/s 左右为佳。例如，筒体断面平均风速小于 1.5m/s 不易建立起泡沫层、净化效率低；平均风速大于 2.5m/s 时则带水现象严重。

泡沫除尘器的性能和结构尺寸见表 5-47 和表 5-48。

表 5-47　泡沫除尘器的性能

型号	风量范围/(m³/h)	设备阻力/Pa	耗水量/(t/h)	质量/kg
ϕ700	2700～3500	590～784	1.4～1.7	280.8
ϕ800	3600～4500	590～784	1.8～2.2	316.8
ϕ900	4500～5700	590～784	2.3～2.8	367.6
ϕ1000	5700～7000	590～784	2.8～3.4	416.1
ϕ1100	6800～8500	590～784	3.4～4.0	465.1
ϕ1200	8200～10000	590～784	4.0～4.8	515.7
ϕ1300	9600～12000	590～784	4.8～5.8	587.7

注：表中风量是按筒体断面平均速度 2.0～2.5m/s 计算的。

表 5-48 泡沫除尘器尺寸 单位：mm

型号	ϕ	ϕ_1	ϕ_2	a	θ	f	h	h_1	P	H
D700	700	350	400	625	390	922	1100	450	350	3231
D800	800	400	450	700	440	1022	1150	500	400	3381
D900	900	450	500	775	490	1122	1200	550	450	3531
D1100	1000	500	550	850	540	1222	1250	600	500	3681
D1100	1100	550	600	925	590	1322	1300	650	550	3831
D1200	1200	600	650	1000	640	1422	1350	700	600	3981
D1300	1300	650	700	1075	690	1522	1400	750	650	4131

注：制作图单位为鞍山焦化耐火设计研究院（7 备 87）。

3. 冲激式除尘器

冲激式除尘器机组由通风机、除尘器、清灰装置和水位自动控制装置组成。它具有结构简单、装配紧凑、占地面积小、施工安装方便、净化效率高、允许入口含尘浓度高（100g/m³）、允许风量波动范围大、净化具有一定黏性的粉尘不致堵塞以及用水量少等优点。但它也存在着叶片的制作要求精度高和安装必须保证水平等困难；在运行中水位必须严格控制，否则容易发生堵塞挡水板和带水；阻力较大（980～1570Pa）。

冲激式除尘器机组适用于各种非纤维性粉尘，目前已在冶金、铸造、建材、煤炭等行业广泛应用，并取得了很好的效果。

捕集下来的粉尘有两种清灰法：a.CCJ 型带有机械扒灰装置，扒灰机构由链条和刮板组成，用专门的电动机和减速机驱动；b.CCJ/A 型由锥形灰斗和排污阀组成，排灰（泥浆）量由排灰阀控制。为适应处理不同气体量的需要，CCJ 型和 CCJ/A 型设计有各种规格，其主要技术参数及配套设备性能分别载于表 5-49 和表 5-50（表中所列数据系按处理常温气体计算和测定的，如处理高温气体时，还应进行温度校正）。

表 5-49 冲激式除尘器机组主要技术性能

型号	风量/(m³/h)		阻力/Pa	净化效率/%	耗水量/(kg/h)				充水容积/m³
	设计	允许波动范围			蒸发	溢流		排灰带水	
						有自控装置	无自控装置		
CCJ-5 CCJ/A-5	5000	4300～6000	980～1570	99	17.5	150	400	10 425	0.96 0.48
CCJ-7 CCJ/A-7	7000	6000～8450	980～1570	99	24.5	210	560	14 602	0.66
CCJ-10 CCJ/A-10	10000	8100～12000	980～1570	99	35.0	300	800	20 860	1.44 1.04
CCJ-14 CCJ/A-14	14000	12000～17000	980～1570	99	49.0	420	1120	28 1200	1.20
CCJ-20 CCJ/A-20	20000	17000～25000	980～1570	99	75.0	600	1600	40 1700	3.1 1.70
CCJ-30 CCJ/A-30	30000	25000～36200	980～1570	99	105.0	900	2400	60 2550	4.1 2.5
CCJ-40 CCJ/A-40	40000	35400～48250	980～1570	99	140.0	1200	3200	80 3400	5.46 3.40
CCJ-50 CCJ/A-50	50000 60000	44000～60000 53800～72500	980～1570	99 99	175.0 210.0	1500 1800	4000 4800	100 5100	7.20 5.00

表 5-50 冲激式除尘器机组配套设备性能

| 型号 | 通风机 | | | | | | 排灰机构 | | | | 供水装置 | | | | 设备总质量/kg |
| | 4-72-11 型离心通风机 | | | | 电动机 | | | | 电动机 | | | 电磁阀 | | | |
	型号	转速/(r/min)	风量/(m³/h)	风压/Pa	型号	功率/kW	排灰方式	链条速度/(m/min)	型号	功率/kW	供水方式	规格/mm	耗电/V·A	水量/(kg/h)	
CCJ-5	4A	2900	4020~7240	2000~1313	JO₂-41-2	5.5	扒灰机	0.6	JO₂-12-4	0.8	自控	40	80	177.5	786
											无自控			427.5	
CCJ/A-5							闸阀	—	—	—	自控	40	80	592.5	
											无自控			892.5	
CCJ-7	4.5A	2900	5730~10580	2800~1666	JO₂-21-4	7.5	扒灰机	0.6	JO₂-12-4	0.8	自控	40	80	248	955
											无自控			600	
CCJ/A-7							闸阀	—	—	—	自控	40	80	836	
											无自控			1185	
CCJ-10	5A	2900	7950~14720	3175~2195	JO₂-52-2	13	扒灰机	0.6	JO₂-12-4	0.8	自控	40	80	355	1184
											无自控			855	
CCJ/A-10							闸阀	—	—	—	自控	40	80	1195	
											无自控			1695	
CCJ-14	6C	2400	11900~17100	2666~2244	JO₂-62-4	17	扒灰机	0.6	JO₂-32-4	1.5	自控	50	80	500	2941
											无自控			1200	
CCJ/A-14							闸阀	—	—	—	自控	50	80	1675	
											无自控			2380	
CCJ-20	8C	1600	17920~31000	2470~1842	JO₂-72-2	22	扒灰机	0.6	JO₂-22-4	1.5	自控	50	80	715	4237
											无自控			1715	
CCJ/A-20							闸阀	—	—	—	自控	50	80	2375	
											无自控			3375	
CCJ-30	8C	1800	20100~34800	3116~2362	JO₂-81-2	40	扒灰机	0.6	JO₂-22-4	1.5	自控	50	80	1065	5100
											无自控			2565	
CCJ/A-30							闸阀	—	—	—	自控	50	80	3555	
											无自控			5055	
CCJ-40	10C	1250	34800~50150	2342~1862	JO₂-81-2	40	扒灰机	0.6	JO₂-32-4	3.0	自控	50	80	1420	6269
											无自控			3420	
CCJ/A-40							闸阀	—	—	—	自控	50	80	4740	
											无自控			6740	
CCJ-50	12C	1120	53800~77500	2715~2146	JO₂-91-4	75	扒灰机	0.6	JO₂-32-4	3.0	自控	50	80	2130	8559
											无自控			5130	
CCJ/A-50							闸阀	—	—	—	自控	50	80	7110	
											无自控			10110	

CCJ 冲激式除尘器机组结构和尺寸见图 5-84 和表 5-51。

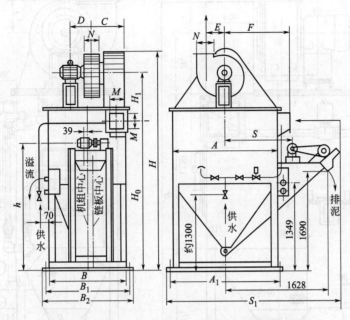

图 5-84　CCJ-5 型、CCJ-10 型冲激式除尘机组

表 5-51　CCJ-5 型、CCJ-10 型冲激式除尘机组外形尺寸

型号	各部尺寸/mm																
	A	A_1	B	B_1	B_2	C	D	E	F	M	N	H_0	H_1	H	S	S_1	h
CCJ-5	872	929	1208	1265	1322	629	297	280	636	280	366	2516	664	3430	1239	2337	2334
CCJ-10	1602	1679	1208	1275	1342	611	386	315	1001	400	498	2460	829	3605	1251	2712	2150

CCJ/A 系列冲激式除尘器机组结构和尺寸见图 5-85 和表 5-52。

（四）风送式喷雾除尘机

近年来，随着大气污染的严重，$PM_{2.5}$ 有时超标，有时造成大气雾霾现象发生。大气粉尘污染是雾霾形成的罪魁祸首，"贡献率"高达 18%，远高于机动车尾气污染。工矿企业露天粉尘的排放是造成大气污染的主要原因之一，工矿企业露天除尘至关重要。

1. 工作原理

风送式喷雾除尘机由筒体、风机、喷雾系统组成，如图 5-86 所示。风送式喷雾除尘机，能有效地解决露天粉尘治理问题。JJPW 系列风送式喷雾除尘机采用两级雾化的高压喷雾系统，将常态溶液雾化成 10～150μm 的细小雾粒，在风机的作用下将雾定向抛射到指定位置，在尘源处及其上方或者周围进行喷雾覆盖，最后粉尘颗粒与水雾充分地融合，逐渐凝结成颗粒团，在自身的重力作用下快速沉降到地面，从而达到除尘的目的。

2. 特点

① 风送式喷雾除尘机工作方式灵活，有车载式、固定式、拖挂式等。

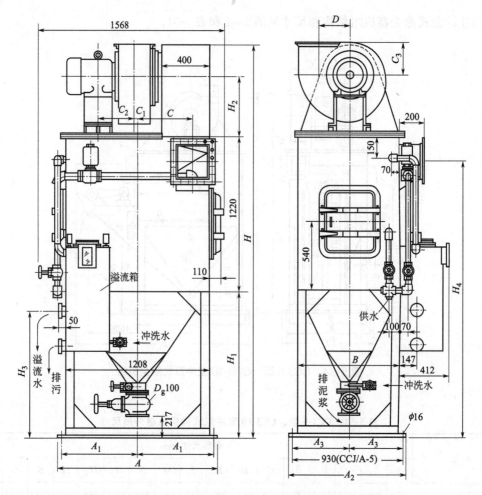

图 5-85　CCJ/A-5、CCJ/A-7、CCJ/A-10 型冲激式除尘器机组

表 5-52　CCJ/A-5、CCJ/A-7、CCJ/A-10 型冲激式除尘器机组外形尺寸　　单位：mm

型号及规格	A	A_1	A_2	A_3	B	C	C_1	C_2	C_3	D	H	H_1	H_2	H_3	H_4
CCJ/A-5	1322	632	986	—	872	461	25	297	262	320	3124	1165	489	1001	2205
CCJ/A-7	1336	636	1350	645	1222	430	39.5	333.5	294.5	360	3244	1165	534	1001	2175
CCJ/A-10	1342	637	1734	833	1600	400	27	386	327	400	3579	1450	589	1286	2430

②　风送式喷雾除尘机不需要铺设管道，不需要集中泵房。维护方便，节省施工和维护成本。

③　水枪喷出的水成束状，水覆盖面窄，对粉尘的捕捉能力较差，风送式喷雾除尘机喷出为水雾，水雾粒度和粉尘粒度大致相同（10～300μm），能有效地对粉尘进行捕捉，除尘效果明显。

④　当除尘地点搬迁时，风送式喷雾除尘机可随地点的不同而随时移动。而喷枪预埋管道搬迁则被废弃，新地点要重新预埋，浪费资源。

⑤　风送式喷雾除尘机比传统喷枪节水 90％以上，属于环保型产品。

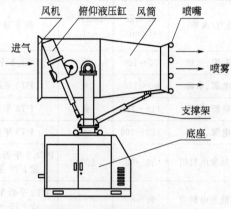

图 5-86 风送式喷雾除尘机

3. 固定式除尘机

固定型风送式喷雾除尘机降尘效果好、易安装、易操作、维护方面，可直接接入供水管路或者配置水箱（1～10t），性能见表 5-53。

表 5-53 固定型风送式喷雾除尘机性能

产品型号	最大射程/m	水平转角/(°)	俯仰转角/(°)	覆盖面积/m²	耗水量/(L/min)	雾化粒度/μm	设备型式	控制方式	防护等级	适用环境/℃
JJPW-G30(T/H)	30	360	−10～45	2800	20～30	10～150				
JJPW-G40(T/H)	40	360	−10～45	5020	25～40	10～150				
JJPW-G50(T/H)	50	360	−10～45	7850	30～50	10～150				
JJPW-G60(T/H)	60	360	−10～45	10000	60～80	10～150	固定式	手动/遥控/自动/远程集中	IP55	−20～+50
JJPW-G80(T/H)	80	360	−10～30	20010	70～100	10～150				
JJPW-G100(T/H)	100	360	−10～30	31400	90～120	10～200				
JJPW-G120(T/H)	120	360	−10～30	45200	110～140	10～200				
JJPW-G150(T/H)	150	360	−10～30	70650	120～160	10～200				

注：T 为塔架式，塔架高度根据客户现场制定；H 为升降式，升降高度根据客户现场制定。

4. 拖挂式除尘机

拖挂型风送式喷雾除尘机适用于产尘点移动变化，它具有机动性强、降尘效果好等优点。可根据现场客户需求是否配置发电机组和水箱。拖挂型风送式喷雾除尘机性能见表 5-54。

表 5-54 拖挂型风送式喷雾除尘机性能

产品型号	最大射程/m	配套动力/水箱	耗水量/(L/min)	水箱容积/L	拖车型号及数量	配套件
JJPW-T50	50	现场接电源、水源	30～50	无	PT1.5 平板车 1 台	电缆、水管组件
JJPW-T60	60	现场接电源、水源	60～80	无	PT1.5 平板车 1 台	电缆、水管组件

续表

产品型号	最大射程/m	配套动力/水箱	耗水量/(L/min)	水箱容积/L	拖车型号及数量	配套件
JJPW-T80	80	现场接电源、水源	70～100	无	PT1.5平板车1台	电缆、水管组件
JJPW-T100	100	现场接电源、水源	90～120	无	PT3平板车1台	电缆、水管组件
JJPW-T120	120	现场接电源、水源	110～140	无	PT3平板车1台	电缆、水管组件
JJPW-T150	150	现场接电源、水源	120～160	无	PT3平板车1台	电缆、水管组件
JJPW-T50	50	30kW 柴油发电机组	30～50	2000	PT1.5平板车2种各1台 或 PT5平板车1台	工具箱
JJPW-T60	60	50kW 柴油发电机组	60～80	2000	PT2平板车2种各1台 或 PT5平板车1台	工具箱
JJPW-T80	80	50kW 柴油发电机组	70～100	3000	PT2平板车2种各1台 或 PT5平板车1台	工具箱、变频器
JJPW-T100	100	75kW 柴油发电机组	90～120	3000	PT2、PT3平板车各1台	工具箱
JJPW-T120	120	100kW 柴油发电机组	110～140	4000	PT2、PT5平板车各1台	工具箱、变频器
JJPW-T150	150	150kW 柴油发电机组	120～160	4000	PT3、PT5平板车各1台	工具箱、8吨洒水车

5. 车载型除尘机

车载型风送式喷雾除尘机适用于产尘点多且移动变化，它配备有前冲（喷）后洒、侧喷、绿化洒水高压炮、风送式喷雾除尘机等，具备路面洒水除尘和喷雾除尘功能。所以它有机动性强、功能齐全、降尘效果好等优点，同时可根据客户要求选择普通车载型和多功能车载型。其性能见表5-55。

表 5-55 车载型风送式喷雾除尘机性能

产品型号	最大射程/m	配套动力	耗水量/(L/min)	变频器	水箱容积/L	底盘车	其他配置
JJJPW-C50(D)	50	30kW 柴油发电机组	30～50	无	8～10	东风145	电缆、水管组件
JJPW-C60(D)	60	50kW 柴油发电机组	60～80	无	8～10	东风145	
JJPW-C80(D)	80	50kW 柴油发电机组	70～100	30kW	10～12	东风153	
JJPW-C100(D)	100	75kW 柴油发电机组	90～120	45kW	10～12	东风加长153	
JJPW-C120(D)	120	100kW 柴油发电机组	110～140	75kW	12～15	天锦小三轴	
JJPW-C150(D)	150	150kW 柴油发电机组	120～160	90kW	12～15	天锦后八轮	

6. 抑尘剂

抑尘剂是以颗粒团聚理论为基础，利用物理化学技术和方法，使矿粉等细小颗粒凝结成大胶团，形成膜状结构。

抑尘剂产品的使用，可以极其经济地改善矿山开采和运输的环境、火电厂粉煤灰堆积场的污染问题、煤和其他矿石的堆积场损耗和环境问题、众多简易道路的扬尘问题、市政建设中土方产生的扬尘问题等。抑尘剂的特点和应用范围见表5-56，同时抑尘剂应符合以下要求。

① 融合了化学弹性体技术，聚合物纳米技术，单体三维模块分析技术。

② 不易燃，不易挥发。具有防水特性，形成的防水壳不会溶于水。

③ 抗压，抗磨损，不会粘在轮胎上。抗紫外线照射，在阳光下不易分解。

④ 水性产品，无毒，无腐蚀性，无异味，环保。

⑤ 使用方便，只需按照一定比例与水混合即可使用，省时省力。水溶迅速，无需额外添加搅拌设备。即混即用。

表 5-56　抑尘剂种类、特点和应用范围

抑尘剂型号及种类	抑尘原理	抑尘特点	应用领域
JJYC-01运输型抑尘剂	以颗粒团聚理论为基础，使小扬尘颗粒在抑尘剂的作用下表面凝结在一起，形成结壳层，从而控制矿粉在运输时遗撒	(1)保湿强度高、喷洒方便、不影响物料性能；(2)耐温，一年四季均可使用；(3)使用环境友好型材料	散装粉料的表面抑尘固化，铁路或长途公路运输的矿粉矿渣、砂砾黄土
JJYC-02耐压型抑尘剂	以颗粒团聚及络合理论为基础，利用物理化学技术，通过捕捉、吸附、团聚粉尘微粒，将其紧锁于网状结构之内，起到湿润、黏结、凝结、吸湿、防尘、防侵蚀和抗冲刷的作用	(1)保湿强度高，耐超低温；(2)效果持续，耐重载车辆反复碾压，不粘车轮；(3)使用环境友好型材料	临时道路、建筑工地、货场行车道路、市政工程等。对被煤粉、矿粉、砂石、黄土或混合土壤覆盖的地表均适用
JJYC-03结壳型抑尘剂	抑尘剂具有良好的成膜特性，可以有效地固定尘埃并在物料表面形成防护膜，抑尘效果接近100%	(1)抑尘周期长，效果最多可持续12个月以上；(2)并有浓缩液和固体粉料多种选择；(3)结壳强度大，不影响物料性能；(4)使用环境友好型材料	裸露地面、沙化地面、简易道路等

（五）静电干雾除尘装置

静电干雾除尘是基于国外在解决可吸入粉尘控制相关研究中提出"水雾颗粒与尘埃颗粒大小相近时吸附、过滤、凝结的概率最大"这个原理，在静电荷离子作用下，通过喷嘴将水雾化到 $10\mu m$ 以下，这种干雾对流动性强、沉降速度慢的粉尘是非常有效果的，同时产生适度的打击力，达到镇尘、控尘的效果。粉尘与干雾结合后落回物料中，无二次污染。系统用水量非常少，物料含水量增加 $<0.5\%$；系统运行成本低，维护简单，省水、省电、省空间，是一种新型环保节能减排产品。

1. 静电干雾除尘特点

① 在污染的源头，起尘点进行粉尘治理；每年阻止被风带走的煤炭数以百万元计。

② 抑尘效率高，无二次污染，无需清灰，针对 $10\mu m$ 以下可吸入粉尘治理效果高达96%，避免尘肺病危害。

③ 水雾颗粒为干雾级，在抑尘点形成浓密的雾池，增加环境负离子。

④ 节能减排，耗水量小，与物料质量比仅 $0.02\%\sim0.05\%$，是传统除尘耗水量的1/100，物料（煤）无热值损失。对水含量要求较高的场合亦可以使用。

⑤ 占地面积小，全自动 PLC 控制，节省基建投资和管理费用。

⑥ 系统设施可靠性高，省去传统的风机、除尘器、通风管、喷洒泵房、洒水枪等，运行、维护费用低。

⑦ 适用于无组织排放，密闭或半密闭空间的污染源。

⑧ 大大降低粉尘爆炸概率，可以减少消防设备投入。

⑨ 冬季可正常使用且车间温度基本不变（其他传统的除尘设备，使用负压原理操作，带走车间内大量热量，需增加车间供热量）。

⑩ 大幅降低除尘能耗及运营成本，与常用布袋除尘器相比，设备投资不足其 1/5；运行费用不足其 1/10；维护费用不足其 1/20。

⑪ 安装方便，维护方便。

2. 除尘主机参数

见表 5-57。

表 5-57　除尘主机参数

TBV-Q 干雾主机型号	TBV-Q-1	TBV-Q-3	TBV-Q-5	TBV-Q-7	TBV-Q-9
喷雾器数量	10~20	20~60	50~100	100~150	150~250
最大耗水量/(L/h)	1000	3000	5000	7500	12500
最大耗气量/(Nm³/min)	4.2	12.6	21	31.5	52.5
功率/kW	33	78	135	188	318
系统组成	泵、空压机、贮气罐、万向节喷雾器、喷雾箱、气水分配器、水过滤器、保温伴热系统、水气管路、分组控制器、现场控制箱、配电箱、控制系统等				
TBV-G 干雾主机型号	TBV-G-2	TBV-G-4	TBV-G-6	TBV-G-8	TBV-G-10
喷雾器数量	10~20	20~60	50~100	100~150	150~300
最大耗水量/(L/h)	200	600	1000	1500	3000
最大耗气量/(Nm³/min)	0	0	0	0	0
功率/kW	1	3	5	10	20
系统组成	泵、水箱、喷雾箱、喷雾器、生物膜水净化系统、离子交换、保温伴热系统、管路、分组控制器、现场控制箱、配电箱、控制系统等				
TBV-F/C 干雾主机型号	TBV-F		TBC-C-24		TBC-C-30
喷雾器数量	1		30m		30m
最大耗水量/(L/h)	250		24		30
最大耗气量/(Nm³/min)	0		0		0
功率/kW	11		3		3
系统组成	泵、水箱、风压喷雾器、水净化系统、保温伴热系统、管路、现场控制箱、配电箱、控制系统等		水净化系统、干雾发生器、管道、风机等		

注：摘自辽宁中鑫自动仪表有限公司样本。

3. 静电干雾除尘应用

静电干雾除尘系统适用于选煤、矿业、火电、钢铁、水泥，以及石化、化工等行业中无组织排放污染治理。例如，翻车机、火车卸料口、装车楼、卡车卸料口、汽车受料槽、筛分塔、皮带转接塔、圆形料仓、条形料仓、成品仓、原料仓、均化库、振动给料机、振动筛、堆料机、混匀取料机、抓斗机、破碎机、卸船机、装船机、皮带堆料车、落渣口、落灰口、排土机等，如图 5-87 所示。

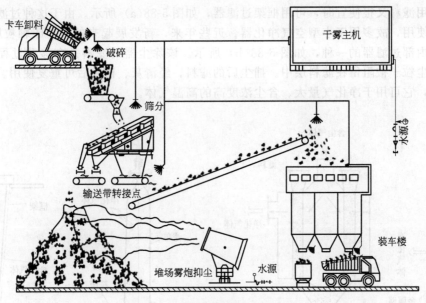

图 5-87　静电干雾除尘的应用

第六节　过滤除尘器

过滤除尘器是用多孔过滤介质分离捕集气体中固体、液体粒子的净化装置。过滤介质亦称滤料。过滤除尘器简称为滤料器。过滤除尘器多用于工业原料的精制、固体粉料的回收、特定空间内的通风和空调系统的空气净化及去除工业排放尾气或烟气中的粉尘粒子。

一、过滤除尘器的分类

现在已经应用的过滤除尘器有多种多样，大致可按如下方法进行分类。

1. 按使用滤料的性状不同分类

按除尘器所使用的滤料不同可分为柔性滤料过滤器、半柔性滤料过滤器、刚性滤料过滤器及颗粒滤料过滤器。柔性滤料过滤器是以天然纤维、合成纤维及矿物纤维纺织成布料、非纺织纤维绒和毡、多孔海绵橡胶和纸等作为滤料；半柔性滤料过滤器是以纤维、金属屑和由纤维编织成多层网状的制品作为滤料；刚性滤料过滤器是以多孔陶瓷、多孔塑烧板和金属陶瓷等作为滤料；颗粒滤料过滤除尘器是以硅砂、焦炭、矿渣和填料环等作为层状填充滤料。

2. 按除尘器应用目的不同分类

根据过滤除尘器应用目的的不同可分为保护室内空气用的净化过滤器、空调用的空气过滤器及保护大气质量用的工业气体及烟气除尘器，还有保护机器用的过滤除尘器等。

3. 按粉尘粒子在除尘器中被捕获位置的不同分类

根据粉尘粒子在除尘器中被捕获位置的不同可分为内部过滤和外部过滤两种型式，过滤方式如图 5-88 所示。内部过滤是将松散多孔的滤料填充在框架或床层中作为滤料层，粉尘粒子是在滤层内部而被捕集的。当待净化气体中含尘浓度很低，被捕集的粉尘经济价值不高，而所用滤料又很便宜时，可用框架过滤器，如图5-88（a）所示。由于这种过滤器的滤料是一次性使用，故多用于小型空气净化器。近些年来，新发展起来的移动床颗粒层过滤器，也是属于内部过滤器的一种，如图5-88（b）所示。该除尘器的滤料是在移动过程中进行捕尘的，粉尘粒子被阻留在滤料层中。捕尘后的滤料，经清灰、再生后可重复使用。若采用耐高温滤料，它可用于净化气量大、含尘浓度高的高温气体。

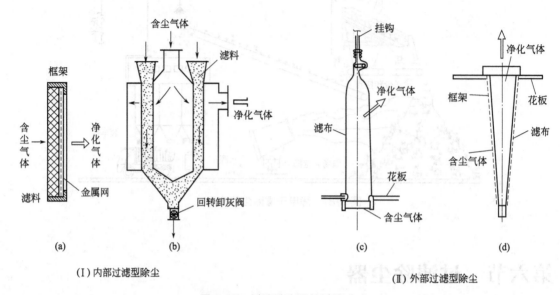

图5-88　过滤除尘器的过滤方式

外部过滤是用纤维纺织布料、非纺织毛毡或滤纸等作为滤料，滤去含尘气体中的粉尘粒子，这些粉尘粒子是被阻挡在滤料的表面上。属于外部过滤的典型装置是袋式除尘器。图5-88（c）是含尘气体从滤袋内向袋外流动、粉尘粒子被阻留在滤袋内表面的装置。图5-88（d）是含尘气体从滤袋外向袋内流动，使粉尘粒子被阻留在滤袋外表面的装置。含尘气体通过新滤料袋时，先在滤袋表面形成一层比较牢固的附着层，该粉尘层基本上不因清灰时的振打而脱落，可作为继续净化气体的过滤层，该层称为初粉尘层。

由于初粉尘层（简称初尘层）具有比纤维滤料更小的孔隙，它可阻隔粒径$<1\mu m$的尘粒。如捕集$0.1\mu m$以上的尘粒，效率可达$90\%\sim99\%$以上。袋式除尘器已在工业上得到广泛应用。

二、袋式除尘器

袋式除尘器可分为自然落灰人工拍打、机械振动、反向气流清灰、脉冲喷吹、复合清灰5大类。各类袋式除尘器的特点见表5-58。

表5-58　各类袋式除尘器的特点

类别	优点	缺点	说明
自然落灰人工拍打	设备结构简单，容易操作，便于管理	过滤速度低，滤袋面积大，占地大	滤袋直径一般为300～600mm，通常采用正压操作，捕集对人体无害的粉尘，多用于中小型工厂

续表

类别		优点	缺点	说明
机械振动	机械凸轮（爪轮）振动	清灰效果较好，与反气流清灰联合使用效果更好	不适于玻璃布等不抗折的滤袋	滤袋直径一般大于150mm，分室轮流振打
	压缩空气振动	清灰效果好，维修量比机械振动小	不适于玻璃布等不抗折的滤袋，工作受气流限制	滤袋直径一般为220mm，适用于大型除尘器
	电磁振动	振幅小，可用玻璃布	清灰效果差，噪声较大	适用于易脱落的粉尘和滤布
反向气流清灰	下进风大滤袋	烟气先在斗内沉降一部分烟尘，可减少滤布的负荷	清灰时烟尘下落与气流逆向，又被带入滤袋，增加滤袋负荷	大型的低能反吸（吹）清灰为二状态清灰和三状态清灰，上部可设拉紧装置，调节滤袋长度，最长8～12m
	上进风大滤袋	清灰时烟尘下落与气流同向，避免增加阻力	上部进气箱积尘必须清灰	低能反吸，双层花板，滤袋长度不能调，滤袋伸长要小
	反吸风带烟尘输送	烟尘可以集中到一点，减少烟尘输送	烟尘稀相运输动力消耗较大，占地面积大	长度不大，多用笼骨架或弹簧骨架高能反吸
	回转反吹	用扁袋过滤，结构紧凑	机构复杂，容易出现故障，需用专门反吹风机	用于中型袋式除尘器，不适用于特大型或小型设备，忌袋口漏风
	停风回转反吹	离线清灰效果好	机构复杂，需分室工作	用于大型除尘器，清灰力不均匀
脉冲喷吹	中心喷吹	清灰能力强，过滤速度大，不需分室，可连续清灰	要求脉冲阀经久耐用	适于处理高含尘烟气，滤袋直径120～160mm，长度2000～6000mm或更大，需笼骨架
	环隙喷吹	清灰能力强，过滤速度比中心喷吹更大，不需分室，可连续清灰	安装要求更高，压缩空气消耗更大	适于处理高含尘烟气，滤袋直径120～160mm，长度2250～4000mm，需笼骨架
	低压喷吹	滤袋长度可加大至6000mm，占地减少，过滤面积加大	消耗压缩空气量相对较大	滤袋直径120～160mm，可不用喷吹文氏管，安装要求严格
	整室喷吹	减少脉冲阀个数，每室1～2个脉冲阀，换袋检修方便、容易	清灰能力稍差	喷吹在滤袋室排气清洁室，滤袋长度以<3000mm为宜，且每室滤袋数量不能多
复合清灰	复合清灰	与其他清灰方式比，过滤面积处理能力最大	滤袋清灰方式复杂，控制管理层次多	适用于含尘大的烟气，烟气走向为内滤式或外滤式，滤袋直径一般为130～350mm

（一）袋式除尘器特点

袋式除尘器是含尘气体通过滤袋（简称布袋）滤去其中粉尘粒子的分离捕集装置，是过滤式除尘器的一种。自从19世纪中叶布袋除尘器开始用于工业生产以来，不断地得到发展，特别是20世纪50年代，由于合成纤维滤料的出现，脉冲清灰及滤袋自动检漏等新技术的应用，为袋式除尘器的进一步发展及应用开辟了广阔的前景。

1. 袋式除尘器主要优点

① 袋式除尘器对净化含微米或亚微米数量级的粉尘粒子的气体效率较高，一般可达99%，甚至可达99.99%以上；

② 这种除尘器可以捕集多种干性粉尘，特别是高比电阻粉尘，采用袋式除尘器净化要

比用电除尘器的净化效率高很多；

③ 含尘气体浓度在相当大的范围内变化对袋式除尘器的除尘效率和阻力影响不大；

④ 袋式除尘器可设计制造出适应不同气量的含尘气体的要求，除尘器的处理烟气量可从每小时几立方米到几百万立方米；

⑤ 袋式除尘器也可做成小型的，安装在散尘设备上或散尘设备附近，也可安装在车上做成移动式袋式过滤器，这种小巧、灵活的袋式除尘器特别适用于分散尘源的除尘；

⑥ 袋式除尘运行稳定可靠，没有污泥处理和腐蚀等问题，操作、维护简单。

2. 袋式除尘器主要缺点

① 袋式除尘器的应用主要受滤料的耐温和耐腐蚀等性能所影响，目前，通常应用的滤料可耐温250℃左右，如采用特别滤料处理高温含尘烟气，将会增大投资费用；

② 不适于净化含黏结和吸湿性强的含尘气体，用布袋式除尘器净化烟尘时的温度不能低于露点温度，否则将会产生结露，堵塞布袋滤料的孔隙；

③ 据概略的统计，用袋式除尘器净化大于17000m³/h含尘烟气量所需的投资要比电除尘器高，而用其净化小于17000m³/h含尘烟气量时，投资费用比电除尘器省。

（二）袋式除尘器性能

1. 袋式除尘器的除尘效率

图5-89为一典型带有振打和反吹清灰装置的多室袋式除尘器。除尘器的壳体空间分成若干个袋房，在每一个袋房中都有一定数量的布袋（柔性滤料）。布袋用卡箍装在底管板上，管板与壳体连接形成密封袋室，壳体底部排灰装置将从布袋内部清下的粉尘粒子运出集尘灰斗。

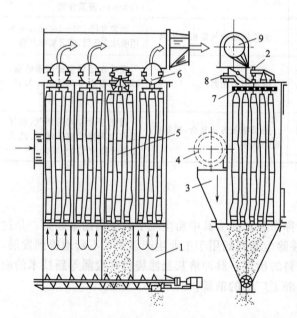

图5-89 带有振打和反吹清灰装置的多室袋式除尘器
1—灰斗；2—机械振打机构；3—进气分布管道；4—进气管道；5—滤袋；6—排气阀门；7—支承吊架；8—反吹风阀门；9—排气管道

含尘气体由除尘器进气管道4经进气分布管道3分别送入正在进行滤尘过程的袋房中，再从下管板的开孔进入布袋内部，滤尘黏附在袋面滤层中。由布袋外表面逸出来的净化后的气体，经排气管道9排出除尘器。

随着滤尘过程不断地进行，滤袋内表面捕集的粉尘越来越厚，粉尘层阻力增大，当阻力达到一定值时，就应清除过滤除尘器滤袋上的积尘，即所谓进行清灰。

袋室需要清灰时，先关闭排气阀门6，把具有一定压力的清灰空气经反吹风阀门8送入清灰的袋房中，清灰空气由滤袋外表面穿过滤袋及滤袋内侧面的积尘层，积尘受到清灰空气的吹动脱落到集尘灰斗1内。为了提高清灰的效果，反吹清灰管开动机械振打装置，撞击吊装布袋的框架，使滤袋还没有清掉的粉尘继续摔落在集尘灰斗1中。为了提高清灰的效果，反吹清灰管开动机械振打装置，撞击吊装布袋的框架，使滤袋还没有清掉的灰尘继续落在集尘灰斗 1 内，再由排尘装置运出除尘器。清灰后的空气经上升气流管道并入含尘气体管道 4 中，与含尘气体一同送入正在滤尘的袋房中进行滤尘。袋式过滤除尘器正常工作时有多数袋室进行滤尘，有少数袋室进行清灰。也就是说，滤尘过程中，当袋室达到一定阻力时即停止滤尘转入清灰，清灰后的袋房再进行滤尘，袋房是交替地进行滤尘和清灰的。

用于袋式除尘器的滤料有棉、毛、有机和无机纤维纱纺织的滤布及非纺织辊轧制的纤维滤料（如毡类）等。这些滤料都有一定的孔隙率。含有一定粒径分布的粉尘粒子的气体，以一定流速通过新滤料（过滤过程的第一阶段）时，气体中的粗大尘粒主要是靠惯性碰撞和拦截捕尘机理被纤维所捕集，细小的粒子靠扩散力而被纤维捕尘体所捕集。与此同时，近年来在深入研究滤袋滤尘机理的过程中，还发现新纤维滤袋最初集尘是由于较大的粉尘粒子在滤料孔隙口处发生"搭桥"而被阻隔，随着滤尘过程不断地进行，滤料的孔隙越来越小，于是在滤料纤维表面上形成一层具有孔隙而又曲折的初粉尘层，简称为初尘层。初尘层附着在滤料上是比较牢固的，初尘层的孔隙率可达 80%～85%。由于布袋除尘器主要是靠初尘层捕集粉尘（此过程称为滤尘过程的第二阶段），因此，要防止滤料孔隙被黏结性粉尘堵塞，滤料的工作温度不应低于露点温度。图 5-90 为滤料的滤尘过程简图。

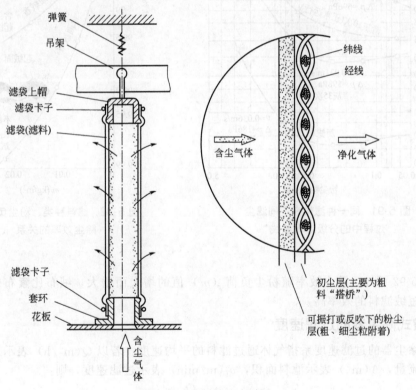

图 5-90 滤料的滤尘过程

图 5-91 为同一种滤料在不同滤尘过程中的分级效率曲线。由图中可以看出，新的清洁滤料的滤尘效率最低，随着积尘过程不断地进行，效率逐渐增大，清灰前的效率最高，清灰后滤尘效率有所降低。从图上还可以看出，对于 $0.2～0.4\mu m$ 粒径的粉尘，无论哪一种滤尘工况滤尘效率都是最低的，这是因为该粒径范围的尘粒正处于惯性碰撞、扩散和拦截作用捕

尘效果最差的状态。

滤料的结构不同,清灰后滤料滤尘效率的下降程度也不尽相同。素布结构的滤料,清灰时粉尘层片状脱落,破坏初尘层的阻尘作用,滤尘效率显著地下降。绒布滤料因绒毛间能附着永久性容尘,在一般情况下,清灰不会破坏初尘层,因而滤尘效率不会下降太大。对于无纺织毛毡和针刺纤维滤料,由于其永久性容量更大、更坚固,即使清灰过度,也不会对滤尘效率有所影响。

滤布表面附着的粉尘量,常用粉尘负荷(m)表示,即$1m^2$滤料表面所能捕集的粉尘量,单位为g/cm^2或kg/m^2。图5-92示出不同滤料的粉尘负荷与除尘效率关系的实验曲线。

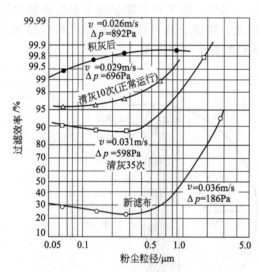

图 5-91　同一种滤料在不同滤尘
过程中的分级效率曲线

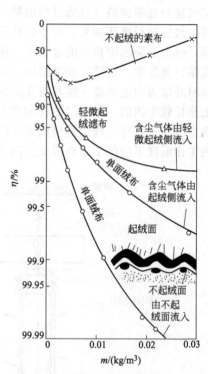

图 5-92　滤料种类、粉尘负荷与
除尘效率的关系

由图5-92可知,除尘效率随粉尘负荷(m)值的增大而增大,绒布比素布效率高,长绒滤料比短绒滤料的效率高。

2. 袋式除尘器的过滤速度

袋式除尘器的过滤速度系指气体通过滤料的平均速度。若以$Q(m^3/h)$表示通过滤料的含尘气体流量,$A(m^2)$表示滤料面积,$v_f(m/min)$表示过滤速度,则:

$$v_f = \frac{Q}{60A} \tag{5-87}$$

在工程上,还常用每单位过滤面积、单位时间内过滤气体的量(q_f)来表示过滤负荷,其与过滤速度的关系式为:

$$q_f = \frac{Q}{A} \tag{5-88}$$

式中,q_f为滤料过滤的气体量,又称过滤比负荷,$m^3/(m^2 \cdot h)$。

从上式可知：
$$q_f = 60v_f \tag{5-89}$$

过滤速度（v_f）或过滤比负荷（q_f）是表征袋式除尘器处理气体能力的重要经济技术指标。过滤速度的选择要考虑经济性和对滤尘效率的要求等多方面因素。考虑到袋式除尘器的一次投资建造费和日常运转操作费，以及以在较高除尘效率下工作，一般对纺织布类滤料的过滤速度取 0.5～1.2m/min，毛毡类滤料的过滤速度取 1～5m/min。

3. 袋式除尘器的压力损失

随着粉尘在滤袋上的积累，除尘器的压力损失也相应地增加。当滤袋两侧压力差很大时，将会造成能量消耗过大和捕尘效率降低。正常工作的袋式除尘器的压力损失应控制在 1500～2000Pa 左右。滤袋的总压力损失（Δp）是由清洁滤袋的压力损失（Δp_0）和黏附粉尘层的压力损失（Δp_d）两部分所组成。即压力损失为：
$$\Delta p = \Delta p_0 + \Delta p_d \tag{5-90}$$
清洁滤袋的压力损失（Δp_0）可用下式计算：
$$\Delta p_0 = \xi_0 \mu v_f \tag{5-91}$$
黏附粉尘层的压力损失可用下式计算：
$$\Delta p_d = a m_d \mu v_f \tag{5-92}$$
故
$$\Delta p = (\xi_0 + a m_d)\mu v_f \tag{5-93}$$

式中，ξ_0 为清洁滤袋的阻力系数，m^{-1}，其值与滤料组成和结构有关；μ 为气体的黏度，$N \cdot s/m^2$（$Pa \cdot s$）；v_f 为过滤速度，m/s；a 为粉尘的平均阻力，m/kg；m_d 为堆积粉尘负荷，kg/m^2。

一般情况下，ξ_0 大约为 $10^7 \, m^{-1}$，$a = 10^9 \sim 10^{12} \, m/kg$，$m_d = 0.1 \sim 1.2 kg/m^2$。当压力差为 2000Pa 时，$m_d \leqslant 0.5 kg/m^2$。

（三）袋式除尘器的滤料

1. 滤料的选择

滤料是袋式除尘器的主要组成部分之一，对袋式除尘器的造价、滤尘工作性能以及运行费用影响很大。滤料的工作性能主要是指过滤效率、透气性及强度等。运行费用是指运行时因能量消耗和滤料更换、维修所付的费用等。滤料需要的费用占设备总造价的 15%～20% 左右。

选择袋式除尘器的滤料应遵循以下几个原则：

① 滤料在滤尘时容尘量应较大，清灰后能保留完好的初尘层，使之能保证较高的效率清除较细的粉尘粒子；

② 在均匀容尘状态下透气性要好，压力损失小；

③ 抗折、耐磨、耐温和耐腐蚀性要好，机械强度要高，性能要稳定；

④ 吸湿性小，易于清除沉积在初粉尘层上的粉尘粒子；

⑤ 使用寿命长，价格低廉。

应当指出，对某一具体的滤料，很难尽善尽美地满足上述全部要求，因而在实际选择滤料时，要根据具体使用条件，选择最适宜的滤料。

滤料种类很多，常用滤料按所用的材质可分为天然纤维滤料（例如棉毛织物）、合成纤维滤料（例如尼龙、涤纶等）、无机纤维滤料（如玻璃纤维、耐热金属纤维）三类，其特性列于表 5-59 中。

表 5-59　各种纤维的主要性能

类别	原料或聚合物	商品名称	密度 /(g/cm³)	最高使用温度/℃	长期使用温度/℃	20℃以下相对湿度的吸湿性/% 65%	95%	抗拉强度 /10⁵Pa	断裂延伸率/%	耐磨性	耐热性 干热	湿热	耐有机酸	耐无机酸	耐碱性	耐氧化剂	耐溶剂
天然纤维	纤维素	棉	1.54	95	75~85	7~8.5	24~27	30~40	7~8	较好	较好	较好	较好	很差	较好	一般	很好
	蛋白质	羊毛	1.32	100	80~90	10~15	21.9	10~17	25~35	较好	—	—	较好	较好	很差	差	较好
	蛋白质	丝绸		90	70~80		—	38	17	较好	—	—	较好	较好	很差	差	较好
合成纤维	聚酰胺	尼龙(锦纶)	1.14	120	75~85	4~4.5	7~8.3	38~72	10~50	很好	较好	较好	一般	很差	较好	一般	很好
	聚间苯二甲酰同苯二胺	Nomex	1.38	260	220	4.5~5	—	40~55	14~17	很好	很好	很好	较好	较好	较好	一般	很好
	聚丙烯腈	腈纶	1.14~1.16	150	110~130	1~2	4.5~5	23~30	24~40	较好	较好	较好	较好	较好	一般	较好	很好
	聚丙烯	丙纶	1.14~1.16	100	85~95	0	0	45~52	22~25	较好	较好	较好	很好	很好	较好	较好	较好
	聚乙烯醇缩醛	维纶	1.28	180	<100	3.4	—	24~35	—	较好	一般	一般	较好	很好	很好	一般	一般
	聚氯乙烯	氯纶	1.39~1.44	80~90	65~70	0.3	0.9	33	12~25	差	差	差	很好	很好	很好	很好	较好
	聚四氟乙烯	特氟隆	2.3	280~300	220~260	0	0	—	13	较好	较好	较好	很好	很好	很好	差	很好
	聚苯硫醚	PPS	1.33~1.37	190~200	170~180	0.6	0	25~35	25~35	较好	较好	较好	较好	较好	较好	较好	很好
	聚对苯二甲酸乙二醇酯	涤纶	1.38	150	130	0.4	0.5	40~49	40~55	很好	较好	一般	较好	较好	较好	很好	很好
无机纤维	铝硼硅酸盐玻璃	玻璃纤维	3.55	315	250	0.3	—	145~158	3~0	很差	很好	很好	很好	很好	差	很好	很好
	铝硼硅酸盐玻璃	经硅油、聚四氟乙烯处理的玻璃纤维	—	350	260	0	0	145~158	3~0	一般	很好	很好	很好	很好	差	很好	很好
	铝硼硅酸盐玻璃	经硅油、石墨和聚四氟乙烯处理的玻璃纤维	—	350	300	0	0	145~158	3~0	一般	很好	很好	很好	很好	较好	很好	很好
	陶瓷纤维	玄武岩滤料	—	300~350	300~350	0	0	16~18	3~0	一般	很好	很好	好	好	好	很好	很好

2. 滤料的种类和性能

20 世纪 50 年代以前使用的滤料主要是棉、毛等天然纤维。以后由于化学工业的发展，合成纤维滤料的出现，为普遍推广应用袋式除尘器创造了较为有利的条件。美国 1975 年统计，滤料中天然纤维占 25%，聚酯纤维占 50%，聚丙烯腈纤维占 7%～10%，耐高温尼龙占 5%～8%。从发展趋势来看，合成纤维占绝对优势，将进一步取代天然纤维。

纤维是滤布的基本原料，它决定滤布的主要性能。滤料纤维分类见图 5-93。

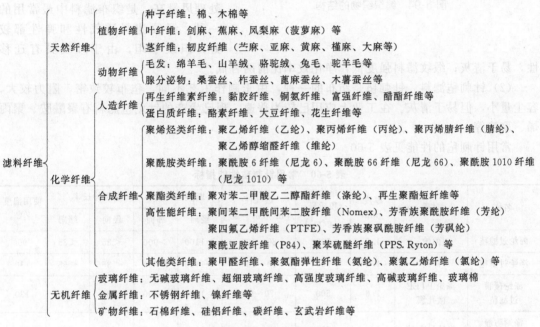

图 5-93 滤料纤维分类

20 世纪 60 年代以来，国外广泛采用毛毡滤料，特别是针刺毡，在脉冲喷吹清灰除尘器中应用极为广泛。现将常用滤料纤维及其特性分述如下。

(1) 天然纤维 天然纤维包括棉织、毛织及棉毛混织品。天然纤维的特点是透气性好，阻力小，容量大，过滤效率高，粉尘易于清除，耐酸、耐腐蚀性能好；其缺点是长期工作温度不得超过 100℃。

(2) 无机纤维 无机纤维主要系指陶瓷玻璃纤维。这种纤维作为滤料具有过滤性能好，阻力小，化学稳定性好，耐高温，不吸潮和价格便宜等优点；其缺点是除尘效率低于天然、合成纤维滤料，此外，由于这种纤维挠性较差，不耐磨，在多次反复清灰时，纤维易断裂。所以，在采用机械振打法清灰时，滤袋易破裂。为了改善这种易破裂的状况，可用芳香基有机硅、聚四氟乙烯、石墨等物质对其进行处理。实践证明，通过这种方法的处理，有效地提高了其耐磨性、疏水性、抗酸腐蚀和柔软性，延长了滤袋的使用寿命。

(3) 合成纤维 随着有机合成工业、纺织工业的发展，合成纤维滤料逐渐取代天然纤维滤料，合成纤维有聚酰胺、芳香族聚酰胺、聚酯、聚丙烯腈、聚氯乙烯、聚四氟乙烯等。其中芳香族聚酰胺和聚四氟乙烯可耐温 200～260℃，聚酯纤维可耐温 130℃左右。

3. 滤料的结构

滤料的结构形式对其除尘性能有很大影响。

（1）织物滤料的结构 织物滤料的结构可分为编织物和非编织物。编织物的结构有平纹、斜纹和缎纹三种，如图 5-94 所示。

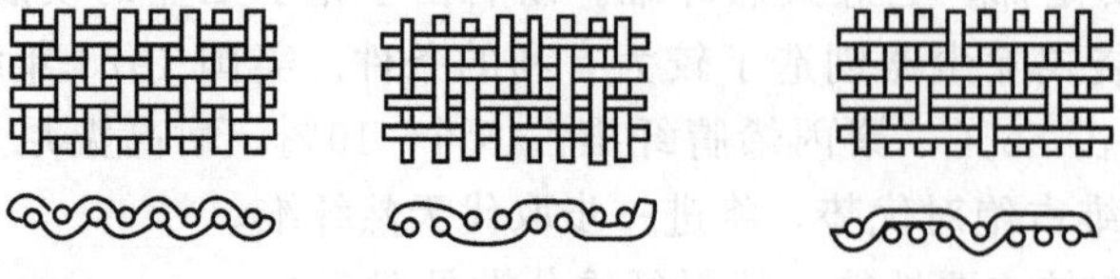

(a) 平纹编织　　(b) 斜纹编织　　(c) 缎纹编织

图 5-94 编织织物的结构

平纹滤布净化效率高，但透气性差，阻力大，清灰难，易堵塞。斜纹滤布表面不光滑，耐磨性好，净化效率和清灰效果都好，滤布不易堵塞，处理风量高，是织布滤料中最常用的一种。缎纹滤料透气性和弹性都较好，织纹平坦，由于纱线具有迁移性，易于清灰；缎纹滤料强度低，净化效率比前两者低。

（2）针刺毡滤料 针刺毡是纺布的一种，由于制作工艺不同，毡布较致密，阻力较大，容尘量小，但易于清灰。在工业上应用已较为普遍。现已生产的针刺毡滤料有聚酰胺、聚丙烯、聚酯等。

常用针刺毡的性能见表 5-60。

表 5-60 常用针刺毡性能指标

名称	材质	厚度 /mm	单位面积质量 /(g/m²)	透气性 /[m³/(m²·s)]	断裂强力/N 经向	断裂强力/N 纬向	断裂伸长率/% 经向	断裂伸长率/% 纬向	使用温度 /℃
丙纶过滤毡	丙纶	1.7	500	80~100	>1100	>900	<35	<35	90
涤纶过滤毡	涤纶	1.6	500	80~100	>1100	>900	<35	<55	130
涤纶覆膜过滤毡	涤纶 PTEE 微孔膜	1.6	500	70~90	>1100	>900	<35	<55	130
涤纶防静电过滤毡	涤纶导电纱	1.6	500	80~100	>1100	>900	<35	<55	130
涤纶防静电覆膜过滤毡	涤纶、导电纱 PTFE 微孔膜	1.6	500	70~90	>1100	>900	<35	<55	130
PPS 过滤毡	聚苯硫醚	1.7	500	80~100	>1200	>1000	<30	<30	190
PPS 覆膜过滤毡	聚苯硫醚 PTFE 微孔膜	1.8	500	70~90	>1200	>1000	<30	<30	190
美塔斯	芳纶基布纤维	1.6	500	11~19	>900	>1100	<30	<30	180~200
芳纶过滤毡	芳族聚酰胺	1.6	500	80~100	>1200	>1000	<20	<50	204
芳纶防静电过滤毡	芳族聚酰胺导电纱	1.6	500	80~100	>1200	>1000	<20	<50	204
芳纶覆膜过滤毡	芳族聚酰胺 PTFE 微孔膜	1.6	500	60~80	>1200	>1000	<20	<50	204
P84 过滤毡	聚酰亚胺	1.7	500	80~100	>1400	>1200	<30	<30	240
P84 覆膜过滤毡	聚酰亚胺 PTFE 微孔膜	1.6	500	70~90	>1400	>1200	<30	<30	240
玻纤针刺毡	玻璃纤维	2	850	80~100	>1500	>1500	<10	<10	240
复合玻纤针刺毡	玻璃纤维 耐高温纤维	2.6	850	80~100	>1500	>1500	<10	<10	240

续表

名称	材质	厚度/mm	单位面积质量/(g/m²)	透气性/[m³/(m²·s)]	断裂强力/N		断裂伸长率/%		使用温度/℃
					经向	纬向	经向	纬向	
玻美氟斯过滤毡	无碱基布	2.6	900	15～36	>1500	>1400	<30	<30	240～320
PTFE	超细 PTFE 纤维	2.6	650	70～90	>500	>500	≤20	≤50	250

4. 滤袋的形状和规格

袋式除尘器传统上都采用圆形滤袋，但近年来，随着烟气处理负荷的不断增加，由于扁袋在同样过滤面积下占用的空间较少，因而也得到相应的发展。目前袋式除尘器有向大型化发展的趋势。当今已经出现了处理烟气能力达每小时几十万立方米甚至几百万立方米的大型装置。一个袋式除尘器可集中上万条滤袋，有的甚至上十万条滤袋，这种大型装置国外称为"袋房"。向大型化发展一方面是由工艺设备的生产能力和规模急速扩大，使处理烟气量大大增加；另一方面，由于设置中央除尘系统，给技术经济及维护管理方面带来了好处。

但是，袋式除尘器有时也做成小型的，安装在散尘设备上或散尘设备附近（如插入式等）。由于其除尘效率很高，故经净化后的空气可直接排入车间内，有的甚至装在车上，随散尘设备的移动而移动。这种小巧、灵活的袋式除尘器特别适用于分散点的除尘。

（四）袋式除尘器的分类

袋式除尘器的种类很多，可根据布袋的形状、清灰方式、应用目的、运行时的压力和进气方式的不同而分类。

（1）按滤袋的形状分类　滤袋可分为圆筒形和扁形。圆筒形滤袋应用最广，它受力均匀，连接简单，成批换袋容易。扁袋除尘器和圆袋除尘器相比，在同样体积内可多布置20%～40%过滤面积的布袋，因此，在滤料中粉尘负荷相同的条件下扁袋除尘器占地面积较小。

（2）按进气方式的不同分类　可分为上进气和下进气两种方式。含尘气体从除尘器上部进气时，粉尘沉降方向与气流方向一致，粉尘在袋内迁移距离较下进气远，能在滤袋上形成均匀的粉尘层，过滤性能比较好。但为了使配气均匀，配气室需设在壳体上部（下进气可利用锥体部分），使除尘器高度增加，此外滤袋的安装也较复杂。

采用下进气时，粗尘粒直接落入灰斗，一般只是粒烃<3μm 的细粉尘接触滤袋，因此滤袋磨损小。但由于气流方向与粉尘沉降的方向相反，清灰后会使细粉尘重新附集在滤袋表面，从而降低了清灰效率，增加了阻力。然而，与上进气相比，下进气方式设计合理、构造简单、造价便宜，因而使用较多。

（3）按含尘气流进入滤袋的方向分类　可分为内滤袋式和外滤袋式两种。采用内滤式时，含尘气流进入滤袋内部，粉尘被阻挡于滤袋内表面，净化气体通过滤袋逸向袋外。采用外滤式时，粉尘阻留于滤袋外表面，净化气体由滤袋内部排出。

（4）按清灰方式的不同分类　可分为简易清灰袋式除尘器、机械振动清灰袋式除尘器、逆气流清灰袋式除尘器、气环反吹清灰袋式除尘器、脉冲喷吹清灰袋式除尘器、脉冲顺喷射袋式除尘器及联合清灰袋式除尘器，其中脉冲袋式除尘器应用最为广泛。

（五）袋式除尘器的形式

1. 简易人工振打清灰的袋式除尘器

图 5-95 所示为人工振打清灰的袋式除尘器，滤袋下部固定在花板上，上部吊挂在水平框架上。含尘气体由下部进入除尘器，通过花板分配到各个滤袋内部（内滤式），通过滤袋净化后由上部排出。其主要设计特点是清灰时，通过手摇振打机构，使上部框架水平运动，将滤袋上的粉尘脱落，掉入灰斗中。

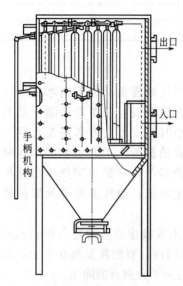

图 5-95　人工振打清灰的
袋式除尘器

由于手动清灰，所以滤袋直径取 150～250mm，长度以 2.5～5m 为宜。由于清灰强度不大，滤袋寿命较长，一般可达 3 年以上。这种除尘器过滤风速不宜太高，一般为 0.5～0.8m/min，阻力不高，400～800Pa。除尘器的入口含尘浓度不能高，通常不超过 3～5g/m³。

2. 小型机械振打袋式除尘器

小型机械振打除尘器的设计特点是电机带动偏心轮，可以定时振打进行清灰。这种除尘器主要用于库顶、库底、皮带输送及局部尘源除尘，从除尘器上清除下来的粉尘可以直接排入仓内，亦可直接落在皮带上，含尘气体由除尘器下部进入除尘器。经滤袋过滤后，清洁空气由引风机排出，除尘器工作一段时间后，滤袋上的粉尘逐渐增多致使滤袋阻力上升，需要进行清灰，清灰完毕后除尘器又正常进行工作。

这种除尘器的典型设计是 HD 系列摇振式单机除尘器。该系列机组有六种规格，每种规格又分 A、B、C 三种形式，A 种设灰斗，B 种设抽屉，C 种既不设灰斗又不带抽屉，下部设法兰，根据要求直接配接库顶、料仓、皮带运输转运处等扬尘设备上就地除尘，粉尘直接收回。

（1）结构特点　该系列除尘器基本结构由风机、箱体、灰斗三个部件组成，各部件安装在一个立式框架内，结构极为紧凑。各部件的结构特点如下：

① 风机部件采用通用标准风机，便于维修更换，并采用隔震设施，噪声小；

② 滤料选用的是"729"圆筒滤袋，过滤效果好，使用寿命长；

③ 清灰机构是采用电动机带动连杆机构，使滤袋抖动而清除滤袋内表面的方法，其控制装置分为手控或自控两种，清灰时间长短用时间继电器自行调节（电控箱随除尘器配套）；

④ 排灰门采用抽屉式、灰斗式两种结构，清除灰尘十分方便。

（2）工作原理　含尘气体由除尘器入口进入箱体，通过滤袋进行过滤，粉尘被留在滤袋内表面，净化后的气体通过滤袋进入风机，由风机吸入直接排入室内（亦可以接管排出室外）。

随过滤时间的增加，滤袋内表面黏附的粉尘也不断增加，滤袋阻力随之上升，从而影响除尘效果；采用自控清灰机构进行定时控振清灰或手控清灰机构停机后自动摇振 10s，使粘在滤袋内面的粉尘抖落下来，粉尘落到灰斗、抽屉或直接落到输送皮带上。

（3）性能尺寸　HD 系列除尘器的技术性能见表 5-61，其外形尺寸见图 5-96、图 5-97 及表 5-62。

表 5-61　HD 系列除尘器技术性能

型号	HD24 (A、B、C)	HD32 (A、B、C)	HD48 (A、B、C)	HD56 (A、B、C)	HD64 (A、B、C)	HD64L (A、B、C)	HD80 (A、B、C)
过滤面积/m²	10	15	20	25	29	35	40
滤袋数量/条	24	32	48	56	64	64	80
滤袋规格(φ×L)/mm	115×1270	115×1270	115×1270	115×1270	115×1270	115×1535	115×1535
处理风量/(m³/h)	824~1209	1401~1978	2269~2817	2198~3297	3572~3847	3912~5477	3912~5477
设备阻力/Pa	<1200	<1200	<1200	<1200	<1200	<1200	<1200
除尘效率/%	>99.5	>99.5	>99.5	>99.5	>99.5	>99.5	>99.5
过滤风速/(m/min)	<2.5	<2.5	<2.5	<2.5	<2.5	<2.5	<2.5
风机功率/kW	2.2	3	5.5	5.5	7.5	11	11
清灰电动机功率/kW	0.25	0.25	0.25	0.37	0.37	0.37	0.55
风机电机型号	Y90L-2	Y100L-2	Y132S₁-2	Y132S₁L-2	Y132S₂-2	Y160M₁L-2	Y160M₁L-2
清灰电机型号	AO₂-7114	AO₂-7114	AO₂-7114	AO₂-7114	AO₂-7114	AO₂-7114	AO₂-7114
A 型质量/kg	360	400	500	580	620	650	870

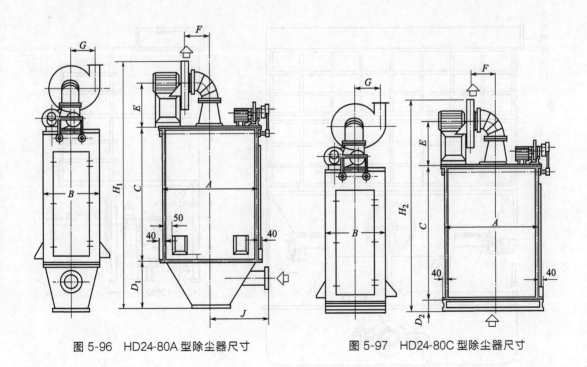

图 5-96　HD24-80A 型除尘器尺寸　　　　　图 5-97　HD24-80C 型除尘器尺寸

表 5-62　HD 系列除尘器外形尺寸　　　　　　　　　　　　　　单位：mm

代号	A	B	C	D₁	D₂	E	F	G	H₁	H₂	J
HD24(A、B、C)	830	640	1452	450	100	475	283	286	2639	2289	480

代号	A	B	C	D_1	D_2	E	F	G	H_1	H_2	J
HD32(A、B、C)	1080	640	1452	500	100	475	283	286	2689	2289	600
HD48(A、B、C)		900	1452	650	100	505	365	287	2967	2417	600
HD56(A、B、C)	950	1160	1452	665	100	505	365	287	2982	2417	520
HD64(A、B、C)	1080	1160	1452	670	100	505	365	287	2987	2417	600
HD64L(A、B、C)	1080	1160	1723	670	100	555	400	322	3353	2783	600
HD80(A、B、C)	1340	1160	1723	840	100	555	400	322	3523	2783	720

3. 回转反吹风扁袋除尘器

（1）主要特点　回转反吹风扁袋除尘器的设计特点是采用了回转切换阀（见图 5-98），它是总结同类型除尘器的系列设计和运行实践的基础上研制的。回转反吹风扁袋除尘器还具有以下特点：

① 采用单元组合式单层或双层箱体结构，设计选用灵活方便；

② 采用旁插信封式扁袋，布置紧凑，换袋方便，适宜室内安装；

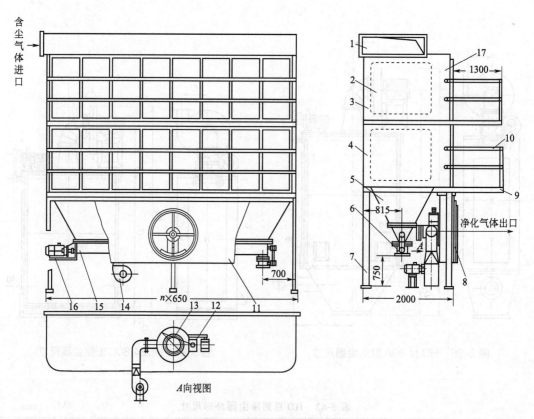

图 5-98　回转反吹风扁袋除尘器

1—进气箱；2—布袋；3—上箱体；4—下箱体；5—灰斗；6—卸灰阀；7—支架；8—排气箱口；
9—平台；10—扶手；11—切换阀；12—减速器；13—回转切换阀；14—反吹风机；
15—螺旋输送机；16—摆线减速器；17—清洁室

③ 采用分室轮流切换，停风反吹清灰，清灰能耗小，清灰效果最佳，但回转机构会耗能；

④ 滤袋安装座采用成型钢，箱体壁板折边拼缝，表面平整、美观，机械强度高，密封性好；

⑤ 滤袋袋口采用特殊纤维材质制成，弹性好，强度高，使除尘室与清洁室有极好隔尘密封性能；

⑥ 采用 1500mm×750mm×25mm 中等规格扁袋，每层两排布置，单件质量轻，换袋占用空间小，换袋作业极为轻便；

⑦ 袋间设有隔离弹簧，防止滤袋反吹清灰时，滤壁贴附，堵塞落灰通道，确保清灰效果。

回转反吹风扁袋除尘器已在有色冶炼、机械、铸造、水泥、化工等行业的工程实际中应用。

（2）结构及工作原理　回转反吹风扁袋除尘器由过滤室、清洁室、灰斗、进排气口、螺旋输送机、双舌卸灰阀、回转切换定位脉动清灰机构以及平台梯子等部分组成。

含尘气流由顶部进气口进入，向下弥散通过过滤室滤袋间空隙，大颗粒尘随下降气流沉落灰斗，小颗粒尘被滤袋阻留，净化空气透过袋壁经花板孔汇集清洁室，从下部流入回转切换通道。最后经排气口接主风机排放，完成过滤工况。

随着过滤工况的进行，滤袋表面积尘增加，阻力上升，当达到控制上限时启动回转切换脉动清灰机构，轮流对各室进行停风定位喷吹清灰，直至滤袋阻力降至控制下限，清灰机构停止工作。

① 除尘效率　如选用二维机织滤料，除尘效率≥99.2%；如选用三维针刺毡滤料，除尘效率≥99.6%；如选用微孔薄膜复合滤料，除尘效率≥99.9%。

② 设备阻力　800～1600Pa，具体控制范围应视尘气特性、滤料选配、滤速大小以及主风机特性在除尘系统试运转时调定。

③ 反吹风方式　对于干燥、滑爽型粗粒尘，不用配反吹风机和脉动阀，靠自然大气反吹风即可；对于较潮湿的黏性细粒尘，必须配反吹风机和脉动阀，实现风机大气风脉动反吹；对于高温、潮湿的黏性细粒尘，还需将反吹风机入口与主风机出口连接，实现风机循环风脉动反吹。

④ 清灰控制方式　本除尘器配带的电控柜按定时清灰控制原理设计，清灰周期可调。如特殊需要，也可专门设计配套定阻力清灰控制柜。除尘器阻力用压力计显示。

（3）技术性能和注意事项　回转反吹风扁袋除尘器性能参数见表 5-63。

表 5-63　回转反吹风扁袋除尘器性能参数

型号	层次	室数	单元数	袋数/条	过滤面积/m²		处理能力		外形尺寸/mm
					公称	实际	ω/(m/min)	L/(m³/h)	
3/I-$\frac{A}{B}$	1	3	3	42	90	94.5	1～1.5	5400～8100	195×330×4250
4/I-$\frac{A}{B}$	1	4	4	56	130	126	1～1.5	7800～11700	2600×3300×4250
5/I-$\frac{A}{B}$	1	5	5	70	160	157.5	1～1.5	9600～14400	3250×3300×4250
6/I-$\frac{A}{B}$	1	6	6	84	190	189	1～1.5	11400～17100	3900×3300×4350

型号	层次	室数	单元数	袋数/条	过滤面积/m²		处理能力		外形尺寸 /mm
					公称	实际	ω/(m/min)	L/(m³/h)	
7/Ⅰ-$\frac{A}{B}$	1	7	7	98	220	220.5	1～1.5	13200～19800	4550×3300×4350
8/Ⅰ-$\frac{A}{B}$	1	8	8	112	250	252	1～1.5	15000～22500	5200×3300×4350
3/Ⅱ-$\frac{A}{B}$	2	3	6	84	190	189	1～1.5	11400～17100	1950×3300×6500
4/Ⅱ-$\frac{A}{B}$	2	4	8	112	250	252	1～1.5	15000～22500	2600×3300×6500
5/Ⅱ-$\frac{A}{B}$	2	5	10	140	320	315	1～1.5	19200～28800	3250×3300×6500
6/Ⅱ-$\frac{A}{B}$	2	6	12	168	380	378	1～1.5	22800～34200	3900×3300×6630
7/Ⅱ-$\frac{A}{B}$	2	7	14	196	440	441	1～1.5	26400～36900	4550×3300×6630
8/Ⅱ-$\frac{A}{B}$	2	8	16	224	500	504	1～1.5	30000～45000	5200×3300×6630
9/Ⅱ-$\frac{A}{B}$	2	9	18	252	570	567	1～1.5	34200～51300	5850×3300×6630
10/Ⅱ-$\frac{A}{B}$	2	10	20	280	630	630	1～1.5	37800～56700	6500×3300×6700
11/Ⅱ-$\frac{A}{B}$	2	11	22	308	690	693	1～1.5	41400～62100	7150×3300×6700
12/Ⅱ-$\frac{A}{B}$	2	12	24	336	760	756	1～1.5	45600～68400	7800×3300×6700

4. 反吹风袋式除尘器

（1）主要特点 LFSF 型反吹风袋式除尘器，是一种下进风、内滤式、分室反吹风清灰的袋式除尘器，除尘器效率可达 99% 以上。维护保养方便，可在除尘系统运行时逐室进行检修、换袋。过滤面积为 480～18300m²。适用范围较广，可用于冶金、矿山、机械、建材、电力、铸造等行业及工业锅炉的含尘气体净化。进口含尘质量浓度（标准状态）不大于 30g/m³，采用耐高温滤袋进口烟气温度最高可达 200℃。

本系列除尘器分以下两种类型。

① LFSF-Z 中型系列采用分室双仓、单排或双排矩形负压结构形式。除尘器过滤面积为 480～3920m²，处理风量为 17280～235200m³/h。单排或双排按单室过滤面积的不同，分四种类型，共 19 种规格。

② LFSF-D 大型系列采用单室单仓的结构形式，分矩形正压式和矩形负压式两种，共 11 种规格。除尘器过滤面积为 5250～18300m²，处理风量可达 189000～1098000m³/h。

（2）结构特点　本系列除尘器由箱体、灰斗、管道及阀门、排灰装置、平台走梯以及反吹清灰装置等部分组成。

① 箱体。包括滤袋室，花板，内走台，检修门，滤袋及吊挂装置等。正压式除尘器的滤袋室为敞开式结构，各滤袋室之间无隔板隔开，箱体壁板由彩色压型板组装而成。

负压式除尘器滤袋室结构要求严密，由钢板焊接而成。除尘器的花板上设有滤袋连接短管，滤袋下端与花板上的连接管用卡箍夹紧；滤袋顶端设有顶盖，用卡箍夹紧并用链条弹簧将顶盖悬吊于滤袋室上端的横梁上。

滤袋内室设有框架，避免了滤袋与框架之间的摩擦，可延长滤袋寿命。滤袋的材质有几种，当用于130℃以下的常温气体时，采用"729"或涤纶针刺毡滤袋；当用于 130～280℃ 高温烟气时，采用膨化玻璃纤维布或 Nomex 针刺毡滤料。

② 灰斗。采用钢板焊接而成。结构严密，灰斗内设有气流导流板，可使入口粗粒粉尘经撞击沉降，具有重力沉降粗净化作用，并可防止气流直接冲击滤袋，使气流均匀地流入各滤袋中去。灰斗下端设有振动器，以免粉尘在灰仓内堆积搭桥。LFSF-Z 中型除尘器为筒仓形式，采用船形灰斗。故不设振动器，灰斗上设有检修孔。

③ 管道及阀门。在除尘器上下设有进风管、排气管、反吹管、入口调节阀等部件。

④ 排灰装置。在除尘器的灰斗下设锁气卸灰阀。LFSF-Z 型，灰斗下设螺旋输灰机，机下设回转卸灰阀，LFSF-D 型（大型），灰斗下设置双级锁气卸灰阀。

（3）反吹清灰装置　清灰装置由切换阀、沉降阀、差压变送器、电控仪表、电磁阀及压缩空气管道等组成。

① 过滤工况。含尘气体经过下部灰斗上的入口管进入，气体中的粗颗粒粉尘经气流缓冲器的撞击，且由于气流速度的降低而沉降；细小粉尘随气流经过花板下的导流管进入滤袋，经滤袋过滤；尘粒阻留在滤袋内表面，净化的气体经箱体上升至各室切换阀出口，由除尘系统风机吸出而排入大气。

② 清灰工况。随着过滤工况的不断进行，阻留于滤袋内的粉尘不断增多，气流通过的阻力也不断增大，当达到一定阻值时（即滤袋内外压差达到 1470～1962Pa 时）由差压变送器发出信号，通过电控仪表，按预定程序控制电磁阀带动气缸动作，使切换阀接通反吹管道，逐室进行反吹清灰。

③ 清灰特点

a. 采用先进的"三状态"清灰方式，不但彻底清灰，而且延长了滤袋的使用寿命。

b. 在控制反吹清灰的三通切换阀结构上，设计了新颖先进的双室自密封结构，使阀板无论是在过滤或反吹时均处于负压自密封状态，大大减少了阀门的漏气现象，改变了原单室单阀板结构中有一阀门处于自启状态而带来的阀门漏气现象，从而降低了设备的漏风率，提高了清灰效果。

c. 在控制有效卸灰方面，一是在灰斗中设计了"防蓬板"结构，有效地防止粉尘在灰斗中搭桥的现象；二是在采用双级锁气器卸灰阀机构上，同时增设了导锥机构，不但能解决大块粉尘的卸灰问题，而且能确保阀门的密封性。

d. 为了有效提高清灰效果，在"三状态"清灰的基础上还可以增加辅助性声波清灰装置，提高清灰效果，降低设备阻力。但声波清灰要增加压缩空气耗量。

（4）性能参数　该系列除尘器的性能参数见表 5-64。

表 5-64 LFSF 系列袋式除尘器性能参数

型号		室数	滤袋		过滤面积/m²	过滤风速/(m/min)	处理风量/(m³/h)	设备阻力/Pa	设备质量/t
			数量/条	规格/mm					
正压	LFSF-D/Ⅰ-5250	4	592		5250		189000～315000		203
	LFSF-D/Ⅰ-7850	6	888		7850		282600～471000		299
	LFSF-D/Ⅱ-10450	8	1184		10450		376200～627000		398
	LFSF-D/Ⅰ-13052	10	1480		13050		469800～783000		452
	LFSF-D/Ⅱ-15650	12	1776	$\phi300 \times 10000$	15650		563400～939000		530
	LFSF-D/K-18300	14	2072		18300		658800～1098000		620
	LFSF-D/Ⅰ-4000	4	448		4000		144000～240000		230
	LFSF-D/Ⅰ-6000	6	672		6000		216000～360000		331
	LFSF-D/Ⅰ-8000	8	860		8000		288000～480000		406
	LFSF-D/Ⅱ-10000	10	1120		10000		360000～600000		508
	LFSF-D/Ⅱ-12000	12	1344		12000		432000～720000		608
负压	LFSF-Z/Ⅰ-280-1120	4	336		1120	0.6～1.0	40320～67200	1500～2000	42
	LFSF-Z/Ⅰ-280-1400	5	420		1400		50400～84000		51
	LFSF-Z/Ⅰ-280-1680	6	504		1680		60480～100800		56
	LFSF-Z/Ⅱ-280-2240	8	672		2240		80640～134400		77
	LFSF-Z/Ⅱ-280-2800	10	840		2800		100800～168000		95
	LFSF-Z/Ⅱ-280-3360	12	1008		3360		120960～201600		114
	LFSF-Z/Ⅱ-280-3920	14	1176		3920		141120～235200		127
	LFSF-Z/Ⅰ-228-910	4	264		910		32760～54600		41
	LFSF-Z/Ⅰ-228-1140	5	330	$\phi180 \times 6000$	1140		41040～68400		46
	LFSF-Z/Ⅰ-228-1370	6	396		1370		49320～82200		51
	LFSF-Z/Ⅱ-280-1820	8	528		1820		65520～109200		67
	LFSF-Z/Ⅱ-280-2280	10	660		2280		82080～136800		85
	LFSF-Z/Ⅱ-138-550	4	160		550		19800～33000		37
	I.FSF-Z/Ⅱ-138-830	6	240		830		29880～49800		41
	LFSF-Z/Ⅱ-138-1100	8	320		1100		39600～66000		50
	LFSF-Z/Ⅱ-138-1380	10	400		1380		49680～82800		63
	LFSF-Z/Ⅱ-80-480	6	144		480		17280～28800		32
	LFSF-Z/Ⅱ-80-640	8	192		640		23040～38400		37
	LFSF-Z/Ⅱ-80-800	10	240		800		28800～48000		50

（5）外形尺寸

① LFSF-Z 中型负压反吹布袋除尘器。LFSF-Z 型分为 LFSF-Z-80 型、LFSF-Z-138 型、LFSF-Z-228 型和 LFSF-Z-280 型四种型号。按分室不同，各种型号有 4 个、5 个、6 个、8 个、10 个、12 个、14 个室组合形式之分；按布置方式不同，又有单排、双排之分。除 LFSF-Z-228 型、LFSF-Z-280 型中的 4 室、5 室、6 室组合为单结构之外，其他均为双排

结构。滤袋采用 $\phi180mm$，袋长 6.0m。滤料的采用，当烟气温度小于 130℃ 时，采用涤纶滤料；当烟气温度为 $130\sim280$℃ 时，采用玻璃纤维滤料。除尘器阻力为 $1470\sim1962Pa$，除尘器所用压缩空气的压力为 $0.5\sim0.6MPa$，耗气量平均为 $0.1m^3/min$、瞬间最大值为 $1.0m^3/min$。LFSF-Z-280 型除尘器外形尺寸见图 5-99。其他形式的除尘器规格尺寸与此接近。

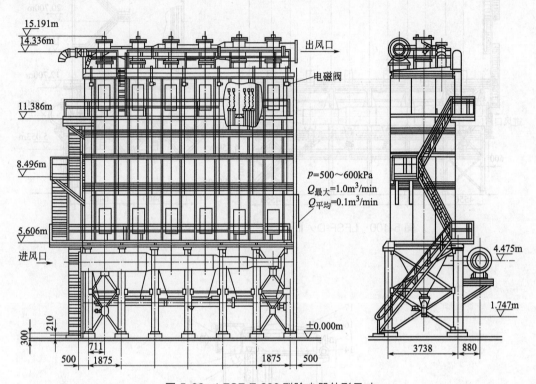

图 5-99　LFSF-Z-280 型除尘器外形尺寸

② LFSF-D 型大型正负压反吹布袋除尘器。LFSF-D 型设计有两种形式，即矩形正压式和矩形负压式。按分室不同有 4 个、6 个、8 个、10 个、12 个、14 个室组合形式之分；按布置方式不同，又有单排、双排之分，其中 4 室、6 室为单排结构，8 室、10 室、12 室、14 室为双排结构。滤袋采用 95292 或 5C300，袋长 10m；当烟气温度小于 130℃ 时，采用涤纶滤料；烟气温度 $130\sim280$℃，采用玻璃纤维滤料。除尘器阻力为 $1470\sim1962Pa$，除尘器所用压缩空气的压力为 $0.5\sim0.6MPa$。耗气量：矩形正压式平均为 $1.3\sim1.5m^3/min$，最大为 $7.6\sim8.8m^3/min$；矩形负压式平均为 $0.58\sim0.64m^3/min$，瞬间最大为 $7.27\sim8.58m^3/min$。LFSF-D/Ⅱ-8000~12000 型除尘器外形尺寸见图 5-100，其他形式尺寸与此接近。

5. 脉冲喷吹袋式除尘器

常用的脉冲喷吹袋式除尘器（简称脉冲袋式除尘器）有以下几种型式。

（1）顺喷式脉冲袋式除尘器　顺喷式脉冲袋式除尘器（见图 5-101）是由顶部或上部进气，下部排气，气流方向与脉冲喷吹同向，即顺喷式。而且净化后的空气不经过引射器喉管。这种设计可大大降低除尘器的压力损失，从而减少风机的负载，节省动力消耗，并有利于粉尘沉降到灰斗。其技术性能见表 5-65。

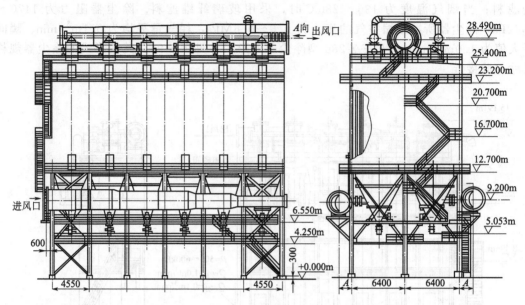

图 5-100　LFSF-D／Ⅱ-8000~12000 型除尘器外形尺寸

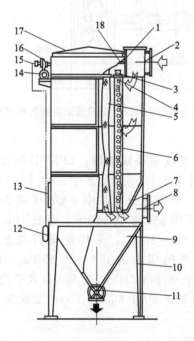

图 5-101　LSB 型顺喷式脉冲袋式除尘器

1—进气箱；2—进气管；3—引射器；4—多孔板；5—滤袋；6—弹簧骨架；7—净气联箱；
8—排气管；9—灰斗；10—支腿；11—排灰阀；12—脉冲控制仪；13—检查门；14—气包；
15—电磁阀；16—脉冲阀；17—上翻盖；18—喷吹管

表 5-65　**LSB 型顺喷式脉冲袋式除尘器技术性能**

技术性能	型号			
	LSB-35	LSB-70	LSB-105	LSB-140
气体含尘浓度/(g/m³)	3～20	3～20	3～20	3～20
过滤气速/(m/min)	2～5	2～5	2～5	2～5
处理气量/(m³/h)	3960～9900	7920～19800	11880～29700	15840～39600
喷吹压力/kPa	394.8～686.5	394.8～686.5	394.8～686.5	394.8～686.5
除尘效率/%	99.5	99.5	99.5	99.5
除尘器压力损失/Pa	490～1180	490～1180	490～1180	490～1180
过滤面积/m²	33	66	99	132
滤袋数量/条	35	70	105	140
滤袋规格(直径×高)/mm	$\phi120\times2500$	$\phi120\times2500$	$\phi120\times2500$	$\phi120\times2500$
脉冲阀数量/个	5	10	15	20
脉冲控制仪表	电控或气控	电控或气控	电控或气控	电控或气控
最大外形尺寸(长×宽×高)/mm	1180×2000×5361			

（2）逆喷式脉冲袋式除尘器　逆喷式脉冲袋式除尘器的基本构造及净化过程如图 5-102 所示。含尘气体从下侧部或上部进入除尘器，经滤袋 3 过滤，粉尘被阻留在滤袋外壁，净化后的气体通过滤袋从上部经文氏管 11 排出。文氏管上设有压缩空气喷吹管 8，每隔一定时间用压缩空气喷吹一次，使附在滤袋上的粉尘脱落下来，落入集尘斗 15，经排灰装置 16 排出。这种脉冲袋式除尘器由于采用的文氏管喉管直径较小，因此增加了整个除尘器的阻力，因使用直角脉冲阀，故喷吹压缩空气压力一般需要 $(4.9～6.86)\times10^5$ Pa。其主要技术性能见表 5-66。

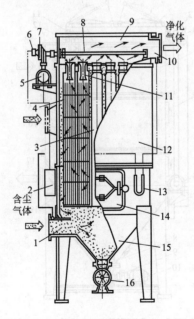

图 5-102　逆喷式脉冲袋式除尘器

1—进气口；2—控制仪；3—滤袋；4—滤袋框架；5—气包；6—控制阀；7—脉冲阀；8—喷吹管；
9—净气箱；10—净气出口；11—文氏管；12—集尘箱；13—U 形压力计；14—检修门；
15—集尘斗；16—排灰装置

表 5-66　逆喷式脉冲袋式除尘器的主要技术性能

性能	型号									
	QMC-24A	QMC-24B	QMC-36D	QMC-48D	QMC-60D	QMC-72D	QMC-84D	QMC-96D	QMC-108D	QMC-120D
过滤面积/m²	18	18	27	36	45	54	63	72	81	90
滤袋数量/条	24	24	36	48	60	72	84	96	108	120
处理风量/(m³/h)	3240~4320	3240~4320	4950~6480	6480~8630	8100~10800	9720~12900	11300~15100	12900~17300	14600~19400	16200~21600
脉冲阀个数/个	4	4	6	8	10	12	14	16	18	20
喷吹空气量/(m³/min)	0.07~0.15	0.07~0.15	0.1~0.22	0.15~0.3	0.18~0.37	0.22~0.44	0.25~0.5	0.29~0.58	—	—
外形尺寸(长×宽×高)/mm	1400×1610×3609	1400×1610×2417	1550×1610×3609	1960×1610×3646	2360×1610×3646	2760×1610×3646	3160×1610×3646	3560×1610×3646	—	—

注：1. QMC 为气动脉冲。

2. 滤袋直径 120mm，长度 2000mm。

（3）对喷式脉冲袋式除尘器　LDB 系列对喷式脉冲袋式除尘器的基本结构如图 5-103 所示。它由上、中、下三部分箱体组成。含尘气体从中箱体上部进风口 14 进入，经滤袋 16 过滤后，在滤袋自上而下流至净气联箱 17 汇集，再从下部出风口 18 排出，其上箱体和净气联箱中均安装喷吹管，清灰时由上、下喷吹管同时向滤袋喷吹。滤袋的清灰由脉冲控制仪控制顺序进行。LDB 系列对喷式脉冲袋式除尘器的主要技术性能见表 5-67。

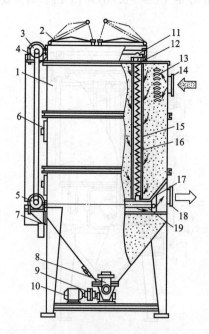

图 5-103　LDB 系列对喷式脉冲袋式除尘器

1—箱体；2—上盖；3—上气包；4—直通电磁差动阀；5—下气包；6—检查门；7—数控仪；8—出灰阀；
9—减速器；10—小电机；11—上喷管；12—上喷接管；13—挡灰板；14—进风口；15—弹簧骨架；
16—滤袋；17—净气联箱；18—出风口；19—下喷管

表 5-67　LDB 系列对喷式脉冲袋式除尘器的主要技术性能

技术性能	型号			
	LDB-35	LDB-70	LDB-105	LDB-140
过滤面积/m²	66	132	198	264
滤袋数量/条	35	70	105	140
滤袋规格(φ×L)/mm	120×5000	120×5000	120×5000	120×5000
设备阻力/Pa	<1200	<1200	<1200	<1200
过滤效率/%	99.5	99.5	99.5	99.5
入口含尘浓度/(g/cm³)	<15	<15	<15	<15
过滤风速/(m/min)	1～3	1～3	1～3	1～3
处理风量/(m³/h)	4000～11900	8000～23700	11900～35600	15800～47500
脉冲阀数量/个	10	20	30	40
脉冲控制仪	电控	电控	电控	电控
外形尺寸/mm	2000×1100×8000	2000×2200×8000	2000×3300×8000	2000×4400×8000
设备质量/kg	1350	2700	4050	5400
喷吹压力/Pa	(20～40)×10⁴	(20～40)×10⁴	(20～40)×10⁴	(20～40)×10⁴

（4）环隙喷吹脉冲袋式除尘器　环隙喷吹脉冲袋式除尘器是在脉冲袋式除尘器基础上进行改进的一种先进除尘装置（图 5-104）。其结构特点是具有环隙引射器、双膜片脉冲阀及快速拆卸的焊接管组成的喷吹装置，靠自重及箱体负压保持密封的上揭盖，采用高抗干扰的 HTL 集成电路和可控硅无触点开关的 AL-1 型、AL-2 型电控仪。含尘气体由进气口进入预分离室，除去粗粒粉尘后，经滤袋外壁进入内壁得以过滤。净化后的气体经引射器进入上箱体后，由排气管排出。采用环隙引射器后，其过滤气速比逆喷式脉冲袋式除尘器高 66%，处理气量也相应增加。但由于采用环隙引射器，压缩空气耗量比逆喷式脉冲袋式除尘器大 25% 左右。

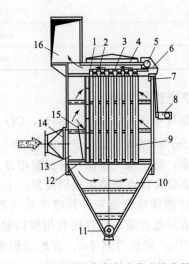

图 5-104　环隙喷吹脉冲袋式除尘器

1—环隙引射器；2—上盖；3—插接管；4—花板；5—稳压气包；6—电磁阀；7—脉冲阀；
8—电控仪；9—滤袋；10—灰斗；11—螺旋输灰机；12—滤袋框架；13—预分离室；
14—进风口；15—挡风板；16—排风管

环隙喷吹脉冲袋式除尘器采用过滤单元组合的方式，每个过滤单元由 35 条滤袋组成。其最大装置由 12 个过滤单元组成，最大处理风量为 $15264m^3/h$。

35 袋环隙喷吹脉冲袋式除尘器性能见表 5-68。

表 5-68　35 袋环隙喷吹脉冲袋式除尘器性能

名称	数值				
滤袋数量/条	35				
过滤面积/m^2	39.6				
滤袋规格($\phi \times L$)/mm	160×2250				
喷吹压力/Pa	$(5.1 \sim 6.1) \times 10^5$		$(4.5 \sim 5.2) \times 10^5$		
压气耗量/(m^3/min)	$0.336 \sim 0.395$		$0.27 \sim 0.336$		
过滤风速/(m/min)	5.3	4.2	5	4.2	3.3
处理风量/(m^3/h)	12600	10000	12000	10000	7800
入口含尘浓度/(g/cm^3)	<15	<20	<10	<15	<20
除尘效率/%	>99.5				
漏风率/%	<5				
AL 控制仪/台	1				
脉冲阀/个	5				
电磁阀/个	5				
脉冲宽度/s	0.1~0.15(可调)				
脉冲周期/s	60(可调)				
设备阻力/Pa	<1200				
含尘气体允许温度/℃	<130				
输灰电机容量/kW	0.8				
设备质量/kg	1500				

6. 圆筒形高炉煤气脉冲袋式除尘器

（1）主要设计特点　高炉煤气中含 CO 23%～30%，CO_2 9%～12%，N_2 55%～60%，以及其他成分，含尘量大于 $5g/m^3$；煤气热值大于 $3000kJ/m^3$。针对这种情况，高炉煤气除尘器设计的基本要求是防燃防爆，防止煤气泄漏，确保除尘器安全运行。

高炉煤气袋式除尘器的主要设计特点是箱体呈圆筒形，上部装有防爆阀，下部灰斗卸灰装置下有贮灰器，采用先导式防爆脉冲阀清灰。其喷吹系统各部件都有良好的空气动力特性，脉冲阀阻力低、启动快、清灰能力强，且直接利用袋口起作用，省去了传统的引射器，因此清灰压力只需 0.15～0.3MPa；袋长可达 6m，占地面积小，滤袋以缝在袋口的弹性胀圈嵌在花板上，拆装滤袋方便，减少了人与粉尘的接触。

（2）技术性能　高炉煤气脉冲袋式除尘器过滤速度较高、清灰效果好、操作方便、维护简单、设备运行可靠等优点，适于高炉煤气的除尘。除尘器的单个筒体性能参数见表 5-69。根据处理气量大小，除尘器由多个筒体组成，外形尺寸见图 5-105。

表 5-69　单个筒体除尘器性能参数

筒体内径/mm	脉冲阀		滤袋		过滤面积/m²	处理风量 /(m³/h)
	型号	数量/个	规格/mm	数量/条		
φ2600		9		99	234	11664
φ2700		10		112	275	13200
φ2800		10		120	294	14112
φ2900		11		131	321	15408
φ3000	YA76	11	φ130×6000	139	341	16368
φ3100		11		148	363	17424
φ3200		12		160	392	18816
φ3300		12		170	417	20016
φ3400		13		186	456	21888

注：1. 表中处理风量按过滤风速为 0.8m/min 计算而得。
2. 滤袋数量可以根据需要适当减少。

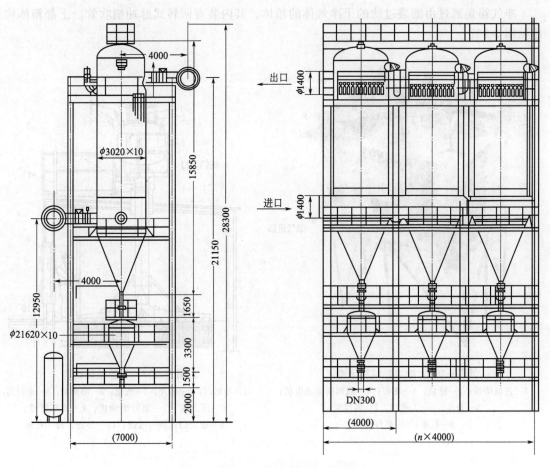

图 5-105　高炉煤气脉冲袋式除尘器外形尺寸
（括号内尺寸可以根据需要适当改动）

7. 旋转式脉冲袋式除尘器

（1）主要特点 旋转清灰低压脉冲袋式除尘器的组成与回转反吹袋式除尘器相似。其区别在于把反吹风机和反吹清灰装置改为罗茨风机及脉冲清灰装置，其主要特点如下。

① 旋转式脉冲袋式除尘器采用分室停风脉冲清灰技术，并采用了较大直径（12in）的脉冲阀。喷吹气量大，清灰能力强，除尘效率高，排放浓度低，漏风率低，运行稳定。

② 清灰采用低压脉冲方式，能耗低，喷吹压力 0.02～0.09MPa。

③ 脉冲阀少，易于维护（如 200MW 机组只要采用 6～12 个脉冲阀，而管式喷吹需数百个阀）。但旋转式喷吹方式是无序的，故清灰效果没有管式脉冲喷吹方式有效及节能。

④ 旋转式脉冲袋式除尘器，滤袋长度可达 8～10m，从而减少除尘器占地面积。袋笼采用可拆装式，极易安装。

⑤ 滤袋与花板用张紧结构，固定可靠，密封性好，有效地防止跑气漏灰现象，保证了低排放的要求；但其椭圆形滤袋结构形式没有圆形滤袋结构与花板的密封性能好。

（2）工作原理 旋转式脉冲袋式除尘器由灰斗，上、中、下箱体，净气室及喷吹清灰系统组成。除尘器结构示意如图 5-106 所示。灰斗用以收集、贮存由布袋收集下来的粉煤灰。上、中、下箱体组成布袋除尘器的过滤空间，其中间悬挂着若干条滤袋。滤袋由钢丝焊接而成的滤袋笼支撑着。顶部是若干个滤袋孔构成的花板，用以密封和固定滤袋。

净气箱是通过由滤袋过滤的干净气体的箱体。其内装有回转式脉冲喷吹管。上部箱体构造见图 5-107。

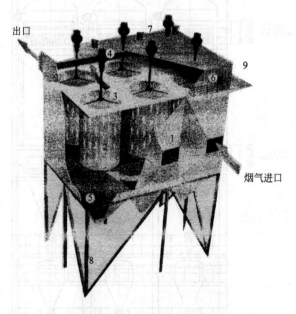

图 5-106 除尘器结构示意

1—进口烟箱；2—滤袋；3—花板；4—隔膜阀驱动电机；
5—灰斗；6—人孔门；7—通风管；
8—框架；9—平台楼梯

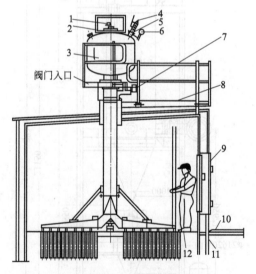

图 5-107 上部箱体结构

1—电磁阀；2—膜片；3—气包；4—隔离阀；5—单向阀；
6—压力表；7—驱动电动机；8—顶部通道；
9—检查门；10—通道；11—外壳；12—花板

喷吹清灰系统由贮气罐、大型脉冲阀、旋转式喷吹管、驱动系统组成。该系统负责压缩空气的存储，将脉冲气体喷入滤袋中。

旋转式脉冲袋式除尘器的工作原理如下：过滤时，带有粉煤灰的烟气，由进气烟道，经安装有进口风门的进气口，进入过滤空间；含尘气体在通过滤袋时，由于滤袋的滞留，使粉煤灰滞留在滤袋表面，滤净后的气体，由滤袋的内部经净气室和提升阀，从出口烟道，经引风机排入烟囱，最终排入大气。

随着过滤时间的不断延长，滤袋外表的灰尘不断增厚，使滤袋内、外压差不断增加，当达到预先设定的某数值后，PLC 自动控制系统发出信号，提升阀自动关闭出气阀，切断气流的通路，脉冲阀开启，使脉冲气流不断地冲入滤袋中，使滤袋产生振动、变形，吸附在滤袋外部的粉尘，在外力作用下，剥离滤袋，落入灰斗中。存储在灰斗中的粉尘，由卸灰阀排入工厂的输排灰系统中去。

除尘器的控制系统由 PLC 程序控制器控制。该系统可采取自动、定时、手动来控制。当在自动控制时，是由压力表采集滤袋内外的压差信号。当压差值达到设定的极值时，PLC 发出信号，提升阀立即关闭出气阀，使过滤停止，稍后脉冲阀立即打开，回转喷管中喷出的脉冲气体陆续地对滤袋进行清扫，使粉尘不断落入灰斗中，随着粉尘从滤袋上剥离下来，滤袋内外压差不断减小，当达到设定值（如 1000Pa）时，PLC 程序控制器发出信号，脉冲阀关闭，停止喷吹，稍后提升阀提起，打开出气阀，此时清灰完成，恢复到过滤状态。如有过滤室，超出最高设定值时再重复以上清灰过程。如此清灰—停止—过滤，周而复始，使收尘器始终保持在设定压差状态下工作。

除尘器 PLC 控制系统也可以定时控制，即按顺序对各室进行定时间的喷吹清灰。当定时控制时，每室的喷吹时间、每室的间隔时间及全部喷吹完全的间隔时间均可以调节。

（3）主要技术参数

① 脉冲压力 0.05～0.085MPa 反吹，较普通脉冲除尘器清灰压力低。

② 椭圆截面滤袋平均直径 127mm，袋长 3.000～8.000m，袋笼分为 2～3 节，以便于检修。滤袋密封悬挂在水平的花板上，滤袋布置在同心圆上，越往外圈每圈的滤袋越多。

③ 每个薄膜脉冲阀最多对应布置 28 圈滤袋，每组布袋由转动脉冲压缩空气总管清灰，每个总管最多对应布置 1544 条滤袋，清灰总管的旋转直径最大为 7000mm。单个膜脉冲阀为每条滤袋束从贮气罐中提供压缩空气，清灰薄膜脉冲阀直径为 150～350mm。

④ 压差监测或设定时间间隔进行循环清灰，脉冲时间可调整。袋式除尘器的总压降为 1500～2500Pa。

⑤ 除尘器采用外滤式，除尘器的滤袋吊在孔板上，形成了二次空气与含尘气体的分隔。滤袋由瘪的笼骨所支撑。

⑥ 孔板上方的旋转风管设有空气喷口，风管旋转时喷口对着滤袋进行脉冲喷吹清灰。旋转风管由顶部的驱动电机和脉冲阀控制。

⑦ 孔板上方的洁净室内有照明装置，换袋和检修时，可先关闭本室的进出口百叶窗式挡板阀门，打开专门的通风孔，自然通风换气，降温后再进入工作。

（4）袋式除尘器的反吹清灰控制

① 除尘器的反吹清灰控制由 PLC 执行。

② PLC 监测孔板上方（即滤袋内外）的压差，并在线发出除尘间（单元）的指令，若要隔离和反吹清灰，PLC 将一次仅允许一个除尘间（单元）被隔离。

③ 设计采用 3 种（即慢、正常、快运行）反吹清灰模式，以改变装置的灰尘负荷，来保证在滤袋整修寿命中维护最低的除尘阻力。

④ 为了控制 3 种反吹清灰模式，除尘器的压差需要其内部进行测量并显示为 0～3kPa

信号传递给 PLC，以启动自动选择程序。PLC 的功能是启动慢、正常或快的清洁模式，来提供一个在预编程序的持续循环的脉冲间隔给电磁脉冲阀。

⑤ 在装置运行期间，脉冲输出和脉冲周期之间的间隔时间应使袋式除尘器处于稳定运行状态。

三、滤筒式除尘器

滤筒式除尘器早在 20 世纪 70 年代已经出现，且具有体积小、效率高等优点，但因其设备容量小，过滤风速低，不能处理大风量，应用范围窄，仅在烟草、焊接等行业采用，所以多年来未能大量推广。由于新型滤料的出现和除尘器设计的改进，滤筒式除尘器在除尘工程中开始应用。

（一）滤筒式除尘器的分类和特点

1. 滤筒式除尘器分类

滤筒式除尘器（又称滤筒除尘器）按滤筒安装方式可分为水平式、垂直式和倾斜式 3 种类型（见图 5-108）。

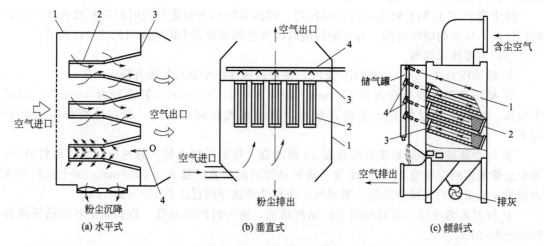

图 5-108　滤筒式除尘器型式
1—箱体；2—滤筒；3—花板；4—脉冲清灰装置

（1）水平式滤筒除尘器　水平式滤筒除尘器，主要利用其单个滤筒过滤量大、结构尺寸小的特点，分室将单元滤筒并联起来，形成组合单元体，为实现大容量空气过滤提供排列组合单元，构建任意规格的脉冲滤筒除尘器。其具有技术先进、结构合理、多方位进气、空间利用好、钢耗低、造型新颖等特点。如果处理含尘浓度很低（诸如大气飘尘），可选用水平安装形式。

（2）垂直式滤筒除尘器　垂直式滤筒除尘器，其滤筒垂直安装在花板上；依靠脉冲喷吹清灰滤袋外侧集尘，清灰下来的尘饼直接落下、回收。垂直（预装）式滤筒除尘器适用于含尘浓度 $15g/m^3$ 以下的空气过滤或除尘工程。

（3）倾斜式滤筒除尘器　倾斜式滤筒除尘器适用于水平式与垂直式之间的工况，在加强清灰强度仍不能降低阻力时，应改变滤筒安装方式并降低过滤风速。

2. 滤筒式除尘器特点

① 由于滤料折褶成筒状使用，使滤料布置密度大所以除尘器结构紧凑，体积小；

② 滤筒高度小，安装方便，使用维修工作量小；

③ 同体积除尘器过滤面积相对较大，过滤风速较小，阻力不大；

④ 滤料折褶要求两端密封严格，不能有漏气，否则会降低效果。

（二）滤筒式除尘器构造和工作原理

1. 滤筒式除尘器构造

滤筒式除尘器由进风管、排风管、箱体、灰斗、清灰装置、滤筒及电控装置组成，见图 5-109。

滤筒在除尘器中的布置很重要，滤筒可以垂直布置在箱体花板上，也可以倾斜布置在花板上，用螺栓固定，并垫有橡胶垫，花板下部分为过滤室，上部分为净气室。滤筒除了用螺栓固定外，更方便的是自动锁紧装置（见图 5-110）和橡胶压紧装置（见图 5-111）两种方法，对安装和维修十分方便。

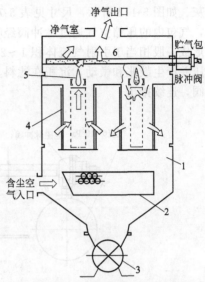

图 5-109　滤筒式除尘器构造示意
1—箱体；2—气流分布板；3—卸灰阀；
4—滤筒；5—导流板；6—喷吹管

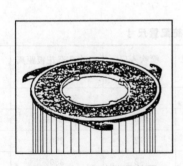

图 5-110　自动锁紧装置

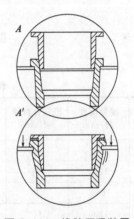

图 5-111　橡胶压紧装置

滤筒式除尘器卸灰斗的倾斜角应根据粉尘的安息角确定，一般应不小于 60°。

滤筒式除尘器的卸灰阀应严密。

滤筒式除尘器的净气室高度应能方便脉冲喷吹装置的安装，检修。

2. 滤筒式除尘器工作原理

含尘气体进入除尘器灰斗后，由于气流断面突然扩大，气流中一部分颗粒粗大的尘粒在重力和惯性作用下沉降下来；粒度细、密度小的尘粒进入过滤室后，通过布朗扩散和筛滤等综合效应，使粉尘沉积在滤料表面，净化后的气体进入净气室由排气管经风机排出。

滤筒式除尘器的阻力随滤料表面粉尘层厚度的增加而增大，阻力达到某一规定值时进行清灰。如图 5-112 所示，尺寸见表 5-70。此时脉冲控制仪控制脉冲阀的启闭，当脉冲阀开启时，气包内的压缩空气通过脉冲阀经喷吹管上的小孔，喷射出一股高速高压的引射气流，从而形成一股相当于引射气流体积 1～2 倍的诱导气流，一同进入滤筒内，使滤筒内出现瞬间正压并产生鼓胀和微动，沉积在滤料上的粉尘脱落，掉入灰斗内。灰斗内收集的粉尘通过卸灰阀，连续排出。

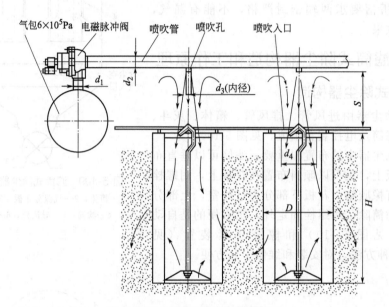

图 5-112　滤筒式除尘器清灰示意

表 5-70　清灰装置和滤筒配置尺寸

滤筒直径 D/mm	滤筒高度 H/mm	进气管直径 d_1/in	喷吹管直径 d_2/in	进气孔直径 d_3/mm	喷吹入口 d_4/mm	喷吹孔至花板距离 S/mm	滤筒数量 n
325	660	1	1	15～16	156	300～350	5～3
	1200	1½	1½	15～20	156	300～350	5～3
218	660	1	1	10～12	92	250	5～7
	1200	¾	¾	10～12	92	250	5～7
145	660	1½	1½	8～10	62	200	5～7
	1200	1	1	10～12	62	200	5～7

这种脉冲喷吹清灰方式，是逐排滤筒顺序清灰，脉冲阀开闭一次产生一个脉冲动作，所需的时间为 0.1～0.2s；脉冲阀相邻两次开闭的间隔时间为 1～2min；全部滤筒完成一次清灰循环所需的时间为 10～30min。由于该设备为高压脉冲清灰，所以根据设备阻力情况，应把喷吹时间适当调长，而把喷吹间隔和喷吹周期适当缩短。

（三）滤筒式除尘器主要性能指标

国家标准规定，滤筒式除尘器的主要性能和指标以及钢耗量见表 5-71 和表 5-72。

表 5-71　滤筒式除尘器主要性能和指标

项目	滤筒材质					
	合成纤维非织造		改性纤维素	合成纤维非织造覆膜		改性纤维素覆膜
入口含尘浓度/(g/m³)	＞15	≤15	≤5	＞15	≤15	≤5
过滤风速/(m/min)	0.3～0.8	0.6～1.0	0.3～0.6	0.3～1.0	0.8～1.2	0.3～0.8
出口含尘浓度/(mg/m³)	≤30		≤20	≤10		≤10
	≤20		≤10	≤5		≤5
漏风率/%	≤2		≤2	≤2		≤2
设备阻力/Pa	1400～1900		1400～1800	1400～1900		1300～1800
耐压强度/kPa	5					

注：1. 用于特殊工况其耐压强度应按实际情况计算。

2. 实测漏风率按下式计算：

$$\varepsilon_1 = [(Q_0 - Q_1)/Q_0] \times 100$$

式中，ε_1 为实测漏风率，%；Q_0 为入口风量，m³/h；Q_1 为出口风量，m³/h。

3. 除尘器的漏风率宜在净气箱静压为 −2kPa 条件下测得。当净气箱实测静压与 −2kPa 有偏差时，按下式计算：

$$\varepsilon = 44.72 \times \frac{\varepsilon_1}{\sqrt{|P|}}$$

式中，ε 为漏风率，%；P 为净气箱内实测静压（平均），Pa。

4. 滤筒式除尘器的初始阻力应不大于表中阻力的下限值，清灰后的阻力应小于上限值。

当除尘器运行阻力超过表中数值时，可以减小喷吹清灰时间间隔；改变滤筒安装为垂直或增加倾斜角度；采取避免含尘气体中含有油、水液滴等措施。

表 5-72　除尘器的钢耗量

滤筒直径 D/mm	120～140	140～320	320～350	320～350
滤筒褶数 n	35～45	88～140	160～250	330～350
钢耗量/(kg/m²)	20～15	18～13	10～6	≤5

如果采用图 5-112 滤筒清灰法，即脉冲气流没有经过文丘里就直接喷吹进入滤筒内部，将会导致滤筒靠近脉冲阀的一端（上部）承受负压，而滤筒的另一端（下部）将承受正压，如图 5-113 所示。这就会造成滤筒的上下部清灰不同而可能缩短使用寿命，并使设备不能达到有效清灰。

为此可在脉冲阀出口或者脉冲喷吹管上安装滤筒用文丘里喷嘴。把喷吹压力的分布情况改良成比较均匀的全滤筒高度正压喷吹。

滤筒用文丘里喷嘴的结构和安装高度见图 5-114。

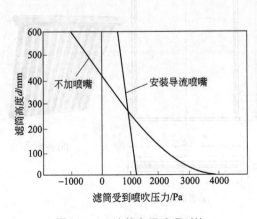

图 5-113　滤筒有无喷嘴对比

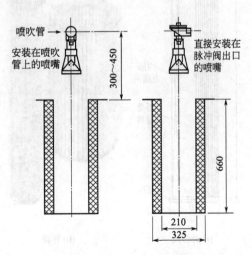

图 5-114　滤筒用文丘里喷嘴的结构和安装高度

灰尘堆积在滤筒的折叠缝中将使清灰比较困难，所以折叠面积大的滤筒（每个滤筒的过滤面积达到 20～22m²）一般只适合应用于较低入口浓度的情况。比较常用滤筒尺寸与过滤面积见表 5-73。

表 5-73　常用滤筒尺寸与过滤面积

序号	外径/mm	内径/mm	高度/mm	过滤面积/m²	序号	外径/mm	内径/mm	高度/mm	过滤面积/m²
1	352	241	660,771	9.4,10.1	5	153	128	1064～2064	2.3～4.6
2	325	216	600,660	9.4,10,15 20,21,22	6	150	94	1000	3.6
3	225	169	500,750, 1000	2.5,3.75,5	7	130	98	1000,1400	1.25,2.5
4	200	168	1400	5	8	124	105	1048～2048	1.4～2.7

滤筒式除尘器脉冲喷吹装置的分气箱应符合 JB/T 10191—2010 的规定。洁净气流应无水、无油、无尘。脉冲阀在规定条件下，喷吹阀及接口应无漏气现象，并能正常启闭，工作可靠。

脉冲控制仪工作应准确可靠，其喷吹时间与间隔均可在一定范围内调整。诱导喷吹装置与喷吹管配合安装时，诱导喷吹装置的喷口应与喷吹管上的喷孔同轴，并保持与喷管一致的垂直度，其偏差<2mm。

（四）滤筒构造和滤料

1. 构造和技术要求

滤筒式除尘器的过滤元件是滤筒。滤筒的构造分为顶盖、内部金属网、折叠滤料和底座 4 部分。

滤筒是用设计长度的滤料折叠成褶，首尾粘合成筒，筒的内外用金属框架支撑，上、下用顶盖和底座固定。顶盖有固定螺栓及垫圈。圆形滤筒外形、外貌见图 5-115，扁形滤筒外形、外貌见图 5-116。

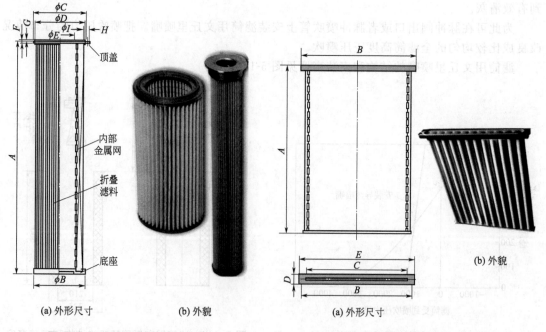

图 5-115　圆形滤筒外形、外貌　　　　图 5-116　扁形滤筒外形、外貌

　　滤筒的上下端盖、护网的粘接应可靠，不应有脱胶、漏胶和流挂等缺陷；滤筒上的金属件应满足防锈要求；滤筒外表面应无明显伤痕、磕碰、拉毛和毛刺等缺陷；滤筒的喷吹清灰按需要可配用诱导喷嘴或文氏管等喷吹装置，滤筒内侧应加防护网，当选用 $D \geqslant 320\text{mm}$、$H \geqslant 1200\text{mm}$ 滤筒时，宜配用诱导喷嘴。

2. 滤筒尺寸

　　滤筒外形尺寸系列见表 5-74，尺寸偏差极限值见表 5-75，滤筒的直径和褶数见表 5-76。

表 5-74　滤筒的尺寸系列　　　　　　　　　　　　　　　单位：mm

长度	直径							
	120	130	140	150	160	200	320	350
600						☆	☆	☆
700						☆	☆	☆
800						☆	☆	☆
1000	☆	☆	☆	☆	☆	☆	☆	☆
2000	☆	☆	☆	☆	☆	☆		

注：1. 滤筒长度可按使用需要加长或缩短，并可两节串联。

　　2. 直径是指外径，是名义尺寸。

　　3. 有标志"☆"者为推荐组合。

表 5-75　滤筒外形尺寸偏差极限值　　　　　　　　　　　单位：mm

直径	偏差极限	长度	偏差极限
120		600	
130		700	±3
140		800	
150	±1.5		
160		1000	
200			±5
320	±2.0	2000	
350			

注：检测时按生产厂产品外形尺寸进行。

表 5-76　滤筒的直径与褶数　　　　　　　　　　　　　　单位：mm

褶数	直径							
	120	130	140	150	160	200	320	350
35	☆	☆	☆					
45	☆	☆	☆	☆	☆			
88			☆	☆	☆	☆	☆	☆
120					☆	☆	☆	☆
140					☆	☆		
160							☆	☆
250							☆	☆
330							☆	☆
350								☆

注：1. 有标志"☆"者为推荐组合。

　　2. 褶数 250～350 仅适应于纸质及其覆膜滤料。

　　3. 褶深 35～50mm。

3. 滤筒用滤料

（1）合成纤维非织造滤料

① 按加工工艺可分为双组分连续纤维纺黏聚酯热压及单组分连续纤维纺黏聚酯热压两类。

② 合成纤维非织造滤料的主要性能和指标应符合表 5-77 的规定。

表 5-77 合成纤维非织造滤料的主要性能和指标

特性	项目		单位	双组分连续纤维纺黏聚酯热压	单组分连续纤维纺黏聚酯热压
形态特性	单位面积质量偏差		%	±2.0	±4.0
	厚度偏差		%	±4.0	±6.0
断裂强力(20cm×5cm)		经向	N	>900	>400
		纬向		>1000	>400
断裂伸长率		经向	%	<9	<15
		纬向		<9	<15
透气性	透气度		$m^3/(m^2 \cdot min)$	15	5
	透气度偏差		%	±15	±15
除尘效率(计重法)			%	≥99.95	≥99.5
$PM_{2.5}$ 的过滤效率			%	≥40	≥40
最高连续工作温度			℃	≤120	

注：1. 透气度的测试条件为 $\Delta p = 125Pa$。

2. 透气度与过滤阻力的换算公式为：

$$Q_1/Q_2 = \Delta p_1/\Delta p_2$$

式中，Q_1 为透气度，$m^3/(m^2 \cdot min)$ 或 m/min；Q_2 为过滤风速，m/min；Δp_1 为透气度的测试条件，Pa；Δp_2 为过滤阻力，Pa。

③ 滤料作表面防水处理，疏水性能测定应符合 GB/T 4745 的规定。处理后的滤料其浸润角应大于 90°，沾水等级不得低于Ⅳ级。

④ 滤料的抗静电特性应符合表 5-78 的规定。

表 5-78 滤料的抗静电特性

滤料抗静电特性	最大限值	滤料抗静电特性	最大限值
摩擦荷电电荷密度/($\mu C/m^2$)	<7	表面电阻/Ω	$<10^{10}$
摩擦电位/V	<500	体积电阻①/Ω	$<10^9$
半衰期/s	<1		

① 本项指标根据产品合同决定是否选择。

⑤ 对高温等其他特殊工况，滤料材质的选用应满足应用要求。

（2）改性纤维素滤料

① 改性纤维素滤料可分为低透气度和高透气度两类。

② 改性纤维素滤料的主要性能和指标应符合表 5-79 的规定。

表 5-79　改性纤维素滤料的主要性能和指标

特性	项目	单位	低透气度	高透气度
形态特性	单位面积质量偏差	%	±3	±5
	厚度偏差	%	±6.0	±6.0
透气性	透气度	$m^3/(m^2 \cdot min)$	5	12
	透气度偏差	%	±12	±10
除尘效率（计重法）		%	≥99.8	≥99.8
$PM_{2.5}$ 的过滤效率		%	≥40	≥40
耐破度		MPa	≥0.2	≥0.3
挺度		N·m	≥20	≥20
最高连续工作温度		℃	≤80	

注：1. 透气度的测试条件为 $\Delta p = 125Pa$。

2. 透气度与过滤阻力的换算公式为：

$$Q_1/Q_2 = \Delta p_1/\Delta p_2$$

式中，Q_1 为透气度，$m^3/(m^2 \cdot min)$ 或 m/min；Q_2 为过滤风速，m/min；Δp_1 为透气度的测试条件，Pa；Δp_2 为过滤阻力，Pa。

（3）聚四氟乙烯覆膜滤料

① 合成纤维非织造聚四氟乙烯覆膜滤料的主要性能和指标应符合表 5-80 的规定。

表 5-80　合成纤维非织造聚四氟乙烯覆膜滤料的主要性能和指标

特性	项目		单位	双组分连续纤维纺黏聚酯热压	单组分连续纤维纺黏聚酯热压
形态特性	单位面积质量偏差		%	±2.0	±4.0
	厚度偏差		%	±4.0	±6.0
断裂强力（20cm×5cm）		经向	N	>900	>400
		纬向		>1000	>400
断裂伸长率		经向	%	<9	<15
		纬向		<9	<15
透气性	透气度		$m^3/(m^2 \cdot min)$	6	3
	透气度偏差		%	±15	±15
除尘效率（计重法）			%	≥99.99	≥99.99
$PM_{2.5}$ 的过滤效率			%	≥99.5	≥99.0
覆膜牢度	覆膜滤料		MPa	0.03	0.03
疏水特性	浸润角		(°)	>90	>90
	沾水等级			≥Ⅳ	≥Ⅳ
最高连续工作温度			℃	≤120	

注：1. 透气度的测试条件为 $\Delta p = 125Pa$。

2. 透气度与过滤阻力的换算公式为：

$$Q_1/Q_2 = \Delta p_1/\Delta p_2$$

式中，Q_1 为透气度，$m^3/(m^2 \cdot min)$ 或 m/min；Q_2 为过滤风速，m/min；Δp_1 为透气度的测试条件，Pa；Δp_2 为过滤阻力，Pa。

② 改性纤维素聚四氟乙烯覆膜滤料的主要性能和指标应符合表 5-81 的规定。

表 5-81 改性纤维素聚四氟乙烯覆膜滤料的主要性能和指标

特性	项目	单位	低透气度	高透气度
形态特性	单位面积质量偏差	%	±3	±5
	厚度偏差	%	±6.0	±6.0
透气性	透气度	$m^3/(m^2 \cdot min)$	3.6	8.4
	透气度偏差	%	±11	±12
除尘效率(计重法)		%	≥99.95	≥99.95
$PM_{2.5}$ 的过滤效率		%	≥99.5	≥99.0
覆膜牢度	覆膜滤料	MPa	0.02	0.02
疏水特性	浸润角	(°)	>90	>90
	沾水等级		≥Ⅳ	≥Ⅳ
最高连续工作温度		℃	≤80	

注：1. 透气度的测试条件为 $\Delta p = 125Pa$。

2. 透气度与过滤阻力的换算公式为：

$$Q_1/Q_2 = \Delta p_1/\Delta p_2$$

式中，Q_1 为透气度，$m^3/(m^2 \cdot min)$ 或 m/min；Q_2 为过滤风速，m/min；Δp_1 为透气度的测试条件，Pa；Δp_2 为过滤阻力，Pa。

4. 美净滤料

(1) 滤纸 美净 MH112 和 MH112F3 滤材是在传统木浆纤维纸上作氟树脂多微孔膜处理。由于滤材基材为天然纤维，因而它没有人造纤维那么强的静电。当脉冲清灰时，粉尘更容易脱落。该滤材为表面过滤型滤材，具有精度高、通风性能良好、工作阻力低等特点。可以做阻燃处理。它的主要适用场合为抛丸除尘、烟草、燃气轮机、焊烟处理等。美净过滤纸技术参数见表 5-82。

表 5-82 美净过滤纸主要型号和技术参数

型号	MH112	MH112F3	型号	MH112	MH112F3
定重/(g/m²)	120	125	耐破度/MPa	0.35	0.35
厚度/mm	0.3	0.3	挺度/N·m	≥20	≥20
瓦楞深度/mm	0.35	0.35	工作温度/℃	≤65	≤65
最大孔径/μm	45		过滤精度/μm	5	0.5
平均孔径/μm	31		过滤效率/%	≥99.5	≥99.9
透气度/[L/(m²·s)]	130	50~70			

(2) 滤材 美净滤筒的化纤滤材主要分为常温滤材及高温滤材两大部分。

常温滤筒的滤材主要是纺粘法生产的聚酯无纺布作基材，经过后整理加工而成。该部分滤材又分为六大系列产品：普通聚酯无纺布系列；铝（Al）覆膜防静电系列；防油、防水、防污（F2）系列；氟树脂多微孔膜（F3）系列；PTFE 覆膜（F4）系列；纳米海绵体膜（F5）系列。

高温滤筒的滤材在 150~220℃ 的温度下还能够使滤筒上的折棱保持足够的挺度，并且长期工作不变形。目前所用的材质有芳纶无纺布及聚苯硫醚无纺布两大系列。

常用型号性能见表 5-83。

表 5-83　常用滤筒的滤材主要型号性能

序号	分类	型号	定重/(g/m²)	厚度/mm	透气度 Δp=200Pa/[L/(m²·s)]	强度 纵向/(N/5cm)	强度 横向/(N/5cm)	工作温度/℃	过滤精度/μm	备注
1	涤纶滤料系列	MH226	260	0.6	150	380	440	≤135	5	
2	防静电系列	MH226AL	260	0.6	150	380	440	≤65	5	
3	拒水防油系列	MH226F2	260	0.6	150	380	440	≤135	5	
		MH226ALF2	260	0.6	150	380	440	≤65	5	有抗静电功能
4	氟树脂多微孔膜系列	MH226F3	260	0.6	50~70	380	440	≤135	1	
5	PTFE 覆膜系列	MH226F4	260	0.6	50~70	380	440	≤135	0.3	
		MH217F4-ZR	170	0.45	50~70	250	300	≤135	0.3	用于焊烟过滤
		MH226F4-KC	260	0.6	45~65	380	440	≤135	0.3	用于高湿场合
6	纳米海绵体膜系列	MH217F5	170	0.45	55~80	250	300	≤120	0.5	用于大气除尘
		MH226F5	260	0.6	55~75	380	440	≤135	0.5	
		MH226ALF5	260	0.6	55~75	380	440	≤65	0.5	有抗静电功能
7	芳纶	MH433-NO	335	1	200	1100	1000	≤200	5	有基布
8	聚苯硫醚	MH533-PPS	330	1	230	650	850	≤190	5	无基布

（五）滤筒除尘器的形式

1. 横插式滤筒除尘器

横插式滤筒除尘器主要特点是滤筒横向安装。其是针对小流量的除尘应用系统而设计的产品，具有操作控制简便、性价比高、高效过滤、压差较小、配风机电机功率小等优点。

（1）结构

① 对于标准设备，含尘室检修门提供快捷安全的保养维修。当检修门打开后只需用手转除滤筒末端的丝帽，便可轻易换取滤筒，不需工具。

② 宁静运作，含内置式全自动清洁滤筒装置。快速锁扣可使集尘斗保养更容易。

③ 结构紧凑，可减少占地面积和设备体积。

④ 选配可调风阀以控制空气流量。

（2）工作原理

① 过滤运行，除尘过程如图 5-117（a）所示，含尘空气由顶部入口进入除尘器，并通过滤筒。因此，粉尘被捕集在过滤筒外表面，经过滤的清洁空气则经由滤筒中心进入清洁空气室，再经出口排出。

② 滤筒清灰，如图 5-117（b）所示，当滤筒清灰时，固态控制定时器将自动选择一个滤筒进行清灰。这时，控制器将操纵电磁阀打开隔膜阀。于是高压空气便可直接冲入所选滤筒的中心，把捕集在滤件表面上的粉尘吹扫干净。而粉尘则随主气流所趋，并在重力作用下向下落入尘斗中。

（3）BLLT 型滤筒除尘器的技术性能和外形尺寸　BLLT 型滤筒除尘器技术性能规格和外形尺寸见表 5-84 和图 5-118。

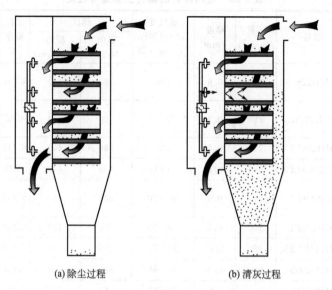

(a) 除尘过程　　　　　　　　　(b) 清灰过程

图 5-117　滤筒除尘器工作原理

表 5-84　BLLT 型滤筒除尘器技术性能和外形尺寸

型号		BLLT-2CH	BLLT-4CH	BLLT-6CH	BLLT-9CH	BLLT-12CH	BLLT-16CH
处理风量/(m³/h)		630~1080	1270~2160	1900~3240	2850~4860	3800~6480	5070~8640
入风口法兰/mm		400×250	450×250	500×250	650×280	700×280	750×300
出风口法兰/mm		φ280	φ280	φ315	φ400	φ400	φ450
过滤面积/m²		30/17.6	60/35.2	90/52.8	135/79.2	180/105.6	240/140.8
外形尺寸 /mm	A	1822	2324	2356	2886	2886	3388
	B	1300	1300	1300	1300	1300	1300
	C	500	500	500	500	500	500
	D	1004	1004	1506	1506	2010	2010
	E	1652	2154	2170	2686	2686	3188
灰箱容积/L		65	65	2×65	2×65	2×65	2×65
质量/kg		300	450	580	890	1050	1260
压缩空气/MPa		0.6~0.7					
喷吹耗气量/(m³/h)		0.8~1.6	1~1.9	1.2~2.1	1.5~2.4	2.0~3.2	2.8~4.0

注：1. 在处理高浓度含尘气体时过滤面积取低挡。
2. 处理风量为在过滤风速 0.6m/min 情况下。

2. 立式滤筒除尘器

立式滤筒式除尘器采用了折叠式结构形式，滤料采用微孔薄膜复合滤料，因而具有独特的技术性能及运行可靠等优点，适合物料回收除尘及空气过滤之用。立式除尘器的滤筒有斜插（LW 型）和直插（LL 型）两种安装方式，形成 L 系列产品。

（1）主要特点

① L 系列滤筒除尘器，由单元体（箱体）1~8 只组成，可根据具体要求灵活地任意组

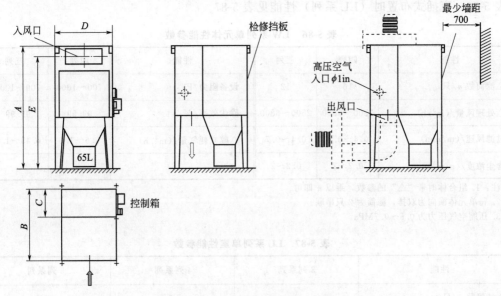

图 5-118　BLLT 型除尘器外形尺寸

合，单元体本身就是一台完整的除尘器，可以单独使用。

②L 系列滤筒除尘器配备有多种规格（过滤面积）和不同滤料，适用于不同粉尘性质、温度、含尘浓度 0.5～5.0g/m³ 的气体除尘或空气过滤，除尘效率达 99.99%。

③L 系列滤筒除尘器配备有多种安装结构形式，可根据实际情况选用。

④滤料采用微孔薄膜复合滤料，实现了表面过滤，清灰容易，阻力小，具有运行稳定性及技术可靠性。

（2）工作原理　除尘器一般为负压运行，含尘气体由进风口进入箱体，在滤筒内负压的作用下，气体从筒外透过滤料进入筒内，气体中的粉尘被过滤在滤料表面，干净气体进入清洁室从出风口排出。当粉尘在滤料表面上越积越多，阻力就越来越大，达到设定值时（也可时间设定），脉冲阀打开，压缩空气直接吹向滤筒中心，对滤筒进行顺序脉冲清灰，恢复低阻运行。

（3）滤筒的规格性能　滤筒的规格性能见表 5-85。

表 5-85　滤筒规格及参数

外形尺寸(外径×高)/mm		$\phi 350 \times 660$(LW 型)或 1000(LL 型)			
折数/折		88	130	150	200
过滤面积/(m²/只)	高 660mm	5.8	8.5	9.9	13
	高 1000mm	8.8	13	15	20
处理风量/(m³/h)	高 660mm	210	308	356	475
	高 1000mm	316	468	540	720
适用含尘浓度/(g/m³)		<5.0	<3.0	1.0	0.5

注：处理风量为在过滤风速 0.6m/min 情况下。

（4）除尘器单室性能参数　滤筒在除尘室的布置方式为斜插式布置时（LW 系列）性能见表 5-86，直插式布置时（LL 系列）性能见表 5-87。

表 5-86　LW 系列单元体性能参数

性能	四列	三列	性能	四列	三列
△滤筒数 n/只	16	12	设备阻力/Pa	700～1000	700～1000
△处理风量/(m³/h)	3300～9000	2500～6800	除尘效率/%	99.99	99.99
过滤风速/(m/min)	0.4～0.7	0.4～0.7	△喷吹耗气量/(m³/h)	0.6～1.0	0.45～1.7
含尘浓度/(g/m³)	0.2～2	0.2～2			

注：1. 组合体时带"△"的参数，乘以 n 即可。

2. 每单元体横向为双排，滤筒为 2 只串联。

3. 压缩空气压力为 0.5～0.7MPa。

表 5-87　LL 系列单室性能参数

性能	3 列系列	4 列系列	5 列系列
△滤筒数 n/只	6	8	10
△处理风量/(m³/h)	1900～5000	2500～6900	3000～8600
过滤风速/(m/min)	0.5～0.7	0.5～0.7	0.5～0.7
含尘浓度/(g/m³)	0.5～5	0.5～5	0.5～5
设备阻力/Pa	700～1000	700～1000	700～1000
除尘效率/%	99.99	99.99	99.99
△喷吹耗气量/(m³/h)	0.5～0.8	0.7～1.0	0.9～1.3

注：1. 组合体时带"△"的参数，乘以 n 即可。

2. 每室为单排，滤筒为 2 只串联。

3. 压缩空气压力为 0.5～0.7MPa。

（5）除尘器外形尺寸　LW 系列除尘器外形尺寸见图 5-119。

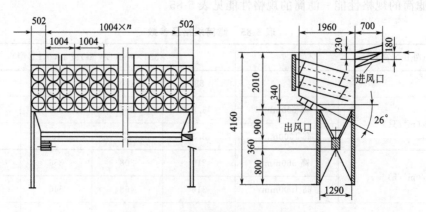

图 5-119　LW 系列除尘器外形尺寸

LL 系列滤筒除尘器主要外形尺寸及安装尺寸见图 5-120 和表 5-88。

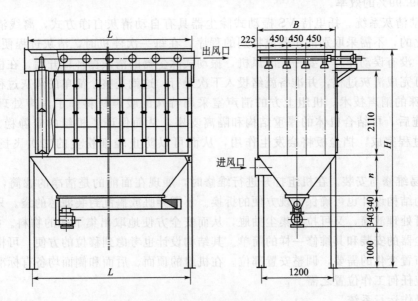

图 5-120　LL 系列滤筒除尘器安装尺寸

表 5-88　LL 系列滤筒除尘器安装尺寸

项目	数值			项目	数值		
单排筒数 m/只	3	4	5	灰斗高度 h/mm	750	1100	1500
箱体室数 n/室	4～10	4～10	4～10	进风口中心位置 b/mm	280	300	350
箱体长度($L=20+550n$)/mm	1670	2220	2770	出风口高度 A/mm	4790	5140	5540
箱体宽度($B=20+450n$)/mm	1370	1820	2270	除尘器总高度 H/mm	5040	5390	5790
螺旋输送机长度(内口)L/mm	550n～920	550n～1370	550n～1820				

3. 振动式滤筒除尘器

（1）主要特点

① 高的除尘效率。经试验其有 99.99％以上的高效率，而这都完全归功于滤芯技术。图 5-121 所示为两种除尘器的除尘效率比较，需要注意的是尘粒越小，性能差异越大。

② 双层过滤技术。VS 振动式除尘器的超级滤尘效率秘诀在于振动自净式滤筒的独特滤网。这一滤网可先将通过其上的粗粒粉尘和纤维粉尘捕集于其表面上，较细的粉尘和超微粒子则通过滤网，为其后的滤材本身所滤除。这一"预滤器"可承受较大的粉尘负荷，赋予滤芯更完美的自净性能，可有助于使除尘器在启动后几乎立刻即能发挥最佳性能。因此，在环

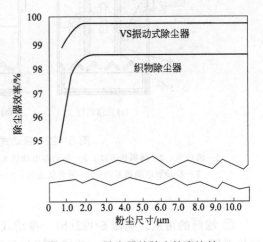

图 5-121　除尘器的除尘效率比较

境要求较高，织物袋类除尘器无法胜任的情况下，选用托里特 VS 振动式除尘器，任何时候都可确保 99.99% 的效率。

③ 自动清灰系统。托里特 VS 振动式除尘器具有自动清灰自净方式，离线清灰系统是完全自动化的，不需采取别的步骤或特别的程序，在每一次停机时，清灰过程便开始运作。从无故障，没有误动作，只要一关闭风机，振动式除尘器的清灰循环即开始。在极短时间内除尘器便可完成清灰过程，并准备就绪投入下次运行，这就是整个简单的清灰过程。

④ 特殊的消声技术。机组上方的消声室采用特殊的吸声材料作了消声处理。采取了这样的措施后，再结合机体的厚重结构和隔离支座，从而保证了机组的安静稳定的运行。一旦清灰过程完成，挡尘板将会发生作用，从而可以防止轻细粉尘的二次飞扬和再次沾污滤芯。

⑤ 容易维修与安装。在机组打开进行维修时，展现在面前的是洁净的滤筒，需要更换时，独特的结构设计也可确保实现方便的拆换。不需弄脏或搞乱封装滤芯的袋。只要一打开前门，既可处理滤筒，又可拉出集尘抽屉，从而安全方便地取出集下来的物料。托里特 VS 振动式除尘器的安装和其维修一样的简单。其结构设计也考虑到移位的方便，可根据工艺流程和平面布置变化的需要，调整安置部位。在机组的顶面、后面和侧面均备有标准的入口接口，可适应任何工作位置之需。

（2）操作运行系统

① 正常运行。见图 5-122(a)，含尘气流通过入口进入机组，先通过滤筒外侧绷紧的网状滤层，滤网用于捕集粗粒和纤维性粉尘，而细小的小粒则穿过滤网，并进而为折叠式滤芯的外表所捕集。清洁的空气通过滤筒的中心进入通风机，再经上方的消声室及其顶面上的出风口排出。

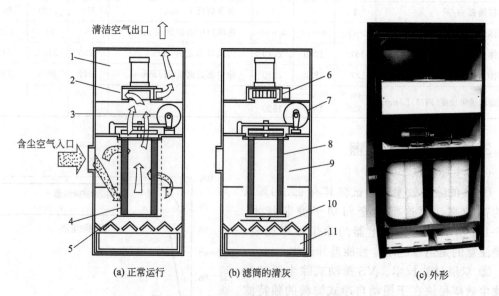

(a) 正常运行　　　(b) 滤筒的清灰　　　(c) 外形

图 5-122　振动式滤筒除尘器工作原理

1—消声室；2—通风机开动；3—振动器电动机关停；4—滤筒；5—滤筒横隔板封闭；6—通风机关停；
7—振动器电动机开动；8—折叠状滤料；9—细密滤网；10—滤筒横隔板打开；11—集尘抽屉

② 滤筒的清灰。见图 5-122(b)，振动式除尘器一般是间断地工作的。其清灰只能在通风机关闭（停车）以后进行。滤筒的清灰利用的是高频振动原理。

（3）VS 振动式除尘器技术性能　托里特 VS 振动式除尘器的技术特性见表 5-89。

表 5-89　托里特 VS 振动式除尘器的技术特性

性能参数		型号规格				
		VS3000	VS2400	VS1500	VS1200	VS550
过滤风量[①]/(m³/h)		3000～5500	2588～4138	1677～2542	1167～2072	667～917
机外静压/Pa		2038～1098	1676～608	1480～745	1872～1196	1166～1058
流速/(mm/min)		1000～1834	863～1379	1134～1729	1080～1917	1388～1909
标准入口管径[②]/mm		254	254	178	152	102
抽风电机功率/HP		7.5	5	5	3	1
滤材面积/m²		32.5	24.8	16.3	12.4	6
外形尺寸 /mm	高(H)	1910	1757	1732	1580	1326
	深(D)	838	838	781	781	781
	宽(W)	1303	1303	627	627	627
集尘抽屉容积[③]/m³		0.1	0.1	0.05	0.05	0.05
装箱毛重/kg		353	311	175	168	159
噪声/dB(A)		83 (5022m³/h)	81 (4138m³/h)	79 (2583m³/h)	74 (2072m³/h)	69 (905m³/h)

① 此数据是指新装、清净的滤筒情况。
② 也有其他尺寸供应。
③ 所有型号都有集尘抽屉。
注：1HP=0.735kW。

4. 滤筒除尘工作台

滤筒除尘工作台是把滤筒除尘器与工作台结合起来，组成滤筒除尘工作台，其主要优点是体积小，节省占地面积，可以随时随地自由移动和工作。

（1）构造　除尘工作台由除尘室和工作台两部分组成，如图 5-123 所示。除尘室内有一次除尘和二次除尘。工作台上部有送风口，侧部和下部有吸风口，完全按含尘气流自然规律运动。

（2）工作原理　工作时研磨、切削、抛光等作业产生的含尘气体由进风口到第一除尘室，大颗粒和纤维粉尘首先被分离，之后细微粉尘进到第二除尘室由滤筒进行过滤，干净气体一部分排到空气中，另一部分送到工作台台面，补充被吸走的气体。

（3）技术性能　技术性能见表 5-90。

（4）外形尺寸　滤筒除尘工作台外形尺寸见图 5-124。

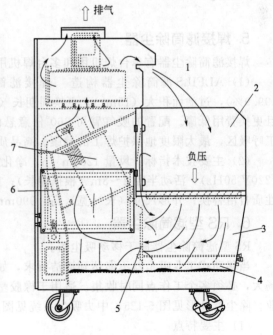

图 5-123　滤筒工作台构造
1—空气幕；2—罩盖；3—第一除尘室；4—集尘箱；
5—滤网；6—第二除尘室；7—过滤筒

表 5-90　滤筒除尘工作台技术性能

项目	参数	项目	参数
型号	NSP-207	滤筒/个	2
风量/(m³/min)	50～60	本体尺寸/mm	长 1205×宽 1160×高 1661
噪声/dB(A)	76	作业台尺寸/mm	长 1060×宽 573×高 721
功率/kW	1.0	设备质量/kg	200
电源	三相 200V		

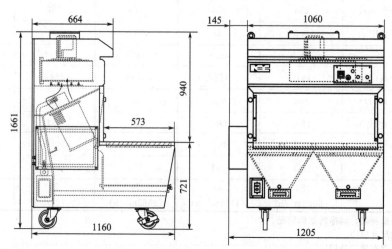

图 5-124　滤筒除尘工作台外形尺寸

5. 焊接滤筒除尘器

焊接滤筒除尘器有单台焊机用和多台焊机用之分，下面是单台焊机用的滤筒除尘器。

（1）ALFILS 滤筒除尘器构造　焊接滤筒除尘器采用滤筒式过滤器，净化效率高（99.9%），过滤面积大（15m²），更换周期长（按每天 8h 工作，一般 3～5d 方需更换滤筒）且更换费用低廉。配置的吸气臂可 360°任意悬停，从焊烟产生的源头直接吸收，不经过人工呼吸区，最大限度地保护焊工的健康。高品质电机和风机，正常使用寿命达 15 年以上。

（2）主要技术指标　风量 1200m³/h；净化效率＞99%（焊接烟尘）；电机功率 0.75kW（220V 50Hz）；活动半径 2～3m（根据臂长）；旋转臂可 360°任意悬停；过滤筒可根据粉尘性质自由替换；外形尺寸（长×宽×高）990mm×530mm×640mm；质量 50kg＋15kg。

6. RS 型滤筒除尘器

RS 型滤筒除尘器属于移动吸尘器。

当移动式工业吸尘器不能达到清洁要求，如清除或回收的废物量多、持续工作、生产现场大，必须多个工作点同时收集。适用于橡胶塑料业，制砖陶瓷业，金属加工，电子业等行业。除尘器外形见图 5-125，中央吸尘系统见图 5-126。

（1）主要特点

① 真空发生器有一个或几个带有电子控制系统的吸尘装置所组成。

② 由一个或几个组成的主体，粉尘通过旋风分离→滤筒过滤→废料回收，以达到收集的目的。

真空发生器　　　　过滤主体

图 5-125　可移动除尘器外形

图 5-126　中央吸尘系统

③ 滤筒的自动清洁是通过压缩空气的喷嘴，由脉冲控制仪控制来实现。

④ 采用聚酯纤维，过滤精度为 $5\sim7\mu m$，可选择高效过滤器 $0.3\mu m$ 过滤筒。

⑤ 由大口径 $\phi80\sim100mm$ 的软管、弯头、连接杆、主管路组成的系统用于将收集物输送到过滤主体。吸尘管与快速接头的连接形成多个工作点，大大缩短了清洁时间。

（2）主要性能指标　RS 系列滤筒除尘器主要性能指标见表 5-91。

表 5-91　RS 系列滤筒除尘器性能指标

型号	RS-130	RS-165	RS-250	RS-250A
电压/V	$380\sim415$	$345\sim415$	$345\sim415$	$345\sim415$
功率/kW	13	16.5	25	25
真空度/Pa	30500	48000	62000	44000

续表

型号	RS-130	RS-165	RS-250	RS-250A
空气流量/(m³/h)	1134	1050	1116	2160
过滤面积/cm²	220000	220000	220000	6000000
噪声/dB(A)	76	74	74	75
收集桶容积/L	175	175	175	175
吸入口径/mm	100	100	100	100
外形尺寸/mm	1000×970×2650			1400×1380×2850
质量/kg	570	728	775	780

注：根据企业现场，可将真空发生器几个组合，功率分别为：12A×2kW、16.5A×2kW、25A×2kW、25A×2kW。

四、塑烧板除尘器

随着粉体处理技术的发展，对回收和捕集粉尘要求也更为严格。由于微细粉尘，特别是5μm 以下的粉尘对人体健康危害最大，在这种情况下，对于除尘器就会提出很高的要求，这就要求除尘器具有捕集微小颗粒粉尘效率高、设备体积小、维修保养方便、使用寿命长等特点。塑烧板除尘器（又称烧结板除尘器）就是满足这些要求而出现的新一代除尘器。塑烧板除尘器具有捕集效率高、体积小、维修保养方便、能过滤吸潮和含水量高的粉尘、能过滤含油及纤维粉尘的独特优点，是电除尘器无法比拟的。由于塑烧板除尘器是用塑烧板代替滤袋式过滤部件的除尘器，其适合规模不大，气体中含水、含油的作业场合。

（一）塑烧板除尘器特点

1. 结构

塑烧板除尘器由箱体、框架、清灰装置、排灰装置、电控装置等部分组成，如图 5-127

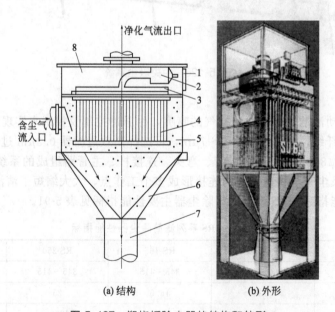

(a) 结构　　　　(b) 外形

图 5-127　塑烧板除尘器的结构和外形

1—检修门；2—压缩空气包；3—喷吹管；4—塑烧板；5—中箱体；6—灰斗；7—出灰口；8—净气室

所示。其结构特点是，过滤元件是塑烧板，并都用脉冲清灰装置清灰，清灰装置由贮灰罐、管道、分气包、控制仪、脉冲阀、喷吹管组成。除尘器箱体小，结构紧凑，灰斗可设计成方形或船形。

2. 工作原理

含尘气流经风道进入中部箱体（尘气箱），当含尘气体由塑烧板的外表面通过塑烧板时，粉尘被阻留在塑烧板外表面的 PTFE 涂层上，洁净气流透过塑烧板外表面经塑烧板内腔进入净气箱，并经排风管道排出。随着塑烧板外表面粉尘的增加，电子脉冲控制仪或 PLC 程序可按定阻或定时控制方式，自动选择需要清理的塑烧板，触发打开喷吹阀，将压缩空气喷入塑烧板内腔中，反吹掉聚集在塑烧板外表面的粉尘，粉尘在气流及重力作用下落入料斗之中。

塑烧板除尘器的工作原理与普通袋式除尘器基本相同，其区别在于塑烧板的过滤机理属于表面过滤，主要是筛分效应，且塑烧板自身的过滤阻力较一般织物滤料稍高。正是由于这两方面的原因，塑烧板除尘器的阻力波动范围比袋式除尘器小，使用塑烧板除尘器的除尘系统运行比较稳定。塑烧板除尘器的清灰过程不同于其他除尘器，它完全是靠气流反吹把粉尘层从塑烧板逆洗下来，在此过程没有塑烧板的变形或振动。粉尘层脱离塑烧板时呈片状落下，而不是分散飞扬，因此不需要太大的反吹气流速度。

3. 塑烧板特点

塑烧板是除尘器的关键部件，是除尘器的心脏，塑烧板的性能直接影响除尘效果。塑烧板由高分子化合物粉体经铸型、烧结成多孔的母体，并在表面及空隙处涂上 PTFE 涂层，再用黏合剂固定而成，塑烧板内部孔隙直径为 $40\sim80\mu m$，而表面孔隙为 $1\sim6\mu m$。

塑烧板的外形类似于扁袋，外表面则为波纹形状，因此较扁袋增加过滤面积。见表 5-92。塑烧板内部有空腔，作为净气及清灰气流的通道。

表 5-92 塑烧板的尺寸

塑烧板型号 SL70/SL160	类型	外形尺寸/mm			过滤面积/m²	质量/kg
		长	高	宽		
450/8	S A	497	495	62	1.2	3.3
900/8	S A	497	950	62	2.5	5.0
450/18	S A	1047	495	62	2.7	6.9
750/18	S A	1047	800	62	3.8	10.3
900/18	S A	1047	958	62	4.7	12.2
1200/18	S A	1047	1260	62	6.4	16.0
1500/18	S A	1047	1555	62	7.64	21.5

（1）材质特点 波浪式塑烧过滤板的材质，由几种高分子化合物粉体、特殊的结合剂严格组成后进行铸型、烧结，形成一个多孔母体，然后通过特殊的喷涂工艺在母体表面的空隙里填充 PTFE 涂层，形成 $1\sim4\mu m$ 的孔隙，再用特殊黏合剂加以固定而制成。目前的产品主要是耐热 70℃ 及耐热 160℃ 两种。为防止静电还可以预先在高分子化合物粉体中加入易导电物质，制成防静电型过滤板，从而扩大产品的应用范围。几种塑烧板的剖面和外

形见图 5-128。

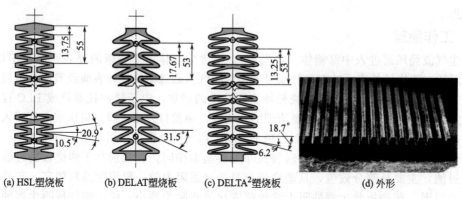

(a) HSL塑烧板　　(b) DELAT塑烧板　　(c) DELTA²塑烧板　　(d) 外形

图 5-128　几种塑烧板的剖面和外形

　　塑烧板外部形状特点是具有像手风琴箱那样的波浪形，若把它们展开成一个平面，相当于扩大了 3 倍的表面积。波浪式过滤板的内部分成 8 个或 18 个空腔，这种设计除了考虑零件的强度之外，更为重要的是气体动力的需要，它可以保证在脉冲气流反吹清灰时，同时清去过滤板上附着的尘埃。

　　塑烧板的母体基板厚 4~5mm。在其内部，经过对时间、温度的精确控制烧结后，形成均匀孔隙，然后喷涂 PTFE 涂层处理使得孔隙达到 1~4μm。独特的涂层不仅只限于滤板表面，而是深入到孔隙内部。塑烧过滤元件具有刚性结构，其波浪形外表及内部空腔间的筋板，具备足够的强度保持自己的形状，而无需钢制的骨架支撑。刚性结构其不变形的特点与袋式除尘器反吹时滤布纤维被拉伸产生形变现象的区别，也就使得两者在瞬时最大浓度有很大区别。塑烧板结构上的特点，还使得安装与更换滤板极为方便。操作人员在除尘器外部，打开两侧检修门，固定拧紧过滤板上部仅有的两个螺栓就可完成一片塑烧板的装配和更换。

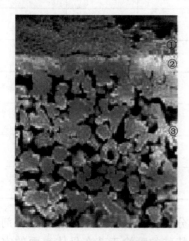

图 5-129　DELTA² 塑烧板利用 PTFE 涂层捕集粉尘

①—捕集的粉尘；②—PTFE 涂层，孔径 1~2μm；③—塑烧板刚性基体，孔径约 30μm

　　(2)　性能特点

　　① 粉尘捕集效率高。塑烧板的捕集效率是由其本身特有的结构和涂层来实现的，它不同于袋式除尘器的高效率是建立在黏附粉尘的二次过滤上。从实际测试的数据看一般情况下除尘器排气含尘浓度均可保持在 2mg/m³ 以下。虽然排放浓度与含尘气体入口浓度及粉尘粒径等有关，但通常对 2μm 以下超细粉尘的捕集仍可保持 99.9% 的超高效率。如图 5-129 所示。

　　② 压力损失稳定。由于波浪式塑烧板是通过表面的 PTFE 涂层对粉尘进行捕捉的，其光滑的表面使粉尘极难透过与停留，即使有一些极细的粉尘可能会进入空隙，但随即会被设定的脉冲压缩空气流吹走，所以在过滤板母体层中不会发生堵塞现象，只要经过很短的时间，过滤元件的压力损失就趋于稳定并保持不变。这就表明，特定的粉体在特定的温度条件下，损失仅与过滤风速有关而不会随时间上升。因此，除尘

器运行后的处理风量将不会随时间而发生变化，这就保证了吸风口的除尘效果。图 5-130、图 5-131 可以看出压力损失随过滤速度、运行时间的变化。

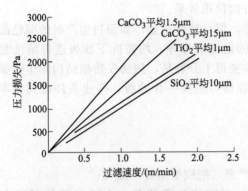

图 5-130　压力损失随过滤速度的变化

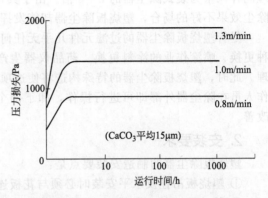

图 5-131　压力损失随运行时间的变化

③ 清灰效果。树脂本身固有的惰性与其光滑的表面，减少了板面与粉尘层的黏附力，使粉体几乎无法与其他物质发生物理化学反应和附着现象。滤板的刚性结构，也使得脉冲反吹气流从空隙喷出时，滤片无变形。脉冲气流是直接由内向外穿过滤片作用在粉体层上，所以滤板表层被气流脱附的粉尘，在瞬间即可被清去。脉冲反吹气流的作用力不会被缓冲吸收而减弱。

④ 强耐湿性。由于制成滤板的材料及 PTFE 涂层具有完全的疏水性，水喷洒其上将会看到有趣的现象是：凝聚水珠汇集成水滴淌下。故纤维织物滤袋因吸湿而形成水膜，从而引起阻力急剧上升的情况在塑烧板除尘器上不复存在。这对于处理冷凝结露的高温烟尘和吸湿性很强的粉尘如磷酸铵、氯化钙、纯碱、芒硝等，会得到很好的使用效果。由于这一特点，塑烧板使用到阻力较高时除加强清灰密度外还可以直接用水冲洗再用，而无需更换滤料。

⑤ 使用寿命长。塑烧板的刚性结构，消除了纤维织物滤袋因骨架磨损引起的寿命问题。寿命长的另一个重要表现还在于，滤板的无故障运行时间长，它不需要经常的维护与保养。良好的清灰特性将保持其稳定的阻力，使塑烧板除尘器可长期有效的工作。事实上，如果不是温度或一些特殊气体未被控制好，塑烧板除尘器的工作寿命将会相当长。即使因偶然的因素损坏滤板，也可用特殊的胶水黏合后继续使用，并不会因小小的一条黏合缝而带来不良影响。

⑥ 除尘器结构小型化。由于过滤板表面形状呈波浪形，展开后的表面积是其体面积的 3 倍。故装配成除尘器后所占的空间仅为相同过滤面积袋式除尘器的 1/2，附属部件因此小型化，所以具有节省空间的特点。

（二）普通塑烧板除尘器

1. 除尘器的特点

塑烧板属表面过滤方式，除尘效率较高，排放浓度通常低于 $10mg/m^3$，对微细尘粒也有较好的除尘效果；设备结构紧凑，占地面积小；由于塑烧板的刚性本体，不会变形，无钢骨架磨损小，所以使用寿命长，为滤袋的 2～4 倍；塑烧板表面和孔隙喷涂过 PTFE 涂层，其是由惰性树脂构成，是完全疏水的，不但不粘干燥粉尘，而且对含水较多的粉尘也不易黏结，所以塑烧板除尘器处理高含水量或含油量粉尘是最佳选择；塑烧板除尘器价格昂贵，处理同样风量为袋式除尘器的2～6倍。由于其构造和表面涂层，故在其他除尘器不能使用或除尘效果不好的场合，塑烧板除尘器却能发挥良好的使用效果。

尽管塑烧板除尘器的过滤元件几乎无任何保养，但在特殊行业，如颜料生产时的颜色品种更换、喷涂作业的涂料更换、药品仪器生产时的定期消毒等，均需拆下滤板进行清洗处理。此时，塑烧板除尘器的特殊构造将使这项工作变得十分容易，侧插安装型结构除尘器操作人员在除尘器外部即可进行操作，卸下两个螺栓即可更换一片滤板，作业条件得到根本改善。

2. 安装要求

塑烧板除尘器的制造安装要点是：

① 塑烧板吊挂及水平安装时必须与花板连接严密，把胶垫垫好不漏气；

② 脉冲喷吹管上的孔必须与塑烧板空腔上口对准，如果偏斜，会造成整块板清灰不良；

③ 塑烧板安装必须垂直向下，避免板间距不均匀；

④ 塑烧板除尘器检修门应进出方便，并且要严禁泄漏现象。

安装好的除尘器如图5-132所示。

(a) 多台并联　　　　　　　　(b) 单台安装

图5-132　安装好的塑烧板除尘器

在维护方面，塑烧板除尘器比袋式除尘器方便，容易操作，也易于检修。平时应注意脉冲气流压力是否稳定，除尘器阻力是否偏高，卸灰是否通畅等。

3. 塑烧板除尘器的性能

（1）产品性能特点　除尘效率高达99.99%，可有效去除1μm以上的粉尘，净化值小于1mg/m³；使用寿命长达8年以上；有效过滤面积大，占地面积仅为传统布袋过滤器的1/3；耐酸碱、耐潮湿、耐磨损；系统结构简单，维护便捷；运行费用低，能耗低；有非涂层、标准涂层、抗静电涂层、不锈钢涂层、不锈钢型等供选择；普通型过滤元件温度达70℃。

（2）常温塑烧板除尘器　HSL型、DELTA型及DELTA²型各种规格的塑烧板除尘器，过滤面积从小至1m²到大至数千平方米；可根据具体要求，进行特别设计。部分常用HSL

型塑烧板除尘器外形尺寸见图 5-133、主要性能参数见表 5-93、安装尺寸见表 5-94，DEL-TA1500 型塑烧板除尘器外形尺寸见图 5-134、主要性能参数见表 5-95。

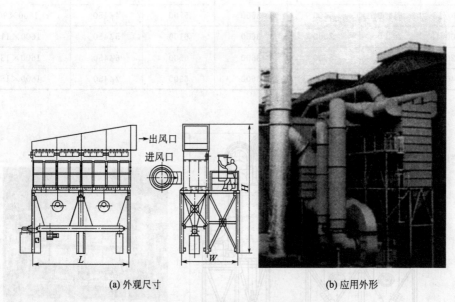

(a) 外观尺寸　　　　　(b) 应用外形

图 5-133　HSL 型塑烧板除尘器外形尺寸

表 5-93　HSL 型塑烧板除尘器主要性能参数

型号	过滤面积 /m²	过滤风速 /(m/min)	处理风量 /(m³/h)	设备阻力 /Pa	压缩空气量 /(m³/h)	压缩空气 压力/MPa	脉冲阀 个数
H1500-10/18	7.64	0.8～1.3	3667～5959	1300～2200	11.0	0.45～0.50	5
H1500-20/18	152.6	0.8～1.3	7334～11918	1300～2200	17.4	0.45～0.50	10
H1500-40/18	305.6	0.8～1.3	14668～23836	1300～2200	34.8	0.45～0.50	20
H1500-60/18	458.4	0.8～1.3	22000～35755	1300～2200	52.3	0.45～0.50	30
H1500-80/18	611.2	0.8～1.3	29337～47673	1300～2200	69.7	0.45～0.50	40
H1500-100/18	764.0	0.8～1.3	36672～59592	1300～2200	87.1	0.45～0.50	50
H1500-120/18	916.8	0.8～1.3	44006～71510	1300～2200	104.6	0.45～0.50	60
H1500-140/18	1069.6	0.8～1.3	51340～83428	1300～2200	125.0	0.45～0.50	70

表 5-94　HSL 型塑烧板除尘器安装尺寸

型号	过滤面积 /m²	设备外形尺寸/mm			入风口尺寸 /mm	出风口尺寸 /mm
		L	W	H		
H1500-10/18	7.64	1100	1600	4000	ϕ350	ϕ500
H1500-20/18	152.6	1600	1600	4500	ϕ450	ϕ650
H1500-40/18	305.6	3200	3600	4900	2ϕ450	1600×500
H1500-60/18	458.4	4800	3600	5300	3ϕ450	1600×700

型号	过滤面积 /m²	设备外形尺寸/mm			入风口尺寸 /mm	出风口尺寸 /mm
		L	W	H		
H1500-80/18	611.2	5400	3600	5700	4φ450	1600×900
H1500-100/18	764.0	7000	3600	6100	5φ450	1600×1100
H1500-120/18	916.8	8600	3600	6500	6φ450	1600×1300
H1500-140/18	1069.6	10200	3600	6900	7φ450	1600×1500

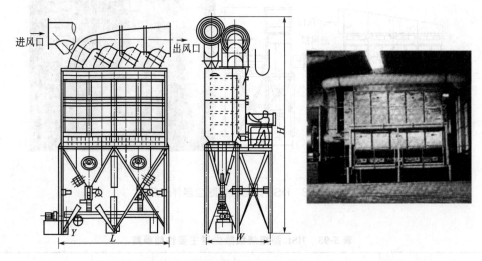

(a) DELTA1500型除尘器外形尺寸　　　　　(b) 外观

图 5-134　DELTA1500 型除尘器外形尺寸

表 5-95　DELTA1500 型塑烧板除尘器性能参数

型号	过滤面积 /m²	过滤风速 /(m/min)	处理风量 /(m³/h)	设备阻力 /Pa	压缩空气量 /(m³/h)	压缩空气 压力/MPa	脉冲阀 个数
D1500-24	90	0.8~1.3	4331~7038	1300~2200	7.66	0.45~0.50	12
D1500-60	225	0.8~1.3	10828~17596	1300~2200	19.17	0.45~0.50	12
D1500-120	450	0.8~1.3	21657~35193	1300~2200	38.35	0.45~0.50	24
D1500-180	675	0.8~1.3	32486~52790	1300~2200	57.52	0.45~0.50	36
D1500-240	900	0.8~1.3	43315~70387	1300~2200	76.70	0.45~0.50	48
D1500-300	1125	0.8~1.3	54114~87984	1300~2200	95.88	0.45~0.50	69
D1500-360	1350	0.8~1.3	64972~105580	1300~2200	115.05	0.45~0.50	72
D1500-420	1575	0.8~1.3	75801~123177	1300~2200	134.23	0.45~0.50	84

（三）高温塑烧板除尘器

高温塑烧板除尘器与常温塑烧板除尘器的区别在于制板的基料不同，所以除尘器耐温程度亦不同。

　　高温塑烧板除尘器主要是针对高温气体除尘场合而开发的除尘器，以陶土、玻璃等材料为基质，耐温可达 350℃，具有极好的化学稳定性。圆柱状的过滤单元外表面覆涂无机物涂层可以更好地进行表面过滤。

　　高温塑烧板除尘器包含一组或多组过滤单元簇，每簇过滤单元由多根过滤棒组成。每簇过滤单元可以很方便地从洁净空气一侧进行安装。过滤单元簇一端装有弹簧，可以补偿滤料本身以及金属结构由于温度的变化所产生的胀缩。过滤单元簇采用水平安装方式，这样的紧凑设计可以进一步减少设备体积，而且易于维护。采用常规的压缩空气脉冲清灰系统对过滤单元簇逐个进行在线清灰。

　　高温塑烧板除尘器具有以下优点：

① 适用于高温场合，耐温可达 350℃；

② 极好的除尘效率，净化值小于 1mg/m³；

③ 阻力低，过滤性能稳定可靠，使用寿命长；

④ 过滤单元簇从洁净空气室一侧进行安装，安装维护方便；

⑤ 体积小、结构紧凑、模块化设计，高温塑烧板除尘器所用过滤元件参数见表 5-96。

表 5-96　高温塑烧板除尘器所用过滤元件主要参数

参数	数值	参数	数值
基体材质	陶土、玻璃	空载阻力(过滤风速为 1.6m/min)/Pa	约 300
孔隙率/%	约 38	最高工作温度/℃	350
过滤管尺寸(外径/内径/长度)/mm	50/30/1200		

　　高温塑烧板除尘器过滤单元簇从洁净空气室一侧水平安装，并且在高度方向可以叠加至 8 层，在宽度方向也可以并排布置数列。

　　高温塑烧板除尘器单个模块过滤面积 72m²；在过滤风速为 1.4m/min 时，处理风量为 6000m³/h；外形尺寸为 1430mm×2160mm×5670mm。3 个模块过滤面积为 216m²；在过滤风速为 1.4m/min 时，处理风量为 18000m³/h；外形尺寸为 4290mm×2160mm×5670mm。

（四）塑烧板除尘器应用

1. 除尘器气流分配

　　塑烧板除尘器的结构设计是非常重要的，气流分配不合理会导致运行阻力上升，清灰效果差。尤其是对于较细、较黏、较轻的粉尘，流场设计是至关重要的。采用一侧进风另一侧出风的方式，塑烧板与进风方向垂直，会在除尘器内部造成逆向流场，即主流场方向与粉尘下落方向相反，影响清灰效果，对于 10m 以上长的除尘器而言，难保证气流均匀分配。根据除尘器设计经验，在满足现有场地的前提下，对进气口的气流分配采用多级短程进风方式，通过变径管使气流均匀进入每个箱体中，同时在每个箱体的进风口设置调风阀，可以根据具体情况对进入每个箱体的风量进行控制调整，在每个箱体内设有气流分配板，使气流进入箱体后能够均匀地通过每个过滤单元，同时大颗粒通过气流分配板可直接落入料斗之中。

2. 清灰系统

　　脉冲喷吹系统的工作可靠性及使用寿命与压缩空气的净化处理有很大关系，压缩空气中的杂质，例如污垢、铁锈、尘埃及空气中可能因冷凝而沉积下来的液体成分会对脉冲喷吹系统造成很大的损害。如果由于粗粉尘或油滴通过压缩空气系统反吹进入塑烧板内腔（内腔空

图 5-135　耐高压塑烧板除尘器

隙约 $30\mu m$），会造成塑烧板堵塞并影响塑烧板寿命。故压缩空气系统设计应考虑良好的过滤装置以保证进入塑烧板除尘器的压缩空气质量。

压缩空气管路及压缩空气贮气罐需有保温措施。尤其是在冬季，过冷的压缩空气在反吹时，会在塑烧板表面与热气流相遇而产生结露，导致系统阻力急剧上升。

3. 耐压和防爆

塑烧板除尘器用于处理高压气体的场合，通常把除尘器壁板加厚并把壳体设计成圆筒形，端部设计成弧形，如图 5-135 所示。根据处理气体的压力大小对除尘器进行压力计算，除尘器耐压力至少是气体工作压力的 1.5 倍。

塑烧板除尘器的防爆设计可参照脉冲袋式除尘器进行。

五、颗粒层除尘器

颗粒层除尘器是以硅砂、砾石、矿渣和焦炭等粒状颗粒物作为滤料，去除含尘气体中粉尘粒子的一种内滤式除尘装置。在除尘过程中，气体中的粉尘粒子是在惯性碰撞、拦截、布朗扩散、重力沉降和静电力等多种捕尘机理作用下而捕集的，因而前面所阐述的捕尘机理也适用于颗粒层除尘器捕尘过程的分析。

颗粒层除尘器具有的优点，主要表现在：

① 适于净化高温、易磨损、易腐蚀、易燃易爆的含尘气体；

② 其过滤能力不受灰尘比电阻的影响，除尘效率高，并且可同时除去气体中 SO_2 等多种污染物。

但是，颗粒层除尘器的不足之处表现在过滤气速不能太高，在处理相同烟气量时阻力高，耗能大，故障多，维护管理复杂。因此，工程应用越来越少。

（一）颗粒层除尘器的性能

颗粒层除尘器的性能主要是指：除尘装置的气体处理量；除尘装置的除尘效率及通过率；除尘装置的压力损失；装置的基建投资与运行管理费用；装置的使用寿命以及占地面积或占用空间体积的大小。这六种性能的基本概念及其表示方法，已在本章有较明确的阐述。在此仅对颗粒层除尘器的除尘效率、压力损失（阻力）的具体计算做些简单介绍。

1. 颗粒层除尘器的除尘效率

考虑到扩散、拦截、惯性及重力各效应的影响，颗粒层除尘器总除尘效率可写成如下形式：

$$\eta=1-\exp\{-H[a(8Pe^{-1}+2.308Re_D^{1/8}Pe^{-5/8})+bR^{-2}+cStk+dG]\} \tag{5-94}$$

式中，a、b、c、d 分别为与滤料种类有关的常数；Pe、Re_D、R、Stk、G 分别为佩克莱数、粉尘粒子的雷诺数、拦截数、斯托克斯数、重力沉降参数；H 为床层厚度。

M. O. Abdullah 等对几种颗粒滤料进行了试验，试验流速为 $17\sim26$cm/s，床层厚度为 $5\sim20$cm，通过回归分析，得出了各常数的值，如表 5-97 所列。

表 5-97 颗粒层的过滤参数

参数	玻璃球 (0.6cm)	陶瓷拉西环 (0.635cm×0.635cm)	塑料丝网 (0.1cm)	玻璃毛 (25.4μm)
a	6.337	345.650	128.283	0.188
b	$7.116×10^5$	$-5.705×10^5$	$-0.289×10^4$	-0.163
c	11.563	30.616	0.502	$0.157×10^{-4}$
d	-28.797	-21.694	-2.291	0.178

由表中数据可见，各常数值之间的差别较大，除尘效率的计算中所占的比重也不相同。

2. 颗粒层除尘器的压力损失

颗粒层除尘器的压力损失取决于滤料的种类、滤料颗粒大小及床层厚度，并随气流速度的增加而增加。

目前对颗粒层除尘器提出了各种压力损失计算的经验公式。Chilton 和 Colburn 提出在孔隙率（$\varepsilon=1-a$）为 0.35 及 0.50 时的经验公式为：

当 $Re_D<40$ 时
$$\Delta p=43.18×10^3\mu Hv/r_D^2 \tag{5-95}$$

当 $Re_D>40$ 时
$$\Delta p=71\mu^{0.15}H\rho_g^{0.85}v^{1.85}/r_D^{1.15} \tag{5-96}$$

式中，Δp 为颗粒层除尘器的压力损失，Pa；μ 为含尘气体的动力黏度，Pa·s；H 为颗粒床层的厚度；m；ρ_g 为气体的密度，kg/m^3；v 为气流速度，m/s；r_D 为颗粒的半径，m。

Ergun 提出的压力损失公式为：

$$\frac{\Delta p}{H}=150×\frac{a^2}{(1-a)^2}×\frac{\mu v}{d_D^2}+1.75×\frac{a}{(1-a)^2}×\frac{\rho_g v^2}{d_D} \tag{5-97}$$

式中，H 为颗粒床层的厚度，m；a 为颗粒的填充率，$a=1-\varepsilon$；d_D 为过滤床中均匀填充捕尘体的直径，m。

颗粒层除尘的阻力还与采用的颗粒层的性质有关。M. O. Abdullah 等通过试验，得出：

$$\frac{\Delta p}{H}=Av_\infty^B \tag{5-98}$$

式中，Δp 为通过颗粒床层的阻力（压力损失），Pa；H 为颗粒床层的厚度，cm；v_∞ 为迎面流速，cm/s；A、B 为由试验得出的常数，如表 5-98 所列。

表 5-98 颗粒层除尘器的阻力常数

阻力常数	玻璃球	拉西环	塑料丝网	玻璃毛
A	0.008	0.006	0.001	0.003
B	1.814	1.775	1.685	1.516

（二）颗粒层除尘器的分类

颗粒层除尘器可按过滤床层的位置、运动状态、清灰方式以及床层数目来分类。

1. 按颗粒床层的位置分类

可分为垂直床层颗粒层除尘器和水平床层颗粒层除尘器。

垂直床层颗粒层除尘器是将颗粒滤料垂直放置，两侧用滤网或百叶片夹持（以防颗粒滤料飞出）。水平床层颗粒层除尘器是颗粒床水平放置的除尘器。颗粒滤料置于水平的筛网或筛板上，铺设均匀，保证一定的颗粒层厚度。气流一般均由上而下，使床层处于固定状态，有利于提高除尘效率。

2. 按床层的运动状态分类

可分为固定床颗粒层除尘器、移动床颗粒层除尘器和流化床颗粒层除尘器。

固定床颗粒层除尘器为在除尘过程中其颗粒床层固定不动的颗粒层除尘器。

移动床颗粒层除尘器为在除尘过程中颗粒床层不断移动的颗粒层除尘器。已黏附粉尘的颗粒滤料不断通过床层的移动而排出，而代之以新的颗粒滤料。含尘颗粒滤料经过清灰、再生后，可作为洁净滤料重新返回床层中对粉尘进行过滤。移动床颗粒层除尘器又分为间歇式和连续式。

流化床颗粒层除尘器为在除尘过程中床层呈流化状态的颗粒层除尘器。

3. 按清灰方式分类

可分为不再生（或器外再生）、振动加反吹风清灰、耙子加反吹风清灰、沸腾反吹风清灰等颗粒层除尘器。

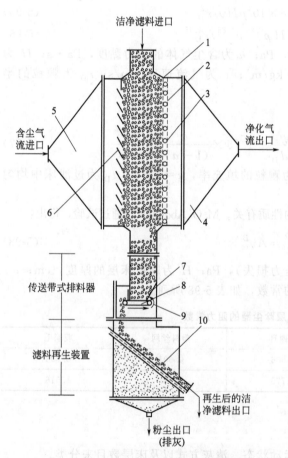

图 5-136　交叉流式移动床颗粒层除尘器

1—颗粒滤料层；2—支撑轴；3—可移动式环状滤网；
4—气流分布扩大斗（后侧）；5—气流分布扩大斗
（前侧）；6—百叶窗式挡板；7—可调式挡板；
8—传送带；9—转轴；10—过滤滤网

4. 按床层的数目分类

可分为单层颗粒层除尘器和多层颗粒层除尘器。

（三）颗粒层除尘器的结构型式

颗粒层除尘器的结构型式有多种，下面介绍几种常见的结构型式。

1. 移动床颗粒层除尘器

移动床颗粒层除尘器利用颗粒滤料在重力作用下向下移动以达到更换颗粒滤料的目的，因此这种型式的除尘器一般都采用垂直床层。根据气流方向与颗粒移动的方向可分为平行流式（两者的方向平行）以及交叉流式（两者的方向交叉，气流为水平方向，与颗粒层垂直交叉）。目前采用较多的是交叉流式移动床颗粒层除尘器。

（1）交叉流式移动床颗粒层除尘器交叉流式移动床颗粒层除尘器是移动床颗粒层除尘器最早出现的一种型式。在筛网或百叶窗的夹持下保持一定的颗粒床层厚度，颗粒滤料因重力作用而向下移动。含尘气流通过颗粒床层时，粉尘被滤去而得到净化。图 5-136 为一种新型交叉流式移动床颗粒层除尘器。它曾是国家"七五"科技攻关项目中开发出来的一种新产品。洁净的颗粒滤料装入料斗进入颗粒床层中，通过传送带式排料器传送带的不断传动，使得颗粒床层中的滤料均匀、稳定地向下移动。含尘气流经过气流分布扩大斗使气流均匀分布于床层中，在颗粒层的过滤下使气体得到净化。含尘颗粒滤料不断地排出，经过滤料再生装置使含尘颗粒滤料加以再生、清灰，再生后的滤料可作为洁净滤料循环使用。

（2）平行流式移动床颗粒层除尘器　平行流式移动床颗粒层除尘器包括顺流式（气流与颗粒移动的方向相同）、逆流式（气流由下而上，而颗粒床层由上而下）以及混合流式（同时具有顺流、逆流）移动床颗粒层除尘器。在此不一一介绍。

2. 耙式颗粒层除尘器

耙式颗粒层除尘器是迄今为止使用最广泛的一种型式。图 5-137 为单层耙式颗粒层除尘器的一种型式。图 5-137(a) 为工作（过滤）状态，含尘气体总管切线进入颗粒床层下部的旋风筒，粗颗粒在此被清除，而气流通过插入管进入到过滤室中，然后向下通过过滤床层进行最终净化。净化后的气体由净气体室经阀门引入干净气体总管。分离出的粉尘由下部卸灰阀排出。

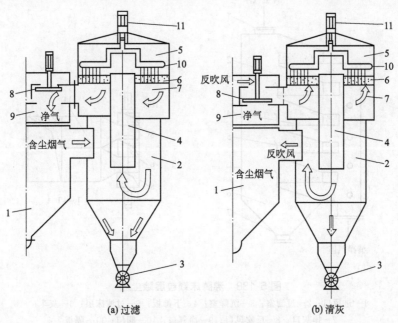

(a) 过滤　　　　　　　　　(b) 清灰

图 5-137　单层耙式颗粒层除尘器

1—含尘气体总管；2—旋风筒；3—卸灰阀；4—插入管；5—过滤室；6—过滤床层；
7—干净气体室；8—换向阀门；9—干净气体总管；10—耙子；11—电动机

当阻力达到给定值时，除尘器开始清灰［图 5-137(b)］，此时阀门将干净气体总管关闭，而打开反吹风风口，反吹气体气流先进入干净气体室，然后以相反的方向通过过滤床层，反吹风气流将颗粒上凝聚的粉尘剥落下来，并将其带走，通过插入管进入下部的旋风管中。粉尘在此沉降，气流返回到含尘气体总管，进入到同时并联的其他正在工作的颗粒层除尘器中净化。在反吹清灰过程中，电动机带动耙子转动。一方面耙子的作用是打碎颗粒层中生成的气泡和尘饼，并使颗粒松动，有利于粉尘与颗粒分离；另一方面将床层表面耙松耙平，使在过滤时气流均匀通过过滤床层。

为了扩大除尘器的烟气处理量，可以同时并联多台除尘器，单台除尘器的直径可达

2500mm。为了减少占地面积，也可做成上下两层，下部共用一个旋风筒。

耙式颗粒层除尘器能否正常运行，换向阀门起着重要作用，它一方面要保证换向的灵活性，及时打开或关闭风门，另一方面要保证阀门的严密性。阀门直接用液压的传动操纵。

3. 沸腾床颗粒层除尘器

耙式颗粒层除尘器由于具有传动部件，使结构复杂，增加了设备的维修工作。而沸腾床颗粒层除尘器清灰的基本原理是从颗粒床层的下部以足够流速的反吹空气经分布板鼓入过滤层中，使颗粒呈流态化，颗粒间互相搓动，上下翻腾，使积于颗粒层中的灰尘从颗粒中分离和夹带出去，达到清灰的目的。反吹停止后，颗粒滤料层的表面应保持平整均匀，以保证过滤速度。

图 5-138 为沸腾床颗粒层除尘器的结构示意。含尘气体由进气口进入，粗尘粒在沉降室中沉降。细尘粒经过滤室从上而下地穿过过滤床层。气体净化后经净气口排入大气。

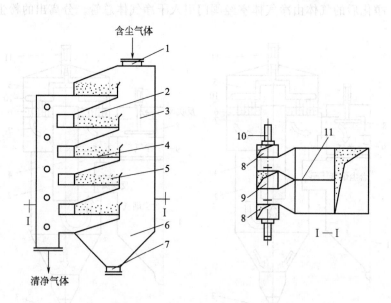

图 5-138　沸腾床颗粒层除尘器

1—进风口；2—过滤室；3—沉降室；4—下筛板；5—过滤床层；6—灰斗；

7—排灰口；8—反吹风口；9—净气口；10—阀门；11—隔板

反吹清灰时通过阀门开启反吹风口的侧孔，反吹气流由下而上经下筛板进入颗粒层，使颗粒滤料呈流化状态。然后夹带已凝聚成大颗粒的粉尘团进入沉降室中沉降下来，气流则进入其他过滤层中净化。粉尘经排灰口排出。

第七节　电除尘器

一、电除尘器的分类

电除尘器（又称静电除尘器，ESP）分类可按收尘极形式、气体运动方向、清灰方式、收尘区域、极板间距、温度、压力等各种分类方法。

① 按收尘的形式可分为管式电除尘器与板式电除尘器。

② 按气体在电场内的运动方向可分为立式电除尘器（垂直流动）和卧式电除尘器。

③ 按电极的清灰方式可分为干式电除尘器和湿式电除尘器。

④ 按粉尘荷电和收尘区域可分为单区和双区。

⑤ 按极板间距（通道宽度）分为窄间距电除尘器、常规（普通）间距电除尘器和宽间距电除尘器。

⑥ 按处理气体的温度分为常温型（≤300℃）电除尘器和高温型（300～400℃）电除尘器。

⑦ 按处理的气体压力分为常压型（≤10000Pa）电除尘器和高压型（10000～60000Pa）电除尘器。

以上分类可以用图 5-139 表示。

电除尘器的分类及应用特点如表 5-99 所列。

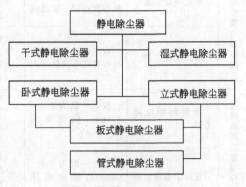

图 5-139　电除尘器分类

表 5-99　电除尘器的分类及应用特点

分类方式	设备名称	主要特性	应用特点
按除尘器清灰方式分类	干式电除尘器	收下的烟尘为干燥状态	(1)操作温度为 250～400℃ 或高于烟气露点 20～30℃ (2)可用机械振打、电磁振打和压缩空气振打等 (3)粉尘比电阻有一定范围
	湿式电除尘器	收下的烟尘为泥浆状	(1)操作温度较低，一般烟气需先降温至 40～70℃，然后进入湿式电除尘器 (2)烟气含硫腐蚀性气体时，设备必须防腐蚀 (3)清除收尘电极上烟尘采用间断供水方式 (4)由于没有烟尘再飞扬现象，烟气流速可较大
	酸雾电除雾器	用于含硫烟气制硫酸过程捕集酸雾，收下物为稀硫酸和泥浆	(1)定期用水清除收尘电极、电晕电极上的烟尘和酸雾 (2)操作温度低于 50℃ (3)收尘电极和电晕电极必须采取防腐措施
	半湿式电除尘器	收下粉尘为干燥状态	(1)构造比一般电除尘器更严格 (2)水应循环 (3)适用高温烟气净化场合
按烟气流动方向分类	立式电除尘器	烟气在除尘器中的流动方向与地面垂直	(1)烟气分布不易均匀 (2)占地面积小 (3)烟气出口设在顶部直接放空，可节省烟管
	卧式电除尘器	烟气在除尘器中的流动方向和地面平行	(1)可按生产需要适当增加电场数 (2)各电场可分别供电，避免电场间互相干扰，以提高收尘效率 (3)便于分别回收不同成分、不同粒级的烟尘分类富集 (4)烟气经气流分布板后比较均匀 (5)设备高度相对低，便于安装和检修，但占地面积大
按收尘电极形式分类	管式电除尘器	收尘电极为圆管、蜂窝管	(1)电晕电极和收尘电极间距相等，电场强度比较均匀 (2)清灰较困难，不宜用作干式电除尘器，一般用作湿式电除尘器 (3)通常为立式电除尘器
	板式电除尘器	收尘电极为板状，如网、棒帷、槽形、波形等	(1)电场强度不够均匀 (2)清灰较方便 (3)制造安装较容易

分类方式	设备名称	主要特性	应用特点
按收尘极电晕极配置	单区电除尘器	收尘电极和电晕电极布置在同一区域内	(1)荷电和收尘过程的特性未充分发挥,收尘电场较长 (2)烟尘重返气流后可再次荷电,除尘效率高 (3)主要用于工业除尘
	双区电除尘器	收尘电极和电晕电极布置在不同区域内	(1)荷电和收尘分别在两个区域内进行,可缩短电场长度 (2)烟尘重返气流后无再次荷电机会,除尘效率低 (3)可捕集高比电阻烟尘 (4)主要用于空调空气净化
按极板间距宽窄分类	常规间距电除尘器	极距一般为200~325mm,供电电压45~66kV	(1)安装、检修、清灰不方便 (2)离子风小,烟尘驱进速度小 (3)适用于烟尘比电阻为10^4~$10^{10}\Omega\cdot cm$ (4)使用比较成熟,实践经验丰富
	宽间距电除尘器	极距一般为400~600mm,供电电压70~200kV	(1)安装、检修、清灰不方便 (2)离子风大,烟尘驱进速度大 (3)适用于烟尘比电阻为10~$10^4\Omega\cdot cm$ (4)极距不超过500mm可节省材料
按其他标准分类	防爆式电除尘器	防爆电除尘器有防爆装置,能防止爆炸	防爆电除尘器用在特定场合,如转炉烟气的除尘、煤气除尘等
	原式电除尘器	原式电除尘器正离子参加捕尘工作	原式电除尘器是电除尘器的新品种
	移动电极式电除尘器	可移动电极电除尘器顶部装有电极卷取器	可移动电极电除尘器常用于净化高比电阻粉尘的烟气

二、电除尘器工作原理

静电学是一门既悠久又崭新,既简单又错综复杂的科学。早在公元前600年前后古希腊泰勒斯(Thales)发现,如用毛皮摩擦琥珀棒,棒就能吸引某些轻的颗粒和纤维。静电吸引现象形成,这是现代电除尘器的理论依据。第一次成功利用静电是在1907年由美国人乔治科特雷尔(George Cottrell)实行的用于硫酸酸雾捕集的电除尘器。他在1908年发明的一种机械整流器,提供了为成功进行粉尘的静电沉降所必需的手段。这一发明导致了他的成功并使他成为实用静电除尘的创始人。1922年德国的多依奇(Deutsch)由理论推导出静电除尘效率指数方程式并沿用至今。这些为电除尘器的发展和应用奠定了基础。

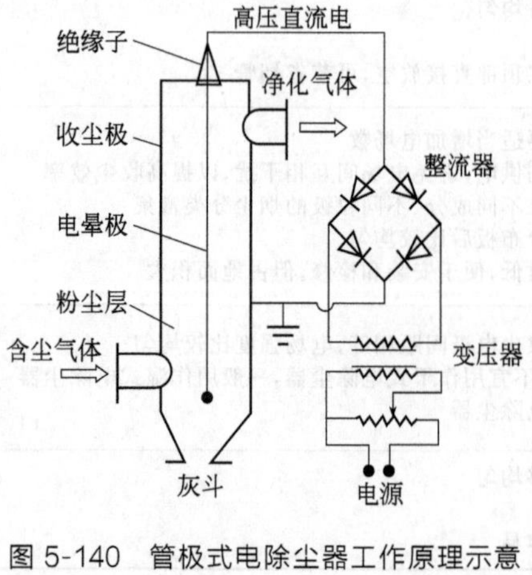

1. 粉尘分离过程

电除尘器的种类和结构形式很多,但都基于相同的工作原理。图5-140是管极式电除尘器工作原理示意。接地的金属管叫作收尘极(或集尘极),它和置于圆管中心,靠重锤张紧的放电极(或称电晕极)构成管极式电除尘器。工作时含尘气体从除尘器下部进入,向上通过一个足以使气体电离的静电场,产生大量的正负离子和电子并使粉尘荷电,荷电粉尘在场力的作用下向集尘极运动并在收尘极上沉积,从而达到粉尘和气体分离的目的。当收尘极上的粉尘达到一定厚度时,通过清灰机构使灰尘

图5-140　管极式电除尘器工作原理示意

落入灰斗中排出。静电除尘的工作原理包括下述几个步骤（见图 5-141）。

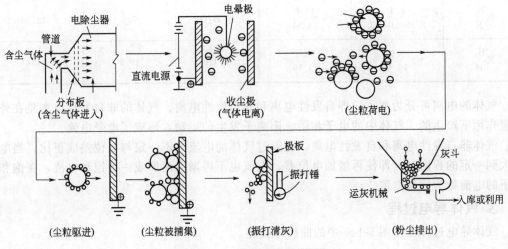

图 5-141　静电除尘基本过程

① 除尘器供电电场产生；

② 电子电荷的产生，气体电离；

③ 电子电荷传递给粉尘微粒，尘粒荷电；

④ 电场中带电粉尘微粒移向收尘电极，尘粒驱进；

⑤ 带电粉尘微粒黏附于收集电极的表面，尘粒被捕集；

⑥ 从收集电极清除粉尘层，振打清灰；

⑦ 清除的粉尘层降落在灰斗中；

⑧ 从灰斗中清除粉尘，用输送装置运出。

2. 气体的电离

空气在正常状态下几乎是不能导电的绝缘体，气体中不存在自发的离子，因此实际上没有电流通过。它必须依靠外力才能电离，当气体分子获得能量时就可能使气体分子中的电子脱离而成为自由电子，这些电子成为输送电流的媒介，此时气体就具有导电的能力。使气体具有导电能力的过程称为气体的电离。

如图 5-142 所示。由于气体电离所形成的电子和正离子在电场作用下朝相反的方向运动，于是形成电流，此时的气体就导电了，从而失去了气体通常状态下的绝缘性能。能使气体电离的能量称为电离能，见表 5-100。

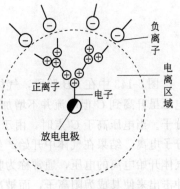

图 5-142　碰撞电离

表 5-100　一些气体的激励能和电离能　　　　　　　单位：eV

气体	激励能 W_e	电离能 W_i	气体	激励能 W_e	电离能 W_i
氧 O_2	7.9	12.5	汞 Hg		10.43
O	19.79.15	13.61	Hg_2	4.89	9.6

续表

气体	激励能 W_e	电离能 W_i	气体	激励能 W_e	电离能 W_i
氮 N_2 N	6.3 2.38　10.33	15.6 14.54	水 H_2O	7.6	12.59
氢 H_2 H	7.0 10.6	15.4 13.59	氦 He	19.8	24.47

　　气体的电离可分为两类，即自发性电离和非自发性电离。气体的非自发性电离是在外界能量作用下产生的。气体中的电子和阴、阳离子发生的运动，形成了电晕电流。

　　气体非自发性电离和自发性电离，与通过气体的电流并不一定与电位差成正比。当电流增大到一定的程度时，即使再增加电位差，电流也不再增大而形成一种饱和电流，在饱和状态下的电流称为饱和电流。

3. 气体导电过程

　　气体导电过程可用图 5-143 中的曲线来描述。

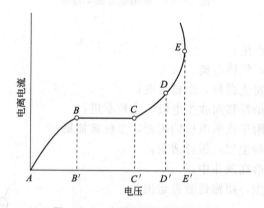

图 5-143　气体导电过程的曲线

　　图 5-143 中在 AB 阶段，气体导电仅借助于大气中所存在的少量自由电子。在 BC 阶段，电压虽升高到 C' 但电流并不增加，此时使全部电子获得足够的动能，以便碰撞气体中的中性分子。当电压高于 C' 点时，由于气体中的电子已获得的能量足以使与之发生碰撞的气体中性分子电离，结果在气体中开始产生新的离子并开始由气体离子传送电流，故 C' 点的电压就是气体开始电离的电压，通常称为临界电离电压。电子与气体中性分子碰撞时，将其外围的电子冲击出来使其成为阳离子，而被冲击出来的自由电子又与其他中性分子结合而成为阴离子。由于阴离子的迁移率比阳离子的迁移率大，因此在 CD 阶段的二次电离，称为无声自发放电。

　　当电压继续升高到 C' 点时，不仅迁移率较大的阴离子能与中性分子发生碰撞电离，较小的阳离子也因获得足够能量与中性分子碰撞使之电离。因此在电场中连续不断地生成大量的新离子，在此阶段，在放电极周围的电离区内，可以在黑暗中观察到一连串淡蓝色的光点或光环，或延伸成刷毛状，并伴随有可听到的"咝咝"响声。这种光点或光环被称为电晕。电晕名称来源于王冠（crown）一词。

　　在 CE 阶段称为电晕放电阶段，达到产生电晕阶段的碰撞电离过程，称为电晕电离过程。此时通过气体的电流称为电晕电流，开始发生电晕时的电压（即 D' 点的电压）称为临界电晕电压。静电除尘也就是利用两极间的电晕放电而工作的。如电极间的电压继续升到 E' 点，则由于电晕范围扩大，致使电极之间可能产生剧烈的火花，甚至产生电弧。此时，电极间的介质全部产生电击穿现象，E' 点的电压称为火花放电电压，或称为弧光放电电压。火花放电的特性是使电压急剧下降，同时在极短的时间内通过大量的电流，从而使电除尘停止工作。

根据电极的极性不同，电晕有阴电晕和阳电晕之分。当电晕极与高压直流电源的阴极连接时，就产生阴电晕。

当电晕极与高压直流电源的阳极连接时，就产生阳电晕。阳电晕的外观是在电晕极表面被比较光滑均匀的蓝白色亮光包着，这证明这种电离过程具有扩散性质。

上述两种不同极性的电晕虽都已应用到除尘技术中。在工业电除尘器中几乎都采用电晕。对于空气净化的所谓静电过滤器考虑到阳电晕产生的臭氧较少而采用阳电晕，这是因为在相同的电压条件下，阴电晕比阳电晕产生的电流大，而且火花放电电压也比阳电晕放电要高。电除尘器为了达到所要求的除尘效率，保持稳定的电晕放电过程是十分重要的。

图 5-144 所示为一个电除尘过程，这个过程发生在电除尘器中，当一个高压电加到一对电极上时，就建立起一个电场。图 5-144（a）和图 5-144（b）分别表明在一个管式和板式电除尘器中的电场线。带电微粒，如电子和离子，在一定条件下，沿着电场线运动。带负电荷的微粒向正电极的方向移动，而带正电荷的微粒向相反方向的负电极移动。在工业电除尘器中，电晕极是负极，收尘极是正极。

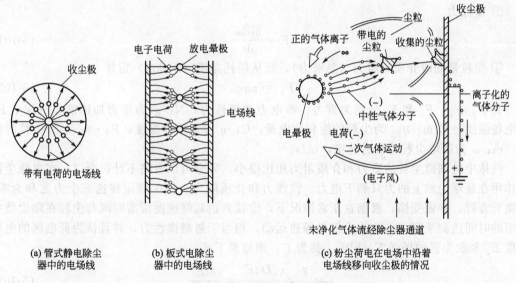

(a) 管式静电除尘　　　(b) 板式电除尘　　　(c) 粉尘荷电在电场中沿着
　器中的电场线　　　　器中的电场线　　　　电场线移向收尘极的情况

图 5-144　电除尘过程示意

图 5-144（c）表示了靠近放电电极产生的自由电子沿着电场线移向收尘极的情况，这些电子可能直接撞击到粉尘微粒上，而使粉尘荷电并使它移向收尘电极。也可能是气体分子吸附电子，而电离成为一个负的气体离子，再撞击粉尘微粒使它移向收尘极。

4. 尘粒的荷电

收尘空间尘粒荷电是静电除尘过程中最基本的过程，虽然有许多与物理和化学现象有关的荷电方式可以使尘粒荷电，但是，大多数方式不能满足净化大量含尘气体的要求。因为在静电除尘中使尘粒分离的力主要是静电力即库仑力，而库仑力与尘粒所带的电荷量和除尘区电场强度的乘积成比例。所以，要尽量使尘粒多荷电，如果荷电量加倍，则库仑力会加倍。若其他因素相同，这意味着电除尘器的尺寸可以缩小50%。虽然在双极性条件下能使尘粒荷电实现，但是理论和实践证明，单极性高压电晕放电使尘粒荷电效果更好，能使尘粒荷电达到很高的程度，所以电除尘器都采用单极性荷电。

在电除尘器的电场中，尘粒的荷电机理基本有两种：一种是电场中离子的吸附荷电，这种荷电机理通常称为电场荷电或碰撞荷电；另一种则是由于离子扩散现象的荷电过程，通常这种荷电过程为扩散荷电。尘粒的荷电量与尘粒的粒径、电场强度和停留时间等因素有关。就大多数实际应用的工业电除尘器所捕集的尘粒范围而言，电场荷电更为重要。

5. 荷电尘粒的运动

粉尘荷电后，在电场的作用下，带有不同极性电荷的尘粒，则分别向极性相反的电极运动，并沉积在电极上。工业电除尘多采用负电晕，在电晕区内少量带正电荷的尘粒沉积到电晕极上，而电晕外区的大量尘粒带负电荷，因而向收尘极运动。

处于收尘极和电晕极之间荷电尘粒受到4种力的作用，其运动服从于牛顿定律，这4种力为：

① 尘粒的重力

$$F_g = mg \tag{5-99}$$

② 电场作用在荷电尘粒上的静电力

$$F_c = E_c q_{PS} \tag{5-100}$$

③ 惯性力

$$F_i = \frac{m \, d\omega}{dt} \tag{5-101}$$

④ 尘粒运动时介质的阻力（黏滞力），服从斯托克斯（Stokes）定律

$$F_c = 6\pi a \eta \omega \tag{5-102}$$

式中，F_g、F_c 和 F_i 分别为重力、静电力和惯性力，N；g 为重力加速度，m/s²；E_c 为电场强度，V/m；q_{PS} 为尘粒的饱和荷电量，C；η 为介质的黏度，Pa·s；a 为尘粒的粒径，m；ω 为荷电尘粒的驱进速度，m/s。

气体中的细微尘粒的重力和介质阻力相比很小，完全可以忽略不计，所以，在电除尘器中作用在悬浮尘粒上的力只剩下电力、惯性力和介质阻力。按牛顿定律这三个力之和为零。解微分方程，并做变换，根据在正常情况下，尘粒到达其终速度所需时间与尘粒在除尘器中停留的时间达到平衡，并向收尘极做等速运动，相当于忽略惯性力，并且认为荷电区的电场强度 E_c 和收尘区的场强 E_P 相等，都为 E，则得到下式：

$$\omega = \frac{2}{3} \times \frac{\varepsilon_o D a E^2}{\eta} = \frac{D a E^2}{6\pi \eta} \tag{5-103}$$

式中，D 可由粉尘的相对介电常数 ε_r 得出，即 $D = \frac{3\varepsilon_r}{\varepsilon_r + 2}$，$\varepsilon_r$ 对于气体取1，对于金属取∞，对金属氧化物取12~18，一般粉尘可取4。

取 $D = 2$，则 $\omega = \frac{0.11 a E^2}{\eta}$。

从理论推导出的公式中可以看出，荷电尘粒的驱进速度 ω 与粉尘粒径成正比，与电场强度的平方成正比，与介质的黏度成反比。粉尘粒径大、荷电量大，驱进速度大是不言而喻的。由于介质的黏度是比较复杂的因素，实际驱进速度与计算值相差较大，约<1/2，所以，在设计时，还常采用试验或实践经验值。

6. 尘粒的捕集

在电除尘器中，荷电极性不同的尘粒在电场力的作用下分别向不同极性的电极运动。在电晕区和靠近电晕区很近的一部分荷电尘粒与电晕极的极性相反，于是就沉积在电晕极上。电晕区范围小，捕集数量也小。而电晕外区的尘粒，绝大部分带有电晕极极性相同的电荷，所以，当这些电荷尘粒接近收尘极表面时，在极板上沉积而被捕集。尘粒的捕集与许多因素有关，如尘粒的比电阻、介电常数和密度，气体的流速、温度，电场的伏-安特性，以及收尘极的表面状态等。

尘粒在电场中的运动轨迹，主要取决于气流状态和电场的综合影响，气流的状态和性质是确定尘粒被捕集的基础。

气流的状态原则上可以是层流或紊流。层流条件下尘粒运行轨迹可视为气流速度与驱进速度的向量和，如图 5-145 所示。

紊流条件下电场中尘粒的运动如图 5-146 所示，尘粒能否被捕集应该说是一个概率问题。就单个粒子来说，收尘效率或者是零，或者是 100%。电除尘尘粒的捕集概率就是除尘效率。

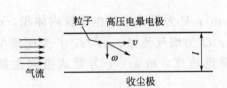

图 5-145　层流条件下电场中尘粒的运动示意

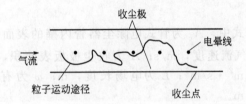

图 5-146　紊流条件下电场中尘粒的运动

除尘效率是电除尘器的一个重要技术参数，也是设计计算、分析比较评价电除尘器的重要依据。通常任何除尘器的除尘效率 $\eta(\%)$ 均可按下式计算。

$$\eta = 1 - \frac{c_1}{c_2} \tag{5-104}$$

式中，c_1 为电除尘器出口烟气含尘浓度，g/m^3；c_2 为电除尘器入口烟气含尘浓度，g/m^3。

1922 年德国人多依奇（Deutsch）做了如下的假设，推导了计算电除尘器除尘效率的方程式。

图 5-147 和图 5-148 分别为管式电除尘器除尘效率公式推导示意和板式电除尘器粉尘捕集示意。

管式电除尘器多依奇效率公式为：

$$\eta = 1 - e^{\frac{\omega}{v} \times \frac{A_c}{V}L} \tag{5-105}$$

或

$$\eta = 1 - e^{-\frac{2L}{r_b v} \omega} \tag{5-106}$$

板式电除尘器多依奇效率公式为：

$$\eta = 1 - e^{-\frac{L}{bv} \omega} \tag{5-107}$$

或

$$\eta = 1 - e^{-f\omega} = 1 - e^{-\frac{A}{Q} \omega} \tag{5-108}$$

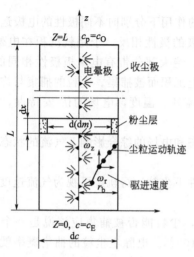

图 5-147　管式电除尘器除尘效率公式推导示意

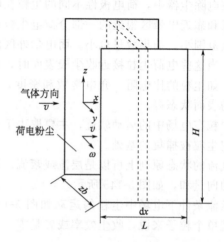

图 5-148　板式电除尘器粉尘捕集示意

式中，A_c 为管式电除尘器管内壁的表面积，m^2；V 为管式电除尘器管内体积，m^3；v 为气流速度，m/s；A 为收尘极板表面积，m^2；Q 为烟气流量，m^3/s；f 为比集尘面积，$m^2 \cdot s/m^3$；L 为电场长度，m；ω 为有效驱进速度，m/s；r_b 为管式电除尘器半径，m。

比较式(5-105)，除尘效率和电场长度成正比，而当管式和板式电除尘器的电场长度和电极间距相同时，管式电除尘器的气流速度是板式电除尘器的 2 倍。

除尘效率随驱进速度 ω 和比集尘面积 f 值的增大而提高，随烟气流量 Q 的增大而降低。

表 5-101 表示了不同指数值的除尘效率。

表 5-101　不同指数值的除尘效率

指数 $\dfrac{A}{Q}\omega$	0	1.0	2.0	2.3	3.0	3.91	4.61	6.91
除尘效率$\eta/\%$	0	63.2	86.5	90	95	98	99	99.9

图 5-149 和图 5-150 表示了除尘效率 η、驱进速度 ω 和比集尘面积 f 值的列线图。在效率公式中 4 个变量，如 η、Q 和 ω 确定后，则可计算出收尘极面积 A。或根据所要求的除尘效率和选定的驱进速度，从列线图上可查出 f 值。

由于多依奇公式是在许多假设条件下推导出的理论公式，因此与实测结果有差异。为此很多学者对其理论公式进行了修正，使其尽可能与实测接近。但仍用上述公式作为分析、评价、比较电除尘器的理论基础。

7. 被捕集尘粒的清除

随着除尘器的连续工作，电晕极和收尘极上会有粉尘颗粒沉积，粉尘层厚度为几毫米，粉尘颗粒沉积在电晕极上会影响电晕电流的大小和均匀性。收尘极板上粉尘层较厚

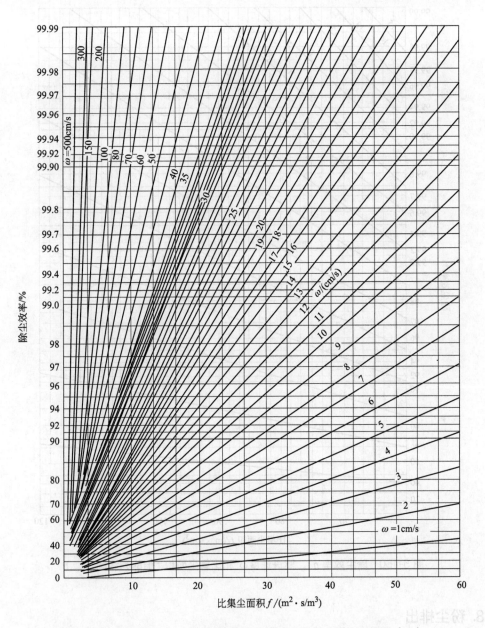

图 5-149　除尘效率 η 、驱进速度 ω 和比集尘面积 f 值的列线图（一）

时会导致火花电压降低，电晕电流减小。为了保持电除尘器连续运行应及时清除沉积的粉尘。

　　收尘极清灰方法有湿式、干式和声波三种方法。湿式电除尘器中，收尘极板表面经常保持一层水膜，粉尘沉降在水膜上随水膜流下。湿法清灰的优点是无二次扬尘，同时可净化部分有害气体；缺点是腐蚀结垢问题较严重，污水需要处理。干式电除尘器由机械撞击或电磁振打产生的振动力清灰。干式振打清灰需要适合的振打强度。声波清灰对电晕极和收尘极都较好，但能耗较大的声波清灰机，理论研究落后于应用实践。

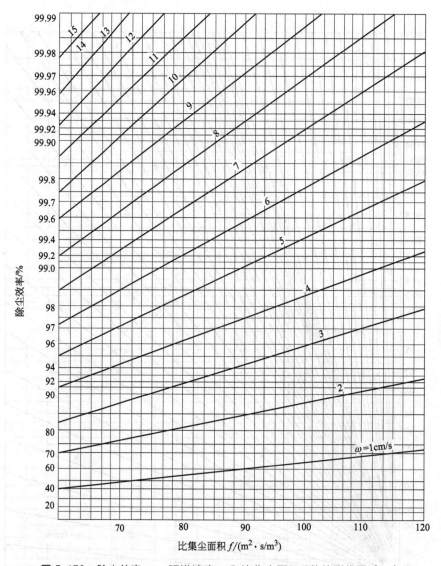

图 5-150　除尘效率 η 、驱进速度 ω 和比集尘面积 f 值的列线图（二）

8. 粉尘排出

粉尘落入电除尘器灰斗后，要靠输排灰装置把粉尘从灰斗中排出来。为使粉尘顺利排出，必须在灰斗上装振打电机和卸灰阀门。用振打电机松动粉尘，用卸灰阀排出粉尘并配套输灰装置运走。

三、常用电除尘器

1. GL 型管式电除尘器

立管式电除尘器由圆形的立管、鱼刺形电晕线和高压电源组成。它的主要优点是结构简单、效率较高、阻力低、耗电省等，因此广泛应用于冶金、化工、建材、轻工等工业部门，但这种除尘器仅适用处理小烟气量的场合。

GL 系列立管式静电除尘器有 4 种形式：A、B 型适合于正压操作，其中 A 型可安放于单体设备之旁，B 型可安放于烟囱上部；C、B 型适合于负压操作，其中 C 型可放在单体设备之旁，D 型可安放在烟囱上部如图 5-151 所示。

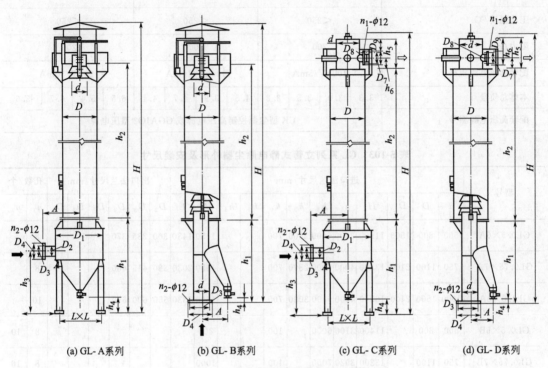

(a) GL-A系列　(b) GL-B系列　(c) GL-C系列　(d) GL-D系列

图 5-151　GL 系列立管式静电除尘器外形

GL 系列立管式静电除尘器技术性能，外形及安装尺寸如下所述。

(1) 阴极电晕线　阴极电晕线由不锈钢鱼骨形线构成，它具有强度大、易清灰、耐腐蚀等优点，并能得到强大的电晕电流和离子风以及良好的抗电晕闭塞性能。

(2) 伞形集尘圈　使用伞形圈，可使气流和灰流分路，从而有可能防止二次飞扬，提高电场风速。

(3) 机械振打清灰　阳极采用带配重的落锤振打，使振打点落在框架上，振打力分布在整个集尘部分主座上，提高清灰效果；阴极采用配置绝缘材料的落锤振打，也使清灰良好。

GL 系列见表 5-102 及表 5-103。

表 5-102　GL 系列立管式静电除尘器性能参数

型号	GL0.5×6				GL0.75×7				GL1.0×8			
	A	B	C	D	A	B	C	D	A	B	C	D
处理风量/(m³/h)	1411~2544				2545~5727				4521~10173			
电场风速/(m/s)	2~3.6				1.6~3.6				1.6~3.6			
粉尘比电阻/Ω·cm	10^4~10^{11}				10^4~10^{11}				10^4~10^{11}			

续表

型号	GL0.5×6				GL0.75×7				GL1.0×8			
	A	B	C	D	A	B	C	D	A	B	C	D
入口含尘浓度/(g/m³)	<35				<35				<35			
工作温度/℃	<250				<250				<250			
阻力/Pa	200				200				200			
配套高压电源规格	100kV/5mA				100kV/10mA				120kV/30mA			
本体总质量/t	3.3	3.0	3.5	3.2	4.5	3.9	4.7	4.1	6.5	5.4	6.7	5.6
配套高压电源型号	CK 型尘源控制高压电源或 GGAJO2 型压电源											

表 5-103　GL 系列立管式静电除尘器外形及安装尺寸

型号	进口法兰尺寸/mm												出口法兰尺寸/mm						孔数/个	
	d	D	D_1	H	h_1	h_2	h_3	h_4	h_5	h_6	A	L	D_2	D_3	D_4	D_7	D_8	D_9	n_1	n_2
GL0.5×6A	500	800	1500	11900	3600	6000	2600	700			1450	1430	300	335	370				8	
GL0.75×7A	750	1100	2100	13300	4000	7000	2800	700			1650	2030	380	415	460				8	
GL1.0×8A	1000	1500	2400	16340	4400	9400	3000	700			1900	2330	550	600	650				10	
GL0.5×6B	500	800		11400	3100	6000		100			800								8	10
GL0.75×7B	750	1100		13200	3920	7000		100			1000								8	16
GL1.0×8B	1000	1500		16650	4710	9400		100			1200								10	20
GL0.5×6C	500	8000	1500	11000	3600	6000	2600	700	1200	400	1450	1430	300	335	370	320	360	400	8	
GL0.75×7C	750	1100	2100	12400	4000	7000	2800	700	1650	2030	390	415	460	400	440	480			8	
GL1.0×8C	1000	1500	2400	15400	4400	9400	3000	700	1400	500	1900	2330	550	600	650	580	620	660	10	
GL6.5×6D	500	800		10500	3100	6000		100	1200	400	800					320	360	400	8	10
GL0.725×7D	750	1100		12320	3920	7000		100	1200	400	1000					400	440	480	8	16
GL1.0×8D	1000	1500		15710	4710	9400		100	1400	500	1200					580	620	660	10	20

2. GD 系列管极式电除尘器

GD 系列电除尘器是采用管状三电极结构，可防止断线和阴极肥大，设置辅助电极带负电，可收集带正电的尘粒。

GD 系列电除尘器技术参数见表 5-104。GD5、GD7.5、GD10、GD15 型管极式电除尘器外形及尺寸分别见图 5-152 及表 5-105。GD20、GD30、GD40、GD50、GD60 型管极式电除尘器外形及尺寸分别见图 5-153 及表 5-106。

表 5-104　GD 系列管极式电除尘器技术参数

型号	GD5	GD7.5	GD10	GD15	GD20	GD30	GD40	GD50	GD60
有效断面面积/m²	5.1	7.6	10.2	15.1	20.3	30.2	40.2	50.1	60.3
生产能力/(m²/h)	12600~16200	18900~24300	25500~32000	37800~48600	57600~72000	86400~108000	115200~144000	144000~180000	172800~216000
电场风速/(m/s)	0.7~0.9	0.7~0.9	0.7~0.9	0.7~0.9	0.8~1.0	0.8~1.0	0.8~1.0	0.8~1.0	0.8~1.0
电场长度/m	4.4	5.2	5.2	6.0	6.0	6.0	6.8	6.8	6.8
每个电场的沉淀极排数	9	10	11	14	16	19	21	24	27
每个电场的电晕极排数	8	9	10	13	15	18	20	23	26
沉淀极板总面积/m²	183	276	384	611	823	1317	1868	2439	3005
电晕极振打方式	拨叉式机械振打	拨叉式机械振打	拨叉式机械振打	拨叉式机械振打	拨叉式机械振打	拨叉式机械振打	拨叉式机械振打	拨叉式机械振打	拨叉式机械振打
烟气通过电场时间/s	4.9~6.3	5.8~7.4	5.8~7.4	5.8~7.4	6~7.5	6~7.5	6.8~8.5	6.8~8.5	6.8~8.5
电场内烟气压力/Pa	+200~-2000	+200~-2000	+200~-2000	+200~-2000	+200~-2000	+200~-2000	+200~-2000	+200~-2000	+200~-2000
阻力/Pa	<200	<200	<200	<200	<200	<200	<200	<200	<200
气体允许最高温度/℃	300	300	300	300	300	300	300	300	300
设计效率/%	90	99	90	99	90	99	90	90	99
硅整流装置规格	GGAJ(02) 0.1A/72kV	GGAJ(02) 0.1A/72kV	GGAJ(02) 0.1A/72kV	GGAJ(02) 0.1A/72kV	GGAJ(02) 0.1A/72kV	GGAJ(02) 0.1A/72kV	GGAJ(02) 0.1A/72kV	GGAJ(02) 0.1A/72kV	GGAJ(02) 0.1A/72kV
设备外形尺寸/mm	9860×2790× 8475	10940×3092× 9250	11100×3470× 10900	12740×5040× 11800	13920×5980× 13400	14730×6570× 14950	13920×5980× 13400	16060×6570× 14950	16580×8430× 17520
设备总质量/kg	15813	23676	47612	52864	69551	86308	134615	157291	188624

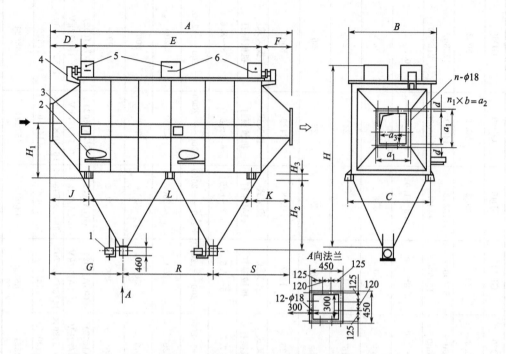

图 5-152　GD5、GD7.5、GD10、GD15 型管极式电除尘器外形及尺寸

1—减速电机；2—阳极振打减速器；3—阴极振打减速器；
4—高压电缆接头；5—温度继电器；6—管状电加热管

表 5-105　GD5、GD7.5、GD10、GD15 型管极式电除尘器外形尺寸　　　单位：mm

型号	GD5	GD7.5	GD10	GD15	型号	GD5	GD7.5	GD10	GD15
A	9860	10940	11100	13400	H	8475	9250	10100	4100
B	2865	3160	3545	4175	H_1	2140	2550	2800	10900
C	2790	3090	3470	4175	H_2	3075	3250	3425	2900
D	1030	1240	1400	4100	H_3	300	300	300	300
E	7800	8600	8600	1500	a_1	700	906	976	1080
F	1030	1100	1100	1040	a_2	660	840	920	1020
G	2980	3390	3550	1500	a_3	600	780	850	960
J	1530	1740	2000	4100	b	110	120	115	170
K	1530	1600	1700	2100	d	20	33	33	25
L	6800	7600	7400	2100	n	24	28	24	28
R	3900	4300	4300	9200	n_1	6	7	8	8
S	2980	3250	3250	5200					

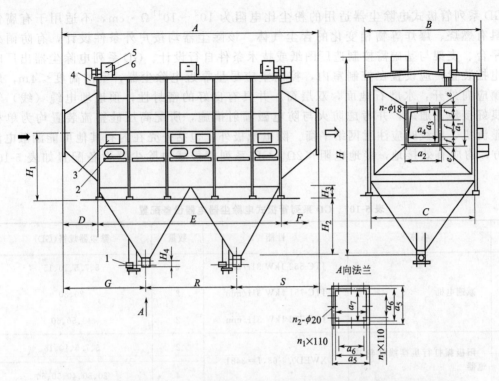

图 5-153　GD20、GD30、GD40、GD50、GD60 型管极式电除尘器外形及尺寸
1—减速电机；2—阳极振打减速机；3—阴极振打减速机；4—高压电缆接头；
5—温度断电器；6—管状电加热管

表 5-106　GD20、GD30、GD40、GD50、GD60 型管极式电除尘器外形尺寸　　单位：mm

型号	GD20	GD30	GD40	GD50	GD60	型号	GD20	GD30	GD40	GD50	GD60
A	12740	13920	14730	16060	165480	H_4	600	600	760	760	760
B	5125	6050	6670	16060	8510	a_1	1426	1762	2050	2150	2362
C	5040	5980	6590	7995	8430	a_2	1374	1072	1990	2090	2302
D	1990	2440	2770	7520	3400	a_3	1300	1600	1900	2000	2200
E	9400	9800	10100	10800	10700	a_4	1120	1395	1620	1740	1980
F	1350	1680	1860	10700	2480	a_5	530	530	630	630	630
G	4340	4890	5295	2280	6075	a_6	470	470	570	570	570
R	4700	4900	5050	5755	5350	a_7	400	400	500	500	500
S	3700	4130	4385	5350	5155	e	26	30	30	30	30
H	11800	13400	14900	14955	17520	f	127	153.3	185	175	161
H_1	3760	4680	5350	5850	6210	n	40	44	44	48	56
H_2	3700	4030	4360	4550	4580	n_1	2	2	3	3	3
H_3	600	700	700	700	700	n_2	12	12	16	16	16

GD 系列管极式电除尘器适用的粉尘比电阻为 $10^2 \sim 10^{11} \Omega \cdot cm$，不适用于有腐蚀性或具有燃烧、爆炸等物相变化的含尘气体。该除尘器均按户外条件设计，有防雨外壳，平台、支架与基础需按制造厂图纸或技术条件自行设计。GD 系列电除尘器出厂时配有电控装置，应设置在控制室内，控制室应尽量靠近电除尘器，室内高度＜4m，所有门窗应向外开，水磨石地面，双层窗，并具有良好的密封性；预地埋电缆（线）管应有良好接地、通风，并考虑防火与防电磁辐射措施，所配高压硅整流装置均为单相全波整流机，接线时应注意网络平衡。除电晕极外，包括外壳在内有其他可能漏散电流的地方，均应有效接地，接地电阻＜2Ω。GD 系列管极式电除尘器设备配置如表 5-107 所列。

表 5-107 GD 系列管极式电除尘器电器设备配置

序号	名称	性能	数量	除尘器规格（GD）
1	减速电机	JTC-562 1kW 31r/min	2	5、7.5、10、15
		JTC-751 1kW 31r/min	2	20、30
		JTC-752 1kW 31r/min	2	40、50、60
2	阳极振打行星摆线针轮减速器	XWED0.4-63，$I=3481$	2	5、7.5、10、15
			4	20、30、40、50、60
3	阴极振打行星摆线针轮减速器	XWED0.4-63，$I=3481$	2	5、7.5、10、15
			4	20、30、40、50、60
4	高压电缆接头		2	5、7.5、10、15
5	温度继电器	XU200	6	5、7.5、10、15
6	管状电加热器	SR2 型 380V 2.2kW	12	5、7.5、10、15
7	高压硅整流装置	GGAJ(02)0.1A/72kV	2	5、7.5、10、15
		GGAJ(02)0.2A/72kV	2	10、15
		GGAJ(02)0.4A/72kV	2	20、30
		GGAJ(02)0.7A/72kV	2	40
		GGAJ(02)1.0A/72kV	2	50、60

注：GD 系列除尘器出厂时均不带高压电缆和高压隔离开关。

3. SHWB 系列电除尘器

SHWB 系列电除尘器共有 9 个规格，均为平板型卧式单室两电场结构，技术参数见表 5-108。该系列除尘器是 20 世纪 70 年代多个部委、科研单位联合设计，限于当时条件，存在不足，但对我国电除尘器发展颇有贡献。

SHWB$_3$、SHWB$_5$ 型电除尘器外形及尺寸分别见图 5-154 及表 5-109。

SHWB$_{10}$、SHWB$_{15}$ 型电除尘器外形及尺寸分别见图 5-155 及表 5-110。

表 5-108　SHWB 系列电除尘器技术参数

技术参数	SHWB$_3$	SHWB$_5$	SHWB$_{10}$	SHWB$_{15}$	SHWB$_{20}$	SHWB$_{30}$	SHWB$_{40}$	SHWB$_{50}$	SHWB$_{60}$
有效面积/m²	3.2	5.1	10.4	15.2	20.11	30.39	40.6	5.3	63.3
生产能力/(m³/h)	6900~9200	11000~14700	30000~37400	43800~54700	57900~72400	109000~136000	146000~183000	191000~248000	228000~296000
电场风速/(m/s)	0.6~0.8	0.6~0.8	0.6~0.8	0.6~0.8	0.6~0.8	1~1.25	1~1.25	1~1.3	1~1.3
正负极板距离/mm	140	140	140	140	150	150	150	150	150
电场长度/m	4	4	5.6	5.6	5.6	6.4	7.2	8.8	8.8
每个电场沉淀极排数	5	9	12	15	16	18	22	22	26
每个电场电晕板排数	6	8	11	14	15	17	21	21	25
沉淀板板总面积/m²	106	159	448	647	776	1331	1932	3168	3743
沉淀极板长度/mm	2300	2300	3400	4000	4500	6000	6500	8500	8500
沉淀板极板振打方式	挠臂锤机械振打	挠臂锤机械振打	挠臂锤机械振打	挠臂锤机械振打	挠臂锤机械振打(双面)	挠臂锤机械振打(双面)	挠臂锤机械振打(双面)	挠臂锤机械振打(双面)	挠臂锤机械振打(双面)
电晕极板振打方式	电磁振打	电磁振打	提升脱离机构	提升脱离机构	提升脱离机构	提升脱离机构	提升脱离机构	提升脱离机构	提升脱离机构
电晕线线形	星形	星形	星形	星形	星形	星形	星形或螺旋形	星形或螺旋形	星形或螺旋形
每个电场电晕线长度/m	105	147	459	725	861	1491	星形 2264 螺旋形 2485	星形 3351 螺旋形 4897	星形 4290 螺旋形 5275
烟气通过电场时间/s	5~6.7	5~6.7	5~6.7	5~6.7	5~6.7	5.1~6.4	5.8~7.2	6.8~8.8	6.8~8.8
电场内烟气压力/Pa	+200~-2000	+200~-2000	+200~-2000	+200~-2000	+200~-2000	+200~-2000	+200~-2000	+200~-2000	+200~-2000
阻力/Pa	<200	<200	<300	<300	<300	<300	<300	<300	<300
气体允许最高温度/℃	300	300	300	300	300	300	300	300	300
设计效率/%	98	98	98	98	98	98	98	98	98
硅整流装置规格	GGAJ(02) 0.1A/72kV	GGAJ(02) 0.1A/72kV	GGAJ(02) 0.1A/72kV	GGAJ(02) 0.1A/72kV	GGAJ(02) 0.1A/72kV	GGAJ(02) 0.1A/72kV	GGAJ(02) 0.1A/72kV	GGAJ(02) 0.1A/72kV	GGAJ(02) 0.1A/72kV
设备外形尺寸/mm	2730×5475×8475	3589×6545×9250	6500×9893×10100	6950×10547×10900	7700×11116×11800	8500×13225×13400	9500×14500×19950	9830×16430×15850	10950×18452×17520
设备总质量/kg	7790	12375	39097	48208	64551	73828	118231	134921	172742

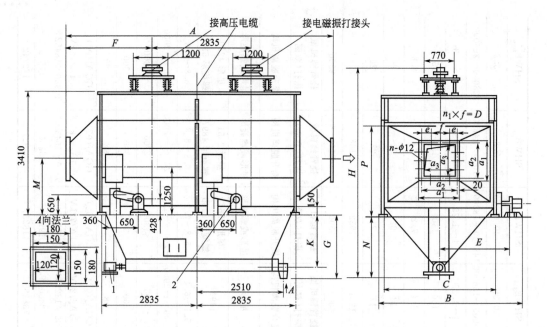

图 5-154 SHWB$_3$、SHWB$_5$ 型电除尘器外形及尺寸

1—减速电机；2—行星摆线针轮减速器

表 5-109 SHWB$_3$、SHWB$_5$ 型电除尘器外形尺寸 单位：mm

型号	A	B	C	D	E	F	G	H	P	M	N	a_1	a_2	a_3	e	f	n	n_1
SHWB$_3$	7240	2730	1850	160	1271	1425	1330	5805	1020	1625	1400	500	460	400	150	160	12	1
SHWB$_5$	7436	3589	2726	260	1691	1695	2060	6545	1750	1600	2135	560	520	460	130	130	16	2

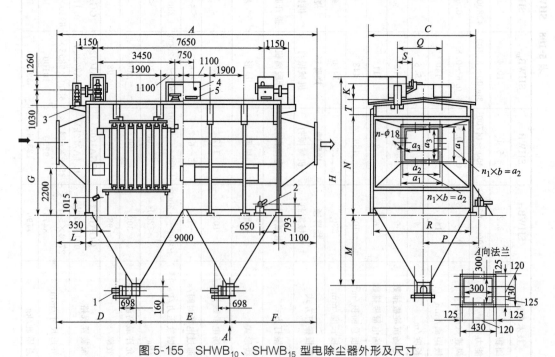

图 5-155 SHWB$_{10}$、SHWB$_{15}$ 型电除尘器外形及尺寸

1—减速电机；2—行星摆线针轮减速器；3—高压电缆接头；4—温度继电器；5—管状电加热器

表 5-110　SHWB$_{10}$、SHWB$_{15}$ 型电除尘器外形尺寸　　　　　　单位：mm

型号	SHWB$_{10}$	SHWB$_{15}$	型号	SHWB$_{10}$	SHWB$_{15}$
A	11400	11630	P	2113	2533
C	4000	4900	R	3630	4500
D	3545	3730	T	685	680
E	4590	4600	S	912.5	862.5
F	3305	3300	Q	1960	2240
G	2900	3130	a_1	976	1086
H	9893	10547	a_2	920	1020
K	1448	1450	a_3	850	960
L	1340	1530	b	115	170
M	3000	3060	n	32	24
N	4300	4900	n_1	8	6

注：d 为法兰孔直径，图中未标出。

SHWB$_{20}$、SHWB$_{30}$、SHWB$_{40}$、SHWB$_{50}$、SHWB$_{60}$ 型电除尘器外形及尺寸分别见图 5-156 及表 5-111。

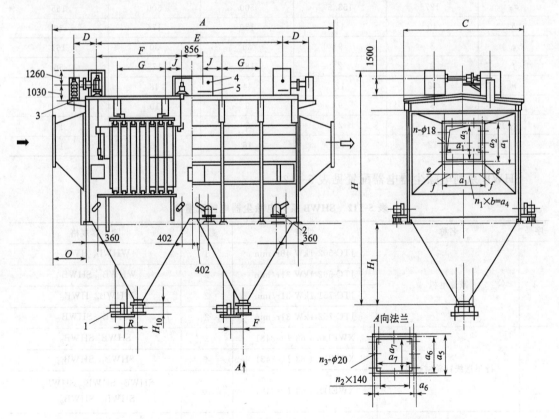

图 5-156　SHWB$_{20}$、SHWB$_{30}$、SHWB$_{40}$、SHWB$_{50}$、SHWB$_{60}$ 型电除尘器外形及尺寸
1—减速电机；2—行星摆线针轮减速器；3—高压电缆接头；4—温度继电器；5—管状电加热器

表 5-111 $SHWB_{20}$、$SHWB_{30}$、$SHWB_{40}$、$SHWB_{50}$、$SHWB_{60}$ 型电除尘器外形尺寸 单位：mm

型号	$SHWB_{20}$	$SHWB_{30}$	$SHWB_{40}$	$SHWB_{50}$	$SHWB_{60}$
A	12376	13576	14980	18040	18360
C	5450	6160	7240	7456	8750
D	1157	1074	1074	1260	1260
E	7956	8556	9356	10956	10965
F	3550	3850	4250	5050	5050
G	2203	2630	2550	2950	2950
H	11116	12220	14510	16270	18222
H_1	3100	3830	4360	4550	5480
H_{10}	320	400	760	760	760
J	600	500	1275	1475	1475
O	1150	1480	2770	3280	3400
a_1	1120	1395	2050	2150	2302
a_2	530	530	1990	2090	2200
a_3	470	470	1900	2000	1980
a_4	400	400	1620	1740	630
a_5	140	155	630	630	570
a_6	26	30	570	570	500
a_7	127	153.5	500	500	165
b	40	44	180	174	30
e	8	9	30	30	161
f	2	2	185	175	56
n	12	12	44	48	12
n_1	8	9	9	10	3
n_2	2	2	3	3	16
n_3	12	12	16	16	16

SHWB 系列电除尘器电器配置见表 5-112。

表 5-112 SHWB 系列电除尘器电器配置表

序号	名称	性能	数量	除尘器规格
1	减速电机	JTC-502 1kW 48r/min	1	$WHWB_3$ HWB_5
		JTC-562 1kW 31r/min	2	$WHWB_{10}$ $SHWB_{15}$
		JTC-751 1kW 31r/min	2	$WHWB_{40}$ HWB_{50}
		JTC-752 1kW 31r/min	2	$WHWB_{20}$ $SHWB_{30}$
2	行星摆线针轮减速器	XWED0.4-63 $I=3481$	2	$SHWB_3$ $SHWB_5$
		XWED0.4-63 $I=3481$	4	$SHWB_{10}$ $SHWB_{15}$
		XWED0.4-63 $I=3481$	10	$SHWB_{20}$ $SHWB_{30}$ $SHWB_{40}$ $SHWB_{50}$ $SHWB_{60}$
3	高压电缆接头		2	$SHWB_{10}$ $SHWB_{15}$ $SHWB_{20}$ $SHWB_{30}$ $SHWB_{40}$ $SHWB_{50}$ $SHWB_{60}$

序号	名称	性能	数量	除尘器规格
4	温度继电器	XU200	5	SHWB$_{10}$ SHWB$_{15}$
			6	SHWB$_{20}$ SHWB$_{30}$ SHWB$_{40}$ SHWB$_{50}$ SHWB$_{60}$
5	管状电加热器	SR2 型 380V 2.2kW	6	SHWB$_{10}$ SHWB$_{15}$
			8	SHWB$_{20}$ SHWB$_{30}$ SHWB$_{40}$ SHWB$_{50}$ SHWB$_{60}$
6	高压硅整流装置	GGAJ(02) 0.1A/72kV	1	SHWB$_3$ SHWB$_5$
		GGAJ(02) 0.2A/72kV	2	SHWB$_{10}$ SHWB$_{15}$
		GGAJ(02) 0.4A/72kV	2	SHWB$_{20}$ SHWB$_{30}$ SHWB$_{40}$ SHWB$_{50}$ SHWB$_{60}$
		GGAJ(02) 0.7A/72kV	2	SHWB$_{20}$ SHWB$_{30}$ SHWB$_{40}$ SHWB$_{50}$ SHWB$_{60}$
		GGAJ(02) 1.0A/72kV	2	SHWB$_{20}$ SHWB$_{30}$ SHWB$_{40}$ SHWB$_{50}$ SHWB$_{60}$

SHWB 系列电除尘器使用条件与 GD 系列管极式电除尘器相同。

4. CDPK 型宽间距电除尘器

CDPK 宽间距电除尘器是先进的高效除尘器之一。所谓"宽间距"就是电除尘器的极板间距大于 300mm，具体指 400mm 以上的极板间距。CDPK(H)-10/2 型适用于 $\phi2.8m\times14m$ 或 $\phi2.8m\times14m$ 回转式烘干机（顺流或逆流），H 标号是耐蚀烘干机专用；CDPK(H)-20/2，适用于 $\phi1.9m/1.6m\times36m$ 小型中空干法回转窑；CDPK(H)-30/3 型，适用于 $\phi2.4m\times44mm$ 左右的五级预热回转窑；CDPK(H)-45/3 型，2 台并用，适用于 $\phi4.0m\times6m$ 立筒式或四对预热回转窑。CDPK 型宽间距电除尘器系列用于湿法或立波尔回转窑，在结构上考虑了耐蚀措施。其技术参数见表 5-113。外形见图 5-157。

表 5-113　CDPK 型电除尘器技术参数

型号	CDPK-10/2 单室两电场 10m²	CDPK-20/2 单室两电场 20m²	CDPK-30/3 单室三电场 30m²	CDPK-45/3 单室三电场 45m²
电场有效断面积/m²	10.4	15.6	20.25	31.25
处理气体量/(m³/h)	26000～36000	39000～56000	50000～70000	67000～112000
总除尘面积/m²	316	620	593	1330
最高允许气体温度/℃	<250	<250	<250	<300
允许气体压力/Pa	200～2000	200～2000	200～2000	80
阻力损失/Pa	<200	<300	<200	99.8
最高允许含尘浓度/(g/m³)	30	60	30	80
设计除尘效率/%	99.5	99.7	99.5	99.8
设备外形尺寸(长×宽×高)/mm	11440×4016×10784	15730×4960×10096	17620×5662×11765	18268×6196×12599
设备本体总质量/t	43.5	84	68.7	104.36
型号	CDPK-55/3 单室三电场 55m²	CDPK-67.5/3 单室三电场 67.5m²	CDPK-90/2 单室三电场 90m²	CDPK-108/3 单室三电场 108m²
电场有效断面积/m²	56.8	67.54	90	108
处理气体量/(m³/h)	143000～240000	178000～244000	210000～324000	272000～360000

型号	CDPK-55/3 单室三电场 55m²	CDPK-67.5/3 单室三电场 67.5m²	CDPK-90/2 单室三电场 90m²	CDPK-108/3 单室三电场 108m²
总除尘面积/m²	3125	3790	4540	5324
最高允许气体温度/℃	<250	<250	<250	<250
允许气体压力/Pa	200～2000	200～2000	200～2000	200～2000
阻力损失/Pa	<300	<300	<300	<300
最高允许含尘浓度/(g/m³)	80	80	80	80
设计除尘效率/%	99.8	99.8	99.8	99.45～99.8
设备外形尺寸(长×宽×高)/mm	23942×8686×16531	24620×9290×19832	25180×9700×17200	25180×9700×19200
设备本体总质量/t	162	197.5	240	314.2

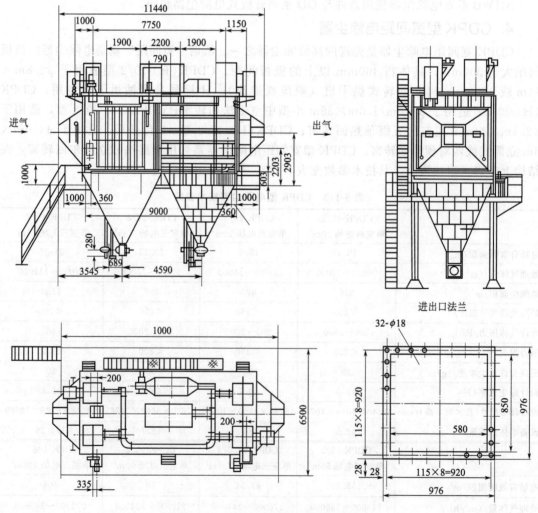

图 5-157 CDPK 型电除尘器外形尺寸

5. 移动电极式电除尘器

移动电极式电除尘器顾名思义就是电极是移动的，这里指的移动电极是收尘极，而通常放电极是固定的。对于固定电极电除尘器来说，它的收尘和清灰过程处在同一区域内，这样在清灰过程中就明显地存在两个问题，一是对于那些黏性大和颗粒小的粉尘其黏附性就很大，还有对那些比电阻高的粉尘其静电吸附力非常大，采用常规的清灰方式很难将其从收尘极板上清除掉，致使收尘极板上始终存有一定厚度的粉尘，当收尘极板上的粉尘层达到一定厚度时，运行电流就会减小，严重时还会在粉尘中产生反电晕；造成极大的二次扬尘，降低除尘效率，甚至完全破坏收尘过程，使电除尘器失去作用；二是对于那些好清除的粉尘，在振打清灰过程中也不可避免地会产生二次扬尘，使原本已经收集到收尘极板上的粉尘又重新返回烟气中。

通过大量的研究分析认为，逃逸出电除尘器的粉尘主要源于二次扬尘，因其他原因逃逸出电除尘器的粉尘占极小部分，因此，减少或避免产生二次扬尘就成了工程技术人员竞相研究的主要课题之一。基于这种考虑，日本研究开发了移动电极式电除尘器，这种构思的基本想法是将收尘和清灰分开完成。将收尘极板做成移动式的，在驱动装置的带动下，沿高度方向做移动，并在下部设置清灰室，适当控制移动速度，当转动到清灰室后，用旋转钢丝刷清除收尘极板上的积灰，基本避免了因清灰而引起的二次扬尘，从而可以提高电除尘器的效率，降低烟尘排放浓度。移动电极式电除尘器如图 5-158 所示。

由于移动式电除尘器结构较复杂，内部设有转动部件和清灰装置，制造和运行成本较高，维护工作量较大，因此很少单独使用，往往与固定式电除尘器串联布置使用。通常的布置方式是沿烟气流动方向上游电场采用固定电极，而在烟气流动方向下游电场采用移动电极。这种布置方式的目的是充分发挥移动电极的作用，控制二次扬尘量，减少粉尘逃逸量，布置形式如图 5-159 所示。

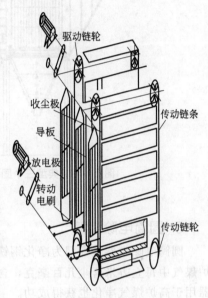

图 5-158　移动电极式电除尘器布置示意

从图 5-159 中可见，移动式电除尘器的主要特点是将收尘极板平行于烟气流动方向布置，而固定电极的收尘极板通常是垂直于烟气流动方向布置的，移动电极由若干块分离开的极板组成并柔性固定，两端与链条相连，由驱动链轮带动链条，使收尘极板移动。为防止运行中传动链条松动和保持移动平稳，下部被动链轮处设有张紧装置。

在灰斗上部设置清灰滚刷。由于这里没有烟气流动，属于净烟区，在此处，收尘极板被一组旋转的圆柱形钢丝刷紧密挟持，圆柱形钢丝刷与收尘极板做反方向运动，收尘极板上的粉尘被圆柱形旋转钢丝刷清除，达到清洁收尘极板的目的。

移动电极电除尘器的放电极与固定电极的放电极布置形式相同，都布置在收尘极板之间。移动电极的移动速度取决于粉尘浓度和性质，通常<1.5m/s。由于移动电极的清灰多是采用剥离式，清灰装置设置在无烟气流动的灰斗内，所以产生的二次扬尘显著减小，可以显著提高除尘效率。

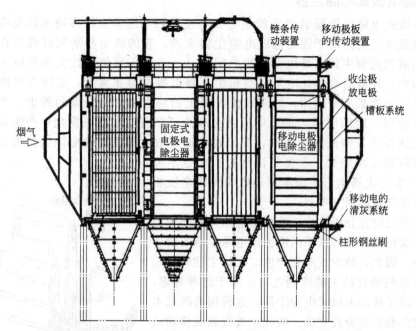

图 5-159　典型三个固定电极和一个移动电极组合式电除尘器布置图

6. 圆筒电除尘器

圆筒电除尘器是专门为净化钢铁企业转炉煤气设计的，应用已达数十台之多。净化的转炉煤气中每立方米含尘几百毫克，含 CO 平均 70%，H_2 约 3%，CO_2 约 16%。圆筒电除尘器用于高炉煤气净化也获得成功。

（1）除尘器构造　圆筒电除尘器是由圆筒形外壳、气体分布板、收尘极、电晕极、振打清灰机构、电源和出灰装置 7 部分组成，见图 5-160。在圆筒形壳体的两端是气体的进出口，进出口有气体分布板，收尘极由悬挂装置、垂直吊板、C335 板及腰带组成，沿气流方向布置。每排收尘极连接在共同的顶部及底部支撑件上，底部通过导杆加以导向。在筒体内垂直排列，与气流方向平行。两排收尘极连接在共同的顶部及底部支撑件上，底部通过导杆加以导向。在筒体内垂直排列，与气流方向平行。两排收尘极之间悬挂着放电极，放电极为圆钢

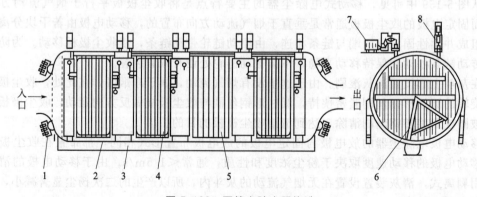

图 5-160　圆筒电除尘器构造

1—防爆阀；2—外壳；3—出灰装置；4—电晕极；5—收尘极；6—清灰装置；7—电源；8—安全阀

（或扁钢）芒刺线。放电极与高压供电系统连接，由变压器直接供电。放电极框架通过安装支架、支撑框架及支撑管道固定在顶部外壳上的绝缘子上。绝缘子通过电加热，用氮气进行吹扫，以防粉尘集聚或绝缘子内壁形成冷凝物而导致电气击穿。振打清灰在筒体内进行，振打周期各电场不一。被振打落入筒体底部的粉尘借助电动扇形刮板刮到输送器，然后排出筒体外，这一过程由密封阀控制完成。

（2）煤气电除尘器工作原理　煤气电除尘器是以静电力分离粉尘的净化法来捕集煤气中的粉尘，它的净化工作主要依靠放电极和收尘极这两个系统来完成。此外电除尘器还包括两极的振打清灰装置、气体均布装置、排灰装置以及壳体等部分。当含尘气体由除尘器的前端进入壳体时，含尘气体因受到气体分布板阻力及横断面扩大的作用，运动速度迅速降低，其中较重的颗粒失速沉降下来，同时气体分布板使含尘气流沿电场断面均匀分布。由于煤气电除尘器采用圆筒形设计，煤气沿轴向进入高压静电场中，气体受电场力作用发生电离，电离后的气体中存在着大量的电子和离子，这些电子和离子与尘粒结合起来，就使尘粒具有电性。在电场力的作用下，带负电性的尘粒趋向收尘极（沉淀极），接着放出电子并吸附在阳极上。当尘粒积聚到一定厚度以后，通过振打装置的振打作用，尘粒从沉淀表面剥离下来，落入灰斗，被净化了的烟气从除尘器排出。

（3）特点　煤气电除尘器是鲁奇公司专门为净化含有 CO 烟气而开发研制的，电除尘器的特点如下。

① 外壳是圆筒形，其承载是由电除尘器进出口及电场间的环梁间的梁托座来支持的，壳体耐压为 0.3MPa。

② 烟气进出口采用变径管结构（进出口喇叭管，其出口喇叭管为一组文丘里流量计）。其阻力值很小。

③ 进出口喇叭管端部分别各设 4 个选择性启闭的安全防爆阀，以疏导产生的压力冲击波。

④ 电除尘器为将收集的粉尘清出，专门研制了扇形刮灰装置。32m² 圆筒形电除尘器主要参数见表 5-114。

表 5-114　圆筒形电除尘器技术参数

项目		参数	项目		参数
净化方式（EP）		干式流程	压力损失/Pa		约 400
处理气量/（m³/h）		210000	吨钢电耗/kW·h		约 1.2
烟气温度/℃	入口	200（增设锅炉）	捕集物	形态/分级	粉尘
	出口	＜200		数量/（t/a）	75000
粉尘质量浓度/（mg/m³）	入口	200	操作		无水作业
	出口	＜10	维修		简便

圆筒形静电除尘器运行比较稳定，除尘器出口含尘质量浓度＜10mg/m³，能满足煤气除尘的技术要求。由于除尘器密封性能好，没有任何空气渗入，所以虽然除尘净化的是煤气，也未发生过爆炸事故。

电除尘器常见的故障有电场短路、电流电压异常、进出口刮灰板异常、防爆阀异常打开来复位等。

① 电除尘器电场短路引起电场跳电而无法复位，通过检修时排除短路铁条即可复位。

② 定期进行清灰作业，改善电场工作环境，这样可以预防电流电压过低等问题。

③ 到现场进行手动操作刮灰板直至故障排除。

④ 到现场确认防爆阀状态，确认各限位工作是否正常，直至故障排除。

7. 刮板式静电除尘器

（1）构造　刮板式静电除尘器结构示意见图 5-161。其结构特点是，刮刀采用柔性材料镶刀，具有自动调节压紧功能，始终保持刮刀与旋转收尘极板良好接触，以达到彻底清除积尘的目的。

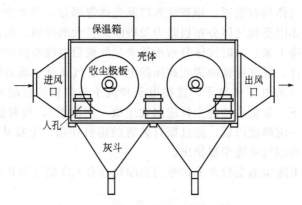

图 5-161　刮板式静电除尘器结构示意

（2）工作原理　含尘气体经导流板进入电场后，在高压静电场作用下，尘粒荷电并附着在电极上，圆形收尘极板固定在一根轴上并通过减速器带动缓慢旋转，将黏附在板面的粉尘层由刮刀刮落入灰斗；电晕极积尘则通过顶部电磁振打清除，净化除尘后气体由出口排入大气。

（3）用途　刮板式电除尘器适合于含尘气体中含水量大、粉尘黏性强的净化除尘场合。例如用于水泥厂黏土烘干机，性能稳定，运行可靠，除尘效率可达 99%。

四、电除尘器电源技术

（一）普通型电源

20 世纪 80 年代中期，可控调压还是模拟控制，火花自动跟踪技术的性能和可靠性已比较成熟，推出了具有多种控制特性，例如最高平均电压值控制、最佳火花率控制、临界火花跟踪控制等特性的产品。这就为 20 世纪 80 年代中后期由模拟控制过渡到数字控制，即单片机计算机控制提供了软件思路和硬件基础。单片机的出现和多样化，采用软、硬件相结合的方法，使电除尘的控制和管理功能得到了进一步完善。

普通型电源主要是单相电源，它为国内电除尘技术的发展奠定了坚实的基础，其性能稳定，控制技术较为先进，价格低廉，维护方便，因而，它们在相当长的一段时间内占据了国内电除尘电源的大部分市场，但普通型电源在高低压合一、节能优化和远程控制方面存在一些技术不足和缺陷。一些新型电除尘电源产品在国内市场上应运而生。

（二）智能型控制电源

先进的智能型控制电源是以微处理器为基础的新型高压控制器，技术成熟，已在行业内得到广泛应用，其主要功能如下：

① 火花控制功能。拥有更加完善的火花跟踪和处理功能，采用硬件、软件单重或软硬件双重火花检测控制技术，电场电压恢复快，损失小，闪络控制特性良好，设备运行稳定、安全，有利于提高除尘效率。

② 多种控制方式。控制方式扩充为全波、间歇供电等模式。全波供电包括火花跟踪控制、峰值跟踪控制、火花率设定控制等多种方式；间歇供电包括双半波、单半波等模式，并提供了充足的占空比调节范围，大大减轻了反电晕的危害。

③ 绘制电场伏安特性曲线。多数控制器能够手动绘制电场伏安特性曲线，也有部分控制器能够自动快速绘制电场动态伏安特性曲线族（包括电压平均值、电压峰值、电压谷值三组曲线），它们真实地反映了电场内部工况的变化，有助于对反电晕、电晕封闭、电场积灰等是否发生及程度做出准确的判断。

④ 断电振打功能或降功率振打功能。又称电压控制振打技术，指的是在某个电场振打清灰时，相应电场的高压电源输出功率降低或完全关闭不输出。采用的是高压控制器和振打控制器联动方式的控制技术，二者有机配合，参数可调，使用灵活，能显著提高振打清灰效果，进而提高除尘效率。

⑤ 通信联网功能。提供了 RS422/485 总线或工业以太网接口，所有工况参数和状态均可送到上位机显示、保存，所有控制特性的参数均可由上位机进行修改和设定。

⑥ 具备完善的短路、开路、过电流、偏励磁、欠压、超油温等故障检测与报警功能，设备保护更加完善，保证设备安全、可靠运行。

⑦ 控制部分采用高性能的单片机系统，数字化控制程度大幅度提高。

（三）高频开关式电源

开关电源是根据高频转换技术开发的，其结构如图 5-162 所示，图中表示出了向一个电场供电的开关电源。该电源由三相电网供电，电压经三相整流桥整流并由带缓冲电容器的平波器滤波。直流电压馈送到与高压变压器连接的串联谐振变换器，变压器的二次电压经单相桥整流，最后施加到电除尘器的放电极上。

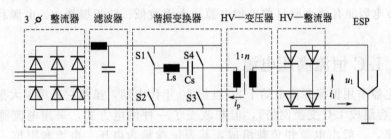

图 5-162　开关电源结构原理

高频开关式电源（全称为高频开关式集成整流电源）是电除尘器高压供电的新动向，它具有质量小、体积小、结构紧凑、三相负载对称、功率因数较高以及有较高收尘效率等优点，已成为有吸引力的替代传统晶闸管调压整流装置（T/R）的电源。

20 世纪 90 年代高频开关电源开始商业化。现在采用了比 20 世纪 90 年代更高的 20～50kHz 的频率，加上是三相供电，所以输出到电除尘器的电压几乎是恒稳的纯直流，从而带来一系列常规单相反并联晶闸管调压电源所不具备的特性与优点。

（四）三相高压电源

作为一种新型电源，与传统的单相电源相比，电除尘器用三相高压电源更能适应多种特性的粉尘和不同的工况，可向电场提供更高、更平稳的运行电压。三相高压电源有三相平衡、提效、大功率输出的特点。

三相高压电源的工作原理如图 5-163 所示。三相输入的工频电源，经主回路的断路器和接触器，由 3 对双向反并联的晶闸管模块调压，送至整流变压器升压整流（输入端为三角形接法，输出为星形接法）后到负载。如果 A 相的正半波发生闪络（火花放电）时，B 相的晶闸管已经导通，待 A 相正半波的过零换相时输出封锁信号，可以关断 A、C 相的负半波，却无法及时封锁 B 相已经导通的信号，一直要持续到 B 相过零点才能完全封锁输出。A 相的闪络冲击电流有瞬态导通电流的 1.5～2.5 倍，但 B 相是在 A 相对介质击穿的状态下继续导通，而且基波能量很大，在本质上大大加强了击穿的强度，实际产生的闪络状态下的冲击电流是瞬态导通电流的 3～5 倍，给控制和整流变压器系统带来了强烈的干扰。

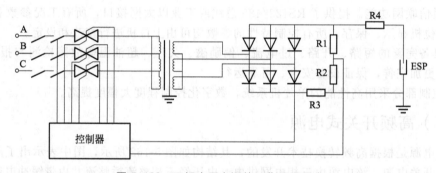

图 5-163　三相高压电源的工作原理示意

三相高压电源采用完全的三相调压、三相升压、三相整流，其功率因数较高、电网损耗低，三相高压电源能有效克服目前单相电源功率因数低、缺相损耗大、电源利用率较低的弊端。

（五）L-C 恒流高压电源

对电除尘器采用恒流源供电始于 20 世纪 80 年代中期，虽然它采用了大量的无源元件（电抗器、电容组成 L-C 变换网络），但却改变了一种供电方式，采用电流源供电。作为一个供电回路，一般由电源和负载组成，其表征参量为电压、电流和阻抗。以电压作为电源的形式供电（电压源），则电流随负载变化；以电流作为电源的形式供电（电流源），则电压随负载变化。无论是较早的磁饱和放大器电源，还是现在的晶闸管电源，均是电压源的特性，一种方式是改变回路的阻抗进行限流，一种是改变输出电压的平均值（波形），虽然均可以做到"恒压""恒流"运行，但均是通过控制调整电压来达到的，其主变量，即能直接控制、调整的是电压 u，如图 5-164 所示，$i = f(u)$。而恒流源是一种电流源的概念，能直接控制、调整的是电流 i，如图 5-165 所示，$u = f(i)$，通过控制和调整电流 i，做到在"恒压""恒流""最佳火花率"和"脉冲电流"等工作状态下运行。

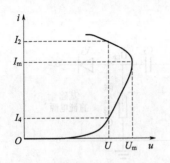

图 5-164　电压源供电　$[i=f(u)]$

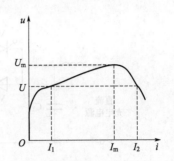

图 5-165　电流源供电　$[u=f(i)]$

L-C 电源原理示意如图 5-166 所示。

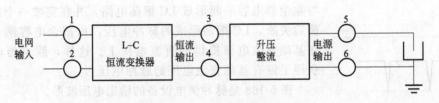

图 5-166　L-C 电源原理示意

电网输入的交流正弦电压源，通过 L-C 恒流变换器转换为交流正弦电流源，经升压、整流后成为恒流高压直流电源，给沉积电场供电。其技术特点如下：

① 运行稳定，可靠性高，能长期保持沉积效率，能承受瞬态及稳态短路。

② 能适应工况变化，克服二次扬尘，并有抑制电晕闭塞和阴极肥大的能力。

③ 运行电压高，并能抑制放电，对机械缺陷不敏感。

④ 电源结构简单，采用并联模块化的设计，检修方便，电源故障率低。

⑤ 功率因数高（$\cos\phi \geqslant 0.90$），而且不随运行功率水平变化，节电效果明显。

⑥ 输入和输出的波形为完整的正弦波，不干扰电网。

（六）脉冲电源技术

脉冲高压电源是电除尘配套使用的新型高压电源，脉冲供电方式已在世界上被公认为是改善电除尘器性能和降低能耗最有效的方式之一。

1. 设备工作原理

脉冲供电设备的原理电路示于图 5-167。

由图看出，脉冲供电设备由基础直流电源与脉冲电源两部分组合成。基础电源就是常规电除尘器用的整流设备，它提供直流基础高压；脉冲电源部分由直流充电电源、储能电容 C_1、耦合电容 C_2、谐振电感 L、脉冲形成开关 V_1（晶闸管）、续流二极管 V_2、隔离二极管 V_3 及脉冲变压器等主要部件组成。

本电路图所示工作过程：晶闸管受触发导通后，储能电容 C_1 通过开关元件（晶闸管）、谐振电感 L、脉冲变压器与耦合电容 C_2 将能量快速传送到电除尘器电容上，该电路

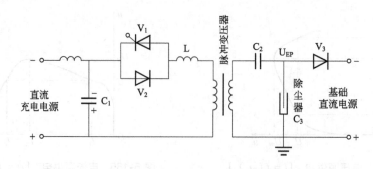

图 5-167　脉冲供电设备原理电路图

V_1—晶闸管；V_2—续流二极管；V_3—隔离二极管；C_1—储能电容，C_2—耦合电容；

C_3—除尘器电容；L—谐振电感；U_{EP}—电除尘器

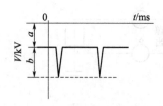

图 5-168　脉冲供电设备
的输出电压波形图

a—基础电压；b—脉冲电压

与除尘器电容一起形成 LC 振荡电路，并在完成一个周期的振荡后关断，LC 振荡形成的脉冲电压，由耦合电容耦合后叠加在基础直流电源提供的直流电压上。这样，除尘器电极上就获得了带有基础直流电压的脉冲电压。

图 5-168 是脉冲供电设备的输出电压波形。

脉冲供电设备由脉冲控制柜、脉冲高压柜、脉冲变压器和基础电源整流变压器四个部分组成。

2. 脉冲供电设备的主要特点

① 施加在电场上的峰值电压比常规供电高 1.5 倍左右。

② 增加了粉尘的荷电概率。

③ 对粉尘性质的变化具有良好的适应性，有利于克服反电晕现象。

④ 节电效果显著。

⑤ 当粉尘比电阻高于 $10^{12}\Omega\cdot cm$ 时，脉冲供电与常规供电相比，改善系数可达 1.6～2。

3. 应用

电除尘器高压脉冲供电工作方式是以脉冲宽度 65～125μs，最大脉冲峰值电压（80kV）的脉冲高压，叠加在常规直流高压（60kV）之上，使电场最高峰值高压能达到 140kV，可有效克服高比电阻粉尘工况下反电晕现象，提高电除尘器的收尘效率；同时节约电除尘器的能耗脉冲。

在干法水泥生产、金属冶炼、烧结及低硫煤发电等窑炉中排放的高比电阻粉尘净化中，用普通电除尘器净化这种含尘烟气，由于容易出现反电晕现象，除尘效果欠佳。而改用电除尘器脉冲供电设备以后，其效果可大有改观。

第八节　电袋复合式除尘器

电袋复合式除尘器是一种利用静电力和过滤方式相结合的一种复合式除尘器。

一、电袋复合式除尘器分类

复合式除尘器通常有串联复合式、并联复合式和混合复合式三种类型。

1. 串联复合式

串联复合式除尘器都是电区在前，袋区在后如图 5-169 所示。串联复合也可以上下串联，电区在下，袋区在上，气体从下部引入除尘器。

前后串联时气体从进口喇叭引入，经气体分布板进入电场区，粉尘在电区荷电并大部分被收下来，其余荷电粉尘进入滤袋区，在滤袋区粉尘被过滤干净，纯净气体进入滤袋的净气室，最后从净气管排出。

2. 并联复合式

并联复合式除尘器的电区、袋区并联，如图 5-170 所示。

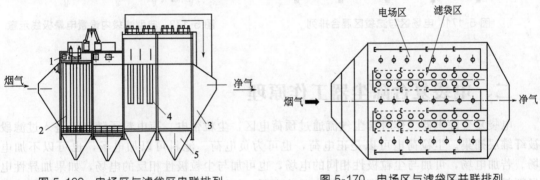

图 5-169　电场区与滤袋区串联排列
1—电源；2—电场；3—外壳；4—滤袋；5—灰斗

图 5-170　电场区与滤袋区并联排列

气流引入后经气流分布板进入电区各个通道，电区的通道与袋区的每排滤袋相间横向排列，烟尘在电场通道内荷电，荷电和未荷电粉尘随气流流向孔状极板，部分荷电粉尘沉积在极板上，另一部分荷电或未荷电粉尘进入袋区的滤袋，粉尘被过滤在滤袋外表面，纯净的气体从滤袋内腔流入上部的净气室，然后从净气管排出。

3. 混合复合式

混合复合式除尘器是电场区、滤袋区混合配置，如图 5-171 所示。

在袋区相间增加若干个短电场，同时气流在袋区的流向从由下而上改为水平流动。粉尘从电场流向袋场时，在流动一定距离后，流经复式电场，再次荷电，增强了粉尘的荷电量和捕集量。

此外，也有在袋式除尘器之前设置一台单电场电除尘器，称为电袋一体化除尘器，但应用比电袋复合式除尘器少。

还有一种电袋除尘器是在滤袋内设置电晕极，并对滤袋内部施加电场，施加到电晕极线上的极性通常是负极性，如图 5-172 所示。设置电场和电晕线的主要目的是对粉尘进行荷电，提高收尘效率，同时由于粉尘带有相同极性的电荷，起到相互排斥作用，使收集到滤袋表面的粉尘层较松散，增加了透气性，降低了过滤阻力，使清灰变得更容易，减少了清灰次数，提高了滤袋使用寿命。

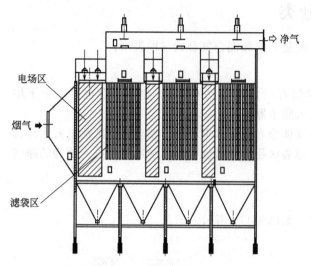

图 5-171　电场区与滤袋区混合排列

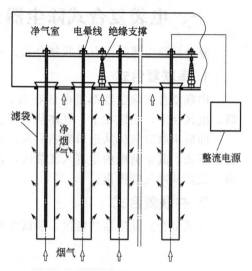

图 5-172　典型滤袋内设置电晕极线示意

二、电袋复合除尘器工作原理

电袋复合除尘器工作时含尘气流通过预荷电区，尘粒带电。荷电粒子随气流进入过滤段被纤维层捕集。尘粒荷电可以是正电荷，也可为负电荷。滤料可以加电场，也可以不加电场。若加电场，可加与尘粒极性相同的电场，也可加与尘粒极性相反的电场，如果加异性电场则粉尘在滤袋附着力强，不易清灰。试验表明，加同性极性电场，效果更好些。原因是极性相同时，电场力与流向排斥，尘粒不易透过纤维层，表现为表面过滤，滤料内部较洁净，同时由于排斥作用，沉积于滤料表面的粉尘层较疏松，过滤阻力减小，使清灰变得更容易些。

图 5-173 给出了滤料上堆积相同的粉尘量时，荷电粉尘形成的粉饼层与未荷电粉饼层阻力的比较，从图 5-173 中可以看到，在试验条件下，经 8kV 电场荷电后的粉饼层其阻力要比未荷电时低约 25%。这个试验结果既包含了粉尘的粒径变化效应，也包含了粉尘的荷电效应。

由此可见电袋复合式除尘器是综合利用和有机结合了电除尘器与袋式除尘器的优点，先由电场捕集烟气中大量的大颗粒的粉尘，能够收集烟气中 70%～80% 以上的粉尘量，再结合后者布袋收集剩余细微粉尘的一种组合式高效除尘器，具有除尘稳定，排放浓度 ≤50mg/m³，性能优异的特点。

但是，电袋复合式除尘器并不是电除尘器和布袋除尘器的简单组合叠加，实际上科

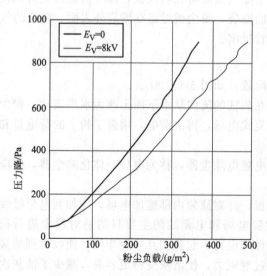

图 5-173　粉尘负载与压力降的关系

技工作者攻克了很多难题才使这两种不同原理的除尘技术相结合。首先要解决在同一台除尘器内同时满足电除尘和布袋除尘工作条件的问题；其次，如何实现两种除尘方式连接后袋除尘区各个滤袋流量和粉尘浓度均布，提高布袋过滤风速，并且有效降低电袋复合式除尘器系统阻力。在除尘机理上，通过荷电粉尘使布袋的过滤特性发生变化，产生新的过滤机理，利用荷电粉尘的气溶胶效应，提高滤袋过滤效率，保护滤袋；在除尘器内部结构采用气流均布装置和降低整体设备阻力损失的气路系统；开发出超大规模脉冲喷吹技术和电袋自动控制检测故障识别及安全保障系统等。

电袋复合式除尘器一般分为两级，前级为电除尘区，后级为袋除尘区，两级之间大多采用串联结构有机结合。两级除尘方式之间又采用了特殊分流引流装置，使两个区域清楚分开。电除尘设置在前，能捕集大量粉尘，沉降高温烟气中未熄灭的颗粒，缓冲均匀气流；滤筒串联在后，收集少量的细粉尘，严把排放关。同时，两除尘区域中任何一方发生故障时，另一区域仍保持一定的除尘效果，具有较强的相互弥补性。

三、电袋复合除尘器技术性能

（1）综合了两种除尘方式的优点　由于在电袋复合式除尘器中，烟气先通过电除尘区后再缓慢进入后级布袋除尘区，滤袋除尘区捕集的粉尘量仅有入口的 1/4。这样滤袋的粉尘负荷量大大降低，清灰周期得以大幅度延长；粉尘经过电除尘区的电离荷电，粉尘的荷电效应提高了粉尘在滤袋上的过滤特性，即滤袋的透气性能、清灰方面得到大大的改善。这种合理利用电除尘器和布袋除尘器各自的除尘优点，以及两者相结合产生的新功能，能充分克服电除尘器和布袋除尘器的除尘缺点。

（2）能够长期稳定地运行　电袋复合式除尘器的除尘效率不受煤种、烟气特性、飞灰比电阻的影响，排放浓度可以长期、高效、稳定在低于 $50mg/m^3$。而且，这种电袋复合式除尘器对于高比电阻粉尘、低硫煤粉尘和脱硫后的烟气粉尘处理效果更具技术优势和经济优势，能够满足环保的要求。

（3）烟气中的荷电粉尘的作用　电袋除尘器烟气中的荷电粉尘有扩散作用；由于粉尘带有同种电荷，因而相互排斥，迅速在后级的空间扩散，形成均匀分布的气溶胶悬浮状态，使得流经后级布袋各室浓度均匀，流速均匀。

电袋除尘器烟气中的荷电粉尘有吸附和排斥作用；由于荷电效应使粉尘在滤袋上沉积速度加快，以及带有相同极性的粉尘相互排斥，使得沉积到滤袋表面的粉尘颗粒之间有序排列，形成的粉尘层透气性好，空隙率高，剥落性好。所以电袋复合式除尘器利用荷电效应减少除尘器的阻力，提高清灰效率，从而设备整体性能得到提高。

（4）运行阻力低，滤袋清灰周期时间长，具有节能功效　电袋复合式除尘器滤袋的粉尘负荷小，由于荷电效应作用，滤袋形成的粉尘层对气流的阻力小，易于清灰，比常规布袋除尘器约低 500Pa 的运行阻力，清灰周期时间是常规布袋除尘器的 4～10 倍，大大降低了设备的运行能耗；同时滤袋运行阻力小，滤袋粉尘透气性强，滤袋的强度负荷小，使用寿命长，一般可使用 3～5 年，普通的布袋除尘器只能用 2～3 年，这样就使电袋除尘器的运行费用远远低于袋式除尘器。

（5）管理复杂　电袋复合式除尘器对人员技术要求、备品备件存量、检修程序都比单一的电除尘器或袋式除尘器管理复杂。

电袋复合除尘器的电场区充分发挥了电除尘高效的特点，并使未被收集的粉尘荷电，可以大幅度降低进入布袋除尘区的烟气含尘浓度，改善布袋区的粉尘条件及粉尘在滤袋表面的堆积状况，降低布袋除尘区的负荷和过滤层的压力损失。然而对整个电袋复合除尘系统来说，电场区和布袋区需要达到一个科学匹配的分级除尘效率才能更加有效地发挥两种除尘方式相结合的优势。

四、电袋复合除尘器应用注意问题

由于袋式除尘器已有很好的除尘效果，如果增设预荷电部分会使运行和管理更为复杂，所以电袋除尘器总的说是研究成果不少，而新建电袋除尘器工程应用不多。由于单一的电除尘器烟气排放难以达到国家规定的排放标准，所以把电除尘器改造成电袋除尘器的工程实例很多，在水泥厂、燃煤电厂都有成功经验。

1. 应用需解决技术问题

（1）如何保证烟尘流经整个电场，提高电除尘部分的除尘效果。烟尘进入电除尘部分，以采用卧式为宜，即烟气采用水平流动，类似常规卧式电除尘器。但在袋除尘部分，烟气应由下而上流经滤袋，从滤袋的内腔排入上部净气室。这样，应采用适当措施使气流在改向时不影响烟气在电场中的分布。

（2）应使烟尘性能兼顾电除尘和袋除尘的操作要求。烟尘的化学组成、温度、湿度等对粉尘的比电阻影响很大，很大程度上影响了电除尘部分的除尘效率。所以，在可能条件下应对烟气进行调质处理，使电除尘器部分的除尘效率尽可能提高。袋除尘部分的烟气温度，一般应小于200℃且大于130℃（防结露糊袋）。

（3）在同一箱体内，要正确确定电场的技术参数，同时也应正确地选取袋除尘各个技术参数。在旧有电除尘器改造时，往往受原壳体尺寸的限制，这个问题更为突出。在"电-袋"除尘器中，由于大部分粉尘已在电场中被捕集，而进入袋除尘部分的粉尘浓度、粉尘细度、粉尘颗粒级配等与进入除尘器时的粉尘发生了很大变化。在这样的条件下，过滤风速、清灰周期、脉冲宽度、喷吹压力等参数也必须随着变化。这些参数的确定也需要慎重对待。

（4）如何使除尘器进出口的压差（即阻力）降至1000Pa以下。除尘器阻力的大小，直接影响电耗的大小，所以正确的气路设计，是减少压差的主要途径。

2. 电除尘器改为电袋复合式除尘器

有一台用于水泥窑的70m² 三电场电除尘器，处理风量180000m³/h。由于种种原因，使用效果不甚理想，根据静电过滤复合工作的原理，把它改造成静电滤袋除尘器，即保留第一电场，把二、三电场改为袋式除尘，改造后使用情况很好，能满足极为严格的环保要求。

（1）除尘器的改造　除尘器是在保持原壳体不变的情况下进行改造，包括保留第一电场和进出气喇叭口、气体分布板、下灰斗、排灰拉链机等。

烟气从除尘器进气喇叭口引入，经两层气流分布板，使气流沿电场断面分布均匀并进入电场，烟气中的粉尘有80%～90%被电场收集下来，烟气由水平流动折向电场下部，然后从下向上运动，通往6个除尘室。含尘烟气通过滤袋外表面，粉尘被阻留在滤袋的外部，干净气体从滤袋的内腔流出，进入上部净化室，然后汇入排风管排出。

除尘器的气路设计至关重要，它的正确与否关系到设备的阻力大小，即关系到设备运行时的电耗大小。除尘器的结构见图5-174。

（2）电除尘部分的技术性能参数

① 电场断面：70m²，极板高度为9m，通道数为19个。

② 同极间距：400mm，电场长度为4m。

③ 极板型式：C形，电晕线型式为RS线。

④ 两极清灰均采用侧部挠臂锤打。

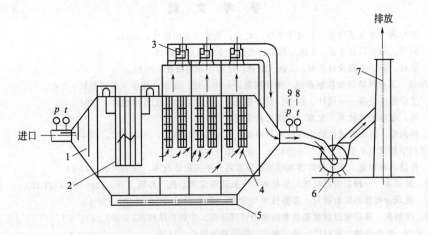

图 5-174　除尘器结构示意

1—气流分布板；2—电场；3—离线阀；4—袋除尘室；5—输灰装置；
6—风机；7—排气筒；8—温度计；9—压力计

⑤ 配用电源：GGAJ0.6A、72kV。

⑥ 电场风速：0.95m/s，除尘极板投影面积为 138m^2。

（3）滤袋除尘部分的结构性能

① 滤袋：室数，6；规格 ϕ160mm×6500mm，数量 1248 条；材质，GORE-TEX 薄膜，PTFE 处理玻纤织物滤料，重量为 570g/m^2。

② 脉冲阀：规格 GOYEN 淹没阀，数量为 78 个。

③ 离线阀：6 个。

④ 总过滤面积：4077m^2。

⑤ 过滤风速：在线时为 0.98m/min，离线时为 1.13～1.23m/min。

⑥ 压缩空气机：2 台。

（4）风机改造参数　电除尘器改造为电袋复合式除尘器后，由于滤袋阻力较电除尘高，所以原有风机的风压需提高。为满足增产的需要，风机风量也有所提高。

原风机型号为 Y5-75-20D，风量为 1806050m^3/h，风压为 998Pa，转数为 580r/min，电机功率 95kW。改造后的电机转数为 960r/min，电机功率 460kW。风压、风量相应提高。

（5）除尘效果　除尘器的电除尘部分的电场操作电压稳定在 50～55kV，滤袋除尘部分的清灰压力 0.24MPa，脉冲宽度 0.1～0.2s 可调，脉冲间隔时间为 5～30s，清灰周期暂定 14min。经测定，烟囱排放浓度均低于 30mg/m^3，达到预期效果。

实践表明电袋除尘器具有以下优点。

① 排放浓度可以长期、稳定地保持在 30mg/m^3 以下，满足对环境质量有严格要求的地区使用。

② 由于烟气中的大部分粉尘在电场中被收集，除尘器的气路设计合理，除尘器的总压力降可以保持在 700～900Pa 之间，使除尘器的运行费用远远低于袋式除尘器。

③ 电袋除尘器特别适用于旧电除尘器的改造。在要求排放浓度小于 30mg/m^3 时，改造投资可低于单独采用电除尘器或袋式除尘器。

参 考 文 献

[1] 张殿印,李惊涛. 冶金烟气治理新技术手册. 北京:化学工业出版社,2018.

[2] 张殿印,刘瑾. 除尘设备手册. 2版. 北京:化学工业出版社,2019.

[3] 张殿印,王纯. 除尘工程设计手册. 3版. 北京:化学工业出版社,2021.

[4] 威廉L休曼. 工业气体污染控制系统. 华译网翻译公司,译. 北京:化学工业出版社,2007.

[5] 姜凤有. 工业除尘设备——设计、制作、安装和管理. 北京:冶金工业出版社,2007.

[6] 李凤生,等. 超细粉体技术. 北京:国防工业出版社,2001.

[7] 张殿印,顾海根. 回流式惯性除尘器技术新进展. 环境科学与技术,2000(3):45-48.

[8] 黄翔. 纺织空调除尘手册. 北京:中国纺织工业出版社,2003.

[9] 刘子红,肖波,相家宽. 旋风分离器两项流研究综述. 中国粉体技术,2003(3):41-44.

[10] 高根树,张国才. 一种新型的机械除尘技术——旋流除尘离心机. 环境工程,1999(6):31-32.

[11] 许宏庆. 旋风分离器的实验研究. 实验技术与管理,1984(1):27-41;(2):35-43.

[12] 付海明,沈恒根. 非稳定过滤捕集效率的理论计算研究. 中国粉体技术,2003(6):4-7.

[13] 戴维斯 C N. 空气过滤. 黄日广,译. 北京:原子能出版社,1979.

[14] 布控沃尔 H,瓦尔玛 Y B G. 空气污染控制设备. 赵汝林,等译. 北京:机械工业出版社,1985.

[15] 张殿印,王纯. 脉冲袋式除尘器手册. 北京:化学工业出版社,2011.

[16] 显龙,等. 静电除尘器的新应用及其发展方向. 工业安全与保护,2003,11:3-5.

[17] 张殿印,王纯. 除尘手册. 2版. 北京:化学工业出版社,2015.

[18] 陈鸿飞. 除尘与分离技术. 北京:冶金工业出版社,2007.

[19] 唐国山,唐复磊. 水泥厂电除尘器应用技术. 北京:化学工业出版社,2005.

[20] 阚昶兴. FE型电袋复合除尘器在大型燃煤机组上的应用. 中国环保产业,2011(5):50-52.

[21] 竹涛,徐东耀,于妍. 大气颗粒物控制. 北京:化学工业出版社,2013.

[22] 王栋成,林国栋,徐宗波. 大气环境影响评价实用技术. 北京:中国标准出版社,2010.

[23] 刘瑾,张殿印. 袋式除尘器工艺优化设计. 北京:化学工业出版社,2020.

[24] 刘瑾,张殿印,陆亚萍. 袋式除尘器配件选用手册. 北京:化学工业出版社,2016.

[25] 丁启圣,王维一. 新型实用过滤技术. 北京:冶金工业出版社,2017.

[26] 王永忠,张殿印,王彦宁. 现代钢铁企业除尘技术发展趋势. 世界钢铁,2007(3):1-5.

[27] 薛勇. 滤筒除尘器. 北京:科学出版社,2014.

[28] 郭丰年,徐天平. 实用袋滤除尘技术. 北京:冶金工业出版社,2015.

[29] 张殿印,王冠,肖春,等. 除尘工程师手册. 北京:化学工业出版社,2020.

[30] 福建龙净环保股份有限公司. 电袋复合除尘器. 北京:中国电力出版社,2015.

[31] 浙江菲达环保科技股份有限公司. 电除尘器. 北京:中国电力出版社,2015.

[32] 赵海宝,黄俊. 低低温电除尘器. 北京:化学工业出版社,2018.

[33] 王纯,张殿印,王海涛,等. 除尘工程技术手册. 北京:化学工业出版社,2017.

[34] 彭犇,高华东,张殿印. 工业烟尘协同减排技术. 北京:化学工业出版社,2023.

[35] 中央労働災害防止協会. 局所排気装置,プッシュプル型換気装置及び除じん装置の定期自主検査指針の解説. 7版. 東京 中央労働災害防止協会,令和4年.

[36] 粉体工学会. 気相中の粒子分散・分級・分離操作. 東京:日刊工業新聞社,2006.

第六章
气态污染物控制方法

第一节　气态污染物分类

　　大气污染物按存在形态可分为颗粒污染物和气态污染物，其中粒径<15μm的污染物亦可划为气态污染物。气态污染物（gaseous pollutants）是指以气体状态分散在排放气体中的各种污染物。气态污染物主要来源于燃料燃烧、大规模的工矿企业、城市交通尾气等。

一、按污染物理化性质分类

　　按大气污染物的理化性质，气态污染物可分为无机气态污染物、有机气态污染物。

1. 无机气态污染物

　　无机气态污染物，包括含硫化合物（SO_2、SO_3、H_2S等）、含氮化合物（NO、NO_2、N_2O、N_2O_3、NH_3等）、卤代化合物（HCl、Cl_2、HF等）、碳氧化物（CO、CO_2等）、臭氧、过氧化物六大类。化石燃料（煤、石油、天然气）和生物质能源等，在燃烧或焚烧、冶炼过程中（如焚化炉、工业锅炉、窑炉、冶金、石油化工、建材砖瓦水泥、生活取暖、烹调等），都会排放出有害的无机气态污染物。

2. 有机气态污染物

　　有机气态污染物，包括含烃类化合物（烷烃、芳烃等）、含氧有机物（醛、酮、酚等）、含氮有机物（芳香胺类化合物、腈等）、含硫有机物（硫醇、噻吩等）、含氯有机物（氯代烃、氯代醇、有机氯农药等）五大类。进入空气中的有机污染物种类很多，比无机物要多得多。大体上可分为挥发性有机物（以VOCs表示）和半挥发性有机物（以S-VOCs表示）。挥发性有机物是指那些沸点在260℃以下的有机物，它们在空气中有较高的蒸气压，容易挥发，以气态形式存在于环境空气中。

　　半挥发性有机物多吸附在颗粒物上，从城市环境空气中检出的半挥发性有机污染物主要有以下三大类：

　　① 多环芳烃类，包括苯并[a]芘（B[a]P）、苯并[b]荧蒽、苯并[k]荧蒽、苯并[ghi]芘、二苯并[ah]蒽等，以及萘、菲、蒽、芘、苊、苊、䓛、晕苯等二、三、四、五、六、七环的多环芳烃化合物，含有氯取代和硝基取代的多环芳烃化合物等。研究发现，这些多环芳烃是煤炭、石油、木柴燃烧及垃圾焚烧过程中产生的副产物，汽油车、柴油车尾气也排放出一定数量的多环芳烃。例如，在炼焦车间、煤气厂、散烧烟煤的小炉灶旁及公路隧道内都会检测出高浓度的多环芳烃，在炼焦炉顶和炉旁的B[a]P质量浓度可达$4.0\sim200\mu g/m^3$。

　　② 有机氯农药和多氯联苯类，其中有机氯污染物包括六六六（BHC）、DDT、艾氏剂、狄氏剂、异狄氏剂、氯丹、七氯、多氯联苯等，有许多是属于难降解的持久性有机污染物

（POPs），是必须禁止生产、禁止使用或限期淘汰的有毒有害化学物质。

③ 酞酸酯类，实验研究显示这些物质是环境激素类污染物，在环境中检出的酞酸酯类主要包括邻苯二甲酸二甲酯、邻苯二甲酸二乙酯、邻苯二甲酸二丁酯、邻苯二甲酸二辛酯、邻苯二甲酸二异丁酯等。

二、按污染物是否直接排放分类

按污染物是否为污染源直接排放可分为一次污染物、二次污染物。

1. 一次污染物

一次污染物是指由污染源直接排放到空气中，且未发生化学变化的污染物质。例如：燃煤燃油排放出的 SO_2、NO、CO、CO_2 等是一次污染物，由化工生产过程排放出的 SO_3、NO_2 也是一次污染物。一次污染物主要有含硫化合物、含氮化合物、碳的氧化物、有机化合物、卤素化合物等。

2. 二次污染物

二次污染物是指由污染源排放出的一次污染物进入空气后，在物理、化学作用下，发生一系列化学反应，形成了另一种污染物质，称为二次污染物。例如：SO_2 进入空气中并被氧化生成 SO_3，SO_3 与 H_2O 反应生成 H_2SO_4，H_2SO_4 再与空气中 NH_3 反应生成 $(NH_4)_2SO_4$ 粒子等，则 SO_3、H_2SO_4、$(NH_4)_2SO_4$ 等均是二次污染物。

二次污染物主要有硫酸烟雾、硝酸烟雾、光化学烟雾等。

（1）硫（硝）酸烟雾 排放到空气中的一次污染物 SO_2、NO 等，在有水雾、含重金属的悬浮颗粒物、太阳紫外线照射等条件下，发生一系列化学或光化学反应，生成酸性更强的氧化物 SO_3、NO_2、N_2O_5。它们与空气中 H_2O 作用生成 H_2SO_4、HNO_3、HNO_2，是形成地区性酸雨的主要原因。这些酸性物质与 H_2O 结合，易形成酸雾，并被吸附在颗粒物（尤其是细粒子）上，硫酸、硝酸与空气中的氨气反应，生成相应的铵盐，这些铵盐是细粒子（$PM_{2.5}$）的主要组成部分。硫（硝）酸烟雾引起的刺激作用和生理反应等危害，要比 SO_2、NO 等气体本身严重得多。

（2）光化学烟雾 机动车辆、石油化工排放出的挥发性有机污染物，在空气中氧化剂（如 O_3、H_2O_2）、自由基［如氧基（$O\cdot$）、氢氧基（$\cdot OH$）、过氧烃基（$RO_2\cdot$）、过氧氢基（$HO_2\cdot$）等］和阳光紫外线作用下，发生一系列复杂的化学反应而生成的蓝色烟雾（有时带些紫色或黄褐色），称为光化学烟雾。光化学烟雾的主要成分有 O_3、过氧乙酰硝酸酯（PAN）、甲醛、酮类、酸性氧化物及含氧酸盐、气溶胶粒子等。光化学烟雾的刺激性和危害要比一次污染物强烈得多。

光化学烟雾的形成不仅和排放到空气中的污染物的种类及数量有关，还和当时的气象条件有密切的关系。一般在夏季晴朗、小风天气，污染物难以扩散的条件下，有利于光化学反应生成 O_3。早晨太阳出来后 O_3 开始形成，浓度逐渐增加；到中午至下午 3 时左右 O_3 浓度达到最高；当阳光变弱时 O_3 浓度开始下降，到夜里 O_3 即被 NO 消耗殆尽，因此在市中心夜间常出现 O_3 浓度较低的情况。

典型的一次污染物和二次污染物见表 6-1。

表 6-1 典型的一次污染物和二次污染物

污染物	典型的一次污染物	典型的二次污染物
含硫化合物	SO_2、H_2S	SO_3、H_2SO_4、MSO_4（硫酸盐）

续表

污染物	典型的一次污染物	典型的二次污染物
含氮化合物	NO、NH_3	NO_2、HNO_3、MNO_3(硝酸盐)
碳的氧化物	CO、CO_2	无
有机化合物	$C_1 \sim C_{10}$ 化合物	醛、酮、过氧乙酰硝酸酯(PAN)、O_3
卤素化合物	HF、HCl	无

三、按污染物化学成分分类

按污染物化学成分，一般气态污染物主要有以下 6 类。

(1) 二氧化硫　二氧化硫是一种有刺激性气味、腐蚀性强的气体。该种气体是研究大气污染的重要内容，是表明大气污染程度的寒暑表之一。

二氧化硫是焙烧硫矿、制造硫酸、冶炼有色金属、精炼石油等生产过程中产生的，在燃料的燃烧过程中排放量最大。

普通燃料（如煤、石油）中均含有硫的成分，硫在空气中燃烧，氧化成二氧化硫排入大气。二氧化硫在大气中又被氧化成三氧化硫或溶解于水滴变成硫酸。

(2) 一氧化碳　一氧化碳是无色无味气体，大部分存在于煤气、焦炉气之中。一氧化碳是燃料不完全产生的，汽车排放的废气中就含有一氧化碳。

在有燃烧器（煤气炉、供暖锅炉）的房间以及养路费收费处、地下停车场、车辆监督站等车辆集中的地方，如果换气条件不完善，就会产生严重的一氧化碳污染，值得人们注意。

另外，香烟燃烧的烟雾中含有一氧化碳 0.7% ~ 2.5%，吸烟者的呼气中含有 0.002% ~ 0.01%。对于人员集中的房间必须考虑因吸烟引起的一氧化碳污染问题。

(3) 二氧化碳　二氧化碳是无色无味的气体，由燃烧或物体腐烂发酵而产生，在大气中正常含量为 0.03%。

人呼出气和吸入气的组成成分如表 6-2 所列。其中呼出气中的氧气少，二氧化碳多。所以居住的室内一般二氧化碳含量较高。按照二氧化碳增加的量可以衡量室内换气状态和污染程度。

表 6-2　吸入和呼出气的成分　　　　　　　　　　　　单位:%

项目	O_2	N_2	CO_2
吸入气(大气)	20.93	79.04	0.03
呼出气	17	79	4

一般情况下大气中的二氧化碳浓度几乎是不变的，但在特殊情况下会有所增加。二氧化碳的增加主要是由大气污染等人为因素造成的。二氧化碳不仅能透过太阳辐射光，而且还能吸收地面反射的红外线，二氧化碳的这种性质称作温室效应（图 6-1）。二氧化碳也是影响气候变化的重要因素。

(4) 氮氧化物　氮氧化物中影响环境的主要成分是一氧化氮和二氧化氮。

一氧化氮在常温下是无色气体，在空气中被氧化成二氧化氮。二氧化氮也叫作亚硝酸气，是有特殊刺激性气味的酸性气体，呈红褐色。

氮氧化物的主要发生源有硝酸或硫酸制造工序；用硝酸溶液处理金属表面的工序；燃料燃烧过程以及汽车和飞机排气等。特别是汽车尾气的量非常大，是氮氧化物（NO_x）的主

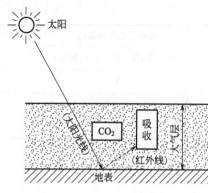

图 6-1 二氧化碳的温室效应

要发生源。

（5）烃类化合物 烃类化合物是只含碳和氢元素的化合物的总称。

烃类化合物可根据碳原子的排列方式分成链状烃类化合物（烷类 C_nH_{2n+2}，烯类 C_nH_{2n}，炔类 C_nH_{2n-2}）和环状烃类化合物（芳香族和脂环族）两大类。

烃类化合物在常温常压下有气体、液体、固体三种物理形态。含 $1\sim3$ 个碳原子的烃类化合物一般是气体；含 4 个碳原子的烃类化合物在常温常压下介于气体和液体之间；含 $5\sim16$ 个碳原子的烃类化合物为液体；含 $16\sim20$ 个碳原子的烃类化合物为固体。常见的气态烃类化合物有甲烷、乙炔、乙烯、丙烷、丁烷等。在烃类化合物中，石油等燃料燃烧的废气（汽车排气）含有的链状烃类化合物是导致大气污染的物质，特别是以乙烯为代表的链烯烃系作为光化学反应生成含氧成分的发生源受到广泛的重视。

（6）硫化氢 天然硫化氢包含在火山气体和矿泉中，含硫蛋白质在腐败过程中也出现硫化氢。硫化氢是无色、有味（臭鸡蛋味）的气体，易溶于水。硫化氢燃烧容易生成二氧化硫。在一般燃烧中很少放出硫化氢气体。

硫化氢的主要发生源有石油精炼、橡胶制造、炼焦、造纸以及其他化工厂。

第二节 气态污染物控制机理

气态污染物是在常温、常压下以分子状态存在的污染物，包括气体和蒸气，属于均相混合物。而气态污染物的净化，可以是一个混合物分离的问题，即从气体中分离气态污染物，一般主要采用气体吸收或吸附方法，这些方法皆涉及气体扩散；也可以不把污染物从混合物中分离，采用化学转化的方法将污染物转化为无害物，一般采用的是催化转化或燃烧的方法。因此，此处对气体扩散、气体吸收、气体吸附及气-固催化反应、燃烧等气体控制过程的机理做简单介绍。

一、气体扩散

气体的质量传递过程是借助于气体扩散过程来实现的，扩散的原因是体系中组分的浓度差，扩散的结果使组分从浓度较高区域转移到浓度较低区域。

（1）分子扩散 由分子运动引起的扩散，常发生在静止的或垂直于浓度梯度方向做层流流动的流体中。

（2）涡流扩散 物质在湍流流体中的传递，除了分子运动外，主要由流体中质点运动引起。

一般的工业操作所涉及的多为稳定状态的扩散，即系统各部分的组成不随时间而变化，单位时间内扩散的物质量（扩散速率）为定值。

若混合气体中组分 A 在组分 B 中做稳定扩散，其分子扩散速率的表达式可用费克定律表示：

$$N_A = -D\frac{dc_A}{dz} \tag{6-1}$$

式中，N_A 为组分 A 的扩散速率，即单位时间、单位传质面积 A 组分的扩散量，kmol/$(m^2 \cdot s)$；D 为组分 A 在组分 B 中的扩散系数，m^2/s；$\dfrac{dc_A}{dz}$ 为组分 A 的浓度沿 z 方向的变化率，即浓度梯度，$kmol/m^4$。

式(6-1) 右端的负号表示组分 A 的扩散向浓度降低的方向进行。

扩散系数 D 是物系特性常数，表示物质在某介质中的扩散能力，其值与扩散物质与介质的种类有关，且随温度的上升和压力的下降而增大。扩散系数的数值应由实验方法求得，也可在有关的手册与文献中查到。若无可靠的实验数据，也可通过相应的经验公式获得。若已知在温度 T_0、压力 p_0 下的扩散系数 D_0，也可通过式(6-2) 计算条件为 T、p 时的D 值：

$$D = D_0 \frac{p_0}{p} \left(\frac{T}{T_0}\right)^{\frac{3}{2}} \tag{6-2}$$

气体在液体中的扩散系数随溶液浓度变化很大，且比在气相中的扩散系数小得多。

某些气体在空气中和在水中的扩散系数值见表 6-3。

表 6-3　气体的扩散系数

气体	扩散系数/(cm^2/s)		气体	扩散系数/(cm^2/s)	
	在空气中(1atm,0℃)	在水中		在空气中(1atm,0℃)	在水中
H_2	0.611	5.0×10^{-5}(20℃)	HCl	0.130	2.30×10^{-5}(12℃)
N_2	0.132	2.6×10^{-5}(20℃)	SO_3	0.095	—
O_2	0.178	2.10×10^{-5}(25℃)	NH_3	0.170	1.64×10^{-5}(12℃)
CO_2	0.138	1.92×10^{-5}(25℃)	H_2O	0.220	
SO_2	0.103	1.66×10^{-5}(21℃)			

注：1atm=101325Pa。

二、气体吸收

吸收净化法是一种常用的、基本的气体污染控制方法，采用液体吸收剂除去烟气中一种或多种气体组分。因此，被除去的气体组分能溶于吸收液中是这种方法的必要条件。实际中所遇到的烟气多为混合气体。选择某种溶液作为吸收剂，混合气体中一种或几种组分被吸收，被吸收的组分称为溶质，不被吸收的组分称为惰性气体。

吸收操作有两种情况：一种是在吸收过程中吸收剂与组分之间不发生化学反应，吸收主要靠组分的分压作用，因此这种吸收不完全；另一种是在吸收时组分与吸收剂之间发生化学反应，其吸收作用主要不是靠组分的分压，因此这种吸收可能较完全。

吸收操作是在气液两相间进行的传质过程。要了解这个过程，必须研究气液两相间的平衡条件及组分在气相和液相中的扩散与传质系数等问题。

（一）气液相平衡

在一定的温度和压力下，当吸收剂与混合气体接触时，气体中的可吸收组分溶解于液体中，形成一定的浓度。但溶液中已被吸收的组分也可能由液相重新逸回到气相，形成解吸。气液相开始接触时，组分的溶解即吸收是主要的，随着时间的延长及溶液中吸收质浓度的不断增大，吸收速度会不断减慢，而解吸速度却不断增加。接触到某一时刻，吸收速度和解吸速度相等，气液相间的传递达到平衡——相平衡。到达相平衡时表观溶解过程停止，此时组分在液相中的溶解度称为平衡溶解度，是吸收过程进行的极限。气相中吸收质的分压称为平衡分压。了解吸收系统的气液平衡关系，可以判断吸收的可能性、了解吸收过程进行的限度并有助于进行吸收过程的计算。

可用亨利定律表示在一定温度下，当气相总压不太高时稀溶液体系的气液平衡关系，即在此条件下溶质在气相中的平衡压力与它在溶液中的浓度成正比。由于气相与液相中吸收质组分浓度所用单位不同，亨利定律可用不同的形式表达。

$$p = Hc \tag{6-3}$$

或

$$p = mx \tag{6-4}$$

式中，p 为气体组分分压，Pa；H 为相平衡常数，$m^3 \cdot Pa/kmol$；m 为亨利常数，Pa；c 为溶质在液相中的浓度，$kmol/m^3$；x 为溶质在液相中的摩尔分数。

（二）吸收机理模型

气体吸收过程是一个比较复杂的过程，已提出多种对吸收机理的理论解释，其中以双膜吸收理论（即双膜吸收理论）最简明、直观、易懂。双膜吸收理论模型见图 6-2 所示，其要点如下。

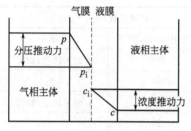

图 6-2　双膜吸收理论模型

① 气液两相接触时存在一个相界面，界面两侧分别为呈层流流动的气膜和液膜。吸收质是以分子扩散方式从气相主体连续通过此两层膜进入液相主体。此两层膜在任何情况下均呈层流状态，两相流动情况的改变仅能对膜的厚度产生影响。

② 在相界面上，气液两相的浓度总是互相平衡，即界面上不存在吸收阻力。

③ 气、液相主体中不存在浓度梯度，浓度梯度全部集中于两个膜层内，即通过气膜的压力降为 $p - p_i$，通过液膜的浓度降为 $c_i - c$，因此吸收过程的全部阻力仅存于两层层流膜中。

（三）吸收速率方程式与吸收系数

1. 吸收速率方程式

由双膜吸收理论模型可知，吸收过程可视为吸收质通过气膜和液膜的分子扩散过程，因而被吸收组分 A 通过两个膜层的分子扩散速率即为其吸收速率。一般速率方程式均可用"速率=推动力/阻力"的形式表示。

组分 A 经由气膜的吸收速率为：

$$N_A = k_g(p - p_i) \tag{6-5}$$

式中，N_A 为吸收速率，$kmol/(m^2 \cdot s)$；p，p_i 分别为组分 A 在气相主体及相界面上的分压，Pa；$(p - p_i)$ 为气相传质推动力，Pa；k_g 为气相吸收分系数，$kmol/(m^2 \cdot s \cdot Pa)$。

组分 A 经由液膜的吸收速率为：

$$N_A = k_L(c_i - c) \tag{6-6}$$

式中，c_i，c 分别为组分 A 在相界面上及液相主体的浓度，$kmol/m^3$；$(c_i - c)$ 为液相传质推动力，$kmol/m^3$；k_L 为液膜吸收分系数，m/s。

从式(6-5)及式(6-6)可以看出，$1/k_g$ 和 $1/k_L$ 分别为组分 A 通过气膜和液膜的传质阻力。

在稳定吸收的过程中，组分 A 通过气膜的吸收速率必与通过液膜的吸收速率相等，则

$$N_A = k_g(p - p_i) = k_L(c_i - c) \tag{6-7}$$

由于 k_g、k_L 及 c_i、p_i 值均不宜直接测定，为了吸收速率的计算方便，在实际应用中采用吸收的总速率方程式以避开界面参数。

$$N_A = K_g(p - p^*) = K_L(c^* - c) \tag{6-8}$$

式中，K_g 为气相吸收总系数，$kmol/(m^2 \cdot s \cdot Pa)$；$K_L$ 为液相吸收总系数，m/s；p^* 为与液相浓度 c 平衡的气相分压，Pa；c^* 为与气相分压 p 平衡的液相浓度，$kmol/m^3$；$(p - p^*)$ 和 $(c^* - c)$ 为以分压差或浓度差表示的过程总推动力，而 $1/K_g$ 和 $1/K_L$ 则均表示吸收过程总阻力。

2. 吸收系数

当气液平衡关系服从亨利定律时，吸收分系数与吸收总系数间的关系为：

$$\frac{1}{K_g} = \frac{1}{k_g} + \frac{H}{k_L} \tag{6-9}$$

$$\frac{1}{K_L} = \frac{1}{k_L} + \frac{1}{Hk_g} \tag{6-10}$$

上述两式说明，吸收过程的总阻力为气膜阻力与液膜阻力之和。

吸收总系数 K_g 与 K_L 可以通过实验获取，某些吸收系统的传质系数列举于表 6-4 中，表 6-4 中的 A 值见表 6-5 所列。

表 6-4　某些系统的传质系数

系统	填料	气体流量 G_g /[kg/(m²·h)]	液体流量 G_L /[kg/(m²·h)]	传质系数	备注
水吸收二氧化硫	φ25mm 填料	4400~58500	320~4150	$k_g a = 0.0944 G_g^{0.7} G_L^{0.25}$ $k_L a = A G_L^{0.82}$	a 为单位体积填料具有的表面积，m^2/m^3；A 为常数，随温度而变，见表 6-5
亚硫酸铵及亚硫酸氢铵溶液吸收二氧化硫				$K_g = 5.25 \times 10^{-4} v^{0.8}$	K_g 单位为 $kg/(m^2 \cdot h \cdot Pa)$；$v$ 为气流速度，m/s
水吸收氨	弦栅填料			$K_g = 8.2 \times 10^{-5} v^{0.7} l^{0.5}$ $K_g a = 7.5 \times 10^{-7} G_g^{0.57} G_L^{0.41}$	K_g 单位为 $kg/(m^2 \cdot h \cdot Pa)$；$K_g a$ 单位为 $kg/(m^3 \cdot h \cdot Pa)$；$v$ 为气流速度，m/s；l 为液气比，L/m^3
20%氢氧化钠溶液吸收氮氧化物				$K_L = 0.8 \sim 1.7$	氮氧化物浓度 0.5%~16%；K_L 单位为 m/h；用碳酸钠溶液吸收时 K_L 略低

表 6-5　不同温度下的 A 值

温度/℃	10	15	20	25	30
A	0.0093	0.0102	0.0116	0.0128	0.0143

（四）气膜控制和液膜控制

气体溶解度的大小直接影响着气液相间的质量传递过程。

当气体溶解度很大时，H 值足够小，由式（6-9）可以得出 $K_g \approx k_g$，吸收过程总阻力近似等于气膜阻力，称为气膜控制。

当气体溶解度很小时，H 值很大，由式（6-10）得出 $K_L \approx k_L$，吸收过程总阻力近似等于液膜阻力，称为液膜控制。

当吸收过程处于气膜控制或液膜控制时，可以简化传质系数的计算，同时对实际操作也有指导意义。气膜控制时，K_g 按气速的 0.8 次方成比例增加，增大气速有利于吸收；液膜控制时，K_L 按喷淋密度的 0.7 次方成比例增加，增大液流量，可使液膜湍动程度加强，有利于吸收。表 6-6 列举了部分吸收过程中膜控制情况。

表 6-6　部分吸收过程中膜控制情况

气膜控制	液膜控制	气、液膜控制
水或氨水吸收氨	水或弱碱吸收二氧化碳	水吸收二氧化硫
浓硫酸吸收三氧化硫	水吸收氧气	水吸收丙酮
水或稀盐酸吸收氯化氢	水吸收氯气	浓硫酸吸收二氧化氮
酸吸收 5%氨		水吸收氨①
碱或氨水吸收二氧化硫		碱吸收硫化氢
氢氧化钠溶液吸收硫化氢		
液体的蒸发或冷凝		

① 用水吸收氨，过去认为是气膜控制，经实验测知液膜阻力占总阻力的 20%。

三、气体吸附

吸附净化法是一种日益受到重视的空气污染控制方法。吸附净化属干法工艺，它与湿法净化系统相比，具有流程较短、净化效率较高、没有腐蚀性、没有二次污染等一系列优点。

吸附的固体物质称为吸附剂，被吸附的物质称为吸附质。固体表面上的分子力处于不平衡或不饱和状态，当与吸附质接触时，某些吸附质分子被吸附在表面上，这种现象称为吸附。吸附法不仅用于空气污染控制，在水污染控制中也起着相当重要的作用。本章仅讨论气相的吸附。

固体表面对各种物质的吸附能力很早就被人们发现。早在 1771 年谢列（Sheele）就发现了木炭能吸附气体。随后木炭在溶液脱色、水的消毒、去除酒精中杂质、制糖等方面得到了实际应用。1900 年奥斯特来科（Ostrejko）获制取活性炭的专利，其做法是将金属氯化物和含碳原料混合，然后进行炭化。它使现代商品活性炭得到了发展。第一次世界大战期间，毒气战促进了活性炭防毒面具的研究工作，从而又加速了吸附理论和技术的发展。

一般公认吸附有物理吸附和化学吸附两种。物理吸附主要由分子间相互引力引起，分子间引力又称范德华力，因此物理吸附又称为范德华吸附。物理吸附的特点是吸附质和吸附剂相互不发生反应，过程进行较快，参与吸附的各相之间迅速达到平衡，吸附热不大，与凝结热相同，物理吸附无选择性，吸附剂本身性质在吸附过程中不变化，吸附过程可逆。另一种是化学吸附或称为活性吸附。只有在吸附质和吸附剂之间有生成化合物的倾向时才会发生化学吸附。吸附质及吸附剂间化学作用的结果是在吸附剂表面上生成一种结合物，它不同于一般形式的化合物，被称为表面结合物。一般化学吸附进行缓慢，需要很长时间才能达到相间平衡。化学吸附热较物理吸附热大得多，接近于一般化学反应热。化学吸附具有选择性，在吸附过程中吸附剂本身的性质起着决定性的作用。化学吸附常常是不可逆的。

在实际吸附过程中，一般是物理吸附和化学吸附同时发生。低温时物理吸附占主要地位，高温时化学吸附占主要地位。

吸附过程完成之后，下一步操作是吸附剂再生。再生有两种情况：一种是吸附质有利用价值的，应在再生的同时进行回收；另一种是吸附质没有利用价值，应在再生时处理掉。

（一）吸附与吸附平衡

1. 吸附过程

在用多孔性固体物质处理流体混合物时，流体中的某一组分或某些组分可被吸引到固体表面并浓集保持其上，此现象称为吸附。在进行气态污染物治理中，被处理的流体为气体，因此属于气-固吸附。被吸附的气体组分称为吸附质，多孔固体物质称为吸附剂。

固体表面吸附了吸附质后，一部分被吸附的吸附质可从吸附剂表面脱离，此现象称为脱附。而当吸附剂进行一段时间的吸附后，由于表面吸附质的浓集，使其吸附能力明显下降，而不能满足吸附净化的要求，此时需要采用一定的措施使吸附剂上已吸附的吸附质脱附，以恢复吸附剂的吸附能力，这个过程称为吸附剂的再生。因此在实际吸附工程中，正是利用吸附剂的吸附—再生—再吸附的循环过程，达到除去废气中污染物质并回收废气中有用组分的目的。

2. 吸附平衡

从上面叙述可知，吸附与脱附互为可逆过程。当用新鲜的吸附剂吸附气体中的吸附质时，由于吸附剂表面没有吸附质，因此也就没有吸附质的脱附。但随吸附的进行，吸附剂表面上的吸附质量逐渐增多，也就出现了吸附质的脱附，且随时间的推移，脱附速度不断增大。但从宏观上看，同一时间内，吸附质的吸附量仍大于脱附量，所以过程的总趋势仍为吸附。但当吸附到某一时刻，在同一时间内吸附质的吸附量与脱附量相等，吸附和脱附达到了动态平衡，此时称为达到吸附平衡。达到平衡时，吸附质在流体中的浓度和在吸附剂表面上的浓度都不再发生变化，从宏观上看，吸附过程停止。达到平衡时，吸附质在流体中的浓度称为平衡浓度，在吸附剂中的浓度称为平衡吸附量。

（二）吸附等温线与吸附等温方程式

平衡吸附量表示的是吸附剂对吸附质吸附数量的极限，其数值对吸附操作、设计和过程控制有着重要的意义。达到吸附平衡时，平衡吸附量与吸附质在流体中的浓度与吸附温度间存在着一定的函数关系，此关系即为吸附平衡关系。吸附平衡关系一般都是依据实验测得的，也可用经验方程式表示。

1. 吸附等温线

在气体吸附中，其平衡关系可表示为：

$$A = f(pT) \tag{6-11}$$

式中，A 为平衡吸附量；p 为达到吸附平衡时吸附质组分在气相中的分压力；T 代表吸附温度。

根据需要，对一定的吸附系可测得如下关系：当保持 T 不变，可测得 A 与 p 间的变化关系；当保持 p 不变，可测得 A 与 T 间的变化关系；当保持 A 不变，可测得 p 与 T 间的变化关系。

依据上述变化关系，可分别绘出相应的关系曲线，即吸附等温线、吸附等压线及吸附等量线。由于吸附过程中，吸附温度一般变化不大，因此以吸附等温线为最常用。

吸附等温线描述的是在吸附温度不变的情况下，平衡时，吸附剂上的吸附量随气相中组分压力的不同而变化的情况。图 6-3 和图 6-4 表示的是 NH_3 在活性炭上的吸附等温线和 SO_2 在硅胶上的吸附等温线。

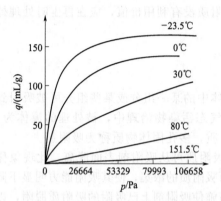 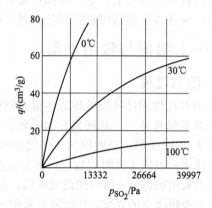

图 6-3 NH_3 在活性炭上的吸附等温线   图 6-4 SO_2 在硅胶上的吸附等温线

根据对大量的不同气体与蒸气的吸附测定，吸附等温线形式可归纳为 6 种基本类型（见图 6-5）。

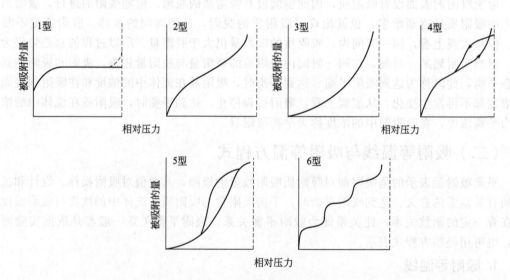

图 6-5 吸附等温线类型

1 型—80K 下 N_2 在活性炭上的吸附；2 型—78K 下 N_2 在硅胶上的吸附；3 型—351K 下溴在硅胶上的吸附；
4 型—323K 下苯在 FeO 上的吸附；5 型—373K 下水蒸气在活性炭上的吸附；6 型—惰性气体分子分阶段多层吸附

1 型等温吸附线具有如下特点，即在低压下组分吸附量随组分压力的增加迅速增加，当组分压力增加到某一值后，吸附量随压力变化的增量变得很小。一般认为这类曲线是单分子层吸附的特征曲线，也有的认为它是微孔充填的特征。

2 型等温线是组分在无孔或有中间孔的粉末上吸附测得的，它代表了在多相基质上不受限制的多层吸附。

3 型表示的是吸附剂与吸附质间相互作用较弱的情况。

4 型曲线具有明显的滞后回线，一般解释为是因吸附中的毛细管现象，使凝聚的气体分子不易蒸发所致。

5 型等温线与 4 型相似，只是吸附质与吸附剂间相互作用较弱。

6 型曲线是由于均匀基质上惰性气体分子分阶段多层吸附而引起的。

2. 吸附等温方程式

依据大量的吸附等温线可整理出描述吸附平衡状态的经验方程式，即为吸附等温方程式。其中有的完全依据实验数据所表现的规律整理而得，在一定条件范围内具有实用意义，但不具理论指导意义，如弗利德里希吸附等温方程式；有些是以一定的理论假设为前提得出的方程式，如朗格谬尔吸附等温方程和 BET 方程，后者应用较多。

(1) 朗格谬尔吸附等温方程式　方程式的形式为：

$$\frac{V}{V_m} = \frac{Bp}{1 + Bp} \tag{6-12}$$

式中，V 为测量压力为 p 时的吸附体积；p 为测量压力；V_m 为使吸附剂表面单分子层盖满时所需要的吸附物体积；B 为吸附平衡常数，B 值大小反映了气体分子吸附的强弱，B 值大，表示吸附能力强。

式(6-12) 可以很好地表示出吸附等温线在低压或高压吸附时的特点，但在中压吸附时则有偏差，因此应用有局限性。

(2) BET 吸附等温方程　方程形式为：

$$\frac{p}{V(p_0 - p)} = \frac{1}{V_m C} + \frac{C-1}{V_m C} \times \frac{p}{p_0} \tag{6-13}$$

式中，p 为被吸附气体的平衡分压，Pa；p_0 为在同温度下该气体的液相饱和蒸气压，Pa；V 为被吸附气体的体积，mL；C 为常数。

BET 方程更好地适应了吸附的实际情况，应用范围广，是测定吸附剂比表面积大小的主要应用方法之一。

（三）吸附量

吸附量是指在一定条件下单位质量吸附剂上所吸附的吸附质的量，通常以 kg/kg（吸附质/吸附剂）或质量分数表示，它是吸附剂所具吸附能力的标志。在工业上将吸附量称为吸附剂的活性。

吸附剂的活性有两种表示方法。

(1) 吸附剂的静活性　在一定条件下，达到平衡时吸附剂的平衡吸附量即为其静活性。对一定的吸附体系，静活性只取决于吸附温度和吸附质的浓度或分压。

(2) 吸附剂的动活性　在一定的操作条件下，将气体混合物通过吸附床层，吸附质被吸附，当吸附一段时间后，从吸附剂层流出的气体中开始发现吸附质（或其浓度达到一规定的允许值时），认为床层失效，此时吸附剂上吸附质的吸附量称为吸附剂的动活性。动活性除与温度、浓度有关外，还与操作条件有关。吸附剂的动活性值是吸附系统设计的主要依据。

（四）吸附速率

由于吸附过程复杂，影响因素多，从理论上推导速率数据很困难，因此一般是凭经验或依模拟实验来确定。对物理吸附来说，吸附速率可用下式表示：

$$N_A = Ka(Y - Y^*) \tag{6-14}$$

式中，N_A 为 A 组分吸附速率，kg/h；K 为流体相与吸附相传质总系数，kg/(m^2·h)；a 为吸附剂颗粒的外表面积，m^2；Y 为吸附质在流体主体中的浓度，kg/kg（吸附质/流体）；Y^* 为达到平衡时，与吸附量平衡的气相浓度，kg/kg（吸附质/流体）。

传质总系数之值可用下面经验公式计算：

$$Ka = 1.6 \frac{Du^{0.54}}{\nu^{0.54} d^{1.46}} \tag{6-15}$$

式中，D 为扩散系数，m^2/s；u 为气体流速，m/s；ν 为气体运动黏度，m^2/s；d 为吸附剂颗粒直径，m。

四、气-固催化反应

（一）催化作用

在化学反应体系中加入少量某些物质，可以极大地改变反应速率，而在反应终了时所加入的这些少量物质的性质和数量均不发生变化，这些物质称为催化剂，而催化剂对化学反应的这种影响称为催化作用。

催化剂可以加快反应速率，称为正催化作用；催化剂也可以迟滞和减慢反应速率，称为负催化作用。在一般的化学反应和大气污染控制中，绝大多数情况下利用的是催化剂的正催化作用。

催化剂在化学工业、石油加工和食品工业中应用广泛。从统计资料知，有 80%～90% 的化工过程与催化剂发生联系。如此广泛应用，原因是催化方法具有许多优点，例如，它能加速反应而减少所需的设备量，催化剂能使反应在比较低的温度下进行，因此热力和动力消耗都比较少。催化剂不需要附加药剂，这样不仅可以节省费用，而且不会形成没有价值的副产品，更重要的是催化方法可以获得用其它方法不能得到的产品。

自从 1875 年沃·克莱门特发明了铂催化剂接触法的工业流程以来，新催化剂的开发应用以及催化作用的研究得到了飞快的发展。但是由于催化是一个非常复杂的问题，所以尽管提出了各种不同的理论（例如活性中心理论、中间化合物理论、电子理论等），但至今还没有一个理论能普遍适用各种情况。

在环境保护技术领域里，通过催化法净化有毒气体和污水也越来越受到人们的重视。

由于反应体系的不同和催化剂的形态不同，催化反应可分为均相催化与非均相催化（多相催化）。反应物和催化剂为同一相时称为均相催化，反应物与催化剂为不同相时称为非均相催化。在大气污染控制中，反应物皆为气体，所得产物亦为气体，而所用催化剂绝大部分为固体物质，因此在大气污染控制中的催化反应皆属于气-固多相催化反应。

（二）吸附与催化

固体的表面能吸附各种气体或液体分子，吸附速度、吸附量和吸附类型与固体和被吸附分子的性质以及吸附条件有关。这种吸附现象与多相催化作用有着密切的关系。

吸附分为物理吸附与化学吸附，物理吸附一般在低温下进行，且吸附热较小。化学吸附是被吸附分子与固体发生了某种化学反应，具有化学反应的性质，吸附温度较高，吸附热数值较大。在多数情况下，进行多相催化反应的最适温度恰好与反应物进行化学吸附的温度一致，因此一般认为，化学吸附是多相催化过程的必经阶段之一。

根据吸附与催化关系，在气-固催化反应中反应是按如下步骤进行：

① 气相中的反应物扩散到催化剂表面上；

② 催化剂吸附一种或几种反应物；

③ 在催化剂表面上，吸附的反应物之间或吸附的反应物与气相中的反应物之间进行化学反应；

④ 生成物从催化剂表面上脱附；

⑤ 生成物离开催化剂扩散到气相中。

其中步骤③往往是决定催化反应速率的步骤。

（三）催化作用与反应速率

在化学反应中，由反应物变为产物，反应物分子的原子或原子团必须重新组合，也就是说在反应过程中，反应物分子的某些化学键断裂，在产物分子中则有新键生成。能够进行这样反应的分子必须具有足够的能量，具有这样能量的分子称为活化分子。处于活化状态能进行反应的分子所具有的最低能量与普通分子所具有的平均能量之差称为该反应的活化能。

对于非催化反应，要使反应能顺利进行，就必须使活化分子数量增多，最常用的方法就是提高反应系统温度，但这样做在生产上受到很多限制，且很多情况下对反应速率的增加效果也不理想。

对于催化反应，则是借助于催化剂的作用使反应的活化能降低，使达到活化状态的分子数量增多，从而加快了反应速率。催化剂使反应活化能降低的主要原因是由于在催化剂的作用下使反应沿着新的途径进行，新的反应途径往往是由一系列的基元反应组成的，每个基元反应的活化能均小于非催化反应的活化能，从而使反应速率加快。

根据阿伦尼乌斯公式，反应速率常数按式(6-16)计算：

$$K = A e^{-E_a/(RT)} \tag{6-16}$$

式中，K 为反应速率常数；A 为频率因素；E_a 为活化能；R 为气体常数；T 为绝对温度。因此，选用良好的催化剂降低了反应的活化能，即可使反应速率提高。

（四）催化剂

催化剂可以是气体、液体或固体，其中固体催化剂在工业上应用最广泛。固体催化剂由活性物质、助催化剂和载体所组成。

(1) 催化剂的活性　催化剂的活性是衡量催化效能的重要指标。工业催化剂的活性通常以单位体积（或重量）催化剂在一定温度、压力、反应物浓度和空速条件下，单位时间内得到的产品量来表示。催化剂的活性与使用时间的长短有关。催化剂从开始使用经过一段时间后，活性逐渐增加到最大值，这段时间称为成熟期。此后，活性稍有下降，而保持某一定值，这个阶段称为活性保持期，这段时间越长对使用越有利。活性保持期之后，催化剂的活性随着使用时间的延长而下降，最后不能继续使用，必须再生或者更换新催化剂，这个阶段称为衰老期。

(2) 催化剂的选择性　催化剂选择性是指某一种催化剂在一定条件下只对其中一种反应起加速作用。例如，甲酸用氧化锌催化后能分解为氢和二氧化碳，而用氧化钛催化时则分解为一氧化碳和水。催化剂的选择性在工业上具有特别重要的意义。

（3）助催化剂　将一种或多种物质加入到催化剂中，催化剂的活性可增加许多倍，这个现象叫作助催化作用。我们把能提高催化剂的活性、选择性或稳定性的物质称为助催化剂。例如，镍对一氧化碳或二氧化碳的氢化活性，只要加入 5% 的氧化铈就能提高近 12 倍。又例如，在高温高压下用纯铁催化剂合成氨，催化活性下降很快，寿命不超过几小时。但是往熔融的 Fe_3O_4 中加入 Al_2O_3 而制成固熔体，然后在氢气中还原，则可使催化剂的寿命延长数年。

（4）载体　最初使用载体是为了节省催化剂活性物质和增大催化剂的比表面积。实际上，载体还可以改变活性物质的化学组成与结构，因而能提高催化剂的活性和改变选择性。它还可以改善催化剂的导热性和热稳定性，以避免因局部过热而烧毁催化剂。常用的载体有硅藻土、氧化铝、硅胶、活性炭、浮石、铁矾土和氧化镁等。

（5）催化剂中毒　催化剂在使用过程中，由于微量杂质的影响使其活性下降，这种现象称为中毒。中毒可分为暂时性中毒和永久性中毒。如合成氨所用的铁催化剂，由于氧和水蒸气引起的暂时性中毒，可用加热还原法使催化剂恢复活性。而由硫引起的永久性中毒，则用一般方法难以恢复其活性。为避免催化剂中毒，要严格按照催化剂所规定的毒物种类和容许的最高含量来选用，或者对气体中超过容许浓度的毒物进行预处理，使其降低到容许浓度以下。对于暂时性中毒的催化剂，一般可用氢气、空气或水蒸气再生。

（6）催化剂的制造　催化剂的制造是一门专门的技术，常用的方法有：沉淀法、浸渍法、热分解法、熔融法和还原法等。为了使催化剂有足够的机械强度以及不同的形状和粒度，需要进行成型加工。催化剂的形状有球形、圆柱形、片形、网形和蜂窝形等。在制造过程中，催化剂表面活化是不可缺少的步骤。最简单的活化方法是在一定温度下煅烧。对于金属催化剂可用氢作为活化剂。催化剂的活化方法很多，应根据具体情况确定活化方法。

对催化剂的基本要求如下：
① 要有良好的活性和选择性；
② 要有足够的机械强度及耐磨性；
③ 抗毒性能和热稳定性好，寿命长；
④ 易于再生，可反复使用；
⑤ 价格便宜，易于成型；
⑥ 有适当的助催化剂、载体和稳定剂。

不同烟气的特点对催化剂提出了不同的要求。

工业炉窑排放的烟气量比化工生产的原料气量大得多，例如火力发电厂的大型锅炉排烟量每小时达百万立方米，钢铁工业的炉窑排烟量为每小时数十万立方米，有色冶炼厂的炉窑排烟量为每小时上万至数十万立方米。这就要求催化剂应具有较高的活性。对于处理有机气体的催化剂，要求能在低温下操作并能完全氧化。

烟气中含有毒气体的浓度较低，例如硝酸厂尾气中含氮氧化物浓度为 0.2%～0.5%，烧结机头烟气含二氧化硫浓度低于 0.5%，而容许排放标准则要求净化后的有毒气体浓度达到 10^{-6} 级，因此催化剂应具有极高的净化效率。

大多数烟气都是混合气体，常常含有灰尘和水蒸气等。因此要求催化剂有更好的抗毒性、化学稳定性和选择性。

烟气的流量、温度和组分等波动较大，为此要求催化剂能在较宽的操作条件下稳定工作。

五、可燃气体组分的燃烧

（一）混合气体的燃烧爆炸

1. 混合气体的燃烧

当混合气体中含有氧和可燃组分时，即为混合气体的燃烧提供了条件。当混合气体中的氧和可燃组分的浓度处在某一定范围内，在某一点点火后所产生的热量可以继续引燃周围的混合气体，燃烧才能继续，这样的混合气体称为可燃的混合气体。

可燃的混合气体，在某一点点燃后，在有控制的条件下维持燃烧就形成了火焰；若燃烧在一有限空间内迅速蔓延就会形成爆炸，因此可燃的混合气体即为爆炸性的混合气体。由此可以看出，混合气体的燃烧爆炸，一般要具备两个条件：一是必须存在着可燃的混合气体；二是要有明火。

2. 爆炸极限浓度范围

当可燃的气体组分与空气混合，而其中的氧和可燃物的浓度处在一定的范围时，即可组成可燃的混合气体，这个浓度范围称为可燃混合气体的爆炸极限浓度范围。这个极限范围有下限和上限两个数值。当空气中的可燃组分浓度低于爆炸下限时，可燃组分燃烧时所产生的热量不足以引燃周围的气体，混合气体不能维持燃烧，也不会引起爆炸；当空气中的可燃组分浓度高于爆炸上限时，由于氧量不足，同样也不会引起燃烧与爆炸。某些有机蒸气的爆炸极限浓度范围见表 6-7。爆炸极限范围与混合气体的温度、压力、含湿量、流动情况以及设备尺寸等有关，因此其数值并非一个定值，表 6-7 中所列数据条件是：温度 293K，压力 1.0133kPa。

表 6-7 一些有机蒸气的爆炸极限浓度范围

有机蒸气	爆炸极限浓度范围/%				有机蒸气	爆炸极限浓度范围/%			
	按容积		按质量			按容积		按质量	
	下限	上限	下限	上限		下限	上限	下限	上限
醋酸异戊酯	2.2	10	119	541	乙醇	3.3	19	63.2	364
丙酮	2	13	48.3	314	乙醚	1.85	40	57	1232
汽油	1.2	7	—	—	甲乙酮	1.8	11.5	54	345
苯	1.4	9.5	45.5	308	环己酮	3.2	9	131	368
正丁醇	3.7	10.2	114	314	甲醛	7	73	87.5	913
二氯乙烷	6.2	15.9	256	656	乙醛	4	57	73.3	1045
二氯乙烯	9.7	12.8	392	517	氯乙烯	4	22	104	573
二甲苯	1.1	6.4	48.6	283	丙烯腈	3	17	66.2	375
乙酸甲酯	3.15	15.6	97.1	481	环氧乙烷	3.6	78	66	1430
甲醇	5.5	37	73.4	493	环氧丙烷	2.5	38.5	60.4	931
二硫化碳	1	50	31.6	1580	吡啶	1.8	12.4	59.2	408
甲苯	1.3	7	49.8	268	氰化氢	6	40	67.5	450
乙酸乙酯	2.2	11.4	80.6	418					

（二）可燃有害组分的燃烧销毁

用燃烧方法可以销毁可燃的有害气体、蒸气或烟尘，在销毁过程中所发生的化学作用主要是燃烧氧化作用及高温下的热分解。

当混合气中可燃的有害组分浓度较高或燃烧热值较高时，由于在燃烧时放出的热量能够补偿散向环境中的热量，能够保持燃烧区的温度，维持燃烧的继续，因此可以把混合气中的可燃组分当作燃料直接烧掉，即采用直接燃烧的方法销毁混合气中有害的可燃组分。

当混合气中可燃的有害组分浓度较低或燃烧热值较低，经燃烧氧化后放出的热量不足以维持燃烧，则不可能将可燃组分作为燃料直接燃烧销毁，此时可以将混合气加热到有害可燃组分的氧化分解温度，使其进行氧化分解，即采用热力燃烧的方法销毁混合气中有害的可燃组分。

在采用催化转化的方法对混合气中的可燃有害组分进行反应时，同样是借助催化剂的作用将其进行氧化，因此也可将其看作是一种燃烧反应，即用催化氧化（燃烧）的方法销毁混合气中的有害可燃组分。

第三节　气态污染物的控制途径

改善大气质量的根本方法是减少向大气中排放污染物的数量，根据我国的燃料结构以及影响大气质量的主要气态污染物种类，可以采用如下途径实现这种减少。

一、采用清洁燃料

大气中的主要气态污染物 SO_2 以及 NO_x，主要是通过燃料燃烧产生的。燃料中一般均含有可燃质、灰分、水分等成分，可燃质则是由 C、H、O、N、S 等元素的化合物所构成。不同燃料的组分构成不同，以含 S 量为例，通常 1t 煤含有 5～50kg 硫，而 1t 石油中含有 5～30kg 硫。煤的品种不同，含硫量也不同，我国煤中含硫量高者可达 10%，而低硫煤含硫量只有 0.3%，平均约为 1.72%。不同品种的油含硫量也不同，我国石油中含硫量低的只有 0.1%，高的可达 1%。气体燃料（天然气、油田气等）都属于比较清洁的燃料，气体燃料中的含硫量低，且其中的硫多以 H_2S 状态存在，易脱除，因而燃烧后废气中 SO_2 含量很少。气体燃料燃烧时燃烧得很完全，因而 NO_x 的生成量也很少。

采用低硫、低氮燃料进行燃烧，可以有效地减少 SO_2 和 NO_x 对大气的污染，但低硫、低氮燃料来源有限且价格昂贵，气体燃料供应也很紧张，因此此种途径作用有限。

二、燃料脱硫、脱氮

由于天然的低硫燃料远远不能满足改善大气质量的需要，因此采用把高硫燃料在燃烧前先脱去其中的硫分变为低硫燃料的方法，即燃料脱硫将日显迫切。从长远效果看，燃料脱硫将是控制大气污染的一项重要措施。国外对燃料脱硫问题进行了较多的研究工作。

1. 燃料脱硫

燃料脱硫主要是指重油脱硫和煤的脱硫。

（1）重油脱硫　目前重油脱硫主要采用的是催化加氢的方法，即使重油中的有机硫化物在催化剂作用下与氢进行反应，将其中的硫转化为 H_2S，然后再将 H_2S 去除。由于重油除含硫量高以外，沥青质和重金属有机化合物的含量也很高，沥青质在催化反应中易在催化剂上形成炭沉积，而重金属化合物也会与氢反应被还原为金属在催化剂上沉积，都会导致催化剂的活性降低。因而在重油脱硫中对催化剂的性能要求很高。目前有两种主要脱硫工艺，即直接脱硫和间接脱硫。前者是对重油一步完成脱硫，要求催化剂必须能承受上述的苛刻条件；后者是先将重油进行减压蒸馏，然后仅对馏出物进行加氢，对催化剂的要求则较低。目前重油脱硫的主要问题是脱硫率低而脱硫费用高。

(2) 煤的脱硫　对煤的脱硫可通过煤的气化和煤的液化等途径来实现。煤的气化是使煤与氧、水蒸气、氢等在高温高压下进行反应，使其转变为气体燃料，这个过程可以在煤层中实现，即所谓煤层气化；煤的液化则是在高温高压条件下进行加氢还原反应，使其生成石油状液体燃料。煤的脱硫目前技术上可行，成本上也较乐观，是很有希望的方法。

2. 燃料脱氮

作为燃料脱氮，目前技术上还不能实现，如重油中所含氮一般均在烃类化合物的环状结构中，要求有效脱氮温度极高，且效果不佳，故只能通过燃烧气体燃料的方法减少 NO_x 的排放。

三、改善燃烧方法和燃烧条件

目前，改进燃烧是控制 NO_x 生成的最重要的手段。NO_x 主要来源于煤、重油、汽油等的高温燃烧过程，由于空气中含有 N_2 和 O_2，因此在燃烧过程中生成 NO_x 是不可避免的，但燃烧条件不同，其生成量可以有很大的差别。

根据燃料燃烧时 NO_x 生成的机制，NO_x 的生成量与燃烧温度、燃烧区氧气浓度、燃烧气体在燃烧高温区的停留时间有关。燃烧温度越高，NO_x 生成量越大，燃烧时，NO_x 开始生成的温度大约为 900℃，而当燃烧温度达到 1300℃时，NO_x 的生成量迅速增加；燃烧时氧气浓度越高，即过剩空气系数越大，NO_x 生成量越大；燃烧气体在高温区的停留时间越长，NO_x 生成量越大。为了控制和减少 NO_x 的生成量，应尽可能采用低温燃烧、低氧燃烧等方法。改进燃烧设备，也可减少 NO_x 的生成，采用低氮氧化物烧嘴即可起到这个作用。

采用改进燃烧、改进燃烧设备等方法，可以减少燃烧过程中 NO_x 排放量的 50%～60%。由于目前除采用气体燃烧外，尚无其他更有效的方法控制 NO_x 的生成，因此这种方法就成了减少 NO_x 生成的最重要的手段。

四、改革旧工艺设备，开发生产新工艺设备

(1) 改革工艺和设备　首先要考虑采用无害工艺和改革设备结构，使之不产生或少产生污染物质。例如，钢铁工业中炼焦生产，以干法熄焦代替湿法熄焦，这不仅从根本上解决了烟尘对大气的污染和废水排放，而且还可以回收余热发电。过去氯乙烯生产采用的是乙炔与氯化氢在催化剂氯化汞作用下的加成反应，最近则大量推广应用乙烯为原料的氧氯化法，避免了汞污染，也减少了氯化氢的排放量。氯碱厂液氯工段用冷却法液化时，必须排放一部分惰性气体，其中含有一定数量氯气，造成大气污染。有些工厂采用吸收和解吸方法代替冷却法，从而减少了污染。

(2) 开发废气净化回收新工艺，化害为利，综合利用　化害为利，综合利用是我国治理环境污染的方针。一般说来，排放的有毒气体都是有价值的生产原料。可是由于排放的废气量大、浓度低（与原料气相比），净化回收在技术经济上有一定困难，因此往往被排放掉。

生产设备的密闭操作或采用新的废气净化回收工艺流程可为综合利用创造有利条件。例如，冶炼厂的二氧化硫废气回收硫酸能取得明显的经济效益；氧气顶吹转炉炼钢采用炉口微差压控制技术，保证煤气在未燃状态下除尘回收煤气作为燃料；铝电解槽产生的氟化氢烟气，由于大型中心加料预焙槽密闭操作为干法净化回收氟提供了良好条件等。实践证明，有毒废气净化回收能达到减少空气污染和资源再利用的目的。

五、城市绿化

众所周知，植物在保持大气中氧与二氧化碳的平衡以及吸收有毒气体等方面有着举足轻重的作用。地球上的生命依赖大气才得以生存。绿色植物是主要的氧气制造者和二氧化碳的消耗者。地球上大气总量约为 5×10^{15} t，氧气的 60% 来自陆生植物，特别是森林。1 万平方米常绿阔叶林每天可释放 700kg 氧气，消耗 1000kg 二氧化碳。按成年人每天呼吸需要氧气 0.75kg、排出二氧化碳 0.9kg 计算，则每人要拥有 $10m^2$ 森林或者 $50m^2$ 生长良好的草坪。

植物还有吸收有毒气体的作用，不同的植物可以吸收不同的毒气，见表 6-8。

表 6-8 各种植物可吸收毒气的种类

毒气种类	植物名称
二氧化硫	臭椿、垂柳、旱柳、合欢、悬铃木、加拿大杨、刺槐、柳杉、构树、梧桐、槐树、泡桐、白蜡、女贞、海桐、枣树、柑橘、山楂、板栗、丁香等
氟化氢	油茶、垂柳、榆树、加拿大杨、桑树、枳椇、泡桐、梧桐、滇柏、滇杨、樟树、朴树、棕榈、枣树、山杏等
氯气	银桦、滇朴、蓝桉、女贞、刺槐、悬铃木、白桦、家榆、构树、梧桐、紫椴、珊瑚树、大叶黄杨、糖槭、柽柳、山楂、山梨、山杏、京桃、君迁子、美人蕉、鸡冠花等
二氧化氮	铁树、美洲槭、樱桃、三角枫、桦等
臭氧	银杏、柳杉、日本扁柏、樟树、海桐、青冈栎、日本女贞、夹竹桃、栎树、刺槐、悬铃木、冬青等
醛、酮、吡啶、安息香	栓皮栎、桂香柳、加拿大杨等
苯酚	刺槐、紫穗槐、欧洲女贞、添树等
汞蒸气	夹竹桃、樱花、桑树、大叶黄杨、八仙花、棕榈、美人蕉等
铅蒸气	榆树、女贞、大叶黄杨、构树、刺槐、紫丁香、核桃、板栗、石榴等
锌、铜、镉重金属气体	桦木、红楠、天仙果、五瓜楠等

植物对大气飘尘和空气中放射性物质也有明显的过滤、吸附和吸收作用。

植物吸收大气中有毒气体的作用是明显的，但当污染十分严重，有害物浓度超过植物能忍受的限度时，植物本身也将受害，甚至枯死。从这方面来说选择某些敏感性植物又可起到毒气的警报作用。

六、烟囱排放控制

1. 一般排气筒（烟囱）排放

对于大气污染型企业来说，排气筒设计高度是否合理，直接影响其周围的环境空气质量能否达标。排气筒设计高度过低，则厂区近距离范围内污染物的落地浓度较大，甚至超过国家允许的浓度标准；排气筒设计过高，则增加企业初期建设投资，且排气筒达到一定高度后，再抬高排气筒高度对减少污染物落地浓度的作用不明显，导致投资浪费。因此，确定一个合理的排气筒高度，使之既能满足国家和地方规定要求的排放标准和环境保护要求，同时又尽量减小污染物的落地浓度，减少建设单位的成本支出就成为一项非常重要的工作。

2. 高烟囱排放

高烟囱一般是指高度超过 200m 的烟囱。通过高烟囱将污染物排向相当高度的高空，利用大气的扩散稀释和自净能力，使污染物向更广泛的范围内扩散，可以减轻对局部地区和对地面的污染。一般讲，在源强不变的情况下接近地面的大气中污染物浓度与烟囱的有效高度的平方成反比，因此烟囱的有效高度越高，这种作用越明显，在使用集合式高烟囱时效果会更好。

采用高烟囱排放，实质上是利用大气的自净能力（扩散、稀释）控制气态污染物的一种途径。这种方法并未减少进入大气环境的污染物总量，只是把气态污染物扩散到更大范围，稀释到环境质量标准的限值之内（不超过允许的限制）。因此，使用这种方法要遵循两条原则：一是要在环境容量允许的范围之内；二是不能危害邻区、邻国的大气环境，造成人体与生态损害。这个问题早在 1972 年即已引起人们的注意。在 1972 年 6 月召开的斯德哥尔摩人类环境会议上，瑞典的专家即做了题为"穿越国界的大气污染（SO_2）"的报告。所以，在采用高烟囱排放方式时要进行环境经济评价，要注意合理利用大气环境的自净能力。

七、排烟治理控制

在上面的论述中主要涉及了燃料燃烧所排放的气态污染物的控制途径。实践证明，在燃料燃烧过程中、工业生产过程中以及汽车尾气排放的气态污染物，在采取了各种措施消除、减少污染物的产生量之后，仍会有污染物排入大气，这些污染物的排放量仍可能超过大气环境质量标准所允许的限值。为使各污染源达标排放并符合地区总量控制的要求，必须对燃烧废气、工业生产烟气、汽车尾气进行治理，安装净化装置和采用一定的净化工艺进行净化。当前，对气态污染物控制来说，这种治理措施仍是保护大气环境质量的重要环节，也是本书废气治理篇所要详加论述的。

参 考 文 献

[1] 铝厂含氟烟气编写组. 铝厂含氟烟气治理. 北京：冶金工业出版社，1982.
[2] 刘天齐. 三废处理工程技术手册·废气卷. 北京：化学工业出版社，1999.
[3] 马广大. 大气污染控制技术手册. 北京：化学工业出版社，2010.
[4] 杨丽芬，李友琥. 环保工作者实用手册. 2 版. 北京：冶金工业出版社，2001.
[5] 李守信，苏建华，马磊刚. 挥发性有机物控制工程. 北京：化学工业出版社，2017.
[6] 威廉 L 休曼. 工业气体污染控制系统. 华译网翻译公司，译. 北京：化学工业出版社，2007.
[7] 台炳华. 工业烟气净化. 2 版. 北京：冶金工业出版社，1999.
[8] 彭犇，高华东，张殿印. 工业烟尘协同减排技术. 北京：化学工业出版社，2023.
[9] 王纯，张殿印，王海涛，等. 除尘工程技术手册. 北京：化学工业出版社，2017.

第七章
二氧化硫废气治理

在对大气质量造成影响的各种气态污染物中，二氧化硫烟气的数量最大，影响面也最广，因此，二氧化硫成为影响大气质量的最主要的气态污染物。很多国家和地区，往往也把二氧化硫作为衡量本国、本地区大气质量状况的主要指标之一。

二氧化硫的主要物理性质及化学性质分别见表 7-1 及表 7-2。

表 7-1　二氧化硫的物理性质

分子式	分子量	颜色与状态	密度/(kg/cm³)	熔点/℃	沸点/℃	溶解性	嗅味	空气稳定性
SO_2	64.06	无色气体	2.927(气) 1.434(液)	−77.5	−10.09	溶于水	刺鼻的窒息气味及强烈涩味	可缓慢氧化成 SO_3

表 7-2　二氧化硫的化学性质

化学反应	反应方程式及化学性质
与水反应	SO_2 溶于水生成不稳定的 H_2SO_3，溶液呈酸性，存在下列平衡式 $SO_2 + H_2O \rightleftharpoons H_2SO_3 \rightleftharpoons H^+ + HSO_3^- \rightleftharpoons 2H^+ + SO_3^{2-}$
与碱或碱金属氧化物反应	SO_2 溶于水后极易与碱性物质反应，生成亚硫酸盐。碱过剩时，生成正盐；SO_2 过剩时生成酸式盐 $2MeOH + SO_2 \longrightarrow Me_2SO_3 + H_2O$ $Me_2SO_3 + SO_2 \longrightarrow Me_2S_2O_5$ $Me_2SO_3 + SO_2 + H_2O \longrightarrow 2MeHSO_3$ $MeHSO_3 + MeOH \longrightarrow Me_2SO_3 + H_2O$　　（Me 代表金属离子）
与氧化剂反应	$2SO_3 + O_2 + 2H_2O \longrightarrow 2H_2SO_4$
与还原剂反应	SO_2 在不同还原剂作用下，可被还原成 H_2S 或 S $SO_2 + 2H_2 \longrightarrow S + 2H_2O, SO_2 + 2CO \longrightarrow S + 2CO_2$ $SO_2 + 3H_2 \longrightarrow H_2S + 2H_2O, SO_2 + 2H_2S \longrightarrow 3S + 2H_2O$
光化学反应	$SO_2 \xrightarrow{h\nu} SO_2^*$（激发态 SO_2）$2SO_2^* + O_2 \longrightarrow 2SO_3$

通过燃料燃烧和工业生产过程所排放的二氧化硫废气，有的浓度较高，如有色冶炼厂的排气，一般将其称为高浓度 SO_2 废气；有的废气浓度较低，主要来自燃料燃烧过程，如火电厂的锅炉烟气，SO_2 浓度大多为 0.1%～0.5%，最多不超过 2%，属低浓度 SO_2 废气。对高浓度 SO_2 废气，目前采用接触氧化法制取硫酸，工艺成熟。对低浓度 SO_2 废气来说，大多废气排放量很大，加之 SO_2 浓度很低，工业回收不经济。但它对大气质量影响却很大，因此必须给予治理，所谓排烟脱硫，一般是指对这部分废气的治理。

目前，虽然国内外可采用的防治 SO_2 污染的途径很多，如可采用低硫燃料、燃料脱硫、高烟囱排放等方法。但从技术、成本等方面综合考虑，今后相当长的时间内，对大气中 SO_2 的防治仍会以烟气脱硫的方法为主。因此，烟气脱硫技术仍是研究的重点。我国目前已基本上实现了安装烟气脱硫装置控制大气质量。要选择和使用经济上合理、技术上先进，适合我国国情的烟气脱硫技术。

各国研究的烟气脱硫方法很多，已超过一百种，其中有的进行了中间试验，有的还处于实验室研究阶段，真正能应用于工业生产中的只有十余种。

烟气脱硫方法大致可分为两类，即干法脱硫与湿法脱硫。

（1）干法脱硫　是使用粉状、粒状吸收剂、吸附剂或催化剂去除废气中的 SO_2。干法的最大优点是治理中无废水、废酸排出，减少了二次污染；缺点是脱硫效率较低，设备庞大，操作要求高。

（2）湿法脱硫　是采用液体吸收剂如水或碱溶液洗涤含 SO_2 的烟气，通过吸收去除其中的 SO_2。湿法脱硫所用设备较简单，操作容易，脱硫效率较高。但脱硫后烟气温度较低，于烟囱排烟扩散不利。由于使用不同的吸收剂可获得不同的副产物而加以利用，因此湿法是各国研究最多的方法。

根据对脱硫生成物是否有用，脱硫方法还可分为抛弃法和回收法两种。

（1）抛弃法　是将脱硫生成物当作固体废物抛掉。该法处理方法简单，处理成本低，因此在美国、德国等国有时采用抛弃法。但是抛弃法不仅浪费了可利用的硫资源，而且也不能彻底解决环境污染问题，只是将污染物从大气中转移到了固体废物中，不可避免地引起二次污染。为解决抛弃法中所产生的大量固体废物，还需占用大量的处置场地。因此，此法不适于我国国情，不宜大量使用。

（2）回收法　是采用一定的方法将废气中的硫加以回收，转变为有实际应用价值的副产物。该法可综合利用硫资源，避免了固体废物的二次污染，大大减少了处置场地，并且回收的副产品还可创造一定的经济收益，使脱硫费用有所降低。但到目前为止，在已发展应用的所有回收法中，其脱硫费用大多高于抛弃法，而且所得副产物的应用及销路也都存在着很大的限制。特别是对低浓度 SO_2 烟气的治理，需庞大的脱硫装置，对治理系统的材料要求也较高，因此在技术上和经济效益上还存在一定的困难。由于环境保护的需要，从长远观点看，我国应以发展回收法为主。

根据净化原理和流程来分类，烟气脱硫方法又可分为下列 3 类：

① 用各种液体或固体物料优先吸收或吸附废气中的 SO_2；

② 将废气中的 SO_2 在气流中氧化为 SO_3，再冷凝为硫酸；

③ 将废气中的 SO_2 在气流中还原为硫，再将硫冷凝。

在上述 3 类方法中，目前以①法应用最多，其次是②法，③法现在还存在着一定的技术问题，故应用很少。

下面将应用与研究较多的方法列于表 7-3 中。这些方法中有的已有工业处理装置，有的还处于实验室研究阶段。

二氧化硫治理工艺划分为湿法、干法和半干法，常用工艺包括石灰石/石灰-石膏法、烟气循环流化床法、氨法、镁法、海水法、吸附法、炉内喷钙法、旋转喷雾法、有机胺法、氧化锌法和亚硫酸钠法等。

二氧化硫治理应执行国家或地方相关的技术政策和排放标准，满足总量控制的要求。

燃煤电厂烟气脱硫应符合以下规定：

① 采用石灰石/石灰-石膏法工艺时应符合 HJ 179—2018 的规定；

② 采用烟气循环流化床工艺时应符合 HJ 178—2018 的规定；

表 7-3　主要净化方法

分类		净化方法	吸收（附）剂	方法摘要	再生方式	生成产物或副产品
湿法	石灰石/石灰-石膏法	传统法	石灰石或石灰或消石灰浆液	石灰石、石灰或消石灰浆液与 SO₂ 反应生成石膏		石膏
		己二酸法	石灰、石灰石或石灰浆液	己二酸与石灰石等消石灰反应生成己二酸钙后再与 SO₂ 反应	与 SO₂ 反应使己二酸再生	石膏
		硫酸镁法	MgSO₄ 溶液、石灰石、石灰浆液	MgSO₄ 与 SO₂ 反应生成 Mg(HSO₃)₂ 再与石灰石浆液反应	与石灰石浆液反应使 MgSO₄ 再生	石膏
		氯化钙法	CaCl₂ 溶液、消石灰、石灰浆液	CaCl₂ 溶液与 Ca(OH)₂ 生成复合体与 SO₂ 反应生成石膏	与 SO₂ 反应使 CaCl₂ 再生	石膏
		简易法	石灰石、石灰、石灰浆液或消石灰渣浆液或废电石渣浆液	石灰石等浆液与 SO₂ 反应生成石膏		石膏＋煤灰
	钠碱法	亚硫酸钠循环法	Na₂CO₃ 溶液、NaOH 溶液	Na₂CO₃、NaOH 与 SO₂ 反应脱硫	加热再生	高浓度 SO₂ 气体
		亚硫酸钠法	Na₂CO₃ 溶液、NaOH 溶液	Na₂CO₃ 溶液与 SO₂ 反应脱硫	与 NaOH 溶液反应中和再生	Na₂SO₃
		钠盐-氟铝酸分解法	Na₂CO₃ 溶液	Na₂CO₃ 溶液与 SO₂ 反应脱硫	用氟铝酸分解再生	冰晶石 (Na₃AlF₆) 及高浓度 SO₂ 气体
	双碱法	钠碱法	Na₂CO₃ 溶液	Na₂CO₃ 溶液与 SO₂ 反应脱硫	用石灰石浆液反应再生	石膏
		碱性硫酸铝-石膏法	Al₂(SO₄)₃·Al₂O₃ 溶液	Al₂(SO₄)₃·Al₂O₃ 溶液与 SO₂ 反应脱硫	用石灰石浆液反应再生	石膏
	氨吸收法	氨-酸法	NH₄OH	用 NH₄OH 作吸收剂吸收 SO₂，用 H₂SO₄ 分解及氧化		(NH₄)₂SO₄，高浓度 SO₂ 气体
		氨-石膏法	NH₄OH 或 NH₄HCO₃ 溶液	用 NH₄OH 或 NH₄HCO₃ 溶液分解氧化石灰石浆液	与石灰或消石灰浆液反应使 NH₄OH 再生	石膏
		氨-硫黄法	NH₄OH 或 NH₄HCO₃ 溶液	用 NH₄OH 或 NH₄HCO₃ 溶液吸收 SO₂，加热分解生还原	加热分解使 NH₄OH 再生	固体硫黄
		氨-硫铵法	NH₄HCO₃ 溶液	用 NH₄HCO₃ 溶液吸收 SO₂，加 NH₃ 中和并氧化		(NH₄)₂SO₄

续表

分类	净化方法		吸收(附)剂	方法摘要	再生方式	生成产物或副产品
湿法	氨吸收法	氨-亚硫酸铵法	NH_4HCO_3溶液	用NH_4HCO_3溶液吸收SO_2,加NH_4HCO_3中和		$(NH_4)_2SO_3$
		磷铵复合肥法	活性炭,磷矿粉,NH_3	用活性炭吸附脱硫制酸,分解磷矿,氨中和二次脱硫	用稀H_2SO_4或水洗使活性炭再生	磷铵复合肥料
	金属氧化物法	开米柯-氧化镁法	MgO浆液	用MgO浆液吸收SO_2	加热煅烧MgO再生	高浓度SO_2气体
		氧化镁-石膏法	MgO及$CaCO_3$浆液	用MgO及$CaCO_3$浆液吸收SO_2	加热煅烧MgO再生	石膏
		氧化锌法	ZnO浆液	用ZnO浆液吸收SO_2	加热煅烧ZnO再生	高浓度SO_2气体
		氧化锰法	软锰矿浆液	用MnO浆液吸收SO_2		电解锰
	液相催化氧化吸收法		$2\%\sim3\%$稀H_2SO_4	用稀H_2SO_4吸收SO_2,与石灰石浆液反应生成石膏	催化剂经氧化再生	石膏
	海水法	Flakt-Hydro工艺法	天然海水	用天然海水吸收SO_2,经海水恢复直排		海水排入大海
		Bechtel工艺法	天然海水及石灰浆液	用天然海水及石灰浆液吸收SO_2,海水恢复直排		海水经恢复排入大海
半干法	旋转喷雾干燥法		石灰浆液	用石灰浆液吸收SO_2,后经干燥在后续除尘器中再生	吸收剂内、外部循环使用	固体$CaSO_4$
	炉内喷钙及尾部增湿法		石灰石粉	用石灰石粉脱硫并分解消石灰干粉后增湿再次脱硫		固体$CaSO_4$
	循环流化床法		石灰浆液消石灰干粉	用石灰浆液或消石灰干粉在流化床吸收塔中与SO_2反应脱硫		固体$CaSO_4$
	电子束法		NH_3	用高能电子的电子束照射烟气产生自由基与SO_2、NO_x反应		$(NH_4)_2SO_4$、NH_4NO_3
	脉冲电晕等离子体法		NH_3	用高压脉冲电源对烟气中离子体形成自由基与SO_2、NO_x反应		$(NH_4)_2SO_4$、NH_4NO_3
干法	荷电干式吸收剂喷射法		消石灰干粉	消石灰干粉经荷电后喷入烟道与SO_2反应脱硫		$CaSO_3$及$CaSO_4$
	活性炭吸附法		活性炭	用活性炭对SO_2进行物理及化学吸附脱硫	水洗及加热或还原再生	稀H_2SO_4、浓H_2SO_4、石膏等
	气相催化氧化法		V_2O_5催化剂	在催化剂作用下SO_2被氧化为SO_3制H_2SO_4	催化剂再生循环使用	H_2SO_4或$(NH_4)_2SO_4$

③ 燃用高硫燃料的锅炉，当周围 80km 内有可靠的氨源时，经过技术经济和安全比较后，宜使用氨法工艺，并对副产物进行深加工利用；

④ 燃用低硫燃料的海边电厂，经过技术经济比较和海洋环保论证，可使用海水法脱硫或以海水为工艺水的钙法脱硫。

工业锅炉/炉窑应因地制宜、因物制宜、因炉制宜选择适宜的脱硫工艺。

钢铁行业根据烟气流量和二氧化硫浓度，结合吸收剂的供应情况，宜选用半干法、氨法、石灰石/石灰-石膏法脱硫工艺。

有色冶金工业中硫化矿冶炼烟气中二氧化硫浓度＞3.5％时应以生产硫酸为主。烟气制造硫酸后，其尾气二氧化硫浓度仍不能达标时，应经脱硫或其他方法处理达标后排放。

第一节　氨法脱硫

氨法是用氨水洗涤含 SO_2 的废气，形成 $(NH_4)_2SO_3$-NH_4HSO_3-H_2O 的吸收液体系，该溶液中的 $(NH_4)_2SO_3$ 对 SO_2 具有很好的吸收能力，它是氨法中的主要吸收剂。吸收 SO_2 以后的吸收液可用不同的方法处理，获得不同的产品，从而也就形成了不同的脱硫方法。其中比较成熟的为氨-酸法、氨-亚硫酸铵法和氨-硫铵法等。在氨法的这些脱硫方法中，其吸收的原理和过程是相同的，不同之处仅在于对吸收液处理的方法和工艺技术路线。

氨法是烟气脱硫各方法中较为成熟的方法，较早地被应用于工业过程。该法脱硫费用低，氨可留在产品内，以氮肥的形式提供使用，因而产品实用价值较高。但氨易挥发，因而吸收剂的消耗量较大，另外氨的来源受地域及生产行业的限制较大。尽管如此，氨法仍不失为一个治理低浓度 SO_2 的有前途的方法。

一、氨法吸收原理

（一）氨法吸收反应

氨法吸收是将氨水通入吸收塔中，使其与含 SO_2 的废气接触，发生如下反应：

$$NH_3 + H_2O + SO_2 \longrightarrow NH_4HSO_3 \tag{7-1}$$

$$2NH_3 + H_2O + SO_2 \longrightarrow (NH_4)_2SO_3 \tag{7-2}$$

$$(NH_4)_2SO_3 + SO_2 + H_2O \longrightarrow 2NH_4HSO_3 \tag{7-3}$$

在通入氨量较少时，发生式(7-1)反应，在通入氨量较多时发生式(7-2)反应，而式(7-3)表示的才是氨法中真正的吸收反应。在吸收过程中所生成的酸式盐 NH_4HSO_3 对 SO_2 不具有吸收能力，随吸收过程的进行，吸收液中的 NH_4HSO_3 数量增多，吸收液吸收能力下降，此时需向吸收液中补充氨，使部分 NH_4HSO_3 转变为 $(NH_4)_2SO_3$，以保持吸收液的吸收能力。

$$NH_4HSO_3 + NH_3 \longrightarrow (NH_4)_2SO_3 \tag{7-4}$$

因此氨法吸收是利用 $(NH_4)_2SO_3$ 与 NH_4HSO_3 的不断循环的过程来吸收废气中的 SO_2。补充的 NH_3 并不是直接用来吸收 SO_2，只是保持吸收液中 $(NH_4)_2SO_3$ 的一定浓度比例。NH_4HSO_3 浓度达到一定比例的吸收液要不断从洗涤系统中引出，然后用不同的方法对引出的吸收液进行处理。

当被处理废气中含有 O_2 或 SO_3 时，如电厂烟道排气，可能发生如下副反应：

$$2(NH_4)_2SO_3 + O_2 \longrightarrow 2(NH_4)_2SO_4 \tag{7-5}$$

$$2NH_4HSO_3 + O_2 \longrightarrow 2NH_4HSO_4 \tag{7-6}$$

$$2SO_2 + O_2 \longrightarrow 2SO_3 \tag{7-7}$$

（二）吸收液组成控制

由以上叙述可知，$(NH_4)_2SO_3$-NH_4HSO_3 水溶液中的 $(NH_4)_2SO_3$ 与 NH_4HSO_3 的组成状况对吸收影响很大，而控制吸收液组成的重要依据是吸收液上的 SO_2 和 NH_3 的分压 p_{SO_2}、p_{NH_3}。在吸收液 pH 值为 $4.71\sim5.96$ 时，这些分压值可用约翰斯通公式计算：

$$p_{SO_2} = M\frac{(2S-C)^2}{C-S} \tag{7-8}$$

$$p_{NH_3} = N\frac{C(C-S)}{2S-C} \tag{7-9}$$

式中，C 为溶液中 NH_3 的浓度，mol NH_3/100mol H_2O；S 为溶液中 SO_2 的浓度，mol SO_2/100mol H_2O；M、N 为经验系数。M、N 的值在工业应用范围内仅依温度的变化而变化：

$$\lg M = 5.865 - \frac{2369}{T} \tag{7-10}$$

$$\lg N = 13.680 - \frac{4987}{T} \tag{7-11}$$

吸收液中 $(NH_4)_2SO_3$ 和 NH_4HSO_3 的比例可用 S/C 值来表示。$S/C=1.0$ 时，说明溶液是 NH_4HSO_3 溶液；$S/C=0.5$ 时，说明溶液是 $(NH_4)_2SO_3$ 溶液；$S/C=0.9$ 时，则表示按摩尔浓度计，溶液中含有 80% NH_4HSO_3 和 20% $(NH_4)_2SO_3$。

吸收液面上平衡蒸气压计算值见表7-4。而由图7-1可以看出温度和 S/C 值对蒸气压的影响。该图表示的是当 $C=0.22$ 时，某些特定温度下的 NH_3 和 SO_2 的平衡分压情况。从图中可以看出，p_{SO_2} 和 p_{NH_3} 值均随温度的升高而加大；p_{SO_2} 值随 S/C 值增大而增加，而 p_{NH_3} 值则随 S/C 值的增加而降低。

表 7-4　NH_3-SO_2-H_2O 体系的蒸气压　　　　　单位：Pa

C/10^{-2}	S/10^{-2}	NH_3/%	SO_2/%	pH 值	温度/℃(℉)											
					29.4(85)			51.7(125)			73.9(165)			96.1(205)		
					p_{SO_2}	p_{NH_3}	p_{H_2O}	p_{SO_2}	p_{NH_3}	p_{H_2O}	p_{SO_2}	p_{NH_3}	p_{H_2O}	p_{SO_2}	p_{NH_3}	p_{H_2O}
2	1.9	1.74	6.22	4.8	46.67	0.00	4666	161.3	0.00	13866	472.0	6.7	36397	1215.9	22.7	84926
2	1.7	1.75	5.60	5.3	9.33	0.00	4666	32.0	1.33	14000	94.0	12.0	36530	245.3	85.3	85193
4	3.6	3.24	11.0	5.0	37.30	0.00	4400	128.0	1.33	13466	373.3	13.3	35197	961.3	100.0	81993
4	3.2	3.28	9.88	5.5	10.67	0.00	4533	36.0	3.99	13466	105.3	36.0	35330	270.6	266.6	82393
6	5.1	4.58	14.6	5.3	30.00	0.00	4266	97.3	3.99	13066	285.3	34.7	34130	737.3	256.0	79460
6	4.5	4.66	13.2	5.7	9.33	0.00	4460	29.3	8.00	13066	88.0	81.3	34264	225.3	598.6	79860
8	6.4	5.80	17.5	5.5	21.33	0.00	4133	72.0	8.00	12666	209.3	72.0	33064	541.3	532.0	77194
8	5.6	5.93	15.6	6.0	6.67	13.3	4266	21.3	17.33	12800	62.7	164.0	33331	160.0	1197.2	77726
10	7.5	6.94	19.6	5.7	14.67	13.3	4133	49.3	14.67	12266	145.3	136.0	32264	376.0	997.3	75194
10	6.5	7.13	17.4	6.2	4.00	2.67	4133	13.3	33.33	12400	37.3	317.3	32531	96.0	2333.1	75727

C /10^{-2}	S /10^{-2}	NH₃ /%	SO₂ /%	pH 值	温度/℃(℉)											
					29.4(85)			51.7(125)			73.9(165)			96.1(205)		
					p_{SO_2}	p_{NH_3}	p_{H_2O}	p_{SO_2}	p_{NH_3}	p_{H_2O}	p_{SO_2}	p_{NH_3}	p_{H_2O}	p_{SO_2}	p_{NH_3}	p_{H_2O}
12	9.0	7.91	22.3	5.7	17.33	1.33	4000	60.0	17.33	11999	174.7	164.0	31331	450.6	1197.2	72927
12	7.8	8.16	19.9	6.2	4.00	2.67	4000	16.0	40.00	12132	45.3	381.3	31597	116.0	2786.4	73727
14	9.8	8.94	23.5	6.0	10.67	2.67	3866	37.3	29.33	11732	109.3	286.6	30531	280.0	2093.2	71327
14	8.4	9.25	20.9	6.4	2.67	5.33	3866	6.7	78.66	11866	20.0	762.6	30931	52.0	5586.2	72127
16	15.2	8.94	31.9	4.8	375.97	0.00	3600	1289	2.67	11066	3773.0	24.0	28931	9732.5	177.3	67328
16	12.0	9.59	27.0	5.7	22.67	1.33	3733	80.0	22.67	11332	124.0	326.6	29731	320.0	2399.8	69461
16	8.8	10.3	21.4	6.7	0.00	14.7	3866	1.3	204.0	11599	5.3	1959.8	30398	13.3	14359.8	70794
18	16.2	9.74	33.0	5.0	166.65	0.00	3600	573.3	6.67	10799	1679.9	61.3	28264	4319.6	449.3	65728
18	13.5	10.3	29.1	5.7	26.66	1.33	3600	89.3	25.33	11066	262.6	245.3	28798	675.9	1799.9	67194
18	9.9	11.2	23.1	6.7	0.00	17.3	3733	1.3	229.0	11332	58.7	2199.8	29596	14.7	16158.7	19061
20	17.0	10.5	33.7	5.3	94.66	1.33	3466	325.3	12.08	10532	953.2	117.3	27598	2453.1	854.6	64395
20	13.0	11.4	28.0	6.2	8.00	5.33	3600	25.3	66.67	10932	74.7	635.9	28531	193.3	4653.0	65728
22	16.5	11.6	32.7	5.7	32.00	2.67	3466	109.3	30.67	10399	329.3	300.0	27331	826.6	2199.8	63783
22	13.2	12.4	28.0	6.4	2.67	9.33	3600	10.7	124.0	10666	32.0	1198.6	28000	82.7	8872.6	65328

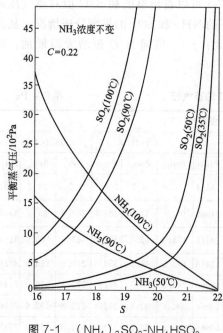

图 7-1　$(NH_4)_2SO_3$-NH_4HSO_3 水溶液的平衡蒸气压

在实际的洗涤吸收系统中，由于氧的存在使部分 $(NH_4)_2SO_3$ 氧化为 $(NH_4)_2SO_4$，氧化的结果，使氨的有效浓度变低，会使 SO_2 的平衡分压升高，于吸收不利。此时的平衡分压式表示为：

$$p_{SO_2} = M \frac{(2S-C+2A)^2}{C-S-2A} \tag{7-12}$$

$$p_{NH_3} = N \frac{C(C-S-2A)}{2S-C+2A} \tag{7-13}$$

式中，A 为溶液中 $(NH_4)_2SO_4$ 的浓度，mol SO_4^{2-}/100mol H_2O。

实际工业生产中，pH 值是最易直接获得的数据，而 pH 值又是 $(NH_4)_2SO_3$-NH_4HSO_3 水溶液组成的单值函数（图 7-2）。控制吸收液的 pH 值，就可获得稳定的吸收组分，也就决定了吸收液面上 SO_2 和 NH_3 的平衡蒸气分压，即可决定吸收液对 SO_2 的吸收效率以及相应的 NH_3 消耗。当 S/C 值在 0.5～0.95 范围内时，pH 值可按下式计算：

$$pH = -4.00 \frac{S}{C} + 8.88 \tag{7-14}$$

pH 值与 S/C 值的关系曲线表示于图 7-2 中。

（三）吸收传质系数

用 $(NH_4)_2SO_3$-NH_4HSO_3 水溶液吸收 SO_2 时，其传质系数 $K_g[kg/(m^2 \cdot h \cdot Pa)]$ 可用式(7-15)近似计算：

$$K_g = 5.25 \times 10^{-4} v^{0.8} \qquad (7-15)$$

式中，v 为空塔气速。

由式(7-15)可以看出，传质系数与空塔气速的 0.8 次方成正比，因而在筛板洗涤塔中推荐使用 2.5～2.7m/s 的操作气速，此时塔的阻力虽较高，但传质系数也较大。当筛板塔气速选择为 2.67m/s，S/C 值为 0.82～0.9，吸收温度为 33℃时，气相总传质系数 K_ga 为 $0.108kg/(m^3 \cdot h \cdot Pa)$。使用文丘里管，喉管气速为 25m/s，总阻力为 1374.7Pa 时，K_ga 为 $0.55kg/(m^3 \cdot h \cdot Pa)$；喉管气速为 60m/s，总阻力为 7357.5Pa 时，K_ga 为 $1.78kg/(m^3 \cdot h \cdot Pa)$。

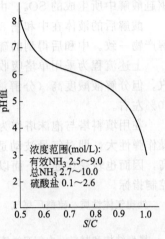

图 7-2　$(NH_4)_2SO_3$-NH_4HSO_3 水溶液的 pH 值

二、氨-酸法

氨-酸法是将吸收 SO_2 后的吸收液用酸分解的方法。酸解可以采用硫酸，也可采用硝酸和磷酸。酸解用酸的种类不同，所得产品也不同，应用最多的酸是硫酸。

氨-酸法在 20 世纪 30 年代就已应用于工业生产，具有工艺成熟、方法可靠、所用设备简单、操作方便等优点。其副产物为化肥，实用价值高。因此，用氨-酸法治理低浓度 SO_2 废气是一种有前途的方法。目前在我国氨-酸法已被广泛应用于硫酸生产的尾气治理，如南京化学工业公司氮肥厂、上海硫酸厂、大连化工厂等均应用此法回收硫酸生产尾气中的 SO_2。但由于该法需耗用大量的氨和硫酸等，因而对缺乏这些原料来源的冶金、电力等生产部门来说，广泛应用还有一定的限制。

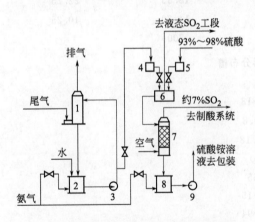

图 7-3　氨-酸法回收硫酸尾气工艺流程
1—尾气吸收塔；2—母液循环槽；3—母液循环泵；
4—母液高位槽；5—硫酸高位槽；6—混合槽；
7—分解塔；8—中和槽；9—硫酸铵溶液泵

（一）氨-酸法的一段吸收工艺

1. 工艺流程与设备

用氨-酸法治理低浓度 SO_2 的一段吸收工艺由三个步骤组成，即 SO_2 的吸收、吸收液的酸解和过量酸的中和。典型的工艺流程见图 7-3 所示。

含 SO_2 的废气由吸收塔 1 的底部进入，母液循环槽 2 中 $(NH_4)_2SO_3$-NH_4HSO_3 吸收液经由循环泵 3 输送到吸收塔顶部，在气、液的逆向流动接触中，废气中的 SO_2 被吸收，净化后的尾气由塔顶排空。吸收 SO_2 后的吸收液排至循环槽中，补充水和氨以维持其浓度并在吸收过程中循环使用。

将 $(NH_4)_2SO_3$-NH_4HSO_3 达到一定浓度比例的部分吸收液，送至混合槽 6，在此与由硫酸高位槽 5 来的 93％～98％的硫酸混合进行酸解，从混合槽中分解出近 100％的 SO_2，可

用于生产液体 SO_2。未分解完的混合液送入分解塔 7 继续酸解，并从分解塔底部吹入空气以驱赶酸解中所生成的 SO_2。由分解塔顶部获得约 7% 的 SO_2，这部分 SO_2 可用来制酸。

酸解后的液体在中和槽 8 中用氨中和过量的酸。采用氨作中和剂是为了使中和产物与酸解产物一致。中和后得到的硫酸铵溶液送去生产硫铵肥料。

上述流程为采用单塔吸收的一段式氨吸收工艺，所用设备数量少，操作简单，不消耗蒸汽，但分解液酸度高（分解液酸度为 40～50 滴度），氨、酸消耗量大，SO_2 吸收率只能达90% 左右。

在用填料塔与泡沫塔作为吸收塔方面，国内已积累了较丰富的经验。填料塔操作稳定，操作弹性大，即对气量波动适应性强，使用较多；泡沫塔结构简单，投资省，吸收效率较高，因而也较受欢迎。下面以国内某厂生产操作实例，说明吸收塔设备的主要规格以及操作控制指标。

处理气体性质：硫酸厂尾气　　气量　　　 $4500m^3/h$

　　　　　　　　　　　　　　　SO_2 浓度　 0.3%～0.4%

塔型结构和材料：内部双溢流三层筛板泡沫塔，塔体纯铝板，塔底衬瓷砖

外形尺寸：$\phi 3100mm \times 6820mm$

筛板特性：

项目	上层筛板	中层筛板	下层筛板
筛板面积/m^2	5.661	5.953	5.782
铝板厚度/mm	6	6	6
筛板孔径/mm	4.5	4.5	6.0
筛板孔中心距/mm	10	10	12
开孔率/%	18.35	18.35	22.25
小孔气速/(m/s)	14.75	14.30	10.25
筛板间距/mm		800	

液体分布装置　　　　　　　带锯齿形分布槽

吸收液控制指标：

碱度/滴度	16～18
S/C	约 0.8
有效密度/(g/cm^3)	约 1.18
总亚盐浓度/(g/L)	450
空塔速度/(m/s)	2.55
喷淋密度/$[m^3/(m^2 \cdot h)]$	13～15
SO_2 吸收效率/%	93～94

2. 酸解

根据上述一段吸收流程数据，当 S/C 达到 0.8～0.9 时，即可将吸收液自循环吸收系统导出一部分，送入分解塔中用酸进行分解。酸解可以用硫酸，也可用硝酸和磷酸，所得副产物除 SO_2 外，分别为硫酸铵、硝酸铵和磷酸二氢铵。酸解反应如下。

硫酸酸解：

$$(NH_4)_2SO_3 + H_2SO_4 \longrightarrow (NH_4)_2SO_4 + SO_2 + H_2O \tag{7-16}$$

$$2NH_4HSO_3 + H_2SO_4 \longrightarrow (NH_4)_2SO_4 + 2SO_2 + 2H_2O \tag{7-17}$$

硝酸酸解：

$$(NH_4)_2SO_3 + 2HNO_3 \longrightarrow 2NH_4NO_3 + SO_2 + H_2O \tag{7-18}$$

$$NH_4HSO_3 + HNO_3 \longrightarrow NH_4NO_3 + SO_2 + H_2O \qquad (7-19)$$

磷酸酸解：

$$(NH_4)_2SO_3 + 2H_3PO_4 \longrightarrow 2NH_4H_2PO_4 + SO_2 + H_2O \qquad (7-20)$$

$$NH_4HSO_3 + H_3PO_4 \longrightarrow NH_4H_2PO_4 + SO_2 + H_2O \qquad (7-21)$$

在酸解中，普遍采用的是硫酸酸解法，但由于硫酸铵肥料仅氨有肥效，硫酸根在土壤中对植物生长不起作用，也由于近年来国际市场的硫铵肥料供大于求，因而硝酸酸化以及磷酸酸化也得到了相应的发展。

为使分解反应进行完全，需用大于理论值的过量硫酸，一般用酸量大于理论值的30%～50%。

在酸解时需将生成的 SO_2 进行脱吸，脱吸方法可采用空气吹脱的方法，也可采用间接蒸汽加热的方法。

采用空气吹脱的方法时，不消耗蒸汽，但氨、酸耗量大，分解酸度 40～45 滴度，分解率可达 98%。除在混合槽中获得 100% SO_2 可用于生产液体 SO_2 外，从分解塔分解出的约7% 的 SO_2，只能返回制酸系统用来制酸。因此此法适用于有制酸系统的低浓度 SO_2 废气的回收。

在采用蒸汽加热分解时，可采用高酸度的分解，分解酸度 35～40 滴度，氨、酸耗量仍然很大，适用于合成氨与蒸汽来源充足场合的废气治理；也可采用低酸度、间接蒸汽加热分解，分解酸度 15 滴度，得到含水蒸气的 100% 的 SO_2。此法氨、酸耗量小，适用于无制酸系统的低浓度 SO_2 废气（如某些冶炼废气或其他工业废气）的治理。

3. 中和

由于在酸解时为使反应进行得完全使用了过量的酸，为保证产品品质，需对过量酸进行中和。中和剂仍然用氨，使中和产品为硫酸铵，中和反应如下：

$$H_2SO_4 + 2NH_3 \longrightarrow (NH_4)_2SO_4 \qquad (7-22)$$

中和时，氨的加入量应略高于理论值。

（二）二段或多段吸收工艺

从氨吸收法的原理及式（7-3）可知，吸收液中对 SO_2 具有吸收能力的组分是 $(NH_4)_2SO_3$，因此，若要使 SO_2 的吸收率进一步提高，吸收液的碱度就应该提高（S/C 低）。此时气相中 SO_2 平衡分压 p_{SO_2} 小，但 NH_3 的平衡分压 p_{NH_3} 值高，虽然对 SO_2 的吸收率提高了，但 NH_3 的挥发损失也相应增加。吸收液碱度（滴度）与 SO_2 吸收率及 NH_3 损失的关系见图 7-4。

从酸解反应的式（7-16）和式（7-17）中可以看出，吸收液的碱度高，即 $(NH_4)_2SO_3$ 含量高，则酸解时的酸耗量大，中和时的氨耗量也要相应增大。因此要想降低酸、氨耗量，就应保证引出的吸收液中含有较多的 NH_4HSO_3，这样势必影响到 SO_2 的吸收率。因此在用氨-酸法吸收 SO_2 的过程中，既要保证较高的 SO_2 吸收率，又要降低氨、酸的消耗，采用一段吸收流程将满足不了要求，因而发展了二段吸收或多段吸收。

二段氨吸收法流程如图 7-5 所示。在第一段吸收中，吸收液控制有较高的 S/C 值，即吸收液中含有较多的 NH_4HSO_3。虽然此吸收液吸收 SO_2 能力较差，但用它处理的是进口高浓度废气，利用进气中较高的 SO_2 分压作推动力，吸收后的引出液中仍可获得高的 $NH_4HSO_3/(NH_4)_2SO_3$ 比率，可降低酸解时的酸耗，此吸收段可称为浓缩段。经第一段吸收后的废气进入第二段吸收，废气中 SO_2 的浓度降低，但此段所用吸收液碱度较高（$S/$

C 值低），即吸收液中（NH$_4$）$_2$SO$_3$ 含量较高，具有较强的吸收 SO$_2$ 的能力，仍可以保证较高的 SO$_2$ 吸收率，可以将 SO$_2$ 尽量吸收完全，此段可称为吸收段。

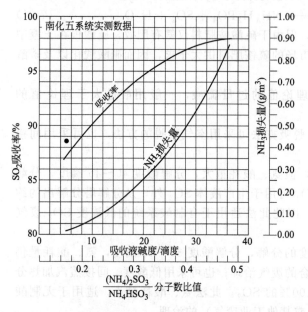

图 7-4　吸收液碱度与 SO$_2$ 吸收率及 NH$_3$ 损失量的关系

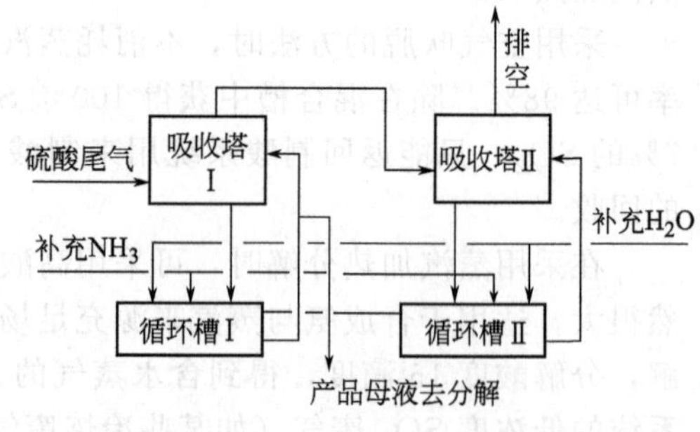

图 7-5　二段氨吸收法流程

一段吸收流程与二段吸收流程的主要工艺指标比较见表 7-5。

表 7-5　一段、二段氨-酸吸收流程比较

项目	二段吸收	一段吸收	项目	二段吸收	一段吸收
SO$_2$ 进口浓度/(mL/m^3)	4500	4500	引出母液中总五盐/(g/L)	550	400
SO$_2$ 出口浓度/(mL/m^3)	<100	>450	系统阻力/Pa	3190（五块塔板）	1960（三块塔板）
吸收效率/%	98	90			

三、氨-亚硫酸铵法

使用氨-酸法治理低浓度 SO$_2$ 需耗用大量硫酸，氨的来源也有一定的局限性，为此国内一些小型硫酸厂采用了氨-亚硫酸铵法治理低浓度 SO$_2$，扩大了氨法应用范围。使用该法时，对吸收 SO$_2$ 后的吸收液不再用酸分解，而是直接将吸收母液加工为亚硫酸铵使用，可以节约酸解用酸。

（一）固体亚铵法

固体亚铵法是将吸收母液经中和、分离等处理后，制成固体亚硫酸铵。固体亚硫酸铵可在制浆造纸中代替烧碱，所排出的造纸废液又可作为肥料使用。但用亚铵制浆时，纸浆蒸煮时间长，生产的纸张质量较差，这是目前该法存在的不足。

1. 基本原理

固体亚铵法同氨-酸法一样，可以用氨水作氨源对 SO$_2$ 进行吸收，但当氨水来源困难或

储运困难时，也可采用固体碳酸氢铵作为氨源。

碳酸氢铵同氨一样具有对 SO_2 的吸收能力：

$$2NH_4HCO_3 + SO_2 \longrightarrow (NH_4)_2SO_3 + H_2O + 2CO_2 \uparrow \qquad (7\text{-}23)$$

$$(NH_4)_2SO_3 + SO_2 + H_2O \longrightarrow 2NH_4HSO_3 \qquad (7\text{-}24)$$

同氨-酸法一样，对 SO_2 的吸收主要依赖于式(7-24)所表示的反应，吸收过程中的主要吸收剂仍为 $(NH_4)_2SO_3$。在吸收过程中需向吸收系统中不断补充 NH_4HCO_3 和水，也是为了不断产生出 $(NH_4)_2SO_3$，以保持吸收液的碱度稳定和对 SO_2 较高的吸收能力。

吸收中产生的氧化副反应与氨-酸法相同。

吸收 SO_2 后的母液是高浓度的 NH_4HSO_3 溶液，呈酸性，需加以中和，中和剂使用固体 NH_4HCO_3：

$$NH_4HSO_3 + NH_4HCO_3 \longrightarrow (NH_4)_2SO_3 \cdot H_2O + CO_2 \uparrow \qquad (7\text{-}25)$$

该反应为吸热反应，溶液温度不经冷却即可降到 0℃左右。$(NH_4)_2SO_3$ 比 NH_4HSO_3 在水中溶解度小（见表 7-6），NH_4HSO_3 转化为 $(NH_4)_2SO_3 \cdot H_2O$ 后，由于过饱和而从溶液中析出。

表 7-6 $(NH_4)_2SO_3$-NH_4HSO_3-H_2O 系统内的溶解度

温度/℃	饱和溶液的成分/%		
	$(NH_4)_2SO_3$	NH_4HSO_3	H_2O
0	10	60	30
20	12	65	23
30	13	67	20

2. 工艺步骤与工艺流程

固体亚铵法的工艺过程主要有三个步骤，即吸收、中和、分离。图 7-6 为该法的工艺流程示意。

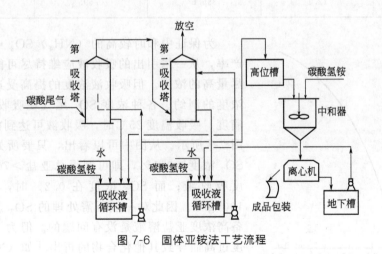

图 7-6 固体亚铵法工艺流程

(1) 吸收 吸收采用二段吸收塔。在第一吸收塔中，为使引出到中和工序的吸收液中含

有较高浓度的 NH_4HSO_3，以便制取更多的亚铵产品，应尽量提高吸收液的 S/C 值。一般控制此段吸收液的 S/C 值为 $0.88\sim0.9$，总亚盐含量 $700g/L$。在第二吸收塔中，为保证较高的 SO_2 吸收率，使排气中 SO_2 浓度符合排放要求，应控制吸收液较低的 S/C 值。吸收液总亚盐含量应控制在 $350g/L$，碱度控制在 $13\sim15$ 滴度。经二段吸收后的 SO_2 排气浓度可降至 $200\sim300mL/m^3$，吸收效率达 95% 以上。

（2）中和　由第一吸收塔引出 NH_4HSO_3 含量高的吸收液，在中和器中加入固体 NH_4HCO_3 对其进行中和，经搅拌后完成反应，生成的 $(NH_4)_2SO_3 \cdot H_2O$ 因过饱和而析出，得到黏稠悬浮状溶液。

（3）分离　经中和反应后所得到的悬浮状溶液，送入离心机中进行分离，分离出的 $(NH_4)_2SO_3 \cdot H_2O$ 为白色晶体，包装成为产品。离心母液为饱和的 $(NH_4)_2SO_3$ 溶液，用泵送入第二吸收塔作为吸收液循环使用。

3. 工艺操作条件

整个吸收过程的效果如何，除与所采用的吸收设备有关外，还与吸收温度、吸收液喷淋密度、吸收液浓度等操作条件有关。由于吸收采用的是二段吸收操作，因此 SO_2 的吸收率主要由二塔吸收液组成决定，而亚硫酸铵的产率则主要由一塔吸收液的组成决定。

为保证对 SO_2 的高净化率，二塔吸收液应维持较高的碱度与较低的 NH_4HSO_3 浓度，吸收液碱度对排放尾气中 SO_2 浓度的影响见表7-7。

表 7-7　吸收液碱度对排放尾气中 SO_2 浓度的影响

吸收液温度/℃	吸收液组成		SO_2 气浓度	
	碱度/滴度	总亚盐/(g/L)	一塔进气/%	二塔出气/%
25	10.3	321.9	0.575	0.052
24.5	14.0	352.7	0.675	0.028
24.5	12.1	355.6	0.695	0.026

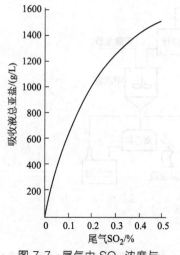

图 7-7　尾气中 SO_2 浓度与吸收液总亚盐浓度的关系

为保证中和时较高的 $(NH_4)_2SO_3 \cdot H_2O$ 的结晶产率，从一塔引出的吸收液应维持尽可能低的碱度和尽量高的浓度。但吸收液浓度的提高受进口尾气 SO_2 浓度的制约。各种浓度 SO_2 尾气在吸收液碱度为 10 滴度、吸收温度 25℃时，吸收液可达到的最大浓度如图 7-7 所示。从图中可以看出，只要所处理的废气中 SO_2 浓度 $>0.1\%$，即可制得总亚盐 $>700g/L$ 的高浓度吸收液；而 SO_2 浓度在 0.2% 时，总亚盐可达 $1000g/L$。因此对一般所需处理的 SO_2 废气来说，制备高浓度亚盐溶液是没有问题的。但为了避免由于浓度过高而导致其他化合物的析出［如 $(NH_4)_2S_2O_5$］，以及避免由于浓度过高所带来操作上的困难，二塔吸收液浓度应控制在一个适宜数值上。吸收液浓度和碱度对结晶产率的影响见表7-8。

表 7-8　吸收液浓度和碱度对结晶产率的影响

中和前吸收液组成			中和后的湿晶			结晶产率/%
总亚盐/(g/L)	碱度/滴度	体积/m³	总质量/kg	$(NH_4)_2SO_3 \cdot H_2O$ 质量分数/%	$(NH_4)_2SO_4$ 质量分数/%	
632.5	8.1	0.55	282	89.23	4.3	56.8
652.3	9.4	0.45	260.7	81.10	10.6	60.6
657.5	7.4	0.55	336.5	87.42	3.4	63.0

为保证一塔、二塔吸收液的碱度，需向两个塔的吸收液循环槽中补充 NH_4HCO_3。而在中和槽中也应加入 NH_4HCO_3，使 NH_4HSO_3 转变成 $(NH_4)_2SO_3 \cdot H_2O$。为保证高的转化率，NH_4HCO_3 实际加入量应接近完成反应的理论值。NH_4HCO_3 加入量对中和反应转化率的影响见表 7-9。

表 7-9　NH_4HCO_3 加入量对中和反应 NH_4HSO_3 转化率的影响

原始母液组成		加入 NH_4HCO_3 量		中和后饱和母液组成		NH_4HSO_3 转化率/%
NH_4HSO_3/(g/L)	体积/m³	加入量/kg	加入量占理论量百分比/%	NH_4HSO_3/(g/L)	体积/m³	
585.5	0.55	250	92.5	74.3	0.508	88.2
615	0.55	275	97	62.7	0.472	91.26
598	0.45	225	100	9.7	0.355	98.72

由硫酸尾气制取固体亚铵的工艺条件及技术经济指标见表 7-10。

表 7-10　固体亚铵法工艺条件和技术经济指标

吸收温度/℃	一塔吸收液成分		二塔吸收液成分	
	总亚盐/(g/L)	碱度/滴度	总亚盐/(g/L)	碱度/滴度
25	650~700	约10	350	13~15

一塔进气 SO_2 浓度/%	二塔出气 SO_2 浓度/%	中和原始液组成		NH_4HCO_3 加入量占理论量质量百分比/%
		总亚盐/(g/L)	碱度/滴度	
0.65~0.70	0.025~0.030	650~700	9~10	97~100

产品质量	单位质量产品水耗/(kg/t)	单位质量产品电耗/(kW·h/t)	单位质量产品碱耗①/(kg/t)
$(NH_4)_2SO_3 \cdot H_2O$ 含量/%			
>85	500	75	1300

① 碱按含 NH_4HCO_3 95%质量计。

4. 吸收设备

固体亚铵法中最主要的设备是吸收塔，国内多数厂家采用的是复喷复挡洗涤吸收器，这种设备所需投资少，传质效果较好，对 SO_2 的吸收效率较高。表 7-11 表示的是进行固体亚铵法试验的主要设备情况，表 7-12 则是 3 种尾气吸收设备的比较。

表 7-11　固体亚铵法试验主要设备

设备名称	型式结构	主要尺寸/mm	材质	备注
第一吸收塔	空塔，中心管上装置 ϕ5.5mm 喷头 48 个	ϕ1254×10800	钢壳内衬瓷砖,顶盖、管口衬铅,上设捕沫层	原生产液体亚铵设备

续表

设备名称	型式结构	主要尺寸/mm	材质	备注
第二吸收塔	填料塔,内装 25mm×25mm、50mm×50mm 瓷环(乱堆)	$\phi1254×8050$,填料高度 4200	钢壳内衬瓷砖,顶盖、管口衬铅,上设捕沫层	旧塔改建
一、二循环槽	圆柱形	$\phi1400×1400$	钢壳内衬薄瓷砖	
吸收液循环泵	仿广东高鹤磷肥厂酸泵	流量约 18m³/h,电机 7.5kW	铸铁	
中和器	圆柱体锥底配搅拌桨	$\phi1000×1700$	钢壳内衬瓷砖,搅拌桨包胶	磷肥车间氟回收设备
离心机	SS-800 三足式离心机	操作容积 90L,电机 4kW	不锈钢(1Cr18Ni9Ti)	磷肥车间氟回收设备
地下槽	长方形	1300×700×800,有效容积 0.4m³	用瓷砖砌成	磷肥车间氟回收设备
地下槽泵	2BA-6 水泵	流量20m²/h,扬程30.8m,电机 4kW	铸铁	

表 7-12　三种尾气吸收设备比较

方案	设备规格/mm	建设费用/万元	电耗比较	压力降/Pa	吸收率/%	施工比较	结构特点	使用比较
原两级湍动吸收	进气部分 $\phi2000$,湍动层 $\phi1400$,总高 10.5m	2	3BA-9 泵配 7.5kW 电动机两台	2450~2940	70~85	施工制作较复杂	全部用 12mm 聚氯乙烯板制作,湍动两层分两级吸收,顶部为捕沫层	适应范围差,带沫严重,吸收率不稳定,塑料球每季度要更换 40%~50%
空塔吸收	$\phi5300×350$ 总高 13m($\phi_内$ 4600)	3.5	KH38/32 酸泵配 20kW 电动机两台	196~392	80~90	施工期长,工程量大,需作大量平台、走道	黄浆石壳体、内设三层喷头:上部单向喷头 6 个、中部双向喷头 8 个、下部双向喷头 8 个	适应性较大,制作维修麻烦,设备高大,系一级吸收,不易调整,保证吸收率时氨损失大
两级复喷复挡吸收	一级复喷 $\phi800$ 管,二级复喷 $\phi800/\phi720$、复挡 $\phi1800×4300$	1.5	3BA-9 泵配 4.5kW 电动机三台	883~1030	89~95	施工安装制作都较容易	全部用 6~12mm 聚氯乙烯板制作	适应范围较大,吸收率稳定,制造简单,维修容易

(二)亚硫酸铵-亚硫酸氢铵母液法

国内某些小型硫酸生产装置采用此法处理硫酸生产尾气。

该法是对硫酸尾气进行氨洗,所得 $(NH_4)_2SO_3$-NH_4HSO_3-H_2O 吸收液循环使用,将吸收液中的一部分引出直接作为产品,而不再经酸解、中和等处理。该法设备简单,投资少,且可节省大量酸碱,所得产品经稀释后可作为肥料使用。根据现有生产的操作情况,基本条件归纳如下:

① 吸收塔采用瓷环填料塔,塔内衬瓷砖;

② 吸收母液碱度控制在 12~16 滴度为宜,吸收率在 90% 以上;

③ 吸收母液在相对密度为 1.17~1.18 时可引出作为产品,母液中总硫酸盐量为 350g/L 左右;

④ 在碱度适当情况下,吸收液喷淋密度为 $14m^3/(m^2 \cdot h)$ 时,吸收效率可超过 95%,

喷淋密度降低会导致效率的降低。碱度、喷淋密度对吸收率的影响见表7-13。

表 7-13　碱度、喷淋密度对吸收率的影响

吸收液		尾气中 SO_2 含量/(mL/m^3)		喷淋密度 /[$m^3/(m^2 \cdot h)$]	SO_2 吸收率 /%
相对密度	碱度/滴度	进塔	出塔		
1.120	8.4	4300	1400	<10	67
1.120	10.4	4800	1100		77
1.165	16.0	9500	1700		82
1.148	16.0	3500	110	~14	97
1.156	12.0	3500	100		97

四、氨-硫铵法

（一）工艺原理

氨-硫铵法和氨法中的其他方法的吸收原理相同，都是用 NH_3 吸收 SO_2，用所生成的 $(NH_4)_2SO_3$-NH_4HSO_3 吸收液循环洗涤含 SO_2 的废气。不同之处是在后者的吸收过程中，要尽量防止和抑制氧化副反应的发生，避免将吸收液中的 $(NH_4)_2SO_3$ 氧化为 $(NH_4)_2SO_4$，以保持吸收液对 SO_2 的吸收效率；而在氨-硫铵法中，氧化产物是该方法的最终产品，因此在吸收过程中需促使循环吸收液的氧化。由此导致了氨-硫铵法在工艺、设备等方面与氨-酸法、氨-亚铵法存在着不同。

氨-硫铵法一般用于处理燃烧烟气中的 SO_2，因为通常情况下，烟气中的氧含量足以将吸收液中的 $(NH_4)_2SO_3$ 全部氧化为 $(NH_4)_2SO_4$。但吸收液氧化率的高低直接影响到对 SO_2 的吸收率，洗涤液的氧化使亚硫酸盐变为硫酸盐，氧化越完全，溶液吸收 SO_2 的能力就越低。为了保证吸收液吸收 SO_2 的能力，吸收液内应保持足够的亚硫酸盐浓度。亚硫酸盐不可能在吸收塔内全部被氧化，为此在吸收塔后必须设置专门的氧化塔，以保证亚硫酸铵的全部氧化。

在吸收液被引出吸收塔后，一般是将吸收液用氨进行中和，使吸收液中全部的 NH_4HSO_3 转变为 $(NH_4)_2SO_3$，以防止 SO_2 从溶液内逸出。整个过程的反应如下：

$$NH_4HSO_3 + NH_3 \longrightarrow (NH_4)_2SO_3 \tag{7-26}$$

生成的 $(NH_4)_2SO_3$ 用空气中的氧进行氧化：

$$(NH_4)_2SO_3 + \frac{1}{2}O_2 \longrightarrow (NH_4)_2SO_4 \tag{7-27}$$

（二）工艺与设备

为了促进吸收塔中对吸收液的氧化作用，在吸收塔的设计以及工艺条件上应采取一些加强氧化作用的措施。吸收设备应采用易吸收氧的设备，如填料塔，并使塔内气速以及溶液浓度控制得低些；吸收液应维持较高的 S/C 值，并使吸收液的温度高一些；采用催化氧化物质，如活性炭、锰离子等，以促进氧溶解和亚硫酸盐的氧化。在氧化塔中，为使溶液有足够大的氧溶解速率，一般均使用压缩空气。在氧化塔的结构上，为保证空气与溶液有足够的接触，在塔内需设置旋转雾化器，使进入塔内的空气旋转雾化，产生微细气泡分散于溶液中，增大气液接触面积。

氨-硫铵法的工艺过程主要分为吸收、氧化以及后处理等几部分，工艺流程见图7-8。

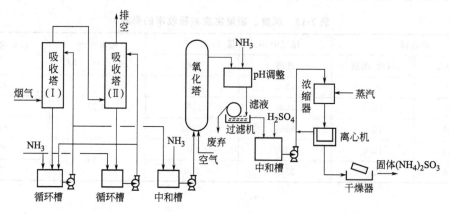

图 7-8 氨-硫铵法工艺流程

燃烧烟气经两级吸收后排空。部分循环吸收液从吸收系统中引出至中和槽，用 NH_3 进行中和。中和液用泵送入氧化塔通入压缩空气进行氧化，氧化后的溶液在 pH 调整槽中加 NH_3 成为碱性，使烟气中含有的钒、镍、铁等重金属变为氢氧化物沉淀而除去。硫铵母液经浓缩结晶、分离、干燥后即可得硫酸铵产品。

该法的主要产品为硫酸铵，与氨法的其他方法相比，所用设备较少，不消耗酸，没有 SO_2 的副产品生出，因而不需加工贮存 SO_2 的设备，因而方法比较简便，投资较省。目前，硫铵肥料在国外销路不好，但在我国还有着较好的市场，特别适合在我国北方碱性土壤中使用。另外可以通过用硫铵制取氮磷复合肥料而扩大其应用。该法国内有引进装置。

第二节 钠碱法脱硫

钠碱法是采用碳酸钠或氢氧化钠等碱性物质吸收烟气中 SO_2 的方法。与用其他碱性物质吸收 SO_2 相比，该法具有如下优点。

① 与氨法比，它使用固体吸收剂，碱的来源限制小，便于运输、贮存。而且由于阳离子为非挥发性的，不存在吸收剂在洗涤气体过程中的挥发及产生铵雾问题，因而碱耗小。

② 与使用钙碱的方法相比，钠碱的溶解度较高，因而吸收系统不存在结垢、堵塞等问题。

③ 与使用钾碱的方法相比，钠碱比钾碱来源丰富且价格要便宜得多。

④ 钠碱吸收剂吸收能力大，吸收剂用量少，可获得较好的处理效果。

但与氨碱及钙碱相比，碱源相对比较紧张，特别是 NaOH，来源更困难一些。

由于对吸收液的处理方法不同，所得副产物的不同，钠碱法中也有不同的脱硫方法。具体方法主要有亚硫酸钠法、亚硫酸钠循环法及钠盐-酸分解法等。在国内，亚硫酸钠法应用较多，其他方法应用较少或仍在研究探讨之中。

一、钠碱法吸收原理

（一）钠碱法的吸收反应

该法采用 Na_2CO_3 或 NaOH 作为起始吸收剂，在与 SO_2 气体的接触过程中，发生如下的化学反应：

$$2Na_2CO_3 + SO_2 + H_2O \longrightarrow 2NaHCO_3 + Na_2SO_3 \tag{7-28}$$

$$2NaHCO_3 + SO_2 \longrightarrow Na_2SO_3 + H_2O + 2CO_2 \uparrow \tag{7-29}$$

$$2NaOH + SO_2 \longrightarrow Na_2SO_3 + H_2O \tag{7-30}$$

吸收开始时，主要按照上面 3 个反应生成 Na_2SO_3，Na_2SO_3 具有吸收 SO_2 的能力，能继续从气体中吸收 SO_2：

$$Na_2SO_3 + SO_2 + H_2O \longrightarrow 2NaHSO_3 \tag{7-31}$$

$NaHSO_3$ 不再具有吸收 SO_2 的能力，因此式(7-31)是主要的吸收反应，而实际的吸收剂为 Na_2SO_3。

吸收过程的主要副反应为氧化反应：

$$Na_2SO_3 + \frac{1}{2}O_2 \longrightarrow Na_2SO_4 \tag{7-32}$$

从以上反应可知，循环吸收液中的主要成分为 Na_2SO_3、$NaHSO_3$ 和少量的 Na_2SO_4。

（二）吸收液的 pH 值

在用钠碱吸收 SO_2 的过程中，吸收液中亚硫酸钠、亚硫酸氢钠的浓度关系与吸收液的 pH 值有单值的对应关系，这种对应关系表示在图 7-9 中。从图中可以看出，随吸收液中亚硫酸氢钠含量的升高，溶液的 pH 值下降。

由于 $NaHSO_3$ 对 SO_2 不具有吸收能力，因此，吸收液的 pH 值越小，吸收液吸收 SO_2 的能力越差。以用 $NaOH$ 处理烟气为例，由于烟气中含有大量的 CO_2，用所制备的 $NaOH$ 溶液洗涤气体时，首先发生的 CO_2 与 $NaOH$ 的反应导致了吸收液 pH 值的降低。当 pH 值降至 7.6 以下时方发生吸收 SO_2 的反应。当吸收液中的 Na_2SO_3 全部转变为 $NaHSO_3$ 时，溶液的 pH 值为 4.4，此时将不可能继续与 SO_2 起化学反应。此后的吸收液若继续与 SO_2 接触，pH 值可继续下降至 3.7，但此时 pH 值的降低，仅仅是由于 SO_2 在溶液中进行物理溶解所致。因此，吸收液有效吸收 SO_2 的 pH 值范围为 $4.4 \sim 7.6$。在实际引出吸收液进行处理时，吸收液的 pH 值应控制在此范围内的一个适宜值上。

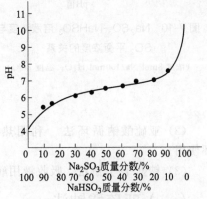

图 7-9　Na_2SO_3-$NaHSO_3$ 溶液
浓度与 pH 值关系

（三）SO_2 的分压

吸收液吸收 SO_2 的能力取决于吸收液面上 SO_2 的平衡分压，液面上 SO_2 平衡分压值越小，吸收液对 SO_2 的吸收能力越大。

Na_2SO_3-$NaHSO_3$ 液面上 SO_2 的分压值，可用以下公式计算：

$$p_{SO_2} = \frac{133.3 M c_{NaHSO_3}^2}{c_{Na_2SO_3}} \times 100 \tag{7-33}$$

式中，p_{SO_2} 为 SO_2 分压，Pa；c_{NaHSO_3} 为溶液中 $NaHSO_3$ 的摩尔浓度；$c_{Na_2SO_3}$ 为溶液中 Na_2SO_3 的摩尔浓度；M 为根据温度决定的系数，可由下式求出：

$$lgM = 4.519 - \frac{1987}{T} \tag{7-34}$$

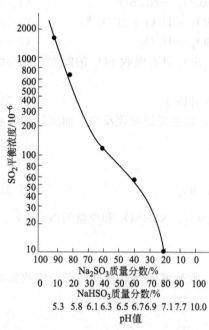

图 7-10 Na₂SO₃-NaHSO₃溶液浓度与
SO₂平衡浓度的关系

（浓度 8mol Na/100mol H₂O；温度 30℃）

式中，T 为绝对温度，K。

从式(7-33)可知，吸收液面上的 SO_2 分压与溶液中酸式盐浓度的平方成正比，而与正盐浓度成反比。由此可以得出：

① 正盐与酸式盐之比越大，液面上的 SO_2 分压就越低，这种溶液在处理较低浓度的 SO_2 气体时，仍可获得较好的吸收率；

② 在正盐与酸式盐浓度比不变的条件下，将溶液稀释，SO_2 的分压就会降低，为了较充分地从气体中吸收 SO_2，就必须使用稀的吸收溶液；

③ 降低吸收液温度，可降低 SO_2 平衡分压，可提高吸收效率。

Na_2SO_3-$NaHSO_3$ 溶液浓度与液面上 SO_2 平衡浓度关系见图 7-10。

二、钠碱法工艺

根据对吸收液再生方法的不同，可以得到不同的钠碱法处理工艺，所得产物亦不相同，主要方法有以下几种。

(1) 亚硫酸钠法　利用 Na_2SO_3 与 $NaHSO_3$ 在水中溶解度的不同，使 Na_2SO_3 结晶作为产品。

(2) 亚硫酸钠循环法　利用热再生方法处理吸收液，副产高浓度 SO_2，吸收剂循环使用。

(3) 钠盐-酸分解法　吸收液用酸分解处理。

（一）亚硫酸钠法

1. 基本原理

该法是用 Na_2CO_3 或 $NaOH$ 作起始吸收剂吸收烟气中的 SO_2，其吸收反应如式(7-28)~式(7-31) 所示。将吸收后得到的高浓度的 $NaHSO_3$ 吸收液用 $NaOH$ 或 Na_2CO_3 中和，使 $NaHSO_3$ 转变为 Na_2SO_3：

$$NaHSO_3 + NaOH \longrightarrow Na_2SO_3 + H_2O \tag{7-35}$$
$$2NaHSO_3 + Na_2CO_3 \longrightarrow 2Na_2SO_3 + H_2O + CO_2\uparrow \tag{7-36}$$

由于 Na_2SO_3 溶解度较 $NaHSO_3$ 低，中和后生成的 Na_2SO_3 因过饱和而从溶液中析出。在结晶温度低于 33℃ 时，结晶出 $Na_2SO_3 \cdot 7H_2O$，温度较高时可结晶出无水亚硫酸钠。$NaHSO_3$、Na_2SO_3 与 Na_2SO_4 溶解度曲线见图 7-11。

中和母液经固-液分离后可得 Na_2SO_3 结晶产品。

主要副反应仍为氧化反应，见式(7-32)。生成的 Na_2SO_4 混在产品中影响产品质量，为减少氧化问题，在吸收液中应加入一定量的阻氧剂，常用的有对苯二胺及对苯二酚等。

2. 工艺流程与设备

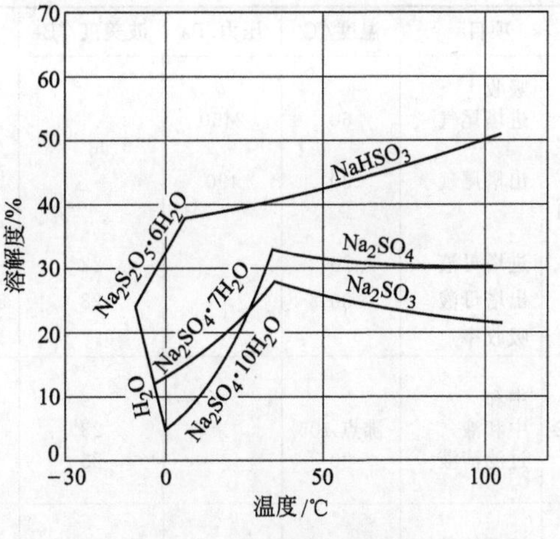

图 7-11 钠盐溶解度曲线

亚硫酸钠法的工艺过程主要分为四个步骤，即吸收、中和、浓缩结晶及干燥。工艺流程简图见图 7-12。

(1) 吸收　在配碱槽中配成 20～22°Bé（波美度）的 Na_2CO_3 水溶液，加入纯碱用量的十二万分之一的对苯二胺作为阻氧剂，再加入纯碱用量 5%左右的 24°Bé 的烧碱液，以沉降铁离子及其他重金属离子。将配好的溶液送入吸收塔，与含 SO_2 气体逆流接触，循环吸收，至吸收液的 pH 值达 5.6～6.0 时即得亚硫酸氢钠溶液，将此溶液送去中和，吸收后尾气排空。

我国某厂采用的吸收设备为聚氯乙烯塑料板制的湍球塔，塔径为 1100mm，单层湍动。全高 3720mm，内装 ϕ38mm 聚氯乙烯空心球 9000 只，固定床高约 400mm。空塔气速为 3m/s，喷淋密度 $25m^3/(m^2·h)$。上筛板孔径 32mm，开孔率 48%。塔内阻力 1470～1960Pa，液体在塔内停留时间为 6s。该塔特点为不易堵塞，生产能力大，用材少，造价低，吸收效率可达 90%～95%。

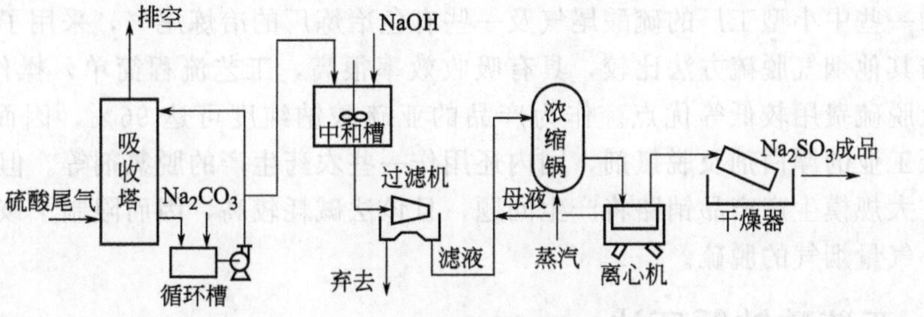

图 7-12 亚硫酸钠法工艺流程

(2) 中和　将吸收后的 $NaHSO_3$ 溶液送至中和槽，加入 24°Bé 烧碱溶液进行中和反应至 pH≈7，然后以蒸汽间接加热至沸腾，以驱尽其中的 CO_2。加入适量的硫化钠溶液以除去铁和重金属离子，继续加烧碱将溶液中和至 pH=12，再加入少量活性炭脱色，过滤后即得含量约为 21%的无色亚硫酸钠清液。

(3) 浓缩结晶　将亚硫酸钠溶液送入浓缩锅，用蒸汽加热并不断加进新鲜的亚硫酸钠溶液以保持一定的液位，防止锅壁结出“锅巴”。经不断加热浓缩至析出一定量的无水亚硫酸钠结晶时，将其放入离心机甩干，得到含水 2%～3%的结晶。母液回到浓缩锅循环使用。

(4) 干燥　用电热烘干或气流干燥等方法，将甩干后的结晶进行干燥，干燥后的结晶即可包装成产品。

国内亚硫酸钠法工艺操作指标见表 7-14。

表 7-14　亚硫酸钠法操作指标

	项目	温度/℃	压力/Pa	波美度/°Bé	pH 值	成分/%	备注
1	吸收 进塔尾气	60	2450			SO_2　0.3～0.6 SO_3　0.001～0.002	加纯碱量的 5% 的 24°Bé NaOH 和纯碱的 1/120000 的对苯二胺为阻氧剂
	出塔尾气	30	490			SO_2　0.01～0.03 SO_3　约 0	
	进塔母液	20		22	14	Na_2CO_3　180kg/m³	
	出塔母液	30		28	5.6～6.0	Na_2SO_3　200kg/m³	
	吸收率						90%～95%
2	中和 中和液	沸点 105		23	12	Na_2SO_3　21	先用 24°Bé NaOH 中和至 pH 值约为 7，再加热沸腾驱 CO_2，加 Na_2S 除色，活性炭脱色
	过滤清液	20		23	12	Na_2SO_3　21	
3	浓缩结晶 浓缩液	105			14	Na_2SO_3＞94	
	甩干晶体				8.5	H_2O　2～3	
4	干燥 气流 成品	200～250	2940	2.65t/m³	8.5	Na_2SO_3＞96	

每吨无水亚硫酸钠成品消耗纯碱 800kg、烧碱（100%）100kg，产品质量可符合国家标准。

国内的一些中小型工厂的硫酸尾气及一些有色冶炼厂的冶炼尾气，采用了亚硫酸钠法进行治理，与其他烟气脱硫方法比较，具有吸收效率很高，工艺流程简单，操作方便，可靠，基建投资及脱硫费用较低等优点。作为产品的亚硫酸钠纯度可达 96%，因而可用于织物、化纤、造纸工业的漂白剂及脱氯剂，国内还用作一些农药生产的脱氯剂等。但这些应用的需求量有限，大规模生产产品销路将产生问题，且该法碱耗较高，因而限制了该法应用，只能适用于中小气量烟气的脱硫。

（二）亚硫酸钠循环法

亚硫酸钠循环法又称为威尔曼洛德钠法，该法在国外的应用发展较快，适于处理大气量烟气。在美、日、德等国均有大型处理装置，国内进行过工业规模的试验，因此这里对该法只做简单介绍。

1. 方法原理

该法的吸收反应见式(7-28)～式(7-31)，主要副反应为生成 Na_2SO_4 的氧化副反应。在一般情况下，吸收液中的主要成分为 Na_2SO_3、$NaHSO_3$，此外还含有少量的 Na_2SO_4。在这些成分中唯一能吸收 SO_2 的组分是 Na_2SO_3。若以 S 表示每升溶液中硫的总物质的量，以 C 表示溶液中钠的有效物质的量，即与亚硫酸盐和亚硫酸氢盐结合的钠的总数，则 S/C 值可表示正盐与酸式盐的比例关系。当 S/C 值＝0.5 时，表示溶液中全部为 Na_2SO_3，而当 S/C 值＝1.0 时，则表示溶液中的全部 Na_2SO_3 均转化为 $NaHSO_3$。在吸收过程中，当吸收液中 $NaHSO_3$ 含量达到一定值，一般控制 S/C 值＝0.9 时，吸收液就应送去进行再生处理。

在亚硫酸钠循环法中，对吸收液的处理是采用热解吸的方法。由于 $NaHSO_3$ 不稳定，受热分解，因而对含 $NaHSO_3$ 的吸收液可在 100℃ 左右，即超过吸收温度不高的温度下加热解吸，反应方程式为：

$$2NaHSO_3 \xrightarrow{\triangle} Na_2SO_3 + SO_2 \uparrow + H_2O \qquad (7\text{-}37)$$

在加热分解 $NaHSO_3$ 的过程中，副产高浓度 SO_2 气体，而所得到的 Na_2SO_3 结晶，经固液分离取出并用水溶解后返回吸收系统循环使用，故此法称为亚硫酸钠循环法。

2. 工艺及设备

亚硫酸钠循环法的工艺流程示意见图 7-13。

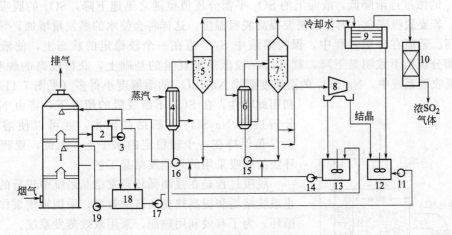

图 7-13　钠盐循环法工艺流程

1—吸收塔；2,18—循环槽；3,11,14~17,19—泵；4,6—加热器；
5,7—蒸发器；8—离心机；9—冷却器；10—脱水器；12—吸收液槽；13—母液槽

（1）吸收　吸收中采用的吸收设备为三段式泡沫吸收塔，最下部一段为烟气洗涤段，中、上段为吸收段。

高温烟气经降温后，先进入洗涤段对烟气进行除尘增湿，增湿除可以避免吸收液因水分的蒸发产生结晶造成设备的堵塞外，还可以使 SO_3 溶入水中，预先除去烟气中的部分 SO_3，减少不必要的碱耗。为使洗涤循环水的 pH 值不致过低而加剧设备的腐蚀（应保持 pH>4），需向其中加入少量吸收液。

塔的上、中段是两个串联的吸收塔，吸收过程采用二塔二级吸收。烟气经两段吸收后，经除雾排空。吸收液在各段内自身进行循环，进入二段内的吸收液是来自解吸再生后的吸收液。二段吸收液向一段内串流，再生后吸收液不断向二段补充。一段吸收的作用是脱除烟气中较大量的 SO_2，生成尽可能多的 $NaHSO_3$，但不可能将烟气中 SO_2 脱除到较低的浓度；而二段吸收利用的是再生后的吸收液，吸收 SO_2 能力强，尽管经一段吸收后烟气中 SO_2 浓度已大大降低，仍可将烟气中 SO_2 浓度脱除到符合排放标准。

图 7-14 是日本某厂家在亚硫酸钠循环法中采用的吸收设

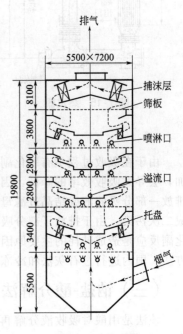

图 7-14　吸收塔

备。处理烟气量为 450000m³/h，共用三个吸收塔。塔为 5.5m×7.2m 的长方形，塔内设 5 块筛板，筛板孔径为 15～20mm，间距/孔径＝2.5～4，吸收塔内空塔气速为 1.6～1.7m/s。

(2) 脱吸　从一段吸收引出的吸收液用热分解方法将吸收的 SO_2 脱吸，见式(7-37)。脱吸过程与液面上 SO_2 平衡分压的数值关系很大。溶液中 $NaHSO_3$ 含量越高 (S/C 值越大)，液面上 SO_2 的平衡分压值越高，越有利于脱吸的进行。

亚硫酸钠在约 100℃ 的温度下分解，达此温度时，水蒸气分压较高，所供热能大部分耗于水分的蒸发上。在开始脱吸时，由于溶液中含有的主要是 $NaHSO_3$ (S/C 值高)，液面上 SO_2 平衡分压值高，脱吸容易进行，耗用热能较少。但随着 SO_2 的不断脱吸，溶液中 $NaHSO_3$ 的浓度逐渐降低，液面上的 SO_2 平衡分压值也随之迅速下降，SO_2 的脱吸变得不易进行。若要脱吸完全，则势必需要提高脱吸温度，这样将会使水的蒸发量增加，导致热能耗量提高。若能在分解过程中，保持溶液中 S/C 值在一个较稳定的状态上，使液面上的 SO_2 平衡分压值不致明显下降，就可以在较低热能耗量的基础上，获得较高的脱吸效率。由于在吸收液系统中，Na_2SO_3 的溶解度要比 $NaHSO_3$ 的溶解度小得多 (见图 7-11)，可以利用此特性，在 SO_2 不断脱吸的情况下，将由 $NaHSO_3$ 分解成的 Na_2SO_3 不断结晶出来，就可以使溶液中的 S/C 值保持在一个较稳定的水平上，因此，亚硫酸钠循环法的脱吸采用的是蒸发结晶工艺。

脱吸过程是在强制循环蒸发结晶系统中进行的。为防止系统结垢和提高热交换器的效率，采用轴流泵作大流量循环。为了有效利用热能，采用双效蒸发系统。

由吸收塔出来的液体经外加热的加热器加热至 100～110℃ 后送入蒸发器，由第一蒸发器出来的含有 SO_2 的湿蒸汽作为热源进入第二蒸发器的加热器加热吸收液，并与由第二蒸发器出来的湿蒸汽混合，一同送入冷却器，将湿蒸汽中的大部分水冷凝。经脱水后可得高浓度 SO_2 气体，此气体可用来制备液体 SO_2、硫酸或硫黄。可参考的蒸发器结构见图 7-15。该设备蒸发量为 1000kg/(m²·h)，蒸发需热 544.3kJ/kg，总传热系数 23000kJ/(m²·h·℃)。

(3) 蒸发液处理　蒸发后的浓缩浆液 (内含亚硫酸钠结晶) 送至离心分离机，将亚硫酸钠结晶分离出来，滤液返回蒸发系统。亚硫酸钠结晶用水溶解，并补充适量的碱液，与冷凝液一起混合为再生吸收液，送入吸收塔。

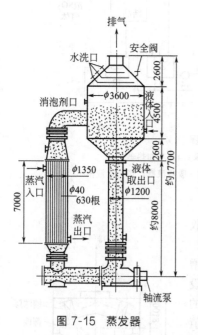

图 7-15　蒸发器

由于在吸收过程中有氧化副反应存在，生成 Na_2SO_4，而随着溶液中 Na_2SO_4 含量的增加，会导致吸收效率的降低，因此当溶液中 Na_2SO_4 含量达一定值时 (为 5% 左右)，必须排放一部分吸收液或结晶过滤母液。排放的结果会导致有效钠和硫的流失，同时会对环境造成二次污染。由于排放了部分吸收液，则需补充一部分碱液，这将导致碱耗的增加，所以氧化副反应是造成碱耗的主要原因，也是该法的主要缺点。目前处理生成的硫酸钠尚无较好的方法，国内进行过石灰法和冷冻法的试验，取得一定效果。

(三) 钠盐-酸分解法

该法是用酸对吸收液分解再生，但由于强酸类的钠盐实用价值不大或应用的需求量不大，因而无法广泛使用。但在个别工厂，当酸解后的产物有特殊用途时本法就具有了实用意义。目前成功应用此法的是在氟化盐厂采用的钠盐-氟铝酸分解法。

1. 方法原理

钠盐-氟铝酸分解法采用 Na_2CO_3 作为吸收剂吸收 SO_2。SO_2 是氟化盐厂在氢氟酸的生产过程中，由于硫酸的高温分解而产生的。吸收过程的反应见式(7-28)、式(7-29) 和式(7-31)。吸收液用氟铝酸（H_3AlF_6）进行分解，反应如下：

$$6HF + Al(OH)_3 \longrightarrow H_3AlF_6 + 3H_2O \tag{7-38}$$

$$H_3AlF_6 + 3Na_2SO_3 \longrightarrow Na_3AlF_6 + 3NaHSO_3 \tag{7-39}$$

$$H_3AlF_6 + 3NaHSO_3 \longrightarrow Na_3AlF_6 + 3SO_2 + 3H_2O \tag{7-40}$$

吸收液中的 Na_2SO_3 和 $NaHSO_3$ 用氟铝酸分解后，可得冰晶石（Na_3AlF_6）和浓 SO_2 气体，两者均为有用产品，可以出售。

2. 工艺流程及操作指标

湖南湘乡氟化盐厂使用该法处理 SO_2 尾气，其工艺流程如图 7-16 所示。

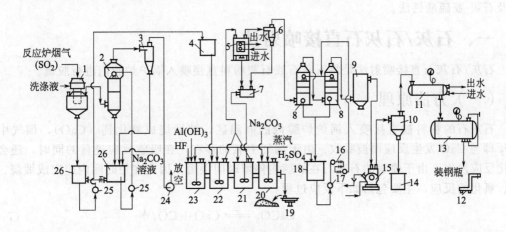

图 7-16 钠盐-氟铝酸分解法工艺流程

1—洗涤塔；2—吸收塔；3,6—除沫器；4—混合溶液槽；5—石墨冷却器；7—水封槽；8—干燥塔；9—焦炭过滤器；
10—分油器；11—冷凝器；12—磅秤；13—成品罐；14—集油器；15—压缩机；16—冷却器；17—硫酸泵；
18—硫酸循环槽；19—圆盘过滤器；20~23—分解槽；24—风机；25—铅泵；26—循环槽

烟气经吸收塔吸收 SO_2 后，由风机排入大气。吸收后生成的 Na_2SO_3 和 $NaHSO_3$ 的混合液去分解槽用氟铝酸分解，分解后料浆的最终剩余酸度，用碳酸钠溶液进行调整，然后经圆盘过滤器过滤，滤饼经干燥脱水后，即得冰晶石成品。分解出来的高浓度 SO_2，经石墨冷却器冷却、干燥塔脱水后，用压缩机压缩，压缩后气体经列管冷凝器冷凝，即得液体 SO_2。

该厂工艺操作指标如下。

处理气量（标准状态）：$11000 \sim 13000 m^3/h$。

原始吸收液成分：Na_2CO_3 $270 \sim 300 g/L$。

进气中 SO_2 浓度：$5.4 \sim 8.78 g/m^3$。

SO_2 净化效率：$91\% \sim 97\%$。

循环吸收液最终 $NaHSO_3$ 允许浓度：洗涤塔循环槽 $120 \sim 150 g/L$；吸收塔循环槽 $20 \sim 60 g/L$。

分解槽剩余酸度：22 号槽 $10 \sim 15 g/L$；20 号槽 $2 \sim 4 g/L$。

冷凝器内 SO_2 温度 $<35℃$。

第三节 石灰/石灰石法脱硫

石灰/石灰石法是采用石灰石、石灰或白云石等作为脱硫吸收剂脱除废气中 SO_2 的方法，其中石灰石应用得最多并且是最早作为烟气脱硫的吸收剂之一。石灰石料源广泛，原料易得，且价格低廉，因而到目前为止，在各种脱硫方法中，仍以石灰/石灰石法运行费用最低。目前在国内外，该法应用广泛，特别是用于电站锅炉的脱硫装置。

石灰/石灰石法所得副产品可以回收，也可以抛弃，因而有回收法与抛弃法之分。在美国多采用抛弃法；在日本，由于堆渣场地紧张，多采用回收法。

应用石灰/石灰石法进行脱硫，可以采用干法——将石灰石直接喷入锅炉炉膛内；也可以采用湿法——将石灰石等制成浆液洗涤含硫废气。可以根据生产规模、生产环境、副产品的需求情况等的不同，选择不同的方法。本节主要介绍石灰/石灰石直接喷射法、石灰-石膏法及石灰-亚硫酸钙法。

一、石灰/石灰石直接喷射法

石灰/石灰石直接喷射法是将石灰石或石灰粉料直接喷入锅炉炉膛内进行脱硫。

（一）方法原理

石灰石的粉料被直接喷入锅炉炉膛内的高温区，被煅烧成氧化钙（CaO），烟气中的 SO_2 即与 CaO 发生反应而被吸收。由于烟气中氧的存在，在吸收反应进行的同时，还会有氧化反应发生。由于喷射的石灰石在炉膛内停留时间很短，因此在短时间内应完成煅烧、吸附、氧化的反应，主要包括如下反应过程：

$$CaCO_3 \overset{\triangle}{\rightleftharpoons} CaO + CO_2 \uparrow \tag{7-41}$$

$$CaO + SO_2 + \frac{1}{2}O_2 \rightleftharpoons CaSO_4 \tag{7-42}$$

在采用白云石（$CaCO_3 \cdot MgCO_3$）或当石灰石中含有 $MgCO_3$ 时，还会发生如下反应：

$$MgCO_3 \overset{\triangle}{\rightleftharpoons} MgO + CO_2 \uparrow \tag{7-43}$$

$$MgO + SO_2 + \frac{1}{2}O_2 \rightleftharpoons MgSO_4 \tag{7-44}$$

在锅炉温度下，烟气脱硫主要按反应式(7-42)进行，其平衡常数 K 可按下式计算：

$$K = \frac{[CaSO_4]}{[CaO]} \times \frac{1}{c_{SO_2} c_{O_2}^{\frac{1}{2}} p^{\frac{3}{2}}} \tag{7-45}$$

式中，$[CaSO_4]$、$[CaO]$ 分别为 $CaSO_4$、CaO 固体的摩尔浓度；c_{SO_2}、c_{O_2} 分别为 SO_2、O_2 的摩尔分数。

常压时 $p = 101325Pa$ (1atm)，$[CaSO_4] = [CaO] = 1mol/L$，则上式简化为：

$$c_{SO_2} = \frac{1}{Kc_{O_2}^{\frac{1}{2}}} \tag{7-46}$$

可求出反应时 SO_2 平衡浓度值。表 7-15 列出了 CaO、MgO、$Ca(OH)_2$ 与 SO_2 反应时的 SO_2 平衡浓度。

表 7-15　CaO、MgO、Ca(OH)₂ 与 SO₂ 反应时的 SO₂ 平衡浓度

反应式	O_2 浓度/%	温度/℃	平衡常数 K	SO_2 平衡浓度/(mL/m³)
$CaO+SO_2+\frac{1}{2}O_2 \Longleftrightarrow CaSO_4$	2.7	870	2.61×10^8	0.02
		925	2.54×10^7	0.24
		980	3.12×10^6	2.0
		1040	4.62×10^5	13
		1090	8.15×10^4	75
		1370	97.05	63000
	1.0	870		0.04
		980		3.2
		1090		120
		1370		100000
	5.0	870		0.02
		980		1.4
		1090		55
		1370		46000
$MgO+SO_2+\frac{1}{2}O_2 \Longleftrightarrow MgSO_4$	2.7	590	1.33×10^8	0.05
		650	5.96×10^6	1.0
		700	3.81×10^5	16
		760	3.34×10^4	180
		815	3.78×10^3	1600
		870	5.40×10^2	11000
$Ca(OH)_2+SO_2 \Longleftrightarrow CaSO_3+H_2O$①	2.7	150	7.7×10^{-18}	2.4×10^{-10}
		260	1.1×10^{-8}	2.0×10^{-8}
		370	1.0×10^{-4}	1.0×10^{-4}
		425	3.3×10^{-3}	6.9×10^{-4}

① $Ca(OH)_2$ 与 SO_2 反应时的 SO_2 平衡浓度系在气相中 H_2O 浓度为 7.1%（体积分数）时的值。

（二）工艺流程

工艺流程可参照图 7-17 所示。该流程运转费用较低，但脱硫效率不太理想。

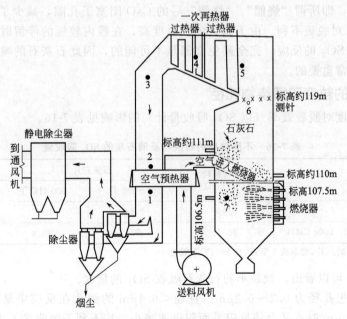

图 7-17　用石灰石直接喷射法从烟气中脱除 SO_2 的流程

（三）工艺条件讨论

1. 固体粉料分解温度

石灰石喷入锅炉高温区时，按式（7-41）煅烧分解，$CaCO_3$ 分解温度与烟气中 CO_2 浓度有关。$CaCO_3$ 分解温度与 CO_2 平衡浓度间的关系见图 7-18。可以看出，烟气中 CO_2 浓度高时，$CaCO_3$ 分解温度相应升高。一般锅炉烟气中 CO_2 浓度在 14% 左右，$CaCO_3$ 分解温度约为 765℃，低于此温度将发生式（7-41）的逆反应。

白云石的分解温度低于 $CaCO_3$ 的分解温度，约为 344℃。

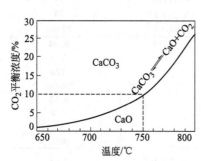

图 7-18 $CaCO_3$ 分解温度与 CO_2 平衡浓度关系

2. 脱硫反应的有效温度

从表 7-15 可以看出，烟气温度越低，CaO 与 SO_2 反应时 SO_2 平衡浓度也越低，有利于脱硫反应的进行。但温度低时，反应速率慢，因此实际上反应应在较高的温度下进行。但当氧含量在 2.7% 的情况下，当烟气温度超过 1160℃ 时，由于 SO_2 平衡浓度过高，脱硫反应实际已无法进行，因此一般 CaO 与 SO_2 的有效反应温度为 950～1100℃。

MgO 与 SO_2 的有效反应温度约为 800℃。

$Ca(OH)_2$ 与 SO_2 的有效反应温度更低，由于 $Ca(OH)_2$ 在较低温度下即可分解而转变为 CaO，因此高温时与 SO_2 的反应和 CaO 相同。

3. 煅烧温度与"烧僵"

煅烧 $CaCO_3$ 所得到的 CaO 之所以能吸收 SO_2，主要是由于 CaO 内部形成很多微孔，孔隙率高，供反应的表面积较大。但煅烧温度过高，将导致微孔破坏，使氧化钙再结晶，多孔体变为密实体，即所谓"烧僵"。"烧僵"后的 CaO 闭塞了孔隙，减少了反应面积，降低了 SO_2 渗透量，对脱硫不利。由于锅炉炉膛温度高，在膛内较短的停留时间内，石灰石要完成煅烧和吸收 SO_2 的反应，完全避免烧僵是不可能的，因此石灰石的喷射温度和喷入位置的选择就是非常重要的。

4. 石灰石的粒度和煅烧物孔径

石灰石的粒度对脱硫效率（以 SO_2 吸收量计）的影响见表 7-16。

表 7-16 不同粒度的石灰石及消石灰的 SO_2 吸收量

项目	石灰石颗粒 (1～2mm)	石灰石片[①]		消石灰片[①]
		100～200 目	200 目以下	
密度/(g/cm³)	0.94	0.86	0.77	0.83
SO_2 吸收量/(g SO_2/100g CaO)	20.2	27.1	29.4	29.4

① φ5mm×1mm 的压片，切割成 4 等份，在 1000℃ 下煅烧 3h。

从表 7-16 中可以看出，颗粒小的石灰石吸收 SO_2 的量大。

煅烧物的理想孔径为 0.2～0.3μm。直径＜0.1μm 的细孔在反应中易被反应生成物堵塞；而直径＞0.3μm 时，又会使反应表面积迅速减小，均不利于吸收 SO_2 反应的进行。

石灰/石灰石直接喷射法所需设备少（只需贮存、研磨与喷射设备）、投资省，但该法也存在严重不足：脱硫率低；反应产物可能形成污垢沉积在管束上，增大系统阻力；降低电除尘器的效率等。因此只能有限地使用，一般只适用于中小锅炉及较旧的电厂锅炉内。

二、荷电干式喷射法

荷电干式吸收剂喷射烟气脱硫技术属于干法烟气脱硫技术的一种，该技术是美国阿兰柯环境资源公司（Alanco Environmental Resources Co.）20 世纪 90 年代开发的，具有投资少、占地面积小、工艺简单的优点，但对干吸收剂粉末中 $Ca(OH)_2$ 的含量、粒度及含水率等要求较高，在 Ca/S 值为 1.5 左右时，脱硫率达 $60\%\sim70\%$。荷电干式吸收剂喷射系统（CDSI 系统）适用于中小型锅炉的脱硫，与袋式除尘器配合可以提高脱硫效率 $10\%\sim15\%$。

1. CDSI 系统工作原理

炉内喷钙脱硫由于与炉膛烟气混合不够好、分布不均匀、在有效的温度区间停留时间短，使其脱硫效率较低，一般在 40% 以下。荷电干式吸收剂喷射烟气脱硫技术是使钙基吸收剂高速流过喷射单元产生的高压静电电晕充电区，使吸收剂得到强大的静电荷（通常是负电荷）。当吸收剂通过喷射单元的喷管被喷射到烟气中，吸收剂由于都带同种电荷，因而相互排斥，很快在烟气中扩散，形成均匀的悬浮状态，使每个吸收剂粒子的表面充分暴露在烟气中，与 SO_2 的反应机会大大增加，从而提高了脱硫效率；而且荷电吸收剂粒子的活性大大提高，降低了同 SO_2 完全反应所需的停留时间，一般在 2s 左右即可完成化学反应，从而有效地提高了 SO_2 的脱除率。

除了提高吸收剂化学反应成效外，荷电干式吸收剂喷射系统对小颗粒（亚微米级 PM_{10}）粉尘的去除率也很有帮助，带电的吸收剂粒子把小颗粒吸附在自己的表面，形成较大颗粒，提高了烟气中尘粒的平均粒径，这样就提高了相应除尘设备对亚微米级颗粒的去除率。

很多碱性粉末物质可作为吸收剂，但从经济技术上分析，只有钙基吸收剂最具有使用价值。用于粉末烟道喷射脱硫的吸收剂通常为 $Ca(OH)_2$，氢氧化钙是高效强碱性脱硫试剂。一般燃煤锅炉排烟温度低于 425℃。$Ca(OH)_2$ 在烟气中主要是与 SO_2 生成亚硫酸钙，部分 $Ca(OH)_2$ 与烟气中的 SO_3 生成硫酸钙。钙的亚硫酸盐是相对稳定的。氢氧化钙脱硫的亚硫酸盐化反应和硫酸盐化反应为：

$$Ca(OH)_2 + SO_2 \longrightarrow CaSO_3 + H_2O \tag{7-47}$$
$$Ca(OH)_2 + SO_3 \longrightarrow CaSO_4 + H_2O \tag{7-48}$$

化学反应须具备反应物质、反应接触时间、足够的能量和其他 4 个条件。当温度低于 425℃，SO_2 与 $Ca(OH)_2$ 反应生成亚硫酸钙是慢速化学反应。反应时间需大于 2s，并且固硫剂需要充分地扩散。粉末吸收剂的粒度及比表面积是影响其粉末活性的重要因素。

粉末荷电喷射有以下作用。

（1）扩散作用 荷电粉末可以在任何温度下迅速扩散。由于粉末带有同种电荷，因而相互排斥迅速地在烟道中扩散，形成均匀分布的气溶胶悬浮状态。每个粉末的表面充分地暴露于烟气中，使其与 SO_2 的反应机会增加，从而使脱硫效率大幅度提高。

（2）活化作用 由于固硫剂粉末的荷电，提高了固硫剂的吸收活性，减少了与 SO_2 反应所需要的气固接触时间，一般 2s 内即可完成反应，从而大幅度地提高脱硫效率和钙利用率。

（3）除尘作用 带电的吸收剂粒子把小颗粒吸附在自己的表面，形成较大颗粒，提高了烟气中尘粒的平均粒径，这样就提高了相应除尘设备对亚微米级颗粒的去除率。

2. CDSI 系统基本工艺流程

CDSI 系统基本工艺流程是：锅炉烟气与荷电粉末混合，经过 $1\sim2s$ 时间基本完成脱硫过程，通过布袋除尘器除尘和再脱硫。锅炉飞灰和残留的 $Ca(OH)_2$ 仍然具有一定的脱硫效果，因此干灰再循环是有意义的，可减少 $Ca(OH)_2$ 的运行消耗量。在除尘器灰斗卸灰时，通过三通阀门切换即可实现，不卸灰时，干灰尽可能循环利用。外来 $Ca(OH)_2$ 粉末拆包后倒入提升机料斗，提升到粉末储存仓，通过给料机和受料器输入到荷电器，固硫剂粉末荷电后注入烟道。

对流程中脱硫及除尘系统进行自动检测和控制是必要的。在空气预热器设有温度、SO_2 连续检测，以便在温度过高或过低报警时采取保护措施。SO_2 的检测主要用于控制 $Ca(OH)_2$ 的用量。在袋式除尘器进出口分别设有温度、压力、流量、SO_2 浓度的检测，用于掌握炉况、除尘、清灰和 $Ca(OH)_2$ 用量控制。脱硫管道和除尘器均需保温，保温后能够防止烟气结露。

3. CDSI 系统主要设备

CDSI 系统由粉末高压电晕荷电喷射系统、烟气脱硫管道系统、布袋除尘系统和测控系统组成。粉末高压电晕荷电喷射系统包括给料单元、喷射单元及测控系统；烟气脱硫管道系统及除尘系统包括燃煤锅炉、烟道、布袋除尘器及引风机等。

（1）给料单元　CDSI 系统的给料单元由料仓、闸板阀、星形给料机、计量料斗、仓顶布袋除尘器及给料机组成。料仓用来贮存吸收剂，其容积一般为 2d 连续运行所需的吸收剂量。仓顶布袋除尘器是防止将吸收剂送入料仓时排出的带有粉尘的空气污染环境。闸板阀和星形给料机是将粉仓和计量料斗连接并按需要将料仓的吸收剂自动送入计量斗。给料机为无级变速容积式给料机，根据烟气中总量 SO_2 的多少来调节吸收剂的给料量。

工作过程中利用高压风机的气流引射，将计量斗定量给出的粉末发散形成气溶胶。料仓的吸收剂粉末经过闸板阀和星形给料机进入螺旋给料机，螺旋给料机根据烟道中测试 SO_2 的浓度由变频器控制转速，适时调节给料量，高压风机出口的引射器在高速引射气流作用下在给料器粉末进口处产生负压，将给料机输出的粉末引入喷射气流中呈气溶胶状态送入荷电器荷电。粉末发生速度和鼓风量可调，引射气流量由闸板阀调节。

（2）粉末荷电单元　高压电源采用 GG100kV、30mA 高压硅整流变压器将自动控制器输出的可控交流电压送高压变压器直接升压，再经硅堆全波整流，输出直流负高压，同时增加一个限流电阻，以防止闪络时电流过大损坏电极系统。

粉末荷电单元由荷电喷枪、高压电源、气-固混合器、一次风机、二次风机组成。一次风机使给料器粉末进口处于负压状态，这样从给料器下来的粉末随空气按一定的气固比进入喷枪的充电区充电，带电的吸收剂进入烟道中与 SO_2 发生反应。二次风机的作用是自动清扫充电区，以防止充电部分被吸收剂黏附。

（3）SO_2 自动检测装置及计算机控制系统　SO_2 自动检测装置主要是测量 CDSI 系统前后 SO_2 的浓度及烟气量并将数据自动输入计算机控制系统。由计算机控制系统根据设定的 Ca/S 值及其他参数自动调节吸收剂的喷射量。

CDSI 系统吸收剂的喷射量是根据烟气中 SO_2 的含量多少来决定的。控制吸收剂喷入量的方法有两种。

① 最准确的控制方法。它是通过高精度的 SO_2 测定仪，连续检测烟气中 SO_2 的含量及烟气量，并将检测的数据输入计算机，计算机将根据设定的程序自动调节吸收剂的喷入量。这种方法的优点是喷入量准确，吸收剂利用率高，但缺点是 SO_2 测定仪价格昂贵，且日常

维护复杂。

② 简单实用的控制方法。对于电站锅炉而言，负荷一般在一定范围内变化，而同一批煤中的含硫量及热值变化不大，因此可根据锅炉负荷来调整吸收剂的喷入量，这是一种比较简单经济实用的控制方法。

4. CDSI 系统的技术条件与参数

（1）对吸收剂的要求　粉状 $Ca(OH)_2$，粒度 $30\sim50\mu m$；含水量在 2% 以下，具有良好的流动性；比表面积 $\geqslant20m^2/g$，干燥吸收剂。

（2）技术条件　为达到良好的脱硫效果，要求吸收剂喷射点的烟气粉尘浓度不高于 $10g/m^3$，否则需要在 CDSI 系统前增加预除尘，将粉尘浓度降到 $10g/m^3$ 以下。

（3）CDSI 系统技术经济参数

① CDSI 系统采用布袋除尘器综合脱硫时，烟气经过布袋过滤时进一步进行脱硫。综合脱硫率一般为 $80\%\sim90\%$。该技术 1995 年在我国某热电厂 75t/h 煤粉炉和其他几个厂的中小锅炉上得以应用。

② 系统电耗和占地面积。以发电机组为例，约占机组额定发电量的 0.2%，占地面积很小，一般情况下现有场地可布置。

③ 投资比例。CDSI 的工程总造价约占电站总投资的 4%。以电站项目为例，一般低于锅炉本体的设备价格。

三、流化态燃烧法

流化态燃烧法是应用流化床燃烧技术的脱硫方法。目前有 4 种基本类型：

① 具有固态物再循环的沸腾床（BB）；

② 内部循环的沸腾床；

③ 循环流化床（CFB）；

④ 不同流态化的组合系统。

上述 BB 与 CFB 已进入实用阶段。

图 7-19 为 CFB 锅炉示意，煤在循环流化床锅炉中燃烧时，在燃料中加入石灰石或白云石来脱硫。

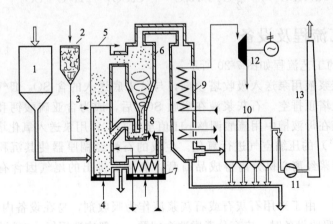

图 7-19　典型的 CFB 锅炉示意

1—原煤仓；2—石灰石仓；3—二次风；4——次风；5—燃烧室；6—旋风分离器；7—外置流化床热交换器；
8—控制阀；9—对流竖井；10—除尘器；11—引风机；12—汽轮发电机；13—烟囱

四、石灰-石膏法

石灰-石膏法是采用石灰石或石灰的浆液（石灰乳）吸收烟气中的 SO_2，属于湿式洗涤法，该法的副产物是石膏（$CaSO_4 \cdot 2H_2O$）。国外以日本应用最多，国内曾进行过工业试验。

（一）方法原理

该方法是用石灰石或石灰浆液吸收烟气中的 SO_2，首先生成亚硫酸钙$\left(Ca_2SO_3 \cdot \frac{1}{2}H_2O\right)$，然后将亚硫酸钙氧化生成石膏。因此就整个方法的过程而言，主要分为吸收和氧化两个步骤。该方法的实际反应机理是很复杂的，目前还不能完全了解清楚。整个过程发生的主要反应如下。

（1）吸收
$$CaO + H_2O \longrightarrow Ca(OH)_2 \tag{7-49}$$

$$Ca(OH)_2 + SO_2 \longrightarrow CaSO_3 \cdot \frac{1}{2}H_2O + \frac{1}{2}H_2O \tag{7-50}$$

$$CaCO_3 + SO_2 + \frac{1}{2}H_2O \longrightarrow CaSO_3 \cdot \frac{1}{2}H_2O + CO_2 \uparrow \tag{7-51}$$

$$CaSO_3 \cdot \frac{1}{2}H_2O + SO_2 + \frac{1}{2}H_2O \longrightarrow Ca(HSO_3)_2 \tag{7-52}$$

由于烟气中含有 O_2，因此在吸收过程中会有氧化副反应发生。

（2）氧化 在氧化过程中，主要是将吸收过程中所生成的 $CaSO_3 \cdot \frac{1}{2}H_2O$ 氧化成为 $CaSO_4 \cdot 2H_2O$：

$$2CaSO_3 \cdot \frac{1}{2}H_2O + O_2 + 3H_2O \longrightarrow 2CaSO_4 \cdot 2H_2O \tag{7-53}$$

由于在吸收过程中生成了部分 $Ca(HSO_3)_2$，在氧化过程中，亚硫酸氢钙也被氧化，分解出少量的 SO_2。

$$Ca(HSO_3)_2 + \frac{1}{2}O_2 + H_2O \longrightarrow CaSO_4 \cdot 2H_2O + SO_2 \uparrow \tag{7-54}$$

（二）工艺流程及设备

石灰-石膏法的工艺流程如图 7-20 所示。

将配好的石灰浆液用泵送入吸收塔顶部，与从塔底送入的含 SO_2 烟气逆向流动。经洗涤净化后的烟气从塔顶排空。石灰浆液在吸收 SO_2 后，成为含亚硫酸钙和亚硫酸氢钙的混合液，将此混合液在母液槽中用硫酸调整 pH 值至 4 左右，用泵送入氧化塔，并向塔内送入 490kPa（5kgf/cm²）的压缩空气进行氧化。生成的石膏经稠厚器使其沉积，上清液返回吸收系统循环，石膏浆经离心机分离得成品石膏。氧化塔排出的尾气因含有微量 SO_2，可送回吸收塔内。

（1）吸收设备 由于采用石灰石或石灰浆液作为吸收剂，易在设备内造成结垢和堵塞，因此在选择和使用吸收设备时，应充分考虑这个问题。一般应选用气、液间相对气速高、塔持液量大、内部构件少、阻力降小的设备。常用的吸收塔可选用筛板塔、喷雾塔及文丘里洗涤器等，国内曾用过大孔径穿流塔和湍球塔。表 7-17 给出了各种吸收塔的比较，可用作参考。

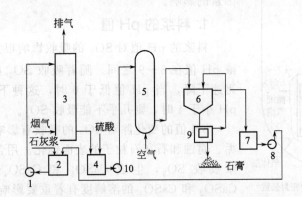

图 7-20　湿式石灰石（石灰）-石膏法工艺流程

1,8,10—泵；2—循环槽；3—吸收塔；4—母液槽；5—氧化塔；6—稠厚器；7—中间槽；9—离心机

表 7-17　各种吸收塔的比较

形式	SO₂/%		吸收率/%	烟气量/[kg/(m²·h)]	液体量/[kg/(m²·h)]	液气比/(L/m³)	传质单元数(N_OG)	总传质系数 K_g a/[kmol/(m³·h·Pa)]	阻力/Pa	备注
	入口	出口								
栅条填充塔	0.128~0.144	0.01~0.04	70~92	5000~10500	4800~13600	0.5~1.5	1.2~2.4	2.96×10⁻⁴~1.09×10⁻³	<250	十字栅格，10%CaCO₃料浆
	0.08	0.006	93	11000	32000	3.2	2.4	2.36×10⁻⁴	745	12m×18m，高30m 英国班克赛德电站
文氏管洗涤器	0.13~0.14	0.02~0.08	36~86	60①m/s	—	0.4~2.1	0.5~2.0	4.93×10⁻³~2.17×10⁻²	3240~6080	10%CaCO₃料浆
喷雾塔	0.3	0.03	90	1460	7600	5.5	2.3	1.09×10⁻⁴	—	直径6.4m，高11m，喷嘴139个，6%Ca(OH)₂料浆
MCF②洗涤器	0.13~0.14	0.01~0.05	80~92	15000~23000	5000~10000	0.3~0.6	—	4.24×10⁻³~6.42×10⁻³	1470~1960	10% CaCO₃料浆

① 文氏管洗涤器的 60m/s，系指喉颈处气速。

② MCF 洗涤器为三菱错流式洗涤器的简称。

（2）氧化塔　为了加快氧化速度，作为氧化剂的空气进入塔内后必须被分散成细微的气泡，以增大气液接触面积。若采用多孔板等分散气体，易被堵塞，因此在日本采用了回转圆筒式雾化器，见图 7-21。该雾化器圆筒转速为 500~1000r/min，空气被导入圆筒内侧形成薄膜，并与液体摩擦被撕裂成微细气泡。该设备氧化效率约为 40%，较多孔板式高出 2 倍以上，且没有被浆料堵塞的危险。

（三）操作影响因素

为了使吸收系统具有较高的 SO₂ 吸收率，以及减少设备的结垢与堵塞，应注意以下诸

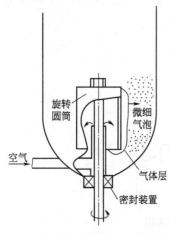

图 7-21　回转圆筒式雾化器

（图中标注：旋转圆筒、微细气泡、空气、气体层、密封装置）

因素的影响。

1. 料浆的 pH 值

料浆的 pH 值对 SO_2 的吸收影响很大，一般新配制的浆液 pH 值在 $8\sim9$ 之间。随着吸收 SO_2 反应的进行，pH 值迅速下降，当 pH 值低于 6 时，这种下降变得缓慢，而当 pH 小于 4 时，则几乎不能吸收 SO_2。

pH 值的变化除对 SO_2 的吸收有影响外，还可影响到结垢、腐蚀和石灰石粒子的表面钝化。用含有石灰石粒子的料浆吸收 SO_2，生成 $CaSO_3$ 和 $CaSO_4$，pH 值的变化对 $CaSO_3$ 和 $CaSO_4$ 的溶解度有着重要影响，表 7-18 中给出了不同 pH 值情况下 $CaSO_3 \cdot \frac{1}{2}H_2O$ 和 $CaSO_4 \cdot 2H_2O$ 的溶解度数值。从表中数据可以看出，随 pH 值的升高，$CaSO_3$ 溶解度明显下降，而 $CaSO_4$ 溶解度则变化不大。随 SO_2 的吸收，溶液 pH 值降低，溶液中溶有较多的 $CaSO_3$，并在石灰石粒子表面形成一层液膜，而 $CaCO_3$ 的溶解又使液膜的 pH 值上升，溶解度的变小使液膜中的 $CaSO_3$ 析出并沉积在石灰石粒子的表面，形成一层外壳，使粒子表面钝化。钝化的外壳阻碍了 $CaCO_3$ 的继续溶解，抑制了吸收反应的进行，因此浆液的 pH 值应控制适当。采用消石灰浆液时，pH 值控制为 $5\sim6$，而采用石灰石浆液时，pH 值控制为 $6\sim7$。

表 7-18　50℃时 pH 值对 $CaSO_3 \cdot \frac{1}{2}H_2O$ 和 $CaSO_4 \cdot 2H_2O$ 溶解度的影响

pH 值	溶解度/(mg/L)			pH 值	溶解度/(mg/L)		
	Ca	$CaSO_3 \cdot \frac{1}{2}H_2O$	$CaSO_4 \cdot 2H_2O$		Ca	$CaSO_3 \cdot \frac{1}{2}H_2O$	$CaSO_4 \cdot 2H_2O$
7.0	675	23	1320	4.0	1120	1873	1072
6.0	680	51	1340	3.5	1763	4198	980
5.0	731	302	1260	3.0	3135	9375	918
4.5	841	785	1179	2.5	5873	21995	873

2. 石灰石的粒度

石灰石粒度的大小，直接影响到有效反应面积的大小。一般说来，粒度越小，脱硫率及石灰利用率越高。石灰石粒度一般控制在 $200\sim300$ 目。

比较了不同来源的石灰石认为，只要粒度相同，不同类型石灰石的处理效果没有什么不同。

3. 吸收温度

吸收温度低，有利于吸收，但温度过低会使 H_2SO_3 与 $CaCO_3$ 或 $Ca(OH)_2$ 间的反应速率降低，因此吸收温度不是一个独立可变的因素。温度对 SO_2 净化效率的影响见图 7-22。

4. 洗涤器的持液量

洗涤器的持液量对 $CaCO_3$ 与 H_2SO_3 的反应是重要的，因为它影响到 SO_2 所接触的石灰石表面积的大小。$CaCO_3$ 只有在洗涤器中与 SO_2 和 H_2O 接触才能大量溶解，因此洗涤器的持液量大对吸收反应有利。

5. 液气比（L/V）

液气比除对吸收推动力存在影响外，对吸收设备的持液量也有影响。增大液气比对吸收有利，如图 7-23 所示。当 pH＝7，液气比（L/V）为 $15L/m^3$ 时，脱硫率接近 100％。

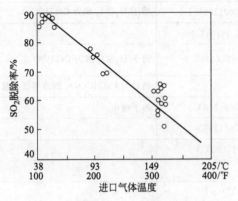 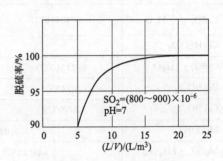

图 7-22　温度对 SO_2 净化效率的影响　　　　图 7-23　L/V 与脱硫率的关系

6. 防止结垢

石灰-石灰石湿式洗涤法的主要缺点是装置容易结垢堵塞。造成结垢堵塞的固体沉积，主要以 3 种方式出现：a. 因溶液或料浆中的水分蒸发而使固体沉积；b. $Ca(OH)_2$ 或 $CaCO_3$ 沉积或结晶析出；c. $CaSO_3$ 或 $CaSO_4$ 从溶液中结晶析出，石膏"晶种"沉积在设备表面并生长，形成结垢堵塞。为防止固体沉积，特别是防止 $CaSO_4$ 的结垢，除使吸收器应满足持液量大、气液相间相对速度高、有较大的气液接触表面积、内部构件少、压力降小等条件外，还可采用控制吸收液过饱和和使用添加剂等方法。

控制吸收液过饱和的最好方法是在吸收液中加入二水硫酸钙晶种或亚硫酸钙晶种，提供足够的沉积表面，使溶解盐优先沉淀在上面，减少固体物向设备表面的沉积和增长。

向吸收液中加入添加剂也是防止设备结垢的有效方法，目前使用的添加剂有镁盐、氯化钙、己二酸等。

己二酸在洗涤浆液中起缓冲 pH 值的作用，抑制了气液界面上由于 SO_2 的溶解而导致的 pH 降低，使液面处 SO_2 浓度提高，从而可以加速液相传质。使用己二酸作为添加剂，对流程不需作任何改变，并且可以在浆液循环回路的任何位置加入。己二酸的加入可以大大提高石灰石利用率，据统计，在 SO_2 去除率相同时，在无己二酸系统，石灰石的利用率仅为 65％～70％，使用己二酸，利用率可提高到 80％以上，因而减少了最终的固体废物量。一般情况下 1t 石灰石己二酸的用量为 1～5kg。

可以采用加入 $MgSO_4$ 或 $Mg(OH)_2$ 的方法向吸收液中引入 Mg^{2+}。Mg^{2+} 的引入改变了吸收液的化学性质，使 SO_2 以一种可溶盐的形式被吸收，而不是以亚硫酸钙或硫酸钙的形式被吸收。根据溶度积常数，亚硫酸镁的溶解度约为亚硫酸钙溶解度的 630 倍，使溶液中亚硫酸根离子活度大大增加。这不仅大大改善了吸收 SO_2 的效率，同时也使钙离子浓度减少。由于石膏溶解度比亚硫酸钙溶解度大很多，即使是略降低钙离子浓度，也足以防止石膏饱和，所以镁离子的加入可以使系统在未达饱和状态下运行，防止了结垢问题。

钙盐及镁盐的溶解度见表 7-19。

表 7-19　钙盐及镁盐的溶解度

化学式	溶解度/(g/100g H₂O)		备注
	冷水	温水	
$Ca(OH)_2$	0.185(0℃)	0.077(100℃)	
$CaCO_3$	0.0065(20℃)	0.002(100℃)	溶于 H_2CO_3 成为 $Ca(HCO_3)_2$
$Ca(HCO_3)_2$	16.15(0℃)	18.4(100℃)	
$CaSO_3 \cdot \frac{1}{2}H_2O$	0.0043(18℃)	0.0027(100℃)	溶于 H_2SO_3 成为 $Ca(HSO_3)_2$
$Ca(HSO_3)_2$	—	—	估计与 $Ca(HCO_3)_2$ 的溶解度相接近
$CaSO_4 \cdot 2H_2O$	0.223(0℃)	0.205(100℃)	溶于酸中
$Ca(NO_3)_2$	102(0℃)	376(151℃)	
$Ca(NO_2)_2$	77(0℃)	417(90℃)	
$Mg(OH)_2$	0.0009(18℃)		
$MgSO_3 \cdot 6H_2O$	0.646(25℃);1.956(60℃)		
$MgSO_4$	26.9(0℃);68.3(100℃)		

（四）简易石灰石-石膏法烟气脱硫工程实例

某发电企业实施"采用商业化脱硫系统进行副产品利用研究"的项目。脱硫装置安装在 5 号机组（200MW）上，1 套脱硫设备，目的在于建设投资低、运行费用经济、操作方便的副产品利用型简易湿法烟气脱硫系统。脱硫工艺用水取自工业水，水质稳定，水量充足。

该工程于 2002 年建成。

1. 设计条件

煤质分析和烟气参数见表 7-20。

表 7-20　煤质分析和烟气参数

煤质分析		烟气参数		
项目	数值	项目	测定值	设计值
元素组成(干,质量分数)/%		烟气量/(10^4 m³/h)	97.5	97
碳	52.0~60.0	温度/℃	120~150	160
氢	3.18~3.31	压力/Pa	0~100	100
氧	4.15~6.97	烟尘浓度/(mg/m³)	371	370
氮	1.0~1.3	SO_2 浓度/(mg/m³)	1650(湿)	3430(湿)
硫	1.0~2.8	水分(体积分数)/%	2.0(湿)	5.0(湿)
灰分(干)/%	24.0~28.0	CO_2(体积分数)/%	10.6(湿)	11.6(湿)
水分(收到基)/%	7.5~9.6	O_2(体积分数)/%	9.3(干)	8.0(干)
水分(分析基)/%	1.0~1.3	HCl 浓度/(mg/m³)	5.74(干)	9.52(干)
挥发分(干,体积分数)/%	13.0~18.0	HF 浓度/(mg/m³)	6.68(干)	9.49(干)
低位发热量(收到基)/(MJ/kg)	22~27			

注：测定时燃煤含硫量为 0.91%。

　　烟气脱硫所需的吸收剂取自某石灰石矿，商品石灰石的 $CaCO_3$ 含量不小于 93%，粒径不大于 10mm。在厂区制粉，制成 $74\mu m$（占 95%）的粉料和浆液使用。

　　本工程设计脱硫率高于 80%，年运行 5000h。

2. 工艺流程

　　工艺流程如图 7-24 所示。

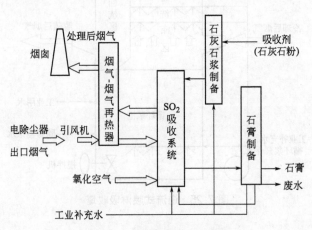

图 7-24　简易湿法工艺流程

　　湿法烟气脱硫（FGD）装置主要由下列系统组成：浆液制备与供应系统，烟气系统，SO_2 吸收系统，石膏处理系统，废水处理系统。

　　(1) 浆液制备与供应系统　石灰石由水路运输入厂，磨粉厂设在厂区南端，物料流向为：石灰石—制粉—制浆—管道输送至脱硫岛内的浆池—吸收塔。

　　在磨粉厂内设石灰石粉贮仓 1 座，为使仓内的粉料通畅，在粉仓底部设有空气流化装置。石灰石粉经仓底卸料阀、输送机均匀地送入配浆池内，按一定比例加水搅拌制成含固量 20%～30% 的浆液。浆液经泵送入浆池。为使浆液混合均匀，防止沉淀，在磨粉厂及浆池内均有搅拌器。

　　石灰石粉仓容量可供脱硫装置连续运行 7d，磨粉厂浆池和脱硫岛浆池容积均按 4h 用量设计。

　　根据设计条件，钙硫比为 1.05，石灰石用量为 4.27t/h（年用量为 21360t）。

　　(2) 烟气系统　5 号机组燃煤烟气经电除尘器、引风机、入口挡板门进入脱硫增压风机，然后进入脱硫系统。经脱硫风机升压后的烟气在烟气换热器（GGH）的吸热侧降温至 109℃ 进入吸收塔。经洗涤脱硫后烟气温度约为 45℃，在 GGH 的放热侧被加热至 90℃ 以上，通过出口挡板门进入烟囱与 4 号机组的烟气混合，由高 210m 的烟囱排入大气。

　　在锅炉启动过程中或脱硫系统检修时，将脱硫系统进、出口挡板门关闭，旁路烟道挡板门打开，烟气经引风机和旁路烟道直接进入烟囱排放。

　　(3) SO_2 吸收系统　吸收系统是烟气脱硫系统的核心，主要包括吸收塔（图 7-25）、除雾器、循环浆泵和氧化风机等设备。在吸收塔内，烟气中的 SO_2 被吸收浆液洗涤并与浆液中的 $CaCO_3$ 发生反应。在吸收塔底部的循环浆池内被氧化风机鼓入的空气强制氧化，最终生成石膏晶体，由石膏浆泵排送至石膏处理系统。在吸收塔的出口设有除雾器，以除去烟气带出的细小液滴，保证烟气中液滴含量低于 $100mg/m^3$。

　　脱硫吸收塔采用逆流式喷淋吸收塔，如图 7-25 所示。

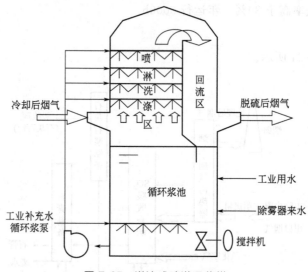

图 7-25　逆流式喷淋吸收塔

　　将除尘（冷却）、脱硫、氧化 3 项功能合为一体。吸收塔为圆柱体，底部为循环浆池，塔体上部分为喷淋区和回流区两部分，烟气在喷淋区自下而上流过，经洗涤脱硫后在吸收塔顶部自上而下转入回流区，由吸收塔的中部排至除雾器。吸收塔外布置有二级水平式除雾器用以除去烟气中的水雾。经过除雾后的烟气在 GGH 升温后通过烟囱排放。

　　当系统故障检修时塔内浆液排入事故浆池贮存。

　　（4）石膏处理系统　从脱硫吸收塔底部排出的石膏浆液含固量为 15%～20%。考虑运输、贮存和综合利用，还需要进行脱水处理。石膏浆经水力旋流器浓缩至含固量 40% 后送入真空皮带脱水机，经脱水处理后的石膏含水率不超过 10%，然后送入石膏储仓。进入脱硫系统的细颗粒粉煤灰对脱水系统有不利影响，将水力旋流器的溢流液送入浓缩器进一步浓缩，浓缩液作为废水直接排入冲灰系统。

　　将脱硫石膏中 Cl⁻ 等杂质浓度控制在不超过 200mg/kg，确保脱硫石膏质量满足用作建筑材料的要求，在石膏脱水过程中设有冲洗装置，用清水对石膏进行冲洗。脱水装置的滤出液和该冲洗水汇入接收池，作为吸收塔和制浆系统的补充水循环使用。

　　本装置的脱硫石膏产量约为 8.1t/h，水分含量 10%，纯度为 89%。

　　（5）废水处理系统　脱硫系统需要排放一定量的废水以满足工艺系统的要求。自吸收塔浆池排出的石膏浆液，经上述的第 1 级水力旋流器的溢流液中固体物浓度仍较高，采用高效浓缩器进一步浓缩，浓缩液中细小的粉煤灰颗粒占有较大的比重，主要污染物为 SS，pH 值为 5.5～6。为避免对后部石膏脱水系统带来不利影响，将其作为废水排放。排放量约 7.5t/h。将废水送往冲灰水系统，以中和冲灰水的碱性，避免产生新的污染。

　　本工程具有以下特点：

　　① 工艺简单，设备运行可靠；

　　② 运转所需的公辅设施少，运行成本低；

　　③ 采用计算机控制系统，可以灵活地适应机组负荷变化；

　　④ 副产品的品质满足市场要求。

五、石灰-亚硫酸钙法

石灰-亚硫酸钙法是石灰-石灰石湿式洗涤法的一种，它是用石灰乳吸收烟气中的 SO_2，产物是半水亚硫酸钙。半水亚硫酸钙配以合成树脂可生产一种称为钙塑的新型复合材料，这类材料兼有木材和纸的性能，具有耐热、耐水、耐寒、防震、隔声等特性，可作为纸张和木材的代用品，广泛用来作为室内装修、家具制作、包装纸等的材料，并可用来作为建筑材料，如作建筑施工的模板等。根据实践，1t SO_2 可制造 2.5t 半水亚硫酸钙，用此造纸可生产钙塑纸 3.2t，可节约木材 32t。因此该方法具有一定的发展前途。此法在日本应用较多，在我国一些省市的有关单位，也都开展了研究和试制，并已有处理气量为 $5000m^3/h$ 的工业装置。

（一）方法原理

用石灰乳吸收 SO_2 反应如下：

$$CaO + H_2O \longrightarrow Ca(OH)_2 \tag{7-55}$$

$$2Ca(OH)_2 + 2SO_2 \longrightarrow 2CaSO_3 \cdot \frac{1}{2}H_2O + H_2O \tag{7-56}$$

反应生成的 $CaSO_3 \cdot \frac{1}{2}H_2O$ 具有吸收 SO_2 的能力，可继续吸收 SO_2，生成 $Ca(HSO_3)_2$，或与 O_2 发生氧化反应，生成二水硫酸钙：

$$2CaSO_3 \cdot \frac{1}{2}H_2O + 2SO_2 + H_2O \longrightarrow 2Ca(HSO_3)_2 \tag{7-57}$$

$$2CaSO_3 \cdot \frac{1}{2}H_2O + O_2 + 3H_2O \longrightarrow 2CaSO_4 \cdot 2H_2O \tag{7-58}$$

（二）工艺流程和操作指标

亚硫酸钙法工艺流程的示意见图 7-26。含 SO_2 烟气送入脱尘塔及过滤器脱尘后，送入亚硫酸钙生成塔。塔内用消石灰乳液对 SO_2 进行吸收，生成亚硫酸钙。吸收液在生成塔内进行循环吸收，当其中亚硫酸钙浓度达到 10%～12% 时，将其引入亚硫酸钙贮槽，再送入真空过滤机过滤，然后进行干燥得到产品。从生成塔排出的尾气中还含有一定量的 SO_2，将其送入回收塔，用石灰乳继续循环吸收。吸收后的尾气排空，吸收液中的亚硫酸钙浓度达到一定时，也引入亚硫酸钙贮槽。

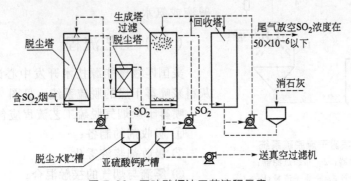

图 7-26　亚硫酸钙法工艺流程示意

该法操作控制的关键指标是石灰乳浓度、反应时间和吸收液的 pH 值。

石灰乳液浓度控制在 6%～7%。

吸收液 pH 值控制在 6.5～7。若 pH 值超过 7，$Ca(OH)_2$ 反应不完全；若 pH 值低于 6.5，则可能生成 $Ca(HSO_3)_2$［式(7-57)］。这些物质混入亚硫酸钙中会影响产品的质量。

我国某化工厂采用本法处理硫酸尾气，吸收剂用的是电石灰乳，工艺流程见图 7-27。

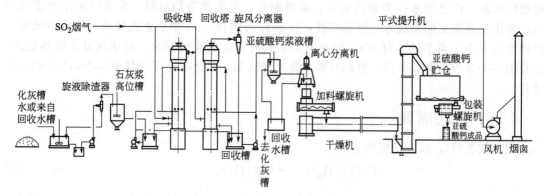

图 7-27　某化工厂石灰-亚硫酸钙法工艺流程

配制好的石灰乳液经四级旋液除渣器除渣后，送至 2 台串联的吸收塔和回收塔吸收 SO_2，尾气经旋风分离器除去液沫后排空。塔内循环吸收液到达终点时，送至亚硫酸钙浆液高位槽，后经分离、干燥后可得产品。

(1) 吸收设备　吸收塔和回收塔均为空塔，石灰乳由旋液喷嘴喷入，塔内分上、下两层共设置喷嘴 8 个。

(2) 工艺操作指标　石灰乳浓度 8%～10%；吸收终点 pH 值为 7；排空尾气 SO_2 浓度≤100mL/m^3；吸收率≥97%；产品亚硫酸钙纯度 50%～55%，粒度全部通过 120 目筛孔。

六、喷雾干燥法

喷雾干燥法烟气脱硫是 20 世纪 80 年代开发并迅速发展起来的烟气脱硫技术。后来，使用喷雾干燥法进行烟气脱硫的工业装置日益增多，在燃低硫煤地区有逐渐取代湿法烟气脱硫的趋势。该法吸收剂主要为石灰乳，也可采用碱液或氨水。

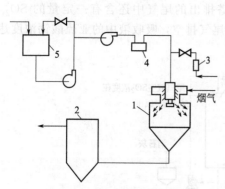

图 7-28　喷雾干燥脱硫系统

1—喷雾干燥器；2—布袋过滤器；

3—转子流量计；4—质子流量计；

5—料浆槽

（一）工艺流程

美国匹兹堡能源技术开发中心试验研究了用石灰料浆喷雾干燥的脱硫系统，见图 7-28。

喷雾干燥烟气脱硫工艺流程应包括：

① 吸收剂的制备；

② 吸收剂浆液雾化；

③ 雾滴与烟气的接触混合；

④ 液滴蒸发与 SO_2 吸收；

⑤ 灰渣再循环和排出。

上述②～④部分是在喷雾干燥吸收器内完成的。

（二）烟气脱硫原理

1. 烟气脱硫反应

在喷雾干燥吸收器中，当喷入的雾化石灰浆液与高温烟气接触后，浆液中的水分开始蒸发，烟气降温并增湿，石灰浆液中的 $Ca(OH)_2$ 与 SO_2 反应生成的产物呈干粉状。

SO_2 被液滴吸收：

$$SO_2 + H_2O \longrightarrow H_2SO_3 \tag{7-59}$$

被吸收的 SO_2 与吸收剂 $Ca(OH)_2$ 反应：

$$H_2SO_3 + Ca(OH)_2 \longrightarrow CaSO_3 + 2H_2O \tag{7-60}$$

液滴中 $CaSO_3$ 过饱和，并析出结晶：

$$CaSO_3(aq) \longrightarrow CaSO_3(s) \downarrow \tag{7-61}$$

部分溶液中的 $CaSO_3$ 被溶于液滴中的 O_2 氧化：

$$CaSO_3(aq) + \frac{1}{2}O_2(q) \longrightarrow CaSO_4(aq) \tag{7-62}$$

$CaSO_4$ 难溶于水，从溶液中结晶析出：

$$CaSO_4(aq) \longrightarrow CaSO_4(s) \downarrow \tag{7-63}$$

干法喷射石灰脱硫效率低的原因是石灰干粉的活性低，而含水石灰料浆的活性显著增加，特别是在接近饱和温度时活性最大。因此喷雾干燥器的操作条件是保持温度在饱和温度以上 11～16℃，并且要防止烟气在管道和布袋过滤器内结露，其控制方法可以采用准确的温度控制或利用烟气预热的方法。

2. 喷雾器

喷雾器是一个直径为 152.4mm 的圆盘，上面开有 3 个直径为 36.35mm 的孔。圆盘以 23000r/min 的速度旋转，相应边缘最大切线速度为 182m/s。料浆在离心力作用下雾化，为吸附反应提供了极大的接触表面积。二氧化硫和石灰料浆之间的复杂机理包括气液、液固之间的正反向扩散和二氧化硫同 $Ca(OH)_2$ 之间的反应。烟气在干燥器中停留 7～8s。然后烟气进入布袋过滤器，将反应物和烟气分离下来，净化后的烟气经排烟机和烟囱排向大气。

用新消化的石灰料浆，当 Ca/S 值为 1.6 时，在干燥器内烟气温度高于饱和温度 11～16℃，净化二氧化硫的效率高于 90%。

料浆制备与湿法的料浆制备方法大致相同，为了料浆悬浮液均匀，用泵不断循环料浆，用变速的空腔泵往干燥器内供给所要求的料浆量。料浆进入干燥器前用水稀释，以维持干燥器出口的烟气在所要求的温度范围内。

（三）影响脱硫率的主要因素

（1）Ca/S 值　由实验结果知，脱硫率随 Ca/S 值增大而增大，但 Ca/S 值大于 1 时，脱硫率增加缓慢，石灰利用率下降；因此为了提高系统运行的经济性及所要求的脱硫率，Ca/S 值一般控制为 1.4～1.8。

（2）出塔烟气温度　吸收塔烟气出口温度是影响脱硫率的一个重要因素。烟气出口温度越低，说明浆液的含水量越大，SO_2 脱除反应越容易进行，因而脱硫效率越高。但烟气出口温度不能达到露点温度，否则，除尘器将无法工作。一般控制 ΔT 为 $10\sim15℃$，最高不超过 $30℃$。

（3）烟气进塔 SO_2 浓度　由实验结果知，脱硫率随吸收塔入口 SO_2 浓度升高而降低。这是因为在 Ca/S 值等条件相同的情况下，烟气中 SO_2 浓度越高，需要吸收的 SO_2 就越多，因而加入石灰量也越多，这就提高了雾滴中石灰的含量，同时生成的 $CaSO_3$ 的量也随之增大，使雾滴中水分相应减少，限制了 $Ca(OH)_2$ 与 SO_2 的传质过程，造成了脱硫率降低。因此，喷雾干燥法不适合燃烧高硫煤烟气的脱硫。

（4）烟气入口温度　较高的烟气入口温度可使浆液雾滴含水量提高，改善 SO_2 传质条件，从而使脱硫率提高。

（5）吸收剂浆液中添加脱硫灰和飞灰　在吸收剂浆液中掺入一部分脱硫灰，即灰渣再循环。一方面能提高吸收剂利用率，另一方面可增大吸收剂表面积，改善传质、传热条件，有利于雾滴干燥，减少吸收塔壁结垢的趋势，同时还提高了脱硫率。

喷雾干燥法属于半干法。既具有湿法脱硫率高的优点，又不会有污泥或污水排放，同时还具有投资较低、占地面积较小的优点，适用于现有电厂使用，也适合钢铁企业烧结厂烟气脱硫。

（四）石灰旋转喷雾干燥法脱硫实例

1. 设计参数

① 处理烟气量：$7\times10^4 m^3/h$（相当于工况 $11\times10^4 m^3/h$）。
② 烟气温度：入口 $160℃$，出口 $62℃$。
③ SO_2 浓度：$7150\sim8580 mg/m^3$（锅炉燃煤含硫 3.5%）。
④ 钙硫比：$1.4\sim1.7$。
⑤ Ca 利用率：50%。
⑥ 脱硫率：$>80\%$。

2. 工艺流程

电厂喷雾干燥工艺流程如图 7-29 所示。

该工程的脱硫剂为普通石灰，CaO 含量为 $60\%\sim70\%$，用它加水制成 $25\%\sim30\%$ 的石灰浆，泵送到高位料箱中，再流入离心喷雾机内。石灰浆液被 $10000 r/min$ 的高速旋转雾化机喷成伞状水雾，雾滴大小一般以 $50\sim100\mu m$ 为宜。约 $160℃$ 的烟气沿雾化机四周进入反应塔，形成涡旋气流，与雾滴接触混合，提高了脱硫过程的传质与传热。部分烟气由塔的中部进入，迎着上部的盘状雾化流产生扰动混合。完成脱硫后的烟气携带干燥产物进入除尘器。净化后的烟气经引风机排放。中试装置的主要设备如下。

（1）雾化机和吸收塔　雾化机转速为 $10000 r/min$，浆液雾化能力为 $10t/h$，吸收塔直径为 8m，圆柱筒体高 6m，采用上下进风方式，塔顶部为烟气分配器，中部有烟气旋流装置。

（2）电除尘器　双室两电场，有效通流截面积为 $2\times15.8 m^2$，单电场长度为 4.5m。

（3）预消化器及湿式球磨机　预消化器尺寸为 $600mm\times4500mm$，消化能力 $3\sim5t/h$；球磨机为 MXQG1500 型，尺寸为 $\phi1500mm\times3000mm$，出料 $2\sim7t/h$（干料）。

（4）引风机　型号为 Y_4-73NO18D，转速 $960r/min$，风量 $143920 m^3/h$，全压 3300Pa。

3. 试验结果

电厂的中试历经 7000h 运行，完成鉴定验收。概括起来取得如下几项成果。

（1）吸收剂的加入量对脱硫率的影响　随着钙硫比的增大，脱硫率亦增大（见图 7-30）。

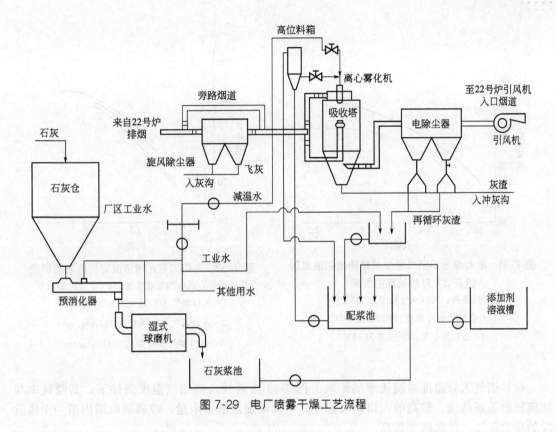

图 7-29 电厂喷雾干燥工艺流程

当钙硫比小于 1 时，提供的吸收剂不能满足吸收剂的需要，这时脱硫率完全由吸收剂量决定，曲线的斜率大。当加入的石灰吸收剂过量时，即钙硫比大于 1，脱硫率增加幅度减小，曲线斜率变小，石灰利用率也下降。因此为了提高脱硫率和系统运行经济性，需要控制石灰的加入量。

（2）出口烟气温度对脱硫率的影响 控制出口烟气温度与绝热饱和温度的温差（ΔT，以 10℃为佳），对系统的脱硫率有较大的影响，图 7-31 为不同 ΔT 时钙硫比与脱硫率的关系曲线。由此可见，ΔT 较小时，钙硫比对脱硫率的影响较大，这是由于此时雾粒干燥时间延长，有利于充分利用吸收剂和 SO_2 发生化学反应。

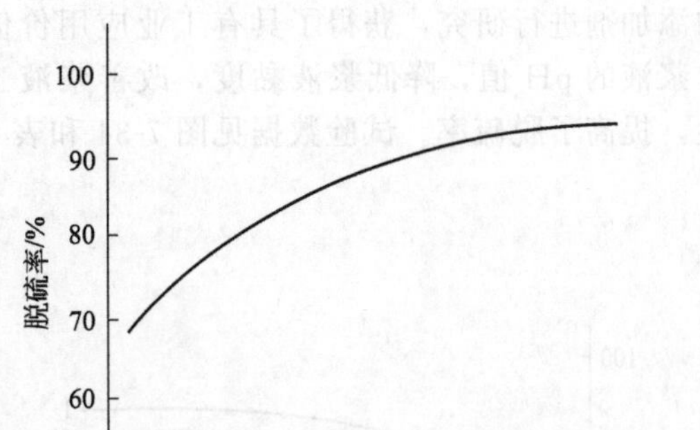

（3）烟气入口 SO_2 浓度对脱硫率的影响（见图 7-32） 吸收塔入口烟气 SO_2 浓度对系统的脱硫率影响较大，浓度越高，达到高的脱硫率越困难。

图 7-30 脱硫率与钙硫比的关系
工况条件：入口烟气温度为 160℃，
ΔT 为 11℃；入口烟气 SO_2 浓度
范围为 8580～10000mg/m³

在相同的吸收塔进、出口温度条件下，高的入口烟气 SO_2 浓度，需要更多的新鲜石灰加入量，因此提高了雾粒中石灰的含量，增大了需要吸收的 SO_2 的物质的量和生成的亚硫酸钙的物质的量。雾粒水分的减少限制了 $Ca(OH)_2$ 与 SO_2 的传质过程，造成脱硫率降低。

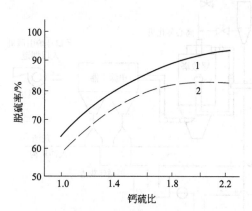

图 7-31　吸收塔出口烟气温度与绝热饱和温度的
温差 Δ*T* 对脱硫率的影响
工况条件：入口烟气温度为 160℃；
入口烟气 SO_2 浓度为 6290mg/m³
1—Δ*T* 为 11℃；2—Δ*T* 为 16℃

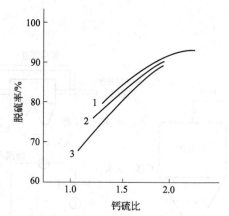

图 7-32　入口二氧化硫浓度对脱硫率的影响
试验条件：入口烟气温度为 160℃，Δ*T* 为 11℃
1—入口烟气 SO_2 浓度为 5720mg/m³；
2—入口烟气 SO_2 浓度为 7150mg/m³；
3—入口烟气 SO_2 浓度为 8580mg/m³

（4）烟气入口温度对脱硫率的影响　图 7-33 为两种入口烟气温度条件下，其脱硫率与钙硫比的关系曲线。较高的入口烟气温度，可以增加浆液含水量，改善吸收塔内第一干燥阶段的传质条件，使脱硫率提高。

（5）石灰浆吸收剂中加入添加剂的效果　试验中，在石灰吸收剂浆液中，通过加入不同的添加剂进行研究，获得了具有工业应用价值的一种有机酸 NaA。这种添加剂能够提高吸收浆液的 pH 值，降低浆液黏度，改善浆液工作状况和雾化效果，从而减少石灰吸收剂用量，提高了脱硫率。试验数据见图 7-34 和表 7-21。

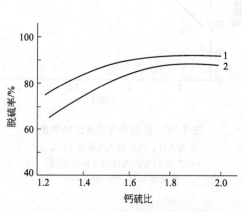

图 7-33　入口烟气温度对脱硫率的影响
试验条件：入口烟气 SO_2 浓度为
5720mg/m³，Δ*T* 为 11℃
1—入口烟气温度 157℃；2—入口烟气温度 152℃

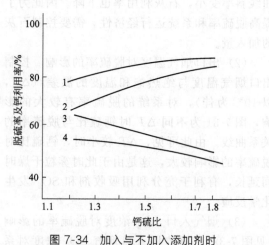

图 7-34　加入与不加入添加剂时
脱硫率与钙硫比的关系
1—加入添加剂时系统脱硫率；2—未加入添加
剂时系统脱硫率；3—加入添加剂时系统的钙利用
率；4—未加入添加剂时系统的钙利用率

表 7-21　系统加入添加剂和未加入添加剂的脱硫率和钙利用率的比较

钙硫比		1.2	1.3	1.4	1.5	1.6	1.7	1.8
加入添加剂	脱硫率/%	79	80	82	84	85	86	86
	Ca利用率/%	66	62	58	56	53	51	48
未加入添加剂	脱硫率/%	66	69	72	78	80	81	82
	Ca利用率/%	55	53	51	52	50	48	46

4. 工程实践

在电厂中试的基础上，进行 200MW 机组的工业规模 FGD 初步设计，试图建造示范装置。主要参数：烟气 SO_2 浓度 $8580mg/m^3$；烟气温度 160℃（出口 62℃）；脱硫效率 80%；Ca/S 值为 1.5；年运行时间 6000h；吸收剂采用含 CaO 约 70% 的石灰，浆液浓度 25%～30%。

主要消耗指标：石灰 13.12t/h；水 117t/h；电 1700kW；脱硫废渣（干基）21.2t/h。

脱硫渣是以亚硫酸钙为主，含硫酸钙和飞灰的混合物，目前尚无良好处理办法，暂时堆存处理。

第四节　双碱法脱硫

石灰-石膏法的最主要缺点是容易结垢造成吸收系统的堵塞，为克服此缺点发展了双碱法。石灰-石膏法易造成结垢的原因主要是整个工艺过程都采用了含有固体颗粒的浆状物料，而双碱法则是先用可溶性的碱性清液作为吸收剂吸收 SO_2，然后再用石灰乳或石灰对吸收液进行再生，由于在吸收和吸收液处理中，使用了不同类型的碱，故称为双碱法。双碱法的明显优点是，由于采用液相吸收，从而不存在结垢和浆料堵塞等问题；另外副产的石膏纯度较高，应用范围可以更广泛一些。

双碱法的种类很多，本节主要介绍钠碱双碱法、碱性硫酸铝-石膏法和 CAL 法。

一、钠碱双碱法

钠碱双碱法是以 Na_2CO_3 或 NaOH 溶液为第一碱吸收烟气中的 SO_2，然后再用石灰石或石灰作为第二碱处理吸收液，产品为石膏。再生后的吸收液送回吸收塔循环使用。

（一）方法原理

各步骤反应如下。

（1）吸收反应

$$2NaOH + SO_2 \longrightarrow Na_2SO_3 + H_2O \tag{7-64}$$

$$Na_2CO_3 + SO_2 \longrightarrow Na_2SO_3 + CO_2 \tag{7-65}$$

$$Na_2SO_3 + SO_2 + H_2O \longrightarrow 2NaHSO_3 \tag{7-66}$$

该过程中由于使用钠碱作为吸收液，因此吸收系统中不会生成沉淀物。此过程的主要副反应为氧化反应，生成 Na_2SO_4：

$$2Na_2SO_3 + O_2 \longrightarrow 2Na_2SO_4 \tag{7-67}$$

（2）再生反应 用石灰料浆对吸收液进行再生：

$$CaO + H_2O \longrightarrow Ca(OH)_2 \tag{7-68}$$

$$2NaHSO_3 + Ca(OH)_2 \longrightarrow Na_2SO_3 + CaSO_3 \cdot \frac{1}{2}H_2O \downarrow + \frac{3}{2}H_2O \tag{7-69}$$

$$Na_2SO_3 + Ca(OH)_2 + \frac{1}{2}H_2O \longrightarrow 2NaOH + CaSO_3 \cdot \frac{1}{2}H_2O \downarrow \tag{7-70}$$

当用石灰石粉末进行再生时，则

$$2NaHSO_3 + CaCO_3 \longrightarrow Na_2SO_3 + CaSO_3 \cdot \frac{1}{2}H_2O \downarrow + CO_2 \uparrow + \frac{1}{2}H_2O \tag{7-71}$$

再生后所得的 NaOH 液送回吸收系统使用，所得半水亚硫酸钙经氧化，可制得石膏（$CaSO_4 \cdot 2H_2O$）。

（3）氧化反应

$$2CaSO_3 \cdot \frac{1}{2}H_2O + O_2 + 3H_2O \longrightarrow 2CaSO_4 \cdot 2H_2O \tag{7-72}$$

（二）工艺流程

钠碱双碱法吸收、再生工艺流程见图 7-35。

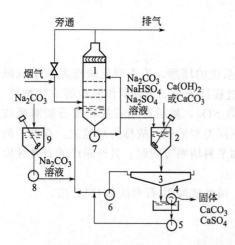

图 7-35 钠碱双碱法烟气脱硫的一般流程
1—洗涤塔；2—混合槽；3—稠化器；4—真空
过滤器；5~8—泵；9—混合槽

烟气在洗涤塔内经循环吸收液洗涤后排空。吸收剂中的 Na_2SO_3 吸收 SO_2 后转化为 $NaHSO_3$，部分吸收液用泵送至混合槽，用 $Ca(OH)_2$ 或 $CaCO_3$ 进行处理，生成 Na_2SO_3 和不溶性的半水亚硫酸钙。半水亚硫酸钙在稠化器中沉积，上清液返回吸收系统，沉积的 $CaSO_3 \cdot \frac{1}{2}H_2O$ 送真空过滤分离出滤饼，过滤液亦返回吸收系统。返回的上清液和过滤液在进入洗涤塔前应补充 Na_2CO_3。过滤所得滤饼（含水约 60%）重新浆化为含 10% 固体的料浆，加入硫酸降低 pH 值后，在氧化器内用空气氧化可得石膏。

（三）注意问题

（1）钠碱双碱法依据洗涤液中活性钠的浓度，可分为浓碱法与稀碱法两种流程。一般说来，浓碱法适用于希望氧化率相当低的场合，而稀碱法则相反。当使用高硫煤、完全燃烧并且控制过量空气在最低值时，如采用粉煤或油作为锅炉燃料时，宜采用浓碱法；当采用低硫煤或过剩空气量大时，如治理采用自动加煤机的锅炉烟气时宜采用稀碱法。

浓碱法所用设备小，所需吸收液量少，故其设备投资与操作费用一般较稀碱法小。

（2）结垢问题 在双碱法系统中有两种可能引起结垢：一种是硫酸根离子与溶解的钙离子产生石膏的结垢；另一种为吸收了烟气中的 CO_2 所形成的碳酸盐的结垢。前一种结垢只要保持石膏浓度在其临界饱和度值 1.3 以下，即可避免；而后一种结垢只要控制洗涤液 pH 值在 9 以下便不会发生。

　　(3) 硫酸钠的去除　硫酸盐在系统中的积累会影响洗涤效率,因而应予去除。可以采用硫酸盐苛化的方法予以去除,但系统必须在低 OH^- 浓度即在 $0.14mol/L$ 以下的条件下操作,同时系统中 SO_4^{2-} 浓度在足够高的水平;也可以采用硫酸化使其变换为石膏而去除,在采用回收法生产石膏时可以采用此法。

　　(4) 吸收液的 pH 值　出口烟气中 SO_2 含量和吸收液 pH 值有关,吸收液面上 SO_2 平衡浓度关系见图 7-36。

　　ADL/CEA 公司的浓碱法,实际操作的文丘里管排出吸收液 pH 值一般控制在 4.8~5.9 之间,而 FMC 公司采用吸收剂为 Na_2SO_3,其吸收液 pH 值控制为 6.2~6.8。

　　(5) 吸收液气比　提高液气比可以提高净化效率,但系统阻力也随之增加,当采用文丘里管吸收时,其液气比对出口 SO_2 浓度和阻力的影响如图 7-37 所示。

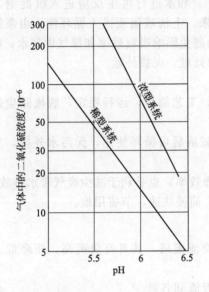

图 7-36　在 1 大气压和 130℉(54.4℃)下,于亚硫酸钠/亚硫酸氢钠/硫酸钠溶液液面上,气体中 SO_2 的平衡浓度与 pH 值的关系

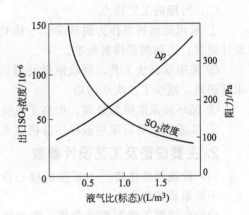

图 7-37　文丘里吸收时阻力和液气比的关系

(四) 双碱法处理熔化炉废气脱硫实例

　　某陶瓷有限公司是一家生产釉面砖的大型企业,该厂的生产车间以长石粉、石英、氧化锌、铅丹、碳酸钡、硼酸等为原料,通过燃油熔化炉高温炼制生产釉面材料。配备每天耗油量为 5t 的熔化炉两台。排气量为 $20000m^3/h$,由监测数据显示,排放的废气中 SO_2 的浓度高于 $1450mg/m^3$,烟尘浓度高于 $600mg/m^3$,均超过排放标准的允许值。因此,配套建设废气脱硫除尘治理工程势在必行。2001 年该公司受厂方委托,进行熔化炉废气脱硫除尘的设计、施工、安装及调试运行。工程中采用了双碱法工艺,并以旋流板塔作为吸收装置。

1. 工艺原理和工艺流程

　　(1) 双碱法脱硫工艺处理　钠钙双碱法工艺的特点,是利用钠碱清液吸收 SO_2,利用石灰乳再生吸收液。采用清液吸收不仅脱硫效率高,而且可以避免湿式石灰/石灰石法经常

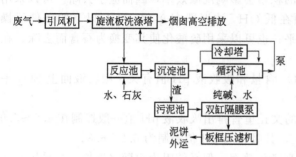

图 7-38 双碱法脱硫工艺流程

遇到的吸收器内易结垢和堵塞的问题。

（2）工艺流程　该工程利用旋流板洗涤塔的优良传质、除尘性能，将烟气的脱硫和除尘在同一个洗涤吸收器中进行。采用纯碱提供 Na^+ 源，再生剂用石灰乳。工艺流程见图 7-38。

熔化炉废气沿切线方向进入旋流板洗涤塔底部，循环液由塔上部进入，在旋流板上分散成雾滴与烟气充分接触后，从塔底部流经反应池，同时添加石灰乳和水进行再生反应进入沉淀池，被除下的粉尘以及再生反应生成的 $CaSO_3$ 在此沉淀下来，上清液溢流进入循环池，由泵抽入塔内循环使用。由于循环液洗涤气体后水温升高，为避免影响吸收效率和排气中带水，循环液用冷却塔降温处理。沉渣用双缸泵抽入板框机压滤处理，泥饼外运。

（3）治理的工艺特点

① 采用旋流板塔作为脱硫除尘一体化设备，工艺简单，运行稳定，脱硫除尘效果符合设计要求，达到国家排放标准。

② 采用双碱法工艺，吸收液做处理后添加碱液后可循环使用，无污水外排，节省运行水耗药耗，减少了二次水污染。

③ 循环液采取降温处理，提高了系统的处理效率，也有利于减少废气带水排放。

④ 废渣经浓缩后采用板框压滤机脱水处理，简便快速，节省用地。

2. 主要设备及工艺设计参数

（1）旋流板洗涤塔　本系统的核心设备是旋流板塔，其具有负荷高、压降低、开孔率大、不易阻塞等优点。

旋流板塔属于喷射型吸收塔。吸收液从盲板流到各叶片形成薄液层，当气流由下向上通过各层塔板沿叶片旋转方向螺旋上升，将薄液层切割成细小的雾滴。雾滴受离心力成螺旋形甩向塔壁，液滴在塔壁上碰撞凝聚，在重力作用下汇集到集液槽，通过溢流槽导流到下一层塔板的盲板上。旋流板的特殊构造增大了气液接触面积，吸收液以雾状高速穿过气流，气流与液流在充分接触过程中，形成极大的相际界面，并完成一系列的物理化学反应过程，使废气中污染物得到有效去除。旋流板结构示意见图 7-39。

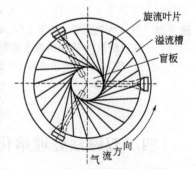

图 7-39　旋流板结构示意

尺寸为 $\phi1500mm \times 6500mm$，空塔风速为 $3.5m^3/s$，液气比 $2.5L/m^3$，塔板数 5 层，塔顶设 1 层除雾板，塔体用不锈钢板制作，设清理人孔及多层操作平台。

（2）风机　采用锅炉引风机，型号 Y4-738D，风机功率 15kW。

（3）沉淀池　尺寸为 $6000mm \times 3000mm \times 3000mm$，地下池，半埋式钢筋混凝土结构，多斗平流式沉淀池，重力式排泥。

（4）冷却塔　尺寸为 $5000mm \times 5000mm \times 6400mm$，内置蜂窝填料、穿孔管布水、轴流风机送风，风机功率 1.5kW。

（5）反应池　尺寸为 4000mm×4000mm×3000mm，地下池，钢筋混凝土结构，配 2.2kW 搅拌机 1 台。

（6）污泥池　尺寸为 4000mm×4000mm×3000mm，地下池，钢筋混凝土结构。

（7）循环池　尺寸为 5000mm×4000mm×3000mm，地下池，钢筋混凝土结构。

3. 工程处理前后技术指标

改造工程完成并运行 1 年多来，废气的脱硫除尘处理效果稳定良好。废气中 SO_2 和烟尘的进口浓度分别为 876.70～1894.39mg/m³ 和 608.03～691.03mg/m³ 的情况下，排放口浓度分别下降到 372.20～473.60mg/m³ 和 41.17～59.74mg/m³，脱硫率和除尘率分别达到 65.1% 和 91.9%，低于 GB 9078—1996 的排放要求。熔化炉废气温度由处理前约 150℃ 降到处理后约 50℃；吸收液从旋流板塔流出时温度约 70℃，经冷却塔降温后再循环进入旋流板塔时降到 40℃ 左右。验收监测项目浓度范围和平均值及去除率见表 7-22。

表 7-22　验收监测结果

项目		处理前/(mg/m³)	处理后/(mg/m³)	总去除率/%	执行标准/(mg/m³)
二氧化硫	范围	876.70～1894.39	372.20～473.60	65.1	≤850
	平均值	1259.55	439.90		
烟尘	范围	608.03～691.03	41.17～59.74	91.9	≤200
	平均值	639.97	51.96		

4. 应注意的问题

受工程造价和场地的限制，配药装置不够完善，实际操作时循环水中有时带浊液进入洗涤塔，出现塔内结垢现象。通过采用在循环池后增加澄清药池的方法得以解决。

二、碱性硫酸铝-石膏法

碱性硫酸铝-石膏法系用碱性硫酸铝溶液作为吸收剂吸收 SO_2，吸收 SO_2 后的吸收液经氧化后用石灰石中和再生，再生出的碱性硫酸铝在吸收中循环使用。该方法的主要产物为石膏。

日本同和矿业公司首先创造了此法，故又称同和法。我国按同和法建立了工业处理装置。

（一）方法原理

可用吸收、氧化和中和 3 个步骤实现该方法，其各步原理分述如下。

1. 吸收

碱性硫酸铝对 SO_2 具有很好的吸收能力，它对 SO_2 的溶解情况见图 7-40 所示。对 SO_2 的吸收反应为：

$$Al_2(SO_4)_3 \cdot Al_2O_3 + 3SO_2 \longrightarrow Al_2(SO_4)_3 \cdot Al_2(SO_3)_3 \tag{7-73}$$

碱性硫酸铝可通过如下方法制备，即将工业液体矾（含 8% Al_2O_3）或粉末硫酸铝 $[Al_2(SO_4)_3 \cdot (16～18)H_2O]$ 溶于水中，然后添加石灰或石灰石粉中

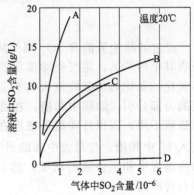

图 7-40　SO_2 在碱性硫酸铝溶液中的溶解度曲线

A—Al 37.8g/L，碱度 19.3%；
B—Al 11.9g/L，碱度 14.9%；
C—Al 6.7g/L，碱度 14.9%；D—水

和，沉淀出石膏（可除去一部分硫酸根），即得所需碱度的碱性硫酸铝。制备反应如下：

$$2Al_2(SO_4)_3 + 3CaCO_3 + 6H_2O \longrightarrow Al_2(SO_4)_3 \cdot Al_2O_3 + 3CaSO_4 \cdot 2H_2O \downarrow + 3CO_2 \uparrow$$

$$(7\text{-}74)$$

碱性硫酸铝中能吸收 SO_2 的有效成分为 Al_2O_3，它在溶液中的含量常用碱度（$100x\%$）表示，故碱性硫酸铝可用 $(1-x)Al_2(SO_4)_3 \cdot xAl_2O_3$ 表示。如纯 $Al_2(SO_4)_3$，其中 Al_2O_3 含量为 0，其碱度值为 0%；若为 $0.8Al_2(SO_4)_3 \cdot 0.2Al_2O_3$，则表示其碱度为 20%；而纯 $Al(OH)_3$ 的碱度则为 100%，依此类推。

2. 氧化

用空气中的氧将 $Al_2(SO_3)_3$ 氧化为 $Al_2(SO_4)_3$：

$$2Al_2(SO_4)_3 \cdot Al_2(SO_3)_3 + 3O_2 \longrightarrow 4Al_2(SO_4)_3 \qquad (7\text{-}75)$$

3. 中和

用石灰石粉将吸收液再生：

$$2Al(SO_4)_3 + 3CaCO_3 + 6H_2O \longrightarrow Al_2(SO_4)_3 \cdot Al_2O_3 + 3CaSO_4 \cdot 2H_2O \downarrow + 3CO_2 \uparrow$$

$$(7\text{-}74)$$

（二）工艺流程与设备

图 7-41 为碱性硫酸铝-石膏法工艺流程示意。

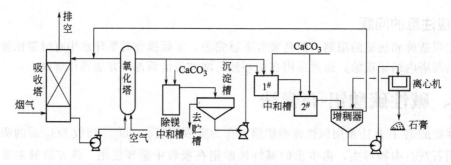

图 7-41　碱性硫酸铝-石膏法工艺流程

经过滤除尘后的含 SO_2 烟气从吸收塔的下部进入，用碱性硫酸铝溶液对其进行洗涤，吸收其中的 SO_2，尾气经除沫后排空。吸收后的溶液送入氧化塔并鼓入压缩空气对其进行氧化，氧化后的吸收液大部分返回吸收塔循环，引出一部分送去中和。送去中和的溶液的一部分引入除镁中和槽，在此用 $CaCO_3$ 中和，然后在沉淀槽沉降，弃去含镁离子的溢流液不用，以保持镁离子浓度在一定水平以下。含有 Al_2O_3 沉淀的沉淀槽底流，用泵送入 $1^\#$ 中和槽，与送去中和的另一部分溶液混合，送至 $2^\#$ 中和槽，在 $2^\#$ 槽内用石灰石粉将溶液中和至要求的碱度，然后送增稠器，上清液返回吸收塔，底流经分离机分离后得石膏产品。

主要设备为吸收塔与氧化塔。

吸收塔为双层填料塔，塔的下段为增湿段，上段为吸收段，顶部安装除沫器。塔内采用Ⅰ型球形环填料。

氧化塔为空塔，塔内装满吸收液，氧化时需将空气均匀分布于液体中，以利于氧化的进行，所以关键为气体的分布。气体分布装置可以采用多孔板或设置空气喷嘴或安装高速旋转的

搅拌器，但都存在一定的缺点。日本同化公司采用的是特殊
设计的喷嘴，将气、液同时喷入塔内，气、液分布良好。该
喷嘴结构见图7-42。氧化塔塔底装有4个这样的喷嘴，鼓入
空气的压力为294～392kPa（3～4kgf/cm²）。

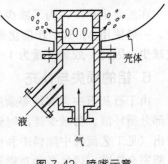

图 7-42　喷嘴示意

（三）影响因素与操作指标

1. 吸收液碱度

一般说来吸收液碱度越高，吸收效率也越高（见图7-40）。
但碱度在50%以上时容易生成絮凝状沉淀物，碱度过低则
会降低吸收液的吸收能力，因此工业生产中一般将碱度控
制在10%～40%。实际控制在10%～20%，即可有效地吸
收SO_2。若烟气中SO_2浓度波动大时，碱度可控制得高一些。

中和后的吸收剂碱度控制为25%～35%。

2. 吸收液中的铝含量

吸收液中铝浓度越高则吸收效率越高，但溶液中铝含量的大小能影响到石膏中铝损失的
多少，其关系见图7-43。从图中可以看出当含铝浓度为15～20g/L时，石膏中的铝损失量
最少。吸收剂的铝含量可控制在10～30g/L，一般控制在18～22g/L。

3. 操作液气比

由于溶液对SO_2有良好的吸收能力，即使液气比值较小，也可取得较好的吸收效果。
但液气比值的大小与吸收温度、烟气中SO_2和O_2的浓度有关，当吸收温度较高、SO_2浓度较
大或O_2含量较低时，均需增大液气比值。实际吸收中，吸收段液气比值控制为10L/m³，增
湿段则为3L/m³。

4. 吸收温度

从图7-44所示曲线可以看出，吸收温度越低对吸收越有利。

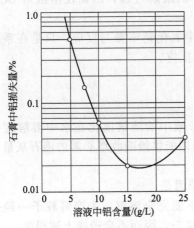

图 7-43　溶液中不同铝含量与
石膏中的铝损失量关系

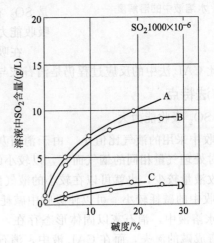

图 7-44　溶液在不同的温度时SO_2的溶解度曲线
A—Al 17.3g/L（20℃）；B—Al 10.8g/L（20℃）；
C—Al 17.3g/L（50℃）；D—Al 10.8g/L（50℃）

5. 氧化催化剂

在工业生产中，为了减少操作的液气比值，可在吸收液中加入氧化催化剂强化氧化反应。一般使用 $MnSO_4$ 作催化剂，用量为 $0.2\sim0.4g/L$，但由于锰离子随反应时间的延长浓度减少，因此一般加入量为 $1\sim2g/L$。

6. 铝的损失与补充

由于石灰石中含有镁等杂质，在系统中累积会影响石膏产品的质量，因此必须排出并更新部分循环液。为减少排液时铝的损失，应增加铝回收系统。回收方法为将吸收液中和使铝析出（见工艺流程中除镁中和槽部分）。但由于对沉淀的分离不可能绝对完全，而石膏也不可能完全洗净，因此必须对铝进行一定的补充。处理不同的烟气或所采用的石灰石中含镁量不同，铝的补充量也不同，1t 石膏铝的补充量可在 $0.5\sim2kg$ 之间。

三、CAL 法

CAL 法是为解决石灰-石膏法的结垢和堵塞问题而发展的一种改进方法，即用 CAL 液作为吸收液吸收 SO_2，经分离料浆后，吸收液循环使用，产物为石膏。

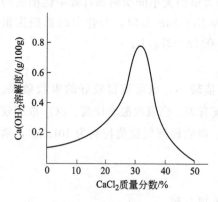

图 7-45　消石灰在 $CaCl_2$
水溶液中的溶解度

1. 方法原理

CAL 液为向氯化钙水溶液中添加消石灰或生石灰所制得的溶液。氯化钙与消石灰生成复合反应体，从而使消石灰的溶解度明显增加。在不同浓度的 $CaCl_2$ 溶液中，消石灰的溶解度不同，其溶解度关系见图 7-45。从图中可以看出，以 30％的氯化钙水溶液对消石灰的溶解度最大，约为消石灰在水中溶解度的 7 倍。在一般的石灰-石膏法中，消石灰是以固体状态存在，而在 CAL 液中，消石灰是以溶解分子的形式存在。因而，用石灰水料浆吸收 SO_2，控制反应速率的是石灰的溶解；而用 CAL 液吸收 SO_2，控制速率的是 SO_2 在溶液中的溶解过程，因而使溶液对 SO_2 的吸收能力加大。

在吸收过程中氯化钙不参与反应，只是在系统中循环，因此 CAL 法中的反应过程仍是消石灰与 SO_2 的反应。

2. 方法特点

① 对 SO_2 吸收能力大。

② 吸收中采用的液气比值小　由于消石灰在 CAL 液中的溶解度比在水中溶解度大得多，因而对处理气量相同的烟气而言，以较小的溶液量即能供给吸收塔必需的消石灰量，因而所需吸收液量较少，也就可以在较小的液气比下操作。

③ 吸收中的碱耗较小　可以使吸收中碱耗减少的原因是：

a. 在水溶液中，消石灰以固体形态存在，反应中不能完全溶解，未溶解粒子一经排出系统就会造成碱的流失，而在 CAL 液中，消石灰呈溶解态，因而不会造成上述损失；

b. CAL 液对 CO_2 的吸收速度慢，减少了因吸收 CO_2 而生成 $CaCO_3$ 的量，也相应减少了碱耗。

④ 防止结垢　由于在 CAL 液中 $CaSO_3$ 氧化为 $CaSO_4$ 的速度慢，比在水中约低 1/3，

因而抑制了石膏的生成量。而石膏的生成并附着在设备表面成长，又是石灰-石膏法结垢严重的主要原因之一。此外，石膏在 CAL 液中的溶解度仅为在水中溶解度的 1％左右，且几乎无过饱和现象，因而也防止了结垢。

3. 工艺流程与设备

CAL 法工艺流程见图 7-46。

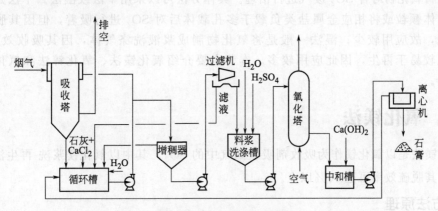

图 7-46　CAL 法工艺流程

烟气经冷却除尘后进入吸收塔与吸收液接触吸收 SO_2，净化后气体排空。循环吸收液的一部分送入增稠器，将吸收时生成的亚硫酸钙浓缩，上清液返回循环槽循环使用。浆液送至过滤机过滤，滤液也送入吸收循环槽。滤饼重新用水制成 6％～10％的亚硫酸钙料浆，并用硫酸将料浆 pH 值调至 4～5，然后送入氧化塔用压缩空气进行氧化，生成石膏。石膏结晶经过滤后得成品石膏，滤液返回循环槽。

主要设备为吸收塔。该吸收塔为由文氏管型的喷嘴与喷雾塔组合而成的新型设备，具有强度高、操作液气比低的特点。在该塔上部设置若干对喷雾组合件，吸收液经由喷雾组合件上的喷嘴喷成雾状，并从喷嘴四周引入处理气体，以使液体进一步雾化，使液滴数量大大增加，从而导致气液接触面积增加，同时使液滴与气体的相对速度也比一般喷雾塔大。喷雾组合件在塔内呈对向配置，使喷雾液滴与气体能进行再组合，提高了吸收效率。该型吸收塔示意见图 7-47，塔的脱硫性能见图 7-48。

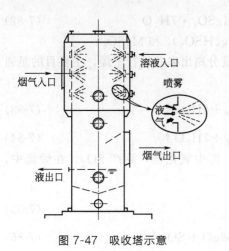

图 7-47　吸收塔示意

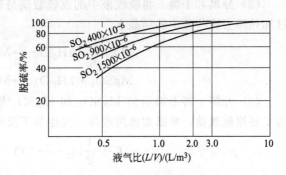

图 7-48　吸收塔的脱硫性能

第五节　金属氧化物吸收法脱硫

一些金属氧化物，如 MgO、ZnO、MnO_2、CuO 等对 SO_2 都具有较好的吸收能力，因此可用金属氧化物对含 SO_2 废气进行治理。具体方法可以采用干法或湿法。干法是用金属氧化物固体颗粒或将相应金属盐类负载于多孔载体后对 SO_2 进行吸着，但因其脱硫效率一般较低，故应用较少；湿法一般是将氧化物制成浆液洗涤气体，因其吸收效率较高，吸收液也较易于再生，因此应用较多。本节主要介绍氧化镁法、氧化锌法和氧化锰法的湿式方法。

一、氧化镁法

氧化镁法是以氧化镁作为吸收剂吸收烟气中的 SO_2，其中以氧化镁浆洗-再生法工业应用较多，其脱硫效率可达 90％以上。

1. 方法原理

将氧化镁制成浆液，用此浆液对 SO_2 进行吸收，可生成含结晶水的亚硫酸镁和硫酸镁。然后将此反应物从吸收液中分离出来并进行干燥，最后将干燥后的亚硫酸镁和硫酸镁进行煅烧分解，再生成氧化镁。因此该方法的主要过程为吸收、分离干燥和分解三部分。

（1）吸收　吸收中发生如下化学反应：

$$MgO + H_2O \longrightarrow Mg(OH)_2 \quad （浆液） \tag{7-76}$$

$$Mg(OH)_2 + SO_2 + 5H_2O \longrightarrow MgSO_3 \cdot 6H_2O \tag{7-77}$$

$$MgSO_3 \cdot 6H_2O + SO_2 \longrightarrow Mg(HSO_3)_2 + 5H_2O \tag{7-78}$$

$$Mg(HSO_3)_2 + Mg(OH)_2 + 10H_2O \longrightarrow 2MgSO_3 \cdot 6H_2O \tag{7-79}$$

吸收过程中的主要副反应为氧化反应：

$$Mg(HSO_3)_2 + \frac{1}{2}O_2 + 6H_2O \longrightarrow MgSO_4 \cdot 7H_2O + SO_2 \tag{7-80}$$

$$MgSO_3 + \frac{1}{2}O_2 + 7H_2O \longrightarrow MgSO_4 \cdot 7H_2O \tag{7-81}$$

$$Mg(OH)_2 + SO_3 + 6H_2O \longrightarrow MgSO_4 \cdot 7H_2O \tag{7-82}$$

由以上反应可知，吸收液中的主要成分为 $MgSO_3$、$Mg(HSO_3)_2$ 和 $MgSO_4$。

（2）分离和干燥　将吸收液中的亚硫酸镁与硫酸镁分离出来并进行干燥，主要目的是通过加热除去这些盐中的结晶水。

$$MgSO_3 \cdot 6H_2O \xrightarrow{\triangle} MgSO_3 + 6H_2O \uparrow \tag{7-83}$$

$$MgSO_4 \cdot 7H_2O \xrightarrow{\triangle} MgSO_4 + 7H_2O \uparrow \tag{7-84}$$

（3）分解　将干燥后的 $MgSO_3$ 和 $MgSO_4$ 煅烧，再生氧化镁，副产 SO_2。在煅烧中，为了还原硫酸盐，要添加焦炭或煤，发生如下反应：

$$C + \frac{1}{2}O_2 \longrightarrow CO \tag{7-85}$$

$$CO + MgSO_4 \longrightarrow CO_2 \uparrow + MgO + SO_2 \uparrow \tag{7-86}$$

$$MgSO_3 \xrightarrow{\triangle} MgO + SO_2 \qquad (7-87)$$

$MgSO_4$ 在吸收液中的存在虽然不利于吸收,但通过煅烧还原,仍可将其再生为 MgO 而不会在系统中积累。

2. 工艺流程与设备

氧化镁浆洗-再生工艺流程示意见图 7-49。

锅炉燃烧排出的烟气在文氏管洗涤器内用氧化镁浆液进行洗涤,脱去 SO_2。洗涤后的气体排空。部分吸收液引出吸收系统送去分离,用离心机将 $MgSO_3$、$MgSO_4$ 结晶分出后送转鼓干燥器干燥,滤出母液返回吸收系统。干燥的 $MgSO_3$、$MgSO_4$ 在回转窑煅烧,煅烧时,窑内要加入焦炭和煤以还原 $MgSO_4$。煅烧后的 MgO 重新制成浆液在吸收中循环使用。煅烧气中含有 $10\% \sim 16\%$ 的 SO_2 可送去制酸。

吸收中主要设备为开米柯文氏管洗涤器,其结构如图 7-50 所示。

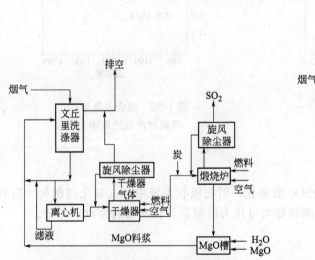

图 7-49　MgO 浆洗-再生工艺流程

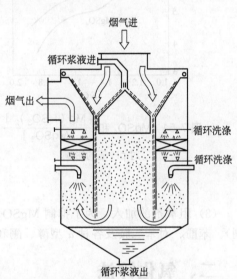

图 7-50　开米柯文氏管洗涤器

烟气由洗涤器顶部引入,在文氏管喉颈与循环浆液发生强烈雾化作用,强化了气液接触,能得到较好的脱硫效果。吸收后气体在排出前经除沫器除去雾沫。因除沫器定期进行清洗,洗涤器内壁因循环液的不断冲刷,因而不会结垢和堵塞,可连续长期运行。该洗涤器处理气量大,可达 $9.0 \times 10^5 \, m^3/(h \cdot 台)$ 的水平,且能适应较大的气量波动。

3. 主要影响因素与指标

(1) 吸收液的 pH 值　吸收液的 pH 值决定于吸收液的组成,当吸收液中 $\dfrac{[Mg(HSO_3)_2]}{[MgSO_3]}$

的值增大时,溶液的 pH 值降低;当吸收液中的 $MgSO_4$ 量增大时,溶液的 pH 值降低。$MgSO_4$ 含量及 $\dfrac{[Mg(HSO_3)_2]}{[MgSO_3]}$ 值对 pH 值的影响如图 7-51 所示(条件:洗涤浆液温度 $25 \sim 70 \, ℃$,$MgSO_4$ 含量为 $0 \sim 10\%$)。吸收液的 pH 值的降低,导致液面上 SO_2 平衡分压值的提高,使脱硫效率降低。为保证吸收效率,应使 $MgSO_3$ 保持一定含量,并尽量使其避免氧化

为 $MgSO_4$，因此一般应控制浆液 pH 值为 7。

（2）煅烧温度 煅烧时的分解产物与煅烧温度有关，在 300～500℃时，产物除 MgO 及 SO_2 外，还有硫酸盐、硫代硫酸盐、元素 S 等，其中以硫酸盐为主。随煅烧温度的升高，硫代硫酸盐逐渐减少，而以分解出 SO_2 为主。当温度超过 900℃时，所有副产物均不稳定，并为 SO_2 所代替。所以煅烧温度一般控制为 800～1100℃。见图 7-52。

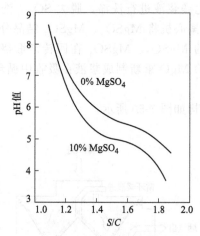

图 7-51 $MgSO_4$ 和 $\dfrac{[Mg(HSO_3)_2]}{[MgSO_3]}$ 对 pH 值的影响

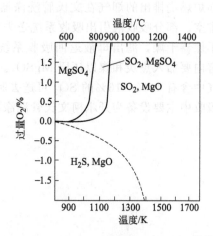

图 7-52 煅烧温度与气氛对产品的影响

（3）阻氧剂的加入 为了抑制 $MgSO_3$ 的氧化，可在吸收系统中加入氧化抑制剂（阻氧剂）。苯酚、对苯二胺及各种 α 型醇、酮和酯均可作为抑制剂，较常用的为对苯二胺。

二、氧化锌法

氧化锌法是用氧化锌料浆吸收烟气中 SO_2 的方法，它适用于治理锌冶炼烟气的制酸系统中所排出的含 SO_2 尾气。由于氧化锌浆液可用锌精矿沸腾焙烧炉的旋风除尘器烟尘配制，而所得的 SO_2 产物又可送去制酸，因而很好地解决了吸收剂的料源及吸收产物的处理问题。

1. 方法原理

（1）吸收 吸收的化学反应如下：

$$ZnO + SO_2 + \frac{5}{2}H_2O \longrightarrow ZnSO_3 \cdot \frac{5}{2}H_2O \tag{7-88}$$

$$ZnO + 2SO_2 + H_2O \longrightarrow Zn(HSO_3)_2 \tag{7-89}$$

$$ZnSO_3 + SO_2 + H_2O \longrightarrow Zn(HSO_3)_2 \tag{7-90}$$

$$Zn(HSO_3)_2 + ZnO + 4H_2O \longrightarrow 2ZnSO_3 \cdot \frac{5}{2}H_2O \tag{7-91}$$

（2）再生 吸收后溶液经过滤得到亚硫酸锌渣，将其加热再生氧化锌并副产高浓度 SO_2：

$$ZnSO_3 \cdot \frac{5}{2}H_2O \xrightarrow[300\sim350℃]{\triangle} ZnO + SO_2\uparrow + \frac{5}{2}H_2O \tag{7-92}$$

2. 工艺过程及流程

氧化锌法吸收、过滤工序的工艺流程如图 7-53 所示。

其工艺过程可分为如下步骤。

(1) 吸收浆液配制 用旋风除尘器将从锌精矿沸腾焙烧炉中排出的烟气中的氧化锌颗粒收集起来，作为配制吸收浆液的原料。这些氧化锌颗粒作为吸收剂，其化学成分及粒径分布均是较理想的，见表 7-23。将此氧化锌颗粒用从流程后部过滤器来的滤液在浆化槽中调配成浆，注入循环槽，用泵送入吸收室进行吸收。

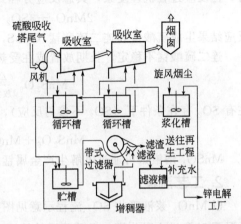

图 7-53 氧化锌法吸收、过滤工序的工艺流程

表 7-23 旋风除尘器烟尘性质

化学组成/%				粒度分布/%			
总 Zn	ZnO 中 Zn	总硫	硫酸盐中硫	>150 目	>250 目	>325 目	<325 目
64.1	55.2	1.59	1.16	3.0	26.2	29.0	41.8

(2) 吸收 从制酸系统来的含 SO_2 尾气送入吸收室与吸收液进行接触，由于采用浆液吸收，为避免设备内结垢，在日本吸收设备采用错流吸收器，而国内采用湍球塔。脱硫后气体经除沫后排空。吸收浆液 pH 值控制在 $4.5\sim5.0$ 时，送入过滤器，脱硫效率可达 95%。

(3) 过滤 吸收后浆液用过滤器过滤，滤液返回配浆槽，为避免循环吸收液中锌离子浓度过大，滤液的一部分送往锌电解车间生产电解锌。控制滤渣含水量为 $20\%\sim30\%$ 送往沸腾焙烧炉。

(4) 再生 将含水约 30% 的滤渣送入沸腾焙烧炉中与锌精矿一起加热焙烧，焙烧分解后所得氧化锌颗粒经旋风捕集器捕集后，作为吸收剂使用，所得 SO_2 与锌精矿焙烧尾气（可提高锌精矿焙烧尾气中的 SO_2 浓度）一起送去制酸。

三、氧化锰法

氧化锰法是采用氧化锰浆液吸收烟气中 SO_2 的方法。同氧化锌等方法一样，该法对 SO_2 废气的治理不具有普遍应用的价值，只有在有丰富的吸收剂来源和存在着适宜的配套生产工艺的情况下，这些方法才具有应用价值。因此当某些生产企业由于其生产规模及工艺的特殊性和所处地域等条件的限制，无条件采用比较成熟的其他方法（如氨法、钙法等）时，则依据自身条件所实行的这些方法的作用也就不能忽视。

我国某铜厂就是利用本地区来源丰富的、使用价值不大的低品位软锰矿作为吸收剂，处理炼铜烟气中的 SO_2，并通过电解的方法生产出有价值的金属锰。

1. 方法原理

软锰矿的主要成分为 MnO_2，将其粉碎制成 MnO_2 浆液吸收 SO_2。该吸收反应易于进行，但反应过程机理复杂，其总反应方程式可视为：

$$2MnO_2 + 3SO_2 \longrightarrow MnSO_4 + MnS_2O_6 \qquad (7\text{-}93)$$

反应结果生成硫酸锰和连二硫酸锰（MnS_2O_6）。

连二硫酸锰不稳定，长期放置或在受热条件下，易产生分解：

$$MnS_2O_6 \xrightarrow[\text{放置}]{\triangle} MnSO_4 + SO_2 \uparrow \qquad (7\text{-}94)$$

在有 SO_2 存在条件下（SO_2 不参与反应），MnS_2O_6 可与 MnO_2 反应生成 $MnSO_4$：

$$MnS_2O_6 + MnO_2 \xrightarrow{\text{存在 } SO_2} 2MnSO_4 \qquad (7\text{-}95)$$

$MnSO_4$ 溶液则可通过电解生产金属锰。

2. 工艺流程

以 MnO_2 浆液吸收 SO_2 流程示意见图 7-54。炼铜尾气经干式旋风除尘并经水洗塔净化降温至 50℃ 送入吸收塔；经破碎后的软锰矿石配制成 20%（质量分数）的浆液，也送入吸收塔作为吸收液。尾气经浆液吸收 SO_2 后，除沫排空。吸收后的浆液用蒸汽加热并加入 15% 的氨水沉淀 Fe^{2+}、Cu^{2+}，再通入 H_2S 除去 Co、Ni 等金属。中和除杂后的溶液经过滤除去滤渣，净液送去电解。电解时在阴极生成金属锰，经 24h 取出极板，干燥后刮下产品金属锰。

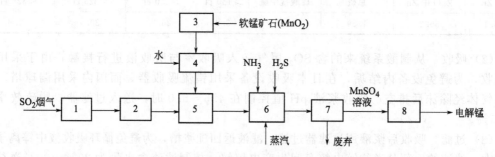

图 7-54　氧化锰法工艺流程示意

1—除尘；2—水洗；3—破碎；4—配浆；5—循环吸收；6—中和除杂；7—过滤；8—电解

吸收设备采用泡沫吸收塔。

3. 工艺指标

主要工艺指标如下。

① 烟气量：600～800m³/h。

② 吸收温度：50℃。

③ 料浆

吸收前：MnO_2 浓度 20%，pH=4～5。

吸收后：含锰 70g/L，pH=1～2。

除杂后：含锰 50g/L。

④ 锰产量：10t/月（含锰 98%）。

⑤ 1t Mn 氨耗：4t（NH_3 浓度 15%～18%）。

料浆中必须控制含锰量的原因：连二硫酸锰的存在不利于电解，但在料浆的含锰量高时电解可顺利进行。

第六节　活性炭吸附法脱硫

采用固体吸附剂吸附 SO_2 是干法处理含硫废气的一种主要方法。目前应用最多的吸附剂是活性炭,在工业上已有较成熟的应用。其他吸附剂如分子筛等,虽也有工业应用,但应用范围不大。活性炭吸附法即是利用活性炭吸附烟气中 SO_2,使烟气得到净化,然后通过活性炭的再生获取相应产品。

一、方法原理

活性炭对烟气中的 SO_2 进行吸附,既有物理吸附也存在着化学反应,特别是当烟气中存在着氧和水蒸气时化学反应表现得尤为明显。这是因为在此条件下,活性炭表面对 SO_2 与 O_2 的反应具有催化作用,反应结果生成 SO_3,SO_3 易溶于水生成硫酸,因此使吸附量较纯物理吸附增大许多。

(一)吸附

在氧和水蒸气存在的条件下,在活性炭表面吸附 SO_2,伴随物理吸附将发生一系列化学反应。

物理吸附过程(以 $*$ 表示处于吸附态分子):

$$\left. \begin{array}{l} SO_2 \longrightarrow SO_2^* \\ O_2 \longrightarrow O_2^* \\ H_2O \longrightarrow H_2O^* \end{array} \right\} \tag{7-96}$$

化学吸附过程:

$$\left. \begin{array}{l} 2SO_2^* + O_2^* \longrightarrow 2SO_3^* \\ SO_3^* + H_2O \longrightarrow H_2SO_4^* \\ H_2SO_4^* + nH_2O \longrightarrow H_2SO_4 \cdot nH_2O^* \end{array} \right\} \tag{7-97}$$

其吸附的总反应方程式可以表示为:

$$SO_2 + H_2O + \frac{1}{2}O_2 \xrightarrow{\text{活性炭}} H_2SO_4 \tag{7-98}$$

(二)活性炭再生

吸附 SO_2 的活性炭,由于其内、外表面覆盖了稀硫酸,使活性炭吸附能力下降,因此必须对其再生,即采用一定手段,驱走活性炭表面的硫酸,恢复活性炭的吸附能力。可以采用如下的再生方法。

(1)洗涤再生　用水洗出活性炭微孔中的硫酸,得到稀硫酸,再将活性炭进行干燥。

(2)加热再生　对吸附有 SO_2 的活性炭加热,使炭与硫酸发生反应,使 H_2SO_4 还原为 SO_2:

$$2H_2SO_4 + C \xrightarrow{\triangle} 2SO_2 \uparrow + 2H_2O + CO_2 \uparrow \tag{7-99}$$

再生时 SO_2 得到富集,可用来制硫酸或硫黄。而由于化学反应的发生,用此法再生必然要消耗一部分活性炭,必须给予适当补充。

二、工艺方法与流程

在用活性炭吸附法治理 SO_2 的过程中，由于对活性炭再生方法的不同，因此工艺方法与流程也不相同。

1. 加热再生法流程（净气法）

由于在用加热再生的方法时，碳参与了反应，反应中要消耗一部分碳［根据式(7-99)，每生成 $2mol$ SO_2 要消耗 $1mol$ 碳］，因此若采用活性炭作吸附剂成本太高，故此法是使用褐煤系半焦（含 $10\%\sim15\%$ 挥发分）作为吸附剂。其工艺流程见图 7-55。

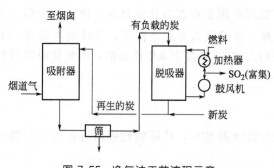

图 7-55　净气法工艺流程示意

该法使用的是移动床吸附器，吸附和脱吸分别在两个设备内完成，设备内均设有垂直管组。粒径为 $2.5\sim7.5mm$ 的吸附剂在管内均匀向下移动，并用加料斗控制半焦下移的流量。进入吸附器的烟气与吸附剂逆向流动，脱去 SO_2 后排空。移出吸附器的炭用筛子筛出炭末，然后进入脱吸器进行加热再生，富集的 SO_2 送去制酸，脱吸后的炭经冷却并补充新炭后，重入吸附器进行吸附。

吸附控制在 $100\sim150℃$ 进行，脱附控制在 $400℃$ 进行。

该法优点为吸附剂价廉、再生简单；缺点是吸附剂磨损大，产生大量细炭粒筛出，反应中也要消耗一部分炭，所用设备庞大。

2. 水洗再生法

采用水洗再生法可得稀硫酸，德国鲁奇活性炭制酸法采用卧式固定床吸附，我国松木坪厂也采用水洗法，采用的是塔式吸附装置。

鲁奇活性炭制酸法流程见图 7-56，可用于硫酸厂和钛白厂的尾气处理。

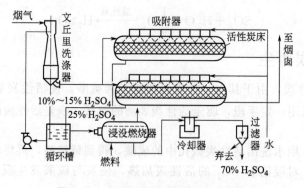

图 7-56　鲁奇活性炭制酸法工艺流程

含 SO_2 尾气先在文丘里洗涤器内被来自循环槽的稀酸洗涤，起到冷却和除尘作用。洗涤后的气体进入固定床式活性炭吸附器，经活性炭吸附净化后的气体排空。在气流连续流动的情况下，从吸附器顶部间歇喷水，洗去在吸附剂上生成的硫酸，此时得到 10%～15% 的稀酸。此稀酸在文丘里洗涤器冷却尾气时，被蒸浓到 25%～30%，再经浸没式燃烧器等的进一步提浓，最终浓度可达 70%，70% 的硫酸可用来生产化肥。该流程脱硫效率为 90% 以上。

我国松木坪电厂采用的流程见图 7-57。

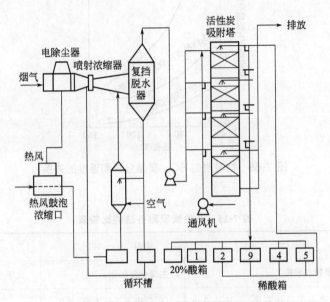

图 7-57 活性炭吸附法烟气脱硫流程

吸附剂采用浸渍了碘的含碘活性炭，SO_2 吸附容量为 12～15g/100g 炭，脱硫效率 >90%。具体操作指标见表 7-24。

表 7-24 松木坪电厂活性炭流程操作指标

项目	气量 /(m³/h)	SO_2 浓度/(mL/m³)		效率 /%	空速 /h⁻¹	线速 /(m/s)	运行周期/h			SO_2 吸附容量 /(g/100g 炭)	床高 /m	阻力/Pa
		入口	出口				再生	预热干燥	吸附			
中试	5000	3200	<350	>90	392	0.26	4.66	1.33	18	>12.3	2.0	2940～3920
生产规模推算	420000	630	<63	>90	392	0.26	4.6	1.4	109	13	2.0	2940～3920

注：中试为 4 塔，生产规模推算为 32 塔。

三、影响因素

吸附法的处理能力及脱硫效果受下列因素影响。

1. 温度

在用活性炭吸附 SO_2 时，物理吸附及化学吸附的吸附量均受到温度的影响，随温度的提高吸附量下降（见图 7-58）。因此吸附温度应低一些，但因工艺条件不同，实际吸附温度不同。按不同特性方法吸附可分为低温吸附、中温吸附和高温吸附。不同方法的主要特点见表 7-25。

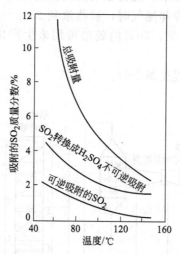

图 7-58　被吸附的 SO_2 质量分数和温度的关系

表 7-25　活性炭吸附各法的比较表

活性炭吸附	低温(20~100℃)	中温(100~160℃)	高温(>250℃)
吸附方式	主要物理吸附	主要化学吸附	几乎全是化学吸附
效率影响因素	(1)取决于活性表面,尤其是自由碳基(通常炭中包含5%以下自由碳基); (2)H_2O、O_2能提高 SO_2 的吸收率,二者共存时更显著	(1)取决于活性表面,尤其是自由碳基(通常炭中包含5%以下自由碳基); (2)H_2O、O_2能提高 SO_2 的吸收率,二者共存时更显著	(1)形成硫的表面络合物,能提高效率; (2)能分解吸附物,不断产生新的作用场所
再生技术	水淬产 H_2SO_4,氨水洗产$(NH_4)_2SO_4$	加热至 250～350℃ 释出 SO_2	高温,产生碳的氧化物、含硫化物及硫
优点	催化吸附剂的分解和损失很小产品可能受欢迎	气体不需预处理	接近800℃,高效产品自发吸气体不需预处理
缺点	(1)仅一小部分表面起作用; (2)吸附适宜条件与再生不适应; (3)液相 H_2SO_4 浓度会阻碍扩散和溶解度; (4)需气体预冷却	(1)一部分表面起作用; (2)再生要损失炭,可能中毒、着火,解吸 SO_2 需再处理	产品处理较困难,再生时有炭损耗,可能中毒,也可能着火

2. 氧和水分

氧和水分的存在,导致化学吸附的进行,使总吸附量大为增加。而水蒸气的浓度也影响到活性炭表面上生成的硫酸的浓度,见图 7-59。

3. 活性炭的浸渍

用一些金属盐溶液浸渍活性炭,可提高活性炭的吸附能力。这是因为这些金属的氧化物在活性炭表面上可作为吸附 SO_2 并促使其氧化的助催化剂。可用的金属盐有铜、铁、镍、钴、锰、铬、铈等的盐类。

4. 吸附时间

吸附增量随吸附时间的增加而减少。生成硫酸量达 30% 以前，吸附进行得很快，吸附量与吸附时间的延长几乎成正比；生成硫酸量大于 30% 以后吸附速度减慢，具体情况见图 7-60。

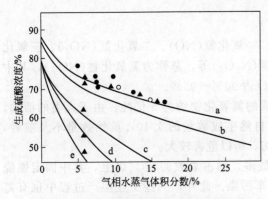

图 7-59　各种吸附温度下气相水蒸气浓度与生成硫酸浓度的关系

图中，a—100℃；b—90℃；c—70℃；
d—60℃；e—50℃

▲ 活性炭 A 在 100～50℃下的测定结果；
○ 活性炭 B 在 100℃下的测定结果；
● 活性炭 C 在 100℃下的测定结果

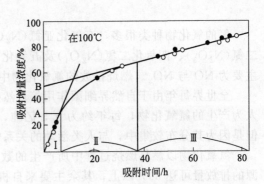

图 7-60　SO_2 吸附增量与吸附时间的关系

参 考 文 献

[1] 李家瑞. 工业企业环境保护. 北京：冶金工业出版社，1992.
[2] 通商产业省立地公害局. 公害防止必携. 东京：产业公害防止协会，昭和 51 年.
[3] 北京环境科学学会. 工业企业环境保护手册. 北京：中国环境科学出版社，1990.
[4] 刘天齐. 三废处理工程技术手册. 废气卷. 北京：化学工业出版社，1999.
[5] 马广大. 大气污染控制技术手册. 北京：化学工业出版社，2010.
[6] 左其武，张殿印. 锅炉除尘技术. 北京：化学工业出版社，2010.
[7] 杨飏. 二氧化硫减排技术与烟气脱硫工程. 北京：冶金工业出版社，2006.
[8] 台炳华. 工业烟气净化. 2 版. 北京：冶金工业出版社，1999.
[9] 骆建晖，许闽明，李康文. 旋流板塔双碱法在熔化炉废气脱硫除尘中的应用. 环境工程，2003，8：31-32.
[10] 杨丽芬，李友琥. 环保工作者实用手册. 2 版. 北京：冶金工业出版社，2001.
[11] 彭犇，高华东，张殿印. 工业烟尘协同减排技术. 北京：化学工业出版社，2023.
[12] 中国石油化工集团公司安全环保局. 石油石化环境保护技术. 北京：中国石化出版社，2006.
[13] 杨飏. 烟气脱硫脱硝净化工程技术与设备. 北京：化学工业出版社，2013.

第八章
氮氧化物废气净化

氮的氧化物种类很多，有氧化亚氮（N_2O）、一氧化氮（NO）、二氧化氮（NO_2）、三氧化二氮（N_2O_3）、四氧化二氮（N_2O_4）及五氧化二氮（N_2O_5）等，总称为氮氧化物（NO_x），其中主要为 NO 与 NO_2。燃烧排放的氮氧化物中 NO 占 90%～95%。

全世界每年由于自然界细菌作用等自然生成的氮氧化物约为 5 亿吨；由于人类的活动，人为产生的氮氧化物，每年约为 0.5 亿吨，占自然生成数量的 1/10，虽然数量不及前者，但是因为其分布较集中，与人类活动的关系密切，所以危害较大。

氮氧化物以燃料燃烧过程中所产生的数量最多，约占总数的 80% 以上，其中固定燃烧源的排放量可达 50% 以上，其余主要来自机动车污染。此外，一些工业生产过程中也有氮氧化物的排放，化学工业中如硝酸、塔式硫酸、氮肥、染料、各种硝化过程（如电镀）和己二酸等生产过程中都排放出氮氧化物。

氮氧化物即氮和氧的化合物，常用 NO_x 表示，其名称及性质见表 8-1、表 8-2。

表 8-1　氮氧化物的物理性质

名称	氧化亚氮	一氧化氮	二氧化氮或四氧化二氮	三氧化二氮	五氧化二氮
化学式	N_2O	NO	NO_2 或 N_2O_4	N_2O_3	N_2O_5
颜色及状态	无色气体	无色气体	红褐色气体或黄色液体	红褐色气体或蓝色液体	白色晶体
嗅味	微甜味	无味	有刺激性气味	气相有刺激性气味	气相有刺激性气味
分子量	44.10	30.01	46.01 或 92.02	76.01	108.01
沸点/℃	−88.49	−151.8	21.3	3.5（分解）	47（分解）
熔点/℃	−90.8	−163.6	−11.2	−102	30
密度/(g/L)	（气）1.977(0℃, 101325Pa)	（气）1.340	（液）1.448(20℃)	（液）1.447(2℃)	（固）1.630(18℃)
溶解性	溶于水、乙醇和硫酸	稍溶于水，溶于乙醇和硝酸	溶于水且反应，溶于硝酸	溶于水生成亚硝酸	溶于水生成硝酸
空气稳定性	稳定	可缓慢氧化为 NO_2	常温下 NO_2 与 N_2O_4 共存。高温下为 NO_2，低温下为 N_2O_4	−20℃ 以下稳定，气态下分解为 NO 与 NO_2	挥发到空气中即分解为 O_2 和 NO_2

表 8-2　氮氧化物的化学性质

名称	氧化亚氮	一氧化氮	二氧化氮或四氧化二氮	三氧化二氮	五氧化二氮
化学式	N_2O	NO	NO_2 或 N_2O_4	N_2O_3	N_2O_5
与氧气反应	活性较差相当稳定	$2NO+O_2 \rightleftharpoons 2NO_2$ $NO+O_3 \longrightarrow NO_2+O_2$			

名称	氧化亚氮	一氧化氮	二氧化氮或四氧化二氮	三氧化二氮	五氧化二氮
与氧化剂反应		$NO+2HNO_3 \longrightarrow$ $3NO_2+H_2O$ $2NO+NaClO_2 \longrightarrow$ $2NO_2+NaCl$			
与水反应			$2NO_2+H_2O \longrightarrow$ HNO_3+HNO_2	$N_2O_3+H_2O \longrightarrow$ $2HNO_2$	$N_2O_5+H_2O \longrightarrow$ $2HNO_3$
与碱反应			$2NO_2+2NaOH \longrightarrow$ $NaNO_3+NaNO_2+H_2O$ $2NO_2+2NH_3+H_2O \longrightarrow$ $NH_4NO_2+NH_4NO_3$	$N_2O_3+2NaOH \longrightarrow$ $2NaNO_2+H_2O$ $N_2O_3+2NH_3+H_2O \longrightarrow$ $2NH_4NO_2$	
与碱式盐反应			$2NO_2+Na_2CO_3 \longrightarrow$ $NaNO_3+NaNO_2+CO_2$	$N_2O_3+Na_2CO_3 \longrightarrow$ $2NaNO_2+CO_2$	
与 NH_3 反应		$6NO+4NH_3 \longrightarrow$ $5N_2+6H_2O$	$6NO_2+8NH_3 \longrightarrow$ $7N_2+12H_2O$		
与还原剂反应		$2NO+2H_2 \longrightarrow$ $2H_2O+N_2$ $4NO+CH_4 \longrightarrow$ $2N_2+CO_2+2H_2O$	$2NO_2+4(NH_4)_2SO_3 \longrightarrow N_2+4(NH_4)_2SO_4$		
其他化学反应			$NO+NO_2 \Longrightarrow N_2O_3+Q$；$NO_2 \Longrightarrow N_2O_4-Q$ $3HNO_2 \longrightarrow HNO_3+2NO+H_2O$		

脱除烟气中氮氧化物，称为烟气脱氮，有时也称烟气脱硝。净化烟气和其他废气中氮氧化物的方法很多，按照其作用原理的不同，可分为催化还原、吸收和吸附三类，按照工作介质的不同可分为干法和湿法两类。一般 NO_x 的净化方法分类见表 8-3。应根据氮氧化物尾气浓度选用不同的处理方法。

表 8-3　NO_x 净化方法

净化方法		要点
催化还原法	非选择性催化还原法	用 CH_4、H_2、CO 及其他燃料气作还原剂与 NO_x 进行催化还原反应。废气中的氧参加反应,放热量大
	选择性催化还原法	用 NH_3 作还原剂将 NO_x 催化还原为 N_2。废气中的氧很少与 NH_3 反应,放热量小
液体吸收法	水吸收法	用水作吸收剂对 NO_x 进行吸收,吸收效率低,仅可用于气量小、净化要求不高的场合,不能净化含 NO 为主的 NO_x
	稀硝酸吸收法	用稀硝酸作吸收剂对 NO_x 进行物理吸收。可以回收 NO_x,消耗动力较大
	碱吸收法	用 $NaOH$、Na_2SO_3、$Ca(OH)_2$、NH_4OH 等碱性溶液作吸收剂对 NO_x 进行化学吸收,对于含 NO 较多的 NO_x 废气,净化效率低
	氧化-吸收法	对于含 NO 较多的 NO_x 废气,用浓 HNO_3、O_3、$NaClO$、$KMnO_4$ 等作氧化剂,先将 NO_x 中的 NO 部分氧化成 NO_2,然后再用碱溶液吸收,使净化效率提高

续表

净化方法		要点
液体 吸收法	吸收-还原法	将 NO_x 吸收到溶液中，与 $(NH_4)_2SO_3$、NH_4HSO_3、Na_2SO_3 等还原剂反应，NO_x 被还原为 N_2，其净化效果比碱溶液吸收法好
	络合吸收法	利用络合吸收剂 $FeSO_4$、$Fe(II)$-EDTA 及 $Fe(II)$-EDTA-Na_2SO_3 等直接同 NO 反应，NO 生成的络合物加热时重新释放出 NO，从而使 NO 能富集回收
固体吸附法		用分子筛、活性炭、泥煤、风化煤等吸附废气中的 NO_x，将废气净化
化学抑制法		在酸洗槽中添加化学抑制剂，可抑制 NO_x 的产生。该法对某些酸洗工艺尤为适用
燃烧法		通过改进燃烧方式如分级送风、烟气再循环、煤或天然气再燃及低 NO_x 燃烧等来减少 NO_x 的排放
电子束法		用电子束进行脱硫脱硝处理

第一节　催化还原法

利用不同的还原剂，在一定温度和催化剂的作用下将 NO_x 还原为无害的氮气和水，通称为催化还原法。净化过程中，可依还原剂是否与气体中的氧气发生反应分为非选择性催化还原和选择性催化还原两类。

一、非选择性催化还原法

含 NO_x 的气体，在一定温度和催化剂的作用下与还原剂发生反应，其中的二氧化氮还原为氮气，同时还原剂与气体中的氧发生反应生成水和二氧化碳。还原剂有氢、甲烷、一氧化碳和低烃类化合物。在工业上可选用合成氨释放气、焦炉气、天然气、炼油厂尾气和气化石脑油等作为还原剂。一般将这些气体统称为燃料气。

（一）化学反应

$$H_2 + NO_2 \longrightarrow H_2O + NO$$
$$2H_2 + O_2 \longrightarrow 2H_2O$$
$$2H_2 + 2NO \longrightarrow 2H_2O + N_2$$
$$CH_4 + 4NO_2 \longrightarrow CO_2 + 4NO + 2H_2O$$
$$CH_4 + 2O_2 \longrightarrow CO_2 + 2H_2O$$
$$CH_4 + 4NO \longrightarrow CO_2 + 2N_2 + 2H_2O$$
$$4CO + 2NO_2 \longrightarrow N_2 + 4CO_2$$
$$2CO + O_2 \longrightarrow 2CO_2$$
$$2CO + 2NO \longrightarrow N_2 + 2CO_2$$

反应的第一步将有色的 NO_2 还原为无色的 NO，通常称为脱色反应，反应过程大量放热；后一步将 NO 还原为 N_2，通常称为消除反应。消除反应比脱色反应和还原剂的氧化反应慢得多，因而必须用足够的还原剂才能保证它的充分进行。工程上把还原剂的实际用量与理论计算量的比值（又称燃料比）控制在 1.10～1.20 的范围内，相应的净化率可达 90%以上。

（二）催化剂

用贵金属铂、钯可作为非选择性催化还原的催化剂，通常以 0.1%～1% 的贵金属负载于氧化铝载体上。催化剂的还原活性随金属含量的增加而增加，以 0.4% 为宜。另外，也可将铂或钯镀在镍合金上制成波纹网，再卷成柱状蜂窝体。

（1）铂和钯的比较　低于 500℃ 时，铂的活性优于钯，高于 500℃ 时，钯的活性优于铂。钯催化剂的起燃温度低，价格又相对低，但对硫较敏感，高温易于氧化，因而它多用于硝酸尾气的净化，而对烟气等含硫化物气体的净化则需预先脱硫。

（2）非贵金属催化剂　如 25%CuO 和 $CuCrO_2$，活性比铂催化剂低，但价廉。

（3）载体　常用氧化铝-氧化硅和氧化铝-氧化镁型。形状分球状、柱状、蜂窝状，在氧化铝表面镀上一层 ThO_2 或 ZrO_2 可提高载体的耐热、耐酸性。

（三）影响脱除效率的主要因素

（1）催化剂的活性　催化剂的活性是影响脱除效率的重要因素之一。要选用活性好、机械强度大、耐磨损的催化剂，并注意保持催化剂的活性，减少磨损，防止催化剂的中毒和积碳。减少磨损的方法是采取较低的气流速度，并尽量使气流稳定。防止中毒的办法是预先除去燃料气和废气中的硫、砷等有害杂质。防止积碳的办法是控制适当的燃料比，在燃料气中添加少量水蒸气也利于避免积碳。

（2）预热温度和反应温度　用不同的燃料气作还原剂时其起燃温度不同，因而要求的预热温度也不同（表 8-4 列出了钯系催化剂各种还原剂的起燃温度）。如果作为还原剂的燃料气达不到要求的预热温度，则不能很好地进行还原反应，脱除效果不好。

表 8-4　钯系催化剂各种还原剂的起燃温度

还原剂	H_2	CO	煤油	石脑油	丁烷	丙烷	甲烷
起燃温度/K	413	413	633	633	653	673	723

反应温度控制在 823～1073K 之间，脱除效率最高。温度低，氮氧化物的转化率低；而温度超过 1088K，催化剂就会被烧坏，以致催化剂活性降低，寿命减少。

反应温度除与起燃温度、预热温度有关外，还与废气中氧含量有关。当起燃温度高，废气中氧含量大时，反应温度高；反之，反应温度低。

（3）空速　空速的选择与选用的催化剂及反应温度有关。国内试验用铂、钯催化剂，在 773～1073K 的温度条件下，空速在 11.1～27.8s^{-1}，能使氮氧化物浓度降到 200×10^{-6} 以下。

（4）还原剂用量　根据废气中氮氧化物和氧气的含量，可计算出还原剂的用量。由试验可知，当燃料比≥100% 时，氮氧化物的转化率一般可达 92% 以上；当燃料比降为 90% 时，氮氧化物的转化率降到 70%～80%。这说明还原剂的量不足会严重影响对氮氧化物的脱除效果。但还原剂量过大，不仅使原料消耗增加，还会引起催化剂表面积碳。一般将燃料比控制在 110%～120% 为宜。

（四）工艺流程

非选择性催化还原法流程见图 8-1。

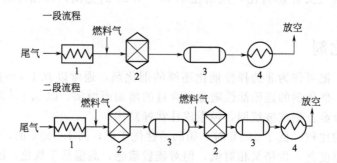

图 8-1　非选择性催化还原法的流程

1—预热器；2—反应器；3—废热锅炉；4—膨胀器

二、选择性催化还原法

选择性催化还原（SCR）法通常利用氨为选择性催化还原剂，氨在铂催化剂上只是将尾气中氮氧化物还原，基本上不与氧反应。

（一）化学反应

用选择性催化还原法处理氮氧化物，主要发生以下反应：

$$4NH_3 + 6NO \longrightarrow 5N_2 + 6H_2O$$

$$8NH_3 + 6NO_2 \longrightarrow 7N_2 + 12H_2O$$

虽然是选择性催化还原，但在一定条件下还会出现以下副反应：

$$4NH_3 + 3O_2 \longrightarrow 2N_2 + 6H_2O + 1267.1kJ$$

$$2NH_3 \longrightarrow N_2 + 3H_2 - 91.94kJ$$

$$4NH_3 + 5O_2 \longrightarrow 4NO + 6H_2O + 907.3kJ$$

反应温度在 270℃以下，反应的最终产物为氮和水；第一个副反应在 350℃以下发生，而后两个副反应都要在 450℃以上才会明显增强。所以反应温度控制在 220～260℃为宜，而不同的催化剂在其不同的活性阶段，最适宜的温度也不同。

实验结果表明，对于含有 $3000mL/m^3$ 氮氧化物的气体，经氨催化还原后氮氧化物含量可降为 $10mL/m^3$。

（二）操作条件与工艺流程

1. 催化剂

选择性催化还原的催化剂，可以用贵金属催化剂，也可以用非贵金属催化剂。以氨为还原剂来还原氮氧化物的过程较易进行，非贵金属中的铜、铁、钒、铬、锰等可起有效的催化作用。

2. 氨还原法流程

氨催化还原法治理硝酸生产的尾气流程见图 8-2。

将含氮氧化物的废气除尘、脱硫、干燥并预热至 240～250℃，然后和经过净化的氨以一定比例在混合器内混合。一定温度的混合气进入催化反应器，在选定的温度下进行还原反应。反应后的气体经分离器除去催化剂粉末，再经余热回收装置释放热量后排放。催化还原反应器构造如图 8-3 所示。

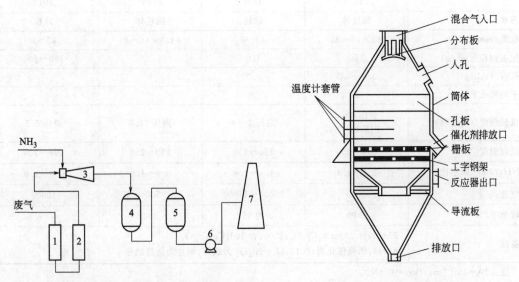

图 8-2 氨催化还原法治理硝酸生产的尾气流程

1，2—预热器；3—混合器；4—反应器；
5—过滤分离器；6—尾气透平；7—排气筒

图 8-3 催化还原反应器

3. 工艺条件

反应空速 12000h^{-1}；反应器入口温度 220～230℃；

NH$_3$/NO$_x$ 摩尔比为 1.2～1.6；床层压降 9.6～39.2kPa。

4. 处理结果

见表 8-5。

表 8-5 处理结果

反应空速/h^{-1}	NO$_x$/(mL/m^3)		净化率/%	反应器温度/℃	
	处理前	处理后		入口	出口
12514	2300	145	93.7	234	265
12876	1800	256	85.8	212	251

5. 原料消耗

1t 硝酸耗氨量 7～8kg；燃料气约 30m^3/h；空气用量约 1500m^3/h。

利用 8209 型铜铬催化剂，以氨作还原剂可使硝酸尾气的 NO$_x$ 净化率达到 90%。

（三）影响因素

（1）催化剂 不同的催化剂有不同的活性，因而反应温度和净化效率也不同，具体情况见表 8-6。

表 8-6　几种 NO_x 催化剂性能

项目	型号			
	75014	8209	81084	8013
形状	圆柱体	球粒	圆柱体	球粒
粒度/mm	$\phi 5 \times (7 \sim 8)$	$\phi 3 \sim 6$	$\phi 4.5 \times (6 \sim 8)$	$\phi 5 \sim 6$
比表面积/(m^2/g)	150	150		$180 \sim 200$
孔容/(mL/g)	$0.4 \sim 0.5$	0.3		
平均微孔半径/Å		39		
机械强度/(kgf/颗)	侧压 $6 \sim 8$ 正压 $40 \sim 50$	总压 $2 \sim 3$	侧压 12.5	总压 5.5
反应温度/℃	$250 \sim 350$	$230 \sim 330$	$190 \sim 250$	$190 \sim 230$
NH_3/NO_x 摩尔比	$1.0 \sim 1.4$	$1.4 \sim 1.6$	$0.9 \sim 1.0$	$0.9 \sim 1.0$
空速/h^{-1}	5000	$10000 \sim 14000$	5000	10000
转化率/%	≥90	约 95	≥95	≥95
备注	75014:含 $25\% Cu_2Cr_2O_5$;8209:含 $10\% Cu_2Cr_2O_5$; 81084:钒锰催化剂;8013:以 $\gamma\text{-}Al_2O_3$ 为载体,铜盐为活性组分			

注：$1\text{Å}=10^{-10}\text{m}$；$1\text{kgf}=9.8\text{N}$。

（2）反应温度　反应温度适宜，才能有较高的净化效率，铜铬催化剂在 350℃ 以下时，随反应温度的升高，净化效率增加；超过 350℃ 则副反应增加，净化效率反而下降。铂催化剂的反应温度以 $225 \sim 255$℃为宜，过低会生成 NH_4NO_3 和 NH_4NO_2。

（3）空速　适宜的空速才能获得较高的净化效率，其值应通过实验确定。

（4）还原剂用量　常用 NH_3/NO_x 摩尔比来衡量，该值小于 1 时反应不完全；在 $1 \sim 1.4$ 之间有一个飞跃点；再大时增加氨耗，并造成污染。生产上该值控制在 $1.4 \sim 1.5$。

（5）尾气中其他成分的影响　NO_x 和 O_2 含量对净化效率没有影响。但粉尘、SO_2、玻璃熔炉和水泥窑排出的碱性气体，都可使催化剂中毒，应做前处理。

氨是生产化肥的原料，将氨再还原成 N_2 是一种浪费。

（四）硝酸废气处理工程实例

1. 原理

本技术是在 3% 左右 O_2 存在条件下，NO_x 按下列反应脱除，从而转化为 N_2：

$$NO_x + H_2 \xrightarrow{\text{贵金属}} N_2 + H_2O$$

氢气消耗量为尾气中 O_2 含量的 2 倍，在尾气中 O_2 含量为 3% 时氢气消耗量近似为尾气总量的 6%。

2. 废气组成、排放量

废气组成主要是氮氧化物，包括一氧化氮、二氧化氮、三氧化二氮、四氧化二氮等。尾气中含氧量为 3%、CO $0.1\% \sim 0.15\%$、CO_2 $2.0\% \sim 3.0\%$、NO_x 4000mL/m^3，碱吸收塔后压头（尾气总管）1.8kPa，尾气温度为 $40 \sim 55$℃。

该工程按一套 3000t 40% HNO_3 反应装置的尾气 NO_x 脱除流程设计，尾气处理能力为 $8500\text{m}^3/\text{h}$。处理要求为出口 NO_x 浓度<179mL/m^3。

3. 废气处理工艺流程

硝酸废气处理工艺流程如图 8-4 所示。

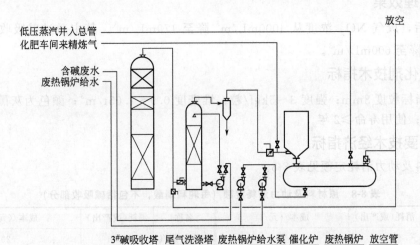

图 8-4　硝酸废气的选择性还原法 NO_x 处理工艺流程

　　硝酸废气先经过常规的碱吸收塔吸收，2#碱吸收塔出口尾气进入 3#碱吸收塔，经塔内填料层（填料高 6m）进一步吸收 NO_x 后，气体在 3#吸收塔上部进行除沫，除沫填料高 2m。经除沫后尾气再通过碱塔顶部不锈钢丝网进一步分离碱液（丝网高 3m）。3#碱吸收塔出口尾气进入水洗涤系统（水洗后经旋风分离器），然后进入贵金属催化剂层进行 NO_x 的转化反应，反应后高温气体经废热锅炉回收热量后通过烟囱排放。

4. 主要设备及构筑物

　　主要设备、构筑物及投资见表 8-7。

表 8-7　主要设备、构筑物（不包括碱吸收部分）及投资

名称	型号及规格	材质	投资/万元
尾气洗涤塔	$\phi 2200mm \times 15000mm$	不锈钢	27
催化炉		不锈钢	20
废热锅炉			20
旋风分离器		不锈钢	1.5
废热锅炉给水泵	2GC×4　　$N=$ kW		1.04
循环机泵	FB100.37　　$N=22$kW		1.23
填料			15
工艺管道			20
催化剂			60
土建			10

　　注：表中投资为 20 世纪 80 年代价格。

5. 工艺控制条件

　　使用温度：常温～550℃。

　　使用压力：不限。

　　使用空速：3000～10000h^{-1}，一般处于 5000～6000h^{-1}。

6. 处理效果

处理后，废气 NO_x 浓度从 $4000mL/m^3$ 降至 $179mL/m^3$。其中通过碱吸收后废气中 NO_x 浓度降至 $600mL/m^3$。

7. 催化剂技术指标

物性指标粒度 8mm；强度 3～5kgf/粒；堆密度 $0.9～1.05t/m^3$；颜色为灰黑色（已预还原处理）；使用寿命≥2 年。

8. 主要技术经济指标

原材料及动力消耗定额见表 8-8。

表 8-8　原材料及动力消耗定额（每吨稀硝酸，不包括碱吸收部分）

名称	消耗（或产出）	成本/(元/t)	名称	消耗（或产出）	成本/(元/t)
催化剂		10	废锅炉蒸汽	1t/h	−20
H_2 气		79	合计		73.9
电	39kW·h	4.9			

注：表中成本为 20 世纪 80 年代价格。

9. 工程设计特点

（1）本技术优势

① 还原剂为 H_2，由于该厂合成氨能力比较大，为 10 万吨/年，可以利用合成放空气，节约 H_2 的费用。

② 反应可在常温下启动，原料气（尾气）不必预热，比 250～300℃ 的氨还原方法简单得多，不用外界供应热源，可降低能耗。

③ NO_x 的脱除可以满足环保要求，排放标准为 GB 16297—1996，排放含量 $179mL/m^3$。故本技术具有流程短、一次投资低、消耗费用少（针对利用合成氨放空气代替 H_2 而言）、脱除效果好等其他方法不具备的优势。

④ 利用了鼓风机克服氨氧化和吸收后的余压进入尾气治理装置，控制装置的低阻力降，省去引风机，节约电耗。

⑤ 催化剂层所出 520℃ 的高温气体进入废热锅炉，可产 0.8MPa 的低压蒸汽。

（2）本技术缺点　理论上讲可以完全脱除 NO_x，但由于消耗大量的 H_2，且贵重金属催化剂太昂贵，成本较高。

（五）电厂烟气脱硝海水脱硫工程实例

某电厂装机容量为 6×600MW。锅炉设备选用 MO-SSRR 型超临界直流锅炉。为满足环保要求，锅炉设置两台除尘效率为 99.85% 的双室五电场静电除尘器，配套烟气脱硝和海水法脱硫装置。脱硫装置是目前国内电厂最大的海水脱硫设施。电厂采用集束式烟囱，三台机组共用一组烟囱，外筒为钢筋混凝土结构，内筒用耐腐蚀合金钢制成。设计该系统是基于以下因素进行的：

① 催化剂形式和节距的选择，依所确定的流程达到最优化；

② 反应器和催化剂模块应紧密布置，提供较小安装空间并节省 SCR 反应区域的占地面积；

③ 有效保护催化剂，防止遭受有毒物质损坏。

电厂的烟气脱硝系统是我国内地的第一套 600MW 机组配套脱硝装置，也是电力行业目前最大的烟气脱硝装置。这套系统的设计融合了烟气脱硝方面的先进技术，系统自动化程度高，为我国火电站烟气脱硝技术发展发挥了积极作用。

1. 设计条件

设计条件见表 8-9。

表 8-9　设计条件

项目		单位	设计值
燃料			煤（或煤/油＝50/50）
SCR 反应器数量		套/炉	1
催化剂类型			日立板式
烟气流量（标态）		m^3/h	177900
烟气温度		℃	370（max420）
反应器入口烟气成分	O_2（干基）	%（体积）	3.3
	H_2O（湿基）	%（体积）	8.5
	NO_x（干基 6% O_2）	mg/m^3（以 NO_2 计）	307.5
	SO_2（干基 6% O_2）	mg/m^3	2002
	SO_3（干基 6% O_2）	mg/m^3	16.8
	烟尘浓度	g/m^3	19
反应器出口烟气成分	NO_x（干基 6% O_2）	mg/m^3（以 NO_2 计）	＜102.5
	NH_3（干基 6% O_2）	mg/m^3	3.8
NH_3/NO_x 摩尔比			0.77
催化剂床层压降		Pa	260
脱硝效率		%	66.7

2. 工艺流程

电厂的 NO_x 减排采用炉内低 NO_x 燃烧技术和烟气脱硝工艺相结合的办法。炉内减排技术采用 PM 型低 NO_x 燃烧器加分级燃烧法，减排效率可达 65%，排放的 NO_x 浓度在 $370mg/m^3$ 左右（按 NO_2 计）。烟气脱硝采用选择性催化还原（SCR）法。

工艺流程如图 8-5 所示，液氨用槽车运输由卸料压缩机送入液氨贮槽，再经氨蒸发器蒸发为氨气，然后通过氨缓冲槽和输送管道送入锅炉区，将氨与空气均匀混合再经分布导阀送入 SCR 反应器。氨气在 SCR 反应器的上方，通过特殊的喷氨装置使它与烟气充分混合，混合后的烟气在催化剂层内进行还原反应。该装置运行结果，NO_x 减排量为 36.5kg/h，氨泄漏量（质量浓度）低于 $3.8mg/m^3$。

脱硝后烟气经空气预热器热回收后进入静电除尘器，然后经 FGD 装置脱硫排放。每台锅炉配设一套 SCR 反应器，每两台锅炉共用一套液氨贮存和供应系统。

3. 脱硝装置的组成

脱硝装置由 SCR 反应器系统和氨贮存供应系统两部分组成。

（1）SCR 反应器系统　反应系统包括催化反应器、喷氨装置、空气供应系统。

反应器位于锅炉省煤器出口烟管的下游，氨气稀释后通过分布导阀与烟气混合均匀进入反应器，烟气经脱硝后在空气预热器回收热后送往静电除尘器和 FGD 系统，然后排入烟囱。

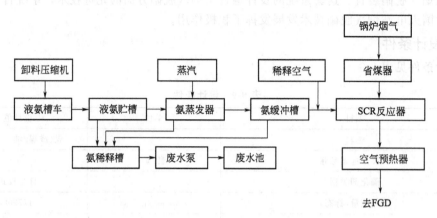

图 8-5　电厂烟气脱硝工艺流程

① 反应器。反应器采用固定床平行通道形式，为了提高脱硝效率和延长使用寿命，预留一个床层位置当脱硝效率低于规定值时安装催化剂使用。反应器为直立钢结构形式，具有外部机壳和内部催化剂床层支撑结构，能承受压力、地震、灰尘、催化剂负荷和热应力等。外壳施以绝缘包装，支撑所有荷重，并提供风管气密。催化剂底部安装气密装置，防止未处理的烟气泄漏。催化剂从侧门装入反应器内。

② 催化剂。SCR 系统所采用的催化剂为平板式，具有高活性、长寿命、低压降、紧密、刚性和容易处理等特点。催化剂分为元件、单位及模块 3 种。每一个催化剂单位由多个厚 1mm、节距 6mm 的元件组成。催化剂元件是以不锈钢板为主体，镀上一层二氧化钛（TiO_2）作为活性组分。不锈钢板在镀二氧化钛前需进行表面处理形成多孔性材料。烟气平行流过催化剂元件应使压力降最低。多个元件组装成为一个催化剂单位，多个单位组成催化剂模块。该厂使用的模块由 3 个催化剂单位组成。反应器内催化剂的总体积为 $380m^3$。

③ 喷氨装置。氨和空气在混合器和管道内借流体流动而充分混合，然后导入氨气分配总管内。喷氨系统包括供应函箱、喷管格子和喷嘴，每个供应函箱安装一个节流阀及节流孔板，使氨/空气混合气在喷管格子达到均匀分布。手动节流阀的设定是靠烟管取样所获得的 NH_3/NO_x 摩尔比来调节，喷管位于催化剂床层上游烟管内，由喷管和喷嘴组成。

④ 稀释空气系统。氨/空气混合器所需的稀释空气是利用风门手动操作的，一旦空气流调整后就不需随锅炉负荷再调整。氨气和空气流设计稀释比最大为 5%，当锅炉低负荷且 NO_x 浓度低时，氨浓度将降低至 5%，止回阀安装在氨气管线上且位于氨/空气混合器的上游，用以防止烟气回流。稀释空气由送风机出口管路引出。

⑤ SCR 控制系统。烟气脱硝反应系统的控制都在本机组的 DCS 系统上实现。控制系统利用设定的 NH_3/NO_x 摩尔比提供所需的氨气流量，入口 NO_x 浓度和烟气流量的乘积产生 NO_x 流量信号，此信号乘上所需 NH_3/NO_x 摩尔比就是氨气流量信号。摩尔比的数值是在现场测试操作期间决定的并记录在氨气流控制系统的程序上。所计算出的氨气流需求信号送到控制器并和真实氨气流的信号相比较，所产生的误差信号经比例加积分处理定位氨气流控制阀，若氨气因为某些连锁失效造成动作跳闸，则氨气流控制阀关断。按照设计脱硝 66.7% 的效率，依据入口 NO_x 浓度和设计要求的最大氨漏失量 $3.8mg/m^3$ 计算出修正的摩尔比并输至氨气流控制系统的程序上。SCR 控制系统根据计算出的氨气流需求信号去定位

氨气流控制阀，实现对脱硝的自动控制。通过在不同负荷下对氨气流的调整，找到最佳的喷氨量。

(2) 氨贮存供应系统　计量的氨气可依温度和压力修正系数进行修正。从烟气侧所获得的 NO_x 信号馈入有计算所需氨气流量的功能。控制器利用氨气流量控制所需氨气，使摩尔比维持固定。氨气供应管线上有一个紧急关断装置，当入口烟气温度过低、过高或氨空气稀释比过高时均与该装置连锁，迅速关断，以确保操作安全和防止催化剂损坏。最初设定点见表 8-10。

表 8-10　控制最初设定点

项目	操作值	报警点	关断阀动作点
反应器入口温度/℃	370	400	420
		290	280
氨气对空气稀释比/%	4	12	14

氨贮存供应系统包括卸料压缩机、液氨贮槽、氨蒸发器、氨缓冲槽及氨稀释槽、废水泵、废水池等。液氨的供应由槽车运送，利用卸料压缩机将液氨从槽车送入贮槽内，再由贮槽送往蒸发器蒸发成氨气，然后经缓冲槽送达脱硝系统。当氨气系统紧急排放时氨气被排入氨稀释槽中，用水吸收排入废水池，再经由废水泵送至废水处理厂处理。液氨贮存供应系统的控制在 1 号机组的 DCS 上实现，现场也就地安装了 MCC 手工操作。

① 卸料压缩机。卸料压缩机为往复式压缩机，压缩机抽取贮槽上的氨气进行压缩，将槽车的液氨卸入贮槽中。

② 液氨贮槽。6 台机组脱硝共设计 3 个贮槽，一个贮槽的贮存容量为 $122m^3$。可供一套机组脱硝反应所需氨气的一周消耗量，贮槽上安装有超流阀、逆止阀、紧急关断阀和安全阀作为贮槽安全保护设施。贮槽还装有温度计、压力表、液位计和相应的变送器将信号送至 1 号机组的 DCS 控制系统，用于贮槽内温度或压力超高报警。贮槽四周安装有工业水喷淋管线及喷嘴，当槽体温度过高时对槽体自动喷淋降温。

③ 氨蒸发器。氨蒸发器为螺旋管水浴式。管内液氨，管外温水浴，以蒸汽直接喷入水中加热至 40℃，再用温水将液氨汽化，并保持氨气常温。蒸汽流量受蒸发器本身水浴温度控制调节，当水的温度高过 45℃时则切断蒸汽源，并在控制室 DCS 上报警显示。氨蒸发器上装有压力控制阀将氨气压力控制在 0.21MPa，当出口压力达到 0.38MPa 时切断液氨进料。在氨气出口管线上也装有温度检测器，当温度低于 10℃时切断液氨进料，使氨气至缓冲槽维持适当温度及压力。氨蒸发器上也装有安全阀，防止设备压力过高。

④ 氨缓冲槽。从氨蒸发器蒸发的氨气流进入氨缓冲槽，通过调压阀减压成 0.18MPa，再通过氨气输送管线送到脱硝系统。缓冲槽的作用在于稳定氨气的供应，避免受蒸发器操作不稳定的影响，缓冲槽上也有安全阀保护设备。

⑤ 氨稀释槽。氨稀释槽为容积 $6m^3$ 的立式水槽，水槽的液位由溢流管维持。由槽顶淋水和槽侧连续进水，将液氨系统排放的氨气用管线汇集后从稀释槽底部进入，通过分散管将氨气分散并被水吸收至稀释槽中。通过安全阀排放多余的氨气。液氨贮存和供给系统的氨排放管路为封闭系统，将经氨稀释槽吸收成废氨水后排放至废水池，再由废水泵送至废水处理站。

⑥ 氨气泄漏检测器。液氨贮存及供应系统周边设有 6 只氨气检测器，以检测氨气的泄漏，并显示大气中氨的浓度。当检测器测得大气中氨浓度过高时，在机组控制室会发出警报

令操作人员采取必要的措施，防止氨气泄漏的异常情况发生。该电厂的液氨贮存及供应系统均远离机组，并采取了适当的隔离措施。

⑦ 氮气吹扫。液氨贮存及供应系统保持系统的严密性，防止氨气泄漏和氨与空气混合造成爆炸是最关键的安全问题。基于此考虑，该系统的卸料压缩机、液氨贮槽、氨蒸发器、氨缓冲槽等都备有氮气吹扫管线。在液氨卸料之前，要对以上设备进行严格的系统严密性检查和氮气吹扫，防止氨气泄漏和与系统中残余的空气混合造成危险。

⑧ 液氨贮存和供应控制系统。液氨贮存和供应系统的控制，所有设备的启停、顺控、连锁保护等都可由1号机组的DCS实现，设备阀门的启停开关还可通过MCC盘柜操作。对该系统的故障信号实行中控室报警显示。所有的监测数据都可以在CRT上监视，连续采集和处理反映该系统运行工况的重要测点信号，如液氨贮槽、氨蒸发器和氨缓冲槽的温度、压力、液位显示、报警和控制，氨气检测器的检测和报警等。

第二节　液体吸收法

液体吸收法是用水或酸、碱、盐的水溶液来吸收废气中的氮氧化物，使废气得以净化的方法。按吸收剂的种类可分为水吸收法、酸吸收法、碱吸收法、氧化-吸收法、吸收-还原法及络合吸收法等。由于吸收剂种类较多、来源亦广、适应性强，可因地制宜、综合利用，因此吸收法为中小型企业广泛使用。

一、稀硝酸吸收法

（一）净化原理

利用 NO 和 NO_2 在硝酸中的溶解度比在水中大这一原理，可用稀硝酸对含 NO_x 废气进行吸收。由于吸收为物理过程，所以低温高压将有利于吸收。表 8-11 为 25℃时 NO 在不同浓度硝酸中的溶解度。

表 8-11　NO 在不同浓度硝酸中的溶解度

硝酸浓度/%	0	0.5	1.0	2	4	6	12	65	99
β 值	0.041	0.7	1.0	1.48	2.16	3.19	4.20	9.22	12.5

注：β 为标准状态下 $1m^3$ 硝酸所溶解的 NO 的体积（m^3）。

（二）工艺流程

稀硝酸吸收含 NO_x 尾气的工艺流程见图 8-6。吸收液采用的是"漂白硝酸"，即脱除了 NO_x 以后的硝酸。

从硝酸吸收塔出来的含 NO_x 尾气由尾气吸收塔下部进入，与吸收液（漂白稀硝酸，浓度为 15%～30%）逆流接触，进行物理吸收。经过净化的尾气进入尾气透平，回收能量后排空。吸收了 NO_x 后的硝酸经加热器加热后进入漂白塔，利用二次空气进行漂白，再经冷却器降温到 20℃，循环使用。吹出的 NO_x 则进入硝酸吸收塔进行吸收。

（三）工艺操作指标

表 8-12 列出的是稀硝酸吸收法的工艺操作指标。

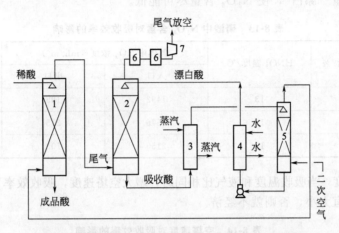

图 8-6　稀硝酸吸收法净化含 NO$_x$ 尾气的工艺流程

1—硝酸吸收塔；2—尾气吸收塔；3—加热器；4—冷却器；5—漂白塔；6—尾气预热器；7—尾气透平

表 8-12　稀硝酸吸收法的工艺操作指标

工艺条件				净化效率/%
吸收液浓度/%	N$_4$O$_2$ 含量/%	空塔速度/(m/s)	温度/℃	
15~30	0.06~0.004	<0.2	20	67~87

（四）影响因素

（1）温度　该法主要是物理吸收过程，因此降低温度有利于吸收。温度与净化效率的关系见图 8-7。

（2）吸收液浓度　浓度与 NO$_x$ 吸收效率的关系见图 8-8。吸收液浓度一般以 15%~30% 为宜。

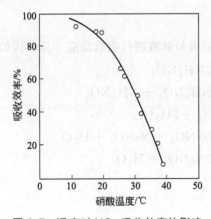

图 8-7　温度对 NO$_x$ 吸收效率的影响

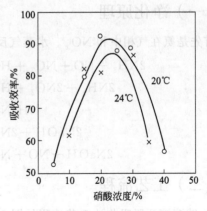

图 8-8　浓度对 NO$_x$ 吸收效率的影响

（3）硝酸中 N$_2$O$_4$ 含量　N$_2$O$_4$ 含量高，吸收效率低，其影响见表 8-13。因此，作为吸收剂的硝酸要尽量"漂白"，使 N_2O_4 含量尽可能低。

表 8-13　硝酸中 N_2O_4 含量对吸收效率的影响

HNO₃ 中 N₂O₄ 含量/%	HNO₃ 温度/℃	气体中 NOₓ 浓度/(mL/m³)		吸收效率/%
		入口	出口	
0.004	13	1492	195	87
0.012	13	1576	215	86
0.060	12	2150	705	67

（4）空塔速度　当吸收温度和液气比相同时，增大空塔速度，吸收效率下降（见表 8-14）。但空塔速度也不宜太小，否则就不经济。

表 8-14　空塔速度对吸收效率的影响

硝酸量 /(L/h)	气量 /(m³/h)	液气比 /(L/m³)	空塔速度 /(m/s)	进口 NOₓ 浓度 /(mL/m³)	出口 NOₓ 浓度/(mL/m³)		吸收效率/%
					最高	最低	
240	24	10	0.2	2805	1450	968	58.2
360	36	10	0.3	2876	1805	975	48.3
420	42	10	0.35	2821	2301	1155	39.5

（5）压力　在其他条件相同时增加压力有利于吸收，见表 8-15。

表 8-15　压力对吸收效率的影响

表压/kPa	2000	1000	100
吸收效率/%	77.5	59.5	4.30

二、氨-碱溶液两级吸收法

（一）净化原理

首先是氨在气相中和 NO_x、水蒸气反应，然后再与碱液进行吸收反应。反应式如下：

$$2NH_3 + NO + NO_2 + H_2O \longrightarrow 2NH_4NO_2$$
$$2NH_3 + 2NO_2 + H_2O \longrightarrow NH_4NO_3 + NH_4NO_2$$
$$NH_4NO_2 \longrightarrow N_2 + 2H_2O$$
$$2NaOH + 2NO_2 \longrightarrow NaNO_3 + NaNO_2 + H_2O$$
$$2NaOH + NO + NO_2 \longrightarrow 2NaNO_2 + H_2O$$

（二）工艺流程

氨-碱溶液两级吸收法工艺流程见图 8-9。

含 NO_x 尾气与氨气在管道中混合（氨气由钢瓶提供经减压后气化进入管道），进行第一级还原反应。反应后的混合气体经缓冲器进入碱液吸收塔，进行第二级吸收反应，吸收后的尾气排空，吸收液循环使用。

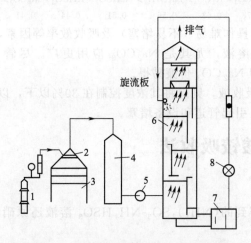

图 8-9　氨-碱溶液两级吸收法工艺流程

1—液氨钢瓶；2—氨分布器；3—通风柜；4—缓冲器；5—风机；6—吸收塔；7—碱液循环槽；8—碱泵

（三）工艺操作指标

氨-碱溶液两级吸收法的工艺操作指标见表 8-16。

表 8-16　氨-碱溶液两级吸收法工艺操作指标

处理气量 /(m³/h)	空塔速度 /(m/s)	喷淋密度 /[m³/(m²·h)]	氨气加入量 /(L/h)	碱液回收量 /(t/h)	溢流强度 /[t/(m·h)]	气流中含 NO_x 浓度 /(mg/m³)		平均吸收效率 /%
						入口	出口	
3059	2.2	8~10	50~200	9~9.5	18	1000	62~108	90

（四）影响因素

碱液吸收 NO_x 的速率可用下式表示：

$$\ln(1-\eta) = \ln\frac{c_2}{c_1} = -ka\frac{V}{Q} = -ka\tau$$

式中，c_1、c_2 分别为尾气中 NO_x 进塔、出塔浓度，kmol/m³；η 为吸收效率，%；k 为传质系数，kmol/(m²·s)；Q 为处理气量，m³/s；V 为自由空间容积，m³；a 为填料比表面积，m²/m³；τ 为接触时间，s。

当吸收设备固定时，吸收效率与下列因素有关。

（1）NO_x 浓度　入口 NO_x 浓度高，吸收效率也高；

（2）喷淋密度　增大喷淋密度，有利于吸收反应，一般常用 8~10m³/(m²·h)；

（3）空塔速度　空塔速度既不宜太大亦不可过小，取值要适宜，斜孔板塔一般取 2.2m/s；

（4）氧化度　氧化度即 NO_2 和 NO_x 体积之比，氧化度为 50% 时吸收效率最高；

（5）氨气量　通入的氨气量以 50~200L/h 为宜。

（五）吸收液的选择

浓度为 10~100g/L 的各种碱液吸收 NO_x 反应活性有以下相对值：

$$KOH > NaOH > Ca(OH)_2 > Na_2CO_3 > K_2CO_3 > Ba(OH)_2 > NaHCO_3 > KHCO_3 > MgCO_3 > BaCO_3 > CaCO_3 > Mg(OH)_2$$
$$1.0 \quad 0.84 \quad 0.80 \quad 0.78 \quad 0.63 \quad 0.56 \quad 0.51 \quad 0.44 \quad 0.41 \quad 0.40 \quad 0.39 \quad 0.35$$

考虑到价格、来源、操作难易（不易堵塞）及吸收效率等因素，工业上应用较多的吸收液是 NaOH 和 Na_2CO_3 溶液，尤其是 Na_2CO_3 应用更广。尽管 Na_2CO_3 的吸收效果比 NaOH 的吸收效果差，但 Na_2CO_3 价廉易得。

若选 NaOH 溶液作吸收液，则应将其浓度控制在 30% 以下，以免溶液中 NaOH 未消耗完就出现 Na_2CO_3 结晶，引起管道和设备堵塞。

三、碱-亚硫酸铵吸收法

（一）净化原理

利用处理硫酸尾气得到的 $(NH_4)_2SO_3$-NH_4HSO_3 溶液还原硝酸尾气中的 NO_x，主要化学反应是：

第一级碱液吸收

$$2NaOH + NO + NO_2 \longrightarrow 2NaNO_2 + H_2O$$

或

$$Na_2CO_3 + NO + NO_2 \longrightarrow 2NaNO_2 + CO_2$$

第二级亚硫酸铵吸收

$$4(NH_4)_2SO_3 + 2NO_2 \longrightarrow 4(NH_4)_2SO_4 + N_2\uparrow$$

$$4NH_4HSO_3 + 2NO_2 \longrightarrow 4NH_4HSO_4 + N_2\uparrow$$

$$4(NH_4)_2SO_3 + NO + NO_2 + 3H_2O \longrightarrow 2N(OH)(NH_4SO_3)_2 + 4NH_4OH$$

$$4NH_4HSO_3 + NO + NO_2 \longrightarrow 2N(OH)(NH_4SO_3)_2 + H_2O$$

$$2NH_4OH + NO + NO_2 \longrightarrow 2NH_4NO_2 + H_2O$$

（二）工艺流程

碱-亚硫酸铵吸收法工艺流程见图 8-10。

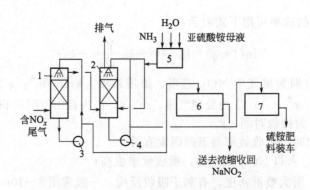

图 8-10 碱-亚硫酸铵吸收法工艺流程
1—碱液吸收塔；2—亚硫酸铵吸收塔；3—碱泵；4—亚硫酸铵泵；
5—亚硫酸铵液贮槽；6—亚硝酸钠溶液贮槽；7—硫铵成品槽

含 NO_x 尾气首先经碱液吸收塔（吸收液采用 NaOH 溶液或 Na_2CO_3 溶液）进行吸收反应，同时回收 $NaNO_2$。然后，再进入亚硫酸铵吸收塔，气液逆流接触，发生还原反应，将

NO_x 还原成 N_2 后直接排空，吸收液均循环使用。

（三）工艺操作指标

工艺操作指标及吸收液控制指标分别见表 8-17 和表 8-18。

表 8-17　碱-亚硫酸铵吸收法工艺操作指标

工艺条件				气体中含 NO_x 浓度/(mL/m³)		吸收效率 /%
气量/(m³/h)	空塔速度/(m/s)	液气比/(L/m³)	吸收温度/℃	吸收前	吸收后	
5400	1.9～2.3	1～1.25	30～35	2320～3720	260～960	约 93

表 8-18　各阶段吸收液控制指标

阶段	成分					
	$(NH_4)_2SO_3$ /(g/L)	NH_4HSO_3 /(g/L)	NH_4NO_2 /(g/L)	有效氮 /(g/L)	相对密度	温度 /℃
新配吸收液	150～200	<10	—	—	1.08～1.10	<45
循环吸收液	200～20	—	<25	—	1.10～1.12	25～40
成品吸收液	<20	—	<25	65～70	1.12	

（四）影响因素

(1) 氧化度　氧化度与吸收效率的关系见图 8-11。显然，随着氧化度的增高，吸收效率也增大。当氧化度超过 50% 后，氧化度再增大，吸收效率增加也不多。

(2) 吸收液浓度及成分　吸收液 $(NH_4)_2SO_3$ 的浓度及其中 NH_4HSO_3 的含量，对吸收效率均有一定的影响。$(NH_4)_2SO_3$ 浓度太低，吸收效果就差；浓度太高，又易出现结晶及管道设备的腐蚀。因此，$(NH_4)_2SO_3$ 的浓度应控制在 180～200g/L。NH_4HSO_3 虽然会降低吸收效率，但它却可以抑制 NH_4NO_2 的生成。NH_4HSO_3 的含量选择要适宜，一般控制 $NH_4HSO_3/(NH_4)_2SO_3<0.1$ 或游离的 NH_3 含量<4g/L。

(3) 液气比及塔板上液层高度　液气比对吸收效率的影响见图 8-12。塔板上液层高度一般保持在 40～60mm 为宜。

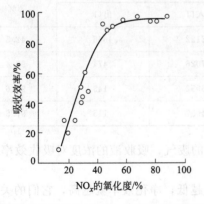

图 8-11　氧化度对 NO_x 吸收效率的影响

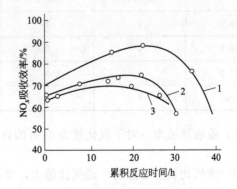

图 8-12　液气比对吸收效率的影响

1—液气比为 1.25；2—液气比为 1.9；3—液气比为 1

四、硫代硫酸钠法

（一）净化原理

硫代硫酸钠在碱性溶液中是较强的还原剂，可将 NO_2 还原为 N_2，适于净化氧化度较高的含 NO_x 的尾气。主要化学反应是：

$$4NO_2 + 2Na_2S_2O_3 + 4NaOH \longrightarrow 2N_2 \uparrow + 4Na_2SO_4 + 2H_2O$$

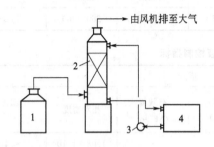

图 8-13 硫代硫酸钠法工艺流程
1—毒气柜；2—波纹填料吸收塔；
3—塑料泵；4—循环槽

（二）工艺流程

硫代硫酸钠法净化 NO_x 的工艺流程见图 8-13。

含 NO_x 的废气进入吸收塔，与吸收液逆流接触，发生还原反应，净化后直接排空。

（三）工艺操作指标

硫代硫酸钠法净化 NO_x 的工艺操作指标见表 8-19。

表 8-19 硫代硫酸钠法工艺操作指标

吸收液浓度/%		空塔速度 /(m/s)	液气比 /(L/m³)	pH 值	净化效率 /%
NaOH	$Na_2S_2O_3$				
2~4	2~4	<1.28	>3.5	>10	约 94

（四）影响因素

（1）氧化度 表 8-20 列出了氧化度对净化效率的影响。由表 8-20 可知，氧化度增大，净化效率就高；当氧化度>50%后，净化效率变化不大。

表 8-20 氧化度对净化效率的影响

氧化度 /%	吸收液浓度/%		NO_x 浓度/(mL/m³)		净化效率 /%
	$Na_2S_2O_3$	NaOH	入口	出口	
18.8	4	2	8122	4665	42.5
50.0	4	2	7026	474	90.4
71.2	4	2	6052	143	97.6
100	4	2	4907	115	97.6

（2）吸收液浓度 对于氧化度为 50%的含 NO_x 的废气，吸收液的浓度对吸收效率影响不大。

（3）液气比及空塔速度 液气比越大，空塔速度越低，净化效率就越高，它们的关系见表 8-21。

表 8-21 液气比及空塔速度对净化效率的影响

吸收液浓度	氧化度/%	空塔速度/(m/s)	液气比/(L/m³)	入口 NO_x 浓度/10^{-6}	出口 NO_x 浓度/10^{-6}	净化效率/%
2%NaOH + 2%Na₂S₂O₃	>50	0.57	15.5	6288.9	286.3	95.5
	>50	0.81	5.5	6279.8	334.3	94.7
	>50	0.99	4.5	7365.3	622.2	91.6
	>50	1.28	3.5	4809.2	549.0	88.6

(4) 初始 NO_x 浓度 初始 NO_x 浓度对净化效率影响不大。

五、硝酸氧化-碱液吸收法

(一) 净化原理

第一级用浓硝酸将 NO 氧化成 NO_2，使尾气中 NO_x 的氧化度≥50%，第二级再利用碱液吸收。主要化学反应是：

氧化反应 $\qquad NO + 2HNO_3 \longrightarrow 3NO_2 + H_2O$

吸收反应 $\qquad 2NO_2 + Na_2CO_3 \longrightarrow NaNO_3 + NaNO_2 + CO_2$

$\qquad\qquad\qquad NO_2 + NO + Na_2CO_3 \longrightarrow 2NaNO_2 + CO_2$

(二) 工艺流程

硝酸氧化-碱液吸收法工艺流程见图 8-14。硝酸尾气进入氧化塔与漂白浓硝酸逆流接触，发生氧化反应。氧化后的 NO_x 经分离器后进入碱吸收塔，进行吸收反应后，排入大气。

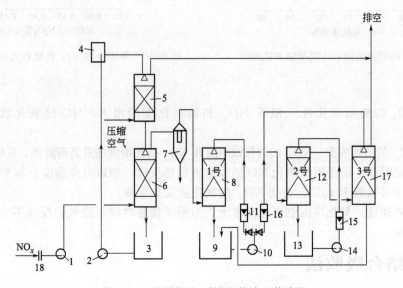

图 8-14 硝酸氧化-碱液吸收法工艺流程

1—风机；2—硝酸循环泵；3—硝酸循环槽；4—硝酸计量槽；5—硝酸漂白塔；6—硝酸氧化塔；7—硝酸分离器；8,12,17—碱吸收塔；9,13—碱循环槽；10,14—碱循环泵；11,15,16—转子流量计；18—孔板流量计

（三）工艺操作指标

硝酸氧化-碱液吸收法的工艺操作指标见表 8-22。

表 8-22 硝酸氧化-碱液吸收法工艺操作指标

工艺条件				NO$_x$ 的氧化度/%		气体中 NO$_x$ 浓度 /(mL/m^3)		净化效率 /%
硝酸浓度 /%	空塔速度 /(m/s)	碱液喷淋密度 /[m^3/(m^2·h)]	吸收温度 /℃	氧化前	氧化后	净化前	净化后	
>40	0.5	15	约25	30	60~70	2000~4000	500~800	80

（四）影响因素

（1）硝酸浓度 只有在硝酸浓度超过与 NO$_x$ 平衡的浓度时才能使 NO 转化为 NO$_2$。硝酸浓度越高，氧化效率也就越高，见图 8-15。

（2）硝酸中 N$_2$O$_4$ 的含量 N$_2$O$_4$ 的含量升高时 NO 的氧化效率就下降。通常将 N$_2$O$_4$ 的含量控制在小于 0.2g/L，见图 8-16。

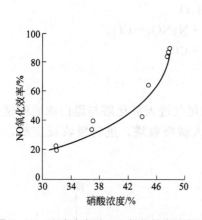

图 8-15 硝酸浓度对 NO 氧化效率的影响

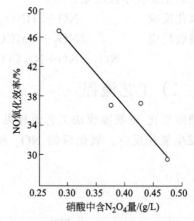

图 8-16 硝酸中 N$_2$O$_4$ 含量对氧化效率的影响

（3）NO$_x$ 的初始氧化度 随着 NO$_x$ 初始氧化度的增大，NO 的氧化效率就下降，见图 8-17。

（4）NO$_x$ 的初始浓度 NO$_x$ 的氧化效率随着 NO$_x$ 初始浓度的升高而降低，见图 8-18。

（5）氧化温度 由于硝酸氧化 NO 的反应为吸热反应，所以升高温度有利于氧化反应的进行。但温度必须低于 40℃，否则 NO$_x$ 的氧化度又会下降。

（6）空塔速度 氧化塔内空塔速度增大，缩短了接触时间，使氧化反应不完全，NO 氧化效率则下降。

六、络合吸收法

络合吸收法主要是利用液相络合剂直接与 NO 发生络合反应，因此非常适用于主要含 NO 的 NO$_x$ 尾气。该法目前还处在试验研究阶段，尚未有工业装置，有些问题如 NO 的回收等仍需进一步研究。

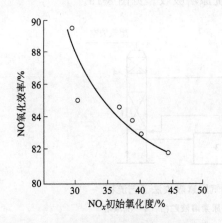

图 8-17 初始氧化度对氧化效率的影响
（用 40%的硝酸氧化）

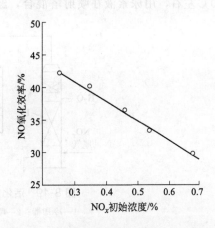

图 8-18 初始浓度对 NO 氧化效率的影响

目前研究的络合剂有 $FeSO_4$、$Fe(II)$-EDTA 及 $Fe(II)$-EDTA-Na_2SO_3 等。主要化学反应如下：

$$FeSO_4 + NO \underset{90\sim100℃}{\overset{20\sim30℃}{\rightleftharpoons}} Fe(NO)SO_4$$

$$Fe(II)\text{-EDTA} + n NO \underset{加热}{\overset{低温}{\rightleftharpoons}} Fe(II)\text{-EDTA} \cdot n NO$$

七、尿素还原法

尿素还原法有两种：一种是将尿素与待焙烧的催化剂颗粒直接混合，然后进行焙烧，该法适用于任何一种含硝酸盐催化剂焙烧尾气的治理；另一种是混捏法，即在生产催化剂的过程中将尿素与催化剂的其他组分一起加入，然后混捏、成型、焙烧。

尿素还原法原理是尿素分子的酰胺结构与亚硝酸反应，产生无毒的 N_2、CO_2 和水蒸气。其反应式如下：

$$2NO_2 + H_2O \longrightarrow HNO_2 + HNO_3$$

$$2HNO_3 \longrightarrow 2HNO_2 + O_2$$

$$2HNO_2 + NH_2CONH_2 \longrightarrow 2N_2 + CO_2 + 3H_2O$$

尿素用量随催化剂中硝酸盐的含量而异。通常根据尿素与硝酸盐的反应平衡式确定。

在催化剂制备过程中，用尿素还原法治理含 NO_x 废气的方法简单易行，脱 NO_x 效率高，工艺过程不产生二次污染。治理不需增加设备，也不必改变工艺操作。因此，该法是催化剂生成中脱除焙烧尾气 NO_x 的一种经济有效的方法，可在同类型催化剂生产中应用。

八、尿素溶液吸收法

某石化公司催化剂车间排放大量含 NO_x 尾气，其 NO_x 是在溶解金属（Bi、F）、催化剂干燥、焙烧时放出的，其中以活化炉排放出的量最大而且集中。

（一）活化炉排出的 NO_x 尾气治理

活化炉排出的 NO_x 尾气，经旋风分离器除去夹带的催化剂，经冷却塔将气体冷却至

80℃左右，用尿素液在喷射塔混合，经尿素液洗涤塔吸收。见图8-19。

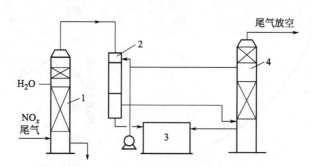

图 8-19　活化炉 NO$_x$ 尾气尿素吸收法工艺流程

1—冷却器；2—喷射塔；3—尿素溶液贮槽；4—洗涤塔

（二）溶 Bi 釜和干燥器排出 NO$_x$ 尾气治理

溶 Bi 釜和快速干燥器排出的尾气治理流程见图8-20。用引风机将干燥器尾气送入洗涤塔，而溶 Bi 釜尾气则用喷射器抽出进入尿素溶液槽，再由引风机送入洗涤塔。

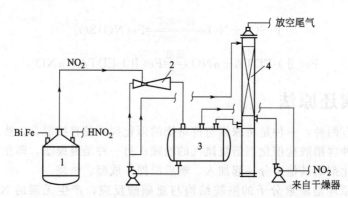

图 8-20　溶 Bi 釜和快速干燥器排出的 NO$_x$ 尾气治理流程

1—溶 Bi 釜；2—喷射反应器；3—尿素溶液贮槽；4—洗涤塔

（三）尿素溶液吸收法的工艺操作条件

① 尿素溶液温度：40～30℃。

② 尿素溶液 pH 值：1～3。

③ 尿素溶液的浓度：10%。

④ 反应气液比（V/L）：10～15。

（四）处理效果

采用此法处理 NO$_x$ 不需要高温，反应产物为无害的 N$_2$、CO$_2$、H$_2$O，尿素水溶液可循环使用。处理后尾气中 NO$_x$ 的含量一般在 1g/m^3 以下，去除率高达 99.95%。

表 8-23 将各种液体吸收法净化 NO$_x$ 的效果、优缺点、适用范围及影响因素等做了比较。

表 8-23　各种液体吸收法净化 NO$_x$ 废气的性能比较

方法	水吸收法	酸吸收法		碱吸收法
工艺	水吸收	稀 HNO$_3$ 吸收	浓 H$_2$SO$_4$ 吸收	氨-碱溶液两级吸收
影响因素	(1)液气比; (2)空塔速度; (3)氧化度; (4)压力	(1)吸收温度; (2)稀硝酸浓度; (3)硝酸中 N$_2$O$_4$ 含量; (4)空塔速度; (5)压力		(1)NO$_x$ 初始浓度; (2)喷淋密度; (3)空塔速度; (4)NO$_x$ 初始氧化度; (5)氨气加入量; (6)NaOH 溶液浓度
适用范围	适合于主要含 NO$_2$ 的 NO$_x$ 的废气	适合于净化硝酸尾气、硝化尾气等	在同时生产硫酸和硝酸的企业中使用	适合于净化氧化度较高的硝酸尾气、硝化尾气及 NO$_x$ 废气
优缺点	净化效率低,但价廉,使用操作方便,常用在要求不太严格的中小型装置上	工艺流程简单,操作稳定,易于控制,可以回收 NO$_x$ 为硝酸,但液气比大,酸循环量大,能耗较高	在吸收 NO$_x$ 的同时,浓缩了稀硫酸,但此法应用不多	装置简单,操作方便,净化效率高,吸收液可作肥料,但不适合处理大气量和含 NO 多的 NO$_x$ 初始废气
净化效率/%		90		90

方法	吸收-还原法			氧化吸收法	络合吸收法
工艺	碱液-亚硫酸铵二级吸收	硫代硫酸钠在碱性条件下吸收	硝酸-尿素-水三级吸收	硝酸氧化-碱液吸收	络合剂吸收
影响因素	(1)氧化度; (2)吸收液浓度和成分; (3)液气比; (4)塔板液层高度; (5)空塔速度	(1)氧化度; (2)吸收液浓度; (3)液气比; (4)空塔速度; (5)初始 NO$_x$ 浓度; (6)pH 值	(1)稀硝酸的浓度; (2)尿素循环液浓度; (3)空塔速度; (4)喷淋密度; (5)吸收温度; (6)压力	(1)稀硝酸的浓度; (2)硝酸中 N$_2$O$_4$ 含量; (3)NO$_x$ 初始氧化度; (4)NO$_x$ 初始浓度; (5)氧化温度; (6)空塔速度	(1)络合剂浓度; (2)温度; (3)pH 值
适用范围	适合于净化氧化度较高的 NO$_x$ 废气;适用于同时生产硫酸和硝酸的工厂	适用于氧化度较高的 NO$_x$ 尾气净化	适用于硝酸尾气、硝化尾气等含 NO$_x$ 废气	适合于净化氧化度较低的 NO$_x$ 废气	适合于净化含 NO 较多的 NO$_x$ 废气,氧化度低于 10%
优缺点	工艺成熟,操作简单,吸收液能够进行综合利用,运行费用低,净化效率较高,但吸收剂来源有局限性,产品销路不稳定	操作简单,净化效率高,不适合处理含 NO 多的 NO$_x$ 废气	效率高,能耗低,吸收废液可以作肥料;但过程需要冷冻,选择冷冻剂很重要	与单纯的碱吸收相比,对氧化度低于 40% 的 NO$_x$ 的净化效率可提高 20%～30%;但用浓硝酸来氧化 NO,使硝酸浓度降低,又使 NO$_x$ 总量增加,从而增加了耗碱量,经济上不合理	能回收 NO,工艺复杂,吸收容量小,回收 NO 必须选用不使 Fe(Ⅱ)氧化的惰性气体,经济费用高
净化效率/%	70～89	约 94		80	

第三节　固体吸附法

固体吸附法是一种采用吸附剂吸附氮氧化物以防其污染的方法。吸附法既能较彻底地消除氮氧化物的污染,又能回收有用物质;但其吸附容量较小,吸附剂用量较大,设备庞大,再生周期短。通常按照吸附剂种类进行分类,目前常用的吸附剂有分子筛、活性炭、硅胶、泥煤等。离子交换树脂及其他吸附剂尚处于研究探索阶段。

一、分子筛吸附法

利用分子筛作吸附剂来净化氮氧化物是吸附法中最有前途的一种方法，国外已有工业装置用于处理硝酸尾气，可将 NO_x 浓度由 $1500\sim3000mL/m^3$ 降低到 $50mL/m^3$，回收的硝酸量可达工厂生产量的 2.5%。

用作吸附剂的分子筛有氢型丝光沸石、氢型皂沸石、脱铝丝光沸石、BX 型分子筛等。这里只介绍氢型丝光沸石吸附法。

（一）吸附原理

丝光沸石是一种蕴藏量较大、硅铝比很高（$>10\sim13$）、热稳定性及耐酸性强的天然铝硅酸盐，其化学组成为 $Na_2Al_2Si_{10}O_{24}\cdot7H_2O$。用 H^+ 代替 Na^+ 可得到氢型丝光沸石。其分子筛呈笼形孔洞骨架的晶体，脱水后空间十分丰富，具有很高的比表面积（$500\sim1000m^2/g$），同时内晶表面高度极化，微孔分布单一均匀并有普通分子般大小。由 12 圆环组成的直筒形主孔道截面呈椭圆形，平均孔径 6.8Å（$1\text{Å}=10^{-10}m$）。在主孔道之间虽有 8 圆环孔道互相沟通，但由于孔径仅 2.8Å 左右，一般分子通不过，因而吸附主要在主孔道内进行。反应方程式如下：

$$3NO_2 + H_2O \longrightarrow 2HNO_3 + NO$$
$$2NO + O_2 \longrightarrow 2NO_2$$

由于水分子直径为 2.76Å、极性强，比 NO_x 更容易被沸石吸附，因此使用水蒸气可将沸石内表面上吸附的氮氧化物置换解析出来，即脱附。脱附后的丝光沸石经干燥后得以再生。

（二）工艺流程

一般采用两个或三个吸附器交替进行吸附和再生，其流程见图 8-21。

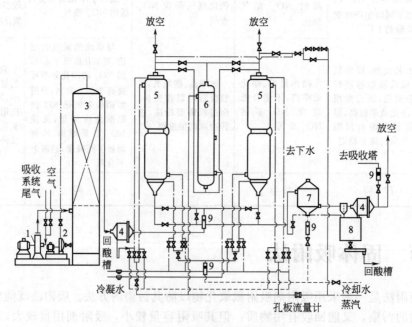

图 8-21　丝光沸石吸附法流程

1—风机；2—酸泵；3—冷却塔；4—丝网过滤器；5—吸附器；6—加热器；7—冷凝冷却器；8—酸计量槽；9—转子流量计

含 NO_x 尾气先进行冷却和除雾,再经计量后进入吸附器。当净化气体中的 NO_x 达到一定浓度时分子筛再生,将含 NO_x 的尾气通入另一吸附器,吸附后的净气排空。吸附器床层用冷却水间接冷却,以维持吸附温度。

再生时,按升温、解吸、干燥、冷却四个步骤进行。先用间接蒸汽升温,然后再直接通入蒸汽,使被吸附的 HNO_3 和 NO_2 解吸,经冷凝浓缩的 NO_2 返回 HNO_3 吸收系统。干燥时,用加热后的净化气体,同时也用未加热的净化气体置换水分,并对吸附床层进行间接水冷,至规定温度即可结束再生。

(三)工艺操作指标

丝光沸石吸附法的工艺操作指标见表 8-24。

表 8-24　丝光沸石吸附法 NO_x 工艺操作指标

温度值/℃						空速 $/h^{-1}$	解吸时间 /min	干燥时间 /h	切换时净气 NO_x 含量 $/(mL/m^3)$	干燥后干燥气中 H_2O 含量 $/(g/m^3)$
入塔尾气	吸附温度	再生升温	再生解吸	再生干燥	干燥后床层冷却					
20~30	25~35	120	150~190	170~250	<30	<1000	20	1~47	<20	10

(四)影响因素

(1) NO_x 浓度对转效时间的影响　自开始吸附到吸附后净气中 NO_x 气含量超过规定值的时间为转效时间,它随废气中 NO_x 浓度的增大而逐渐缓慢地缩短。见图 8-22。

(2) NO_x 浓度对吸附量的影响　吸附剂在转效时间内吸附 NO_x 的量称为 NO_x 转效吸附量(简称吸附量),它随 NO_x 浓度增大而增加。当 NO_x 浓度 >1% 时增加幅度减小,见图 8-23。

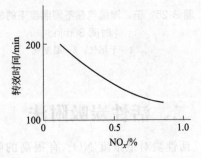

图 8-22　NO_x 浓度对转效时间的影响

(3) 空速和温度对吸附量的影响　相同温度下,吸附量随空速的增大而降低;相同空速下,吸附量随温度上升而下降。

(4) 尾气中水蒸气对吸附量的影响　由于水蒸气更易被沸石吸附,而且放出大量的吸附热,使床层温度升高,降低了对 NO_x 的吸附能力,减少了吸附量,见图 8-24。

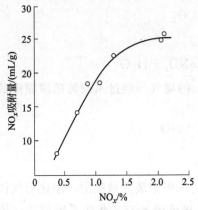

图 8-23　NO_x 浓度对吸附量的影响

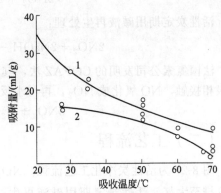

图 8-24　处理气体中水蒸气对吸附量的影响
1—干尾气;2—湿尾气

（5）解吸程度对吸附量的影响　解吸时间越长，温度越高，解吸就越彻底，对吸附就越有利。通常解吸时间为 20～30min，温度为 150～190℃，见图 8-25。

（6）干燥时间对干燥程度和吸附量的影响　干燥时间越长则干燥程度越高（含湿量越小），越有利于吸附。但时间过长，效果不明显，却增加了能耗，见图 8-26。

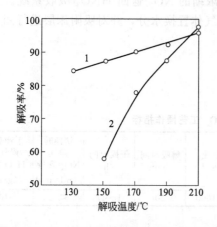

图 8-25　干、湿尾气在不同温度下的解吸率
（时间 30min）
1—干尾气；2—湿尾气

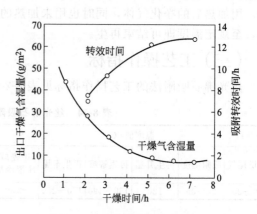

图 8-26　干燥时间对干燥程度
及吸附量的影响

二、活性炭吸附法

活性炭对低浓度 NO_x 有很高的吸附能力，其吸附量超过分子筛和硅胶。但活性炭在 300℃以上有自燃的可能，给吸附和再生造成较大困难。

（一）吸附原理

活性炭不仅能吸附 NO_2，还能促进 NO 氧化成 NO_2，特定品种的活性炭还可使 NO_x 还原成 N_2，即：

$$2NO + C \longrightarrow N_2 + CO_2$$
$$2NO_2 + 2C \longrightarrow N_2 + 2CO_2$$

活性炭定期用碱液再生处理：

$$2NO_2 + 2NaOH \longrightarrow NaNO_3 + NaNO_2 + H_2O$$

法国氮素公司发明的 COFAZ 法，其原理是含 NO_x 的尾气与经过水或稀硝酸喷淋的活性炭相接触，NO 氧化成 NO_2，再与水反应，即：

$$3NO_2 + H_2O \longrightarrow 2HNO_3 + NO$$

（二）工艺流程

图 8-27 为活性炭净化工艺流程。NO_x 尾气进入固定床吸附装置被吸附，净化后气体经风机排至大气，活性炭定期用碱液再生。COFAZ 法流程见图 8-28。此法系统简单，体积小，费用省，且能回收 NO_x，是一种较好的方法。

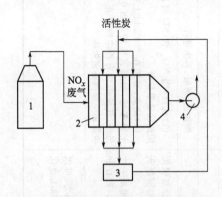

图 8-27　活性炭吸附 NO_x 的工艺流程

1—酸洗槽；2—固定吸附床；
3—再生器；4—风机

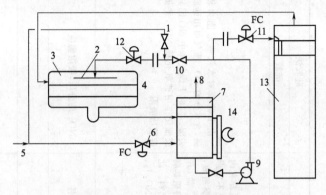

图 8-28　COFAZ 法工艺流程

1—硝酸吸收塔尾气；2—喷头；3—吸附器；4—活性炭；
5—工艺水或稀硝酸；6—控制阀；7—分离器；8—排空
尾气；9—循环泵；10—循环阀；11,12—流量
控制阀；13—硝酸吸收器；14—液位计

（三）工艺操作指标

活性炭吸附法净化 NO_x 的工艺操作指标见表 8-25。

表 8-25　活性炭法及 COFAZ 法净化 NO_x 工艺操作指标

方法	固定床进气量 /(m³/h)	空速 /h⁻¹	空塔速度 /(m/s)	进口 NO_x 浓度 /(mL/m³)	吸附温度 /℃	净化效率 /%	再生条件		
							解吸	活化	再生
活性炭法	3000	5000	0.5	约 8000	15~55	>95	10%~20% NaOH 泡 22h,水洗至 pH=8~8.5	10%~20% NaOH 泡 22h,水洗至 pH=8~8.5	在封闭容器中通 1h 蒸汽, 17.2~ 20.3MPa
COFAZ 法		170~400		1500~3000	9~15	NO_2:82~93 NO_x:30~60			

（四）影响因素

（1）含氧量　NO_x 尾气中含氧量越大，则净化效率越高。

（2）水分　水分有利于活性炭对 NO_x 的吸附，当相对湿度>50%时影响更为显著。

（3）吸附温度　低温有利于吸附。

（4）接触时间和空塔速度　接触时间长，吸附效率高；空塔速度大，吸附效率低。

三、其他吸附法

除了分子筛吸附法和活性炭吸附法外，还有硅胶吸附法、泥煤吸附法等，再将这几种固体吸附法做一比较，见表 8-26。

表 8-26　几种吸附法比较

吸附方法		分子筛法	活性炭法	泥煤法	硅胶法
吸附剂		丝光沸石	活性炭	泥煤、褐煤、风化煤	硅胶
吸附原理		丝光沸石分子筛是笼形孔洞骨架的晶体，脱水后空间十分丰富，并且比表面积大。内晶表面有高度极化，对 NO_x 有较高的吸附能力。吸附主要在主孔道内进行，反应式为： $3NO_2+H_2O \longrightarrow 2HNO_3+NO$ $2NO+O_2 \longrightarrow 2NO_2$	活性炭能吸附 NO_2，并促进 $2NO+O_2 \longrightarrow 2NO_2$ 进行，然后用碱再生处理，$2NO_2+2NaOH \longrightarrow NaNO_3+NaNO_2+H_2O$ 特定品种的活性炭可使 NO_x 还原成 N_2： $2NO+C \longrightarrow N_2+CO_2$ $2NO+2C \longrightarrow N_2+2CO_2$ COFAZ 法反应： $2NO+O_2 \longrightarrow 2NO_2$ $3NO_2+H_2O \longrightarrow 2HNO_3+NO$	泥煤、褐煤、风化煤中存在着有内表面积大、吸附力强的黑褐色不定形高分子化合物——原（再）生腐殖酸，它在煤中易形成以吸附 NO_x。可得硝基腐殖酸后用以吸附 NO_x，经氢氨化后可得硝基腐殖铵，这是一种优质有机肥料。此外还生成 $Ca(NO_3)_2$、$Mg(NO_3)_2$、NH_4NO_3 和 NH_4NO_2 等	由于硅胶对水汽吸附能力较强，脱水分的 NO_x 废气可用硅胶去湿。同时干燥气体中 NO 因硅胶催化作用被氧化成 NO_2，并被硅胶所吸附
影响因素		NO_x 浓度、空速、温度、尾气中水蒸气、水分和干燥程度（解吸温度、解吸时间）	氧含量、水分、吸附温度	泥煤成分、加氨量及其他条件	NO_x 的分压、吸附温度
气体中 NO_x 含量/(mL/m³)	净化前	1500~3000	8000/1500~3000		
	净化后	<50	<400/150~300		
净化效率/%		>98	>95/82~93	90~98	
吸附温度/℃		25~35	15~55/9~15		30
再生方法		按升温、解吸、干燥、冷却进行	按解吸、活化、再生进行	无法再生	按加热、解吸、再生进行
优缺点		(1)优点。净化效率高，吸附剂来源广，天然蕴藏量大，并可再生；工艺成熟，回收的硝酸量占工厂产量的2.5%。(2)缺点。装置占地面积大、能耗高、操作麻烦、影响因素多	(1)优点。对低浓度 NO_x 吸附力很强，高于分子筛法和硅胶法。且 CO FAZ法系统简单，体积小，净化效率较高，吸附剂可再生、费用省、影响因素少。(2)缺点。活性炭于300℃以上有自燃可能，给吸附和再生造成相当大的困难	(1)优点。NO_x 尾气中水分对吸附无影响，并且吸附后可直接得到泥灰肥、氨肥。(2)缺点。吸附容量小，吸附剂一次使用量大，而大量开采、运输、贮存和氢氨化处理较为困难	(1)优点。当含 NO 时使用此法效果良好。(2)缺点。硅胶在 200℃以上有干裂可能，限制其应用和再生。另外，气流中含有粉尘时会充塞吸附剂空隙而迅速失活
发展及应用情况		国外已有工业装置用于工业硝酸厂尾气处理，国内有关单位也做了不少研究工作。这是最有前途的一种吸附法	国外已有应用，如玻璃熔炉烟道气、硝酸尾气的处理，国内情况大致如此	除个别期外有泥煤资源的地方，可因地制宜工业化应用外，其他工业化进程尚未开始	

第四节　化学抑制法

化学抑制法是 20 世纪 80 年代初国际上开发成功的一种抑制 NO_x 污染的新技术。日本及欧美各国相继在钢材酸洗过程中采用，效益显著。国内也开展了研究、开发和应用。由原中冶建筑研究总院研制成功的 NO_x 抑制剂先后在一些钢厂酸洗车间应用，取得了良好的社会及经济效益。

该法投资少、见效快、效率高、管理简单、试剂消耗少、无二次污染及庞大设备，是对冶金酸洗工艺中产生的 NO_x 污染较理想的控制方法。

一、抑制原理

抑制剂有两类：一类是氧化剂型，如高锰酸盐、高氯酸盐等；另一类是还原剂型，如无机还原剂 NH_4NO_3、$(NH_4)_2SO_4$、$(NH_4)_3PO_4$，或有机还原剂尿素、草酸等。氧化剂型抑制作用在于不使硝酸还原成亚硝酸或 NH_x；还原剂型抑制剂的作用在于使硝酸的还原产物分解成无害的气体，如 N_2、CO_2 和 H_2O 等。为增强抑制作用，往往采用复合配方。以尿素为例，其抑制反应如下：

$$6NO_2 + 4(NH_2)_2CO \longrightarrow 7N_2 \uparrow + 8H_2O + 4CO_2 \uparrow$$

$$6NO + 2(NH_2)_2CO \longrightarrow 5N_2 \uparrow + 4H_2O + 2CO_2 \uparrow$$

$$2HNO_2 + (NH_2)_2CO \longrightarrow 2N_2 \uparrow + 3H_2O + CO_2 \uparrow$$

二、抑制工艺流程

化学抑制法主要是将化学抑制剂采用科学的投料方法加入酸洗槽中，然后再经水洗净化酸雾的综合治理法，使酸洗过程中 NO_x 的污染得以有效控制和消除。混酸酸洗污染气体综合治理工艺流程见图 8-29。

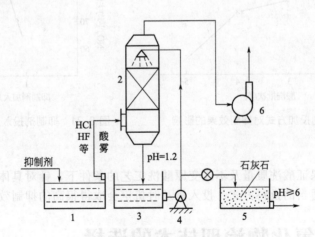

图 8-29　混酸酸洗污染气体综合治理流程

1—酸洗槽；2—洗涤塔；3—贮液槽；4—循环泵；5—中和池；6—风机

化学抑制法抑制 NO_x 的工艺操作指标见表 8-27。

表 8-27　化学抑制法抑制 NO_x 的工艺操作指标

酸洗情况	温度/℃		加抑制剂前 NO_x 平均浓度 /(mL/m³)	加抑制剂后 NO_x 平均浓度 /(mL/m³)	净化效率/%
	酸洗温度	加料后最高液温			
HCl 和 HNO_3 二酸酸洗不锈钢	40～90	60	8700	63	99.28
H_2SO_4、HCl 和 HNO_3 三酸酸洗精密合金	≤90	75	74840	827.8	98.89

三、影响因素

影响化学抑制净化 NO_x 的主要因素有以下两点。

（1）抑制剂的投加方式　一次性投加往往在酸洗最初阶段效果较好，随着酸洗的进行效果很快下降，并且由于抑制剂初始浓度较高，影响酸洗速度和表面质量。在总投料量不变的前提下，采用分段投加方式，能始终使 NO_x 维持在较低水平，更好地抑制 NO_x 生成，并对酸洗速度影响较小，表面质量无明显变化。图 8-30 是在抑制剂总投加量相同的情况下不同投加方式对抑制效果的影响。

（2）抑制剂投加量　根据不同酸洗工艺确定不同总投入量。加量过少，抑制效果不理想；加量过多往往影响酸洗质量，且浪费试剂。因此，必须确定一个最佳投入量，见图 8-31。

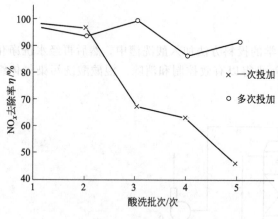

图 8-30　抑制剂投加方式对抑制效果的影响

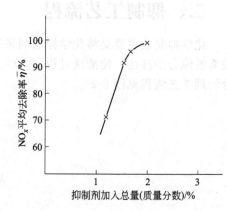

图 8-31　抑制剂投入量对抑制效果的影响

由此看出，在保证酸洗质量及不改变原酸洗工艺的条件下，针对具体工艺特点，选用不同的抑制剂，施以适当的投料方式、投入量及时机定会取得很高的抑制效果。

第五节　氮氧化物治理技术的选择

一、氮氧化物废气治理技术的选择

在废气治理工作中选择恰当的（最优的）技术方案是一项重要的工作，是环境技术管理的重要内容，下面简要阐述需要综合考虑的几个重要内容。

（一）所选用的 NO_x 治理技术必须能达标排放

根据环境保护工作的要求，在国土开发密度已经较高、环境承载能力开始减弱，或环境容量较小、生态环境脆弱，容易发生严重环境污染问题而需要采取特别保护措施的地区，应严格控制企业的污染物排放行为，在上述地区的企业执行大气污染物特别排放限值。

执行大气污染物特别排放限值的地域范围、时间，由国务院环境保护行政主管部门或省级人民政府规定。

所以，选用的 NO_x 废气治理技术首要的条件就是要能达标排放。

（二）根据污染源的特征，因地制宜

NO_x 废气的固定污染源有两种类型：一是燃料燃烧源；二是工业生产过程形成的污染源。对于前者我国尚未对排放标准做出规定，而对工业生产污染源所排放的 NO_x，在《大气污染物综合排放标准》（GB 16297—1996）中做出了明确规定（表 8-28）。

表 8-28　NO_x 排放标准　　　　　　　　　　　　单位：mg/m^3

污染物	污染源所在行业	最高允许排放浓度	
		现有污染源	新污染源
NO_x	硝酸氮肥和火炸药生产	1700	1400
	硝酸使用和其他	420	240
备注			不许向一类区域排放

在选择 NO_x 治理技术时，要综合考虑污染源的工艺生产特点、规模，废气及 NO_x 排放量，所在的功能区及排污去向等因素。

（三）综合效益高、费用低

选择 NO_x 治理技术必须进行费用效益分析，能达到同等效果（或效益）的两个或多个技术方案选费用最低的；同等费用的几个技术方案，要选综合效益高的。这里所说的综合效益包括经济效益、社会效益和环境效益。

例如，某市一地区 NO_x 超标排放是产生工业型光化学烟雾的主要因素之一，后来在治理 NO_x 废气时选用了选择性催化还原法。这种方法没有经济效益，需要比较高的运转费用；但是，这项治理技术可以使工业污染源稳定地达到排放标准，因而可以获得好的环境效益和社会效益。

以上只是概括介绍了选择 NO_x 废气治理技术需综合考虑的一些因素，具体进行选择时需应用层次分析法、目标决策法、费用-效益分析法等进行评价、优化。

二、发展趋势

根据中国的实际情况对固定源 NO_x 废气治理技术的发展趋势做一简要分析。

（一）燃料燃烧源

根据我国的现实情况，固定源燃料燃烧排放的 NO_x 治理技术可能有两个发展方向：一是改进燃烧过程控制 NO_x 的排放；二是发展能同时消除 SO_2 与 NO_x 的治理技术。

（二）工业生产源

工业生产过程排放 NO_x 有两种类型：一是硝酸、氮肥等生产厂；二是硝酸使用和其他。前者排放量大，且为连续排放；后者排放量相对较小，有些厂为间歇排放。下面分别阐述。

1. 硝酸、氮肥等生产厂的 NO_x 废气治理技术的发展趋势

（1）选择性催化还原法 这个方法用氨（NH_3）作还原剂，转化率（NO_x 净化率）可达到 90% 以上，效果好，可使排放量大的工业生产源稳定达标排放。所以，近期内尚会有一定的发展。但从长远看这项技术会逐步被其他治理技术所代替。因为这项治理技术从工业生产理论和工业经济来分析都是不合理的。正常的工业生产是氨氧化制硝酸：

$$NH_3 \xrightarrow{[O]} NO_2 \xrightarrow{[H_2O]} HNO_3$$

而选择性催化还原法是用 NH_3 作还原剂将 NO_2 还原为 N_2，这从工业生产理论来看是不合理的，从工业经济来看是浪费资源。这项技术应该被催化分解所取代。催化分解不需要还原剂，NO_x 废气通过特制催化剂即可直接分解为氮气（N_2）和氧气（或 CO_2）。

CNS-30 型催化剂是一种特制的脱硝催化剂，采用了含碳的多孔性物质代替传统的 $Al_2O_3 \cdot SiO_2$ 等载体，配以适当的活性组分。CNS-30 型催化剂，可将 NO_x 废气一次性转化为 N_2 和 CO_2，无二次污染，起燃温度低，治理 NO_x 废气浓度范围广，设备简单，一次性投资少，能耗低，操作方便，去除率高（可达 95% 以上）。

这是一种消耗性催化剂，催化剂载体中的碳参与 NO_x 分解反应，所以在使用中，要适当补充 CNS-30 型催化剂，以保持必要的反应床层高度。某染料厂利用本厂的废活性炭自制催化剂，取得了较好的效果。

（2）用稀硝酸等作吸收剂，回收利用 NO_x 用漂白稀硝酸（15%～30%）吸收硝酸厂尾气（治理 NO_x 废气），是一个既可使尾气中的 NO_x 含量达标排放，又可增加硝酸产量的经济可行的方法。根据我国的实际经验估算，一个日产 300t 的硝酸工厂，每天可回收硝酸 6t，一年约可回收 2000t 硝酸。所以这项技术应大力发展，并应结合工艺改革，不断改进。

对 NO_x 回收利用是应该重点发展的 NO_x 废气治理技术，但应坚持以下的原则：一是从对污染源进行全过程控制的要求出发，推行清洁生产，尽量减少尾气中的 NO_x 含量；二是因地因厂制宜选择吸收液，达到来源方便、费用低，回收的产品最好是与本厂产品是同一类型的（如硝酸厂用稀硝酸、氮肥厂可以用氨水）；三是不断提高吸收效率，降低设备投资和运行费用。

2. 使用硝酸的生产厂的 NO_x 废气治理技术

这类厂的特点是排放量不大，有些是间歇排放，不同类型的生产厂废气（尾气）中 NO_x 含量（浓度）差别大。根据实践经验可采用发展的治理技术如下。

（1）液体吸收法 采用这种方法，因地因厂选择吸收液，既可达标排放，经济上也是合理的。例如：北京化工一厂（试剂厂）生产 $AgNO_3$，治理尾气中的 NO_x 采用 30% 的 NaOH 作吸收液，循环吸收可达标排放，30% NaOH 来自化工二厂（两厂距离近）电解 NaCl 浓缩的产品（来源方便、节省了费用）；而回收 NO_x 得到的副产品 $NaNO_3 \cdot NaNO_2$，可以找到用户推向市场。

（2）固体吸附法 对于生产规模小、间歇排放、NO_x 排放浓度变化大的工业污染源，这种方法是适合的，但要发展、推广需从两个方面研究改进：一是尽快研制吸附容量大、寿

命长、便于再生、价格低的吸附剂；二是简化吸附装置结构，便于安装，并尽快标准化、系列化，使 NO_x 治理走向社会化。

（3）催化分解　也是一个实际可行的方法。

（三）脱硝行业新技术

（1）SCR 脱硝催化剂　选择性催化还原（SCR）脱硝是国内外公认的烟气脱硝主流技术，其原理是利用氨在催化剂的作用下将烟气中的 NO_x 还原为无毒的 N_2。催化剂占脱硝总成本的 40％，是 SCR 技术的核心烟气脱硝的控制因素。我国的脱硝催化剂生产技术和原材料还依赖国外，催化剂价格十分昂贵，导致国内及集团公司所属燃煤电厂整体脱硝成本非常高，限制了烟气脱硝工作的发展。

随着技术引进、消化吸收及产业化的发展，国内已经有几家具备一定产能的脱硝催化剂生产厂家，继续开发，势在必行。

（2）低温 SCR 脱硝技术　研制适于火电厂低温（120～150℃）烟气条件下能有效去除 NO_x 的 SCR 脱硝催化剂，研制催化剂制备的最佳配方及 SCR 反应工艺条件。

（3）纳米金属氧化物催化剂协同脱硝除汞　NO_x 和 Hg 协同控制的技术核心——新型双功能 SCR 催化剂研究，研究 NO_x 和 Hg 污染物协同催化净化过程中复杂反应的各种促进和抑制作用机理，揭示 NO_x 催化还原及 HgO 氧化活性位，结合催化剂表征优化双功能 SCR 催化剂配方，并提出催化剂可能的中毒机制和协同控制多种污染物的反应机理。

（4）等离子体双尺度低 NO_x 燃烧技术　以等离子体技术为基础，以高效低 NO_x 等离子体陶瓷燃烧器为核心，开发新型的内燃式、高效燃烧、低 NO_x 燃烧器。结合"双尺度"燃烧优化技术，优化炉内燃烧过程，降低煤粉锅炉的 NO_x 排放，形成产业化的、可以替代 SCR（SNCR）的高效清洁燃烧技术。

第六节　SO_2 和 NO_x 废气"双脱"技术

随着烟气脱硫、脱硝技术的发展，许多国家开展了烟气同时脱硫脱硝的研发，目的在于寻求比传统 FGD 和 SCR 投资、运行费用低的 SO_x/NO_x 双脱技术，近年已获重大进展。

通常，工业上 SO_x/NO_x 的脱除，常用的主流工艺是湿式石灰石-石膏法和干式 SCR 技术，能脱除 95％的 SO_2 和 90％的 NO_x。FGD 和 SCR 是两种不同的技术，各自独立地工作。其优点是无论原烟气中 SO_2/NO_x 的浓度比是多少，都能达到理想的脱除率。这种 FGD 加 SCR 的组合式双脱工艺在日本、德国、瑞典、丹麦等国家已有工业应用，暴露出来的主要问题与 SO_2 在 SCR 反应器中的氧化有关。烟气中约有 1％的 SO_2 氧化转化成 SO_3，SO_3 与游离 CaO 和氨反应生成 $CaSO_4$ 和铵盐，这样会引起催化剂表面结垢，降低 SCR 脱硝率，同时会增加空气预热器和气/气换热器的堵塞和腐蚀。而且，它的投资和运行费用是 FGD 与 SCR 的叠加，并不经济。因此，研发新一代双脱工艺旨在追求比 FGD 加 SCR 组合工艺更加经济、合理和有效的工艺。虽然这些双脱工艺大多尚未达到商业化，但在技术上已取得了很大的进展，例如电子束辐照法，已经跨进中型电厂的示范实践，并获得初步成功，活性炭法也正在展现它的优越前景。"双脱"技术分为干式、湿式两类。双脱过程可以在锅炉炉膛、烟道或不同的反应器内完成，也可以在同一个反应器内完成。脱硫脱硝剂可以采用两种以上的物质，也可以是同一种物质。干式工艺包括吸收/再生法、气/固催化法、电子束辐照法、脉冲电晕法、碱性喷雾干燥法等；湿式工艺主要是氨洗涤法、氧化-吸收法和铁-螯合吸收法等。

一、干式"双脱"技术

（一）活性炭双脱法

活性炭具有较大的比表面积。人们很早就知道活性炭能吸附 SO_2、O_2 和水生产硫酸。早在 20 世纪 70 年代后期，日本、德国、美国在工业上开发了若干种工艺，如日立法、住友法、鲁奇法、BF 法及 Reidluft 法等。已由电厂应用扩展到石油化工、硫酸及肥料工业领域。活性炭法脱硫能否广泛应用的关键在于解决副产稀硫酸的市场出路和提高活性炭的吸附性能。在活性炭脱硫系统中加入氨，即可同时脱除 NO_x。图 8-32 为日本三菱活性炭法同时脱硫脱硝工艺流程。该工艺能达到 90％以上的脱硫率和 80％以上的脱硝率。

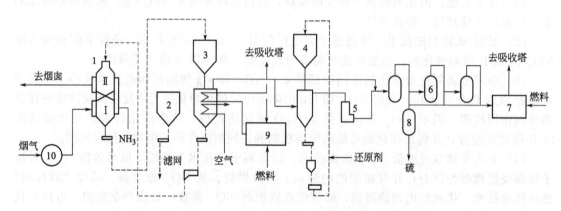

图 8-32　三菱活性炭流化床"双脱"工艺流程

1—吸附塔；2—活性炭仓；3—解吸塔；4—还原反应器；5—净化器；6—Claus 装置；

7—燃烧装置；8—硫冷凝器；9—炉膜；10—风机

该系统主要由吸附、解吸和硫回收三部分组成。烟气进入活性炭移动床吸附塔，通常来自空气预热器的烟气温度在 120～160℃之间，正好处于该工艺的最佳温度范围。吸附塔由Ⅰ、Ⅱ两段组成。活性炭在立式吸附塔内靠重力从第Ⅱ段的顶部下降至第Ⅰ段的底部。烟气先水平通过吸附塔的第Ⅰ段，SO_2 在此被脱除，然后进入第Ⅱ段后，NO_x 在此与喷入的氨作用被除去。在最佳温度范围内，SO_2 和 NO_x 的脱除率分别可达 98％和 80％左右。

在吸附塔的第Ⅰ段，在 100～200℃和有氧及水蒸气的条件下，SO_2 和 SO_3 被活性炭吸附生成硫酸，反应式如下：

$$SO_2 \longrightarrow SO_2^*$$
$$O_2 \longrightarrow O_2^*$$
$$H_2O \longrightarrow H_2O^*$$
$$2SO_2^* + O_2^* \longrightarrow 2SO_3^*$$
$$SO_3^* + H_2O^* \longrightarrow H_2SO_4^*$$
$$H_2SO_4^* + nH_2O^* \longrightarrow H_2SO_4 \cdot nH_2O^*$$

式中，＊表示吸附态。前三式为物理吸附，后三式是化学吸附。

在活性炭表面生成的硫酸浓度取决于烟气的温度和烟气中水分的含量。化学吸附的总反应可以表示为：

$$SO_2 + H_2O + \frac{1}{2}O_2 \xrightarrow{\text{活性炭}} H_2SO_4$$

在吸附塔的第Ⅱ段，活性炭又充当了 SCR 工艺的催化剂，在这里向烟气中加入氨就可脱除 NO_x。

$$4NO + 4NH_3 + O_2 \longrightarrow 4N_2 + 6H_2O$$

$$2NO_2 + 4NH_3 + O_2 \longrightarrow 3N_2 + 6H_2O$$

在再生阶段，饱和态吸附剂被送到解吸塔加热到 400℃，解吸出浓缩的 SO_2 气体。每摩尔的再生炭可以释放出 2mol 的 SO_2，再生后的活性炭送回反应器循环使用。再生过程中发生如下反应：

$$H_2SO_4 \longrightarrow SO_3 + H_2O$$

$$SO_3 + \frac{1}{2}C \longrightarrow SO_2 + \frac{1}{2}CO_2$$

如果有硫酸铵生成，则活性炭的损耗将会降低，反应式为：

$$(NH_4)_2SO_4 \longrightarrow SO_3 + H_2O + 2NH_3$$

$$SO_3 + \frac{2}{3}NH_3 \longrightarrow SO_2 + \frac{1}{3}N_2 + H_2O$$

浓缩的 SO_2 可以直接用于制酸或进一步生产硫铵，也可以将它加工成单质硫或液态 SO_2。

在该工艺过程中，SO_2 的脱除反应优先于 NO_x 的脱除反应。在含有高浓度 SO_2 的烟气中，活性炭进行的是 SO_2 脱除反应；在 SO_2 浓度较低的烟气中，NO_x 脱除反应占主导地位。图 8-33 所示在反应塔入口 SO_2 浓度较低的烟气中，NO_x 脱除率较高，然而，SO_2 浓度高，氨的消耗也高，这就是大多数活性炭法使用二级吸收塔的原因。实践证明，在长期连续和稳定运行条件下能达到很高的脱硫率和脱硝率，如图 8-34 所示。

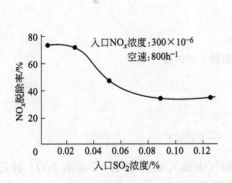

图 8-33 入口 SO_2 浓度对 NO_x 脱除率的影响

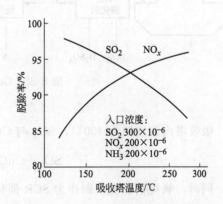

图 8-34 SO_2/NO_x 脱除率与温度的关系

该工艺的优点是：

① 可以联合脱除 SO_2、NO_x 和粉尘，并有着较高的去除率；

② 可同时脱除烃类化合物、金属及其他有毒物质；

③ 此工艺无需工艺水，避免了对生产废水进行处理；

④ 由于反应温度在烟气排放温度范围内，因此不用对烟气进行冷却或再热，节约能源；

⑤ 产生的副产品可以出售，实现了一定的经济效益。

1995 年，日本电力能源公司在 350MW 流化床锅炉上采用了活性炭脱除 NO_x 工艺。该工艺仅用一个移动床吸附塔，处理烟气量为 $1163000m^3/h$，在 140℃ 操作温度下，活性炭循环速率为 14600kg/h，稳定运行了 2200h 以上，在 NH_3/NO_x 摩尔比为 0.85 时，NO_x 的脱除率达到 80%。由于从流化床锅炉出来的烟气 SO_2 浓度甚低（$172mg/m^3$），所以在 NO_x 被活性炭吸附的同时 SO_2 也能得到有效脱除。

（二） CuO 双脱法

CuO 作为活性组分同时脱除烟气中 SO_x 和 NO_x 已被深入研究。吸附剂以 CuO/Al_2O_3 和 CuO/SiO_2 为主。CuO 含量通常为 4%～6%，在 300～450℃ 的温度范围内，与烟气中的 SO_2 发生反应生成 $CuSO_4$，同时 CuO 对 SCR 法还原 NO_x 有较高的催化活性。吸收饱和的 $CuSO_4$ 被送去再生，再生过程一般用 CH_4 将 $CuSO_4$ 还原，释放出 SO_2 可制酸，还原生成的金属铜或 Cu_2S 再用烟气或空气氧化，生成 CuO 又重新用于吸附还原过程。工艺流程如图 8-35 所示。该工艺能达到 90% 以上的脱硫率和 75%～80% 的脱硝率。

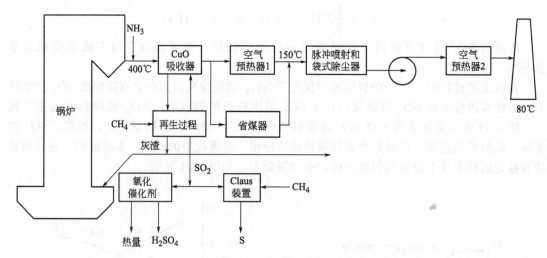

图 8-35 CuO 法脱硫脱硝工艺流程

吸收塔内温度约为 400℃，SO_2 与 CuO 反应：

$$SO_2 + CuO + \frac{1}{2}O_2 \longrightarrow CuSO_4$$

同时，氧化铜和硫酸铜作为 SCR 催化剂，向烟气中加入氨，在 400℃ 左右 NO_x 被还原成 N_2：

$$4NO + 4NH_3 + O_2 \longrightarrow 4N_2 + 6H_2O$$

$$2NO_2 + 4NH_3 + O_2 \longrightarrow 3N_2 + 6H_2O$$

吸附了 SO_2 的吸附剂被送到再生器，加热到 480℃，用甲烷作还原剂生成高浓度 SO_2 气体：

$$CuSO_4 + \frac{1}{2}CH_4 \longrightarrow Cu + SO_2 + \frac{1}{2}CO_2 + H_2O$$

$$Cu + \frac{1}{2}O_2 \longrightarrow CuO$$

然后，可以送往制酸，也可以将 SO_2 转化成单质硫副产品，再生后的氧化铜循环使用。

该过程的吸附机理是气相中的 SO_2 首先被氧化态 Cu 位吸附，吸附态的 SO_2 又被邻近的氧化态 Cu 位氧化成吸附态的 SO_3，而氧化态 Cu 位本身被还原为还原态，吸附态 SO_3 进一步转化为 $CuSO_4$，还原态 Cu 位可被气相中的氧重新氧化为氧化态，即：

$$Cu^{ox}+SO_2 \longrightarrow Cu^{ox}\text{-}SO_2$$
$$Cu^{ox}\text{-}SO_2+Cu^{ox} \longrightarrow Cu^{ox}\text{-}SO_3+Cu^{rd}$$
$$Cu^{ox}\text{-}SO_3 \longrightarrow CuSO_4$$
$$Cu^{rd}+O_2 \longrightarrow Cu^{ox}$$

式中，Cu^{ox} 和 Cu^{rd} 分别为氧化态铜位和还原态铜位；$Cu^{ox}\text{-}SO_2$ 和 $Cu^{ox}\text{-}SO_3$ 分别为被氧化态铜位吸附的吸附态的 SO_2 和 SO_3。由此可见，气相中氧的存在对 SO_2 的吸附是必要的。

吸附反应器有固定床、流化床以及旋流床、径向移动床等多种形式。经过数十年的研究，至今仍没有工业化，主要原因是由于 CuO 在不断的还原和氧化过程中物理化学性能逐渐下降，经过多次循环之后就失去了活性，载体 Al_2O_3 长期处在 SO_2 气氛中也会逐渐失效。此外，虽然脱硫脱硝是在一个反应器中完成的，但后处理比较复杂。

活性焦和活性炭纤维具有大的比表面积、发达的孔结构和丰富的含氧官能团，在常温附近对 SO_2 有较大的吸附容量，但温度升高时容量急剧下降，因此 CuO/Al_2O_3 和 CuO/SiO_2 在燃煤锅炉最经济的脱硫、脱硝温度窗口（120～250℃）都无法实现高效脱硫和脱硝。鉴于此，有人提出，如果将活性炭法与 CuO 法相结合，可能制备出活性温度适宜的催化吸附剂，克服活性炭使用温度偏低和 CuO/Al_2O_3 活性温度偏高的缺点。新型 CuO/AC（活性炭）催化剂在最适宜的烟气温度（120～250℃）下，具有较高的脱硫和脱硝活性，将明显优于同温度下活性炭和 CuO/Al_2O_3 的性能。

（三）NO_x SO 双脱技术

NO_x SO 双脱工艺是一种干式、可再生系统，适用中、高硫煤锅炉烟气同时除去 SO_2 和 NO_x。1994 年在美国 Ohio Edison's Niles 电站的 108MW 旋风炉上完成工业性试验。

工艺流程如图 8-36 所示。通过直喷水雾冷却烟气，然后烟气进入平行的两座流化床吸收塔，在此 SO_2 和 NO_x 同时被吸收剂脱除。吸收剂是高比表面积的浸透了碳酸钠的氧化铝球状颗粒，吸附反应在 120℃下进行。主要反应式：

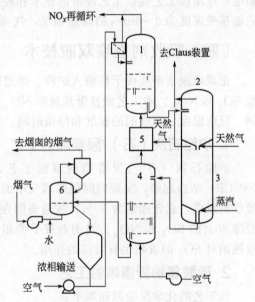

图 8-36 NO_x SO 双脱工艺流程

1—吸收剂加热器；2—再生器；3—蒸汽处理器；
4—吸收剂冷却器；5—空气加热器；6—吸收塔

$$4Na_2O+3SO_2+2NO+3O_2 \longrightarrow 3Na_2SO_4+2NaNO_3$$

净化后的烟气排入烟囱，用过的吸收剂送至有三段流化床的吸收剂加热器，在 600℃温度下，NO_x 被解吸并部分分解。含有解吸的 NO_x 热空气再循环至锅炉，与燃烧室的还原性气体中的自由基反应，NO_x 转化为 N_2，并释放出 CO_2 或 H_2O。从移动床再生器的吸收剂中回收硫，吸收剂上的硫化合物（主要是硫酸钠）与天然气在高温下反应生成高浓度SO_2和H_2S。约20%的硫酸钠被还原为硫化钠，硫化钠在蒸汽处理器中水解。总反应式：

$$2Na_2SO_4 + \frac{5}{4}CH_4 \longrightarrow 2Na_2O + H_2S + SO_2 + \frac{5}{4}CO_2 + \frac{3}{2}H_2O$$

来自再生器和蒸气处理器的气态物在Claus装置中被还原产生单质硫。吸收剂在冷却塔中冷却后返回吸收塔重复使用。本工艺可达到97%的脱硫率和70%的脱硝率，电耗较大，约为输出电量的4%。

NO_xSO双脱工艺适用于燃用高硫煤的小型电站和工业锅炉。在该工艺的基础上加以改进，发展了一种新型的SNAP工艺，其原理相同，只是系统组成有所差别。它的再生过程分为两个阶段。

第一阶段，吸收剂被加热到400℃解吸出NO_x：

$$2NaNO_3 \longrightarrow Na_2O + 2NO_2 + \frac{1}{2}O_2$$

$$2NaNO_3 \longrightarrow Na_2O + NO_2 + NO + O_2$$

第二阶段，在600℃温度下用天然气与吸收剂反应。最终的副产物是单质硫。5MW的NO_xSO双脱试验装置于1993年在美国建成，经6500h运行后SO_2和NO_x的最大脱除率分别达到99%和95%。

SNAP工艺自从1995年就开始在10MW的燃煤电厂进行论证试验，为建造400MW的新电厂应用该工艺提供工艺评价的技术和经济参数。SNAP工艺采用了气体悬浮式吸收器，它能接受速度为3~6m/s的高速烟气，气-固接触时间长达2~3s，气相阻力低至2~3kPa。

（四）吸收剂直喷双脱技术

把碱或尿素溶液或干粉喷入炉膛、烟道或半干式喷雾洗涤塔内，在一定条件下能同时脱除SO_2和NO_x。本工艺能显著地脱除NO_x，脱硝率主要取决于烟气中的SO_2和NO_x的比例、反应温度、吸收剂的粒度和停留时间。本工艺包括多种类型，分述如下。

1. 炉膛石灰（石）/尿素喷射工艺

炉膛石灰（石）/尿素喷射双脱工艺，实际上是把炉膛喷钙和选择性非催化还原（SNCR）结合起来，实现同时脱除烟气中的SO_2和NO_x。喷射浆液由尿素溶液和各种钙基吸收剂组成，总含固量为30%。实验表明在Ca/S摩尔比为2和尿素/NO_x摩尔比为1时能脱除80%的SO_2和NO_x。与消石灰干喷相比，浆液喷射能增强SO_2的脱除。外加尿素溶液脱硝对SO_2的脱除也有增强的作用。

2. 碳酸氢钠管道喷射工艺

该工艺的化学反应原理如下：

$$NaHCO_3 + SO_2 \longrightarrow NaHSO_3 + CO_2$$

$$2NaHSO_3 \longrightarrow Na_2S_2O_5 + H_2O$$

$$Na_2S_2O_5 + 2NO + O_2 \longrightarrow NaNO_2 + NaNO_3 + 2SO_2$$

$$2NaHSO_3 + 2NO + O_2 \longrightarrow NaNO_2 + NaNO_3 + 2SO_2 + H_2O$$

在100MW的Nixon电厂用碳酸氢钠作为吸收剂喷入袋式除尘器的上游烟道中能达到70%的脱硫率和23%的脱硝率。

在德国，处理烟气量11000m^3/h，SO_2和NO_x的浓度分别为1000mg/m^{3}和200mg/m^3，向袋滤器前的圆柱形反应器喷入平均粒径为7.5μm的碳酸氢钠粉末，温度110~

120℃，结果脱硫率达到98％，脱硝率为64％。

3. 组合联用管道喷射工艺

组合联用管道喷射工艺如图 8-37 所示。该工艺采用 Bsbcock＆Wilcox 的低 NO_x DRB-XCL 下置式燃烧器，通过在缺氧环境下喷入部分煤和部分燃烧空气来抑制 NO_x 的生成；其余的燃料和空气在第二级送入，过剩空气的引入是为了完成燃烧过程和进一步除去 NO_x。低 NO_x 燃烧器预计可减排50％的 NO_x，而且在通入过剩空气后可达70％。

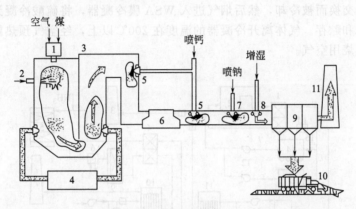

图 8-37　组合联用管道喷射工艺示意

1—低 NO_x 燃烧器；2—顶部燃尽风口；3—锅炉；4—尿素贮罐；5—喷钙装置；6—空气预热器；
7—喷钠装置；8—增湿装置；9—除尘器；10—输灰装置；11—烟囱

将两种干粉吸附剂注入锅炉出口的烟道中以尽量减少 SO_2 的排放，钙剂被注入空气预热器上游，或者把钠剂和钙剂都注入空气预热器的下游，顺流加湿活化，有助于提高 SO_2 的捕获率、降低烟气温度和流量、减少袋式除尘器的压降。

该技术在美国公用事业公司的 100MW 顶部装有燃烧器的下置式煤粉锅炉上进行了工业示范试验。试验联用下列 4 项技术达到减排 70％以上的 NO_x 和 SO_2 的目的：a. 炉内喷尿素，SNCR 脱硝；b. 下置式低 NO_x 燃烧器减硝；c. 烟道（前部）喷钙（钠）脱硫；d. 烟道（后部）加湿活化，强化脱硫。

无论是多项技术综合联用还是单项技术应用，为电厂和工业锅炉提供了一种常规湿式 FGD 的替代方法，其成本相对较低。只需要较少的设备投资和停机时间便可实施改装，且所需空间较小，可应用于各种容量的机组，特别适用于中小型老机组，可减排 70％以上的 NO_x 和 55％～75％的 SO_2。

（五）非均相催化双脱技术

本工艺利用氧化、氢化或 SCR 反应，SO_2 和 NO_x 的脱除率能达到 90％或更高，而且比传统的 SCR 工艺，具有更高的 NO_x 脱除率。这取决于催化反应与催化剂的组成。单质硫作为副产物回收，无废水产生，这是本工艺的特点。本工艺包括 WSA-SNOX、DES-ONOX、SNRB、Parsons FGC 和 Lurgi CFB，其中有的正处于商业运行阶段，有的尚在研发之中。

1. WSA-SNOX 工艺

WSA-SNOX 工艺采用两种催化剂，先以 SCR 脱硝，然后将 SO_2 催化氧化为 SO_3，再

冷凝 SO_3 为硫酸产品。SO_2 和 NO_x 脱除率可达 95％。该工艺无废水和废渣产生，除用氨脱除 NO_x 外，不消耗任何其他化学药剂。WSA-SNOX 工艺最初由丹麦 Halder Topsoe 研发。1991 年首次应用在 NEFO 的 300MW 的燃煤电厂。

图 8-38 所示为 NEFO 电厂的 WSA-SNOX 工艺流程。来自空气预热器的烟气经过滤净化处理，并通过气-气换热器温度升高到 370℃ 以上，将氨和空气混合气在 SCR 反应器之前加入到烟气中。NO_x 在反应器中被氨还原生成 N_2 和水。烟气离开反应器经调节温度，进入 SO_2 转换器，在此将 SO_2 氧化为 SO_3。SO_3 气体通过气-气换热器的热侧，与进口处被加热的烟气进行热交换而被冷却，然后烟气进入 WSA 膜冷凝器，将硫酸冷凝到一个硼硅酸盐玻璃管中被收集和贮存。气体离开冷凝器的温度在 200℃ 以上，经空气预热器得到更多的热以后用作炉膛燃烧用空气。

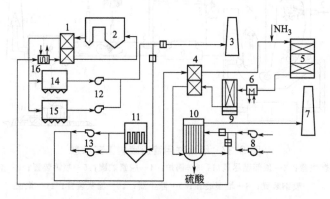

图 8-38　WSA-SNOX 工艺流程

1—空气预热器；2—锅炉；3—现有烟囱；4—气-气预热器；5—SCR 反应器；6—蒸汽-气预热器；
7—SNOX 烟囱；8—现有空气鼓风机；9—SO_2 转换器；10—WSA 膜冷凝器；11—袋式除尘器；
12—现有引风机；13—烟气鼓风机；14,15—现有的 ESP；16—冷却器

WSA-SNOX 工艺的特点是：a. 脱硝率高（在 95％ 以上）；b. 能耗低（占发电量的 0.2％）；c. 粉尘排放量非常少。

WSA-SNOX 工艺的总脱硝率在 95％ 以上，高于单独使用 SCR 或其他联合双脱工艺的脱硝率。这是因为在该工艺中 NO_x 的还原在 NH_3/NO_x 摩尔比高于 1.0 的条件下进行，剩余的 NO_x 在下游的 SO_2 转换器中被脱除。传统的 SCR 技术限制 NH_3/NO_x 摩尔比小于 1.0，因为必须控制 SCR 的氨逸出低于 $3.8mg/m^3$，以防硫酸铵或硫酸氢铵在下游低温区域的结垢。WSA-SNOX 工艺在 SCR 和 SO_2 转换器之间的烟道中无铵盐析出，因为烟气温度远高于硫酸铵和硫酸氢铵的露点。

在该工艺中，可以从 SO_2 转换、SO_3 水解、H_2SO_4 冷凝、NO_x 脱除反应中回收热能，回收的热能用于增加蒸汽量。因此，300MW 的电厂 WSA-SNOX 的能耗仅为发电量的 0.2％（煤中硫分 1.6％）。煤中硫分每增加 1 个百分点，蒸汽量也增加 1 个百分点，当煤中含硫 2％～3％ 时，增加的蒸汽量基本可以补偿 WSA-SNOX 工艺的能耗。

与本工艺相类似的 DESONOX 工艺是 20 世纪 80 年代开发的，中试曾在德国 Hafen Munster 电厂 31MW 的锅炉上进行。烟气流经高温电除尘器与 NH_3 混合进入 SCR 反应器，在反应器 NO_x 被催化还原，然后 SO_2 被氧化成为 SO_3，SO_3 被冷凝获得浓度为 70％ 的硫酸。流程和操作与上述 WSA-SNOX 基本相同，但没有采用袋式过滤器，换热设备简单。

2. SNRB双脱工艺

SNRB（SOX-NOX-ROXBOX）技术把SO_2、NO_x和颗粒物的处理集中在一个高温集尘室中完成。其原理是在省煤器后喷入钙基吸收剂脱除SO_2。在袋式除尘器的滤袋中悬浮有SCR催化剂并在气体进袋式除尘器前喷入NH_3以去除NO_x。袋式除尘器位于省煤器和换热器之间，目的是保证反应温度。工艺流程如图8-39所示。

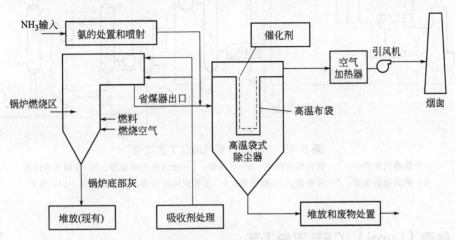

图8-39　SNRB工艺流程

该技术已在美国进行了5MW电厂的示范。装置于1992年开始运行，通过2600h的测试，结果证明，排放控制已超过预期目标。对3种污染物的排放控制效果为：a. 在NH_3/NO_x摩尔比为0.85、氨的逸出量$<4mg/m^3$时，脱硝率达90%；b. 在以熟石灰为脱硫剂、钙硫比为2.0时，可达到80%~90%的脱硫率；c. 除尘率达到99.89%。颗粒物的排放量$<0.013mg/m^3$。

SNRB工艺将三种污染物的脱除集中在一个设备内进行，因而降低了成本和减少了占地面积。由于该工艺是在SCR脱硝之前除去SO_2和颗粒物，因而减少了铵盐在催化剂层的堵塞、磨损和中毒。本工艺要求的烟气温度范围为300~500℃，装置需布置在空气预热器之前。当脱硫后的烟气进入空气预热器时，已基本消除了在预热器中发生酸腐蚀的可能性，因此可以进一步降低排烟温度，提高锅炉的热效率。SNRB工艺的缺点是，由于要求的烟气温度高，需要采用特殊的耐高温陶瓷纤维滤袋，增加了投资费用和运行成本。

3. Parsons烟气清洁（FGC）工艺

Parsons烟气清洁工艺已发展到中试阶段，燃煤锅炉烟气中的SO_2和NO_x的脱除率能达到99%，故有此命名。该工艺包括以下3个步骤：

① 在单独的还原步骤中同时将SO_2催化还原成H_2S，NO_x还原成N_2；
② 从氢化反应器的排气中回收H_2S；
③ 用H_2S的富集气体生产硫黄。

图8-40为典型的Parsons烟气清洁工艺流程，烟气与水蒸气-甲烷重整气和硫黄装置的尾气混合形成催化氢化反应模块的给料气体，SO_2和NO_x被还原。一种专用的蜂窝状催化反应器安装在烟气中，氢化步骤是脱硫工艺的延续，可处理含尘烟气。烟气在直接接触式过热蒸汽降温器中冷却。冷却后进入含有H_2S选择性吸收剂的吸收柱中，净化后，H_2S含量低于$15.2mg/m^3$的烟气通过烟囱排向大气。富集H_2S的吸收剂在再生器中被加热再生，将H_2S

释放出来。含有 H_2S 的排出气体被送至硫黄制备装置，将 H_2S 转化为单质硫副产品。

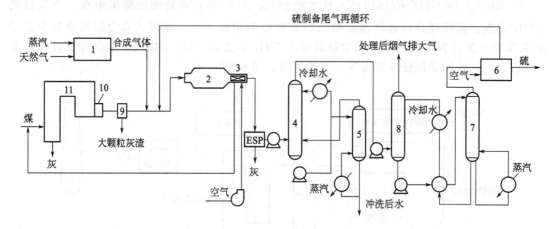

图 8-40 Parsons 烟气清洁工艺流程

1—甲烷蒸汽重整炉；2—氢化反应模块；3—空预器；4—过热蒸汽降温器；5—含酸水冲洗器；

6—硫黄制备装置；7—再生器；8—吸收塔；9—多管旋风除尘器；10—省煤器；11—锅炉

4. 鲁奇（Lurgi）CFB双脱工艺

采用烟气循环流化床（CFB）脱除 SO_2/NO_x 的工艺已由 Lurgi GmbH 开发。CFB 反应器运行温度为 385℃，消石灰粉用作脱硫吸收剂。该工艺不需要水，吸收产物主要是 $CaSO_4$ 和约 10% 的 $CaSO_3$，这是在 NO_x 的还原期间 SO_2 氧化的结果。脱硝反应是使用氨作为还原剂进行的。催化剂是具有活性的 $FeSO_4 \cdot 7H_2O$ 细粉，没有载体。中试 CFB 系统建造在德国 RWE 的一个电厂，图 8-41 为该装置的流程。试验表明，在 Ca/S 摩尔比为 1.2~1.5 时，能达到 97% 的脱硫率；在 NH_3/NO_x 摩尔比为 0.7~1.0 时，脱硝率为 88%。在 NO_x 浓度高达 $1540mg/m^3$ 的原烟气中，NO_x 的脱除率为 94%。本系统排出的清洁气体中，已基本上检测不到 NO_2。氨的逸出量 $<3.8mg/m^3$。

图 8-42 给出了在 300~450℃ 温度范围内 CFB 工艺脱除 SO_2 和 NO_x 的结果。

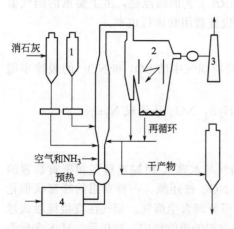

图 8-41 Lurgi CFB 中试装置流程

1—催化剂；2—除尘器；3—烟囱；4—预除尘器

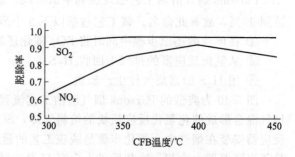

图 8-42 CFB 脱硫脱硝实验结果

二、湿式"双脱"技术

由于 NO 的溶解度很低，湿式烟气"双脱"工艺通常是先将 NO 氧化成 NO_2，或者通过加入添加剂提高 NO 的溶解度。这项技术主要包括氯酸氧化工艺和络合吸收法等。

（一）氯酸氧化工艺

氯酸氧化工艺，又称 Tri-NO_x-NO_x Sorb 工艺。在一套湿式洗涤设备中同时脱除烟气中的 SO_2 和 NO_x，因为不用催化剂，所以不存在催化剂涉及的一切问题。

本工艺采用氧化吸收塔和碱液吸收塔两段工艺。在氧化吸收塔用氯酸（$HClO_3$）氧化剂氧化 NO 和 SO_2 及有毒金属，碱液吸收塔则作为后续工艺采用 Na_2S 及 NaOH 作为吸收剂，吸收净化酸性气体。该工艺脱除率可达 95% 以上。工艺流程见图 8-43。

用作氧化吸收液的氯酸，通常采用电化学生产工艺制取。氯酸产品的浓度为 35%～40%（质量分数）。氯酸的酸性强于硫酸，是一种强氧化剂。氧化电位受液相 pH 值的控制。在酸性介质条件下，氯酸的氧化性比高氯酸（$HClO_4$）更强。

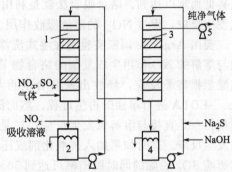

图 8-43 氯酸氧化同时脱硫脱硝工艺流程
1—氧化吸收塔；2—氧化吸收塔平衡箱；3—碱式吸收塔；4—碱式吸收塔平衡箱；5—风机

NO 与 $HClO_3$ 反应是先产生 ClO_2 和 NO_2：

$$NO + 2HClO_3 \longrightarrow NO_2 + 2ClO_2 + H_2O$$

ClO_2 进一步与 NO 和 NO_2 反应：

$$5NO + 2ClO_2 + H_2O \longrightarrow 2HCl + 5NO_2$$

$$5NO_2 + ClO_2 + 3H_2O \longrightarrow HCl + 5HNO_3$$

总反应式：$13NO + 6HClO_3 + 5H_2O \longrightarrow 6HCl + 10HNO_3 + 3NO_2$

由此可知，反应结果 HCl、HNO_3、NO_2 是主要的最终产物。

SO_2 与 $HClO_3$ 的反应：

$$SO_2 + 2HClO_3 \longrightarrow SO_3 + 2ClO_2 + H_2O$$

$$SO_3 + H_2O \longrightarrow H_2SO_4$$

总反应式：$SO_2 + 2HClO_3 \longrightarrow H_2SO_4 + 2ClO_2$

产生的 ClO_2 与未反应的 SO_2 在气相反应：

$$4SO_2 + 2ClO_2 \longrightarrow 4SO_3 + Cl_2$$

产生的 Cl_2 进一步与 H_2O 和 SO_2 在气相和液相反应生成 HCl 和 SO_3：

$$Cl_2 + H_2O \longrightarrow HCl + HClO$$

$$SO_2 + HClO \longrightarrow SO_3 + HCl$$

总反应式：$Cl_2 + SO_2 + 2H_2O \longrightarrow H_2SO_4 + 2HCl$

本工艺的特点是：

① 对入口 NO_x 浓度要求较宽，可以取得 95% 的高脱硝率；

② 操作温度低，在常温和低氯酸浓度条件下即可进行；

③ 除了脱硫脱硝以外，还能去除 As、Be、Cd、Cr、Pb、Hg 和 Se 等有害物；

④ 适用于老厂加装改造，因为占地面积较少。

本工艺也存在一些尚待解决的问题，如产生的强腐蚀性废酸液的贮运和处理；氯酸对设备的腐蚀性很强，防腐蚀势必增加投资；氯酸的生产技术要求高，价格不便宜，火电厂使用将使运行成本提高。所以，需要关注新氧化剂的选用，低腐蚀、高效率、价廉易得。

（二）络合吸收双脱工艺

传统的湿式脱硫工艺能脱除 $90\%\sim95\%$ 的 SO_2，但要同时脱硝则因 NO 在水中的溶解度甚低而难以达到。络合吸收法就是利用一些金属螯合剂如 Fe^{2+}-EDTA 能与溶解的 NO 迅速发生反应，促进 NO_x 的溶解吸收作用。

美国 Argonne 国家实验室在湿式洗涤工艺中使用铁螯合剂作为添加剂。因为它能快速地与溶解的 NO 作用生成复杂的络合物 Fe^{2+}-EDTA·NO，该配位 NO 能与亚硫酸根和亚硫酸氢根离子反应，释放出铁螯合剂再与 NO 反应。这种最佳的协同作用意味着无需对 Fe^{2+}-EDTA 进行单独的再生过程。然而添加剂中铁离子的氧化会使二价铁失去活性。氧化作用：一是直接与溶解氧发生反应；二是与从络合物 Fe^{2+}-EDTA·NO 中分解出来的官能团发生反应。这时如果加入抗氧化剂或还原剂，能对亚铁离子氧化起到抑制作用。结果是在不影响 SO_2 脱除的同时脱硝率可达到 50%。在此基础上，于 1993 年，开发出利用湿式洗涤系统络合吸收双脱工艺，在美国能源部资助下首先进行中试，采用含 6% 的 MgO 增强石灰添加 Fe^{2+}-EDTA（铁螯合剂），试验取得成功，脱硝率和脱硫率分别达到 60% 和 99%。

1. Fe^{2+}-EDTA-Na_2SO_3 络合法

用 Fe^{2+}-EDTA-Na_2SO_3 体系络合处理以 NO 为主的烟气，主要化学反应为：

$$Na_2SO_3+SO_2+H_2O \longrightarrow 2NaHSO_3$$
$$Fe^{2+}\text{-EDTA}+NO \Longleftrightarrow Fe^{2+}\text{-EDTA}\cdot NO$$
$$2Fe^{2+}\text{-EDTA}\cdot NO+5Na_2SO_3+3H_2O \longrightarrow 2Fe^{2+}\text{-EDTA}+2NH(SO_3Na)_2+Na_2SO_4+4NaOH$$
$$NH(SO_3Na)_2+H_2O \longrightarrow NH_2\cdot SO_3Na+NaHSO_4$$

该络合吸收法存在的主要问题是为回收 NO_x 必须选用不使 Fe^{2+} 氧化的惰性气体将 NO_x 吹出；Fe^{2+} 总难免会氧化成 Fe^{3+}，用电解还原法和铁粉还原法再生 Fe^{2+}，将使工艺流程复杂和费用增加。另一个不足是络合反应速率较慢。

湿式 FGD 加金属螯合剂工艺是在碱性或中性溶液中加入亚铁离子形成氨基羟酸亚铁螯合物。这类螯合物吸收 NO 形成亚硝酰亚铁螯合物，配位的 NO 能够和溶解的 SO_2 和 O_2 反应生成 N_2、N_2O、连二硫酸盐、硫酸盐以及各种 N-S 化合物和三价铁螯合物。该工艺需从吸收液中去除连二硫酸盐、硫酸盐和 N-S 化合物，并将三价铁螯合物还原成亚铁螯合物，从而使吸收液再生。但是，吸收液的再生工艺十分复杂，成本很高。

针对这些问题，提出用含—SH 基团的亚铁络合物作为吸收液，即半胱氨酸亚铁溶液双脱工艺。

2. 半胱氨酸亚铁络合法

针对 EDTA 络合法的不足，用含有—SH 基团的亚铁络合剂，把半胱氨酸亚铁溶液作为吸收液，半胱氨酸可通过盐酸水解毛发制得。研究表明，半胱氨酸亚铁溶液对烟气中的 NO_x 吸收能力随 pH 值的不同而不同。在碱性条件下（pH 值为 $8.0\sim10.0$），吸收液对 NO 的脱除率明显高于中性条件（pH 值为 7.0），且 pH 值为 9.0 时 NO_x 的脱除率最高。

半胱氨酸亚铁溶液吸收 NO_x 的反应过程非常复杂，根据红外光谱分析推测，当 NO 被半胱氨酸亚铁溶液吸收后，形成一种亚硝酸络合物，随后络合的 NO 被 CyS^- 还原生成 N_2：

$$Fe(CyS)_2 + NO \Longleftrightarrow Fe(CyS)_2(NO)$$

$$2Fe(CyS)_2(NO) \Longleftrightarrow Fe(CyS)_2 + N_2 + CySSCy + Fe(OH)_2$$

在此过程中，半胱氨酸被氧化成胱氨酸（CySSCy），在适当条件下胱氨酸能被 SO_2/OH 体系还原成半胱氨酸，有下列反应发生：

$$CySSCy + SO_3^{2-} \Longleftrightarrow CySSO_3^- + CyS^-$$

$$CySS^- + SO_3^{2-} \Longleftrightarrow CyS^- + S_2O_3^{2-}$$

$$S_2O_3^{2-} + H^+ \Longleftrightarrow HSO_3^- + S$$

由此可见，半胱氨酸亚铁络合法不仅能脱除烟气中的 NO_x，而且可以与脱硫系统联合运行。

在中性或碱性条件下，半胱氨酸亚铁以络合物 $Fe(CyS)_2$ 为主要存在形式。$Fe(CyS)_2$ 与 NO 发生复杂的化学反应，主要形成二亚硝酰络合物，随后半胱氨酸被氧化成胱氨酸，而吸收的 NO 被还原成 N_2。NO 脱除率受 pH 值和 $Fe(CyS)_2$ 浓度的影响，但初始 NO 浓度的影响并不明显。脱除 NO 后被氧化生成的胱氨酸，能快速地被烟气中的 SO_2 还原成半胱氨酸，再生的半胱氨酸可重新用于烟气的 NO 吸收，使脱硫脱硝反应得以循环进行。

湿式络合吸收法能同时脱除 SO_2 和 NO_x，目前尚处于试验研究阶段。影响其工业应用的主要障碍是反应过程中螯合剂的损失大和再生困难、利用率低，运行费用高。

（三）氨洗涤双脱法

由于 NH_3 是 SO_2 的吸收剂，又是 NO_x 的还原剂，因此在一定条件下它应具有"双脱"功能。在湿式洗涤系统中，有良好的脱硫吸收环境，但缺乏 NO_x 还原的最适宜条件。不过，由于 NH_3 和亚铵盐均具有还原作用。在吸收脱硫的过程中，可能会有一部分溶解的 NO_x 与它们发生反应，被还原成 N_2。我国天津碱厂在（6MW）210t/h 锅炉上，采用湿式氨法烟气脱硫装置证实了上述推断，获得 95% 的脱硫率和 22% 的脱硝率。

三、高能电子束辐照氧化法

这种方法是利用高能电子撞击烟气中的 H_2O、O_2 等分子，激发并产生 $\cdot O$、$\cdot OH$ 和 $\cdot O_2$ 等强氧化性的自由基团，将 SO_2 氧化成 SO_3，SO_3 与 H_2O 生成 H_2SO_4，同时也将 NO 氧化成 NO_2，NO_2 与 H_2O 生成 HNO_3，生成的酸与喷入的 NH_3 反应生成硫酸铵和硝酸铵（硫硝铵）。根据高能电子的产生方法不同，这类方法又分为电子束辐照法（EBA）和脉冲电晕等离子体法（PPCP）。

参 考 文 献

[1] 韩应健，戴映云，陈南峰. 机动车排气污染物检测培训教程. 北京：中国质检出版社，中国标准出版社，2011.
[2] 刘天齐. 三废处理工程技术手册·废气卷. 北京：化学工业出版社，1999.
[3] 李家瑞. 工业企业环境保护. 北京：冶金工业出版社，1992.
[4] 马广大. 大气污染控制技术手册. 北京：化学工业出版社，2010.
[5] 杨飏. 二氧化氮减排技术与烟气脱硝工程. 北京：冶金工业出版社，2006.
[6] 台炳华. 工业烟气净化. 2 版. 北京：冶金工业出版社，1999.
[7] 中国环境保护产业协会，锅炉炉窑除尘脱硫委员会. 我国火电厂脱硫脱硝行业 2010 年发展综述. 中国环保产业，

2011，7：4-12.

[8]　朱宝山，等. 燃煤锅炉大气污染物净化技术手册. 北京：中国电力出版社，2006.

[9]　杨丽芬，李友琥. 环保工作者实用手册. 2版. 北京：冶金工业出版社，2001.

[10]　彭犇，高华东，张殿印. 工业烟尘协同减排技术. 北京：化学工业出版社，2023.

[11]　中国石油化工集团公司安全环保局. 石油石化环境保护技术. 北京：中国石化出版社，2006.

[12]　杨飐. 烟气脱硫脱硝净化工程技术与设备. 北京：化学工业出版社，2013.

第九章
机动车排气净化

第一节　机动车排气的产生和控制

作为交通工具的机动车是人类工业文明的产物，从 19 世纪末世界上第一辆汽油机汽车诞生以来，机动车经历了一个多世纪的发展，现在已经成为人类现代生活不可缺少的组成部分。汽车工业的发展不仅为社会解决交通问题创造了条件，而且带动了汽车相关产业的发展，进而推动了国民经济的增长和就业机会的增加。汽车进入家庭，为人们提供了便捷、高效的交通方式，提高了人民的生活水平和生活质量。

汽车诞生 100 多年来，虽然在制造工艺等方面取得了巨大的进步，但作为动力装置的发动机技术却没有发生根本性的变化。目前以汽油机、柴油机为代表的内燃机仍是各种道路机动车发动机的主流技术。

汽车是重要的现代化交通工具，而环境质量又是构成生活质量的重要因素，如何在发展经济、提高人民生活水平的同时，处理好汽车与环境保护这对矛盾，是机动车工业发展过程中无法回避的问题，因此，控制尾气排放成为防治机动车污染的主要目标，低排放甚至零排放汽车将成为未来汽车工业的发展方向。制定和实施更加严格的排放标准，降低排放负荷是解决机动车污染问题的必然选择和有效手段。

从理论上讲，强制性标准与经济刺激相比有许多不足之处，但由于它易于实施和管理，大多数国家和地区依然选择它作为控制机动车排放的主要手段。

对于不同的国家和地区，由于经济基础、社会状况等具体条件不同，排放法规也不相同。若排放法规过于严格，会导致初期投资和运行费用急剧增加；若法规过于宽松，则失去了建立法规、保护环境的意义，因此各个国家制定的排放法规也不尽相同。目前，美国、日本和欧洲的汽车排放法规和标准是当今世界三个主要的法规体系，它经历了由简到繁、由粗糙到完善，控制车型范围不断扩大的发展过程。

一、机动车排气的产生

机动车排放的尾气主要是燃料在燃烧过程中产生的，有 CO、烃类化合物（HC）、NO_x 及炭烟颗粒等有毒有害物质和强致癌物，它对人体产生极大的危害。

(1) CO　CO 是燃料燃烧的中间产物，主要是在局部缺氧或低温条件下，由于不完全燃烧而产生，混在废气中排出。当汽车负重过大、慢速行驶或急速时，燃料不能充分燃烧，废气中一氧化碳含量会明显增加。

(2) HC　HC 包括未燃和未完全燃烧的燃油、润滑油及其裂解产物和部分氧化物，如苯、醛、烯和多环芳族烃类化合物等 200 多种复杂成分。主要来自三种排放源，对汽油机来说，65%～85% 的 HC 来自排气管排放，约 20% 来自曲轴箱泄漏，5%～15% 来自燃料系统的蒸发（燃油蒸发）。

HC 是引起光化学烟雾的重要物质。

（3）NO$_x$　NO$_x$ 大部分是燃烧过程中高温条件下生成的，如 NO、NO$_2$、N$_2$O$_3$、N$_2$O$_5$ 等，总称 NO$_x$。氮氧化物的排放量取决于燃烧温度、时间和空燃比等因素。燃烧排放的氮氧化物中，一氧化氮（NO）占 90%～95%，其余的是二氧化氮（NO$_2$）。NO 是无色无味气体，只有轻度刺激性，毒性不大，高浓度时会造成中枢神经系统轻度障碍。NO 可以被氧化成 NO$_2$。

（4）炭烟颗粒　炭烟颗粒主要来自柴油机，是柴油在燃烧过程中，由于高温缺氧而产生的，是产生臭味和黑烟的主要原因。它对人体健康的危害程度与颗粒的大小及组成有关，颗粒越小（直径＜0.3μm），悬浮在空气中的时间越长，进入人体后的危害越大。炭烟颗粒除了对人的呼吸系统造成危害以外，由于其存在孔隙，能黏附 SO$_2$、未燃的烃类、NO$_x$ 及苯并芘等有毒物质，因而对人体的健康造成更大的危害。世界卫生组织建议：应采取紧急措施减低柴油排放，尤其是要控制柴油颗粒物的排放。柴油机微粒也是造成能见度变差的重要原因。

（5）光化学烟雾　光化学烟雾主要是由大气中的氮氧化物、烃类化合物在强烈太阳光的作用下，发生光化学反应而形成的。光化学烟雾是以 O$_3$ 为代表的刺激性二次污染物，多出现在逆温层和低风速、空气接近停滞状态、阳光充足的气象条件下。一般发生在温度较高的夏季晴天，峰值出现在中午或刚过中午，夜间消失。

在城市，特别是在拥挤的街道上，汽车尾气污染日益严重，空气中 90%～95% 的 CO、80%～90% 的 HC+NO$_x$ 以及大部分颗粒物来自于汽车（汽油机和柴油机），成为人类健康和自然环境的最大威胁。

汽车排气中的有害物质是在燃料燃烧为发动机提供动力的过程中产生的，包括汽油挥发泄出的蒸气、曲轴箱中窜漏的废气、排气管的尾气以及汽油中带入的硫、铅、磷在排气中形成的污染物。其构成情况为：

① 尾气污染占总污染量的 65%～85%，有害物质为 CO、NO$_x$ 及 HC（包括酚、醛、酸、过氧化物等）；

② 曲轴箱通风污染占 20%，主要是 HC；

③ 汽油箱通风污染占 5%，主要是汽油中轻馏分的蒸发；

④ 化油器的蒸发和泄漏，占 5%～10%；

⑤ S、Pb、P 的污染。

二、机动车排气控制

中国幅员辽阔、人口众多、经济持续高速发展、社会交通需求量大，这些都给机动车尤其是汽车工业提供了广阔的发展空间。由于机动车是一种对环境依赖度非常高的特殊商品，其使用要受到诸多外部条件的限制，如城市道路容量、燃料、安全、环境保护等。

一般可通过以下 3 个途径进行排气净化。

① 燃料的改进与替代。以无铅汽油代替有铅汽油不仅提高汽油的品位，有利于发动机工况，而且降低 HC、CO 的排放浓度。

无铅汽油避免了由于添加剧毒的四乙基铅［Pb(C$_2$H$_5$)$_4$］而生成 PbO 造成的污染。

② 机内净化。在汽车设计与制造过程中充分考虑消除汽油蒸发以及蒸气的回收利用，减少曲轴箱废气的窜漏，采用新的供油方式，提供符合发动机各种工况下所需浓度的燃料气，以降低排气量及有害物质的含量。

③ 机外净化。机外净化是指废气离开发动机进入大气前的最后处理，也称为尾气净化。由于多采用催化方法，所以习惯称为尾气催化净化。

第二节 燃料的改进与替代

汽油是石油化工产品，按照不同的生产工艺，产品为直馏汽油和裂化汽油。直馏汽油作为汽车燃料性能较差，需添加四乙基铅作抗爆剂，称为有铅汽油。裂化汽油可直接作为汽车燃料使用。以裂化汽油代替有铅汽油称为燃料的改进，这也是国内外发展的趋势。

用分子中含碳数较低的可燃性气体或液体替代汽油作为汽车燃料，称为替代。

已知可用于汽车的替代燃料有天然气、液化石油气、甲醇、乙醇、二甲醚、氢气、太阳能、电能和生物质能等。汽车新能源的优缺点和应用前景如表 9-1 所列。

表 9-1　汽车新能源的比较

新能源	主要优点	主要缺点或问题	现状与前景
电能	(1)电能来源非常丰富，且来源方式多； (2)直接污染及噪声很小； (3)结构简单，维修方便	(1)蓄电池能量密度小，汽车续驶里程短，动力性较差； (2)电池重量大，寿命短，成本高； (3)蓄电池充电时间长	(1)从总体看仍处于试验研究和推广阶段，要完全解决技术上的难题并降低成本，还需要一定的时间； (2)公认的未来汽车的主体
氢气	(1)氢气来源非常丰富； (2)污染很小； (3)氢的辛烷值高,热值高	(1)氢气生产成本高； (2)气态氢能量密度小且储运不便； (3)液态氢技术难度大，成本高； (4)需要开发专用发动机	仍处于基础研究和应用阶段，制氢及储存技术有所突破；有希望成为未来汽车的重要组成部分
天然气	(1)天然气资源丰富； (2)污染小； (3)天然气辛烷值高； (4)天然气价格低廉	(1)建加气站网络要求投资强度大； (2)气态天然气的能量密度小，影响续驶里程等性能； (3)与汽油车比，动力性低； (4)储带有所不便	在许多国家获得广泛使用并大力推广，已有约数百万辆，是 21 世纪汽车重要品种
液化石油气	(1)液化石油气来源较为丰富； (2)污染小； (3)液化石油气辛烷值较高	面临天然气汽车的类似问题，但程度较轻	目前世界上液化石油气汽车的保有量达 400 多万辆，是 21 世纪汽车重要品种
甲醇（乙醇）	(1)甲醇（乙醇）来源较为丰富； (2)辛烷值高； (3)污染小； (4)乙醇是一种持续发展的生物质能源	(1)甲醇毒性大； (2)需解决分层问题； (3)对金属及橡胶件有腐蚀性； (4)冷起动性能较差	已获得一定程度的应用；可以作为能源的一种补充，在某些国家或地区可能保持较大的比例
二甲醚	(1)二甲醚来源较为丰富； (2)污染小； (3)十六烷值高	面临与液化石油气类似的储运方面的问题	(1)正在研究开发； (2)采用一步法生产二甲醚成本大幅度下降后，可望有较好的发展前景
太阳能	(1)来源非常丰富，可再生； (2)污染很小	(1)效率低； (2)成本高； (3)受时令影响	正在研究阶段，达到实用需要相当长的时间
生物质能	(1)来源丰富，可再生； (2)污染小	(1)供油系统部件易堵塞； (2)冷起动性能差	可以作为能源的一种补充，已应用于某些国家或地区

一、燃料的改进

汽油是烃类有机化合物的混合物，由石油提炼而得。

石油是由多种烃类和少量胶质、酸类、硫及灰分（Al、Mg、Ca、Fe 等）组成的混合物。

石油中含硫。国外石油中含硫量高达 3%～5%，国产石油含硫量低，一般为 0.1%～0.18%。在石油炼制过程中，经脱硫工艺处理，含硫量降低，为优质油。常以单质硫或硫化物形式存在，在燃料混合气配制过程中腐蚀供油系统。燃烧过程中形成 SO_2 并与水汽形成酸雾，腐蚀汽缸，加剧磨损，排放后造成大气污染。SO_2 是大气质量评价的重要指标之一。

石油是混合物。混合物可根据物质的不同物理性质用物理方法分离。利用石油中烃类分子含碳数增大而沸点逐渐升高的物理性质，采用不同的蒸馏温度范围，在 40～200℃ 范围内可获 C_5～C_{11} 的烃类混合物汽油；低于此温度所得的产品为低碳烃石油液化气；高于此温度范围依次获得喷气燃料（航空发动机用油）、煤油、柴油、重油和沥青。

1. 直馏汽油

直馏汽油是石油直接进行蒸馏的产品，是 C_5～C_{11} 的烃类混合物。烃类分子结构多为直链烃。用直接蒸馏法所得汽油产率为 25%～30%。

由于直馏汽油烃类分子结构中碳链过长，在发动机内高温高压条件下容易断裂，造成不良影响。因此需要添加四乙基铅方能作为汽车燃料，所以多作为有铅汽油使用。四乙基铅有剧毒，燃烧后以 PbO 形式排放而造成污染（当人体每 100g 血液中 Pb 积累量达 0.08mg 时即产生铅中毒症状）。在燃烧过程中 PbO 会沉积在燃烧室、活塞、气阀上，影响发动机工作。

按照 1gal（加仑，1gal＝4.546L）四乙基铅的加入量，分为有铅汽油（4.2g）、低铅汽油（0.5g）和无铅汽油（0.07g）。

2. 裂化汽油

在高温高压（500℃、7000kPa）或催化剂作用下，使石油中长碳链分子裂化成短链，然后进行蒸馏，所得汽油产品为裂化汽油。由此法生产汽油可提高收率 50% 左右。

裂化汽油（尤其是催化裂化）的烃类分子中异构化烃类、环烃、芳香烃含量增加，如环己烷、苯。由于烃类异构化及环烃、芳香烃结构稳定，因此提高了燃料的抗爆性能，有利于提高发动机功率。

裂化汽油特别是催化裂化汽油无需添加抗爆剂，克服了铅的危害。这是以无铅汽油代替直馏汽油的原因。

3. 抗爆性与辛烷值

（1）抗爆性　在汽油的多种性能中，蒸发性与抗爆性两项重要指标与发动机性能有关。有铅汽油与无铅汽油的主要差别是抗爆性能。

抗爆性是燃料对发动机发生爆震现象的抵御性能。

按照发动机工作原理，当燃料气点燃后，燃烧以火焰形式以一定速度传播，处于最后燃烧位置的混合气最后燃烧，这部分混合气称终燃混合气，这种燃烧为正常燃烧。

但是发动机工作时，燃烧室处于高温高压状态，终燃混合气产生活泼的 H、HC 及更为活泼的过氧化物（—OOH）自由基，并发生连锁反应，积累大量的热量，温度升高，使火焰未达到终燃位置时提前着火，即自燃。根据气体状态方程式，一定质量的气体，其体积与压力成反比，在发动机内体积不能膨胀，只能引起压力的急剧增大，形成强大的冲击波，冲击汽缸壁、活塞顶面、汽缸盖内面，并互相反射，产生频率高达 5000Hz 的震动，这种恶劣（粗暴）的自燃现象称为爆震。据测试，若占 5% 的燃料气产生自燃，即可产生强烈爆震。

爆震破坏了发动机的正常工作，使油耗增加、发动机功率下降，甚至导致机器损坏。

燃料分子结构稳定性与爆震的原因密切相关。因直馏汽油与裂化汽油混合物中分子结构稳定性不同，所以抗爆性有很大差异。烃类分子结构的稳定性依芳烃、环烃、异构化烃、直（正）链烃次序衰减，其抗爆性能也是如此。

抗爆性具体标志为燃料辛烷值。

（2）辛烷值　辛烷值是燃料抗爆性的标志。

汽油是混合物，其抗爆性能与其组成有关。由于辛烷含量对抗爆性影响明显，故以辛烷值表示抗爆性。

这里"辛烷"是汽车专业名称，其分子结构属于异辛烷的一种，即 2,3,4-三甲基戊烷。由于其抗爆性能好，将其辛烷值定为 100，而将抗爆性差的正庚烷辛烷值定为 0。

以质量分数为 x 的 2,3,4-三甲基戊烷与质量分数为（$100-x$）的正庚烷配制燃料混合物，则此混合物即为辛烷值为 x 的标准物。

随着 x 的变化，可配制系列标准物，并已知此物的辛烷值。再通过实测，可获得抗爆性能与辛烷值 x 的对应关系。

倘若某种燃料的抗爆性能与标准物相同，则其辛烷值可用标准物辛烷值表示。显然辛烷值越高，其抗爆性越好。

由于抗爆性不仅与燃料性能有关，而且受发动机的结构及运转状况（燃烧室设计、压缩比、转速、点火提前角、气门定时、化油器结构等）的影响，因此对燃料抗爆性的评价是比较复杂的。按照辛烷值测定方法不同，辛烷值分为研究法辛烷值、马达法辛烷值和道路辛烷值。常用马达法辛烷值。直馏汽油辛烷值为 58～68，热裂化汽油为 63～70，催化裂化汽油为 78～80。

我国以汽油抗爆性、辛烷值作汽油标号。

二、氢替代燃料

氢是非常理想的燃料，燃烧反应的生成物为 H_2O，不存在排气中 HC、CO 的污染问题。氢的燃烧热极高，即使以稀薄燃料混合物作汽车燃料，也能适应发动机动力要求。而此时由于过量空气存在，降低了发动机汽缸温度，使 N_2 与 O_2 生成 NO_x 的化学反应的速率常数明显下降，减轻或避免了 NO_x 的污染问题。若保持适当的燃料混合气浓度，其混合气体积小，因此可提高发动机内气体压缩比，即提高发动机功率。

氢可由 H_2O 电解制取，资源丰富，技术成熟，但成本较高。

由于氢作为燃料已应用于火箭发射技术，各种制取氢的方法研究已蓬勃开展，加上固氢（以金属 Ni、Mg 等为骨架吸附、固定氢）技术已较成熟，因此氢作为清洁、高能燃料必将实现。

三、可燃性气体替代燃料

常见的可燃性气体如石油液化气、天然气、工业煤气等，均可作为汽油替代燃料。

液化石油气是石油炼制过程的轻馏分，主要成分为丙烷、丁烷及甲烷；天然气是甲烷、低碳烃分子的混合物，属自然资源；工业煤气主要成分为 CO，低碳的烷、烯及 H_2，是煤化工产物。可燃性气体在汽车燃料发展过程中被广泛使用。

由于这些气体的分子组成及结构特点，使燃烧反应比较容易进行，如甲烷燃烧反应：

$$CH_4 + 2O_2 \longrightarrow 2H_2O + CO_2$$

1个CH_4分子只需要2个氧分子即可完全反应。而汽油燃烧反应：

$$C_8H_{18} + 12.5O_2 \longrightarrow 8CO_2 + 9H_2O$$

即1个辛烷分子需要12.5个O_2分子方能完全反应。可以认为CH_4的完全燃烧比汽油的完全燃烧容易得多，从化学上讲，反应级数相差较大，低碳分子燃烧完全，所以使排气中有害物质HC、CO的含量降低。

从CH_4、C_3H_8、C_4H_{10}的组成与结构看含氢量较高，所以有比汽油高的燃烧热，可减少燃料气用量，有利于提高发动机压缩比，达到提高功率的目的，也有利于降低汽车排气量。

由于气体燃料分子小，结构相对稳定，有良好的抗爆性能，因此亦有利于改善发动机性能。此外气体燃料有利于提高燃料混合气质量。

我国曾在20世纪60年代成功地应用煤气及天然气替代汽油，解决了汽油暂时紧缺的困难。现在北京市正在进行以液化石油气作为汽车燃料的道路试验。

从汽车燃料的发展史看，汽油机的前身即点燃式发动机所使用的燃料即为甲烷气。

四、可燃性液体替代燃料

液体燃料主要有甲醇、乙醇、苯等，在过去曾被广泛采用，作为汽油替代品。

这些燃料抗爆性能好，有利于提高发动机压缩比，发挥发动机功率。这些燃料分子量低，燃烧完全，所以排气中有害物质含量低。

虽然有些燃料热值较低，但是通过提高燃料混合气压缩比，可以得到克服。

我国乙醇、甲醇的产量较高，作为替代燃料也是有前途的。

五、混合燃料或电力的替代

以上对燃料的改进与替代，都是环境保护强化的体现，并且都可以取得预期的效果。近年来为解决汽车排气污染，突出环保性能，积极研究开发以电能（或辅以少量汽油）代替完全以汽油为燃料的汽车。

世界各大汽车厂正对混合燃料车和电动汽车进行研究。混合燃料车的特色，是动力系统由电动机与传统汽油发动机组成，起动及低负载时由电动机系统驱动，高负载状态则由汽油发动机取代，并且在减速和发动机运动的过程中，将能量贮存到电池内，将能源循环利用。

电动汽车持续行驶的最大关键是电池，为此需开发适合电动汽车需求的高性能电池。目前镍氢电池较具批量生产规模，锂电池则可望在未来取代镍氢电池。但是电池效率与充电问题仍是电动汽车商业化的关键，为此又开发了燃料电池系统。美国通用公司认为由氢燃料经化学反应产生电源的燃料电动汽车，将是清洁高效且最有潜力成为顶尖解决污染方案的电动汽车。此外以工业用酒精或甲烷为燃料的电动汽车。燃料电池的提出是希望提供一个无需插座充电的电动汽车。

第三节 汽油车排气净化技术

一、汽油机机内净化的主要措施

① 改善点火系统。采用新的电控点火系统和无触点点火系统，提高点火能量和点火可

靠性，对点火正时实行最佳调节，以改善燃烧过程，降低有害排放物的含量。

② 积极开发分层充气及均质稀燃的新型燃烧系统。目前，美、日、德等国已开发出了不少新型燃烧系统，其净化性能及中、小负荷时的经济性均较好。

③ 选用结构紧凑和面容比较小的燃烧室，缩短燃烧室狭缝长度，适当提高燃烧室壁温，以削弱缝隙和壁面对火焰传播的阻挡与淬熄作用，可以降低烃类化合物和CO的排放量。采用4气门或5气门结构，组织进气涡流、滚流或挤流，并兼用电控配气定时、可变进气流通截面等可变技术，可以有效地改善发动机的动力性、经济性和排气净化性能。

④ 采用废气再循环控制。废气再循环是目前控制车用发动机 NO_x 排放的常用和有效措施。

发动机的使用工况与排放性能密切相关。作为车用发动机，应选择有害排放物较低，而且动力性和经济性又较好的工况为常用工况。因此，在汽车中就需要使用电子控制系统，它可根据驾驶员对车速的要求及路面状况的变化，对发动机转速和负荷进行优化控制。

电控汽油喷射技术、电控点火技术、稀燃分层燃烧技术、涡轮增压中冷技术等机内净化技术以及其他汽油机机内净化技术的研发不断取得进展。

二、汽油车排气后处理技术

（一）三元催化转化器

三元催化转化器是目前应用最多的车用汽油机排气后处理净化技术。当发动机工作时，废气经排气管进入催化器，其中，氮氧化物与废气中的一氧化碳、氢气等还原性气体在催化作用下分解成氮气和氧气；而烃类化合物和一氧化碳在催化作用下充分氧化，生成二氧化碳和水蒸气。三元催化转化器的载体一般采用蜂窝结构，蜂窝表面有涂层和活性组分，与废气的接触表面积非常大，所以其净化效率高，当发动机的空燃比在理论空燃比附近时，三元催化剂可将90%的烃类化合物和一氧化碳及70%的氮氧化物同时净化，因此，这种催化器被称为三元催化转化器。目前，电子控制汽油喷射加三元催化转化器已成为国内外汽油车排放控制技术的主流。

1. 三元催化转化器的组成

三元催化转化器的基本结构如图9-1所示，它由壳体、垫层、陶瓷载体和催化剂四部分组成。通常把催化剂涂层部分或载体和涂层称为催化剂。

（1）壳体 壳体是整个三元催化转化器的支承体。壳体的材料和形状是影响催化转化器转化效率和使用寿命的重要因素。目前用得最多的壳体材料是含铬、镍等金属的不锈钢，这种材料具有热膨胀系数小、耐腐蚀性强等特点，适用于催化转化器恶劣的工作环境。壳体的形状设计，要求尽可能减少经催化转化器气流的涡流和气流分离现象，防止气流阻力增大；要特别注意进气端形状设计，保证进气流的均匀性，废气尽可能均匀分布在载体的端面上，使附着在载体上的活性涂层尽可能承担相同的废气注入量，让所有的活性涂层都能对废气产生加速反应的作用，以提高催化转化器的转化效率和使用寿命。

三元催化转化器壳体通常做成双层结构，并用奥氏

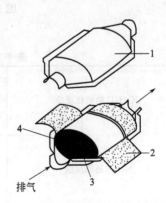

图9-1 三元催化转化器的基本结构
1—壳体；2—垫层；3—催化剂；
4—陶瓷载体

体或铁素体镍铬耐热不锈钢板制造，以防因氧化皮脱落造成催化剂的堵塞。壳体的内外壁之间填有隔热材料。这种隔热设计防止发动机全负荷运行时由于热辐射使催化器外表面温度过高，并加速发动机冷起动时催化剂的起燃。为减少催化器对汽车底板的热辐射，防止进入加油站时因催化器炽热的表面引起火灾，避免路面积水飞溅对催化器的激冷损坏以及路面飞石造成的撞击损坏，在催化器壳体外面还设有半周或全周的防护隔热罩。

（2）垫层 为了使载体在壳体内位置牢固，防止它因振动而损坏，为了补偿陶瓷与金属之间热膨胀性的差别，保证载体周围的气密性，在载体与壳体之间加有一块由软质耐热材料构成的垫层。垫层具有特殊的热膨胀性能，可以避免载体在壳体内部发生窜动而导致载体破碎。

另外，为了减小载体内部的温度梯度，以减小载体承受的热应力和壳体的热变形，垫层还应具有隔热性。常见的垫层有金属网和陶瓷密封垫层两种形式，陶瓷密封垫层在隔热性、抗冲击性、密封性和高低温下对载体的固定力等方面比金属网要优越，是主要的应用垫层；而金属网垫层由于具有较好的弹性，能够适应载体几何结构和尺寸的差异，在一定的范围内得到应用。

2. 三元催化转化器的净化原理

三元催化转化器（TWC）的净化原理是将理论比附近的烃类化合物氧化为 H_2O 和 CO_2，CO 氧化为 CO_2，NO 还原为 N_2，三元催化转化器净化原理示意如图 9-2 所示。即由还原性成分（烃类化合物、CO、H_2）和氧化性成分（NO、O_2）的化学反应产生无害成分（H_2O、CO_2、N_2），因此，三元催化氧化系统的还原性气体和氧化性气体的量的平衡是最重要的条件。这些气体组成的平衡如果被破坏，即使用高活性的三效催化剂，也将排出不能除去的多余有害成分。三元催化器中发生的化学反应见表 9-2。

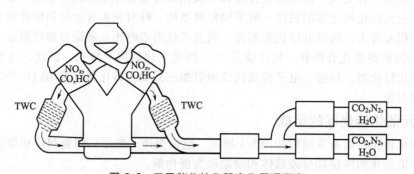

图 9-2 三元催化转化器净化原理示意

表 9-2 三元催化转化器中发生的化学反应

CO、HC 的氧化反应	$2CO + O_2 \Longrightarrow 2CO_2$ $CO + H_2O \Longrightarrow CO_2 + H_2$ $2C_xH_y + \left(\dfrac{y}{2} + 2x\right)O_2 \Longrightarrow yH_2O + 2xCO_2$
NO 的还原反应	$2NO + 2CO \Longrightarrow 2CO_2 + N_2$ $2NO + 2H_2 \Longrightarrow 2H_2O + N_2$ $2C_xH_y + (y + 4x)NO \Longrightarrow yH_2O + 2xCO_2 + \left(\dfrac{y}{2} + 2x\right)N_2$
其他反应	$2H_2 + O_2 \Longrightarrow 2H_2O$ $5H_2 + 2NO \Longrightarrow 2NH_3 + 2H_2O$

3. 三元催化转化器的性能指标

车用汽油机三元催化转化器的性能指标很多,其中最主要的有污染物转化效率和排气流动阻力。

转化效率由下式定义:

$$\eta(i) = \frac{C_i(i) - C_o(i)}{C_i(i)} \times 100\%$$

式中,$\eta(i)$ 为排气污染物 i 在催化器中的转化效率;$C_i(i)$ 为排气污染物 i 在催化器进口处的浓度或体积分数;$C_o(i)$ 为排气污染物 i 在催化器出口处的浓度或体积分数。

催化转化器对某种污染物的转化效率,取决于污染物的组成、催化剂的活性、工作温度、空速及流速在催化空间中分布的均匀性等因素,它们分别可用催化器的空燃比特性、起燃特性和空速特性表征;而催化器中排气的流动阻力则由流动特性表征。

(二)热反应器与二次空气系统

1. 热反应器的作用及 CO 与 HC 的氧化

(1) 热反应器的作用　热反应器是一种直接连接在汽缸盖上,促使排气中的 CO 和 HC 进一步氧化的装置,热反应器结构示意如图 9-3 所示。它除具有促进热的排气和喷入排气口的二次空气(在浓混气工况时)的混合外,还具有消除排气在成分和温度上的不均匀性,使气体保持高温,并增加 CO、HC 在高温中的滞留时间。

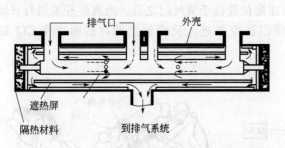

图 9-3　热反应器结构示意

(2) CO 和 HC 的氧化条件　当无催化剂存在时,氧化 HC 时需要的温度约 600℃,需要的反应停留时间约 50ms;而 CO 氧化所需的反应温度则高达 700℃左右。而汽油机排气温度的变化范围大致是:急速时 300~400℃,全负荷时 900℃,中等负荷时 400~600℃。可见,在大部分工况下,汽油机排气温度难以达到 HC 和 CO 氧化时所要求的 600~700℃的高温。

2. 热反应器的净化效果

三菱公司在缸内直喷汽油机采用了热反应器式排气管,目的是增加排气在排气管中的滞留时间,使其与空气产生氧化反应,并使膨胀行程后期的二段燃烧在排气管中可以继续进行,缩短催化剂启燃时间。无热反应器式排气管的发动机起动后达到催化剂工作温度(250℃)需要 100s 以上(见图 9-4),采用二段燃烧后,达到这一温度的时间缩短了 50%。

使用热反应器式排气管后,时间缩短到约 20s,从而大幅度降低了发动机起动后的 HC 排放。可见,热反应器对降低 HC 排放非常有效。

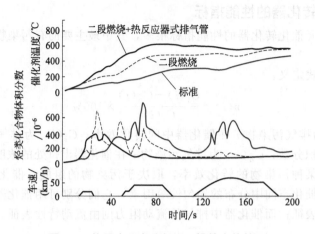

图 9-4 热反应器在降低 HC 排放中的效果

3. 二次空气系统

二次空气系统主要用于浓混合气燃烧产物中 CO 和 HC 的氧化，即为氧化催化器提供氧气。图 9-5 为丰田发动机使用的二次空气系统的组成及其在车辆上的安装位置示意。二次空气系统主要由共振室、弹簧阀、止回阀、真空开关阀和连接软管等组成，二次空气系统的三个接头分别与进气管、排气管和空滤器相连。二次空气系统与排气管的连接位置位于催化反应器上游，二次空气系统与进气管的连接位置位于节气门之后。当真空开关阀打开时，弹簧阀在排气压力脉冲的作用下打开，使二次空气进入反应器上游，达到净化 CO 和 HC 的目的。

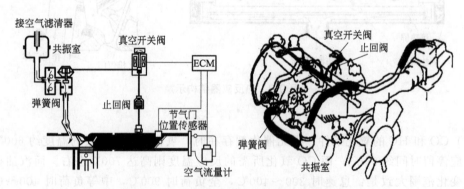

图 9-5 二次空气系统组成及安装位置示意

第四节　柴油车的排烟净化

柴油车及车用柴油机的排气污染物主要是黑烟，尤其是在特殊工况下，当柴油车加速、爬坡、超载时冒黑烟更为严重。这是由于发动机的燃烧室内燃料与空气混合不均匀，燃料在高温缺氧情况下发生裂解反应，形成大量高碳化合物所致。影响炭烟黑度的因素较多，而且柴油车排气中颗粒物、一氧化碳、烃类化合物、氮氧化合物等有害物对大气污染也很严重，为此可对机前、机内、机外分别采取防治措施，以便达到国家环保《21世纪议程》中流动源大气污染控制目标。

一、机前的预防

与汽油车的机前措施相同，首先考虑燃料的改进与替代，开发新的能源；其次可在燃料中添加含钡消烟剂，例如加入碳酸钡可降低炭烟的浓度。在柴油中添加不同含量的钡盐其消烟效果如图9-6所示。

二、机内净化措施

（1）改进进气系统 经验证明空燃比较高时表明混合气中燃料的量较多，燃烧不完全会造成排气中炭烟黑度增加，可通过调节空燃比、增加空气量来减少炭烟黑度。

（2）改变喷油时间 加大喷油提前角，即提早喷油的时间，可使更多的燃油在着火前喷入燃烧室，可加快燃烧速度而使炭烟黑度降低。但是过早喷油会引起更大的燃烧噪声，并增加 NO_x 的排放，所以喷油时间要严格控制。

（3）改进供油系统 改进喷嘴结构，提高喷油的速度，缩短喷油的持续时间，也可使炭烟黑度降低。

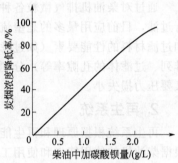

图9-6 碳酸钡加入量对炭烟浓度的影响

三、机后处理

随着柴油机在汽车中的应用日益广泛以及排放法规日趋严格，在对柴油机进行机内净化的同时，必须进行后处理净化。柴油机与同等功率的汽油机相比，微粒和 NO_x 是排放中两种最主要的污染物，尤其是微粒排放是汽油机的 $30\sim80$ 倍。柴油机微粒能够长时间悬浮在空中，严重污染环境，影响人类健康。柴油机排放控制技术已经成为柴油机行业的研究重点，其研究具有巨大的社会效益和经济效益。仅靠机内净化方法很难使柴油机的微粒排放满足新的排放法规，必须采用微粒后处理技术。针对柴油机排气中含有的大量微粒，研制开发柴油机微粒捕集器成为柴油机后处理的热点。降低 NO_x 排放是研究的另一热点，各种催化还原净化技术应运而生。此外，借鉴汽油机的氧化催化技术，开发适用于柴油机的氧化催化转化器，降低微粒中的可溶性有机物（SOF）以及净化柴油机排放的CO和烃类化合物。今后，柴油机后处理净化方法的研究重点是结合机内净化措施使柴油机排放的微粒和 NO_x 同时减少。同时，推广低硫燃油的使用，从根本上减少微粒的生成，降低催化剂中毒情况的发生。

（一）微粒捕集器

柴油机微粒的各种净化技术各有优缺点，要有效地降低柴油机微粒排放，应合理地利用各种净化技术的优点，并从燃料、燃烧、进气、燃油喷射以及后处理等各方面综合考虑。通过对多种捕集柴油机排气微粒途径的比较，普遍认为较为可行的方案是采用过滤材料对排气进行过滤捕集，即微粒捕集器法。柴油机微粒捕集器（diesel particulate filter，DPF）被公认为是柴油机微粒排放后处理的主要方式，国际上对微粒捕集器的研究始于20世纪70年代，现已逐步形成商品化产品。第一辆使用微粒捕集器的汽车是1985年德国奔驰公司生产的出口到美国加利福尼亚的轿车。随着排放法规的日趋严格，如今发达国家安装微粒捕集器的柴油车逐渐增多，如奥迪、帕萨特和奔驰等部分乘用车安装了微粒捕集装置。目前，比较成熟且应用较多的产品是美国康宁（Corning）公司和日本 NGK 公司生产的壁流式蜂窝陶瓷微粒捕集器。美国 Johnson Matthey 公司开发的连续催化再生微粒捕集器以高的捕集效率和再生效率受到关注。微粒捕集器的关键技术是过滤材料的选择与过滤体的再生，其中又以后者尤为重要。

1. 过滤机理

通过对柴油机排气微粒各种捕集途径的研究，宜采用多孔介质或纤维过滤材料对排气进行过滤，目前应用最多的是壁流式蜂窝陶瓷。在过滤过程中，微粒的特性、排气的相关参数和过滤材料的性能要素（如过滤体的几何尺寸、过滤体各结构元件的尺寸和结构元件的分布排列、过滤体的孔隙率等）分别对微粒的捕集产生影响。一个好的过滤体既要过滤效率高，又要压力损失小。

2. 再生系统

再生系统根据原理和再生能量来源的不同可分为主动再生系统与被动再生系统两大类。根据柴油机的使用特点和使用工况合理选择再生技术，对于微粒捕集器的安全有效再生具有重要的意义。

（1）主动再生系统　主动再生系统是通过外加能量将气流温度提高到微粒的起燃温度使捕集的微粒燃烧，达到再生过滤体的目的，主动再生系统通过传感器监视微粒在过滤器内的沉积量和产生的背压，当排气背压超过预定的限值时就启动再生系统。根据外加能量的方式，这些系统主要有喷油助燃再生系统、电加热再生系统、微波加热再生系统、红外加热再生系统以及反吹再生系统。

（2）被动再生系统　被动再生系统利用柴油机排气自身的能量使微粒燃烧，达到再生微粒捕集器的效果。一方面可通过改变柴油机的运行工况提高排气温度达到微粒的起燃温度使微粒燃烧；另一方面可以利用化学催化的方法降低微粒的反应活化能，使微粒在正常的排气温度下燃烧。运用排气节流等方法可以提高排气温度使捕集到的微粒在高温下烧掉，但这些措施使燃油经济性恶化。目前看来较为理想的被动再生方法是利用化学催化的方法，一些贵金属、金属盐、金属氧化物及稀土复合金属氧化物等催化剂对降低柴油机炭烟微粒的起燃温度和转化有害气体均有很大的作用。

（二）　NO_x 机外净化技术

由于机内净化控制不能完全净化 NO_x 排放，采取机外控制技术很有必要。NO_x 的机外净化技术主要是催化转化技术。由于柴油机的富氧燃烧使得废气中含氧量较高，这使得利用还原反应进行催化转化比汽油机困难。例如，在汽油机上使用三元催化转化器，其有效净化条件是过量空气系数大约为 1。若空气过量时，作为 NO_x 还原剂的 CO 和烃类化合物便首先与氧反应；空气不足时，CO、烃类化合物不能被氧化。显然，用三元催化转化器降低 NO_x 的技术在柴油机上是不适用的。降低柴油机 NO_x 排放的机外净化技术主要有吸附催化还原法、选择性非催化还原、选择性催化还原和等离子辅助催化还原。

1. NO_x 吸附催化还原

由于柴油机尾气中含有较多的氧气，使得仅用汽油机上的三元催化转化器不能有效净化柴油机尾气中的 NO_x，并且在一般柴油机中无法实现吸附性催化剂再生所需的浓混合气状态，所以，NO_x 吸附器最初只用于直喷式汽油机（GDI）和稀燃汽油机，后来才逐渐研究用于柴油机。吸附催化还原是基于发动机周期性稀燃和富燃工作的一种 NO_x 净化技术，吸附器是一个临时存储 NO_x 的装置，具有 NO_x 吸附能力的物质有贵金属和碱金属（或碱土金属）的混合物。当发动机正常运转时处于稀燃阶段，排气处于富氧状态，NO_x 被吸附剂以硝酸盐（MNO_3，M 表示碱金属）的形式存储起来。

$$NO + 0.5O_2 \longrightarrow NO_2$$
$$NO_2 + MO \longrightarrow MNO_3$$

当吸附达到饱和时，也需要再生吸附器使其能够继续正常工作，吸附器的再生可通过柴油机周期性的稀燃和富燃工况进行，也可通过人为调整发动机的工作状况，使其产生富燃条件，使硝酸盐分解释放出 NO_x，NO_x 再与 HC 和 CO 在贵金属催化器下被还原为 N_2。

$$MNO_3 \longrightarrow NO + 0.5O_2 + MO$$
$$NO + CO \longrightarrow 0.5N_2 + CO_2$$
$$(2x + 0.5y)NO + C_xH_y \longrightarrow (x + 0.25y)N_2 + 0.5yH_2O + xCO_2$$

2. NO_x 选择性非催化还原

选择性非催化还原也称为 SNCR（selective non catalytic reduction），它的原理是在高温排气中加入 NH_3 作为还原剂，与 NO_x 反应后生成 N_2 和 H_2O，其总量反应式如下。

$$4NO + 4NH_3 + O_2 \longrightarrow 4N_2 + 6H_2O$$
$$NO + 2NH_3 + NO_2 \longrightarrow 2N_2 + 3H_2O$$

3. NO_x 选择性催化还原

选择性催化还原也叫 SCR（selective catalytic reduction）方法，SCR 转化器的催化作用具有很强的选择性，NO_x 的还原反应被加速，还原剂的氧化反应则受到抑制。选择性催化还原系统的还原剂可用各种氨类物质或各种烃类化合物。氨类物质包括氨气（NH_3）、氨水（NH_4OH）和尿素 $[(NH_2)_2CO]$；烃类化合物则可通过调整柴油机燃烧控制参数使排气中的烃类化合物增加，或者向排气中喷入柴油或醇类燃料（甲醇或乙醇）等方法获得。催化剂一般用 V_2O_5-TiO_2、Ag-Al_2O_3，以及含有 Cu、Pt、Co 或 Fe 的人造沸石等。这种系统的工作温度范围为 $250\sim500℃$，其总的反应式如下。

$$4NO + 4NH_3 + O_2 \longrightarrow 4N_2 + 6H_2O$$
$$6NO + 4NH_3 \longrightarrow 5N_2 + 6H_2O$$
$$2NO_2 + 4NH_3 + O_2 \longrightarrow 3N_2 + 6H_2O$$
$$6NO_2 + 8NH_3 \longrightarrow 7N_2 + 12H_2O$$

（三）氧化催化转化器

由于柴油机排气含氧量较高，可用氧化催化转化器（oxidization catalytic converter，OCC）进行处理，消耗微粒中的可溶性有机成分（SOF）来降低微粒排放，同时也降低烃类化合物和 CO 的排放。氧化催化转化器采用沉积在面容比很大的载体表面上的催化剂作为催化元件，降低化学反应的活化能，让发动机排出的废气通过，使消耗烃类化合物和 CO 的氧化反应能在较低的温度下很快地进行，使排气中的部分或大部分烃类化合物和 CO 与排气中残留的 O_2 化合，生成无害的 CO_2 和 H_2O。柴油机用氧化催化剂原则上可与汽油机的相同，常用的催化反应效果较好的催化剂是由铂（Pt）系、钯（Pd）系等贵金属和稀土金属构成。用有多孔的氧化铝作为催化剂载体的材料并做成多面体形粒状（直径一般为 $2\sim4mm$）或是蜂窝状结构。尽管柴油机排气温度低，微粒中的炭烟难以氧化，但氧化催化剂可以氧化微粒中 SOF 的大部分（SOF 可下降 $40\%\sim90\%$），降低微粒排放，也可使柴油机的 CO 排放降低 30% 左右，烃类化合物排放降低 50% 左右。此外，氧化催化转化器可净化多环芳烃（PAH）50％以上，净化醛类达50％～100％，并能够减轻柴油机的排气臭味。虽然氧化催化转化器对微粒的净化效果远远不如微粒捕集器，但由于烃类化合物的起燃温度较低（在170℃以下就可再生），所以，氧化催化转化器不需要昂贵的再生系统，投资费用较低。

为了赶上世界先进水平，我国正在建立健全大气污染防治的法规体系，完善管理的配套措施，制定各流动污染源的管理办法、技术政策和经济政策，发展效率高、污染较少和安全可靠的运输系统。对新生产车，降低污染应从改造发动机入手，提高关键部件的制造精度和可靠性，改善燃烧质量，满足排放标准的要求。对在用车，应通过加强维修和保养，达到排放标准，从根本上改善机动车的排放水平。

参 考 文 献

[1] 韩应健，戴映云，陈南峰. 机动车排气污染物检测培训教程. 北京：中国质检出版社，中国标准出版社，2011.
[2] 刘天齐. 三废处理工程技术手册·废气卷. 北京：化学工业出版社，1999.
[3] 李家瑞. 工业企业环境保护. 北京：冶金工业出版社，1992.
[4] 马广大. 大气污染控制技术手册. 北京：化学工业出版社，2010.
[5] 方茂东，许心凤，王则武. 机动车污染防治行业发展综述. 中国环保产业，2010，11：18-21.
[6] 中国环境保护产业协会机动车污染控制防治委员会. 我国机动车污染防治行业技术发展综述. 中国环保产业，2010，10：24-27.
[7] 邱兆文，陈昊，张培培. 汽车节能减排技术. 北京：化学工业出版社，2015.
[8] 杨丽芬，李友琥. 环保工作者实用手册. 2版. 北京：冶金工业出版社，2001.
[9] 邵毅明. 汽车新能源与节能技术. 北京：机械工业出版社，2010.

第十章

其他气态污染物的治理

第一节　硫化氢废气的治理

在自然界中硫化氢的产生主要与火山活动有关，此外也分散地产生于矿泉、湖泊、沼泽、下水道及肥料坑等处，特别是蛋白质腐烂时产生的硫化氢较多。在工业生产中，硫化氢主要来自于天然气净化、石油精炼、炼焦及煤气发生等能源加工过程；其中天然气净化、石油精炼尾气中所含浓度较高，总量最大。其次在硫化染料、人造纤维、二硫化碳等化工工业，以及在医药、农药、造纸、制革等轻工业生产中也有产生，虽然总量较小，但浓度往往很高，对环境污染比较严重，危害身体健康，必须加以治理。对硫化氢的治理主要是依据其弱酸性和强还原性进行脱硫。目前国内外所采用的方法很多，但归纳起来主要还是干法和湿法两类，具体的方法应根据废气的性质、来源及具体情况而定。

一、干法脱硫技术

干法脱硫是利用 H_2S 的还原性和可燃性，用固体氧化剂或吸附剂来脱硫，或者直接使之燃烧。干法脱硫是以 O_2 使 H_2S 氧化成硫或硫氧化物的一种方法，也可称为干式氧化法。干法脱硫常用的有改进的克劳斯法、氧化铁法、活性炭吸附法、氧化锌法和卡太苏耳法。所用的脱硫剂、催化剂有活性炭、氧化铁、氧化锌、二氧化锰及铝矾土，此外还有分子筛、离子交换树脂等。干法脱硫一般可回收硫、二氧化硫、硫酸和硫酸盐。

1. 改进的克劳斯法

克劳斯法自 1883 年创立以来几经改进，其基本原理相似，仅在设备和布置方面有些差别，该方法的基本化学反应如下：

$$H_2S + \frac{1}{2}O_2 \longrightarrow H_2O + S \tag{10-1}$$

$$H_2S + \frac{3}{2}O_2 \longrightarrow H_2O + SO_2 \tag{10-2}$$

$$2H_2S + SO_2 \longrightarrow 2H_2O + 2S \tag{10-3}$$

其中反应式(10-1)和反应式(10-2)发生于加热阶段（反应炉），反应式(10-3)发生于催化阶段（催化转化器）。当使用催化剂时，反应可在较低的温度（$200 \sim 400 ^\circ C$）下发生，否则需要 $1000 ^\circ C$ 以上的高温。

催化剂一般采用做成丸形或球状的天然矾土或氧化铝，有时也用活性更大的硅酸铝或铝硅酸钙等。催化剂用量为反应混合物的 $0.1\% \sim 0.2\%$，反应器内温度应 $< 650 ^\circ C$，以保护催化剂不被损坏。当有碳氧化合物存在时，温度不宜超过 $480 ^\circ C$。

克劳斯法要求 H_2S 的初始浓度应 $> 15\%$，用以提供足够的热量以维持反应所需的温度。克劳斯法脱硫的工艺流程如图 10-1 所示。

在该方法的工艺流程中，操作时应控制 H_2S 和 SO_2 气体摩尔比为 2∶1，进入转化炉后，在炉内经催化剂铝矾土作用生成元素硫，而所需的 SO_2 是通过燃烧 1/3 的 H_2S 而获得的。该方法适合于 H_2S 浓度较高的废气，其净化的效率可以超过 97%。

2. 活性炭吸附法

该方法是 20 世纪 20 年代由德国染料工业公司提出的。活性炭是一种常用的固体脱硫剂，它在常温下具有加速 H_2S 氧化为 S 的催化作用并使硫被吸附。在活性炭上沉积的硫，可用适当的溶剂（硫化铵）萃取而回收，活性炭则可以重复使用，直至炭粒大量磨细为止。活性炭脱硫的工艺流程如图 10-2 所示。

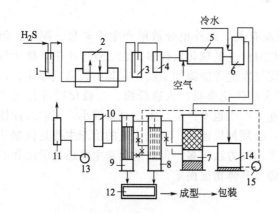

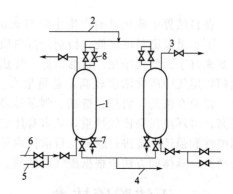

图 10-1　克劳斯法脱硫工艺流程

1—进气水封；2—气柜；3—出气水封；4—水分离器；5—燃烧炉；6—废热炉；7—转化器；8—第一冷凝器；9—第二冷凝器；10—泡罩金属网捕集器；11—水洗塔；12—液硫贮槽；13—引风机；14—热水槽；15—热水泵

图 10-2　活性炭脱硫工艺流程

1—活性炭吸附器；2—废气进口管；3—放空管；4—净气出口管；5—氮气管；6—再生蒸汽管；7—排污管；8—充压旁路

在吸附器中用活性炭吸附 H_2S，向吸附后的活性炭层通氧气使 H_2S 转化成元素硫和水，再用 15%硫化铵水溶液洗去硫黄，活性炭可以继续使用。两个吸附器轮流吸附和再生。

活性炭尘埃适合于处理天然气和其他不含焦油物质的含 H_2S 废气、粪便臭气，其优点在于简单的操作可以得到很纯的硫，如果选择合适的炭，还可以除去有机硫化物。H_2S 与活性炭的反应快、接触时间短、处理气体量大。为完全除去 H_2S 废气，床温应保持＜60℃，因为 H_2S 与活性炭的反应热效应大，所以该方法不宜处理 H_2S 浓度＞$900g/m^3$ 的气体。

3. 氧化铁法

氧化铁法采用的脱硫剂为氢氧化铁，并添加石灰石、木屑和水等。氧化铁法分箱式和塔式两种，箱式脱硫剂的厚度可取 600mm，空速可取 $20\sim40h^{-1}$；塔式占地面积小，脱硫剂处理简单，其工艺流程如图 10-3 所示。

脱硫是在脱硫塔中进行的，使用后的脱硫剂在抽提器用全氯乙烯抽提，得到再生后的脱硫剂可以循环使用。含硫全氯乙烯在分解塔中遇热分解出硫，并与熔融硫排出塔外，而全氯乙烯冷却后还可以循环使用。

氧化铁法适合于处理焦炉煤气和其他含 H_2S 气体，净化 H_2S 效果好，脱硫效率可达 99%；但该方法占地面积较大，阻力大，脱硫剂需定期再生或更换，总体上不是很经济。

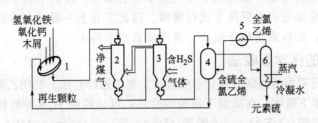

图 10-3　塔式氧化铁脱硫工艺流程

1—造粒装置；2—1#脱硫塔；3—2#脱硫塔；4—抽提器；5—冷却器；6—分解塔

4. 氧化锌法

氧化锌法采用氧化锌作为脱硫剂，该方法适合于处理 H_2S 浓度较低的气体，脱硫效率高，可达 99%，但脱硫后一般不能用简单的办法来恢复氧化锌脱硫剂的脱硫性能。

二、湿法脱硫技术

与干法脱硫相比，湿法脱硫具有占地面积小、设备简单、操作方便、投资少等优点，因此脱硫除 H_2S 方法正向着湿法转变，湿法也是目前常用的方法。按脱硫剂的不同，湿法脱硫又可以分成液体吸收法和吸收氧化法两类。液体吸收法中有利用碱性溶液的化学吸收法、利用有机溶剂的物理吸收法，以及同时利用物理吸收和化学溶剂的物理化学吸收法；而吸收氧化法则主要采用各种氧化剂、催化剂进行脱硫。这些方法一般均可副产硫、硫酸和硫酸铵等。

一般化工、轻工等行业排出的含 H_2S 浓度高、总量小的废气，常用化学吸收法或物理吸收法处理；对于含 H_2S 浓度较高而且总量也很大的天然气、炼厂气，则应以回收硫黄为主要技术政策，常用克劳斯法及吸收氧化法处理，而对于低浓度 H_2S 气体，一般使用化学吸收法或吸收氧化法净化。

（一）液体吸收法

1. 吸收剂的选择与要求

由于 H_2S 的水溶液中含电离出的 $[H^+]$，以致影响了净化过程的化学平衡，当 pH 值增加时，溶解度也会相应地增加，但作为一般规律，吸收能力强的溶剂的再生也是较困难的，所以目前一般不采用强碱性溶液，而大多采用 pH 值在 9～11 之间的强碱与弱酸的盐溶液。

为了使吸收剂 pH 值不随 H_2S 吸收后变化过大而影响操作的稳定性，所选用的吸收剂应该是缓冲溶液。常用的缓冲溶液（吸收剂）为强碱弱酸所组成的盐溶液，如碳酸盐、硼酸盐、磷酸盐、酚盐和酚的衍生物、氨基酸等有机盐以及弱碱溶液，如氨、乙醇胺等。

对用于物理吸收法的有机溶剂的要求是有机溶剂对 H_2S 的溶解度应比水高出数倍，而对气流中的主要组分（如氢和烃类）的溶解度较低。此外，还应该有很低的蒸气压、低黏度和低的吸湿性，对普通金属不蚀，也不会与气体中其他组分起作用才行。目前国内外常用的有机溶剂有甲醇、N-甲基-2-吡咯烷酮、碳酸丙烯酯、环丁砜等。

脱硫过程要求吸收剂对 S 的溶解度大，所以应在低温高压下进行吸收。但温度过低，溶液黏度增大，流动阻力增加，而且化学反应速率也会减慢，反而不利于吸收。再生过程中希望硫的溶解度小，应该在高温低压下进行解吸。因此工业上一般是在常温下吸收，而在常温或加热条件下再生；加压或常压下吸收，常压或真空下再生。

2. 弱碱溶液的化学吸收法

目前工业中广泛采用的弱碱溶液化学吸收法主要是乙醇胺法。利用乙醇胺易与酸性气体反应生成盐类，在低温下吸收，在高温下解吸的性质，可以脱除 H_2S 等酸性气体。常用的乙醇胺类吸收剂有一乙醇胺（MEA）、二乙醇胺（DEA）等，并分别称为 MEA 法和 DEA 法。

从乙醇胺类化合物的结构来看，各种化合物至少都有一个羟基和一个氨基，一般认为羟基能降低化合物的蒸气压并增加在水中的溶解度；而氨基则在水溶液中提供了所需的碱度，以促使对酸性气体的吸收。例如，一乙醇胺的水溶液吸收 H_2S 的化学反应为：

$$2RNH_2+H_2S \longrightarrow (RNH_3)_2S \tag{10-4}$$

$$(RNH_3)_2S+H_2S \longrightarrow 2RNH_3HS \tag{10-5}$$

当气体中存在 CO_2 时，也同时被吸收：

$$2RNH_2+CO_2+H_2O \longrightarrow (RNH_3)_2CO_3 \tag{10-6}$$

$$(RNH_3)_2CO_3+CO_2+H_2O \longrightarrow 2RNH_3HCO_3 \tag{10-7}$$

$$2RNH_2+CO_2 \longrightarrow RNHCOONH_3R \tag{10-8}$$

虽然上述生成物均为固体化合物（有些将分离并结晶出来），但在正常情况下，它们具有相当大的蒸气压，所以平衡溶液的组成随溶液面上酸性气体的分压而变化。由于这些生成物的蒸气压随温度升高而迅速增加，所以加热便能使被吸收的气体从溶液中蒸出。各种醇胺吸收 H_2S 流程的基本形式如图 10-4 所示。

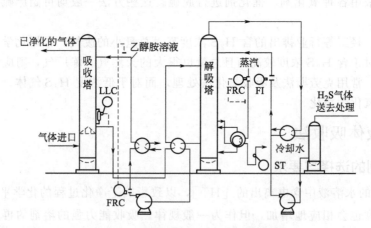

图 10-4　用醇胺吸收 H_2S 气体的流程

LLC—液位控制器；FRC—流量记录控制器；FI—流量指示器；ST—气水分离器

一乙醇胺溶液一般被认为是一种对 H_2S 吸收较好的溶剂，因为它价格低廉、反应能力强、稳定性好，且容易回收。但它存在两个主要缺点：一个是其蒸气压相当高，溶液的损失量较大，该缺点可采用简单的水洗方法从气流中吸收蒸发的胺来克服；另一个是它能与氧硫化碳 COS（是裂化气中常见的组分）反应而不能再生，所以 MEA 法一般只能适合于净化天然气和其他不含 COS（或 CS_2）的气体。

对含有 COS 的气体，一般使用二乙醇胺作为对 H_2S 的化学吸收剂。20%～30%的

DEA 溶液可负荷 $0.77 \sim 1.0 mol\ H_2S/mol$ 胺，比 MEA 溶液高 $2 \sim 2.5$ 倍，DEA 溶液的蒸气压较低，所以损失较 MEA 溶液要少 $1/6 \sim 1/2$；所以 DEA 法较 MEA 法投资和运行费用都低。DEA 溶液对烃类溶解度较小，由该方法产生的 H_2S 气体中烃类含量 $<0.5\%$，便于回收，净化程度较高。

3. 碱性盐溶液的化学吸收法

采用碱性盐溶液吸收 H_2S 时，要求 H_2S 气体与吸收液反应而生成的任何化合物必须易于分解，以利于吸收液的再生。一般采用强碱和弱酸的盐类，这些盐类使吸收液呈碱性，能吸收酸性气体，而且由于弱酸的缓冲作用，在吸收酸性气体时，pH 值不会很快发生变化，保证了系统的操作稳定性。此外碱性盐溶液吸收 H_2S 比吸收 CO_2 快，当两种酸性气体同时存在时，可以部分地选择性吸收 H_2S。该类方法所用的吸收液较多，常用的主要为碳酸钠溶液。碳酸钠溶液对 H_2S 吸收的化学反应为：

$$Na_2CO_3 + H_2S \longrightarrow NaHCO_3 + NaHS \tag{10-9}$$

同时也能吸收气体中的氰化氢，并且有很大一部分被吹入的空气所氧化，其反应为：

$$2NaHS + 2HCN + O_2 \longrightarrow 2NaSCN + 2H_2O \tag{10-10}$$

该方法的主要优点是设备简单、经济；主要缺点是一部分碳酸钠变成了重碳酸钠而吸收效率降低，一部分变成硫酸盐而被消耗。用真空蒸馏再生的碳酸钠溶液吸收 H_2S 的方法称为真空碳酸盐法，是由科柏公司提出的。这种改进的方法，可把蒸汽需求量减少至约为常压下的 $1/6$，且回收的 H_2S 浓度较高，用途较大。

4. 有机溶液的物理吸收法

有机溶剂物理吸收的 H_2S 在其分压降低后即可解吸，克服了化学吸收法需在加热条件下才能解吸的不经济缺点。大多数有机溶剂对 H_2S 的溶解度高于对 CO_2 的溶解度，所以可有选择性地吸收 H_2S。该法要求 H_2S 在气体中的浓度要高。当被处理气体的纯度要求高时，残余的 H_2S 一般采用化学吸收法再度处理。常用的物理吸收法有冷甲醇法、N-甲基-2-吡咯烷酮法、碳酸丙烯酯法等。

物理吸收法最简单的流程，只需吸收塔、常压闪蒸罐和循环泵。典型物理吸收操作流程如图 10-5 所示。

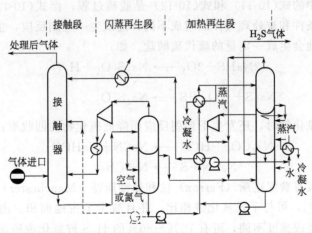

图 10-5 物理吸收法脱除 H_2S 的典型流程（几种不同的溶剂再生形式）

冷甲醇法采用甲醇作溶剂，在低温（$-20\sim-75$℃）和高压（2.229MPa）下吸收 H_2S。此法主要优点是耗能少，溶液再生时因降压被冷却，进气则借助高效换热器用净化后的气体冷却，能产出含水极少的气体产品；主要缺点是溶剂吸收重烃类，即使在低温下甲醇的蒸气压也仍然很高，蒸发损失相当大。

5. 环丁砜溶液的物理化学吸收法

环丁砜的特点是兼有物理溶剂和醇胺化学吸收溶剂的特性，其物理特性来自环丁砜（二氧四氢噻吩），而化学特性来自 ADIP（二异丙醇胺）和水。在 H_2S 气体分压高的条件下，物理溶剂环丁砜允许很高的酸性气体负荷，具有较大的脱硫能力；而化学溶剂 ADIP 可使处理过的气体中残余 H_2S 减少到最低值。

采用环丁砜溶剂脱硫，吸收力强、净化率高，不仅可脱除 H_2S 等酸性气体，还可以脱除有机硫。由于其吸收能力强，所以溶液循环量低，溶液不易发泡，稳定性较好，使用过程中胺变质损耗少、腐蚀性小，而且溶液加热再生较容易，耗热量低，特别当 H_2S 分压高时该法更为适用。

（二）吸收氧化法

吸收氧化法的脱硫机理与干式氧化法相同，而操作过程又与液体吸收法类似。该法一般都是在吸收液中加入氧化剂或催化剂，使吸收的 H_2S 在氧化塔（即再生塔）中氧化成硫而使溶液再生。常用的吸收液有碳酸钠、碳酸钾和氨的水溶液；常用的氧化剂或催化剂有氧化铁、硫代砷酸盐、铁氰化合物复盐及有机催化剂组成的水溶液或水悬浮液。近年来该法发展较快，应用得到广泛推广。

1. 氧化铁悬浮液的吸收法

该类方法的脱硫原理都是以 H_2S 与碱性化合物（碳酸钠或氨）的反应为基础的，并利用硫氢化物与水合氧化铁的反应。再生过程是借吹入空气使硫化铁转化为硫和氧化铁。整个过程的反应为：

$$Na_2CO_3+H_2S \longrightarrow NaHS+NaHCO_3 \tag{10-11}$$
$$Fe_2O_3 \cdot 3H_2O+3NaHS+3NaHCO_3 \longrightarrow Fe_2S_3 \cdot 3H_2O+3Na_2CO_3+3H_2O \tag{10-12}$$
$$2Fe_2S_3 \cdot 3H_2O+3O_2 \longrightarrow 2Fe_2O_3 \cdot 3H_2O+6S \tag{10-13}$$

这 3 个主反应中的式(10-11) 和式(10-12) 是脱硫过程，而式(10-13) 是再生过程；除此之外，由于操作条件和被处理气体的组成不同，还发生一些副反应，生成不希望有的硫化物，一般不可避免地会生成一定量的硫代硫酸盐。如：

$$2NaHS+2O_2 \longrightarrow Na_2S_2O_3+H_2O \tag{10-14}$$
$$Na_2S+\frac{3}{2}O_2+S \longrightarrow Na_2S_2O_3 \tag{10-15}$$

当气体中含有氰化氢时，还发生下列副反应而降低硫化物的回收率：

$$Na_2CO_3+HCN \longrightarrow NaCN+NaHCO_3 \tag{10-16}$$
$$NaCN+S \longrightarrow NaSCN \tag{10-17}$$

该类方法的代表有费罗克斯（Ferrox）法和曼彻斯特（Manchester）法。该类方法的脱除效率为 85%～99%，可与干式氧化铁相比，并且减少了占地面积。由于气体中氰化氢含量和硫代硫酸盐的生成速度不同，可有 70%～80%的 H_2S 被氧化成硫而得以回收，该循环液具有腐蚀性，对碳钢设备不利。

2. 有机催化剂的吸收氧化法

这类方法采用适量水溶性酚类化合物盐类作催化剂或氧载体的碱性溶液，这些有机化合物能借氧化态转变为还原态而使 H_2S 很快转化为硫，而本身与空气接触时很容易再氧化，所以可循环使用。与其他吸收氧化法相比，该类方法的吸收液无毒且排出物无污染，副产硫的质量好，净化效率高，因此得以广泛应用。

（1）对苯二酚催化法　这种方法是采用含 0.3g/L 有机氧化催化剂（通常为对苯二酚）的氨水溶液吸收 H_2S，再与空气接触而使氢硫化铵氧化为硫。此方法的流程很简单，与其他氧化法相类似，脱硫条件基本上与氨水吸附法一样，但其脱硫效率高（可达99%），操作简便，可在常温下再生；动力消耗也小，回收硫的纯度高，在我国一些氮肥厂已被采用。在该方法的生产过程中应控制 CO_2 浓度小于10%，因为 CO_2 浓度过高会使吸收液 pH 值降低而影响脱硫的效果，还应严格控制进气量中的氧含量要小于0.5%，因为氧含量过高，在吸收塔中会产生大量的再生反应而析出硫，将使吸收操作恶化。

（2）APS法　是我国所研发的一种方法，以氨水为吸收剂，以苦味酸（2,4,6-三硝基苯酚）为催化剂，脱硫效率可达94%～95%，并可同时脱除氰化氢。为消除吸收液中盐类积累对脱硫效率的影响，部分吸收液及盐类采取加压加酸转化的方法，转化尾气中含有部分有机硫气体，可在催化剂作用下通蒸汽使其变为 H_2S，返回吸收塔脱除。回收产品为硫和硫铵，无二次污染。

液体吸收法、吸收氧化法等湿法脱硫，处理能力大，脱硫效率高，一般无二次污染。

（三）硫化氢气体净化实例

为了排出恒应变速度应力腐蚀试验机、恒荷重应力腐蚀试验机、腐蚀液循环槽、恒温腐蚀槽、通风柜、硫化氢气瓶室产生的硫化氢气体，设置了排风系统。在排风系统中设有填充式洗涤器净化设施，洗涤器内钠液吸附硫化氢并循环使用。气体入口浓度为 $100mL/m^3$，出口浓度为 $5mL/m^3$。洗涤器内循环水 pH 值控制在12以下，保温箱循环钠液用电加热器加热，液温控制在40℃左右。

1. 净化系统流程

有害气体经吸气罩、管道、洗涤器净化，净化后直接排入大气。循环液贮存在洗涤器下部槽中，经循环泵送入洗涤器上部循环喷淋，钠液管的钠液由钠液泵输送到洗涤器底部，使钠液溶解于水，冬季为防止钠液冻结，洗涤器钠液流向保温箱内加温，再由保温箱返回洗涤器内。

2. 系统设计参数的确定

（1）排风量　设备作业的前提是：设备罩上设有工作送样门、取样门，此门开着时可做空气的进入口，作业时罩上的门可以同时开两个。

空气入口的风速控制范围为：a. 送样门和取样门全闭时，仅空气补给口敞开，经补给口的风速为 1m/s，此时流入的空气量为 Q_1（罩的最高设定值）；b. 送样门和取样门全开时，空气补给口也敞开，经送样门、取样门和补给口的风速为 0.5m/s，此时流入的空气量为 Q_2（罩的最低设定值）。

罩门的开口尺寸为 $0.9 \times 1.8 = 1.62$（m^2）。则上述两种状态的风量 Q_1、Q_2 分别为（设开口总面积为 A）：

$Q_1 = A\, m^2 \times 1m/s \times 60s/min = 60A\ m^3/min$

$Q_2 = A\, m^2 \times 0.5m/s \times 60s/min + (0.9 \times 1.8) \times 2 \times 0.5m/s \times 60s/min$

$$=30A\,\mathrm{m^3/min}+97.2\,\mathrm{m^3/min}$$

因风机的风量是恒定的，不管取样门和送样门开闭与否，流入罩内的空气量均相同，故

$$Q_1=Q_2$$

将上述值代入，则

$$60A\,\mathrm{m^3/min}=30A\,\mathrm{m^3/min}+97.2\,\mathrm{m^3/min}$$

由此求得总开口面积 $A=3.24\,\mathrm{m^2}$

则总排风量 Q 为：

$$Q=60A\,\mathrm{m^3/min}=60\times3.24\,\mathrm{m^3/min}=194.4\,\mathrm{m^3/min}$$

（2）洗涤器

① 处理气体的条件：处理的气体量（常温下）$200\,\mathrm{m^3/min}$；处理气体的浓度 $100\,\mathrm{mL/m^3}$；处理气体的排放浓度 $5\,\mathrm{mL/m^3}$。

② 洗涤器直径的确定：

$$Q=Au$$

式中，A 为洗涤器断面积，$\mathrm{m^2}$；u 为洗涤器内流速，$\mathrm{m/s}$。

$$D=\sqrt{\frac{4\times200}{\pi\times60\times1}}=2.1\,(\mathrm{m})$$

③ 洗涤器液量 L 的确定：

$$L=12\,\mathrm{t/(m^2\cdot h)}\times\frac{\pi}{4}\times(2.1\,\mathrm{m})^2=41\,\mathrm{t/h}\approx700\,\mathrm{kg/min}$$

式中，$12\,\mathrm{t/(m^2\cdot h)}$ 为单位面积单位时间的循环液量，是处在充填物表面效率最佳时的液量（经验值）。

④ 填充物高度的确定。排出气体的浓度和填充物高度成反比关系。例如，当入口浓度为 $100\,\mathrm{mL/m^3}$ 时，排出口浓度为 $5\,\mathrm{mL/m^3}$，则填充物高度为 $1.3\,\mathrm{m}$。

⑤ 系统阻力损失。罩子阻力损失 $784\,\mathrm{Pa}$；管道压力损失 $833\,\mathrm{Pa}$。

系统阻力（H）为罩子阻力（H_1）、管道阻力（H_2）、洗涤器阻力（H_3）和风机排出管道阻力（H_4）之和。

洗涤器压力损失 $392\,\mathrm{Pa}$。

风机排出口以后管道压力损失 $118\,\mathrm{Pa}$。

$$H=H_1+H_2+H_3+H_4$$
$$H=784+833+392+118=2127\,(\mathrm{Pa})$$

⑥ 苛性钠补给槽容积的确定。硫化氢气体为 $60\,\mathrm{kg/}$月（经验值）。

反应式如下：

$$\mathrm{H_2S+2NaOH\longrightarrow Na_2S+2H_2O}$$

从理论上苛性钠为 $141\,\mathrm{kg/}$月，但从反应效率考虑，应为理论值的 2.5 倍（经验值）。当维持一个月槽的容量为 U 时：

$$U=141\times2.5\times\frac{1}{0.08}\times\frac{1}{1.09}\approx4040\,(\mathrm{L/}\text{月})$$

式中，0.08 为 8%的苛性钠、92%的水；1.09 为水的相对密度。

3. 设备的选择

① 填充式洗涤器：处理风量 $200\,\mathrm{m^3/min}$；填充高度 2 段约 $1300\,\mathrm{mm}$；尺寸直径 $210\,\mathrm{mm}\times$高 $4500\,\mathrm{mm}$；吸收液循环量 $700\,\mathrm{L/min}$。

② 排风机：风量 200m³/min；静压 2450Pa；配用电机 15kW，380V。

③ 保温液循环泵：流量 50L/min；电机 0.4kW，380V。

④ 氢氧化钠泵：容量 50L/min；电机 0.75kW，380V。

⑤ 循环泵：容量 700L/min；电机 3.7kW，380V。

⑥ 钠液箱：容量 5m³。

⑦ 保温用箱：容量 3m³。

⑧ 水位计 1 个。

⑨ 搅拌机：型号 HG710 型。

4. 净化系统说明

（1）为提高酸雾净化效率，节约用水，本系统采用 8％的氢氧化钠溶液进行中和处理。

（2）风管、保温箱、排风机、钠液箱、填充式洗涤器等，采用耐腐蚀的玻璃纤维加强塑料制作。

三、从硫化氢废气回收硫黄

随着高含硫进口原油的增加，炼厂的硫化氢产量也随之增加，含有硫化氢的酸性气已经成为一种重要的硫资源。如何有效实现硫化氢的资源化，同时最大限度减少硫化氢（或二氧化硫）对环境的影响，就成了当前亟待解决的问题。

目前硫化氢废气无害化有两种主要途径：一是制成硫黄进行回收，国内长期以来采用克劳斯（Claus）工艺用硫化氢制取硫黄；二是直接制成硫酸进行回收。

1. 工作原理

克劳斯法制硫黄是利用酸性气中的硫化氢为原料，通过酸性气燃烧炉内的高温热反应和转化器内的低温催化反应，将硫化氢转化为单质硫的过程。其主要反应为：

$$H_2S + \frac{3}{2}O_2 \longrightarrow SO_2 + H_2O + 518kJ$$

$$2H_2S + SO_2 \longrightarrow 2H_2O + \frac{3}{2}S_2 + 146kJ$$

总反应式为：

$$H_2S + \frac{1}{2}O_2 \longrightarrow \frac{1}{2}S_2 + H_2O$$

在酸性气燃烧炉的高温下，元素硫基本是以 S_2 形态存在，随着温度的降低，S_2 可以变成 S_6、S_8 等形态的硫。生成的单质硫经冷凝后回收得到硫黄。

燃烧炉内硫化氢的平衡转化率主要取决于反应温度和酸性气的组成，一次平衡转化率一般为 60％～70％。平衡转化率通常以 550℃为转折点。在高温燃烧反应区，硫化氢的平衡转化率随温度升高而增加；在低温催化反应区，硫化氢的平衡转化率随温度降低而增加。

由于酸性气的组分非常复杂，因此存在着一系列的副反应，例如 NH_3 和烃的氧化反应、COS 和 CS_2 的水解反应等，这些副反应对制硫装置的设计和运行都很重要。

2. 工艺流程和主要设备

（1）工艺流程 部分燃烧法是目前大多数工厂所常用的。在选择具体的工艺流程时，需要考虑酸性气的组成、装置规模及环保要求等，如酸性气中 NH_3 含量的影响、气体预热方式的选择、对于尾气中 H_2S 及 SO_2 浓度的控制、液硫脱气方法及成型方式的确定等。工艺流程见图 10-6。

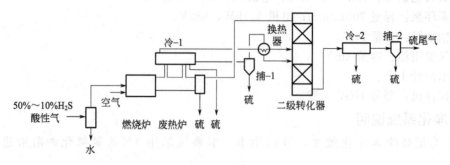

图 10-6　部分燃烧克劳斯法工艺流程

工艺流程由四个系统组成：一是 H_2S 燃烧系统，其功能是在 H_2S 燃烧炉内部分 H_2S 直接转化为单质硫和 SO_2；二是转化系统，其功能是在催化剂的作用下把两份 H_2S 和一份 SO_2 转化为单质硫；三是冷凝捕集系统，其功能是把气体捕集下来进液硫储罐；四是脱气成型系统，其功能是把液体硫变成固体硫并进行装袋储存。

由脱硫溶剂再生和含硫污水汽提等装置来的酸性气，经气液分离后与按一定比例配入的压缩风共同进入 H_2S 燃烧炉，其工艺气经废热锅炉回收热量，并被冷却至 $350\sim400℃$，再经冷凝、捕集（一冷、一捕），液硫进入储罐；而从捕集器出来的工艺气与从燃烧炉引出的未经冷凝的部分高温工艺气混合，进入一级转化器，从一级转化器出来的工艺气经冷凝、捕集（二冷、二捕），液硫亦进入储罐；而后该工艺气与未经冷凝和捕集的工艺气按一定比例混合，在温度高于 $250℃$ 时，进入二级转化器，从二级转化器出来的工艺气经三冷、三捕后液硫去储罐，尾气再经四捕后去燃烧炉或其他补充处理设施。为防止温度过低引起排气筒的硫露点腐蚀，排放温度应高于 $250℃$。液硫成型后装袋入库。

克劳斯制硫工艺使用的催化剂有天然铝矾土和合成氧化铝两大类。天然铝矾土活性较低，但价格便宜。合成氧化铝表面积大、抗磨、活性高，具有能使气体中的羰基硫和硫碳化合物转化为硫化氢和二氧化碳的能力，其寿命为 $5\sim6$ 年。催化剂失活的主要原因是氧与催化剂上吸附的二氧化硫反应生成三氧化硫，进而生成硫酸铝，使催化剂失去活性，并造成催化剂破损。

（2）主要设备

① 鼓风机：将物料引进燃烧炉的压缩机。

② 酸性气燃烧炉：内衬保温的卧式炉（一般与废热锅炉连在一起）。

③ 转化器：内装催化剂的立式或卧式容器。

④ 硫冷凝器：卧式、可产生低压蒸汽。

⑤ 捕集器：装有白钢网的容器，一般冷凝器、捕集器合在一起使用。

⑥ 废热锅炉：与 H_2S 和燃烧炉合并，可发生蒸汽。

⑦ 液硫成型机：带式、鼓式等方法。

3. 主要工艺参数

主要工艺参数如表 10-1 所列。

表 10-1 克劳斯制硫工艺主要参数

序号	工艺指标	单位	数值	序号	工艺指标	单位	数值
1	原料组成 (1)硫化氢 (2)烃类化合物 (3)氨 (4)水分	% % % %	15～60 <2 <2 <10	4	转化器入口温度 (1)一级 (2)二级	℃	260～280 240～260
2	燃烧炉参数 (1)温度 (2)压力	℃ MPa	1200～1300 <0.035	5	冷凝器出口温度 (1)一级 (2)二级	℃	140～160
3	废热锅炉 (1)温度 (2)压力	℃ MPa	200～350	6	硫回收率	%	85～95

要达到较高转化率又要得到高质量的硫黄产品，必须注意以下几个方面：

① 酸性气质量。H_2S 浓度越高越好，只有这样才能保证炉温在 1100℃ 以上，有利于 H_2S 的转化。H_2S 浓度一般要高于 50%。烃类含量越低越好，一般控制在 3% 以下，否则会引起燃烧炉炉温的提高，增加空气的需要量，甚至引起硫黄变黑。酸性气中氨的浓度不能过高，否则会使管线堵塞，如果其浓度超过 2% 应该采用烧氨流程。

② 配风比。这是最关键的因素，只有严格保持 2 个分子 H_2S 和 1 个分子的 SO_2 的配比，在催化剂的作用下才能达到理论上的转化率，为了达到准确配风最好的办法是配备自动分析仪（比值器），再与计算机联网实现自动配风。

③ 转化器的温度和空速都要严格控制，如果考虑 COS 和 CS_2 水解反应的需要，不得不提高一级转化器工艺气入口温度，那么损失的转化率只能在二级、三级转化器去弥补。

④ 处理量达不到设计值时，要缩小 H_2S 燃烧炉炉膛的容量，保证炉膛和工艺气的温度，处理量大于设计值时，可用纯氧或提高压缩风中的氧含量，达到提高处理量的目的，同时保证收率的提高。

⑤ 选择高质量的催化剂。从表 10-2 中可以看出催化剂对转化率的影响。

表 10-2 高效催化剂的作用

催化剂	催化剂装填情况	总硫转化率/%	尾气中硫化物浓度/%
CR	第一转化器	93.8	1.178
AM+CR	第二转化器	95.5	0.979
CRS-31	第二转化器	96.7	0.854
	第二转化器并增加第三转化器	98.0	0.463

4. 物料消耗

规模为 $1 \times 10^4 t/a$ 的克劳斯制硫装置（采用部分燃烧、二级转化、三级冷凝、外掺再热及尾气焚烧流程），原料气中硫化氢体积分数为 69.1%，硫回收率为 93.2% 时，其消耗指标如下。

1.0MPa 蒸汽：-1.9t/t 硫黄（负号表示自产）。

0.3MPa 蒸汽：0.25t/t 硫黄。

电：$83kW \cdot h/t$ 硫黄。

燃料气：$94m^3/t$ 硫黄。

脱氧水：$3.3t/t$ 硫黄。

催化剂：氧化铝催化剂 $11.7m^3/$次；有机硫水解催化剂 $2.3m^3/$次。

5. 治理效果

衡量克劳斯制硫工艺处理效果的主要技术指标是硫回收率。

提高硫回收率的途径有 3 条：①严格控制进入转化器中的硫化氢与二氧化硫的体积比为 2：1；②采用新型高效催化剂，选择适当的空速和反应温度，一般控制空速为 $500h^{-1}$，反应温度高出露点 $180 \sim 200℃$，为 $300℃$ 左右；③改进硫分离技术，提高液硫的捕集效率。

传统的克劳斯制硫工艺经过几十年的实践和发展，其回收率目前已基本接近热力学平衡值，达到 $92\% \sim 95\%$。但尾气中仍含有 $0.8\% \sim 2.8\%$ 的硫化物（见表 10-3），即使将其燃烧后排放，也难以满足国家大气污染物排放标准的要求。因此，必须对尾气做进一步回收处理。

表 10-3 克劳斯制硫工艺（二级转化）尾气组成

组分	浓度/($\mu L/L$)	组分	浓度/($\mu L/L$)	组分	浓度/($\mu L/L$)
H_2S	$5000 \sim 12000$	CS_2	$300 \sim 5000$	S	$100 \sim 200$
SO_2	$2500 \sim 6000$	COS	$300 \sim 5000$	（蒸气）	

6. 克劳斯制硫过程的发展

从理论上分析，提高克劳斯制硫工艺的总硫回收率，存在以下受制约的因素：

① 克劳斯反应是可逆反应，受到热力学平衡的限制；

② 克劳斯反应生成的水难以从工艺气中分离，加之工艺气中硫化氢和二氧化硫浓度不断下降，更抑制了化学平衡向生成硫的方向移动；

③ 反应过程中（尤其在热反应阶段）由于副反应而生成一些难以回收的含硫化合物；

④ 反应要求严格控制硫化氢和二氧化硫比例为 2：1，导致整个过程控制难度较大。

为了提高其回收率并使克劳斯尾气达标排放，必须克服这些因素，因此出现了一些新的有针对性的发展，其中一种重要的方向是将克劳斯制硫的流程延伸，如超级克劳斯过程和亚露点（MCRC）克劳斯过程。

第二节 含卤化物废气的治理

在大气污染治理方面，卤化物主要包括无机卤化物气体和有机卤化物气体。重点控制的无机卤化物废气包括氟化氢、四氟化硅、氯气、溴气、溴化氢和氯化氢（盐酸酸雾）等。重点控制在水泥、化肥、冶金、玻璃和纺织等行业排放废气中的无机卤化物。有机卤化物气体治理见本章"第六节有机废气净化技术"。

一、含卤化物废气处理方法及选用

1. 卤化物废气处理方法

工业生产排放的含卤化物废气主要包括氟化氢、四氟化硅、氯气和氯化氢（盐酸酸雾）

等。无机卤化物污染治理技术分为干法和湿法：干法主要为吸附法；湿法包括水吸收法、碱液吸收法。常用的卤化物废气处理方法见表10-4。

表 10-4　常用的卤化物废气处理方法

卤化物	处理方法	技术原理适用性
氟化氢、四氟化硅	水吸收法	氟化氢、四氟化硅都极易溶于水，理论上可得到5％的氢氟酸溶液，除氟效率在90％以上，吸收后应进一步加工成氟盐（如冰晶石）
	碱液吸收法	可用氢氧化钠、碳酸钠、氢氧化钙等碱液，吸收效率可达99.9％，以回收制取冰晶石为主
氟化氢	干法氧化铝粉吸附法	净化效率一般在98％以上，用电解铝原料（氧化铝）吸附电解槽散发的氟化物，然后直接返回作为电解铝生产原料，替代部分冰晶石，使氟得到回收利用降低生产成本，且有效地减少污染
氯气	水吸收法	水吸收法只适用于低浓度含氯废气的治理，而常压水洗，由于氯的溶解度有限，且易逸出，若不回收吸收液中的氯，则会造成二次污染，不宜使用
	碱液吸收法	该法为含氯废气净化的主要方法，吸收剂可用氢氧化钠、碳酸钠、氢氧化钙等碱液，转化为次氯酸盐，对氯气的吸收效率可达99.9％，但因次氯酸盐在长期存放、光照或遇酸时会重新分解并放出氯气，必须考虑次氯酸盐的及时综合利用
	氯化亚铁溶液或铁屑吸收法	可转化为三氯化铁产品同时消除含氯废气污染，但吸收效率不如碱液吸收法高。其进一步的发展则是采用高温空气将三氯化铁氧化成三氧化二铁并回收氯气的联合法
	溶液吸收法	常用溶剂主要有苯、一氯化硫、四氯化碳等，受氯在溶剂中溶解度的制约，该法吸收效率相对较低，且易产生污染
	吸附法	吸附剂主要为活性炭和硅胶，对含氯废气中的光气、氯气优先吸附。该法的优点是无二次污染、氯回收效率可达95％、解吸气经一次处理可得液氯产品。但吸附容量有限，仅适用于含氯废气气量不大或浓度不高的情况
氯化氢	水洗净化	对含HCl浓度相对较高的废气，因HCl在水中的溶解度很大吸收效率可达99.9％，副产稀盐酸（一般在15％左右）。对含氯化氢浓度相对较低的废气，可采用碱液喷淋吸收处理。应注意副产稀盐酸的综合利用
氯和氯化氢	分别治理	对同时含氯和氯化氢的废气，一般先采用水吸收去除HCl，然后处理Cl₂

① 吸收法治理含氟废气，吸收剂宜采用水或碱液。宜用碳酸钠水溶液吸收含氟化氢废气制取冰晶石。用水吸收氟化氢生成氢氟酸时应采用多级吸收。低浓度氟化氢废气，宜采用石灰水洗涤。电解铝行业治理含氟废气应采用氧化铝粉吸附法。

② 对含氯或氯化氢（盐酸酸雾）废气，宜采用碱液吸收法。含氯废气中，氯气的体积分数在1×10^{-6}以下的一般可达标排放；在$1\times10^{-6}\sim1\%$的一般采用碱液吸收处理；在$1\%\sim20\%$的必须采用碱液吸收、氯化亚铁溶液或铁屑吸收、溶液吸收、固体吸附等方法回收氯资源；在$20\%\sim70\%$的应采用冷凝、压缩液化回收液氯；在70%以上的一般直接返回循环利用或液化制氯。

2. 卤化物气体处理技术的选用

① 在对无机卤化物废气处理时应首先考虑其回收利用价值。例如，氯化氢气体可回收制盐酸，含氟废气能生产无机氟化物和白炭黑等。

② 吸收和吸附等物理化学方法在资源回收利用和卤化物深度处理上工艺技术相对成熟，优先使用物理化学类方法处理卤化物气体。

③ 吸收法治理含氯或氯化氢（盐酸酸雾）废气时宜采用碱液吸收法。

④ 垃圾焚烧尾气中的含氯废气宜采用碱液或碳酸钠溶液吸收处理。

⑤ 吸收法治理含氟废气,吸收剂宜采用水、碱液或硅酸钠:a. 对于低浓度氟化氢废气,宜采用石灰水洗涤;b. 用水吸收氟化氢时生成氢氟酸,同时有硅胶生成,应注意随时清理,防止系统堵塞。

⑥ 电解铝行业治理含氟废气宜采用氧化铝粉吸附法。

二、含氟烟气的来源

含氟烟气(包括含氟气体及含氟粉尘)主要来源于工业部门,其中以炼铝工业、磷肥工业和钢铁工业为多。例如,每生产 1t 金属铝约排氟 $16\sim24$ kg,1t 黄磷排氟 30kg,1t 磷肥排氟 $5\sim25$ kg。炼钢添加的萤石,其中氟几乎全排放出来。有些金属矿石含有氟,它们在选矿、烧结及冶炼过程中也要排出含氟烟气。煤中含氟 $(0.4\sim3)\times10^{-4}$,有的高达 14×10^{-4}。煤燃烧时,有 $78\%\sim100\%$ 的氟排放出来。所以,大量耗煤炭的工业部门,如燃煤电厂、动力锅炉房也可成为重要的氟污染源。其他如氟和氢氟酸盐生产,含氟农药生产,玻璃、陶瓷、搪瓷及砖瓦生产,塑料、橡胶及制冷剂生产,铀和某些稀有金属元素的生产,火箭燃料的制造等,都可能有氟的污染问题。在自然界中,氟主要来源于岩石风化。氟化物从岩石中释放出来,参与地表的水迁移和生物迁移,有的高氟区水中氟含量高达 20mg/L。火山活动时也有氟化物进入空气。

(一)炼铝工业

炼铝工业排放的含氟烟气主要来源于电解生产,其次是电极生产。

金属铝是在熔融的冰晶石 (Na_3AlF_6) 熔体中通过电解氧化铝 (Al_2O_3) 生产的。每生产 1t 金属铝大约需要 2t 氧化铝,500kg 炭阳极和 30kg 氟化盐。铝工业产生的烟气均具有以下特点。

(1)烟气量大 一座年产 1.0×10^5 t 铝的工厂,全部电解槽排烟量达 $(1.5\sim3.0)\times10^6$ m³/h,厂房排烟量达 $(1.0\sim2.5)\times10^7$ m³/h。

(2)成分复杂 烟气中不仅含有氟和粉尘,还含有二氧化硫和烃类化合物等其他物质。

(3)氟的形态多 据分析,铝电解烟气中有氟化氢、四氟化硅、四氟化碳等多种形态的氟。电解铝生产按阳极位置分为三种槽型,即上插槽、侧插槽和预焙槽。不同形式电解槽产生的排烟量和厂房排烟量见表 10-5。

表 10-5 电解槽和厂房产生的排烟量

槽型	槽排烟量/(m³/t 铝)	排入车间烟量/%	厂房排烟量/(m³/t 铝)
上插自焙槽	15000~20000	30~40	$(1.8\sim2)\times10^6$
侧插自焙槽	20000~35000	15~30	$(2\sim2.6)\times10^6$
边部加工预焙槽	150000~200000	10~20	$(1\sim2)\times10^6$
中心加工预焙槽	100000~150000	2~5	$(0.8\sim1.5)\times10^6$

电解槽排出有害物质的浓度和数量与槽型和操作有密切关系。电解槽的温度、加工方式等对其均有影响。特别是各种槽型之间差别甚大,表 10-6 给出的是概略数据。

表 10-6 电解槽排出的有害物质浓度和数量

槽型	气态氟		固态氟		粉尘	
	mg/m³	kg/t 铝	mg/m³	kg/t 铝	mg/m³	kg/t 铝
上插自焙槽	500～800	12～18	100～150	6～8	300～800	20～60
侧插自焙槽	30～60	12～18	10～30	2～8	100～160	20～60
预焙槽	40～50	8～12	40～50	8～10	150～300	20～60

（二）磷肥生产

磷肥的主要品种是普通磷酸钙、重过磷酸钙和氮磷复合肥料。它们是以磷灰石作原料生产的，其主要成分是氟磷酸钙 $[Ca_5F(PO_4)_3]$，一般含有 $1\%\sim3.5\%$ 的氟。

磷肥生产按加工方法不同，可分为酸法磷肥（即普钙磷肥）和热法磷肥（如钙镁磷肥）。普钙磷肥的生产是用硫酸分解磷矿粉，把磷矿中难溶的磷酸盐转变成磷酸二氢钙及杂质磷石膏。此时，有氟化氢生成，其化学反应如下：

$$2Ca_5F(PO_4)_3+7H_2SO_4+3H_2O \longrightarrow 3Ca(H_2PO_4)_2 \cdot H_2O+7CaSO_4+2HF\uparrow$$

氟化氢与矿石的氧化硅生成四氟化硅：

$$4HF+SiO_2 \longrightarrow SiF_4\uparrow+2H_2O$$

在普钙磷肥生产排放的烟气中，氟主要以四氟化硅的形式逸出。普钙厂排出的含氟烟气浓度，在大型厂为 $10\sim60g/m^3$，中小厂为 $1\sim10g/m^3$。

钙镁磷肥是用磷矿石作原料，以含镁、硅的矿石作熔剂，在高温下（一般为 1400℃）熔融，然后用水将之淬冷。我国生产钙镁磷肥主要用高炉法和平炉法。高炉法用焦炭作燃料，排出的烟气中含有大量氟化氢和四氟化硅：

$$2Ca_5F(PO_4)_3+H_2O+\frac{1}{2}SiO_2 \longrightarrow 3Ca_3(PO_4)_2+\frac{1}{2}Ca_2SiO_4+2HF\uparrow \quad (10\text{-}18)$$

$$2Ca_5F(PO_4)_3+SiO_2 \longrightarrow 3Ca_3(PO_4)_2+\frac{1}{2}Ca_2SiO_4+\frac{1}{2}SiF_4\uparrow \quad (10\text{-}19)$$

$$4HF+SiO_2 \longrightarrow SiF_4\uparrow+2H_2O \quad (10\text{-}20)$$

钙镁磷肥产生的烟气中含氟浓度为 $1\sim4g/m^3$。

（三）钢铁生产

每生产 1t 钢消耗萤石 $2\sim5kg$，多者可达 20kg。一座年产 100 万吨钢的钢铁企业，排入大气的可溶性氟为 $100\sim2000t$，排放量多少因萤石的消耗量而异。虽然钢铁企业排放的氟很多，却没有引起有关方面的注意。这是因为：

① 钢铁企业排放的烟气中含氟浓度甚低，例如烧结厂，一般不到二氧化硫浓度的 1%；
② 钢铁厂烟气量大，处理起来投资大、效益差，技术上也有一定困难；
③ 钢铁厂氟污染没有普遍性，除个别钢铁企业外尚未见到氟污染报道。

三、含氟烟气湿法净化技术

目前常用的处理含氟烟气的方法如表 10-7 所列。本节介绍湿法净化技术。

湿法净化也就是吸收法净化，是一种常用的控制方法。湿法净化含氟烟气有两个特点：一是氟化氢容易被清水或碱吸收液吸收；二是净化效率容易控制，因此获得广泛应用。

表 10-7 含氟烟气处理方法

处理方法	要点	优缺点
稀释法	向有含氟气体的厂房送进新鲜空气或将含氟烟气高空排放扩散稀释	(1)优点：投资和运行费低廉，管理方便 (2)缺点：在不利的气象条件下，有时会把污染物转移他处
吸收法(湿法)	用水、碱性溶液或某些盐类溶液吸收烟气中的氟化物	(1)优点：净化设备体积小，易实现，净化工艺过程可连续操作和回收各种氟化物，净化效率高 (2)缺点：湿法会造成二次污染，在寒冷地区需保温
吸附法(干法)	以粉状的吸附剂吸附烟气中的氟化物	(1)优点：净化效率高，工艺简单，便于管理，没有水的二次污染，不受各种气候的影响 (2)缺点：设备体积大

（一）湿法净化原理

在氟化氢水溶液及其蒸气两相间进行的传质过程中，HF 的平衡分压随条件而变化，如图 10-7 和图 10-8 所示。

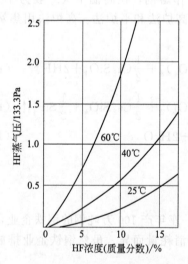

图 10-7 HF 水溶液上的 HF 分压与 HF 浓度的关系

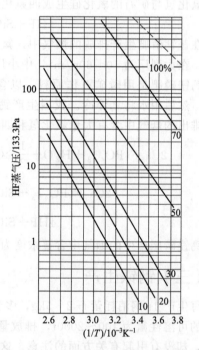

图 10-8 HF 水溶液上的 HF 分压与温度的关系

由图可见，HF 的蒸气压随溶液中 HF 浓度增加、温度升高而逐渐加大。计算氟化氢分压 p_{HF} 和水蒸气分压 p_{H_2O} 的关系式如下：

$$\lg(p_{HF}+a_1)=b_1+c_1c' \tag{10-21}$$

$$\lg(a_2-p_{H_2O})=b_2+c_2c_1 \tag{10-22}$$

式中，a_1，a_2，b_1，b_2，c_2，c_2 分别为系数，可由表 10-8 查到；c' 为溶液中 HF 浓度，%。

表 10-8　传质系数表

温度/℃	a_1	a_2	b_1	b_2	c_1	c_2
25	0.172	34.14	-0.72956	1.00817	0.031541	0.010473
40	0.455	70.95	-31390	1.20161	0.013532	0.013532
60	1.465	212.1	0.18759	1.7957	0.033478	0.01029
76	3.012	368.3	0.50190	1.9076	0.0033194	0.013475

SiF_4 易溶于水，生成氟硅酸（H_2SiF_6）。在各种温度下氟硅酸溶液上的 SiF_4 蒸气分压如图 10-9 所示。

由图 10-9 可知，随着 H_2SiF_6 在溶液中浓度的提高，SiF_4 的蒸气分压也增大。当 H_2SiF_6 浓度高到一定程度时，用水净化含氟气体的效率就急剧降低。

由于 HF 溶液和 H_2SiF_6 溶液的相平衡常数都很小，气相和液相的总传质系数（K_G、K_L）可由下式计算：

$$K_G = \frac{c_{HF(液)} d_K}{6 c_{HF(气)} t} \tag{10-23}$$

$$K_L = \frac{c_{HF(液)} d_K a}{6 c_{HF(气)} t} \tag{10-24}$$

式中，$c_{HF(气)}$，$c_{HF(液)}$ 分别为气相和液相中 HF 的实际浓度，g/m^3；d_K 为液滴直径，m；t 为接触时间，h；a 为气、液相平衡常数（亨利常数），$a = c_{HF(气)} / c'_{HF(液)}$，$c'_{HF(液)}$ 为与气相中 HF 平衡时液相中 HF 浓度，g/m^3。

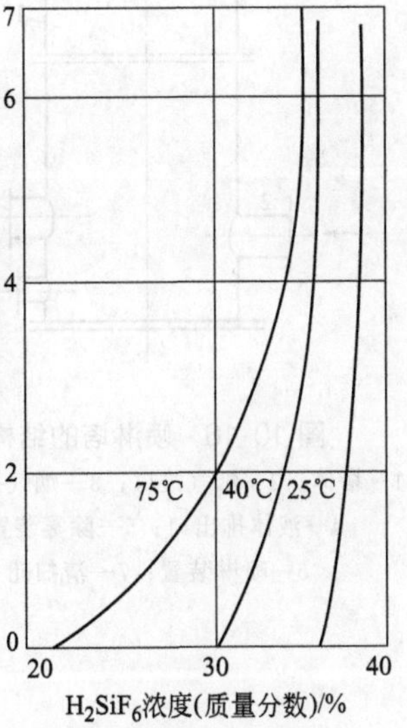

当气相中 HF 浓度在 $0.1 \sim 15.0 g/m^3$ 和温度在 25℃ 时，相平衡常数 a 可用下式求得：

$$10^6 a = 2.101 + 2.198 c_{HF(气)}$$

当气相中 HF 浓度低于 $0.1 g/m^3$ 时，氢氟酸平衡浓度低于 4.3%，相平衡常数大约为 2.3×10^{-6}。

图 10-9　H_2SiF_6 溶液上 SiF_4 的蒸气分压

（二）湿法净化设备

湿法净化常用吸收设备，净化过程是通过吸收设备实现的。常用的设备有喷淋塔（空心塔）、文氏管洗涤器、湍球塔、喷射塔和泼水轮吸收室等。它们的种类很多，但基本定型的只有喷淋塔、湍球塔、喷射塔和泼水轮吸收塔。

1. 喷淋塔

喷淋塔体积大、耗水多、效率低，是一种比较古老的塔型。由于它结构简单，容易维修，便于采取防腐蚀措施，阻力较低，不易被灰尘堵塞，所以还有不少工厂沿用。

图 10-10 所示为代表性的喷淋塔结构形式，塔体一般用钢板制成，还可以用钢筋混凝土制作。为了避免洗液的腐蚀，要采取防腐蚀措施。塔体底部有烟气进口、液体排出口和清扫孔。塔体中部有喷淋装置，由若干喷嘴组成。喷淋装置可以是一层或两层以上，要视塔底高度而定。塔的上部为除雾装置，以脱去由烟气带来的液滴。塔体顶部为烟气排出口，直接与烟筒连接或与排风机相接。

塔直径由每小时所需处理烟气量与烟气在塔内通过速度决定，计算公式如下：

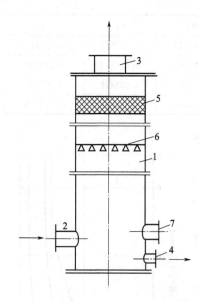

图 10-10　喷淋塔的结构

1—塔体；2—烟气进口；3—烟气排出口；
4—液体排出口；5—除雾装置；
6—喷淋装置；7—清扫孔

$$D=\sqrt{\frac{Q}{900\pi v}}=\frac{1}{30}\sqrt{\frac{Q}{\pi v}} \qquad (10\text{-}25)$$

式中，D 为塔体直径，m；Q 为每小时处理的烟气量，m^3/h；v 为烟气穿塔速度，m/s。

空心喷淋塔的气流速度越小对吸收越有利，一般在 $1.0\sim1.5m/s$ 之间。

塔体由以下 3 部分组成。

（1）进气段　进气管以下至塔底的部分，使烟气在此期间得以缓冲，均布于塔的整个截面。

（2）喷淋段　自喷淋层（最上一层喷嘴）至进气管上口，气液在此段进行接触传质，是塔的主要区段。氟化氢为亲水性气体，传质在瞬间即能完成。但在实际操作中，由于喷淋液雾化状况，气体在截面上分布情况等条件的影响，此段的长度仍是一个主要因素。因为在此段塔的截面布满液滴，自由面大大缩小，从而使气流实际速度增大很多倍，因此不能按空塔速度计算接触时间。

（3）脱水段　喷嘴以上部分为脱水段，作用是使大液滴依靠自重降落，其中装有除雾器，以除掉小液滴，使气液较好地分离。塔的高度尚无统一的计算方法，一般参考直径选取，塔高与直径之比在 $4\sim7$ 范围以内，而喷淋段约占总高的 1/2 以上。

2. 湍球塔

湍球塔是由填充塔发展而来的一种塔型，如图 10-11 所示。填料层不是静止的填充物，而是一些受气流冲击可以上下翻腾的轻质小球。球层可以是一段或两段甚至数段。每段有上下筛板两块，下筛板起支承球层的作用，上筛板起拦球的作用。往往一段球层的上筛板是上段球层的下筛板。筛板可以是孔板，也可以是栅条。球层上部有喷液装置，这样，翻动的球面永远是湿润的，从而形成气液接触传质界面。在喷淋液的冲刷下，此界面不断更新，能有效地进行吸收传质与除尘。

这种塔的烟气穿塔速度比填充塔、空心塔快。因此处理同样量的烟气所需的塔体较小，这是一个显著的优点。填充无规则堆放的轻质小球，要比规则放置填料层方便得多，因此，该塔结构简单，制造成本低。由于球体不断受冲刷并互相碰撞，使被清洗下来的烟气灰尘和污物不能积留，消除了填料层堵塞的现象，而且能使塔的压力平稳。这些优点对净化含氟烟气具有十分重要的意义。其主要不足之处是阻力略大，消耗的动力也较多，使用时应予注意。

3. 喷射塔

喷射塔是一种较新的塔型（见图 10-12），其特点是利用动能使气液充分混合接触。气体首先经过一个收缩的锥形杯称为喷嘴，将速度提高。溢流入锥形杯的吸收液，受高速气体的冲击并被携带至底口而喷出。气体因突然扩散，便剧烈湍流，将液体粉碎雾化，产生极大的接触界面，而使传质增强。

由于气液以顺流方式进行，不受逆流操作中气体临界速度即塔的液泛极限能力的限制，从而提高了塔的有效体积传质能力。此特点对处理风量很大的铝电解槽烟气是有利的。加之喷射塔还有结构简单、操作管理方便、不易堵塞等优点，使这种塔型可用在铝工业烟气净化上。

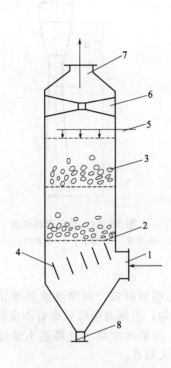

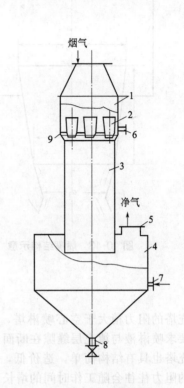

图 10-11 湍球塔
1—入口;2—花板;3—湍球;4—导流板;5—水管;
6—挡水板;7—出口;8—排污口

图 10-12 喷射塔结构
1—气液分布板;2—喷嘴;3—吸收段;4—气液分离段;
5—排气管;6—进液管;7—排液口;8—排污口;9—塔板

喷嘴是喷射塔最重要的部件,直接关系到塔的净化效率与阻力损失。因此,要求相对尺寸合理,内壁光滑。最简单的喷嘴结构形式如图 10-13 所示。喷嘴上下口多为圆形,但也有正方形或矩形的。喷嘴的尺寸应有一定比例,即上口径 d_1 大于下口径 d_2,这样能使气流收缩而提高流速。喷嘴高度 L 与 d_2 之比应大于 2.5。当 $L/d_2 < 1.5$ 时,气流在喷嘴内分布不均,这样就不能达到较好的喷雾效果。

4. 其他形式的净化设备

除上述几种常用的净化装置外还有以下几种净化设备也常被采用。

(1) 文丘里吸收器 文丘里吸收器是一种雾化程度较高的高能净化设备,如图 10-14 所示。烟气经过喉管,产生高速,可达 60~80m/s,甚至达 100m/s。水自吸收器上部或侧部喷入。喉管下为渐扩管,气液在此管混合接触,进行传质。底部为分离部分,气水分离后,水从底部排出。这种吸收装置效率很高,尤其对含有微细粉尘的烟气,除尘和吸收都能达到很高的效率,而且体积小,结构简单。缺点是能量消耗较大。

(2) 填充塔 填充塔是化学工业中最常见的吸收装置。外形与空心喷淋塔一样,塔内有填充层。填充材料多种多样,如栅形填料、鞍形填料和环状填料等。洗液自上部喷淋而下,气流从底部进入向上,在湿润的填充料表面上进行接触传质。气流速度较低,一般在 1m/s 以下。

设填料层的目的是增大气液接触面积,对于处理含尘量较大的铝电解烟气来说,要求填充缝隙不能太小,喷淋密度要大,还要考虑到便于装入和取出填料。

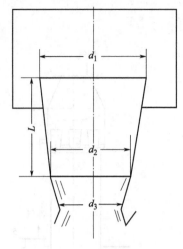

图 10-13　喷嘴结构示意

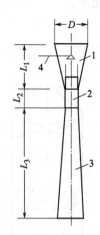

图 10-14　文丘里吸收器

1—渐缩管；2—喉管；3—渐扩管；4—水管

　　填充塔的阻力稍大于空心喷淋塔，吸收效率比空心喷淋塔高。对喷淋液的雾化要求不高，但要求喷淋液与填充层缝隙在断面上的分布非常均匀，否则对吸收效率有不良影响。

　　填充塔也具有结构简单，造价低，阻力小等优点。如果含尘烟气进塔前不经过除尘装置，塔的阻力往往会随工作时间的增长而增加，这是一大缺点。

　　波纹塔是从填充塔发展演变出来的另一种塔型。在塔内垂直安装一排排的波纹板，代替填充层的填料。板间留有间隙，从上部喷淋洗涤液，气体从底部向上穿过波纹板。因为液体不断地从板面冲流而下，便减小了灰尘积存的可能性，从而克服了填充塔的缺点。其作用原理与湿壁塔相同。

　　（3）筛板塔　筛板塔外形同空心喷淋塔，但在烟气入口上方与喷嘴之间安置了一层或几层筛板。筛板一般为金属板或塑料板，板上开孔，气流从下部穿过板孔而上，使板上液体鼓成气泡并保持一定高度的泡沫层，从而增加气液接触面积，达到传质的目的。

　　与空心喷淋塔相比，筛板塔吸收效率较高，阻力较大。烟气穿塔速度为 3m/s，因此设备体积比空心喷淋塔略小，但筛板也有堵塞的弊病，使塔的压力产生波动。

　　无溢流筛板塔能克服筛板堵塞的缺点，筛板无溢流管，而筛孔则比溢流筛板塔的筛孔略大。气流在筛孔中穿过，沿孔壁发生摩擦，从而减少了灰尘在筛孔中积存。但在使用碱性洗液时，仍可能在筛孔上结垢，需要定期清理。

　　（4）拨水轮净化室　处理磷肥含氟烟气常采用此种洗涤装置。烟气自净气室一端进入，从另一端排出。室内底部为洗液。有两根长轴贯穿于室内底部，每根轴上安装拨水叶轮若干个（一般为 10~20 个），叶轮吃水 2~3cm，以 400r/min 的转速转动将水打起，使液滴充满室内，烟气因挡板的作用而上下绕行，与水接触而传质。

（三）湿法净化工艺流程

　　含氟烟气的净化工艺流程因部门而异，下面介绍几个典型工艺流程。

1. 炼铝工业含氟烟气湿法净化流程

　　用清水或碱液在吸收设备内吸收烟气中的氟化氢等组分，吸收后的含氟溶液可以制成冰晶石或其他氟化盐。

图 10-15 是同时净化侧插自焙槽烟气（又称地面系统）和天窗二次烟气（又称天窗系统）的流程。

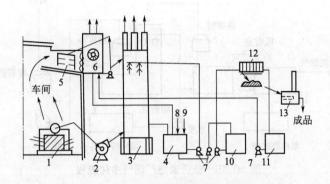

图 10-15　天窗地面两套烟气净化系统

1—铝电解槽；2—离心风机；3—烟气吸收设备；4—循环池；5—吸收液管道；6—轴流风机；7—水泵；
8—加偏铝酸钠；9—加碱液；10—结晶槽；11—调整槽；12—过滤机；13—干燥机

用 pH 值为 7～8 的低浓度碱液净化含氟烟气，其反应式如下：

$$HF+Na_2CO_3 \longrightarrow NaF+NaHCO_3 \tag{10-26}$$

$$HF+NaHCO_3 \longrightarrow NaF+CO_2+H_2O \tag{10-27}$$

$$CO_2+Na_2CO_3+H_2O \longrightarrow 2NaHCO_3 \tag{10-28}$$

当吸收液中 NaF 浓度上升到 20g/L 左右时，加入偏铝酸钠，利用烟气中的二氧化碳，在洗涤塔内直接合成冰晶石，其反应式为：

$$6NaF+NaAlO_2+2CO_2 \longrightarrow Na_3AlF_6+2Na_2CO_3 \tag{10-29}$$

偏铝酸钠用蒸汽直接加热制备，反应式为：

$$NaOH+Al(OH)_3 \xrightarrow{\text{加热}} NaAlO_2+2H_2O \tag{10-30}$$

为了防止 $NaAlO_2$ 分解，需加过量的 NaOH，保持 $NaOH/Al(OH)_3=1.25\sim1.35$。

该净化回收系统的设计参数见表 10-9。

表 10-9　天窗地面两套烟气净化系统设计参数

项目	地面系统	天窗系统	项目	地面系统	天窗系统
排烟量/(m³/t 铝)	350000	2600000	液气比/(kg/m³)	1.7～2.1	2.0
排烟温度/℃	50～100	20～40	喷淋强度/[m³/(m²·h)]	13.6	30
氟化氢浓度/(mg/m³)	20～35	<2	氟化氢净化效率/%	93	75
烟尘浓度/(mg/m³)	80～90	<10	除尘效率/%	70	70
塔(器)内烟气速度/(m/s)	2.2	4.0			

2. 磷肥工业含氟烟气湿法净化流程

普钙磷肥厂排出的含氟烟气用净化设备净化后排出。烟气的特点是温度低，胶性杂质黏性大，容易堵塞管道。常用的烟气净化设备有拨水轮吸收室、文氏管和湍球塔等。大中型普钙磷肥厂广泛采用二室（拨水轮吸收室）一塔（喷射塔或湍球塔）的烟气净化处理流程，如图 10-16 所示。其净化效率在 90%～95% 之间，阻力损失为 10～20kPa。如在塔后加上除雾器，烟气净化效率可提高到99％以上。

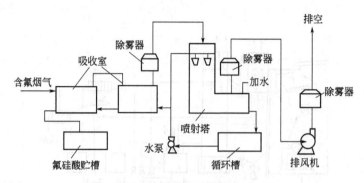

图10-16　普钙磷肥厂烟气净化流程

通常用水、碱液、氨水、石灰乳及电石渣悬浮液等为吸收剂。净化含氟烟气后的洗涤吸收液，可制成各种不同的氟加工产品。如用食盐处理制成氟硅酸钠；用纯碱（或烧碱）处理制成氟化钠；用硫酸铝和硫酸钠制成冰晶石等。此外，也有不回收的如用石灰乳、电石渣悬浮液中和洗涤液，但生成废渣会造成二次污染。

普钙磷肥生产中排放的含氟废气用水吸收，生成的氟硅酸分别与氢氧化铝和碳酸钠反应，生成氟化铝和氟化钠，同时析出硅胶。分离硅胶后的氟化铝和氟化钠溶液，按一定比例混合即直接合成冰晶石，其反应式为：

$$H_2SiF_6 + 3Na_2CO_3 + (n-1)H_2O \longrightarrow 6NaF + SiO_2 \cdot nH_2O \downarrow + 3CO_2 \uparrow \qquad (10\text{-}31)$$

$$H_2SiF_6 + 2Al(OH)_3 + (n-4)H_2O \longrightarrow 2AlF_3 + SiO_2 \cdot nH_2O \downarrow \qquad (10\text{-}32)$$

$$3NaF + AlF_3 \longrightarrow Na_3AlF_6 \downarrow \qquad (10\text{-}33)$$

直接合成法制冰晶石的流程如图10-17所示。该法的优点是流程简单，设备较少，缺点是滤出的母液量大，需另行处理。

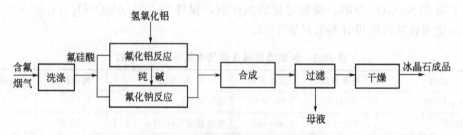

图10-17　直接合成法制冰晶石流程

回收产品冰晶石是铝电解生产的助溶剂，亦可用于其他场合。

在普钙磷肥厂还经常用浓度为8％～10％的洗涤溶液（含H_2SiF_6）和浓度20％左右的NaCl溶液（或Na_2SO_4、Na_2CO_3溶液）制成氟硅酸钠，回收利用。其反应式如下：

$$2NaCl + H_2SiF_6 \longrightarrow Na_2SiF_6 + 2HCl \qquad (10\text{-}34)$$

回收Na_2SiF_6的流程见图10-18。

H_2SiF_6与NaCl反应时，NaCl加入量应比理论量多30％～40％，以使氟硅酸钠的结晶更为完全。回收的氟硅酸钠为白色粉末，密度为$2\sim7g/cm^3$，可作杀虫剂，也可用于玻璃和

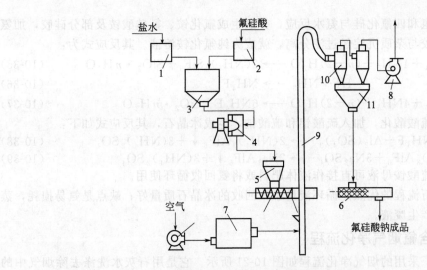

图 10-18　回收氟硅酸钠工艺流程

1—盐水计量槽；2—氟硅酸计量槽；3—合成槽；4—过滤机；5—湿料贮斗；6—螺旋输送机；7—电热炉；

8—风机；9—气流吹送干燥管；10—旋风分离器；11—成品贮斗

搪瓷生产中。

该流程的特点是工艺简单，原料成本低，产品总回收率可达 99％以上。回收产品可用作杀虫剂或用于水泥、搪瓷工业部门。

回收 K_2SiF_6 与回收 Na_2SiF_6 的方法相同，只是把 NaCl 改为 KCl 即可。

钙镁磷肥生产中排出的含氟烟气和普钙磷肥不同，净化处理流程也有差别。前者烟气温度高、含尘量大，所以净化、利用和设备防腐相对困难一些。图 10-19 所示是通常采用的流程，高炉出来的烟气首先进入除尘器，然后经净化、除雾后（净化效率在 80％左右），送热风炉燃烧再由烟囱排放。

钙镁磷肥厂的烟气也可用氨法净化，回收冰晶石，如图 10-20 所示。

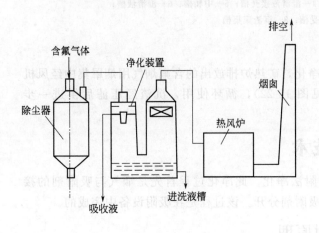

图 10-19　钙镁磷肥厂烟气净化流程

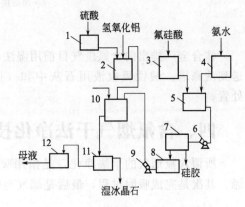

图 10-20　氨法回收冰晶石流程

1—硫酸高位槽；2—硫酸铝反应器；3—氟硅酸高位槽；

4—氨水高位槽；5—氨化槽；6,9—氟化铵溶液泵；

7—压滤机；8—氟化铵槽；10—冰晶石合成槽；

11—离心分离装置；12—母液贮槽

烟气中的氟化氢和四氟化硅与氨水反应，分别生成氟化铵、氟硅酸铵及部分硅胶，加氨水进一步氨化，硅胶与杂质沉淀经过滤分离，就成为纯氟化铵溶液。其反应式为：

$$3SiF_4 + 4NH_3 + (n-2)H_2O \longrightarrow 2(NH_4)_2SiF_6 + SiO_2 \cdot nH_2O \qquad (10\text{-}35)$$

$$HF + NH_3 \longrightarrow NH_4F \qquad (10\text{-}36)$$

$$(NH_4)_2SiF_6 + 4NH_3 + (n-2)H_2O \longrightarrow 6NH_4F + SiO_2 \cdot nH_2O \qquad (10\text{-}37)$$

氟化铵溶液用硫酸酸化，加入硫酸铝和硫酸钠，生成冰晶石，其反应如下：

$$12NH_4F + Al_2(SO_4)_3 \longrightarrow 2(NH_4)_3AlF_6 \downarrow + 3(NH_4)_2SO_4 \qquad (10\text{-}38)$$

$$2(NH_4)_3AlF_6 + 3Na_2SO_4 \longrightarrow 2Na_3AlF_6 \downarrow + 3(NH_4)_2SO_4 \qquad (10\text{-}39)$$

合成冰晶石的硫酸铵母液可直接作液体肥料或将氨回收循环使用。

氨法回收冰晶石流程的优点是循环液量小，回收的冰晶石质量好；缺点是氨易损耗，蒸汽消耗较多，容易产生废液。

3. 其他工业含氟烟气净化流程

含氟铁矿烧结厂采用的烟气净化流程如图 10-21 所示。它是用石灰水洗涤去除烟气中的氟，泥渣送尾矿库，水循环使用。实际运转证明，这种工艺除氟效率达 90％以上，除氟尘效率达 75％以上，系统阻力不超过 30kPa。洗涤塔操作正常。

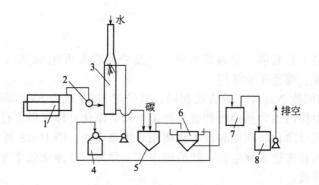

图 10-21　含氟铁矿烧结烟气净化流程

1—烧结机；2—风机；3—洗涤塔；4—澄清液接受槽；5—中和槽；6—澄清液槽；
7—泥渣接受槽；8—沉渣聚集槽

铁合金厂排出的含氟废气目前用湿法净化，矿热炉排放出的含氟烟气用烟罩集中经风机送到洗涤塔。酸性吸收液用石灰中和（见图 10-22），循环使用，沉渣经压滤后供进一步处置。

四、含氟烟气干法净化技术

所谓含氟烟气的干法净化，是指用吸附法净化。此净化过程首先是烟气与吸附剂的接触，其次是完成吸附过程，最后是烟气与吸附剂分开。该过程是在吸附设备中完成的。

（一）干法净化原理——吸附原理

当气体分子由于布朗运动接近固体表面时，受到固体表面层分子剩余价力的吸引，这种现象称为吸附。这些被吸附的分子并非永久停留在固体表面，受热就会脱离固体表面重新回到气体中，这种现象称为解吸。

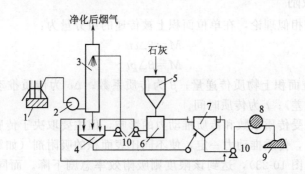

图 10-22　矿热炉含氟烟气净化流程

1—矿热炉；2—风机；3—洗涤塔；4—循环槽；5—石灰贮槽；6—调整槽；7—澄清池；

8—压滤机；9—沉渣；10—水泵

1. 吸附的类别

吸附分为物理吸附和化学吸附两大类。在吸附剂和吸附物之间，由分子本身具有的无定向力作用，即非极性的范德华力作用或电静态极化作用所产生的吸附，称为物理吸附。由于产生物理吸附的力是一种无定向的自由力，所以吸附强度和吸附热都较小，在气体临界温度之上，物理吸附甚微。一般，物理吸附的吸附能与气体的凝结力差不多大小，其能量在 $2\sim 10\text{kcal/mol}$（$1\text{kcal}=4.1816\text{kJ}$）范围内。物理吸附时，气体的其他性质对吸附程度的影响较小，吸附基本上没有选择性，吸附剂和吸附物分子不发生变化，吸附可以是单分子层，也可以是多分子层，吸附速度较快，解吸速度也较快。

吸附继续进行，分子在吸附剂表面停留时间加长。吸附剂一旦具有足够高的活化能，分子就从吸附剂表面得到电子，或分子把电子给予吸附剂表面，或分子被分子、原子或自由基团束缚起来，或分子与吸附剂表面共用一个或数个电子对，这种吸附叫化学吸附。化学吸附与一般化学反应不同。化学反应靠完全的化学键力把物质的原子或分子联系起来，而且反应使原子或分子改变其原来的性质。化学吸附由于以剩余价力为主，没有用到化学键力的全部，因此吸附作用只能说是一种"松懈"的化学反应，吸附剂与吸附物表面的反应原子保留其原来的格子不变，物质表面的分子并不生成真正的稳定化合物，而在吸附剂表面最活泼部分的影响下，吸附物分子发生某种程度的歪扭，改变其原来的化学性质。

2. 吸附过程

在了解吸附剂和吸附物的性质之后，还要进一步研究吸附反应进行的过程，以便采取措施加速过程的完成。一般，吸附过程是由以下几个步骤完成的。

① 气膜扩散：吸附物通过表面气膜达到吸附剂外表面，即氟化氢气体在气相中扩散，扩散的氟化氢气体突破氧化铝表面的气膜达到其表面。

② 微孔扩散：吸附物在吸附剂微孔中扩散。

③ 吸附：吸附质气体与吸附剂固体接触并发生作用，在一定的条件下生成表面化合物。

④ 一部分吸附物从吸附剂表面上脱附（解吸）。

⑤ 脱附的气体（即解吸的部分）再扩散到气相中去。在一定条件下，吸附过程终结，实质上是吸附和解吸两步骤达成的动态平衡。在吸附系统中，只要提供足够的湍动，让吸附质与吸附剂能充分接触，促进气流扩散并增大传质速率，可得到较好的吸附效果。

3. 氟化氢的吸附

根据传质过程的相似理论，在单位面积上被传递的组分量为：

$$M = \beta \Delta c t \tag{10-40}$$

或

$$M = \beta \Delta p t \tag{10-41}$$

式中，M 为单位面积上物质传递量；β 为传质系数；Δc 为传质推动力（浓度差）；Δp 为传质推动力（分压差）；t 为传质时间。

可见，传质速度受传质系数和传质推动力的影响，但主要取决于传质推动力。

氟化氢浓度不变，传质推动力一定，使不同比表面积的吸附剂（如氧化铝）对氟化氢的吸附有一定限量（见图 10-23），达到该限度则吸附效率急剧下降。而同一比表面积的吸附剂（如氧化铝）对不同组分的烟气进行吸附时，各自也有不同的吸附量（见图 10-24）。这一点在工程应用中极为重要。

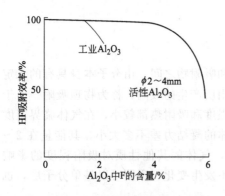

图 10-23 一定浓度的氟化氢气体在
不同比表面积氧化铝上的吸附

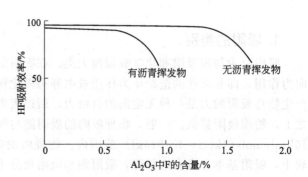

图 10-24 同一比表面积氧化铝对不同
组分烟气的吸附

从图 10-23 和氧化铝的晶型结构可知，氧化铝对氟化氢的吸附量随着表面积的增加而增加。吸附量可以根据吸附剂表面积及吸附物分子尺寸进行计算。例如，比表面积为 $162.6 \text{m}^2/\text{g}$ 的氧化铝，理论计算每单位面积吸附氟化氢的量为氧化铝重量的 0.033%（同覆盖面积 9.5Å/HF 分子相对应），则 1g 氧化铝的吸附量为 5.37%；与试验得出的数据 5.96% 基本吻合。

（二）干法（吸附）净化设备和净化流程

含氟烟气的干法净化属于气固相吸附反应，此反应在固相表面进行。由于气固相吸附反应的复杂性，所以需要知道气固两相物理化学性质及两相反应过程和技术条件的基本情况。根据这些基本情况，选择吸附设备和工艺流程，以加速吸附净化过程，并使这个过程进行得完全彻底。同时，还要考虑使设备尽可能简单，管理方便，容易实现机械化和自动化操作。

1. 吸附净化设备

用于含氟烟气干法净化的主要气固相吸附反应设备是反应床。按照物料在床内呈现的状态，反应床分为固定床、流化床（亦称沸腾床）和输送床三大类。各床的吸附原理及其使用状况介绍如下。

（1）固定床 固定床［图 10-25(a)］有立式、卧式和环形三种形式。该设备是一种用于气体和静止状态的固体物料起吸附反应的设备。这种设备主要是一个容器，内部设置气体分布或分配装置，固体物料静置其上，形成一定厚度的床层。气体自下部经过气体分布板均匀通过固体料层，在气固相接触过程中进行吸附反应。干法净化所用的固定床中，烟气流速较小，吸附剂颗粒基本静止不动，烟气从颗粒间的缝隙穿过。当烟气流速渐渐增加时，颗粒的位置开始略微调整，即产生变更排列方式而趋于松动。在一定的流速范围内，床层厚度不随烟气流速的提高而增加。欲增加烟气与物料的接触时间，必须加大床层物料的厚度。由于在固定床中固体颗粒基本处于静止状态，所以这类吸附反应设备中气流速度一般较低，外扩散阻力较大。另外，在固定床吸附设备中，扩散对反应进行的程度有明显影响，故设备的强化操作受到一定限制。而且须定期更换吸附剂，吸附过程不得不中断，所以就要安装数个固定床来保证吸附过程的连续进行。这样，对一个固定床来说吸附过程的进行是间断的，对整个吸附系统来说工艺过程是连续的。

（2）流化床　它与固定床的区别在于，其中参加吸附反应的固体颗粒处于激烈的运动状态，如同翻腾着的沸水，故又称沸腾床。图 10-25（b）就是流化床工作原理。图 10-25（a）是颗粒基本静止相当于固定床的状态；图 10-25（b）是床层开始膨胀的状态，又是流化床床层已经沸腾的状态。该图还说明，在流化床中气体流速已增大到促使床层变松、厚度增加的程度。此时物料颗粒已为气流所浮起，离开原来的位置做一定程度的移动。随着气流速度的继续提高，颗粒运动加剧，开始上下翻滚和湍动，气固两相接触的时间比固定床大为增加，但床层的阻力并不随流速的提高而明显增大。气流速度增加而所需功率基本不变，是流化床的特征之一。和固定床相比，流化床的优点是：有较高强度的传质过程，吸附剂有可移动性，能实现吸附剂循环和吸附过程连续化操作。

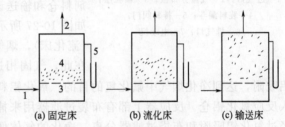

图 10-25　吸附反应设备示意
1—烟气入口；2—烟气出口；3—气流
分布板；4—吸附剂层；5—测压管

（3）输送床　输送床［图 10-25（c）］是吸附反应设备的另一种形式。它实际上是一种烟气管道及与其配合使用的加料装置和分离装置，当反应床的烟气流速超过吸附剂的悬浮速度时，则属于输送床的情况。输送床不同于固定床和流化床；输送床中参加吸附的物料颗粒没有固定的位置和运动范围。固定床和流化床用来处理大烟气量都有一定的困难。例如，固定床处理大烟气量时，由于其穿床速度低，不得不把床面面积增大或者并联许多单体；流化床处理大烟气量时，整个床面速度分布往往不均匀，床面会存在"死点"，破坏了整个吸附工艺过程。输送床不存在这些问题，适用于处理大烟气量。就传质过程来说，输送床中的物料充分分散在气相中，气固相的接触机会大为增加，对完成吸附过程十分有益。但是，如果气固相吸附反应速度非常缓慢，完成吸附过程需要很长时间，那么吸附设备的体积，确切地说输送床的长度要很长。在这种情况下用输送床不一定适合，应用中应予注意。

2. 吸附净化流程

根据吸附反应设备的不同，出现了以某种设备为标志的净化工艺流程。这就是下述的固定床净化工艺流程、流化床净化工艺流程和输送床净化工艺流程。

（1）固定床净化工艺流程　图 10-26 是固定床净化工艺流程的一种设计。待净化的含氟烟气从进气口进入固定床，经气体分布板穿过颗粒层，吸附后的干净气体从排气口排走，颗粒物料从漏斗装入待用。使用一定时间后需要更换物料时，起动电动机通过联动机构移动气

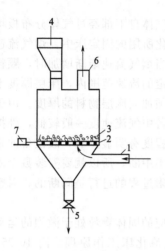

图 10-26 固定床净化工艺流程

1—进气口；2—气流分布板；3—颗粒层；
4—装料漏斗；5—排料阀门；
6—排气口；7—电动机

体分布板，使物料慢慢落下，从排料阀放出。颗粒物料可以是球形活性氧化铝，也可以是粒状石灰石、消石灰或其他能吸附氟化氢的物料。使用这种固定床，往往需要多台并联工作，保证净化工艺连续进行。此种固定床的料层一般比较厚，从而使净化效率提高到 95% 以上。

（2）流化床净化工艺流程 按照气固系组成的床层不同，流化床又可分为两种聚集状态：一种空隙率低，称为浓相（密相）床；另一种空隙率高，称为稀相（疏相）床。使用浓相流化床作吸附反应器的净化流程见图 10-27，使用稀相流化床作吸附反应器的净化流程见图 10-28。这两种流程主要应用于铝厂含氟烟气的净化，其他部门也可以用。

浓相流化床净化工艺流程由流化床、布袋室、吸附剂料仓和输送设备、风机、管道以及计量器等部分组成，如图 10-27 所示。电解槽烟气在风机作用下进入反应设备（流化床），烟气经气流分布板后均匀进入氧化铝流化层。在此，气固相进行接触和反应，烟气中的氟化氢被氧化铝吸附，达到净化烟气中氟化氢的目的。氧化铝料仓供给净化烟气的氧化铝，载氟氧化铝排入反应氧化铝仓。反应器上部有布袋过滤器用来捕集飞扬的微粒和烟气中粒状氟化物。烟气经过氧化铝吸附和布袋过滤器分离，净化的气体便从排气筒排放到大气中。这种流化床反应器对吸附来讲，增大了气固相的接触机会。流化床的高度可在 50～300cm 之间调节。氧化铝在反应器内的停留时间为 2～14h，穿床气速为 0.3m/s 左右。气流分布板通常设计成筛板式，浓相流化床的氧化铝回收，以采取高效布袋过滤器为宜。为了使设备紧凑，布袋过滤器与反应器结合为一体是理想的。

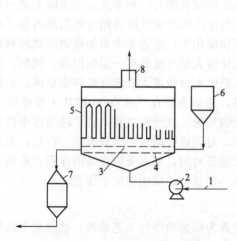

图 10-27 浓相流化床净化流程

1—含氟烟气入口；2—风机；3—流化床；4—气流
分布板；5—布袋过滤器；6—原料氧化铝仓；
7—反应氧化铝仓；8—排气筒

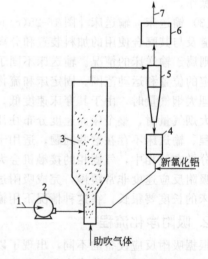

图 10-28 喷动床净化流程

1—含氟烟气入口；2—风机；3—稀相流化床；
4—氧化铝仓；5—旋风分离器；6—布袋过滤器；
7—排气筒

在浓相流化床用于含氟烟气干法净化的同时，稀相流化床也得到了应用。稀相流化床的特点是气流速度较高，设备紧凑。喷动床反应器工艺流程，是稀相流化床净化工艺流程的一种（见图 10-28）。在喷动床反应器中，由于烟气以较高的速度通过喷管，造成床层的沟流现象，使得氧化铝料如喷泉状向上喷动。氧化铝在沟流区喷动上升的同时，一部分沿着器壁徐徐下落到环带区。当这部分氧化铝下降到锥形处就又进入沟流区，此时氧化铝又被气流重新卷起，并呈喷泉状态。吸附过程就是利用氧化铝与烟气这样反复充分接触来完成的。反应后的氧化铝由旋风分离器和布袋过滤器从烟气中分离出来。净化后的烟气经风机排放。喷动床处理烟气的固气比低于浓相床，气流速度高于浓相床。除此之外，还有一些其他形式的稀相流化床净化工艺流程，但只是设备大小、形式不一，系统内流化速度不等而已。从本质上看，传质方式和过程没有什么差异。

（3）输送床净化工艺流程　输送床实质上就是一定长度的能进行吸附反应的管段。在输送床净化流程用于含氟烟气净化时，往往不专门设计反应管段，而是直接用一段排烟管或者略微改变一下尺寸的排烟管代替输送床。管段的长度根据反应过程所需时间和烟气在管段的流速来确定。用排烟管代替输送床，可以使净化流程大为简化。如图 10-29 所示，铝电解槽的烟气经排烟管道到吸附反应管道（即输送床），同时向反应管道内添加氧化铝，使气固两相互相混合接触。氧化铝是从料仓经加料管连续喂入的。加料管上有定量给料装置，以控制氧化铝的加入量。烟气在反应管道内的速度，垂直管道内应不小于 10m/s，水平管道内应不小于 13m/s，因为管道内烟气流速过低会造成物料的沉积，反应管段内气固两相的接触时间，随管道长度而变化，一般大于 1s。从反应管出来的烟气经布袋过滤器（或静电收尘器）进行气固分离。布袋过滤器下料斗内的氧化铝可一部分返回反应管实现再循环，也可不循环全部送到料仓待返回电解槽。循环与否，循环几次，都要根据氧化铝的性质和净化程度而定。净化后的烟气从布袋过滤器出来，经风机排入大气。

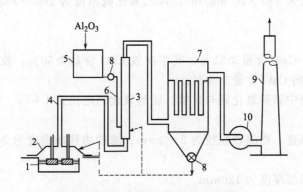

图 10-29　输送床净化工艺流程

1—电解槽；2—集气罩；3—反应管；4—排烟管；5—吸附剂料仓；6—加料管；
7—布袋过滤器；8—定量给料装置；9—烟囱；10—风机

输送床净化工艺属于稀相吸附反应。加进烟气中的氧化铝量，应随烟气中氟化氢浓度的增高而加大。在保证吸附效率的前提下，氟化氢浓度与固气比（净化 $1m^3$ 烟气需要的氧化铝量，g/m^3）呈直线关系。

烟气中加入氧化铝后，流体阻力增加。试验证明，阻力增加量与加进的氧化铝量有关。一般，反应管内的流体阻力大约比加氧化铝之前增加 10%～20%。

在稀相反应流程中，布袋过滤器是把氧化铝从布袋中分离出来的关键设备。净化后烟气所含氧化铝数量的多少（物料损耗），取决于布袋过滤器性能的优劣。

把输送床用于净化矿热炉含氟烟气的流程，如图 10-30 所示。

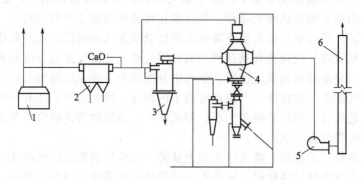

图 10-30　矿热炉含氟烟气净化系统
1—集气罩；2—沉降器；3—旋风除尘器；4—砂滤器；5—风机；6—烟囱

烟气从矿热炉炉体集气罩内引出，经过重力沉降器与弹簧螺旋输送机加入的氧化钙在 20m 输送床中以 19m/s 的速度湍流扩散，烟气中的氟化氢、二氧化硫等有害气体被吸附，再经过旋风除尘器、砂滤器进行气固分离，去除含氟、硫的氧化钙及烟尘，净化后的烟气由风机抽出经烟囱排入大气。

设备主要技术参数如下：

① 输送床内烟气流速为 19m/s。

② 输送床长度 20m。

③ 烟气含氟浓度为 $150\sim160mg/m^3$、含二氧化硫浓度为 $200\sim900mg/m^3$ 时固气比为 $15\sim30g/m^3$。

（4）吸附剂

① 粉状氧化钙，CaO 含量＞81%，其中有效 CaO 含量＞60%；粒径要求＜$74\mu m$，其中粒径在 $40\sim60\mu m$ 的 CaO 含量＞30%。

② 加入净化系统中新鲜氧化钙与含氟、硫的氧化钙之比为 1：5。

（5）砂滤器参数

① 砂滤器过滤风速，当滤砂粒径为 $2\sim3mm$、滤砂的移动速度为 2cm/min 时，过滤风速为 0.2m/s。

② 砂滤器移动床层厚度为 120mm。

③ 砂滤器的阻力 $1500\sim2500Pa$。

④ 入口粉尘浓度＞$4g/m^3$。

⑤ 在上述参数下除尘效率＞95%。

（6）系统净化效率　除氟效率＞99%，除二氧化硫效率＞92%，除尘效率＞99%（指旋风除尘器与砂滤器的联合效率）。

净化后烟气含氟＜$1mg/m^3$，含二氧化硫＜$30mg/m^3$，含尘＜$200mg/m^3$。

（三）玻璃池窑的含氟废气治理工程实例

某公司在新建万吨级无碱玻璃纤维池窑拉丝生产线时，从国外引进安装了 1 套干法脱氟、脱硫、除尘处理设施，并结合实际，设计加装了 1 套余热利用锅炉，使池窑废气的余热资源得到充分利用，同时又提高了废气的治理效率。

1. 废气净化工艺

玻璃纤维池窑废气净化工艺流程见图10-31。

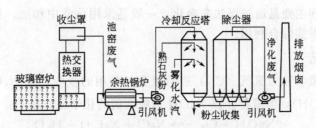

图 10-31 玻璃纤维池窑废气净化工艺流程

2. 净化机理

玻璃纤维池窑废气中的主要污染物是氟、硫的气态化合物及粉尘。池窑废气先经金属换热器冷却至 650℃左右，再掺入空气稀释，进一步冷却到 200℃左右才送入净化系统。

净化系统的一级净化设备是反应冷却塔，池窑废气进入塔内，先被定量喷入熟石灰粉 $[Ca(OH)_2>96\%]$，均化成气溶状态后，再定量喷入雾化水汽，使混合废气进一步冷却，并发生化学反应。

净化系统的二级净化设备是 3 组大型的脉冲式布袋除尘器，每组除尘器由若干袋笼和布袋构成，混合废气自下向上进入袋中，经布层过滤之后，净化的废气被引风机送入烟囱，排向天空；布袋收集到的粉尘，则在脉冲气压的冲击下，震落到除尘器底部的灰斗里，再由旋转阀和螺旋输送机清理出净化系统。

实际使用一段时间之后，该公司对该治理设施进行了一次改造，在净化系统前端加装了 1 套锅炉，利用废气余热生产蒸汽供生产线使用，同时提高了废气的冷却效率。

3. 运行控制

该废气净化设施具有完善的探测、监控系统，废气温度调节、石灰粉喷射定量、气压脉冲切换等关键操作全部由电脑控制、自动完成。对布袋发生破漏等故障情况也能自动报警。针对突发性事故停电，净化系统的高压供电设置为双电源，且互为备用，电源间自动切换，间隔为 5s，保证废气净化系统始终能正常运行。

该废气净化工艺的脱氟效率为 99.5％，但脱硫效率只有 93％左右，为此该公司专门开展了清洁生产工艺技改，用作窑炉燃料重油的硫含量严格控制在 1.5％以下，从源头控制污染负荷，降低污染物排放浓度，确保废气排放达标。

4. 废气净化效果

该废气治理设施的进口和排放口设有永久性监测采样窗。本地环境监测站对其净化效果进行定期监测，结果表明：其污染物排放浓度能满足《工业炉窑污染物排放标准》中的相关要求。

五、氯气的治理

氯气（Cl_2）在人类生产、生活过程中用途非常广泛，特别是在化工生产的许多领域都是重要的原料，但氯气又是有毒的，氯气有强烈的刺激性，高压下易溶于水生成次氯酸和盐酸。在化工、农药、医药及有色冶金生产过程中均有氯气产出。在有机合成生产中氯化、氯磺化和氧氯化过程中，都排出大量含氯废气与氯化氢气体。氯在通过容器或车辆运输、贮存的过程中如有泄漏，都会放出氯气而造成环境污染。

含氯废气的治理主要是通过湿法来净化，一般是采用化学中和法、氧化还原法等过程，对氯气进行吸收，做到综合利用。

1. 碱液中和法

即以碱液作为吸收液对氯气（Cl$_2$）进行吸收，常用的吸收剂有 NaOH 溶液、Na$_2$CO$_3$ 溶液、石灰乳[Ca(OH)$_2$]溶液等。以 NaOH 为吸收剂的化学反应如下：

$$2NaOH + Cl_2 \longrightarrow NaCl + NaClO + H_2O \tag{10-42}$$

该方法所得到的次氯酸钠（NaClO）可以作为商品出售，达到变废为宝的目的。以石灰乳作为吸收剂所发生的化学反应为：

$$2Ca(OH)_2 + 2Cl_2 \longrightarrow CaCl_2 + Ca(ClO)_2 + 2H_2O \tag{10-43}$$

这是生产漂白粉的工艺原理，漂白粉的主要成分是 CaCl$_2$·Ca(ClO)$_2$·H$_2$O，在 45℃ 左右即可以得到固溶体的生成物。漂白粉可用于消毒和漂白。氯气的吸收设备可采用喷淋塔或填料塔，其吸收率可达 99.9%，效果非常好。经吸收后出口氯气含量可低于 10mL/m^3。吸收塔采用聚氯乙烯板或钢板衬橡胶。溶液中 pH 值低或含有氯酸盐时，应加水或碱液以调控 pH 值。采用石灰乳吸收液的成本低，但有废渣的问题，一般只简单用于处理低浓度的氯气。采用 NaOH 溶液吸收生成次氯酸钠的反应是放热反应，所以在生产中要注意必须及时降温，防止产品的热分解。

2. 硫酸亚铁或氯化亚铁吸收法

该方法以氯化亚铁（FeCl$_2$）或硫酸亚铁作为吸收剂，据氧化还原反应性质对氯气进行回收与净化，例如以氯化亚铁对氯气的吸收化学反应如下：

$$Fe + 2HCl \longrightarrow FeCl_2 + H_2 \tag{10-44}$$
$$2FeCl_2 + Cl_2 \longrightarrow 2FeCl_3 \tag{10-45}$$
$$2FeCl_3 + Fe \longrightarrow 3FeCl_2 \tag{10-46}$$

其工艺设备可采用填料塔，并以废铁屑作填料，生产的 FeCl$_3$ 可作为防水剂，三价铁可被铁屑还原，再次参与吸收反应。该方法设备简单，操作容易，废铁屑来源丰富，技术合理；但反应速率比中和法要慢，效率较低。

3. 四氯化碳吸收法

当氯气浓度>1%时，可采用 CCl$_4$ 为吸收剂，其设备可采用喷淋塔或填充塔，在吸收塔内将氯的吸收液通过加热或吹脱解吸，回收的氯气可再次使用。

4. 水吸收法

当氯气浓度<1%时，有时可用水通过喷淋塔来吸收氯气，其效果不如碱液中和法好，用水蒸气加热解吸时可回收氯气，如国内的一些氯碱厂在"氯水"解吸时用蒸汽或热交换方法回收氯气。

5. 其他方法

此外，还有用硅胶、活性炭、离子交换树脂等进行吸附的方法，但因成本太高或是技术还不十分成熟而没有得到广泛的应用。

六、氯化氢废气的治理

氯化氢（HCl）废气主要产生于化工、电镀、造纸、油脂等工业的生产过程中，特别是酸洗工艺中常有大量 HCl 废气产生。氯化氢（HCl）气体是一种无色且有强烈刺激性气味的气体，对环境、设备都具有较强的腐蚀性，对人体有害，刺激人的皮肤、呼吸道。1 体积的水可以溶解 400 体积的 HCl 气体，其平衡分压和温度的关系见图 10-32。

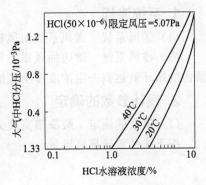

图 10-32　HCl 水溶液平衡关系

（一）水吸收法

基于 HCl 气体易溶于水的原理，常常采用水直接吸收氯化氢气体。据废气中 HCl 的浓度和温度，按图 10-32 可求得吸收液中的盐酸最大浓度；当所得 HCl 达到一定浓度时，经净化与浓缩可得到副产品盐酸。

水法吸收的工艺设备可采用波纹塔、筛板塔、湍球塔等。水吸收法最经济、方便。上海电镀厂采用三级栅格式净化器，用水吸收氯化氢废气，通过三级吸收逐渐浓缩回收盐酸。该净化器单级吸收效率达 97%，净化后的气体中氯化氢含量可达国家规定的排放标准。

（二）其他吸收法

1. 碱液吸收法

生产厂家可以用废碱液来中和吸收 HCl，达到以废治废的目的。也可以用石灰乳作为吸收剂，这是一种应用较多的方法。HCl 吸收可在吸收塔内进行。

2. 联合吸收法

即用水-碱液二级联合吸收。辽源市第一化工厂，用水-碱液二级联合吸收法处理氯和氯化氢混合废气，先经水喷淋石墨冷凝器降膜吸收后，再经碱性吸收釜用碱吸收，反应原理如下：

$$2NaOH + Cl_2 \longrightarrow NaClO + NaCl + H_2O \tag{10-47}$$

年处理 HCl 气 150t、Cl$_2$ 气 160t，产盐酸 500t、次氯酸钠 1000t（盐酸浓度≥25%、次氯酸钠含有效氯≥13%、游离碱<5%）。

武汉有机合成化工厂曾使用甘油吸收三氯乙醛生产中排放的氯化氢废气，每年生产二氯丙醇 110t。上海电化厂用冰醋酸酚作催化剂，使氯化石蜡生产中排出的氯化氢与甘油反应制成二氯异丙醇及盐酸，也收到增加产品、减少污染的效果。

（三）冷凝法

对于高浓度的 HCl 废气，可根据 HCl 蒸气压随温度迅速下降的原理采用冷凝的方法，先将废气冷却回收利用 HCl。可采用石墨冷凝器利用深井水或自来水间接冷却，废气温度降到零点以下，HCl 冷凝下来，废气中的水蒸气也冷凝下来，形成 10%～20% 的盐酸。冷凝法很难除净 HCl 气体，一般作为处理高浓度 HCl 气体的第一道净化工艺，再与其他方法配合，往往会得到较满意的结果。

（四） HCl 酸洗槽排气净化实例

为了排出钢锭、钢块在酸洗时产生的含酸气体，对酸洗槽采取吹吸式槽边抽风的方式，在排风系统中设有填充式洗涤器净化设施，气体入口浓度为 150mL/m^3，经水洗后可降至 5mL/m^3，循环液体贮存在洗涤器下部槽中，经循环泵送入洗涤器上部循环喷淋。

1. 系统流程

（1）送风系统　送风系统由风机、管道、空气幕组成。

（2）排风系统　槽边抽风罩、管道、洗涤器、净化后的空气由风机直接排入大气。洗涤器内的循环液达到一定浓度排至废酸贮槽。

2. 设计参数的确定

（1）风量的确定　酸洗槽宽度为 0.9m，槽长为 2.0m。

按下式计算送排风风量：

$$Q_2 = (30 \sim 50)A$$
$$Q_1 = 0.1Q_2$$

式中，Q_1 为吹出口风量，m^3/min；Q_2 为排风量，m^3/min；A 为酸洗槽面积，m^2。

参数 $30 \sim 50\text{m}^3/(\text{min}\cdot\text{m}^2)$ 为实际经验值，取 $50\text{m}^3/(\text{min}\cdot\text{m}^2)$。

则：

$$Q_2 = 50 \times 0.9 \times 2.0 = 90 (\text{m}^3/\text{min})$$
$$Q_1 = 0.1 \times 90 = 9 \ (\text{m}^3/\text{min})$$

（2）吹风口断面积 S

$$S = \frac{Q_1}{60u}$$

式中，u 为吹风口的气体流速 $5 \sim 10\text{m/s}$（经验数值）。

$$S = \frac{9}{60 \times 10} = 0.015 (\text{m}^2)$$

（3）排气罩罩口高度

$$H = D\tan\alpha$$

式中，α 为喷射角度。

（4）洗涤器断面的确定　洗涤器的断面积为 A，按下式计算 A：

$$Q_2 = u_2 A = u_2 \pi \left(\frac{D}{2}\right)^2$$

已知 Q_2、u_2，则洗涤器直径 D 按下式计算：

$$D = \left(4 \times \frac{Q_2}{u_2} \pi \times 60\right)^{\frac{1}{2}}$$

式中，Q_2 为排风量，$90\text{m}^3/\text{min}$；u_2 为洗涤器内气体流速，1m/s；A 为洗涤器断面积，$A = \pi\left(\frac{D}{2}\right)^2$，$\text{m}^2$；$D$ 为洗涤器直径，m。

将有关数据代入，得 $D = 1.38\text{m}$（选用 1.5m）。

（5）洗涤器循环液量的确定

$$L = WA = W\pi\left(\frac{D}{2}\right)^2$$

式中，W 为单位面积循环水量，$12\text{t}/(\text{m}^2\cdot\text{h})$；$A$ 为洗涤器断面积，m^2。

$$L = 12\pi \left(\frac{1.5}{2}\right)^2 = 21(\text{t/h}) = 350(\text{kg/min})$$

（6）洗涤器内填充物高度的确定　填充物的高度取决于排出气体入口的浓度，它与排出气体浓度成正比的关系。

（7）系统阻力

$$\Delta p = \Delta p_1 + \Delta p_2 + \Delta p_3$$

式中，Δp_1 为吸风罩阻力，29Pa；Δp_2 为风机入口侧压力损失，480Pa，包括直管、弯管、洗涤器等，其中洗涤器在 196～294Pa；Δp_3 为风机出口侧压力损失，29Pa。

则：
$$\Delta p = 29 + 480 + 29 = 538(\text{Pa})$$

3. 设备的选择

（1）洗涤器　处理风量 90m³/min；直径 1500mm×高 4500mm。

（2）送风机　风量 10m³/min；静压 147Pa；配用电机 0.4kW。

（3）排风机　风量 90m³/min；静压 588Pa；配用电机 3.1kW，380V。

（4）循环泵　容量 350L/min；扬程 10m；配用电机 2.2kW，380V。

（5）控制盘　尺寸 700mm×500mm×1600mm。

4. 系统说明

① 本系统采取吹吸式槽边抽风方式，使空气封闭了整个槽面，防止了酸气外溢。

② 排风机的外壳及叶片全部采用耐酸材质玻璃纤维加强塑料制造。

③ 冬季为防止循环槽中液体冻结，向循环槽中通入蒸汽，使循环槽内温度控制在 50℃左右。

④ 送排风的风管、排气罩、洗涤器等全部采用耐酸性强，耐温性可达 80℃的纤维加强塑料制造，循环泵及循环水管采用耐温 50℃的聚氯乙烯材质制造。

鉴于盐酸溶于水的特性，故在洗涤器内喷水净化有害气体。

七、酸雾的治理

酸雾是指雾状的酸性物质。在空气中酸雾的颗粒很小，比雾的颗粒要小，比烟的湿度要高，粒径在 0.1～10μm 之间，是介于烟气与水雾之间的物质，具有较强的腐蚀性。酸雾的形成主要有两种途径：一是酸溶液表面的蒸发，酸分子进入空气，吸收水分并凝聚而形成酸雾滴；二是酸溶液内有化学反应并生成气泡，气泡是浮出液面后爆破，将液滴带出至空气中形成酸雾。

在现代的生产、生活中，酸雾主要产生于化工、冶金、轻工、纺织（化纤）、机械制造等行业的用酸过程工序中，如制酸、酸洗、电镀、电解、酸蓄电池充电和其他生产过程。一些常见酸雾的来源见表 10-10，一些常见的酸雾性质见表 10-11。

表 10-10　某些酸雾与氯气的来源

名称	来源
盐酸雾	(1)氯碱厂,盐酸的生产、贮存和运输过程 (2)使用盐酸作原料的化工厂、农药厂、湿法冶金厂 (3)盐酸酸洗槽,用盐酸清洗锅炉的过程
硫酸雾	(1)硫酸制造厂(车间),硫酸与发烟硫酸的贮存和运输过程 (2)使用硫酸作原料的化工厂、肥料厂、肥皂厂、制革厂、油脂加工厂、炼油厂和蓄电池厂 (3)硫酸酸洗槽,对铝、铜进行抛光处理的工业槽

名称	来源
硝酸雾	(1)硝酸制造厂,硝酸的贮存和运输过程 (2)使用硝酸作原料的化工厂、肥料厂、染料厂、炸药厂、皮革厂 (3)硝酸酸洗槽
铬酸雾	(1)金属镀铬的电镀槽 (2)对铝进行表面氧化处理与酸洗的工业槽
氢氰酸雾	(1)使用氰化物的电镀槽,使用氰化物的渗碳与淬火作业 (2)焦化厂、煤气厂、钢铁厂、选矿厂和湿法冶金厂 (3)使用氢氰酸或氰化物灭虫与消毒作业
氯气	(1)氯碱厂,氯的制造、液化、装瓶、贮存和运输过程,电解镁厂 (2)使用氯作原料的农药厂、聚氯乙烯厂、氯丁橡胶厂、盐酸车间 (3)使用氯的湿法冶金厂、净水厂、纺织厂

表 10-11 一些可生成酸雾的物质及其性质

名称	化学式	形态及气味	相对密度	熔点/℃	沸点/℃	溶解性	其他性质
氯化氢	HCl	无色气体,有刺激性气味	1.268 (与空气比)	−111	−85	易溶于水、乙醇和乙醚,其水溶液称盐酸	与空气中的水蒸气作用可生成盐酸雾
盐酸	HCl	无色或微黄色液体	1.19 (商品)			为氯化氢的水溶液	浓盐酸在常温下挥发成酸雾
氯气	Cl_2	黄绿色气体,有刺激性气味		−102	−34.6	溶于水和碱溶液,易溶于二硫化碳和四氯化碳	在空气中挥发时与水蒸气作用,形成白色酸雾
三氧化硫	SO_3	无色固体,有刺激性气味	1.97	62.2	44.6	易溶于水,形成硫酸与焦硫酸;溶于浓硫酸形成发烟硫酸	有强氧化作用,挥发到空气中与水蒸气生成硫酸雾
硫酸	H_2SO_4	无色,无嗅,油状液体	1.834 (98.3%)	10.49	338	与水互溶放热,浓硫酸有强吸水性	有强氧化作用,340℃时分解放出 SO_3
二氧化氮	NO_2	红褐色气体,有刺激性气味		−11.2	21.3	溶于水且反应生成硝酸,并溶于硝酸	与空气中水蒸气作用,可形成硝酸雾
硝酸	HNO_3	无色或微黄色液体,有刺激性气味	1.503	−42	86	本身即水溶液	氧化作用很强,浓硝酸常温下可挥发形成硝酸雾
氰化氢	HCN	无色气体,有特殊气味	0.688	−14	26	与水、乙醚、乙醇相互混溶	极易挥发
氟化氢	HF	无色气体,有毒,有强烈刺激性气味	0.921		19.4	极易溶于水,形成氢氟酸	与空气中水蒸气作用,可生成氢氟酸
三氧化铬	CrO_3	红棕色晶体	2.70	−197	250 (分解)	溶于水形成铬酸,溶于乙醇和乙醚	有强氧化作用,在镀铬时呈铬酸雾逸出

　　根据酸雾的性质不同,对其控制及净化的方法及难易的程度也不同,一般地讲,硫酸雾因沸点高,新形成的雾滴粒径较大且稳定,相对容易达到控制和净化的要求。而盐酸雾、氢氟酸雾等,因易于汽化而较难控制,硝酸雾实际上是以氮氧化物形式存在,其中主要是二氧化氮（NO_2）和三氧化二氮（N_2O_3）,对它们的控制相对更复杂。本部分主要介绍对浓度较高的酸雾的治理。

（一）铬酸雾的治理

　　典型的铬酸雾是在电镀工艺过程中产生的浓度较大的一种酸雾,经验证明了对其治理采用网格式、挡板式、填料式净化器回收并且加以净化的工艺效果较好；特别是用网格式最佳，它的回收净化器的体积小、阻力小、结构简单、维护管理方便。

1. 网格式净化器的工作原理

铬酸密度较大且易于凝聚，不同粒径的铬酸雾滴悬浮在气流中，由于互相碰撞而凝聚成较大的颗粒，进入净化箱体后，气流速度降低，在重力场作用下从气流中分离出来。当一定气速的铬酸雾经过过滤网格层时，通道弯曲狭窄，在惯性效应和钩住效应（咬合效应）作用下，附着在网格上。不断附着的结果使细小的铬酸液滴增大而沿网格降落下来，最后流入集液箱可回用于生产。净化后的气体从上箱体排出，这种过滤的效应大小与雾滴大小、气速和气量有关。

网格式净化器的过滤网可采用菱形塑料气液过滤网。由于过滤网的特性，网格表面的液滴不易产生二次雾化，可保证较高的除雾效率。一般滤网层数以 10～12 层为宜。菱形板的布置应一层一层纵横交错平铺在过滤网格的外框内，在无塑料板网情况下可代之以塑料窗纱。塑料板网和气液过滤网的形状如图 10-33 和图 10-34 所示。

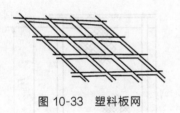

图 10-33　塑料板网

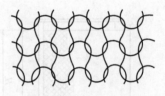

图 10-34　气液过滤网

2. 网格式净化器的形式与结构

网格式净化器分立式（L 式）和卧式（W 式）两种，其具体结构如图 10-35～图 10-38 所示。

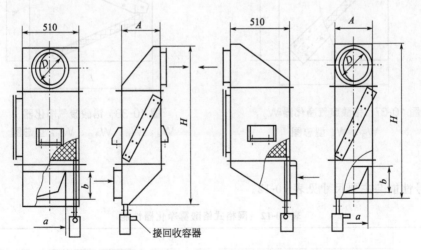

(a) 进出口在箱体的两侧　　　　　　(b) 进出口在箱体的正面和背面

图 10-35　铬酸废气净化器 L_2、L_3 型总图

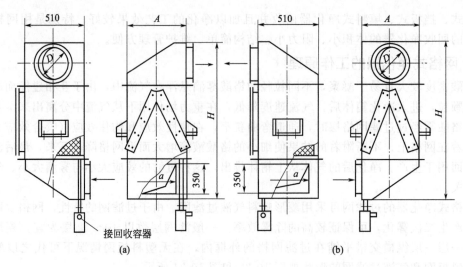

图 10-36　铬酸废气净化器 L_4、L_6 型总图

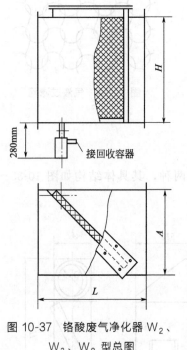

图 10-37　铬酸废气净化器 W_2、
W_3、W_8 型总图

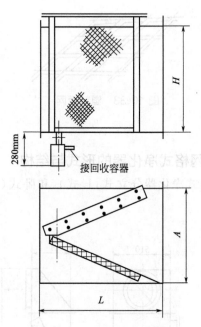

图 10-38　铬酸废气净化器
W_4、W_6、W_{12}、W_{16} 型总图

各型号性能与主要尺寸见表 10-12。

表 10-12　网格式铬酸雾净化器性能

名称	型号										
	L_2	L_3	L_4	L_6	W_2	W_3	W_4	W_6	W_8	W_{12}	W_{16}
额定风量/(m³/h)	2000	3000	4000	6000	2000	3000	4000	6000	8000	12000	16000

名称	型号										
	L_2	L_3	L_4	L_6	W_2	W_3	W_4	W_6	W_8	W_{12}	W_{16}
使用风量/(m^3/h)	1600~2400	2400~3600	3200~4800	4800~7200	1600~2400	2400~3600	3200~4800	4800~7200	6400~9600	9600~14000	12800~19600
A/mm	300	500	510	710	404	404	620	620	802	940	1200
H/mm	1246	1466	1706	1976	515	765	515	765	1040	1040	1040
L/mm	—	—	—	—	550	550	620	620	950	950	1130
D/mm	250	320	390	450	—	—	—	—	—	—	—
$(a \times b)$/mm	260×240	330×280	350×350	500×350	—	—	—	—	—	—	—

净化器的阻力见图 10-39 和图 10-40。

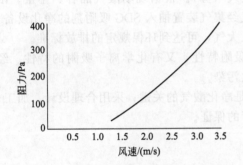

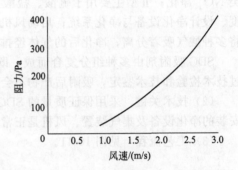

图 10-39　W 型净化器风速与阻力的关系曲线　　　　图 10-40　L 型净化器风速与阻力的关系曲线

3. 网格式净化器的技术性能

通过网格的迎面风速一般为 2~3m/s；净化铬酸雾效率可达 98%~99%；操作温度一般为<400℃；液封高度<100mm；网格清洗周期为 1 个月。

（二）硫酸雾净化

硫酸雾由于粒径较大，也可采用网格式净化器，气速以 2~3m/s 为宜，其净化的效率可以达到 90%~98%。具体的净化效率、设备阻力和气速之间的关系见表 10-13。

表 10-13　不同气速下的设备阻力和净化效率

序号	气速/(m/s)	风量/(m^3/h)	设备阻力/Pa		酸雾浓度/(mg/m^3)		净化效率/%
			丝网阻力	总阻力	进口	出口	
1	1.03	3070	81	107	17.10	9.46	44.7
2	1.56	4630	141	183	7.50	1.64	78.1
3	2.05	6090	162	242	17.70	4.63	73.8
4	2.26	6650	200	268	18.80	1.80	90.4
5	2.32	6890	223	314	34.90	2.63	92.5

续表

序号	气速/(m/s)	风量/(m³/h)	设备阻力/Pa		酸雾浓度/(mg/m³)		净化效率/%
			丝网阻力	总阻力	进口	出口	
6	2.49	7400	259	404	21.90	1.40	93.6
7	2.69	8020	279	471	58.10	0.90	98.5

（三）多种酸雾的净化

利用 SDG 吸附剂净化多种酸雾，是一种成功的方法，此技术可用于电子、机械、电镀、轻工印刷、化工、冶金、交通运输等各种用酸行业。SDG 吸附剂可净化硫酸、硝酸、盐酸、氢氟酸、醋酸、磷酸等各种酸气（雾），尤其适用于酸气浓度＜1000mg/m³ 的间歇排放的酸洗操作场所。

（1）基本原理　利用吸附净化酸气的原理，研制成功的 SDG-Ⅰ型吸附剂主要用于硝酸类 NO_x 净化；Ⅱ型主要用于硫酸、盐酸、氢氟酸气（雾）。根据现场酸气品种、排量、浓度、设计净化设备与净化系统；启动风机，将酸气经集气装置抽入 SDG 吸附剂的净化设备，将多种酸气吸着分离；净化后的气体经排气筒排入大气，可达到环保规定的排放标准。

SDG 吸附剂由多种组分复合而成，既有物理吸附特性，又有化学离子吸附的特性。经过技术检验和技术鉴定，吸附后产物不会带来二次污染。

（2）技术关键　采用保证质量的 SDG 吸附剂是净化酸气的关键；采用合理设计、加工、安装的净化设备及集气装置、风机是正常净化运行的保证。

（3）工艺流程　见图 10-41。

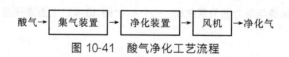

图 10-41　酸气净化工艺流程

典型规模：10000m³/h 处理气量。
主要技术指标：

硝酸气去除率　93%～99%；　　　　　　　盐酸气去除率　93%～99%；

硫酸气去除率　93%～99%；　　　　　　　氢氟酸气去除率　93%～99%。

第三节　含重金属废气的治理

大气中应重点控制的重金属污染物有汞、铅、砷、镉、铬及其化合物。这五种元素中砷属于半金属元素，铬属于黑色金属元素，只有汞、铅、镉属于重金属元素。由于上述五种元素共同特点是毒性大，危害严重方划为同类。

一、重金属废气的基本处理技术

重金属废气的基本处理方法包括过滤法、吸收法、吸附法、冷凝法和燃烧法。
考虑重金属不能被降解的特性，大气污染物中重金属的治理应重点关注以下方面。

（1）物理形态　应从气态转化为液态或固态，达到重金属污染物从气相中脱离的目的。

（2）化学形态　应控制重金属元素价态朝利于稳定化、固定化和降低生物毒性的方向进行，如在富含氯离子和氢离子的废气中，Cd 易生成挥发性更强的 $CdCl_2$，不利于废气中镉的去除，应控制反应体系中氯离子和氢离子的浓度。

（3）二次污染　应按照相关标准要求处理重金属废气治理中使用过的洗脱剂、吸附剂和吸收液，避免二次污染。

应当重点控制在石油化工、金属冶炼、垃圾焚烧、电镀电解、电池、钢铁、涂料、表面防腐、机械制造和交通运输等行业排放废气中的重金属污染物。

二、含铅废气治理技术

铅是化学周期表第四主族元素，银白色固体。熔点 327.4℃，密度 11.344g/cm³。其有耐腐蚀、易熔、膨胀系数小、阻挡射线等性质。铅加热熔化时产生大量铅蒸气，它在空气中可生成铅的氧化物微粒。废气中含有铅蒸气及细小的氧化铅微粒称为铅烟。铅的氧化物包括一氧化二铅、一氧化铅、二氧化铅、三氧化二铅和四氧化三铅。

（一）铅主要性质

表 10-14 列出铅及其主要氧化物的一些性质。

表 10-14　铅及其主要氧化物的性质

名称	Pb	PbO	PbO₂	Pb₃O₄
分子(原子)量	207.2	223.2	239.2	685.6
形态	银灰色软金属	(1)红黄色晶体； (2)黄色晶体； (3)无定形粉末	棕褐色粉末	橘红色粉末
相对密度	(液)10.3 (固)11.35(20℃)	(1)9.53； (2)8.0； (3)9.2～9.5	9.375	9.1
熔点/℃	327.4	888	290(分解)	500(分解)
沸点/℃	1620			
溶解性能	不溶于稀盐酸和硫酸，溶于硝酸、醋酸和碱液	不溶于水和乙醇；溶于硝酸、醋酸和热碱液	不溶于水和乙醇；溶于浓碱和浓盐酸；溶于热浓硫酸	不溶于水和乙醇；溶于热碱溶液，溶于盐酸、硫酸、乙酸
氧化与分解	常温下表面氧化为 Pb_2O_3，加热情况下氧化为 PbO、Pb_3O_4 等	加热至 300～450℃ 可生成 Pb_3O_4	加热至 290℃ 可分解为 Pb_3O_4 与 O_2；进一步可分解为 PbO 与 O_2	500℃ 时分解为 PbO 和 O_2

（二）铅主要来源

铅及其化合物对大气、水体和土壤都有污染，是严重的重金属污染之一。造成空气污染的主要原因是人类活动所产生的铅烟、铅尘，它们的发生原因在于铅物质的制造和广泛应用，表 10-15 列出铅烟污染的主要来源。

表 10-15　铅烟污染产生原因及来源

序号	发生原因
1	含铅矿石的开采和冶炼厂，使铅尘、铅烟进入空气

续表

序号	发生原因
2	燃烧煤和油所产生的飘尘中含铅约万分之一
3	铅的二次熔化和加工产生铅烟、铅尘
4	燃烧含铅汽油时将汽油所含的烷基铅排入大气
5	含铅涂料在生产与使用中产生烟、尘,涂料脱落铅进入空气中
6	铅化合物的生产厂,使用铅化物的塑料、橡胶、化工等工业
7	铅制品及铅合金制品的焊接和熔割过程
8	使用铅涂料的机器、设备、家具、建筑

（三）治理方法

由于含铅废气的来源不同、性质不同、污染程度不同,因此采用的净化手段也不同。由于铅尘粒径较大,目前对铅尘的净化技术也较成熟,如采用袋式滤尘器净化,能达到较满意的效果;由于铅烟的粒径很小,采用化学吸收法较多。净化的具体方法基本上可以归纳为物理除尘法、化学吸收法及覆盖法三类。此外,对燃煤或烧油锅炉、内燃机,特别是汽车尾气的治理应归属其他治理类别,在此不加讨论(请详见有关章节)。

1. 物理除尘法

物理除尘法是针对含铅自然矿物及铅物品的粉碎、研磨等工艺过程及其他工艺过程中产生的大量铅尘的净化。该类方法中常用的有布袋过滤、静电除尘、气动脉冲除尘等工艺。该类工艺对细小粒子有较高的净化效率,常用于净化浓度高、气量大的含铅粉尘和烟气。此外,文丘里管、湿式洗涤器(如泡沫吸收塔、喷淋塔)都有较好的效果,但设备的体积较大,费用较高。

(1) 过滤式除尘法注意事项　过滤式除尘法净化铅烟也是选用袋式除尘器,但因为铅烟较一般粉尘粒径要小得多,净化的难度大。因此,在过滤工艺上要注意以下几点:

① 要对滤布进行选择,净化铅烟的滤布是短纤维织物,如起绒斜纹组织滤布、针刺毡滤布等。

② 要对滤布进行处理,处理时可以往滤布上喷涂活性助剂,也可以在滤布上复合聚四氟乙烯薄膜,以便增加滤布过滤细微粒子的效果。

③ 应针对铅烟粒径微细的特点降低过滤速度。正常过滤速度<0.8m/min为宜。

④ 在铅冶炼温度较高的场合,因含铅烟气温度较高需要保温,防止烟气结露,影响设备的正常运行。

(2) 工程实例

① 铅尘湿法静电除尘。某电子管厂在电子管生产工艺中采用该方法净化熔炼铅玻璃时产生的低温、高电阻气溶胶状的铅烟尘。具体做法是300℃左右的高温废气在离心风机吸引下,进入增温器,与喷淋水雾接触,降温和加湿,使之比电阻降低。微粒铅尘增湿后,在惯性碰撞及热效应综合作用下,凝聚成较大的颗粒,使之被除去。当处理气量为 $1710 \sim 2890 m^3/h$ 时,气体过滤速度为 $0.99 \sim 1.67 m/s$,除尘效率可达 95% 左右。

② 铅烟干法电除尘除尘。某冶炼厂等单位在处理铅烧结机烟气时采用了超高压宽极距电除尘器来除尘,实践证明该方法对高比电阻、微细铅尘具有较高的捕集能力。电除尘器电压150kV,极距750mm,在烟气含尘在 $9g/m^3$、SO_3 含量 $<0.001\%$、水分含量 $<7\%$、烟气流速 $<0.6m/s$、电场内停留时间 $\geq 12s$ 的条件下,捕集比电阻 $<10^{11}\Omega \cdot cm$ 的粉尘时,除

尘率可达 99%；对比电阻在 $10^{11} \sim 10^{12}\,\Omega \cdot cm$ 的粉尘，除尘率可达 98%；对比电阻在 $10^{12} \sim 10^{13}\,\Omega \cdot cm$ 的粉尘，除尘率可达 90%～95%。

③ 铅烟气动脉冲除尘。某蓄电池厂曾选用气动脉冲除尘器替代以前使用的袋式除尘，除尘效率可达 99.99%，除尘效果十分明显，不仅提高了产量，而且有效地减少了含铅废气的污染。

2. 化学吸收法

化学吸收法对铅烟中的微细颗粒和铅蒸气具有较好的净化效果，基于铅的颗粒可溶于硝酸、醋酸和碱液。在化学吸收法中常用的吸收剂有稀醋酸和氢氧化钠溶液，有的采用有机溶剂加水作吸收剂。

（1）稀醋酸吸收法　吸收剂为 0.25%～0.3% 的稀醋酸，吸收产物为醋酸铅。其化学吸收机理为：

$$2Pb+O_2 \longrightarrow 2PbO \tag{10-48}$$
$$Pb+2CH_3COOH \longrightarrow Pb(CH_3COO)_2+H_2 \tag{10-49}$$
$$PbO+2CH_3COOH \longrightarrow Pb(CH_3COO)_2+H_2O \tag{10-50}$$

该方法若配合物理除尘效果就更好，一般第一级用袋式滤尘器除去较大的颗粒，第二级用化学吸收（斜孔板吸收塔，兼有除尘和净化作用）。其工艺流程见图 10-42。

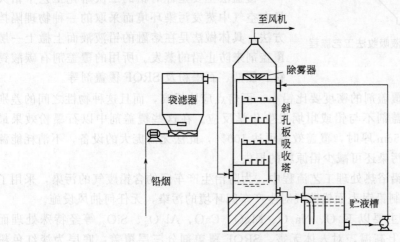

图 10-42　稀醋酸吸收法工艺流程

该工艺操作的指标如表 10-16 所列。

表 10-16　稀醋酸吸收法净化铅烟气的工艺操作指标

工艺条件				气体中含铅量		净化效率/%
气量/(m³/h)	空塔气速/(m/s)	液气比/(L/m³)	醋酸浓度/%	吸收塔入口/(mg/m³)	吸收塔出口/(mg/m³)	
2450	1.2	3.88	0.25	21.38	1.51	92.9
3350	1.63	2.84	0.25	2.08	0.10	95.2
4000	2.00		0.25	0.547	0.052	90.5
9000	2.00	4.00	0.30	0.255	0.025	90.2

该方法装置简单，操作方便，净化效率高，生成的醋酸铅可用于生产颜料、催化剂和药剂等。但醋酸有较强的腐蚀性，因此对设备的防腐要求较高。

（2）氢氧化钠溶液吸收法　以1%NaOH水溶液作吸收剂，其化学吸收的机理为：

$$2Pb+O_2 \longrightarrow 2PbO \tag{10-51}$$

$$PbO+2NaOH \longrightarrow Na_2PbO_2+H_2O \tag{10-52}$$

该方法的工艺流程如图10-43所示。

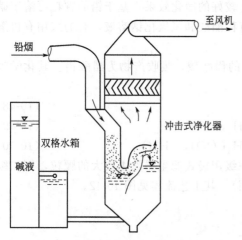

图 10-43　氢氧化钠溶液吸收法工艺流程

生产工艺可控制气流量为$800 \sim 1000 m^3/h$，喉口气速为$15 \sim 20 m/s$，吸收温度为$30 \sim 40℃$，其净化效率为$85.1\% \sim 99.7\%$。该净化方法及工艺为在同一净化器内同时进行除尘和吸收，净化率较高，设备简单，操作方便。此外，可同时除油，因此特别适用于化铅锅排出的烟气。其缺点是气相接触时间较短，当烟气中铅含量 $<0.5 mg/m^3$ 时，净化效率较低（$<80\%$），吸收液挥发性高，需不断补充，并有二次污染问题。

3. 覆盖法

覆盖法主要是针对铅的二次熔化工艺中铅大量向空气中蒸发污染环境而采取的一种物理隔挡方法。具体做法是在熔融的铅液液面上撒上一层覆盖剂来防止铅的蒸发。所用的覆盖剂有碳酸钙粉、氯盐、石墨粉及 SRQF 覆盖剂等。

对覆盖剂的要求是覆盖剂的密度要比铅小，而熔点应比铅高，而且这种物性之间的差别越大越好。同时要求覆盖剂不与铅或坩埚发生化学反应。在这些覆盖剂中以石墨粉效果最好。如以石墨粉覆盖达 5cm 厚时，覆盖效率可达100%，此法无需庞大的设备，不消耗能源与动力，既能减少铅的污染还可减少铅原料的损失。

某钢丝绳厂在钢丝绳浴热处理工艺流程中，为防治生产车间的含铅废气的污染，采用了新型 SRQF 覆盖剂来抑制铅锅表面铅蒸气对生产车间环境的污染，无任何抽风设施。

新型覆盖剂 SRQF 主要以 K_2O、Na_2O、MgO、CaO、Al_2O_3、SiO_2 等经特殊处理而成，无味，耐1000℃以上高温，对人体无害。SRQF 覆盖剂分三层覆盖：底层为淡红色粉末层 5cm，起与铅液隔挡的作用；中层为灰色细粒层，厚 8cm，对铅蒸气起吸收和抑制作用；上层为褐黄色小块，厚约 10cm，对铅蒸气也起吸附与抑制作用。

SRQF 覆盖剂与传统的木炭覆盖剂相比具有方法简单、投资低、防治铅污染效果明显的优点，对钢丝绳的质量无明显的影响，可以节省能源（$\phi 1.2 mm$ 以下的钢丝绳，铅锅不需加热），特别是可减轻工人体力劳动的强度。因为采用木炭覆盖则每 $1 \sim 2d$ 就需要添加，每月出渣 $1 \sim 2$ 次；而用 SRQF 覆盖剂，则 $5 \sim 7$ 个月才换一次，期间无需出渣。

三、含汞废气治理技术

汞在现代工农业生产中是一种必不可少的物质，其用途十分广泛，据统计汞的用途现已达 300 多种，而且新的用途仍在不断被发现和扩展之中。造成环境中汞污染的主要原因是人类活动带入环境的汞，含汞废气主要来自以下几个方面：

在含汞矿物的矿山开采生产及其在冶炼厂的冶炼过程中，汞呈蒸气状态进入大气污染周围环境；汞的有机和无机化合物，如氯化汞、硫酸汞、甘汞、雷汞等生产、运输和使用过程中，均有不同程度的汞蒸气污染；在一些特殊行业汞的污染状况尤为严重，如水银法氯碱厂生产高质量烧碱时，解汞器产生的含汞氢气，槽头、槽尾产生的含汞废气，一些用汞盐作催化剂的有机化工厂的生产过程，生产水银温度计、气压计、汞灯、电子管等仪器仪表过程，镏金作业中的制钟厂、制毡厂、造纸厂也都会产生明显的含汞废气而污染环境；此外，含汞的油、煤的燃烧及其他工业炉窑也都会有不同程度含汞废气的产生。

汞分为无机汞和有机汞两类。一般讲无机汞的毒性小，因为微量的无机汞摄入人体后基本上能等量地由尿、汗等排出体外，以达解毒效果。有机汞则不然，特别是甲基汞和乙基汞的毒性更大，而且可以慢慢地在体内积累而引起中毒。

汞俗称水银，是常温下唯一的液态金属，汞蒸气比空气重 6 倍，所以在静止的空气中，位置越低其浓度越高。汞蒸气的附着力又很强，易吸附在周围的物体上，汞极易蒸发并以汞蒸气的形式进入大气中，空气中汞蒸气的饱和浓度与温度的关系见图 10-44。

目前对含汞废气的治理基本上可以分为湿法、干法和气相反应三类。

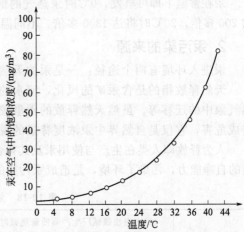

图 10-44 空气中汞蒸气饱和浓度与温度的关系

（一）汞的性质和污染

1. 汞及其主要化合物的性质

汞（Hg）俗称水银，是常温下唯一的液态金属，银白色、易流动。汞及主要化合物的性质见表 10-17。

表 10-17 汞及主要化合物的性质

名称	汞	氧化汞	氯化汞	氯化亚汞	硫化汞
化学符号	Hg	HgO	$HgCl_2$	Hg_2Cl_2	HgS
分子量（原子量）	(200.59)	216.59	271.50	472.09	232.65
状态	银白色液体	(1)鲜红色粉末 (2)橘黄色粉末	无色斜方晶体	白色晶体	(1)红色晶体 (2)黑色晶体
相对密度	13.546 (20℃)	(1)11.00~11.29 (2)11.03(275℃)	5.44	7.15	(1)8.10 (2)7.67
熔点/℃	−38.87	500(分解)	277	302	(1)586(升华) (2)446(升华)
沸点/℃	356.90		304	382.7	
溶解性能	易溶于硝酸；可溶于热浓硫酸；并可溶解多种金属生成汞齐合金；不溶于稀硫酸、盐酸及碱	溶于硝酸和盐酸，不溶于水和乙醇	溶于水、乙醇和乙醚。在 20℃ 的水中溶解度是 6.6%，在 100℃ 的水中为 56.2%	溶于硝酸、汞和王水，不溶于水和乙醇	溶于硫化钾溶液和王水，不溶于硝酸、水和乙醇

续表

名称	汞	氧化汞	氯化汞	氯化亚汞	硫化汞
氧化与分解	在空气中加热时，被氧化成氧化汞	500℃时分解为汞和氧	在加热和光的作用下，可还原成氯化亚汞	在水和光的作用下，可分解成氯化汞与汞	可缓慢氧化成金属汞

汞在常温下即可蒸发，0℃时汞蒸气的饱和浓度为 2.174mg/m³，是国家标准 0.01mg/m³ 的 200 多倍，20℃时将达 1300 多倍。不同温度下空气中饱和汞蒸气的浓度见图 10-44。

2. 汞污染的来源

汞进入环境有两个途径：一是汞的天然释放；二是汞的人为释放。

天然释放指的是含汞矿的风化，河水的冲刷，地震及火山爆发等的扩散，大气及水在自然气象中的迁移等。虽然天然释放的汞量较大，但由于分布均匀、浓度较低，一般不对环境造成危害，它仅是自然界中汞浓度背景的说明而已。

人为释放即人类在生产与使用汞及其化合物时，将汞直接排到人类生活环境中，破坏了环境的自净能力，污染了环境，是造成汞污染的主要污染源。汞污染的主要来源见表 10-18。

表 10-18　汞污染的主要来源

汞污染的来源	(1)水银法氯碱厂生产高质量烧碱时，解汞器产生含汞氢气，槽头、槽尾产生含汞废气等 (2)用汞盐作催化剂的有机化工厂，如用乙炔法生产氯乙烯、乙醛等产生的含汞废气和废水 (3)汞冶炼、有色冶金及硫酸生产厂在焙烧汞矿石、铅锌矿及硫铁矿等含汞矿石时，汞以汞蒸气进入炉气，随炉气排入大气 (4)生产汞的无机和有机化合物，如氯化汞、硫酸汞、甘汞、雷汞等，会产生汞蒸气和含汞粉尘 (5)生产水银温度计、气压计、汞灯、电子管等仪表和电器时，有热加工和汞的敞露，使汞蒸气散发造成污染 (6)镏金作业点、制钟厂、制毡厂、造纸厂等也会产生含汞蒸气及废水 (7)含汞的油、煤的燃烧炉、锅炉及其他工业炉窑也有汞尘产生

3. 汞污染的现状

联合国于 1971 年召开的国际环境会议上，与会者一致认为对环境污染最危险的五大物质是汞（Hg）、镉（Cd）、铅（Pb）、滴滴涕（DDT）及多氯联苯（PCB）。汞被排在首位，可见汞污染的严重性。

据报道，地表可开发的汞矿物约 0.3×10^8 t。也有资料表明，世界汞矿储量近 0.08×10^8 t，海洋中溶解的汞约 1×10^8 t，大气中含有的蒸气汞约 5000t，地壳中的汞含量为 $7\mu g/m^3$，非常稀散。环境中汞浓度的背景值见表 10-19。

表 10-19　环境中汞浓度的背景值　　　　单位：$\mu g/m^3$

空气	雨水	海洋	淡水河湖	矿泉水	煤矿水	油田水	煤炭	原油	天然气	食物	土壤	污染鱼
0.01~0.05	—	0.1	0.01~0.1	—	—	—	—	—	—	50	—	1000
0.00001~0.05	0.05~0.48	0.005~5	0.01~0.1	0.01~2.5	1~10	0.1~230	10~300000	40	40	—	10~150	—
—	—	0.3	0.03~0.1	—	—	—	50~500	10	—	—	20~800	25~17000

汞在现代工农业生产中已是必不可少的物质，其用途多达 3000 多种，新的用途还在不断发现，耗汞量越来越大，汞污染也越来越严重，表 10-20 列出了几种产品的耗汞量。

表 10-20 几种产品的耗汞量 单位：g/t产品

耗汞产品	氯气	烧碱	乙醛	氯乙烯	金汞齐	纸浆
耗汞量	150~200	330	5~15	74~80	1000	8

（二）汞蒸气的净化方法

汞蒸气的净化方法按常规可分为冷凝法、液体吸收法、固体吸附法、气相反应法及联合净化法。

含汞粉尘及汞蒸气的主要净化方法见表 10-21。

表 10-21 主要的净化方法

分类	净化方法		方法摘要
冷凝法	常压冷凝法		常压下冷却降温,将高浓度汞蒸气冷凝成液体
	加压冷凝法		加压至 196.133MPa,两级冷却至 4℃
液体吸收法	高锰酸钾吸收法		用高锰酸钾溶液作吸收剂,净化汞蒸气
	过硫酸铵-文氏管吸收法		用过硫酸铵溶液作吸收剂,文氏管为吸收设备
	次氯酸钠吸收法		用次氯酸钠和氯化钠的混合溶液作吸收剂
	热浓硫酸吸收法		用热浓硫酸作吸收剂,净化含汞的 SO_2 气体
	硫酸-软锰矿吸收法		用硫酸-软锰矿的悬浊液作吸收剂
	碘络合吸收法		用 KI 溶液作吸收剂,净化含汞的 SO_2 烟气
	多硫化钠吸收法		用多硫化钠作吸收剂,在填料塔中进行吸收
固体吸附法	活性炭吸附法		以做过某种预处理(充氯或镀银)的活性炭作吸附剂
	多硫化钠-焦炭吸附法		以喷洒多硫化钠溶液的焦炭作吸附剂
	吸附剂表面浸渍金属吸附法	阿德莱化学公司法	在熔融氧化铝上载 10%左右的金属银作吸附剂
		科德罗矿业公司法	在玻璃丝、氧化铅、陶瓷等表面镀银作吸附剂
		匹兹堡化学公司法	在活性炭表面浸渍银作吸附剂
		西德伍德公司法	用银-氧化锌(拜尔)催化剂作吸附剂
	硫化汞催化吸附法		在活性炭或氧化铝载体上混入硫化汞及催化剂作吸附剂
	孟山都化学公司纤维过滤法		用纤维状过滤材料作吸附剂
	树脂吸附法		采用两级冷却-树脂吸附
	分子筛吸附法		用分子筛作吸附剂吸附汞
联合净化法	冷凝-吸附法		一级冷凝、二级吸附净化高浓度含汞蒸气
	冲击洗涤-焦炭吸附法		一级多硫化钠洗涤,二级焦炭吸附
	液体吸收-活性炭吸附法		一级液体吸收,二级活性炭吸附
气相反应法	碘升华法		利用结晶碘升华为碘蒸气与汞发生反应
	硫化净化法		利用硫化氢气体净化含汞的 SO_2 烟气

1. 冷凝法

冷凝法适合于净化回收高浓度的含汞蒸气。根据原理不同,冷凝法分为常压冷凝法和加压冷凝法两种。

由于汞极易挥发,所以单纯依靠冷凝法来净化含汞废气,是不可能达到国家排放标准的。即使将温度降到 0℃,气体中的含汞浓度仍超出国家标准的 200 多倍。因此,冷凝法净化回收金属汞常作为吸收法和吸附法的前处理。

2. 液体吸收法

常用的吸收剂有高锰酸钾（$KMnO_4$）、漂白粉［$Ca(ClO)_2$］、次氯酸钠（$NaClO$）、热浓硫酸（H_2SO_4）等具有强氧化性的物质以及能与汞形成络合物的碘化钾等物质。

（1）高锰酸钾溶液吸收法

① 净化原理。高锰酸钾具有很强的氧化性，当其溶液与汞蒸气接触时，能迅速将汞氧化成氧化汞，同时产生二氧化锰。产生的二氧化锰又与汞蒸气接触生成汞锰络合物，从而使汞蒸气得以净化。主要化学反应式为：

$$2KMnO_4 + 3Hg + H_2O \longrightarrow 2KOH + 2MnO_2 + 3HgO \downarrow \qquad (10\text{-}53)$$

$$MnO_2 + 2Hg \longrightarrow Hg_2MnO_2 \downarrow \qquad (10\text{-}54)$$

② 工艺流程。高锰酸钾溶液吸收法工艺流程见图 10-45。含汞气体进入吸收塔，与吸收液逆流接触，汞被氧化，净化后的气体直接排放，吸收液循环使用，并定期补充新鲜吸收液。

该流程中的吸收设备可以是填料塔、喷淋塔、斜孔板塔、多层泡沫塔及文丘里-复挡分离器等。图 10-46 是某化工厂水银法氯碱车间含汞氢气的高锰酸钾溶液吸收法的除汞流程。主要设备是吸收塔、斜管沉降器以及溶液增浓器等。

③ 工艺操作指标。高锰酸钾吸收法净化含汞废气的工艺操作指标见表 10-22。

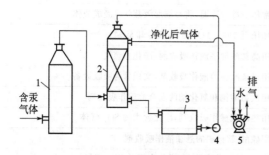

图 10-45 高锰酸钾溶液吸收法流程

1—冷凝塔；2—吸收塔；3—循环槽；
4—循环泵；5—水环泵

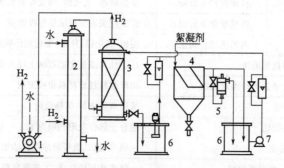

图 10-46 含汞氢气的高锰酸钾溶液吸收法除汞流程

1—水环泵；2—冷凝塔；3—吸收塔；4—斜管沉降器；5—增浓器；6—贮液槽；7—离心式水泵

表 10-22 高锰酸钾吸收法工艺操作指标

吸收设备	工艺条件				气体中含汞浓度/(mg/m³)		净化效率 /%
	气量 /(m³/h)	KMnO₄ 浓度/%	空塔气速 /(m/s)	液气比 /(L/m³)	净化前	净化后	
斜孔板塔	4000	0.3	2.0	2.6～5	0.364	0.013	96.4
	4524	0.6	2.22	2.6～5	0.798	0.009	98.9
填料塔	4800	0.5	0.44～0.6	3.1～4.1	0.053～0.165	0.0018～0.0043	97.4～98.4
	101～223	0.3～0.4	0.118～0.262	9.9	8.75～29.0	0.005～0.01	99.93～99.97

（2）次氯酸钠溶液吸收法　用次氯酸钠溶液吸收汞蒸气，其原理与工艺方法如下。

① 净化原理。吸收剂是次氯酸钠和氯化钠的混合水溶液。次氯酸钠是一种强氧化剂，可将汞氧化成 Hg^{2+}；而氯化钠则是一种络合剂，Hg^{2+} 与大量的 Cl^- 结合生成氯汞络离子 $[HgCl_4]^{2-}$。其化学反应式为：

$$Hg + ClO^- + H_2O \longrightarrow Hg^{2+} + Cl^- + 2OH^- \tag{10-55}$$

$$Hg^{2+} + 4Cl^- \longrightarrow [HgCl_4]^{2-} \tag{10-56}$$

即

$$Hg + ClO^- + 3Cl^- + H_2O \longrightarrow [HgCl_4]^{2-} + 2OH^- \tag{10-57}$$

② 工艺流程。某厂水银法氯碱车间用次氯酸钠吸收法除汞的工艺流程见图 10-47。

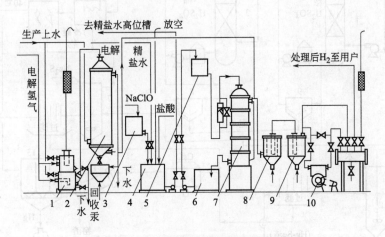

图 10-47　次氯酸钠吸收法除汞流程

1—水封槽；2—氢气冷却塔；3—次氯酸钠高位槽；4—吸收液配制槽；5—吸收液高位槽；6—吸收液循环槽；
7—吸收塔；8—除雾器；9—碱洗罐；10—罗茨真空泵

③ 工艺操作指标。次氯酸钠溶液吸收法除汞的工艺操作指标见表 10-23。

表 10-23　次氯酸钠溶液吸收法工艺操作指标

工艺条件						烟气中含汞浓度/(mg/m³)			净化效率/%
有效氯含量/(g/L)		pH 值		氯化钠含量/(g/L)	喷淋量/(L/h)	空塔气速/(m/s)	吸收塔前	吸收塔后	除雾器后	
新配液	循环液	新配液	循环液							
20～25	5～20	9.0～9.5	9.0～10.0	120～220	150～180	0.3～0.4	0.34～5.52	0.017～0.074	0.0023～0.0210	95～99

（3）热浓硫酸吸收法　热浓硫酸吸收法净化汞蒸气的原理与工艺如下。

① 净化原理。热浓硫酸为强氧化剂，它与汞接触时将汞氧化成硫酸汞沉淀，使汞与烟气分离。该法始创于芬兰的奥托昆普公司，其实质是用热浓硫酸洗涤含汞的 SO_2 烟气，可能的化学反应如下：

$$Hg + 2H_2SO_4 \longrightarrow HgSO_4 + 2H_2O + SO_2 \tag{10-58}$$

$$2Hg + 2H_2SO_4 \longrightarrow Hg_2SO_4 + 2H_2O + SO_2 \tag{10-59}$$

$$3HgSO_4 + 2H_2O \longrightarrow 2H_2SO_4 + HgSO_4 + 2HgO \tag{10-60}$$

② 工艺流程。热浓硫酸法在电锌厂投入使用，其工艺流程见图 10-48。沸腾炉焙烧烟气烟温 960～1050℃，经废热锅炉降至 365～440℃，又经旋风除尘及电除尘烟温降至 350～400℃。此时将烟气送入硫酸化塔与热浓硫酸逆流接触，烟气中的汞即被氧化吸收。

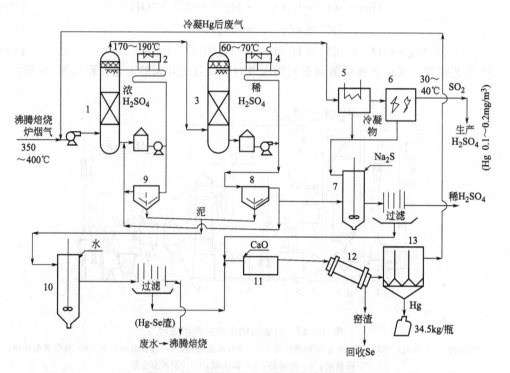

图 10-48　电锌厂热浓硫酸洗涤除汞流程

1—硫酸化塔；2—热交换器；3—洗涤塔；4,5—热交换器；6—湿式电除尘器；7—反应罐；
8,9—沉清池；10—水洗罐；11—混料机；12—回转窑；13—冷凝器

③ 工艺操作指标。热浓硫酸吸收法除汞流程的工艺操作指标见表 10-24。

表 10-24　热浓硫酸吸收法工艺操作指标

工艺条件			烟气中含汞浓度/(mg/m³)		汞回收率 /%
烟气量/(m³/h)	烟气温度/℃	浓硫酸浓度/%	净化前	净化后	
25000～30000	≥140～200	85～90	20～110	0.1～0.2	99.5

(4) 硫酸-软锰矿溶液吸收法

① 净化原理。吸收液为含软锰矿（粒度：110 目，其中含 MnO_2 68% 左右）100g/L、硫酸 3g/L 左右的悬浮液。当吸收液与含汞废气接触时，将发生下列反应：

$$2Hg + MnO_2 \longrightarrow Hg_2MnO_2 \tag{10-61}$$

$$Hg_2MnO_2 + 4H_2SO_4 + MnO_2 \longrightarrow 2HgSO_4 + 2MnSO_4 + 4H_2O \tag{10-62}$$

$$HgSO_4 + Hg \longrightarrow Hg_2SO_4 \tag{10-63}$$

$$MnO_2 + Hg_2SO_4 + 2H_2SO_4 \longrightarrow MnSO_4 + 2HgSO_4 + 2H_2O \tag{10-64}$$

由此可见，除了 MnO_2 对汞起净化作用外，反应产物 $HgSO_4$ 也能氧化吸收汞。由于 $HgSO_4$ 随着净化过程的进行，浓度越来越高，因此在有一定浓度的 MnO_2 存在时吸收液的净化能力越来越高。

② 工艺流程。某汞矿用硫酸-软锰矿吸收法净化炼汞尾气的工艺流程见图 10-49。

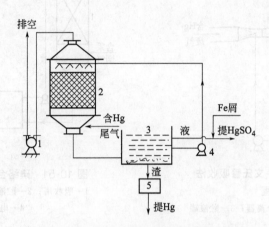

图 10-49 硫酸-软锰矿吸收法除汞流程
1—风机；2—填料塔；3—循环槽；4—循环泵；5—沉淀池

③ 工艺操作指标。硫酸-软锰矿吸收法净化汞矿炼汞尾气的工艺操作指标见表 10-25。

表 10-25 硫酸-软锰矿吸收法工艺操作指标

工艺条件				回收汞量 /(kg/t 矿)	净化效率/%
吸收液循环量 /(L/h)	空塔速度 /(m/s)	系统阻力 /9.81Pa	药剂耗量 /(kg/t 矿)		
2400	0.32	120	0.24	0.051	96

(5) 过硫酸铵-文氏管吸收法

① 净化原理。吸收液为过硫酸铵溶液，当与含汞废气接触时，将发生如下反应：

$$Hg + (NH_4)_2S_2O_8 \longrightarrow HgSO_4 + (NH_4)_2SO_4 \tag{10-65}$$

使含汞废气得以净化。

② 工艺流程。某灯泡厂用过硫酸铵-文氏管吸收法净化含汞废气的工艺流程见图 10-50。过硫酸铵溶液（浓度 0.1%）由塑料泵经管道送至文丘里管喉管直径 $\phi6mm$ 的喷嘴，高速地与含汞废气混合。含汞废气经喉管时，流速高达 $25m/s$。在高速气流的冲击下，吸收液被雾化，从而与汞充分接触并反应，以达到净化目的。复挡分离器的作用是将气液分离。

(6) 碘络合吸收法

① 净化原理。吸收液为碘化钾溶液，与含汞的 SO_2 烟气接触时，将发生如下反应：

$$Hg + I_2 + 2KI \longrightarrow K_2HgI_4 \tag{10-66}$$

② 工艺流程。某冶金厂烧结机含汞烟气用碘络合吸收法除汞的流程见图 10-51。

③ 工艺操作指标。某冶炼厂用碘络合吸收法净化含汞烟气的工艺操作指标见表 10-26。

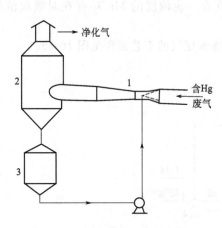

图 10-50　过硫酸铵-文氏管吸收法
除汞流程

1—文丘里管；2—复挡分离器；3—贮液罐

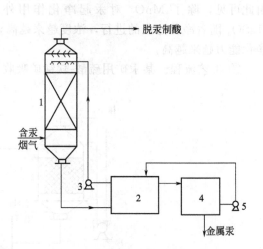

图 10-51　碘络合吸收法除汞流程

1—吸收塔；2—贮液槽；3,5—循环泵；
4—电解槽

表 10-26　碘络合吸收法工艺操作指标

工艺条件								烟气中含汞浓度		净化效率 /%
烟气量 /(m³/h)	烟气成分			循环吸收液成分			喷淋量 /(m³/h)	净化前 /(mg/m³)	净化后 /(mg/m³)	
	SO₂ /%	汞 /(mg/m³)	尘 /(mg/m³)	KI /(g/L)	H₂SO₄ /(g/L)	Hg /(g/L)				
4000	3～3.5	10～45	10～15	40～50	100～200	4～6	140～150	42	0.1～0.4	98～99

（7）其他吸收法　液体吸收法除以上介绍的 6 种外，还有氯化汞吸收法、多硫化钠吸收法及硫酸汞吸收法等。各种吸收法的性能、优缺点及适用范围的比较详见表 10-27。

3. 固体吸附法

常用的吸附剂有活性炭、软锰矿、焦炭、分子筛以及活性氧化铝、陶瓷、玻璃丝等。有时为了提高吸附效率，经常先将吸附剂进行某些预处理，如活性炭表面先吸附一层与汞能发生化学反应的物质（充氯）或以活性炭、氧化铝、陶瓷、玻璃丝等为载体，表面浸渍金属（镀银），然后再吸附含汞废气，以达到更理想的净化效果。

（1）充氯活性炭吸附法

① 净化原理。含汞废气通过预先充氯的活性炭层时，汞与吸附在活性炭表面的 Cl_2 发生反应：$Hg + Cl_2 \longrightarrow HgCl_2$。生成的 $HgCl_2$ 停留在活性炭表面。

② 吸附设备。活性炭吸附器可用砖砌筑，也可用钢板和硬聚氯乙烯板制作。吸附器的形式有罐型、屋型、箱型、桥型等，见图 10-52。采用钢板或砖制作时，要考虑防腐蚀问题。若含汞废气中含有粉尘，则有必要在吸附器前设置空气过滤器。

③ 吸附剂与吸附量。不同粒度的活性炭对汞蒸气吸附量的影响见表 10-28。相同体积的活性炭，进行不同的预处理，除汞性能见表 10-29。

表 10-27　几种液体吸收法除汞流程比较

流程名称	高锰酸钾法	次氯酸钠法	热浓硫酸法	硫酸-软锰矿法	过硫酸铵-文氏管法	碘络合法
循环吸收液配比	0.3%~0.6% KMnO₄ 溶液	有效氯:20~25g/L, NaCl:120~220g/L, pH:9.0~10.0	85%~90% 40℃ 热浓硫酸	H₂SO₄:3g/L, 软锰矿:100g/L	0.1% 过硫酸铵溶液	KI:40~50g/L, H₂SO₄:100~200g/L, Hg:4~6g/L
主要反应式	$2KMnO_4+3Hg+H_2O \rightarrow 2KOH+2MnO_2+3HgO$; $MnO_2+2Hg \rightarrow Hg_2MnO_2\downarrow$	$Hg+ClO^-+3Cl^-+H_2O \rightarrow [HgCl_4]^{2-}+2OH^-$	$Hg+2H_2SO_4 \rightarrow HgSO_4+2H_2O+SO_2$; $2Hg+2H_2SO_4 \rightarrow Hg_2SO_4+2H_2O+SO_2$; $3HgSO_4+2H_2O \rightarrow 2H_2SO_4+HgSO_4+2HgO$	$Hg+MnO_2+2H_2SO_4 \rightarrow MnSO_4+2H_2O+HgSO_4$	$Hg+(NH_4)_2S_2O_8 \rightarrow HgSO_4+(NH_4)_2SO_4$	
优缺点	流程短，设备简单，但要随时补加吸收液，利用率低	吸收液来源广，无二次污染，但流程复杂、操作条件不易控制	工艺复杂，不易控制	投资省，能求得较高稳定的效果	设备要求较高，但效率高，有一定的经济效益	投资大，运行费用较低，回收汞有一定的经济效益
适用范围	含汞氢气及仪表电器厂的含汞蒸气	水银法氯碱厂含汞氢气	含汞的焙烧烟气（含SO₂）	含汞冶炼尾气以及含汞蒸气	含汞蒸气	含汞焙烧烟气（SO₂含量较高）
回收产品	低温电解法回收Hg	电解法回收Hg	回转窑蒸馏冷凝回收Hg及Se	可提取HgSO₄溶液，电热蒸馏炉回收Hg	电热蒸馏炉回收Hg	电解回收Hg
使用厂家	齐齐哈尔榆树电化工厂，上海医用仪表厂等	芬兰科科拉电锌厂	芬兰科科拉电锌厂	天津干电池厂	某灯泡厂	韶关冶炼厂
汞净化效果　净化前浓度 /(mg/m³)	0.364~29.0	0.34~5.52	20~10.0			40~45
净化后浓度 /(mg/m³)	0.009~0.01	0.0023~0.021	0.1~0.2			0.1~0.4
净化效率 /%	96.4~99.97	95~99	99.5	96		98~99

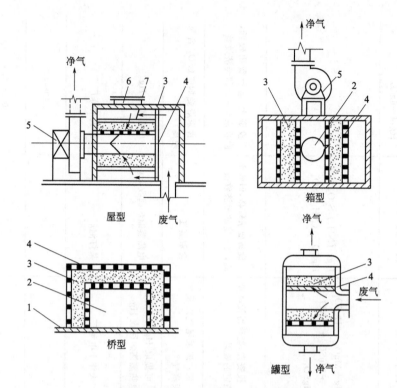

图 10-52　各种活性炭除汞吸附器

1—钢板；2—含汞废气入口；3—活性炭层；4—塑料网；5—风机；6—检修门；7—泡沫塑料滤灰层

表 10-28　不同粒度的活性炭对汞蒸气吸附量的影响

项目		序号		
		1	2	3
粒度	直径/mm	3.5～4.5	2～3	1.2～2.5
	长度/mm	6～9	28～7	1～4
试样	体积/mL	122	60	60
	质量/g	82.5	26.8	28.5
活性炭量/g		7.2	2.945	2.5
吸附的 Cl_2 量/%		8.73	10.98	8.88
汞浓度/(mg/m³)		75	75	75
吸附量/(kg 汞/m³ 炭)		17.2	45.5	46.9
防护时间/min		4677	9099	9379

表 10-29　活性炭预处理除汞性能比较

预处理吸附剂	试样体积/mL	试样质量/g	汞浓度/(mg/m³)	防护时间/min
$CuSO_4 \cdot 5H_2O$ 和 KI 溶液浸渍的活性炭	30	20.6	99	9863
Cl_2 处理的活性炭	30	15.8	99	6369
I_2 处理的活性炭	30	15.7	99	5421
多硫化钠溶液浸渍的活性炭	30	16.8	99	3310
$Na_2S \cdot 9H_2O$ 溶液浸渍的活性炭	30	16.8	99	22

注：含汞废气通过吸附剂层的断面风速为 0.5m/s，流量为 4L/min。

表 10-29 中"防护时间"是试验吸附剂从开始吸附到排气中汞浓度刚超过排放标准的时间。防护时间越长，吸附剂的除汞性能越好。表 10-29 表明：$CuSO_4 \cdot 5H_2O$ 和 KI 溶液处理的活性炭除汞性能最好，但成本较高；Cl_2 处理的活性炭除汞性能仅次于 $CuSO_4 \cdot 5H_2O$ 和 KI 溶液处理的活性炭，而且成本低，处理也较容易；I_2 处理的活性炭成本高，且不易均匀附着于活性炭表面。因此，在处理低浓度含汞废气或进行高浓度含汞废气的二级处理时常用充氯活性炭。在汞冶炼尾气治理中，也常采用多硫化钠处理的焦炭作吸附剂。

(2) 多硫化钠-焦炭吸附法　该法适合于净化炼汞尾气或其他有色冶金生产中高浓度含汞烟气。其净化原理及工艺设备如下。

① 净化原理。焦炭具有较大的活性表面，能吸附废气中的汞。为了提高除汞效率，常在焦炭上喷洒多硫化钠溶液。主要化学反应为：

$$SO_2 + H_2O \longrightarrow H_2SO_3 \tag{10-67}$$

$$H_2SO_3 \Longleftrightarrow 2H^+ + SO_3^{2-} \tag{10-68}$$

$$2H^+ + Na_2S_x + 2e \longrightarrow H_2S + Na_2S_{x-1} \tag{10-69}$$

$$S + Hg \longrightarrow HgS \tag{10-70}$$

$$2H_2S + 2Hg + O_2 \longrightarrow 2HgS + 2H_2O \tag{10-71}$$

② 吸附设备及工艺流程。焦炭吸附塔见图 10-53。其流程是含汞废气经由两旁导管进入塔内，通过各层焦炭，由塔顶两路管道进入烟道排放。多硫化钠或电解汞废液（含多硫化钠）平均 4~5d 喷洒一次，除汞效率为 72%~92%。

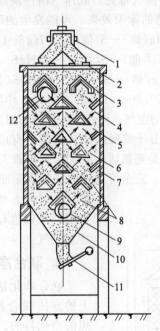

图 10-53　净化炼汞高炉废气的焦炭吸附塔

1—料斗盖；2—料斗；3—布料搁板；4—塔体；5—焦炭；6—人字栅板；7—半人字栅板；8—气流方向；
9—进气孔；10—渣斗；11—渣斗闸；12—排气孔

(3) 吸附剂表面浸渍金属的吸附法　利用汞能够溶解多种金属形成汞齐合金的特性，在吸附剂表面浸渍一种能与汞反应生成汞齐的物质来除去废气中的汞。

浸渍吸附剂的金属有金、银、镉、铟、铊、铅、镓和铜等，最好使用不易氧化的材料。金最好，但成本太高。因此，银是最理想的浸渍材料，铜则是最差的材料。

被浸渍的吸附剂有活性炭、活性氧化铝、陶瓷、玻璃丝等。浸渍方法是将吸附剂浸渍在可还原的金属盐溶液（如硝酸银、氯化金或氯化铜等）中，然后用一般方法将盐还原成游离的金属。

这种吸附法在国外已有应用，其有关性能见表 10-30。

表 10-30　几种吸附剂浸渍金属的吸附方法

吸附方法	匹兹堡活性炭公司法	阿莱得化学公司法	柯得罗矿业公司法
载体	活性炭	熔融氧化铝	玻璃丝、镍丝、陶瓷
浸渍金属	用 $Ag_2S_2O_3$ 溶液镀银	用 $AgNO_3$ 溶液镀银	用 $AgNO_3$ 和 $Ag_2C_2O_4$ 溶液镀银
浸渍量	镀银量为活性炭重量的 5%~10%	镀银量为氧化铝重量的 5%~12%	镀银量为吸附剂重量的 5%~10%
吸附效果	可吸附占自重 3% 以上的汞，是一般活性炭吸附量的 100 倍	可将氢气含汞 0.25~35mg/m³ 的降低到 0.1~0.025mg/m³	日产 100t 氯气的工厂，在 28.3m³/h 氢气流量下，每天回收汞 6.8kg
再生方法	加热到 300℃后，即可 100% 再生，若用蒸馏法再生，还可回收纯汞	干燥的氮气以 0.018~0.0254m/s 的线速度通过吸附剂，在 230~250℃温度下加热 1h	加热再生，逸散其表面的汞加以冷凝回收

（4）HgS 催化吸附法　在单位（每克）载体（活性炭或氧化铝）上装入 100mg HgS 和 10mg S 的催化剂，即可获得理想的除汞效果。可能发生的反应是：

$$Hg(烟)+S(催)\longrightarrow HgS(Ⅰ) \tag{10-72}$$
$$HgS(Ⅰ催)+S(催)\longrightarrow SHgS \tag{10-73}$$
$$Hg(烟)+SHgS\longrightarrow 2HgS(Ⅱ) \tag{10-74}$$

除汞实例：如用每克炭含有 77.7mg HgS 和 9.2mg S 作防毒面罩过滤物，在 25℃以 80L/min 的流速通过 Hg 为 19mg/m³ 的空气，则在 25h 内过滤器出口处空气含汞≤0.025mg/m³。

除固体吸附剂法以外，还有分子筛吸附法（美国已有应用）、树脂吸附法（日本鹿岛电解厂应用）等。国内最常用的还是充氯活性炭法除汞。该工艺技术成熟，性能稳定可靠，运行管理较方便，净化效率也很高，完全可达到国家排放标准，非常适合于低浓度含汞废气的净化。另外，焦炭吸附法由于吸附剂来源广且价廉，所以也经常用来处理炼汞尾气等高浓度含汞废气。

4. 联合净化法

联合净化法顾名思义，是由两种或两种以上的方法联合起来，净化含汞废气，以达到理想的净化目的。

（1）冷凝-吸附法

① 工艺流程。列管式冷凝器（水冷却）作为一级净化设备，活性炭吸附器则作为二级净化设备，经过先冷凝后吸附的二级净化后，尾气含汞浓度达到国家排放标准。其流程见图 10-54。

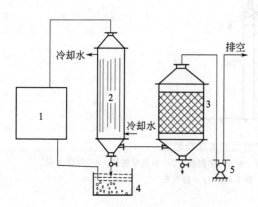

图 10-54　冷凝-吸附法流程

1—焙烧炉；2—列管式冷凝器；3—吸附塔；4—集汞槽；5—真空泵

② 工艺操作指标。工艺操作指标见表 10-31。

表 10-31　冷凝-吸附法工艺操作指标

工艺条件				空气流中含汞浓度		净化效率/%
气量/(m³/h)	冷凝温度/℃	空塔气速/(m/s)	真空度/mmHg	净化前/(mg/m³)	净化后/(mg/m³)	
1000~1300	20~30	0.2~0.5	450	150	2	98.7
1000~1300	20~30	0.2~0.5	450	205	未检出	约100
1000~1300	20~30	0.2~0.5	450	345	5	98.5

(2) 冲击洗涤-焦炭吸附法

① 工艺流程。一级为冲击洗涤段，多硫化钠为吸收液，除汞效率为 20%，主要起除尘作用。二级为焦炭填料吸附段，吸附除汞效率为 70%，两级总除汞效率是 92.5%。其设备见图 10-55。

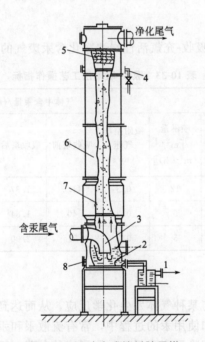

图 10-55　冲击式填料除汞塔
1—溢流桶；2—溢流管；3—喷头；4—喷液器；5—挡液板；6—塔体和液池；7—焦炭层；8—放液管

② 工艺操作指标。冲击洗涤-焦炭吸附法除汞的工艺操作指标见表 10-32。

表 10-32　某冶炼厂冲击洗涤-焦炭吸附法除汞工艺操作指标

工艺条件			气体中含汞浓度/(mg/m³)			净化效率/%
气量/(m³/h)	吸收液	吸附剂	预除 SO₂ 与否	净化前	净化后	
10000	多硫化钠180g/L	多硫化钠喷洒过的焦炭	未预除 SO₂	4.340	0.108	97.49
			预除 SO₂	4.388	0.055	98.74

（3）液体吸收-充氯活性炭吸附法

① 工艺流程。一级净化设备为填料吸收塔，吸收剂为硫酸-软锰矿溶液、硫酸-多硫化钠溶液等；二级净化设备为充氯活性炭固定吸附床，其工艺流程见图10-56。

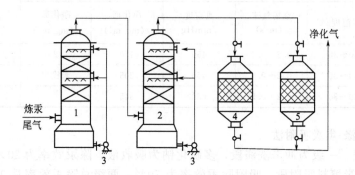

图 10-56　吸收-吸附法净化流程

1—第一吸收塔；2—第二吸收塔；3—循环泵；4—第一吸附塔；5—第二吸附塔

② 工艺操作指标。液体吸收-充氯活性炭法净化含汞废气的工艺操作指标见表10-33。

表 10-33　吸收-吸附法工艺操作指标

工艺条件					气体中含汞量/(mg/m³)			净化效率/%	
气量/(m³/h)	填料	吸收剂	喷淋量/[m³/(m²·h)]	吸附空塔气速/(m/s)	吸收塔前	吸收塔后	吸附器后	吸收	吸附
1910	竹环	硫酸-软锰矿	12	0.3	41.5	1.37	0.0014	96.7	99.9
		硫酸-软锰矿	5	0.3	40	1.84	0.0018	95.4	99.9
		硫酸-多硫化钠	5	0.3	27	2.00	0.002	92.3	99.9

5. 气相反应法

气相反应法即含汞蒸气与某种气体发生化学反应，从而达到除汞的目的。

（1）碘升华法　在生产和使用汞的过程中，常有流散汞和汞蒸气冷凝后附着在地面、墙面、顶棚及设备等物体上。夜晚温度降低，加剧了这种吸着；而白天温度升高时，被吸着的汞再蒸发，增大了车间含汞浓度。这样，会严重危害工人的身心健康。采用碘升华法则能很好地解决这个问题，其原理是将结晶碘在汞作业室内加热蒸发或使其自然升华，形成的碘蒸气与室内的汞蒸气发生如下反应：

$$I_2 + 2Hg \longrightarrow 2HgI \tag{10-75}$$

同时碘蒸气还与吸附在地面、墙壁及设备表面的汞作用，生成不易挥发的碘化汞，然后用水加以冲刷，便可消除残留汞。常用的方法有以下3种。

① 加热熏碘法。按每1m²地面0.5g结晶碘的用量，将碘盛于烧杯中，用酒精灯加热产生碘蒸气，以消除汞污染。此法一般在发生汞污染事故时才使用。

② 升华法。按每10m²地面0.02m²的蒸发面积，将碘在纸盒内平铺开，任其自然升华，从而达到除汞目的。此法一般在下班后才使用。

③ 微量升华法。当房间内汞蒸气浓度较低时，可以采用微量碘升华法加以消除。即用少量的碘使其日夜微量升华，房间内碘蒸气浓度以不超过 $0.2mg/m^3$ 为宜。

(2) 硫化净化法　向焙烧硫化矿含汞烟气中鼓入适量的硫化氢气体，使汞蒸气变成粉状硫化汞，以除尘、除雾的方式从烟气中沉淀下来，反应式为：

$$2H_2S+SO_2 \longrightarrow 3S+2H_2O \tag{10-76}$$

$$S+Hg \longrightarrow HgS \tag{10-77}$$

$$或 H_2S+Hg \longrightarrow HgS+H_2 \tag{10-78}$$

该法始创于美国圣·乔矿物公司，1973 年用于该公司炼锌厂，沉积 HgS 采用洗涤塔捕集，除汞效率约为 90%，硫化氢耗量 23%。

另据报道，制酸厂在制酸前，烟气含 SO_2 10.4%、O_2 6.2%、Hg $100mg/m^3$，鼓入一定量的 H_2S 气体，冷却至 38℃以下，用湿式收尘器回收 HgS 后烟气中仅残汞 $0.02\sim0.05mg/m^3$。

四、含镉废气治理技术

镉，重有色金属元素，化学符号 Cd，原子序数 48，1817 年发现。单质为银白色金属。20 世纪初发现镉以来，镉的产量逐年增加。相当数量的镉通过废气、废水、废渣排入环境，造成污染。污染源主要是铅锌矿，以及有色金属冶炼、电镀和用镉化合物作原料或催化剂的工厂。镉对土壤的污染主要有气型和水型两种。气型污染主要来自工业废气。镉随废气扩散到工厂周围并自然沉降，蓄集于工厂周围的土壤中。污染范围有的可达数公里。据统计，世界上每年由冶炼厂和镉处理厂释放到大气中的镉大约为 $10^6 kg$，接近整个镉大气污染总量的45%。世界上某些磷肥含有高量的镉，据估计，磷肥中平均含镉量为 7mg/kg，给全球带入约 $6.6\times10^5 kg$ 镉。西方国家的人类活动对土壤镉的贡献，磷肥占 54%~58%，空气沉降占39%~41%，污泥占 2%~5%。此外吸烟是另一个重要的污染来源。2019 年 7 月 23 日，镉及镉化合物被列入有毒有害水污染物名录。

含镉烟尘大多数是在锌或其他重有色金属的冶炼、加工等生产过程产生的，当进入大气后，就成为大气污染物之一。镉（Cd）没有单独矿床，常与铅锌矿伴生，经选矿后进入锌精矿。镉的熔点为 320℃、沸点为 767℃，比锌还易挥发，因而在锌精矿的焙烧过程中，镉富集于烟尘中随烟气排出。镉精馏塔的塔漏也排出含镉烟尘。在焙烧各工序中，烟尘含镉量不同。流态化焙烧回收的烟尘再经回转窑二次焙烧产生的烟尘含镉量最高，其中经旋风除尘器回收的镉尘呈浅红色，为红镉尘，含镉约为 8%；经第二级电除尘器回收的镉尘呈淡白色为白镉，含镉约 16%。红、白镉尘其余成分为锌、铅、铁、硫等。红、白镉尘中主要是硫化镉，其次为氧化镉，也有少量硫酸镉。

镉尘污染防治是镉回收工艺的一部分，因此对含镉烟尘的治理要与镉的回收密切结合起来。含镉尘的烟气一般要经过 2~3 级除尘才能达到排放标准，通常采用的除尘流程为重力除尘器→旋风除尘器→袋式除尘器（低滤速）。镉尘的处理、输送和卸料等皆要有防尘设施，防止二次污染。

五、含砷废气治理技术

重有色金属冶炼和燃料燃烧产生的含砷烟尘排放到大气中，便成为大气污染物之一。砷及其化合物是常见的环境污染物，一般可通过水、大气和食物等途径进入生物体，造成危害。

(1) 砷尘来源　砷（As）又名砒，化学性质相当活泼，具有两性元素的性质，更接近非金属性质，其化合价为＋3价、＋5价和－3价。砷在自然界中大多数以硫化物形式共生在有色金属（铜、铅、锌）矿中。因此，砷和含砷金属的开采、冶炼，用砷等过程中，都可产生含砷废气、废水和废渣，对环境造成砷污染。

在铜铅锌冶炼厂，铅锑可同时与砷一道在烟尘中富集，从而产生高铅、高锑的砷尘。冶炼厂产出的铜转炉烟尘和银转炉烟尘就属于此类型，其主要成分如表10-34所列。

表10-34　铜冶炼烟尘成分　　　　　　　　　　　单位：%

成分	As	Pb	Sb	Cu	Zn	S
铜转炉烟尘	25	35	1.0	3.0	1.0	2.0
银转炉烟尘	35	1.0	37	0.01		

这两种烟尘可直接用于玻璃制造业的脱色剂和澄清剂。在炼锡过程中，矿料中的砷绝大部分进入焙烧和冶炼所产生的烟尘中，形成高锡砷尘。对该烟尘主要采用电热回转窑和竖式蒸馏炉使砷再度挥发，以获得白砷产品，锡则留于焙烧残留物中，随后返回炼锡。

（2）含砷烟尘防治措施

① 控制进厂原料含砷是防治砷污染的重要途径。美国赫尔库拉扭控制进厂矿砷在0.01%以下，没有砷污染。

② 严格控制含砷废气、废水、废渣的排放量，综合回收砷资源。主要措施是从含砷高的冶炼渣和烟尘中回收白砷（As_2O_3），用白砷制取金属砷。从高砷烟尘和渣中回收白砷一般采用电热蒸馏法。从低砷烟尘和渣中制取砷化工产品，如砷钙渣、砷锑合金、砷酸钠混合盐等。

高砷烟尘处理工艺流程如图10-57所示。

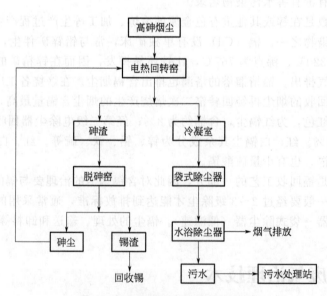

图10-57　高砷烟尘处理工艺流程

制取高纯砷的工艺流程为：粗砷→氯化→精馏→三氯化砷氢气还原。其反应式为：

$$AsCl_3 + \frac{3}{2}H_2 \Longleftrightarrow \frac{1}{4}As_4 + 3HCl$$

控制适当的冷凝温度和氢气流量可以制备高纯砷。纯度达 99.9999%～99.99999%。

冶炼厂采用 $\phi 800mm \times 8000mm$ 电热回转窑处理含 Sn 8%～12%、As 50%～52%的锡砷尘，可产出含 As_2O_3 95%～99.5%的白砷，窑处理能力为 3～4.5t/d，砷回收率 60%～80%，锡回收率 92%～96%。冶炼厂用直接加热的竖式蒸馏炉处理含 As 30%～40%的锡砷尘，砷回收率 80%～85%，产品白砷含 As_2O_3 92%～95%。

六、含铬废气治理技术

铬是钢灰色有光泽的金属，熔点 1857℃，沸点 2672℃；20℃时的密度，单晶为 7.22g/cm^3，多晶为 7.14g/cm^3。有延展性，但含氧、氢、碳和氮等杂质时变得硬而脆。铬的化学性质不活泼，常温下对氧和水汽都是稳定的，铬在高于 600℃时开始和氧发生反应，但当表面生成氧化膜以后，反应便缓慢，当加热到 1200℃时氧化膜被破坏，反应重新变快。高温下，铬与氮、碳、硫发生反应。铬在常温下就能和氟作用。铬能溶于盐酸、硫酸和高氯酸，遇硝酸后钝化，不再与酸反应。铬能与镁、钛、钨、锆、钒、镍、钽、钇形成合金。铬及其合金具有强抗腐蚀能力。铬的氧化态为 −1 价、−2 价、+1 价、+2 价、+3 价、+4 价、+5 价、+6 价。铬的氧化物有氧化亚铬（CrO）、三氧化二铬（Cr_2O_3）、三氧化铬（CrO_3）。铬的毒性与其存在的价态有关，六价铬比三价铬毒性高 100 倍，并易被人体吸收且在体内蓄积，三价铬和六价铬可以相互转化。治理冶炼厂含铬废气主要是高效除尘和水洗净化两种方法，治理酸雾废气常用过滤和喷淋相结合的方法。

（一）铬雾废气治理

含铬废气需采用过滤回收预处理和湿式喷淋深度处理相结合的方式。利用网格式铬酸雾回收装置可初步回收废气中 60%～80%的铬酸，考虑到达标排放，后续还需配合喷淋吸收净化。通过亚硫酸溶液可使剧毒性六价铬还原为毒性较低的三价铬：

$$H_2Cr_2O_7 + 3Na_2SO_3 + 3H_2SO_4 \longrightarrow Cr_2(SO_4)_3 + 3Na_2SO_4 + 4H_2O$$

① 废气洗涤塔的结构：内设逆向填料吸收系统、喷淋系统、脱雾装置系统，下设供水箱、供水泵系统、进出风口、风机、风管、吸罩。

② 废气洗涤塔工作原理：废气洗涤塔属两相逆向流填料废气吸收塔。废气气体从塔体下方进气口沿切向进入废气吸收塔，在通风机的动力作用下，迅速充满进气段空间，然后均匀地通过均流段上升到填料吸收段。在填料的表面上，气相中酸性物质与液相中碱性物质发生化学反应。反应生成物油（多数为可溶性盐类）随吸收液流入下部贮液槽。未完全吸收的废气气体继续上升进入喷淋段。

（二）回转窑铬烟气净化

金属铬生产工艺为：铬矿、纯碱、石灰石计量混合后，在回转窑内焙烧成熟料，熟料用水浸取，浸取液用硫黄还原成氢氧化铬，氢氧化铬经煅烧得氧化铬，氧化铬采用炉外铝热法冶炼为金属铬。

一般回转窑的规格为 $\phi 2300mm \times 32000mm$，下料量 2.5～3.0t/h，大窑一般均烧残渣油，窑尾设有砖砌的沉灰箱，烟气经灰箱沉降灰尘后，进入烟气净化，从灰箱引出的烟气参数为：烟气量 7500～12000m^3/h；烟气温度 550～600℃；烟气含尘量 6～8g/m^3。

烟气及烟尘成分见表 10-35。

表 10-35　回转窑铬烟气及烟尘成分

烟气成分/%	CO		O₂		CO		N₂	
	10		8		3.6		78.4	
烟尘成分/%	SiO₂	TCr₂O₃	Cr(Ⅵ)	Fe₂O₃	Na₂CO₃	Al₂O₃	CaO	MgO
	6.6	11.8	0.16	4.16	14.4	2	19.6	21.2

烟尘成分与入窑的生料成分近似。

回转窑烟气具有湿度高、含尘量高的特点，应考虑热量回收与粉尘物料回收。烟气净化工艺流程一般为旋风除尘器、袋式除尘器两级干式除尘，进入袋式除尘器的烟气温度必须低于 200℃。

（三）金属铬熔炼炉废气治理

金属铬熔炼炉组由料仓、熔炼炉、熔炼室、集烟罩四部分组成。

料仓：存放一炉次的混合炉料，其中有三氧化二铬（Cr_2O_3）、硝石和铝粒。

熔炼炉由两半圆铸铁炉筒组成，炉筒直径约 ϕ1600mm，高 2m。

熔炼室为圆形，内衬耐火砖结构。

金属铬冶炼工艺属炉外铝热法冶炼生产，为间断性分炉冶炼，每炉冶炼时间为 40min 左右，熔炼炉缓冷 24h 后，打掉炉面上的积渣，拆炉即得金属铬，经精整、破碎、包装即为成品。

熔炼炉自点火后 5～6min，即反应产生大量废气，废气含 NO_x、N_2、O_2、Cr_2O_3 和 $NaNO_3$ 等烟尘。

1. 治理对象

由于熔炼炉为间歇性分炉冶炼，每炉次产生的废气，其阵发性强，而且集中在 10min 内。废气主要含 NO_x、N_2 和 O_2 等有害气体，烟尘主要成分为 Cr_2O_3 及少量 $NaNO_3$、Al 等物料。

① 污染物参数。见表 10-36。

表 10-36　金属铬熔炼炉废气参数

废气成分	NO_x、N_2、CO_2、CO 和 O_2 等，以 N_2、NO_2 为主占80%
废气温度	约100℃（废气混合冷空气后）
废气含尘浓度	平均1.624g/m³
烟尘成分	Cr_2O_3 占60%，少量 $NaNO_3$、Al

② 污染物特点：a. 废气在短时间内集中爆发；b. 废气量最大近 1.0×10^5 m³/h；c. 废气捕集较困难；d. 废气呈黄棕色，为有毒冶炼气体；e. 净化回收的粗颗粒干粉含 Cr_2O_3 约60%，供外销，细颗粒干粉经水淋洗，淋洗水循环富集，使 $Na_2Cr_2O_4$ 浓度大于 100g/L 后可综合利用。

2. 治理技术

熔炼炉废气，由于具有阵发性强、集中在短时间内爆发、废气量大、含尘浓度高、气温高等特殊条件，直至 20 世纪 80 年代后期才摸索到治理的工艺技术，现采用干、湿二级组合旋风除尘器，使净化回收金属铬熔炼炉废气获得成果。

金属铬熔炼炉废气治理技术着重于净化回收 Cr_2O_3 干尘和 $Na_2Cr_2O_4$ 溶液，所以第一级净化设备采用高效旋风除尘器组，以收集粗颗粒 Cr_2O_3 干尘，废气夹带细颗粒烟尘，再经淋洗除尘器净化，淋洗液反复循环淋洗，富集 $Na_2Cr_2O_4$，进行综合利用，外排气体目测无棕黄色，达到排放标准。

3. 工程实例

某铁合金厂干、湿二级旋风除尘治理金属铬冶炼炉烟气。

(1) 生产工艺流程 金属铬年生产能力约 1500t。

① 金属铬生产工艺：原料（铬矿、纯碱与石灰石）入回转窑内焙烧，烧后的熟料用水浸取，浸取液用硫黄还原，制成氢氧化铬 $[Cr(OH)_3]$，煅烧得氧化铬 (Cr_2O_3)。氧化铬用炉外铝热法冶炼，制成金属铬，其冶炼工艺流程见图10-58。

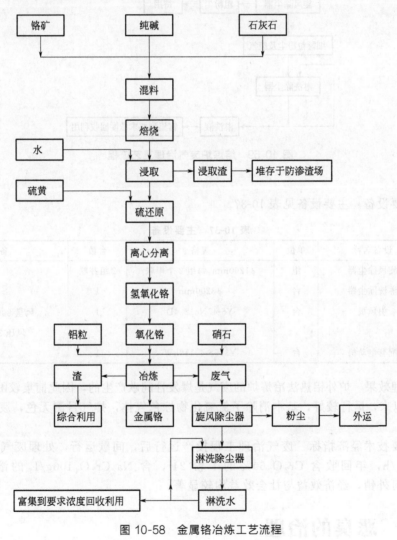

图 10-58 金属铬冶炼工艺流程

② 主要生产原料：铬矿、纯碱、石灰石和硫黄，铝粒作还原剂。

(2) 废气来源 废气来源于熔炼炉，每炉次约 20min 短暂时间内排放含氮氧化物、六

金属铬，由于铬系化合物工艺比较先进，规模化生产，所以电解铬生产受到冲击。

废气为有毒冶炼气体，其所含烟尘由 Cr_2O_3、$NaNO_3$、Al 等组成。废气主要成分为 NO_x、N_2 和 O_2 等。

废气处理量约 80000m^3/h。

（3）废气治理工艺流程　熔炼炉废气治理工艺流程见图10-59。

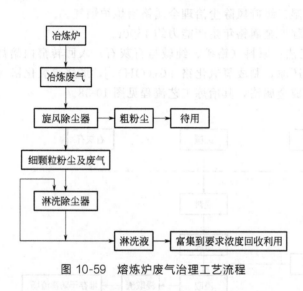

图 10-59　熔炼炉废气治理工艺流程

（4）主要设备　主要设备见表10-37。

表 10-37　主要设备

序号	设备名称	单位	规格	台数	备注
1	旋风除尘器	组	ϕ1200mm，每组 2 个串联	2 组并联	
2	淋洗除尘器	台	ϕ3200mm	1	
3	引风机	台	Y5-47No12.4D	1	风量 80000m^3/h 风压 3500Pa
4	配套电动机	台	Y315S-4,110kW	1	

（5）治理效果　炉外铝热法冶炼炉的废气是爆发性间歇产生的，因此捕集较困难，废气治理工程投产以来，运行较好，基本消除了氮氧化物棕色气体，排气目测无色，废气捕集率达98％左右。

（6）主要技术经济指标　废气治理工程投产运行后，间歇运行，处理废气量最大可达 $1.0 \times 10^5 m^3$/h，年回收含 Cr_2O_3 60％的干粉 24t，含 $Na_2Cr_2O_4$ 100g/L 的溶液 430m^3，Cr_2O_3 干粉可外销，经济效益与社会效益均较显著。

第四节　恶臭的治理

一、恶臭物质概述

恶臭是大气、水、土壤、废弃物等物质中的异味物质，通过空气介质作用于人的嗅觉器官而引起不愉快感觉并有害于人体健康的一类公害气态污染物质。通常所指的臭气，是指在化学反应过程中产生出来的带有恶臭的气体。

（一）恶臭物质的来源及种类

恶臭散发源分布广泛，但多数来自于以石油为原料的化工厂、垃圾处理厂、污水处理厂、饲料厂和肥料加工厂、畜牧产品农场、皮革厂、纸浆厂等工业企业，特别是石油中含有微量且多种结构形式的硫、氧、氮等的烃类化合物，在贮存、运输和加热、分解、合成等工艺过程中产生出臭气逸散到大气中，造成环境的恶臭污染。《中华人民共和国大气污染防治法》明确规定向大气排放恶臭气体的排污单位，必须采取措施防止周围居民区受到污染。常见的恶臭物质见表10-38。

表 10-38 恶臭物质的分类及臭味性质

分类		主要物质	臭味性质
无机物	硫化合物	硫化氢*，二氧化硫，二硫化碳*	腐蛋臭，刺激臭
	氮化合物	二氧化氮，氨*，碳酸氢铵，硫化铵	刺激臭，尿臭
	卤素及其化合物	氯，溴，氯化氢	刺激臭
	其他	臭氧，磷化氢	刺激臭
有机物	烃类	丁烯，乙炔，丁二烯，苯乙烯*，苯，甲苯，二甲苯，萘	刺激臭，电石臭，卫生球臭
	含硫化合物 硫醇类	甲硫醇*，乙硫醇，丙硫醇，丁硫醇，戊硫醇，己硫醇，庚硫醇，二异丙硫醇，十二碳硫醇	烂洋葱臭，烂甘蓝臭
	含硫化合物 硫醚类	二甲二硫*，甲硫醚*，二乙二硫，二丙硫，二丁硫，二苯硫	烂甘蓝臭，蒜臭
	含氮化合物 胺类	一甲胺，二甲胺，三甲胺*，二乙胺，乙二胺	烂鱼臭，腐肉臭，尿臭
	含氮化合物 酰胺类	二甲基甲酰胺，二甲基乙酰胺，酪酸酰胺	汗臭，尿臭
	含氮化合物 吲哚类	吲哚，β-甲基吲哚	粪臭
	含氮化合物 其他	吡啶，丙烯腈，硝基苯	芥子气臭
	含氧化合物 醇和酚	甲醇，乙醇，丁醇，苯酚，甲酚	刺激臭
	含氧化合物 醛	甲醛，乙醛，丙烯醛	刺激臭
	含氧化合物 酮和醚	丙酮，丁酮，己酮，乙醚，二苯醚	汗臭，刺激臭，尿臭
	含氧化合物 酸	甲酸，醋酸，酪酸	刺激臭
	含氧化合物 酯	丙烯酸乙酯，异丁烯酸甲酯	香水臭，刺激臭
	卤素衍生物 卤代烃	甲基氯，二氯甲烷，三氯乙烷，四氯化碳，氯乙烯	刺激臭
	卤素衍生物 氯醛	三氯乙醛	刺激臭

注：标*者在恶臭污染物排放标准中规定了一次最大排放限值。

（二）恶臭的阈值及其强度

（1）恶臭的阈值 有无气味及气味的大小与恶臭物质在空气中的浓度有关。恶臭的检测方法有人的嗅觉法和仪器分析法两种。通常把正常勉强可以感到的臭味的浓度称为嗅觉的阈值（嗅阈值）。其中不能辨别臭味种类的阈值称为检知阈值，能够辨别出臭味种类的阈值称为认知阈值。由于臭味的灵敏程度因人而异，所以不同研究者给出的臭味阈值往往差距甚远。一般恶臭多为复合恶臭形式，复合恶臭的强度与恶臭物质的种类与浓度有关。

（2）恶臭的强度 一种恶臭物质的臭气强度随着其浓度的增大而增强，二者之间的关系可由下式表示：

$$P = K \lg S$$

式中，P 为恶臭强度；S 为恶臭物质在空气中的浓度；K 为常数。

恶臭物质种类不同，K 值也不同。恶臭物质的限制标准是根据恶臭的刺激强度与其浓度之间的关系对每种物质规定控制范围的。臭气强度以嗅觉阈值为基准划分等级，一般分为 6 级，见表 10-39。

表 10-39 恶臭的强度标准

恶臭强度	内容	恶臭强度	内容
0	无臭	3	容易感到臭味
1	勉强感知臭味（检知阈值）	4	强臭
2	可知臭味种类的弱臭（认知阈值）	5	不可忍耐的剧臭

二、恶臭物质处理方法与选用

1. 恶臭物质处理方法

见表 10-40。

表 10-40 常见的脱臭方法的原理、特点和适用范围

脱臭方法	脱臭原理	特点	适用范围
焚烧法	在高温下与辅助燃料燃烧将恶臭污染物氧化为 CO_2、H_2O、SO_2 等，大多数有机化合物在 800℃ 保持 0.5s 即完全销毁	焚烧是控制臭味的基本技术。净化效率高，恶臭物质被彻底氧化分解，但设备易腐蚀，消耗燃料，处理成本高，易形成二次污染	适用于处理高浓度的可燃性臭气。应在焚烧炉上设置余热交换器或废热锅炉等回收热能
催化燃烧	利用催化剂（铂、钯、铑等）使氧化作用在低于直接燃烧的温度下破坏有机成分	氧化温度低（仅 200℃）、装置容积小、处理费用较低、燃烧效率高等	适用于处理中、低浓度的可燃性臭气。不适用于含颗粒物较多或高浓度恶臭气体
吸附法	利用吸附剂（活性炭及碳纤维、硅胶、氧化铝、硅酸镁等）的吸附功能使恶臭物质由气相转移至固相	净化效率很高，可处理多组分的恶臭气体，但吸附剂费用较高、再生较困难	适用于处理低浓度、高净化要求的恶臭气体。不适用于湿度较高、含尘较多的恶臭气体
稀释法	用高烟囱将有臭味气体浓度稀释到臭阈值以下的水平，或自然引风、机械引风用无臭空气稀释	费用低，但易受气象条件、烟囱高度、烟气出口速率等的影响，且恶臭物质仍然存在，只是浓度降低	适用于处理中、低浓度的有组织排放的恶臭气体
化学氧化吸收法	利用强氧化剂（臭氧、高锰酸钾、次氯酸钠、氯气、二氧化氯、过氧化氢等）氧化恶臭物质，使之无臭或低臭	净化效率高，但需要氧化剂，处理费用高，易形成二次污染	适用于处理大气量、高中浓度的恶臭气体
洗涤法	使用溶剂溶解臭气中的恶臭物质，如用乙醛水溶液洗涤 NH_3、用氢氧化钠或次氯酸钠混合液洗涤 H_2S 或甲硫醇等	可处理大流量气体，工艺最成熟，但净化效率不高，消耗吸收剂，易形成二次污染	适用于处理大气量、高中浓度的恶臭气体
掩蔽法	采用更强烈的芳香气味或其他令人愉快的气味与臭气掺合，以掩蔽臭气，使之能被人接受	可尽快消除恶臭影响，灵活性大，费用低，但恶臭成分并没有被去除掉	适用于需要立即地、暂时地消除低浓度恶臭气体影响的场合

续表

脱臭方法	脱臭原理	特点	适用范围
生物脱臭法	利用微生物的生物化学作用,使恶臭污染物分解,转化为无臭或低臭物质,如土壤脱臭法等	可达到较高的脱臭效率,并有效减少或避免二次污染,节省能源和资源,装置简单且处理成本低	适用于低浓度、小气量恶臭气体;不适用于高浓度恶臭气体的治理,需筛选高效率的脱臭菌株

2. 恶臭气体处理技术的选用

① 当难以用单一方法处理以达到恶臭气体排放标准时宜采用联合脱臭法。

② 物理类的处理方法宜作为化学或生物处理的预处理,在达到排放标准要求的前提下也可作为唯一的处理工艺。

③ 化学吸收类处理方法宜用于处理大气量、高中浓度的恶臭气体。在处理大流量气体方面工艺成熟,净化效率相对不高,处理成本相对较低。

④ 化学吸附类的处理方法宜用于处理低浓度、多组分的恶臭气体。属常用的脱臭方法之一,净化效果好,吸附剂的再生较困难,处理成本相对较高。

⑤ 化学燃烧类的处理方法宜用于处理连续排气、高浓度的可燃性恶臭气体,净化效率高,处理费用高。

⑥ 化学氧化类的处理方法宜用于处理高中浓度的恶臭气体,净化效率高,处理费用高。

⑦ 生物类处理方法宜用于气体浓度波动不大,浓度较低或复杂组分的恶臭气体处理,净化效率较高。

三、恶臭的治理技术

(一)吸收法

吸收法是利用恶臭气体的物理或化学性质,使用水或化学吸收液对恶臭气体进行物理或化学吸收脱除恶臭的方法。

吸收装置的种类有很多,例如喷淋塔、填充塔、各类洗涤器、气泡塔等。考虑到吸收效率、设备本身阻力以及操作难易程度,处理恶臭气体时多采用填充塔和喷淋塔。用水作吸收液吸收氨气、硫化氢气体时,其脱臭效率主要与吸收塔内液气比有关。当温度一定时,液气比越大,则脱臭效率也越高。水吸收的缺点是耗水量大、废水难以处理。因为在常温常压下,气体在水中的溶解度很小,并且很不稳定,当外界如温度、溶液 pH 值变动或者搅拌、曝气时,臭气有可能从水中重新逸散出来,造成二次污染。

使用化学吸收液时,由于在吸收过程中伴随着化学反应,生成物性质一般较稳定,因而脱臭效率较高,且不易造成二次污染。但选择吸收剂时应当注意选择溶解度大、非挥发性(低蒸气压)、无腐蚀性、黏度低、无毒无害、不易燃烧以及价格低廉的物质。选择吸收方式时,应尽可能选择化学吸收,一方面可以提高脱臭效果,另一方面也可节省大量用水。恶臭气体浓度较高时,一级吸收往往难以满足脱臭的要求,此时采用二级、三级或多级吸收。对复合性恶臭也可使用几种不同的吸收液分别吸收。

(二)吸附法

对空气中臭气的吸附,虽然可用吸附剂较多,但其中仍以活性炭吸附效果最好。因为有些吸附剂对空气中的水分吸附力比对恶臭物质的吸附力强,而活性炭吸附剂对恶臭物质有较大的平衡吸附量，对多种恶臭气体有吸附能力。所以防毒面具中也多用活性炭作吸附剂。利用活性炭作为吸附剂脱臭，称活性炭脱臭法。该方法特点是设备简单，脱臭效果好，尤其适用于低浓度恶臭气体的处理。一般多用于复合恶臭的末级净化。设计选择活性炭吸附法脱臭时应注意以下问题。

(1) 活性炭类型　活性炭种类很多，选用前应针对恶臭物质的性质经实验室试验，按下列要求选定：所选用的活性炭应该对所需脱除恶臭物质的吸附能力，特别是在低浓度区的吸附性能好；吸附速度快，以减小吸附层的厚度；阻力损失小；机械强度好，减少在再生过程中的损耗；容易再生，且再生后表面活性大；来源容易、价格低廉。

(2) 吸附床形式　在吸附装置内，活性炭可以以不同的方式与气体进行接触传质。吸附床可分成固定床、移动床和流动床。移动床和流动床传质效果好，一般用于处理气量大、恶臭浓度较高及活性炭需经常更换的情况。但其设备较复杂，运行中活性炭损耗较严重。

(3) 恶臭气体预处理　当恶臭气体浓度较高时，或复合性恶臭气体时，或恶臭气体中含有粉尘气溶胶杂质时，为保证除臭效果，必须对气体进行预处理。预处理方式可根据恶臭气体的具体情况采用水洗、酸洗和碱洗等。含粉尘量大的气体可采用干式除尘器或湿式除尘器。

(4) 吸附温度　根据吸附理论，降低温度可提高活性炭的吸附效果，因此一般控制吸附温度在 40℃ 以下。

(5) 吸附热　气体或蒸气被固体表面吸附时要放热，此热量称为吸附热。吸附热与气体的种类有关，随恶臭气体的吸附不断放出吸收热，致使吸附床温度升高。特别是使用新鲜活性炭时，剧烈地放出的热量使吸附床温度急剧地增高，甚至可能引起着火或爆炸。为安全生产具体应控制在其爆炸下限的 1/2 以下。

(三) 燃烧法

1. 直接燃烧法

直接燃烧法只适用于有氧气存在的条件，恶臭物质大多为可燃成分，燃烧后可分解成无害的水和二氧化碳等有机物质。有机废气的着火温度一般在 100～720℃ 之间。在实际燃烧系统中，为使绝大部分有机物质燃烧，通常燃烧温度控制在 600～800℃ 之间。对于特殊的恶臭物质，燃烧所需温度可达 1200～1400℃。由于一般恶臭气体中恶臭物质的浓度较小，所以仅靠恶臭气体自身的自燃，往往难以持续燃烧，必须补充辅助燃料提高所需的温度，为减少辅助燃料有两种方法可以采用：第一种是处理高浓度小气量的有机废气；第二种是在流程中合理地选用余热回收装置，以回收燃烧废气中的热量来预热恶臭气体或助燃空气。恶臭气体在燃烧炉中停留的时间越长，混合燃烧越充分，脱臭效果越好；恶臭气体滞留时间大多取 0.3～0.5s，提高燃烧温度，恶臭物质完全燃烧所必须滞留的时间就越短，脱臭效果就越好。直接燃烧脱臭法的优点是脱臭效率高；其缺点是设备和运转费用高，温度控制复杂。

2. 催化燃烧脱臭法

与直接燃烧法相比，催化燃烧法在燃烧过程中需要使用催化剂，以利于能在较低的温度下完全燃烧，达到脱除恶臭的目的。该方法可节省大量燃料，适用于低温恶臭气体处理。催化燃烧法通常控制燃烧温度在 200～400℃，滞留时间为 0.1～0.2s，可达到与直接燃烧法相同的脱臭效果。

催化燃烧中所用催化剂的种类较多，有铂、钴、钯、镍等贵金属和金属氧化物等，形状多为粒状、蜂窝状、条状等。铂、钴、钯类贵金属的使用寿命长，但价格昂贵。

恶臭气体含有一些粉末杂质，能使催化剂中毒或堵塞，而使催化作用下降或完全丧失。

此时应对催化剂进行再生或更换。

选用恶臭脱除的方法时，应从恶臭性能与净化费用两个方面考虑，既要达到消除恶臭的污染，又要减少净化的费用。有些情况下采用两种方法以上的净化装置组成净化系统较为有利。例如，经喷淋吸收后再用吸附剂进一步吸附，既可用物理法吸附也可用化学法进行中和、氧化等反应；如果吸附器中的吸附剂用不同的化学品浸渍，可以适合于消除多种组分的恶臭物质的需要，以达更好的除臭效果。

3. 化学氧化法

化学氧化法是利用氧化剂氧化恶臭物质使之达到除臭的目的。常用的氧化剂有高锰酸盐、二氧化氯、次氯酸盐、臭氧、氯气、过氧化氢、亚硫酸钠等。在处理粪便、塑料加热成型、有机物热处理等工艺过程中常用化学氧化法。例如，甲硫醇在用氧化法处理时按下式进行，从而有效降低了臭味。

$$CH_3SH + 氧化剂 \longrightarrow SO_2 + CO_2 + H_2O$$

CH_3SH 的气味阈值为 $1\mu L/m^3$，极易嗅到，而 SO_2 的阈值为 $1mL/m^3$，比 CH_3SH 高 3 个数量级，因此人们嗅到的可能性大大降低了。

（四）掩蔽法

掩蔽法是通过施放某种气味的物质按一定的浓度、比例去掩蔽恶臭气体的方法。人们常用香水、香脂（膏）喷涂房间、身体以改变房间、身体的气味，就是掩蔽法的应用实例。

两种不同气味的气体相混合，有时互相叠加，气味更浓；有时互相抵消，气味减小或消失。利用两种或几种气味能够抵消的原理，针对气味的具体情况，能够使臭味减小或消失。采用掩蔽法的关键是选择抵消剂。例如，茉莉配剂是粪臭素的抵消剂，香草醛是氯味的抵消剂，栓油是丁酸味的抵消剂，大多数芳香化妆品是气体臭异味的抵消剂等。

应用掩蔽法一般不需要庞大复杂的设备和工艺就能获得良好的效果。夏季，影剧院送风时气流中加进香水，以改善剧场空气气味，就是掩蔽法的实际应用。掩蔽法与其他方法相比，价格便宜，效果较好。

（五）协同控制与治理

1. 协同控制

由于恶臭污染物具有以臭味为主要污染特征的特殊性，其治理措施有别于一般大气污染物的治理，是一项难度较大的工作。要预防和解决恶臭污染源问题，除了采取严格的管理措施和更为先进的工艺从源头减少恶臭污染物的产生和排放外，还包括采取全面通风、局部通风、全密闭、集气罩等控制措施，以及对收集后的臭味气体采取焚烧、吸附、稀释、化学氧化、生物脱臭、掩蔽等治理措施。脱臭剂一般可用活性炭、两性离子交换树脂、硅胶、活性氧化铝等。

2. 协同治理

当被处理的恶臭气体成分复杂，单一方法去除难以满足要求时，或是运行费用较高时，可采用两种以上的脱臭工艺方法联合处理，如洗涤-吸附法、吸附-氧化法或氧化法-生物法等。例如：硫酸盐法制浆企业，一般分别收集高浓度臭气（蒸煮臭气、蒸发站污冷凝水气提臭气、蒸发站蒸发罐臭气等），与低浓度臭气（制浆车间洗浆机、泡沫槽、蒸发站各黑液槽、冷凝水槽及苛化各白液槽、绿液槽等臭气），经稀白液洗涤后与碱回收工序臭气一起风送至碱炉内燃烧。臭气输送过程中设有防爆装置火焰灭阻器。当碱回收炉发生故障时系统自动启动安装在碱回收炉顶部的一个类似火炬的臭气燃烧器装置，大大降低了外排臭气的浓度。

四、垃圾焚烧厂恶臭控制

1. 焚烧炉正常运行时的臭气控制

为了防止恶臭扩散，垃圾仓内要保持负压，为使恶臭气体不外逸，垃圾仓设计成全封闭式。正常运转时臭气控制方案见图 10-60。含有臭气物质的空气被焚烧炉一次风风机从设置在垃圾仓上部的吸风口吸出，含有臭气物质的空气作为燃烧空气从炉排底部的渣斗送入焚烧炉，在焚烧炉内臭气污染物被燃烧、氧化。

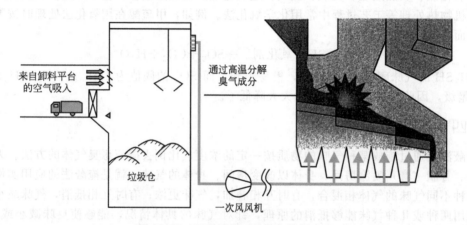

图 10-60 正常运行时的臭气控制方案

二次风从焚烧炉附近吸入，在焚烧炉内的高温下，含有蒸气和臭气物质的空气也被氧化分解。

在渗滤液区域所产生的臭气，通过设置在地面的臭气引风机引入垃圾仓。所以，渗滤液区域内所产生的臭气污染物质，也在焚烧炉内的高温下得以同样处理。

2. 焚烧炉停炉时的臭气控制

在焚烧炉停炉检修时，垃圾仓内的臭气经设置在垃圾仓上部的排风口吸出，送入活性炭吸附式除臭装置，恶臭气体被活性炭吸附。因此，垃圾仓内可以保持一定负压状态，而臭气污染物被活性炭充分吸附，能够达到国家现行《恶臭污染物排放标准》（GB 14554—1993）二级（新扩建）标准。臭气经吸附达标后经排风机、排气筒排放至高于垃圾仓 5m 的大气中，从而确保焚烧发电厂所在区域内的空气品质。焚烧炉停炉时的臭气控制方案见图 10-61。

3. 全厂防止臭气泄漏控制方案

① 在卸料大厅出入口因漏风而造成的臭气泄漏是由垃圾运送车进出时造成的。因此，通过卸料大厅进入口设置自动开关及空气帘，隔断室内外空气流动，防止臭气泄漏。空气帘是利用强制空气流动而形成的空气幕，隔断大厅与室外空气流动的装置。

② 焚烧运行中的卸料门管理。在 4 座焚烧炉中，可以想象其中 1 座焚烧炉运行、2 座焚烧炉运行、3 座焚烧炉运行和 4 座焚烧炉全部运行的情况。在这 4 种场合，一次风从垃圾仓内被吸入，焚烧炉内的空气量随着运行状况而改变，但此时在卸料门的使用管理上要确保从垃圾进口处吸入的空气流速在规定值之上。

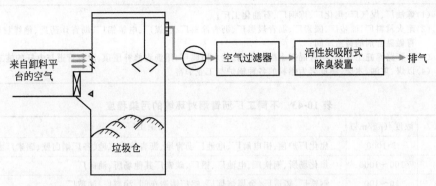

图 10-61 焚烧炉停炉时的臭气控制方案

4. 渣仓排水蒸气及臭气控制方案

在渣仓上部设吸气口、风管及风机,渣仓容积内水蒸气及臭气 [已达到恶臭污染物厂界标准值二级(新扩建)时] 按每小时换气 6 次计算,排气筒排放至高于垃圾仓 5m 大气中。

5. 参观走廊采用植物液除臭方案

参观走廊设一套植物液除臭装置。植物液除臭装置包括定量控制、植物液输送、管道系统和雾化喷嘴等设备。

第五节 沥青烟的治理

一、沥青烟的来源

沥青在化工、冶金、钢铁等企业及一些市政建筑行业中有着广泛的用途。沥青是一种多组分混合物,常温下为棕黑色的固体,断裂处具有光泽。按沥青的来源可以分为石油沥青、煤沥青、木焦沥青、天然沥青及页岩沥青等;按其软化程度又可以分成极软沥青、软沥青、次硬沥青、硬沥青、极硬沥青。不同的沥青及其用途见表 10-41。

表 10-41 沥青的分类

类别	软化点/℃	主要用途
极软沥青	25	浸油毛毡,修补道路,作沥青漆、防腐涂料
软沥青	35~45	道路黏合剂,防水剂,防腐剂
次硬沥青	50~70	屋顶防水、防潮基础夹毡,沥青混凝土黏合剂,路面嵌缝填料,高级沥青涂料
硬沥青	70~100	燃料,型煤黏合剂,耐火砖黏合剂,沥青炭黑,碳素电极
极硬沥青	100~140	钢铁铸模用泥芯黏合剂,电极炭棒,橡胶制品填料,沥青炭黑,沥青炸药

沥青烟是以沥青为主,也包括煤炭、石油等燃料在高温下逸散到环境中的一种混合烟气。凡是在加工、制造和一切使用沥青、煤炭、石油的企业,在生产过程中均有不同浓度的沥青烟产生。含有沥青的物质,在加热与燃烧的过程中也会不同程度地产生沥青烟。沥青烟的主要来源见表 10-42,沥青烟对环境的污染程度见表 10-43。

表 10-42　沥青烟的来源

来源	(1)炼油厂、煤气厂、焦化厂、炼钢厂、石油化工厂； (2)耐火材料厂、油毡厂、碳素厂、沥青炭黑厂、沥青涂料厂、型煤厂、电解铝厂、沥青炸药厂、绝缘材料厂、用沥青做黏合剂的铸造车间； (3)沥青路面施工现场、沥青混凝土配制车间、枕木防腐厂、用沥青修补屋顶、涂刷管道与电杆的施工现场； (4)以煤、重油、木柴、油页岩为燃料的各种锅炉与工业炉窑

表 10-43　不同工厂沥青烟对环境的污染程度

污染程度	浓度/($\mu g/m^3$)	污染工厂
很高	>1000	焦化厂炉顶、铝电解厂、电池厂沥青堆、沥青熔化工地、各厂烟囱壁、碳素厂混捏锅
较高	100~1000	焦化场所、钢铁厂、电池厂、铝厂、碳素厂其他场所、油砖厂
一般	10~100	钢铁厂、铸造厂、金属熔炼厂、铝厂铸造车间、涂料厂、油毡厂
较低	1~10	发动机维修车间、石油沥青厂、铸造厂、烟道施工、预焙槽、铝厂
很低	<1	铁矿山、汽油库

我国的《大气污染物综合排放标准》（GB 16297—1996），对沥青烟的排放标准作了明确具体的规定，新污染源不得向一类地区排放，熔炼、浸涂的最高允许排放浓度为 $40mg/m^3$（现有污染源为 $80mg/m^3$）。

二、沥青烟的组成与性质

一般沥青中含有 2.61%~40.7%的游离碳，其余为烃类及其衍生物等。其成分复杂，不同的沥青成分之间的变化也很大，因而沥青烟的成分也相当复杂，总体上讲沥青烟的组分与沥青相近，主要是多环芳烃（PAH）及少量的氧、氮、硫的杂环化合物。已知其中有萘、菲、酚、咔唑、吡啶、吡咯、吲哚、苗等 100 多种。详见表 10-44。

表 10-44　沥青烟中的部分有机物

类别		碳环烃	环烃衍生物	杂环化合物
五元环类	单环	茂(环戊二烯)		呋喃,噻吩,吡咯,吡唑,苯并呋喃,苯并噻吩,吲哚,二苯并呋喃,咔唑,二苯并噻吩
	双环	茚	芴,酮	
	三环	苊,苊		
	四环	萤蒽		
六元环类	单环	苯、苊	苯酚,甲酚	吡啶,嘧啶
	双环	萘、联苯	萘酚,甲基萘	喹啉
	三环	蒽、菲	蒽醌,蒽酚,菲醌	吖啶[1]
	四环	苗[1],芘,三亚苯,苯并蒽,苯并菲[1]		
	五环	芘,苯并[a]芘[2],二苯并蒽[1]		
	六环	二苯并苗[1],苯并芘[1],萘并芘[1],苯并五苯[1]		
	七环以上	苯并萘并苗[1],二萘并芘,二苯并五苯[1]		

[1] 致癌物质。
[2] 强致癌物质。

在这些组分中，有几十种物质是致癌物质，特别是苯并芘对动物、植物、人体都会造成严重的危害，是一种强致癌物。正因为如此沥青烟必须及时治理。

三、沥青烟的治理方法

沥青烟主要由气、液两相组成。液相部分是十分细微的挥发冷凝物，粒径多在 0.1～

1.0μm 之间，最小的约 0.01μm，最大的约 10μm。气相是不同气体的混合物。对于这种浓度不高又极为分散的沥青烟雾，用常规的方法不可能将其净化，目前正在研究或得以应用的净化方法有 4 种类型，即燃烧法、电捕法、吸附法和吸收法。

沥青烟主要净化方法见表 10-45。

表 10-45 沥青烟主要净化方法

分类	净化方法	方法摘要	优缺点	处理对象
冷凝法		喷水雾直接冷凝,沉降分离	投资较低,但效率较低,并产生水器二次污染	喷涂沥青废气
吸收法		在填料塔内吸收,用洗油作吸收剂	工艺复杂,效率低,有二次污染	焦化厂废气
燃烧法	直接燃烧法	引入烘焙炉烟道内燃烧	最经济的治理方法但效率有限	沥青烟浓度高、湿度较低场合
	催化燃烧法	引入烘焙炉烟道内燃烧	催化剂价格昂贵,选择性强,但节省能源	沥青烟浓度较低场合
	能量补充法	引入烘焙炉烟道内燃烧	简单易行,效率有限	沥青烟浓度较低场合
	鼓风燃烧法	引入烘焙炉烟道内燃烧	简单易行,效率有限	适用任何浓度的耐火砖涂沥青废气
静电捕集法	管式静电捕集法	用管式电除雾器捕沥青烟	气流分布均匀,有较高电场强度;但笨重材料消耗大,维护安装很复杂	电板焙烧炉废气
	板式静电捕集法	用板式电除雾器捕集沥青烟	制造简单,价格低,但电场小,气流不均,效率低	电板焙烧炉废气
	同心圆式静电捕集法	用立式同心圆式电除雾器捕集沥青烟	结构简单,安装方便,价格适中,集尘面积大,效率高材料利用率高	电板焙烧炉废气
吸附法	颗粒层净化法	用活性炭吸附剂吸附	效率有限,价格低廉	混捏锅烟气
	流动床净化法	用焦炭、氧化铝、白云石吸附	效率较高,但设备维护难	铝冶炼及耐火材料生产中沥青废气
联合净化法	冷凝-焚烧法	先冷凝回收蒽油,未凝部分引入加热炉内燃烧	效率较高,但设备多,占地大	氧化沥青废气
	冷凝-吸附法	先冷凝出部分液体后,用白云石粉或细炭粒作吸附剂,再输送吸附器内吸附沥青烟气,然后用袋滤器回收吸附剂	工艺简单,效率较高,投资省,操作方便,无二次污染,但阻力大,占地大	沥青砖拌砂工序废气,碳素焙烧沥青烟气
机械分离法		废气中含粉尘和沥青烟气,向其中喷蒸汽增大烟气颗粒直径,然后在沉降室与旋风除尘器中使气体与颗粒分离	投资低,无二次污染,但布袋易堵塞及硬结。占地大,设备多,能耗大	沥青砖拌砂工序废气

（一）燃烧法

沥青烟中含有大量可燃烧的物质，因为沥青烟的基本成分为烃类化合物，其中又含有油粒及其他可燃性的物质，因此在一定的温度下经供氧是可以保证其燃烧的。试验证明，当温度超过790℃时，燃烧时间＞0.5s，供氧充足的条件下烃类物质可以燃烧得很完全；当温度＞900℃时，混杂在沥青烟中的其他物质也能燃烧得很完全了。

燃烧法的影响因素主要有两点：一是沥青烟的浓度越高，越有利于焚烧的进行；二是燃烧的温度与时间，一般在800～1000℃，燃烧时间应该控制在0.5s左右。如果温度不足、时间不够，则焚烧不完全；若温度过高时间过长，则会使部分沥青烟炭化成颗粒，而以粉末形式随烟气排出，产生二次污染。

用燃烧的方法处理焦油排气实例如下。

1. 简要机理

将含有芳烃化合物蒸气的排气冷却至露点温度时，则气体中的蒸气分压等于它在该温度下的蒸气压。再继续冷却芳烃化合物蒸气凝成液体而与气体分离，温度越低，蒸气分压越大，冷凝量越大。当用冷却水不能奏效时，应当采用冷冻水作冷媒。

排气的燃烧法，往往是在工艺过程的尾部，一般的是将排气自身点燃而烧掉，使其中可燃性的芳烃类有机物转化为无害的烃类氧化物。要求直接燃烧的排气最低发火极限的发热量为1924kJ/m³左右。如果排气中含可燃性的污染物的浓度较低，不足以自身直接燃烧，可采取焚烧法，使其在600～700℃的环境下分解和氧化，可处理发热量约753kJ/m³的排气。为保证完全燃烧，必须有过量的氧和足够的温度，在此温度下排气有足够的停留时间，并且要有高度的湍流。

2. 焦油蒸馏综合排气的处理

（1）综合排气的流程 焦油主塔塔顶压力是13.3kPa，塔顶酚油蒸气经过空气冷却器、酚油冷却器冷凝冷却后，达到酚类饱和蒸气分压的尾气，在大气冷凝器内用40℃的洗油进行接触吸收冷凝，进入真空槽，经真空泵又将真空排气送入排气洗净塔。进行第二次洗油接触吸收冷凝之后，再进入排气密封槽。其吸收冷凝液收集在热洗油槽，循环使用。

其次，中间槽排气汇集于综合排气管，在综合排气冷却器内，用33℃的循环水冷凝之后，进入排气密封槽。

汇集在排气密封槽的废气，其水封高度为100mm。出口气体进入焦油加热炉燃烧器的废气喷嘴，喷到约650℃的辐射室，利用高温将其分解和氧化。焦油排气的冷凝和焚烧工艺见图10-62。

（2）对于排气处理工艺的分析 由于真空排气中，含有酚类有机化合物浓度高，用洗油喷洒接触冷凝吸收，并在真空泵前后冷凝两次，最大限度回收排气中的污染物。吸收到洗油中的酚类产品不需分离，可随洗油一起循环使用。综合排气是一般放散气体，含芳烃浓度较低，不用洗油冷凝吸收，可用水间接冷凝，以便减少水和污染物分离的困难。

排气密封槽使废气保持一定的输送压力，也是防止加热炉废气喷嘴回火的安全措施。废气喷嘴与加热炉的燃烧器组合在一起，可利用燃烧器的二次空气得到足够的氧气，燃烧完全，以达到防止大气污染的效果。

（3）设备规格及设计参数 以处理400t/d焦油的装置为例，设备规格及参数见表10-46。

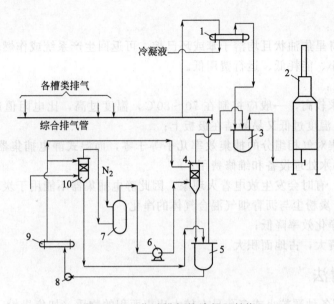

冷凝液

各槽类排气

综合排气管

N₂

图 10-62 焦油排气的冷凝和焚烧

1—综合排气冷却器；2—焦油加热炉；3—排气密封槽；4—排气洗净塔；5—热洗油槽；6—真空泵；
7—真空槽；8—洗油泵；9—洗油冷却器；10—大气冷凝器

表 10-46 设备规格及设计参数   单位：mm

设备项目名称	规格及参数
大气冷凝器	$\phi400, H=1720$,花形填料高度 900
排气洗净塔	$\phi400, H=1720$,花形填料高度 900
综合排气冷凝器	列管式 $F=12m^2$
排气密封槽	立式 $\phi800, H=1200, V=0.7m^3$
洗油喷洒量	$2m^3/h$
洗油喷洒温度	40℃
排气密封高度	50～100

（二）电捕法

该法是基于静电场的一些性质而进行的。沥青烟中的颗粒及大分子进入电场后，在静电场的作用下可以载上不同的电荷，并驱向极板，被捕集后聚集为液体状，靠自身重顺板流下，从静电捕集器底部定期排出，净化后的烟气排出，从而达到净化沥青烟的目的。

静电捕集法净化沥青烟气的工艺操作指标详见表 10-47。

表 10-47 静电捕集法净化沥青烟气工艺操作指标

工艺条件			电场状况		烟气中沥青含量		净化效率
气量 /(m³/h)	气速 /(m/s)	进口气温 /℃	电场断面 面积/m²	沉淀极面积 /m²	净化前 /(mg/m³)	净化后 /(mg/m³)	/%
21600～32400	1～1.5	80～105	6	233.8	210～800	20～45	90～95
14000～30800	0.73～1.6	51～86	5.4	119.4	133～592	10.0～52.8	90～93
54000	1.28	98～187	11.7	375.0	400～640	20～103	84～95

电捕法的优点：

① 回收的沥青呈焦油状且均溶于苯或环己烷，可返回生产系统或作燃料使用；

② 系统阻力小、能耗低、运行费用低。

电捕法的缺点：

① 对烟温要求较高，一般应控制在 $70\sim80℃$，温度过高，比电阻值超过 $10^{11}\Omega\cdot cm$，不利于静电捕集，温度过低又易凝结在极板上；

② 干式电捕集对气相组分的捕集效率几乎等于零，而湿式静电捕集器虽然可捕集气态沥青，但增加了污水处理设备和维修费用；

③ 沥青易燃，有时会发生放电着火现象，因此静电捕集器不能用于炭粉尘的捕集回收，特别是不适合用于炭粉尘与沥青烟气混合气体的净化；

④ 长期运行净化效率降低；

⑤ 一次性投资大，占地面积大。

（三）吸附法

吸附法即采用各种颗粒小或多孔具有较大比表面积的物质（如焦炭粉、氧化铝、白云石粉或滑石粉等）作吸附剂，对沥青烟进行物理吸附。具体吸附剂的选定要结合实际生产性质与特点。净化设备可采用固定床、流化床及输送床等，具体设备应视净化沥青烟的浓度、吸附剂的性质、净化标准等条件而定。

该方法的优点是：

① 工艺简单，净化效率高；

② 吸附剂无需再生，可直接返回生产系统；

③ 投资省，运行费用低，操作维修方便，无二次污染。

该法的缺点是：

① 系统阻力太大，可达到 2000Pa；

② 占地面积大，吸附管较长，回收吸附剂的袋式除尘面积较大。

（四）吸收法

吸收法即采用有机类液体作吸收剂，使沥青烟的混合烟气与吸收剂逆流充分接触并被洗涤，除去烟气有毒组分，达到净化的目的；现使用过的吸附剂有洗油、柴油和水。吸收法多用于焦化厂、涂料厂和石油化工厂等。

该方法的主要优点是设备简单、维修方便、系统阻力小、能耗低、运行费用少；其缺点是存在二次污染，净化的效率不高。因此，该法还没有得到比较广泛的应用，需进一步研究、试验和改进。

四、工程应用实例

4 种主要净化沥青烟方法工程实例见表 10-48。

表 10-48　主要净化沥青烟工程实例

净化方法	静电捕集法	冷凝-吸附法	吸收法	燃烧法
应用工厂	某焦化厂	某铝厂碳素车间	某钢铁公司化工总厂	北京某防水材料有限公司
应用部位	粒状沥青生产废气	碳素生产阳板焙烧废气	焦油车间沥青废气	氧化沥青生产废气

净化方法	静电捕集法	冷凝-吸附法	吸收法	燃烧法
主要设备	静电捕集器(高压)	冷凝塔 布袋除尘器 风机 空压机 VRI装置(美国专利) Al_2O_3贮仓	洗油槽 洗油泵 电机 文氏管	焚烧炉 空压机
优缺点	能耗少;运行费用低;一次投资大;对比电阻及烟温要求严格;对气相组分捕集无效;沥青易燃注意防火	净化效率高;生产费用低;吸收剂无需再生;可直接返回生产系统,无二次污染;系统阻力大;吸附管长;布袋除尘器易堵塞	净化效率不很高;生产费用低;系统阻力小;能耗低;设备简单,但要求密闭;存在二次污染;洗油质量及黏度是主要影响因素	效率高(>99%);投资省;尾气燃烧热量可为生产产生动力及保温使用,节省燃料。焚烧时间及温度是主要的影响因素

第六节　有机废气净化技术

有机废气是污染大气的重要污染物之一。其中包括简单的有机化合物,也包括复杂的高分子物。烃类化合物不仅对人体器官有刺激作用,而且其中不少对内脏有毒害作用,还有的是致突变物与致癌物。烃类化合物中的烯烃和某些芳香烃化合物,在大气中,在阳光的作用下,还可以和氮氧化物发生反应形成洛杉矶型的光化学烟雾或工业型光化学烟雾,造成二次污染。

有机化合物主要来源于石油、化工、有机溶剂行业的生产过程中。在使用有机溶剂时也会产生相关的废气。在油类燃烧过程中,未燃尽的烃类以及燃烧后的产物均可进入大气,因此作为现代交通工具的汽车、飞机、轮船等也都是产生有机化合物的重要污染源。

对有机化合物的污染可采用如下防治途径。

(1)减少石油及石油化工生产过程中的原料及成品等的各种耗损　石油在开采、炼制、贮存运输、发放,石油化工厂在生产、贮存和运输的各个环节中,都会产生有机废气的排放和泄漏。这些排放和泄漏造成了原材料的损耗并污染了大气,因此应采用各种方法回收利用放空气体,改进、改善工艺设备情况,减少油品的挥发损失。这样不但可以减轻有机污染物对大气的污染,而且可以降低能耗、提高产量、降低成本。

(2)减少有机溶剂的用量　涂料施工、喷漆、电缆、印刷、粘接、金属清洗等行业都需利用有机溶剂作为原材料的稀释剂或清洗剂,在使用过程中,这些有机溶剂绝大部分经挥发进入到大气中会造成严重的局部污染。因此采用无毒或低毒原材料代替或部分代替有机溶剂,做到不排或少排有害废气是减少这类污染的有效途径。具体减少有机溶剂用量的方法见表10-49。

表 10-49　减少有机溶剂用量的方法

行业	低污染原材料	有机溶剂使用状况
涂料	水溶性涂料 粉体涂料 高固体涂料 无苯涂料	不用有机溶剂 不用有机溶剂 少用有机溶剂 用低毒有机溶剂
印刷	水溶性油墨 高固体油墨 无苯油墨	不用有机溶剂 少用有机溶剂 用低毒有机溶剂

续表

行业	低污染原材料	有机溶剂使用状况
粘接	水溶性粘接剂 无苯粘接剂	不用有机溶剂 用低毒有机溶剂
金属清洗	碱液、乳液等	不用有机溶剂

一、有机废气处理方法与选用

1. 有机废气净化方法

根据有机废气的性质、特点和所在的环境以及其中有机物回收的可能性等条件，可采用不同的净化和回收方法。

有机污染物的主要净化方法见表10-50。

表 10-50　有机污染物的净化方法

方法	废气来源与污染物	净化方法要点
冷凝法	喷涂胶液废气中的苯、二甲苯及醋酸乙酯	用直接冷凝法冷凝废气
冷凝吸收法	苯酐生产废气中萘二甲酸、萘醌、顺丁烯二酸	用淋球塔以水直接冷凝并进行吸收
	癸二腈生产中产生的高温含癸二腈蒸气	用引射式冷凝吸收器冷凝并吸收
吸收法	氯乙烯精馏塔尾气中的氯乙烯	用氯苯作吸收剂喷淋吸收
	汽油蒸气	低压压缩后以汽油、重油作吸收剂吸收
吸附法	凹板印刷废气中的苯、甲苯、二甲苯	用活性炭在固定床吸附器中吸附
	氯乙烯精馏塔尾气中的氯乙烯	
	喷漆废气中的有机溶剂	
吸附-冷凝法	粗乙烯精制时产生的含乙醚气体	用活性炭吸附乙醚，脱附后将浓集的乙醚冷凝为液体进行回收
直接燃烧法	石油裂解尾气中的低碳烃	用火炬燃烧
	烘箱废气中的有机溶剂	在锅炉或燃烧炉内燃烧
	油贮槽排气中的低碳烃	至加热炉作为辅助燃料燃烧
催化燃烧法	漆包线烘干时产生的有机溶剂废气	用催化燃烧热风循环烘漆机催化燃烧
	环氧乙烷生产尾气中的乙烯	用铂钯/镍铬带状催化剂进行催化燃烧
	有机溶剂及苯酚、甲醛蒸气	用铜催化剂载在Y型分子筛上催化燃烧
生物处理法	堆肥厂和动物加工厂的丁二醇等臭味气体，胺、酚、乙醛等气体	微生物利用废气中的有机物作为养分，将污染物转化为简单的无机物或细胞组成物质，使废气得到净化

2. 有机废气处理技术的选用

① 吸附法适用于低浓度挥发性有机物废气的有效分离与去除，是一种广泛应用的化工工艺单元，由于每单元吸附容量有限，宜与其他方法联合使用。

② 吸收法宜用于废气流量较大、浓度较高、温度较低和压力较高的挥发性有机物废气的处理。工艺流程简单，可用于喷漆、绝缘材料、粘接、金属清洗和化工等行业应用。

③ 冷凝法宜用于高浓度的挥发性有机物废气的回收和处理，属高效处理工艺，宜作为

降低废气有机负荷的前处理方法，与吸附法、燃烧法等其他方法联合使用，回收有价值的产品。

④ 膜分离法宜用于较高浓度挥发性有机物废气的分离与回收，属高效处理工艺，选择时，应考虑预处理成本、膜元件造价、寿命、堵塞等因素。

⑤ 燃烧法宜用于处理可燃、在高温下可分解和在目前技术条件下还不能回收的挥发性有机物废气，燃烧法应回收燃烧反应热量，提高经济效益。

⑥ 生物法宜在常温，适用于处理低浓度、生物降解性好的各类挥发性有机物废气，对其他方法难处理的含硫、含氮、苯酚和氰等的废气可采用特定微生物氧化分解的生物法。

a. 生物过滤法：宜用于处理气量大、浓度低和浓度波动较大的挥发性有机物废气，可实现对各类挥发性有机物的同步去除，工业应用较为广泛。

b. 生物洗涤法：宜用于处理气量小、浓度高、水溶性较好和生物代谢速率较低的挥发性有机物废气。

c. 生物滴滤法：宜用于处理气量大、浓度低，降解过程中产酸的挥发性有机物废气，不宜处理入口浓度高和气量波动大的废气。

⑦ 低温等离子体法、催化氧化法和变压吸附法等工艺，宜用于气体流量大、浓度低的各类挥发性有机物废气处理。

除上述方法外，还可以采用浓缩燃烧、浓缩回收等方法对含有机物废气进行治理。

二、燃烧法

用燃烧方法处理有害气体、蒸气或烟尘，使其变为无害物质的过程，称为燃烧净化。燃烧净化时所发生的化学反应主要是燃烧氧化作用及高温下的热分解。因此这种方法只能适用于净化那些可燃的或在高温情况下可以分解的有害气体。对化工、喷漆、绝缘材料等行业的生产装置中所排出的有机废气，广泛采用了燃烧净化的手段。燃烧方法还可以用来消除恶臭。有机气态污染物燃烧氧化的结果，生成了 CO_2 和 H_2O，因而使用这种方法不能回收到有用的物质，但由于燃烧时放出大量的热，使排气的温度很高，所以可以回收热量。

目前在实际中使用的燃烧净化方法有直接燃烧和热力燃烧。

（一）直接燃烧

也称为直接火焰燃烧，它是把废气中可燃的有害组分当作燃料直接烧掉，因此这种方法只适用于净化可燃有害组分浓度较高的废气，或者是用于净化有害组分燃烧时热值较高的废气，因为只有燃烧时放出的热量能够补偿散向环境中的热量时，才能保持燃烧区的温度，维持燃烧的持续。多种可燃气体或多种溶剂蒸气混合存在于废气中时，只要浓度值适宜，也可以直接燃烧。如果可燃组分的浓度高于燃烧上限，可以混入空气后燃烧；如果可燃组分的浓度低于燃烧下限则可以加入一定数量的辅助燃料如天然气等，维持燃烧。

1. 采用窑、炉等设备的直接燃烧

直接燃烧的设备可以采用一般的燃烧炉、窑，或通过一定装置将废气导入锅炉作为燃料气进行燃烧。直接火焰燃烧的温度一般需在 1100℃ 左右，燃烧完全的最终产物为 CO_2、H_2O 和 N_2。直接燃烧法不适于处理低浓度废气。

2. 火炬燃烧

在石油炼制厂及石油化工厂，火炬可作为产气装置及反应尾气装置开停工及事故处理时的安全措施，但由于物料平衡、生产管理和回收设备不完善等原因，常常将加工油气和燃料气体排放到火炬进行燃烧。火炬燃烧结果不仅产生了大量有害气体、烟尘及热辐射而危害环境，而且造成有用燃料气的大量损失，因此应尽量减少和预防火炬燃烧，具体方法：

① 设置低压石油气回收设施，对系统及装置放空的低压气尽量加以回收利用；

② 在工程设计上以及实际生产中搞好液化石油气和高压石油气管网的产需平衡；

③ 提高装置及系统的平稳操作水平和健全管理制度；

④ 采用燃烧效率高、能耗低的火炬燃烧器（火炬头）。火炬头结构见图 10-63。

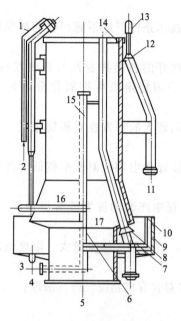

图 10-63　火炬头结构

1—引火器；2—引火气体入口；3—中心蒸气入口；4—放液口；5—下接分子封设备（低压燃料气入口）；6—下环管蒸气入口；7—梅花喷嘴雾化蒸气；8—喇叭管；9—消音填料；10—消音孔板；11—上环管蒸气入口；12—上环管；13—顶部喷嘴（冷却蒸气）；14—聚火块；15—中心清烟喷嘴；16—燃料气环管；17—下环管

（二）热力燃烧

热力燃烧是用于可燃有机物质含量较低的废气的净化处理。这类废气中可燃有机组分的含量往往很低，废气本身不能燃烧，而其中的可燃组分经过燃烧氧化，虽可放出热量，但热值很低，仅 $338 \sim 750 kJ/m^3$，也不能维持燃烧。因此在热力燃烧中，被净化的废气不是作为燃烧所用的燃料，而是在含氧量足够时作为助燃气体，不含氧时则作为燃烧的对象。在进行热力燃烧时一般是用燃烧其他燃料的方法（如煤气、天然气、油等），把废气温度提高到热力燃烧所需的温度，使其中的气态污染物进行氧化，分解成为 CO_2、H_2O、N_2 等。热力燃烧所需温度较直接燃烧低，在 $540 \sim 820℃$ 即可进行。

1. 热力燃烧过程

为使废气温度提高到有害组分分解温度，需用辅助燃料燃烧来供热。但辅助燃料不能直接与全部要净化处理的废气混合，那样会使混合气中可燃物的浓度低于燃烧下限，以致不能维持燃烧。如果废气是以空气为本底，即含有足够的氧，就可以用不到一半的废气来使辅助燃料燃烧，使燃气温度达到 1370℃ 左右，用高温燃气与其余废气混合达到热力燃烧的温度。这部分用来助燃辅助燃料的废气叫助燃废气，其余部分废气叫旁通废气。若废气本底为惰性气体，即废气缺氧，不能起助燃作用，则需要用空气助燃，全部废气均作为旁通废气。

热力燃烧的过程可分为 3 个步骤：

① 辅助燃料燃烧，提供热量；

② 废气与高温燃气混合，达到反应温度；

③ 在反应温度下，保持废气有足够的停留时间，使废气中可燃的有害组分氧化分解，达到净化排气的目的。

上述 3 个步骤可用图 10-64 表示。

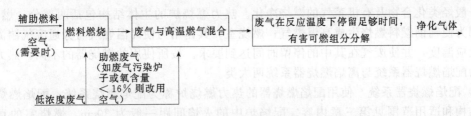

图 10-64 废气的热力燃烧过程

2. 热力燃烧条件和影响因素

在热力燃烧中，废气中有害的可燃组分经氧化生成 CO_2 和 H_2O，但不同组分燃烧氧化的条件不完全相同。对大部分物质来说，温度在 $740\sim820℃$，$0.1\sim0.3s$ 停留时间内即可反应完全；大多数烃类化合物在 $590\sim820℃$ 即可完全氧化，而 CO 和浓的炭烟粒则需较高的温度和较长的停留时间。因此温度和停留时间是影响热力燃烧的重要因素。此外，高温燃气与废气的混合也是一个关键问题，在一定的停留时间内如果不能混合完全，就会导致有些废气没有升温到反应温度就已逸出燃烧区外，因而不能得到理想的净化效果。

由上可知，在供氧充分的情况下，反应温度、停留时间、湍流混合构成了热力燃烧的必要条件，即温度（temperature）、时间（time）、湍流（turbulence）"三 T 条件"。

不同的气态污染物，在燃烧炉中燃烧时所用的反应温度和停留时间不完全相同，某些含有机物的废气在燃烧净化时所需的反应温度和停留时间列于表 10-51 中。

表 10-51　废气燃烧净化所需的温度、时间条件

废气净化范围	燃烧炉停留时间/s	反应温度/℃
烃类化合物 　HC 去除 90% 以上	0.3~0.5	680~820①
烃类化合物＋CO 　HC＋CO 去除 90% 以上	0.3~0.5	680~820
臭味 　去除 50%~90% 　去除 90%~99% 　去除 99% 以上	0.3~0.5 0.3~0.5 0.3~0.5	540~650 590~700 650~820
烟和缕烟 　白烟(雾滴缕烟消除) 　HC＋CO 销毁 90% 以上 　黑烟(炭粒和可燃粒)	0.3~0.5 0.3~0.5 0.7~1.0	430~540② 680~820 760~1100

① 如甲烷、溶纤剂[$C_2H_5O(CH_2)_2OH$] 及置换的甲苯等存在，则需 760~820℃。

② 缕烟消除一般是不实用的，往往因为氧化不完全又产生臭味问题。

在热力燃烧炉的设计中，考虑到大多数烃类化合物和 CO 的去除，反应温度可以采用 740℃，停留时间采用 0.5s。

3. 热力燃烧装置

热力燃烧可以在专用的燃烧装置中进行，也可以在普通的燃烧炉中进行。

（1）专用热力燃烧装置　进行热力燃烧的专用装置称为热力燃烧炉，其结构应满足热力燃烧时的条件要求，即应保证获得 760℃ 以上的温度和 0.5s 左右的接触时间，这样才能保

证对一般烃类化合物及有机蒸气的燃烧净化。热力燃烧炉的主体结构包括两部分：燃烧器，其作用为使辅助燃料燃烧生成高温燃气；燃烧室，其作用为使高温燃气与旁通废气湍流混合达到反应温度，并使废气在其中的停留时间达到要求。按所使用的燃烧器的不同，热力燃烧炉分为配焰燃烧器系统与离焰燃烧器系统两大类。

1）配焰燃烧器系统　使用配焰燃烧器的热力燃烧炉称为配焰燃烧系统。配焰燃烧炉的基本结构和适用范围见第三章内容。配焰炉中的火焰间距一般为 30cm，燃烧室的直径为 60～300cm。

配焰燃烧器是将燃烧配布成许多小火焰，布点成线。废气被分成许多小股，分别围绕着许多小火焰流过去，使废气与火焰充分接触，这样可以使废气与高温燃气在短距离内即可迅速达到完全的湍流混合。配焰方式的最大缺点是容易造成熄火。

配焰燃烧器主要有火焰成线燃烧器、多烧嘴燃烧器、格栅燃烧器等多种型式。

2）离焰燃烧器系统　使用离焰燃烧器的热力燃烧炉称为离焰燃烧器系统。离焰燃烧炉的基本结构和适用范围见第三章内容。

在离焰炉中，辅助燃料在燃烧器中燃烧成火焰产生高温燃气，然后再在炉内与废气混合达到反应温度。燃烧与混合两个过程是分开进行的。虽然在大型离焰炉中可以设置 4 个以上的燃烧器，但对大部分废气而言，它们并不与火焰"接触"，仍是依靠高温燃气与废气的混合，而不是像在配焰炉中，分成小股的火焰与废气在火焰燃烧中即可很好地混合。这是两种燃烧炉的主要区别之处，也是离焰燃烧炉不易熄火的主要原因。离焰燃烧炉的长径比一般为 2～6，为促进废气与高温燃气的混合，一般应在炉内设置挡板。离焰炉的优点是可用废气助燃，也可用外来空气助燃，因此对于含氧量低于 16% 的废气也适用；对燃料种类的适应性强，可用气体燃料，也可用油作燃料；可以根据需要调节火焰的大小。

（2）普通燃烧炉　普通锅炉、生活用锅炉以及一般加热炉，由于炉内条件可以满足热力燃烧的要求，因此可以用作热力燃烧炉使用，这样做不仅可以节省设备投资，而且可以节省辅助燃料。但在使用普通锅炉等进行热力燃烧时应注意以下条件：

① 废气中所要净化的组分应当几乎全部是可燃的，不燃组分如无机烟尘等在传热面上的沉积将会导致锅炉效率的降低；

② 所要净化的废气流量不能太大，过量低温废气的通入会降低热效率并增加动力消耗；

③ 废气中的含氧量应与锅炉燃烧的需氧量相适应，以保证充分燃烧，否则燃烧不完全所形成的焦油、树脂等将污染炉内传热面。

（三）燃烧法的热量回收

采用燃烧法净化废气无法对原来的组分进行回收，但燃烧过程中会放出热量，这些热量可以回收。另外，在进行热力燃烧时，要消耗辅助燃料，而这些辅助燃料的消耗也仅仅是为了提高废气温度，因此这些热量如不回收利用，就将浪费掉。正因为如此，热量回收的好坏往往就成为了燃烧净化方法是否经济合理的标志。

对燃烧净化法的热量回收可以通过以下 3 个途径。

（1）热量回用　即用管式热交换器或循环式的蓄热再生装置，使净化反应的高温气体与进口的低温废气进行热量交换，这样可以提高进入炉中废气的温度，节约辅助燃料。其基本过程如图 10-65 所示。

（2）热净化气部分再循环　这个方法已在烘炉、烤箱、干燥炉以及需要大量热气体的装置上得到广泛的应用。由于这些装置所需的热气体温度较净化气的温度低，所以可使净化气与冷废气换热，再将换热后气体引入到这些装置中作为工作气体，见图 10-66。

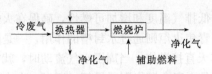

图 10-65 加热进口废气的热量回用示意

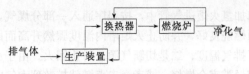

图 10-66 热净化气部分再循环示意

由于这些生产装置中的工作气体要不断进入燃烧炉中净化，气体中的含氧量由于燃烧的不断消耗而降低，因此只能用部分净化气进行再循环。

（3）废热利用 若采用上述手段仍不能全部利用净化气中的废热，则可以通过以下途径将其余的废热应用到生产中或生活中去。例如，可以将其直接作为加热某些生产装置时的载热体；或用它来加热水、油等，再将这些热流体作载热体使用；或将其通入废热锅炉中生产热水或蒸汽用于生产或生活中。

（四）火炬燃烧法应用实例

火炬燃烧法应用于苯加氢和沥青焦装置，处理安全阀泄压时的排气。火炬燃烧适用范围是：①排气应有较高的发热量，可直接燃烧；②可处理从工艺系统排出的数量波动很大、间歇排放的气体；③也可处理含高浓度的 H_2S、HCN、CO 等废气。苯加氢火炬塔高度为 21.5m（低火炬），沥青焦火炬高度为 71m（高火炬）。其共同点是将可燃烧的气体引到距地面一定高度的空间，进行明火燃烧。

火炬塔装置见图 10-67。

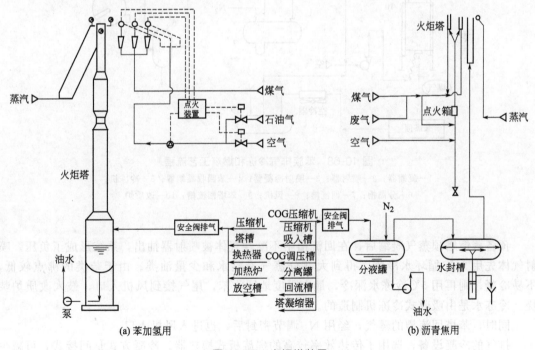

图 10-67 火炬塔装置

排气在直接燃烧之前，先进行气液分离，以回收有用的烃类。为使排气能正常、安全燃烧，苯加氢火炬进气管中，按程序通入一部分煤气，用以降低排气温度和增加可燃性，确保在火炬塔顶燃烧良好，并防止火炬塔内温度骤然升高而回火。沥青焦火炬则通过水封槽的作用，一是降低了排气温度；二是切断气源，防止回火。由于火炬是露天直接燃烧，当周围空气流动时，就很难使烃类完全燃烧，或者尚未点燃就扩散到大气中，或者是不完全燃烧而冒黑烟。所以，在火炬塔顶燃烧口处，设有水蒸气喷嘴，通过水蒸气喷射使燃烧气体湍动和吸入过量的空气助燃。

在火炬塔顶设有煤气喷嘴，煤气被自动点火装置点燃后，连续燃烧排放的废气。

火炬塔的特点是：装置较简单，投资较少，安全性好。但是，适用于压力系统排放，消耗一定量的煤气，如苯加氢火炬经常燃烧消耗的煤气 $40 \sim 50 m^3/h$，再者火炬尚存在着将相当数量的废气未经燃烧而扩散到大气的问题。

火炬塔的规格和能力：苯加氢火炬 $\phi 400mm$，处理能力 $16 \sim 19 t/h$；沥青焦火炬 $\phi 250mm$，处理能力 $6t/h$。

（五）用冷冻和燃烧法处理苯族排气实例

1. 工艺流程

苯族排气冷冻和燃烧工艺流程见图 10-68。

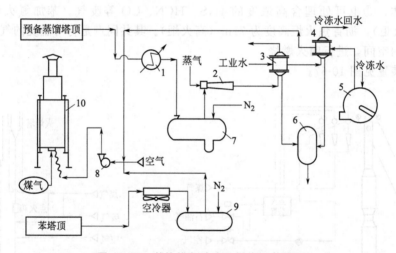

图 10-68　苯族排气冷冻和燃烧工艺流程
1—凝缩器；2—喷射器；3—喷射冷凝器；4—苯回收凝缩器；5—冷冻机；
6—分离槽；7—回流槽；8—风机；9—苯塔回流槽；10—改质炉

预备蒸馏塔顶蒸气凝缩后，在回流槽中不凝性气体被喷射器抽出，系统形成了负压。喷射气体先用33℃循环水冷凝，得到大部分蒸气冷凝水和少量油类。由于苯类的沸点较低，不易冷凝，则再用5℃冷冻水深冷，最大限度地回收苯，尾气接到风机入口，鼓入改质炉焚烧。冷冻水是由吸收式冷冻机制造的。

同时，苯塔回流槽的蒸气，经用 N_2 调节密封后，也进入风机入口。

排气的冷凝设备，选用了传热效率较高的螺旋板式换热器。冷凝方式是间接式，可减少接触式冷凝对水质的污染。

2. 设备规格及设计参数

以处理粗苯 $200t/d$ 装置为例，设备规格及参数见表 10-52。

表 10-52 设备规格及设计参数 单位：mm

设备名称	规格及参数
喷射器	水蒸气喷射式；达到压力，20kPa
喷射凝缩器	螺旋板式；$\phi 520, L=400, F=4m^2$
苯回收凝缩器	螺旋板式；$\phi 470, L=200, F=1m^2$
风机	透平鼓风机；流量 $6500m^3/h$；排出压力 9.8kPa
冷冻机	吸收式；冷冻能力 $53.3 \times 10^7 J/h$
冷冻后排气温度	10℃
苯回收凝缩器 冷冻水用量	$0.43m^3/h$
改质炉炉膛温度	850℃

三、催化燃烧法

催化燃烧实际上为完全的催化氧化，即在催化剂作用下使废气中的有害可燃组分完全氧化为 CO_2 和 H_2O。由于绝大部分有机物均具有可燃烧性，因此催化燃烧法已成为净化含烃类化合物废气的有效手段之一。又由于很大一部分有机化合物具有不同程度的恶臭，因此催化燃烧法也是消除恶臭气体的有效手段之一。

目前催化燃烧法已应用于金属印刷、绝缘材料、漆包线、炼焦、涂料、化工等多种行业中净化有机废气。特别是在漆包线、绝缘材料、印刷等生产过程中排出的烘干废气，因废气温度较高、有机物浓度较高，对燃烧反应及热量回收有利，具有较好的经济效益，因此应用最为广泛。

同其他燃烧法相同，催化燃烧的最终产物为 CO_2 和 H_2O，无法回收废气中原有的有机组分，因此操作过程中的能耗大小以及热量回收的程度将决定催化燃烧法的应用价值。

（一）催化燃烧法的特点

与其他种类的燃烧法相比催化燃烧法具有如下特点：

① 催化燃烧为无火焰燃烧，所以安全性好；

② 燃烧温度要求低，大部分烃类和 CO 在 $300 \sim 450$℃之间即可完成反应，由于反应温度低，故辅助燃料消耗少；

③ 对可燃组分浓度和热值限制较小；

④ 为使催化剂延长使用寿命，不允许废气中含有尘粒和雾滴。

（二）催化燃烧催化剂

用于催化燃烧的催化剂以贵金属 Pt、Pd 催化剂使用最多，因为这些催化剂活性好、寿命长，使用稳定。我国由于贵金属资源稀少，因此注意了从事非贵金属催化剂的研究，目前研究较多的为稀土催化剂，并已取得一定成效。国内已研制使用的催化剂有下列几类。

以 Al_2O_3 为载体的催化剂。此载体可作成蜂窝状或粒状等，然后将活性组分负载其上，现已使用的有蜂窝陶瓷钯催化剂、蜂窝陶瓷铂催化剂、蜂窝陶瓷非贵金属催化剂、γ-Al_2O_3

粒状铂催化剂、γ-Al_2O_3 稀土催化剂等。

以金属作为载体的催化剂。可用镍铬合金、镍铬镍铝合金、不锈钢等金属作为载体，已经应用的有镍铬丝蓬体球钯催化剂、铂钯/镍 60 铬 15 带状催化剂、不锈钢丝网钯催化剂以及金属蜂窝体的催化剂等。

各种催化剂的品种与性能见表 10-53。

表 10-53　催化剂品种与性能

催化剂品种	活性组分含量/%	2000h^{-1} 下 90% 转化温度/℃	最高使用温度/℃
Pt-Al_2O_3	0.1~0.5	250~300	650
Pd-Al_2O_3	0.1~0.5	250~300	650
Pd-Ni、Cr 丝或网	0.1~0.5	250~300	650
Pd-蜂窝陶瓷	0.1~0.5	250~300	650
Mn、Cu-Al_2O_3	5~10	350~400	650
Mn、Cu、Cr-Al_2O_3	5~10	350~400	650
Mn-Cu、Co-Al_2O_3	5~10	350~400	650
Mn、Fe-Al_2O_3	5~10	350~400	650
稀土催化剂	5~10	350~400	700
锰矿石颗粒	25~35	300~350	500

（三）催化燃烧法工艺流程

针对排放废气的不同情况，可以采用不同形式的催化燃烧工艺，但不论采用何种工艺形式，其流程的组成具有如下共同的特点。

① 进入催化燃烧装置的气体首先要经过预处理，除去粉尘、液滴及有害组分，避免催化床层的堵塞和催化剂的中毒。

② 进入催化床层的气体温度必须要达到所用催化剂的起燃温度，催化反应才能进行，因此对于低于起燃温度的进气，必须进行预热使其达到起燃温度。特别是开车时对冷进气必须进行预热，因此催化燃烧法最适于连续排气的净化，经开车时对进气预热后，即可利用燃烧尾气的热量预热进口气体。若废气为间歇排放，每次开车均需对进口冷气体进行预热，预热器的频繁启动，使能耗大大增加。气体的预热方式可以采用电加热也可以采用烟道气加热，目前应用较多的为电加热。

③ 催化燃烧反应放出大量的反应热，因此燃烧尾气温度很高，对这部分热量必须回收。一般是首先通过换热器将高温尾气与进口低温气体进行热量交换以减少预热能耗，剩余热量可采用其他方式进行回收。在生产装置排出的有机废气温度较高的场合，如漆包线、绝缘材料等的烘干废气，温度可达 300℃ 以上，可以不设置预热器和换热器，但燃烧尾气的热量仍应回收。

催化燃烧工艺流程有分建式与组合式两种：一种是在分建式流程中，预热器、换热器、反应器均作为独立设备分别设立，其间用相应的管路连接，一般应用于处理气量较大的场合；另一种是组合式流程将预热、换热及反应等部分组合安装在同一设备中，即所谓催化燃烧炉，流程紧凑、占地小，一般用于处理气量较小的场合。我国有这类装置的定型产品，可根据处理气量的大小进行选择。

④ 进行催化燃烧的设备为催化燃烧炉，主要包括预热与燃烧两部分。在预热部分，除设置加热装置外，还应保持一定长度的预热区，以使气体温度分布均匀并在使用燃料燃烧加热进口废气时，保证火焰不与催化剂接触。为防止热量损失，对预热段应予以良好保温。在催化反应部分，为方便催化剂的装卸，常设计成筐状或抽屉状的组装件。几种催化燃烧装置的简单结构见图 10-69～图 10-71。

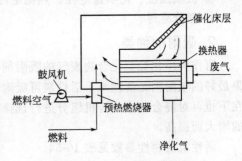

图 10-69　催化燃烧装置

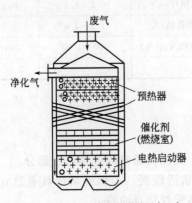

图 10-70　立式催化燃烧炉（一）

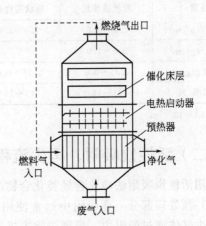

图 10-71　立式催化燃烧炉（二）

四、吸附法

在治理含烃类化合物废气中，广泛使用了吸附的方法。吸附法在使用中表现了如下的特点：

① 可以相当彻底地净化废气，即可进行深度净化，特别是对于低浓度废气的净化，比用其他方法显现出更大的优势；

② 在不使用深冷、高压等手段下，可以有效地回收有价值的有机物组分。

由于吸附剂对被吸附组分吸附容量的限制，吸附法最适于处理低浓度废气，对污染物浓度高的废气一般不采用吸附法治理。

（一）吸附剂

1. 工业吸附剂的选择原则

作为工业吸附剂应满足下列要求：

① 具有大的比表面和孔隙率；

② 具有良好的选择性；

③ 吸附能力强，吸附容量大；

④ 易于再生；

⑤ 机械强度、化学稳定性、热稳定性等性能好，使用寿命长；

⑥ 廉价易得。

2. 吸附剂种类

可作为净化烃类化合物废气的吸附剂有活性炭、硅胶、分子筛等，其中应用最广泛、效果最好的吸附剂是活性炭。活性炭可吸附的有机物种类较多，吸附容量较大，并在水蒸气存在下也可对混合气中的有机组分进行选择性吸附。通常活性炭对有机物的吸附效率随分子量的增大而提高。

活性炭的物性参数见表 10-54。

表 10-54 活性炭物性参数

性质	粒状活性炭	粉状活性炭	性质	粒状活性炭	粉状活性炭
真密度/(g/cm³)	2.0~2.2	1.9~2.2	细孔容积/(cm³/g)	0.5~1.1	0.5~1.4
粒密度/(g/cm³)	0.6~1.0		平均孔径/Å	1.2~4.0	1.5~4.0
堆积密度/(g/cm³)	0.35~0.6	0.15~0.6	比表面积/(m²/g)	700~1500	700~1600
孔隙率/%	33~45	45~75			

注：1Å=10^{-10} m。

（二）活性炭吸附、再生流程

在用活性炭吸附法净化含烃类化合物的废气时，其流程通常应包括如下部分。

（1）预处理部分 在吸附中通常使用粒状或柱状活性炭，为保证炭层具有适宜的孔隙率，减少气体通过的阻力，应预先除去进气中的固体颗粒物及液滴。

（2）吸附部分 通常采用固定床吸附器，为保证连续处理废气，一般采用2~3个吸附器并联操作。

（3）吸附剂再生部分 吸附剂吸附吸附质后，其吸附能力将逐渐降低，为了保证吸附效率，对失去吸附能力的吸附剂应进行再生。吸附剂再生的常用方法见表 10-55。

表 10-55 吸附剂再生的常见方法

吸附剂再生方法	特点
热再生	使热气流(蒸汽或热空气)与床层接触直接加热床层，吸附质可解吸释放，吸附剂恢复吸附性能。不同吸附剂允许加热的温度不同
降压再生	再生时压力低于吸附操作时的压力，或对床层抽真空，使吸附质解吸出来，再生温度可与吸附温度相同
通气吹扫再生	向再生设备中通入基本上无吸附性的吹扫气，降低吸附质在气相中的分压，使其解吸出来。操作温度越高，通气温度越低，效果越好
置换脱附再生	采用可吸附的吹扫气，置换床层中已被吸附的物质，吹扫气的吸附性越强，床层解吸效果越好，比较适用于对温度敏感的物质。为使吸附剂再生，还需对再吸附物进行解吸
化学再生	向床层通入某种物质使吸附质发生化学反应，生成不易被吸附物质而解吸下来

用活性炭吸附有机化合物时，最常用的是水蒸气脱附法使活性炭再生，主要是利用有机化合物与水的不互溶性，经脱附、冷凝、分离后回收有机溶剂。有些有机溶剂被活性炭吸附后，用水蒸气脱附困难，则应采用其他方法进行再生。适用于水蒸气再生的溶剂及行业列于表 10-56，难以从活性炭中除去再生的溶剂列于表 10-57。

表 10-56 适用于水蒸气再生的溶剂及行业

丙酮	燃料油	干洗溶剂	氯苯
黏着剂溶剂	汽油	干燥箱	粗汽油
醋酸戊酯	碳卤化合物	醋酸乙酯	涂料制造
苯	庚烷	乙醇	涂料贮藏(通风)
粗苯	己烷	二氯化乙烯	果胶提取
溴氯甲烷	脂族烃	织物涂料机	全氯乙烯
醋酸丁酯	芳族烃	薄膜净化	药物包囊
丁醇	异丙醇	塑料生产	甲苯
二硫化碳	酮类	人造纤维生产	粗甲苯
二氧化碳(受控气氛)	甲醇	冷冻剂(碳卤化合物)	三氯乙烷
四氯化碳	甲基氯仿	转轮凹版印刷	三氯乙烯
涂料作业	丁酮	无烟火药提取	浸漆槽(排气孔)
脱脂溶剂	二氯甲烷	大豆榨油	二甲苯
二乙醚	矿油精	干洗溶剂汽油	混合二甲苯
蒸馏室	混合溶剂	氟代烃	四氢呋喃

表 10-57 难以从活性炭中除去的溶剂

丙烯酸	丙烯酸异癸酯
丙烯酸丁酯	异佛尔酮
丁酸	甲基乙基吡啶
二丁胺	甲基丙烯酸甲酯
二乙烯三胺	苯酚
丙烯酸乙酯	皮考啉
2-乙基己醇	丙酸
丙烯酸-2-乙基己酯	二异氰酸甲苯酯
谷朊醛	三亚乙基四胺
丙烯酸异丁酯	戊酸

(4) 溶剂回收部分 经冷凝、静置后不溶于水的溶剂可与水分层，易于回收。水溶性溶剂与水不能自然分层，需回收时可采用精馏的方法。对处理量小的水溶性溶剂也可与水一起掺入煤炭中送锅炉烧掉。

依据以上内容，常用活性炭吸附流程见图 10-72。

有机废气经冷却过滤器降温及除去固体颗粒物后，经风机进入吸附器，吸附后气体排空。两个并联操作的吸附器，当其中的一个吸附饱和时则将废气转通入另一个吸附器进行吸附，饱和的吸附器中则通入水蒸气进行溶剂再生。脱附气体进入冷凝器用冷水冷凝，冷凝液流入分离器，经一段时间停留后分离出溶剂和水。

① 吸附温度：常温。

② 吸附层空塔气速：0.2～0.5m/s。

③ 脱附蒸汽：低压蒸汽，温度约为110℃。

④ 脱附周期：应小于吸附周期，若脱附周期等于或大于吸附周期，则应采用 3 个吸附

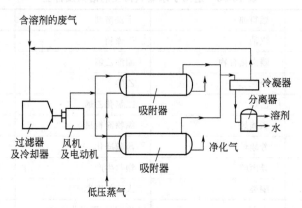

图 10-72 活性炭吸附有机蒸气的流程

器并联操作。

（三）活性炭吸附设备

吸附器多采用立式或卧式固定床，设备型式及结构请参阅第十五章内容。

五、吸收法

在对烃类化合物废气进行治理的方法中，吸收法的应用不如燃烧法、催化燃烧法、吸附法等广泛，特别是对使用有机溶剂的各种行业，如喷漆、绝缘材料、漆包线等的生产过程所排出的废气，还不能完全达到工业应用水平，影响应用的主要问题是合适的吸收剂的选择。

目前在石油炼制及石油化工的生产及储运中采用吸收法进行烃类气体的回收利用。

（一）芳烃气体的回收

装有苯类的成品油罐及中间油罐，当夏季及冷凝效果较差时，产品往往容易挥发，尤其是油品进中间罐时更是如此。为了减少挥发可将各苯罐连通起来，共同设一个二乙二醇醚吸收塔，将排空的芳烃气体吸收下来，饱和富液送回再生。芳烃气体回收流程见图 10-73。

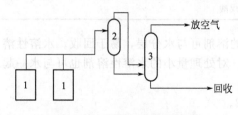

图 10-73 芳烃气体回收流程
1—芳烃中间罐；2—缓冲罐；3—吸收器

（二）汽油密闭装车油气回收

汽油等轻质油品从炼油厂或油库外运时，在装火车或汽车槽车的过程中，由于油品喷洒、搅动、蒸发等，将引起油品损耗且污染大气。

为回收处理这些油气，可设置吸收塔，用轻柴油作吸收剂进行吸收。油品装车被置换出来的混合油气，经集气管、凝缩油罐进行分液后，进入吸收塔吸收。吸收富油经缓冲罐、富油泵、富油罐送去回炼。未被吸收的气体从塔顶排入放散管，放散管底部供给大量新鲜空气，将尾气稀释后排入大气。吸收剂进塔温度不高于37℃，夏季气温高时，需将吸收液冷却降温。油气回收流程见图 10-74。

装车过程油气回收装置吸收效果见表 10-58。

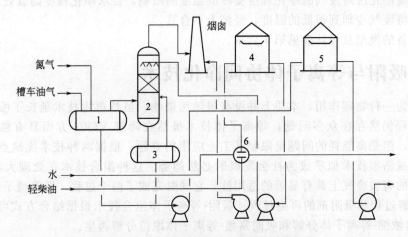

图 10-74　汽油密闭装车油气回收装置流程

1—凝缩油罐；2—吸收塔；3—缓冲罐；4—贫油罐；5—富油罐；6—换热器

表 10-58　油气回收装置吸收效果测定

测定月份	大气温度/℃	汽油温度/℃	吸收液温度/℃	吸收前总烃			吸收后总烃			烃回收率/%	每装 60m³ 罐车	
				体积/m³	质量/kg	平均密度/(kg/m³)	体积/m³	质量/kg	平均密度/(kg/m³)		排出混合气/m³	回收汽油/kg
11 月	11~18	21	22	24.28	57.21	2.36	4.81	5.15	1.07	91.00	79.23	41.25
3 月	20	22	24	24.77	66.87	2.70	4.21	4.63	1.10	93.07	79.75	49.62
6 月	30	28	33~34	26.62	72.67	2.73	7.14	7.84	1.10	89.21	81.77	53.01
8 月	38	36	37	36.44	98.21	2.70	6.33	8.18	1.30	91.67	94.40	84.98
平均值	—	—	—	28.03	73.74	2.62	5.62	6.45	1.14	91.24	83.79	57.22

（三）有机溶剂使用装置尾气的净化

在喷漆、漆包线及一些薄膜的生产中使用了大量有机溶剂，其中以苯系物溶剂使用最多，这些溶剂在烘干过程中几乎全部排入大气中。目前也有采用吸收的方法来治理这些废气，已经应用的吸收剂有柴油或柴油与水的混合物，但由于吸收剂本身的性质不理想且吸收剂的再生与处理还存在一些问题，因此还不能广泛使用。

六、冷凝法

冷凝法应用于烃类化合物废气治理时，具有如下特点。

(1) 冷凝净化法适用范围　冷凝净化法适于在下列情况下使用：

① 处理高浓度废气，特别是含有害物组分单纯的废气；

② 作为燃烧与吸附净化的预处理，特别是有害物含量较高时，可通过冷凝回收的方法减轻后续净化装置的操作负担；

③ 处理含有大量水蒸气的高温废气。

(2) 冷凝净化法所需设备和操作条件比较简单，回收物质纯度高。

（3）冷凝净化法对废气的净化程度受冷凝温度的限制，要求净化程度高或处理低浓度废气时，需要将废气冷却到很低的温度，经济上不合算。

冷凝设备的类型及设计参见第十六章。

七、吸附与等离子体协同净化技术

吸附作为一种物理作用，本质上并没有根除污染物，虽然再生技术延长了吸附剂寿命，但是再生过程仍然存在众多问题；等离子体技术虽然在降解 VOCs 方面具有独特的优势，去除能力强，但是高能耗的问题是限制其工业应用的难题。根据两种技术优缺点的互补性，将两者结合成新型技术似乎成为社会发展的必然趋势。这种组合技术在处理大流量、多组分、低浓度的有机废气上具有显著的适用性，它同时完成了两个过程，即等离子体对已吸附 VOCs 的降解过程和吸附剂的再生过程。吸附-等离子体组合技术根据结合方式可分为两类，即吸附-分离浓缩-等离子体分解和吸附富集-等离子体原位分解再生。

1. 吸附-等离子体系统组成和工艺流程

吸附-等离子体净化实验装置如图 10-75 所示，包括配气系统、吸附系统、脱附系统、滑动弧放电等离子体系统和浓度检测系统 5 个部分。滑动弧放电等离子体系统具有结构简单、成本低廉、原料适应性强、刀片耐腐蚀等优点，通常使用直流高压电源进行供电，是应用最为广泛的一种反应器，电弧在气流的作用下周期性地进行击穿-拉长-消失-再击穿的循环过程。在研究中发现它的输入体积能耗为 $0.26kW \cdot h/m^3$、电极间隔为 3mm 和电极厚度为 4mm 时，它对甲苯的去除率最大，达到 90%；等离子体反应器的能量利用率达到最大 $26.90g/(kW \cdot h)$。用铜、铝及不锈钢作为电极时，可以明显看出制作电极的金属材料对反应器的性能影响不大。

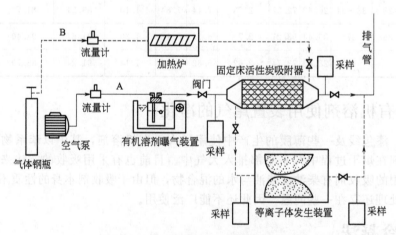

图 10-75　吸附-等离子体净化实验装置

若考虑到连续作业的情况，需要安排两个吸附器交替运行，从而保证处理过程的连贯性。对于小型间歇作业的情况，活性炭的吸附量满足一次排放量，仅采用单条工艺即可。VOCs 废气在经过预处理后，先由固定床活性炭吸附器进行处理，净化气体会通过排气管引入大气排放（A 实线路）。通过监控流出吸附器尾部的样品浓度决定吸附器的关停（或切换到另一个吸附器）。脱附过程依赖于加热炉升到较高温度的热风进行逆吹，吹脱吸附在活性炭上的 VOCs。分离浓缩的 VOCs 气体在风机的驱动力下进入等离子体反应器，经过快速的放电分解形成无害的 CO_2 和 H_2O 等小分子无机物，并汇入排气管道（B 虚线路）。

2. 模拟实验

模拟实验在有机溶剂曝气装置的作用下会将 66.7L/min 的气流转换成 400mg/m³ 的甲苯样本废气，经由上述吸附-分离浓缩-等离子体三步处理后，分别在图 10-75 所示的采样口处实施采样分析。前 2h 内的吸附率几乎达到 100%，之后随着时间的推移吸附效果逐渐减弱，净化率下降，但是经过 28h 的吸附，净化率仍然能够达到 83%，直至 32h 时的测量值高于 79mg/m³ 这一吸附穿透点。热空气对吸附器上 VOCs 的吹脱流量在 3.5h 达到最大值，为 6530mg/m³。经过 5.5h 的热脱附-低温等离子体净化后，活性炭中的有机物基本得以去除，等离子体反应器氧化降解甲苯后，在出口处检测到的 VOCs 浓度在 30mg/m³ 以下，整个过程的净化率＞85%，最高降解效果为 97.3%。在最优条件下，组合活性炭和滑动弧放电技术能够去除大部分甲苯，去除率相对单一滑动弧系统有显著增加。但是两者的分级作业导致处理周期增长，等离子体单元耗电量增大；而结合方式使得占地面积增加，所以适用于小型工厂的运行模式。

3. 吸附-等离子体协同净化的应用

将图 10-75 装置的系统原型应用到实际工程中，用于处理家具厂的喷涂废气（主要为苯、甲苯、二甲苯和甲醛等）。该厂有机废气的产生源总气流量分别为 166666.7L/min 和 250000L/min。根据实际情况，需要选用 2 台固定床活性炭吸附器、1 台等离子体降解装置、1 套 VOCs 脱附装置。有机废气分别从两条管线进入，经过过滤器除雾、阻火器防火、活性炭吸附共同从排气筒排出。吸附单元达到饱和后停止吸附，捕获的有机溶剂则通过燃油暖风机排出的 100℃、166666.7L/min 和 250000L/min 热空气脱附，脱附热气流在多段滑动弧等离子体净化装置中得到降解，最后从同一个排气筒排出系统。

工艺投入运营后，运行周期内的吸附装置对苯类物质去除率高达 98%，苯、甲苯和二甲苯在出口处的浓度分别为 0.07mg/m³、5.3mg/m³ 和 9.5mg/m³。吸附-分离浓缩-等离子体净化工艺的苯系物去除率＞80%，最终的排放气体能够完全达标。总投资费用为 40 万元，经济上属于可接受的范围。与其他有机废气处理技术比较，具有能量需求低、运行成本低和处理多种污染物的优势，但是会产生氮氧化物等副产物，需要安排后续的处理工艺。

第七节　二噁英的污染控制

据有关资料的报告，90% 以上的二噁英类是由人为活动引起的，另外有少量是由森林火灾、火山喷发等一些自然过程产生的。通过对美国湖泊底泥和英国的土壤、植被的研究发现，二噁英的含量在 20 世纪 30～40 年代才开始快速上升，而这段时间正对应于全球氯化工业迅猛发展的时期。同时，废物焚烧、钢铁生产、有色金属冶炼等也被发现是二噁英的重要排放源。

一、二噁英的性质与控制措施

1. 二噁英的性质

二噁英（dioxins）是多氯二苯并二噁英（polycholoro dibenzo-*p*-dioxin，PCDDs）和多氯二苯并呋喃（polycholoro dibenzo-furan，PCDFs）的统称，通常用"PCDD/Fs"表示，

它共有 210 种同族体，其中前者 75 种，后者 135 种。

二噁英有剧毒，其毒性与氯原子取代的位置密切相关。只有在 2、3、7、8 四个共平面取代位置均有氯原子的 17 个二噁英异构体是有毒的，其中毒性最强的是 2,3,7,8-四氯二苯并二噁英（2,3,7,8-TCDD）。根据美国环境保护署（EPA）1994 年 9 月的报告，它是迄今为止，人类所发现的毒性最强的物质，其毒性相当于氰化钾（KCN）的 1000 倍；二噁英各异构体浓度的综合毒性评价方法一般以 TCDD 为基准，利用 TCDD 的毒性当量（TEQ）来表示各异构体的毒性，称为毒性当量因子（TEF），其他异构体的毒性以相对毒性进行评价，其计量单位常采用 ng TEQ/m^3。目前发达国家对二噁英的排放标准一般控制为 0.1ng TEQ/m^3。

2. 二噁英的污染控制及治理措施

（1）源头控制，实施资源化与减量化　对垃圾和固体废物实施分类处置，尤其是将氯、溴系列的塑料分离出来，进行资源化利用，减少焚烧量和二噁英的产生与排放量。

（2）采取技术措施，控制污染源　采用先进焚烧技术并使用符合环保要求的焚烧炉，以减少二噁英的产生；采用最佳烟气净化技术以减少二噁英的排放；对炉排炉飞灰按危险废物进行无害化处理，对流化床炉飞灰应进行检定后按相关规定进行无害化处理。

例如：焚烧炉的设计要有二燃室并采用"三 T"技术（time，turbulence and temperature），即烟气在炉膛及二次燃烧室内的停留时间不小于 2s；焚烧炉出口烟气中的氧浓度不低于 6%，并合理控制助燃气风量、温度和注入位置；焚烧温度不低于 850℃。焚烧炉运行过程中要保证系统处于负压状态，避免有害气体逸出。缩短烟气在排放和处理过程中低温区滞留时间，并采用最佳烟气净化技术（湿法、干法、半干法净化系统）进一步吸附二噁英。焚烧炉技术性能指标、烟气净化系统的选择、烟囱高度要求等应按规定执行。

（3）加强日常管理与监督监测　危险废物和医疗废物焚烧设施在运行期间，每年应至少对焚烧设施进行一次二噁英排放的监督性监测。在垃圾焚烧电厂试运行前，需在厂址全年主导风向下风向最近敏感点及污染物最大落地浓度点附近各设 1 个监测点进行大气中二噁英监测；在垃圾焚烧电厂投运后，每年至少要对烟气排放及上述现状监测布点处进行一次大气中二噁英监测，以便及时了解掌握垃圾焚烧发电项目及其周围环境二噁英的情况。

（4）强化环境影响评价，加强公众参与　在国家尚未制定二噁英环境质量标准前，对二噁英环境质量影响的评价参照日本年均浓度标准（0.6pg TEQ/m^3）评价。事故及风险评价标准参照人体每日可耐受摄入量 4pg TEQ/kg 执行，经呼吸进入人体的允许摄入量按每日可耐受摄入量 10% 执行。根据计算结果给出可能影响的范围，并制定环境风险防范措施及应急预案，杜绝环境污染事故的发生。

设人的平均体重为 W（kg），每人每日呼吸量为 V（m^3）（一般成年人每天需要呼吸约 10~12m^3 的空气），每人每日可耐受空气质量浓度为 C_{TEQ}（pg/m^3），则：

$$C_{TEQ}V \times 10\% \leqslant 4W$$

二、垃圾焚烧过程二噁英的产生机理与控制

焚烧法作为一种有效的减容减量的垃圾处理手段得到了日益广泛的运用，但垃圾在焚烧过程中会不可避免地产生二次污染，包括对环境危害极大的二噁英。针对 PCDD/Fs 从城市固体废物焚烧（MSWI）中的形成及排放机理的研究已有 20 多年，然而，对 PCDD/Fs 的生成机理并未研究透彻。一般分析认为，木质素和纤维素都是多个苯环连接起来的化合物，一些苯环还含有氢氧基。焚烧废弃物时，木质素、纤维素以及高分子的聚合物（塑料、橡胶

等）除了发生热分解，还经历各种各样复杂反应过程，燃烧温度偏低，或空气供给不足，使这些物质不完全氧化，就会生成许多含有苯环的中间产物。此时，若同时含有氯基，将生成氯苯、氯酚等化合物，最终可能生成 PCDD/Fs 等二噁英毒物。

二噁英产生最适宜的条件是：

① 温度 300～500℃，主要在垃圾焚烧开始和烟气冷却过程，另外不完全燃烧，空气供给不足也会形成这种温度区；

② 通常认为燃烧混有金属、盐的含氯有机物是产生 PCDD/Fs 的主要原因，其中金属起催化剂作用，如氯化铁、氯化铜可以催化 PCDD/Fs 的生成。

人们通常认为聚氯乙烯含有氯，是产生二噁英的元凶，实际上微量的氯可能来自于像食盐 NaCl 那样的无机盐废物；Cu 可能来源于废旧电池等。传统的城市垃圾焚烧处理过程既能提供含有 $CuCl_2$、$FeCl_3$ 的灰尘，又能提供 HCl 烟气，同时在烟气冷却过程中有 300℃ 左右的温度区，即二噁英毒物生成的必要条件全部具备。

目前在燃烧过程中 PCDD/Fs 的排放来源有以下几种。

① 燃烧含有微量 PCDD/Fs 的垃圾，在其排出废气中必然产生 PCDD/Fs。燃料中本身含有的 PCDD/Fs 在燃烧过程中未被破坏，存在于燃烧后的烟气中。

② 在有两种或多种有机氯化物存在的情况下，它们形成 PCDD/Fs 前驱体，由于二聚作用，这些化合物（氯酚）在适当的温度和氧气条件下就会结合并生成 PCDD/Fs；燃料不完全燃烧产生了一些与 PCDD/Fs 结构相似的环状前驱物（氯代芳香烃），这些前驱物通过分子的解构或重组生成 PCDD/Fs，即所谓的气相（均相）反应生成。

③ 固体飞灰表面发生异相催化反应合成 PCDD/Fs，即飞灰中残炭、氧、氢、氯等在飞灰表面催化合成中间产物或 PCDD/Fs，或气相中的前驱物在飞灰表面催化生成二噁英。

④ 由于氯的存在，氯（氯化物）会破坏碳氧化合物（芳香族）的基本结构，而与木质素（如木材、蔬菜等废弃物）相结合，促使生成 PCDD/Fs。

⑤ 单分子的前驱体化合物的不完全氧化，也可生成 PCDD/Fs，例如多氯代二酚的不完全氧化。二噁英的生成需要一定变质石墨结构的碳形态。

燃烧系统中二噁英的形成过程分为两个阶段：一是炭形成，燃烧带中变质石墨结构的炭粒子的形成；二是炭氧化，未燃烧炭在低温燃烧带被继续氧化及 PCDD/Fs 作为石墨结构炭粒氧化降解产物的副产品而形成。炭形成中至少含有核子作用、粒子增长及团聚过程三步。炭氧化中至少有氧化剂吸附、与金属离子结合的复杂中间产物的形成、同石墨结构炭的相互作用及产物解吸四步。其过程中含有极其复杂的多相化学反应，影响二噁英从头合成的因素主要有气相物质、固相物质、温度、反应时间、产物分配等。

根据二噁英在垃圾焚烧发电过程中的产生机理，控制垃圾焚烧工艺中二噁英的形成源、切断二噁英的形成途径以及采取有效的二噁英净化技术是防治二噁英污染最为关键的问题，因此可以从"燃烧前、燃烧中和燃烧后"三个环节对其实现全面控制。

1. 燃前垃圾预处理

氯是二噁英生成必要条件。重金属在二噁英生成中起催化剂作用，所以垃圾焚烧前，应进行燃前预处理。燃前垃圾预处理主要是采用人工与机械相结合的方法，实现垃圾分选。垃圾分选主要是分选出垃圾中可回收再利用的组分。如金属、玻璃和硬塑料（聚氯乙烯）等，同时将不宜入炉焚烧的组分如尘土、砖头、瓦块和石头等分选出来单独填埋或作建筑材料。也可将垃圾中的有机物质分选出来作为堆肥原料，最后将可燃物料入炉燃烧。

通过预处理可有效实现垃圾组分的综合利用。同时提高锅炉燃烧效率和运行稳定性，更重要的是预处理去除原生垃圾中的聚氯乙烯，有利于减少会导致二噁英生成的氯的来源。

2. 改进燃烧技术

① 选用合适的炉膛和炉排结构，使垃圾在焚烧炉中得以充分燃烧，而衡量垃圾是否充分燃烧的重要指标之一是烟气中 CO 的浓度。CO 的浓度越低说明燃烧越充分。烟气中比较理想的 CO 指标是低于 $60mg/m^3$。

② 控制炉膛及二次燃烧室内，或在进入余热锅炉前烟道内的烟气温度在 850℃以上。烟气在炉膛及二次燃烧室内的停留时间不小于 2s，烟气中含氧量不少于 6%，并合理利用 3T 技术，即提高炉温、增强湍流、延长气体停留时间，使燃烧物与氧充分搅拌混合，造成富氧燃烧状态，减少二噁英前驱物的生成。

③ 缩短烟气在处理和排放过程中处于 300～500℃温度域的时间，控制余热锅炉排烟不超过 250℃。

④ 抑制 HCl、CuO 和 $CuCl_2$ 的产生，尽量不燃烧含氯塑料及其他含氯化工产品，不使 Cu 氧化。

⑤ 掺煤燃烧可以抑制二噁英的生成。研究表明煤燃烧产生的 SO_2 的存在能抑制二噁英的形成，一方面是当 SO_2 存在时，SO_2 和 Cl_2、水分反应生成 HCl，从而减少氯化作用，进而抑制了二噁英的生成；另一方面 SO_2 与 CuO 反应生成催化活性小的 $CuSO_4$，从而降低了 Cu 的催化活性，降低催化形成二噁英的可能性。

3. 从烟气中脱除二噁英

(1) 采用烟气净化装置　湿法除尘器可有效地脱除二噁英。其主要原因在于湿法除尘器中的水带走了烟气中所携带的吸附有二噁英的微小飞灰颗粒。陈彤等的实验表明在垃圾焚烧流化床锅炉系统中运用湿法除尘器可有效地脱除烟气中的二噁英，但湿法除尘的废水和水中的废渣仍需进一步处理。

由于袋式除尘器要求运行温度较低（250℃以下），在这种温度较低的情况下焚烧炉内生成的二噁英主要以固态形式存在，设置高效除尘器可以除去大部分的二噁英。实践证明，采用袋式除尘器去除二噁英的效果更好。

美国戈尔公司发明的戈尔 Remedia 催化过滤技术，是一种"表面过滤"与"催化分解"相结合的"覆膜催化滤袋"技术。其滤袋由 ePTFE 薄膜（Gore-Tex 薄膜）与催化底布组成，底布为针刺结构，纤维由膨体聚四氟乙烯复合催化剂组成，集高效除尘与催化氧化于一身，具有如下特点：

① 颗粒物去除效率高，排放浓度甚至可以达到 $1mg/m^3$；

② PCDD/Fs 去除率高达 98%～99%（固态去除率可以达到 99%以上，气态去除率可以达到 97%以上），排放烟气中的 PCDD/Fs 可远低于 $0.1ng\ TEQ/m^3$；

③ 可以不需要喷入吸附剂，不需要改造现有袋式除尘设备，只需要更换滤袋；

④ 阻力小，28 次/d 清灰时为 1500Pa；

⑤ ePTFE 薄膜滤袋抗腐蚀性强，适用于各种酸性烟气；

⑥ 滤袋寿命长，可以达 4～5 年。

(2) 活性炭吸附　活性炭由于具有较大的比表面积，所以吸附能力较强，不但能吸附二噁英类物质，还能吸附 NO_x、SO_2 和重金属及其化合物。其工艺主要由吸收、解吸部分组成。目前有两种常用方法：一种是在袋式除尘器之前的管道内喷入活性炭；另一种是在烟囱之前附设活性炭吸附塔。一般控制其处理温度为 130～180℃。吸附塔处理排放烟气的空速一般为 $500～1500h^{-1}$。将废弃活性炭送入焚烧炉高温焚烧可以处理掉被吸附的二噁英，但活性炭中的 Hg 会回到烟气中，需要通过其他方法脱除。这种烟气脱除二噁英的方法通过调节活性炭的量和温度可以达到较高的二噁英脱除率，但活性炭的消耗增加了运行费用。

（3）催化分解　一些催化剂，如 V、Ti 和 W 的氧化物在 300~400℃ 可以选择性催化还原（SCR）二噁英。Ide 等采用 TiO_2-Cr_2O_5、WO_3 催化剂在 SCR 装置中研究了垃圾焚烧烟气中二噁英和相关化合物的分解。实验结果表明，90% 以上的二噁英高分解转化或较高分解转化，且气态组分的分解转化要高于粒子组分的分解转化。

由于考虑催化剂中毒问题，SCR 通常安装在湿式洗涤塔和袋式除尘器之后，烟气在袋式除尘器出口温度一般为 150℃，在此温度下无法进行二噁英的催化还原，所以需要对烟气再进行加热，从而增加了成本。

（4）化学处理　可在烟气中喷入 NH_3，以控制前驱物的产生或喷入 CaO 以吸收 HCl，这两种方法已被证实有相当大的去除二噁英能力。

（5）烟气急冷技术　焚烧炉尾部烟气温度一般为 200~300℃。二噁英在 300℃ 左右形成的速率最高，如果对烟气温度进行迅速冷却，从而跳过二噁英易生成的温度区，可大大减少二噁英的形成。流化床焚烧垃圾中尾部烟气温度冷却实验表明，烟气温度急速冷却到 260℃以下时可以抑制二噁英的形成。烟气温度冷却速率对抑制二噁英影响较大，冷却速率越大，二噁英形成越少。

（6）电子束照射　使用电子束让烟气中的空气和水生成活性氧等易反应性物质，进而破坏二噁英化学结构。日本原子能研究所的科学家使用电子束照射烟气的方法分解、清除其中的二噁英，取得了良好效果。

4. 从飞灰中脱除二噁英

通过改进燃烧和烟气处理技术，排入大气中的二噁英类物质的量达到最小，被吸附的二噁英类物质随颗粒一起进入飞灰系统中。所以飞灰中的二噁英的量比大气中的二噁英的量多得多。自 1977 年 Olive 等在城市垃圾焚烧飞灰中发现氯代二苯并二噁英以来，世界各国对垃圾焚烧飞灰进行了严格的规定。

（1）高温熔融处理技术　将焚烧飞灰在温度为 1350~1500℃ 的熔融燃烧设备中进行熔融处理，在高温下，二噁英类物质被迅速地分解和燃烧。实验证明，通过高温熔融处理过后，二噁英的分解率 99.77%。因此高温熔融处理技术是种较为有效的二噁英处理手段。但是采用熔融处理技术的缺点在于此法需要耗用一定的能量，同时挥发性的重金属如汞在聚合反应中可能会重新生成，使得飞灰中重金属含量超标。

（2）低温脱氯　低温脱氯技术最早是由 Hagenmaier 提出的。垃圾焚烧过程产生的飞灰能够在低温（250~450℃）缺氧条件下促进二噁英和其他氯代芳香化合物发生脱氯/加氢反应。在下列条件下飞灰中的二噁英可被脱氯分解：a. 缺氧条件；b. 加热温度为 250~400℃；c. 停留时间为 1h；d. 处理后飞灰的排放温度低于 60℃。日本研究者按照上述原则设计了一套低温脱氯装置，安装在松户的垃圾焚烧炉上投入运行。结果表明，在飞灰温度为 350℃ 和停留时间为 1h 的条件下，二噁英的分解率达到 99% 以上。用低温脱氯技术处理二噁英，当氧浓度增加时，在低温范围内会出现二噁英的再生反应，因此必须严格控制气氛中氧的含量，增加了运行难度。

（3）光解　二噁英可以吸收太阳光中的近紫外光发生光化学反应，且这一降解途径可以通过人为加入光敏剂、催化剂等物质而得到加速。目前，在二噁英的各种控制技术中采用光解方法处理垃圾飞灰污染的研究，主要集中在：飞灰的直接降解，将飞灰中二噁英转移到有机溶剂中的光解。目前光解研究的重点是结合其他催化氧化方法，例如结合臭氧、二氧化钛等催化氧化剂，以达到更好的降解目的。

（4）热处理　飞灰热处理方法如化学热解和加氢热解等对二噁英的分解率很高。二噁英在一定的条件下通过热处理可分解。研究揭示：a. 在有氧气氛，加热温度 600℃，停留时间为 2h 的条件下，飞灰中二噁英脱除率为 95% 左右，但在温度低于 600℃ 的情况下，二噁英会重新形成；b. 在惰性气氛下，加热温度为 300℃，停留时间为 2h 的条件下，大约 90% 的二噁英被分解。特别提出的是加热温度、停留时间和气氛三者间存在着一定的关系。在惰性气氛下，加热温度可降低；而在有氧气氛下，则需要较高的加热温度；当温度高于 1000℃ 时，停留时间很短。若高温熔炉处理飞灰温度在 1200～1400℃，二噁英的分解率为 99.97%。

（5）超临界水氧化法　在临界点（374℃，22.1MPa）以上的高温高压状态的水中，飞灰中的二噁英被溶解、氧化，达到去除二噁英的目的。

三、烧结厂二噁英的产生机理与控制

图 10-76 为烧结料层垂直方向温度曲线。从图 10-76 中可见，烧结料层从上到下分成烧成带、燃烧熔融带、干燥煅烧带以及过湿带，热量从烧结料层的上层向下层传递，过湿带的上部平面温度＜100℃且含自由水，仅比 1000℃ 以上的燃烧熔融带底部平面低几厘米。处于上述两个带之间的干燥煅烧带被自上向下流动的高温烟气急速加热。干燥煅烧带的停留时间约 2min。之后，焦炭颗粒开始燃烧，通过燃烧放出的热进一步加热物料，使温度达到 1300℃ 左右，物料部分则熔融流动，停止燃烧后床层开始冷却，熔融物再次固化烟气中 PCDD/Fs 图中纵坐标表示排放的 PCDD/Fs 量，进而完成烧结过程。通过分析烧结过程特性及其他一些条件，认为二噁英主要是在干燥煅烧带通过从头合成过程生成的。合成过程的碳源应为上部流过来的烟气中的有机物蒸气在下部料层凝结而成的"烟粒"。烟粒典型直径属亚微米尺寸。图 10-77 为实际运行中从烧结机风箱中采集到的一颗烟粒的电镜（TEM/EELS）照片。从该照片可见，烟粒是由大结构碳和一些碱金属氯化物形成的混合物。它还包含一些铜和铁的化合物。这些元素可能在二噁英生成过程中起催化剂作用。当然，在一般铁矿中，铜含量很低（＜10mg/kg）。但也有某些铁矿石的铜含量＞50mg/kg。

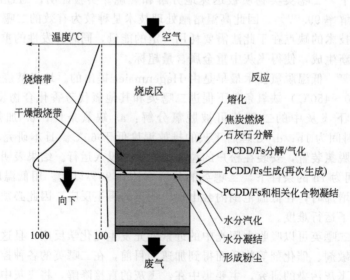

图 10-76　烧结料层垂直方向的反应区和温度曲线

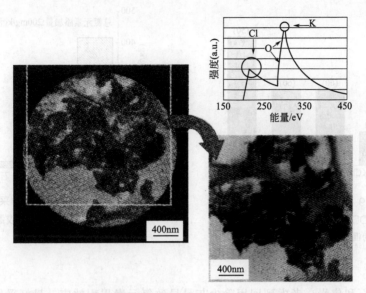

图 10-77 飞箱中采样烟粒经电镜分析（TEM/EELS）后的结果

图 10-78 所示烧结混合料中添加 CuO 粉末后准烧结条件排放量的相对值。在烧结混合料中，按 400mg Cu/kg 比例，添加 CuO 粉末后，PCDD/Fs 排放量增加 10 倍以上。

图 10-79 为改变所添加的铜化合物种类对 PCDD/Fs 排放量的影响。"矿石 E"是一种含铜量高的矿石。所有铜化合物的添加都导致二噁英排放量的增加。添加 CuO 粉末或改成添加 $CuCl_2$ 溶液所产生的结果是相同的。虽然添加铜元素的量比其他几组试验少，但添加"矿石 E"则显著增加二噁英排放量。烧结床中主要的含碳物质是混合原料中呈细粒状的冶金焦粉。采用其他物料，如石墨、活性炭或煤替代冶金焦进行燃料模拟实验，可取得有趣的实验结果（图 10-80）。只有在使用冶金焦的情况下才会大量产生二噁英。由

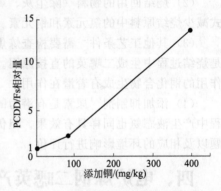

图 10-78 主烧结混合料中添加 CuO 粉末对烟气中 PCDD/Fs 排放量的影响

此得出的结论明确为烧结床焦炭中存在某种与二噁英生成有关的物质。如果增加烧结铺底料层厚度，则显著增加二噁英发生量。烧结铺底料层由粒径 10～20mm 烧结矿组成，但不含焦炭。研究表明，直接对烧结矿加热不会明显生成二噁英。这项研究结果显示，导致二噁英产生的烟粒，正是在焦炭燃烧过程中产生的，之后，随烟气向下流经烧结层，并被包括烧结铺底料层的下层物料捕集。系列烧结实验表明，采用不同的焦炭易使烧结过程中的二噁英发生量达到最大，甚至几倍之多。这意味着，为了控制烧结过程中二噁英的排放需关注炼焦原料的成分和性质。

对于一些采用含氮化合物作为二噁英生成的抑制剂，已着手进行了研究。在烧结原料中，添加尿素或氨会产生明显的效果。也许，这是减少烧结过程中二噁英排放的有效办法。然而，还应进一步分析加入含氮物质所产生的新的有机化合物的影响。根据长期以来取得的研究成果，就控制或减少铁矿石烧结过程中二噁英的排放有如下几项。

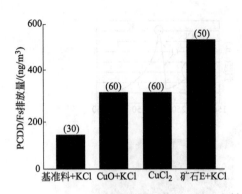

图 10-79　改变铜化合物种类对
PCDD/Fs 排放量的影响

（　）内数据为混合料的铜元素含量/（mg/kg）

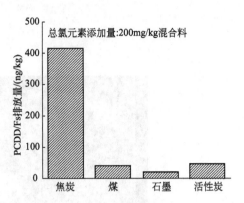

图 10-80　铁矿石烧结中采用不同固体
燃料时 PCCD/Fs 排放量的比较

（1）铁矿石和焦炭　考虑到回用除尘灰易导致氧元素累积效应，最好采用含氯元素低的原料。而且，还应注意物料被加热后形成的 HCl（气态）是烧结过程中形成二噁英的重要源头。另外，特定种类的铁矿石有可能是铜元素的主要来源，选择合适的铁矿石非常重要。

（2）烧结回用的物料（除尘灰、氧化铁皮、污泥等）　理想的方法是通过洗涤或高温方式减少烧结原料中的氯元素和铜元素。

（3）其他工艺条件　需要检查炼焦工艺（煤和其他物质的预处理），抑制烟粒生成，这是烧结过程中生成二噁英的直接原因。也有人指出，烧结原材料的造粒设计对避免具有催化作用的铜化合物生成有着潜在作用。

（4）添加抑制剂　尿素是有潜力的物质，其价格不贵，也有明显的效果。如使用炼焦过程中产生液态氨也同样具有效果。但仍需对工艺中添加这类物质所产生的含氮烃类化合物问题以及相应的环境影响进行评价。

四、电炉炼钢二噁英产生机理与控制

电炉炼钢过程中二噁英的产生与废钢中附着的油漆、塑料及切削废油等混入物密切相关。瑞典钢铁联合会和 MEFOS 采用 lot 电炉进行过电炉冶炼废钢的中间实验，测定了含有塑料和残油的废钢在熔化时生成二噁英的量。废钢中氯化物来自 3 种不同情况：a. 含塑料、油类和盐；b. 含氯化物和油类；c. 含 PVC。其中，含 PVC 废钢产生废气中二噁英和氯化有机物含量最高。在排放的废气中二噁英和氯化酚较低，氯化苯较高。在氯含量相同的情况下，废气中二噁英和氯化有机物在同一数量级。尽管一些废钢不含氯，但其废气中也含有二噁英和氯化有机物。其原因是：废钢并非完全无氯；电极表面可为生成氯化有机物提供足够的氯；炉墙等提供其他氯的来源；电炉系统中氯沉积等。国内近些年来电炉冶炼废钢技术发展很快，但一些规模不大企业的环保水平不高，因此电炉生产应该把好废钢的质量关。国外废旧汽车的废钢中含有较高氯化物和油类、烃类化合物，冶炼这种废钢极易产生二噁英，所以在进口国外废钢时，除考虑价格外还要考虑其清洁度。

关于如何有效地减少炼钢生产过程中产生的二噁英污染的问题，国内还缺乏广泛和深入的研究，综合国外现有的一些防治措施，对策如下。

① 对作为电炉炼钢原料的废钢，在其进行预热、熔炼前进行拣选。由于有些废钢含有

涂料、塑料、切削油等，而将有机化合物和氯带入炉内。对于氯源来说，废钢所带的油是氯的主要载体。根据对几个炼钢车间的含油钢屑进行检测，其氯的含量可达 $200\sim700g/t$ 废钢。为此，对电炉废钢应进行拣选，尽量减少使用含有涂料、塑料、切削油等的废钢，以降低废钢预热、熔炼时排放的二噁英、氯苯类等有毒物质的总量。

② 控制使用废钢预热。国外有些炼钢车间安装有废钢预热装置，利用电炉冶炼的热烟气预热电炉使用的废钢。这对节省电炉能耗是有利的，但对环境空气带来较大的污染影响。在废钢被预热时，首先是废钢所带的水分和轻有机化合物被蒸发；到高于 $200℃$ 温度时，重有机化合物也被散发出来，同时发生部分或全部的分解。在温度高于 $300℃$ 时，还会生成新的微量有机化合物。试验表明，采用废钢预热会增加烃类的产生和排放量，其数值见表 10-59。

表 10-59　采用或不采用废钢预热时烃类污染物排放量　　　　单位：g/t

工厂	不采用废钢预热	采用废钢预热
C	5.4	53
D	30	160

③ 在熔炼过程中提高炉内氧化程度，有利于降低氯代芳香族化合物排放量。燃烧过程的氧化程度可控制烟气中未燃烧的有机化合物量，包括像多环芳烃和氯代芳香族化合物等微量有机化合物。通过缓慢地连续装料方式向炉内装入带油废钢，其氧化程度高，而氯代芳香族化合物的排放量低，如在烟气净化系统中采用后燃烧方法来解决环境污染问题则是比较费钱的。

④ 采用高效的电炉烟气净化装置可减少二噁英等的排放。电炉炉内和烟道内生成的多氯二苯并二噁英（PCDDs）和多氯二苯并呋喃（PCDFs），主要以固体形态附着在细颗粒尘表面上，用袋滤式除尘器可以除去其大部分。为进一步降低这类有毒物质的排放量，可通过先降低排烟温度，使气相中的 PCDDs 和 PCDFs 冷凝，附着于烟气中的小颗粒上，再用袋滤式除尘器捕集，其效果则更好些。例如，资金条件许可，还可在袋滤式除尘器后增设一座活性炭吸附塔，可使 PCDDs 和 PCDFs 的排放浓度控制在 $0.05ng/m^3$ 以下。

⑤ 向炉气内喷射氨，以控制烟尘中铜等金属对生成 PCDDs 等的催化作用。有些电炉烟尘中含有铜等金属，它是生成 PCDDs 和 PCDFs 的有效催化剂；而氨对铜等金属催化剂是最有效的催化毒化物，可使铜等金属催化剂失去催化作用。所以喷氨可以减少 PCDDs 和 PCDFs 的生成量。

图 10-81 为电炉炼钢厂除尘系统的总体布置图，配备了为二噁英减排所增加的携流吸附装置。炼钢过程中所产生的废气通过电炉的排烟管抽出，经过后燃烧室，急冷管道连入蒸发冷凝器。废气冷却到 $250℃$ 左右后，进入轴流式分离器去除大颗粒物，该分离器也称为火花分离器。至此，废气夹带的火花以及大颗粒物已被去除，然后进入气体混合腔与厂房收集的空气混合。废气出口接织物过滤器，混合废气温度为 $80\sim100℃$，废气量为 $1.2\times10^6 m^3/h$。织物过滤器采用持续排灰，过滤灰收集于过滤灰料仓中，用于外循环。

吸附剂直接喷入织物过滤器进口的原混合废气中，用于去除含尘废气中的气相污染物，喷入吸附剂通过织物过滤器与过滤灰一起被分离出来。

以低于 $30mg/m^3$ 给料量投加 HOK（一种吸附剂），净化后废气中 PCDD/Fs 的低排放充分说明了 HOK 对于废气中 PCDDs 和 PCDFs 的高效吸附性，即使采用很低的剂量投加，分离效果也非常显著，洁净气体中二噁英的含量可低于 $0.1ng TE/m^3$。

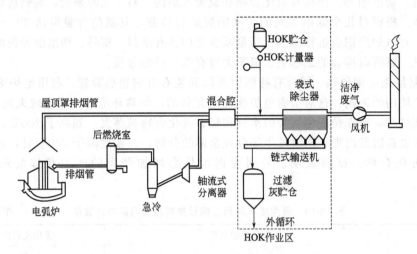

图 10-81　Esch-Belval 电炉炼钢厂除尘系统

第八节　二氧化碳减排技术

一、二氧化碳减排意义

1. 气候变暖

众所周知，太阳短波辐射可以透过大气射入地面，地面在接受太阳短波辐射增温的同时，也在不断向外辐射电磁波而冷却。地球发射的电磁波因为温度较低、波长较长，称为地面长波辐射。大气对太阳短波辐射几乎是透明的，而大气中的二氧化碳等物质却能强烈吸收地面的长波辐射。大气在吸收地面长波辐射的同时，它自己也向外辐射波长更长的长波（因为大气温度比地面更低）。其中向下到达地面的部分称为逆辐射。地面接受到逆辐射后就会升温，或者说大气对地面起到了保温作用，这就是大气温室效应。正是由于温室效应，使地球表面的平均温度保持在 15℃ 左右，而如果没有温室效应，地球表面的平均温度将为 −18℃。大气中属于温室气体的有二氧化碳、甲烷、臭氧、氮氧化物、氟里昂以及水汽等。科学研究表明，随着人类活动的不断增加，大气中的温室气体越来越多，将使地球的温度越来越高。有人估计，在 21 世纪全球的平均气温将升高 1.4～5.8℃。根据联合国环境规划署的预计，如果对温室气体的排放不采取紧急的限制措施，那么从 2000 年到 2050 年的 50 年里，由于全球变暖引发的频繁的热带气旋，海平面上升造成土地减少和渔业、农业及水力资源的破坏，每年将给全球造成的经济损失达数千亿美元。这一数字将是今天全球变暖造成损失的 7.8 倍，将占一些沿海国家财富的 10% 以上。

全球变暖使动植物面临生存危机。如果全球变暖的趋势得不到有效遏制，到 2100 年全世界将有 1/3 的动植物栖息地发生根本性的改变，这将导致大量物种因不能适应新的生存环境而灭绝。由于温室效应而引起的气温升高、两极冰冠消融、海平面升高等现象，将使许多动植物无法继续在原来的栖息地生存，不得不为寻找合适的栖身之所进行迁徙。如果某物种迁徙的速度跟不上环境变化的速度，这个物种就有灭绝的危险。

气候的变暖也直接或间接地影响人类的健康。对地球升温最为敏感的当属一些居住在中纬度地区的人们，暑热天数延长以及高温高湿天气直接威胁着他们的健康；与此同时，气温增暖，"城市热岛"效应和空气污染更为显著，又给许多疾病的发生、传播提供了更为适宜的温床。

二氧化碳是最重要的温室气体。它的温室效应虽然不及其他温室气体，但它在大气中的含量及其逐年增长的速度，已引起人们越来越多的重视。

二氧化碳形成的温室效应，或硫氧化物、氮氧化物造成的酸雨现象等，均将对气候产生严重影响。这种对气候的影响会形成连锁效应，因为气候本身也影响其他方面，从而对环境造成更大的危害。

2. 低碳经济

"低碳经济"一词首见于英国政府 2003 年发布的能源白皮书《我们未来的能源——创建低碳经济》中"Low Carbon Economy or Economy of Low Carbon Exhaustion and Low CO_2 Emission"。2009 年哥本哈根气候变化会议后，低碳经济迅速成为全球关注的焦点。低碳经济是以低能耗、低污染、低排放为基础的经济发展模式，是对现行大量消耗化石能源、大量排放 CO_2 的生产生活方式的根本变革。单位 GDP 的 CO_2 排放量作为约束性指标被纳入国民经济和社会发展中长期规划，根据国家要求各工业部门都对减排 CO_2、发展低碳经济做出了部署。

3. 碳达峰和碳中和

我国是全球最大的发展中国家，处在工业化和城镇化快速发展的阶段，经济增长快，用能需求大，以煤为主的能源体系和高碳产业结构，使我国碳排放总量和强度呈现双高。

专家认为，面对碳排放总量大、高碳发展惯性强的严峻形势，中国要用不到 10 年时间实现碳达峰，即中国 2030 年前碳达峰。碳达峰是碳中和的前提和基础，低成本实现碳中和目标要求以较合理的峰值尽早达峰。再用 30 年左右时间实现碳中和，即中国 2060 年前实现碳中和。

从碳排放达到峰值到碳中和及净零排放，欧盟大体上需要 60 年左右的时间，美国要 45 年，而中国只要力争 30 多年实现。中国提出的"双碳"目标，体现了中国应对气候变化的雄心和力度。但中国还是一个发展中国家，任务非常艰巨。目前，我国煤炭消费占比仍超过50%，一些低碳、零碳、负碳技术的关键设备和工艺等仍需要进口，技术综合集成、产业化与技术转移推广能力不足。建立低碳、零碳能源体系，需要付出艰苦努力。

碳排放问题的根源是化石能源大量开发和使用，治本之策是转变能源发展方式，加快推进清洁替代和电能替代，彻底摆脱化石能源依赖。因此，加快推进"两个替代"（即能源开发清洁替代和能源消费电能替代），实现"双主导"（即能源生产清洁主导、能源使用电能主导）、"双脱钩"（即能源电力发展与碳脱钩、经济社会发展与碳排放脱钩）的系统减排路径与方案。实施重点行业领域减污降碳行动，推动钢铁、石化、化工等传统高耗能行业绿色改造升级，积极发展战略性新兴产业，推动加快现代服务业、高新技术产业和先进装备发展。

二、电力企业应对低碳经济的措施

我国发展低碳经济有许多制约因素，一是我国"贫油、少气、多煤"的能源结构决定了走低碳经济发展之路有诸多困难；二是中国正处于工业化和城市化进程，排放总量中很大一部分是保障人们生活的生存排放；另外，我国大部分是粗放型经济增长方式，产品能耗高，承受着国际碳排放转移的压力。

发展低碳经济有三个重要环节：一是优化能源结构，发展清洁能源；二是提高能源利用效率，减少能源消费；三是发展碳捕获与埋存技术，加强碳汇建设。针对燃煤电厂，实现CO_2减排主要有三个途径：一是改变能源结构，采用非化石燃料发电，包括采用太阳能、生物质能、风能等可再生能源和水电、核电等新能源；二是最大限度地提高发电效率，包括采用超超临界技术；三是发展CO_2捕集和封存技术，即CCS（carbon capture and storage）技术。

（一）调整能源结构

根据我国电力工业发展特点和一次能源的分布特性，改变能源结构，采用非化石燃料发电是减排CO_2最有效的措施。在保护生态环境的前提下，有序、大力开发水能、风能、太阳能和生物质能等可再生能源发电，核能具有不排放碳和废气、无环境污染、发电成本低等优点，也是我国发展的重点。通过调整能源结构，替代化石燃料发电，每发$1kW \cdot h$电就可减少约$1kg$的CO_2生成量，低碳排放效益明显。

（二）提高发电效率

在电力生产中，只有与大规模高效率电厂联合CO_2的捕集才有经济意义。电厂效率越高，采用CO_2捕集技术时，每度电的新增成本会越低。另外，对燃煤机组而言，发电热效率提高1%，CO_2排放亦可减少约2%。根据理论分析，蒸汽参数越高，热效率也随之提高。采用超超临界参数，会显著提高机组的热效率，与同容量亚临界火电机组的热效率比，在理论上采用超临界参数可提高效率$2\% \sim 2.5\%$，采用更高参数可提高$4\% \sim 5\%$。这也就是超临界、超超临界机组在电力行业快速发展的原因所在。

（三）发展CO_2捕集和封存技术

碳捕集和封存技术中CO_2捕集是其资源化利用和埋存的前提，CO_2封存是实现减排的最终目标。目前，燃煤电站捕集CO_2气体主要有燃烧前捕集、燃烧过程中捕集和燃烧后捕集三种工艺。

燃烧前CO_2捕集技术主要运用于整体煤气化联合循环（IGCC）系统中，将煤在水蒸气、空气或氧气气氛下高压气化，所产生的气体称为合成气，再经过水煤气变化后转化为CO_2和H_2，经分离后可进行CO_2气体的捕集。

燃烧中捕集工艺主要采用O_2/CO_2富氧燃烧方式或者化学链燃烧方式，其排放的废气中CO_2气体浓度将超过90%。富氧燃烧需要通过制氧技术，将空气中约79%的氮气脱除，采用高浓度的氧气与抽回的部分烟气混合来取代空气。

燃烧后CO_2的捕集工艺则是运用在工业设施产生的废气（如电厂烟气）中，一般有物理吸附和化学吸收两种方式。物理吸附主要有膜分离法，化学吸收则分为干法和湿法两种。干法采用固体吸收剂通过气固化学反应吸收CO_2，湿法则用胺或氨基化合物溶液对烟气进行"洗涤"以吸收CO_2。燃烧后CO_2捕集技术的难点在于CO_2气体只占被处理气体的14%左右，处理的烟气量大、CO_2浓度低。

以下是几种燃煤电站的CO_2捕集方法。

1. 膜吸收法

膜吸收法是将微孔膜和普通吸收相结合而出现的一种新型吸收过程。膜吸收法中的气体和吸收液不直接接触，二者分别在膜两侧流动，微孔膜本身没有选择性，只是起到隔离气体与吸收液的作用，微孔膜上的微孔足够大，理论上可以允许膜一侧被分离的气体分子不需要很高的压力就可以穿过微孔膜到另一侧，该过程主要依靠膜另一侧吸收液的选择性吸收达到分离混合气体中某一组分的目的，膜吸收法研究目前还处于实验室研究阶段。其原理示意如图 10-82 所示。

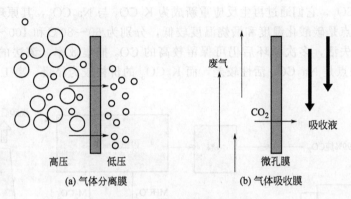

|(a) 气体分离膜　　　　　　　　　(b) 气体吸收膜|

图 10-82　膜吸收法原理示意

2. 基于氧载体的化学链燃烧（CLC）

基于循环氧载体的化学链燃烧是一种新型的燃烧技术，它打破了传统空气燃烧的基本观点，该法不直接使用空气中的氧分子，而是使用金属氧化物或盐类中的氧原子来完成燃料的燃烧过程，如图 10-83 所示。它包括两个串联的反应器，空气反应器和燃料反应器。金属氧化物在燃料反应器中与燃料发生还原反应，生成 CO_2/H_2O 和被还原的金属；金属颗粒送入空气反应器与空气中的氧分子发生氧化反应，释放出大量热量，所产生的金属氧化物又作为氧载体送入燃料反应器。氧载体在两个反应器中循环，从而实现氧的转移。这种新颖的燃烧方式与传统的燃烧方式相比，具有更高的能量利用效率。该方法的缺点是氧载体价格一般较为昂贵，燃料反应器中反应速率大大低于空气反应器中反应速率，目前还仅处于中试阶段。

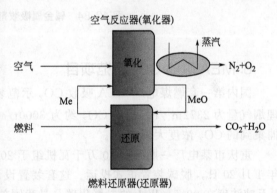

图 10-83　化学链燃烧系统示意

3. O_2/CO_2 燃烧

O_2/CO_2 燃烧是利用空气分离获得的 O_2 和部分循环烟气的混合物来代替空气与燃料组织燃烧，从而提高排烟中 CO_2 的浓度。通过循环烟气来调节燃烧温度，同时循环烟气又替代空气中的氮气来携带热量以保证锅炉的传热和锅炉热效率。

4. MEA 吸收 CO_2 法

MEA 法采用单乙醇胺（mono ethanol amine，MEA）作为 CO_2 吸收剂。MEA 是一种具有高 pH 值的基本胺，它的分子量最小，可完全溶于水并被生物降解。同时 MEA 具有再生能力，MEA 与 CO_2 反应的生成物经过加热又可以分解为 MEA 和 CO_2，处理得到的 CO_2 浓度高达 99.6%，MEA 法是目前各种 CO_2 捕集技术中最成熟的方法。

5. 碱金属吸收剂干法吸收 CO_2 法

碱金属吸收剂干法吸收 CO_2 采用 K_2CO_3 或 Na_2CO_3 作为吸收剂，但不采用水溶液方式，而是采用通入水蒸气的方式。K_2CO_3 或 Na_2CO_3 在水蒸气的作用下与 CO_2 反应生成 $KHCO_3$ 和 $NaHCO_3$，它们通过再生反应重新成为 K_2CO_3 与 Na_2CO_3，其原理示意如图 10-84 所示。该法的优点是碳酸化温度和煅烧温度较低，分别为 $60\sim80℃$ 和 $100\sim200℃$，在该温度下吸收剂不易失活，多次循环后仍可保留较高的 CO_2 捕集效率。该法的能耗可比 MEA 法降低 16%，缺点是 Na_2CO_3 活性较差，而 K_2CO_3 的价格较为昂贵，离工业化距离尚远。

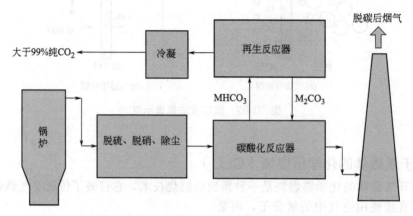

图 10-84　碱金属吸收剂干法吸收 CO_2 示意

6. MEA 吸收 CO_2 示范项目

国内第一套燃煤电厂 MEA 吸收 CO_2 示范装置于 2007 年建立在北京市某电厂。设计处理烟气量为 $2372m^3/h$，回收 CO_2 约为 3000t/a。装置设计最大负荷为正常的 120%，分离捕集到的 CO_2 浓度大于 95%。

重庆市某电厂一期两台 30 万千瓦机组于 2008 年 9 月开工建造二氧化碳捕集装置。2010 年 1 月 20 日，脱碳装置正式投运。这套装置设计处理烟气量约为 $10000m^3/h$，每年可捕集 1 万吨浓度在 99.5% 以上的二氧化碳。是我国首个万吨级燃煤电厂二氧化碳捕集装置。

上海市某电厂二期工程建设两台 660MW 国产超超临界机组。其脱碳装置于 2009 年 12 月 30 日正式投运，脱碳装置处理烟气量 $66000m^3/h$，约占单台机组额定工况总烟气量的 4%，设计年运行 8000h，年生产食品级二氧化碳 10 万吨。

三、钢铁生产中二氧化碳减排与利用

（一）降低 CO_2 排放量与固定 CO_2 的措施

工业化时代仅仅约 200 年的时间，人类活动给全球带来了一系列重大环境问题。在过去的一个多世纪里，由于矿物燃料的燃烧和森林的砍伐，大气中的 CO_2 含量已经增加了 25%，NO_x 也增加了 1/3。

在钢铁生产过程中，炭素常既作为铁矿石的还原剂又作为热源将反应物加热到技术和经济都合理的温度。目前钢铁生产的温室气体主要来自以煤为主的能源消耗，在多种温室气体中最终外排量以 CO_2 占绝对多数。在一定的操作条件下，用长流程生产 1t 钢产生 2198kg

CO_2，生产操作条件不同，排放量会有不同，当高炉采用 DRI，转炉采用废钢时，CO_2 排放量稍低，喷煤对 CO_2 排放量影响不大，用生球团代替烧结矿时 CO_2 排放量稍有增加，每使用 100kg 球团，增加 CO_2 排放量 48kg/t 钢水。值得注意的是电炉炼钢所用的电如果是用炭燃料发电的话，也产生 CO_2。

对所有钢铁生产流程 CO_2 排放的模拟研究结果表明，CO_2 排放主要与使用铁水或生铁的量有关，其次是发电的用炭量。钢铁工业温室气体的减排有赖于现代冶金技术的进一步开发应用和进一步降低能源消耗，短期内考虑改变以煤为主的能源结构还不现实。H_2 虽然是一种清洁的还原剂，理论上可以大规模使用，但由于成本等原因在近期内难以实现工业化应用。针对我国钢铁生产发展的特点，一方面加快采用高新技术的改造和不断优化生产流程，提高能源利用效率和加大二次能源的回收利用，是我国钢铁工业温室气体减排的主要途径，此外应积极着手开展废气中 CO_2 的处置回收利用；另一方面，按照材料整个寿命周期的观点来看，不断提高钢铁材料的性能和使用寿命，以少胜多，也可以实现节能和 CO_2 减排。

我国钢铁工业整体工艺技术水平较低，能源消耗高，比发达国家能耗高 20%～30%。钢铁生产能耗潜力如图 10-85 所示。

钢铁企业在技术改造、组织生产和节能方面应重点加强以下工作。

① 推行精料方针。

② 选用直接热轧技术、无头轧制、酸轧联合机组、高压大功率变频调速等新型节能降耗工艺。

③ 运用钢厂-电-制氧-煤气多联供技术，做到企业热能利用优化，进一步降低综合能耗。

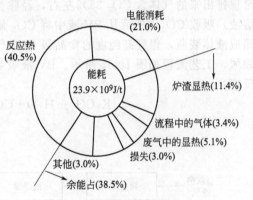

图 10-85 钢铁生产能耗潜力

④ 二次能源回收技术：加快普及 CDQ（干熄焦）技术和 TRT（1000m³ 以上高炉）；提高热送热装比和热送温度；加快推广蓄热式燃烧技术；推广大容量全高炉煤气发电技术；积极采用全高炉热风炉余热回收技术和余热锅炉先进热交换技术；加快提高转炉煤气回收量（80m³/t 以上）。

（二）二氧化碳资源化

1. 二氧化碳资源化及其发展前景

近年来人们认识到除减少使用化石燃料或使用低碳的化石燃料替代高碳化石燃料，以及节约能源、提高能源利用效率之外，分离、回收和利用或处置 CO_2 也是实现减排的一个重要途径。目前大量减少化石燃料，特别是煤炭的使用还面临着各种复杂问题和困难，但分离、回收和利用或处置 CO_2 可在不减少化石燃料利用的条件下实现减排。利用 CO_2 既可以减轻对气候变化的影响，又能为人类生产所需产品，有很大的社会效益和经济效益。

（1）CO_2 的物理应用 CO_2 的物理应用是指在使用过程中，不改变 CO_2 的化学性质，仅把 CO_2 作为一种介质。例如用固态 CO_2 干冰作制冷剂进行食品保鲜和储存、作饮料添加剂、作灭火剂等，还可以用于气体保护焊、在低温热源发电站中作工作介质、作为抑爆充加剂。液体 CO_2 和干冰还可用作原皮保藏剂、气雾剂、驱虫剂、驱雾剂、碱性污水中和剂、含氰污水解毒剂，也可作为水处理的离子交换再生剂。干冰还可用于轴承装配、燃料生产、低温试验等。近年来，国外对干冰的应用发展迅速，新开拓的应用领域有木材保存剂、爆炸成形剂、混凝土添加剂、核反应堆净化剂、冶金操作中的烟尘遮蔽剂 5 种。

（2）二氧化碳的化学利用 CO_2 在应用过程中改变化学性质，构成新的化合物，随着化合物的寿命不同，最终 CO_2 还会返回大气中，但却可大大降低 CO_2 的排放速度。二氧化碳的化学利用包括：CO_2 用于水处理过程；用 CO_2 作碳源合成新的有机化合物；作原料纸张的添加剂和颜料；用 CO_2 生产无机化工产品。

在发展中国家，目前几乎所有的 CO_2 都用在矿泉水和饮料生产中。在发达国家，CO_2 被广泛应用于多个领域。北美的市场划分：制冷 40％，饮料碳酸化 20％，化学产品生产 10％，冶金 10％，其他 20％。在西欧 45％用于矿泉水和软饮料生产，食品加工 18％，焊接 8％。

2. 钢铁工业废气中 CO_2 的回收利用

（1）石灰窑废气回收液态 CO_2 某厂采用"BV"法回收 CO_2，主要过程为：从石灰窑窑顶排出来的气体含 CO_2 35％左右，经除尘和洗涤后用 BV 液（添加了硼酸和钡的碳酸钾溶液）吸收 CO_2，然后从 BV 液中将 CO_2 解吸出来。废气中的 CO_2 即被分离出来，将其压缩成液体装瓶，得到高纯度的食品级 CO_2 气体，也可用在烟草处理、铸造焊接以及消防等领域。工艺流程如图 10-86 所示。BV 液吸收和分离 CO_2 的过程是一个 CO_2 溶解和析出的反应：

$$K_2CO_3 + H_2O + CO_2 \longrightarrow 2KHCO_3 + 热量 \tag{10-79}$$

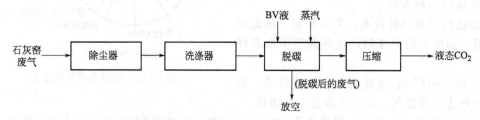

图 10-86 "BV"法回收 CO_2 工艺流程

该工艺可以回收 90％以上的石灰窑窑顶废气，每年可生产 5000t 液态 CO_2，年消耗 BV 液 960kg、蒸汽 1.6 万吨、电 60 万千瓦时、水 7.5 万立方米。

（2）转炉钢渣吸收 CO_2 制作人工礁（海洋砌块） 日本 JFE Steel（由原 NKK 钢铁公司和川崎制铁合并而成）发明了用钢渣吸收 CO_2 并使之成形为立方体置于海中成为人造礁石的技术，他们把这种制品命名为"Marine Blocks"。其制造方法是：向钢渣中加适量的水，然后置于密封的模具中，从模具底部以一定的压力喷入 CO_2 气体，碳酸化反应从渣块的底部开始逐渐向上进行，经过一定的时间即可得到"海洋砌块"。各种废气都可以用作 CO_2 的气源，为防止含水渣的干燥，喷入的气体要被水蒸气饱和。砌块的尺寸是 1m×1m×1m，如图 10-87 所示。碳酸化的渣块的显微结构如图 10-88 所示，CO_2 气体进入渣粒之间的联通孔隙并沿着气体的路径将渣粒碳酸化，这样渣粒被 $CaCO_3$ 覆盖并且彼此之间紧密地结合到一起，这些联通孔隙在渣块中是均匀分布的。与混凝土砌块不同，由于这样的微观结构，渣块浸入海水中不显强碱性。渣块的碳酸化率几乎是均匀的。渣块的孔隙率是 25％，密度是 2.4g/cm³，与混凝土相近，抗压强度 19MPa。这种碳酸化的渣块经过 5 年的考验没有发现膨胀和开裂的现象，表明其具有长期稳定性。

理论上说，1mol CaO（56g）可以吸收 1mol CO_2（44g），钢渣中 CaO 的主要来源是硅

1m×1m×1m

图 10-87　碳酸化的钢渣块（Marine Blocks）

酸二钙和硅酸三钙，碳酸化反应的结果是生成
碳酸钙和二氧化硅凝胶。由于工艺不同钢渣的
成分范围较宽，如果钢渣含有 50％ 的 CaO，
这些 CaO 有 50％ 被碳酸化，1t 钢渣即可吸收
200kg CO_2。如果用 100 万吨钢渣吸收 CO_2，
一年即可减排 CO_2 80 万吨。这个数字相当于
日本铁钢联盟承诺 1997 年京都 COP3 会议的
CO_2 减排指标的 1/10（以 1995 年为基础）。

　　碳酸化的钢渣块的表面是 $CaCO_3$，与珊
瑚礁和贝壳的成分相同，实验证明这种海洋砌
块比混凝土块或花岗岩更适合于海洋生物的
生长。

　　（3）钢材使用寿命周期中的减排能力　钢
材性能的改进可以使其在使用过程中发挥节能

孔隙

渣粒
碳酸化相

400μm

图 10-88　碳酸化钢渣块的显微结构

和减排 CO_2 的效果。以一辆客车的生命周期评估（LCA）为例，生产汽车所需的能量和使
用 10 年所需的燃料总和为 540GJ，其中材料生产占 6％，汽车制造占 4％，汽油生产占
10％，使用过程占 80％。在使用过程中汽车的自重是主要的耗能因素。

　　减轻汽车重量可以降低油耗从而减少 CO_2 等气体排放。国际钢铁协会（IISI）组织了
18 个国家 35 家钢铁公司共同开展了超轻车体 ULSAB 的研究，ULSAB 的设计保证汽车轻
型化的同时具备满意的功能和撞击安全性。已完成的第一期计划使车体重量减轻了 25％。
这一项目扩展为由 ULSAB（ultra light steel auto body）、ULSAC（ultra light steel auto
closure）和 ULSAS（ultra light steel auto suspension）组成 ULSAB-AVC，即超轻车体汽
车。这个项目的目的旨在证明钢是环境友好的、人们能负担得起的下一代交通工具的最佳材
料。同时也向人们展示新钢材的应用、先进的汽车制造工艺和全新的设计理念。目前的结果
表明，ULSAB-AVC 在安全性上可以满足美国和欧洲的高星级要求；制造成本为 9200～
10200USD，大多数人买得起；燃料效率为 3.2～4.5L/100km 或 52～73MPG（英里/加仑汽
油）；100％ 由再生的钢材制成，保证了炼钢过程中较低的 CO_2 排放量。

　　能满足高温高压工作条件的高效锅炉钢管可以提高发电系统的效率。改善电磁钢板的性
能，可以减少铁芯损失，提高发电和输配电的效率。日本 NKK（现 JFE）开发了两种高硅

（6.5％ Si）电磁钢板：一种在高频条件下铁损特别小，是将含硅3％的冷轧钢板表面硅化到6.5％ Si，增大表面磁通密度，有效减少了涡流损失；另一种钢是将表面的硅浓度升高而降低内部的硅并达到合理的分布，这种钢板的剩磁只有通常钢板的1/5～1/4，而最大磁通密度没有改变。

（4）长期减轻温室气体排放　长远地看，有一些可以考虑的降低碳排放的生产钢的途径。这些工艺可以大量地减少排放，但只是初步的甚至只是一个构想，技术和经济风险都很大。探索这些工艺的可行性需要全世界钢铁工业的共同努力，需要一些参与者和投资者超过10～20年的长期投入，这个时间是钢铁工业主要革新的一个典型的临界时间。图10-89为一个以燃料/还原剂为三个顶角的三元概念图，显示了主要的待选工艺。这些新颖的概念包括在高炉内更有效地利用碳元素，例如回收除去CO_2后的炉顶煤气，重新考虑熔融还原工艺，促进过程中排出气体的回收等。CO_2的收集和吸收现在已经变成了可靠的技术，已经能快速并且大规模地应用，而且这些技术还在不断发展以降低成本。除地质吸收之外，还在探索其他方法，如海洋吸收或用镁铁质岩石吸收。

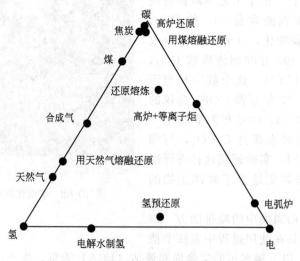

图 10-89　炼钢工艺与燃料/还原剂的关系

从远景看，H_2是一种潜在的能源，用H_2取代炭或天然气，可以减少很多用炭量。H_2的使用依赖于水电或太阳能利用技术的发展。

生物能量也是一个研究领域，依赖光合作用，利用自然界碳的循环过程，用木炭炼铁。巴西已经用桉树、木炭炉和用木炭的小高炉生产了800万吨铁。但是目前的木炭高炉技术水平还需要提高。

铁矿石的电解在远期也是可能的。原则上电解产生温室气体只来源于发电的阶段，电化学设计时可以避免在电解过程产生温室气体。目前已经在探索用电解法生产钢的不同设想。用盐酸溶解铁矿石或废钢得到含Fe^{3+}的溶液，将此溶液电解即可得到10～150mm的铁片。比利时的冶金研究中心（CRM）做了扩大实验，产量为4.5t/h，0.15mm厚的薄片的拉速是31m/min。溶液用废钢或硫化矿补充。法国尤西诺钢铁公司的研发中心IRSID也对铁矿石泥浆的苏打溶液进行了实验。电解过程被认为是水分解为OH^-和H_2，后者还原Fe_2O_3后转化为水。铁的沉积物再熔化、浇铸、轧制和精整而得到产品。美国麻省理工学院在实验室进行了铁矿石在高温下熔于熔盐（$Na_2CO_3+B_2O_3$）中的电解研究。电解出来的铁的状态取决于电解温度，可以是固态，沉积在阴极，也可以是液态，流到电解槽底部，这些方法仍在研究中，处于实验室阶段。

钢铁工业面对京都协议后的巨大挑战，必须立即开始考虑各种各样的能减少 CO_2 排放的远期方案。

四、水泥生产减排二氧化碳的途径

1. 二氧化碳减排

在水泥生产过程中 CO_2 气体主要由水泥熟料煅烧窑及烘干设备排放。

在水泥煅烧窑中排放的 CO_2，来源于水泥原料中碳酸盐分解和燃料燃烧。当前，国内水泥市场所供应的水泥品种主要是由硅酸钙为主要组分的水泥熟料所生产的。生产水泥熟料的主要原料为石灰石。普通硅酸盐水泥熟料含氧化钙 65% 左右，根据化学反应方程式（$CaCO_3 \longrightarrow CaO+CO_2$）算出：每生成 1 份 CaO 同时生成 0.7857 份 CO_2，所以每生产 1t 水泥熟料生成 0.511t CO_2。

在水泥生产过程中，CO_2 排放的另一重要来源是燃料燃烧。很明显，由燃料燃烧所产生的 CO_2 与耗用燃料的发热量及数量有关。

水泥厂用的燃料煤发热量为 22000kJ/kg 时，含有 65% 左右的固定碳，根据化学反应方程式（$C+O_2 \longrightarrow CO_2$）可知，碳完全燃烧时，每吨煤产生 2.38t CO_2。

水泥生产过程所用燃料分为熟料烧成用燃料和原燃料烘干用燃料，熟料烧成用燃料的多少与生产水泥熟料的生产工艺及规模有关。现行我国各水泥生产工艺、规模和热耗的关系见表 10-60。烘干用燃料的多少与对余热的利用程度和原燃料的自然水分有关，不考虑烘干物料对余热的利用，按原燃料的自然水分为 18%，生产 1t 熟料需烘干 0.5t 左右原燃料计算，烘干用煤约为 0.02t。

表 10-60　不同水泥生产工艺、规模对应的熟料单位热耗

工艺及规模	立窑	立波尔窑	湿法窑	中空窑	预热器窑	中小预分解窑	大型预分解窑
热耗/kJ	4400	3762	6072	5280	3762	3400	3100
烧成用煤/t	0.2	0.171	0.276	0.24	0.171	0.155	0.141

注：煤的低位热值 22000kJ/kg。

可见，随生产工艺的不同，生产 1t 熟料需 $0.141\sim0.276$t 煤，即熟料烧成和物料烘干因煤燃烧产生的 CO_2 在 $0.383\sim0.704$t 范围内变化。

以上两项相加，每生产 1t 水泥熟料排放 $0.894\sim1.215$t CO_2。按我国目前水泥生产平均水平估算，每生产 1t 水泥熟料约排放 1t CO_2。

水泥生产过程中每生产 1t 水泥平均消耗 100kW·h 电能，若把由煤燃烧产生电能排放的 CO_2 计算在水泥生产上，生产 1t 水泥因电能消耗排放的 CO_2 为 0.12t。2005 年中国生产水泥 10.6 亿吨，其中水泥熟料约 7.63 亿吨（按 1t 水泥 0.72t 熟料估算），据此计算，我国 2005 年因水泥生产排入大气中的 CO_2 约 8.9 亿吨。数量之大，令人瞠目。

2. 用大中型新型水泥生产线代替其他高热耗水泥工艺生产线

基于国情，我国现存水泥生产工艺从立窑生产到大型新型干法生产工艺应有尽有。从表 10-60 可以看出，不同水泥生产工艺、规模对应的水泥熟料烧成热耗差距很大。现在我国大型新型干法生产线已把熟料热耗降到 3000kJ/kg 熟料以下，此种窑生产每吨熟料烧成用煤的 CO_2 排放量分别是立窑、立波尔窑、湿法窑、中空窑、预热器窑、小型预分解窑的

68.2%、79.8%、49.9%、56.8%、68.2%、88%。

据测算，我国目前熟料烧成热耗大于 3400kJ/kg 熟料的熟料产量约占总产量的 60% 以上，平均热耗大于 4000kJ/kg 熟料；若把热耗大于 3400kJ/kg 熟料的生产线全部改造成热耗小于 3400kJ/kg 熟料的大中型预分解窑生产线，用于水泥熟料烧成将减排耗用燃料总量 $60\%\times(4000-3400)/4000=9\%$ 的二氧化碳。

3. 余热利用

水泥生产过程排放带有余热的废气，为回转窑窑尾废气和冷却熟料产生的废气。新型干法水泥生产线窑尾废气温度为 $320\sim340℃$，排气量约 $2.5m^3/kg$ 熟料；冷却熟料产生的废气除用于二次风、三次风及烘干燃料外，排放的尾气温度为 $250℃$ 左右，排气量约 $1.5m^3/kg$ 熟料。这些带有余热的废气可用于烘干原燃料和低温余热发电。

（1）烘干原燃料　用废气的余热烘干原燃料可省去烘干用煤，生产每吨水泥熟料可省去烘干用煤 0.02t，减少 $0.0476t$ CO_2 排放。

（2）低温余热发电　目前新型干法水泥生产工艺，把窑尾废气用于原料烘干，使生料磨和窑一体化工作。一般来说，生料磨仅用窑尾废气的 70%，其余用于余热发电，冷却熟料的尾气可全部用于余热发电。若余热发电后排气温度为 $150℃$，生产 1t 水泥熟料所排废气用于转化为电能的热焓为：

$$1.54\times[2.5\times0.3\times(320-150)+1.5\times(250-150)]\times1000=427350(kJ)$$

式中，1.54 为烟气的比热容，$kJ/(m^3\cdot℃)$。

若此热焓对电能的转化率为 25%，那么生产 1t 水泥熟料发电 $427350\times0.25/3600=30(kW\cdot h)$。上海金山水泥厂低温余热发电的平均数据证实：生产 1t 水泥熟料发电 $30kW\cdot h$。

按发 $1kW\cdot h$ 电燃用发热量为 22000kJ/kg 的 0.5kg 原煤计算，生产 1t 水泥熟料低温余热发电量相当于减少发电用煤 15kg，即可少排 $35.7kg$ CO_2。一条年产 150 万吨（5000t/d）水泥熟料的新型干法生产线每年可减排 5.355 万吨二氧化碳。

4. 采用替代燃料

用可燃性废弃物替代煤煅烧水泥熟料，在提供同样热量的情况下，用可燃性废弃物中含有碳的总量少于煤，燃烧后排出的 CO_2 总量也少于煤。根据英国和美国近年来水泥行业利用可燃废料的经验表明，在相同单位热耗的情况下，每生产 1t 熟料燃烧所产生的 CO_2 的数量，一般只有烧煤时的 1/2 左右。

我国城市生活垃圾年产生量已达 1.5 亿吨，年增长率达 9%，少数城市已达到 $15\%\sim20\%$。这些数量庞大的生活垃圾严重污染着城市及城市周围的生态环境，给国民经济造成重大损失。如何处理和利用城市生活垃圾成为世界各国十分重视的问题。先进国家对垃圾的处理经验说明，水泥工业有利用城市生活垃圾热量和物质的基本条件。热值为 6000kJ/kg 的城市生活垃圾对热值为 22000kJ/kg 的煤同热量替代率为 0.84。用城市生活垃圾替代 20% 的煤煅烧水泥熟料，可以认为煅烧水泥熟料减排了 $0.84\times20\%=16.8\%$ 的 CO_2。按生产 1t 水泥熟料用煤 0.155t 计算，一条 2000t/d 新型干法生产线用城市生活垃圾替代 20% 的煤，一年可至少减排 3.72 万吨 CO_2。这还没有考虑城市生活垃圾自然堆放会产生温室效应更强的甲烷或自燃产生 CO_2 等温室气体的影响。

另外，综合考虑，垃圾焚烧发电的同热量替代率不到 0.5；因此，与城市生活垃圾焚烧发电相比，水泥厂处理城市生活垃圾对热量的利用率高 50%，即水泥厂处理城市生活垃圾比垃圾焚烧发电可减排 50% CO_2。

总之，水泥余热发电项目不仅有利于降低水泥生产成本，减缓企业电源容量不足，还有利于环境保护、资源综合利用及循环经济发展战略。余热发电不产生任何污染，相当于减少了发电厂在同样发电量条件下的有害物的排放。

5. 改变原料或熟料化学成分

(1) 用不产生 CO_2 且含有 CaO 的物质作原料 不产生 CO_2 又含有 CaO 且对水泥熟料形成无不利影响的物质在天然原料中很难找到，但是其他工业的废渣中往往含有 CaO 而不会产生 CO_2。如化工行业的电石渣主要化学成分为 $Ca(OH)_2$，1t 无水电石渣含 0.54t CaO，用电石渣作为水泥生产原料，不会排出 CO_2。与以石灰石含 65% CaO 作为水泥生产原料相比，利用 1t 无水电石渣相当于减排 0.425t CO_2。又如高炉矿渣、粉煤灰、炉渣中都比黏土含有更多的 CaO，能减少配料中石灰石的比例，这些经高温煅烧的废渣在生产水泥时不会再排出 CO_2。上述废渣每提供 1t CaO 则减少排放 0.7857t CO_2。另外，用上述废渣作为原料生产水泥还能降低熟料烧成温度，从而降低煤耗，也起着减排 CO_2 的作用。若全用电石渣提供水泥熟料中的 CaO，生产每吨水泥熟料减排 0.511t CO_2。一条 2000t/d 新型干法生产线全部用电石渣替代石灰石，一年可减排 30.66 万吨 CO_2。

(2) 降低水泥熟料中 CaO 的含量 现行硅酸盐水泥熟料要求含有较高的硅酸三钙，因此熟料的化学成分中 CaO 含量在 65% 左右。若在保证水泥熟料的前提下，降低熟料化学成分中 CaO 的含量，将减少生产水泥熟料的石灰石用量，有助于减排 CO_2。水泥熟料中 CaO 含量每降低 1%，生产 1t 水泥熟料减排 7.857kg CO_2。目前，国内外进行低钙水泥熟料体系的研究和开发，即降低熟料组成中 CaO 的含量，相应增加低钙贝利特矿物的含量，或引入新的水泥熟料矿物，可有效降低熟料烧成温度，减少生料石灰石的用量，降低熟料烧成热耗。

低钙高贝利特水泥是以贝利特矿物为主，CaO 含量在 50% 左右，该水泥与通用硅酸盐水泥同属硅酸盐水泥体系，其烧成温度为 1350℃ 左右，比通用硅酸盐水泥低 100℃，在水泥性能上，低热硅酸盐水泥 28d 抗压强度与通用硅酸盐水泥相当，后期强度高出通用硅酸盐水泥 5~10MPa，比现行硅酸盐水泥熟料少排 10% 左右的 CO_2。贝利特硫铝酸盐水泥可把熟料中 CaO 降到 45%，每吨熟料比现行硅酸盐水泥熟料少排约 0.16t CO_2。

第九节 $PM_{2.5}$ 治理

一、$PM_{2.5}$ 的污染特点

$PM_{2.5}$ 组成比较复杂，主要含有的物质包括有机质、硫酸盐、硝酸盐、铵盐等，还有元素碳、钠离子、钾离子等矿物粉尘和水，也含有重金属等有毒物质。

$PM_{2.5}$ 污染来源广泛，形成机理复杂，污染治理难度非常大，不可能一蹴而就。美国从 2000 年至 2010 年的 10 年间，$PM_{2.5}$ 浓度仅下降了 27%，部分城市仍未能达到标准。我国 $PM_{2.5}$ 的污染治理也需要长期努力才能逐步改善。

二、$PM_{2.5}$ 控制标准和监测方法

1. 控制标准

自从美国于 1997 年率先制定 $PM_{2.5}$ 的空气质量标准以来，许多国家都陆续跟进将 $PM_{2.5}$ 纳入监测指标。如果单纯从保护人类健康的目的出发，各国的标准理应一样，因为制

定标准所依据的是相同的科学研究结果。然而，标准的制定还需考虑各国的污染现状和经济发展水平，在一个空气污染严重的发展中国家制定极为严格的空气质量标准只能成为一个华丽的摆设，没有实际意义。世界卫生组织（WHO）于 2005 年制定了 $PM_{2.5}$ 的准则值。高于这个值，死亡风险就会显著上升。WHO 同时还设立了三个过渡期目标值，为目前还无法一步到位的地区提供了阶段性目标，其中目标-1 的标准最为宽松，目标-3 最严格。

表 10-61 列举了 WHO 以及几个有代表性国家的 $PM_{2.5}$ 控制标准。中国实施的标准与WHO 过渡期目标-1 相同。美国和日本的标准一样，与目标-3 基本一致。欧盟的标准略微宽松，与目标-2 一致，澳大利亚的标准最为严格，年均标准比 WHO 的标准还低。标准的宽严程度基本反映了各国的空气质量情况，空气质量越好的国家就越有能力制定和实施更为严格的标准。

表 10-61　$PM_{2.5}$ 控制标准　　　　　　　　　　　　　　　　单位：$\mu g/m^3$

国家/组织	年平均	24 小时平均	备注
WHO 准则值	10	25	
WHO 过渡期目标-1	35	75	2005 发布
WHO 过渡期目标-2	25	50	
WHO 过渡期目标-3	15	37.5	
澳大利亚	8	25	2003 年发布，非强制标准
美国	15	35	2006 年 12 月 17 日生效，比 1997 年发布的标准更严格
日本	15	35	2009 年 9 月 9 日发布
欧盟	25	无	2010 年 1 月 1 日发布目标值，2015 年 1 月 1 日强制标准生效
中国	35	75	于 2016 年实施

2. 监测方法

空气中飘浮着各种大小的颗粒物，$PM_{2.5}$ 是其中较细小的那部分。不难想到，测定 $PM_{2.5}$ 的浓度需要分两步走：a. 把 $PM_{2.5}$ 与较大的颗粒物分离；b. 测定分离出来的 $PM_{2.5}$ 的重量。目前，各国环保部门广泛采用的 $PM_{2.5}$ 测定方法有重量法、β 射线吸收法和微量振荡天平法三种。这三种方法的第一步是一样的，区别在于第二步。

（1）重量法　将 $PM_{2.5}$ 直接截留到滤膜上，然后用天平称重，这就是重量法。值得一提的是，滤膜并不能把所有的 $PM_{2.5}$ 都收集到，一些极细小的颗粒还是能穿过滤膜。只要滤膜对于 $0.3\mu m$ 以上的颗粒有大于 99% 的截留效率，就算是合格的。损失部分极细小的颗粒物对结果影响并不大，因为那部分颗粒对 $PM_{2.5}$ 的重量贡献很小。

重量法是最直接、最可靠的方法，是验证其他方法是否准确的标杆。然而重量法需人工称重，程序烦琐费时。如果要实现 $PM_{2.5}$ 自动监测，就需要用到另外两种方法。

（2）β 射线吸收法　将 $PM_{2.5}$ 收集到滤纸上，然后照射一束 β 射线，射线穿过滤纸和颗粒物时由于被散射而衰减，衰减的程度和 $PM_{2.5}$ 的重量成正比。根据射线的衰减程度就可以计算出 $PM_{2.5}$ 的重量。

（3）微量振荡天平法　一头粗一头细的空心玻璃管，粗头固定，细头装有滤芯。空气从粗头进，细头出，$PM_{2.5}$ 就被截留在滤芯上。在电场的作用下，细头以一定频率振荡，该频率和细头重量的平方根成反比。于是，根据振荡频率的变化就可以算出收集到的 $PM_{2.5}$ 的重量。

将 $PM_{2.5}$ 分离出来的切割器又是怎么工作的呢？在抽气泵的作用下，空气以一定的流速流过切割器时，那些较大的颗粒因为惯性大，撞在涂了油的部件上而被截留，惯性较小的 $PM_{2.5}$ 则能绝大部分随着空气顺利通过。这和发生在我们呼吸道里的情形是非常相似的：大颗粒易被鼻腔、咽喉、气管截留，而细颗粒则更容易到达肺的深处，从而产生更大的健康风险。

对于 $PM_{2.5}$ 的切割器来说，$2.5\mu m$ 是一个踩在边线上的尺寸。直径恰好为 $2.5\mu m$ 的颗粒有 50% 的概率能通过切割器。粒径 $>2.5\mu m$ 的颗粒并非全被截留，而粒径 $<2.5\mu m$ 的颗粒也不是全都能通过。例如，按照《环境空气 PM_{10} 和 $PM_{2.5}$ 的测定　重量法》的要求，$3.0\mu m$ 以上颗粒的通过率需 $<16\%$，而 $2.1\mu m$ 以下颗粒的通过率要 $>84\%$。

特殊的结构加上特定的空气流速共同决定了切割器对颗粒物的分离效果，这两者稍有变化，就会对测定产生很大影响，而使结果失去可比性。因此，美国环保署在 1997 年制定世界上第一个 $PM_{2.5}$ 标准的时候，一并规定了切割器的具体结构。于是，虽然 $PM_{2.5}$ 的测定仪器有不少品牌，它们外观却极为相似。

三、$PM_{2.5}$ 的污染治理

$PM_{2.5}$ 具有明显的区域污染特征，来源广泛，形成机理复杂，既有一次污染又有二次污染，既有本地产生的污染又有外地输送带来的污染，外国的经验也表明 $PM_{2.5}$ 污染治理难度非常大。因此，要达到 $PM_{2.5}$ 治理目标，首先要全社会参与，积极推动生产方式和生活方式的改变；要积极调整能源结构，减少燃煤总量；要加快淘汰落后产能，促使产业转型升级；要强化生态建设，控制农业面源污染；要大力发展公共交通，提倡绿色出行。

同时要加强管理，凡是可能产生 $PM_{2.5}$ 的一切污染源都要采取有效措施予以实施，例如城市区域绿化，屋顶绿化等。

1. $PM_{2.5}$ 的治理措施

（1）控制工业污染排放总量　为此，我们不应该只调整行业配置，也要搞好规划布局，特别是工业布局，这对一个城市的大气状况十分重要。在布局工业时，应将工业生产均衡分布，不要集中在局部或少数大城市。如此单位面积上排放的污染物少，易于自然净化。另外，厂址的选择也应与该厂的性质相符，如生产有害气体的工厂应布局在居住区的下风向。

（2）控制细颗粒污染物的排放　我国已经实施了一系列措施，其中就把扬尘污染防治作为大气污染防治的重要内容，包括：落实责任制，将扬尘控制作为城市环境综合整治的重要内容；加强施工扬尘监管，将施工企业扬尘污染防治情况纳入建筑企业信用诚信体系，推进绿色施工；提高道路保洁水平，加强渣土运输车密闭运输管理等。

（3）减少热电厂、供热锅炉二氧化硫的排放量　我们将通过经济、政策的管理办法保证低硫煤的优先使用。高硫煤的电厂提供煤炭在使用前要增加煤烟气脱硫清洗设施的安装。实际上，我国的能源结构极不合理。从目前情况看，煤炭在我国一次能源构成中占 70% 以上，成为我国主要的能源。我国工业燃料动力的 80% 依靠煤炭，而全国总体每年用于直接燃烧的煤炭占总煤耗的 84%。其不高的利用率使得我国的大气污染更加严重。因此，我们应改善我国的能源结构，加大天然气、石油、风能、太阳能的比重，发展新能源，以此来减少二氧化硫的排放量。

（4）加大汽车尾气的控制　目前，北京、上海等大城市拥堵严重，庞大的机动车保有量和低速行驶，造成汽车燃油燃烧不充分，从而导致 $PM_{2.5}$ 排放量倍增。像北京市，机动车尾气占 $PM_{2.5}$ 排放总量的 22%，机动车污染已经是大气环境污染治理最突出、最紧迫的问

题之一。这就需要加大淘汰黄标车的力度，严格制定新车排放标准，以降低机动车排放强度。而对于数量更为庞大的在用车减排，关键在于油品升级。

（5）区域联防联控机制　构建区域联防联控机制则是当下较为可行的治理 $PM_{2.5}$ 之道。区域联防联控机制是横向关系上的行政区协同运用组织和制度等资源综合实施污染防治措施的制度体系。它较显著的特征是：主体关系上的横向型、防治客体的流动性、区域性、防治手段的综合性。虽然在 $PM_{2.5}$ 污染的过程中，区域内的各个行政区都是污染输出者同时也是污染受害者，但各个行政区污染损害的程度和对污染治理的力度是不尽相同的。如果在享受其他地区污染治理外部正效应的同时将自身的污染成本转移给相邻地区，最终损害的是整个区域内的大气质量，形成 $PM_{2.5}$ 的外溢效应。因此，必须建立健全区联防联控机制，限制或杜绝此类现象发生和扩展。若想消除 $PM_{2.5}$ 污染治理中外部性效应，则必须加大环境法制度的建设，比如，建立区域主体制度、建立排放总量控制目标制度、建立联合执法制度、建立突发性大气污染事件应急应对制度等。通过"法"的确立、"制度"的建设，刚性地治理 $PM_{2.5}$ 污染的迫切问题。

2. 广州市治理 $PM_{2.5}$ 措施

① 提高投资项目的环保准入门槛，严格把好入门关。进一步推动规划环境影响评价，将环境功能区划，总量控制、环境容量、环境风险评估作为区域和产业发展依据。严把新建项目准入，严格控制"两高一资"项目。

② 强化机动车排气污染控制，加快淘汰黄标车辆。主要是要进一步严格机动车污染源头控制，全面推广使用粤标准车用柴油，对柴油汽车实施国家标准；继续做好环保标志管理工作，严格执行黄标车限行措施；采取措施强化对柴油车的污染控制；深化实施机动车排气污染定期检查与维护制度和工况法排气检测工作，进一步加大对在用车污染监控的力度；积极推进新能源汽车推广应用工作。

③ 强化工业污染控制，确保治理设施正常运行。扩大高污染燃料"禁燃区"，推广使用清洁能源；强化火电机组脱硫、脱硝、除尘设施的升级改造与运行管理，严控燃料品质；继续大力推进"退二"企业的停业、关闭和搬迁工作；积极淘汰落后产能。

④ 强化道路、工地扬尘污染控制，减少扬尘。实施创建扬尘污染控制区管理工作，从施工工地、余泥渣土运输、道路、堆场、露天焚烧等方面进一步规范城市扬尘控制工作。

⑤ 强化挥发性有机物排放控制。强化化工、涂料、漆剂使用行业的挥发性有机污染物排放控制，以清洁生产为原则加大对石化、化工及含挥发性有机物产品制造企业和印刷、家具制造、汽车制造、纺织印染等行业的挥发性有机物污染治理力度，创建治理样板工程；强化油库、油车、油站的挥发性有机物排放控制。

⑥ 推动区域联防联控，加强区域合作减少相互影响。研究表明，$PM_{2.5}$ 作为区域性问题，在城市群之间统筹考虑防治工作，同步联手治理，才能达到最佳的治理效果。广州发挥作为国家中心城市的带动和示范作用，充分利用广佛同城化、广佛肇经济圈一体化环保合作平台，积极争取省的支持，通过创建示范工程推动珠江三角洲各地加大空气污染防治力度，有效治理灰霾，进一步改善环境空气质量。

⑦ 组织开展科学研究，制定污染达标规划。在抓紧开展信息发布准备各项工作的基础上，组织力量尽快开展达标减排相关科研工作，制定达标规划。

⑧ 促进更广泛的社会参与。保护环境、改善空气质量需要全社会长期不懈的共同努力，需要企事业单位、社会组织和全体公民积极参与，大力倡导和践行绿色环保的生产生活方式。人人都能参与，从我做起，从今天做起，人人都能通过自己的努力减少 $PM_{2.5}$ 的排放，

为降低 $PM_{2.5}$ 污染做贡献。

参 考 文 献

[1] 李家瑞. 工业企业环境保护. 北京：冶金工业出版社，1992.
[2] 通商产业省立地公害局. 公害防止必携. 东京：产业公害防止协会，昭和51年.
[3] 刘天齐. 三废处理工程技术手册. 废气卷. 北京：化学工业出版社，1999.
[4] 北京环境科学学会. 工业企业环境保护手册. 北京：中国环境科学出版社，1990.
[5] 马广大. 大气污染控制技术手册. 北京：化学工业出版社，2010.
[6] 北京市环境保护科学研究所. 大气污染防治手册. 上海：上海科学技术出版社，1990.
[7] 布控沃尔 H，瓦尔玛 Y B G. 空气污染控制设备. 赵汝林，等译. 北京：机械工业出版社，1985.
[8] 乌索夫 B H，等. 工业气体净化与除尘器过滤器. 李悦，徐图，译. 哈尔滨：黑龙江科学技术出版社，1984.
[9] 周建勇，沈士江. 玻璃纤维池窑废气的干法净化. 环境工程，2003. 4：69.
[10] 冶金部建筑研究总院. 铝厂含氟烟气干法净化回收. 环境科学，1977. 1：27.
[11] 《铝厂含氟烟气治理》编写组. 铝厂含氟烟气治理. 北京：冶金工业出版社，1982.
[12] 张殿印，刘谨. 除尘设备手册. 2版. 北京：化学工业出版社，2015.
[13] 宁平，等. 有色金属工业大气污染控制. 北京：中国环境科学出版社，2007.
[14] 张朝晖. 冶金资源综合利用. 北京：冶金工业出版社，2011.
[15] 马建立，等. 绿色冶金与清洁生产. 北京：冶金工业出版社，2007.
[16] 唐平，等. 冶金过程废气污染控制与资源化. 北京：冶金工业出版社，2008.
[17] 王绍文，杨景玲，赵锐锐，等. 冶金工业节能减排技术指南. 北京：化学工业出版社，2009.
[18] 俞非漉，王海涛，王冠，等. 冶金工业烟尘减排与回收利用. 北京：化学工业出版社，2012.
[19] 王存政，等. 我国钢铁行业二噁英防治技术研究. 环境工程，2011. 10：75-79.
[20] 张楷，等. 油烟净化设备的应用现状及其市场分析. 环境保护，2002，5：43-45.
[21] 熊鸿斌，刘文清. 饮食业油烟净化技术及影响因素. 环境工程，2003，8：38-41.
[22] 岳清瑞，张殿印，王纯，等. 钢铁工业"三废"综合利用技术. 北京：化学工业出版社，2015.
[23] 杨丽芬，李友琥. 环保工作者实用手册. 2版. 北京：冶金工业出版社，2001.
[24] 彭犇，高华东，张殿印. 工业烟尘协同减排技术. 北京：化学工业出版社，2023.
[25] 中国石油化工集团公司安全环保局. 石油石化环境保护技术. 北京：中国石化出版社，2006.
[26] 王纯，张殿印，王海涛，等. 除尘工程技术手册. 北京：化学工业出版社，2017.

第十一章
主要污染行业废气的治理

第一节　电力工业废气治理

一、电力工业废气来源和特点

1. 废气的来源

发电厂有许多种，如火力发电厂、水力发电厂、原子能发电厂、地热发电厂、风力发电厂、潮汐发电厂和太阳能发电厂等。这些发电厂由于使用不同的动力能源，所以其排放废气的量和废气中的污染物也不尽相同。其中，水力、原子能、地热、风力、潮汐和太阳能发电厂使用的都是比较干净的能源，所以它们对大气环境的影响比较小；而火力发电厂由于多使用燃煤锅炉，其所排废气的量大，烟气成分复杂，对大气造成的污染严重。火力发电厂的燃煤锅炉的烟气是电力行业中最主要的废气污染源。

2. 燃煤电厂废气的来源及特点

燃煤电厂的废气主要来源于锅炉燃烧产生的烟气、气力输灰系统中间灰库排气和煤场产生的含尘废气，以及煤场、原煤破碎及煤输送所产生的煤尘。其中，锅炉燃烧产生的烟气量和其所含的污染物排放量远远大于其他废气。

锅炉燃烧产生的烟气中的污染物有飞灰、SO_2、NO_x、CO、CO_2、Hg、少量的氟化物和氯化物。它们所占的比率取决于煤炭中的矿物质组成，主要污染物是飞灰、煤尘、SO_2、NO_x 和 Hg。

锅炉燃烧产生的烟气排放量大，排气温度高，但气态污染物浓度一般较低。

3. 燃煤电厂废气治理的对策

对燃煤电厂废气的治理，应大力推行洁净煤技术并尽快进行技术改造和加强企业管理，以降低煤耗，这是电厂减少废气排放的重要途径之一。此外，应积极开发和采用高效的废气治理技术和综合资源利用技术，如锅炉烟气除尘采用除尘效率高的电除尘器、电袋复合除尘器、袋式除尘器，开发高效的电厂脱硫脱硝脱汞新工艺、新技术、新设备，采用热电联产等措施。

二、电厂烟气协同治理技术

在污染物治理技术方面，我国燃煤电厂环保技术实现了重大突破，以超低排放为核心，环保技术呈现多元化发展的趋势。除尘技术方面除湿式电除尘外，低低温电除尘、旋转电极电除尘、高频电源电除尘、电袋复合除尘、袋式除尘等技术也得到快速发展和应用。另外，粉尘凝聚技术、烟气调质、隔离振打、分区断电振打、脉冲电源、三相电源供电等一批新型电除尘技术也已在电厂中得到应用。脱硫技术在传统空塔提效技术的基础上，又出现了双

pH 值循环脱硫技术（如单塔双循环、双塔双循环等工艺）、复合塔脱硫技术（如旋汇耦合脱硫、沸腾泡沫、旋流鼓泡等工艺〉等，并且在高灰分煤、高硫煤以及煤质变化幅度大的机组上实现了超低排放。现有燃煤电厂超低排放工程在应用过程中积累了大量设计与运行经验。

（一）主流协同减排工艺流程

我国燃煤电厂烟气治理经历了从"除尘"到"除尘＋脱硫"再到现在的"除尘＋脱硫＋脱硝"的演变，在这个发展过程中随着烟气治理设备的增加，系统工艺也发生了较大变化。目前已形成的烟气治理系统主流工艺流程如图 11-1 所示。

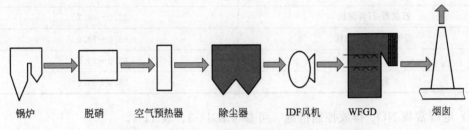

锅炉　　脱硝　　空气预热器　　除尘器　　IDF风机　　WFGD　　烟囱

图 11-1　燃煤电厂烟气治理系统主流工艺流程

1. 开始考虑各设备间协同效应

烟气治理技术路线开始考虑各设备间的协同效应，如湿法脱硫装置（WFGD）在设计时逐步开始考虑脱硫塔的除尘效果。2013 年之前，国内湿法脱硫除尘效率一般在 50％ 左右，甚至更低，运行中由于除雾器等性能问题使湿法脱硫装置石膏浆液带出，造成湿法脱硫系统协同除尘效果降低，特别是低浓度烟尘情况下除尘效率低于 50％，甚至发生烟尘浓度出口大于入口的情况。在超低排放政策下，国内湿法脱硫开始考虑协同除尘效果，通过低低温电除尘技术提高湿法脱硫入口粉尘粒径，以提高湿法脱硫协同除尘效率；另外，通过改善除雾效果、增加喷淋层或托盘层等措施，降低湿法脱硫出口粉尘浓度。

2. 在达到相同效率的情况下，考虑系统投资和运行成本

以烟尘治理为例，2013 年之前烟气治理技术路线降低烟尘排放浓度主要采用提高除尘器除尘效率的方式，并且国内绝大部分燃煤电厂采用的是常规电除尘器，为达到较低的出口烟尘浓度限值要求，原电除尘器需增加比集尘面积和电场数量，投资成本较大，并占用较大的空间，给空间有限的现役机组更是带来挑战。采用电袋复合或袋式除尘技术改造时，存在本体阻力高、运行费用较高、滤袋的使用寿命短、换袋成本高、旧滤袋资源化利用率较低等缺点。2013 年后，在超低排放政策压力下开始注重系统设计，综合考虑系统投资和运行成本。

3. 电厂常规大气污染防治措施

（1）电厂常规颗粒物排放控制措施　可参考表 11-1。

表 11-1　常规颗粒物排放控制措施的一般性能

措施		颗粒物脱除效率/%
干式静电除尘器	常规	99.20～99.85
	低低温(90℃±5℃)	99.20～99.90

续表

措施	颗粒物脱除效率/%
湿式电除尘器	70～90
袋式除尘器	99.50～99.99
电袋复合除尘器	99.50～99.99

注：采用湿法脱硫工艺时，可协同脱除50%～70%的颗粒物。

（2）电厂常规 SO_2 排放的控制措施　可参考表11-2。

表 11-2　常规烟气脱硫技术的一般性能

措施	SO_2 脱除效率/%
石灰石-石膏湿法	95.0～99.7
烟气循环流化床法	93.0～98.0
氨法	95.0～99.7
海水法	95.0～99.0

（3）电厂常规 NO_x 排放控制措施　可参考表11-3、表11-4。

表 11-3　降低 NO_x 排放的初级措施总体性能

初级措施	NO_x 降低率/%
低氮燃烧	20～50
空气分级燃烧	20～50
燃料分级燃烧（再燃）	30～50
低氮燃烧器结合空气分级燃烧	40～60
低氮燃烧器结合燃料分级燃烧（再燃）	40～60

表 11-4　降低 NO_x 排放的二级措施总体性能

二级措施	NO_x 脱除效率/%
选择性催化还原法（SCR）	50～90
选择性非催化还原法（SNCR）	煤粉炉：30～40 循环流化床锅炉：60～80
SNCR/SCR 联合法	55～85

注：优化烟气流场、增加催化剂装量（提高单层尺寸或层数）等强化措施可适当提高脱硝总体性能。

（二）主要控制技术选择

1. 主要 SO_2 超低排放控制技术

根据《燃煤电厂超低排放烟气治理工程技术规范》标准中针对超低排放的要求，基于传统的石灰石-石膏湿法脱硫工艺，不断有新技术发展来提升脱硫效率。在采取增加喷淋层、利用流场均化技术，采用高效雾化喷嘴、性能增效环或增加喷淋密度等措施，提高传统空塔喷淋技术脱硫性能的基础上，石灰石-石膏湿法脱硫工艺又出现了 pH 值分区脱硫技术、复合塔脱硫技术等。

pH 值分区脱硫技术是通过加装隔离体、浆液池等方式对浆液实现物理分区或依赖浆液自身特点（流动方向、密度等）形成自然分区，以达到对浆液 pH 值的分区控制，完成烟气 SO_2 的高效吸收。目前工程应用中较为广泛的 pH 值分区脱硫技术包括单、双塔双循环，单塔双区，塔外浆液箱 pH 值分区等。复合塔脱硫技术是在吸收塔内部加装托盘或湍流器等强化气液传质组件，烟气通过持液层时气液固三相传质速率得以大幅提高，进而完成烟气 SO_2 的高效吸收。目前工程应用中较为广泛的复合塔脱硫技术有托盘塔和旋汇耦合等。

（1）单、双塔双循环脱硫　单塔双循环技术最早源自德国诺尔公司，该技术与常规石灰石-石膏湿法烟气脱硫工艺相比，除吸收塔系统有明显区别外，其他系统配置基本相同。该技术实际上是相当于烟气通过了两次 SO_2 脱除过程，经过了两级浆液循环，两级循环分别设有独立的循环浆池、喷淋层，根据不同的功能每级循环具有不同的运行参数。烟气首先经过一级循环，此级循环的脱硫效率一般为 30%～70%，循环浆液 pH 值控制在 4.5～5.3，浆液停留时间约 4min，此级循环的主要功能是保证优异的亚硫酸钙氧化效果和充足的石膏结晶时间。经过一级循环的烟气进入二级循环，此级循环实现主要的洗涤吸收过程，由于不用考虑氧化结晶的问题，所以 pH 值可以控制在非常高的水平，达到 5.8～6.2，这样可以大大降低循环浆液量，从而达到很高的脱硫效率。

双塔双循环技术采用了两塔串联工艺，对于改造工程，可充分利用原有脱硫设备设施。原有烟气系统、吸收塔系统、石膏一级脱水系统、氧化空气系统等采用单元制配置，原有吸收塔保留不动，新增一座吸收塔，亦采用逆流喷淋空塔设计方案，增设循环泵和喷淋层，并预留有一层喷淋层的安装位置；新增一套强制氧化空气系统，石膏脱水-石灰石粉储存制浆等系统相应进行升级改造。双塔双循环技术可以较大提高 SO_2 脱除能力，但对两个吸收塔控制要求较高，适用于场地充裕，含硫量增加幅度中的中、高硫煤增容改造项目。

（2）单塔双区脱硫　单塔双区技术通过在吸收塔浆池中设置分区调节器，结合射流搅拌技术控制浆液的无序混合，通过石灰石供浆加入点的合理设置，可以在单一吸收塔的浆池内形成上下部两个不同的 pH 值分区：上部低值区有利于氧化结晶，下部高值区有利于喷淋吸收，但没有采用如双循环技术等一样的物理隔离强制分区的形式。同时，其在喷淋吸收区会设置多孔性分布器（均流筛板），起到烟气均流及持液，达到强化传质进一步提高脱硫效率、洗涤脱除粉尘的功效。单塔双区技术可以较大提高 SO_2 脱除能力，且无需额外增加塔外浆池或二级吸收塔的布置场地，且无串联塔技术中水平衡控制难的问题。目前有 8 台百万千瓦机组、37 台 60 万千瓦机组烟气脱硫中应用单塔双区技术。

2. 主要 NO_x 超低排放控制技术

燃煤火电厂 NO_x 控制技术主要有两类：一是控制燃烧过程中 NO_x 的生成，即低氮燃烧技术；二是对生成的 NO_x 进行处理，即烟气脱硝技术。烟气脱硝技术主要有 SCR、SNCR 和 SNCR/SCR 联合脱硝技术等。

（1）低氮燃烧技术　低氮燃烧技术是通过降低反应区内氧的浓度、缩短燃料在高温区内的停留时间、控制燃烧区温度等方法，从源头控制 NO_x 生成量。目前，低氮燃烧技术主要包括低过量空气技术、空气分级燃烧、烟气循环、减少空气预热和燃料分级燃烧等技术。该类技术已在燃煤火电厂 NO_x 排放控制中得到了较多的应用。目前已开发出第三代低氮燃烧技术，在 600～1000MW 超超临界和超临界锅炉中均有应用，NO_x 浓度在 170～240mg/m^3。低氮燃烧技术具有使用简单、投资较低、运行费用较低的特点，但受煤质、燃烧条件限制，易导致锅炉中飞灰的含碳量上升而降低锅炉效率；若运行控制不当，会出现炉内结渣、水冷壁腐蚀等现象，影响锅炉运行的稳定性；在减少 NO_x 生成方面的差异也较大。

（2）烟气脱硝技术

① SCR 脱硝技术是目前世界上最成熟、实用业绩最多的一种烟气脱硝工艺，其采用 NH_3 作为还原剂，将空气稀释后的 NH_3 喷入 300～420℃的烟气中，与烟气均匀混合后通过布置有催化剂的 SCR 反应器，烟气中的 NO_x 与 NH_3 在催化剂的作用下发生选择性催化还原反应，生成无污染的 N_2 和 H_2O。该技术自 20 世纪 90 年代末从国外引进，现在在我国火电行业已得到广泛应用，并在工艺设计和工程应用等多方面取得突破，业界已开发出高效 SCR 脱硝技术，以应对日益严格的环保排放标准。目前 SCR 脱硝技术已应用于不同容量机组，该技术的脱硝效率一般为 80%～90%，结合锅炉低氮燃烧技术后可实现机组 NO_x 排放浓度＜50mg/m³。SCR 技术在高效脱硝的同时也存在以下问题：锅炉启停机及低负荷时，烟气温度达不到催化剂运行的温度要求，导致 SCR 脱硝系统无法投运；NH_3 逃逸和 SO_3 的产生导致硫酸氢铵生成，进而导致催化剂和空预器堵塞；还有废弃催化剂的处置难题；采用液氨作还原剂时的安全防护等级要求较高；NH_3 逃逸引起的二次污染等。

② SNCR 脱硝技术在锅炉炉膛上部烟温 850～1150℃区域喷入还原剂（NH_3 或尿素），使 NO_x 还原为水和 N_2。SNCR 脱硝效率一般在 30%～70%，NH_3 逃逸一般＞3.8mg/m³，NH_3/NO_x 摩尔比一般＞1。SNCR 技术的优点在于不需要昂贵的催化剂，反应系统比 SCR 工艺简单，脱硝系统阻力较小、运行电耗低。但存在锅炉运行工况波动易导致炉内温度场、速度场分布不均匀，脱硝效率不稳定；氨逃逸量较大，导致下游设备产生堵塞和腐蚀等问题。国内最早在江苏阚山电厂、江苏利港电厂等大型煤粉炉上应用 SNCR，随后在各种容量的循环流化床锅炉和中小型煤粉炉得到大量应用，在 300MW 及以上新建煤粉锅炉应用很少。工程实践表明，煤粉炉 SNCR 脱硝效率一般为 30%～70%，结合锅炉采用的低氮燃烧技术也很难实现机组 NO_x 超低排放；循环流化床锅炉配置 SNCR 效率一般在 60% 以上（最高可达 80%），主要原因是循环流化床锅炉尾部旋风分离器提供了良好的脱硝反应温度和混合条件，因此结合循环流化床锅炉低 NO_x 的排放特性，可以在一定条件下实现机组的 NO_x 超低排放。

③ SNCR/SCR 联合脱硝工艺，主要是针对场地空间有限的循环流化床锅炉 NO_x 治理而发展来的新型高效脱硝技术。SNCR 宜布置于炉膛最佳温度区间，SCR 脱硝催化剂宜布置在上下省煤器之间。利用在前端 SNCR 系统喷入的适当过量的还原剂，在后端 SCR 系统催化剂的作用下进一步将烟气中的 NO_x 还原，以保证机组 NO_x 排放达标。与 SCR 脱硝技术相比，SNCR/SCR 联合脱硝技术中的 SCR 反应器一般较小，催化剂层数较少，且一般不再喷 NH_3，而是利用 SNCR 的逃逸 NH_3 进行脱硝，适用于部分 NO_x 生成浓度较高、仅采用 SNCR 技术无法稳定达到超低排放的循环流化床锅炉，以及受空间限制无法加装大量催化剂的现役中小型锅炉改造。但该技术对喷 NH_3 精确度要求较高，在保证脱硝效率的同时需要考虑 NH_3 逃逸泄漏对下游设备的堵塞和腐蚀。该技术应用于高灰分煤及循环流化床锅炉时需注意催化剂的磨损。

3. 主要颗粒物超低排放控制技术

随着《火电厂大气污染物排放标准》（GB 13223—2011）和《煤电节能减排升级与改造行动计划（2014—2020 年）》（发改能源〔2014〕2093 号）的发布执行，我国除尘器行业在技术创新方面成效显著，一系列新技术在实践应用中取得了良好的业绩。除湿式电除尘外，低低温电除尘、高频电源供电电除尘、超净电袋复合除尘、袋式除尘等技术也得到快速发展和广泛应用，另外旋转电极电除尘、粉尘凝聚技术、烟气调质、隔离振打、分区断电振打、脉冲电源、三相电源供电等一批新型电除尘技术也已在一些电厂中得到应用。

(1) 低低温电除尘器 低低温电除尘技术从电除尘器及湿法烟气脱硫工艺演变而来，在日本已有 20 多年的应用历史。三菱重工于 1997 年开始在大型燃煤火电机组中推广应用基于管式气气换热装置、使烟气温度在 90℃左右运行的低低温电除尘技术，已有超 6500MW 的业绩。在三菱重工的烟气处理系统中，低低温电除尘器出口烟尘浓度均小于 30mg/m³，SO₃ 浓度大部分低于 3.57mg/m³，湿法脱硫出口颗粒物浓度可达 5mg/m³ 以下，湿式电除尘器出口颗粒物浓度可达 1mg/m³ 以下。目前日本多家电除尘器制造厂家均拥有低低温电除尘技术的工程应用案例。据不完全统计，日本配套机组容量累计已超 5000MW，主要厂家有三菱重工（MHI）、石川岛播磨（IHI）、日立（Hitachi）等。

低低温电除尘技术是通过低温省煤器或热媒体气气换热装置（MGGH）降低电除尘器入口烟气温度至酸露点温度以下（一般在 90℃左右），使烟气中的大部分 SO₃、在低温省煤器或 MGGH 中冷凝形成硫酸雾，黏附在粉尘上并被碱性物质中和，大幅降低粉尘的比电阻，避免反电晕现象，从而提高除尘效率，同时去除大部分的 SO₃，当采用低温省煤器时还可降低机组煤耗。

(2) 高频电源电除尘器 高频电源作为新型高压电源，除具备传统电源的功能外，还具有高除尘效率、高功率因数、节约能耗、体积小、结构紧凑等突出优点，同时具备直流和间歇脉冲供电等两种以上优越供电性能和完善的保护功能等特点，已成为《火电厂大气污染物排放标准》（GB 13223—2011）实施后电力行业中最主要的电除尘器供电电源。

大量工程实例证明，高频电源工作在纯直流方式下，可以大大提高粉尘荷电量，提高除尘效率；应用于高粉尘浓度的电场，可以提高电场的工作电压和荷电电流。特别是在电除尘器入口粉尘浓度高于 30g/m³ 和高电场风速（＞1.1m/s）时，应优先考虑在第一电场配套应用高频高压电源；当粉尘比电阻比较高时电除尘器后级电场选用高频电源，应用间歇脉冲供电工作方式以克服反电晕，提高除尘效率并节能；在以提效节能为主要目的的应用中，可在整台电除尘器配置高频电源，并同时应用断电（减功率）振打等新控制系统，实现提效与节能的最大化。

(3) 湿式电除尘器 湿式电除尘器具有除尘效率高、克服高比电阻产生的反电晕现象、无运动部件、无二次扬尘、运行稳定、压力损失小、操作简单、能耗低、维护费用低、生产停工期短、可工作于烟气露点温度以下、由于结构紧凑而可与其他烟气治理设备相互结合、设计形式多样化等优点。同时，其采用液体冲刷集尘极表面来进行清灰，可有效收集细颗粒物（一次 PM₂.₅）、SO₃ 气溶胶、重金属（Hg、As、Se、Pb、Cr）、有机污染物（多环芳烃、二噁英）等，协同治理能力强。使用湿式电除尘器后，颗粒物排放可达 5mg/m³ 以下。在燃煤电厂湿法脱硫之后使用，还可解决湿法脱硫带来的"石膏雨"、蓝烟、酸雾等问题，缓解下游烟道、烟囱的腐蚀，节约防腐成本。

初期投运的超低排放煤电机组，普遍在湿法脱硫系统后加装湿式电除尘器，湿式电除尘器目前已成为应对 PM₂.₅ 及多种污染物协同治理的主要终端处理设备之一，在各种容量机组中均有大量应用。

(4) 电袋复合除尘器 电袋复合除尘器是指在一个箱体内紧凑安装电场区和滤袋区，将电除尘的荷电除尘及袋除尘的过滤拦截有机结合的一种新型高效除尘器，按照结构可分为整体式电袋复合除尘器、嵌入式电袋复合除尘器和分体式电袋除尘器。它具有长期稳定的低排放、运行阻力低、滤袋使用寿命长、运行维护费用低、适用范围广及经济性好的优点，出口烟尘浓度可达 10mg/m³ 以下，整体式电袋复合除尘器被快速推广应用到燃煤锅炉烟尘治理上。

(5) 袋式除尘器 袋式除尘技术是通过利用纤维编织物制作的袋状过滤元件来捕集含尘

气体中的固体颗粒物，达到气固分离的目的；其过滤机理是惯性效应、拦截效应、扩散效应和静电效应的协同作用。袋式除尘器具有长期稳定的高效率低排放、运行维护简单、煤种适用范围广的优点，出口烟尘浓度可达 $10mg/m^3$ 以下。电力行业最常用的袋式除尘器按清灰方式可分为低压回转脉冲喷吹袋式除尘器和中压脉冲喷吹袋式除尘器。随着火力发电污染物排放标准的日趋严格，袋式除尘器在滤料、清灰方式等方面均有改进，尤其是滤料在强度、耐温、耐磨以及耐腐蚀等方面综合性能有大幅度提高，袋式除尘器已成为电力环保烟尘治理的主流除尘设备，并且应用规模逐年稳定增长。

（三）集成控制系统设计

1. 协同控制功能

① 采集多种污染物（粉尘、SO_2、NO_x、汞等）脱除设备的运行和控制参数进行集中监控和数据处理；

② 采用统一的数据存储体系——以大型 SQL 关系型数据库为基础＋实时数据库引擎，实现除尘、脱硫、脱硝等各污染物子系统数据的集中统一分析，克服各自为政的"信息孤岛"现象；

③ 采用了统一的现场总线及通信协议，方便现场级协同控制的实施并优化性能；

④ 多子系统集中监控，数据流透明传输，方便相互关联、影响的多污染物协同控制高级策略的实施。

2. 多污染物集成控制布置

按正常工艺，除尘、脱硫、脱硝三个系统的一般布置为 SCR 烟气脱硝系统在前，电除尘器系统居中，湿法脱硫系统在后。根据这种工艺布置，可以对各系统相互间的影响进行协同考虑、综合处理，三者构成一个集成治理控制系统。

① 在脱硝系统中，烟气通过 SCR 反应区时，在脱硝催化剂的作用下，NO_x 被还原产生大量的极性分子 H_2O，SO_2 被氧化成 SO_3，有助于烟气中粉尘的荷电，降低烟气的比电阻，提高电除尘器的工作电压，提高除尘效率。另外，必须考虑喷氨量与氨逃逸，以免对后续的电除尘器造成腐蚀等不利影响。

② 在电除尘系统中，应最大可能地收尘、减少排放，若其出口排放浓度偏高，将会直接影响后续湿法脱硫系统的运行，影响烟囱的最终排放，影响其副产物石膏的品质。电除尘系统采用不同的控制可使各电场的收尘量发生较大变化，也将影响输灰系统的输送策略和正常运行。

③ 对于湿式脱硫系统，虽然主要是对 SO_2 的脱除，但由于浆液喷淋的作用，可以有效捕集烟气中的微细颗粒。一般烟气通过湿式脱硫装置时可有约 50% 的除尘效率。这样也可以适当考虑电除尘的排放情况。

新的环保标准中提出了对汞排放的控制要求。除尘装置与活性炭喷射系统结合起来，可以有效实现对烟气中汞化物的脱除。在脱硝系统中的烟气通过反应器时，大量的元素汞被氧化为二价汞，就很容易被下游的烟气除尘、脱硫装置捕集。

各个系统的主要参数（如脱硝的氨喷射量、氨逃逸量、反应区出口的 SO_3 含量，电除尘的工作电压、振打时序，脱硫的 Ca/S 值、吸收液的 pH 值、增压风机出口压力等），以及机组的锅炉负荷，烟气在不同系统的流速、温度等实际上彼此相互影响，但在除尘、脱硫、脱硝各系统"独立运行、各自为政"的情况下，这些影响的好坏无从把握与控制。因此应将上述各系统纳入统一的一个系统中，通过数据共享实现彼此之间的正向传播和反向传播，以一个大系统的视角或从整个系统的角度考虑，制订一些统一的公用控制策略，用以优化各自子系统的运行参数，减少共同的使用设备（如共用一个 CEMS 监测系统），实现对各主要控制回路之间的协调控制，特别是与上游除尘设备之间的协同控制，从而更好地满足烟囱出口粉尘、SO_2、NO_x 等排放的浓度要求，并尽力节约设备运行时的水、电、物等消耗。

3. 烟气集成控制系统设计

首先，从硬件上按一个系统的要求进行设计，合并一些公用的设备，选用相同的硬件配置，通过一定的网络架构将各个控制子系统连接成为一个集成系统，形成统一的监控。

其次，从软件上设计一套完整的、优化整个污染物控制链各环节的控制策略，实现协同控制，这是烟气治理岛集成控制系统的核心。集成控制策略即在分析整个污染物控制链的基础上，进行综合评估，优化各系统的运行状态，保证整个系统协调、稳定、安全运行，满足各系统的污染物排放要求，并在最大程度上节约能耗和物耗。集成系统是"硬件系统"，控制策略是"软件系统"。控制策略是为集成系统服务的，是烟气集成系统的"指挥中枢"。

同时，烟气治理岛集成控制系统不仅仅是烟尘、脱硫、脱硝、脱汞和气力输送等系统的集成，在满足污染物排放要求的情况下还要与锅炉系统的 DCS 主机进行联动，寻找最佳的工作点；不仅需要考虑锅炉系统的负荷、压力、预热器温度等参数构成前馈系统，还需要考虑出口污染物排放指标参数构成的反馈控制系统。对整个污染物集成控制系统而言，就构成了具有多参量的前馈-反馈控制系统，这就需要建立相应的数学模型。由于燃煤电厂大气污染物集成控制系统各子系统的运行参数具有很多不确定因素，且具有时变的对象和环境，无法建立精确的数学模型，但可以通过先进的智能控制（如预估控制、神经网络控制、模糊控制等方法），建立具有自学习功能的多参量的前馈-反馈型自适应控制系统。

三、以低低温电除尘为核心的治理技术

燃煤电厂烟气污染物协同治理系统是在充分考虑燃煤电厂现有烟气污染物脱除设备性能（或进行适当的升级和改造）的基础上，引入"协同治理"的理念建立的，具体表现为综合考虑脱硝系统、除尘系统和脱硫装置之间的协同关系，在每个装置脱除其主要目标污染物的同时能协同脱除其他污染物，或为其他设备脱除污染物创造条件。

（一）工作原理

脱硝、除尘和脱硫设施在脱除其自身污染物的同时，对其他污染物均有一定的协同脱除作用。各个设备处理的污染物协同脱除如表 11-5 所列，典型污染物治理技术间的协同脱除作用如表 11-6 所列。

表 11-5　各污染物协同脱除

设备名称	污染物		
	烟尘	SO_3	汞
脱硝装置	—	脱硝催化剂会促使部分 SO_2 转化为 SO_3	采用高效汞氧化催化剂，将零价汞(Hg^0)氧化为二价汞(Hg^{2+})
热回收器	烟气温度降至酸露点以下,绝大部分 SO_3 在烟气降温过程中凝结并被粉尘吸附	绝大部分 SO_3 被粉尘吸附	在较低温度下会增加颗粒汞(Hg^p)被烟尘捕获的机会

设备名称	污染物		
	烟尘	SO_3	汞
低低温电除尘器	粉尘性质发生了很大变化,使粉尘比电阻降低,烟气击穿电压升高,烟气量减小,除尘效率提高	绝大部分 SO_3 随烟尘被一起去除	颗粒态汞(Hg^p)、二价汞(Hg^{2+})被灰颗粒吸附并去除
湿法脱硫装置	(1)因除尘器出口粉尘粒径增大,湿法脱硫装置协同除尘效应得到大幅提高; (2)因脱硫浆液的洗涤作用,被进一步脱除; (3)合适的吸收塔流速、较好的气流分布、优化喷淋层设计及采用高性能的除雾器,可实现较低的烟尘排放浓度	对 SO_3 有一定的脱除作用,其脱除率一般为30%~50%	(1)颗粒态汞(Hg^p)和二价汞(Hg^{2+})在湿法脱硫装置中被吸收; (2)部分二价汞(Hg^{2+})被还原为零价汞(Hg^0),不利于汞的脱除
湿式电除尘器	粉尘性质发生明显变化,且可从根本上消除"二次扬尘",除尘效率大幅提高,并可达到极低的烟尘排放限值	对 SO_3 有较好的脱除作用,其脱除率一般可达60%左右	可去除烟气中部分颗粒态汞(Hg^p)和二价汞(Hg^{2+})

表 11-6 典型污染物治理技术间的协同脱除作用

污染物	脱硝	热回收器	低低温电除尘	湿法脱硫	湿式电除尘
PM	○	▲	√	●	√
SO_2	○	○	○	√	○
SO_3	★	○	●	●	√
NO_x	√	○	○	●	○
Hg	▲	▲	●	●	●

注:√为直接作用;●为直接协同作用;▲为间接协同作用;○为基本无作用或无作用;★为反作用。

(二)工艺路线

燃煤电厂烟气治理岛推荐采用的两种低低温电除尘器典型工艺路线分别如图 11-2 和图 11-3 所示。

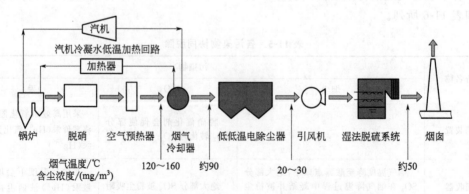

图 11-2 燃煤电厂烟气治理岛低低温电除尘典型工艺路线 1

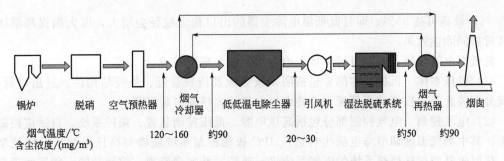

图 11-3　燃煤电厂烟气治理岛低低温电除尘典型工艺路线 2

第一种工艺路线如图 11-2 所示,电除尘器前布置烟气冷却器,目前国内主要采用此工艺路线,节能提效效果明显。第二种工艺路线如图 11-3 所示,在电除尘器前布置烟气冷却器将烟气温度降低,且将烟气中回收的热量传送至湿法脱硫系统后的烟气再热器,提高烟囱烟气温度,以增大外排污染物的扩散性。该工艺路线在国外应用非常广泛,国内也有少量应用。

(三)主要设备

1. 脱硝装置（SCR 法）

脱硝装置的主要功能是实现 NO_x 的高效脱除,若通过在脱硝系统中加装高效汞氧化催化剂,可提高元素态汞的氧化效率,有利于在其后的除尘设备和脱硫设备中对汞进行脱除。

2. 热回收器（WHR）

热回收器的主要功能是使烟气温度降低至酸露点以下,一般在 90℃ 左右。此时,绝大部分 SO_3 在烟气降温过程中凝结。由于烟气尚未进入电除尘器,所以烟尘浓度高、比表面积大,冷凝的 SO_3 可以得到充分的吸附,下游设备一般不会发生低温腐蚀现象,同时实现余热利用或加热烟囱前的净烟气。

(1) 烟气冷却器（工艺路线 1）　通过汽机冷凝水吸收烟气装置,降低烟气温度,自身被加热升温,再经加热器、锅炉加热成高温高压蒸汽后返回汽轮机做功,从而实现余热利用,减少排烟损失,提高电厂的运行经济性。

当烟气冷却器布置在除尘器的进口时,除尘器下游的烟气体积流量减小,因此其烟道上的风机等的运行功率可相应减小,有效降低电厂用电。

当烟气冷却器布置在脱硫吸收塔的进口时,由于烟气经过除尘器后烟气冷却器处于低尘区工作,因此飞灰对管壁的磨损程度将大大减轻。但采用这种布置方式无法利用烟气温度降低带来的提高电除尘器除尘效率、减小风机运行功率的好处,目前工程应用较少。

(2) 烟气换热系统（工艺路线 2）　电除尘器前布置烟气冷却器将烟气温度降低,同时将烟气中回收的热量传送至湿法脱硫系统后的烟气再热器,提高烟囱烟气温度,以此来增大外排污染物的扩散性。

3. 低低温电除尘器（LLT-ESP）

低低温电除尘器的主要功能是实现烟尘的高效脱除,同时实现 SO_3 的协同脱除。当烟气经过热回收器时,烟气温度降低至酸露点以下,SO_3 冷凝成硫酸雾,并吸附在粉尘表面,使粉尘性质发生了很大变化,不仅使粉尘比电阻降低,而且提升了击穿电压、降低了烟气流量,从而提高了除尘效率。低低温电除尘在高效除尘的基础上对 SO_3 的脱除率一般不小于 80％，最高可达 95％；而且低低温电除尘器的出口粉尘粒径会增大，可大幅提高湿法脱硫装置协同除尘效果。

低低温电除尘器主要由机械本体和电气控制两大部分组成。

（1）机械本体　机械本体部分包括阴阳极系统及清灰装置、外壳结构件、进出口封头、气流分布装置等，根据需要可配置旋转电极电场或离线振打装置等。

（2）电气控制　电气控制部分包括高压电源、低压控制装置、集控系统、自适应控制系统等。其中烟气温度调节与电除尘自适应 IPC 智能控制系统能够与高压电源、低压控制装置、热回收器或烟气换热系统的电气系统进行通信，并实现监视、控制功能。能够实现自动获取系统负荷、浊度、烟气温度、烟气量等信号，自动获取电场伏安特性曲线（族）等现场工况变化信息，将获取的信息引入控制系统进行分析处理，与预先设定的基准数据等做对比，根据对比结果可实现自动调节烟气换热总量，调整换热后的烟气温度，并自动选择和调整高压设备等运行方式和运行参数，使电除尘器工作在最佳状态，实现电除尘器保效节能。

4. 湿法烟气脱硫装置（WFGD）

湿法烟气脱硫装置的主要功能是实现 SO_2 的高效脱除，同时实现烟尘、SO_3 等的协同脱除。采用单塔或组合式分区吸收技术，改变气液传质平衡条件，优化浆液 pH 值、浆液雾化粒径、钙硫比、液气比等参数，优化塔内烟气流场，改善喷淋层设计，提高除雾器性能，提高脱硫效率。

低低温电除尘器的出口粉尘粒径增大，WFGD 出口的液滴中含有石膏等固体颗粒，要达到颗粒物的超低排放，WFGD 的除尘效率可 ≥70％，提高其协同除尘效率的措施有：

① 较好的气流分布；

② 采用合适的吸收塔流速；

③ 优化喷淋层设计；

④ 采用高性能的除雾器，除雾器出口液滴浓度为 $20\sim40mg/m^3$；

⑤ 采用合适的液气比。

5. 湿式电除尘器（WESP）

湿式电除尘器可有效捕集其他烟气治理设备捕集效率较低的污染物（如 $PM_{2.5}$ 等），消除"石膏雨"，可达到其他污染物控制设备难以达到的极低的排放限值，如颗粒物排放 ≤$3mg/m^3$。一般情况下，其对 SO_3 的脱除率可达 60％左右。具体工程可根据烟囱出口污染物排放浓度的要求选择性安装。

6. 烟气再热器（FGR）

烟气再热器的主要功能是将 50℃左右的烟气加热至 80℃左右，改善烟囱运行条件，同时还可避免烟囱冒白烟的现象，并提高外排污染物的扩散性，具体工程可根据环境影响评价。

（四）技术特点

1. 除尘效率高

（1）粉尘比电阻下降　通过热回收器或烟气换热系统将烟气温度降至酸露点以下，烟气中大部分 SO_3 冷凝成硫酸雾，并吸附在粉尘表面，使粉尘性质发生了很大变化。烟气温度在低温区时，表面比电阻占主导地位，并且随着温度的降低而降低。低低温电除尘器入口烟气温度降至酸露点以下，使粉尘比电阻处在电除尘器高效除尘的区域，粉尘性质的变化和烟气温度的降低均促使粉尘比电阻大幅下降，避免了反电晕现象，从而提高了除尘效率。

低低温电除尘器出口烟尘浓度设计值一般为标准状况下 $30mg/m^3$，由于脱硫系统具有一定的除尘效率，低低温电除尘器烟尘出口浓度设计是合理的。实际上，低低温电除尘器出口烟尘浓度可以更低，例如日本广野电厂 600MW 机组低低温电除尘器出口烟尘浓度为标准状况下 $16.4mg/m^3$，橘湾电厂 2 号 1050MW 机组低低温电除尘器出口烟尘浓度为标准状况下 $3.7mg/m^3$。

（2）击穿电压上升　进入电除尘器的烟气温度降低，使电场击穿电压上升，从而提高除尘效率。实际工程案例表明，排烟温度每降低 $10℃$，电场击穿电压将上升 3％左右。在低低温条件下，由于有效避免了反电晕，击穿电压的上升幅度将更大。

（3）烟气流量减小　由于进入电除尘器的烟气温度降低，烟气流量下降，电除尘器电场流速降低，增加了粉尘在电场中的停留时间，同时比集尘面积增大，从而提高除尘效率。

对于低低温电除尘器，由于粉尘性质发生了很大变化，可有效避免反电晕，击穿电压将有更大的上升幅度。表 11-7 显示了在实际应用中部分低低温电除尘器出口烟尘浓度值及除尘效率情况。

表 11-7　部分低低温电除尘器出口烟尘浓度值及除尘效率

厂家	电厂机组	出口浓度/(mg/m³)	除尘效率/%
日本东京电力	广野电厂（600MW）配套机组	16.4	—
东北电力株式会社	原町火力发电厂 1 号机 2 台 1000MW 机组	7	99.3
中国电力（株）	三隔发电所 1 号机	—	99.73
石川岛播磨	常陆那珂 1 号机	30 以下	99.8
石川岛播磨	住金鹿岛	30 以下	99.79
石川岛播磨	住共新居浜	30 以下	99.81
日本日立	碧南电 4#、5# 炉 1000MW 机组	30 以下	99.4～99.9
日本电源开发株式会社	橘湾电厂 2 号 1050MW 机组	3.7	—

2. 去除烟气中大部分 SO₃

烟气温度降至酸露点以下，气态的 SO_3 将冷凝成液态的硫酸雾。因烟气含尘浓度高，粉尘总表面积大，这为硫酸雾的凝结附着提供了良好的条件。国外有关研究表明，低低温电除尘系统对 SO_3 的去除率一般在 80％以上，最高可达 95％，是目前 SO_3 去除率最高的烟气处理设备。

三菱重工的低低温系统中，热回收器进口的 SO_3 设计质量浓度为 $35.7mg/m^3$，灰硫比大于 100，低低温电除尘器出口的 SO_3 设计质量浓度小于 $3.57mg/m^3$，去除率可达到 90％以上。

国外有关研究表明，热回收器中 SO_3 浓度随烟气温度变化。烟气温度在 $100℃$ 以下时，几乎所有的 SO_3 在热回收器中转化为液态的硫酸雾，并黏附在粉尘上。

3. 提高湿法脱硫系统协同除尘效果

国外有关研究低温电除尘器与低低温电除尘器出口粉尘粒径、电除尘器出口烟尘浓度与脱硫出口烟尘浓度关系的结果如图 11-4 和图 11-5 所示。

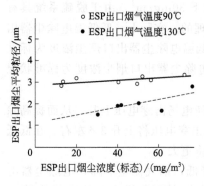

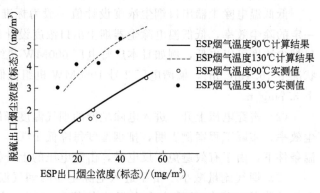

图 11-4　ESP 出口烟尘浓度与
平均粒径关系

图 11-5　ESP 出口烟尘浓度与脱硫
出口烟尘浓度关系

低温电除尘器出口烟尘平均粒径一般为 $1\sim2.5\mu m$，低低温电除尘器出口粉尘平均粒径 $>3\mu m$，低低温电除尘器出口粉尘平均粒径明显高于低温电除尘器。当采用低低温电除尘器时，脱硫出口烟尘浓度明显降低，可有效提高湿法脱硫系统协同除尘效果。国内脱硫厂家也认为，增大电除尘器出口粉尘平均粒径可有效提高湿法脱硫系统协同除尘效果。

4. 节能效果明显

目前国内电厂低低温电除尘器前回收的热量用于节省煤耗，对于 1 台 1000MW 机组来说，烟气温度降低 30℃，机组供电煤耗可净节省约 1.5g/（kW·h）。另外，由于烟气温度的降低，可节约湿法脱硫系统水耗量，可使风机的电耗和脱硫系统用电率减小。

5. 二次扬尘有所增加

粉尘比电阻的降低会削弱捕集到阳极板上的粉尘的静电黏附力，从而导致二次扬尘现象比低温电除尘器适当增加，但在采取相应措施后二次扬尘现象能得到很好的控制。

6. 具更优越的经济性

由于烟气温度降至酸露点以下，粉尘性质发生了很大的变化，比电阻大幅下降，因此在达到相同除尘效率的前提下，低低温电除尘器的电场数量可减少，流通面积可减小，且其运行功耗也有所降低。低低温电除尘系统采用热回收器时可回收热量，兼具节能效果。热回收器的投资成本，一般可在 3~5 年内收回。

四、烟气循环流化床净化技术

催化氧化脱硝＋循环流化床干法脱硫技术（SCO＋CFB）是中冶节能环保有限责任公司研究开发的烟气协同净化新技术。其低温烟气循环流化床同时脱硫脱硝除尘技术的核心就是开发了独有的低温氧化催化剂和高效的循环流化床反应器，解决了 NO 的低成本氧化和 SO_2 及 NO_x 高效脱除的两大关键难题。

（一）工作原理

该技术采用生石灰或消石灰为吸收剂，具有低温同时脱硫脱硝的能力，在较低的 Ca/（S＋0.5N）摩尔比下就能达到很高的脱硫脱硝效率，非常适合处理温度在 150℃ 以下的低温烟气；同时，该工艺尾部配备脉冲袋式除尘器，对烟气中的粉尘具有高效过滤的作用。

烟气循环流化床同时脱硫脱硝除尘技术是一种低温干法同时脱硫脱硝工艺。该技术以循环流化床原理为基础，利用催化剂将 NO 氧化为 NO_2，通过吸收剂的多次再循环利用，延长吸收剂与烟气的接触时间，以达到高效脱硫脱硝的目的。

循环流化床脱硫脱硝反应原理：在脱硫脱硝反应塔内，多次循环的固体吸收剂形成一个浓相的床态，消石灰粉末、烟气及喷入的水分，在流化状态下充分混合。消石灰粉末和烟气中的 SO_2、NO_2、SO_3、HCl、HF 等在水分存在的情况下，在 $Ca(OH)_2$ 粒子的液相表面发生反应，从而实现高效脱硫脱硝。

下列简化反应式描述了一定温度范围内脱硫脱硝反应塔内发生的大部分反应。

① 脱硫反应：

$$SO_2 + Ca(OH)_2 \longrightarrow CaSO_3 + H_2O$$

② 脱硝反应：

$$NO + \frac{1}{2}O_2 \longrightarrow NO_2 \quad （催化剂作用下）$$

$$NO + \frac{1}{3}O_3 \longrightarrow NO_2 \quad （强氧化剂作用下）$$

$$4NO_2 + 2Ca(OH)_2 \longrightarrow Ca(NO_3)_2 + Ca(NO_2)_2 + 2H_2O$$

③ 脱硫脱硝互相促进的反应：

$$2NO_2 + CaSO_3 + Ca(OH)_2 \longrightarrow Ca(NO_2)_2 + CaSO_4 + H_2O$$

④ 与其他酸性物质（如 SO_3、HF、HCl）的反应：

$$SO_3 + Ca(OH)_2 \longrightarrow CaSO_4 + H_2O$$

$$2HCl + Ca(OH)_2 \longrightarrow CaCl_2 + H_2O$$

$$2HF + Ca(OH)_2 \longrightarrow CaF_2 + H_2O$$

（二）协同净化工艺流程

燃煤锅炉烟气循环流化床同时脱硫脱硝除尘系统工艺流程如图 11-6 所示。

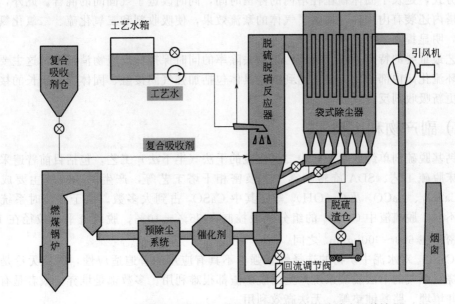

图 11-6　燃煤锅炉烟气循环流化床同时脱硫脱硝除尘系统流程

燃煤锅炉系统排出的烟气（一般为 $100\sim150℃$）引入催化剂中，在催化剂和强氧化剂（部分工序需添加）作用下，大多数 NO 被氧化成 NO_2，经催化剂后的烟气再进入脱硫脱硝反应塔底部，脱硫脱硝反应塔底部为一布风装置，烟气流经时被均匀分布。脱硫脱硝吸收剂通过一套喷射装置在布风装置上部喷入。在布风装置的上部同样设有喷水装置，喷入的雾化水使烟气降至一定温度。增湿后的烟气与吸收剂相混合，复合吸收剂与烟气中的 SO_2、NO_x 反应，生成亚硫酸钙、硫酸钙、亚硝酸钙和硝酸钙等。大量固体颗粒部分在塔顶回落，在塔内形成内循环，部分烟气从脱硫脱硝反应塔上部侧向排出，然后进入脉冲袋式除尘器。大部分固体颗粒通过除尘器下的再循环系统，返回脱硫脱硝反应塔继续参加反应，如此循环达 $100\sim150$ 次，少部分脱硫脱硝产物则经过灰渣处理系统输入渣仓。最后的烟气经除尘器通过脱硫脱硝增压风机排入烟囱。由于脱硫脱硝过程中，烟气中的大量酸性物质尤其是 SO_3 被脱除，烟气的酸露点温度很低，排烟温度高于露点温度，因此烟气也不需要再加热。

脱硫脱硝反应塔上部设有回流装置，塔中的烟气和吸收剂颗粒在向上运动时会有一部分烟气及固体颗粒产生回流，形成很强的内部湍流，从而增加了烟气与吸收剂的接触效率，使脱硫脱硝反应更加充分。固体颗粒在上部产生强烈的回流，加强了固体颗粒之间的碰撞和摩擦，不断地暴露出新鲜的吸收剂表面，大大提高了吸收剂的利用率。吸收塔较高，烟气在脱硫脱硝反应塔中的停留时间较长，使得烟气中的 SO_2、NO_2 能够与吸收剂充分混合反应，99% 的脱硫反应和 80% 的脱硝反应都在脱硫脱硝反应塔内进行并完成。

当锅炉或烧结机负荷较低导致烟气量不能满足循环流化床运行工况要求时，可以通过调节回流调节阀开度使部分净烟气重新返回脱硫脱硝反应塔，以满足流化床对系统风量的要求。

相比诸多采用循环流化床原理的干法脱硫工艺，本工艺的特点是采用新型布风装置，加快气体对固体颗粒的加速作用，快速获得均一的气固浓度分布，缩短脱硫脱硝塔入口的长度，提高床层利用效率；同时，脱硫脱硝塔下部是脱硫脱硝反应迅速进行的区域，采用新型布风装置，消除了脱硫脱硝装置下部流场的偏转，提高了颗粒均匀性和脱硫脱硝效率。同时，在脱硫脱硝反应塔上部出口区域布置了回流装置，旨在造成烟气流中固体颗粒的回流，通过这种方式，延长了固体颗粒在塔内的停留时间，同时改进了气固间的混合。此外，脱硫脱硝反应塔内还装有内构件，增强了气体的紊流效果，使吸收剂和二氧化硫、二氧化氮接触更加充分，明显提高了脱硫脱硝效率。

该工艺最重要的特点是在维持高污染物去除率的同时保持低反应物消耗率，这主要是通过优化循环流化床内部的反应条件达到的，具体包括加强气固接触、固体物有较长的接触时间、不断更新吸收剂反应表面等。

（三）副产物利用技术

采用钙基脱硫剂单纯脱除烟气中二氧化硫的干法（半干法）工艺，包括目前普遍采用的循环流化床脱硫工艺、SDA 旋转喷雾工艺及密相干塔工艺等，产生的脱硫渣主要成分为 $CaSO_3$、$CaSO_4$、$CaCO_3$ 及 $Ca(OH)_2$ 等，其中 $CaSO_3$ 占到大多数。由于脱硫时系统采用的钙硫比不同，脱硫渣中 $CaSO_3$ 的组分一般控制在 $35\%\pm10\%$，脱硫渣平均粒径在 $10\mu m$ 左右，堆密度在 $600\sim900kg/m^3$ 之间。

由于 $CaSO_3$ 对水泥中矿物的选择性较强，不具有应用的普遍适应性，因此无论是电厂烟气还是烧结烟气的干法脱硫系统产生的脱硫渣都很难利用。多数都是堆弃，或者是有限地利用于矿井填埋、路基铺垫等，无法高效利用。

烟气循环流化床同时脱硫脱硝除尘工艺对烟气进行处理后，其脱硫脱硝副产物的主要矿物组成是硫酸钙、硝酸钙、亚硝酸钙及其他钙化合物。硫酸钙是矿渣粉生产企业常用的外加剂，也是《用于水泥、砂浆和混凝土中的粒化高炉矿渣粉》（GB/T 18046—2017）所允许添加的外加剂。硝酸盐和亚硝酸盐不仅能作为混凝土的早强剂组分，而且可以作为混凝土防冻剂组分使用。我国曾生产应用过以硝酸盐和亚硝酸盐为主的许多品种的早强剂或防冻剂，如亚硝酸钙-硝酸钙、亚硝酸钙-硝酸钙-尿素、亚硝酸钙-硝酸钙-氯化钙等。亚硝酸钙的掺入还可以防止混凝土内部钢筋的锈蚀，其原因是可以促使钢筋表面形成致密的保护膜。

（四）工艺的特点

(1) 多污染物净化效率高 该工艺的脱硫效率可达到 85%～99%，脱硝效率可达到 70%～90%，系统出口粉尘浓度 <5mg/m³，完全可以满足超低排放标准。系统可脱除强酸、重金属、二噁英等多种污染物。

(2) 可以实现低温条件下 NO 向 NO_2 的高效转化 在烟气温度高于 100℃ 条件下，通过使用低温氧化催化剂（部分工序增加强氧化剂），加速烟气中的 NO 与烟气中的 O_2 快速结合生成 NO_2。

(3) 可以实现 SO_2 与 NO_2 的同塔高效脱除 NO_2 虽为酸性气体，但其与碱性吸收剂发生酸碱反应的化学反应速率远低于 SO_2 的，主要原因有两个：一是 NO_2 溶于水生成 HNO_3 与 HNO_2，HNO_2 不稳定易分解为 NO，导致整体脱硝率下降；二是 NO_2 在水中总的溶解度为 1.26mg/L，仅是 SO_2 在水中溶解度的 1%，SO_2 与 NO_2 同塔吸收存在竞争吸收剂的问题。针对以上两点，通过近十年的理论研究与工艺实践，通过对传统流化床反应塔塔型的突破性优化，通过流场的优化提高了 NO_2 的气固接触时间，在实现高效脱硫的同时将 NO_2 的吸收效率由传统循环流化床反应塔的低于 40% 提高到 85%。

(4) 可实现脱硫脱硝副产物的资源化利用 常规半干法脱硫副产物中亚硫酸钙含量较高，作为钢铁渣粉添加剂使用时对建材的早期强度产生不利影响，同时脱硫脱硝系统中，由于 NO_2 的存在，将烟气中大部分亚硫酸钙氧化成了硫酸钙。同时，生成了部分亚硝酸钙，一方面，同时脱硫脱硝副产物中亚硫酸钙含量减少，对建材早期强度的不利影响减弱；另一方面，亚硝酸钙的存在，大大提升了建材的早期强度及防冻性能。因此，同时脱硫脱硝副产物可以按比例添加在钢铁渣粉中，实现副产物的资源化利用。

(5) 其他特点 具有投资省，流程简单，运行可靠，运行费用低，副产品易于处理等显著优点，同时，无废水产生、无低温腐蚀、烟囱无水汽。

（五）工程应用

2014 年山东某热电有限责任公司 58MW 角管式（链条）锅炉烟气脱硫脱硝工程，烟气量（标态）105000m³/h，SO_2 入口浓度 1600mg/m³、NO_x 入口浓度 260mg/m³、粉尘入口浓度 2000mg/m³，经烟气同时脱硫脱硝除尘系统净化后，系统出口 SO_2 浓度 <30mg/m³、NO_x 浓度 <40mg/m³、粉尘浓度 <5mg/m³，全面满足国家环保标准要求。目前，该工程已投运多年。

该工程通过一套系统协同解决了锅炉烟气中二氧化硫、氮氧化物、氯化氢、氟化氢、粉尘等多污染物的净化问题，同时解决了半干法脱硫副产物难以利用的问题，且投资及运行费用较常规湿法脱硫＋SCR 脱硝方法大幅降低，为工业烟气多污染物的治理开辟了一条新的技术途径。

中国环保产业协会特将"兖州聚源热电有限责任公司 58MW 角管式（链条）锅炉烟气同

时脱硫脱硝除尘工程"列为工业烟气同时脱硫脱硝一体化首台套科研与技术产业化示范工程。目前，该技术已经陆续在国内锅炉、烧结机等多个领域应用，锅炉容量有 40t/h、75t/h、120t/h、220t/h 等多种规格，均能达到火电行业超净排放标准，烧结机规格有 $180m^2$、$198m^2$、$265m^2$ 等多种规格。

五、其他净化方法

（一）氨法净化技术

氨的水溶液呈碱性，也是 SO_2 的吸收剂。工业上，特别是硫酸工业的尾气处理，常采用这项技术。这是一项成熟的技术，能达到很好的净化回收效果。实际上，洗涤吸收过程是利用 $(NH_4)_2SO_3$-NH_4HSO_3 溶液对 SO_2 循环吸收、净化烟气，然后以不同的方法处理吸收液的过程。处理方法不同，所获副产品也不同。因而有以化肥和 SO_3 为副产品的氨-酸（分解）法，直接以亚硫酸铵为产品的氨-亚铵法，将吸收母液氧化成硫铵产品的氨-硫铵法，以及以石膏为终产品的氨-石膏法等。

1. 循环吸收

氨法与钠法在化学原理上有类似之处。

将氨水导入洗涤系统，发生下列反应：

$$NH_3 + H_2O + SO_2 \rightleftharpoons NH_4HSO_3$$
$$2NH_3 + H_2O + SO_2 \rightleftharpoons (NH_4)_2SO_3$$

亚硫酸铵对 SO_2 有更强吸收能力，它是氨法中的主要吸收剂。

$$(NH_4)_2SO_3 + SO_2 + H_2O \longrightarrow 2NH_4HSO_3$$

在循环吸收过程中，随着亚硫酸氢铵比例的增大，吸收能力降低，必须补充氨水将亚硫酸氢铵转化成亚硫酸铵。

$$NH_4HSO_3 + NH_3 \longrightarrow (NH_4)_2SO_3$$

另一部分含亚硫酸氢铵较多的溶液，可从洗涤系统排出，以各种方法再生得到 SO_2 或某种副产品，再生后的溶液返回吸收系统循环使用。

因而，氨洗涤系统的操作，可从研究 $(NH_4)_2SO_3$-NH_4HSO_3-H_2O 体系的性质找出脱硫过程的适宜条件。在该体系中，主要组分为 HSO_3^-、SO_3^{2-} 和 NH_4^+。

烟气进行洗涤时会引入 NO_x、O_2、飞灰等物质，电厂烟道气中 O_2 或和 CO_2 浓度均较高。会发生如下反应：

$$2(NH_4)_2SO_3 + O_2 \longrightarrow 2(NH_4)_2SO_4$$
$$2NH_4HSO_3 + O_2 \longrightarrow 2NH_4HSO_4$$
$$2SO_2 + O_2 \longrightarrow 2SO_3$$
$$SO_3 + 2(NH_4)_2SO_3 + H_2O \longrightarrow 2NH_4HSO_3 + (NH_4)_2SO_4$$

CO_2 在氨洗中的作用与 SO_2 相仿，同样可与 NH_3 起反应。

$$2NH_3 + H_2O + CO_2 \longrightarrow (NH_4)_2CO_3$$

那么，由于烟道气中大量的 CO_2 与吸收液接触，是否可能将 SO_2 从溶液中置换出来呢？即：

$$CO_2 + HSO_3^- \longrightarrow SO_2 + HCO_3^-$$

按照热力学数据，该反应在 25℃时，自由能的改变 ΔG 为 34.4kJ/mol，50℃时，$\Delta G >$ 33.5kJ/mol，平衡常数 $K = 4 \times 10^{-6}$。K 与浓度及气体分压之关系为：

$$\frac{[HCO_3^-]}{[HSO_3^-]} = K\frac{p_{CO_2}}{p_{SO_2}}$$

烟道气中假如 p_{CO_2} 为 14.9kPa，p_{SO_2} 为 0.3kPa，则 $[HCO_3^-]/[HSO_3^-] \approx 2\times10^{-4}$，说明实际上酸式碳酸根 HCO_3^- 在吸收液中含量是很低的。

为了简化关系式，规定了与钠法中相似的硫碱比表示形式：

$$\gamma = \frac{x_1}{x_2}$$

式中，x_1 为溶液中 SO_2 的摩尔分数，$mol/100mol\ H_2O$；x_2 为溶液中 NH_3 的有效摩尔分数，$mol/100mol\ H_2O$。

所谓"有效氨"是指与 $(NH_4)_2SO_3$ 和 NH_4HSO_3 结合的 NH_3。

当 $(NH_4)_2SO_3$-NH_4HSO_3 水溶液的 $\gamma = 1.0$ 时，说明溶液是 NH_4HSO_3 溶液；$\gamma = 0.5$ 则是 $(NH_4)_2SO_3$ 溶液；$\gamma = 0.9$，则表示溶液中含有 80% 的亚硫酸氢铵和 20% 的亚硫酸铵。

$(NH_4)_2SO_3$-NH_4HSO_3 水溶液上的平衡分压 p_{SO_2} 和 p_{NH_3} 是控制氨法吸收液组成的重要依据，p_{SO_2} 与 SO_2 吸收效率、p_{NH_3} 与 NH_3 的消耗均有密切关系。pH 值为 $4.71\sim5.96$ 时上述蒸气压值可用下列关系式表示：

$$p_{SO_2} = M\frac{(2x_1-x_2)^2}{x_2-x_1}$$

$$p_{NH_3} = N\frac{x_2(x_2-x_1)}{2x_1-x_2}$$

$$\lg M = 5.865 - \frac{2369}{T}$$

$$\ln N = 13.680 - \frac{4987}{T}$$

式中，M 和 N 分别为与吸收液组成有关的系数，工业应用范围内可认为仅与温度有关。

在工业洗涤系统中，由于氧化作用的结果，生成部分硫酸铵盐，使溶液中 NH_3 的有效浓度降低，所以实际的 p_{SO_2} 要比计算值略高。

$$p_{SO_2(实际)} = p_{SO_2(计算)}\frac{x_2+x_3}{x_2}$$

式中，x_3 为硫酸铵的摩尔分数，$mol/100mol\ H_2O$。

在各种不同的温度和硫碱比条件下，吸收液的平衡蒸气压和个别关键温度的蒸气压示于图 11-7。

由图 11-7 可见，对于 $x_2 = 22$，即 $100mol\ H_2O$ 中含 $22mol\ NH_3$ 的溶液，无论 p_{SO_2} 或 p_{NH_3}，均随温度提高而增加；γ 的影响则不同，p_{SO_2} 随 γ 增高而增加，p_{NH_3} 正好相反。

$(NH_4)_2SO_3$-NH_4HSO_3 水溶液的 pH 值决定于组分的浓度，在 $\gamma = 0.7\sim0.9$ 范围内可用下式表示：

$$pH = -4.62\gamma + 9.2$$

当 $\gamma = 0.75$，即亚硫酸氢铵与亚硫酸铵摩尔比为 $2:1$ 时，pH 值约为 5.7。

为了扩大应用范围，在 $\gamma = 0.5\sim0.95$ 时用下式表示：

$$pH = -4.00\gamma + 8.88$$

超出适用范围，关系式不再呈线性。纯亚硫酸铵溶液的 pH 值约等于 8；95％亚硫酸氢铵溶液 pH 值为 3。pH 值曲线示于图 11-8。

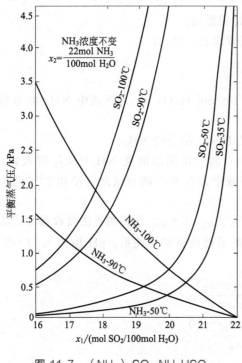

图 11-7 （NH₄）₂SO₃-NH₄HSO₃
水溶液的平衡蒸气压

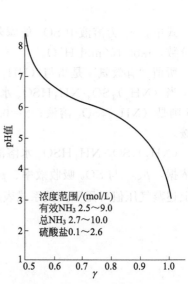

图 11-8 （NH₄）₂SO₃-NH₄HSO₃
水溶液的 pH 值

pH 值是（NH₄）SO₃-NH₄HSO₃ 水溶液组成的单值函数，工业上采用控制吸收液的 pH 值，以获稳定的吸收组分。吸收液的平衡蒸气分压与溶液组分有关，所以控制溶液 pH 值可决定其对 SO₂ 的吸收效率和 NH₃ 的消耗量。

氨洗涤不同于其他碱洗涤的特点是，吸收液体系中的阴、阳离子均有挥发性，当 γ 较小时，SO₂ 的平衡分压 p_{SO_2} 甚小，即吸收效率较高，但此时 NH₃ 的平衡分压 p_{NH_3} 大，即 NH₃ 的排空损失大。所以工业上使用吸收液的组成，必须兼顾 p_{SO_2} 和 p_{NH_3} 两个分压。由于吸收塔的工况条件不同，各种装置的溶液组成与吸收率、氨损失之间的关系也不同。

氨的损耗包括吸收液的氨蒸发损失和吸收塔雾沫夹带损失，前者由 NH₃-SO₂-H₂O 体系的性质决定，后者与操作负荷和设备条件有关。无论从减少氨耗或降低分解用酸量考虑，提高亚硫酸氢铵与亚硫酸铵的比率都是有利的。为此而发展了二段和多段吸收流程。第一段（浓缩段）控制较高的 γ 值，利用进气的高 SO₂ 分压作为吸收推动力，产生硫酸氢铵与亚硫酸铵的高比率。第二段（吸收段）维持较低的 γ 值，尽可能将 SO₂ 吸收完全。为了更好地回收氨，还增设第三段即氨回收段。

用氨水溶液吸收 SO₂ 的化学反应速率十分迅速。影响总反应速率的控制因素应是 SO₂ 的水化反应。当 pH 值为中等或偏高时，SO₂ 易溶于氨水溶液，液膜阻力很小。当 pH 值低时，液膜阻力就比较大。实验证明。当 γ＝0.78～0.82 时，传质速率要比 γ＝0.92～0.96 时快 8 倍。可见溶液的组成和性质对传质的影响甚大。

传质速率随温度升高而降低，23℃和52.5℃时的相对传质速率分别为10.2和2.32。

传质系数可用经验式表示如下：

$$K = \frac{C^{0.06}\rho^{0.17}}{\mu^{0.4}}$$

式中，K 为传质系数；C、ρ 和 μ 分别为溶液的浓度、密度和黏度。

传质系数还与气体线速度的0.8次方成正比。因此建议筛板吸收塔采用2.5～2.7m/s的操作气速，塔的阻力虽高，但传质系数大，经济上是合算的。

氧进入溶液的传质速率在氨法中同样很重要。O_2 与 SO_2 不同，它不易溶于吸收溶液，液膜阻力很大，O_2 的溶解由液膜控制。

2. 吸收液的处理

氨法脱硫过程的母液用不同方法处理，可以获得不同的产品。氨-酸法是以各种酸使之分解，从而产出 SO_2 和相应的铵盐。

加硫酸：
$$(NH_4)_2SO_3 + H_2SO_4 \longrightarrow (NH_4)_2SO_4 + SO_2 + H_2O$$
$$2NH_4HSO_3 + H_2SO_4 \longrightarrow (NH_4)_2SO_4 + 2SO_2 + H_2O$$

加硝酸：
$$NH_4HSO_3 + HNO_3 \longrightarrow NH_4NO_3 + SO_2 + H_2O$$
$$(NH_4)_2SO_3 + 2HNO_3 \longrightarrow 2NH_4NO_3 + SO_2 + H_2O$$

NH_4NO_3 是一种比 $(NH_4)_2SO_4$ 畅销的肥料。

加磷酸：
$$(NH_4)_2SO_3 + 2H_3PO_4 \longrightarrow 2NH_4H_2PO_4 + SO_2 + H_2O$$
$$NH_4HSO_3 + H_3PO_4 \longrightarrow NH_4H_2PO_4 + SO_2 + H_2O$$
（复合肥料）

加硫酸氢铵：
$$(NH_4)_2SO_3 + 2NH_4HSO_4 \longrightarrow 2(NH_4)_2SO_4 + SO_2 + H_2O$$
$$NH_4HSO_3 + NH_4HSO_4 \longrightarrow (NH_4)_2SO_4 + SO_2 + H_2O$$

而在分解器内，$(NH_4)_2SO_4$ 又热解出 NH_3
$$(NH_4)_2SO_4 \xrightarrow{370℃} NH_4HSO_4 + NH_3$$

SO_2 去制酸系统，没有其他副产品。

除此以外，还有以亚硫酸铵和硫酸铵为产品的处理工艺。氨-亚铵法是直接将母液稀释100倍用作肥料，或加工成固体亚铵产品。氨-硫铵法则是将母液加氨调整 pH 值，然后用空气将亚铵氧化成硫铵产品。

氨-石膏法：向吸收母液投加石灰生成 $CaSO_3 \cdot \frac{1}{2}H_2O$，然后加酸调整 pH 值约为4，再进行氧化，即可获得石膏。

$$(NH_4)_2SO_3 + Ca(OH)_2 \longrightarrow CaSO_3 \cdot \frac{1}{2}H_2O + 2NH_3 + \frac{3}{2}H_2O$$
$$NH_4HSO_3 + Ca(OH)_2 \longrightarrow CaSO_3 \cdot \frac{1}{2}H_2O + NH_3 + \frac{3}{2}H_2O$$
$$2CaSO_3 \cdot \frac{1}{2}H_2O + H_2SO_4 + \frac{1}{2}O_2 + 2H_2O \longrightarrow 2CaSO_4 \cdot 2H_2O + SO_2$$

也可以用微酸性硫酸铵溶液（pH<4）作为吸收液，吸收 SO_2 以后先用空气将它氧化，然后加入石灰，控制 pH 值在10～11范围内转化为石膏：
$$(NH_4)_2SO_4 + Ca(OH)_2 + 2H_2O \longrightarrow CaSO_4 \cdot 2H_2O + 2NH_4OH$$

上述两种方法，前者为日本钢管的 NKK 法，后者是日本仓敷纺织的 KBCA 法。

3. 高硫煤锅炉烟气氨法脱硫实例

广西某电厂 $2\times135MW$ 机组烟气脱硫工程，按两炉一塔设计，单塔处理烟气量为 $1.1\times10^6\,m^3/h$，燃煤含硫量约为 2%。

表 11-8 为脱硫装置进行测试获得的性能指标表，此表说明在氨利用率 98% 的情况下，脱硫率达到 96% 以上；所得测试值均优于设计保证值。

表 11-8　某电厂脱硫装置性能技术指标

序号	项目	单位	平均值	设计值
1	脱硫效率	%	96.2	95
2	脱氮效率	%	30	
3	脱硫岛压力降	kPa	0.77	≤1.0
4	塔出口 NH_3 含量	mg/m^3	0.07	≤10
5	氨利用率	%	98	97
6	NH_3/S		2.04	≤2.08
7	耗电量	$kW \cdot h$	1548.2	≤1682

（二）海水法净化技术

海水本身呈微碱性，是 SO_2 的优良吸收剂。利用海水洗涤吸收烟气中的 SO_2，转变成稳定而无害的硫酸盐，成为海水中自然成分的一部分。海水法 FGD 是近海地区，特别是高纬度沿海地带适用的脱硫工艺。

1. 海水法的化学基础

当温度在 $10\sim25\,℃$，SO_2 在水中的溶解度为 $10^{-5}\sim1mol/L$。此时 SO_2 的平衡分压在 $1.0Pa$ 以下。SO_2 在海水中的溶解吸收比一般清水和纯水中的高很多。这是由于海水中碱度（HCO_3^-）起的作用，海水的高离子强度有利于离子化的稳定，这就加强了 HSO_3^- 和 SO_3^{2-} 的生成，从而使 SO_2 溶解度增大。

当脱硫过程开始，SO_2 溶于海水中，在 pH>7.5 时水中主要是 SO_3^{2-}；SO_3^{2-} 不断增多，直至pH=6时，SO_3^{2-} 浓度达最大值，此时 OH^- 较低而 SO_2 相对较高；在pH<6以后，水中主要形成 HSO_3^-，而不再以 SO_3^{2-} 为主。当pH<2.0，水中 SO_2 以分子形式存在，此时平衡分压在 $300Pa$ 以上。高 pH 值时，SO_3^{2-} 稳定；低 pH 时，HSO_3^- 不再进一步离解生成 SO_3^{2-}。

海水中 pH 值主要是通过常量组分离子间的缔合平衡来决定，或者说最终归结为多相体系平衡的结果。该多相体系具有较大的抗 pH 值变化的缓冲能力，这是海水法 FGD 的非常关键的因素。一般清水和纯水对 SO_2 的吸收率随过程进行而迅速下降，海水则不然。

海水法 FGD 产生大量含 SO_3^{2-} 的废水，直接排海是不允许的，必须进行曝气氧化处理。曝气过程就是将压缩空气鼓入水中，不仅可以使 SO_3^{2-} 氧化成 SO_4^{2-}，而且还有驱赶水中的 CO_2、提高 pH 值的作用，从而使排水达到标准。

调节 pH 值还可以采用自然海水稀释中和的办法，只不过水量大、动力消耗多。一般稀释水的比例在 1:1 以上，当然调整 pH 值还可以采用其他方法。

试验证明通常海水对 SO_2 的饱和吸收量为一般清水的 $1.5\sim2$ 倍，是纯水的 $2\sim3$ 倍。

SO_2 饱和吸收量（以 SO_4^{2-} 计）：去离子水 $261mg/L$；自来水 $406mg/L$；海水 $618\sim800mg/L$。

实际上，海水吸收 SO_2 的能力大致相当于浓度为 0.25g/L 的 $CaCO_3$ 溶液。

2. 天然海水的组成和特性

海水是一个复杂的多相、多组分的自然体系，含有大量的电解质和少量的非电解质。海水的组成元素有 80 余种，主要以化合物形态存在，有的是溶解态，有的是悬浮态、胶体和气泡状。溶解的盐类有离子形式（阴、阳离子和络合离子）和分子形式。主要盐类为氯化物、硫酸盐和一定量可溶性碳酸盐。盐类物质的总含量因地区而异，热带约为 3.7%，两极约为 2%，平均约为 3.5%，沿岸海水因受径流影响，含量较低。

海洋是地表最大的水体，水量 13.2 万立方千米，水量约占总水量的 97%，海洋的面积约占地表总面积的 71%，海水表面平均温度为 17℃，赤道附近 20~25℃（最高 28℃），两极 4~5℃，温带地区随纬度而变化，具有过渡特征，平均 10℃ 左右。

通常海水 pH8.0~8.3，自然碱度 1.2~2.5mmol/L。

海水中的化学组分共分 4 类。

① 常量元素——钠、氯、镁、钙、钾、锶、硫、碳、氢、氧、溴、硼、氟等 10 多种；含量基本不变，它们的盐占盐类总量的 99.8%~99.9%。

② 微量元素——碘、磷、硅、锰、铁、铜、铝等 30 多种，与海洋生物的生长密切相关，含量甚低，仅占总量的 0.1%。

③ 溶解气体—— N_2、O_2、CO_2、H_2S、CH_4 等，含量决定于温度和环境因素。

④ 有机物——尿素、脂肪酸、氨基酸等化合物，含量极低，以十亿分之一（10^{-9}）计算。

表征海水特性的除碱度外，还有盐度和氯度。

盐度：1kg 海水中碳酸盐全部转化为氧化物，卤化物全部转化为氯化物，有机物全部氧化后，所含固体的总质量（g），单位 g/kg，以 $W_{盐}$ 表示。

氯度：1kg 海水中全部溴和碘用等当量的氯置换后，所含氯的总质量（g），单位 g/kg，以 $W_{氯}$ 表示。

盐度与氯度之间存在着恒比关系：$W_{盐} = 0.03 + 1.805 W_{氯}$。

海水是一个温和的氧化环境，其氧化电位（PE）和酸度（pH）决定于其中各化学物质的价态和形式。海水的主要成分列于表 11-9。

表 11-9　海水中主要成分　　　　　　　　　　　　　　　　单位：mg/L

成分	Cl^-	Na^+	SO_4^{2-}	K^+	Mg^{2+}	Ca^{2+}	HCO_3^-
含量	1898	10556	2649	380	1272	400	139.7

海水中含有 HCO_3^-，其碱性即来源于此。

与酸度相对应，碱度是指在海水中能与 H^+ 反应的物质总含量，单位 mmol/L，这些物质主要是碳酸氢盐、碳酸盐和氢氧化物以及少量的其他盐类。

海水是一个 $CO_2/H_2O/HCO_3^-/CO_3^{2-}$ 组成的平衡体系，具有较强的缓冲能力。

3. 海水法的脱硫过程

用海水洗涤烟气，将烟气中的 SO_2 吸收，达到净化目的。关键在于吸收，其中有物理吸收也有化学吸收。物理吸收主要取决于温度，化学吸收则取决于它的碱性。正是由于海水中存在 HCO_3^-，使它具有一定的吸收 SO_2 的能力。脱硫过程主要反应式描述如下。

① 利用海水的碱度将烟气中的 SO_2 充分吸收并转化成亚硫酸盐。

$$SO_2 + H_2O \longrightarrow 2H^+ + SO_3^{2-}$$

② 利用海水中的 HCO_3^- 和 CO_3^{2-}（碱度），将吸收 SO_2 时产生的 H^+ 中和，使海水水质得以恢复。

$$CO_3^{2-}+H^+ \longrightarrow HCO_3^-$$
$$HCO_3^-+H^+ \longrightarrow H_2O+CO_2 \uparrow$$

③ 利用海水中的溶解氧以及曝气所补充的氧气，将亚硫酸盐氧化成硫酸盐。

$$2SO_3^{2-}+O_2 \longrightarrow 2SO_4^{2-}$$

对 FGD 整个过程产生影响的因素，除了洗涤塔内的气液两相间的传质外，还有以下几项。

① 海水的碱度。海水的碱度高，即 Ca^{2+}、Mg^{2+} 含量高，则缓冲能力强，吸收 SO_2 的效果好。

② 海水中具有催化作用的离子。Mn^{2+}、Fe^{2+} 具有催化氧化作用，可增加 SO_2 的溶解度，因此，海水中 SO_3^{2-} 的氧化率明显高于一般清水中。催化剂对氧化速率影响很大，催化效果以 Mn^{2+} 和 Fe^{2+} 为佳。

③ 海水的 pH 值。海水吸收了 SO_2，pH 值降低，在 pH＝6 时缓冲容量是最大的。

④ 海水温度。温度也是一个重要因素，它直接决定着 SO_2 的溶解度。一般情况下，温度高对吸收不利。

⑤ 曝气氧化。用海水进行 FGD，产生 HSO_3^- 和 SO_3^{2-}，可能增加海水的 COD，直接排海将造成污染。因此，要将吸收 SO_2 后的海水加以曝气处理，使它们转化成 SO_4^{2-}。曝气时间与 SO_4^{2-} 的浓度成直线关系。

六、火电厂脱汞技术

在我国一次能源中煤炭约占 70%。据有关专家预测，到 2050 年，我国煤炭在一次能源中所占比例仍会在 50% 以上，即在很长一段时间内煤炭的基础能源地位不会变。《火电厂大气污染物排放标准》（GB 13223—2011）中明确规定汞及其化合物浓度限值为 $0.03mg/m^3$，（2015 年 1 月 1 日起实施），这必将给我国火电厂污染治理带来严峻的考验，技术、经济及环境可行的脱汞技术必将成为发展的需要。

（一）汞的排放形态与特性

煤燃烧时汞大部分随烟气排入大气，进入飞灰和底灰的只占小部分，飞灰中汞占 23.1%～26.9%，烟气中汞占 56.3%～69.7%，进入底灰的汞仅占约 2%。燃煤烟气中的汞常以气态氧化汞（HgO）、气态二价汞（Hg^{2+}）及颗粒态汞（Hg^p）三种形态存在，HgO、Hg^{2+} 和 Hg^p 在中国燃煤大气汞排放中所占的比例分别为 16%、61% 和 23%。烟气中汞的形态受到煤种、燃烧条件及烟气成分等多种因素影响。通常而言，Hg^{2+} 很容易被吸附法、洗涤法脱除，颗粒态汞（Hg^p）容易通过颗粒控制装置（如 ESP 或 FF）得到脱除。尽管我国燃煤排放的大气汞 HgO 含量最低，但由于其不溶于水，且挥发性极强，排放后可在大气中停留 1 年以上，极易通过大气扩散造成全球性的汞污染，是汞附存方式中相对难以脱除的部分。

（二）燃煤电厂汞控制技术

烟气中汞的控制方法，根据燃煤的不同阶段大致可分为燃烧前燃料脱汞、燃烧中控制脱汞和燃烧后烟气脱汞三种。燃烧后烟气脱汞是燃煤烟气汞污染控制的主要措施。

1. 燃烧前燃料脱汞

洗选煤技术是当前主要的煤炭燃烧前脱汞控制技术，通过分选除去原煤中的部分汞，阻止汞进入燃烧过程。传统的物理洗煤技术，有按密度不同分离杂质的淘汰技术、重介质分选技术和旋流器等，还有利用表面物理化学性质不同的浮游选煤技术和选择性絮凝技术等。这些都是有效控制煤粉在燃烧过程中重金属汞排放的方法。采用传统洗煤技术可以除去38.78%的汞。如果采用先进的商业洗煤技术，还可以减少更多的痕量元素。

采用物理洗煤技术由于其价格相对便宜，并且可以同时对 SO_2、NO_x 等进行控制，是一种非常有潜力的痕量元素控制方法，但是它对痕量元素的控制率受煤种影响非常大。磁分离法去除黄铁矿，同时也除去与黄铁矿结合在一起的汞，可以低成本有效除汞，因而磁分离法应用前景较广。另外，化学方法、微生物法等也可以将汞从原煤中分离，其中化学法由于成本昂贵，不具有实用价值。

2. 燃烧中控制脱汞

当燃烧方式采用流化床时，较长的炉内停留时间致使微颗粒吸附汞的机会增加，对于气态汞的沉降更为有效；操作温度较低，导致烟气中氧化态汞含量的增加，同时抑制了氧化态汞重新转化成 Hg；氯元素的存在大大促进了汞的氧化。在流化床燃烧器中进行的高氯烟煤（氯含量达到 0.42%）燃烧试验中，汞几乎全部被氧化成了 $HgCl_2$。在烟气中鼓入 15% 的二次风（基于最初的气/煤比）对 Hg 的捕集是十分有利的，大约 55% 的 Hg^{2+} 被飞灰所捕集，给煤中只有 4.5% 的汞以气态 HgO 的形式散逸到空气中。

在煤燃烧过程中，亚微米气溶胶颗粒主要是由于烟道温度冷却时，气化的矿物质发生均相结核形成的。为了减少痕量元素的排放就必须抑制亚微米颗粒的形成。因此向炉膛喷入粉末状的固体吸附剂颗粒是一种可行的控制方法。向炉膛喷入固体吸附剂可为气态物质冷凝提供表面积，同时吸附剂还能与痕量元素蒸气发生化学反应，达到控制痕量元素排放的目的。把水合石灰、石灰石、高岭土、铝土矿注入 1000℃、1150℃、1300℃ 的炉中，其控制微量元素释放的效果与金属的种类、吸附剂和注入方式有关。当注入熟石灰和石灰石、高岭土时，亚微米级的微量元素浓度会减少，同时微量元素的捕获效率也升高了。

3. 燃烧后烟气脱汞

（1）活性炭吸附　活性炭吸附法脱除烟气中的汞可以通过以下两种方式进行：一种是在颗粒脱除装置前喷入活性炭，吸附了汞的活性炭颗粒经过除尘器时被除去；另一种是将烟气通过活性炭吸附床，一般安排在脱硫装置和除尘器的后面作为烟气排入大气的最后一个清洁装置，但如果活性炭颗粒太细会引起较大的压降。

在除尘器上游位置将活性炭粉喷入烟气中，使其在流动过程中吸附烟气中的汞，活性炭粉再通过下游的除尘装置与飞灰一起收集，从而实现烟气中汞的去除。选择合适的炭汞（C/Hg）比例可以获得 90% 以上的脱汞效率。影响该技术汞去除效率的主要因素有汞系污染物类型和质量浓度，烟气中其他组分（如 H_2O、O_2、NO_x 和 SO_x）的影响，烟气温度，所用活性炭的种类、数量及接触时间等。

另外，运用化学方法将活性炭表面渗入硫或者碘，可以增强活性炭的活性，且由于硫或碘与汞之间的反应能防止活性炭表面的汞再次蒸发逸出，可提高吸附效率。然而，由于存在低容量、混合性差、低热力学稳定性的问题，使得活性炭注入法非常昂贵。一般燃煤电厂难以承受。

活性炭吸附床除了能去除汞，还能去除有机污染物，如二氧（杂）芑、呋喃和酸性气体如 SO_2、HCl。烟气通过水平滤床，由吸附剂迁移至滤床。

（2）飞灰脱汞　飞灰对汞的吸附主要通过物理吸附、化学吸附、化学反应或者三种方式结合的方式。碳含量高的飞灰具有相当于活性炭等吸附剂的吸附作用，这种方法主要是将气态的汞吸附转化为颗粒态汞，进而达到脱除的目的。同时，飞灰对元素汞具有一定的氧化能力，残炭表面的含氧官能团 C━O 有利于 Hg 的氧化和化学吸附。飞灰容易获得，而且价格低廉。飞灰对汞的吸附也与飞灰粒径大小有关，飞灰中汞的含量随着粒径的减小而增大，飞灰粒径越小，比表面积越大。温度对汞也有影响，较低温度对飞灰的吸附更有利。

（3）钙基吸附剂脱汞　钙基类物质 $[CaO、Ca(OH)_2、CaCO_3、CaSO_4 \cdot 2H_2O]$ 的脱除效率与燃煤或废弃物燃烧烟气中汞存在的化学形态有很大关系，美国 EPA 研究结果表明，钙基类物质如 $Ca(OH)_2$ 对 $HgCl_2$ 的吸附效率可达到 85％，CaO 同样也可以很好地吸附 $HgCl_2$，但是对于单质汞的吸附效率却很低，而燃煤烟气中单质汞的比例要高一些，因此可以得到钙基类物质用于燃煤烟气中汞的去除效果不尽如人意。

由于钙基类物质容易获取，而且价格低廉，同时又是脱除烟气中 SO_2 的有效脱硫剂，如果能够在除汞方面取得一定突破，那么将会在多种污染物同时脱除方面有重要意义，因而如何加强钙基类物质对单质汞的脱除能力，成为实现同时脱硫脱汞的技术关键和研究热点。目前主要从两方面进行尝试，一方面是增加钙基类物质捕捉单质汞的活性区域，另一方面是往钙基类物质中加入氧化性物质。添加液态次氯酸、次氯酸钠溶液等氧化剂时，湿法烟气脱硫装置表现出较好的除汞效率。

其他吸附剂如贵金属、金属氧化物或硫化物也被用于对汞的吸附。贵金属和汞能形成化合物，称为汞齐。在烟气温度下能重复吸附大量的汞及其化合物，而在热处理温度远高于烟气温度下又能脱除汞。

（4）选择性催化氧化脱汞　燃煤电厂通常使用选择性催化还原烟气脱硝技术用于尾气脱硝处理，而此过程能够增加汞的氧化并且改善其脱除率。

光催化氧化技术，是针对现有脱汞设备中 Hg^{2+} 的脱除效率较高而 Hg^0 脱除效率甚低的现象而开发的将 Hg^0 氧化处理的新技术。利用紫外光照射含有 TiO_2 的物质，使烟气通过时，发生光催化剂催化氧化反应，将 Hg^0 氧化为 Hg^{2+} 便于后面在脱汞设备中被吸收，提高总汞的脱除率。

烟气中总汞的脱除率在 45％～55％ 范围内，由于 Hg^{2+} 易溶于水，容易与石灰石或石灰吸收剂反应，Hg^{2+} 的去除率可以达到 80％～95％，而不溶性的 Hg^0 去除率几乎为 0。如果通过改进操作参数，添加氧化剂使烟气中的 Hg^0 转化为 Hg^{2+}，除汞效率就会大大提高。同样吸收法也极易将 Hg^{2+} 脱除，因此 Hg^0 的脱除效率直接影响汞的总去除效果。

（5）电催化氧化联合处理技术脱汞　联合处理流程分三个步骤：首先，烟气流中的灰尘在经过 ESP 后大部分被捕捉，ESP 之后是一个介质阻挡放电反应器，它可以把烟气中的气态污染物成分高度氧化，例如 NO_x 经过氧化反应后形成 HNO_3；SO_2 被氧化后成为 H_2SO_4；Hg 被氧化成 HgO；这些氧化产物随后通过湿式除尘器被去除，同时小颗粒物质也被捕获。

（6）电化学技术脱汞　电化学技术是在常温下利用电导性多孔吸附剂捕获烟气中的HgO，气态 HgO 被电离成 Hg^{2+} 从而附着在吸附剂表面。汞吸附剂可在电化学单元的阳极再生。同时 Hg^{2+} 以固态 HgO 的形态在阴极再生。此工艺可有效回收利用烟气中的汞。

第二节　钢铁工业废气的治理

一、钢铁工业废气来源和特点

1. 钢铁工业废气的来源

钢铁工业废气主要来源于：

① 原料、燃料的运输、装卸及加工等过程产生大量的含尘废气；

② 钢铁厂的各种窑炉在生产的过程中将产生大量的含尘及有害气体的废气；

③ 生产工艺过程化学反应排放的废气，如冶炼、烧焦、化工产品和钢材酸洗过程中产生的废气。

钢铁企业废气的排放量非常大，污染面广；每炼 1t 钢产生废气约 $6000m^3$，粉尘 $15\sim50kg$，SO_2 2.85kg，CO_2 2.5t，耗电 467.40kW·h。污染物排放量约占全国的 11%。

2. 钢铁工业废气特点

钢铁冶炼过程中排放的多为氧化铁烟尘，其粒度小、吸附力强，加大了废气的治理难度；在高炉出铁、出渣等以及炼钢过程中的一些工序，其烟气的产生排放具有阵发性，且又以无组织排放多。钢铁工业生产废气温度高，具有回收的价值，如温度高的废气余热回收，炼焦及炼铁、炼钢过程中产生的煤气，以及含氧化铁粉尘可以回收利用。

3. 钢铁工业废气的治理对策

钢铁工业是大气的污染大户，钢铁工业废气治理必须贯彻综合治理的原则。努力降低能耗和原料消耗，这是减少废气排放的根本途径之一；改革工艺、采用先进的工艺及设备，以减少生产工艺废气的排放；积极采用高效节能的治理方法和设备，强化废气的治理、回收；大力开展综合利用。

二、烧结厂废气治理

（一）烧结厂废气的来源及特点

烧结厂的生产工艺中，在如下的生产环节将产生废气：

① 烧结原料在装卸、破碎、筛分和贮运的过程中将产生含尘废气；

② 在混合料系统中将产生水汽-粉尘的共生废气；

③ 混合料在烧结时，将产生含有粉尘、烟气、SO_2 和 NO_x 的高温废气；

④ 烧结矿在破碎、筛分、冷却、贮存和转运的过程中也将产生含尘废气。

烧结厂产生废气的气量很大，含尘和含 SO_2 的浓度较高，所以对大气的污染较严重。

（二）烧结厂废气的治理技术

1. 原料准备系统除尘

烧结原料准备工艺过程中，在原料的接收、混合、破碎、筛分、运输和配料的各个工艺设备点都产生大量的粉尘。

原料准备系统除尘，可采用湿法和干法除尘工艺。对原料场，由于堆取料机露天作业，扬尘点无法密闭，不能采用机械除尘装置，可采用湿法水力除尘，即在产尘点喷水雾以捕集部分粉尘和使物料增湿而抑制粉尘的飞扬；对物料的破碎、筛分和胶带机转运点，设置密闭和抽风除尘系统。除尘系统可采用分散式或集中式。分散式除尘系统的除尘设备可采用冲激式除尘器、泡沫除尘器和脉冲袋式除尘器等。旋风除尘器和旋风水膜除尘器的效率低，不宜使用；集中式除尘系统可集中控制几十个乃至近百个吸尘点，并配置大型高效除尘设备，如电除尘器等，除尘效率高。

图 11-9 是原料准备系统除尘工艺流程。

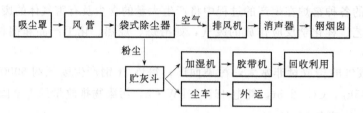

图 11-9　原料准备系统除尘工艺流程

2. 混合料系统除尘

在混合料的转运、加水及混合过程中，产生含粉尘和水蒸气的废气。热返矿工艺产生大量的粉尘-水蒸气共生废气，该废气温度高、湿度大、含尘浓度高，是治理的重点。冷返矿工艺由于温度低，不产生大量的水蒸气，只在物料转运点产生含尘废气。

解决混合料系统废气治理的关键是尽可能采用冷返矿工艺。混合料系统的除尘应采用湿式除尘，除尘设备可采用冲激式除尘器等高效除尘设备。

3. 烧结机脱硫技术

（1）烧结烟气的特点　烧结生产，实质上是高炉炉料的预处理过程。铁矿石经过烧结，冶炼性能改善，有害元素减少，从而可大大提高铁水的产量和质量。

烧结生产过程包括配料、焙烧、分选和成品四个阶段。烧结生产所用的原料、辅料、燃料分别是铁矿粉、熔剂和煤（焦）粉，按照一定的粒度和配比要求，遵循一定的工艺流程和控制条件，在烧结机内焙制成可供高炉炼铁用的烧结矿熟料，铁矿粉的粒度＜6mm，熔剂和燃料粒度＜3mm，燃料配比 6%～7%，原辅料配比按 CaO/SiO_2 值为 1.55～1.75 计算确定。烧结熟料含 Fe 品位要求 58%～60% 以上，粒度 5～6mm。烧结机工作原理见图 11-10。

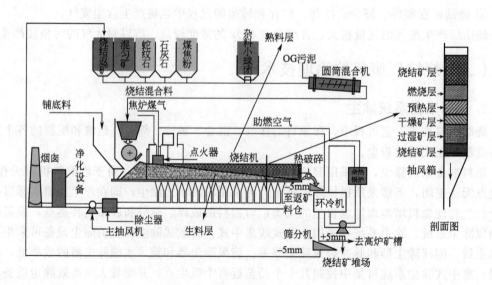

图 11-10　烧结机的工作原理

（2）烧结机废气除尘　含铁原料烧结主要使用抽风带式烧结机。烧结机产生的废气主要含粉尘和 SO_2、NO_x 等有害物质。

烧结机废气的除尘，可在大烟道外设置水封拉链机，将大烟道的各个排灰管、除尘器排灰管和小格排灰管等均插入水封拉链机槽中，灰分在水封中沉淀后，由拉链带出。除尘设备一般采用大型旋风除尘器和电除尘器。图 11-11 是大烟道水封拉链装置示意。

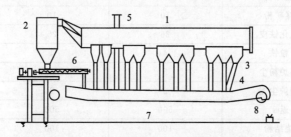

图 11-11　大烟道水封拉链装置示意

1—大烟道；2—干式除尘器；3—集灰斗；4—排灰管；5—小格排灰管；6—螺旋输送机；

7—水封拉链装置；8—胶带运输机

（3）烧结烟气中二氧化硫治理　在生产烧结矿所使用的原料及燃料中，均含有硫的成分，烧结过程中，原料中的硫，可脱出 90% 以上，脱出的硫，绝大部分呈 SO_2 状态，随烟气从烟囱中排出，成为钢铁厂的主要污染源之一。

烧结原料，系由含铁原料、辅助原料和固体燃料组成。

1）烧结烟气中二氧化硫量的计算

① 原料中的硫量。烧结原料（含铁原料、辅助原料及固体燃料）中的硫量，按下式计算：

$$S_y = (W_1S_1 + W_2S_2 + \cdots + W_nS_n)W_{max} \tag{11-1}$$

式中，S_y 为烧结原料中的硫量，kg/h；W_1、W_2、$\cdots$、W_n 为各种原料配入量，kg/t；S_1、S_2、$\cdots$、S_n 为各种原料含硫率，%；W_{max} 为烧结矿最大产量，t/h。

② 煤气中的硫量。烧结点火用焦炉煤气中的硫量，按下式计算：

$$S_g = VS_cW_{max} \tag{11-2}$$

式中，S_g 为煤气中的硫量，kg/h；V 为煤气消耗量，m^3/t（一、二号烧结的煤气消耗量均为 $12m^3/t$）；S_c 为煤气含硫量，kg/m^3（按 $0.0004kg/m^3$ 计）。

③ 二氧化硫量的计算。

烧结烟气中 SO_2 量的计算，可按下式进行。

$$q'' = 2(S_yM + S_g) \tag{11-3}$$

式中，q'' 为烟气中的 SO_2 量，kg/h；M 为 SO_2 脱出率（按 0.9 计）。

④ 某厂一、二号烧结的原料和煤气中的硫量，见表 11-10。

表 11-10　烧结原料配入量

原料种类	原料名称	配入量/（kg/t 烧结矿）		含硫率/%
		一号烧结	二号烧结	
含铁原料	铁矿粉	454	455	0.099

原料种类	原料名称	配入量/(kg/t 烧结矿)		含硫率/%
		一号烧结	二号烧结	
含铁原料	球团粉	8	8	0.005
	筛下粉	102	102	0.011
	破碎粉	177	177	0.006
	锰矿粉	10	10	
	氧化铁皮	26	25	0.04
	粒铁	4	4	
	高炉粉尘	5	5	0.017
	转炉尘泥	2	2	
	返矿	500	500	
	烧结粉	100	100	0.087
	小球团	20	20	
辅助原料	蛇纹石	27	27	0.26
	硅砂	2	2	0.06
	石灰石	125	137	0.02
	生石灰	22	15	0.025
固体燃料	焦粉	55	55	0.6
气体燃料	煤气	3	3	

一、二号烧结在生产过程中，排放的 SO_2 量计算如下：

按式(11-1)，求原料中的硫量，即：

$$S_y = (909 \times 0.00099 + 16 \times 0.00005 + 204 \times 0.00011 + 354 \times 0.00006 +$$
$$20 \times 0.00125 + 8 \times 0.0004 + 4 \times 0.00017 + 40 \times 0.00087 +$$
$$54 \times 0.0026 + 4 \times 0.00006 + 262 \times 0.0002 + 37 \times 0.00025 +$$
$$110 \times 0.006) \times 625$$
$$= 1140 \ (kg/h)$$

按式(11-2)，求煤气中硫量，即：

$$S_g = 12 \times 0.0004 \times 625 = 3 \ (kg/h)$$

按式(11-3)，求烧结烟气中的 SO_2 量，即：

$$q'' = 2 \times (1140 \times 0.9 + 3) \approx 2100 \ (kg/h)$$

烧结厂总排硫量为 $1140 + 3 + 2100 = 3243$ （kg/h）。

烧结设备分为抽风式和鼓风式两大类。现代化大型烧结厂都采用抽风式带式烧结机。用布料器先将底料布放于台车上，底料厚度 $10 \sim 20$mm，然后布放生料于底料之上，料层厚度 $600 \sim 800$mm，用焦炉煤气预热至 1300℃ 左右即可点火，台车一面以 $2.4 \sim 7.2$m/min 的速度向前移动，一面完成动态焙烧，从而形成渐进式带状焙烧环境。点燃的火焰呈倒置形态，向下穿行于生料层的缝隙而达到烧结目的。由于台车下部两侧设有与焙烧带平行的系列风箱，借助风机强力抽引将风箱内的烟气通过排烟支管—干管—总管，最终由烟囱排放。

烧结烟气的产生、形态和污染物的来源均不同于火电锅炉烟气。锅炉燃料的燃烧呈点式，火焰自下而上，排出的烟气温度和成分上下大体一致。而烧结燃料的燃烧呈带状，火焰自上而下，排出的烟气温度和其他参数沿着焙烧带的长度方向变化很大。锅炉烟气中的硫、氮污染物源于燃料中的硫、氮含量和燃烧过程的工况条件。烧结烟气中的硫、氮污染物不仅源于燃料的硫、氮含量和燃烧过程的工况条件，而且还与原辅料的质量有关。烧结烟气的主要特点如下。

① 烧结烟气中 SO_x 的浓度只相当于燃用低硫煤的锅炉烟气水平，SO_2 浓度一般为 $300 \sim 1000 mg/m^3$；

② 烧结烟气中的 NO_x 浓度比锅炉烟气低 1/2 左右，NO_x 在 $200 \sim 500 mg/m^3$；

③ 烧结烟气中的卤化物浓度比锅炉烟气高 $3 \sim 6$ 倍；

④ 烟气中氧和水分含量比锅炉烟气高 1 倍左右；

⑤ 颗粒物中的 Fe 含量比锅炉烟气的高，而 Ca、Si、Mg 和 Al 等元素含量比锅炉烟气低很多，因而烧结烟尘的比电阻要比锅炉粉尘的比电阻高一个数量级；

⑥ 在烧结烟气的污染成分中，含有剧毒化学物质二噁英，这主要是由生料中含铁尘泥和某些含氯添加料在烧结温度条件下产生的。数量不太大，但毒性极强，相当于砒霜（As_2S_3）的 900 倍、氰化钠（NaCN）的 300 倍。二噁英的数据尚无报道，国外研究资料称在 $30 \sim 60 ng\ TEQ/m^3$。

现代钢铁企业绝大多数采用的烧结机为带式烧结机。通常带式烧结机的高硫系和低硫系烟气的参数如表 11-11 所列。

表 11-11　带式烧结机的烟气基本参数

参数	高硫系	低硫系	参数	高硫系	低硫系
温度/℃	$150 \sim 300$	$70 \sim 90$	二噁英/(ng TEQ/m^3)	$0 \sim 0.2$	$0.3 \sim 5.3$
SO_2/(mg/m^3)	$350 \sim 500$	230	水分(体积)/%	$2 \sim 12$	$3 \sim 13$
NO_x/(mg/m^3)	$100 \sim 250$	$300 \sim 550$	O_2(体积)/%	$12 \sim 19$	$7 \sim 17$

2) 烧结烟气二氧化硫控制方法　目前对烧结烟气 SO_2 排放的控制方法主要有低硫原料配入法、高烟囱扩散稀释法、烟气脱硫法等，现分述如下。

① 低硫原料配入法。烧结烟气中的 SO_2 是由烧结原料中的硫在高温烧结过程中被脱出与空气中的氧化合产生的。因此，在确定原料方案时，按照规定的 SO_2 允许排放量来适当地选择，配入含硫率低的原料，以实现对排放 SO_2 量的控制，是极为简单易行的方法，也是控制烧结烟气中 SO_2 排放量的有效措施之一。

低硫原料配入法由于对原料的含硫率要求较严格，使原料的来源受到了一定的限制，烧结矿的生产成本也会随着低硫原料价格上涨而增加，因此这种方法在烧结生产中全面推广应用有一定的困难。

② 高烟囱扩散稀释法。烧结排放烟气的主烟囱，如按生产需要，一般高 $80 \sim 120m$ 即可，为使烧结排放烟气中的 SO_2 着地时的浓度满足环境标准的要求，就要把烟囱加高几十米，甚至百米以上。采用高烟囱排放低浓度 SO_2 烟气的方法，在世界各国的冶金、火电等部门中均有使用。

③ 氨-硫铵法烧结烟气脱硫。氨-硫铵烧结烟气脱硫工艺，是把烧结厂的烟气脱硫和焦化厂的煤气脱氨相结合的一种"化害为利"综合处理工艺。氨-硫铵法烧结烟气脱硫工艺，由 SO_2 吸收，氨吸收和硫铵回收三部分组成，其脱硫率达 90% 以上，脱硫副产品为硫铵化肥，纯度达 96% 以上。氨-硫铵法烧结烟气脱硫工艺流程，见图 11-12。

氨-硫铵法烧结烟气脱硫工艺于 1976 年建于日本的一些烧结机。投产后，运行正常，稳定，其主要设备见表 11-12。氨-硫铵法烧结烟气脱硫的主要设备是 SO_2 吸收塔，具有吸收反应充分、脱硫率高、不易产生结垢等特点。采用此法的条件是，由于烧结烟气 SO_2 的吸收剂是利用焦化厂的副产品氨，这就要求焦化厂的氨量必须与烧结烟气中 SO_2 反应时所需的氨量保持平衡，当焦化厂的氨量不足需另找氨源时此法将要受到限制。

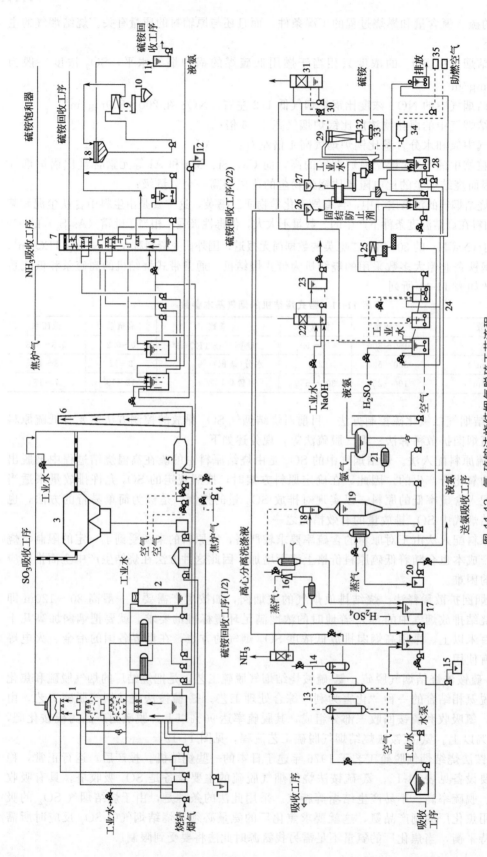

图 11-12 氨-硫铵法烧结烟气脱硫工艺流程

1—SO₂吸收塔；2—氧化器；3—电收尘器；4—升压机；5,34—加热器；6—烟囱；7—氨吸收塔；8—浓缩槽；9—泥浆分离机；10—渣斗；11,15—硫铵贮槽；12—粉尘贮槽；13—氧化塔；14—气液分离器；16—喷射泵；17—凝结水槽；18—蒸发槽；19—结晶罐；20—温水槽；21—液氨气化塔；22,31—洗涤塔；23—氧化槽；24—中和槽；25—硫黄分离槽；26—洗涤液槽；27—分离液槽；28—硫铵直接收槽；29—气流干燥器；30—二次流风机；32—硫铵斗；33—胶带机；35—油槽

表 11-12 氨-硫铵法烧结烟气脱硫主要设备

名称	项目	烧结机规格	
		扇岛 1 号	福山 3 号
SO₂ 吸收塔	台数	2	1
	处理烟气量/(m³/h)	61.5×10⁴	76×10⁴
	外形尺寸/mm	12400×9900×35900	1800×9000×38000
氨吸收塔	台数	1	1
	处理烟气量/(m³/h)	8.2×10⁴	9×10⁴

④ 石灰-石膏法烧结烟气脱硫。石灰-石膏法烧结烟气脱硫，起始于 20 世纪 70 年代。一般是由 SO_2 吸收、除去粉尘、吸收剂调配和石膏生产四个工序组成。吸收剂为石灰石或石灰乳液，脱硫副产品为纯度 96% 以上的石膏，可应用于建材工业。石灰-石膏法烧结烟气脱硫工艺流程见图 11-13。其脱硫工艺数据见表 11-13。

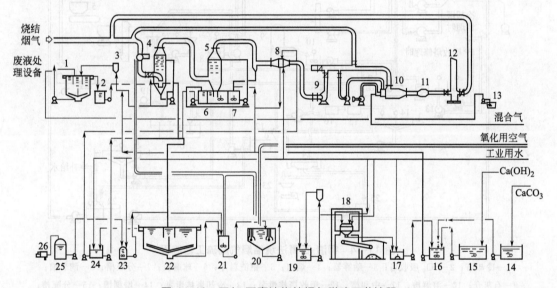

图 11-13 石灰-石膏法烧结烟气脱硫工艺流程

1—增稠器；2—冷却水滤液槽；3—冷却废液槽；4—冷却除尘塔；5—SO_2 吸收塔；6—吸收废液槽；7—吸收液槽；

8—除沫器；9—升压风机；10—后加热器；11—消声器；12—烟囱；13—污泥池；14—$CaCO_3$ 贮槽；

15—$Ca(OH)_2$ 贮槽；16—吸收液浓缩槽；17—滤液槽；18—离心分离机；19—给液槽；20—氧化器；

21—pH 值调整槽；22—澄清槽；23—H_2SO_4 溶解槽；24—循环液槽；25—贮槽；26—H_2SO_4 专用车

表 11-13 石灰-石膏法烧结烟气脱硫工艺数据

名称	处理烟气量 /(10⁴m³/h)	烟气中 SO_2 浓度/(mg/m³)		脱硫率/%
		处理前	处理后	
和歌山	37	650	20	97
鹿岛 1 号	88	650	20	97
鹿岛 2 号	200	650	30	95
小仓	72	400	30	93

　　石灰-石膏法烧结烟气脱硫，也是一种"化害为利"的方法，其主要设备为 SO_2 吸收塔，在塔内，SO_2 与吸收剂呈波动状态急剧接触，不仅吸收效率高同时又能产生很强的自洗能力，有效地防止了钙盐附着结垢引起的堵塞现象。石灰-石膏法的吸收剂，一般由外部供应，需配备辅助工艺设施。

　　⑤ 钢渣-石膏法烧结烟气脱硫。钢渣-石膏法烧结烟气脱硫工艺是"以废治害""化害为利"的方法，工艺原理与石灰-石膏法基本相同。该法由新日铁研制，在日本的若松烧结厂建成投产，处理烟气量 $10^6\,m^3/h$（占烧结烟气量的50%）。吸收剂是利用炼钢转炉的废钢渣制成钢渣乳液，副产品为含大量杂质的石膏（纯度47%左右），因无使用价值而废弃。若松烧结厂钢渣-石膏法烧结烟气脱硫工艺流程，见图11-14。

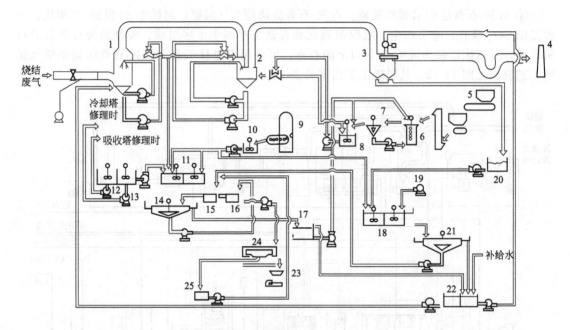

图 11-14　钢渣-石膏法烧结烟气脱硫工艺流程

1—冷却塔；2—SO_2 吸收塔；3—除雾器；4—烟囱；5—钢渣料斗；6—球磨机；7—分级槽；8—调节槽；
9—石灰仓；10—溶解槽；11—中和槽；12—吸收塔排泄泵；13—冷却塔排泄泵；14—增稠槽；15—分配槽；
16—调整槽；17—1 号循环水槽；18—凝聚槽；19—药液泵；20—排水坑；21—沉淀池；22—2 号循环水槽；
23—石膏槽；24—板式压力机；25—滤液槽

　　若松烧结厂的钢渣-石膏法烧结烟气脱硫工艺中采用的 SO_2 吸收塔为一般喷淋塔，吸收反应的效果较差，且经常结垢堵塞（需每隔半月除垢一次），设备作业率极低，与烧结生产工艺不相适应。

　　若松烧结厂的烟气脱硫工艺处理的烟气量是烟气总量的50%，系根据烧结机风箱中 SO_2 变化规律（见图11-15）按"气体分割法"取 SO_2 浓度高的部分进行的，这部分 SO_2 量占总量的92%。因此，进入脱硫工艺的烟气 SO_2 浓度高，脱硫率也高，总的脱硫率可达82%。

　　⑥ 循环流化床烟气脱硫。循环流化床烟气脱硫（CFB-FGD）技术是循环流化床中通过控制通入烟气的速度，使喷入的吸收剂——石灰颗粒流化，在床中形成稠密颗粒悬浮区，然后再喷入适量的雾化水，使 CaO、SO_2、H_2O 充分进行反应。再利用高温烟气的热量使多余的水分蒸发，以形成干脱硫产物。目前该技术的 200MW 烟气循环流化床脱硫系统已投入

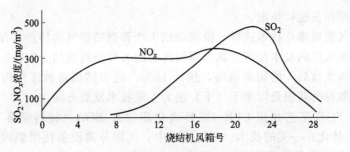

图 11-15 烧结机风箱内 SO_2、 NO_x 变化规律

运行，下面以鲁奇型循环流化床为例介绍循环流化床烟气脱硫技术。

a. 基本原理。该工艺中发生的主要反应如下。

脱硫反应：

$$CaO + H_2O \longrightarrow Ca(OH)_2 \tag{11-4}$$

$$SO_2 + H_2O \longrightarrow H_2SO_3 \tag{11-5}$$

$$Ca(OH)_2 + H_2SO_3 \longrightarrow CaSO_3 \cdot \frac{1}{2}H_2O + \frac{3}{2}H_2O \tag{11-6}$$

部分 $CaSO_3 \cdot \frac{1}{2}H_2O$ 被烟气中的 O_2 氧化：

$$CaSO_3 \cdot \frac{1}{2}H_2O + \frac{1}{2}O_2 + \frac{3}{2}H_2O \longrightarrow CaSO_4 \cdot 2H_2O \downarrow \tag{11-7}$$

b. 工艺流程。循环流化床烟气脱硫工艺流程如图 11-16 所示。整个循环流化床系统由石灰制备系统、脱硫反应系统和收尘引风系统三部分组成。

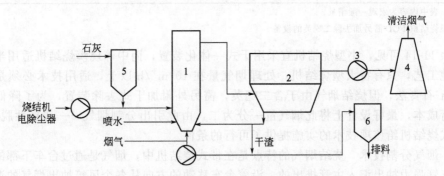

图 11-16 循环流化床烟气脱硫工艺流程

1—CFB 反应器；2—脉冲袋式除尘器；3—引风机；4—烟囱；5—石灰贮仓；6—灰仓

含 SO_2 高温烟气从循环流化床底部通入，并将石灰粉料从流化床下部喷入，同时喷入一定量的雾化水。在气流作用下，高密度的石灰颗粒悬浮于流化床中，与喷入的水及烟气中 SO_2 进行反应，生成亚硫酸钙及硫酸钙。同时，烟气中多余的水分被高温烟气蒸发。带有大量微小固体颗粒的烟气从吸收塔顶部排出，然后进入用于吸收剂再循环的除尘器中，此处烟气中大部分颗粒被分离出来，再返回流化床中循环使用，以提高吸收剂的利用率。从用于吸收剂再循环的除尘器出来的烟气经过电除尘器除掉更细小的固体颗粒后，经风机由烟囱排入大气。从除尘器收下的固体颗粒和从吸收剂再循环除尘器分离出来的固体颗粒一起返回流

化床中，多余的循环灰也可排出。

（4）烧结烟气脱硫净化技术选择　根据烧结生产和烧结烟气的特点，在选择脱硫净化适用技术时，要遵循常规的技术经济法则。我国现有的各种烧结机的分布特征也是小而散，根据"上大压小，淘汰落后"的国家战略，预计 $180m^2$ 的烧结机将被逐步淘汰。就目前的进展状况看，基本取得的共识是以半干（干）法为主流技术发展方向。

所谓半干式 FGD 工艺是指 CFB（循环流化床法）、SDA（旋转喷雾干燥法）和 NID（新型脱硫除尘一体化）一类的技术。在该技术中，气固分离设备使用袋式除尘器给系统下游带来的好处，不仅可大大减轻腐蚀，提升净化效率和减排效果，同时还能去除 SO_3、汞及其他重金属，为该系统增加净化处理二噁英的功能创造条件。这些优越性都是湿式脱硫工艺无法协同实现的。

确定最适宜的脱硫净化技术路线时，往往需要考虑多方面的因素，其中最主要的是综合技术经济因素，这是最基本的，也是决定性的。不同的处理烟气量，火电锅炉和烧结烟气脱硫净化工艺参数详见表 11-14。

表 11-14　火电锅炉和烧结烟气脱硫净化工艺的适用性

参数	小	中	大
火电机组容量/MW	<100	100～300	>300
处理烟气量/(10^4m^3/h)	<30	30～120	>120
适用 FGD 工艺	湿/干式一体化	半干法及其他	湿式石灰石法
烧结机型规格/m^2	<180	180～300	>300
处理烟气量/(10^4m^3/h)	<40	40～100	>100
适用 FGD 工艺	干式一体化	半干法及其他	湿式石灰石法及另加去除二噁英的设备

注：1. 表中内容为宏观一般情景。

2. 大型烧结机 FGD 需另加去除二噁英的设备。

由表 11-14 可见，小型烧结机宜采用干式一体化装置，而中等规模烧结机适用半干法技术及其他工艺，只有特大型烧结机，处理烟气量在 10^6m^3/h 以上，适用技术必须是传统湿式石灰石-石膏法，但烧结烟气由于含二噁英，需另外附加干式去除装置，为了降低工程费用和运行成本，最好设计上将此烟气量一分为二，由此引出分割烟气——选择性脱硫技术。只有带式烧结机给该项技术的实施提供了可行的条件。

（5）烟气分割技术　烧结烟气的特点是在带式烧结机中，烟气是通过台车下部的一系列风箱和支管强力抽出汇入主管排出的。沿着台车移动的方向从各个风箱抽出烟气的温度和浓度均遵循一定的变化规律。这种规律使烧结烟气具备"可分割性"，完全有可能将烟气分成高硫系和低硫系两个部分，分割处理后汇合排放。这便为大容量烧结烟气采用半干（干）法工艺提供了可能性，为一机多放、协同减排和大幅度降低投资、运行成本提供了优越的条件。

烟气分割，可以通过三个途径实现，即几何法、温度法和浓度法。温度分割法，仅属宏观指南性；浓度分割法，是"分割"的基础和依据，必须预先完成一系列工程检测，集纳大量数据后加以综合归纳，确定"分割"的几何位置；几何分割法，在众多的烧结机中，不同型号和工况，当然分割点位有所不同，但只要工况基本相同，分割点的位置是比例相关的，通常不妨把烧结带的总长度设定为 L，分割点有 A 和 B。如图 11-17 所示。

在一般情况下，$180m^2$ 的带式烧结机烟气总量为 $50×10^4m^3$/h，把近机头、机尾的两

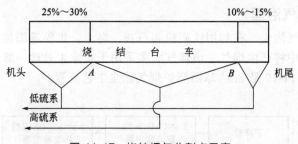

图 11-17　烧结烟气分割点示意

端烟气合在一处就是低硫系，中间部位的烟气就是高硫系。低硫、高硫系烟气的主要特征如表 11-15 所列。

表 11-15　低硫、高硫系烟气的主要特征

烟气划分	烟气量/($10^4 \mathrm{m}^3/\mathrm{h}$)	占总气量/%	SO_2 浓度/($\mathrm{mg/m}^3$)	占 SO_2 总量/%
低硫系	22	44	370	5.2
高硫系	28	56	5700	94.8

　　低硫系烟气仅通过除尘处理，高硫系烟气则经除尘和脱硫双重处理，然后二者合一排入烟囱。由于低硫系烟气未经 FGD 处理，温度基本无变化，而高硫系烟气在经 FGD 装置后，温度有所降低。高硫系烟气经 FGD 处理，脱硫率一般在 90% 以上，与低硫系混合后 SO_2 浓度一般都能达标。

4. 烧结机尾气除尘

　　烧结机尾部卸矿点，以及与之相邻的烧结矿的破碎、筛分、贮存和运输等点含尘废气的除尘，优先选用干法除尘，这样可以避免湿法除尘带来的污水污染，同时也有利于粉尘的回收利用。烧结机尾气除尘大多采用大型集中除尘系统。机尾采用大容量密闭罩，密闭罩向烧结机方向延伸，将最末几个真空箱上部的台车全部密闭，利用真空箱的抽力，通过台车料层抽取密闭罩内的含尘废气，以降低机尾除尘抽气量。除尘设备优先采用袋式除尘器。图 11-18 是烧结机尾气处理工艺流程。

5. 整粒系统除尘

　　整粒系统包括冷烧结矿的破碎和多段筛分，它的除尘抽风点多、风量大，必须设置专门的整粒除尘系统。该系统设置集中式除尘系统，即干式高效除尘设备，一般采用高效大风量袋式除尘器或电除尘器。

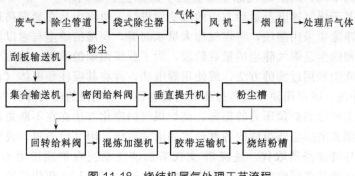

图 11-18　烧结机尾气处理工艺流程

6. 球团竖炉烟气治理

（1）球团竖炉烟气除尘　在利用铁矿粉和石灰、皂土、焦粉等添加剂混合造球时，在竖炉中进行焙烧的过程中将产生烟气。该烟气大多采用干式除尘处理，除尘设备可采用袋式除尘器或电除尘器。图 11-19 是 $8m^3$ 球团竖炉烟气除尘工艺流程。

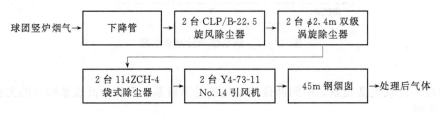

图 11-19　$8m^3$ 球团竖炉烟气除尘工艺流程

（2）球团竖炉烟气除硫　对球团竖炉烟气中的 SO_2，尚未采取有效的治理措施。处理的方法主要是针对高硫燃料初步脱硫和回收烟气中的二氧化硫。例如，日本钢铁公司采用 $(NH_4)_2SO_3$ 作吸收剂，吸收废气中的二氧化硫后，再与焦炉煤气中的 NH_3 反应，使吸收液再生并返回烧结厂再用。吸收液的一部分抽出氧化，然后制取硫酸铵。美国在烧结机废气中加入白云石等物料，配合使用袋式除尘器，既除尘又除二氧化硫。

三、炼铁厂废气治理

（一）炼铁厂废气的来源及特点

炼铁厂的废气主要来源于以下的工艺环节：
① 高炉原料、燃料及辅助原料的运输、筛分、转运过程中产生的粉尘；
② 在高炉出铁时将产生一些有害废气，该废气主要包括粉尘、一氧化碳、二氧化硫和硫化氢等污染物；
③ 高炉煤气的放散以及铸铁机铁水浇注时产生含尘废气和石墨炭的废气。

（二）炼铁厂废气的治理技术

1. 高炉煤气处理技术

按照净化后的煤气含尘量不同，高炉煤气可分为粗除尘煤气、半净除尘煤气和精除尘煤气。按净化方法的不同，高炉煤气除尘可分为干式除尘和湿式除尘。粗除尘一般用干法进行，干法除尘是基于煤气速度及运动方向的改变而进行。粗除尘是在紧靠高炉除尘设备中的第一次净化。半净除尘采用湿法，将煤气加大量水润湿，润湿的炉尘与水以泥渣的形式从煤气中分离出来。精除尘是煤气除尘的最后阶段，为了获得预期的效果，精除尘之前煤气必须经过预处理。精除尘利用过滤的方法，或使用静电法，并将其吸往导电体（在电气设备或装置内），再用水冲洗。还可用使煤气经过相应的设备而产生很强的压力降的方法来精除尘。

随着高炉的大型化和炉顶压力的提高，高炉煤气的净化方法亦在不断更新，由原来的洗涤塔、文氏管和湿式电除尘器组成的各种形式的清洗系统，因其设备重、投资高，而被双文氏管串联清洗和环缝洗涤器取代。洗涤塔-文氏管的清洗系统在炉顶压力不太高的情况下，为使高炉煤气余压透平多回收能量，仍有应用价值。到 20 世纪 70 年代后期，高炉煤气余压透平发电技术的开发，促进了高炉煤气净化系统向低阻损、高效率的方向发展。近年来，我国大部分钢铁企业均采用了低阻损的干法除尘设备，例如袋式过滤、旋风除尘、砂过滤和干法电除尘器等。

1）高炉煤气净化工艺流程

（1）高炉煤气湿法净化工艺流程 过去大中型高炉一般采用串联调径文氏管系统或塔后调径文氏管系统，其流程见图 11-20。串联调径文氏管系统的优点是操作维护简便、占地少、节约投资 60% 以上。但在炉顶压力为 80kPa 时，在相同条件下，煤气出口温度高 3～5℃，煤气压力多降低 8kPa 左右。一级文氏管磨损严重，但可采取相应措施解决。然而在常压或高压操作时，两个系统的除尘效率相当，即高压时或常压时净煤气含灰量分别为 $5mg/m^3$ 或 $15mg/m^3$，因而当给水温低于 40℃ 时，采用调径文氏管就会更加合理。当炉顶压力在 0.15MPa 以上，常压操作时煤气产量是高压时的 50% 左右时，根据高炉操作条件的需要，采用串联调径文氏管的优点就更加显著，即煤气温度由于系统中采用了炉顶煤气余压发电装置反而略低于塔文系统。此外，文氏管供水可串联使用，其单位水耗仅有 2.1～2.2kg/m³ 煤气。而塔文串联系统的单位水耗则为 5～5.5kg/m³ 煤气。因此，当炉顶压力在 0.12MPa 以上时采用串联调径文氏管系统。

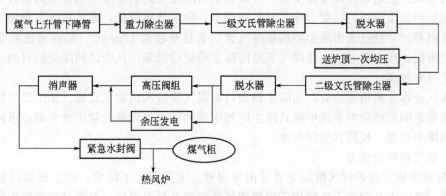

图 11-20 串联调径文氏管系统流程

（2）高炉煤气干法除尘工艺流程 高炉煤气的干法除尘工艺可使净化煤气含水少、温度高、保存较多的物理热能，利于能量利用。加之不用水，动力消耗少，又省去污水处理，避免了水污染，因此是一种节能环保的新工艺。

高炉煤气干法除尘的方法很多，如袋式除尘、干法电除尘等。

高炉煤气经重力除尘器及旋风除尘器粗除尘后，进入袋式除尘器进行精除尘，净化后的煤气经煤气主管、调压阀组（或 TRT）调节稳压后，送往厂区净煤气总管。其流程如图 11-21 所示。滤袋过滤方式一般采用外滤式，滤袋内衬有笼形骨架，以防被气流压扁，滤袋口上方相应设置与布袋排遣数相等的喷吹管。在过滤状态时，荒煤气进口气动蝶阀及净煤气出口气动蝶阀均打开。随煤气气流的流过，布袋外壁上积灰将会增多，过滤阻力不断增大。当阻力增大（或时间）到一定值，电磁脉冲阀启动，布置在各箱体布袋上方的喷吹管实施周期性的动态冲氮气反吹，将沉积在滤袋外表面的灰膜吹落，使其落入下部灰斗。在各箱体进行反吹时，也可以将此箱体出口阀关闭。清灰后应及时启动输灰系统。输灰气体可采用净高炉煤气，也可采用氮气，将灰输入大灰仓后，用密闭罐车通过吸引装置将灰装车运走。

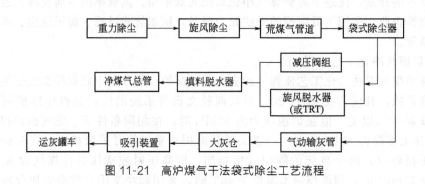

图 11-21 高炉煤气干法袋式除尘工艺流程

2）粗煤气除尘系统 高炉炉顶煤气正常温度应小于 250℃，炉顶应设置打水措施，最高温度不超过 300℃。粗煤气除尘器的出口煤气含尘量应小于 $10g/m^3$。

粗煤气除尘系统主要由导出管、上升管、下降管、除尘器、炉顶放散阀及排灰设施等组成。目前国内有三种粗除尘方式：一是传统的重力除尘器；二是重力除尘器加切向旋风除尘器组合的形式；三是轴向旋流除尘器。传统的重力除尘器是利用煤气灰自身的重力作用，灰尘沉降而达到除尘的目的。重力除尘器结构简单，除尘效率较低，尤其在喷煤量加大的情况下，如某钢高炉，经过重力除尘器的粗煤气含尘量甚至超过 $12g/m^3$。轴向旋流除尘器是气流通过旋流板，产生离心力，将煤气灰甩向除尘器壁后沉降，从而达到除尘的目的。结构复杂，除尘效率较高。

荒煤气经除尘器粗除尘后，由除尘器出口粗煤气管进入精除尘设施。除尘器的除尘效率高低，直接影响到精除尘系统中湿式除尘的耗水量和污水处理量，除尘效率高，可减轻干式精除尘的除尘负担，提高其使用寿命。

（1）煤气粗除尘管道

① 管道组成。高炉煤气粗除尘管道由导出管、上升管、下降管、除尘器出口粗煤气管道等组成。煤气上升管及下降管用于把粗煤气从炉顶外封罩引出，并送至除尘器的煤气输送管道。

② 煤气发生量及粗煤气管道流速。对炉顶温度的规定是考虑炉顶设备的安全而制定的。煤气温度应小于 250℃，若超过 300℃时，炉顶应采取打水措施，避免危及炉顶设备安全和超过钢材的使用温度。

提高炉顶压力，提高粗煤气卸灰装置的安全要求。高炉煤气灰全部用作烧结原料。

根据经验数据，高炉外封罩导出管出口处的总截面积应适当加大，以降低煤气流速，减少带出的炉尘量。各部位粗煤气管道煤气流速要求如下：导出管为 $3\sim4m/s$；上升管为 $5\sim7m/s$；下降管为 $7\sim11m/s$。

（2）重力除尘器 世界上大部分高炉煤气粗除尘都是选用重力除尘器。重力除尘器是一种造价低、维护管理方便、工艺简单但除尘效率不高的干式初级除尘器。

煤气经下降管进入中心喇叭管后，气流突然转向，流速突然降低，煤气中的灰尘颗粒在惯性力和重力的作用下沉降到除尘器底部，从而达到除尘的目的。煤气在除尘器内的流速必须小于灰尘的沉积速度，而灰尘的沉降速度与灰尘的粒度有关。荒煤气中灰尘的粒度与原料状况、炉况、炉内气流分布及炉顶压力有关。重力除尘器直径应保证煤气在标准状态下上升的流速不超过 $0.6\sim1.0m/s$。高度上应保证煤气停留时间达到 $12\sim15s$。通常高炉煤气粉尘构成为 $0\sim500\mu m$，其中粒度 $>150\mu m$ 的颗粒占 50% 左右，煤气中粒度 $>150\mu m$ 的颗粒都能沉降下来，除尘效率可达到 50%，出口煤气含尘量可降到 $6\sim12\mathrm{g/m^3}$ 范围内。

高炉重力除尘器结构如图 11-22 所示。

粗煤气除尘器必须设置防止炉尘溢出和煤气泄漏的卸灰装置。

考虑到煤气堵塞及排灰系统的磨损，除尘器下部设置三个排灰管道系统，每个系统设有切断煤气灰的 V 形旋塞阀和切断煤气的两个球阀（阀门通径均为 150mm），阀门为气缸驱动。为了吸收管道的热膨胀还设有波纹管。一般情况下，依次使用三个系统进行排灰。排灰时阀门开启顺序为：下部球阀→上部球阀→V 形旋塞阀；排灰终止后阀门关闭顺序为：V 形旋塞阀→上部球阀→下部球阀。

在排灰管道下部还设有清灰搅拌机，用以向煤气灰中打水、搅拌、避免扬尘。

（3）旋风除尘器 近年来，国内部分钢铁企业采用了轴向旋风除尘器。其工艺比较复杂，除尘效率较高，但生产中曾发生过除尘器内耐磨衬板碎裂和脱落，对生产造成一定的影响。

来自下降管的高炉煤气通过 Y 形接头进入轴向旋风除尘器，在轴向旋风除尘器的分离室内通过旋流板产生涡流，产生的离心力将含尘颗粒甩向除尘器壳体，颗粒沿壳体壁滑落进入集尘室。气流由分离室底部的锥形部位分流向上，通过分离室上部的内部管道离开轴向旋风除尘器。在旋流板处的高流速煤气不仅对旋流板有强烈的磨损，而且对除尘器壁体也有强烈磨损。因此在磨损强烈的部位必须衬以高耐磨性能的衬板。该衬板的主要理化性能指标见表 11-16。

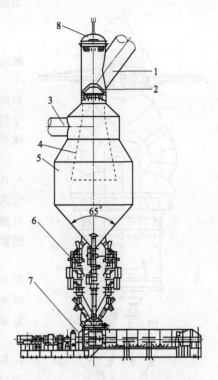

图 11-22 高炉重力除尘器结构
1—下降管；2—钟式遮断阀；3—荒煤气出口；
4—中心喇叭管；5—除尘器筒体；
6—排灰装置；7—清灰搅拌机；
8—安全阀

表 11-16 耐磨衬板的主要理化性能指标

理化性能	数 值	理化性能	数 值
密度/(kg/dm³)	3.4	耐磨强度/(cm³/50cm²)	0.5~1.5
硬度(MOHS)	9	化学成分(质量分数)/%	
硬度(VICKERS/HV)	2000	Al_2O_3	51
冷压强度/(kN/cm²)	40	ZnO_2	33
抗拉强度/(kN/cm²)	4.0	SiO_2	14
热压强度(800℃)/(kN/cm²)	>24	Fe_2O_3	0.1
最高工作温度/℃	1000	Na_2O	1.4
热传导率/[W/(m·K)]	4.2	CaO	0.4
热膨胀系数(20~1100℃)/[W/(m·K)]	6.5×10^{-4}	TiO_2	0.1

在除尘器内简体下方部位，为了节省投资，采用强度高、耐一氧化碳侵蚀的喷涂料也可

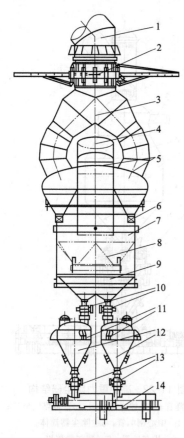

图 11-23　轴向旋风除尘器
1—下降管；2—眼镜阀；3—Y形接头；
4—粗煤气出口；5—煤气入口；6—旋
流板；7—粉尘分离室；8—导流锥；
9—集尘室；10—上排灰阀；11—称量
压头；12—中间储灰斗；13—下排灰
阀；14—清灰搅拌机

满足工况要求。

轴向旋风除尘器结构如图 11-23 所示。

重力除尘效率只能达到 50％左右，轴向旋风除尘器效率可望提高一些。

轴向旋风除尘器可通过改变叶片角度来调节旋风除尘器的分离效率。通过更换不同形状的叶片，可确定旋风除尘器的分离效率和尘粒分布。在调节分离效率时，可从壳体外部方便地更换叶片。

在除尘器集尘室下部设有两个排灰斗，当排灰斗用氮气均压到与炉顶压力相当时，打开上排灰阀，积聚在集尘室内的煤气灰经排灰阀进入灰斗。然后关闭上排灰阀，打开放散系统，对排灰斗进行卸压，再由排灰斗经下排灰阀、螺旋搅拌机卸入运灰车外运。集尘室必须每天排空一次。

排尘系统主要由两个中间贮灰斗组成，带有上下排灰阀和一个清灰搅拌机。在排灰期间，中间贮灰斗交替贮灰填充和排灰，从而可以连续排灰。每个贮灰斗装有一套称量系统，用于控制和监视粉尘高度和流量。

排灰阀可以控制粉尘排放流量。排灰阀装有膨胀密封，在关闭位置，可以完全密封。上排灰阀用作闸阀，始终完全打开或关闭，由接近开关控制位置。

下排灰阀用作控制阀，可以控制粉尘排放流量。装有两个接近开关和位置变送器进行反馈。控制清灰搅拌机流量，避免排灰过多出现堵塞。

清灰搅拌机中的喷嘴向煤气灰中加水，以改善排料时的装运条件。通过称量系统计算和测量料仓煤气灰重量和加料流量。排灰阀位置设定值可以手动或自动调整，从而可以避免清灰搅拌机过负荷和堵塞。

（4）重力除尘器和旋风除尘器　煤气经下降管进入重力除尘器的中心喇叭管后，气流突然转向和减速，煤气中的颗粒在惯性力和重力作用下沉降到除尘器底部，完成第一次除尘。转向煤气流经重力除尘器粗煤气出口矩形管道切线方向进入旋风除尘器，中等直径的尘粒借离心力的作用被分离出来，借助于惯性沉积于旋风除尘器底部，完成第二次除尘。沉积于旋风除尘器底部的煤气灰通过液压控制的排灰和加湿装置定期排出，并用汽车送出。

该装置通过二次粗除尘，提高了粗除尘的效率，但占地较大。

高炉重力除尘器和旋风除尘器组合布置示意如图 11-24 所示。

切向旋风除尘器由筒体、干式排灰装置及加湿装置、煤气出入口管组成。

形式为立式单筒，切向进气；筒体内径 6000mm；总高度约 32000mm；压力损失 0.6kPa；材料 16MnR。

为吸收重力除尘器粗煤气出口处管道的轴向膨胀及除尘器与旋风除尘器的不均匀膨胀，在该粗煤气管道上设有一个万向铰链型矩形波纹管。其内口尺寸 1510mm×3010mm，外形尺寸 2120mm×3620mm，长度 4000mm。

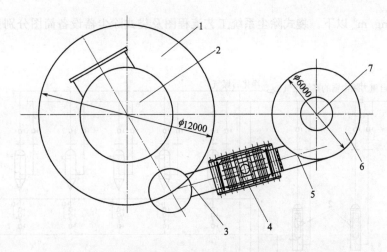

图 11-24　高炉重力除尘器和旋风除尘器组合布置示意

1—重力除尘器；2—重力除尘器煤气入口；3—重力除尘器煤气出口；4—矩形波纹管；
5—旋风除尘器煤气入口；6—切向旋风除尘器；7—旋风除尘器煤气出口

3）湿式除尘系统　湿式除尘是利用雾化后的液滴捕集气体中尘粒的方法。为克服液体的表面张力，雾化是消耗能量的过程，这是获得洁净气体所必须付出的代价。压力雾化和气流雾化是常用的两种雾化方法。对高炉煤气除尘来讲，在通常压力的雾化时，喷嘴与气体的压差要在 0.2MPa 以上，气流雾化要求气体速度在 100m/s 以上才能保证良好的除尘效果。从实际运行数据看，只要保持适当的压差，净煤气含尘量均能保证在 10mg/m³ 以下。

湿式煤气清洗装置的净煤气温度，在并入全厂管网前不宜超过 40℃。

4）干式除尘系统　高炉煤气净化系统设计应采用高炉煤气干式除尘装置，并应保证可靠运行。煤气干式除尘系统的作业率应与高炉一致。

高炉煤气干法除尘能使炉顶余压发电装置多回收 35%～45% 的能量，但是由于过去干式煤气除尘技术不够成熟，所以用湿式除尘备用，因此没有得到广泛推广。从 1979 年至今 30 余年中，我国高炉煤气干法滤袋除尘工艺的技术发展迅速，技术日臻完善。因此，《高炉炼铁工艺设计规范》条文说明规定了积极采用高炉煤气干式煤气除尘装置的具体要求：

① 1000m³ 级高炉必须采用全干式煤气除尘和干式 TRT 发电，不得备用湿式除尘；

② 2000m³ 级高炉应采用全干式煤气除尘和干式 TRT 发电，不宜备用湿式除尘；

③ 3000m³ 级和大于 3000m³ 的高炉研究开发采用全干式煤气除尘和干式 TRT 发电，为稳妥起见，可备用临时湿式除尘，并采用干湿两用 TRT 发电装置。

为保证这一新技术的正常发展，充分利用能源，根据国内外的运行经验，制定切实可行的安全规定是必要的也是可行的，但已有规定还有待于根据今后的生产实际来完善和提高。

① 干式袋式除尘系统。袋式除尘是利用织布或滤毡，捕集含尘气体中的尘粒的高效率除尘器。一般直径大于布袋孔径 1/10 的尘粒均能被滤袋捕集。由于滤袋材料和织造结构的多样性，其实用性能的计算仍是经验性的。在理论上比较公认的捕集机理有尘粒在布袋表面的惯性沉积、滤袋对大颗粒（直径＞1μm）的拦截、细小颗粒（直径＜1μm）的扩散、静电吸引和重力沉降 5 种。

袋式除尘器对高炉煤气的除尘效率在 99% 以上，阻力损失小于 1000～3000Pa，净煤气含尘量可达到 5mg/m³ 以下。袋式除尘系统工艺流程图及袋式除尘器设备简图分别见图 11-25 和图 11-26。

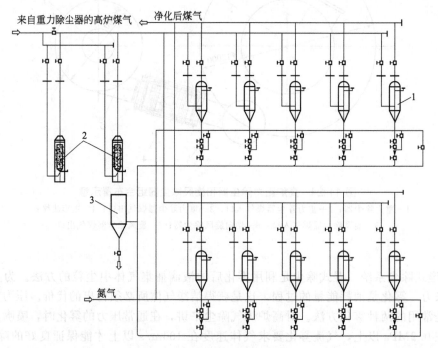

图 11-25 袋式除尘工艺流程

1—袋式除尘器；2—升降温装置；3—贮灰罐

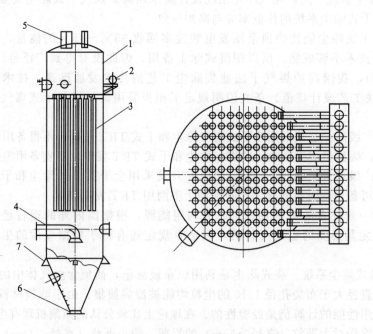

图 11-26 袋式除尘器

1—袋式除尘器壳体；2—氮气脉冲喷吹装置；3—滤袋及框架；4—煤气入口管；
5—煤气出口管；6—排灰管；7—支座

② 干式电除尘系统。电除尘器的基本结构是由产生电晕电流的放电极和收集带电尘料的集电极组成。当含尘气流在两个电极之间通过时，在强电场的作用下气体被电离。被电离的气体离子，一方面与尘粒发生碰撞并使它们荷电；另一方面在不规则的热运动作用下，扩散到固体表面而黏附下来。通过直径＞$0.5\mu m$的尘粒扩散现象不是很明显，可以只考虑碰撞机理；直径＜$0.5\mu m$的尘粒必须同时考虑碰撞和扩散两种机理，带负电荷的细颗粒在库仑力的作用下被驱赶到集电极表面。尘粒向集电极行进的速度与电场强度、尘粒直径成正比，与气体黏度成反比。电除尘器的除尘效率可达99%以上，压力损失小于500Pa。

由于分子热运动造成的扩散作用的影响，静电除尘器对温度同样敏感，煤气入口温度以不超过250℃为宜，否则除尘效率会大幅度下降。干式电除尘器简图见图11-27。

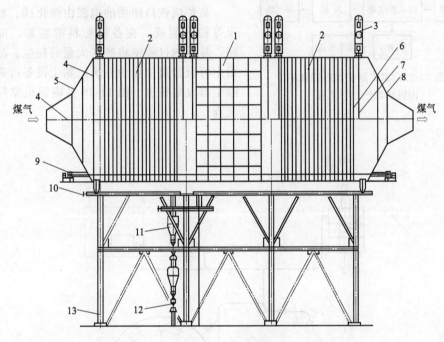

图 11-27 干式电除尘器

1—放电电极；2—收尘电极；3—绝缘子室；4—多孔板；5—入口扩散板；6—放电电极振打装置；7—收尘电极振打装置；8—出口扩散板；9—螺旋减速器；10—螺旋输送器；11—灰仓；12—排灰阀；13—电除尘器台架

迄今为止，国内高炉煤气应用干式电除尘器的仅有两套，且都为引进设备，并都备用了一套湿式除尘系统。某钢5号高炉（炉容3200m^3）采用的是日本钢管公司引进的干式静电除尘器，同时备用了国内设计制造的湿式单级R形可调文丘里洗涤器。另一套为邯钢1260m^3高炉采用的。由于电除尘器只能在250℃以下运行，为此在电除尘器前设置了蓄热缓冲器。当炉顶煤气温度达到250℃时，开始启动湿式除尘系统，当温度达到300℃时就完全转到湿式系统，因此对湿式除尘的供水系统的启动、流量控制均有严格的要求。

2. 炉前矿槽的除尘

炼铁厂炉前矿槽的除尘，主要是要解决高炉烧结矿、焦炭、杂矿等原料燃料在运输、转运、卸料、给料及上料时产生的有害粉尘。控制该废气的粉尘的根本措施是严格控制高炉原料、燃料的含粉量，特别是烧结矿的含粉量。此外，针对不同产尘点的设备可设置密闭罩和抽风除尘系统。密闭罩根据不同的情况采取局部密闭罩（如皮带机转运点）、整体密闭罩（如振动筛）或大容量密闭罩（如在上料小车的料坑处）。除尘器可采用袋式除尘器等。

3. 高炉出铁场除尘

高炉在开炉、堵铁口及出铁的过程中将产生大量的烟尘。为此，在诸如出铁口、出渣口、撇渣器、铁沟、渣沟、残铁罐、摆动流嘴等产尘点设置局部加罩和抽风除尘的一次除尘系统；在开、堵铁口时，出铁场必须设置包括封闭式外围结构的二次除尘系统。除尘器可采用滤袋除尘器等。图 11-28 是出铁场烟气处理工艺流程。

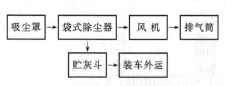

图 11-28　袋式除尘器治理高炉
出铁场烟气工艺流程

4. 碾泥机室除尘

高炉堵铁口使用的炮泥由碳化硅、粉焦、黏土等粉料制成。在各种粉料的装卸、配料、混碾、装运的过程中将产生大量的粉尘。治理这些粉尘可设置集尘除尘系统，除尘设备可采用袋式除尘器收集粉尘。图 11-29 是碾泥机室除尘工艺流程。

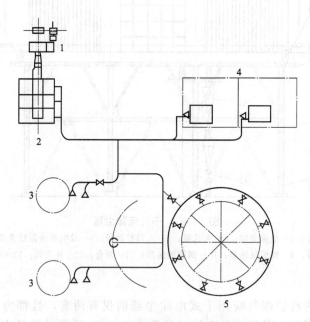

图 11-29　碾泥机室除尘系统布置
1—风机；2—除尘器；3—碾泥机；4—贮焦槽；5—贮料槽

四、炼钢厂废气治理

（一）炼钢厂废气的来源及特点

炼钢厂废气主要来源于冶炼过程，特别是在吹氧冶炼期产生大量的废气。该废气中含尘浓度高，含 CO 等有毒气态物的浓度也很高，具有回收价值。

（二）炼钢转炉烟气的治理技术

1. 吹氧转炉烟气的治理

转炉炼钢的主要原料是铁水、氧气及一些添加材料。炼钢煤气主要来源于转炉吹氧冶炼中炉内铁水与吹入氧气化学反应生成的气体，称为炉气。炉气主要来自铁水中碳的氧化，其反应式为：

$$2C+O_2 \longrightarrow 2CO \uparrow \tag{11-8}$$
$$C+O_2 \longrightarrow CO_2 \uparrow \tag{11-9}$$
$$2CO+O_2 \longrightarrow 2CO_2 \uparrow \tag{11-10}$$

由于炉内温度较高，碳的主要氧化物是 CO，约 90%，通称煤气。还有少量碳与氧直接作用生成 CO_2 或 CO 从钢液表面逸出后再与氧作用生成 CO_2，其总量约 10%。

转炉吹氧炼钢时，由于高温作用下铁的蒸发、气流的剧烈搅拌、CO 气泡的爆裂以及喷溅等各种原因，产生大量炉尘。其总量为金属炉料的 1%～2%，为 10～20kg/t 钢，炉气的含尘量为 80～150g/m³。炉尘的主要成分是 FeO 和 Fe_2O_3，其粒径在炉气未燃烧时大部分为 10μm 以上，炉气燃烧后则大部分为 1μm 以下。

转炉煤气的发生量在一个冶炼过程中并不均衡，成分也有变化。通常将转炉多次冶炼过程回收的煤气输入一个贮气柜，混匀后再输送给用户。转炉煤气由炉口喷出时，温度高达 1450～1500℃，并夹带大量氧化铁粉尘，需经降温、除尘方能使用。转炉煤气是一种有毒、有害、易燃、易爆的危险性气体，也是一种用途很广、很好的化工原料和工业生产能，它的回收和利用是减少烟气排放和治理大气环境污染的一项有力措施，在保证安全的前提下，最大限度回收和利用煤气，减少大气排放，对节能环保有着巨大的经济效益和社会效益。

1) 主要技术参数与计算

(1) 主要技术参数　转炉烟气中含有大量 CO，采用未燃法回收时，CO 在烟气中随吹炼时间的增长而增加，最高含量可达 90%，平均 70% 左右。CO_2 在转炉（未燃法）烟气中一般含 10% 左右，转炉烟气的温度为 1450℃ 左右，最高可达 1600℃。

转炉烟气成分（体积分数）的测定值：CO 72.5%，H_2 3.3%，CO_2 16.2%，N_2 0.0%，O_2 0.0%。

转炉烟尘含 TFe 占 71%，单质 Fe 13%，FeO 68.4%，Fe_2O_3 6.8%，SiO_2 1.6%，MnO 2.1%，CaO 3.8%，MgO 0.3%，C 0.6%。

转炉烟气的理论产生量为总供氧量（含吹入炉内的氧与炉料中氧化物中的氧）的两倍。一般吹炼初期与后期产生的烟气量较少，中期则增高。

(2) 烟气成分及烟气量计算　转炉吹氧降碳过程中炉内化学反应生成的炉气，出炉口后与空气接触便燃烧。炉气燃烧的化学反应生成的烟气成分及烟气量，计算方法如下：

① 炉气燃烧反应

设炉气成分：$V_{CO}+V_{CO_2}+V_{N_2}=1$（不考虑微量的 H_2 和 O_2）。

$$\alpha = \frac{实际吸入的空气量}{炉气完全燃烧所需的理论空气量} \tag{11-11}$$

式中，α 为空气燃烧系数。

当 $\alpha=1.0$ 时

$$V_{CO}C_{CO}+V_{CO_2}C_{CO_2}+\frac{1}{2}V_{CO}(C_{O_2}+3.76C_{N_2})+V_{N_2}C_{N_2}$$
$$=(V_{CO}+V_{CO_2})C_{CO_2}+(1.88V_{CO}+V_{N_2})C_{N_2} \tag{11-12}$$

当 $\alpha > 1.0$ 时

$$V_{CO}C_{CO} + V_{CO_2}C_{CO_2} + \frac{1}{2}\alpha V_{CO}(C_{O_2} + 3.76C_{N_2}) + V_{N_2}C_{N_2}$$

$$= (V_{CO} + V_{CO_2})C_{CO_2} + (1.88\alpha V_{CO} + V_{N_2})C_{N_2} + \left(\frac{1}{2}\alpha V_{CO} - \frac{1}{2}V_{CO}\right)C_{O_2}$$

$$(11\text{-}13)$$

当 $\alpha < 1.0$ 时

$$V_{CO}C_{CO} + V_{CO_2}C_{CO_2} + \frac{1}{2}\alpha V_{CO}(C_{O_2} + 3.76C_{N_2}) + V_{N_2}C_{N_2}$$

$$= (V_{CO} - \alpha V_{CO})C_{CO} + (\alpha V_{CO} + V_{CO_2})C_{CO_2} + (1.88\alpha V_{CO} + V_{N_2})C_{N_2} \quad (11\text{-}14)$$

式中，C_{CO}，C_{CO_2}，C_{N_2}，C_{O_2} 分别为炉气中 CO、CO_2、N_2 及 O_2 等气体的含量；V_{CO}，V_{CO_2}，V_{N_2} 分别为炉气中 CO、CO_2 及 N_2 的体积分数。

② 炉气燃烧后的烟气量。

设 V_1 为原始炉气量（m^3/h）

$$V_1 = Gv_c\frac{22.4}{12} \times 16 \times \frac{1}{V_{CO} + V_{CO_2}}$$

式中，G 为最大铁水装入量，kg；v_c 为最大降碳速度，%/min；V_{CO}，V_{CO_2} 分别为炉气中 CO、CO_2 的体积分数。

出炉口燃烧后的烟气量 V_0（标态）计算方法如下：

当 $\alpha = 0$ 时

$$V_0 = (1 + 1.88V_{CO})V_1 \tag{11-15}$$

当 $\alpha > 1.0$ 时

$$V_0 = [1 + (2.38\alpha - 0.5)V_{CO}]V_1 \tag{11-16}$$

当 $\alpha < 1.0$ 时

$$V_0 = (1 + 1.88\alpha V_{CO})V_1 \tag{11-17}$$

③ 炉气燃烧吸入空气量 V_a。

$$V_a = 2.38\alpha V_{CO}V_1 \tag{11-18}$$

④ 燃烧后的烟气成分。炉气燃烧后的烟气成分因 α 值不同而异。

当 $\alpha = 0.1$ 时

$$V'_{CO_2} = (V_{CO} + V_{CO_2})V_1V_0 \times 100\% \tag{11-19}$$

$$V'_{N_2} = (1.88V_{CO} + V_{N_2})V_1V_0 \times 100\% \tag{11-20}$$

当 $\alpha > 0.1$ 时

$$V'_{CO_2} = (V_{CO} + V_{CO_2})V_1V_0 \times 100\% \tag{11-21}$$

$$V'_{N_2} = (1.88\alpha V_{CO} + V_{N_2})V_1V_0 \times 100\% \tag{11-22}$$

$$V'_{O_2} = 0.5(\alpha - 1)V_{CO}V_1V_0 \times 100\% \tag{11-23}$$

当 $\alpha < 0.1$ 时

$$V'_{CO} = (1 - \alpha)V_{CO}V_1V_0 \times 100\% \tag{11-24}$$

$$V'_{CO_2} = (\alpha V_{CO} + V_{CO_2})V_1V_0 \times 100\% \tag{11-25}$$

$$V'_{N_2} = (1.88\alpha V_{CO} + V_{N_2})V_1V_0 \times 100\% \tag{11-26}$$

式中，V'_{CO}，V'_{CO_2}，V'_{N_2} 分别为炉气燃烧后烟气中 CO、CO_2、N_2 的体积分数。

在以上计算中当 $\alpha \leqslant 1.0$ 时，燃烧后一段仍有少量剩余氧气，其值可取 $V'_{O_2} \approx 0.4 \sim 0.5$

或 $V'_{O_2} = V_{O_2}$，因其含量较少，对气体组成平衡影响不大，故一般在工程计算中忽略不计。

【例 11-1】　转炉容量 30t，最大铁水装入量 36t，最大降碳速度 0.38%/min，采用未燃法操作，$\alpha = 0.08$，求炉气量、烟气量及烟气成分。

解：转炉吹氧与铁水中碳化学反应生成的炉气成分为：

CO	CO$_2$	N$_2$	O$_2$
86%	10%	3.5%	0.5%

a. 炉气量（标态）计算。

$$V_1 = Gv_c \times \frac{22.4}{12} \times 60 \frac{1}{V_{CO} + V_{CO_2}}$$

$$= 36000 \times 0.0038 \times \frac{22.4}{12} \times 60 \times \frac{1}{0.86 + 0.10}$$

$$= 15960 (m^3/h) \approx 16000 (m^3/h)$$

b. 炉气燃烧后烟气量 (V_0)，$\alpha = 0.08 < 1.0$。

$$V_0 = (1 + 1.88\alpha V_{CO})V_1 = (1 + 1.88 \times 0.08 \times 0.86)16000 = 18100 (m^3/h)$$

c. 烟气成分。

$$V'_{CO} = (1-\alpha)V_{CO} V_1 V_0 = (1-0.08) \times 0.86 \times \frac{16000}{18100} = 70\%$$

$$V'_{CO_2} = (\alpha V_{CO} + V_{CO_2})V_1 V_0 = (0.08 \times 0.86 + 0.10) \times \frac{16000}{18100} = 15\%$$

$$V'_{N_2} = (1.88\alpha V_{CO} + V_{N_2})V_1 V_0 = (1.88 \times 0.08 \times 0.86 + 0.035) \times \frac{16000}{18100} = 14.56\%$$

$$V'_{O_2} = V_{O_2} V_1 V_2 = 0.005 \times \frac{16000}{18100} = 0.44\%$$

d. 烟气在各组分下的定压平均比热容 C'_{pm} 单位为 kJ/(kg·℃)（表 11-17）。当炉气的组成与表 11-17 中的条件不同时，应根据实际烟气的组成进行计算。

e. 烟气的比热容。烟气是由数种气体成分混合而成，混合气体的比热容具有加和性，即混合气体的比热容等于各组成气体的比热和相应成分含量的乘积的总和，即：

$$C'_{pm} = \sum r_i C_i \tag{11-27}$$

式中，C'_{pm} 为烟气在定压下的平均比热容，kJ/(kg·℃)；r_i 为烟气中各组成气体的体积含量，%；C_i 为烟气中各组成气体在定压下的平均比热容，kJ/(kg·℃)。

气体在定压下的平均比热容见表 11-17。

表 11-17　气体在定压下的平均比热容（0~t℃）C'_{pm}　单位：kJ/(kg·℃)

T/℃	O$_2$	N$_2$	CO	CO$_2$	H$_2$O	空气	H$_2$	CH$_4$	C$_2$H$_4$	H$_2$S	SO$_2$
0	1.305	1.293	1.299	1.593	1.494	1.295	1.277	1.566	1.746	1.516	1.733
100	1.317	1.296	1.301	1.713	1.506	1.300	1.290	1.654	2.106	1.541	1.813
200	1.336	1.300	1.308	1.796	1.522	1.308	1.298	1.767	2.328	1.574	1.888
300	1.357	1.307	1.317	1.871	1.542	1.318	1.302	1.892	2.529	1.608	1.959
400	1.378	1.317	1.329	1.938	1.565	1.329	1.302	2.022	2.721	1.645	2.018
500	1.398	1.328	1.343	1.997	1.539	1.343	1.306	2.144	2.893	1.683	2.072
600	1.417	1.341	1.358	2.049	1.614	1.357	1.310	2.268	3.048	1.721	2.114
700	1.434	1.354	1.372	2.097	1.641	1.371	1.315	2.382	3.190	1.758	2.152

$T/℃$	O_2	N_2	CO	CO_2	H_2O	空气	H_2	CH_4	C_2H_4	H_2S	SO_2
800	1.450	1.367	1.387	2.139	1.668	1.385	1.319	2.495	3.341	1.796	2.186
900	1.465	1.380	1.400	2.179	1.696	1.398	1.323	2.596	3.450	1.830	2.215
1000	1.478	1.392	1.413	2.214	1.732	1.410	1.327	2.709	3.567	1.863	2.240
1100	1.490	1.404	1.426	2.245	1.750	1.422	1.336	—	—	1.892	2.261
1200	1.501	1.415	1.436	2.275	1.777	1.433	1.344	—	—	1.922	2.278
1300	1.511	1.426	1.443	2.301	1.803	1.444	1.352			1.947	—
1400	1.520	1.436	1.453	2.325	1.828	1.454	1.361	—	—	1.972	—
1500	1.529	1.446	1.462	2.347	1.853	1.463	1.369			1.997	—
1600	1.538	1.454	1.471	2.368	1.877	1.472	1.377	—	—	—	—
1700	1.546	1.462	1.479	2.387	1.900	1.480	1.386	—	—	—	—
1800	1.554	1.470	1.487	2.405	1.922	1.487	1.394	—	—	—	—
1900	1.652	1.478	1.498	2.421	1.943	1.495	1.398	—	—	—	—
2000	1.569	1.484	1.504	2.437	1.963	1.501	1.407	—	—	—	—

　　2）LT法转炉煤气净化回收技术　美国和德国等国有些工厂采用干式电除尘净化系统，以LT法为主。LT法是由德国鲁奇（Lurgi）公司和蒂森（Thyssen）公司协作开发。LT是两公司名字的简写。该干法处理技术于20世纪60年代开发成功。大部分在德国、奥地利、乌克兰等国家，1994年，在宝钢三期工程250t转炉项目中，我国首次引进奥钢联LT转炉煤气净化回收技术。该装置自投产以来，几经改造后运行稳定。与湿法除尘系统相比较，LT法具有以下显著优点：a. 利用电场除尘，除尘效率高达99%，可直接将烟气中的含尘量净化至10mg/m³以下，供用户使用；b. 可以省去庞大的循环水系统；c. 回收的粉尘压块可返回转炉代替铁矿石利用；d. 系统阻损小，节省能耗。就环保和节能而言，LT法代表着转炉煤气回收技术的发展方向。LT法转炉煤气与粉尘回收工艺流程如图11-30所示。然而由于国内尚未掌握此项技术，需引进国外技术和设备，而使投资大幅度增加，发展受到抑制。

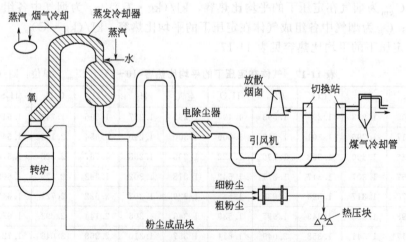

图 11-30　LT法转炉煤气与粉尘回收工艺流程

① 烟气冷却及热能回收。转炉吹氧过程中，煤和氧气反应生成的气体中约90％为CO，其他为废气。废气溢出炉口进入裙罩中大约有10％被燃烧掉，其余的经过冷却烟道进入蒸发冷却器，冷却烟道中产生的蒸汽被送入管网中回收。

烟气冷却系统由低压和高压冷却水回路组成。低压冷却水回路由裙罩、氧枪孔、两个副原料投入孔组成；高压冷却水回路由移动烟罩、固定烟罩、冷却烟道、转向弯头以及检查盖组成。低压回路中的水由低压循环泵送入除氧水箱，然后通过给水泵供给汽包使用；高压回路中设有一条自然循环系统，冷却烟道中的水在非吹炼期切换到强制循环，吹炼期则转换成自然循环以节约能源。高压回路中的水在吹炼期切换到强制循环，吹炼期则转换成自然循环以节约能源。高压回路中的水在吹炼期部分汽化，水汽混合进入汽包，在汽包中汽、水分离，蒸汽被送到蓄热器中贮存起来，多余蒸汽则送到能源部的管网中。

从冷却烟道出来的烟气，首先在蒸发冷却器中进行冷却并调节到电除尘器要求的温度。为此，需要通过双相喷嘴向蒸发冷却器中喷水，利用水的相变需要吸收大量热能的原理，使烟气温度由800～1000℃降至150～200℃。为使喷入的水形成雾状，需同时喷入蒸汽，喷入量由烟气热含量决定。由于烟气在蒸发冷却器中减速，粗颗粒的粉尘沉降下来。通过链式输送机和闸板阀排出，烟气通过粗管道导入到电除尘器。

电除尘器采用圆筒形设计，烟气轴向进入，并通过均匀分布在横截面上的气流分布板。由于电场作用，烟气中尘粒被集尘电极捕集于电除尘器的下部，用刮灰器将其刮到链式输送机中送往中间料仓，之后通过气力输送系统将此干灰送往压块系统。

除尘后的烟气经IDF风机进入切换站，根据其CO浓度决定是回收还是放散。由于LT系统的压力损失较小，因而采用功率较小且变频调速的轴流风机，以实现精确控制。需要回收的煤气，在进入煤气柜前必须进行冷却，以保证煤气柜可容纳更多的煤气；需要放散的含CO的烟气，通过位于放散烟囱顶部的点火装置燃烧后放散进入大气。

② 煤气净化回收。LT法煤气净化回收工艺流程见图11-31。煤气净化回收系统主要设备由蒸发冷却器、静电除尘器、变频风机、放散烟囱、煤气切换站和冷却器等组成。其中蒸发冷却器和静电除尘器是LT煤气净化系统的关键装置。

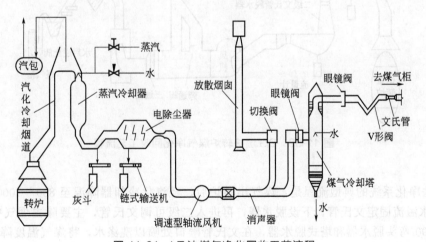

图 11-31　LT法煤气净化回收工艺流程

经转炉汽化冷却后的高温含尘煤气进入蒸发冷却器，被蒸汽和水组成的双相喷射装置雾化冷却，煤气温度由900℃左右降至约180℃，同时，煤气在蒸发冷却器内因其流速的降低和粉尘的加湿凝聚，一部分粗团颗粒粉尘靠自重沉降在灰斗内，收尘量占总捕集量的 $40\% \sim 45\%$，在吹炼期灰斗内的收尘量为 $9 \sim 11 kg/t$。根据转炉冶炼工况的变化，特别是在转炉吹氧开始和结束时，煤气量的变化和温度的变化范围很大，所以喷射装置设计采用双相变流量装置，按煤气热容的变化，通过温度调节系统来控制喷水量大小，以满足蒸发冷却器出口煤气的温度和湿度要求。

电除尘器由 $3 \sim 4$ 个电场组成，壳体设计呈圆筒状，在煤气进出口段的壳体上设置多个防爆阀，另外在进口段的内部设置 3 层气流分布板，以使气流均匀分布，利于气流呈柱塞式流动，防止煤气产生死角。分布板、集尘板及放电极均设有振动装置。除尘器除灰采用扇形刮灰器，将器壁上的粉尘刮入灰斗底部的刮板输送机上运出。煤气出口含尘浓度（标态）小于 $10 \sim 20 mg/m^3$（回收时不大于 $10 mg/m^3$、放散时不大于 $20 mg/m^3$），在吹炼期收集的粉尘为 $13 \sim 16 kg/t$。

③ LT 法圆筒电除尘器结构特点。电除尘器内部结构主要为放电电极和接地的集尘电极，还有两极的振打清灰装置、气体均布装置、排灰装置等。

圆筒电除尘器的结构有如下特点：a. 外壳为圆筒形，其承载是由电除尘器进出口及电场间的环梁托座来支持的；b. 烟气进出口采用变径管结构（进出口喇叭管，其出口喇叭管为一组文丘里流量计），其阻力值很小；c. 壳体耐压为 0.3MPa；d. 进出口喇叭管端部分别各设 4 个选择性启闭的安全防爆阀，以疏导产生的压力冲击波；e. 电除尘器为将收集的粉尘清出，专门研制了扇形刮灰装置；f. 电除尘器顶部设保温。

（3）OG 湿法除尘煤气净化回收技术　湿法除尘是以双级文氏管为主的氧气转炉煤气回收（oxygen converter gas recovery system，OG）流程。OG 法在日本最先得到应用，其工艺流程见图 11-32。

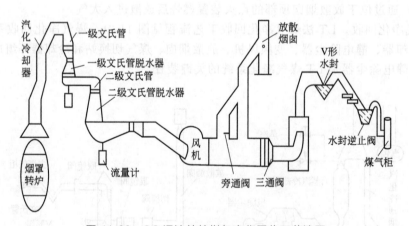

图 11-32　OG 湿法转炉煤气净化回收工艺流程

OG 法净化系统的典型流程是：煤气出转炉后，经汽化冷却器降温至 $800 \sim 1000℃$，首先经过一级水溢流固定文氏管，下设脱水器，再进入二级可调文氏管，主要除去烟气中的灰尘；然后经过 90°弯头脱水器和塔式脱水器，在文氏管喉口处喷以洗涤水，将煤气温度降至 35℃左右，并将煤气中含尘量降至约 $100 mg/m^3$；再然后用抽风机将净化的气体送入贮气柜，后经风机系统送至用户或放散塔。该流程核心是二级可调文氏管喉，径比 $I=1$，外观呈米粒形的翻板（rice-damper，RD）。其主要作用是控制转炉炉口的微压差和二级文氏管的喉口阻损，进而在烟气量不断变化的情况下不断调整系统的阻力分配，从而达到最佳的净化回收效果。

OG 法由于技术先进，运行安全可靠，是目前世界上采用最为广泛的转炉烟气处理技术。该技术吨钢可回收 60～80m³ 煤气，平均热值为 2000～2200kJ/m³。但这种流程有诸如设备单元多、系统阻力大、文氏管喉口易堵塞等缺点，因此国内外也不断出现其他形式的 OG 法工艺。如武钢三炼钢 250t 转炉的 OG 系统就引进了西班牙 TR 公司技术，该系统将两级文氏管及脱水器串联重组安装在一个塔体内，烟气自上而下，该系统总阻耗仅为 18kPa，比一般 OG 系统约小 7kPa，流程系统紧凑简捷，易于维护管理。

传统的 OG 装置存在着除尘效果不理想、文氏管喉口和管道堵塞现象较严重、设备运行寿命较短等问题。为追赶 LT 法，并保持 OG 装置的先进可靠地位，日本发明了新一代 OG 装置。该装置将原来传统的一级文氏管改为喷淋塔，二级文氏管改为环隙形洗涤器。经过 10 多年的运行和改进，效果理想。它与传统 OG 装置相比，系统运行更加可靠，设备阻力损失减小，除尘效率高，能量回收稳定，且设备使用寿命长，较好地解决了管道堵塞和泥浆处理设备的配置问题。新一代 OG 煤气净化回收工艺流程如图 11-33 所示。OG 系统设备主要由除尘塔、文丘里流量计、风机、三通切换阀、放散烟囱、水封逆止阀等组成，其中除尘塔和煤气风机是 OG 系统的关键装置。

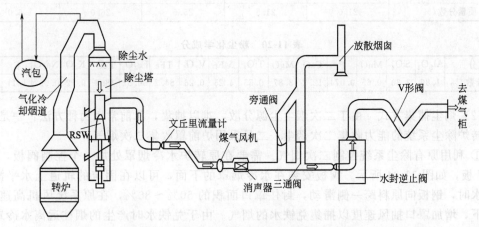

图 11-33　新一代 OG 煤气净化回收工艺流程

湿法与干法除尘工艺对比。转炉湿法除尘具有系统简单、备品备件及仪表数量少、性能要求低、管理和操作简单、一次性投资相对较低等优点。干法则系统复杂、管理和操作水平要求高、一次性投资高。湿法除尘净化的煤气灰尘浓度较高，平均约为 100mg/m³，如果降至 10mg/m³，需在气柜与加压站间增设静电除尘器，增加了投资。同时，湿法除尘系统阻力相对干法除尘系统较大，能耗高。循环水量、水耗较干法除尘系统大。

2. 转炉二次烟尘治理

转炉兑铁水、出钢、加废钢、吹炼和扒渣时，由于钢水大喷溅所散发的烟气，一般统称为转炉二次烟气，包括修炉时炉内烟尘、切割氧枪粘钢时散发的烟气、卸料车、给料机及皮带机卸料处的扬尘，铁水处理除尘系统产生的废气（如混铁车在铁水坑倒罐、倒渣时的烟气，钢水真空处理设备切割粘钢时的烟尘，转炉副料在运输中产生的烟气等），这部分烟气具有温度高、粉尘粒径小、瞬间烟气量大的特点，其散发过程为阵发性，二次烟气约占炼钢过程总量的 5%，平均吨钢扬尘量约 1kg，据统计，每炼 1t 钢铁产生 60m³ 烟气（70%～80% CO）和 16～30kg 炉尘，炉尘中含铁 60%～80%。转炉兑铁、加料及出钢期间吨钢排尘量约

1.2kg/t，兑铁时空气与铁水接触并氧化，析出粉尘含氧化铁 35%、石墨 30%，粉尘粒径＜100μm。出钢时烟尘中氧化铁含量达 75%，粒径 10μm 的粉尘也是目前转炉炼钢厂的主要污染源。

（1）二次烟气的特点　转炉二次烟气以兑铁水时散发的烟气量最大，其次是出钢、加废钢等过程。兑铁水时，黄褐色的高温烟气从铁水罐和转炉炉口之间以很高的速度向上扩散，初始温度约 1200℃，随着高温烟气向上扩散，卷吸大量的车间冷空气，烟柱到达吊车梁时的温度为 500～700℃，某钢厂二次烟气成分见表 11-18。含尘浓度平均为 46.5g/m³，粉尘堆积密度为 1.572t/m³，粉尘颗粒质量分散度见表 11-19。粉尘化学成分见表 11-20。二次烟尘的特点是烟尘比较分散，范围广、浓度较高、起始温度高，是无组织排放的尘源。

表 11-18　某钢厂二次烟气成分

烟气成分	CO₂	C₂H₂	O₂	H₂	CH₄	N₂	CO
体积分数/%	0.6	—	20.9	—	—	78.1	0.4

表 11-19　粉尘颗粒质量分散度

粒径/μm	<1	1～3	3～5	5～10	>10
质量分数/%	21.0	21.5	25.5	26.0	6.0

表 11-20　粉尘化学成分

成分	Al₂O₃	SiO₂	MnO	P	CaO	MgO	TiO₂	MFe	V₂O₅	TFe	Fe₂O₃	FeO	K₂O	Na₂O	C	S
质量分数/%	1.89	3.30	0.65	0.074	12.2	3.87	0.55	4.25	0.26	54.2	50.52	18.8	0.12	0.092	1.11	0.139

（2）烟尘捕集方式　由于二次烟尘尘源分散，难以捕集，目前常用两种方法：一是利用原有转炉除尘系统的能力收集二次烟尘；二是采用炉前罩收集二次烟气。

① 利用原有除尘系统控制二次烟气。需要在原转炉水冷烟罩处加一个控制阀板，称为 GAW 板，如图 11-34 所示。阀板安装在水冷烟罩的下面，可以在固定的轨道上水平滑动，兑铁水时，钢板向原料跨一侧滑动，封住罩口面积的 50%～80%，在原系统风机高速运行情况下，增加罩口抽风速度以捕集兑铁水的烟气。由于兑铁水时产生的烟柱远离水冷罩口，抽气效果差，受吊车极限和吊钩的影响，铁水罐不能伸入太深，所以在利用 GAW 板方式控制二次烟气时需改造兑铁水罐的溜嘴，即加长，这样可在转炉倾角不大于 35°时完成，而且效果较明显。

出钢时，阀板向原料跨滑动，如图 11-35 所示，封住罩口的另一侧，密封面积根据罩口抽气速度确定，一般留出罩口面积的 20%～40%。

利用该法控制烟气时，必须将转炉三侧及炉口顶部局部密封，密封时根据各处受热强度不同，采用钢内加耐火材料层或水冷壁板。

该法具有投资少、不占地、见效快的特点，但由于原设备能力较小，收集效果较差，一般只能收集二次烟气的 50%～60%。

② 炉前罩控制方法。该法在日本和德国广泛使用，效果明显，基本上可以将二次烟气全部捕集。国内新建大中型转炉均采用炉前罩法捕集二次烟尘，如图 11-36 所示。

采用该法时，必须将操作平台炉后侧和炉口上部平台局部密封，将兑铁水和出钢产生的烟气组织到罩口处，密封车间在不影响转炉机械操作的情况下，尽可能大些，利于烟气的滞留。炉前罩长期受高温的作用，罩内必须加耐火材料，耐火材料一般选用轻质耐火浇注料，密度 500kg/m³，耐火材料厚度 50mm，一般在罩口处设置钢制链条，形成活动垂帘，其高度在 1.5m 左右，以保证捕集效果。

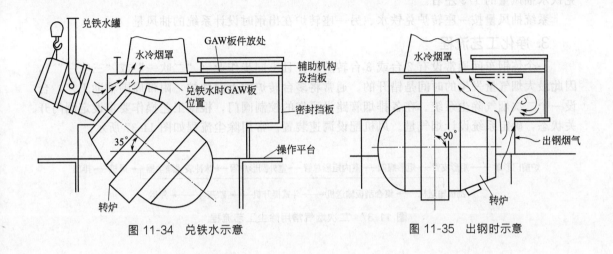

图 11-34 兑铁水示意 图 11-35 出钢时示意

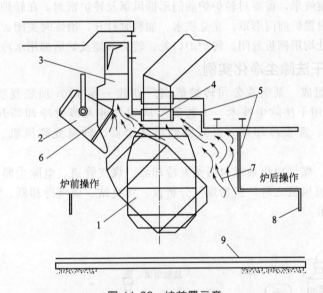

图 11-36 炉前罩示意

1—转炉；2—铁水罐；3—炉前罩；4—活动烟罩；5—密封板；6—钢制重帘；7—出钢烟气流；

8—钢包进出口；9—钢包车轨道

（3）二次除尘系统风量的确定 转炉二次烟尘为阵发性，其中以兑铁水的抽风量最大，一般可按兑铁水时所需抽风量确定除尘系统规模。

兑铁水时烟气的上升速度无实测资料，根据文献介绍，兑铁水时烟罩罩口的吸风速度保证 25m/s 以上，钢厂 A 300t 转炉二次除尘炉前罩的罩口中心吸气速度约 15m/s，边缘罩口吸气速度在 7m/s 左右，垂直于烟柱的罩口平均速度 9~10m/s，经过多年运行，效果良好，基本上可以将兑铁水时的烟气全部捕集。钢厂 B 50t 转炉二次除尘系统投产后，罩口平均速度 10m/s，投产后效果明显，捕集率在 95% 以上。

出钢时的烟尘源在炉后侧，采用炉前罩捕集时，必须将平台下的钢包车进出口尽量密封，将烟气组织到炉前罩口处。根据国内二次除尘系统的运行经验，出钢时采用的抽风量是兑铁水抽风量的 1/3 左右。

系统抽风量按一座转炉兑铁水、另一座转炉在出钢时设计系统的抽风量。

3. 净化工艺流程

一个炼钢车间通常设有 2 台或 3 台转炉，并且不同步作业（"二吹一"或"三吹一"），因此最大烟气量发生的时间是错开的。通常将多台转炉加上混铁炉，附带周围辅助工艺，合设一个二次烟气除尘系统。在各排烟管路设可靠的控制阀门，根据工艺操作要求设定阀门开关状态，确定系统设计烟气量。风机配设调速装置。常用除尘流程如图 11-37 所示。

炉前门形罩 ⟶ 矩形支管 ⟶ 矩形蝶阀 ⟶ 室内矩形总管 ⟶ 室外圆形总管 ⟶ 脉冲袋式除尘器 ⟶ 风机 ⟶ 排放

刮板输送机 ⟵ 集合刮板输送机 ⟵ 斗式提升机 ⟵ 贮灰斗 ⟶ 外运

图 11-37 二次烟气常用除尘工艺流程

二次烟气经袋式除尘器净化后排放浓度 $<30\text{mg/m}^3$。为确保二次烟气不外溢，减少系统抽风量并保护烟尘捕集效果，需要对转炉炉前门形抽风罩及转炉密封，在转炉两侧用砖砌挡墙封闭；转炉兑铁水侧设置炉前门形罩，在兑铁水、加料时打开，冶炼时关闭；转炉炉后活动水冷挡板上方及其开口处均用钢板封闭；转炉炉口处、转炉两侧及炉后都用水冷钢板封闭。

4. 转炉煤气干法除尘净化实例

（1）主要设备组成 某钢铁公司转炉炼钢厂新建一座 130t 顶底复吹式转炉，年设计产量 140 万吨，采用干法除尘技术。工艺范围从烟气进入蒸发冷却器开始到煤气冷却器为止，主要设备有：蒸发冷却器、卧式圆筒电除尘器、轴流变频风机、切换站、煤气冷却器等。

（2）工艺流程 煤气净化系统包括蒸发冷却器、煤气管道、电除尘器、轴流风机等。煤气回收系统位于轴流风机之后，包括煤气分析仪、切换站、煤气冷却器、放散烟囱等。工艺流程如图 11-38 所示。

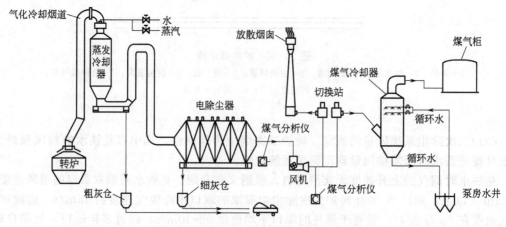

图 11-38 转炉煤气干法除尘净化工艺流程

转炉吹炼过程中产生的含大量 CO 等烟尘的高温（约 1600℃）烟气在轴流风机的抽引

作用下，经过活动烟罩、固定烟罩、气化冷却烟道（固定烟道，尾部烟道Ⅰ、Ⅱ段），温度降至800～1100℃进入蒸发冷却器，蒸发冷却器47.3m处均布10个双介质雾化冷却喷嘴，喷射出雾化水对烟气起降温、粗除尘、调质作用，烟气到达蒸发冷却器底部温度降至290～320℃，约40%的粉尘在蒸发冷却器内被捕获，形成粗颗粒粉尘积聚到蒸发冷却器底部的"香蕉"弯，再通过链式输灰机、插板阀、双摆阀进入粗灰仓由汽车外运。经降温冷却、粗除尘、调质后的烟气经由数百米长的煤气管道进入卧式圆筒电除尘器（入口至出口均布4个电场），烟气经电除尘器除尘后含尘量降至10mg/m³，电除尘器收集的细灰通过扇形刮灰机、底部链式输灰机、螺旋输送机、斗式提升机等送入细灰仓，定期卸灰汽车外运，经过电除尘器精除尘的合格烟气经过煤气冷却器温度降到65℃以下进入煤气柜进行回收再利用，不能回收的烟气通过放散点火装置燃烧放散。

130t转炉工艺技术参数：平均单炉产钢水量155t；最大烟气量85000m³/h；转炉烟气含尘量80～150g/m³；净化后烟气含尘量10mg/m³；吨钢煤气回收量85.4m³（热值8360kJ/m³）。

（3）卧式圆筒电除尘器　卧式圆筒电除尘器由筒体、环形梁、进出口锥管、气流分布板、放电极、集尘极、吊挂装置、振打装置、绝缘子保温箱、泄爆阀、扇形刮灰器、链式输灰机等部分组成，其气流方向为：含尘烟气→入口气流分布板→A电场→B电场→C电场→D电场→出口气流分布板→净化气体。进出口分布板与集尘极、放电极都有相应的振打装置，将灰振落至电除尘器的底部，由扇形刮灰机送至细输灰系统，细输灰系统工艺流程为：扇形刮灰机→1号输灰链条→气动插板阀→双层翻板阀→2号输灰链条→螺旋输灰机→斗式提升机→螺旋输灰机→储灰仓。

电除尘器壳体采用圆筒形，便于气流形成柱塞流通过无气体聚集死角，壳体外部上半部带有隔热保温装置，设计有4个独立的电场，平行纵向布置。进出口为锥形筒体，其上分别设置3个泄爆阀（φ1200mm），进口布置两道气流分布板，出口设备一道气流分布板，有利于气流呈均匀柱塞状通过电场。

（4）生产实践　2009年11月30日第一套干法除尘系统投运，2010年7月煤气回收系统投入使用，2011年开始继续建设两套干法除尘系统，2012年初投入使用。系统整体运行稳定，除尘效率较湿法除尘有了很大的提高，运行维护简便。生产实践见表11-21，干法除尘净化后的烟气含尘量平均在10mg/m³以下，风机使用寿命长，维护工作量小。

表11-21　干法与OG法运行指标比较

项目	干法除尘系统	OG湿法除尘系统
系统阻力/kPa	6.0	17.6
风机转速/(r/min)	480～1950	2750～2950
电机功率/kW	880	4×630
系统消耗水量/(m³/h)	45	200
吨钢煤气回收量/(m³/t)	85.4	49.9
耗电量/(kW·h/t)	30.56	76.35
工序能耗(标煤)/(kg/t)	21.96	12.83
粉尘回收方式	汽车外运	无
二次污染	偶有放灰扬尘	污水、污泥

（5）结论　干法除尘效果好，净化烟气效率高，自动化程度高，运行维护简便，同时在节能、节水与废物回收再利用方面有着湿法除尘无法比拟的优势，二次污染小，吨钢煤气回收量高，可以取得显著的经济效益和社会效益。因此，干法除尘得到了越来越多的关注与应用，发展前景广阔。

（三）炼钢电炉烟气治理

1. 生产工艺及污染源

炼钢电炉在加料、冶炼和出钢的全过程散发大量烟尘，烟尘量为 $12\sim16\text{kg/t}$ 钢。电炉冶炼工艺及其污染源具有以下特点：

① 电炉冶炼一般分为熔化期、氧化期和还原期。在熔化期产生赤褐色浓烟，氧化期产生赤褐色浓烟，在还原期产生黑烟或白烟。其中氧化期产生烟尘量最大，烟气温度和含尘浓度最高。

② 现代炼钢电炉向大容量、高功率、强吹氧、炉外精炼方向发展，冶炼强度显著提高，冶炼周期大大缩短，烟尘污染更加集中而浓烈。超高功率冶炼的电弧噪声高达 115dB(A)，是一种新的污染源。当废钢中混有含氯化工废料时还会产生微量二噁英有毒气体。

③ 近期开发的竖窑和隧道窑式电弧炉，实现电炉冶炼的连续装料和废钢预热，是电炉炼钢工艺有利于节能减排的一大改革。

④ 精炼炉也称钢包炉（简称 LF 炉）是炉外还原二次精炼设备，在电弧加热保温、吹氩搅拌、加造渣材料脱硫等调整成分与温度的过程中产生烟尘污染。

2. 烟气参数

（1）烟气发生量 按氧化脱碳生成炉气中 CO 量的体积倍数 N 计算：

$$N=1+1.88\alpha+\frac{\alpha-P}{2}$$

式中，α 为空气燃烧系数；P 为 CO 实际燃烧率。

（2）烟气成分（％）

$$V_{CO_2}=P/N$$

$$V_{CO}=\frac{1-P}{N}$$

$$V_{O_2}=\frac{\alpha-P}{2N}$$

$$V_{N_2}=1.88\alpha/N$$

（3）烟气温度 氧化期烟气温度可达 $1200\sim1500℃$。

（4）烟气含尘浓度 吹氧时可达 $15\sim25\text{g/m}^3$。

（5）粒径分布 $\leqslant1\mu\text{m}$ 的占 50％；$1\sim10\mu\text{m}$ 的占 40％；$\geqslant10\mu\text{m}$ 的占 10％。

3. 设计要点及新技术

（1）烟尘捕集 电炉排烟方式有炉盖罩排烟、炉体密闭罩排烟、屋顶罩排烟等炉外排烟和四孔（或二孔）炉内排烟，宜采用一种或两种以上方式的组合。

在装料工况，炉盖转开，在废钢和铁水倾倒瞬间产生蘑菇状烟柱，直冲屋顶，宜采用屋顶罩捕集。导流罩有利于防止横向气流干扰，增强屋顶罩捕集尘效果。可采用点源热射流扩散计算公式确定屋顶罩设计排烟量。

在吹炼工况，炉体处于正位作业状态，采用四孔炉内排烟可以达到最佳的排烟效果并实现余热回收。通过调节排烟弯管出口间隙，进行炉压控制并促使 CO 二次燃烧。炉内排烟量与装料量、变压器功率、吹氧强度、脱碳速度、炉体密封性等因素有关，通常采用综合计算法或热平衡计算法确定，也可采用折算指标（$600\sim800\text{m}^3/\text{t}$ 钢）估算。

在出钢工况，炉体处于动态倾倒状态，采用密闭罩排烟最为有效。同时密闭罩还可以辅助炉内排烟，隔挡电弧光，消减电弧噪声。

现代大中型电炉通常采用四孔或二孔炉内排烟和导流式屋顶罩相结合的排烟方式，在环境敏感地区，可增设对开式密闭排烟罩。

LF炉排烟有炉盖直排管、炉体半密闭罩、高悬屋顶罩等方式，前两种最常用。

（2）烟气冷却　炉内排烟的烟气冷却包括烟气中粗渣粒沉降、CO燃烧及其控制。

对中小型电炉，通常在水冷弯管后设沉降室兼作自然燃烧室，再用水冷密排管以及机力空冷器将烟气温度冷却到设定值。对大中型高功率电炉，宜设置有组织燃烧室，并采用汽化冷却烟道、余热锅炉、热管等换热装置冷却烟气，回收余热。为防止二噁英的再合成，也可采用喷雾冷却方式直接冷却。

（3）系统设计　通常将电炉的外排烟、内排烟以及LF炉排烟加上辅料输送尘气，组合成一个除尘系统。由于各工位排烟时段、排烟量、排烟温度及管路组成的不一致，必须进行严格的风量及其热力、动力平衡计算，确定系统的合理设计参数。例如：

① 确定氧化期炉内排烟烟气冷却终温、掺混的屋顶排烟量以及混合烟气温度，以确认满足除尘器滤料耐温要求；

② 电炉内、外排烟回路存在阻力差异，应确定内排烟回路增压风机的选型；

③ 确定系统在电炉各冶炼阶段的设计排烟量及最不利回路压力损失，据此确定主风机选型及配套装置，设计主风机调速工况。

根据电炉烟尘粒细、性黏的特点，适宜选用袋式除尘器。

4. 工程实例

某钢厂100t交流超高功率竖式电炉（FSF炉），热装铁水35%，废钢全部在竖炉内预热（温度可达600～800℃），钢水全部在钢包炉（LF炉）精炼，平均出钢周期59min。FSF炉、LF炉和合金输送合设一个除尘系统。对FSF炉采用竖炉炉内排烟、炉体密闭罩和屋顶罩相结合的排烟方式；对LF炉采用炉内为主、屋顶罩为辅的排烟方式。对FSF炉、LF炉内排烟回路设增压风机，选用两台主风机并联运行，配液力耦合调速装置。除尘系统工艺流程如图11-39所示，各部位设计排烟量及系统设计风量见表11-22，系统主要设计参数及设备选型见表11-23。

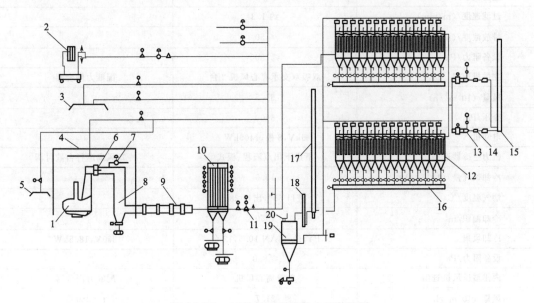

图 11-39　100t竖式电炉除尘工艺流程

1—电炉；2—精炼炉；3—电炉屋顶罩；4—电炉密闭罩；5—兑铁水罩；6—水冷滑套；7—鼓风机；8—燃烧室；9—水冷烟道；10—强制吹风冷却器；11—增压风机；12—脉冲袋式除尘器；13—主风机；14—消声器；15—烟囱；16—刮板机；17—集合刮板机；18—斗提机；19—贮灰仓；20—简易过滤器

表 11-22　100t 竖式电炉除尘系统标准状态下设计排烟量

项目		装料工况		熔炼工况		出钢工况	
		烟(风)量/$10^4 m^3/h$	温度/℃	烟(风)量/$10^4 m^3/h$	温度/℃	烟(风)量/$10^4 m^3/h$	温度/℃
竖炉内排	竖炉出口	—	—	10	1150	—	—
	水冷管后	—	—	10	550	—	—
	机冷器后	—	—	10	300	—	—
密闭罩		—	—	40	80	40	80
屋顶罩		80	70	—	—	—	—
LF 炉	炉内直排	4.5	250	4.5	250	4.5	250
	屋顶罩	—	—	25	45	25	45
合金上料		6.5	40	6.5	40	6.5	40
系统合计	标况	91	80	86	101	76	75
	工况	118		118		97	

表 11-23　100t 竖式电炉除尘系统设计参数及设备选型

项目	设计参数及设备选型	备注
处理烟气量/($10^4 m^3/h$)	123	调节范围 97～118
烟气温度/℃	≤120	—
含尘浓度/(g/m^3)	3	—
除尘器选型	高压长袋脉冲	定压差离线脉冲喷吹清灰
滤料	聚酯针刺毡	
滤袋规格尺寸/mm	$\phi 130 \times 6000$	—
滤袋数量/条	6448	
过滤面积/m^2	15800	
过滤速度/(m/min)	约 1.3	
排放浓度/(mg/m^3)	≤50	
设备阻力/Pa	≤1800	
主风机选型	双吸双支承离心风机 2 台	配液力耦合器
风量/($10^4 m^3/h$)	61.5	
全压/Pa	5500	
电动机	6kV,8 极,1400kW	
机力空冷器选型	下进下出双流程、板式	冷却风扇运行台数可调
冷却烟气量/($10^4 m^3/h$)	10.5	
烟气温度/℃	进口 550,出口 280	
冷却面积/m^2	1950	
冷却风扇	PYHL-14AN-10.5,12 台	380V,18.5kW
设备阻力/Pa	≤850	
内排增压风机选型	单吸离心风机	配液力耦合器
风量/($10^4 m^3/h$)	21.7	$t=280℃$
全压/Pa	4500	
电动机	6kV,4 极,450kW	

五、轧钢厂及金属制品厂废气治理

（一）轧钢厂及金属制品厂废气来源

轧钢厂生产过程中在以下几个工序产生废气：

① 钢锭和钢坯的加热过程中，炉内燃烧时产生大量废气；

② 红热钢坯轧制过程中，产生大量氧化铁皮、铁屑及水蒸气；

③ 冷轧时冷却、润滑轧辊和轧件而产生乳化液废气；

④ 钢材酸洗过程中产生大量的酸雾。

金属制品生产过程中废气来源于以下各个方面：

① 钢丝酸洗过程中产生大量的酸雾和水蒸气，普通金属制品有硫酸酸雾、盐酸酸雾，特殊金属制品有氰化氢、氟化氢气体及含碱、含磷等气体；

② 钢丝在热处理过程中产生铅烟、铅尘和氧化铅；

③ 钢丝热镀锌过程中产生氧化锌废气；

④ 钢丝电镀过程中产生酸雾及电镀气体；

⑤ 钢丝在拉丝时产生大量的热和石灰粉尘；

⑥ 钢丝和钢绳在涂油包中产生大量的油烟。

（二）轧钢厂及金属制品厂废气治理

1. 轧机排烟治理

轧机排烟经排气罩收集后加以处理。由于热轧与冷轧机产生的废气都混有水汽，因此过去都采用湿法净化装置，如湿泡式除尘器、冲激式除尘器、低速文丘里洗涤器及湿式电除尘器等。由于塑烧板除尘器不怕水汽且除尘效率很高（>99.9%），故现在都用塑烧板除尘器。图 11-40 是精轧机烟气治理工艺流程。

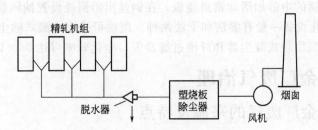

图 11-40　精轧机烟气治理工艺流程

2. 火焰清理机废气治理

在钢坯进行火焰清理过程中，将产生熔渣及烟尘废气。可建立烟气净化系统来处理这些废气。该系统将废气加罩收集后进行处理，除尘器可采用湿式电除尘器。图 11-41 是火焰清理机废气治理工艺流程。

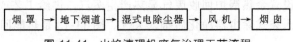

图 11-41　火焰清理机废气治理工艺流程

3. 酸洗车间酸雾的治理

（1）抑制覆盖法　为了抑制酸雾的散发，可加固体覆盖层或泡沫覆盖层于酸表面上。固体覆盖层是在酸洗槽的酸液面上加入固体覆盖层，以抑制酸雾的散发。覆盖层采用耐腐蚀轻质材料，如泡沫塑料块、管及球等；泡沫覆盖层是利用化学分解作用产生的泡沫漂浮在酸液表面，以抑制酸气的散发。目前采用的泡沫有皂荚液、十二烷基酸钠溶液等。

（2）抽风排酸雾　对酸洗槽建立酸洗槽密闭排气系统，抽风排酸雾。

（3）酸气的处理方法

① 该法可将酸气在填料塔、泡沫塔等洗涤塔中用水吸收净化。净化效率可达 90％左右。图 11-42 是酸雾净化工艺流程。它是将酸洗槽和喷淋洗涤槽抽出的酸雾，通过密闭罩及排气罩进入喷淋塔，在喷淋塔中用水洗涤净化。

② 该法是以稀碱液对酸雾进行吸收处理，常用的吸收剂有氨液、苏打液、石灰乳等。苏打液的浓度为 2％～6％，对初始浓度小于 300～400mg/m³ 的酸雾，净化率可达 93％～95％以上。吸收设备采用喷淋塔或填料塔。吸收设备应进行防腐处理。

③ 过滤法。该法以尼龙丝或塑料丝网的过滤器将酸雾截留捕集。

④ 高压静电净化。该法是在排气竖管中，利用排气管作为阳极板，管内设置高压电晕线，极线间形成高压静电场以净化通过的酸雾。

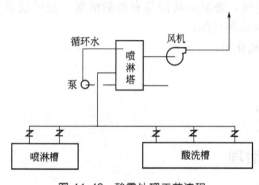

图 11-42　酸雾处理工艺流程

4. 铅浴炉烟气治理

钢丝线材热处理过程中产生铅蒸气、铅和氧化铅的粉尘，治理这些废气可在铅液表面敷设覆盖剂，并在铅锅的中部加活动密封盖板，在钢丝出铅锅处设置抽风装置。常用的覆盖剂有 SRQF。铅烟净化设备一般有湿法和干法两种。湿法可采用冲激式除尘器，净化效率可达 98％以上；干法可采用袋式除尘器和纤维过滤器等，净化效率可达 99％以上。

六、铁合金厂废气治理

（一）铁合金厂废气的来源及特点

铁合金厂废气主要来源于矿热电炉、精炼电炉、焙烧回转窑和多层机械焙烧炉，以及铝金属法熔炼炉。铁合金厂废气的排放量大，含尘浓度高。废气中 90％是 SiO_2，还含有 SO_2、Cl_2、NO_x、CO 等有害气体。铁合金厂废气的回收利用价值较高。

（二）矿热电炉废气治理技术

1. 半封闭式矿热电炉废气治理

（1）热能回收干法处理法　硅铁矿热电炉废气所含的热能相当于电炉全部能力输入的 40％～50％。故一般设置余热锅炉回收废气显热产生蒸汽，供给工艺或城市民用。废气从余热锅炉中出来后，进入袋式除尘器净化后排入大气。图 11-43 是热能回收干法净化电炉废气工艺流程。

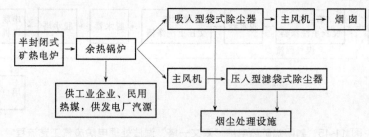

图 11-43　热能回收干法净化电炉废气工艺流程

（2）非热能回收干法处理法　一般变压器容量大于 6000kV·A 的大中型电炉半封闭式烟罩，出口温度控制在 450～550℃，进入列管自然冷却器，其出口温度<200℃，然后进入预除尘器捕灭火星或直接进入袋式除尘器，其废气净化设备采用吸入式或压入式分室反吹袋式除尘器；对于变压器容量<6000kV·A 的半封闭式矿热电炉，则不设列管冷却器，采用在半封闭式烟罩内混入野风。控制废气温度<200℃直接进入袋式除尘器，净化后废气的含尘量<50mg/m³，其除尘设备可采用机械回转反吹扁袋除尘器。图 11-44 是非热能回收干法净化电炉废气工艺流程。

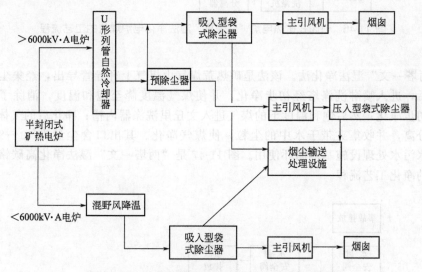

图 11-44　非热能回收干法净化电炉废气工艺流程

2. 封闭式矿热电炉废（煤）气治理

（1）湿法电炉废（煤）气治理

①"双文一塔"湿法净化法。该法是挪威技术。它采用两级文丘里洗涤器和一级脱水塔对废气加以净化，净化效率高。图 11-45 是封闭式矿热电炉"双文一塔"湿法处理工艺流程。

②"洗涤机"湿法净化法。该流程是德国马克公司的净化工艺。其洗涤设备主要为多层喷嘴复喷型洗涤塔及蒂森型煤气洗涤机。图 11-46 是封闭式矿热电炉"洗涤机"湿法净化炉气的工艺流程。

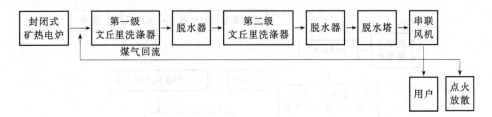

图 11-45　封闭式矿热电炉"双文一塔"湿法处理电炉废气工艺流程

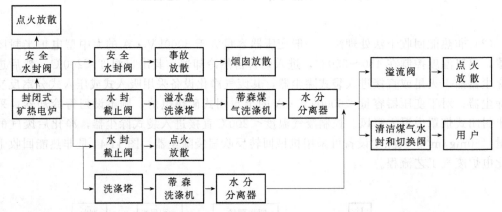

图 11-46　封闭式矿热电炉"洗涤机"湿法净化电炉煤气的工艺流程

③"两塔一文"湿法净化法。该法是矿热荒煤气由煤气上升导管导出，经集尘箱除去大颗粒烟尘后，进入喷淋洗涤塔经初步净化，并使煤气温度降至饱和温度，消除了高温、火星，并被初步净化；然后饱和温度下的煤气进入文丘里洗涤器内槽；净化后的气体进入脱水塔使气水分离，并收集夹带于水中的尘粒，使煤气净化。其出口含尘量为 $40\sim80mg/m^3$。煤气洗涤水污水处理设施基本循环使用。图 11-47 是"两塔一文"湿法净化高碳铬铁封闭式电炉煤气的净化工艺流程。

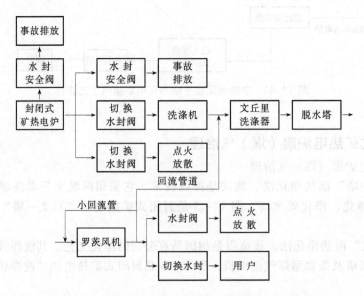

图 11-47　"两塔一文"湿法净化电炉煤气工艺流程

(2) 干法电炉废（煤）气治理 该法是采用旋风除尘器和袋式除尘器处理废气的方法。干法可消除洗涤废水、污泥等二次污染。图 11-48 是德国克房伯公司的处理技术用于锰硅合金封闭式矿热电炉干法除尘的工艺流程。

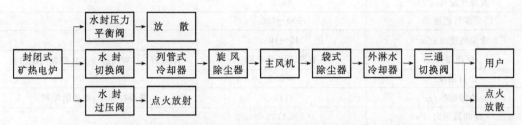

图 11-48 锰硅合金封闭式矿热电炉干法除尘的工艺流程

(3) 矿热电炉出铁口废气治理 对半封闭式矿热电炉，可在出铁口上方设置局部集烟罩，将废气送入电炉废气治理主系统中，一并净化处理。也可以将废气送入半封闭罩内，作为电炉半封闭工作门的气封源；对封闭式矿热电炉，在出铁口上方设置局部集烟罩，采取独立的净化系统。

3. 工程实例

(1) 工艺流程和设计参数 某铁合金厂一座 25500kV·A 全封闭还原电炉，冶炼锰硅合金，对荒煤气采用袋式干法除尘。除尘工艺流程如图 11-49 所示，系统主要设计参数及设备选型见表 11-24。

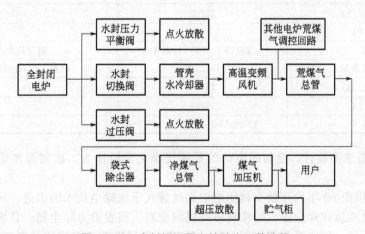

图 11-49 全封闭还原电炉除尘工艺流程

(2) 设计说明

① 除尘工艺流程。长期以来，全封闭还原电炉除尘沿用"双文一塔"湿法工艺，近期新建及改造工程转向采用袋式干法除尘，工艺流程如图 11-49 所示，数台电炉可合设一个除尘系统。

② 烟气冷却。采用余热锅炉代替管壳式水冷却器是当代技术发展的方向，尤其是大型铁合金企业，宜对多座大容量铁合金电炉集中建一个余热回收利用系统。

无论采用何种冷却设备，都必须采取防止冷却面粘灰、腐蚀、管路结垢、堵塞、热膨胀变形的技术措施，以及应对瞬时超温的监控手段。

表 11-24 25500kV·A 全封闭还原电炉除尘系统设计参数及设备选型

项目	设计参数及设备选型	备注
荒煤气量/(m³/h)	6610	
荒煤气温度/℃	500~700	
含尘浓度/(g/m³)	45~105	
冷却器选型	管壳式水冷却器	$K=30\sim40W/(m^2\cdot K)$，配煤气炮清灰
出口温度/℃	≤250	
冷却面积/m²	391	循环冷却水，添加阻垢剂
冷却器阻力/Pa	≤1100	
除尘器选型	正压式圆筒形低压脉冲	0.2~0.4MPa 净煤气喷吹
处理气量/(m³/h)	（额定）13500，（最大）22500	
筒体规格尺寸/mm	φ2400×15000，3 个	
滤料	P84 针刺毡覆膜，消静电型	P84＋玻纤/玻纤基布
滤袋规格尺寸/mm	φ130×6000	
滤袋数量/条	192	
过滤面积/m²	468	
过滤速度/(m/min)	（正常）0.48，（最大）0.8	
烟尘排放浓度/(mg/m³)	≤10	
设备阻力/Pa	≤1200	
系统阻力/Pa	≤5660	
引风机选型	AⅠ330	变频调速，控制炉膛内微正压
风量/(m³/h)	22200	
全压/Pa	7850	
电机	Y315S-4，380V，110kW	进口压力控制
加压风机选型	JMZ160	间歇工作，进口压力控制
流量/(m³/h)	14300	
全压/Pa	11163	
电机	YB280M-2，380，V，90kW	

③ 除尘设备选型设计。全封闭电炉的荒煤气净化后可作为二次能源和原料，要求含尘浓度≤10mg/m³。

我国于 20 世纪 80 年代开始全封闭电炉烟气袋式干法除尘技术的引进、研究和开发，采用正压式分室反吹袋式除尘器，配常规玻纤机织滤料，前置重力除尘器。目前主要采用正压式脉冲袋式除尘器，箱体采用圆筒形结构，按压力容器设计，多筒体并联安装。选用 P84、PTFE 和超细玻纤复合针刺毡消静电滤料，经疏油防水处理或 PTFE 覆膜。过滤风速不宜超过 0.8m/min，清灰气源采用净煤气（或氮气）。设有完善的防燃、防爆安全监控措施，并对收下尘进行防自燃处理。

④ 变频调速风机选用。变频调速风机是控制电炉炉压、确保炉况稳定、安全生产和除尘系统正常运行的关键设备。变频调速风机应具有耐高温、耐磨和防腐、防爆功能，调速范围宜取 70%~100%。采用变频调速时，经常发生变频器与电动机负荷失衡现象：电动机离额定负荷尚有较大空间时，同容量的变频器已经超载跳闸。因此变频器的选型应比电动机容量高一个规格。

（三）钨铁电炉废气治理

钨铁电冶炼炉产生的废气主要采用干法净化法加以净化。它采用吸入式低气布比反吹风袋式除尘器。图 11-50 是钨铁电炉废气治理的工艺流程。

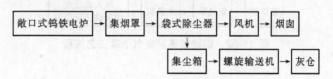

图 11-50　钨铁电炉废气治理工艺流程

（四）钼铁车间废气治理

1. 多层机械焙烧废气治理

钼精矿焙烧过程产生的废气含有入炉精矿 5％的矿粉，还含有铼和二氧化硫，故处理钼精矿焙烧废气时，设置净化效率高于 98％的干式除尘器以回收钼；其次，废气含铼是以氧化升华气态出现，当温度降至 100℃ 以下时，大部分铼呈 $1\mu m$ 左右的细颗粒，故需设置湿法净化设施，当废气经过它时，废气中的三氧化硫经喷淋除尘器、湿式电除雾器和捕集器后，生成硫酸。硫酸和 Re_2O_7 生成铼酸液，再经过二级复喷复挡器的反复多次吸收，当铼酸达到富集浓度后，送制铼工段回收铼。最后，废气中的 SO_2 采用氨为吸收剂吸收除去。图 11-51 所示为钼精矿焙烧炉废气治理工艺流程。

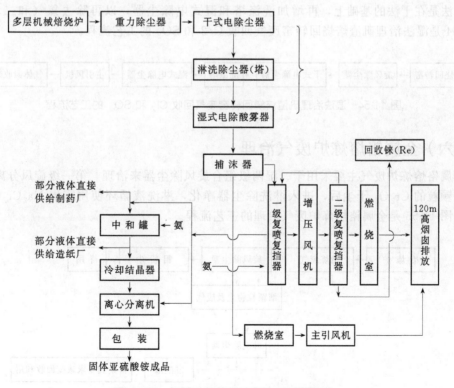

图 11-51　钼精矿焙烧炉废气治理工艺流程

2. 钼铁熔炼炉废气治理

钼熔炼废气的治理一般采用干法净化设施。净化设备采用大型压入式低气布比反吸风袋式除尘器，除尘器一般配备涤纶针刺毡或涤纶布滤料。图 11-52 是钼铁熔炼炉废气治理工艺流程。

图 11-52 钼铁熔炼炉废气治理工艺流程

（五）矾铁车间回转窑废气治理

矾渣焙烧回转窑废气含有氯气、二氧化硫和三氧化硫等有害气体，以及矾渣和矾精矿粉。故在处理该废气时还需回收矾尘。该废气一般有以下两种处理方法。

1. 干式处理法

该法是采用旋风分离器和干式电除尘器净化废气中的尘，但是不回收氯气和硫有害物。图 11-53 是钒渣焙烧回转窑废气治理不回收 Cl_2 和 SO_2 的工艺流程。

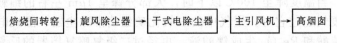

图 11-53 钒渣焙烧回转窑废气治理不回收 Cl_2 和 SO_2 的工艺流程

2. 湿式处理法

该法是在干法的基础上，再增加洗涤塔和湿式电除尘器，以再除去氯气和二氧化硫。图 11-54 是湿法治理矾渣焙烧回转窑废气回收 C/2 和 SO_2 的工艺流程。

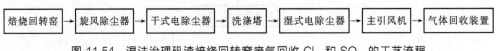

图 11-54 湿法治理矾渣焙烧回转窑废气回收 Cl_2 和 SO_2 的工艺流程

（六）金属铬熔炼炉废气治理

金属铬熔炼炉废气主要采用干、湿两级组合旋风除尘器来治理。第一级旋风分离器主要收集粗颗粒的 Cr_2O_3 干尘后，进入淋洗除尘器净化，淋洗液循环使用富集 $Na_2Cr_2O_4$ 进行回收。图 11-55 是金属铬熔炼炉废气治理的工艺流程。

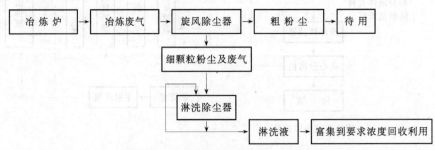

图 11-55 铬熔炼炉废气治理工艺流程

七、耐火材料厂废气治理

（一）耐火材料厂废气的来源及特点

耐火材料厂废气主要来源于：

① 各种原料在运输、加工、筛分、混合、干燥和烧成工艺流程中产生的含尘废气；

② 原料煅烧产生的含尘废气；

③ 焦油白云石车间和滑板油浸生产过程中的沥青烟气。

这些废气的排放量大、温度高、含尘浓度高，粉尘的分散度也高。

（二）耐火材料厂废气的治理技术

1. 竖窑烟气治理

竖窑烟气在上料和出料以及窑内煅烧时产生粉尘和含尘烟气，它的处理可设置大型的集中的除尘系统。该系统可将上料、出料及窑内烟气一起收集和处理。处理优先采用二级干法除尘，对镁质、白云石和石灰等遇水易结垢的粉尘，不能采用湿法除尘。一级采用旋风除尘器或多管除尘器，二级采用袋式除尘器或电除尘器。

图 11-56 是袋式除尘器治理竖窑烟气的工艺流程。

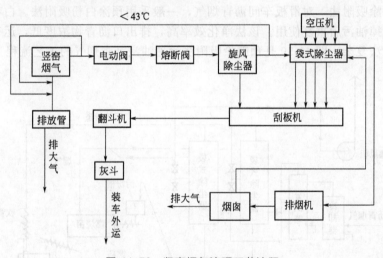

图 11-56　竖窑烟气治理工艺流程

2. 回转窑废气治理

耐火材料在回转窑中煅烧时产生的粉尘和烟气，温度高、含粉尘量大。该废气的处理一般采用二级处理，第一级采用旋风除尘器、多管除尘器或一段冷却器，第二级采用袋式除尘器或电除尘器。当采用袋式除尘器时，为保证废气进入除尘器的温度不超过滤袋允许的温度，在除尘器进口管上设置自控的冷风阀。图 11-57 是电除尘治理镁砂回转窑尾气的工艺流程。

3. 沥青烟气治理

焦油白云石车间和滑板油浸车间生产中产生沥青废气，该废气的治理可采用吸附法以及燃烧法。

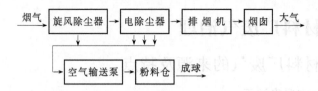

图 11-57　电炉尘治理镁砂回转窑尾气净化工艺流程

（1）粉料吸附法　对焦油白云石沥青烟气，由于工艺生产中有足够的粉料，可采用生产粉料作吸附剂。粉料吸附沥青油雾后，直接返回工艺粉料槽内。回收粘油粉料的除尘器宜采用袋式除尘器，其负荷不宜过高。图 11-58 是粉料吸附法治理白云石车间搅拌机沥青废气的工艺流程。

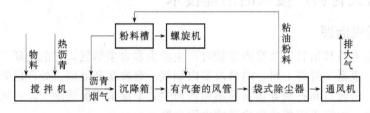

图 11-58　粉料吸附法治理沥青废气工艺流程

（2）预喷涂吸附法　对滑板车间沥青烟气，一般采用预涂白粉吸附法。白粉粘油后，再采用燃烧法烧掉油污后重复使用。该法净化效率高，排出口沥青物浓度低，运行稳定，但设备较粉料吸附法复杂。图 11-59 是预喷涂吸附法治理油浸沥青烟气的工艺流程。

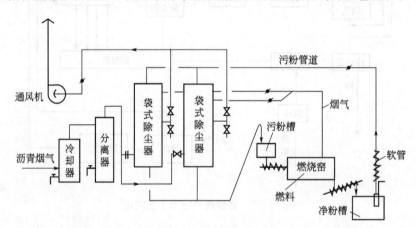

图 11-59　预喷涂吸附法治理油浸沥青烟气的工艺流程

第三节　有色冶金工业废气的治理

一、有色冶金工业废气来源和特点

1. 废气的来源及特点

有色金属是除铁、锰、铬以外的所有金属的总称。有色冶金工业废气主要来自两个方面：一是有色金属矿山的粉尘；二是有色金属冶炼所产生的废气。在有色金属的采矿、选矿、冶炼和加工过程中将产生大量的废气；有色金属的采矿和选矿中产生大量的工业粉尘；有色金属的冶炼过程中，产生大量的尘和含有毒有害气体（如氟、硫、氯、汞或砷）的烟气和尾气；有色金属在加工中产生含酸、碱和油雾的工业废气。有色冶金工业废气中的污染物主要以无机物为主，成分很复杂，并且其排放量大，所含的污染物浓度很低，所以治理难度较大。此外，如汞、镉、铅、砷等通常与其他有色金属伴生，在冶炼过程中经过高温氧化、挥发或同其他物料相互反应，随载体（空气）排入大气。它们能较长时间飘浮在空气中，最后沉积在植物或土壤表面，对环境造成很大的污染。

2. 有色冶金工业废气的治理对策

有色冶金工业废气的治理可采取综合防治对策。

① 改革生产工艺和设备，使生产过程不排或少排废气，排放危害小的或浓度达标的废气。

② 开发和采用高效的废气净化回收新工艺，对废气中的有用物质加以回收和资源再利用。

③ 推行精料方针，开发和推广从金属矿物中分离砷、镉、汞等有害物质的技术，使原料和废气中的有害物质的含量减少到最低限度。

④ 对废气的排放点和所排废气采取有效的处理措施，矿山粉尘和井下粉尘主要采用机械通风、湿式凿岩、喷雾除尘以及静电除尘等措施，以降低井下作业面的粉尘浓度；露天矿采用爆破人工降雨抑尘、汽车道路洒水等方法降尘。冶炼废气可采用干法和湿法吸收法加以处理。由于有色金属种类很多，冶炼工艺不同，废气治理方法也多种多样。

二、轻金属生产废气治理技术

（一）轻金属工业废气的来源和特点

氧化铝厂废气和烟尘主要来自熟料窑、焙烧窑和水泥窑等窑炉。此外，物料破碎、筛分、运输等过程也散发大量的粉尘，包括矿石粉、熟料粉、氧化铝粉、碱粉、煤粉和煤粉灰。氧化铝厂含尘废气的排放量非常大。电解铝厂废气来源于电解槽，主要的污染物是氟化物，其次是氧化铝卸料、输送过程中产生的各类粉尘。铝厂的碳素车间主要污染物是沥青烟。镁、钛生产污染物主要是有害气体和粉尘。

（二）氧化铝生产窑炉含尘废气治理

氧化铝生产过程中，从熟料窑、焙烧和水泥窑等产生大量的含尘浓度高的废气。这些含尘废气的治理主要采用旋风除尘器加电除尘器加以处理。电除尘是这些排放物的最有效的控制装置。回收下的粉尘物料可直接返至工艺流程中再利用。在一些回转炉系统中，热端（产品排放端）是通过吸附分离器、多管除尘器或电除尘器来控制的。回转炉的"冷端"通常装有电除尘器。所有的流化床熔烧炉都装有作为最终除尘装置的静电除尘器。该干法除尘效率可达 99.9%，排尘浓度可降低 60%～100%。图 11-60 是氧化铝厂熟料烧成窑烟气净化的工艺流程。

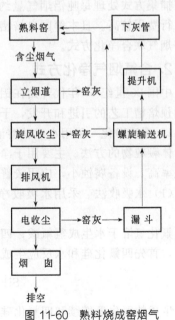

图 11-60 熟料烧成窑烟气
净化工艺流程

（三）电解铝厂含氟烟气治理技术

熔盐电解法炼铝，用氟化盐（NaF、Na_3AlF_6、MgF_2、CaF_2、AlF_3 等）作电解质，与原料中的水分和杂质反应，生成 HF、SiF_4、CF_4 等气态氟化物，加工操作过程中造成氧化铝和氟化盐粉尘飞扬，部分气态氟能吸附于固体颗粒表面，随电解烟气散发出来。每炼 1t 铝产生氟 $16\sim22kg$，预焙阳极电解槽散发氟较少，固体氟比例较高，自焙阳极电解槽氟化盐消耗较多，烟气中还含有沥青烟，污染环境较严重。

1. 烟气捕集技术

（1）地面捕集方式 直接捕集电解槽散发的烟气的方式。通过电解槽密闭罩捕集从料面和阳极处散发的烟气，经排烟管道汇集，由引风机引入净化装置，去除污染物后排放。电解槽的烟气捕集率和处理烟气量因槽型和槽容量而异（见表 11-25）。与天窗捕集方式相比，地面捕集方式处理烟气量少，烟气含氟浓度较高，净化效率和经济效果较好。新建电解铝厂或老厂技术改造普遍采用地面捕集方式。

表 11-25 电解槽烟气捕集率和排烟量

槽型	上插槽	侧插槽	预焙槽
烟气捕集率/%	$75\sim85$	$80\sim90$	$95\sim98$
吨铝排烟量/m^3	$15000\sim20000$	$200000\sim350000$	$150000\sim200000$

（2）天窗捕集方式 通过天窗捕集散发到电解厂房内的烟气的方式。20 世纪 60 年代，国际上推广应用上插自焙槽生产工艺，由于从密闭罩缝隙处和加工开启罩盖时逸散到厂房内的烟气较多，烟气捕集率较低，所以需对厂房内的烟气进行捕集，并加以净化，以减轻无组织排放对环境的影响。一般将天窗烟气净化与地面烟气净化系统联合起来，天窗烟气采用喷淋洗涤净化，当循环液中 NaF 达到一定浓度后，送至地面烟气净化系统作为补充液使用。天窗捕集方式处理每吨铝烟气量约为 200 万立方米，净化效率达 80%。设备较庞大，投资和运行费用较高。日本等国自焙槽铝厂多设置天窗烟气净化系统，中国衢州铝厂采用地面-天窗烟气联合净化方式。

2. 含氟烟气净化方式

中国 20 世纪 60 年代开始在铝电解烟气净化工程中应用了湿法净化技术，70 年代随着大型预焙槽工艺的引进和开发，干法净化技术得到迅速发展。

1）湿法净化 采用水或碱溶液作吸收剂，洗涤吸收铝电解烟气中气态氟化物，同时去除固体颗粒物的方法。主要用于净化自焙槽烟气。用碱作吸收剂的碱法比用水吸收的酸法净化效率高，设备腐蚀小，应用较普遍。

（1）水吸收法 采用水吸收净化含氟废气，主要是基于氟化氢和四氟化硅都极易溶解于水。

氟化氢溶于水生成氢氟酸；四氟化硅溶于水则生成氟硅酸，此反应过程可以认为分两步进行，首先四氟化硅和水反应生成氟化氢：

$$SiF_4 + 2H_2O \Longrightarrow 4HF + SiO_2 \qquad (11-28)$$

生成的氟化氢继续和四氟化硅反应而生成氟硅酸：

$$2HF + SiF_4 \Longrightarrow H_2SiF_6 \qquad (11-29)$$

总的反应式为：

$$3SiF_4 + 2H_2O \Longrightarrow 2H_2SiF_6 + SiO_2 \tag{11-30}$$

由于氟化氢与四氟化硅均极易溶于水，因此在吸收过程中，气膜阻力是控制因素。

（2）碱吸收法　碱吸收法即采用碱性溶液（NaOH、Na_2CO_3、NH_3 或石灰乳）来吸收含氟废气，从而达到净化回收的目的。碱吸收法可以净化铝厂含 HF 烟气，也可以净化磷肥厂含 SiF_4 的废气，并可副产冰晶石等氟化盐。

用 Na_2CO_3 溶液洗涤电解铝厂烟气时，烟气中的 HF 与碱液反应，生成 NaF。其化学反应如下：

$$HF + Na_2CO_3 \longrightarrow NaF + NaHCO_3 \tag{11-31}$$

$$2HF + Na_2CO_3 \longrightarrow 2NaF + CO_2 \uparrow + H_2O \tag{11-32}$$

由于烟气中还有 SO_2、CO_2、O_2 等，所以还会发生下列副反应：

$$CO_2 + Na_2CO_3 + H_2O \longrightarrow 2NaHCO_3 \tag{11-33}$$

$$SO_2 + Na_2CO_3 \longrightarrow Na_2SO_3 + CO_2 \tag{11-34}$$

$$Na_2SO_3 + \frac{1}{2}O_2 \longrightarrow Na_2SO_4 \tag{11-35}$$

在循环吸收过程中，当吸收液中 NaF 达到一定浓度时，再加入定量的偏铝酸钠（$NaAlO_2$）溶液，即可制得冰晶石。其过程可分为两步进行，首先 $NaAlO_2$ 被 $NaHCO_3$ 或酸性气体分解，析出表面活性很强的 $Al(OH)_3$，然后生成的 $Al(OH)_3$ 再与 NaF 反应生成冰晶石。总反应式为：

$$6NaF + 4NaHCO_3 + NaAlO_2 \longrightarrow Na_3AlF_6 + 4Na_2CO_3 + 2H_2O \tag{11-36}$$

$$6NaF + 2CO_2 + NaAlO_2 \longrightarrow Na_3AlF_6 + 2Na_2CO_3 \tag{11-37}$$

2）干法净化　干法净化是采用氧化铝作吸收剂，净化铝电解烟气的方法。氧化铝是铝电解生产原料，具有微孔结构和很强的活性表面，国产中间状氧化铝比表面积为 30～35m^2/g。在烟气通过吸附器过程中，HF 气体吸附于氧化铝表面，生成含氟氧化铝，然后通过袋式除尘器捕集下来，直接运到电解生产使用。该法不存在二次污染和设备腐蚀等问题，尤其适于净化预焙槽烟气，净化效率可达 99%。

实用的干法净化有以下两种流程。

① A-398 干法净化流程为美国铝业公司开发的流化床净化流程，烟气以一定速度通过氧化铝吸附层，氧化铝则形成流态化的吸附床，烟气中的 HF 被氧化铝吸附后，通过上部的袋式除尘器净化后排放。氧化铝吸附床层厚度在 50～300cm 之间调节，氧化铝在吸附器中停留时间 2～14h，被捕集的含氟氧化铝可抖落在床面上予以回收。

② 输送床干法净化流程为法国空气工业公司推出的，该法将氧化铝吸附剂直接定量加入一段排烟管道，在悬浮输送状态下完成吸附过程。吸附管道长度决定于吸附过程所需时间和烟气流速。为防止物料沉积，烟气流速一般不应小于 10m/s（垂直管段）或 13m/s（水平管段），气固接触时间一般大于 1s。由吸附管段出来的烟气经袋式除尘器进行气固分离，分离出来的含氟氧化铝送至电解生产使用。该流程在我国已获得普遍应用。

（1）干法净化原理　在现代铝厂，无论何种型式的电解槽，烟气中 HF 的质量浓度都并不高，一般只有 40～100mg/m^3，最高也不过 200mg/m^3。气固两相的反应是在 Al_2O_3 颗粒庞大的表面上进行的，必须大大强化扩散作用，推动 HF 顺利克服气膜阻力而达到 Al_2O_3 表面，为了保证这一过程有效地进行应该提供良好的流体力学条件，概言之，有以下几个方面：a. 适宜的固气比（Al_2O_3 浓度）；b. Al_2O_3 粒均匀分散；c. 颗粒表面不断更新；d. 足够的接触时间。

为了完成这一过程，人们设计了各种类型的反应器和分离装置，概括起来不外乎"浓相"流化床和"稀相"输送床两类，它们的流程见图 11-61 和图 11-62。

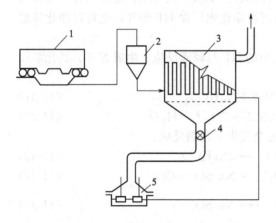 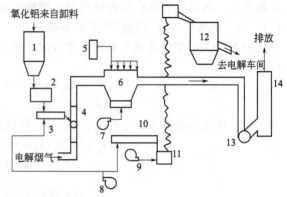

图 11-61 流化床干法净化含氟废气工艺流程
1—氧化铝；2—料仓；3—带袋滤器的沸腾床反应器；
4—排烟气；5—预焙电解槽

图 11-62 输送床干法烟气净化工艺流程
1—新氧化铝贮槽；2—定量给料器；3,10—风动溜槽；
4—VRI 反应器；5—气罐；6—袋式除尘器；7,9—罗茨
鼓风机；8—离心通风机；11—气力提升机；12—载氟
氧化铝贮槽；13—主排风机；14—烟囱

两种类型的净化系统都是由反应器、风机和分离装置三部分组成的。工业应用表明，各项指标皆令人满意。HF 净化效率在 99% 以上，粉尘净化效率在 98% 以上，环境质量均达到要求，全部操作实现自动化和遥控。

(2) 含氟气体干法净化工程实例

① 烟气中有害物主要成分

氟化物　　　17.8kg/t Al　　　115mg/m³

氧化铝粉尘　42kg/t Al　　　　270mg/m³，加上氧化铝吸附剂的量则为 20～60g/m³

二氧化硫　　10kg/t Al　　　　64mg/m³

② 烟气净化系统特点。铝电解烟气干法净化系统与一般工业除尘方法相比，具有一定的难度及其特性，具体体现在如下几方面：a. 烟气量大，烟气含尘浓度高（20～60g/m³）；b. 氧化铝的琢磨性强，粒径大，其中大于 20μm 的占 60% 以上；c. 烟气处理温度较高，一般要求处理温度≥120℃；d. 烟气危害性大，氟化氢对人体和周围环境都有相当的危害性；e. 氧化铝粉尘是生产原料，市场售价每吨 4000 多元；f. 要求排放浓度低，要小于 10mg/m³。

③ 铝电解烟气净化工艺流程。铝电解槽烟气干法净化工艺采用生产原料氧化铝作为吸附剂，吸附烟气中的氟化氢等有害物气体，吸附后的氧化铝返回到生产工艺中，直接回收氟，是具有综合利用的净化工艺。干法净化工艺具有流程短，净化效率高，电能消耗低，运行可靠，无二次污染，操作管理方便的特点，能彻底地解决铝电解槽的烟气污染问题。其中工艺流程是：每台电解槽烟气通过排烟管道汇集在一起进入净化系统的袋式除尘器，在进入袋式除尘器之前，将新鲜氧化铝定量加入烟道气流中，通过反应器与烟气中氟化氢气体混合，反应器与滤袋上的氧化铝滤层均可吸附氟化氢气体，吸附后的氧化铝通过袋式除尘器过

滤分离收集下来，经风动溜槽、提升机等输送设备，一部分送到贮仓供电解槽生产使用，一部分再返回到袋式除尘器前的烟道与烟气中氟化氢气体混合，使氟化氢气体充分被氧化铝吸附，保证较高的净化效率。

铝电解烟气净化工艺流程如图 11-63 所示。

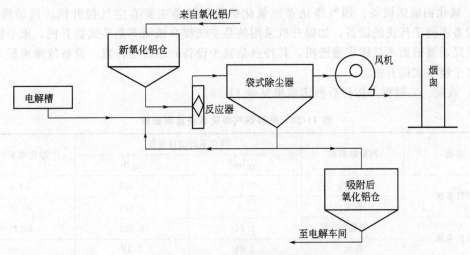

图 11-63　铝电解烟气净化流程

④ 某工程主要设计参数

单槽排烟量	7500m³/h（闭槽）	15000m³/h（开槽）
排烟量	No.1 系统 537000m³/h	No.2 系统 564000m³/h
电解槽排氟量	17.8kg/m³	
集气效率	98%	
净化效率	＞98.5%	
除尘效率	＞99%	
烟气中固气比	30～50g/m³	
氧化铝循环次数	0～4 次	
天窗排氟量	0.356kg/t Al	
烟囱排氟量	6mg/m³	
烟囱排尘浓度	＜10mg/m³	
总排氟量	＜1.0kg/t Al	

⑤ 主要设备及其特点

a. 袋式除尘器。从铝电解槽烟气净化工艺流程可见，袋式除尘器和净化系统不同于其他行业，不仅仅限于过滤功能，还有一个吸附净化功能，因此，从袋式除尘器主机的结构、滤料和配件、清灰控制等都要考虑吸附净化和过滤分离作用。

铝电解烟气净化系统袋式除尘器有大型长袋脉冲除尘器和菱形反吹风除尘器，但由于菱形反吹风除尘器占地面积大、滤袋阻力高、更换滤袋困难和清灰强度弱，因此，大型铝厂都是采用长袋脉冲除尘器。由于烟气量大而过滤面积也大，所以一般要采用多单元组合袋式除尘设备，因此特别要重视其组合后的技术性能，如果仅仅是简单的并联，其净化和除尘效果反而会出现不如单台设备，因此技术上必须引起足够重视。

b. 排烟风机。许多铝厂烟气净化系统的排烟风机大多数选用悬臂支承（D式）的锅炉引风机。而电解烟气净化排烟风机，考虑到排烟风机为全天制不间断运行，为保证烟气净化系统运行可靠，则选用Y4-73No20F双支承（F式）的传动方式风机，F式风机比D式提高了风机运行中的稳定性，还有进风口的进风方式，机壳的刚性，叶轮的耐磨性等都较D式有了改进，并可以达到引进设备的技术水平。

c. 氧化铝输送设备。烟气净化系统氧化铝输送设备主要有空气提升机、风动溜槽等，这些设备不同于传统的设备，如提升机采用的是空气提升机而不是斗式提升机，水平输送采用的是风动溜槽而不是螺旋输送机，其特点是减少设备的维修工作量，设备故障率低，但能耗略高于链斗式提升机。

⑥ 效果。工程投产运行后测定结果见表 11-26。

表 11-26　电解烟气净化系统监测数据

系统	污染物名称	净化系统出口浓度		净化效率/%
		mg/m³	kg/h	
西区系统	氟化物	1.44	0.489	99.4
	粉尘	1.9	0.621	99.99
东区系统	氟化物	1.74	0.552	99.21
	粉尘	3.64	1.18	99.99

由此可见袋式除尘净化铝电解槽烟气系统，运行可靠，有效地控制了电解槽烟气污染，比较彻底地解决电解槽的烟气污染问题。

（四）镁冶炼烟气治理技术

工业炼镁方法有电解法和热法两种。

① 电解法以菱镁矿（$MgCO_3$）原料、石油焦作还原剂，在竖式氯化炉中氯化成无水氯化镁或用除去杂质和脱水的合成光卤石（含 $MgCl_2 > 42.5\%$）作原料，加入电解槽，在 680～730℃温度下熔融电解，在阴极上生成金属镁，在阳极上析出氯气，这部分氯气经氯压机液化后回收利用。每炼 1t 精镁约耗氯气 1.5t，其中一部分消耗于原料中的杂质氯化，一部分转入废渣及被电解槽和氯化炉内衬吸收，大约有 1/2 氯随氯化炉烟气和电解槽阴极气体排出，较少部分泄漏到车间内，无组织散发到环境中。

② 热法炼镁原料是白云石（MgO），煅烧后与硅铁、萤石粉配料制球，在还原罐 1150～1170℃温度下以镁蒸气状态分离出来。

生产过程中产生的烟尘，采用一般除尘装置去除。

镁冶炼烟气中主要污染物是 Cl_2 和 HCl 气体，氯化炉以含 HCl 为主。镁电解槽阴极气体中主要是 Cl_2。一般治理方法是先用袋式除尘器或文丘里洗涤器去除氯化炉烟气中的烟尘和升华物，然后与电解阴极气体汇合，引入多级洗涤塔，用清水洗涤吸收 HCl，再用碱性溶液洗涤吸收 Cl_2。常用的吸收设备有喷淋塔、填料塔、湍球塔等，吸收效率可达99%以上。

进一步处理循环洗涤液，可以回收有用的副产品。一般循环水洗涤可获得 20% 以下的稀盐酸；再加上 $MgCl_2$、$CaCl_2$ 等盐能获得高浓度 HCl 蒸气，再用稀盐酸吸收可制取 36% 浓盐酸；或用稀盐酸溶解铁屑制成 $FeCl_2$ 溶液，用于吸收烟气中的 Cl_2 生成 $FeCl_3$，经蒸发浓缩和低温凝固，制得固态 $FeCl_3$，作为防水剂、净水剂使用。用 NaOH、Na_2CO_3 吸收

Cl_2 可生成次氯酸钠，作为漂白液用于造纸等部门。如果这些综合利用产品不能实现，则对洗涤液进行中和处理后排放。

若采用球团氯化，无隔板电解槽等新的炼镁工艺，则氯化炉和镁电解槽产生的氯化物大幅度减少，每吨镁的氯气耗量降至 400kg，采取相应治理措施后，氯化物的排放均能达到排放标准。

（五）钛冶炼烟气治理技术

工业上生产金属钛的原料是钛精矿或金红石，其中的有用成分是 TiO_2。由于氧与钛的结合能力强，首先将钛氧化物转化为氯化物，即在氯化炉中通氯气，在 800℃ 温度下 TiO_2 变成 $TiCl_4$，然后用金属还原制成海绵钛。生产的氯化镁再加入镁电解槽电解生产镁，在钛生产过程中循环使用。每生产 1t 海绵钛消耗氯气 1t 左右。从高钛渣氯化炉和镁电解槽散发的 Cl_2 和 HCl 气体，少部分进入收尘渣和泥浆渣中。含氯化物烟气的治理方法与镁冶炼烟气治理相同。

高钛渣电炉是海绵钛生产的首要工序，它是将钛铁精矿与石油焦按比例配料，送入高钛渣电弧炉进行高温冶炼，冶炼后得到富含二氧化钛的高钛渣和生铁，高钛渣再经过氯化、精制、还原-蒸馏、电解、加工等工序成为海绵钛。

高钛渣电炉在冶炼过程中产生大量含尘烟气，烟尘粒径较小，因此，如果不采取有效的烟气处理装置，高钛渣电炉含尘烟气对周围环境和人体健康都会造成危害。

1. 高钛渣电炉烟气的特性

高钛渣电炉排烟方式采用半封闭式矮烟罩（一般烟罩口距电炉口 1.8m 左右）。高钛渣电炉技术参数和烟气特性参数如下。

烟气温度：350～400℃。

烟尘浓度：800～1500mg/m³。

烟气成分：

| | CO_2 | N_2 | O_2 | H_2O |
| 15%～18% | 25%～78% | 5% | 2% |

粉尘粒径分布：见表 11-27。

表 11-27　粉尘粒径分布

规格/目	200	230	270	320	340	360	＞360
比例/%	40	8	8	6	4	3	31

粉尘堆密度：200g/m³。

烟尘比电阻：$3.3×10^{12}$～$5.5×10^{14}$ Ω·m。

以上各项参数主要取决于冶炼炉工况和半封闭烟罩侧门操作工艺，其中当出现刺火、翻渣和坍料瞬时，烟气量波动将增加 30%，烟气温度最高可达 900℃。

半封闭型电炉烟气净化工艺均采用干法净化流程，即袋式除尘或电除尘。目前世界上绝大部分电炉是采用袋式除尘净化烟尘，如采用静电除尘法，则另外必须设置烟气增湿调质塔，使烟尘比电阻降低到 $9×10^{11}$ Ω·m 才能适应电除尘器的特性且除尘效率远远不如袋式除尘器。

2. 高钛渣电炉烟气净化特点

由于以下所列原因，高钛渣电炉的烟气净化与一般工业除尘方法相比，存在一定的难度及其特性，具体体现在：

① 烟气量大，烟气含尘浓度高；

② 粉尘细（80％以上粉尘粒径小于1μm）；

③ 烟气处理温度高，一般要求处理温度不低于140℃，如温度过低则会造成粉尘黏性增加，并可能引起结露。

3. 高钛渣电炉烟气工艺参数

（1）硅铁矿热电炉排烟量　见表11-28。

表 11-28　硅铁矿热电炉排烟量

熔炉/kV·A	炉气量/(m³/h)	排烟量/(m³/h)	熔炉/kV·A	炉气量/(m³/h)	排烟量/(m³/h)
12500	70000	110000(180~200℃)	6300	35000	61000(180~200℃)
9000	48600	85000(180~200℃)	3500	23000	35000~40000(180~200℃)

（2）3台6500kV·A高钛渣电炉废气工艺参数

① 烟气量：61000m^3/（h·台），3台烟气量183000m^3/h。

② 烟气温度：180~230℃（冷却后温度）。

③ 含尘浓度：3.1g/m^3。

4. 烟气净化工艺流程

见图11-64。

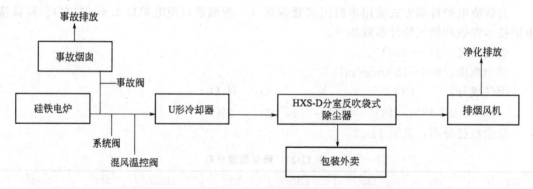

图 11-64　6500kV·A高钛渣烟气净化工艺流程

高钛渣高温烟气经系统管道，进入U形冷却器冷却、收集、降温，大颗粒烟尘落入冷却器灰斗再引入布袋除尘器进行净化，净化后的净气由风机经烟囱排入大气，收集下来的烟气由除尘器下部输送设备的卸料口处进行人工包装后外运。

为了节省占地面积及提高除尘系统运行效率，本方案采用3台矿热电炉组成独立的管道系统。引出一台大型布袋除尘器进行集中除尘。

5. 净化系统主要设备

（1）袋式除尘器　袋式除尘器适合处理细小粉尘，对于0~5μm粒径的粉尘分级效率可达99.5％，袋式除尘器对除去硅铁电炉比电阻高、颗粒细小的高温烟尘是较好的设备，完全可以得到满意效果，投资较电除尘器省，操作管理简单，国内有许多同类型电炉的实践经验。推荐采用两种不同类型的袋式除尘器，其技术参数如下。

	第一方案	第二方案
型号：	HXS 反吹风袋式除尘器	LCM 型脉冲长袋除尘器
过滤面积：	7400m^2	4400m^2
过滤风速：	0.45m/min	0.73m/min
处理风量：	1900900m^3/h	192700m^3/h
清灰方式：	大气反吹	低压喷吹（压缩空气）
滤袋材质：	玻纤膨体纱滤布	BWF1050-玻纤针刺毡
耐温：	≤260℃	280℃

高钛渣电炉除尘系统的袋式除尘器选型是系统除尘成功的关键问题。

负压分室反吹风袋式除尘器系统，由于使用玻纤膨体纱滤布，虽然除尘器过滤风速低、设备重量较大，但其滤料价格要比采用脉冲长袋除尘器滤料便宜，造价低，因此运行费用低。

第一方案的大型负压反吹风袋式除尘器具有除尘效率高、维护方便等特点，但清灰效果稍逊于脉冲布袋，投资比第二方案大。第二方案的脉冲长袋除尘器同样具有清灰效果好、除尘效率高、维修也方便的特点，但需要配置压缩空气系统。本工程采用第二方案。

（2）排烟风机 根据烟气净化装置的管道计算、烟气温度和烟气量的要求考虑排烟风机的热态工况下连续运行。因此，选用两台引风机作为排烟气机，其技术参数如下：型号 Y4-73-11№14D；全压 3940Pa；风量 10000m^3/h；配电机 YSJ315L-4，$N=185kW$。

（3）U 形烟管烟气冷却器 烟气冷却是采用 U 形烟管冷却器，一方面可以冷却烟气，另一方面烟尘经过盘管，大颗粒粉尘经碰撞后自然沉降，起到初处理烟尘作用，无运行和维修费用，投资也省，技术可靠，实践经验证明是可靠的烟气冷却器。

U 形冷却器规格：过热面积 500m^2，单台重 42t。

在每组 U 形冷却器入口处加装调节阀，通过调节阀的启动，可以改变 U 形冷却器传热面积的大小，以满足除尘器的温度要求。

6. 效果

系统运行表明，烟囱排出口粉尘浓度能达到国家标准，环保部门验收合格。

（六）沥青烟治理技术

轻金属的电解冶炼需电极。电极材料都是在铝厂的一个车间生产的。在碳素和石墨制品生产的破碎、筛分、配料、混捏、成型、焙烧、浸渍、石墨化和机械加工等作业中，皆产生一定量的烟尘。其中在破碎、筛分、配料和机械加工工序中产生的烟尘以粉尘为主，这种粉尘是含碳的颗粒物。在其他作业中产生的以沥青烟为主。沥青烟由气、液、固三相组成，组分与沥青接近，是一种含有大量多环芳烃和少量氧、氮、硫的混合物。治理沥青烟主要有吸附法、电捕法、洗涤法、焚化法和冷凝法五种方法。

1. 吸附法

以焦粉、氧化铝等作吸附剂净化沥青烟的方法。该法多与生产工艺特点结合，选择合适的吸附剂，如焦粉、氧化铝和白云石粉等孔隙多、比表面积大的材料。吸附设备有固定床、流化床和输送床。吸附净化流程分为间歇式、半连续式和连续式三类。吸附法的优点是流程简单，净化效率高，可达 95% 以上。该法适合于沥青烟浓度较低的场合。与其他方法相比，吸附法是一种有发展前途的方法。用氧化铝作吸附剂的吸附法治理废气工艺流程见图 11-65。

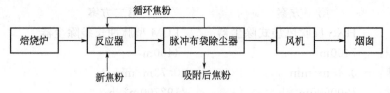

图 11-65　吸附法治理废气工艺流程

2. 电捕法

用电除尘器净化沥青烟时,电除尘器的运行电压一般维持在 40～60kV。由于沥青烟在高温下比电阻增大,难以捕集;在低温下容易黏附在极板上,不易清除,所以通常控制电除尘器入口烟气温度不低于 70～80℃。回收的沥青烟呈焦油状,可以返回生产过程、加工成焦油产品或作燃料使用。电捕法采用的电除尘器型式有同心圆管式、干法卧式和湿法卧式等。干式电除尘器仅能捕集沥青烟中的固、液相微粒,不能捕集气相部分;湿式电除尘器则可捕集所有的沥青烟组分。电捕法的优点是净化效率高,可达 90％以上,回收物容易处理利用,运行费用低,但投资高,维修困难。电捕法适用于沥青烟温度高、浓度大的场合,电捕法处理沥青烟工艺流程如图 11-66 所示。

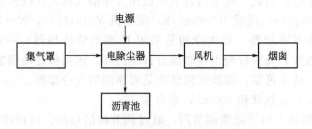

图 11-66　电捕法处理沥青烟工艺流程

3. 洗涤法

用洗涤液洗涤吸收沥青烟的方法。一般净化流程是沥青烟先进入除雾器进行初次分离,而后进入洗涤塔洗涤吸收。常用的洗涤液有清水、甲基萘和溶剂油等,洗涤设备主要是喷淋塔、填料塔等。洗涤法的优点是净化设备简单,造价低,但净化效率较低,一般低于 90％,需对废液进行处理。该法可用于碳素生产各作业的沥青烟净化。洗涤法沥青烟净化工艺流程见图 11-67。

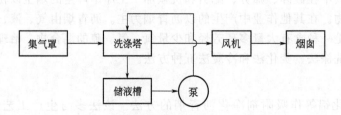

图 11-67　洗涤法沥青烟净化工艺流程

4. 焚化法

在焚化炉中将沥青烟烧掉的方法。沥青烟的基本成分是烃类化合物,当温度超过

290℃、接触时间在 0.5s 以上时烃类物质即可燃烧；在温度达 900℃ 以上时，沥青烟中的细炭粒也能燃烧。焚化沥青烟的设备有专门设计的焚化炉，也有某些锅炉的炉膛。用焚化法处理沥青烟，沥青烟浓度越高越有利。为使沥青烟燃烧完全，应严格控制燃烧所需温度和时间。焚化法较简单，净化效果好，可达 90% 以上，但需外加能源。该法适用于沥青烟数量较少、浓度较高的场合。

5. 冷凝法

根据沥青烟在低温（低于 70℃）条件下易于冷凝的特性，采用直接或间接冷却的方法，使沥青烟冷凝分离出来。冷凝设备有直接冷凝器和表面冷凝器两类。冷凝法处理沥青烟一般效率不高。

三、重金属生产烟气治理技术

重金属包括铜、铅、锌、锡、锑、镍、钴、汞、镉、铋 10 种密度 $>4.5g/cm^3$ 的金属。这些金属冶炼时排出的烟气含有尘、SO_2、Cl_2 等，其中 SO_2 浓度较高可以回收利用，其他有害物则需要净化处理后排放。

（一）铜冶炼烟气回收与排放

在铜冶炼生产中，原料制备和火法冶炼各作业中，由于燃料的燃烧、气流对物料的携带作用以及高温下金属的挥发和氧化等物理化学作用，不可避免地产生大量烟气和烟尘。烟气中主要含有 SO_2、SO_3、CO 和 CO_2 等气态污染物，烟尘中含有铜等多种金属及其化合物，并含有硒、碲、金、银等稀贵金属，它们皆是宝贵的综合利用原料。因此，对铜冶炼烟气若不加以净化回收，不仅会严重污染大气，而且也是资源的严重浪费。

1. 烟气产生和性质

铜冶炼烟气的性质与冶炼工艺过程、设备及其操作条件有关，其特点是烟气温度高，含尘量大，波动范围大，并含有气态污染物 SO_2、SO_3、As_2O_3、Pb 蒸气等，在焙烧、烧结、吹炼和精炼过程中产生的烟气常有较高的温度，从 500～1300℃ 具有余热利用价值，进入除尘装置之前有时需经预先冷却。冶炼过程产生的烟气，是某些金属在高温下挥发、氧化和冷凝形成的，颗粒较细，必须采用高效除尘器才能捕集下来。这些烟气不仅带出的尘量大（占原料量的 2%～5%），而且含尘浓度高，如流态化焙烧炉烟气含尘浓度可达 $100～300g/m^3$。烟气中含有高浓度 SO_2，是制酸的原料，因而在烟尘净化中要考虑制酸的要求。

2. 烟气净化流程

铜冶炼烟气的治理，首先要将产尘设备用密闭罩罩起来，并从罩子（或相当于罩子的设备外壳）内抽走含尘气流，防止烟气逸散，然后将含尘气流输送至除尘装置中净化，再将捕集下来的烟尘进行适当处理，或返回冶炼系统利用，或对富集了有价元素的烟尘进行综合回收，或进行无害化处置。

铜冶炼烟气除尘流程有干法流程、湿法流程和干湿混合流程。干法流程采用的除尘装置有重力除尘器、旋风除尘器、袋式除尘器和电除尘器等，回收的是干烟尘，便于综合利用。湿法流程采用的湿式除尘器有文丘里除尘器、冲激式除尘器、泡沫除尘器和湍球塔等，回收的是泥浆，不便于综合利用，还存在着污水处理、稀有金属流失、设备腐蚀和堵塞等问题，较少采用。干湿混合流程是在湿式除尘器之前加一级或两级干式除尘，以减少泥浆量，多用于干燥作业的除尘。

铜精矿干燥机烟气含水量较大，烟气温度不高，一般为 120～200℃，烟气成分与原料相似，颗粒较粗，在标准状态下含尘浓度为 20g/m³ 左右，一般采用旋风除尘器、冲激式除尘器（或水膜除尘器）两级除尘。也有采用电除尘器除尘的。

铜精矿流态化焙烧炉烟气，温度 800～1000℃，在标准状态下烟气含尘浓度 200～300g/m³，SO₂ 浓度 4%～12%。烟气经除尘后，通常与其他烟气混合或单独进行制酸。除尘流程一般采用余热锅炉冷却、两级旋风除尘器和电除尘器净化流程。净化后烟尘浓度在标准状态下可降至 0.5g/m³ 以下，以适应烟气制酸的要求。

铜熔炼和吹炼炉中，除反射炉烟气中 SO₂ 浓度在 1%～2% 外，其他炉子烟气中 SO₂ 浓度均较高，其中闪速炉为 10%～14%，密闭鼓风炉为 4%～6%，电炉密闭得好时可达 4%～7%；烟气含尘浓度在标准状态下一般为 10～30g/m³（闪速炉为 80～100g/m³）。烟气除尘基本上都可采用旋风除尘器、电除尘器两级除尘流程，其中反射炉、闪速炉烟气温度高达 1000℃ 以上，在除尘之前应经余热锅炉冷却。

烟气净化流程主要有：

密闭鼓风炉→旋风除尘器→排风机→电除尘器 ┐
　　　　　　　　　　　　　　　　　　　　　├→制酸
连续吹炼炉→旋风除尘器→排风机→电除尘器 ┘

反射炉→废热锅炉→电除尘器→排风机→制酸或放空

反射炉→废热锅炉→旋风除尘器→排风机→电除尘器→制酸或放空

白银炉→废热锅炉→旋风除尘器→排风机→电除尘器→制酸

闪速炉→废热锅炉→沉降斗→电除尘器→排风机→制酸

转炉→废热锅炉→沉降斗→电除尘器→排风机→制酸

贫化电炉→废热锅炉→电除尘器→排风机→制酸

流态化焙烧炉→废热锅炉→第一旋风除尘器→第二旋风除尘器→排风机→电除尘器→制酸

矿热电炉→旋风除尘器→电除尘器→排风机→制酸

吹炼转炉或连续吹炼炉烟尘含有铅、锌、铋等的氧化物，比电阻较高，单独采用电除尘效果较差，常和熔炼烟气混合送进电收尘器。

冶炼烟气中的气态污染物主要是二氧化硫。二氧化硫浓度在 3.5% 以上的烟气，可采用接触法制成硫酸。对于二氧化硫浓度 <2% 的烟气可参考铁矿烧结低浓度 SO₂ 废气的治理方法，如吸收、吸附及催化转化法等进行处理。图 11-68 是冶炼烟气用接触法制硫酸的工艺流程。

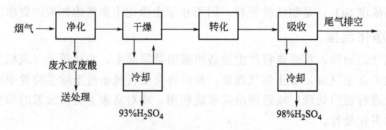

图 11-68　冶炼烟气用接触法制硫酸的工艺流程

3. 铜冶炼烟气除尘工程实例

（1）烟气及烟尘参数　目前世界上铜矿（原生铜）产量 90% 是以含铜硫化矿或硫化铜矿物为原料，85% 是用火法炼铜技术生产。火法炼铜是将矿石中的硫氧化使之进入烟气，除铜以外的杂质成分被熔化造渣分离，生产工艺见表 11-29。

表 11-29 火法炼铜工艺概况

工艺流程	常用设备	投入物	产品或返回品	污染物
冰铜熔炼	鼓风炉	铜精矿		烟气含 SO_2 2%~3%
	电炉	熔剂	冰铜	淬渣
	闪速炉	燃料		冲渣水
	反射炉			
	连续炼铜炉			
粗铜熔炼	转炉	冰铜、石英熔剂	粗铜、炉渣	烟气含 SO_2 3%~7%
粗铜精炼	精炼炉	粗铜	阳极铜	烟气
		燃料	炉渣	
电解精炼	电解槽	阳极铜	电解铜、阳极泥（回收稀贵金属）	

$$\text{第一阶段：} 2FeS+3O_2+2SiO_2 \longrightarrow 2FeOSiO_2+2SO_2+1074500J \tag{11-38}$$
$$C+O_2 \longrightarrow CO_2+405460J \tag{11-39}$$
$$\text{第二阶段：} 2Cu_2S+3O_2 \longrightarrow 2Cu_2O+2SO_2+764200J \tag{11-40}$$
$$2Cu_2O+Cu_2S \longrightarrow 6Cu+SO_2-161700J \tag{11-41}$$
$$\text{铜电解：} \text{阳极 } Cu-2e^- \longrightarrow Cu^{2+} \tag{11-42}$$
$$\text{阴极 } Cu^{2+}+2e^- \longrightarrow Cu \tag{11-43}$$

铜冶炼炉烟气及烟尘参数见表 11-30。

表 11-30 铜冶炼炉的烟气及烟尘参数

炉名	台数		烟气量 /(m³/h)	烟气温度 /℃	炉顶压力 /Pa	烟气成分/%							烟气含尘量 /(g/m³)	烟尘成分/%		
	操作	总数				SO_2	SO_3	N_2	O_2	H_2O	CO_2	CO		Cu	Fe	S
密闭鼓风炉	1	1	14200	500	−100	4.9	0.01	72	4.2	9.98	8.51	0.4	25	12~15	28~29	28~31
转炉	1.5	2												25~30	36~39	22~23
一周期			9000	550	−50	5.95	0.5	79.95	10.1	3.5			19			
二周期			10400	500	−50	7.96	0.89	77.31	11.2	2.64						
两台重合			19400		−50	7.03	0.71	78.51	10.7	3.04			13			
贫化电炉	1	1	2500	1000	−50	2.94		73.21	8.34	5.15	9.33	1.03				

注：1. 转炉为间断操作，相当于每天 1.5 台，鼓风炉与贫化电炉为连续操作；

2. 转炉烟气温度系指烟气出烟罩时的温度。

(2) 除尘工艺流程 铜冶炼厂除尘工艺流程实例见图 11-69。

(3) 除尘效率及漏风率设计参数 除尘效率及漏风率见表 11-31 及表 11-32。

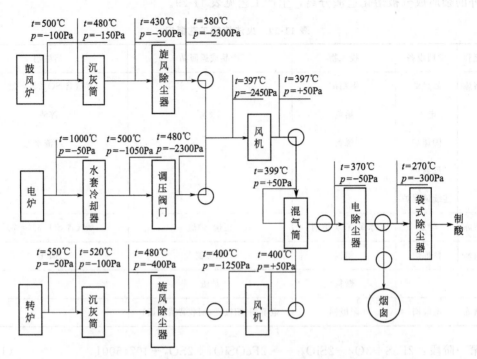

图 11-69　铜冶炼厂除尘流程实例（图中〇为钟形闸门）

表 11-31　各除尘设备的效率及总效率　　　　　　　　　　　单位：%

炉名	沉灰筒	冷却器	旋风除尘器	电除尘器	袋式除尘器	总漏风率
密闭鼓风炉	30		80	97	92	99.966
贫化电炉		40		97	92	99.856
转炉	30		70	97	92	99.950

表 11-32　各除尘设备与管道的漏风率及总漏风率　　　　　　　单位：%

炉名	沉灰筒	旋风除尘器	风机前管道	风机后管道	电除尘器	袋式除尘器	总漏风率
密闭鼓风炉	5	5	10	5	10	10	45
贫化电炉	5[1]		10	5	10	10	40
转炉	5	5	10	5	10	10	45

① 为冷却器的漏风率。

烟气经除尘后送制酸车间，要求其中二氧化硫浓度稳定，除尘系统的漏风率不大于 50%，除尘后烟气含尘量小于 $5mg/m^3$。

（4）除尘设备选型　除尘设备选型见表 11-33。

表 11-33　铜冶炼厂除尘主要设备

名称	型号、规格	数量
高温离心通风机	FW9-27No.14F　$Q=65000m^3$　$H=4410mm$	2

名称	型号、规格	数量
附电动机	JS1 26-4　225kW	
高温离心通风机	FW9-27-11 No.12B　$Q=47500m^3/h$　$H=3371mm$	2
附电动机	JS114-4　115kW	
旋风除尘器	长锥型 6-ϕ900mm	1
旋风除尘器	цH-15 型 6-ϕ700mm	2
沉灰筒	ϕ2500mm	3
水套冷却器	$F=30m^2$	1
混气筒	ϕ3000mm	1
电除尘器	$F=30m^2$	2
袋式除尘器	$F=196m^2$	10
钟形闸门	ϕ1400mm	14
钟形闸门	ϕ1600mm	5

注：1. 未包括烟尘排送设备。

2. 除高温离心通风机为标准设备外，其余均为非标准设备。

（5）烟灰输送　回收的烟尘，除袋式除尘器烟尘含砷较高、尘量较少，可用袋装外，其余烟尘均送精矿仓作返料用。烟尘输送，根据收尘配置及输送要求，确定为气力输送，输送点包括沉灰筒、旋风除尘器及电除尘器三处。操作制度为每天一班操作，送灰时间 4h，故实际每小时送灰量：沉灰筒 1012.2kg/h，旋风除尘器 1763.16kg/h，电除尘器 561.282kg/h。

因尘量较少，送料设备采用船形给料器，集料设备采用袋式除尘器。

（二）铅锌冶炼烟气治理技术

在铅、锌生产过程中，设备和火法冶炼作业均有烟尘等大气污染物产生，烟尘量占原料的 2%～5% 至 40%～50%，烟气中的 SO_2 浓度可高达 4%～12%。若不加以控制，不仅会造成严重大气污染，而且还会导致资源的严重浪费。

1. 烟气产生和性质

铅、锌生产中产生的烟尘，与原料和生产工艺有关。备料作业中产生的粉尘，以机械成因为主，颗粒较粗，成分与原料相似；蒸馏、精馏、烟化过程在高温下挥发产生的烟尘，颗粒很细，富集着沸点较低的元素或化合物；焙烧、烧结、熔炼、吹炼等过程产生的烟尘则介于上述两者之间。烟尘组分中除了含有大量的铅、锌外，还含有镓、铟、铊、锗、硒、碲等有价元素。铅、锌冶炼烟尘大部分是冶炼过程的中间产品或可综合利用的原料。一些烟尘中也常含有砷、汞、镉等既有经济价值又对人体有明显危害的元素。因此铅、锌冶炼烟尘的治理与冶炼工艺和综合利用是密不可分的。

2. 治理方法

铅、锌冶炼烟尘的治理，首先要将产尘设备用密闭罩罩起来，并从罩子（或相当于罩子的设备外壳）内抽走含尘气流，防止烟尘逸散，然后将含尘气流输送至除尘装置中净化处理，再对富集了有价元素的烟尘进行综合回收，或进行化害为利的处理。

3. 铅冶炼烟气治理流程

铅冶炼烟尘大部分为铅的氧化物，比电阻较高，多采用袋式除尘器。鼓风返烟烧结机及氧化底吹炼铅反应器的烟气含 SO_2 浓度较高，宜采用电除尘器，但要控制一定的温度以降低腐蚀性。

对要求制酸的烟气设电除尘器，流程如下：

烧结机→旋风除尘器→电除尘器→排风机→制酸

烧结机→沉尘室→电除尘器→排风机→制酸

对于不能制酸的烧结锅烟气，则采用袋式除尘器，其流程如下：

烧结机→袋式除尘器→风机→排气筒

铅鼓风炉熔炼高料柱操作的烟气温度一般为 150～200℃，打炉结和处理事故时，烟气温度可升至 300℃，甚至达 500～600℃，除尘流程应按处理事故时的烟气温度确定冷却设备。

铅尘密度较大而黏，烟尘含量高时不宜将风机设在袋式除尘器的进口，以免风机叶轮因粘尘而产生振动。

4. 锌冶炼烟气治理流程

（1）治理流程　湿法炼锌中流态化焙烧炉的出炉烟气温度为 800～900℃，火法炼锌中流态化焙烧炉的出炉烟气温度为 1100℃，含尘量可达 200～300g/m³，烟气含 SO_2 8%～10%，一般采用电除尘流程，除尘后烟气送去制酸，流程如下：

流态化焙烧炉→废热锅炉（汽化冷却器）→一次旋风除尘器→二次旋风除尘器→风机→电除尘器→制酸

流态化焙烧炉→废热锅炉（汽化冷却器）→旋风除尘器→风机→电除尘器→制酸

流态化焙烧炉→废热锅炉（汽化冷却器）→旋风除尘器→电除尘器→制酸

根据经验，电除尘前设风机可保证焙烧炉的抽力，易于提高生产能力。若电除尘器密封较好，为保证除尘器负压操作，也可将风机设在电除尘器之后。

（2）工程实例　某冶炼厂一台威尔兹窑，其烟气特性见表 11-34，粉尘特性见表 11-35。

表 11-34　威尔兹窑烟气特性

烟气流量/(m³/h)	温度/℃	露点温度/℃	含尘浓度/(g/m³)	主要成分/%					
				CO_2	O_2	H_2O	SO_2	F	Cl
48000～50000	140～160	70	28～34	6.3	15.5	10	0.12	1.09	0.24

表 11-35　威尔兹窑粉尘特性

主要成分/%							真密度/(g/cm³)	堆积密度/(g/cm³)
Zn	Pb	Cu	Fe	Cd	As	Sb		
60	8.97	0.051	1.82	0.046	0.084	0.041	4.055	0.727

重量分散度/%					
0～5μm	5～10μm	10～15μm	15～25μm	25～35μm	>35μm
12.2	17	21.5	28.9	13.2	7.2

原设计选用的袋式除尘器存在以下问题：a. 除尘器清灰不良，靠手动拉开检查门清灰，以至漏风严重，窑尾经常呈正压状态，每年由此而流失氧化锌约 300t；b. 同时滤袋破损严重，因此而流失的氧化锌每年约 200t；c. 物料的流失同时导致环境污染，并影响人体健康。

在试验研究基础上，将原有除尘器改造为停风低压脉冲袋式除尘器（仅利用部分箱体），采用涤纶针刺毡滤袋，挥发窑烟气经表面冷却器降温至130℃以下，进入袋式除尘器，借助PLC控制系统实现对除尘器的清灰控制及温度监控。

改造后的除尘系统如图11-70所示。改造后袋式除尘器主要规格和参数见表11-36。

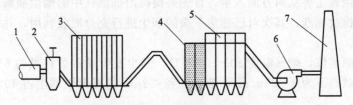

图 11-70　除尘系统工艺流程示意
1—威尔兹窑；2—钟罩阀；3—表面冷却器；4—除尘器未改造的部分；
5—停风低压脉冲袋式除尘器；6—引风机；7—烟囱

表 11-36　袋式除尘器主要规格和参数

处理烟气量/（m³/h）	75000
运行温度/℃	130
滤袋材质	涤纶针刺毡
滤袋尺寸/mm	$\phi 120 \times 5500$
滤袋数量/条	480
过滤面积/m²	995
过滤风速/（m/min）	1.26
分箱室数/间	8
设备阻力/Pa	1200
清灰周期/min	30～60
漏风率/%	约4
烟尘排放浓度/（mg/m³）	15～38
喷吹压力/MPa	0.18

投入运行后17个月时，系统始终运行正常，各项技术参数达到预期目标，滤袋无一破损。与改造前相比，每天多回收氧化锌2.5～3t，经济效益显著。

（三）锡冶炼烟尘治理技术

锡火法冶炼一般包括炼前处理、还原熔炼、炼渣炉渣烟化和精炼四部分主要作业。这四部分主要作业都会程度不同地产生含尘烟气，尤其是熔炼和炼渣炉渣烟化，产生的烟气量大，含尘量高，是锡冶炼厂烟尘治理的主要对象。

1. 烟尘产生和特点

锡冶炼过程中锡和其他低沸点杂质挥发率很高，故锡冶炼烟尘有如下特点：

① 烟尘中的锡以及锌、镉、铟等有价金属含量高；

② 以凝聚性烟尘为主，颗粒较细；

③ 原矿中伴生的铅、砷等有害元素也富集到烟尘中。

因此在锡冶炼过程中加强烟尘治理，提高除尘效率，无论是对提高锡的回收率，回收有价金属，还是消除烟尘污染，都是很有意义的。

2. 治理方法

锡冶炼烟尘治理主要从两方面入手，首先要提高冶炼烟气中的烟尘捕集率，使最终烟尘排放量达到国家排放标准；其次对已捕集下来的烟尘进行充分回收利用，并在贮运中避免外逸造成二次污染。

锡反射炉还原熔炼，烟气温度 800~1260℃，烟尘发生量占炉料量的 6%~10%，烟气含尘浓度在标准状态下为 4~23g/m³，烟尘粒径＜2μm 的凝聚性烟尘占 40%~60%。烟气除尘流程一般为：

反射炉→废热锅炉→表面冷却器→袋式除尘器→风机→烟囱

烟化炉→废热锅炉→表面冷却器→袋式除尘器→风机→烟囱

电炉→复燃室→表面冷却器→袋式除尘器→风机→烟囱

脱砷用的流态化焙烧炉、回转窑烟气一般采用袋式除尘。但为了分离烟尘中的砷和锡，则可以在 310℃ 以上采用电除尘回收锡尘，在 100℃ 以下采用袋式除尘回收砷尘，烟气从 310℃ 降至 100℃ 时，必须快速冷却使其越过玻璃砷生成的温度，以利于砷、锡分离。电炉、流态化焙烧炉、回转窑的除尘流程如下：

流态化炉→冷却设备→旋风除尘器→电除尘器→风机→冷却器→袋式除尘器→风机→烟囱

回转窑→冷却设备→旋风除尘器→袋式除尘器→风机→烟囱

在除尘流程中各部位收下来的烟尘，一般都返回还原熔炼，个别情况为回收其中某些有价元素则单独处理。对高温下回收的块状烟尘采用贮罐装运，对低温下回收的粉状烟尘采用气力输送。

电炉还原熔炼、炼渣炉渣烟化等作业的烟尘净化和处理方法与上述方法类似。为进一步治理锡冶炼烟尘，需采取改进冶炼工艺、选择合理除尘装置和改进烟尘贮运方式等措施。

（四）锑冶炼烟尘治理技术

火法炼锑中广泛采用挥发焙烧或挥发熔炼工艺，使锑以三氧化二锑（Sb_2O_3）的形式进入烟气，经冷凝、除尘作为烟尘予以回收，从而实现锑与脉石的分离。以三氧化二锑为主要成分的烟尘经过还原熔炼、精炼得到纯净的金属。

锑精矿或矿石在焙烧炉或鼓风炉中冶炼时，其中锑以三氧化二锑的形态挥发出来，然后在袋式除尘器中回收，这种烟尘一般称作锑氧。焙烧炉和鼓风炉出炉烟气温度均高，在袋式除尘前需设置废热利用和废气冷却装置，同时因烟气中含有一定量的二氧化硫，除尘后的烟气送高烟囱或经过处理后排放。流程如下。

焙烧炉→废热利用装置→冷却烟管→风机→袋式除尘器→风机→排放或处理

除尘尾气处理可采用选矿厂的碱性废水吸收。

精炼反射炉处理三氧化二锑生产精锑时，烟气中仍含有锑氧，可用袋式除尘器回收。烟气中二氧化硫很少，除尘后烟气可就地排放或逸散。除尘流程如下：

反射炉→汽化冷却器→冷却烟管→风机→袋式除尘器→逸散

尽管锑冶炼方法多种多样，但其除尘流程都大同小异。锑冶炼过程中捕集的烟尘往往是中间产品或最终产品，故烟尘治理与提高金属回收率密切相关。

（五）镍冶炼烟尘治理技术

在镍冶炼的干燥、焙烧、熔炼和吹炼等作业中皆产生一定量的烟气，烟气中主要含有烟尘和 SO_2 等大气污染物。根据烟气的成分、温度、含尘量及烟尘的粒径分布等物理特性，采用不同的治理方法。捕集下来的烟尘返回生产系统或综合利用，净化后的烟气放空或送去制硫酸。

各冶炼作业所产烟气的除尘流程、技术条件和处理方法列于表 11-37。

表 11-37　镍冶炼各工序烟气除尘流程、技术条件和处理方法

作业	冶炼工艺	烟气温度/℃	烟尘率/%	除尘流程和设备	烟气性质和处理方法	总除尘效率/%
干燥	回转窑干燥	80～130	0.4～0.8	温度低于 110℃时采用水膜或冲激式除尘器	性质与原料基本一致，返回原料仓配料	90～92
				温度高于 120℃时采用袋式除尘器（外壳保温）		95～98
	载流干燥	110～160	100	沉降室—两级或三级旋风除尘器—电除尘器	烟尘即是被干燥的物料，常与闪速炉熔炼配套	>99.9
焙烧	回转窑氧化焙烧	200～350	3～5	旋风除尘器—电除尘器	烟尘与熔砂性质相近，送氨浸作业处理	>98
	沸腾炉氧化焙烧	680～700	30～40	沉降室—两级旋风除尘器—电除尘器	烟尘与熔砂性质相近，送熔炼作业处理	>99
	回转窑还原焙烧	200	3～4	旋风除尘器—电除尘器	烟尘与熔砂性质相同，送氨浸作业处理	>98
	多膛炉还原焙烧	390±10	3	旋风除尘器—电除尘器	烟尘与熔砂性质相同，送氨浸作业处理	>99
熔炼	反射炉熔炼	1250	3～5	余热锅炉—电除尘器	烟尘相当于熔砂，返回反射炉熔炼	98～99
	电炉熔炼	300～350	3～4	旋风除尘器—电除尘器	烟尘相当于熔砂，返回电炉熔炼或配料矿仓	95～99
	闪速炉熔炼	1300～1350	8～12	余热锅炉—电除尘器	烟尘相当于熔砂，返回闪速炉熔炼或配料矿仓	98～99
	氧气顶吹熔炼	880～920	3～4	余热锅炉—电除尘器	烟尘相当于熔砂，返回配料仓配料送熔炼炉	97～99
吹炼	转炉	约 1250	3～4	余热锅炉—电除尘器（或喷雾冷却器）	为粉尘和烟尘的混合尘，烟尘中含有 5 类元素。混合尘送原料仓配料或送熔炼炉	94～98

镍冶炼烟尘治理方法：

① 采用高氧冶炼技术，减少烟气晕和烟尘量；

② 采用产尘量低的熔池熔炼新技术；

③ 合理选择除尘装置，提高除尘效率；

④ 对捕集下来的烟尘采用气力输送等方法送至使用点，防止二次扬尘污染。

镍冶炼各工序捕集的烟尘都含有一定量的镍，有的伴有铜及铂族元素等有价金属，具有较高的利用价值，一般情况下又无特殊毒性，大都返回本系统不同工序处理，不需特殊治理。各车间环境通风除尘系统，捕集的粉尘返回料仓配料用。

（六）汞冶炼污染治理技术

炼汞炉有高炉、流态化炉、蒸馏炉等，将矿石或精矿中汞挥发成汞蒸气，再冷凝成汞。要求先除去烟气中的烟尘，以便获取纯净的汞。

流态化炉烟气的温度高、含尘量大，一般先设两段旋风除尘，一段电除尘，以除去烟气中绝大部分烟尘，再由文氏管、除汞旋风除尘器将剩余的尘和大量汞同时收下，余下的汞在后面的冷凝设备中获得，烟气中残留的汞和二氧化硫在净化塔除去，再由风机排空，流程如下：

流态化炉→一次旋风除尘器→二次旋风除尘器→电除尘器→文氏管→收汞旋涡→冷凝器→净化塔→风机→排空
　　　　　　　　　　　　　　　　　　　　　　　　　　　　　　　　　　└→汞

高炉烟气含尘不多、温度不高，在除尘过程中汞可能会随烟尘一起收下，造成汞的损失。因而只设置一段旋风除尘，除尘流程如下：

高炉→旋风除尘器→冷凝提汞装置→净化塔→风机→排空

由于高炉为间歇加料，有时加湿料时烟气温度仅几十摄氏度，旋风尘中含有一定量的汞，造成损失。因而也有对高炉烟气不设除尘的主张。

电热回转蒸馏炉的烟气量小，烟气含汞高，温度低，汞可能在除尘设备中进入尘中，因而不采用干式除尘，而直接用文氏管、除汞旋风除尘器同时除汞和除尘，尘随水冲至沉淀池沉淀，汞以活汞形式沉在底部，除汞旋风出来的烟气进一步冷凝除汞和净化。流程如下：

电热回转蒸馏炉→沉尘桶→文氏管→除汞旋风除尘器→冷凝器→净化塔→风机→排空

（七）有色金属含 SO_2 烟气回收硫酸工程实例

铜业冶炼厂以产铜为主业，其原来的铜冶炼工艺为（空气）密闭鼓风炉、转炉炼铜工艺，年产粗铜30000t。多年来由于密闭鼓风炉烟气 SO_2 浓度仅为 0.5% 左右，不能回收，仅能回收转炉烟气制酸，且由于采用单转单吸工艺，尾气 SO_2 排放总量偏高。

为适应日益严格的国家环保要求，对冶炼烟气制酸进行环保达标治理。在冶炼方面，改空气鼓风炉为富氧鼓风炉，在制酸方面，除对原系统进行技术改造外，新建一个系统并增加尾气回收，以满足铜冶炼烟气排放治理的要求。

1. 冶炼烟气条件

根据冶炼确定的规模和冶炼提供的详细烟气条件，进入制酸转化的烟气总量为 $43000 \sim 88000 m^3/h$，SO_2 浓度在 $3.05\% \sim 4.9\%$ 之间波动，相当于制酸单系列烟气量为 $21500 \sim 44000 m^3/h$。

2. 工艺流程

根据烟气条件，回收硫酸采用单转单吸加尾气吸收工艺流程来满足冶炼生产和环保要求。

富氧密闭鼓风炉与转炉烟气经过各自的电除尘器后进入混合筒，混合后进入净化工序。净化部分采用两塔两电标准稀酸洗流程，来自混合筒的气体，进入净化空塔洗涤降温（绝热蒸发）后，进入填料塔进一步洗涤降温，热量通过板式换热器由循环冷却水移走填料塔稀酸中的热量。烟气出填料塔依次进入一级电除雾器、二级电除雾器除去酸雾，进入干吸工序，一塔稀酸在沉淀槽经过矿尘沉降后进入一级泵槽循环使用，定期排污。

烟气进入干燥转化工序，经干燥塔、SO_2 风机，依次进入外部热交换器，升温后温度达到410℃左右进入转化器上部经过串联的 $1^\#$、$2^\#$ 电炉加热，由上至下依次进入四层催化剂层和各自的换热器管内，最后由 SO_3 管道进入吸收塔，用 98％酸将烟气中的 SO_3 吸收成酸，干吸两塔酸通过阳极保护酸冷却器移走热量。

系统开车时烟气走向不变，串联与转化器入口主烟道位于转化器顶部的 $1^\#$、$2^\#$ 电炉加热炉，担负开停车的升温或热吹。

经过吸收塔的制酸尾气经过尾气回收装置，吸收其中的 SO_2 后达标排放。

3. 回收硫酸设备

（1）电除尘设备　电除尘工序为两个系统共用，选用两台除尘器分别处理鼓风炉、转炉烟气。设备选用 LD 型成套设备，该除尘器为单室、三电场、钢壳外保温，阴极是框架式，极线为改进型芒刺线（RS 材质），极间距 400mm，阳极板为 C 形极板，阴、阳极振打均匀为侧面振打。除尘截面积为 $51m^2$，采用高压硅整流机机组 0.4A/72kV。

（2）净化设备　净化两塔均采用全玻璃钢洗涤塔，树脂选用乙烯基聚酯树脂与 $197^\#$ 聚酯树脂。空塔由于入口气温高，塔入口管与下部筒体采用瓷砖与石墨板内衬保护层，整塔采用液膜保护。一、二塔分设断酸、超温报警连锁装置，确保设备正常运行。一塔后设锥形玻璃钢沉降槽，保证系统排污运行正常，塔顶设螺旋式玻璃钢酸喷嘴分酸装置。二塔设聚丙烯泰勒环填料层，上部设玻璃钢管式分酸装置。二塔稀酸采用 RS 材质的板式稀酸换热器移走稀酸中的热量。

（3）干吸设备　干吸塔采用全瓷球拱瓷环支撑结构，以提高开孔率，降低塔内气流的阻力。

干吸分酸装置采用不锈钢管式分酸器，不仅可以有效提高分酸点密度（24 个 $/m^2$），使塔内吸收运行可靠，提高塔效率。

干吸循环酸采用管壳式阳极保护酸冷却器，可以提高生产的稳定性。

干吸塔顶部采用 NS-80 的金属丝网捕沫器，可以保护催化剂，保护换热设备，同时可以减少吸收带沫，有利于尾吸工序的正常运行，提高尾气回收率。干吸采用 $20^\#$ 合金立式泵，浓酸管道为钢衬 F_4。

（4）SO_2 风机　SO_2 风机选用 S1200-16 风机，风量为 $75000m^3/h$，风压为 40kPa，从气量和压头上确保生产的需求，并留有一定裕量。

（5）转化设备　转化处理装置属大中型转化器，采用 7 根立柱支撑催化剂层、箅子板、隔板、大梁的结构形式，选用不锈钢与碳钢相结合的材料，以求得最低的造价和可靠的工艺需求。如转化器顶盖以及一、二层的催化剂层支撑，烟气出口均采用了不锈钢材料，其余部分则用碳钢。转化器内部采取了合理的隔热保护应力补偿措施，确保转化器的可靠运行。如在转化器内部凡与催化剂接触的部位都加有硅酸铝隔热砖，既减少散热又可有效地保护转化器壳体。转化器内部的隔板，本身设有鼓形膨胀圈，隔板于通过立柱部位设有膨胀帽，防止立柱与隔板的变形，减少内部应力，保证层间密封。转化器内部的隔板与器底还设置了硅酸铝隔热层，这样可以有效减少不合理的散热，减少热损失，提高换热效率。

外热交换器采用蝶环式换热器，可以强化换热，减少气流阻力。外热交换器底部器箱采用不锈钢并铺瓷砖以减少腐蚀，延长寿命，其余为碳钢材料，底部铺硅酸铝板隔热。

转化器与外热交换器均采用 30cm 厚硅酸铝分层保温。转化器主烟道上串联设置两个 800kW 电炉，这样使转化升温结构紧凑，热损少，开停车操作简便。

另外，外热交换器之间以及外热交换器与转化炉、电炉间管段上都设有膨胀节，材质为不锈钢，可以有效地改善高温运行的转化器、电炉、外热交换器变形应力负荷，保证转化系统设备的密封可靠运行。

4. 制酸主要设计指标及条件

（1）烟气条件　烟气含尘量为 0.2～0.5g/m³（电除尘器出口）；烟气量为 21400～44000m³/h（转化器入口）；烟气中 SO_2 浓度为 3.05%～4.9%（转化器入口）。

（2）工艺指标　净化漏风率＜10%；SO_2 净化率为 97%（受 SO_2 含量影响）；转化率＞96.5%；尾气 SO_2 浓度为 0.1%～0.2%；风机出口水分为 0.18g/m³；风机出口酸雾浓度为 0.005g/m³；尾吸率＞90%；尾气吸收后排放浓度 SO_2＜0.05%。

（3）压力条件　混合筒压力为零压或微负压；净化压力损失＜3kPa；干燥压力损失＜2.5kPa；转化部分压力损失＜1.75kPa；吸收塔压力损失＜2.5kPa；尾吸压力损失＜3kPa。

（4）污酸排放　稀酸含尘在 1.0～1.5g/L 间波动；稀酸含 As 在 0.2～0.8g/L 间波动；稀酸含 F 在 0.3～1.5g/L 间波动；酸浓度在 3.0～10.0g/L 间波动；排稀酸量 320t/d。

（5）成品酸产量　98%酸、93%酸（折 100%酸）55 万吨/年（仅指新系统产量），质量符合硫酸一等品标准。

5. 尾气回收工艺

制酸尾气采用纯碱吸收法进行处理，由吸收塔捕沫器出的尾气进入一级高效洗涤器用亚硫酸钠及亚硫酸氢钠混合溶液吸收大部分的 SO_2 后，经捕沫器进入二级高效洗涤器用纯碱与亚硫酸氢钠混合溶液进一步吸收其中的 SO_2 后捕沫，引至玻璃钢烟囱排放。吸收液由一级槽引出制造无水亚硫酸钠。尾气部分选用了吸收效果好、压头损失又不大的高效洗涤器进行尾气 SO_2 吸收。

6. 循环冷却水的能力与配置

循环冷却水为制酸两个系统共用，净化循环水与干吸循环水分两个独立的系统配置。这有利于降低净化出口气温，从而保证制酸水平衡，同时大大节约了新水用量。

净化总循环水量为 1200t/h，干吸总循环水量为 2400t/h。循环水系统采用 6 座 DBNL3-600 玻璃钢冷却塔，6 台 12SH-9B 水泵循环冷却供水。另外为了减少水管腐蚀以及便于检修，干吸循环水管埋在地下的水管全部采用了玻璃钢夹砂管。

7. 运行注意事项

① 电除尘运行状况一直较好，电场电压为 40～50kV，电流为 80～100mA。开车初由于 52m² 电除尘器采用溢流型螺旋输送机，灰尘量大，造成灰斗积灰多，出灰速度慢，影响生产正常进行。故拆除了原溢流型螺旋输送机，在 3 个电场和进口加设了船形送灰器，利用压缩空气经过直径 133mm 管道输送到精矿料仓，现基本满足生产需求。电场漏风＜10%，出口含尘在 0.28g/m³ 以下。

② 净化工序塔冷却器以及酸泵运行正常，电除雾运行较为理想，电场电压在 50～55kV，电流在 120～150mA，比原用星形极线电流效率提高 30%，电雾指标达到 0.0038g/m³。板式换热器运行正常，耐蚀情况良好，但由于水质的影响，净化出口气温在夏季高达 36℃左右。为此，133m² 的板式换热器增加了 20m²，并定期对板式换热器进行清洗；同时在板式换热器冷却水管道加设反冲装置，现净化出口温度在 33℃以下。

③ 从工艺角度讲，干吸部分运行比较顺畅，但由于立式泵在开车 20d 后接连断轴 6 台，被迫停车 15d。经查其原因主要是由于轴较长（2.5m），中间又没有固定装置。经与厂家联系，对原结构做了一定的调整设计，材质未变，将泵轴改为 2.2m，给泵加设了中间套，在叶轮上加了 6 个平衡孔，泵包上的单流道改为双流道，将叶轮与轴套连接的卧键改为通键。改造后运行情况比较满意。

吸收阳极保护漏酸，经打开检查，发现是由于管板与列管焊接缺陷所致，经封堵处理后可以维持正常生产，对其漏酸列管进行更换，保证其换热面积。

④ SO_2 主风机运行正常，入口负压在 7.5kPa 以下，出口正压在 20kPa 以下。

⑤ 转化系统升温也比较顺利，转化器在升温过程中炉芯温度控制不得超过 580℃，从升温进度与炉芯温度判断电炉容量满足系统升温需求。电炉密封较好，不存在漏风。转化器在开车初期，由于吹炼部分原因，SO_2 浓度小，3 层、4 层温度经常在 370℃ 左右，外热交换器大阀经常关，但对转化率并无大碍。在转化的正常生产中，转化器的各层温度可以通过冷瓦调节掌握均衡，调整效果明显。

四、稀有金属和贵金属烟气治理技术

稀有金属和贵金属烟气来自其原料准备、烘干、煅烧及冶炼过程，烟气中主要含有金属尘、氮和二氧化硫等。稀有金属和贵金属烟气种类多，成分杂，排量少，毒性大。

（一）钼冶炼烟气治理

钼精矿氧化焙烧烟气中含有的大气污染物，因使用热源不同而不同。在使用电、天然气作热源时，主要污染物有钼精矿尘、氧化钼尘和 SO_2 等；使用重油作热源时，除上述污染物外，又增加了重油烟尘。

以电、天然气作热源的钼冶炼烟气温度一般为 150℃ 左右，主要治理方法有水洗涤法、碱液吸收法和电除尘法、氨水吸收法等。水洗涤法采用喷雾塔净化烟气，同时去除烟尘和 SO_2，除尘效率可达 90% 左右，但对 SO_2 的净化效率很低。洗涤污水经沉淀澄清后可循环使用。采用碱液洗涤吸收烟气，可使除尘效率和 SO_2 净化效率均达到 90% 以上。电除尘器-氨水吸收法是使烟气先经电除尘器除尘，然后送入吸收塔用氨水吸收 SO_2。电除尘器的除尘效率达 96% 以上，排气含尘浓度在标准状态下小于 $400mg/m^3$，SO_2 浓度低于 0.06%。

以重油作热源的钼冶炼烟气，一般采用旋风除尘器-液体吸收净化流程，吸收剂为水、氨水或氢氧化钠溶液，吸收设备有喷雾塔、旋流板塔和文丘里吸收器等，除尘效率和 SO_2 净化效率均在 95% 以上。

20 世纪 70 年代开始用氧压煮法代替氧化焙烧法冶炼钼精矿，不仅从根本上消除了钼冶炼烟气的污染，而且使钼金属回收率得到提高。

（二）钨冶炼烟气治理

钨冶炼是指由钨精矿生产钨酸盐和钨氧化物的过程，钨精矿分为黑钨精矿 $[(FeMn)WO_4]$ 和白钨精矿 $(CaWO_4)$ 两种。钨冶炼有苏打烧结工艺和蒸汽碱压煮工艺等。

(1) 苏打烧结 主要大气污染物来自矿石分解产生的含尘烟气和钨酸钙分解产生的含 HCl 烟气，一般皆采用湿法净化。含尘烟气经水洗涤除尘后，烟气黑度即可小于林格曼黑度 1 度，直接排放。洗涤污水需经沉淀处理后排放。含 HCl 烟气一般采用水冷凝—水吸收——次碱吸收—二次碱吸收净化流程。烟气经水冷却后，大部分 HCl（60%～65%）和烟气中的蒸汽冷凝成为 15%～20% 的稀盐酸，再经水吸收和两级碱液吸收后，烟气中 HCl 减为 0.5～0.08kg/h，可以从 20m 高排气筒直接排放。总净化效率在 98% 以上。

(2) 蒸汽碱压煮 在仲钨酸铵结晶和仲钨酸铵煅烧过程中产生的含氨烟气，采用解吸提级法净化，净化效率在 95% 以上，净化后的氨气浓度即可达到排放标准。

（三）钽铌冶炼烟气治理

在用钽铌铁矿生产钽、铌氧化物及其盐类的过程中，矿石分解、钽铌分解、中和沉淀、烘干煅烧和氟钽酸钾生产等作业，皆产生含 HF 气体的烟气。由于烟气中含水高达 9％左右，所以一般多采用液体吸收法净化钽铌冶炼烟气。采用的吸收剂为水或 3％～5％的氢氧化钠溶液，水的吸收效率一般为 75％～90％。氢氧化钠溶液的吸收效率在 90％以上。水吸收后的废液需经综合利用或石灰中和除氟后才能排放，氢氧化钠溶液吸收后的废液可制取氟化钠，但成本较高。在采用水吸收的泡沫塔净化工艺中，由于气液接触充分，传质效果好，吸收效率可达 90％以上。

（四）含铍烟尘治理

当铍冶炼和铍化合物生产过程产生的含铍烟尘排放到大气中后，铍烟尘中的铍尘便成为大气污染物之一。铍矿石熔化、氢氧化铍煅烧、铍铜母合金熔炼、金属铍的还原和湿法提炼铍化合物等生产过程中均产生含铍的烟尘。

人或动物吸入或接触含铍或铍化合物的烟尘，会引起通常称为"铍病"的各种病变。处于含铍尘的环境中作业的人员，会因接触铍及其化合物而引起各种皮肤病变。由于铍尘排入大气，工厂周围的居民也可能产生非职业性铍中毒。

防治铍尘污染的主要措施是，对产生铍尘的设备进行密闭抽风，经净化后排放。一般多采用两级净化，所用除尘装置有旋风除尘器、袋式除尘器、电除尘器和湿式除尘器。

（五）稀土冶炼烟气治理

消除或减少稀土冶炼过程中产生的气态污染物等污染的过程。中国生产稀土的主要原料是白云鄂博稀土矿和独居石等，冶炼过程中产生气态污染物的作业有硫酸焙烧、优溶渣全溶、氢氧化稀土氢氟酸转化、氯化稀土电解和稀土复盐碱精化等。

稀土冶炼烟气中含有的气态污染物的治理，大都采用化学吸收法，因气态污染物种类和性质不同，所选用的吸收剂和吸收设备亦不同。

（1）硫酸焙烧 烟气中主要含有 HF、SiF_4、SO_2 和硫酸雾等，一般采用重力沉降-液体吸收净化流程。烟气经重力除尘器去除颗粒物后，进入涡流吸收器或冲击式吸收器，用水或碱液吸收，净化效率达 99％以上。

（2）优溶渣全溶 烟气中主要污染物为 NO_x，采用的治理方法有化学吸收法、氧化吸收法和碳还原法等。化学吸收法采用碱液吸收脱氮，净化效率为 70％左右。氧化吸收法是在氧化剂和催化剂作用下，将 NO 氧化成溶解度高的 NO_2 和 N_2O_3，然后用碱吸收脱氮，净化效率达 90％以上。碳还原法是以焦炭、石墨或精煤作还原剂，在 700℃左右高温下将 NO_x 还原成 N_2 气，净化效率达 98％以上。

（3）氢氧化稀土氢氟酸转化 烟气中主要污染物 HF，采用化学吸收法净化，吸收设备有填料塔、旋流塔等，净化效率达 90％以上。

（4）氯化稀土电解 烟气中主要污染物 Cl_2 采用水或碱液吸收，吸收设备有喷淋塔和鼓泡反应器等，净化效率在 90％以上。吸收液循环吸收到一定浓度后，用于生产次氯酸钠。

（5）稀土复盐碱精化 烟气中主要污染物是 NH_3，采用卧式液膜水喷淋装置吸收，将 NH_3 气转化为稀氨水（$NH_3·H_2O$），净化效率达 90％以上。

（六）金精矿焙烧烟尘治理

在含硫金精矿焙烧过程中，从焙烧炉排出的烟气中含有机械夹带的粉尘和挥发烟尘。粉尘中含有金、银以及铜、铅、锌重金属杂质，挥发烟尘中含有 As_2O_3 和 Sb_2O_3。为了提高金、银和其他重金属的回收率，消除环境污染，需对烟气中的烟尘进行捕集和回收处理。

（1）烟尘性质　含硫金精矿焙烧过程产生的烟尘量，因采用的焙烧炉型式不同而有很大的差异。对于单膛炉、多膛炉和回转窑，产生的烟尘率为 6%～15%，烟气含尘浓度 5～50g/m³；沸腾焙烧炉产生的烟尘率为 45%～55%，有时高达 80%（与精矿粒度、炉型和操作线速度有关），烟气含尘浓度 220～330g/m³。

（2）治理方法　焙烧烟尘治理工艺流程如图 11-71 所示，焙烧炉烟气依次经过沉淀室、旋风除尘器和电除尘器净化，或旋风除尘器、湿式除尘器和电除尘器净化。净化后的烟气送至制酸厂生产硫酸或者采用其他工艺生产含硫产品。捕集下来的烟尘和焙砂一起送至湿法冶炼车间，氰化浸出提取黄金。当精矿中含砷较高时，从电除尘器排出的烟气，用水或空气骤冷后，进入袋式除尘器（或电除尘器）除尘，捕集下来的 As_2O_3 可直接销售。

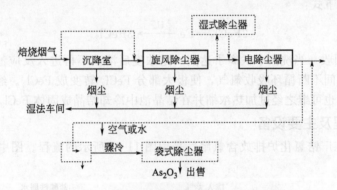

图 11-71　含硫金精矿焙烧烟尘治理工艺流程

含硫金精矿焙烧烟尘治理的各项技术参数如表 11-38 所列。

表 11-38　焙烧烟尘治理的技术参数

除尘装置	沉降室	旋风除尘器	湿式除尘器	电除尘器	袋式除尘器
烟气温度/℃	600～650	480～610	530～550	320～350	120～130
阻力损失/Pa	50～100	300～800	400～4000	300	1200～4500
除尘效率/%	30	75	90～98	99	99.8

（七）氯气净化回收工程实例

锆、铪、钛生产通常有一个氯化工序，在氯化炉中用过量高纯氯气将含锆、铪或钛原料氯化成中间产品 MCl_4（M 代表锆等金属离子）。氯化炉终冷凝器排出的尾气成分除 CO、CO_2、N_2 和未冷凝的金属氯化物以及微量放射性物质外，主要为高浓度氯气（10～25g/m³）。如不净化回收，不仅浪费资源，而且会严重地污染大气环境和恶化劳动条件。

本工程是用氯化亚铁洗液在填料塔内吸收氯气，回收液体或固体氯化铁（副产品）的工艺，在有色金属冶炼厂工程应用实例如下。

1. 净化回收氯气原理

按洗液流向分洗液制备、氯气吸收、洗液再生和副产品回收 4 个方面叙述。

（1）洗液制备　在净化系统投产前，将铁屑在反应池中浸泡于一定浓度盐酸水溶液中，便生成氯化亚铁，水溶液供洗涤吸收废氯气用。带锈的铁屑可能的成分为 Fe、FeO、Fe_2O_3、Fe_3O_4 和 $Fe(OH)_3$ 等，都能与盐酸反应，反应式如下：

$$Fe+2HCl \longrightarrow FeCl_2+H_2 \uparrow \tag{11-44}$$

$$FeO+2HCl \longrightarrow FeCl_2+H_2O \tag{11-45}$$

$$Fe_2O_3+6HCl \longrightarrow 2FeCl_3+3H_2O \tag{11-46}$$

$$Fe_3O_4+8HCl \longrightarrow FeCl_2+2FeCl_3+4H_2O \tag{11-47}$$

$$Fe(OH)_3+3HCl \longrightarrow FeCl_3+3H_2O \tag{11-48}$$

（2）氯气吸收　当氯尾气经除尘后进入填料吸收塔与洗液逆流吸收，反应如下：

$$2FeCl_2+Cl_2 \longrightarrow 2FeCl_3+Q \tag{11-49}$$

（3）洗液再生　在填料塔内，溶液吸收氯气后 $FeCl_3$ 浓度增加，$FeCl_2$ 浓度下降，除氯效率也降低。可将部分洗液不断地打入反应池，在一定的酸度条件下，$FeCl_3$ 便与铁屑反应还原成 $FeCl_2$，如下式：

$$2FeCl_3+Fe \xrightarrow{[H^+]} 3FeCl_2 \tag{11-50}$$

（4）副产品回收　当洗液中铁离子达到一定浓度后溶液不再进入反应池还原，让洗液在填料塔与循环槽之间不断循环吸收氯气，使极大部分 $FeCl_2$ 转变成 $FeCl_3$。经过滤后即可回收商品液体氯化铁，也可继之经过加热浓缩并在结晶池中冷却结晶成固体 $FeCl_3 \cdot 6H_2O$ 外销。

2. 工艺流程及主要设备

有色金属冶炼厂锆氯化炉排放含氯尾气采用图 11-72 所示的流程。图中设备见表 11-39。

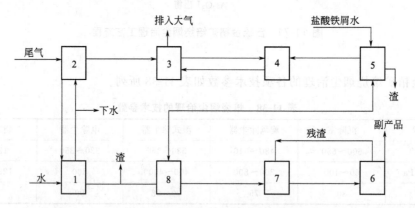

图 11-72　含氯尾气净化回收工艺流程

1—除尘塔循环池；2—水幕除尘塔；3—填料吸收塔；4—吸收塔循环池；5—反应池；
6—结晶池；7—蒸发器；8—过滤缸

表 11-39　主要设备

设备代号	名称	规格	数量	材质
1	除尘塔循环池	1.8m×1.8m×1.7m	1	内外表面衬生漆麻布防腐蚀层
2	水幕除尘塔	1m×1m×3.2m	1	硬塑料板制作
3	填料吸收塔		2	外衬玻璃钢、内装喷嘴及填料(塑料环)
4	吸收塔循环池	1.8m×1.8m×1.7m	2	表面衬生漆麻布防腐蚀层
5	反应池	4m×4m×1m	1	砖砌、涂环氧树脂及衬瓷砖

设备代号	名称	规格	数量	材质
6	结晶池	2m×2m×0.3m	1	砖砌、内贴瓷板
7	蒸发器		1	
8	过滤缸	ϕ1m 高 1.5m	1	内衬胶

3. 运行结果

（1）除氯效果　本净化系统由水幕塔（除尘为主）及两个串接填料吸收塔（除氯气为主）组成。限于现场工作条件，仅对第一级填料塔进行了 8 次除氯采样分析。喷液量小于 0.5m³/h，pH＝1，$FeCl_2$ 和 $FeCl_3$ 的浓度分别为 29.21g/L 和 37.35g/L。结果如表 11-40 所列。

表 11-40　第一级填料塔除氯效率

样品数	塔前氯气浓度/(g/m³)		塔后氯气浓度/(g/m³)		除氯效率/%	
	范围	平均	范围	平均	范围	平均
8	33.11~62.48	48.2	9.94~15.21	12.4	59.6~82.2	74.24

（2）固体氯化铁（副产品）成分分析，如表 11-41 所列。

表 11-41　固体 $FeCl_3$（副产品）成分

$FeCl_3$/%	$FeCl_2$/%	水不溶物/%	游离酸/%	放射性
76.4	2.19	3.24	4.77	本底水平

五、有色金属加工废气治理

（一）有色金属加工废气的来源及特点

轻有色金属加工是指铝和镁及其合金的加工过程，其中铝加工材料的产量最多。在铝加工的熔炼及精炼过程中，产生的废气主要含氧化铝粉尘、二氧化碳、氮氧化物、氯化氢等；覆盖剂在熔化、破碎、筛分等过程中，排放燃烧废气和生产粉尘；在铸锭加热炉燃烧时排放含二氧化硫、氮氧化物等废气；铝材蚀洗和氧化时，散发碱雾和磷酸雾；铝板带箔材轧制时，采用全油润滑，散发油雾。

重有色金属加工是指铜、铅、锌、镍及其合金的加工过程，其中铜加工材料的产量最多。在黄铜的熔炼中产生氧化锌烟尘，在其他品种的熔炼中产生五氧化二磷、氧化镉和氧化铍等烟尘；在铸锭加热炉燃烧时排放含二氧化硫、氮氧化物等废气；铜材常温酸洗时，产生散发硫酸雾和硝酸雾；铜板箔材轧制过程，采用全油润滑，散发油雾。

稀有金属加工是指钛、钨、钼、锆、钽、铌等加工的过程，其中以钛、钨、钼加工材料为主。在稀有金属加工的过程中，产生大量的燃烧废气、碱雾和酸雾、氨、钨、钼及其氧化物粉尘。

（二）有色金属加工废气治理技术

1. 轻有色金属加工废气治理技术

（1）熔炼炉含尘废气处理　对于火焰式反射炉排放燃烧的烟尘，大多采取高排气筒排放。国外少数厂家对铝熔炼炉的烟气采用袋式除尘器或电除尘器处理。

（2）精炼废气处理 采用氮氯混合气人工精炼时所产生的废气，主要含三氯化铝烟尘、氯化氢及少量的氯气。为治理该废气，采用在线精炼装置代替传统的精炼方法可取得好的效果。它是在保温炉与铸造机之间配置一个精炼装置，当液态金属从保温炉出来经精炼装置处理后再进入铸造机。

（3）酸雾及碱雾处理 铝材加工中，在碱洗和氧化时产生酸雾及碱雾，可采用在管道不设吸收装置而自然中和的方法加以处理；也可以采用湍球塔、洗涤塔等净化酸雾。

（4）油雾处理 在轧机处设置排放罩排放系统，并设置油雾净化装置，以净化轧机油雾。油雾净化装置如填料式、丝网式、过滤纸式等，其净化效率为85%～95%。图11-73是铝箔生产油雾净化工艺流程。

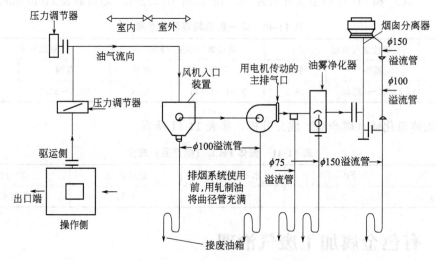

图 11-73 油雾净化工艺流程

2. 重有色金属加工废气治理技术

（1）氧化锌烟尘处理 为排除工频感应电炉熔炼黄铜时所产生的氧化锌烟气，可以通过改进工艺，如对返回料进行压团处理，采用工频感应电炉排放罩可随炉体旋转并增加排放点的新设计，以减少烟尘的排放。再对氧化锌烟尘进行旋风除尘器和袋式除尘器两级除尘处理。

（2）五氧化二磷烟尘处理 可设置排放罩及机械排放系统，也可用水吸收五氧化二磷，其净化效率较低，约40%。

（3）氧化镉和氧化铍烟尘处理 对氧化铍烟尘采用袋式除尘器及高效除尘器二级处理；对氧化镉烟尘可采用袋式除尘器一级处理。

第四节　建材工业废气的治理

一、建材工业废气来源和特点

（一）建材工业废气的来源及特点

建材工业行业多，产品繁杂。建材工业废气主要来源于：

① 原料及燃料的运输、装卸、加工过程产生大量的粉尘；

② 各种生产窑炉，如水泥、玻璃及建筑陶瓷行业的窑炉，产生大量含尘废气；

③ 油毡、砖瓦工业产生的含氟及氧化沥青的污染物的废气。

建材工业废气的特点是废气排放量大，废气成分复杂，废气中以无机污染物为主。废气中粉尘回收后多返回生产系统使用。

（二）建材工业废气治理对策

为减少建材工业废气的污染，应加强建材行业的宏观控制和合理的行业布局；积极开发和采用新工艺新技术，淘汰旧工艺与设备，以减少工艺废气的排放；改变燃料组成和能源结构，改进燃烧装置、燃烧技术和运转条件；大力开展综合利用，实现工业废渣资源化。

二、水泥工业废气治理

（一）水泥工业废气的来源及特点

水泥工业的主要大气污染源有水泥窑、磨机（生料磨、煤磨、水泥磨、烘干兼粉碎磨）、烘干机、熟料冷却机等。

水泥厂最大粉尘污染源是烧成系统，包括窑的喂料系统、煤粉制备系统、熟料煅烧、熟料冷却和输送系统等。水泥厂总的含尘气体，其中 $1/3 \sim 1/2$ 来自烧成系统。

水泥厂对大气的污染有粉尘和有害气体，而以粉尘污染最为严重。每生产 1t 水泥需要处理 $2.6 \sim 2.8t$ 的不同物料，如石灰质原料、黏土质原料、校正原料和矿化剂、熟料、高炉矿渣、粉煤灰、火山灰以及燃料煤等。这些物料在加工处理成粉体物料的过程中，有 $5\% \sim 10\%$ 的粉体物料需要搅拌混合，所以有大量含尘气体产生，这些含尘气体在排入大气之前都需要进行除尘，除尘风量取决于水泥厂的生产方法和设备。在 20 世纪 70 年代以前，除尘风量高达 $15 \sim 20 m^3/kg$ 水泥，现在由于水泥生产工艺和装备的进步，除尘风量已降到 $6 \sim 12 m^3/kg$ 水泥。

除水泥窑尾粉尘外，其他粉尘的成分与原始物料的成分基本相同。水泥窑粉尘是由窑废气带出来的，其组成成分包括尚未产生化学变化的生料、脱水的黏土、脱碳的石灰石以及在熟料形成前各阶段新生成的矿物质所组成。如果是燃煤的窑、水泥窑粉尘中还含有燃料煤灰成分。

新型干法水泥生产厂全线工艺流程见图 11-74。

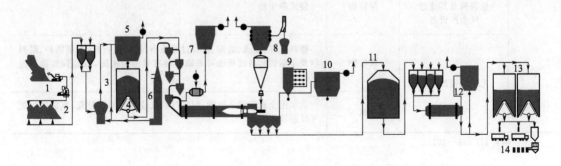

图 11-74　新型干法水泥生产厂全线工艺流程

1—原料破碎系统；2—原料堆场；3—生料粉磨系统；4—生料均化；5—窑废气收尘系统；6—增湿塔；7—氯旁路放风收尘系统；8—煤粉制备系统；9—空气冷却器；10—熟料冷却机收尘系统；11—熟料输送和贮存；12—熟料粉磨系统；13—水泥输送和贮存；14—水泥包装和发运

（二）水泥工业废气治理技术

水泥工业废气污染防治可行技术见表11-42。

表 11-42　水泥工业废气污染防治可行技术

水泥工业大气污染防治			可行技术
源头控制	选择和控制水泥生产的原(燃)料品质,以减少污染物的产生		选择和控制合理的硫碱比,较低的 N、Cl、F、重金属含量等;合理利用低品位原料、可替代燃料和工业固体废物;淘汰使用萤石等含氟矿化剂
	提高水泥制造工艺与技术装备水平,实现污染物源头削减		新型干法窑外预分解技术、低氮燃烧技术、节能粉磨技术、原燃料预均化技术、自动化与智能化控制技术
	安装工艺自动控制系统,减少工艺波动造成的污染物非正常排放		安装工艺自动控制系统,通过对生料及固体燃料给料、熟料烧成等工艺参数进行准确测(计)量与快速调整,实现水泥生产的均衡稳定,减少工艺波动
	建立企业能效管理系统		采用节能粉磨设备、变频调速风机和其他高效用电设备,减少电力消耗。优化余热利用技术,水泥窑热烟气优先用于物料烘干,剩余热量可通过余热锅炉回收生产蒸汽或用于发电
污染防治可行技术	水泥窑及窑尾余热利用系统	颗粒物	袋式除尘器、电除尘器、电袋复合除尘器
		氮氧化物	SNCR 与一种或一种以上的低氮燃烧技术(低氮燃烧器、分解炉分级燃烧等)结合
		二氧化硫	采用窑磨一体机运行或干法、半干法、湿法脱硫技术
		氨	采取提高氨水雾化效果、稳定雾化压力、选择合适的脱硝反应温度以及延长脱硝反应时间等措施,从而提高氨水反应效率和降低氨水用量
	冷却机(窑头)	颗粒物	袋式除尘器、电除尘器、电袋复合除尘器
	煤磨	颗粒物	防爆袋式除尘器、电除尘器
	烘干机、烘干磨	颗粒物	袋式除尘器
		二氧化硫	采用低硫煤或湿法、干法、半干法脱硫
		氮氧化物	低氮燃烧或 SNCR
	破碎机、水泥磨、包装机及其他通风生产设备	颗粒物	袋式除尘器
	无组织排放控制	颗粒物	物料处理、输送、装卸、贮存过程应当封闭,对块石、黏湿物料、浆料以及车船装卸料过程也可采取其他有效抑尘措施,控制颗粒物无组织排放
		氨	氨水用全封闭罐车运输,配氨气回收或吸收回用装置,氨罐区设氨气泄漏检测设施

注：摘自 HJ 886—2018。

1. 回转窑窑尾废气治理技术

不论采用何种窑型,其窑尾的除尘现在国内外多采用袋式除尘器或电除尘器。现将回转窑除尘的要点简要介绍如下。

（1）水泥窑废气与除尘有关的参数　水泥窑废气参数见表11-43。

表 11-43 水泥窑的废气参数

窑型			单位烟气量 /(m³/kg 熟料)	温度 /℃	露点 /℃	含尘浓度 /(g/m³)	化学成分(体积分数)/%		
							CO₂	O₂	CO
带余热锅炉的干法窑			2.9～4.7	200～240	约35	30～50	12	12	—
旋风预热器窑 (SP 窑)	余热不利用	增湿	1.7～2.0	140～180	50～60	40～70	20～30	3～9	—
		不增湿	1.3～1.5	330～400	25～35	40～70	20～30	3～9	—
	余热利用		2.2～2.5	90～150	45～55	30～80	14～20	8～13	—
新型干法窑 (NSP 窑)	<2000t/d		2.6～3.5	同 SP 窑	45～55	40～80	14～22	8～13	—
	2000～2500t/d		2.25～3.2						
	>2500t/d		2.25～2.9						
湿法长窑			3.2～4.5	120～220	65～75	20～50	15～25	4～10	—
带过滤器的湿法窑			2.5～3.0	200～240	35～40		14	10	—
立波尔窑			1.8～2.2	85～130	45～60	15～50	20～29	4～10	—
干法长窑			2.5～3.0	400～500	35～40	10～40			—
立筒预热器窑			2.0～4.0			30～60			—
机立窑			2.0～2.8	45～250	40～55	2～15	10～26	5～10	2～6

注：1. 表中烟气量包括正常的漏风系统和一定的贮备系数。
2. 表中数据摘自《水泥生产工艺计算手册》。

（2）干法回转窑废气治理 干法回转窑包括干法长窑、余热发电窑、立筒预热器窑和新型干法窑（SP 窑和 NSP 窑）等。一般来说，干法回转窑都有烟气温度高、含湿量低、粉尘颗粒细、含尘浓度高和比电阻高的特点，新型干法窑的烟气温度虽然比普通干法窑的烟气温度低得多，但是一般也在 320～360℃ 范围内，无论除尘系统是采用袋式除尘器还是电除尘器都要对废气采取降温或增湿的措施。特别是采用电除尘器，由于粉尘比电阻高达 $10^{12}\Omega\cdot cm$ 以上，如果不对废气进行调质处理，直接通入电除尘器，其除尘效果会很差，严重时除尘效率会<70%。新型干法窑采用增湿塔和电除尘器的除尘系统见图 11-75。

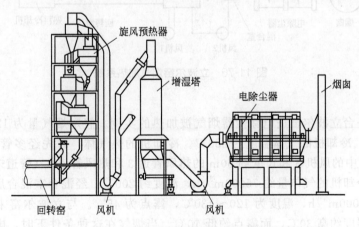

图 11-75 新型干法窑采用增湿塔和电除尘器的除尘系统

（3）湿法回转窑废气治理 为了减少湿法回转窑的粉尘飞损量，首先应减少直接由窑内带出的粉尘量。故在湿法生产时，根据具体条件可以采取以下有效的措施。

① 在热工制度稳定的条件下，窑内气流流速正常，所需的过剩空气量最小时，所选择链条的结构和尺寸以及原始料浆水分，应使经链条出来的不是干粉物料，而是含水分为8%~10%的粒状生料。经验证明：在这种情况下不会降低窑的产量和熟料质量，而出窑的飞灰损失可减少40%~60%。

② 窑的蒸发带装设热交换器，不仅能部分地降低废气中的含尘浓度，还可降低废气温度。装有热交换器的窑，飞灰损失可小于1%~1.5%，而废气温度可降到120~130℃。

③ 湿法回转窑的温度和含湿量，采用电除尘器不存在任何困难。因为在整个温度范围内，粉尘的比电阻都低于临界值，所以现在大中型厂的湿法回转窑几乎均采用电收尘器。

④ 因湿法窑入窑料浆水分较高，如果窑尾密封圈和烟室的密封不良，致使气体温度可能降至露点以下。例如，有的电除尘器，极板使用不到两年就出现严重腐蚀。所以对于含有腐蚀性气体的除尘，设计时对电除尘器的防腐蚀措施应特别加以注意，特别是极板和极线要采用抗腐蚀的材料。

（4）带箅式加热机的回转窑（立波尔窑）废气治理　立波尔窑喂料是将生料粉先加水成球，经加热机预热后再进窑。为减少废气中的含尘量，保证料球的质量至关重要。

根据立波尔窑烟气的条件，采用电除尘器进行除尘也不存在任何困难。但是根据一些厂的经验，立波尔窑的烟气温度低、水分高，容易出现水腐蚀现象。所以电除尘器的外壳最好是混凝土的。内部构件的材质最好也采用铝合金或不锈钢。

由于冷却机和电除尘器在窑两端，所以要设置长100m以上的管道，类似于新型干法窑的三次风管。立波尔窑烟气加热系统如图11-76所示。

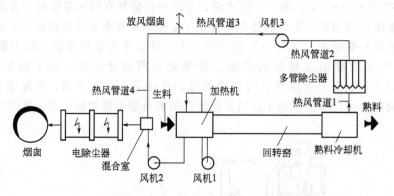

图 11-76　立波尔窑烟气加热系统

现举国外一台立波尔窑进电除尘器烟气被加热的实例。假定烟气量为125000m³/h，烟气温度约80℃，冷却机的气体温度约250℃。冷却机的热气体，首先经多管除尘器预净化，然后经图11-76中的风机3和长度约60m的热风管道3和热风管道4（管道未敷设保温层），进入混合室。冷却机的气体量约75000m³/h，温度约200℃。经混合室混合后进入电除尘器的气体量为200000m³/h，温度为120~130℃，露点为45℃。与立波尔窑未混合的烟气相比，混合气体温度约高30℃，而露点约低10℃。当烟气在这种条件下时，电除尘器的外壳可采用钢板，内部装置可采用普通碳素钢，当然钢外壳需要很好的保温。但是除尘条件不如未混合前的烟气有利，所以在设计电除尘器时，要适当降低驱进速度。

据报道，国外还出现一种设计新颖、思路独特的新型干法水泥生产线废气处理系统，该系统的工艺流程是将来自窑头和窑尾排出的高温气体预先进行混合，然后通过一台空气热交换器进行降温，混合后的气体被冷却到滤料允许温度后进入袋式除尘器净化后排入大气，其流程见图 11-77。

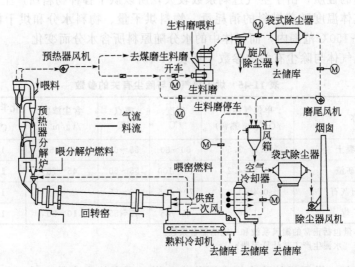

图 11-77　窑头和窑尾废气混合的除尘系统的流程

（5）工程实例　一条 5200t/d 水泥生产线窑尾的电除尘器改造为长袋低压脉冲袋式除尘器，同时处理生料磨排出的废气，滤料为 P84 针刺毡。主要规格和参数见表 11-44。

表 11-44　5200t/d 水泥窑尾袋式除尘器规格和参数

名称	参数
处理烟气量/(m³/h)	970000
气体温度/℃	≤160
滤袋材质	P84
滤袋规格尺寸/mm	$\phi160\times6000$
滤袋数量/条	5040
过滤面积/m²	15200
过滤风速/(m/min)	0.381
入口含尘浓度/(g/m³)	≤100
出口含尘浓度/(mg/m³)	9.24
清灰方式	在线/离线脉冲喷吹
设备阻力/Pa	<1200
滤袋使用寿命(设计值)/年	3+1
仓室数/室	10
控制系统	PLC

2. 烘干机废气治理

新型干法生产线的生料制备，虽然现在多采用烘干兼粉碎磨，但是当原料所含水分

＞15％时，需单独设置回转筒式烘干机进行预烘干，回转筒式烘干机允许入料水分为15％～20％。

烘干机气体的性质，由于空气过剩系数较大，所以烘干各种物料所产生的气体的化学成分都很接近。气体温度随着燃料的消耗量、物料烘干量、物料水分和烘干机型式不同而变化，一般在60～150℃范围内，而气体中的水分随原料所含水分而变化。

(1) 烘干机气体与除尘有关的参数　见表11-45。

表 11-45　烘干机气体与除尘有关的参数

设备名称		单位气体量 /(m³/kg 熟料)	温度 /℃	露点 /℃	含尘浓度 /(g/m³)	化学成分(体积分数)/%	
						CO₂	O₂
回转式烘干机	黏土	1.3～3.5	60～80	55～60	50～150	1.1	18.7
	矿渣	1.2～4.2	70～100	55～60	45～75	1.3	18.5
	石灰石	0.4～1.2	70～105	50～55		1.0	18
	煤	1.46	65～85	45～55	10～30	1.3	18.3

注：1. 表中气体量包括正常的漏风系统和一定的储备系数。
2. 表中数据摘自《水泥生产工艺计算手册》。

(2) 除尘设备　烘干机的除尘和窑尾除尘一样，现在绝大多数也采用电除尘器，对电除尘器的选型和使用要求与窑尾的基本相同，只是电除尘器结构的设计更要注意防腐蚀。因为烘干机烘干原料的水分都很高，烟气温度波动较大，另外烘干机头和机尾密封不良，漏风很大，而且多数厂的烘干机不连续生产，所以烟气温度经常在露点温度以下很容易冷凝结露，不仅严重腐蚀除尘器，往往还会使灰斗的下料口堵塞。

由于袋式除尘器的技术进步和憎水性滤料质量的提高，给烘干机的除尘采用袋式除尘器创造了有利条件。其中，HKD型抗结露烘干机袋式除尘器的规格和性能见表11-46。

表 11-46　HKD 型抗结露烘干机袋式除尘器参数

型号规格	HKD170-4	HKD230-4	HKD400-4	HKD400-6	HKD400-8
处理风量/(m³/h)	(15～20)×10³	(20～26)×10³	(42～48)×10³	(70～72)×10³	(90～95)×10³
过滤面积/m²	680	880	1600	2410	3280
单元数	4	4	4	6	8
过滤风速/(m/min)	≤0.5				
除尘器阻力/Pa	1000～1700				
除尘效率/%	≥99.7				
适用温度/℃	180				
适用烘干机 $\phi×L$/m	1.5×12	22.2×14	2.4×18	3.0×20	3.5×25

这种抗结露烘干机袋式除尘器具有漏风小、清灰时对相邻袋室无污染、无"二次扬尘"和"粉尘再附"问题，结构紧凑、质量轻、滤袋使用寿命长等优点。适用于烘干机烟气的除尘。

3. 箅式冷却机的废气治理

(1) 处理风量　熟料箅式冷却机的废气除一部分作为二次风入窑，一部分抽出作为分解炉的三次风，一部分用于烘干原料或原煤外，其余的要排入大气，所以要进行除尘处理。熟料箅式冷却机的冷却风量见表11-47。

表 11-47　算式冷却机的单位面积负荷和冷却风量

项目		单位面积负荷		料层厚度 /mm	冷却风量 /(m³/kg 熟料)
		t/(m²·d)	t/(m²·h)		
冷却机	第一代	22～29	0.9～1.2	180～185	3.5～4.0
	第二代	31～36	1.3～1.5	400～500	2.5～3.2
	第三代	38～46	1.6～1.9	700～800	1.6～2.2

（2）冷却机的除尘设备

① 电除尘器。20 世纪 80 年代以前，国内冷却机多不装除尘器。国外多采用多管除尘器，即使采用电除尘器，效果也不理想。所以有个时期曾主张采用颗粒层除尘器，但是由于这种除尘器的构造复杂，维修费用高，占地面积大，所以未能普遍推广。20 世纪 70 年代以后，电除尘技术有了较大的进展，冷却机采用电除尘器在技术上已过关，所以现在许多冷却机采用电除尘器进行除尘，熟料算式冷却机采用电除尘器的除尘系统见图 11-78。

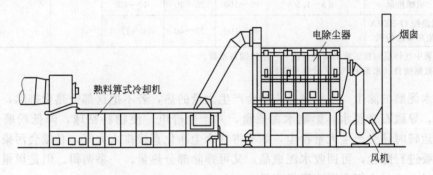

图 11-78　熟料算式冷却机采用电除尘器的除尘系统

② 袋式除尘器。和窑尾除尘系统一样，算式冷却机采用袋式除尘器有增多的趋势。袋式除尘器开始时也是采用玻纤滤料反吹清灰的袋式除尘器，它过滤风速低，除尘器体积庞大，而且滤袋寿命不长。现在发展到采用高过滤风速离线脉冲清灰的袋式除尘器。不论采用何种形式的袋式除尘器，都要使气体在进入除尘器之前，必须降到滤料的允许温度范围内，以保证设备正常运行和滤袋的使用寿命。

熟料算式冷却机除尘系统用袋式除尘器实例如图 11-79 所示。

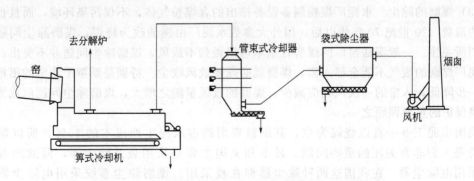

图 11-79　熟料算式冷却机除尘系统用袋式除尘器的实例

4. 各种磨机废气治理

(1) 各种磨机废气参数见表 11-48。

表 11-48　磨机废气参数

磨机类型		单位气体量 /(m³/kg 物料)	温度 /℃	露点 /℃	含尘浓度 /(g/m³)	化学成分(体积)/%		
						CO_2	O_2	CO
煤磨	钢球磨	1.5～2.0	60～80	40～50	25～80			
	立式磨	2.0～2.5	60～80	40～50	600～800			
生料磨	钢球磨 自然通风	0.4～0.8	约 50	约 30	10～20			
	机械排风	0.8～1.5	90～150	20～60	30～100			0
	粉磨兼烘干	1.5～2.5	90～150	40～60	30～800			0
	立磨	1.0～2.5	80～120	40～55	600～1000	14～22	8～13	0
水泥磨	钢球磨 自然通风	0.4～0.8	约 100	215～40	40			
	机械排风	0.8～1.5	90～150	25～40	40～80	0	21	
	闭路配 O-SEPA 型高效选粉机		90～100	25～40	600～1200			

注：1. 表中气体量包括正常的漏风系统和一定的储备系数。
　　2. 表中数据摘自《水泥生产工艺计算手册》。

(2) 水泥磨的除尘　水泥磨操作时会产生大量的热，若不把这部分热量排除，会使水泥温度升高，导致石膏脱水，影响水泥质量，并产生静电，使物料粘球，降低粉磨效率。此外，磨机运转时还会产生大量粉尘，如不将其含尘净化直接排入大气，必然会污染环境。所以水泥磨要进行除尘，可回收水泥成品，又可排除部分热量，一举两得。但是风量一定要选择合适，过大或过小都会影响磨机产量。

由于磨机通风抽出废气所含粉尘的颗粒比较细，温度不高，但比电阻较高，最适合于采用袋式除尘器。我国大、中型水泥厂的水泥磨机，绝大多数都是采用袋式除尘器进行除尘。但随着磨机的大型化，磨机散热表面不够，为了降低磨内温度，往往采用往磨内喷水的措施。此时排气中的水分可达到 3%～5%，平均水分约 4%，粉尘容易结露堵塞滤袋，所以要采取防止除尘器结露措施。

往磨内喷水，可降低粉尘的比电阻，这样给水泥磨机除尘采用电除尘器创造了有利条件。根据国内外经验，水泥磨除尘一般采用两电场卧式电除尘器，水泥磨采用电除尘器的除尘系统见图 11-80。

(3) 煤磨的除尘　水泥厂煤粉制备设备排出的含煤粉气体，不仅污染环境，而且也是对能源的浪费。20 世纪 70 年代以后，国外大多数水泥厂由燃油改为烧煤，煤磨除尘问题日益被人们所关注。一般湿法窑厂的煤磨，基本可以做到不放风，煤磨除尘问题并不突出；而干法水泥厂煤磨的废气不能全部入窑，煤磨就必须要放风收尘。特别是新型干法窑的出现，能耗进一步降低，入窑的一次风相应减少，煤磨的放风量随之增大，煤磨除尘问题就成为水泥厂环境保护的重要课题之一。

我国水泥工业一直以烧煤为主，其燃料费用约占水泥生产成本的 15%，所以煤磨除尘始终是人们非常关注的重要问题。日本和美国主要是采用袋式除尘器，而欧洲各国普遍是采用电除尘器，在我国这两种除尘器都在被采用。煤磨除尘系统采用电除尘器的见图 11-81。

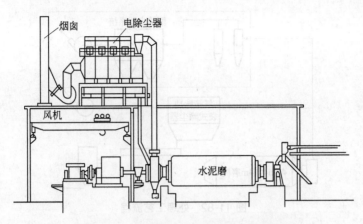

图 11-80　水泥磨采用电除尘器的除尘系统

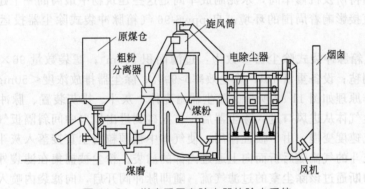

图 11-81　煤磨采用电除尘器的除尘系统

5. 采用脉冲袋式除尘器治理水泥磨粉尘实例

某水泥厂年产水泥 150 万吨，可生产普通硅酸盐水泥、矿渣硅酸盐水泥、大坝水泥、油井水泥等多个品种。

（1）生产工艺简介及主要污染源　该厂制成车间有 $\phi 3m \times 14m$ 一级闭路循环磨 5 台，设计台时产量 45t/h。原设计均为二级收尘，$1^{\#}$、$2^{\#}$ 磨尾废气分别经旋风除尘后，再同进一台卧式电除尘器，处理后的废气由风机排入大气。由于两台磨机合用一台电除尘器及一台风机，使得除尘器检修及事故处理极为不便，造成了废气排放严重超标，污染了周围环境。针对这种情况，确定采用袋式除尘器技术，用 ppw6-96 气箱脉冲袋式除尘器替代原有的电除尘器，并获得成功。

（2）废气类别、性质及处理量

① 出磨废气性质：废气量 20000～27000m³/h；废气中污染物为水泥粉尘；废气中粉尘含量 100～220g/m³；出磨粉尘排放量 2000～2700kg/h；出磨废气温度 100～120℃。

② 主机设备：$\phi 3m \times 4m$ 一级闭路循环水泥磨；其产品名称为水泥；设计台时产量 45t/h；废气处理设备为 ppw6-96 气箱脉冲袋式除尘器。

（3）处理工艺流程　该工艺系统流程如图 11-82 所示。

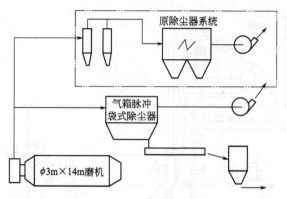

图 11-82 处理工艺流程

（4）主要除尘设备 车间内有 5 台水泥磨，占地面积数千平方米，厂房高度 28m，其周围有办公楼、招待所及机修车间，水泥制成车间是这些建筑物中最高的一个建筑物，因此水泥磨废气排放直接影响着周围的环境。自 ppw6-96 气箱脉冲袋式除尘器投运后改善了周围的环境。

ppw6-96 气箱脉冲袋式除尘器参数为：过滤面积 557m²；滤袋数量 96×6＝576（袋）；滤袋材质为针刺毡；设备重量 16t；除尘效率＞99％；除尘器排放浓度＜50mg/m³。

除尘器工作原理如图 11-83 所示。除尘器由壳体、灰斗、排灰装置、脉冲清灰系统等部分组成。当含尘气体从进风口进入除尘器后，首先碰到进出风口中间斜隔板气流便转向流入灰斗，同时气流速度变慢，由于惯性作用，使气体中粗颗粒粉尘直接落入灰斗，起到预收尘的作用。进入灰斗的气流随后折而向上通过内部的滤袋。粉尘被捕集在滤袋外表面，清灰时提升阀关闭，切断通过该除尘室的过滤气流。随即脉冲阀开启，向滤袋内喷入高压空气，以清除滤袋外表面上的粉尘。其除尘室的脉冲喷吹宽度和清灰周期，由专用的清灰程序控制器自动连续进行。

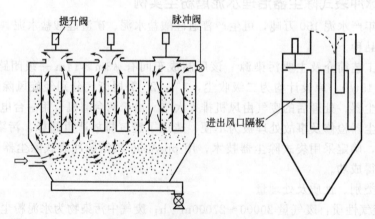

图 11-83 除尘器工作原理示意

（5）治理效果 该除尘器投运后运行稳定可靠，除尘效率高，解决了原来的物料大量飞损的问题。为考核其除尘器的除尘效果，建筑材料工业环境监测中心对该除尘系统进行了监测，监测结果见表 11-49。

表 11-49　水泥磨 ppw6-96 气箱脉冲袋除尘器监测结果

测点	风量/(m³/h)	温度/℃	含尘浓度/(mg/m³)	除尘效率/%	设备压降/Pa
入口	8868	102	87.9×10^3	99.98	294
	15454	107	106.4×10^3		
	12375	107	151.2×10^3	99.99	392
出口	9750	79	14.3		
	16424	95	6.1		
	13084	95	10	99.99	1030

该除尘器取代了原来的两级除尘，效果良好，排放浓度大大低于国家规定的废气排放标准，能够满足环境保护的要求。由于减少了第一级旋风除尘器，工艺流程得到简化，系统漏风大大减少，阻力也大大下降，有利于节能。由于强化了磨内通风，磨机产量有所提高，除尘器所配套的脉冲阀、电磁阀、气缸等部件工作可靠，故障少，维护工作量较其他除尘器大大减少。

三、建筑卫生陶瓷工业废气治理

（一）建筑卫生陶瓷工业废气的来源及特点

建筑卫生陶瓷工业废气大致可分为两大类：第一类是含生产性粉尘为主的工艺废气，这类废气温度一般不高，主要来源于坯料、釉料及色料制备中的破碎、筛分、造粒及喷雾干燥等；第二类为各种窑炉烧成设备在生产中产生的高温烟气，这些烟气中含有 CO、SO_2、NO_x、氟化物和烟尘等。这些废气排放量大，排放点多，粉尘中的游离 SiO_2 含量高，废气中的粉尘分散度高。这些废气中的粉尘基本上接近或属于超细粉尘，故在单级除尘系统中，惯性除尘器和中效旋风除尘器是不适用的，如需要采用旋风除尘器，就必须选用高效旋风除尘器。如果仅从粉尘的粒度来看，湿式除尘器、袋式除尘器以及电除尘器都是建筑卫生陶瓷工业废气净化系统较适合的除尘设备。但是，建筑卫生陶瓷工业就单一除尘系统而言，废气量不大，故从设备投资来说一般不采用电除尘器。

（二）建筑卫生陶瓷工业废气的治理技术

1. 坯料制备过程中废气除尘

1）水力除尘　该法是在坯料制备过程中，在硬质料破碎时，利用喷水装置喷水来捕集在破碎硬质料时产生的粉尘。它一方面减少了物料在破碎时粉尘的分散，可以通过喷雾捕集散发到空气中的粉尘；另一方面原料被水冲洗而提高了纯度，对提高产品的质量是有益的。图 11-84 是颚式破碎机的水力除尘治理原料二次破碎粉尘的工艺流程。

2）机械除尘

（1）颚式破碎机的除尘系统　颚式破碎机的除尘系统，可采用旋风除尘器、回转反吹扁袋除尘器。旋风除尘器的设备投资较少，系统的设计和安装都很简单，运行中除尘器的维修

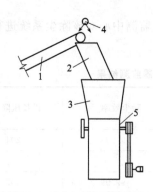

图 11-84　颚式破碎机的水力除尘工艺流程

1—皮带输送机；2—溜料管；3—下料斗；

4—喷水管；5—颚式粉碎机

工作量少，收下来的料可直接回收利用，基本上无二次污染。袋式除尘器的投资较旋风除尘器高，维修工作量相对多一些，但由于此处废气中尘的浓度一般不是很高，因此过滤风速可选高一些，设备可相应小一些，设备的效率很高，并且除下来的物料也可就地回收利用，基本没有二次扬尘。

（2）雷蒙磨尾气的除尘系统　雷蒙磨尾气除尘系统一般采用两级除尘系统。第一级采用旋风分离器，第二级再配置一级除尘器，如袋式除尘器或水浴除尘器。雷蒙磨一般破碎的是干原料，因而袋式除尘器收集的物料可直接回到磨好的粉料仓中。该除尘系统除尘效率高，既没有废料的产生，又没有二次污染。但是，当雷蒙磨研磨含有一定水分的软质黏土时，就不宜使用袋式除尘器，可采用立式水浴除尘器。图 11-85 是采用水浴除尘器治理粉碎机粉尘的工艺流程。

（3）轮碾机的除尘系统

① 湿式轮碾机除尘系统　可以采用干式或湿式除尘器。干式除尘器主要采用 CZT 型旋风分离器；湿式除尘器主要采用 CCJ/A 型冲激式除尘机组。此处废气中的粉尘浓度不是很高，因而不需连续排泥，只需定期清理，泥料可直接输入浆池，废水也很少。图 11-86 是采用冲激式除尘机组治理湿式轮碾机粉尘的工艺流程。

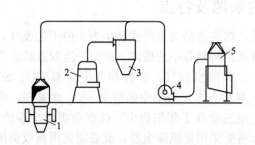

图 11-85　采用水浴除尘器治理粉碎机粉尘的工艺流程

1—颚式破碎机；2—雷蒙磨；3—旋风除尘器；

4—风机；5—立式水浴除尘器

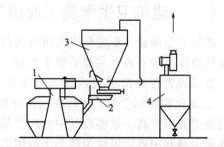

图 11-86　湿式轮碾机粉尘治理系统示意

1—湿式轮碾机；2—电磁振动给料器；3—吊仓；

4—CCJ/A7-1 型冲激式除尘机组

② 干式轮碾机除尘系统　可以采用脉冲袋式除尘器。该方法收集的物料可直接回用。图 11-87 是采用脉冲袋式除尘器治理轮碾机废气的工艺流程。

（4）喷雾干燥塔尾气的除尘系统　喷雾干燥塔尾气含尘的浓度一般很高，故目前采用至少两级除尘。第一级采用旋风分离器，它既作为除尘设备又作为收料设备；第二级可使用喷淋除尘器、泡沫式除尘器、文丘里除尘器或冲激式除尘器。图 11-88 是采用旋风除尘器和喷淋除尘器治理喷雾干燥塔尾气的工艺流程。

（5）粉料输送及其料仓系统的除尘系统　在陶瓷地砖的生产中，在从雷蒙磨生产的细粉料的输送及卸入料仓贮存中，将产生大量的粉尘。故在成型设备处均需安装局部排风罩和除尘系统。图 11-89 是采用立式水浴除尘器治理粉料输送及其料仓的工艺流程。

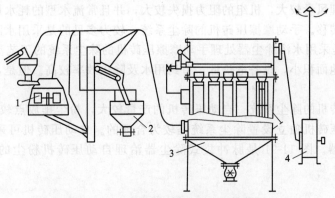

图 11-87　脉冲袋式除尘器治理轮碾机
废气的工艺流程

1—湿式轮碾机；2—粉仓；3—脉冲袋式除尘器；4—风机

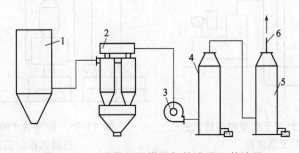

图 11-88　喷雾干燥塔尾气的治理工艺流程

1—喷雾干燥塔；2—旋风除尘器；3—锅炉引风机；4—初级喷淋除尘器；5—二级喷淋除尘器；6—净化气体排放管

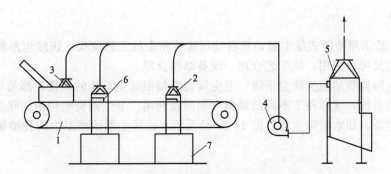

图 11-89　立式水浴除尘器治理粉料输送及其料仓的工艺流程

1—皮带输送机；2—料仓入口吸尘罩；3—皮带机吸尘罩；4—风机；
5—立式水浴除尘器；6—刮板分料器；7—粉料仓

2. 成型工艺过程废气治理技术

（1）手动摩擦压砖机的除尘系统　一般最好两台或一台手动摩擦压砖机设置一台除尘系统。除尘设备可采用旋风分离器、CCJ 冲激式除尘机组、水浴除尘器和袋式除尘器等。但是，由于压砖机各产烟点产生的扬尘中粉尘的分散度很高，而其粉尘的浓度并不大，故旋风分离器不太适用,实际工程中使用较少;CCJ冲激式除尘机组使用的也不多,这是因为这种除尘器的单台处理风量较大,机组的阻力损失较大,并且常流水型的耗水量较大,会造成水的浪费和污染的转移。手动摩擦压砖机的除尘系统,较为多见的是采用水浴除尘器和袋式除尘器。图11-90是采用水浴除尘器处理手动摩擦压砖机的除尘系统的工艺流程。该法设备结构简单紧凑,占地面积小,设备造价低,节约用水及除尘效率较高。但是,它需定时人工清理滞留物。

(2) 自动压砖机的除尘系统　自动压砖机的产量较大,粉尘排放点较多,且风量较大,故一般单台自动压砖机独立设置除尘系统是较为合理的。自动压砖机可采用脉冲袋式除尘器、冲激式除尘器。图11-91是脉冲袋式除尘器治理自动压砖机粉尘的除尘系统的工艺流程。

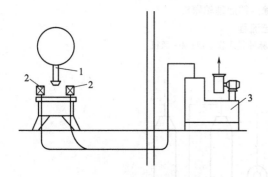

图 11-90　水浴除尘器处理手动摩擦压砖机的
除尘系统的工艺流程

1—手动压砖机;2—吸气罩;3—水浴除尘机组

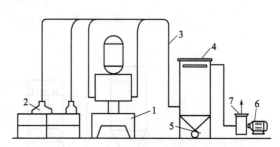

图 11-91　脉冲袋式除尘器治理自动
压砖机粉尘工艺流程

1—压砖机;2—产尘点(8个);3—主风管道;
4—脉冲袋式除尘器;5—粉尘回收口;
6—风机;7—净化空气排出口

图11-92是采用冲激式除尘器治理自动压砖机粉尘的工艺流程。该除尘系统的除尘效率高,并且粉尘又可以回用;该工艺合理,设备结构合理。

(3) 卫生陶瓷喷釉柜的除尘系统　卫生陶瓷喷釉柜除尘系统的设置,都是单台喷釉柜独立设置一除尘系统,这样便于不同的釉料分别回收利用。卫生陶瓷喷釉柜的除尘系统目前多采用湿式除尘器,如水浴除尘。图11-93是采用水浴除尘器治理卫生陶瓷喷釉柜粉尘的工艺流程。

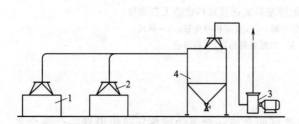

图 11-92　冲激式除尘器治理自动
压砖机粉尘的工艺流程

1—压砖机;2—吸尘罩;3—风机;4—冲激式除尘器

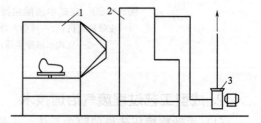

图 11-93　水浴除尘器治理卫生
陶瓷喷釉柜粉尘的工艺流程

1—喷釉柜;2—卧式水浴除尘器;3—风机

3. 烧成废气的治理技术

（1）卫生陶瓷入窑前清灰粉尘的治理　卫生陶瓷入窑前清灰通风除尘系统的除尘设备一般采用水浴除尘器。因为卫生陶瓷入窑前清灰产生的粉尘浓度一般仅有 $100mg/m^3$ 左右，故只需向除尘器中补充一定的水量，以保证其要求的恒定的水位，使其除尘效率保持稳定。除尘器除下的泥料量不大，只需定期清泥。

（2）喷雾干燥塔废气的防治措施　建筑陶瓷生产过程中产生的废气主要为喷雾干燥塔废气和窑炉烧制废气。

塔、窑废气脱硫除尘则主要通过采用清洁能源进行控制，如采用含硫量低的油、天然气、电等，或者对煤直接进行脱硫，还可改用水煤浆或采用煤制气脱硫后作燃料以达到除尘脱硫的作用。

目前我国陶瓷工业喷雾干燥塔废气治理主要有"旋风＋脉冲袋式"除尘和"旋风＋湿式水喷淋"除尘两种方式，其优缺点见表 11-50。"旋风＋脉冲袋式"除尘工艺流程见图 11-94。"旋风＋湿式水喷淋"除尘工艺流程见图 11-95。

表 11-50　目前喷雾干燥塔两种除尘方式优缺点比较

喷雾干燥塔治理措施	优点	缺点
旋风＋脉冲袋式除尘	粉尘浓度可以达标排放	(1)基本无脱硫作用； (2)若进入气箱脉冲袋式除尘器的温度较高，会造成布袋穿孔；若温度过低，进入袋式除尘器后水蒸气夹杂粉尘凝结在布袋壁上造成布袋黏结，影响除尘效率
旋风＋湿式水喷淋除尘	粉尘浓度可以达标排放，并对 SO_2 有一定的去除作用	(1)脱硫率较低； (2)循环喷淋水由于粉尘的带入，需要定期处理

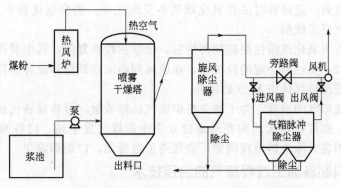

图 11-94　喷雾干燥塔旋风＋脉冲袋式除尘工艺流程

（3）辊道窑废气的防治措施　我国常用的辊道窑燃料形式有自制煤气发生炉水煤气和天然气两种。天然气为清洁能源，燃烧后产物主要为 CO_2 和水蒸气；对自制水煤气，需要进行预脱硫后方可排送至窑炉燃烧。

目前，我国陶瓷企业煤气发生炉煤气采用干法脱硫，以活性氧化铁为脱硫剂，煤气经脱硫塔底部进入脱硫装置，通过脱硫层时，硫化氢与活性氧化铁充分接触，生成硫化铁和硫化亚铁，与空气中的氧接触，在水分存在的条件下铁的硫化物又转化为氧化铁和单质硫，同时

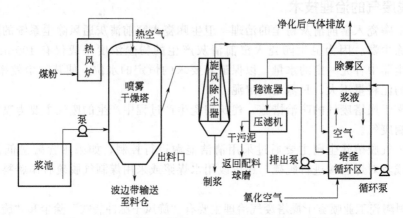

图 11-95 喷雾干燥塔旋风+湿式水喷淋除尘工艺流程

进行脱硫和再生的过程，脱硫后的煤气通过管道输送至炉窑中燃烧。

脱硫和氧化铁再生机理如下：

吸附脱硫反应：

$$Fe_2O_3 \cdot xH_2O + 3H_2S \longrightarrow Fe_2S_3 \cdot xH_2O + 3H_2O$$

再生反应：

$$Fe_2S_3 \cdot xH_2O + 1.5O_2 \longrightarrow Fe_2O_3 \cdot xH_2O + 3S \downarrow$$

当煤气中的 O_2 含量达到脱硫与再生相匹配时，可实现同时脱硫和再生，直到氧化铁大部分表面被单质硫和其他杂质覆盖。

氧化铁的形式有多种，主要包括：α-Fe_2O_3、β-Fe_2O_3、γ-Fe_2O_3，其中，β-Fe_2O_3 不具有脱硫活性，α-Fe_2O_3 对 H_2S 的吸附能力仅为 γ-Fe_2O_3 的 $1/2$。因此，氧化铁中活性氧化铁的含量有限，当达到一定硫容时活性氧化铁基本反应完毕，剩余氧化铁不具备吸收 H_2S 的能力，因此必须更换脱硫剂。

此法主要缺点为氧化铁活性脱硫剂再生后，化学活性恢复差，再生费用高，通常不做再生回用处理；同时，要达到一定的脱硫率，在脱硫剂尚未达到饱和硫容时即被更换，因此必须做好脱硫设施进出口气体中 H_2S 的监控。

（4）窑炉煤烧烟气的治理 为了减少窑炉废气的排放量，可将煤转化成煤气，再供给陶瓷窑炉作为燃料；也可以在大的陶瓷基地建立集中的煤气发生站，向各陶瓷厂提供商品煤气。此外，可采用袋式除尘器治理陶瓷厂烧煤隧道窑排烟，以消烟除尘。

4. 辅助材料制备加工过程废气的治理技术

（1）匣钵制备过程废气的治理 匣钵制备过程中，坯料加工、成型和烧成各个环节都产生含尘废气。但由于半干压成型粉料的颗粒较粗，含水较高，产量小，故大多企业未采取废气控制措施。匣钵原料用颚式破碎机粗碎和轮碾机粉碎时，产生大量的含尘废气。此污染源应设置密闭抽风净化系统。粉料筛分时，也产生含尘废气。应对筛子进行整体密闭并设置局部排风罩及除尘设备，除尘可采用干法或湿法，如袋式除尘器或水浴除尘器等。图 11-96 是采用脉冲袋式除尘器治理匣钵料制备过程废气的工艺流程。

（2）半水石膏制备过程含尘废气治理

① 原料准备粉尘治理。治理用颚式破碎机粗碎大块天然石膏时产生的粉尘，应在颚式破碎机加料口处设置外部吸尘罩，所集的含尘废气可单独集气处理，也可以和雷蒙磨尾气共用一

个除尘系统。除尘设备可用袋式除尘器。图 11-97 是粉尘处理工艺流程。

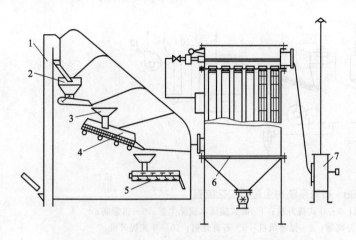

图 11-96　治理匣钵料制备过程废气的工艺流程
1—提升机；2—分料仓；3—配料斗；4—筛料机；
5—搅拌机；6—脉冲袋式除尘器；7—风机

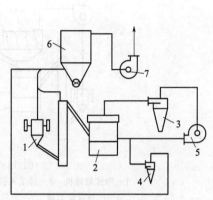

图 11-97　粉尘处理工艺流程
1—颚式破碎机；2—雷蒙磨；3—旋风分离器；
4—小旋风除尘器；5—循环风机；
6—袋式除尘器；7—排尘风机

② 半水石膏制备粉尘治理。半水石膏制备时产生含湿量很大的石膏粉尘废气。该废气可采用干热风对除尘设备预热保温和作为反吹清灰的袋式除尘器进行净化。此外，可采用在较大颗粒状态下进行炒制脱水，以减少炒制过程中的粉尘。

（3）石膏制模含尘废气治理　石膏制模含尘废气中的粉尘都是半水石膏粉料，它遇水会凝结硬化。故该粉尘采用干式除尘器较为合适。炒制后的粉尘粒度很小，约 96％的粒度<5μm，故除尘设备不宜采用旋风除尘器，可采用脉冲袋式除尘器。

（三）采用水膜除尘和脉冲袋式除尘治理石膏系统粉尘实例

石膏制粉系统是由一台颚式破碎机，3R2714 型雷蒙磨和一台自制石膏炒锅为主机来生产石膏粉料，供该厂生产卫生陶瓷制造模型用粉料，该厂年产卫生瓷 90 万件，日产石膏粉料 7.8t。

1. 生产工艺及主要污染源

石膏粉的制造工艺是将经拣选的石膏块状源矿（即二水石膏）经颚式破碎机碎成直径 20~30mm 的小块，然后经斗式提升机输送到雷蒙磨制粉，通过磨内的风选机扬进旋风物料分离器，将合格的二水石膏粉料再由螺旋输送机送入料仓（将不够细度要求的粉料重新回磨），再经称重和喂料系统输入炒锅进行炒制脱水，炒制时间 45min，每锅炒制 100kg，使石膏粉的温度达到 185℃，由二水石膏转变为半水石膏粉料后经检验合格出锅，再经斗式提升机、螺旋输送机送至出粉仓备制模用。

该系统主要污染源是在整个工艺过程中所产的石膏粉尘气体，如不治理，既影响操作者身体健康，又对环境造成污染。

2. 废气类别、性质及处理量

石膏的主要成分是硫酸钙，室内浓度超标则可使人得尘肺病，排放口浓度超标则对环境造成污染。经综合分析对比，采取如下工艺，取得满意效果。处理工艺流程如图 11-98

所示。

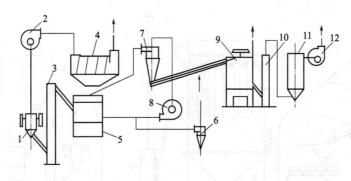

图 11-98　石膏系统粉尘处理工艺流程

1—颚式破碎机；2—排尘风机；3—斗式提升机；4—卧式旋风水膜除尘器；5—雷蒙磨；
6—小旋风除尘器；7—旋风分离器；8—循环风机；9—石膏炒锅；10—斗式提升机；
11—脉冲袋式除尘器；12—引风机

3. 处理工艺流程与操作条件

（1）工艺流程　石膏在颚式破碎及斗式提升的过程中会产生粉尘，这部分粉尘由卧式旋风水膜除尘器进行净化。雷蒙磨虽是封闭式生产，但也有部分含尘的尾气排出，这部分含尘废气是由设备配套的小除尘器进行净化。石膏在炒制、提升入仓的生产工艺过程均有粉尘产生，对熟石膏粉尘的治理及回收由脉冲袋式除尘器进行净化收集。

整个工艺设备的技术参数如下。

① 排尘风机：型号 9-57-11，流量 5000m^3/h，全压 1570Pa，配套电机功率 7kW。

② 卧式旋风水膜除尘器，上进风，正压工作。

③ 雷蒙磨：型号 3R2714 型。

④ 循环风机：风量 12000m^3/h，风压 1700Pa，配套电机 20kW。

⑤ 脉冲袋式除尘器：a. MC36- I 型；b. 过滤面积 27m^2；c. 处理风量 3250～6480m^3/h；d. 配套电机 7.5kW；e. 滤袋数量 36 条、规格 ϕ120mm×2000mm；f. 入口含尘浓度 3～15g/m^3；g. 脉冲控制仪表为电控无能电脉冲控制仪；h. 除尘效率 99%～99.5%。

（2）操作条件　卧式水膜除尘器要求正压工作，保持一定水位，按规定时间清理沉积物，以免放水管堵塞。脉冲袋式除尘器要求负压运行，按操作程序先启动输灰装置，后开风机，停机先停风机、后停输灰装置。除尘风管道安装应避免水平铺设，以减少粉尘在管道内沉积而增大阻力降低除尘效率。

4. 主要设备

如前所述，石膏制粉工艺的除尘系统主要由 3 套除尘设备进行捕集、净化、回收，其设备除小旋风除尘器为定型设备雷蒙磨本身自带配套外，其余均为标准设备，可根据生产能力设备型号等具体情况进行选型。

5. 治理效果

整个系统是设计院进行设计、设备选型、安装，经调试后正式投产，至今已运行 20 多年。整个工艺设计合理，连续性强，场地集中，除尘效果明显，室内粉尘浓度始终保持在

$5mg/m^3$ 以下，3 个排尘筒的排尘浓度符合国家规定排放标准，而且整个系统中除卧式旋风水膜除尘器所收沉积物抛弃外，对小旋风捕集的二水石膏粉（每月可收 $500\sim700kg$）及脉冲袋式除尘器捕集的半水石膏粉（每月可回收 $1000\sim1300kg$）均可利用，收到较好的经济效益。

6. 运行说明

① 卧式旋风水膜除尘器除尘效率为 90%，脉冲袋式除尘器除尘效率 99%。

② 3 个排尘筒的排放浓度均低于国家标准。

③ 卧式旋风水膜除尘要定期清除生石膏粉浆，否则将堵塞管道。冬季注意保温，防止水结冰。

④ 脉冲袋式除尘器要定期更换滤袋。

该系统经多年运行，实践证明，在二水石膏制粉工艺流程中，对粉尘废气采用卧式旋风水膜除尘器进行净化是比较经济、合理的，其具有设备简单，管理方便，维修量小的特点。而生石膏炒粉后的除尘采用脉冲袋式除尘器是较为理想的，因其除尘效率高，且可对半水石膏粉收回，具有一定的经济效益。但在使用中一定要注意，绝不可将石膏炒锅产生的废气混入除尘系统，一定要单独排放，否则将会破坏除尘器的正常工作和粉尘回收利用。

（四）采用脉冲袋式除尘器治理干式轮辗机粉尘

釉面砖产品坯用硬质原料中碎矿物料，以石轮辗机为主要生产设备，某陶瓷厂原料中碎用轮辗机共 3 台，每台班产量为 8t。

1. 生产工艺及主要污染源

硬质原料的中碎加工是以轮碾机为主要设备并配有输送机、提升机、料斗（仓）、给料器以及筛分等设备。颚式破碎机加工后的块度约为 50mm 的硬质原料由皮带输送机输入粗碎贮料仓，设于粗碎料仓下的电磁振动给料机连续地供给轮碾机破碎，破碎后的料经斗式提升机送入皮带输送机后流入中碎贮料仓，即可供给下面工序用于配料。在该生产工艺过程中，每一设备的本身都是很大的粉尘发散源；另外，由于所加工的均为硬质干燥料，因而在设备的相互连接处也都可能产生很多的粉尘。

2. 废气类别、性质及处理量

陶瓷厂原料中碎工艺过程中产生的废气均为生产性粉尘废气，粉尘浓度一般在 $15g/m^3$ 左右，粉尘为所加工的原料细粉，具有憎水性，废气处理量为 $6500m^3/h$ 左右。

3. 处理工艺流程及主要设备

工厂在原料轮碾机中碎系统原先就设置有通风除尘系统，除尘器采用的是 CLS 型水膜旋风除尘器，但由于废气中的粉尘具有憎水性，不适合采用湿式除尘器，并由于旋风除尘器的锁气器不严密，致使除尘效率较低，粉尘排放浓度高达 $565mg/m^3$，且排出的含泥污水既不回收利用，又使原料流失，造成二次污染。根据上述情况，工厂决定对原有的除尘系统（原除尘系统见图 11-99）进行技术改造。

改造后的除尘系统中除尘器选用了脉冲袋式除尘器，并将除尘器收下的粉料直接回送到工艺设备，这样不但解决了生产工艺上的混料问题，也避免了二次污染。改造后的处理工艺流程如图 11-100 所示。排风机将含尘废气吸入脉冲袋式除尘器，经过袋外过滤而排入大气；清灰系统采用脉冲喷吹清灰方式，由 WMK 型无触点脉冲仪控制高压空气的喷吹周期及气

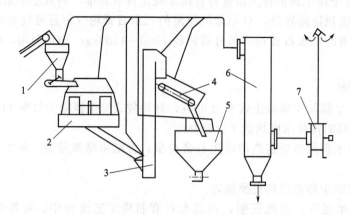

图 11-99　改造前的处理工艺流程

1—粗碎贮料仓，容积 5m³；2—干式轮碾机 LN1400-400 型；3—15m 斗式提升机；

4—5m 密闭皮带输送机；5—中碎贮料仓，容积 30m³；6—水膜旋风除尘器，CLS 型；7—排风机

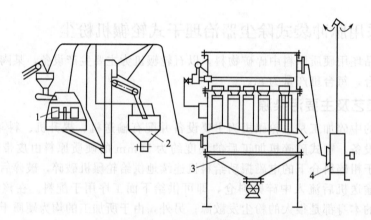

图 11-100　改造后的处理工艺流程

1—湿式轮碾机；2—粉仓；3—脉冲袋式除尘器；4—风机

量，以达到清灰目的；由除尘器下面的铰龙将回收的粉料通过溜料管道送入斗式提升机下部，达到卸灰、回灰的目的。整个系统的动作均由电气自动控制完成。

MCI 型脉冲袋式除尘器的主要参数如下。

① 除尘器型式：下部进风，负压操作，外滤式阻尘。

② 除尘器外形尺寸：长×宽×高＝3025mm×1678mm×3660mm。

③ 滤袋材质及规格：φ125mm×2050mm，聚丙烯腈纤维。

④ 处理风量：7550～15100m³/h。

⑤ 滤袋数量：84 条，分 14 组。

⑥ 过滤面积：63m²。

⑦ 过滤风速：1～2m/s。

⑧ 除尘器本体结构：钢板铆焊。

⑨ 清灰方式：脉冲喷吹清灰，采用 WMK 型无触点脉冲控制仪。

⑩ 设计除尘效率：99.5％。

⑪ 除尘器阻力：1200～1500Pa。

⑫ 排灰系统电机：功率 1.1kW。

⑬ 除尘通风机：T4-72-11No.5A，流量 11830m³/h，全压 2900Pa，电机功率 13kW，转速 2920r/min。

⑭ 喷吹压力：$(5\sim7)\times10^5$Pa。

⑮ 压缩空气耗量：0.504m³/min。

4. 治理效率及结果

除尘系统对生产过程产生的粉尘废气治理效果很好，除尘器效率达 99.20％，漏气率 8％，除尘器实测运行结果见表 11-51。

表 11-51　除尘器性能测试报告单

测点	管径/mm	风量/(m³/h)	含尘浓度/(g/m³)	排放量/(kg/h)	除尘效率/%
袋式除尘器进口	φ400	6503	16.566		
袋式除尘器出口	φ400	7068	0.012	0.086	99.2

5. 运行说明

改造后的干式轮碾机除尘系统正式投产运行后基本上达到了设计要求。该除尘系统的除尘器根据生产现场含尘废气的性质及各种滤袋经济寿命等因素，选用了聚丙烯腈纤维绒面滤袋，在生产实际应用中，优点远大于其缺点，就使用寿命而言，原设计寿命为 1.5 年，而实际使用寿命除少数几条滤袋因框架焊接有毛刺而磨穿需短期更换外，平均可达 3 年以上。

工厂中碎除尘系统改造前，粉尘排放浓度最高达 656mg/m³，平均每天外排大气的粉尘在 70kg 以上，经改造后基本全部回收利用，5 年便可回收全部投资，环境效益十分明显，改造后的粉尘浓度达到国家排放标准。

6. 工程特点、经验教训和建议

① 在干式轮碾机中碎系统中采用脉冲袋式除尘器是比较合理的，环境效益、社会效益和经济效益都较为显著。与采用湿式除尘器相比，不需增设废水分离净化装置，又不会造成二次污染。

② 由于 MCI 袋式除尘器的一系列工作状态均采用了电气自动控制，因而运行可靠，除尘效率稳定，并减轻了工人的劳动强度，还解决了生产工艺上的混料现象。

③ 该厂为老企业，所以在改造中受场地等因素的限制，管道的布置不尽合理，如水平管道设置较多，局部构件使用欠妥等。

④ 由于废气中的粉尘浓度很高，若该除尘系统采用两级除尘，即在袋式除尘器之前增设一级旋风除尘器，则除尘效果将更佳，使袋式除尘器的工作负荷减轻，粉尘排放浓度还可降低很多。

四、油毡砖瓦工业废气治理

目前世界各国的屋面防水卷材仍以沥青基卷材（俗称油毡）为主要品种，我国的建筑防水材料主要有油毡、高分子防水片材和防水涂料三大类。

砖瓦是一基本的建筑材料，目前全国 80％以上的墙体材料是黏土实心砖。随着建设的发展，需求量日益增大，如何减少和防止砖瓦生产对环境的污染，已成为迫切需要解决的问题。

（一）生产工艺过程与污染物特性

1. 油毡工业

目前我国生产的油毡品种仍以石油沥青纸胎油毡为主，其生产方法是原纸经烘干后，浸渍和涂盖石油沥青材料，再撒以滑石粉为主的隔绝材料。生产工艺流程见图 11-101，从方框图可以看出，油毡的生产工艺过程主要分两大部分：一是原料制备，包括沥青氧化、浸渍油和涂面油的制备、粉浆制备及粉料输送等；二是油毡胎基的浸渍、涂盖、撒布、冷却、卷毡等。

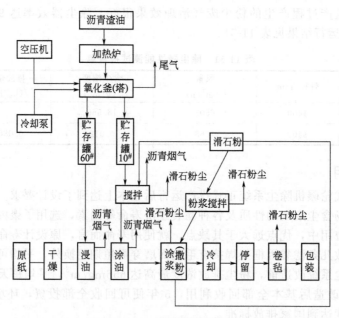

图 11-101 油毡生产工艺流程

生产油毡的主要技术装备有沥青氧化设备、原纸贮存设备、浸油槽、涂油槽、撒布机（或粉浆机）、停留机、卷毡机等。油毡生产过程中产生的两种主要污染物为：一种是含沥青烟的废气；另一种是含滑石粉尘的废气。

（1）沥青烟废气 在沥青氧化，填充料搅拌、浸油、涂油各工序中都有沥青烟逸出。

沥青烟的成分很复杂，除了含一些 N_2、O_2、CO_2、H_2O 外，主要是长链的高沸点烃类有机颗粒物，少量在常温下为蒸气的烃类（包括 $C_8 \sim C_{16}$ 的脂肪烃和芳族烃）以及一些气态有机化合物。其中含硫基团（硫基、硫氰基）和含氧基团（羟基、醛基和羧基等），这些发臭基团形成难闻的沥青气味——恶臭。

无论是石油沥青或煤焦油沥青原料中均含有多环芳烃，其含量随原料的来源产地不同而波动，煤焦油沥青中的多环芳烃含量要比石油沥青高得多，所以在加热时逸出的沥青烟中的苯并[a]芘含量亦差别很大。

沥青烟会引起皮炎、结膜炎、鼻咽炎、头痛等疾病，而且危及植物的生产。恶臭会使人产生变态反应，产生恶心、呕吐、头痛、流鼻涕、咳嗽、哮喘、食欲缺乏、过敏、腹泻、发热、胸闷等。

（2）含滑石粉尘废气 为了改善油毡成品的性能，生产油毡时，用于涂盖的沥青中需加入一定量的填充料。常用的填充料有滑石粉、板岩粉等。为防止油毡生产中沥青与辊筒间的黏结和防止油毡成卷后的层间黏结，在油毡表面上需要撒一层撒布料。常用的撒布料有粉状（如滑石粉）、片状（云母片等）、粒状（粗细砂粒等）。目前，国内用量最大、使用最广泛的是粉状滑石粉撒布料。

滑石粉粉尘，其主要成分为含水硅酸镁，由于源岩组成和蚀变程度不同，商品滑石中可含不等量的石棉、直闪石、透闪石或石英、菱镁石等。含石棉或透闪石的纤维状滑石的危害较大。

目前，国内普遍使用的滑石粉中游离石英含量一般在 10% 以下。滑石粉的分散度较大，粒度 $<5\mu m$ 的占 90% 以上，属于可吸入性粉尘，这种粉尘对人体危害较大。

滑石粉尘能使肺部病变，造成滑石肺。滑石粉尘是否会致癌是目前尚有争论的问题。

2. 砖瓦工业

砖瓦工业的主要原料为黏土，经加水（有的也加燃料）、搅拌、成型、干燥、焙烧成成品，其生产工艺如图 11-102 所示。

在焙烧中，温度上升到 400～500℃ 称为预热，到 600℃ 时坯内失去化学结晶水，其中有机杂质开始燃烧温度达到 800℃ 时，碳酸盐分解，到 900℃ 以上时，坯体中金属氧化物与硅化合形成硅酸盐，并形成液相，这种熔化的玻璃质把其他颗粒牢固结合起来，经冷却重新结晶，坯体就成为坚硬如石的制品——砖。如黏土原料中含有氟化物则在 500～600℃ 开始分解，并在 800～900℃ 达到最大值，氟排放量多少首先取决于黏土原料的含氟量，燃烧工艺也会对氟的排放有所影响。我国幅员辽阔，各地区

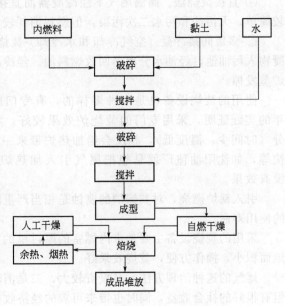

图 11-102 砖瓦生产工艺流程

土壤的含氟量不一，就是同一省区内的土壤也分属几种不同的类型。

研究表明：砖瓦厂排放的氟以气态氟（主要是 HF）为主。砖瓦厂的主要污染源为含氟废气。

现已查明，HF 的毒性相当于 SO_2 的 100～200 倍，与 SO_2 相比，HF 的危害更大。人对氟的反应比植物低，每小时排出几千克的氟化氢会使植物遭受严重的危害。植物本身并不需要氟元素，植物从土壤中吸收的氟化物很少转移到叶片。正常情况下，植物叶片的含氟量是很低的，通常只有几到十几毫克每千克，而从大气中吸收的氟化物，大多数积累在叶片中，很少向其他器官转移，当叶片含量大时就会危害农业、畜牧业的生产。

大气氟污染不仅影响桑叶生长，而且对其他许多农作物（水稻、大麦、高粱、玉米、大豆等）、果树（苹果、梨、桃、杏、李、葡萄、草莓、樱桃等）都有不良的影响。

（二）油毡砖瓦工业废气治理技术

1. 油毡工业

（1）沥青氧化尾气的治理　国内沥青氧化尾气处理一般有以下几种方法。

① 水洗吸收法。氧化釜顶设冷凝器，尾气与由上而下的喷淋冷却水逆流接触，吸收油的废水排入污油池，经水吸收后的尾气排入大气，采用这种方法，恶臭未能消除，并造成大量污水形成二次污染。

② 柴油吸收-焚烧法。在氧化釜顶设冷凝器并用柴油喷淋，尾气中油分被柴油吸收，柴油可供循环使用，油中含水量少，较易分离，经吸收的尾气引入管式加热炉燃烧。这种方法耗油量大，未能彻底消除恶臭。

③ 饱和器-焚烧法。沥青尾气入饱和器，同时向饱和器内补充少量的冷却水使油冷凝，补充的水在汽化后和废气一起入焚烧炉。此法污水量较少。

④ 直接焚烧法。高温尾气不经冷凝器而直接进入焚烧炉，这种方法工艺流程和设备均较简单，无污油和污水二次污染，但燃料消耗较大。

⑤ 多级间接冷凝（空气冷却和水冷却）-焚烧法。将高温尾气引入多级间接冷凝器，冷凝物入污油池，经油水分离器回收燃料油。经冷凝后的尾气入焚烧炉，污水也陆续引入焚烧炉蒸发掉。

使用的焚烧设备也是多种多样的，有专门的焚烧炉，还有加热炉、锅炉等。经过几年的实践证明，采用专门的焚烧炉效果较好。将尾气引入加热炉，不但使尾气燃烧不充分（时间少、温度低），相反会给加热炉带来一些不良后果。如温度降低，对炉子腐蚀加快等，如沈阳油毡厂就是想把尾气引入加热炉焚烧，结果进来是黑烟，出去也是黑烟，没有效果。

引入锅炉燃烧，对其锅炉的腐蚀是相当严重的，这对受压容器是极不安全，降低了锅炉的使用寿命。

采用的焚烧设备主要是带内燃室的厚衬里的高温立式圆筒（也有卧式等其他形式），占地面积小，操作方便，焚烧效果好。

尾气的这种治理方法一是投资较大，二是消耗较多燃料，因此要加强综合利用，这样不但有很好的社会效益，同时也带来可观的经济收益。

（2）浸油、涂油工序沥青烟治理　浸油装置排气系统所处理的废气量随设计的排风罩和浸油装置的大小而变化，一般为 $283\sim566\mathrm{m}^3/\min$。由于油烟浓度较低，处理废气量大，目前国内一些工厂都采用冷凝法、吸收法。

（3）粉尘的治理　大中型油毡厂从改变生产工艺着手，以湿浆撒布代替干粉撒布，减少粉尘污染，为含尘废气治理创造了有利条件。由于粉尘的分散度较高，一般均采用袋式除尘器，如 MC24-120 型脉冲袋式除尘器，LMN_2-108 反吹式袋式除尘器，除尘效率可达99%以上。

2. 砖瓦工业

我国砖瓦工业的生产工艺和技术水平较低，治理污染有困难。砖瓦厂的氟污染防治问题还没有引起足够的重视。一些地区为了防止砖瓦厂氟污染物对桑蚕业的直接危害，往往使砖瓦厂实行季节性大停的措施，这并非是最有效的办法。应该采取综合措施防止氟污染物的危害。

① 合理选择原料，不用高氟土壤生产砖瓦，综合利用含氟量低的工业废渣（如粉煤灰、煤矸石等）生产砖瓦。

② 从改进生产工艺着手，针对不同原料特点选择适宜的焙烧制度与预热方式，以减少氟挥发。

③ 开展含氟废气治理技术的研究和推广。小型砖瓦厂有采用烟囱喷淋、泼水轮、旋流板塔、卧式喷淋等治理装置，其原理为用清水或石灰溶液进行吸收，效率差别较大，仍存在

二次污染与设备受腐蚀，需经常更换等问题。要借鉴国内其他工业（如冶金、有色工业）的治理含氟废气的经验和国外的先进治理技术，开展干法治理技术的研究。

（三）氧化沥青尾气治理工程实例

某防水材料有限公司，生产、经营各种型号规格的防水材料。其中纸胎油毡达 200 万卷/年，建筑沥青 10 万吨。沥青氧化采用塔式氧化法。

1. 生产工艺

在油毡生产工艺中要制备氧化沥青见图 11-103。将原料渣油加热到一定的温度后鼓入空气，使之氧化，提高其针入度和软化度，达到制毡生产的需求。沥青氧化的工艺流程如图 11-104 所示。一般氧化温度为 200～250℃，耗风量为 150～300m³/t。原料沥青在氧化过程中产生了大量的尾气，由氧化塔排出称为氧化沥青尾气，有强烈的恶臭，是该工艺过程中的主要污染源。

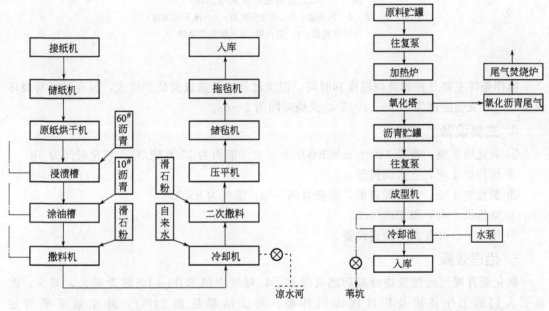

图 11-103　油毡生产工艺流程示意　　　　　　　图 11-104　氧化沥青工艺流程示意

2. 废气类别及处理量

该尾气中含有大量的 N_2、水蒸气、CO_2，还含有恶臭及苯并[a]芘（B[a]P）为代表的多环芳烃强致癌物。经测定氧化沥青尾气中含有苯并[a]芘平均值为 6010mg/m³。大大超过国家规定的排放标准。可引起对环境的污染，对人的危害。

氧化沥青尾气的处理量为 4000m³/h。

3. 处理工艺流程与操作条件

氧化沥青尾气的处理采用饱和器冷凝-高温焚烧法，其处理工艺流程见图 11-105。尾气由氧化塔顶引至饱和冷凝器，以鼓泡的形式穿过饱和器的液层（等于油洗），要注入适量的冷却水，在饱和器中进行传热、传质的过程中，水蒸气带走热量，尾气由 150℃ 冷却到

120℃，尾气中的馏出油经过溢流管流入馏出油脱水罐内，罐内设加热器，将馏出油中的水分汽化蒸发，脱水的馏出油自流入燃料油罐，经过饱和器冷凝后的尾气由焚烧炉下部进入炉内烧掉，以除去尾气中含有的有害和有味气体。

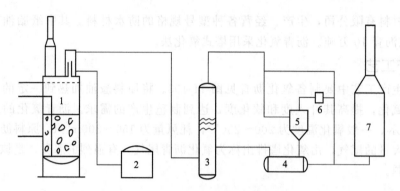

图 11-105　焚烧法处理尾气示意

1—氧化釜；2—污油罐；3—尾气分离塔；4—地下污油罐；
5—旋风分离器；6—阻火器；7—尾气焚烧炉

操作条件主要是控制焚烧温度和时间。温度过低，易造成焚烧炉熄火，温度过高易烧坏设备。一般焚烧温度为 800~1400℃，焚烧时间为 3~6s。

4. 主要设备

① 氧化塔 2 座，直径 3400mm×2000mm，生产能力为 15 万吨/年，氧化时间为 8h。
② 加热炉 1 座，立式圆筒形。
③ 焚烧炉 1 座，立式圆筒形，燃烧时间＞3s，温度为 850℃。
④ 空压机 2 台，ZLD20/3.5。
⑤ 齿轮泵、往复泵等输送设备。

5. 治理效果

氧化沥青尾气经过焚烧处理后恶臭没有了，尾气中的苯并[a]芘的含量大大减少，改善了人们的工作环境及厂区周围的环境。测试结果见表 11-52，除尘效率平均超过 99%。

表 11-52　治理测试结果

日期	焚烧前 B[a]P/(ng/m³)	焚烧后 B[a]P/(ng/m³)	除尘效率/%
10.17	6480	14.7	99.77
10.17	10400	19.8	99.81
10.18	3080	9.42	99.69
10.19	4080	8.72	99.78

利用焚烧法治理氧化沥青尾气也收到了良好的经济效益，尾气燃烧温度高达 850℃。利用焚烧的热量产生蒸汽，以供车间及厂区保温和动力用。在治理的过程中可回收馏出油 8.85t/d，可作为燃料油投入生产使用。

第五节　化学工业废气的治理

一、化学工业废气来源和特点

1. 化学工业废气的来源

化学工业废气主要来源于化学工业的每一个行业产品的生产和加工过程。在各个化工产品的每个生产环节都会因各种原因而产生和排放废气。例如，化学反应中产生的副反应和反应不完全；生产工艺不完善，生产过程不稳定，产生不合格的产品；生产中物料的跑、冒、滴、漏以及事故性的排放等。

2. 化学工业废气特点

化学工业废气的种类繁多，排气量大，废气中的组成复杂。化工废气常含有多种有毒、致癌、致畸、致突变、恶臭、强腐蚀性及易燃易爆的组分，其中，化肥工业、无机盐、氯碱、有机原料及合成材料、农药、涂料和炼焦行业排放的废气量较大。此外，由于大中小化工企业遍布各地，故这些废气种类繁多，组成复杂，污染面广，对大气造成较严重的污染。

3. 化学工业废气治理对策

为了减少化学工业所排放的废气对大气的污染，根据化学工业废气的来源和特点，可采取以下一些对策：

① 改革落后的生产工艺，开发和采用无废或少废生产工艺，推行清洁生产，是减少废气排放的根本途径；

② 合理调整生产布局，改善产品结构；

③ 加强综合利用，使废气资源化；

④ 开发和应用各种有效的废气治理高新技术。

二、氮肥工业废气治理技术

（一）合成氨工业废气治理及氨和氢回收

合成氨工业废气主要包括三个来源：合成放空气、氨罐弛放气和铜洗再生气。这些废气中都含有氨，放空气和弛放气还含有 H_2、CH_4、Ar 等物质。

1. 变压吸附法回收合成放空气中的氢（PSA）

变压吸附法是利用吸附剂对气体的吸附容量随压力的不同而有差异的特性的方法。该工艺由变压吸附提氢系统（PSA 装置）和净氨系统组成。放空气减压至 10MPa 进入氨液分离器，分离掉液氨后，高速通过喷嘴，在负压区与净氨塔底来的稀氨水充分混合，其中 80% 以上的气氨被稀氨水吸收。气体冷却后进入净氨塔，氨被喷淋下的软水进一步吸收，使之达到 $200mL/m^3$ 以下。净氨后的气体（水洗气）再减压至 5MPa 进入 PSA 干燥系统，脱除微量的水和氨。最后减压至 1.6MPa 后进入 PSA 的吸附系统。常用的吸附剂有分子筛和活性炭。利用吸附剂对气体的吸附容量随压力的不同而有差异的特性，加压除去 CH_4、Ar、N_2 等组分，吸附剂经减压再生。该法回收的 H_2 纯度一般为 98.5%～99.99%，回收率为 55%～70%，回收的 H_2 返回合成氨系统。软水净氨产生的氨水（浓度为 90 滴度，1 滴度＝

0.85g NH_3/L）返回合成氨碳化氨水系统利用。

图 11-106 是合成塔后放空气处理工艺流程。

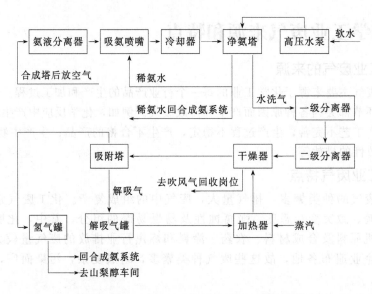

图 11-106 合成塔后放空气处理工艺流程

2. 膜分离法

膜分离法是将废气通过膜分离装置，如内置中空纤维管束的普里森分离装置，利用膜对气体的选择性渗透达到分离的目的。该法可回收弛放气中的氢。先将弛放气在预处理器中用软水洗涤，使其中的氨降到 200mL/m^3 以下，然后进入分离器进行分离，以得到较高纯度的氢气。图 11-107 是普里森分离器处理合成氨弛放气工艺流程。普里森分离器由预处理器和分离装置组成。首先，一级分离的管程气（H_2）被送进二级分离器，将氢气提纯到 98% 以上，用于双氧水生产，其他氢气返回合成系统。最后的壳程气返回燃料系统作为燃料。该法技术先进，自动化程度高，生产过程简单，操作方便，占地面积小，可同时回收氢气和氮气。氢气回收率＞90%，纯度约 90%。

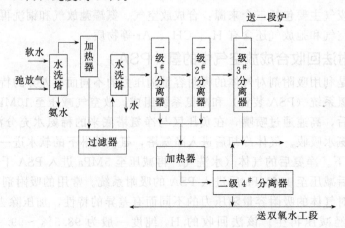

图 11-107 合成氨弛放气处理工艺流程

3. 深冷分离法

深冷分离法是利用组分沸点和溶解度的不同而加以分离的方法。该法可用于空气中氢的回收。放空气中主要包括 H_2、N_2、Ar、CH_4 和 NH_3 等。弛放气体经冷凝器将大部分氨冷凝为液氨后和放空气合流，进入水洗塔，用无氧软水吸收剩余的氨。然后，再用深冷精馏法逐一把氢、甲烷、氩和氮分离开，经分离后可得 90% 的氢。图 11-108 是合成氨放空气和弛放气处理的工艺流程。该法可同时回收氢气和氮气，氢气的纯度高。该法采用二级深冷部分冷凝分离技术，解决了甲烷在设备中可能冻结的问题，并且它与合成氨系统相互独立互不影响操作。

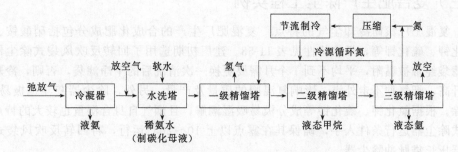

图 11-108　合成氨放空气和弛放气处理的工艺流程

4. 等压回收法

等压回收法是通过提高吸收装置的操作压力（1.5MPa）以提高吸收率。它可用于弛放气中氨的回收。该法工艺简单，操作方便，氨回收率高，约为 95%；回收的氨水浓度为130～180 滴度，可直接回碳化系统。

5. 铜洗再生气中氨的回收

由于铜洗再生气中除含有 NH_3 外，还含有 CO_2，因此，在回收铜洗再生气中的氨的过程中，容易产生铵盐的结晶，引起管道堵塞。解决管道的堵塞问题是铜洗再生气中氨回收的技术关键。可以通过降低铜洗再生气中 NH_3 的含量来防止结晶的产生，因此，按照平衡原理进行分段吸收，增大氨水的浓度梯度，形成了"软水洗涤、稀氨水部分循环、两次吸收"铜洗再生气回收技术。该技术氨回收率为 95% 左右，回收氨水浓度为 60 滴度，再生回收气含 Ar 0.02%～0.5%。该法工艺简单，操作方便，生产稳定，设备占地面积小。图 11-109 是利用合成氨铜洗再生气合成草酸的工艺流程。

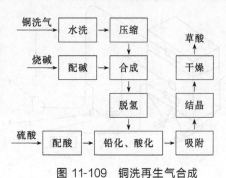

图 11-109　铜洗再生气合成草酸的工艺流程

（二）尿素粉尘处理技术

（1）湿法喷淋回收尿素粉尘　含尿素粉尘的造粒尾气进入集尘室后用 10%～20% 的稀尿素液进行喷淋吸收。大部分尿素粉尘被洗涤吸收成尿素液返回系统，未被洗涤下来的尿素粉尘则溶解于水雾中，再经过滤器过滤后排入大气。回收装置以多孔泡沫树脂为过滤材料。

（2）斜孔喷头造粒降低尿素粉尘排放技术　中型尿素厂大都采用旋转式直孔喷头，其喷淋分布严重不均匀，造成塔内的传质、传热差，尿素出口温度高，尿素粉尘排放量大。改用斜孔喷头后尿素溶液在塔内分布均匀，可明显地降低粉尘的排放量，使尿素粉尘的排放量下降50%。

（3）晶种造粒降低尿素粉尘技术　晶种造粒是在造粒塔中加入微小的尿素粉尘作为晶种，可避免尿素熔融物质颗粒固化产生过冷现象，使颗粒内部结构紧密，耐冲击强度增强，从而降低机械破碎所产生的尿素粉尘浓度。实际生产表明，造粒塔尿素粉尘浓度可降低40%，包装车间的尿素粉尘浓度可降低58%。

（三）复合肥生产除尘工程实例

（1）复混肥厂滚筒冷却尘气的特点　复混肥厂生产的合成化肥成分包括硝酸铵、磷酸铵、氯化钾、硫化钾等，烟尘特性见表11-53。建厂初期选用了回转反吹风袋式除尘器，据反映，滤袋经常被黏附，平均不到1个月需要更换一次清洗后的干净滤袋，否则，冷却滚筒的温度升高，烟气抽不走外溢，影响复混肥的质量及产量。另外，除尘器灰斗也极易结块，难以排除。根据氯化钾、硫化钾等成分极易吸湿潮解，且烟气自身含湿量也较大的特点，从改善袋式除尘器运行条件入手，确保其在露点以上10～20℃运行，将回转反吹风袋式除尘器改为低压长袋脉冲除尘器。

表 11-53　烟尘特性

项目	参数		项目	参数
烟气量/(m³/h)	80000			5(0～30μm)
烟气温度/℃	50～80		粒度分布/%	12(30～60μm)
				21(60～100μm)
烟气成分/(kg/h)	干空气	9500		62(100μm 以上)
	水	2500		
	灰尘	1000(正常)(12g/m³) 2000(最大)(25g/m³)	烟尘堆密度/(kg/m³)	900～12000

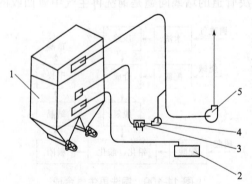

图 11-110　除尘工艺流程
1—除尘器；2—尘源点；3—混风阀；
4—混风风机；5—排风机

（2）除尘工艺　由于冷却滚筒烟气的出口温度50～80℃，而烟气露点温度与此温度十分接近，为45～50℃，所以必须保证烟气进入滤袋时的温度高于65℃。设计采用了如图11-110所示的除尘工艺流程。

该工艺具有如下特点：

① 除尘器壳体采取聚亚胺酯材料保温，保温厚度为100mm；

② 灰斗设有振动器，同时灰斗及螺旋输灰机还在活动保温层内安装了带式电加热器，以确保粉尘的不结块，顺利输送；

③ 设立循环热风系统，使除尘器一直在70℃左右；

④ 除尘器采用覆膜滤料，滤速选取为1.4～1.7m/min，滤袋本身不易被粉尘黏附，易于清灰；

⑤ 脉冲阀选用澳大利亚 GOYEN 公司 3″MM 系列电磁脉冲阀，其使用寿命能达 100 万次以上，其流量系数 k_V 值为 200.4，空气动力特性好。

（3）主要设备 除尘器及配套设备性能参数见表 11-54。

表 11-54 除尘器及配套设备性能参数

设备	项目	参数
脉冲袋式除尘器	型式	长袋低压脉冲除尘器
	处理风量/(m^3/h)	80000
	过滤面积/m^2	1152
	过滤风速/(m/min)	1.4~1.7
	滤袋材质及质量/(g/m^2)	覆膜针刺毡 500
	滤袋规格/mm	$\phi 120 \times 5000$
	滤袋数量/条	680
	设备运行阻力/Pa	1600~1800
	总重/t	35
热风风机	型式	9-26 No.10D 型
	风量/(m^3/h)	6000
	风压/Pa	5900
	配用电机	Y200L-4
	功率/kW	30
电加热器	SRK2-36	72kW（温控自动切换）
主风机	型式	G4-73 No.16 型
	风量/(m^3/h)	108000
	风压/Pa	3600
	配用电机	Y2355-6
	功率/kW	185

（4）使用效果

① 该系统的技术改造从旧设备拆除到新设备的安装仅用了 70d。

② 该系统改造后，生产稳定，实测排放浓度为 4mg/m³，车间环境得到了改善，同时每天回收肥料 28.6t，取得了较好的经济效益。

③ 该系统的正常运行，证明了袋式除尘器只要运行条件控制得当就能有很大的应用领域。

（四）硝酸生产废气治理技术

（1）改良碱吸收法 硝酸废气中的 NO_x 经吸收塔被 Na_2CO_3 溶液吸收，生成含亚硝酸钠和硝酸钠的中和液。中和液经蒸发、结晶、分离制得亚硝酸钠产品。分离出的亚硝酸钠母液用稀硝酸进行转化，全部氧化成硝酸钠。经蒸发、结晶、分离制得硝酸钠产品。该法有 3 个吸收塔，用硝酸生产系统来的富 NO_2 气，在 2# 和 3# 吸收塔进行"副线配气"，以提高吸收率，降低 NO_x 的排放浓度。图 11-111 是硝酸废气治理的工艺流程。

（2）选择性催化-还原法 该法是在铜-铬催化剂的作用下，氨与尾气中的氮氧化物进行选择性还原反应，以除去废气中的氮氧化物。图 11-112 是硝酸废气治理工艺流程。

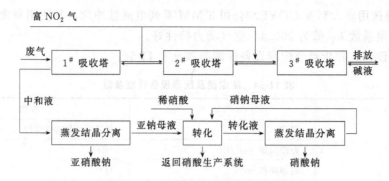

图 11-111 硝酸废气治理的工艺流程

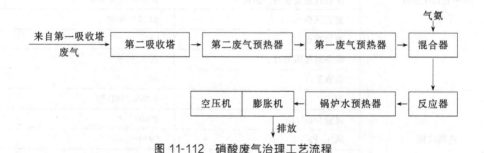

图 11-112 硝酸废气治理工艺流程

三、磷肥工业废气治理技术

（一）含尘废气治理

1. 磷矿加工过程含尘废气除尘

磷矿石粉碎普遍采用风扫磨，其含尘废气的治理可分为干法和湿法，其中干法又可分为单级除尘和双级除尘。

（1）湿法除尘 湿法除尘通常是指旋风分离-湿法除尘技术，可采用水膜除尘或泡沫除尘技术。湿法除尘设备简单，操作及维修方便，投资少，运行费用低。但该法除尘效率低，一般在60%左右，此外还可产生目前难于处理的矿浆。

（2）干法除尘

① 单级除尘技术。单级除尘采用一级除尘设备，如袋式除尘器等。单级除尘设备少，工艺简单，投资和运行费用低。但袋式过滤器进气中粉尘浓度大，袋式过滤器的负荷高，集尘量大，清灰周期短。图 11-113 是风扫磨工工艺废气干法单级除尘工艺流程。

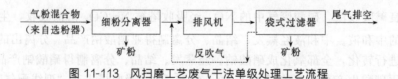

图 11-113 风扫磨工艺废气干法单级处理工艺流程

② 双级除尘技术。风扫磨工艺废气的双级除尘技术，是在袋式过滤器前再加一级旋风分离器，以减轻袋式过滤器的负荷，延长反吹时间和运行时间。风扫磨工艺废气的双级干法

除尘流程见图 11-114。该法除尘效率可达 98％以上。

图 11-114　风扫磨工艺废气双级干法除尘工艺流程

2. 高炉钙镁磷肥含尘废气治理

炉气除尘通常采用重力沉降-旋风除尘工艺，然后结合除氟进一步净化气体。

3. 硫酸原料处理过程含尘废气治理

硫铁矿破碎、筛分和干燥过程中产生的含尘废气，大型硫酸厂可采用旋风除尘-高压静电除尘器进行除尘，中小型硫酸厂多采用湿法除尘技术。

（二）含氟废气治理技术

1. 普通过磷酸钙含氟废气治理

（1）水吸收法　含氟废气中的氟化物易溶于水，通常以水作吸收剂。吸收液一般为 8％～10％的氟硅酸溶液。根据不同的装置的配置可有不同的工艺，如两室一塔流程（两个吸收室，一个吸收塔），最终吸收率为 97％～99％；一室一文（文丘里）一塔及两文一旋（旋风分离器）流程，总吸收率为 97％～99％。两室一塔双除沫流程工艺成熟，操作简单，维修容易。图 11-115 是含氟废气治理工艺流程。含氟废气中的氟主要以四氟化硅的形式存在，用水吸收生成氟硅酸，同时产生硅胶。氟硅酸经澄清后，上层氟硅酸清液与饱和食盐水反应，生成氟硅酸钠；下层氟硅酸稠相，经压滤后得到硅胶。氟硅酸清液返回制造氟硅酸钠。

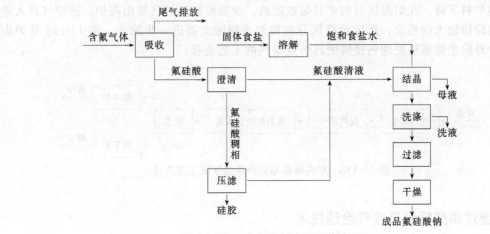

图 11-115　含氟废气治理工艺流程

（2）动态泡沫床治理技术　含氟废气进入具有穿流式旋转塔板的动态泡沫吸收塔，在塔中以水或水溶液吸收废气中的 SiF_4 和 HF。为了提高吸收率，吸收液中加入少量的表面活性剂。未被吸收的尾气经除沫器后排空。收集吸收液制备氟硅酸钠，分离后的母液返回动态泡沫吸收塔，进行循环吸收。图 11-116 是动态泡沫床治理普钙磷肥含氟废气的工艺流程。

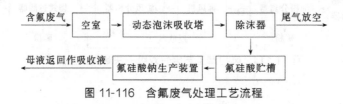

图 11-116 含氟废气处理工艺流程

（3）氨吸收法 该法是用氨作为吸收剂吸收氟，再加入铝酸钠制取冰晶石的方法。

2. 钙镁磷肥含氟高炉废气治理技术

（1）干法治理技术 干法是采用块状石灰石或氧化铝作为吸附剂进行吸附。其优点是不产生含氟废水，回收的氟化钙可直接用于制备无水氟化氢或氢氟酸等，但不同的石灰石的吸收效率相差很大。

（2）湿法治理技术 目前国内普遍采用湿法治理技术，以水为吸收剂生成 18％ 的氟硅酸溶液。湿法治理不仅除氟率可达 97％，而且还可以同时除去其他污染物如硫化物等。湿法磷酸含氟废气治理工艺流程见图 11-117。

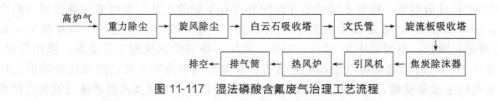

图 11-117 湿法磷酸含氟废气治理工艺流程

（3）炉内除氟与炉外除尘除氟 在高炉内生产钙镁磷肥时，磷矿在熔融过程中有 30％～50％ 的氟进入炉气。高炉内的炉气在经过煅烧白云石料层时，发生化学反应生成氟化钙、氟化镁，随炉料下降，在熔融区与磷矿共熔成肥料。少量氟随高炉气排出高炉。该炉气进入重力除尘器除掉较大的粉尘，然后经旋风分离器和水膜除尘器进一步除尘。图 11-118 是炉内除氟与炉外除尘除氟法处理钙镁磷肥高炉荒煤气的工艺流程。

图 11-118 炉内除氟与炉外除尘除氟工艺流程

3. 重过磷酸钙含氟废气治理技术

混合化成过程排出的含氟废气经两级洗涤后排空。熟化仓库含氟废气以石灰乳吸收后经排气筒排空，使其氟含量低于 $6mg/m^3$。

4. 磷酸生产含氟废气治理技术

湿法磷酸生产过程中排出的含氟废气，以水为吸收剂进行吸收处理，生成 18％ 左右的氟硅酸溶液。其工艺流程见图 11-119。

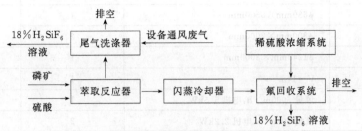

图 11-119　湿法磷酸含氟废气治理工艺流程

5. 磷肥厂动态泡沫床处理普钙含氟废气实例

（1）生产工艺流程和废气来源　装置设计能力普钙 10 万吨，实际年产 8 万吨，间歇法生产。普钙的生产工艺流程如图 11-120 所示。

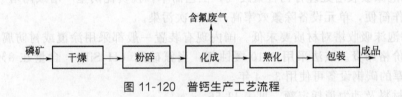

图 11-120　普钙生产工艺流程

在化成工段用硫酸分解磷矿石的过程中放出含氟废气。

废气中的主要污染物为 SiF_4 和 HF，其排放量为 $3500\sim4500m^3/h$，含氟 $23.6g/m^3$。

（2）废气处理工艺流程　含氟废气处理工艺流程如图 11-121 所示。

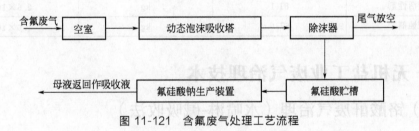

图 11-121　含氟废气处理工艺流程

含氟废气经空室后进入动态泡沫吸收塔，塔型采用穿流式旋流塔板。在塔中用水或水溶液吸收废气中的 SiF_4 和 HF。为了提高吸收效率，吸收液中加入少量的表面活性剂。未被吸收的尾气，经除沫器后排空。吸收液流入贮槽送至氟硅酸钠生产装置，氟硅酸钠经结晶、分离、干燥后作为成品。分离后的母液返回动态泡沫吸收塔，进行循环吸收。

（3）主要设备及构筑物　主要设备及构筑物见表 11-55。

表 11-55　主要设备及构筑物

名称	规格	台数	材质
空室	$V=30m^3$	1	砖

续表

名称	规格	台数	材质
动态泡沫吸收塔	$\phi 630mm \times 5500mm$	1	Q235
高位槽	$\phi 800mm \times 2000mm$	2	Q235
除沫塔	$\phi 1240mm \times 3000mm$	1	Q235
氟硅酸贮槽	$V = 14m^3$	1	Q235
风机	风量 $5000m^3/h$，电机 5.5kW	1	
泵	流量 $10m^3/h$，电机 2.2kW	2	塑料

（4）工艺控制条件　空塔气速 2～3m/s；系统压力降 150～200mmH₂O；床层压力降 80～120mmH₂O；床层高度 0.8～1.0m；塔板清洗次数为每月一次（用清水，不停车）。

（5）处理效果与指标　运转结果表明，动态泡沫吸收塔单台设备吸氟效率比目前国内任何单台设备吸氟效率要高，而与多塔或塔、室串联设备吸氟总效率相当。本装置吸氟效率稳定在99.5%以上。处理后的尾气含氟量远低于国家排放标准。

① 动态泡沫吸收塔处理普钙含氟废气，工艺简单，投资比两室一塔或两塔一室少60%。运转稳定操作简便，单元设备除氟效率高，无二次污染。

② 动态泡沫吸收塔对材质要求低。国内现有装置一般都采用涂覆或衬防腐材质，使用时间短，且价格昂贵。该法采用6710缓蚀剂，当氟硅酸（H_2SiF_6）含量在8%～12%时，4.5～6mm厚的碳钢设备可使用3～4年。

（6）原材料及动力消耗定额　见表11-56。

表 11-56　原材料及动力消耗定额（每 $1m^3$ 废气）

名称	规格	单位	消耗定额
电		kW·h	0.375
水	工业水	kg	2×10^{-3}
表面活性剂	81-1	kg	2.6×10^{-5}
缓蚀剂	6710	kg	1.0×10^{-5}

四、无机盐工业废气治理技术

（一）铬酸酐废气治理（水喷淋-碱吸收法）

铬酸酐生产加热熔化的过程中，将产生含氯和铬及其化合物的废气。铬酸酐的废气治理主要采用水喷淋-碱吸收法。铬酸酐的废气经水喷淋降温，CrO_2Cl_2 遇水分解，除去氯化铬酰和六价铬，再进入碱吸收塔用纯碱吸收，所有的氯离子都形成氯化钠溶于水中，净化后的废气排放，废液送去处理。该法工艺简单，技术成熟，操作方便，设备投资少，氯化铬酰、六价铬及氯气的去除率均达到90%以上。图11-122是两级吸收法治理铬酸酐废气的工艺流程。

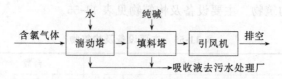

图 11-122　铬酸酐废气治理工艺流程

（二）过氧化氢废气处理（冷凝吸收法）

在用蒽醌法制备过氧化氢的氧化过程中，将产生主要成分是氮和重芳烃的废气。过氧化氢废气的治理大多采用冷凝吸收技术。过氧化氢废气进入冷凝器和一、二级鼓泡吸收器，产生的冷凝液进入烃水分离器，回收的烃返回生成系统，废水排入污水厂处理，净化后的气体可达标排放。该技术设备简单，操作方便，技术可行，去除率在95%以上。图11-123是用冷凝吸收法处理蒽醌法制备过氧化氢生成废气的工艺流程。

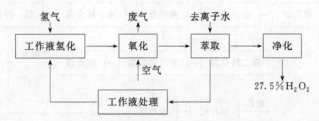

图 11-123　冷凝吸收法处理蒽醌法制备过氧化氢生成废气的工艺流程

（三）黄磷炉气处理技术

黄磷炉气中主要是CO以及很少的磷、氟、硫及砷等组分。通过水洗、碱洗，以除去炉气中的烟尘，再进行脱硫便可以得到高纯度的CO气体。CO气体可进一步加工成一些诸如甲酸、甲酸钠和草酸等产品。该法工艺成熟，对废气中的CO综合利用率高。图11-124是利用黄磷生成废气制甲酸钠的工艺流程。

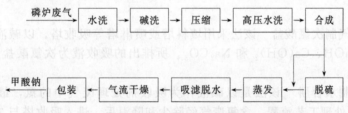

图 11-124　利用黄磷生成废气制甲酸钠的工艺流程

（四）硫化氢废气治理技术

（1）湿接触法制硫酸　在碳酸钡和氯化钡的生产过程中产生硫化氢废气。将硫化氢废气完全燃烧生成二氧化硫，以矾为催化剂使其转化为三氧化硫，再以水吸收成硫酸。该法工艺技术可行，装置的一次投资虽然较大，但是对废气中的硫化氢的回收率较高，有较好的经济效益。废气经处理可达标排放。图11-125是利用湿接触法将碳酸钡生成废气中的硫化氢制成硫酸的工艺流程。

图 11-125　湿接触法制硫酸的工艺流程

（2）克劳斯法回收硫黄　克劳斯法是利用克劳斯反应的一种方法。它是在氧不足的情况下进行不完全的燃烧，使 H_2S 转化成硫。再经过两冷两转两捕或三冷三转三捕制得硫黄。以 HF-861 为催化剂，在 150℃的条件下，将未转化的 H_2S 再次燃烧生成 SO_2，并与前段反应未冷凝的 SO_2 一道，用于生成硫代硫酸钠。该法工艺简单，操作方便，运转费用低，回收的硫黄经济效益高。但该法 H_2S 的转化率低，废气需再处理才可达标排放。图 11-126 是利用克劳斯法回收碳酸钡废气中硫化氢制硫黄的工艺流程。

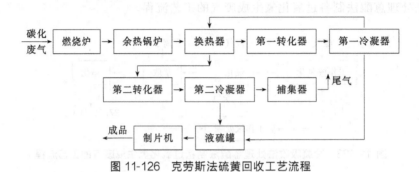

图 11-126　克劳斯法硫黄回收工艺流程

五、氯碱工业废气治理技术

氯碱工业主要的产品是烧碱、氯气和氯产品。氯产品主要有聚氯乙烯、液氯、盐酸等十几种。氯碱工业废气主要含汞和氯乙烯。

（一）含氯废气的治理技术

1. 吸收法

（1）含氯废气制次氯酸盐　该法采用填料塔或喷淋塔等吸收塔，以碱液吸收处理废气。常用的碱液为 $NaOH$、$Ca(OH)_2$ 和 Na_2CO_3。所排出的吸收液为次氯酸盐产品。该法工艺简单，操作方便。

（2）氯废气制水合肼　该法是以碱液作为吸收剂处理废气中的氯，最后制成水合肼。图 11-127 是废气处理工艺流程。含氯废气经除尘和降温后，进入吸收塔与 30%的 $NaOH$ 溶液反应生成次氯酸钠。次氯酸钠、尿素及高锰酸钾在氧化锅中反应生成水合肼。其反应原理是：

$$2NaOH + Cl_2 \longrightarrow NaCl + NaClO + H_2O \tag{11-51}$$

$$NaClO + NH_2CONH_2 + 2NaOH \longrightarrow N_2H_4 \cdot H_2O + NaCl + Na_2CO_3 \tag{11-52}$$

该法工艺简单，处理效果好。处理后，尾气中的氯含量可达 0.05%以下。

（3）水吸收法　当废气中氯的浓度小于 1%时，可以用水吸收氯气，然后再用水蒸气加热解吸，回收氯气。

（4）二氯化铁吸收法　该法是在填料塔中，用二氯化铁溶液吸收含氯废气生成三氯化铁，然后用铁屑还原三氯化铁为二氯化铁，使之循环使用。该法脱氯效率可达 90%。

（5）四氯化碳吸收法　当氯气的浓度大于 1%时，可以用四氯化碳为吸收剂进行吸收。吸收液经加热或吹除解吸。氯气可回收。

2. 氧化还原法（铁法）

该法是以铁屑与含氯废气中所携带的氯化氢反应，生成二氯化铁；二氯化铁吸附氯气，并将二价铁氧化成三价铁，而三价铁又被铁屑还原，再次参加吸附反应。

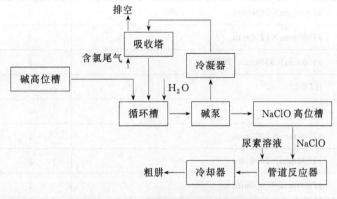

图 11-127　含氯尾气处理工艺流程

3. 利用漂白粉生产废气中的氯气制水合肼实例

（1）生产工艺流程和废气来源　年产漂白粉（有效氯 32%）8000t，日产约 24t，连续生产。漂白粉生产的工艺流程如图 11-128 所示。

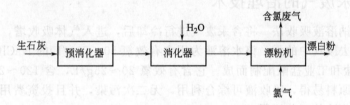

图 11-128　漂白粉生产的工艺流程

将符合质量要求的生石灰送入预消化器内，在 65～80℃ 温度条件下进行预消化，然后进入消化器过筛，使穿过筛孔的石灰经过陈化仓进入漂粉机进行氯化反应，尾气从顶部排出。

废气的主要成分是空气、氯气和石灰粉尘，排放量为 $1226m^3/h$。氯含量约 3%，按此值计，氯排放量为 116.58kg/h，大大超过国家排放标准。

（2）废气处理工艺流程　向循环槽内加入 30% 的液碱，开泵循环，加水使溶液浓度达27%。用此碱液在填料塔喷淋吸收排出的含氯尾气。经吸收处理的尾气由引风机抽出排空。吸收液返回循环槽，由泵送至冷凝器，经冷却后再进吸收塔循环使用。当吸收液达到规定质量后，送入次氯酸钠高位槽。将尿素液与次氯酸钠按比例进入管道反应器，在一定温度下生成水合肼。水合肼经缓冲罐进入冷却器，用自来水冷却得粗水合肼。

（3）主要设备及控制条件　主要设备及构筑物见表 11-57。

表 11-57　主要设备及构筑物一览表

名称	型号或规格	数量	材质
漂粉机	$\phi600mm\times3500mm$，10t/d，电机 10kW	3	组合件

续表

名称	型号或规格	数量	材质
尾气吸收塔	$\phi1000mm \times 5630mm$	3	PVC
次氯酸钠循环槽	$\phi1500mm \times 1200mm$	3	PVC
次氯酸钠冷却器	$\phi800mm \times 3534mm$,列管式	3	A_3
耐酸陶瓷风机	HTF-250	2	组合件
循环泵	3BA-9	4	组合件
碱贮槽	$\phi2000mm \times 3000mm$	1	A_3
次氯酸钠高位槽	$\phi1800mm \times 2600mm$	2	PVC
冷却器	$\phi2000mm \times 5000mm$	1	A_3
管道反应器	$\phi80mm/\phi150mm \times 6400mm$	2	A_3

　　工艺控制条件：原料液碱浓度≥30%；有效氯含量≥8%～10%；游离碱11%～15%；反应温度≤40℃；冷却器温度≤20℃；循环泵压力0.2～0.25MPa；冷却水温度<8℃；系统清洗时间>0.5h。

　　(4) 处理效果　含氯尾气经处理后达标排放，浓度为3.03mg/m^3，去除率达99.9%。

（二）含汞废气的治理技术

　　(1) 次氯酸钠溶液吸收法　将含汞废气进行冷却后，进入气体吸收塔，用次氯酸钠溶液进行吸收，以除去废气中的汞。该水溶液为用含有效氯50～70g/L的NaClO溶液与含氯化钠310g/L的精盐和工业盐酸配制而成。它含有效氯20～25g/L，含120～220g/L的NaCl。该法工艺简单，原料易得，吸收液可综合利用，无二次污染，并且投资费用低。图10-47是次氯酸钠溶液吸收法的工艺流程。

　　(2) 活性炭吸附法　将含汞废气进行冷却后，进入三级串联的活性炭塔进行吸附。该法工艺简单，除汞效果好，处理后尾气中汞的含量为10μg/m^3。但是，活性炭不能再生，需后处理。

　　(3) 冷凝-吸附法　对于含汞废气，可利用冷凝法来净化回收。但是，由于汞易挥发，单靠冷凝并不能使处理后的气体达到排放标准。所以冷凝法常作为吸附法或吸收法的前处理过程。当冷凝温度为20～30℃时，净化效率可达98%以上。

　　(4) 高锰酸钾溶液吸收法　高锰酸钾溶液具有很高的氧化还原电位，当与汞蒸气接触时生成HgO和络合物Hg$_2$MnO$_2$而沉降下来，达到净化汞蒸气的目的。吸收过程可在吸收塔中进行。图11-129是高锰酸钾溶液吸收法除汞的工艺流程。

（三）氯乙烯废气的治理技术

1. 活性炭吸附法

　　利用活性炭吸附氯乙烯废气中的氯乙烯，将吸附在活性炭上的氯乙烯解吸后返回生产装置。该法除氯乙烯效果好，运行可靠，效果稳定。处理后尾气中的氯乙烯含量可小于1%。氯乙烯的回收量可达年产量的1%，降低电石的消耗量18kg/t（PVC）。但是，其处理成本较高。图11-130是利用活性炭吸附法回收聚氯乙烯生产废气中氯乙烯的工艺流程。

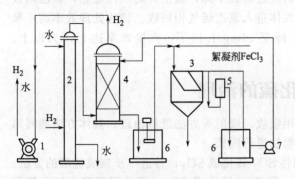

图 11-129 高锰酸钾溶液吸收法除汞的工艺流程

1—水环泵；2—冷凝器；3—吸收塔；4—斜管沉降器；

5—增浓器；6—贮液池；7—离心泵

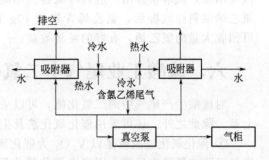

图 11-130 氯乙烯回收工艺流程

2. 溶剂吸收法

（1）三氯乙烯吸收法 氯乙烯易溶于三氯乙烯中，三氯乙烯和氯乙烯的沸点相差很大，且氯乙烯又无共沸物，易于分离，故在吸收塔中利用三氯乙烯作吸收剂来吸收废气中的氯乙烯。吸收后的三氯乙烯进入解吸塔进行解吸，解吸出的氯乙烯返回气柜，三氯乙烯循环使用。该法除氯乙烯效果好，处理成本低。其回收率达 99.6%，处理后尾气中的氯乙烯含量可降到 0.2%~0.3%。图 11-131 是利用三氯乙烯吸收法回收氯乙烯的工艺流程。

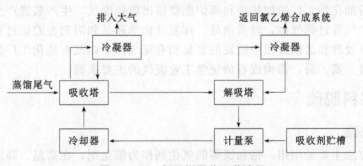

图 11-131 氯乙烯回收工艺流程

（2）N-甲基吡咯烷酮吸收法 利用 N-甲基吡咯烷酮作为吸收剂，吸收废气中的氯乙烯和 C_2H_2。该法处理效率高，易于解吸分离，处理后尾气中的氯乙烯含量<2%。但是，吸收剂昂贵，且再生后吸收率下降。

3. 聚氯乙烯浆料汽提法

该法利用氯乙烯挥发点低的特点，在真空条件下很容易从聚氯乙烯的浆液中分离出来。

图 11-132 是聚氯乙烯浆料汽提法的工艺流程。聚氯乙烯浆料由聚合釜排至出料槽中，进一步回收单体，使浆料中的氯乙烯含量降至 10g/L 左右。浆料经过过滤器除去结块的物料后，从汽

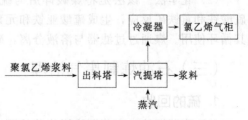

图 11-132 聚氯乙烯浆料汽提法的工艺流程

提塔的顶部进入塔中。在汽提塔内，进塔浆料经过筛板下降，被上升的蒸汽加热，氯乙烯被汽提出来，从塔顶排出，进入冷凝器。不凝气体进入氯乙烯气柜回收。该法处理效率高，聚氯乙烯浆料经汽提后，氯乙烯含量由 10g/L 降至 30mg/L 以下，汽提效率达 99.8％以上。可回收大量的氯乙烯，有好的经济效益。

六、硫酸工业尾气中二氧化硫的治理

对硫酸生产尾气中的二氧化硫，可以采用吸收、吸附等方法进行治理，具体方法参阅第七章。除此之外，还可采用催化氧化法及生物法进行脱硫。

① 催化氧化法脱硫是以 V_2O_5 为催化剂将 SO_2 转化成 SO_3，并进一步制成硫酸的方法。废气经除尘器除尘后进入固定床催化氧化器，使 SO_2 转化成 SO_3，经节能器和空气预热器使混合气的温度下降并回收热能，再经吸收塔吸收 SO_3 生成 H_2SO_4，最后经除雾器除去酸雾后经烟囱排出。

② 生物法脱硫是利用微生物进行脱硫的方法。常用的微生物是硫杆菌属中的氧化亚铁硫杆菌。这是一种典型的化能自养细菌，它可以利用一种或多种还原态或部分还原态的硫化物而获得能源，并且还具有通过氧化 Fe^{2+} 为 Fe^{3+} 和不溶性金属硫化物而获得能源的能力。$FeSO_4$ 是微生物生长的能源，在含 $FeSO_4$ 的培养液中，细菌氧化 Fe^{2+} 的速度很快，氧化生成的 $Fe_2(SO_4)_3$ 立即与废气中的 H_2S 反应生成单质硫沉淀出来，从而使废气得到净化。

七、石油化学工业废气治理技术

（一）石油化学工业废气的来源及特点

炼油厂和石油化学工厂的加热炉和锅炉燃烧排出燃烧废气，生产装置产生不凝气、弛放气和反应的副产气等过剩气体，轻质油品、挥发性化学药品和溶剂在贮运过程中的排放、泄漏，废水及废弃处理和运输过程中散发的恶臭和有毒气体，以及石油化工厂加工物料往返输送产生的跑、冒、滴、漏，都构成石油化学工业废气的主要来源。

（二）燃料脱硫

1. 重油脱硫

重油脱硫方法主要是用钼、钴和镍等的氧化剂作为催化剂，在高温、高压下进行加氢反应，将重油中的硫化物生成 H_2S。一般可将重油的含硫量脱至 0.1％～0.3％。

2. 煤脱硫

（1）物理法　煤中的硫 2/3 是以硫化铁（黄铁矿）的形式存在，而黄铁矿是顺磁性物质，煤是反磁性物质。该法便是利用煤和硫化铁不同的磁性而脱硫的方法。将煤破碎后，用高梯度磁分离法或重力分离法将黄铁矿除去，脱硫效率为 60％左右。

（2）化学法　该法是将煤破碎后与硫酸铁溶液混合，在反应器中加热至 100～130℃，硫酸铁和黄铁矿反应，生成硫酸亚铁和元素硫。同时通入氧气，硫酸亚铁氧化成硫酸铁，将其循环使用。煤通过过滤器与溶液分离，硫成为副产品。

（三）石油炼制废气治理

1. 硫的回收

（1）克劳斯法　克劳斯法回收硫的原理前面已有介绍。克劳斯反应有高温热反应和低温催化反应。根据酸性气体中含硫化氢的高低，制硫的过程大致可分为三种工艺方法，即部分燃烧法、分流法和直接氧化法。当酸性气体中硫化氢的浓度在50％～100％时，推荐使用部分燃烧法；当硫化氢的浓度在15％～50％时，推荐使用分流法；当硫化氢的浓度在2％～15％时，推荐使用直接氧化法。该法是大部分炼油厂采用的工艺。克劳斯工艺回收硫黄的催化剂品种繁多，目前国内炼油厂采用的为天然铝矾土催化剂和人工合成 Al_2O_3 催化剂。

（2）部分燃烧法　该法是含硫化氢气体与适量的空气在炉中进行部分燃烧，空气供给量仅够酸性气体中1/3的硫化氢燃烧生成 SO_2，并保证气流中 H_2S 与 SO_2 的摩尔比为 $2:1$，发生克劳斯反应使部分硫化氢转化成硫蒸气。其余的 H_2S 进入转化器中进行低温催化反应。一般二级以后转化器的转化率可达20％～30％。部分燃烧法的总转化率：用天然矾土催化剂时为85％～87％；用合成氧化铝为催化剂时可达95％以上。部分燃烧法常采用几种不同的工艺。图11-133是带高温掺合管的外掺合式部分燃烧法的工艺流程。

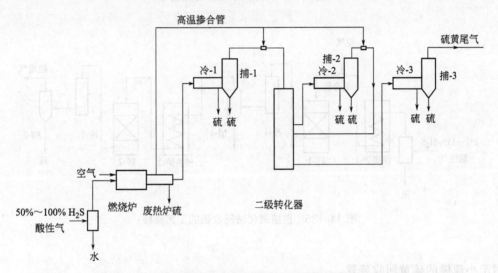

图 11-133　带高温掺合管的外掺合式部分燃烧法的工艺流程

（3）分流法　由于硫化氢的浓度较低（15％～50％），反应热不足以维持燃烧炉内的高温克劳斯反应所要求的温度，故该法将酸性气体分流：1/3的酸性气体送进燃烧炉，与适量的空气混合燃烧生成 SO_2；其余的酸性气体送进转化器内进行低温催化反应，H_2S 和 SO_2 反应生成硫黄。一般分流法设计成二级催化反应器，其硫化氢的总转化率可达89％～92％。图11-134是分流法的工艺流程。

（4）直接氧化法　该法是将酸性气体和空气分别通过预热器，预热到所要求的温度后，进入转化器进行低温催化反应，所需的空气仍为1/3硫化氢完全燃烧生成 SO_2 的量。该工艺采用二级催化反应器，硫化氢的转化率可达50％～70％。燃烧炉和转化器内均生成气态硫。图11-135是直接氧化法回收硫的工艺流程。

2. 硫回收尾气的处理

硫回收工艺一般装置的收率在85％～95％，故其尾气必须加以处理。其处理方法有干法、湿法和直接焚烧法。

（1）直接焚烧法　直接焚烧法是将尾气中除 SO_2 以外的其他硫化物全部燃烧，生成 SO_2 后排放。其目的是降低尾气的毒性。该法工艺简单，操作方便，投资和操作费用少，

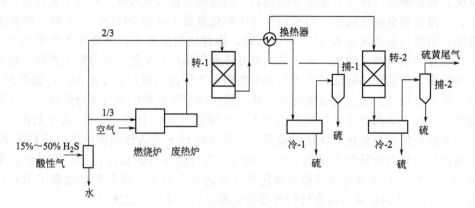

图 11-134 分流法的工艺流程

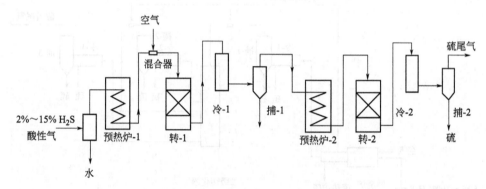

图 11-135 直接氧化法回收硫的工艺流程

适用于小规模的硫黄回收装置。

(2) IFP法 该法用聚乙二醇为溶剂，苯甲酸钠类的有机羧基化合物为催化剂，使尾气进行液相克劳斯反应。反应生成的硫黄在溶液中的溶解度很低，而从反应混合物中沉淀出来，使反应继续进行。该工艺简单、操作方便、投资和操作费用都不高。但因其脱硫率仅为80%~85%，排放废气中还有1500~2000mg/L的硫黄，故该法只有对排放要求不高的地方才可使用。

(3) 碱吸收法 该法是将尾气在燃烧炉中燃烧，使尾气中的 H_2 和硫黄等生成 SO_2，然后经降温、水洗后，进入吸收塔中，与液碱逆向接触反应生成亚硫酸氢钠。当循环碱液 pH 值达到 6~6.5，输入中和槽中用 NaOH 中和生成 Na_2SO_3，离心分离出 Na_2SO_3 结晶，经干燥后成为产品。该法投资少、工艺简单、净化效果好。但烧碱的消耗量大，工艺过程较复杂，设备腐蚀严重。图 11-136 是碱液吸收法的工艺流程。

(4) 斯科特法（SCOT） 该法是用 H_2 等还原剂，在催化剂作用下将克劳斯反应器排放尾气中的硫化物还原成 H_2S，再用醇胺溶剂选择吸收生成的 H_2S，达到净化尾气的目的。溶剂再生后放出较浓的 H_2S，返回硫黄回收装置。该法硫黄的回收率大于99%，尾气中硫黄物的含量小于200mg/L，工艺可靠，操作简单，不产生二次污染；但投资较高。

(5) 萨尔弗林法（Sulfreen） 该法是基于克劳斯反应在低温下的继续。尾气在装有特殊氧化铝的反应器中进行反应，生成的硫吸收在催化剂的表面，当达到一定的吸附量后，用

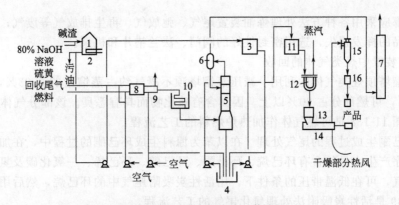

图 11-136　碱液吸收法工艺流程

1—碱渣罐；2—碱渣冷却器；3—碱高位槽；4—碱液循环池；5—吸收塔；6—分液罐；7—烟囱；
8—灼烧炉；9—空气预热器；10—酸气冷凝器；11—过滤器；12—结晶罐；13—离心机；
14—螺旋输送器；15—旋风分离器；16—料斗

尾气加热循环再生。吸附后的尾气，再进行焚烧、放空。该工艺成熟，流程简单，操作方便，投资小，占地少，能耗小，无副产品，但尾气中的 SO_2 含量较高。该法硫黄的回收率为 99%，排放的 SO_2 浓度<1500mg/L。图 11-137 是萨尔弗林法的工艺流程。

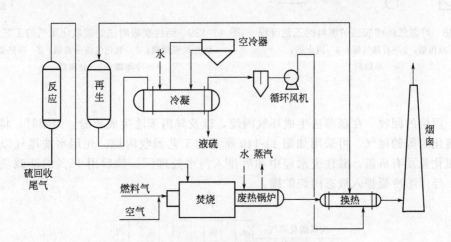

图 11-137　萨尔弗林法工艺流程

（6）CBA 法　该法和萨尔弗林法的过程原料相同。不同点是萨尔弗林法用焚烧后的尾气通过循环风机进行再生，而 CBA 法是用克劳斯硫黄回收的过程气进行再生，不设循环风机。CBA 法是在萨尔弗林法的基础上发展起来的，因此流程较简单，投资和能耗都较低。该法的硫黄回收率为 99%，尾气中硫黄含量<1500mg/L。

3. 排烟脱硫

石油化工厂的动力锅炉和发电厂，燃烧高硫燃料时含硫废气也需要进行排烟脱硫。其方法可参照电厂烟气脱硫方法。

4. 烃类废气治理

石油炼制厂在生产、贮存和运输的各个环节中都会产生烃类的排放和泄漏，故在上述的各个环节中都应采用各种方法处理炼油装置尾气、弛放气、再生排放气等废气；改进工艺设备，减少油品的挥发损失，选用密封性好的阀门、法兰垫片和机泵。

1）工艺装置中烃类气体的回收

（1）蒸馏塔顶烃类气体的利用　减压蒸馏塔顶不凝气约占蒸馏量的 0.03%，其含 $C_1 \sim C_5$ 组分 80%，可燃部分占 90% 以上。因其含有硫化物而具有恶臭。该部分气体可用作加热炉的燃料，图 11-138 是可燃气体作加热炉燃料的工艺流程。

（2）环己酮生成过程的尾气处理　在以苯为原料生成环己酮的过程中，在加氢、氧化和脱氧三个工序产生大量的含有环己烷、环己酮、环己醇、环己烯、一氧化碳及氢的尾气。为处理回收尾气，可在低温带压的条件下，用活性炭吸附尾气中的环己烷，然后用蒸汽解吸回收。图 11-139 是活性炭吸附法处理氧化尾气的工艺流程。

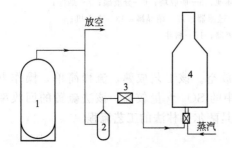 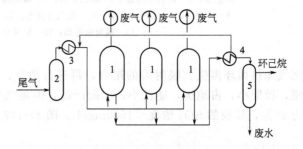

图 11-138　可燃气体作加热炉燃料的工艺流程　　图 11-139　活性炭吸附法处理氧化尾气的工艺流程
1—减压塔；2—石油气罐；3—回火器；　　　　　1—活性炭吸附罐；2—氧化气液分离罐；3—换热器；
4—加热炉　　　　　　　　　　　　　　　　　4—冷却器；5—分离器

（3）丙烷的回收　在氯醇法生成环氧丙烷，以及异丙苯法生成苯酚、丙酮时，将产生含丙烷、氯化氢等的尾气。可采用如图 11-140 所示的工艺回收丙烷。先用水洗尾气以除去尾气中的氯化氢及有机氯，酸性废水经中和后排入污水处理厂。然后用 15% 的液碱洗尾气至中性后，经压缩冷凝排入液态丙烷贮罐。

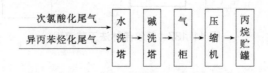

图 11-140　丙烷回收工艺流程

（4）苯气体回收　为减少装有苯类成品及中间油罐苯类的挥发，可将各苯罐连通起来，共设一个二乙二醇醚吸收塔，将排空的芳烃气体吸收下来，吸收剂可再生使用。图 11-141 是芳烃回收工艺流程示意。

2）烃类贮存过程中排放废气的治理

（1）油气回收处理系统

① 冷凝法。将从贮罐、油轮、罐车排出的油气，用压缩、冷却的方法使其中的部分烃蒸气冷凝下来加以回收。图 11-142 是冷凝法油气回收示意。

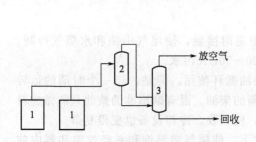

图 11-141　芳烃回收工艺流程示意
1—芳烃中间罐；2—缓冲罐；3—吸收器

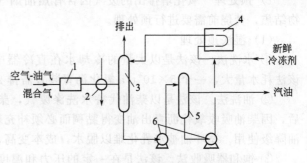

图 11-142　冷凝法油气回收示意
1—压缩机；2—冷却器；3—冷却塔；
4—冷冻机；5—分离塔；6—泵

② 吸收法。将排放的油气引入吸收塔，利用吸收剂吸收其中的烃蒸气。吸收剂在常温和常压下可用煤油或柴油，在加压和低温下也可用汽油。图 11-143 是吸收法的示意。

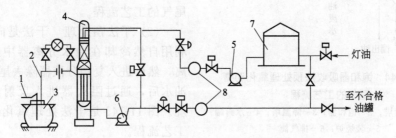

图 11-143　炼油厂油气蒸气回收装置示意
1—装油管；2—集气管；3—油槽车；4—吸收塔；5—人塔泵；6—出塔泵；7—吸收液罐；8—流量计

③ 吸附法。排出的油气引入吸附塔进行吸附处理。吸附剂可用活性炭。

（2）采用浮顶油罐和内浮顶油罐　原油、汽油、苯类产品等含有易挥发的烃类，在用拱顶罐贮存时，当环境温度变化或装卸油时将排放一些油气。为了减少油罐内部空间的油气浓度，在罐内液面上加一个浮动的顶盖，它可随液面升高或降低，以控制原油和汽油等轻质烃类排放。在罐顶上不设固定顶盖的为浮顶油罐，在拱顶罐内设一个浮动顶盖的为内浮顶油罐。

（3）呼吸阀挡板　在固定顶油罐呼吸阀短管下方安装挡板，使进入贮罐的空气流改变方向，阻止空气流直接冲击油罐上面混合气态的高浓度层，避免加剧气态空间的强制对流，使油罐气体空间的中上部保持较低的油气浓度，从而减少油品的蒸发损耗。该法可使 $100m^3$ 的油罐大呼吸损耗降低约 20%，对小呼吸损耗降低 24%。

（4）其他　可对贮罐采取水喷淋、加隔热层、在多个贮罐间加其他联通管等方法，以减少油品的损失。

5. 氧化沥青尾气的治理

渣油在空气中氧化生成胶质和沥青的过程中，产生具有窒息性臭味的气体、馏出油及挥发性组分。从氧化塔顶排出的废气必须加以治理。氧化沥青尾气的治理一般分成废气的预处理和焚烧。

1) 预处理　氧化塔排出的废气因含有焦油烟气，为了使焚烧正常进行，避免塔顶馏出物结焦，焚烧前需要进行预处理。

（1）湿法预处理

① 水洗法。该法是以大量的冷却水在直冷器中逆向接触，使尾气中油和水蒸气冷凝。该法耗水量大，一个 5×10^4 t/a 氧化沥青装置需排 20～50t/h 污水。

② 油洗法。该法是以柴油代替水洗涤废气，柴油循环使用。但是，经一个时期的运转后，因柴油吸收氧化沥青出油变得黏稠而必须补充新的柴油。混有馏出油的柴油只能做燃料油降级使用。循环油被水乳化难以脱水，成本变高，使吸收、冷却设备也变得复杂。

③ 饱和器吸收法。该法是在一定的压力和温度下，使尾气增湿饱和并经过饱和器内的水层，同时向饱和器内不断地加入适量的冷却水，以补充蒸发掉的水分，并利用水的潜热把尾气冷却下来。冷却的馏出油用作燃料油。该法比水洗和油洗法工艺简单，装置基本不排废水，馏出线不结焦。但是，这种方法处理的尾气中含水量较高，故焚烧时耗能较多；并且馏出油中含水，乳化也较严重。图 11-144 是饱和器吸收法预处理氧化沥青尾气的工艺流程。

（2）干法预处理　干法是向塔顶喷水，利用自然冷却在油水分离器中进行油水分离，然后进入复挡分液器除去尾气中夹带的油水后，通过阻火器进入反射炉中进行焚烧。图 11-145 是干法处理氧化冷却尾气的工艺流程。

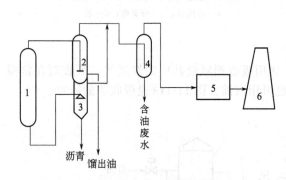

图 11-144　饱和器吸收法预处理氧化沥青
尾气的工艺流程

1—氧化沥青塔；2—饱和器；3—降温塔；4—水封罐；
5—焚烧炉；6—排气筒

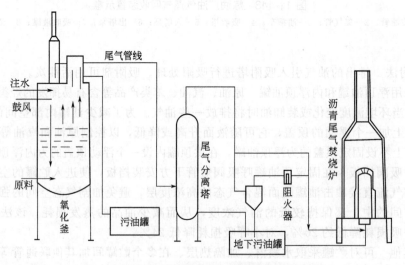

图 11-145　干法处理氧化冷却尾气的工艺流程

2) 氧化沥青尾气的焚烧　氧化沥青尾气可在卧式和立式炉中焚烧。立式焚烧炉结构紧凑，占地少。尾气焚烧炉石油气火嘴采用每组 6 个较为合适，使尾气进入燃烧室时不致扑灭石油气火焰。

（四）石油化工废气治理

1. 催化裂化粉尘治理

（1）旋风分离器除尘　目前国内常采用的旋风分离器有多管式、旋流式和布尔式。催化裂化装置的再生器排烟可装一级、二级甚至三级和四级旋风分离器。采用三级旋风分离器，可使排出的烟气中的催化剂浓度由 $0.8\sim1.5g/m^3$ 降到 $0.2\sim0.3g/m^3$。此外，还有美国布尔式旋风分离器。Polutrol 公司的 Eurtpos 三级旋风分离器和四级旋风分离器，其收集率分别为 97.67% 和 99.99%。

（2）电除尘　当采用旋风分离器还不能达到排放标准时，可采用电除尘做进一步的处理。

2. 尿素雾滴的回收

尿素的造粒工序中熔融尿素液滴离开造粒喷头后，在 $135\sim138℃$ 下氨的分压较低，易分解为异氰酸和氨。其生成物再遇到上升的冷空气时，便又生成尿素。这样生成的尿素颗粒很小，这就是尿素粉尘。一般情况下，排气中尿素粉尘含量为 $30\sim100mg/m^3$，当熔融尿素的温度升到 $145℃$ 时，粉尘的含量上升到 $220mg/m^3$，应该回收造粒塔的粉尘。造粒喷头处含尿素的废气进入集气室后，先用 10%～20% 的稀尿素溶液经喷头喷淋吸收，使大部分尿素粉尘被洗涤吸收成尿素液返回系统；其余的尿素粉尘溶于水雾中，随饱和热空气上升，经 V 形泡沫过滤器过滤后，通过一个筒形的雾滴回收器后排入大气。

3. 催化法处理有机废气

石油化工中的有机废气主要采用催化氧化法加以净化。它是在有催化剂的存在下，用氧化剂将废气中的有害物质氧化成无害物质（催化氧化法），或用还原剂将废气中的有害物质还原为无害物质（催化还原法）。图 11-146 是催化燃烧法治理含异丙苯有机废气的工艺流程。

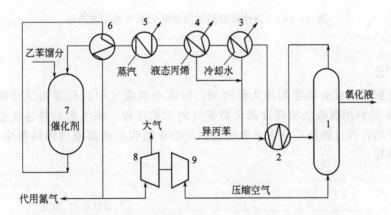

图 11-146　催化燃烧法治理含异丙苯有机废气的工艺流程

1—氧化塔；2—氧化塔进料预热器；3,4—尾气冷却器；5—尾气加热器；
6—尾气换热器；7—催化燃烧器；8—透平机；9—空压机

（五）合成纤维工业有机废气治理

合成纤维废气主要有：

① 燃烧废气，主要来源于各种锅炉、加热炉、裂解炉、焚烧炉及火炬燃烧排气；

② 烃类废气，主要来源于合成纤维生产的上游装置，污染物主要是一些烃类；

③ 树脂合成废气，主要来源于合成纤维树脂原料合成装置；

④ 恶臭废气，主要来源于污水处理厂各工序散发的恶臭废气。

合成纤维废气的排放量大，废气中污染物种类多，易燃易爆物多，刺激性腐蚀性物质多。部分废气具有一定的回收价值。

1. 有机废气的回收利用

有机废气回收的主要方法是加压法。该法是用压缩机循环压缩冷却，分离废气中可被利用的有机物组分，使其和液体分离，加以回收利用。如常压蒸馏装置塔顶尾气瓦斯气的回收、乙烯球罐区气相乙烯的回收、石油液化气的回收等。

2. 吸附法

该法是利用活性炭等吸附剂吸附有机废气。图 11-147 是活性炭吸附法治理对苯二甲酸二甲酯装置氧化尾气的工艺流程。

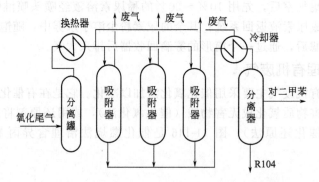

图 11-147　活性炭吸附法治理氧化尾气的工艺流程

3. 吸收法

吸收法是利用水或有机溶剂作为吸收剂，吸收有机废气中的有害物质而使废气得以净化。图 11-148 是利用吸收法治理含氰化物废气的工艺流程。该工艺是将各放空线集中，由罗茨鼓风机抽出，经过提压后进入水吸收塔，用冷水吸收后的溶液送丙烯腈生产工艺中去。该法处理效果好。

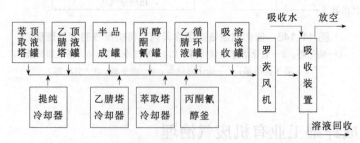

图 11-148　吸收法治理含氰化物废气的工艺流程

4. 焚烧法

焚烧法是处理有机废气中有机物含量较低时的一种有效的方法。有机物燃烧后变为无害的水和二氧化碳，不产生二次污染。可采用火炬、加热反应炉等设备焚烧。图 11-149 是焚烧法处理腈纶厂吸收塔顶尾气的工艺流程。从丙烯腈装置吸收塔顶引出的废气，送至脱水罐脱水，然后经瓦斯燃烧器喷嘴喷入炉内进行焚烧。

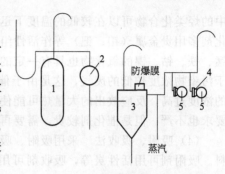

图 11-149　焚烧法尾气治理工艺流程
1—吸收塔；2—尾气加热器；3—脱水罐；
4—阻火器；5—瓦斯燃烧器

5. 吸附-焚烧法

该法是将吸附和焚烧组合在一起处理有机废气的方法。它是先用活性炭吸附废气中的有机物，活性炭吸附饱和后用热空气再生，脱附的含有机物的废气送入焚烧炉焚烧。此法成本偏高，但处理效果好。

6. 其他

合成纤维工业产生的含氮氧化物和氨等废气的治理方法，可参照本章有关该污染物的处理方法。

（六）恶臭的治理

1. 焚烧法

恶臭气体一般都是可燃的物质，故可在焚烧炉燃烧，使之生成二氧化碳和水。该法是使用最多的脱臭方法，如有机溶剂的脱臭、氧化沥青尾气的焚烧处理。其缺点是燃烧温度高，燃料消耗大。

2. 洗涤吸收法

该法是利用吸收液吸收恶臭物质的方法。吸收过程可在洗涤塔中进行。也有的用射流式和文丘里式设备进行洗涤吸收。

3. 吸附法

对于空气中的恶臭气体和有机溶液可采用活性炭等吸附剂进行吸附除臭。

八、其他化学工业废气治理技术

其他化学工业包括有机原料、合成材料、农药、染料、涂料、颜料及炼焦工业等。

（一）可燃性有机废气治理技术

（1）直接燃烧法　该法适用于高浓度、可燃性有机废气的处理。可以在一般的锅炉、废热锅炉、加热锅炉及放空火炬中对废气进行燃烧，燃烧温度大于 1000℃。该法简单、成本低、安全，适用于生产波动大、间歇排放废气的情况。但该法在燃烧不完全时仍有一些污染物排放到大气中，且用火焰燃烧的热能无法回收。

（2）热力燃烧法　该法适用于低浓度、可燃性有机废气的处理。燃烧时需加辅助燃料，燃烧温度为 720～820℃。

（3）催化燃烧法　该法适用于处理有机废气和消除恶臭。在催化剂的作用下，有机废气中的烃类化合物可以在较低的温度下迅速地氧化，生成二氧化碳和水，使废气得到净化。催化剂多用贵金属（铂、钯）等作活性组分，无规则金属网、氧化铝及蜂窝陶瓷作载体。铜、锰、铁、钴、镍的氧化物也具有一定的活性，但反应温度高且耐热性差。催化燃烧法只适用于污染物浓度较低的废气，这是由于催化剂使用温度有限制（一般低于 800℃），若污染物的浓度过高，反应放出的大量热可能使催化剂被烧毁。该法操作温度低，燃料消耗少，保温要求也不严。但是催化剂较贵，需要再生，设备投资也较高。

（4）吸附、吸收法　采用吸附、吸收法治理有机废气，主要是回收废气中的高值化工原料。吸附剂可用活性炭等，吸收剂可用碱液或水。图 11-150 是用水吸收法处理苯酐废气回收顺酸制反丁烯二酸的工艺流程。

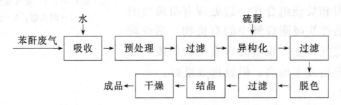

图 11-150　吸收法处理苯酐废气工艺流程

（二）含氯化氢废气的治理技术

（1）冷凝法　对高浓度的含氯化氢废气，采用石墨冷凝器进行冷凝回收盐酸，冷凝回收盐酸后的废气再经水吸收。氯化氢的去除率可达 90% 以上。

（2）水吸收法　对低浓度的含氯化氢废气，可采用水吸收法。吸收过程可在吸收塔（如降膜水吸收器）中进行，氯化氢气体进入塔内，与喷淋水逆流接触而被吸收。净化后的尾气排至大气，吸收液在循环槽中进行循环吸收，可回收 15%～30% 的盐酸。该方法设备简单，工艺成熟，操作方便。图 11-151 是用水吸收法处理敌百虫生产废气氯化氢的工艺流程。

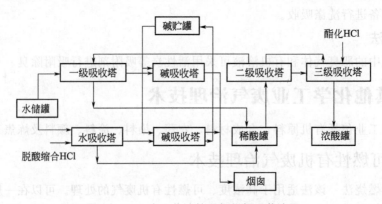

图 11-151　水吸收法处理氯化氢工艺流程

（3）中和吸收法　该法用碱液或石灰乳为吸收剂吸收废气中的氯化氢，是一种应用较多的方法。吸收可在吸收塔中进行。

（4）甘油吸收法　该法以甘油为吸收剂吸收氯化氢。

（三）含氯废气的治理技术

（1）中和法　该法是在喷淋塔或填料塔中，以 NaOH 溶液、石灰乳、氨水等作为吸收剂吸收中和含氯废气中的氯。用 $15\%\sim20\%$ 的氢氧化钠吸收废气中的氯，其吸收率可达 99.9%，吸收后废气中的氯含量低于 $100mL/m^3$。

（2）氧化还原法　该法是以氯化亚铁溶液为吸收剂，氧化和还原分别在氧化反应器和中和反应器中进行。生成的三氯化铁可用作净水剂。该法操作容易，设备简单，技术上可行，经济上合理，废铁屑来源丰富。但是，处理效率较低。

（3）四氯化碳吸收法　在氯气的浓度大于 1% 时可采用四氯化碳为吸收剂，在喷淋塔或填料塔中吸收废气中的氯，然后在解吸塔中将含氯的吸收液通过加热或吹脱解吸。回收的氯可再次使用。

（4）硫酸亚铁或氯化亚铁溶液吸收法　该法是以硫酸亚铁或氯化亚铁溶液为吸收剂吸收处理含氯废气。

（四）含硫化氢废气的治理技术

（1）氢氧化钠吸收法　该法以 NaOH 溶液作吸收剂吸收废气中的硫化氢气体，制成 NaHS 或 Na_2S。它们可作为染料和一些有机产品的助剂，还可供造纸、印染等行业使用。该法还可以将制得的 NaHS 与乙基硫酸钠合成乙硫醇。乙硫醇是重要的农药中间体。

（2）氢氧化钙吸收法　该法以 $Ca(OH)_2$ 溶液为吸收剂吸收 H_2S，制成硫氢化钙，然后在 85℃左右和氰氨化钙进行缩合，生成硫脲液和石灰氮。经分离、减压蒸发、结晶和干燥得产品硫脲。

（3）燃烧法制硫黄　该法是将废气在空气中燃烧，在 $400\sim500℃$ 下通过铝矿石催化剂，可转化为硫黄。其回收率在 90% 以上，纯度为 99.3%。

（4）制二甲亚砜　该法是含硫化氢废气与甲醇在 350℃下反应制得甲硫醚。甲硫醚在二氧化氮均相催化剂存在条件下用氧气氧化得粗二甲亚砜，再用 40% 液碱中和，减压蒸馏后得含量 99% 的二甲亚砜。

（五）含氯甲烷和氯乙烷废气的治理技术

氯甲烷可采用冷凝—干燥—压缩工艺，氯乙烷可采用冷凝—干燥—冷凝工艺以回收氯甲烷和氯乙烷。图 11-152 是回收敌百虫废气中氯甲烷的工艺流程图。图 11-153 为从氯油废气回收氯乙烷的工艺流程。

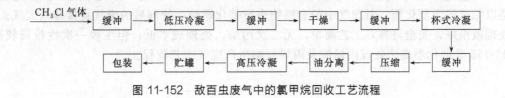

图 11-152　敌百虫废气中的氯甲烷回收工艺流程

（六）光气废气治理技术

光气废气治理可采用水吸收—催化分解—碱解流程。含光气和氯化氢的混合气体，通过降膜吸收塔用水吸收氯化氢。剩余的光气进入填有 SN-7501 催化剂的分解塔，大部分光气被分解，残余的光气经碱解塔中和后，由高烟囱排放。该工艺处理效果较好，光气的分解率达 99.9%。

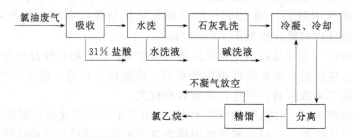

图 11-153　从氯油废气回收氯乙烷的工艺流程

（七）涂料生产废气治理技术

（1）柴油吸收法　从热炼反应釜排出的废气经过冷却进入吸收塔，以柴油为吸收剂吸收有机废气。吸收剂经过滤后，供作燃料使用。尾气经油沫分离器除去柴油，直接排入大气。该法处理效果稳定，工艺简单，无二次污染，工程投资低。图 11-154 是利用柴油吸收法处理涂料酚醛漆生产废气的工艺流程。

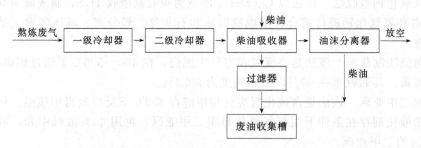

图 11-154　柴油吸收法处理熬炼废气工艺流程

（2）活性炭吸附法　热炼废气经冷却后，进入活性炭吸附塔，有机气体被活性炭吸附，净化后的气体排入大气。活性炭吸附饱和后进行再生或焚烧处理。该法处理效果稳定，工艺简单，无二次污染；但工程投资和运转费用高。

（3）催化燃烧法　热炼废气经预热器预热到 250~450℃后进入催化燃烧器。催化燃烧器是以铂或钯为催化剂。对废气中的有机物进行催化燃烧，处理后的废气直接排入大气。该法处理效果好，安全可靠，工艺简单，无二次污染，处理成本低；但工程一次性投资较高。图 11-155 是催化燃烧法处理丙烯酸及丙烯酸酯生产废气工艺流程。

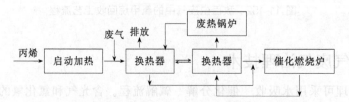

图 11-155　催化燃烧法处理丙烯酸及丙烯酸酯生产废气工艺流程

（4）负压冷凝法　热炼废气由真空泵引入多级冷凝器，冷凝废气中的有机物净化后的尾气排入大气。该法处理效果好，操作简便，运转费用低，还可以回收有用物质。

（八）无机颜料废气治理技术

（1）水吸收法　钛白粉和立德粉生产废气可用水吸收处理。废气进入水喷淋吸收塔，其中部分硫酸雾和 SO_2 被水吸收。从喷淋塔出来的气体进入碱液喷淋吸收塔，碱液和硫酸雾、二氧化硫及三氧化硫生成各种硫酸盐。净化后的气体排入大气。该法工艺成熟，污染物去除率高，操作简单，无二次污染，运转费用低。图 11-156 是水吸收法处理钛白粉生产中酸解废气的工艺流程。

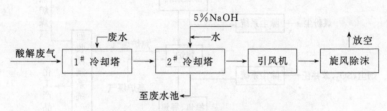

图 11-156　水吸收法处理酸解废气的工艺流程

（2）湿法吸收和静电除雾法　煅烧废气进入水喷淋洗涤器，废气中的二氧化钛粉尘被洗入水中，经沉淀后回用，部分硫酸雾和二氧化钛被水吸收。废气进入稀碱液喷淋器，废气中的酸雾、SO_2 及三氧化硫等与 NaOH 发生反应。该法的污染物去除率达到 50％以上。最后，尾气进入静电除尘器，将尾气中的悬浮酸雾分离出来。该法工艺成熟，处理效果稳定，还可以回收钛白粉。但是，静电除尘造价高。图 11-157 是湿法吸收-静电除雾处理钛白粉转窑煅烧废气的处理工艺流程。

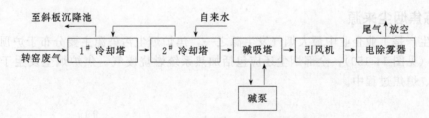

图 11-157　转窑煅烧废气的处理工艺流程

（3）稀碱液吸收法　该法在喷淋塔中以稀碱液吸收铬黄、氧化铁红等颜料生产中产生的废气。废气中的氮氧化物与碱反应生产硝酸盐，部分铅尘也被碱液吸收。净化后气体排放，废液送废水站处理。

第六节　炼焦工业废气的治理

炼焦烟尘治理是难度较大的治理技术之一，这主要是因为炼焦烟尘难以捕集且含有焦油物质，焦粉琢磨性强，处理相当困难。本节重点介绍难以处理的烟尘减排技术。

一、炼焦烟尘来源和特点

1. 车间组成及产生的有害物

炼焦工厂有备煤、炼焦两个主要车间。生产工艺流程及污染物见图 11-158。

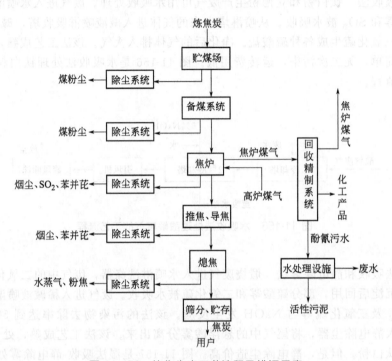

图 11-158　炼焦生产工艺流程及排污示意

2. 炼焦烟尘来源

炼焦生产是工业企业中最大烟气发生源之一，焦炉烟尘污染源主要分布于炉顶、机焦两侧和熄焦（见图 11-159），全部烟尘还应包括加热系统燃烧废气。焦炉烟尘发生于装煤、炼焦、推焦、熄焦过程中。

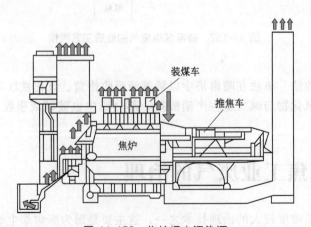

图 11-159　焦炉烟尘污染源

(1) 装煤工艺 装煤时由于煤占据了炭化室内的空间,同时一部分煤在炭化室内被燃烧形成正压。荒煤气、煤烟尘一同从装煤孔向外界冲出,污染环境。采用机械装煤与顺序装煤的生产操作制度时,向炭化室内装煤的时间为 2~3min。由于煤占据炭化室空间的速度比较慢,单位时间里由装煤孔排出的烟尘相对少一些。采用重式装煤时,向炭化室内装煤时间仅为 35~45s。大量煤短时间内占据炭化室空间,单位时间内由装煤孔排出的烟尘量较多。一般认为,装煤时吨焦产生的 TSP(总悬浮颗粒物)是 0.2~2.8kg。其中焦油量最高值是 500~600m³/min。其烟气量可参考以下数值:普通焦炉(机械化装煤)为 300~800m³/min,捣固焦炉(排烟孔)400~600m³/min。

(2) 炼焦工序 炉体在炼焦生产过程中烟气主要来自炉门、装煤孔盖、上升管盖的泄漏。特点是污染源分散,烟气是连续发生的,污染面大。污染物以荒煤气、烟气为主。对于老式 6m 高的炭化室炉门,在一个结焦周期内每个炭化室发生气态污染物平均 529g、粉尘量 49g,这种焦炉结焦时间 17.2h;装煤孔盖若不用胶泥封密,吨焦产生的污染物为 675g;而对无水封的上升管盖,吨焦污染物散发量约 40%。

(3) 推焦工序 推焦是在 1min 内推出炭化室的红焦多达 10~20t。红焦表面积大,温度高,与大气接触后收缩产生裂缝,并在大气中氧化燃烧,引起周围空气强烈对流,产生大量烟尘。烟气温度达数百摄氏度,形成高达数百米的烟柱,污染环境。污染物主要是焦粉、二氧化碳、氧化物、硫化物。当推出生焦时,烟气中还含有较多的焦油。粉尘发生量每吨焦 0.4~3.7kg。

(4) 熄焦工序 在湿熄焦过程中,由熄焦塔顶排出大量焦粉、硫化氢、二氧化硫、氨及含酚水蒸气。生产 1t 焦炭湿熄焦产生的烟尘 0.6~0.9kg,其中 80% 粒径 $<15\mu m$。当采用含酚废水熄焦时,熄灭 1t 焦炭有 500~600kg 含酚水蒸气排入大气。

干法熄焦过程中发生污染物以焦尘、氮氧化物、二氧化硫、二氧化碳为主。全部干熄焦过程中烟尘发生量为每吨焦 3~6.5kg。

3. 烟尘特点

(1) 含污染物种类繁多 废气中含有煤尘、焦尘和焦油物质,其中无机类的有硫化氢、氰化氢、氨、二硫化碳等,有机类的有苯类、酚类等多环和杂环芳烃。

(2) 危害性大 无论是无机或有机污染物多数属于有毒、有害物质,焦化厂空气颗粒物中能检出少量萘、甲基萘、二甲基萘及乙基萘等,主要以蒸气状态存在。而细微的煤尘和焦尘都有吸附苯系物的性能,从而增大了这类废气的危害性。

对炼焦生产发生的烟尘估测,在没有污染控制手段的状况下,每生产 1t 焦炭排放的总悬浮微粒和苯并[a]芘的数量大致如表 11-58 所列。

表 11-58 烟尘成分及含量 单位:g/t 焦

来源	总悬浮颗粒物	苯并[a]芘	来源	总悬浮颗粒物	苯并[a]芘
装煤	0.5~1.0	$1\times10^{-3}\sim2\times10^{-3}$	炉顶泄漏	0.1~2.0	$5\times10^{-4}\sim10\times10^{-3}$
推焦	1.0~4.0	$2\times10^{-5}\sim8\times10^{-5}$	炉门泄漏	0.2~1.0	$9\times10^{-4}\sim4.5\times10^{-2}$
熄焦(湿法)	1.0~2.0	$5\times10^{-5}\sim10\times10^{-5}$	小计	2.8~9.0	$2.47\times10^{-3}\sim1.17\times10^{-2}$

(3) 污染物发生源多、面广、分散,连续性和阵发性并存 焦炉装煤、推焦熄焦过程产生的烟尘多是阵发性,每次过程时间短,烟尘量大,而次数频繁,一般每隔 8~16min 各有 1 次,每次时间 1~3min。焦炉炉门装煤孔盖、上升管盖和桥管连接处的泄漏烟气及散落在焦炉顶的煤受热分解的烟气等,其面广、分散。

（4）控制和回收部分逸散物　如荒煤气、苯类及焦油产品等有用物质，不仅减轻对大气的污染，还有较大的经济效益。表 11-59 列出了焦炉污染物无控制排放量。

表 11-59　焦炉污染物无控制排放量

排放源	污染物/（g/t 焦）			
	总悬浮颗粒物（TSP）	苯可溶物（BSO）	苯（β）	苯并[a]芘（B[a]P）
装煤（湿煤）	660	730	333	1.33
推焦	1330	50	40	0.026
炉门	260	370	13.0	20
炉顶泄漏	133	170	3.30	0.66
清水炼焦	1130	3.80	0.018	0.115
合计	3513	1324	353.3	4.10

（5）焦化粉尘中的焦粉磨损性强，易磨坏管道和设备，粉尘中的焦油物质会堵塞袋式除尘器的滤袋。

二、备煤车间除尘

（一）各工段除尘措施

备煤车间的各工段除尘措施见表 11-60。

表 11-60　备煤车间各工段通风除尘措施

工段名称		最小换气次数/（次/h）	通风除尘措施
破碎机室		—	破碎机应设除尘，一般在给料溜槽上及胶带机受料点设吸气罩
粉碎机室	粉碎机工段	—	（1）粉碎机应设密闭除尘。一般在给料机头部，粉碎机下部胶带机受料点设除尘吸气罩 当室内设有 3 台以上粉碎机时，还应在给料斜溜槽或中间给料胶带机受料点设吸气罩 （2）粉碎机的电动机，当有对电动通风要求时，一般采用密闭直通式通风系统 （3）电动机间设轴流风机送风。风量按消除电机余热计算
	煤成型机室	2～3	（1）室内设风帽或天窗自然排风 （2）混煤机、分配槽、混捏机、输送机、煤成型机、型煤冷却机设机械除尘 （3）油压室设机械排风
地下胶带机通廊和转运站		5	（1）室内设机械排风或竖风道自然排风，一般按 5 次/h 计算 （2）煤水分<8%时设机械除尘
煤制样室		2～3	室内设风帽自然排风；产生的设备做机械除尘

（二）备煤设备除尘

（1）齿辊破碎机　常用的齿辊破碎机规格有 $\phi600mm \times 750mm$ 和 $\phi900mm \times 900mm$ 两种。其设备及安装除尘集气吸尘罩的位置如图 11-160 所示。图中除尘吸气量（Q）和吸气罩局部阻力系数（ζ）如下：

$\phi 600\mathrm{mm}\times 750\mathrm{mm}$ 齿轮破碎机　　$Q_1=2000\mathrm{m}^3/\mathrm{h}$，$\zeta_1=1.0$

$\qquad\qquad\qquad\qquad\qquad\qquad\quad Q_2=2500\mathrm{m}^3/\mathrm{h}$，$\zeta_2=0.5$

$\phi 900\mathrm{mm}\times 900\mathrm{mm}$ 齿轮破碎机　　$Q_1=2500\mathrm{m}^3/\mathrm{h}$，$\zeta_1=1.0$

$\qquad\qquad\qquad\qquad\qquad\qquad\quad Q_2=3000\mathrm{m}^3/\mathrm{h}$，$\zeta_2=0.5$

（2）锤式破碎机　常用的锤式破碎机规格有 $\phi 1000\mathrm{mm}\times 1000\mathrm{mm}$ 和 $\phi 1430\mathrm{mm}\times 1300\mathrm{mm}$ 两种。其设备及安装除尘集气吸尘罩的位置如图 11-161 所示。

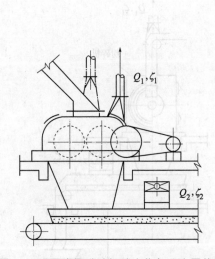

图 11-160　齿辊破碎机除尘集气吸尘罩位置

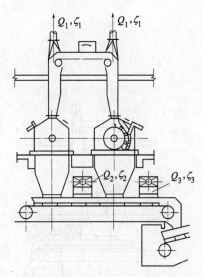

图 11-161　锤式破碎机除尘集气吸尘罩位置

图中 11-161 除尘吸气量（Q）和吸气罩局部阻力系数（ζ）如下：

$\phi 1000\mathrm{mm}\times 1000\mathrm{mm}$ 锤式破碎机：

$$Q_1=3000\mathrm{m}^3/\mathrm{h}，\quad \zeta_1=0.25$$

$$Q_2=4000\mathrm{m}^3/\mathrm{h}，\quad \zeta_2=0.5$$

$$Q_3=4500\mathrm{m}^3/\mathrm{h}，\quad \zeta_3=0.5$$

$\phi 1430\mathrm{mm}\times 1300\mathrm{mm}$ 锤式破碎机：

$$Q_1=3500\mathrm{m}^3/\mathrm{h}，\quad \zeta_1=0.25$$

$$Q_2=5000\mathrm{m}^3/\mathrm{h}，\quad \zeta_2=0.5$$

$$Q_3=5500\mathrm{m}^3/\mathrm{h}，\quad \zeta_3=0.5$$

（3）反击式破碎机　常用的反击式破碎机规格有 MFD-100、MFD-200、MFD-300 及 MFD-400 四种。对小焦炉还使用 PTJ-0707 反击式破碎机。上述设备及其安装集气吸尘罩位置的示意如图 11-162 所示。图中除尘吸气罩（Q）和集气吸尘罩局部阻力系数（ζ）如下。

MFD-100、MFD-200：

$$Q_1=3000\mathrm{m}^3/\mathrm{h}，\quad \zeta_1=0.25$$

$$Q_2=4000\mathrm{m}^3/\mathrm{h}，\quad \zeta_2=0.5$$

MFD-300、MFD-400：

$$Q_1=3500\mathrm{m}^3/\mathrm{h}，\quad \zeta_1=0.25$$

$$Q_2=5000\text{m}^3/\text{h},\ \zeta_2=0.5$$

PTJ-0707：

$$Q_1=2500\text{m}^3/\text{h},\ \zeta_1=0.25$$

$$Q_2=3500\text{m}^3/\text{h},\ \zeta_2=0.5$$

（4）笼型粉碎机　常用的笼型粉碎机规格有 $\phi2100\text{mm}\times530\text{mm}$。该设备及安装集气吸尘罩位置的示意如图 11-163 所示。

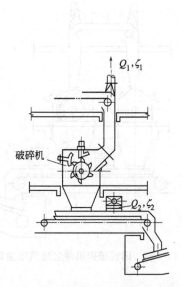 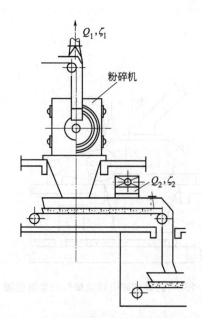

图 11-162　反击式破碎机除尘集气吸尘罩位置　　图 11-163　笼型粉碎机除尘集气吸尘罩位置

图中 11-163 除尘吸气量（Q）和吸气罩局部阻力系数（ζ）如下：

$$Q_1=3000\text{m}^3/\text{h},\ \zeta_1=0.25$$

$$Q_2=6000\text{m}^3/\text{h},\ \zeta_2=0.5$$

注：上述局部阻力系数 ζ 皆对应于吸气罩引出风管内的动压。

（三）成型煤工艺生产除尘

1. 成型煤工艺生产流程

在炼焦生产中，成型煤是利用弱黏结性煤炼焦的一种新工艺。该工艺中的主要生产设备有混煤机、分配槽、混捏机、输送机、煤成型机、型煤冷却机等。其工艺流程如图 11-164 所示。

生产中使用沥青及蒸汽对煤进行处理，上述设备在生产过程中散发到空气中的主要有害物是沥青烟、煤尘、水蒸气。

2. 除尘系统流程参数

4 台煤成型机组成的除尘系统流程如图 11-165 所示。

成型煤各种设备除尘的有关参数见表 11-61。

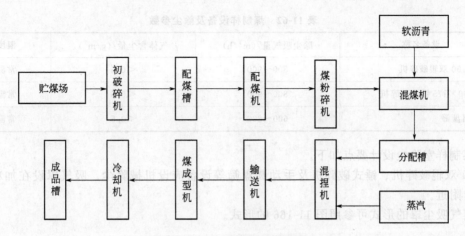

图 11-164 成型煤工艺流程

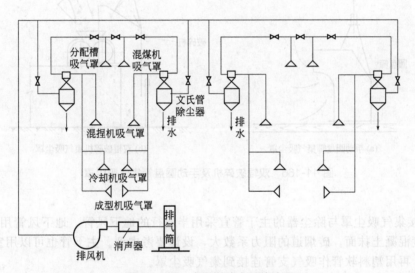

图 11-165 成型煤除尘系统流程

表 11-61 成型煤设备除尘参数

序号	设备名称	排气量/(m³/h)	气体温度/℃	含尘量/(g/m³)
1	混煤机	3000	40	1
2	分配槽	1320	40	1
3	混捏机	8280	100	1
4	冷却输送机	3300	90	1
5	煤成型机	17400	80	1

3. 煤制样室除尘

常用的煤制样设备及其除尘参数见表 11-62。

表 11-62　煤制样设备及除尘参数

设备名称	除尘吸气量/(m³/h)	气体含尘量/(g/m³)	温度
200×150 双辊破碎机	800～900	<0.5	常温
PCB400×175 锤式破碎机	800～900	<0.5	常温
手动圆盘筛	600～800	<0.5	常温

煤制样室除尘设计要点如下。

① 双辊破碎机、锤式破碎机及手动圆盘筛等设备应设机械除尘。吸气罩设在加料口及出料口附近。

集气吸尘罩的形式可参照图 11-166 的形式。

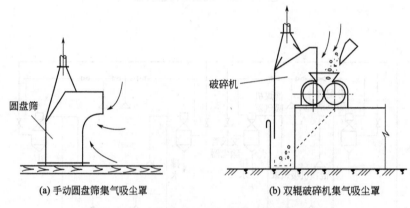

(a) 手动圆盘筛集气吸尘罩　　　　　(b) 双辊破碎机集气吸尘罩

图 11-166　双辊破碎机及手动圆盘筛集气吸尘罩

② 连接集气吸尘罩与除尘器的主干管宜采用半通行的地下风管。地下风管用砖石砌筑，再以高强度混凝土抹面。砖烟道的阻力系数大，设计要考虑到。主干管也可以用室内吊挂的金属风管，再用塑料软管作吸气支管连接到集气吸尘罩。

③ 对于无固定位置的煤制样设备（例如煤在地面人工混合），设置 200mm×200mm～300mm×300mm 开口面积的移动吸气罩。移动吸气罩临时放在尘源附近。吸气罩的吸尘量（Q）按公式计算，其中吸气风速取 0.35～0.5m/s。

④ 集气吸尘罩的支管上应设可以关断的阀门，在煤制样设备不工作时关断相应支管上的阀门。

⑤ 对于经常移动的制样设备，除尘设备宜采用小型袋式除尘机组。

三、焦炉煤气净化技术

钢铁企业的焦炉煤气的净化和回收是焦炉煤气、高炉煤气、转炉煤气中最重要的部分，本节介绍焦炉煤气的净化方法和回收产品产率。

（一）焦炉煤气来源及物理化学变化

1. 焦炉煤气来源

焦炉煤气净化系统也称为炼焦化学产品回收系统。所谓炼焦化学就是研究以煤为原料，经高温干馏（900～1050℃）获得焦炭和荒煤气（或称粗煤气），并将荒煤气经过冷却、洗涤净化及蒸馏等化工工艺处理，制取化学产品的工艺及技术的学科。荒煤气经过各种工艺技术处理制取化工产品（如焦油、粗苯、硫铵、硫黄）后的煤气称为净焦炉煤气。对荒煤气经工艺技术处理的过程称为煤气净化过程（系统）。

生产和经营炼焦化学产品的生产企业是炼焦化学工厂，也称为煤炭化学工厂。在我国钢铁联合企业中，焦炭和焦炉煤气是主要能源，占总能耗的60%以上，所以大部分焦化厂设在钢铁联合企业中，是钢铁联合企业的重要组成部分。

2. 物理化学变化

煤料在焦炉炭化室内进行高温干馏时，煤质发生了一系列的物理化学变化。

装入煤在200℃以下蒸发表面水分，同时析出吸附在煤中的二氧化碳、甲烷等气体；当温度升高至250～300℃时，煤的大分子端部含氧化合物开始分解，生成二氧化碳、水和酚类（主要是高级酚）；当温度升至约500℃时，煤的大分子芳香族稠环化合物侧链断裂和分解，产生气体和液体，煤质软化熔融，形成气、固、液三相共存黏稠状的胶质体，并生成脂肪烃，同时释放出氢。

在600℃前从胶质层析出的和部分从半焦中析出的蒸汽和气体称为初次分解产物，主要含有甲烷、二氧化碳、一氧化碳、化合水及初煤焦油（简称初焦油），氢含量很低。

初焦油主要的组成（质量分数）大致见表11-63。

表 11-63　初焦油的主要组成

链烷烃(脂肪烃)	烯烃	芳烃	酸性物质	盐基类	树脂状物质	其他
8.0%	2.8%	58.9%	12.1%	1.8%	14.4%	2%

初焦油中芳烃主要有甲苯、二甲苯、甲基联苯、菲、蒽及其甲基同系物，酸性化合物多为甲酚和二甲酚，还有少量的三甲酚和甲基吲哚；链烷烃和烯烃皆为 C_5～C_{32} 的化合物；盐基类主要是二甲基吡啶、甲基苯胺、甲基喹啉等。

炼焦过程析出的初次分解产物，约80%的产物是通过赤热的半焦及焦炭层和沿温度约1000℃的炉墙到达炭化室顶部的，其余约20%的产物则通过温度一般不超过400℃的两侧胶质层之间的煤料层逸出。

初次分解产物受高温作用，进一步热分解，称为二次裂解。通过赤热的焦炭和沿炭化室炉墙向上流动的气体和蒸汽，因受高温而发生环烷烃和烷烃的芳构化过程（生成芳香烃）并析出氢气，从而生成二次热裂解产物。这是一个不可逆反应过程，由此生成的化合物在炭化室顶部空间则不再发生变化。与此相反，由煤饼中心通过的挥发性产物，在炭化室顶部空间因受高温发生芳构化过程。因此炭化室顶部空间温度具有特殊意义，在炭化过程的大部分时间里此处温度为800℃左右，大量的芳烃是在700～800℃时生成的。

（二）焦炉煤气的性质

从焦炉炭化室产生的煤气经上升管、桥管汇入集气管逸出的煤气称为荒煤气，其组成随炭化室的炭化时间不同而变化。由于焦炉操作是连续的，所以整个炼焦炉组产生的煤气组成基本是均一的、稳定的。荒煤气组成（净化前）见表11-64。煤气的组分中有最简单的烃类化合物、游离氢、氧、氮及一氧化碳等，这说明煤气是分子结构复杂的煤质分解的最终产物。煤气中氢、甲烷、一氧化碳、不饱和烃是可燃成分，氮及二氧化碳是惰性组分。

表 11-64　荒煤气组成（净化前）　　　　　　　　单位：g/m³

名称	质量浓度	名称	质量浓度
水蒸气	250～450	硫化氢	6～30
焦油气	80～100	氰化氢	1.0～2.5
苯系烃	30～45	吡啶盐基	0.4～0.6
氨	8～16	其他	2.0～3.0
萘	8～12		

经回收化学产品和净化后的煤气称为净焦炉煤气，也称回炉煤气，其杂质质量浓度见表 11-65。几种煤气成分的组成及低发热值见表 11-66。

表 11-65　净焦炉煤气中的杂质　　　　　　　　　单位：g/m³

名称	质量浓度	名称	质量浓度
焦油	0.05	氨	0.05
苯	2～4	硫化氢	0.20
萘	0.2～0.4	氰化氢	0.05～0.2

表 11-66　几种煤气的成分组成及低发热值

名称	$w(N_2)$ /%	$w(O_2)$ /%	$w(H_2)$ /%	$w(CO)$ /%	$w(CO_2)$ /%	$w(CH_4)$ /%	$w(C_mH_n)$ /%	$Q_{低}$ /(kJ/m³)	密度 /(kg/m³)
焦炉煤气	2～5	0.2～0.9	56～64	6～9	1.7～3.0	21～26	2.2～2.6	17550～18580	0.4636
高炉煤气	50～55	0.2～0.9	1.7～2.9	21～24	17～21	0.2～0.5		3050～3510	1.296
转炉煤气	16～18	0.1～1.5	2～2.5	63～65	14～16			7524	1.396
发生炉煤气	46～55		12～15	25～30	2～5	0.5～2.0		4500～5400	

（三）焦炉煤气净化工艺流程

煤气的净化对煤气输送过程及回收化学产品的设备正常运行都是十分必要的。煤气净化包含煤气的冷却、煤气的输送、化学产品回收，如脱硫、制取硫铵、终冷洗苯、粗苯蒸馏等工序，以减少煤气中的有害物质。

煤气净化系统工艺流程见图 11-167。

不同的煤气净化工艺流程主要表现在脱硫、脱氨配置不同。

煤气净化脱硫工艺主要有干法脱硫和湿法脱硫两种，湿法脱硫工艺有湿式氧化工艺和湿式吸收工艺两种。湿式氧化脱硫工艺有以氨为碱源的 TH 法（TAKAHAX 法脱硫脱氰和 HIROHAX 法废液处理工艺）、以氨为碱源的 FRC 法（FUMAKS-RHODACS 法脱硫脱氰和 COMPACS 法废液焚烧、干接触法制取浓硫酸工艺）、以氨为碱源的 HPF 法和以钠为碱源的 ADA 法等；湿式吸收脱硫工艺有索尔菲班法（单乙醇氨法）和 AS 法（氨硫联合洗涤法）。

煤气净化脱氨工艺主要有水洗氨蒸氨浓氨水工艺、水洗氨蒸氨氨分解工艺、冷法无水氨工艺、热法无水氨工艺、半直接法浸没式饱和器硫铵工艺、半直接法喷淋式饱和器硫铵工艺、间接法饱和器硫铵工艺和酸洗法硫铵工艺。

国内常用的煤气净化工艺流程、特点及主要设备选择以炭化室高 6m 的焦炉配置的煤气净化工艺为例进行叙述。

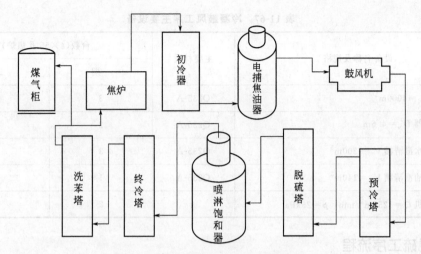

图 11-167 煤气净化系统工艺流程

1. 冷凝鼓风工序流程

来自焦炉约 82℃的荒煤气与焦油和氨水沿吸煤气管道至气液分离器,由气液分离器分离的焦油和氨水首先进入机械化氨水澄清槽,在此进行氨水、焦油和焦油渣的分离。上部的氨水流入循环氨水中间槽,再由循环氨水泵送至焦炉集气管循环喷洒冷却煤气,剩余氨水送入剩余氨水中间槽。澄清槽下部的焦油靠静压流入机械化焦油澄清槽,进一步进行焦油与焦油渣的沉降分离,焦油用焦油泵送往油库工序焦油贮槽。机械化氨水澄清槽和机械化焦油澄清槽底部沉降的焦油渣刮至焦油渣车,定期送往煤场,掺入炼焦煤中。

进入剩余氨水中间槽的剩余氨水用剩余氨水中间泵送入除焦油器,脱除焦油后自流到剩余氨水槽,再用剩余氨水泵送至硫铵工序剩余氨水蒸氨装置,脱除的焦油自流到地下放空槽。为便于工程施工,初冷器后煤气管道预留阀门,初冷器前煤气管道在总管预留接头。鼓风机室部分在煤气总管预留接头。

气液分离后的荒煤气由气液分离器的上部,进入并联操作的横管初冷器,分两段冷却,上段用 32℃循环水,下段用 16℃低温水将煤气冷却至 21~22℃。为了保证初冷器冷却效果,在上段、下段连续喷洒焦油、氨水混合液,在顶部用热氨水不定期冲洗,以清除管壁上的焦油、萘等杂质。初冷器上段排出的冷凝液经水封槽流入上段冷凝液槽,用泵送入初冷器上段中部喷洒,多余部分送到吸煤气管道。初冷器下段排出的冷凝液经水封槽流入下段冷凝液槽,再加兑一定量焦油后,用泵送入初冷器下段顶部喷洒,多余部分流入上段冷凝液槽。

由横管初冷器下部排出的煤气,进入 3 台并联操作的电捕焦油器,除掉煤中夹带的焦油,再由煤气鼓风机压送至脱硫工序。

冷凝鼓风工序工艺流程如图 11-168 所示。

冷凝鼓风工序主要设备见表 11-67。

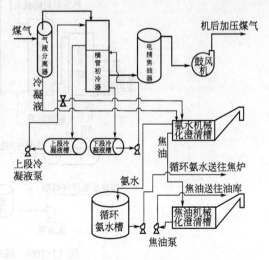

图 11-168 冷凝鼓风工序工艺流程

表 11-67 冷凝鼓风工序主要设备

设备名称及规格	主要材质	台数(4×55 孔焦炉)	
		一期	二期
初冷器 $A_N=4000m^2$	Q235-A	3	2
电捕焦油器 $D_N=4.6m$	Q235-A	2	1
机械化氨水澄清槽 $V_N=300m^3$	Q235-A	3	1
机械化焦油澄清槽 $V_N=140m^3$	Q235-A	1	
煤气鼓风机 $Q=1250m^3/min$ $p=25kPa$		2	1

2. 脱硫工序流程

鼓风机后的煤气进入预冷塔，与塔顶喷洒的循环冷却水逆向接触，被冷却至 30℃。循环冷却水从塔下部用泵抽出送至循环水冷却器，用低温水冷却至 28℃ 后进入塔顶循环喷洒。采取部分剩余氨水更新循环冷却水，多余的循环水返回冷凝鼓风工序。

预冷后的煤气进入脱硫塔，与塔顶喷淋下来的脱硫液逆流接触，以吸收煤气中的硫化氢，同时吸收煤气中的氨，以补充脱硫液中的碱源。脱硫后煤气含硫化氢约 $300mg/m^3$，送入硫铵工序。

吸收了 H_2S、HCN 的脱硫液从塔底流出，进入反应槽，然后用脱硫液泵送入再生塔，同时自再生塔底部通入压缩空气，使溶液在塔内得以氧化再生。再生后的溶液从塔顶经液位调节器自流回脱硫塔，循环使用。浮于再生塔顶部的硫黄泡沫，利用位差自流入泡沫槽，硫黄泡沫经泡沫泵送入熔硫釜加热熔融，清液流入反应槽，硫黄冷却后装袋外销。

为避免脱硫液盐类积累影响脱硫效果，排出少量废液送往配煤。脱硫系统工艺流程见图 11-169。

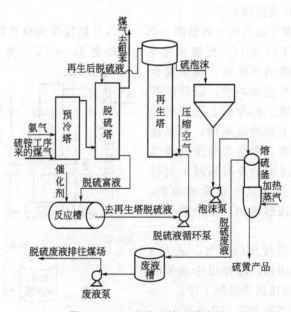

图 11-169 脱硫系统工艺流程

脱硫工序主要设备见表 11-68。

表 11-68　脱硫工序主要设备

设备名称及规格	主要材质	台数（4×55 孔焦炉）	
		一期	二期
预冷塔 $D_N=5.6m$　$H=22.5m$	Q235-A	1	
脱硫塔 $D_N=7m$　$H=32.3m$	Q235-A	1	1
再生塔 $D_N=5m$　$H=47m$	Q235-A	1	1
脱硫液循环泵附电机 $P=560kW(10kV)$	SUS304	2 2	
熔硫釜 $D_N=1m$　$H=5.5m$	SUS304	4	4

3. 硫铵工序流程

由脱硫工序来的煤气经煤气预热器进入饱和器。煤气在饱和器的上段分两股进入环形室，经循环母液喷洒，煤气中的氨被母液中的硫酸吸收，然后煤气合并成一股进入后室，经母液最后一次喷淋，进入饱和器内旋风式除酸器分离煤气所夹带的酸雾，再经捕雾器捕集煤气中的微量酸雾后，送至终冷洗苯工序。

饱和器下段上部的母液经母液循环泵连续抽出送至环形室喷洒，吸收了氨的循环母液经中心下降管流至饱和器下段的底部，在此处晶核通过饱和母液向上运动，使晶体长大，并引起颗粒分级，用结晶泵将其底部的浆液送至结晶槽。饱和器满流口溢出的母液流入满流槽内液封槽，再溢流到满流槽，然后用小母液泵送入饱和器的后室喷淋。冲洗和加酸时，母液经满流槽至母液贮槽，再用小母液泵送至饱和器。此外，母液贮槽还可供饱和器检修时贮存母液。

结晶槽的浆液排放到离心机，经分离的硫铵晶体由螺旋输送机送至振动流化床干燥机，并用被热风器加热的空气干燥，再经冷风冷却后进入硫铵储斗，然后称量、包装送入成品库。离心机滤出的母液与结晶槽满流出来的母液一同自流回饱和器的下段。干燥硫铵后的尾气经旋风分离器后由排风机排放至大气。

由冷凝鼓风工序送来的剩余氨水与蒸氨塔底排出的蒸氨废水换热后进入蒸氨塔，用直接蒸汽将氨蒸出；同时从终冷塔上段排出的含碱冷凝液进入蒸氨塔上部，分解剩余氨水中固定铵，蒸氨塔顶部的氨气经分缩器后进入脱硫工序的预冷塔内。换热后的蒸氨废水经废水冷却器冷却后送至酚氰污水处理站。

由油库送来的硫酸送至硫酸槽，再经硫酸泵抽出送至硫酸高置槽内，然后自流到满流槽。硫铵工序工艺流程见图 11-170。

硫铵工序主要设备见表 11-69。

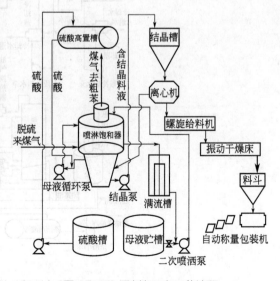

图 11-170　硫铵工序工艺流程

表 11-69　硫铵工序主要设备

设备名称及规格	主要材质	台数(4×55 孔焦炉)	
		一期	二期
饱和器 $D_N=4.2/3m$　$H=10.165m$	SUS316L	2	1
结晶槽 $D_N=2m$	SUS316L	2	2
氨水蒸馏塔 $D_N=2.8m$　$H=17.25m$	铸铁	2	
母液循环泵附电机 $P=110kW$	904L	2 2	1 1

4. 终冷洗苯工序流程

从硫铵工序来的约 55℃ 的煤气,首先从终冷塔下部进入终冷塔分两段冷却,下段用约 37℃ 的循环冷却水,上段用约 24℃ 的循环冷却水,将煤气冷却至约 25℃,后进入洗苯塔。煤气经贫油洗涤脱除粗苯后,一部分送回焦炉和粗苯管式炉加热使用,其余送往用户。

终冷塔下段的循环冷却水从塔中部进入终冷塔下段,与煤气逆向接触冷却煤气后用泵抽出,经下段循环喷洒液冷却器,用循环水冷却到 37℃ 进入终冷塔中部循环使用。终冷塔上段的循环冷却水从塔顶部进入终冷塔上段,冷却煤气后用泵抽出,经上段循环喷洒液冷却器,用低温水冷却到 24℃ 进入终冷塔顶部循环使用。同时,在终冷塔上段加入一定量的碱液,进一步脱除煤气中的 H_2S,保证煤气中的 H_2S 质量浓度不大于 $200mg/m^3$。下段排出的冷凝液送至酚氰废水处理站;上段排出的含碱冷凝液送至硫铵工序蒸氨塔顶,分解剩余氨水中的固定铵。

由粗苯蒸馏工序送来的贫油从洗苯塔的顶部喷洒,与煤气逆向接触,吸收煤气中的苯,塔底富油经富油泵送至粗苯蒸馏工序脱苯后循环使用。终冷洗苯系统工艺流程见图 11-171。

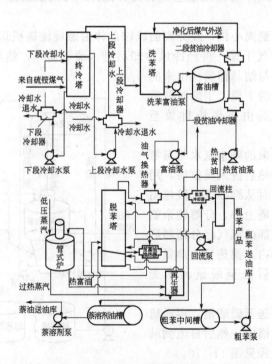

图 11-171　终冷洗苯与粗苯蒸馏系统工艺流程

终冷洗苯主要设备见表 11-70。

表 11-70　终冷洗苯主要设备

设备名称及规格	主要材质	台数（4×55 孔焦炉）
		一期
终冷塔 $D_N=6m$　$H=27.7m$	Q235-A	1
洗苯塔 $D_N=6m$　$H=35.3m$	Q235-A	1

5. 粗苯蒸馏工序流程

从终冷洗苯装置送来的富油依次送经油汽换热器、贫富油换热器，再经管式炉加热至180℃后进入脱苯塔，在此用再生器来的直接蒸汽进行汽提和蒸馏。塔顶逸出的粗苯蒸气经油汽换热器、粗苯冷凝冷却器后，进入油水分离器，分出的粗苯流入粗苯回流槽，部分用粗苯回流泵送至塔顶作为回流，其余进入粗苯中间贮槽，再用粗苯产品泵送至油库。

脱苯塔底排出的热贫油，经贫富油换热器后再进入贫油槽，然后用热贫油泵抽出经一段贫油冷却器、二段贫油冷却器冷却至 27～29℃，后去终冷洗苯装置。

在脱苯塔的顶部设有断塔盘及塔外油水分离器，用以引出塔顶积水，稳定操作。

在脱苯塔侧线引出萘油馏分，以降低贫油含萘。引出的萘油馏分进入萘溶剂油槽，定期用泵送至油库。

从管式炉后引出 1%～1.5% 的热富油，送入再生塔内，用经管式炉过热的蒸汽蒸吹再生。再生残渣排入残渣槽，用泵送油库工序。

系统消耗的洗油定期从洗油槽经富油泵入口补入系统。

各油水分离器排出的分离水，经控制分离器排入分离水槽，再用泵送往冷凝鼓风工序。

各贮槽的不凝气集中引至冷凝鼓风工序初冷前吸煤气管道。

粗苯蒸馏工序主要设备见表 11-71。

表 11-71　粗苯蒸馏工序主要设备

设备名称及规格	主要材质	台数（4×55 孔焦炉）
脱苯塔 $D_N=2.8m$　$H=27.2m$	铸铁	1
再生器 $D_N=2.2m$　$H=9.5m$	Q235-A	1
管式炉	Q235-A	1

6. 油库工序

油库工序产品和原料的贮存时间为 20d。油库工序设置 4 个焦油贮槽，接受冷凝鼓风工序送来的焦油，并装车外运；设置 2 个粗苯贮槽，接受粗苯蒸馏工序送来的粗苯，并定期装车外运。设置 2 个洗油贮槽用于接受外来的洗油，并定期用泵送往粗苯蒸馏工序；设置 2 个碱贮槽，1 个卸碱槽，2 个硫酸槽，1 个卸酸槽，用于接受外来的碱液（40%）和硫酸（93%），并用泵定期送至终冷洗苯工序和硫铵工序。焦油和粗苯采用汽车和火车两种运输方式，其他原料的装卸车采用汽车。

（四）煤气净化回收产品产率

1. 煤气净化回收产品产率

炼焦化学产品的产率和组成随焦炉炼焦温度和原料煤质量的不同而波动。在工业生产条件下，焦炭与煤气净化回收的化学产品的产率，通常用它与干煤质量的比例来表示。各化学产品的产率见表 11-72。

表 11-72　化学产品产率　　　　　单位:%

化学产品	产率	化学产品	产率
焦炭	75～78	净焦炉煤气	320～340m³/t
硫铵	0.8～1.1	硫化氢	0.1～0.5
粗苯	0.8～1.0	氰化氢	0.05～0.07
煤焦油	3.5～4.5	化合水	2～4
氨	0.25～0.35	其他	1.4～2.5

从焦炉炭化室逸出的荒煤气（也称出炉煤气）所含的水蒸气，除少量化合水（煤中有机质分解生成的水）外，大部分来自煤的表面水分。

2. 煤气净化系统能耗系数

见表 11-73。

表 11-73　投入物、产出物等能耗折标准煤系数

物料	折标准煤	物料	折标准煤
洗精煤(干)	1.014t/t	电耗	0.404kg/(kW·h)
焦炭	0.971t/t	蒸汽	0.12t/t
焦炉煤气	0.611kg/m³	压缩空气	0.036kg/m³
焦油	1.29t/t	氮气	0.047kg/m³
粗苯	1.43t/t	高炉煤气	0.109kg/m³
生产用水	0.11kg/m³		

1kg 标准煤热值定额为 29307.6kJ，即 29.3076MJ，折算如下：

① 1t 标准煤热值为 29307.6MJ，即 29.3076GJ；

② 1t 焦炭热值为 $29.3076 \times 0.971 = 28.4577$（GJ）；

③ 1m³ 焦炉煤气热值为 $0.611 \times 29.3076 = 17.9069$（GJ）。

一般情况下，焦炉煤气的低发热值为 17900kJ/m³，高炉煤气的低发热值为 3180kJ/m³，混合煤气（焦炉煤气与高炉煤气混合）的低发热值为 4209kJ/m³。

四、炼焦生产烟尘减排技术

炼焦包括焦炉、熄焦、筛焦、贮焦等工段。一般每个炉组由两座焦炉和一个煤塔组成。炼焦除尘系统包括焦炉装煤、焦炉、推焦、干熄焦、筛贮焦、焦转运等除尘系统。

（一）装煤烟尘减排技术

装煤烟尘中的主要有害物是煤尘、荒煤气、焦油烟。烟气中还含有大量 BSO（苯可溶物）及 B[a]P（苯并[a]芘）。

1. 烟气参数

装煤烟尘控制时的烟气参数与装煤车的下煤设施及装煤时对烟尘预处理的措施有关。目

前装煤车注煤有重力下煤及机械下煤两种。装煤时的烟尘有在车上燃烧与不燃烧两种，还有车上预洗涤与不预洗涤两种，其有关参数示于表 11-74 中。

表 11-74　装煤车排出口烟气参数

焦炉炭化室高/m	烟气量/(m³/h)		烟气含尘量/(g/m³)		烟气温度/℃		接口压力/Pa	
	球面密封下煤嘴	套筒式下煤嘴	车上烟气洗涤	车上烟气不洗涤	车上烟气洗涤	车上烟气不洗涤	车上烟气洗涤	车上烟气不洗涤
7		45000～60000	2～3	8～10	75	250～300	1500	2000
6		40000～44000	2～3	8～10	75	250～300	1500	2000
5		35000～40000	2～3	8～10	75	250～300	1500	2000
4	216000～32000	30000～35000	2～3	8～10	75	250～300	1500	2000

注：表中数据为装煤车上烟气不燃烧的数据，"接口压力"是指装煤车上活动接管与地面除尘系统的自动阀门对接时的接口处压力。

2. 通风机的风量

通风机的风量按公式(11-53)计算：

$$Q = Q_0 \frac{273 + t_1}{273} \times \frac{p_0}{p_0 - (p_1 + p_2)} \times a_1 \times a_2 \tag{11-53}$$

式中，Q 为风机风量，m³/h；Q_0 为装煤车排出口烟气量，m³/h；p_1 为烟气中饱和水蒸气分压力，MPa；p_2 为风机入口烟气的真空度，MPa；t_1 为风机入口烟气温度，℃；a_1 为系统管道漏风系数；a_2 为除尘设备漏风系数。

（二）烟尘控制措施

1. 烟尘控制的主要型式

① 装煤车采用球面密封结构的下煤嘴。装煤车上配备有烟气燃烧室，燃烧后的烟气在车上进行一段或两段洗涤净化后排出。其特征是全部除尘设备、通风机均设在装煤车上。

② 装煤烟气在车上燃烧并洗涤、降温后，用管道将烟气引到地面，在地面上再用两段文丘里洗涤器将烟气进一步洗涤净化，使外排烟尘浓度＜50mg/m³。

③ 装煤烟气燃烧后，于装煤车上掺冷风降温到 300℃ 左右，再用管道将其引导到地面，经冷却后用袋式除尘器净化、排出。

④ 装煤时于装煤孔抽出的煤气在装煤车上混入大气后，用管道送到地面，经袋式除尘器净化后排出。

2. 装煤车上烟气燃烧后在地面用袋式除尘器净化的流程

该系统是将装煤孔逸出的烟气用装煤车上的套罩捕集后，在装煤车上的燃烧室内燃烧，其烟气温度可达 700～800℃，需在装煤车上掺入周围的冷空气，使其降温到 300℃ 以下，再靠通风机的抽吸能力，送到地面进行冷却净化。

进入地面除尘系统的烟气携带有未燃尽的煤粒，烟气温度近 300℃。因此在烟气进入袋式除尘器之前需进行灭火及冷却（图 11-172）。

烟气冷却器型式及降温能力的确定，要依据袋式除尘器过滤材质的耐温程度选择。目前采用的烟气冷却器有蒸发冷却器、板式或管式空气自然冷却器、板式或管式强制通风冷却器。板式或管式冷却器本身可兼作烟气中未燃尽煤粒的惯性灭火设备。设计时根据冷却器本身的质量及温度升高，按蓄热式冷却器的原则，计算烟气被冷却后的温度。这种冷却器被加

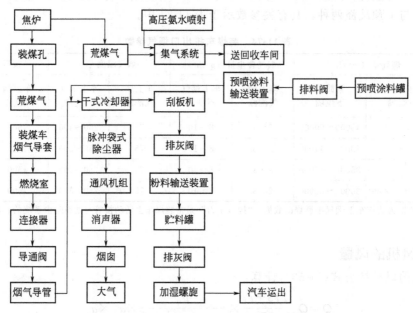

图 11-172 装煤烟气在地面干式净化的流程

热及被冷却的周期，按焦炉各炭化室装煤的间隔时间进行计算。

（三）装煤除尘预喷涂吸附焦油

装煤烟气中含有一定量的焦油，为此要采取必要的措施，防止烟气中的焦油黏结在布袋上，造成除尘系统不能正常工作。装煤烟气中焦油含量多少与煤的品种和装煤的方式有关，一般在装煤的后期产生的烟气焦油含量大。如果除尘系统从装煤孔抽出的烟气量大，特别在后期，那么在装煤过程收集到的焦油量也大。捣固焦炉顶部导烟车收集的烟气量中焦油量要大于普通顶装煤焦炉。

1. 预喷涂系统组成

根据预喷涂原理，若在滤袋过滤前先糊上一层吸附层吸附焦油物质，可以防止焦油直接粘连布袋。工程上采用在进袋式除尘器的风管内喷涂焦粉，使预喷涂粉分布在除尘器滤袋的表面。由于焦粉取料容易，是一种很好的预喷涂粉料。喷涂系统主要由预喷涂粉仓、回转给料阀、给料器、鼓风机等部分组成，一般预喷涂设施设在除尘器附近，系统工作压力0.05MPa 左右。该喷涂系统特点如下：

① 可以同时向进除尘器的风管内和除尘器内送粉；
② 采用带轴密封的星形卸灰阀锁气，给料装置、管道连接处要求密封严密；
③ 气源采用罗茨鼓风机或压缩空气，一般压缩空气作为备用气源。

装煤除尘预喷涂工作流程如图 11-173 所示。

2. 预喷涂粉量计算

焦粉密度约 $0.5t/m^3$，质量中位粒径在 $50\mu m$，除尘器表面平均一次喷涂厚度为 $10 \sim 50\mu m$，除尘器清灰次数与喷涂次数相同，即除尘器清灰后进行预喷涂。每次喷涂用粉量按下式计算：

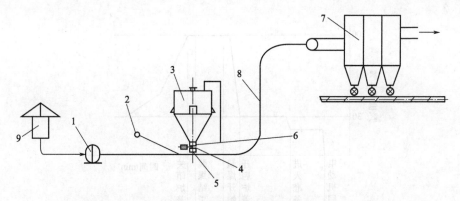

图 11-173　装煤除尘预喷涂工作流程

1—罗茨鼓风机；2—压缩空气管（备用）；3—预喷涂粉仓；4—回转给料阀；
5—给料器；6—插板阀；7—袋式除尘器；8—输粉管；9—消声器

$$Q_0 = \frac{\rho \delta S}{\eta}$$

式中，Q_0 为每次喷涂用粉量，t；ρ 为预喷涂粉的密度，t/m³；δ 为预喷涂层厚度，μm（与装煤几次喷涂一次和烟尘的含焦油量有关，一般取 $10 \sim 50 \mu$m）；S 为袋式除尘器过滤面积，m²；η 为预喷涂效率，通常取 0.7。

则每天喷涂量按下式计算：

$$Q = \frac{24 Q_0 n_c}{n t_j} \tag{11-54}$$

式中，Q_0 为每次喷涂用粉量，t；n_c 为炭化室数，个；n 为预喷涂间隔装煤次数；t_j 为炭化室结焦时间，h。

3. 烟尘控制的操作

装煤烟尘控制系统风机只在焦炉装煤的过程中才使风机全速运转，其他时间风机维持全速的 1/4～1/3 运转。对于通风机调速操作的要求如下。

(1) 由中央集中控制室控制联动操作通风机的调速运转及系统运行。

(2) 通风机调速动作的执行由装煤车上发电信号指令，其动作顺序是：首先开启固定风管上自动联通阀门的推杆，接着发出风机进入高速指令；上述推杆退回原位启动时（自动联通阀门关闭）发出风机进入低速的指令。

(3) 一般情况下通风机应具备高速、低速两种运行状况。高速抽烟时用高速，不抽烟时用低速。低速等于 1/4～1/3 高速。其运行曲线见图 11-174。

(4) 若采用液力耦合器作通风机的调速设备，耦合器的油温、油压均应参加系统联锁。

(5) 通风机入口设电动调节阀门，用于风机调试及工况调整。

① 全套装置应具备中央联动及机旁手动操作两种功能。

② 应设置系统主要部位的流体压力、温度、流量显示仪表。对通风机转速、电机电流等参数要设计必要的显示、联锁、报警。有条件时宜将整个除尘系统在模拟盘上显示。

③ 在通风机吸入侧管道上设能自动开启的阀门，当通风机吸入侧固定干管内负压提高时，该阀门应自动开启，以防系统进入通风机风量减少，引起通风机喘振。

④ 除尘器或通风机入口侧设防爆孔。防爆孔的位置应设在设备或管道的上部，以防爆炸时对周围人员造成伤害。

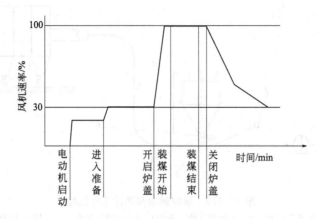

图 11-174 装煤除尘风机调速操作曲线

⑤ 在通风机出口的排气筒附近设测尘用电源插座；除尘器底层设电焊机电源插座；除尘器各平台上设照明，并设手提灯照明的电源插座。

（四）推焦烟尘减排技术

焦炉推焦时，焦侧由拦焦机上部及熄焦车上部产生烟气，有害物以焦粉尘为主，并有少量焦油烟。焦油烟成分主要取决于焦炭的生熟程度，烟气中还有少量 BSO 及 B [a] P。

1. 烟气参数

推焦烟尘粒径的分散度组成如表 11-75 所列。

表 11-75 推焦烟尘粒径的分散度

粒径/μm	<10	10~40	40~80	80~125	>125
分散度/%	1.4	20.1	43.5	18.6	16.4

注：上述粉尘的真密度为 $1.5t/m^3$，假密度为 $0.4t/m^3$。

推焦除尘集气吸尘罩的排烟气量可按下式计算：

$$Q=Q_1+Q_2 \tag{11-55}$$
$$Q_1=3600\omega lv \tag{11-56}$$
$$l=v_g t+C \tag{11-57}$$

式中，Q 为集气吸尘罩排气量，m^3/h；Q_1 为熄焦车上部集气吸尘罩排气量，m^3/h；ω 为集气吸尘罩宽度，m，等于熄焦车厢（罐）的宽度加 0.5m；l 为集气吸尘罩长度，m；v_g 为熄焦车接焦时的移动速度，m/s，一般为 0.33m/s；t 为红焦落入熄焦车的时间，s，一般为 40~60s；C 为附加值，m，$C=0.5\sim1m$；v 为集气吸尘罩口的平均吸气速度，m/s，取 0.8~1.5m/s；Q_2 为导焦栅及炉门上部集气吸尘罩抽吸烟气量，m/h，取 $Q_2=0.5Q_1$。

对于定点熄焦的集气吸尘罩，l 等于焦罐长度加 0.5m。

一般焦炉焦侧推焦集气吸尘罩的排烟气量参见表 11-76。

表 11-76 推焦集气吸尘罩烟气参数

炉型（炭化室高）/m	测点位置	烟气量/(m³/h)	温度/℃	含尘量/(g/m³)	压力/Pa
7	吸气罩出口	180000~230000	150~200	5~12	-1000

炉型(炭化室高)/m	测点位置	烟气量/(m³/h)	温度/℃	含尘量/(g/m³)	压力/Pa
6	吸气罩出口	170000～228000	150～200	5～12	−1000
5	吸气罩出口	130000	150～200	5～12	−1000
4	吸气罩出口	100000		5～12	−1000

2. 烟尘控制措施

（1）推焦烟尘控制方法

① 推焦烟尘控制应配备合理结构的推焦机集气罩。该集气罩一般要求炉门及导焦栅上方抽吸烟气量占集气罩总排气量的 1/3；熄焦车焦箱上方抽吸烟气量占总排气量的 2/3。该集气罩与推焦机在结构上形成一个整体，随推焦机移动，如图 11-175 所示。

推焦机集气罩可设计成悬挂在推焦机上，亦可设计成一部分荷重负担在轨道上。集气罩用 6mm 的碳素钢板制作，也可以用 1～2mm 的不锈钢板制作。

② 用于炭化室——对应的自动联通阀将推焦机集气罩捕集到的烟尘传送到地面固定干管，再送到烟气冷却、灭火设备、袋式除尘器。其烟尘地面控制流程示意如图 11-176 所示。

③ 将推焦机捕集到的烟尘通过胶带移动小车传送到地面固定干管、烟气冷却、灭火设备及袋式除尘器。胶带移动小车如图 11-177 所示。

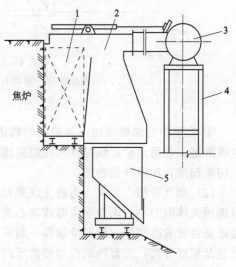

图 11-175　推焦机集气吸尘罩示意
1—推焦机；2—集气吸尘罩；3—自动连接阀门；
4—支架；5—熄焦车

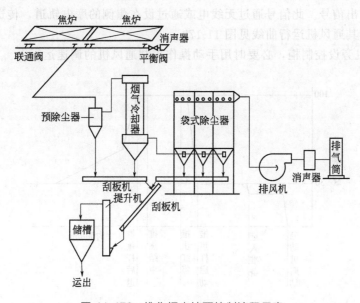

图 11-176　推焦烟尘地面控制流程示意

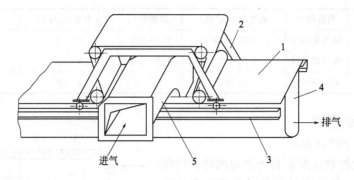

图 11-177　胶带移动小车

1—耐热胶带；2—移动小车；3—轨道；4—风管；5—活动接管

④ 在焦炉的焦侧增加一条架空的轨道，轨道上安设随推焦机同步行走的大吸气罩及烟尘喷淋塔。利用焦炉出焦时红焦在熄焦罐或焦箱上方产生的巨大热浮力作为动力，将推焦烟尘捕集起来，加以净化处理。

（2）烟气冷却、灭火　为防止红焦粒烧坏滤袋，袋式除尘器入口侧应设火花捕集设备，可选用流体阻力小的惯性除尘器或离心式分离器，根据袋式除尘器的过滤材料耐温度程度，考虑是否设置冷却器，烟气冷却器一般采用管式或板式空气自然冷却器。按照冷却器本身的质量及温度升高，按蓄热式冷却器的原则计算烟气被冷却后的温度。

（3）烟气控制的操作

① 推焦烟尘具有阵发性、周期性的特点。拦焦机集气吸尘罩宜在焦炉推出红焦时再进入抽吸烟尘的工况，此时通风机高速运行，其他时间集气罩处于非抽吸状态，通风机按全速的 1/3 运转。这一要求通过通风机调速运转来实现。

② 由中央集中控制室联动操作通风机的调速运转及系统运行。

③ 通风机转速变更的指令由推焦车上推焦杆到达推焦位置，并向前移动推焦，或推焦结束向后退时发出信号。此信号通过无线电或通过设在焦侧的摩电轨道，传送到通风机调速电动执行机构。其通风机运行曲线见图 11-178。

④ 在通风机旁设控制柜，必要时用手动操作控制通风机的调速运行。

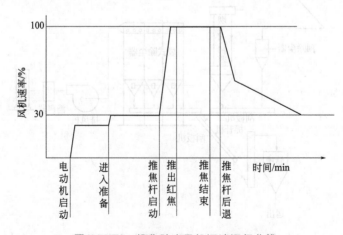

图 11-178　推焦除尘风机调速运行曲线

⑤ 通风机正常调速运行时，其吸入口或排出口的调节阀门允许呈开启状态。

（五）干熄焦烟尘减排技术

干熄焦工艺是在封闭的熄焦槽内，用惰性气体通过赤红的焦炭，靠惰性气体温度升高带走焦炭的热量，使焦炭冷却。惰性气体温升后进入余热锅炉，释放出热量后，温度下降重新用于熄焦，以减少熄焦时的环境污染。但在向熄焦槽送入红焦之前，需先开启熄焦槽顶盖。由于熄焦槽内处于正压状态，启盖时会向外溢出大量烟尘。此外，熄焦塔的放散管、排焦口都是焦尘、烟气的排放源，其污染物的排放有间断排放与连续排放两部分。间断排放污染物来自熄焦槽顶，每次开盖投放红焦的时候，其污染物以NO_x、SO_2、CO、CO_2 及焦粉尘为主。连续排放污染物来自惰性气体循环通风机出口放散管、干熄焦槽顶部放散管、炉底排焦口以及焦运出胶带机等部位，其污染物以焦粉尘、CO、NO_x、SO_2、CO_2 为主。

1. 烟气参数

75t 干熄焦槽各处排焦口的烟气参数如表 11-77 所列。

表 11-77　75t 干熄焦槽烟气参数

排气口名称	烟气量/(m³/h)	温度/℃	烟气含尘量/(g/m³)
焦槽加焦口	27000	235	10
焦罐盖	6840	390	10
放散管	14100	100(降温后)	10
排焦口	13680	60	10~50
胶带机	7530	60	10~50

2. 烟尘控制措施

干熄焦设备的配置一般都与焦炉的生产焦炭能力相匹配，一般有 1~5 个干熄焦槽，烟尘控制系统，应能满足干熄焦槽全部排气口各种运行状况下的除尘。一般情况下，各个排气口的工作制度如表 11-78 所列。

表 11-78　干熄焦槽排气口工作制度

运行状况	同时工作的排气口	运行时间
上部加入焦炭同时下部排焦	干熄焦加焦口、焦罐盖、放散管、排焦口、胶带机	约 2min
仅有下部排焦	放散管、胶带机、排焦口	2~6min
热备用状况	放散管	数小时

干熄焦烟尘控制方法有集中系统与分散系统两种。

（1）集中系统的干熄焦烟尘控制系统　集中系统是将全部排气口合并为一个除尘系统，其流程如图 11-179 所示。

按图 11-179 流程，有三种不同的运行状况，即上部加入焦炭，同时下部排焦时，除尘系统工作风量最大；仅有下部排焦时，除尘系统工作风量次之；热备用状况时，系统工作风量最小。

风量调节的方法可用通风机转速调节的方法，或调节通风机入口电动调节阀来实现。

（2）分散系统的干熄焦烟尘控制　分散系统是将干熄焦槽上部排气口与下部排气口分开，如图 11-180 所示。上部排气口排出的烟气温度高，可用湿式除尘器。

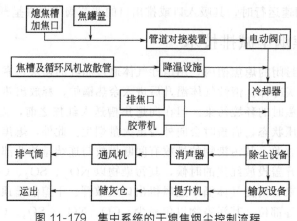

图 11-179　集中系统的干熄焦烟尘控制流程

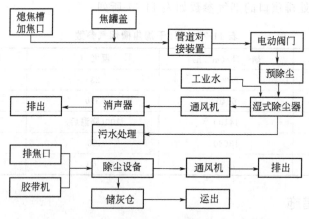

图 11-180　分散系统的干熄焦烟尘控制流程

（六）装煤除尘预喷涂工程应用

已知：2 台 6m 焦炉 2×55 孔，采用焦粉预喷涂，每装 5 炉煤，袋式除尘器清灰一次和预喷涂一次，炭化室结焦时间为 18h，布袋预喷涂厚度取 20μm，装煤袋式除尘器的过滤面积 1566m²。求：预喷涂粉尘的用量，并设计预喷涂仓和配套设施。

（1）用粉尘量计算

① 根据已知条件，预喷涂效率取 0.7，焦粉密度 0.5t/m³，按下式计算，可得到每次喷涂粉量：

$$Q_0 = \frac{\rho \delta S}{\eta} = \frac{0.5 \times 0.00002 \times 1566}{0.7} = 0.0224 \ (t)$$

② 根据已知条件和设计预喷涂间隔为装煤 5 次，按下式，可求得每天喷涂量：

$$Q = \frac{24 Q_0 n_c}{n t_j} = \frac{24 \times 110 \times 0.0224}{5 \times 18} = 0.657 \ (t)$$

（2）设计预喷涂仓　设贮灰天数为 9d，根据每天的喷涂灰量计算需一个有效容积约 12m³ 的预喷涂仓，根据地面除尘站布置，设计一个直径 2500mm、锥体高 2500mm、直筒体高 1850mm 的喷粉仓，喷粉仓结构见图 11-181。为了防止粉仓下部的粉料架桥，仓内设有料位计和空气炮喷吹装置，见图 11-182。

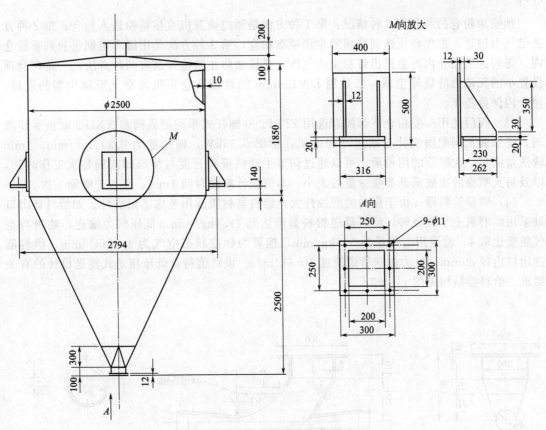

图 11-181　喷粉仓结构布置

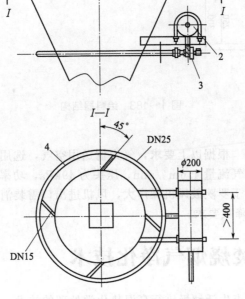

图 11-182　粉仓压缩空气喷吹装置
1—喷粉仓；2—气罐；3—脉冲阀；4—环形喷吹管

预喷涂粉仓的装灰有 3 种情况：第 1 种方法是通过输灰机直接将粉送入粉仓；第 2 种方法是气力输送，把焦粉压送到装煤除尘预喷涂粉仓；第 3 种方法是用罐车定期送灰到喷粉仓内。送粉进喷粉仓内时会排出带粉尘的气体，要设法防止粉尘外逸有两种方法：一是在仓顶设置小的无动力滤袋除尘器；二是用 $DN100mm$ 的管道从仓顶吸出空气至除尘器的进口，使仓内保持负压。

（3）阀门选用　喷粉仓下部配套选用 ZFLF200 螺杆式手动闸板阀和 YXD-200 星形卸灰阀。星形卸灰阀配摆线针轮减速器和电机，功率 0.55kW，输送能力 $0.117m^3/min$，1min 输送量满足一次喷涂的用粉量。可以通过调节手动闸板阀开度与星形卸灰阀每次工作时间，以及每天喷涂的次数来调节喷涂量的大小，本例设计喷涂时间 1min，每 5 炉喷涂一次。

（4）喷粉给料器　由于焦粉的磨蚀性大，给料器材质选用考虑了耐磨性。如给料器出口处采用耐磨矾土水泥浇铸，给料器送粉料量需达到 22.4kg/min，低压气力输送，物料与空气质量比取 4，输送用空气量为 5.6kg/min，换算为标准状态空气为 $4.33m^3/min$，给料器进出口内径 80mm，气力输送管道流速 10～14m/s。设计值符合低压压送式输送设计的有关要求，给料器结构见图 11-183。

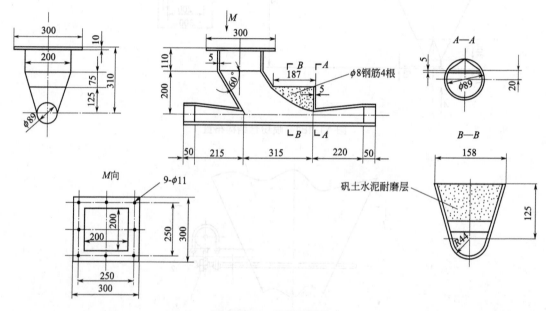

图 11-183　给料器结构

（5）罗茨鼓风机选型　根据以上要求，气力输送用空气，选用一台 MJLS（A）80 罗茨鼓风机，风量参数为：空气流量 $4.6m^3/min$，压头为 49kPa，功率为 7.5kW。

（6）消声器选型　由于罗茨鼓风机噪声大，风机进出口需装消声器，根据风量选用消声器型号为 YJ-Ⅱ，能满足降噪要求。

第七节　垃圾焚烧烟气净化技术

垃圾焚烧是一种对城市生活垃圾进行高温热化学处理的技术。将生活垃圾作为固态燃料送入炉膛内燃烧，在 800～1000℃ 的高温条件下，城市生活垃圾中的可燃组分与空气中的氧进行剧烈的化学反应，释放出热量并转化为高温的燃烧气体和少量的性质稳定的固体残渣。当生活垃圾有足够的热值时，生活垃圾能靠自身的能量维持自燃，而不用提供辅助燃料。垃圾燃烧产生的高温燃烧气体可作为热能回收利用，性质稳定的残渣可直接填埋处理。经过焚烧处理，垃圾中的细菌、病毒等能被彻底消灭，各种恶臭气体得到高温分解，烟气中的有害气体经处理达标后排放。因此，可以说焚烧处理是实现城市生活垃圾无害化、减量化和资源化的最有效的手段之一。

城市生活垃圾焚烧技术发展至今已有 100 余年的历史，最早出现的焚烧装置是 1874 年和 1885 年，分别建于英国和美国的间歇式固定床垃圾焚烧炉。目前我国许多大中型城市由于很难找到合适的场址新建生活垃圾填埋场已纷纷建设城市生活垃圾焚烧厂。城市生活垃圾焚烧技术成为近年来解决垃圾出路问题的新趋势和新热点。

城市生活垃圾焚烧烟气主要成分为 CO_2、N_2、O_2、水蒸气等及部分有害物质如 HCl、HF、SO_2、NO_x、CO、重金属（Pb、Hg）和二噁英等。为了避免因城市生活垃圾焚烧对环境产生的二次污染，一般要求对垃圾焚烧烟气净化处理后才能向大气中排放。随着人类对环保要求的日益提高、环保科技的日益发展，城市生活垃圾焚烧烟气净化处理技术也随着发展和升级。生活垃圾焚烧炉烟气净化处理技术有许多种，按烟气净化处理系统中是否有废水排出，可分为湿法、半干法和干法等。每种工艺都有多种组合形式，且各有优缺点。

一、湿法净化处理工艺

城市生活垃圾焚烧烟气湿法净化处理工艺有多种组合形式，且各有特点。总的来说，湿法净化处理工艺具有污染物去除效率高、可以满足严格的排放标准、一次投资高、运行费用高、存在后续废水净化处理等特点。代表性的工艺流程如图 11-184 所示。

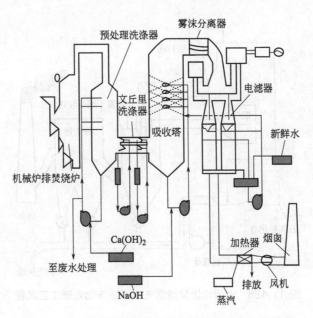

图 11-184　生活垃圾焚烧烟气湿法净化处理工艺流程

工艺流程组合形式为预处理洗涤塔＋文丘里洗涤塔＋吸收塔＋电滤器。净化过程大致如下。

　　① 预处理洗涤器具有除尘、除去部分酸性气体污染物（如 HCl、HF 等）和降温的功能，粒度大的颗粒物在该单元得以净化，含有 Ca(OH)$_2$ 的吸收液循环使用，并定期排放至废水处理设备经水力旋流器浓缩后进行处理，同时加入新鲜的 Ca(OH)$_2$。

　　② 烟气经过处理后，进入文丘里洗涤器，较细小的颗粒物在此单元内得以净化，并进一步去除其他污染物，文丘里洗涤器的吸收液可循环使用。

　　③ 烟气经文丘里洗涤器时，在较低的温度下可使有机类污染物得以净化处理；

　　④ 从吸收塔排出的烟气经过雾沫分离器后进入电滤单元，使亚微米级的细小颗粒物和其他污染物再次得以高效净化处理，电滤单元由高压电极和文丘里管组成，低温饱和烟气在文丘里喉管处加速，其中的颗粒物在高压电极作用下带负电荷，随后与扩张管口处的正电性水膜相遇而被捕获，电滤单元的洗涤液定期排放并补充新鲜水。该工艺可使烟气中的污染物得到较彻底的处理，烟气排放可达到较高的要求，但工艺复杂，投资和运行费较高。

二、半干法净化处理工艺

1. 工艺流程

　　城市生活垃圾焚烧烟气半干法净化处理工艺也有多种组合形式，并各有特点。半干法净化工艺的组合形式一般为喷雾干燥吸收塔＋除尘器。吸收剂为石灰，石灰经粉磨后形成粉末状并加入一定量的水形成石灰浆液，以喷雾的形式在半干法净化反应器内完成对气体污染物的净化过程，浆液中的水分在高温作用下蒸发，残余物则以干态的形式从反应器底部排出。携带有大量颗粒污染物的烟气从反应器排出后进入电除尘器，烟气从烟囱中排向大气。除尘器捕获的颗粒物以固态的形式排出，反应器底部排出的残留物可返回循环利用。代表性的工艺流程如图 11-185 所示。

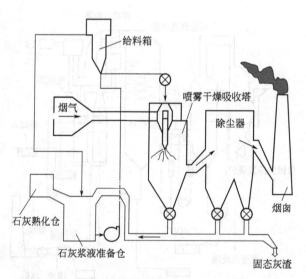

图 11-185　生活垃圾焚烧烟气半干法净化处理工艺流程

　　由于袋式除尘器是利用过滤的方法完成颗粒物的净化过程，当烟气通过由颗粒物形成的滤层时，气态污染物仍能与滤层中未起反应的 Ca(OH)$_2$ 固体颗粒物发生化学反应而得到进一步净化。因此，在同等条件下半干法净化工艺中的除尘器优先选用袋式除尘器。

2. 净化原理

至于半干法净化处理工艺反应塔中的化学反应，随着所加试剂的不同而有所区别，一般来说大致有以下几种可能的形式：

$$Ca(OH)_2 + 2HCl \longrightarrow CaCl_2 + 2H_2O \tag{11-58}$$

$$Ca(OH)_2 + SO_2 + \frac{1}{2}O_2 \longrightarrow CaSO_4 + H_2O \tag{11-59}$$

$$CaO + 2HCl \longrightarrow CaCl_2 + H_2O \tag{11-60}$$

$$CaO + SO_2 + \frac{1}{2}O_2 \longrightarrow CaSO_4 \tag{11-61}$$

$$CaMg(CO_3)_2 + 4HCl \longrightarrow CaCl_2 + MgCl_2 + 2H_2O + 2CO_2 \tag{11-62}$$

$$CaMg(CO_3)_2 + SO_2 \longrightarrow CaSO_3 + MgCO_3 + CO_2 \tag{11-63}$$

$$CaSO_3 + MgSO_3 + O_2 \longrightarrow CaSO_4 + MgSO_4 \tag{11-64}$$

3. 工程应用实例

（1）工艺流程和设计参数 某垃圾焚烧发电厂 400t/d 焚烧炉烟气采用半干法处理工艺。系统工艺流程如图 11-186 所示，主要设计参数见表 11-79。

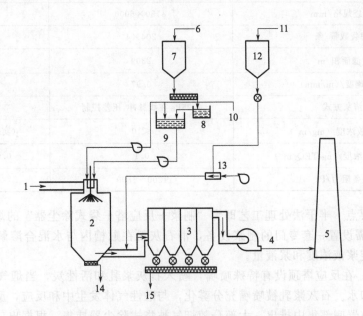

图 11-186 垃圾焚烧烟气旋转喷雾半干法处理流程

1—烟气；2—喷雾干燥吸收塔；3—袋式除尘器；4—引风机；5—烟囱；6—石灰；7—石灰仓；
8—石灰熟化箱；9—石灰浆液制备箱；10—水；11—活性炭；12—活性炭仓；
13—文丘里喷射器；14—塔底灰渣排出；15—飞灰排出

表 11-79 400t/d 焚烧炉烟气半干法处理系统设计参数

项目	设计参数及设备选型	备注
锅炉出口烟气量/（m³/h）	82927	
烟气温度/℃	160～230	

续表

项目	设计参数及设备选型	备注
烟气含湿量/%	27.37	
HCl 浓度/(mg/m³)	19~1000	$[O_2]-11\%$ 换算
SO₂ 浓度/(mg/m³)	214~820	$[O_2]-11\%$ 换算
HF 浓度/(mg/m³)	0.2~12	$[O_2]-11\%$ 换算
NOₓ 浓度/(mg/m³)	320~400	
重金属浓度/(mg/m³)	1.2~2.0	As、Cr、Co、Cu 等
二噁英浓度/(ng TEQ/m³)	5.0	
除尘器处理气量/(m³/h)	86700	150℃，-4000Pa
含尘浓度/(mg/m³)	6897~12000	
除尘器选型	低压长袋脉冲，单列 4 室	在线清灰，离线检修
滤料	PTFE基布，P84 面层针刺毡	耐温 230℃
滤袋规格/mm	φ150×6000	
滤袋数量/条	204×4	
过滤面积/m²	2309	
过滤速度/(m/min)	0.97	
清灰方式	0.25Pa 在线脉冲，压差控制	
粉尘排放浓度/(mg/m³)	<10	(实际)2.3~4.0
二噁英排放浓度/(ng TEQ/m³)	0.1	0.018~0.041
设备阻力/Pa	1300~1800	

（2）设计要点　半干法处理工艺即为"制浆＋反应塔＋袋式除尘器"的烟气治理工艺。

① 制浆。需设置一套专门的制浆设备，消石灰粉在贮槽内与水混合溶解，按酸性气体成分和含量确定浆液浓度和浆液量。

② 反应塔。在反应塔顶设有特殊喷嘴，喷入石灰浆乳和活性炭，当烟气温度较高时还可增喷部分冷却水。石灰浆乳被喷嘴充分雾化，与酸性气体发生中和反应，反应生成物中较大颗粒沉落反应器底部集中排出，大部分随烟气被袋式除尘器捕集。根据出口烟气中酸性气体浓度，控制石灰浆液加入量，多余浆液经旁路回到石灰浆贮槽，在管路内形成连续循环流动，避免浆液停留堵塞。根据出口烟气温度控制补充冷却水加入量，使塔内烟气温度保持在140~150℃，适宜于脱酸反应，并高于烟气露点温度。

③ 采用旋转喷雾装置配设补充给水管雾化浆液，控制烟气温度。

④ 选用专门设计的低压长袋脉冲袋式除尘器：单列 4 室结构，便于离线检修；采用PTFE＋P84 针刺毡高端滤料，耐温防腐性能好；不锈钢丝、二节袋笼、室内换袋，可以降低漏风；入口设缓冲区，防止气流冲刷滤袋；灰斗保温，四壁设气动破拱器，防止堵灰；采用定压差控制、"跳跃加离散"在线脉冲清灰方式，有利于清灰均匀，压力稳定。

⑤ 设有热风循环和旁路系统，确保在开炉以及非正常炉况条件下除尘器安全稳定运行。

（3）运行效果　继该焚烧炉竣工投运后，经不断地改进完善，先后已有多台 400t/d 垃圾焚烧炉采用旋转喷雾半干法处理工艺，处理效果更好，运行更可靠。

近年来，以旋转喷雾吸收塔为特征的半干法处理工艺在垃圾焚烧烟气治理工程中得到广泛应用。用旋转动态喷头代替固定喷嘴雾化石灰浆液，具有雾滴分布均匀，脱酸效率高的特点。

三、干法净化技术

（一）工艺流程

城市生活垃圾焚烧烟气干法净化处理工艺与湿法和半干法一样也有多种组合形式。代表性的工艺流程如图 11-187 所示。

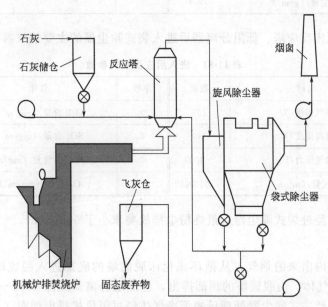

图 11-187　生活垃圾焚烧烟气干法净化处理工艺流程

干法净化处理工艺的组合为干法吸收反应器＋除尘器，其工艺流程的特点是烟气从焚烧炉的余热锅炉中出来后直接进入干法吸收反应塔，与 $Ca(OH)_2$ 粉末发生化学反应，从反应器中排出的气固两相混合物经旋风除尘器除尘后进入高效除尘器除去烟气中的有害颗粒污染物，净化后的烟气经烟囱排向大气，除尘器捕获的产物部分以固态废弃物的形式排出，部分未反应完全的试剂可循环使用，以节约吸收剂。

（二）工程实例

应用垃圾焚烧发电技术，不但找到了处理垃圾的办法，而且是能源有效利用的途径。某火力发电厂垃圾焚烧发电技术改造工程，其锅炉后置设备为 JPC512-6 型低压长袋脉冲袋式除尘器。

1. 主要烟气参数

该火力发电厂垃圾焚烧发电技术改造工程设计为日处理 600t/d 生活垃圾。由于生活垃圾为低热值物质，且水分较大，在焚烧垃圾时还要加入部分煤以提高热效，在焚烧的过程中，产生粉尘及有害气体，有害气体的成分主要为 SO_2、HCl 等酸性气体。

（1）垃圾焚烧炉进流化床反应塔前的主要烟气参数见表 11-80。

表 11-80　进入前主要烟气参数

序号	名称	数值	序号	名称	数值
1	烟气温度/℃	175	6	HCl 含量/(mg/m³)	799.4
2	最高温度/℃	190	7	SO_2 含量/(mg/m³)	902
3	烟气压力/Pa	−7000	8	H_2O(气)含量/(mg/m³)	90459
4	烟气量/(m³/h)	99100	9	O_2 含量/(mg/m³)	84740
5	含尘量/(g/m³)	59.4			

（2）经过流化床反应塔、低阻分离器后进入袋式除尘器的主要烟气参数见表 11-81。

表 11-81　进入后主要烟气参数

序号	名称	数值	序号	名称	数值
1	烟气温度/℃	135	5	HCl 含量/(mg/m³)	380
2	最高温度/℃	140	6	SO_2 含量/(mg/m³)	3295
3	烟气压力/Pa	−9000	7	H_2O(气)含量/(mg/m³)	105586
4	烟气量/(m³/h)	105000	8	O_2 含量/(mg/m³)	86180

（3）含尘气体经过袋式除尘器后最终粉尘排放要求小于 $50mg/m^3$。

2. 工艺流程

从垃圾焚烧炉内出来的烟气，从循环流化床脱硫塔的底部进入脱硫塔中脱除掉大部分 SO_2、HCl 等酸性气体，由脱硫塔的顶部排出，经低阻分离器脱除 50%～70% 的粗颗粒后，进入袋式除尘器，经袋式除尘器处理后的干净气体经过引风机排出烟囱（见图 11-188）。

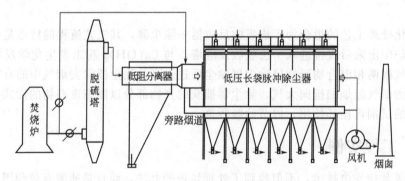

图 11-188　垃圾焚烧发电工艺流程

因为系统温度过高或过低都会对滤袋产生不良影响，所以设置了旁路烟道对除尘器滤袋进行保护，以防止温度过高时烧坏袋子，降低寿命，温度过低时气体结露糊住滤袋，造成阻力急剧上升，影响系统通风。

3. 袋式除尘器性能参数

袋式除尘器性能参数见表 11-82。

表 11-82　袋式除尘器性能参数

设备	项目	参数	设备	项目	参数
低压长袋脉冲喷吹除尘器	设备规格	JPC512-6	低压长袋脉冲喷吹除尘器	脉冲阀数量/个	78
	处理风量/(m³/h)	<150000		入口浓度/(g/m³)	<500
	过滤面积/m²	72		出口排放/(mg/m³)	<50
	滤袋规格/mm	φ130×6000		清灰压力/MPa	0.25~0.40
	过滤风速/(m/min)	0.82		设备阻力/Pa	<1500
	滤袋材质	玻纤覆膜+防酸处理		壳体负压/Pa	−9000
	脉冲阀规格　淹没式	3″			

4. 产品结构特点

JPC512-6 低压长袋脉冲除尘器采用的是在线清灰、离线检修方式。进气方式为水平进气、水平出气，中间为斜隔板将过滤室与净气室分开。

为了适应系统中气体含尘浓度高的特点，设计时在各个袋室增加了一个挡板，一方面防止含尘气体直接冲刷滤袋，另一方面气体中较大的粉尘颗粒由于碰撞而改变方向，可以直接落入灰斗内部。在灰斗内部为了防止积灰和板结，除了灰斗的倾角设计增大外，还在灰斗的外壁敷设了加热电缆，使灰斗始终处于较高的温度，另外还在灰斗侧面设计了振动电机，也是为了防止积灰和板结。

为了防止设备漏风引起结露，整个除尘器的灰斗全部采用尖灰斗，先对每个灰斗进行锁风，然后由拉链机输灰，有效地保证了锁风效果与输灰的顺畅。另外，对灰斗中的灰量采用自动控制方式，即用高低料位计给控制柜提供信号以决定放灰多少，从高料位始，到低料位止，既防止存灰过多又能利用积灰来密封，起到锁风的目的。

为了防止在锅炉点燃时温度过低而发生结露现象，在除尘器的前部设计了热风循环系统，在除尘器开机之前对整个除尘器进行预加热，防止通烟气时由于除尘器内的温度过低而发生结露，影响滤袋的使用效果及寿命。

四、烟气中 NO_x 净化技术

发达国家到了 20 世纪 80 年代，为了更好地保护生态环境，提出了较严格的环境标准，如对烟气中 NO_x 气体的排放做了进一步的要求。为此，生活垃圾焚烧烟气的净化处理系统中附加有 NO_x 气体的净化过程及设备。焚烧气体中 NO_x 气体的净化方法有许多，通常的有催化还原法、非催化还原法和氧化吸收法等。图 11-189 和图 11-190 分别为生活垃圾焚烧烟气非催化还原法脱氮工艺和生活垃圾焚烧烟气催化还原法脱氮工艺的流程示意。

非催化脱氮法是将尿素或氨水喷入焚烧炉内，通过下列反应而分解 NO_x 气体。其反应式如下：

$$2NO + CO(NH_2)_2 + \frac{1}{2}O_2 \longrightarrow 2N_2 + 2H_2O + CO_2 \tag{11-65}$$

本法脱除 NO_x 气体的效率为 30% 左右，该法最大的优点是工艺设备简单、运行费用低。

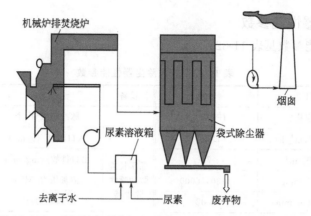

图 11-189　生活垃圾焚烧烟气非催化还原法脱氮工艺流程示意

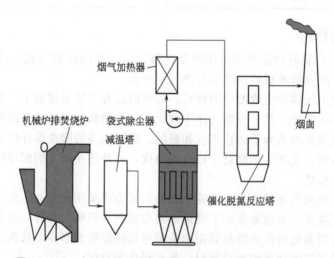

图 11-190　生活垃圾焚烧烟气催化还原法脱氮工艺流程示意

催化脱氮法则是在蜂窝状的催化剂表面有氨气存在的条件下，将 NO_x 气体还原成氮气，其反应式如下：

$$4NO + 4NH_3 + O_2 \longrightarrow 4N_2 + 6H_2O \tag{11-66}$$

$$NO_2 + NO + 2NH_3 \longrightarrow 2N_2 + 3H_2O \tag{11-67}$$

该法理论上的反应效率可达 100%，NO_x 气体的脱除效率也很高，但实际上通常为 60%～95%。该法由于催化剂的价格较昂贵，同时需建氨气等供给设备，费用较高。

五、医疗废物焚烧烟气净化

1. 焚烧工艺

医疗废物是指《国家危险废物品录》所列的 HW01、HW03 类废物，包括在对人和动物诊断、化验、处置、疾病防治等医疗活动和研究过程中产生的固态或液态废物。医疗废物携带病菌和恶臭，危害性更大，除了焚烧外，还应采取高压灭菌、化学处理、微波辐射等多种无害化处理措施。医疗垃圾的焚烧工艺以热解焚烧为主，也可采用回转窑式焚烧炉。影响医疗废物焚烧的主要因素有停留时间（time）、燃烧温度（temperature）和湍流度（turbulence)，被称为"三T"要素。

（1）热解焚烧　热解焚烧炉属于二段焚烧炉，第一段废物热解，第二段热解产物燃烧，有分体式，也有竖式炉式。先将废物在缺氧和 $600\sim800℃$ 温度条件下进行热解，使其可燃物质分解为短链的有机废气和小分子量的烃类化合物，主要热解产物为 C、CO、H_2、C_nH_{2n}、C_nH_{2n+1}、HCl、SO_x 等，其中含有多种可燃气体。废物烧成灰渣，由卸排灰机构排入灰渣坑。热解尾气引入二燃室，在富氧和 $800\sim1100℃$ 高温条件下完全燃烧，确保尾气在此段逗留时间 2s 以上，使炭粒、恶臭彻底烧尽，二噁英高度分解。

热解焚烧炉的燃烧原理和工艺设计具有独创性：炉体为中空结构，预热空气或供应热水，回收余热；利用医疗废物热解产生的可燃气体进行二段燃烧，除在点火时需用少量燃油外，焚烧过程基本上不用任何燃料；对进炉废物无需进行剪切破碎等预处理。这些都是其他类型焚烧炉无与伦比的。

（2）回转焚烧　回转式焚烧炉来源于水泥工业回转窑设计，但在尾部增设二次燃烧室，所以也属二段焚烧炉。废物进入回转窑，借助一次燃烧器和一次风，在富氧和 $900\sim1000℃$ 温度条件下，在连续回转湍动状态实现干燥、焚烧、烧尽，灰渣由窑尾排出。未燃尽的尾气进入二次燃烧室，借助二次燃烧器和二次风，在富氧和 $900\sim1000℃$ 温度条件下完全燃烧，确保尾气逗留时间 2s 以上，使炭粒、CO 彻底烧尽，二噁英高度分解，并抑制 NO_x 的合成。

回转焚烧炉最突出的优点：焚烧过程中物料处在不断地翻滚搅拌的运动状态，与热空气混合均匀，湍流度好，干燥、燃烧效率高，并且不会产生死角，对废物的适应性广。回转焚烧炉的缺点是占地面积较大，一次投资较高，另外对保温及密封有特殊要求，运行能耗较高，适宜用于 20t/d 以上的较大规模有毒废物焚烧。

2. 焚烧污染源及其处理工艺

医用废物焚烧烟气的污染物，就其大类包括颗粒物、酸性气体、有机氯化物和重金属，与生活垃圾焚烧烟气基本相同，只是成分更为复杂，二噁英的含量相对较高，重金属的种类相对更多，毒性及其危害性更为严重。

医用废物焚烧烟气中各种污染物的治理技术及其处理工艺流程也与生活垃圾焚烧烟气基本相同，几乎都采用以袋式除尘器为主体的干法、半干法多组分综合处理工艺。

3. 医疗垃圾焚烧炉尾气净化实例

医疗垃圾焚烧炉尾气成分取决于废物成分和燃烧条件。根据医疗废物的种类，本设计按焚烧炉尾气的污染成分包括粉尘、HCl、NO_x、SO_x、CO 和二噁英来设计。目前对于医疗垃圾焚烧炉尾气治理采取的工艺方案主要有湿法、半干法和干法。本方案采用干法去除有害气体的工艺。

（1）工艺流程　该流程"综合反应塔＋袋式除尘"尾气治理工艺。这是国外医疗垃圾焚烧处理采用最多的除有害气体工艺；该工艺是用高压空气将消石灰、反应助剂和活性炭直接喷入综合反应器内，使药剂与废气中的有害气体充分接触和反应，达到除去有害气体的目的。为了提高干法对难以去除的一些污染物质的去除效率，反应助剂和活性炭随消石灰一起喷入，可以有效地吸收二噁英和重金属。综合反应塔与袋式除尘器组合工艺是各种垃圾焚烧厂尾气处理中常用的方法。优点为设备简单、管理维护容易、运行可靠性高、投资省、药剂计量准确、输送管线不易堵塞等。

综合考虑设备投资、运行成本以及操作的可靠程度，为确保医疗卫生废物焚烧排放的烟气中含有的各种污染物能达到《危险废物焚烧污染控制标准》（GB 18484—2020），干法反应塔＋袋式除尘器的烟气净化系统是较为先进的。

综合反应塔＋袋式除尘烟气净化系统工艺流程如图 11-191 所示。

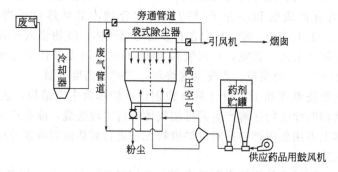

图 11-191　综合反应塔＋袋式除尘烟气净化系统工艺流程

（2）袋式除尘器的作用　袋式除尘器作用是用来除去废气中的粉尘等颗粒物质的装置，但用于医疗垃圾焚烧炉后的袋式除尘器，由于在气体中加入反应药剂和吸附剂，废气中的有害气体被反应吸附，然后通过袋式除尘器过滤而除去。关于利用袋式除尘器除去有害物质的机理如下。

废气中的粉尘是通过滤袋的过滤而被除去的。首先是由粉尘在滤袋表面形成一次吸附层，随着吸附层的形成，废气中的粉尘在通过滤袋和吸附层时被除去；考虑到运行的可靠性，一次吸附层的粉尘量大致为 $100g/m^2$。

一般医疗垃圾焚烧炉的袋式除尘器过滤风速在 $1.0m/min$ 以下。医疗垃圾焚烧炉废气中的重金属种类如表 11-83 所列，基本上可被袋式除尘器除去，汞（Hg）的去除率略低些，这是由于汞的化合物作为蒸气存在的原因。

表 11-83　垃圾焚烧炉烟气重金属含量及去除率

重金属	除尘器入口 /(g/m³)	除尘器出口 /(g/m³)	去除率 /%	重金属	除尘器入口 /(g/m³)	除尘器出口 /(g/m³)	去除率 /%
汞（Hg）	0.04	0.008	80	锌（Zn）	44	0.032	99.9
铜（Cu）	22	0.064	99.7	铁（Fe）	18	0.23	98.7
铅（Pb）	44	0.064	99.8	镉（Cd）	0.55	0.032	94.1
铬（Cr）	0.95	0.064	93.2				

袋式除尘器不单单是用来解决除尘问题，还能作为气体反应器，用以处理工业废气中的有害物质。我国实施的《危险废物焚烧污染控制标准》（GB 18484—2020）规定：焚烧炉的除尘装置必须采用袋式除尘器，同时袋式除尘器也就起着反应器的作用。

袋式除尘器的"心脏"是滤袋，国外采用的主要是玻璃纤维与 PTFE 混纺滤料。为提高其可靠性，袋式除尘器的滤袋可以选用 P84 耐高温针刺毡或玻璃纤维与 PTFE 混纺滤料；这种滤料比单一的玻璃纤维针刺毡、PPS 滤料在耐酸、耐碱和抗水解性上更为可靠；使用温度可达到 240℃ 以上。

医疗垃圾焚烧炉尾气经除尘后，通过引风机排入大气。引风机的工作由炉膛的压力反馈信号控制，当炉膛内的负压小于 $-30Pa$ 时，引风机转速提高，使系统中的负压维持在一定水平之上；当炉膛内的负压过高时，引风机转速降低，以避免不必要的动力消耗。烟气经过上述净化系统处理后可确保达标排放。

对于 1t/h 的焚烧炉，袋式除尘器采用 LPPW4-75 型，过滤面积 300m²，过滤风速 0.8m/min 以下，系统阻力为 1000～1200Pa，脉冲阀采用澳大利亚 GOYEN 公司进口产品，保证使用寿命 5 年以上；配置无油空气压缩机及相应的配件、PLC 控制仪等。

（3）控制系统　为了提高危险废物焚烧的自动化水平，有效地控制废物焚烧的全过程，最终达到废物的完全焚烧、安全正常生产的目的，整个焚烧系统采用集散型计算机控制系统。由中央控制室进行系统集中控制管理，并通过专用计算机形成控制器，对计量、车辆、燃烧等子系统进行分散控制，控制分散全场的不稳定性，从而提高整个系统的可靠性，同时也通过功能分散改善整个系统的可维护和扩展性。各焚烧设备和烟气处理装置的进口、出口均有温度、废气成分自动检测和反馈、负压检测、显示，燃烧器开、停信号显示，各种风机泵开、停信号显示，各类报警等。

（4）医疗垃圾焚烧炉尾气处理袋式除尘器技术参数见表 11-84。

表 11-84　医疗垃圾焚烧炉尾气处理袋式除尘器技术参数

序号	项目	性能参数		其他要求	备注
1	除尘器型号规格	LPPW4-75		高温型	
2	除尘介质				医疗垃圾用
3	废气温度/℃	160～200			
4	数量/台	1			
5	含尘浓度/(mg/m³)	除尘器入口	2000		
		除尘器出口	<20		国家标准为 80
6	除尘器阻力/Pa	1500～1700			
7	除尘器室数	4			
8	过滤风速/(m/min)	<0.8			
9	过滤面积/m²	300			
10	最大处理风量/(m³/h)	15000			
11	除尘器耐压/Pa	-6000			
12	脉冲喷吹压力/MPa	0.5～0.7			
13	脉冲耗气量/(m³/min)	0.22			

（5）技术性能指标　排放尾气中各种污染物浓度如下：a. 二噁英<0.1ng TEQ/m³；b. 粉尘<0.01g/m³；c. 氯化氢<0.032g/m³；d. 二氧化硫<0.114g/m³；e. 氮氧化物<0.072g/m³；f. 水银<0.01g/m³；g. 镉<0.01g/m³；h. 铅<0.01g/m³。

六、垃圾焚烧烟气净化新技术

以机械炉排垃圾焚烧炉为代表的传统垃圾焚烧法焚烧垃圾所产生的垃圾焚烧灰渣和烟气中均含有一定量的二噁英，且这些二噁英很难处理。为了能从根本上较彻底地遏制垃圾焚烧过程中二噁英的产生，开发了二噁英零排放城市生活垃圾气化熔融焚烧技术，并开始推广应用，与此相适应的垃圾焚烧烟气净化处理技术与传统的相比有所变化，整个工艺流程是在干法处理工艺的基础上改造演变而来，与传统的湿法和半干法工艺相比大为简化。

1. 烟气急冷技术

城市生活垃圾气化熔融焚烧技术由于在焚烧中喷入了固硫、固氯剂，大部分硫和氯与添加剂反应形成稳定的化合物进入熔融渣中。由于炉内焚烧温度高，垃圾中原有的二噁英已被分解，高温熔融焚烧炉中的熔融渣和焚烧烟气也很难重新合成二噁英，故从焚烧炉排出的高温烟气中二噁英的含量几乎为零。根据二噁英的形成机理可知，焚烧烟气在含有 HCl、二噁英前体物、O_2、$CuCl_2$ 和 $FeCl_3$ 粉体等物质并在适宜温度（400℃左右）的条件下极易形成二噁英。为了遏制焚烧烟气在烟气净化过程中二噁英的再合成，一般采用控制烟气温度的办法。通常是当具有一定温度（此时温度保持不低于500℃为宜）的焚烧烟气从余热锅炉中排出后采用急冷技术使烟气在 0.2s 以内急速冷却至200℃以下（通常为100℃左右），从而越过二噁英易形成的温度区。与此相配套的设备为急冷塔。急冷塔的结构形式很多，通常为圆筒状水喷射冷却式，其结构示意如图 11-192 所示。

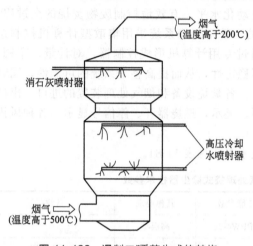

图 11-192　遏制二噁英生成的焚烧
烟气急冷塔结构示意

2. 活性炭喷射吸附技术

活性炭具有极大的比表面积和极强的吸附能力等优点。即使是少量的活性炭，只要与烟气均匀混合和充分接触，就能达到很高的吸附净化效率。近年来，随着环保标准的日益严格，为确保 Hg 等重金属和二噁英的"零排放"（极低的排放标准），城市生活垃圾焚烧厂烟气处理净化系统中常常采用活性炭喷射吸附的辅助净化技术。目前有两种常用方法：一是在袋式除尘器之前的管道内喷射入活性炭，使烟气进入袋式除尘器之前就能与活性炭充分混合和接触，将烟气中的有害物吸附掉，进入除尘器内与其他未被吸附的固态颗粒物一道被除尘器所捕获；另一种则是在烟囱之前附设活性炭吸附塔，对烟气中的有害物质进行进一步的吸附净化处理。两种烟气净化工艺流程分别如图 11-193 和图 11-194 所示。

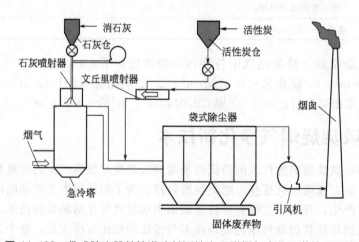

图 11-193　袋式除尘器前管道喷射活性炭吸附烟气净化工艺流程示意

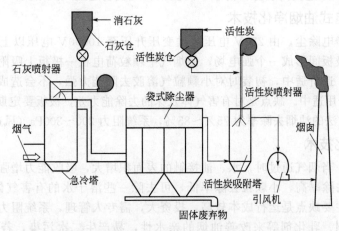

图 11-194 附设活性炭吸附反应塔的烟气净化工艺流程示意

第八节 饮食业油烟协同净化技术

目前在城市大气污染源中，饮食业油烟污染和工业污染源及汽车尾气污染一并成为主要的大气污染源。

一、饮食业油烟定义

饮食业油烟指食物烹饪和食品加工过程中挥发的油脂、有机质及热氧化和热裂解产生的混合物。饮食业排放的污染物为气溶胶，其中含有食用油及食品在高温下的挥发物，由食用油和食品的氧化、裂解、水解和聚合形成的醛类、酮类、链烷类和链烯类、多环芳烃等氧化、裂解、水解、聚合的环化产物，成分非常复杂，约有近百种化合物。饮食业油烟中包括气体、液体、固体三相，液固相颗粒物的粒径一般 $<10\mu m$，液固相颗粒混合物的黏着性强，大部分不溶于水，且极性小。

根据《饮食业油烟净化排放标准》编制组实测统计数据，饮食业油烟排放浓度为 $1.68\sim 31.9 mg/m^3$。

二、油烟净化基本技术

1. 机械、吸附式油烟净化技术

按照原理分为两种：一种是利用惯性原理开发的技术，如折板式、滤网式、蜂窝波纹形的滤油栅，设备简单，阻力不大，能耗较小，除单独使用外，适于预处理；另一种是利用过滤吸附原理开发的技术，其过滤吸附介质有海绵、无纺布等纤维材料、活性炭、球形滤料等，净化效率高于惯性原理技术的设备。该类技术设备简单，去除率不高，刚开始使用时过滤吸附效果好，随着油烟的附着，过滤吸附能力逐渐减弱，要经常更换或再生吸附材料，金属类滤油栅要常清洗，使用麻烦，运行成本较高，酒店业主管理不好时，会出现风阻增大排风不畅现象。机械、吸附式油烟净化设备除单独使用外，常作为第一级预处理使用。本方法油烟去除率为 $60\%\sim 75\%$，实际使用时多为 $60\%\sim 65\%$，系统风阻正常值为小于 120Pa

（风速＜5.0m/s），风速提高或滤料清理、更换不及时就会造成风阻增大，可大于500Pa。

2. 高压静电式油烟净化技术

类似于干法静电除尘，由220V电压通过变压升压至10000V电压以上，经整流器转化成直流电，在两极板间形成一个强电场，使烟气中颗粒荷电在一极板上吸附而被去除。本技术净化效率较高，造价适中，初装时对小颗粒气溶胶去除能力强，不会造成二次污染，使用管理方便，运行费用适中。缺点是对有害气体及味的去除能力差，极板要定期清洗，要注意绝缘安全问题。本方法的油烟去除率为75%～85%，系统阻力200～300Pa（风速4～8m/s）。

3. 湿式净化技术

因液体雾化，当烟气通过时，水、油接触的表面积增大，吸收能力增强。湿式净化技术对较大油雾颗粒去除率高，小颗粒去除率低，可去除一些溶于水的有害气体，可实现火烟、油烟一并处理；主要缺点是运行成本较高，投资大，需专人管理，系统阻力大，要在洗涤液中加入表面活性剂、乳化剂等来改善油烟的亲水性，易产生二次污染，若油水分离设计不好，处理后会喷出大量水雾。本方法油烟去除率为75%～85%，系统阻力200～300Pa。

三、吸附-催化一体化油烟净化装置

1. 工作原理

油烟吸附-催化协同净化工作原理主要分为三步：第一步是吸附过程，油烟被吸附剂吸附；第二步是脱附，油烟达到一定浓度后脱附进入催化转化器；第三步是油烟物质在转化器被催化转化成无害的 CO_2 和 H_2O。

2. 设备结构

油烟净化装置结构示意如图11-195所示。

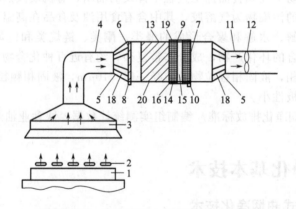

图11-195 吸附-催化一体化油烟净化装置

1—厨房灶台；2—灶炉；3—风罩；4—进气管；5—导流管；6—隔油网；7—催化转化器；8—集油槽；
9—加热保温层；10—开关；11—排气管；12—变频抽风机；13—壳体；14—蜂窝陶瓷载体；
15—气体通道；16—电热丝；18—导流板；19—玻璃棉；20—吸附剂载体

该装置的工作过程包括进气、隔油、吸附、脱附和催化转化以及排气五个工序。使用时，厨房油烟先经隔油网截留大部分的油粒和固体、液体杂质，以减轻后续工序的负荷，并防止吸附剂被堵塞。隔油处理后被吸附剂吸附，吸附剂采用特殊的有较高性能的物质，单位质量吸附剂有很大的吸附容量，且该吸附剂有较长的吸附周期。当吸附剂达到饱和时，将吸附在吸附剂上的油烟物质进行脱附，进入催化转化器。在催化转化器中，含油烟气体进行催化转化，转化为二氧化碳和水，转化过程中放出的热量维持其所需的催化温度及完成催化转化反应后吸附剂的再生热能，净化后的气体通过导流管和排气管直接排到大气中。

3. 技术特点

① 可以安装在厨房原有的抽油烟机的风管和烟道内，也可以直接利用原有的风机，安装十分简便。

② 利用吸附剂吸附油烟，再通过催化转化器处理，除油效率可达 90% 以上，并达到国家最新的厨房油烟排放标准。

③ 油烟经处理后可以直接排出，油烟物质被催化转化成二氧化碳和水，不会产生二次污染，彻底解决了油烟对大气的污染问题。

④ 结构简单，体积适当，压降不高，结构紧凑，工作噪声低，运行维护方便，安装、拆卸及清洗均很容易。

⑤ 运行费用低，非常适合家用或者中小型酒店、餐厅使用。

此外，图 11-196 是一种吸附-催化式油烟抽排净化装置。

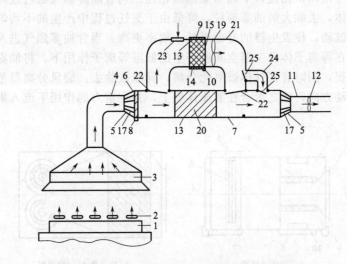

图 11-196　吸附-催化式油烟抽排净化装置

1—厨房灶台；2—灶炉；3—风罩；4—进气管；5—导流管；6—隔油网；7—主管道；8—抽屉式集油槽；
9—加热保温层；10—开关；11—排气管；12—抽风机；13—内壳；14—蜂窝陶瓷载体；15—催化转化器；
16—电热丝（图中未示出）；17—导流板；18—玻璃棉（图中未示出）；19—辅助抽风机；
20—载体；21—旁通管；22—双向开关；23—进气口；24—排气管；25—单向开关

四、复合等离子体油烟净化器

在我国传统的煎、炒、烹、炸过程中，会产生大量的油烟，据有关部门分析测算，油烟中含有大量对人体及大气环境有害的物质。目前，国内外油烟处理措施主要有惯性分离设备、静电沉积设备、过滤设备及洗涤设备等。以上各种方法虽然在油烟对大气的污染问题上解决了一定问题，但都存在着各自的不足及潜在的二次污染问题。由于厨房排烟中同时含有气、液、固三态污染物质，无论哪种方法捕集下来的物质黏度都很大，会降低设备的处理效率。

1. 工作机理

复合等离子体油烟净化器的机理是：等离子体中含有大量极性相反的离子，可以附着在油滴上，有效地促使油滴凝聚从而易于捕集，空间放电产生的等离子体含有大量活性很强的游离基团，如·OH、·O、HO_2·以及强氧化剂O_3，可以有效地氧化油烟中的氧化态有害成分。用低温等离子体处理油烟的反应过程为：细小油滴→荷电凝聚→沉降或捕集；气态有害物质→氧化或分解→沉降或捕集。

2. 复合等离子体油烟净化器组成

其结构是由壳体、均流体、油雾凝聚及有害气体分解段、旋流分离体四部分组成（图 11-197）。壳体是一个将均流体、等离子体发生器及旋流体结合在一起的封闭箱体，壳体的左侧是进风口，右端顶部是出风口，下部是集油箱；均流体位于壳体内前端部进风口处，为两块相平行并与壳体底部、顶部平行的直角形百叶窗板，两块板分别固定在壳体侧壁上，左端与进风口相连，右端盲死，将壳体内前端部分割成三个空间；油雾凝聚及有害气体分解段位于均流体两块板与壳体内壁形成的上、下两个空间处，两个等离子发生器分别固定在壳体上、下内壁上；旋流体位于壳体内右端部由两个分别由多个直径不等的同心圆组成的圆柱筒构成，顶端与出风口相连，下端与集油箱相连。当含油雾烟气通过进风口进入净化器后，首先通过均流体，去除大的油雾颗粒，降低由于烹饪过程中产生的不均匀油雾浓度对凝聚及分解段的效率波动，使发生器的寿命更长，效率更高。当含油雾烟气进入油雾凝聚及有害气体分解段后，在等离子体发生器空间所产生的低温等离子作用下，将油雾颗粒凝聚后采用机械方法将其捕捉，同时有害气体被氧化分解，异味被除去。旋风分离器是改变已经凝聚的大颗粒油雾的运动方向，使之聚合在旋流体壁上，并在重力的作用下流入集油箱被收集。

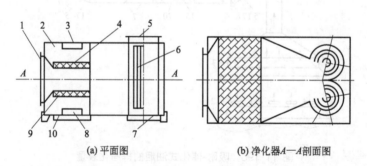

(a) 平面图　　　　　　　　　　(b) 净化器A—A剖面图

图 11-197　复合等离子体油烟净化器

1—进风口；2—空间；3,8—电极；4,9—百叶窗板；5—出风口；6—圆柱筒；7—集油箱；10—壳体

3. 主要技术特点

复合等离子体油烟净化器主要特点在于正常工作过程中其阻力接近于零。采用的除油及除异味的机理不同于过滤式净化器，故整机阻力基本不随时间的长短而改变，目前其除油效率均高于80%以上，除异味效率达70%以上，发生器最大选用功率不大于50W。由于发生器本身及凝聚氧化段不粘油，避免了静电除油极板、极线粘油所导致的效率下降问题。

五、紫外灯油烟净化装置

中国科学院大气物理研究所针对京津冀大气霾污染及控制策略研究发现，北京地区餐饮

排放占 $PM_{2.5}$ 来源的 14.1%。

在我国，厨房主要采用滤网、运水烟罩和静电吸附技术对油烟进行处理，这三种技术无法从根本上消除油污，存在二次污染，使得厨房排烟管道成为火灾高发区。为根除餐厨烟道火灾隐患，研制成功了紫外汞齐灯油烟净化装置。

1. 工作机理

通过光解作用，高能紫外光子可以破坏分子中的化学键，将其分解为不会对环境造成影响的成分。波长 185nm 的真空紫外辐射通过直接光解分解有机物分子；大自然也是通过这样的方式来净化空气中的污染物。紫外辐射有许多作用，例如分解工业废气中的有害物质，分解油烟中的油脂，减少油烟中的气味，WSY-1 长寿命紫外汞齐灯油烟净化装置，是利用紫外线 C 波段，发出 UV-C 185~254nm 的紫外光线来分解在烹调中产生的油烟。185~254nm 的紫外线发出的光子能量分别为 472kJ/mol 和 647kJ/mol，能产生 O_3，并可切断绝大多数的分子结合，油烟中的有机分子结合被高强度的光能切断、氧化，能把油污分解到单分子层以下。

UV 和 O_3 具有强大的氧化分解包括恶臭在内的有机分子的能力，其联合作用在空气净化处理中发挥巨大威力，从而将油烟分解成 CO_2 和 H_2O 等易挥发性物质，异味也随之消除。

2. 工艺流程

WSY-1 长寿命紫外汞齐灯油烟净化装置工作流程见图 11-198。

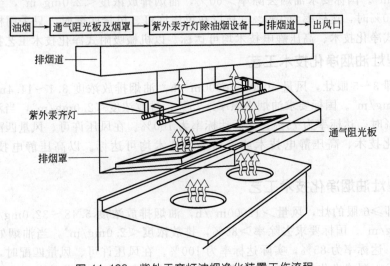

图 11-198　紫外汞齐灯油烟净化装置工作流程

3. 技术特点

① 油烟净化率高。净化率 98% 以上，且可长期保持极高的油烟净化率。测试表明，半年后该装置的油烟净化率仍高达 98%。

② 功效长久。科学的配置和精湛的技术，使得该设备可以连续 3 年以上无故障运行，其中紫外汞齐灯使用寿命更可高达 16000h 以上。

③ 无污染。利用紫外汞齐灯产生的臭氧和紫外线将油烟分解成无害气体，可达标直排，也不会产生异味；同时除了电能以外，没有其他消耗，不会产生二次污染。

④ 无火灾隐患。油烟净化率98%以上，排烟管道内油污积存量少于1%，从根本上消除了烟道火灾隐患，达到主动式防火的目的。

⑤ 安装便捷。对老旧厨房可以技改，不需改变原有排烟设备及厨房的结构，新厨房可按环境条件自由组装。

⑥ 无噪声。采用光解方式对油烟进行处理，只在工作过程中产生极少的热量，没有任何的噪声污染。

⑦ 免清洗。油烟净化率98%以上，排烟管道内油污积存量少于1%，不需要定期清洗，也无需后续服务，不会产生后续服务费用。

4. 工程应用实例

某市教委餐厅油烟净化改造项目。灶台长度约7m，原来使用运水烟罩来净化油烟，不但净化效果差而且因风阻大致使排烟困难，特别是后续服务工作特别繁重，如每天需清掉浮在水上的油垢，定期清洗油罩、风机和风道等。排风烟道很长而无法清洗，火灾隐患加大，安装WSY-1紫外汞齐灯油烟净化装置后，经环保部门专业检测，油烟净化率达98%，$PM_{2.5}$净化效率达到90%，苯系物净化效率达到90%。

六、油烟净化技术工艺选择

1. 小型灶油烟净化技术工艺

小型灶国标中定义为1~2眼灶，风量<4000m³/h，油烟排放浓度<5.0mg/m³，实测值<4.0mg/m³。国标要求油烟去除率>60%，油烟排放浓度<2.0mg/m³，当油烟处理系统去除率>60%时，达标率为100%。所以在风压许可、风量匹配时，只采用机械吸附式净化技术或湿式净化技术、高压静电技术均可达标。以机械吸附式净化技术工艺投资最少。

2. 中型灶油烟净化技术工艺

中型灶即3~5眼灶，风量4000~10000m³/h，油烟排放浓度3.1~14.4mg/m³，实测值2.0~7.0mg/m³。国标要求油烟去除率>75%，排放浓度<2.0mg/m³，当油烟处理系统去除率>75%时，达标率为75%，实际达标率为100%。在风压许可、风量匹配时，可以只采用湿式净化技术、高压静电技术或等离子体技术均可达标。以高压静电技术工艺投资最少。

3. 大型灶油烟净化技术工艺

大型灶即≥6眼的灶，风量>12000m³/h，油烟排放浓度5.48~32.0mg/m³，实测值8.0~12.0mg/m³。国标要求去除率>85%，排放浓度<2.0mg/m³，当油烟处理系统去除率>85%时，达标率为85%，实际达标率为100%。在风压许可、风量匹配时，采用机械吸附式净化技术+湿式净化技术或机械吸附式净化技术+高压静电技术或等离子体技术均可达标。以机械吸附式净化技术+高压静电技术投资最少，油烟总去除率>90%，可使排放浓度15~20mg/m³的油烟达标。

无论采用何种技术来净化油烟，应把净化技术处理系统作为一个整体来考虑，既要保证饮食业油烟排放系统功能的正常使用，又要使排放油烟达标。现存的油烟污染治理，认为安装一台设备即可，而未研究灶眼多少、排风系统的风量风压、噪声污染情况、排风系统管路情况等，造成安装了设备没法用或不能达标的情况时有发生。

参 考 文 献

[1] 张殿印，张学义. 除尘技术手册. 北京：冶金工业出版社，2002.

[2]　张殿印，王纯. 除尘工程设计手册. 3 版. 北京：化学工业出版社，2021.

[3]　杨飏. 二氧化硫减排技术与烟气脱硫工程. 北京：冶金工业出版社，2004.

[4]　嵇敬文，陈安琪. 锅炉烟气袋式除尘技术. 北京：中国电力出版社，2006.

[5]　杨飏. 二氧化氮减排技术与烟气脱硝工程. 北京：冶金工业出版社，2006.

[6]　刘天齐. 三废处理工程技术手册/废气卷. 北京：化学工业出版社，1999.

[7]　肖宝垣. 袋式除尘器在燃煤电厂应用的技术特点. 电力环境保护，2003 (3)：25-28.

[8]　张殿印，刘瑾. 除尘设备手册. 2 版. 北京：化学工业出版社，2019.

[9]　王海涛，等. 钢铁工业烟尘减排和回收利用技术指南. 北京：冶金工业出版社，2012.

[10]　杨飏，裴冰，凌索菲. 烧结烟气脱硫净化工程的最适宜技术选择. 中国环保产业，2011，6：45-50.

[11]　项钟庸，王筱留，等. 高炉设计——炼铁工艺设计理论与实践. 北京：冶金工业出版社，2009.

[12]　王永忠，宋七棣. 电炉炼钢除尘. 北京：冶金工业出版社，2003.

[13]　张殿印，王纯，朱晓华，等. 除尘器手册. 2 版. 北京：化学工业出版社，2015.

[14]　张殿印，王纯，俞非漉. 袋式除尘技术. 北京：冶金工业出版社，2008.

[15]　宁平，等. 有色金属工业大气污染控制. 北京：中国环境科学出版社，2007.

[16]　铝厂含氟烟气编写组. 铝厂含氟烟气治理. 北京：冶金工业出版社，1982.

[17]　马建立，等. 绿色冶金与清洁生产. 北京：冶金工业出版社，2007.

[18]　唐平，等. 冶金过程废气污染控制与资源化. 北京：冶金工业出版社，2008.

[19]　王绍文，杨景玲，赵锐锐，等. 冶金工业节能减排技术指南. 北京：化学工业出版社，2009.

[20]　刘后启，等. 水泥厂大气污染物排放控制技术. 北京：中国建材工业出版社，2007.

[21]　金毓筌，等. 环境保护设计基础. 北京：化学工业出版社，2002.

[22]　焦有道. 水泥工业大气污染治理. 北京：化学工业出版社，2007.

[23]　王浩明，等. 水泥工业袋式除尘技术及应用. 北京：中国建材工业出版社，2001.

[24]　国家环境保护局. 建材工业废气治理. 北京：中国环境科学出版社，1992.

[25]　威廉 L 休曼. 工业气体污染控制系统. 华译网翻译公司，译. 北京：化学工业出版社，2007.

[26]　汪大翚. 化学环境工程. 北京：化学工业出版社，2007.

[27]　国家环境保护局. 化学工业废气治理. 北京：中国环境科学出版社，1992.

[28]　俞非漉，王海涛，王冠，等. 冶金工业烟尘减排与回收利用. 北京：化学工业出版社，2012.

[29]　胡学毅，薄以匀. 焦炉炼焦除尘. 北京：化学工业出版社，2010.

[30]　王永忠，张殿印，王彦宁. 现代钢铁企业除尘技术发展趋势. 世界钢铁，2007 (3)：1-5.

[31]　高建业，王瑞忠，王玉萍. 焦炉煤气净化操作技术. 北京：冶金工业出版社，2009.

[32]　王晶，李振东. 工厂消烟除尘手册. 北京：科学普及出版社，1992.

[33]　朱宝山. 燃煤锅炉大气污染物净化技术手册. 北京：中国电力工业出版社，2006.

[34]　彭犇，高华东，张殿印. 工业烟尘协同减排技术. 北京：化学工业出版社. 2023.

[35]　中国石油化工集团公司安全环保局. 石油石化环境保护技术. 北京：中国石化出版社，2003.

[36]　梁文俊，李晶欣，竹涛. 低温等离子体大气污染控制技术及应用. 北京：化学工业出版社，2017.

[37]　李守信，苏建华，马德刚. 挥发性有机物控制工程. 北京：化学工业出版社，2017.

[38]　廖雷，钱公望. 烹调油烟的危害及其污染防治. 桂林工学院学报，2003，10：463-467.

[39]　熊鸿斌，刘文清. 饮食业油烟净化技术及影响因素. 环境工程，2003，8：38-41.

[40]　朱廷钰，李玉然. 烧结烟气排放控制技术及工程应用. 北京：冶金工业出版社，2015.

[41]　岳清瑞，张殿印，王纯，等. 钢铁工业"三废"综合利用技术. 北京：化学工业出版社，2015.

[42]　郭俊，马果骏，阎冬，等. 论燃煤烟气多污染物协同治理新模式. 电力科技与环保，2012，28 (3)：13-16.

[43]　王纯，张殿印，王海涛，等. 除尘工程技术手册. 北京：化学工业出版社，2017.

[44]　中央労働災害防止協会. 局所排気装置，プッシュプル型換気装置及び除じん装置の定期自主検査指針の解説. 7 版. 東京：中央労働災害防止協会，令和 4 年.

[45]　粉体工学会. 気相中の粒子分散・分級・分離操作. 東京：日刊工業新聞社，2006.